“十三五”国家重点图书
经典化学高等教育译丛

当代有机反应和合成操作

（第二版）

【德】Lutz F. Tietze，Theophil Eicher，
Ulf Diederichsen，Andreas Speicher，【著】
and Nina Schützenmeister

罗千福，许 胜 【译】

·上海·

图书在版编目(CIP)数据

当代有机反应和合成操作/(德) 梯泽(Lutz F. Tietze)等著;罗千福,许胜译.—2 版.—上海:华东理工大学出版社,2017,11

("十三五"国家重点图书　经典化学高等教育译丛)

书名原文:Reactions and Syntheses:In the Organic Chemistry Laboratory (2nd Edition)

ISBN 978-7-5628-5204-9

Ⅰ.①当…　Ⅱ.①梯…　②罗…　③许…　Ⅲ.①有机化合物-化学反应　②有机合成　Ⅳ.①O621.25　②O621.3

中国版本图书馆 CIP 数据核字(2017)第 239922 号

项目统筹 / 周　颖
责任编辑 / 徐知今
装帧设计 / 靳天宇
出版发行 / 华东理工大学出版社有限公司
地址:上海市梅陇路 130 号,200237
电话:021-64250306
网址:www.ecustpress.cn
邮箱:zongbianban@ecustpress.cn
印　　刷 / 上海盛通时代印刷有限公司
开　　本 / 710 mm×1000 mm　1/16
印　　张 / 42.75
字　　数 / 855 千字
版　　次 / 2017 年 11 月第 2 版
印　　次 / 2017 年 11 月第 1 次
定　　价 / 198.00 元

版权所有　侵权必究

译 者 的 话

目前，市面上讲述有机反应机理的书非常多，关于有机合成的书就更多，毋庸置疑，它们对于有机化学的发展起到了巨大的作用。然而，这些著作中更多的篇幅是反应机理的探讨与有机合成路线的设计，立足于理论上的研讨，尽管也收集了部分参考文献，但是需要读者再次查阅原文，而且更为不利的是，对于这些文献合成方法以及物质表征数据的有效性却没有更多的考证。众所周知，有机化学，乃至于化学，其最终的任务，核心的任务是有机合成——在实验室以及工厂里把需要的物质制造出来，因此对于有机化学研究者来说，不仅需要理论的指导，更需要具体的、可靠的合成方法以及表征数据。然而很遗憾，带有详细实验操作以及化合物表征的书很少，甚至可以说还没有，这就导致有机合成研究者不得不花费大量时间从浩如烟海的文献中筛选相对靠谱的合成路线（更何况由于出版商为了节约版面，具体的实验部分常常不收录在文献中），往往耗费了大量的时间后才发现所谓的文献方法根本不能用，或者效果没有文献所说的那么好。

德国化学家 Tietze 等人撰写的“Reaction and Syntheses in the Organic Chemistry Laboratory”的最新版本“Second Completely Revised and Updated Edition”于 2014 年出版了。该书最初版本 1981 年在德国出版，受到好评，此后作者不断更新版本。该书先后翻译成日文（1984 年，1995 年）、英文（1989 年）、中文（1999 年）、俄文（2000 年）、韩文（2002 年），可见该书在有机合成领域的信誉度。这本书填补了有机化学界长期以来的缺憾，收录了最新的有机合成成果，基本上覆盖了当代有机合成化学最新的研究成果，精选了具有代表性有机化合物，不仅从机理上探讨合成路线，更是从原子经济学、环境保护、操作难度、成本控制等方面进行合成路线筛选，而且每一步都附有详细的实验步骤以及表征数据，更为关键的是，所有这些实验操作，作者都进行了验证，因此书里所列的实验操作具有高度的可重复性。该书 2014 版本收录 93 个目标分子合成设计分析和全部实验步骤，因此受过基本有机实验训练的有机合成工作者，在一般的实验室中都可以进行，并且与该书提供的表征数据进行比价以评价自己的工作。因此这是一本具有良好声誉的、拿着就能进实验室的教科书。

全书分为五章，分别是 C—C 偶联、氧化与还原、杂环化合物合成、天然产物精选、多米诺反应。与上一版相比，更换了目标分子合成方法，引入了最新的合成方法，增加了多米诺反应以及高压反应。按照一贯的传统，书后附有反应名称索引，产物名称索引和主题词索引，方便读者快速查找和阅读。出于尊重原书的目的，除了对少数拼写的错误进行了更正(通过译者注的方式标明),一律根据原书翻译。对书中压力单位 mmHg,或者 mbar,没有更改成国际标准单位。书中部分物质名称,目前没有对应的中文名称或者译者没有发现,就保留英文原名。除了另有说明,TLC 使用硅胶作为固定相。为了方便有条件的读者与原著对比阅读,中文版在页侧标明该段内容在原书的页码,以 XX 形式表示。

本书可供受过有机合成训练的专业人员,如高年级本科生、研究生以及从事有机合成的研究人员使用,译者相信,本书对你们的事业一定有所帮助。

华东理工大学出版社 2008 年委托荣国斌教授和秦川老师对该书的 2007 年版本进行了翻译工作。两位老师严谨的工作态度和求真的精神令人敬佩,也为本书的翻译工作提供了范本,在此表示感谢。本书前半部分由许胜翻译,后半部分由罗千福翻译,全书由许胜统稿。尽管两位译者本着尊重原书的精神,尽量准确地用中文表达原书的内容,但是不可否认,由于译者水平有限,书中错误在所难免,请读者不吝指出。

译　者

于华东理工大学,2017 年 10 月

作 者 简 介

Lutz F.Tietze 1968 年在 Kiel 获得博士学位，随后在美国 XVII
剑桥的 MIT 师从 G. Büchi 教授从事助理研究工作，以及在英国剑桥的 A. Battersby 教授指导下工作。1978 年晋升教授，在 Göttingen 的 Georg-August 大学的有机与生物分子研究所任所长。其研究领域集中于发展有效的多米诺反应合成方法，天然产物全合成以及新型选择性抗癌药物的分子设计。

Tietze 教授荣誉等身，除最高声望的 GDch 的 Emil Fischer 奖章，他还是 Sonderforschungsbereich 的发言人，DFG Fachkollegium 的代表，以及若干学校的客座教授。他是 Göttingen 科学与人文协会会员，Szeged 大学的 Dr. h. c.，DZfCh 主席，DHKZ 成员，2012 年度最卓著研究教授奖金获得者，发表过 460 篇以上的研究论文，34 项专利以及 5 部学术著作。

Theophil Eicher 在德国的 Heidelberg 学习化学，1960 年在 Georg Wittig 指导下获得博士学位。在美国纽约 Columbia 大学 Ronald Breslow 实验室从事博士后工作，1967 年获得在德国 Würzburg 大学工作资格，在 Siegfried Hünig 指导下工作。1974 年获得 Hamburg 大学副教授职称，1976 年受聘为 Dortmund 大学有机化学教授。从 1982 年起成为 Saarland 大学全职教授，2000 年退休。其研究兴趣集中于环丙烷与三元环富烯的合成化学，以及苔藓植物成分的天然产物合成。他是 Tietze 教授若干著作的合作者，获得过德国化学产业基金会的文献奖，还是乌拉圭共和国 Montevideo 大学化工系的客座教授和博士生导师。

Ulf Diederichsen 在德国 Freiburg 学习化学，从事有机合成工作，1993 年在 Albert Eschenmoser 指导下于 ETH Zürich 获得博士学位，从事糖-DNA 研究工作。在美国 Pittsburgh 大学的 Dennis Curran 小组从事博士后研究工作后，在德国的 Technical University Munich 获得了职位。1999 年受聘为 Würzburg 大学有机化学教授，2001 年获得 Göttingen 的 Georg-August 大学有机化学教授。他还是 LUM Munich 以及威斯康星大学的 Goering 访问教授，获得过 Karl Winnacker 奖金和 Hellmut-Bredereck 奖金，也是 Göttingen 科学与人文协会会员。

Andreas Speicher 在德国的 Saarland 大学学习化学，1994 年在 Theophil Eicher 教授指导下获得博士学位，并且被授予 Eduard-Martin 奖。2003 年开始独立的科研生涯并完成教授资格论文。他是 Saarland 大学有机化学讲师以及研究团队负责任人，2011 年被聘为特聘教授。从 2006 年起，他还是法国 Strasbourg 大学客座教授，也是 Tietze 教授若干著作的合作者。其研究领域是天然产物相关的特别是轴手性大环化合物化学与生物学的合成与表征。

Nina Schützenmeister 在 Göttingen 的 Georg-August 大学学习化学，在 ETH Zürich 的 Peter H. Seebergger 小组完成学位论文，2012 年在 Göttingen 的 Georg-August 大学的 Lutz F. Tietze 指导下获得博士学位。随后获得 Christian Griesinger 博士后奖学金，在 Göttingen 的 Max-Planck 研究所从事生物化学研究。现在以 Marie-Curie Fellow 身份在英国的 Bristol 大学的 Varinder K. Aggarwal F.R.S.小组工作。

第二版序言

自从《当代有机反应和合成操作》在 2007 年出版后，新的有机合成方法层出不穷，作为化学核心的有机合成不仅具有重要的学术价值，还具有重要的工业意义。合成中除了传统的化学、区位、非对映、对映选择性因素以外，还要考虑新兴的理念：提高效率、降低排放、节约资源、保护环境，说到底是缩短反应流程和时间、提高产物收率而获得经济效益。为此，本书增加第 5 章内容，即能够满足上述要求的多米诺（串联）反应，多米诺反应被定义为理想条件下在一个流程中合成两个或者更多的化学键，且后一个转化基于前一个反应生成的官能团[1]。在一个合成工序中可能涉及一个、两个、三个甚至更多的底物，因此多组分的转化是多米诺反应的特有说法，多米诺反应的质量和有用程度正比于起始物质到最终产物的复杂程度和差异大小。

而且，除了 Heck、Suzuki-Miyaura、Songashira 反应以外，本书还增加了一些新颖的、过渡金属催化的有机反应，如烯烃和炔烃的关环复分解反应以及对映选择性、Wacker 氧化等；此外，还收录了 Ru 催化合成以及介绍了有机催化反应，还涉及一部分有机合成中 C—H 活化以及新兴的领域，如分子开关等内容。

最后，某些不满足我们理念以及不符合再生的实验流程，在本书中要么删除要么加以改进。

另一方面，对目标分子逆合成分析以及不同步骤的机理的讨论，在本书中继续保留，这被证明行之有效并体现了本书的价值。

参考文献

[1] (a) Tietze, L.F. (1996) *Chem. Rev.*, **96**, 115–136; (b) Tietze, L.F., Brasche, G., and Gericke, K.M. (2006) *Domino Reactions in Organic Synthesis*, Wiley-VCH Verlag GmbH, Weinheim; (c) Tietze, L.F. (ed.) (2014) *Domino Reactions – Concepts for Efficient Organic Synthesis*, Wiley-VCH Verlag GmbH, Weinheim.

第一版序言 IX

1 背景

《有机反应与实验室合成操作》初版是1981年在德国出版的德文版本，第二版于1991年出版，先后被译成日语（1984年，第二版是1995年）、英语（1989年）、汉语（1999年），俄语（2000年）和韩语（2002年），本书的编写目的是：

◆ 把反应类型和机理与化合物以及官能团化的类别相结合；

◆ 提供大量可靠的、具有普遍性的重要意义的实验方法；

◆ 反映出在生物以及医药相关的某些重要化合物中所用到的合成实验的有效性和实用性。

自从上一版德文版问世以来，出现了许多新的制备方法，都具有更好的化学、位置、非对映、对映选择性，其选择性往往能达到酶催化水平，而且对底物专一性要求更低。此外，新的合成方法如组合化学、固相化学、高压化学以及微波加热反应技术已逐渐发展起来，而且，从每一次复杂化学转化的精准度提高可以看出新方法合成的有效性；对资源的节约和环境的保护也成为当代有机合成的重要考虑因素；过去这些年所取得的进展已经在过渡金属催化、有机催化、串联反应中得以实现。这些内容已经完全呈现在《全合成经典》[1]《有机合成精华》[2]《有机合成中的串联反应》[3]等著作中。

因此，我们这本书的独特性在于，依据新的理念对内容进行了编排，内容有较大更新，本书的亮点在于：

1）基本单元和主要的话题都是关于有机化学各个领域的令人感兴趣的，以及带 X
有启示性的目标分子的合成（多于5步的多步合成），每个合成都围绕普遍适用的一个或者多个方法以及反应机理为中心讨论的。

2）和以前一样，为本书的读者提供了详尽的实验细节，用于指导合成和表征。当然，合成与实验都要围绕对化学普遍原理、理论和化学机理的深刻理解，对于目标分子的逆合成分析和替代路线都予以特殊说明。

3）提供了当代合成方法中典型的、高质量的波谱解析数据，前一版本书中70%的内容被更替，改为更新的、更可靠的实验步骤。余下的部分，在背景介绍中也已经“升级”。

除了大学、研究所的研究生以及工业上的研究人员以外,考虑到本书过去的读者在化学、药学方面具有较高的素养,因此对于使用第三版的读者有以下建议:

● 一般的实验室知识,如安全知识,应急技能,一般化学反应的操作,实验装置以及标准操作流程,产物的分离和纯化方法等都略去。有机化合物中基础官能团的合成与转化等属于基础有机实验要求的内容,也不再赘述。相关内容可以参阅教科书[4-6]。

● 略去这些基础有机化学内容有助于我们把精力更多地用于高级合成方法细节以及结合机理讨论全合成和逆合成分析。

2 本书的组织构架和使用指南

全书分为四章,每章又有若干节

第 1 章　C—C 偶联

第 2 章　氧化与还原

第 3 章　杂环化合物

第 4 章　天然产物选例

XI 每一节(如 1.1 节和 1.2 节)都含有实验步骤,以合成分析(如 1.1.1 与 1.1.2)作为节的开始,并且编排进目录中。每一个化合物的合成内容按照下述方式编排:

1) 在概述部分(a),给出目标分子结构式和涉及的合成专题(对快速了解很重要!)接着对目标分子结构进行逆合成分析[7],规划合成路径(可能性,合成策略,可替换性,实验室操作的可行性)。

2) 在(b)部分,对目标分子合成以及实验中具体合成步骤进行解析。围绕反应机理、立体化学前景以及转化的选择性(专一反应原理)进行讨论,最后提供合成所需要的步骤数量以及产物的收率,一般来说,(b)部分包含了完整的目标分子的合成流程。

3) 在(c)部分,提供了独立的、具体的合成实验步骤,包含以下内容:

a) 依据章、节、合成单元以及合成步骤给每一个涉及的物质编号(如 1.1.1.1 和 1.1.1.2),依据其制备难度予以一个或者多个 * 进行标记。

b) 对于要制备的物质附有参考文献。

c) 方程式中底物,反应物,产物都附有分子量。一般的反应装置不予讨论,但是特殊的装置(光化学、高压装置、微波加热等)都会给以详细的信息。

d) 纵观全书,所有实验流程都分成两部分。第一部分是对反应的描述,包括额外提供的一些信息,如底物的纯化和表征,实验安全性和毒性。第二部分是反应后处理,产物的分离和纯化,纯度判断参数(mp,bp,n_D,TLC/R_f,$[\alpha]_D$),产物性状以及关键的实验细节。

e) 产物的波谱数据(IR,UV-vis,^{1}H,^{13}C NMR,MS)。某些情况下还附有产物衍生物的制备以及表征,包括合成装置。

4) 每一个合成单元都附有引用的原始文献(a-c),涵盖了合成以及反应步骤的最初到最新的研究论文、综述、高等有机教科书[8]。

参考文献

[1] (a) Nicolaou, K.C. and Sorensen, E.J. (1997) *Classics in Total Synthesis*, Wiley-VCH Verlag GmbH, Weinheim; (b) Nicolaou, K.C. and Snyder, S.A. (2003) *Classics in Total Synthesis II*, Wiley-VCH Verlag GmbH, Weinheim.

[2] Mulzer, J., Altenbach, H.-J., Braun, M., Krohn, K., Reissig, H.-U., Waldmann, H., Schmalz, H.-G., and Wirth, Th. (eds) (1991-2003) *Organic Synthesis Highlights I–V*, Wiley-VCH Verlag GmbH, Weinheim.

[3] Tietze, L.F., Brasche, G., and Gericke, K.M. (2006) *Domino Reactions in Organic Synthesis*, Wiley-VCH Verlag GmbH, Weinheim.

[4] (2001) *Organikum*, 21st edn, Wiley-VCH Verlag GmbH, Weinheim.

[5] Hünig, S., Kreitmeier, P., Märkl, G., and Sauer, J. (2007) *Arbeitsmethoden in der Organischen Chemie (mit Einführungspraktikum)*, 2nd edn, Verlag Lehmanns, Berlin.

[6] Larock, R.C. (1999) *Comprehensive Organic Transformations (A Guide to Functional Group Preparations)*, 2nd edn, Wiley-VCH Verlag GmbH, Weinheim.

[7] (a) Retrosynthesis is oriented toward the concepts and terminology of Warren, S. (1982) *Organic Synthesis – The Disconnection Approach*, John Wiley & Sons, Inc., New York; (b) Warren, S. (1978) *Designing Organic Syntheses*, John Wiley & Sons, Inc., New York; (c) Corey, E.J. and Cheng, X.-M. (1989) *The Logic of Chemical Synthesis*, John Wiley & Sons, Inc., New York.

[8] For example (a) Smith, M.B. (2013) *March's Advanced Organic Chemistry*, 7th edn, John Wiley & Sons, Inc., Hoboken, NJ; (b) Carey, F.A. and Sundberg, R.J. (1995) *Organische Chemie*, Wiley-VCH Verlag GmbH, Weinheim; (c) Quinkert, G., Egert, E., and Griesinger, C. (1995) *Aspekte der Organischen Chemie*, Wiley-VCH Verlag GmbH, Weinheim; (d) Brückner, R. (2004) *Reaktionsmechanismen (Organische Reaktionen, Stereochemie, moderne Synthesemethoden)*, 3rd edn, Spektrum Akademischer Verlag, Heidelberg; (e) Eliel, E.L., Wilen, S.H., and Doyle, M.P. (2001) *Basic Organic Stereochemistry*, John Wiley & Sons, Inc., New York; (f) Fuhrhop, J.-H. and Li, G. (2003) *Organic Synthesis*, 3rd edn, Wiley-VCH Verlag GmbH, Weinheim; (g) Kocieński, P.J. (2005) *Protecting Groups*, 3rd edn, Georg Thieme Verlag, Stuttgart; (h) Helmchen, G., Hoffmann, R.W., Mulzer, J., and Schaumann, E. (1996) *Houben-Weyl, Methods of Organic Chemistry, Stereoselective Synthesis*, 4th edn, vol. E21, Georg Thieme Verlag, Stuttgart; (i) Hauptmann, S. and Mann, G. (1996) *Stereochemie*, Spektrum Akademischer Verlag, Heidelberg.

缩略语和符号

常用的缩写和符号 XIX

g	gram 克
mg	milligram 毫克
L	liter 升
mL	milliliter 毫升
mol	mole 摩尔
mmol	millimole 毫摩尔
min	minute(s) 分钟
h	hour(s) 小时
d	day(s) 天
℃	degrees Celsius 摄氏度
%	percent 百分比
mp	melting point 熔点
bp	boiling point 沸点
n_D^{20}	refractive index at Na D line at 20℃ Na 光在 20℃ 时的折光率
$[\alpha]_D$	specific rotation 比旋光度
M_r	relative mass 相对质量
ee	enantiomeric excess 对映异构体过量
dr	diastereomeric ratio 非对应异构比例
ds	diastereoselectivity 非对映选择性
TLC	thin-layer-chromatography 薄层色谱
HPLC	high-performance liquid chromatography 高效液相色谱
ca.	approximately 大约，近似
cf.	compare 比较，对比
dec.	decomposition 降解
ed.	edition 版本
Ed(s)	editor 编辑
eq.	equivalent 等量的，方程式
equiv.	equivalent 等物质量的
et al.	and others 等(还有其他)
i.e.	that means 即，就是
p.	page 页码
Ref.	literature reference 参考文献 XX
rt	room temperature 室温
)))	sonification 超声波
vs.	as opposed to 与……相反

波谱常用缩写

IR	infrared spectrum 红外光谱
ν	wave number 波数
^{1}H NMR	proton nuclear magnetic spectrum 氢核磁共振

^{13}C NMR　^{13}C nuclear magnetic spectrum　碳核磁共振

δ(ppm)　chemical shift relative to tetramethylsilane ($\delta_{TMS}=0$)　相对化学位移($\delta_{TMS}=0$)

s　singlet　单峰

d　doublet　双峰

dd　doublet of doublets　二重二重峰

t　triplrt　三重峰

dt　doublet of triplets　二重三重峰

q　quartet　四重峰

quint　quintet　五重峰

sext　sextet　六重峰

sept　septet　七重峰

m　multiplet　多重峰

br　broad　宽峰

Hz　hertz　赫兹

J　coupling constant　耦合常数

UV-vis　ultraviolet-visble spectrum　紫外吸收

nm　nanometer　纳米

λ_{max}(lg ε)　wavelength of the absorption maximum (molar extinction coefficient)　最大吸收波长(摩尔消光系数)

取代基缩写

Ac	$—COCH_3$	acetyl　乙酰基
All	$—CH=CH_2CH_2$	allyl　烯丙基
Ar	aryl	芳基
Me	$—CH_3$	methyl　甲基
Et	$—CH_2CH_3$	ethyl　乙基
Pr	$—CH_2$	propyl　丙基
*i*Pr	$—CH(CH_3)_2$	*iso*-propyl　异丙基
*n*Bu	$—(CH_2)_3CH_3$	*n*-butyl　正丁基
*i*Bu	$—CH_2CH_2$	*iso*-butyl　异丙基
*s*Bu	$—CH(CH_3)CH_2CH_3$	*sec*-butyl　仲丁基
*t*Bu	$—C(CH_3)_3$	*tert*-butyl 叔丁基
XXI Mes	$—SO_2CH_3$	methanesulfonyl　甲磺酰基
Ph	$—C_6H_5$	phenyl　苯基

Tf	$—SO_2CF_3$	trifluoromethanesulfonyl 三氟甲磺酰基
Tos	$—SO_2C_6H_4CH_3$	*p*-toluenesulfonyl 对甲基苯磺酰基
Bn		benzyl 苄基
Bu		butyl 丁基
Boc		*tert*-butoxycarbonyl 叔丁氧羰基
Bz		benzoyl 苯甲酰基
Cbz		carbonylbenzyloxy 苄氧羰基
Cp		cyclopentadienyl 环戊二烯基
Cy		cyclohecyl 环己基
Fmoc		9-fluorenylmethoxy-carbonyl 9-芴甲氧羰基
MEM		(2-methoxyethoxy)-methyl 2-甲氧乙氧甲基
MOM		methoxymethyl 甲氧甲基
MTM		methylthiomethyl 甲巯甲基
Piv		pivalate 特戊酸酯
PMB		*p*-methoxybenzyl 对甲氧基苄基
TBDMS or TBS		*tert*-butyldimethylsiyl 叔丁基二甲基硅基
TBDPS or TBPS		*tert*-butyldiphenylsiyl 叔丁基二苯基硅基
TES		triethylsiyl 三乙基硅基
TMS		trimethylsilyl 三甲基硅基
TIPS		triisopropylsiyl 三异丙基硅基
Tol		tolyl 甲苯基

常用化合物以及特殊表达的缩写

acac	acetylacetone 乙酰基丙酮
ACCN	1,1′-azobis(cyclohexanecarbonitrile) 1,1′-偶氮双(环己基甲腈)
Ac_2O	acetic anhydride 乙酸酐
AcOH	acetic acid 乙酸
AIBN	2,2′-azobisisobutyronitrile 偶氮二异丁腈
ARC	anionic relay chemistry 阴离子继电器化学
ASG	anion stabilizing group 阴离子稳定基团
ATBT	allyltri-*n*-butyltin 烯丙基丁基锡
atm	standard atmosphere 标准大气压
BAIB	(diacetoxyiodo)benzene 二乙酰氧基碘苯
BER	borohydride exchange resin 硼氢交换树脂
$BF_3 \cdot OEt_2$	boron trifluoride-diethyl ether complex 三氟化硼乙醚配合物

BHT butylhydroxytoleene 丁基羟基甲苯

BINAP 2,2′-bis(diphenylphosphino)-1,1′-binaphthalene 1,1′-联萘-2,2′-二苯膦

BINAPO 2-diphenylphosphino-2′-diphenylphosphinyl-1,1′-binaphthalene 1,1′-联萘-2-二苯基膦-2′-二苯基磷基

BINOL 1,1′-bi-2-naphthol 1,1′-联(2萘酚)

Biphep 1,1′-biphenyl-2,2′-diphenylphosphine 2,2′-双(二苯磷)-1,1′-联苯

XXII **[Bmim]** 1-butyl-3-methylimidazolium 1-丁基-3-甲基咪唑鎓

borsm based on recovered starting material 基于回收的起始物料

bpz 2,2′-bipyrazine 2,2′-二吡嗪

CA cycloaddition 环加成

CAN ceric ammonium nitrate 硝酸高铈铵

CD circular dichroism 圆二色性

CM cross-metathesis 交叉复分解反应

cod 1,5-cyclooctadiene 1,5-环辛二烯

coe cyclooctene 环辛烯

CR cycloreversion 裂环

CSA camphorsulfonic acid 樟脑磺酸

DA Diels-Alder reaction D-A 反应

DABCO 1,4-diazabicyclo[2.2.2]octane 1,4-二氮杂双环[2.2.2]辛烷

DAIB (diacetoxy)iodobenzene 二乙酸碘苯

dba dibenzylideneacetone 二苄叉丙酮

DBU 1,8-diazabicyclo[5.4.0]undec-7-ene 1,8-二氮杂二环[5.4.0]十一碳-7-烯

DCB 1,2-dichloroisobutane 1,2-二氯异丁烷

DCE 1,2-dichloroethane 1,2-二氯乙烷

DCM dichloromethane 二氯甲烷

DDQ 2,3-Dichloro-5,6-dicyano-1,4-benzoquinone 2,3-二氯-5,6-二氰基-1,4-苯醌

DFT density functional theory 密度函数理论

DHQ hydroquinine 氢化奎宁

DHQD dihydroquinidine 二氢奎尼丁

DIB (diacetoxyiodo)benzene (二乙酰氨基碘基)苯

DIBAL diisobutylaluminum hydride 二异丁基铝氢化物

DIOP 4,5-bis(diphenylphosphinomethyl)-2,2-dimethyl-1,3-dioxolane 4,5-二(二苯基膦甲基)-2,2-二甲基-1,3-二氧环戊烷

DIPEA diisopropylethylamine 二异丙基乙基胺
DKP diketopiperazine 二酮哌嗪
DLP 1,2-dichloroethane with lauroyl peroxide 过氧化月桂酰二氯乙烷
DMA *N*,*N*-dimethylacetamide *N*,*N*-二甲基乙酰胺
DMAD dimethyl acetylenedicarboxylate 丁炔二酸二甲酯
DME dimethoxyethane 乙二醇二甲醚
DMF *N*,*N*-dimethylformamide *N*,*N*-二甲基甲酰胺
DMP Dess-Martin-periodinane 戴斯-马丁高碘烷
DMPU 1,3-dimethyl-3,4,5,6-tetrahydro-2(1*H*)-pyrimidinone 1,3-二甲基-3,4,5,6-四氢-2(1*H*)-嘧啶酮
DMPU *N*,*N*-dimethyl propylene urea *N*,*N*-二甲基丙脲
DMSO dimethyl sulfoxide 二甲基亚砜
DOS diversity-oriented synthesis 定向多样性合成
dpm dipivaloylmethane 二特戊酰基甲烷
dppe 1,2-bis(diphenylphosphino)ethane 1,2-双(二苯基膦)乙烷
dppf 1,2-bis(diphenylphosphino)ferrocene 1,2-双(二苯基膦)二茂铁
dppp 1,3-bis(diphenylphosphino)propane 1,3-双(二苯基膦)丙烷
DTBP 2,6-di-*tert*-butylpyridine 2,6-二叔丁基吡啶
E electrophile 亲电试剂
EC electrocyclization 电环化
ERO electrocyclic ring-opening 电环化开环
EWG electron-withdrawing group 吸电子官能团
fod 1,1,1,2,2,3,3-heptafluoro-7,7-dimethyl-4,6-octanedionate 1,1,1,2,2,3,3-六氟-7,7-二甲基-4,6-辛二酮盐(译者注：原著有误，现已改正)
GAP group-assisted purification 组辅助净化
HAT hydrogen atom transfer 氢原子转移
HFIP hexafluoroisopropanol 六氟异丙醇
HIV human immunodeficiency virus 人类免疫缺陷病毒
HMPA hexamethylphosphortriamide 六甲基磷酰三胺
HOMO highest occupied molecular orbital 最高已占分子轨道
IBX 2-iodoxybenzoic acid 2-碘酰基苯甲酸
IMDA intramolecualr Diels-Alder reaction 分子内 D-A 反应
L ligand 配体
LDA lithium diisopropylamide 二异丙基氨锂

LG leaving group 离去基团

LiHMDS lithium hexamethyldisilazide 六甲基二硅基氨基锂

LUMO lowest unoccupied molecular orbital 最低未占分子轨道

MAOS microwave-assisted organic synthesis 微波辅助合成

MBH Morita-Baylis-Hillman

MDRs multicomponent domino reactions 多组分多米诺反应

(*S*,*S*)-MeDuPhos (+)-1,2-bis[(2*S*,5*S*)-2,5-dimethylphospholano]benzene (+)-1,2-双[(2*S*,5*S*)-2,5-二甲基磷]苯

MeCN acetonitrile 乙腈

MEK methyl ethyl ketone 甲基乙基酮

MW microwave 微波

NADH nicotinamide adenine dinucleotide 烟酰胺腺嘌呤二核苷酸

NBS *N*-bromosuccinimide *N*-溴代丁二酰亚胺

NCS *N*-chlorosuccinimide *N*-氯代丁二酰亚胺

NMM *N*-methyl morpholine *N*-甲基吗啉

NMO *N*-methylmorpholine-*N*-oxide *N*-甲基吗啉-*N*-氧化物

NMP *N*-methyl-2-pyrrolidinone *N*-甲基-2-吡咯烷酮

NP natural products 天然产物

Ns *p*-nitrobenzenesulfonyl 对硝基苯磺酰基

Nu nucleophile 亲核试剂

***o*-DCB** *ortho*-dichlorobenzene 邻二氯苯

PCC pyridinium chlorochromate 氯化铬吡啶盐(译者注：沙瑞特(Sarrett)试剂)

PET photochemical electron transfer 光化学电子转移

PEG polyethylene glycol 聚乙二醇

PFBA pentafluorobenzoic acid 五氟苯甲酸

PG protecting group 保护基

Phen 9,10-phenanthroline 9,10-菲罗啉

PhMe toluene 甲苯

PIDA phenyliodine diacetate 二乙酸碘苯

PNO pyridine-*N*-oxide 吡啶-*N*-氧化物

PPh_3 triphenylphosphine 三苯基膦

PPTS pyridinium *p*-toluenesulfonate 对甲基苯磺酸吡啶盐

XXIV **PS-BEMP** polystyrene-(2-*tert*-butylimino-2-diethylamino-1,1-dimethyl-perhydro-1,3,2-diazaphosphorine) 聚苯乙烯-2-叔丁基亚氨基-2-二乙氨基-1,1-

二甲基全氢-1,3,2-二吖磷英

PS-DMAP polystyrene-dimethylaminopyridine 聚苯乙烯-二甲基氨基吡啶

***p*-TsOH or *p*-TSA** *p*-tolylsulfinic acid 对甲基苯磺酸

PVE propargyl vinyl ether 炔丙基乙烯基醚

Py pyridine 吡啶

R rest 剩余物

rac racemic 外消旋

RCM ring-closing metathesis 关环复分解反应

ROM ring-opening metathesis 开环复分解反应

RRM ring-rearrangement metathesis 环重排分解反应

SEM 2-trimethylsilylethoxymethoxy 2-三甲硅基乙氧基甲氧基

SET single electron transfer 单电子转移

sigR sigmatropic rearrangerment σ-迁移重排

S_N nucleophilic substitution 亲核取代

S_N1 substitution nucleophilic unimolecular 单分子亲核取代

S_N2 substitution nucleophilic bimolecular 双分子亲核取代

SolFC solvent free condition 无溶剂条件

SOMO singly occupied molecular orbital 单占有分子轨道

SPPS solid-phase peptide synthesis 固相多肽合成

t *tert* 叔

TADDOL (—)-(4*R*,5*R*)-or(+)-(4*S*,5*S*)-2,2-dimethyl-α,α,α′,α′-tetraphenyl-1,3-dioxolane-4,5-dimethnol (—)-(4*R*,5*R*)-或者(+)-(4*S*,5*S*)-2,2-二甲基-α,α,α′,α′-四苯基-1,3-二氧戊环-4,5-二甲醇

TBA tetra-*n*-butylammonium 四丁基铵离子

TBA tribromoacetic acid 三溴乙酸

TBAB tetra-*n*-butylammonium bromide 溴化四丁基铵

TBAF tetra-*n*-butylammonium fluoride 氟化四丁基铵

TBAI tetra-*n*-butylammonium iodide 碘化四丁基铵

TBCHD 2,4,4,6-tetrabromo-2,5-cyclohexadienone 2,4,4,6-四溴-2,5-环己二烯酮

TBD 1,5,7-triazabicyclo[4.4.0]dec-5-ene 1,5,7-三氮杂双环[4.4.0]-5-癸烯

TBPA [tris(4-bromophenyl)aminium hexachloroantimonate] 六氯锑酸三(4-溴苯基)铵

TBPS *tert*-butyldiphenylsilyl 叔丁硅基二苯基硅基

***t*-BuOH** *tert*-butyl alcohol 叔丁醇

***t*-BuOK** *tert*-butyl potassium 叔丁醇钾

TC thiophene-2-carboxylate 噻吩-2-羧酸酯

TEA triethylamine 三乙胺

TEBA benzyltriethylammonium chloride 氯化苄基三乙基铵

TEMPO tetramethylpiperidinyl-1-oxy 四甲基哌啶氮氧化物

TESOTf triethylsilyltrifluoromethanesulfonate 三乙基硅基三氟甲基甲磺酸酯

TFA trifluoroacetic acid 三氟乙酸

TFE 2,2,2-trifluorethanol 2,2,2-三氟乙醇

TfO trifluoromethanesulfonate 三氟甲磺酸酯

TFP tri-(2-furyl)phosphine 三(2-呋喃基)膦

THF tetrahydrofuran 四氢呋喃

(TMS)$_2$NH hexamethyldisilazane or bis(trimethylsilyl)amine 六甲基二硅氮烷或者二(三甲基硅基)胺

XXV **TMSOTf** trimethylsilyl trifluromethanesulfonate 三甲硅基三氟甲磺酸酯

Thio thiophene 噻吩

TMEDA tetramethylethylenediamine 四甲基乙二胺

TMSI trimethylsilyl iodide or iodotrimethylsilane 三甲硅基碘或者三甲基碘硅烷

TS transition state 过渡态

TsOH *p*-tolunesulfonic acid 对甲基苯磺酸

TTMSS tris(trimethylsiyl)silane 三(三甲硅基)硅烷

VAPOL 2,2′-diphenyl-(4-biphenanthrol) 2,2′-二苯基(4-联菲)

XPhos 2-dicyclohexylphosphio-2′,4′,6′-tri-iso-propylbiphenyl 2-双环己基膦-2′,4′,6′-三异丙基联苯

逆合成分析用缩略词

disc bond disconnection 断键

FGI functional group niterconversion 官能团转化

FGA functional group addition 官能团加成

致　谢

首先，我们要诚挚地感谢我们在 Göttingen 和 Saarbrücken 的同事 Lutz F.Tietze，Ulf Diederichsen 和 Andreas Speicher，他们对本书选定的合成案例进行了实验工作，确认了其可行性。

L.F.T 特别致意 Katja 女士改进了某些实验流程，感谢 Martina Pretor 女士更新了文献。

我们同样致意 Fonds der Chemischen Industrie 给予的慷慨的财务支持。

而且，我们还要致谢来自 Mülheim 的 MPI für Kohleforschung 的 Alois Fürstner 教授；来自 RWTH-Aachen 有机化学研究所的 Markus Rueping 教授；来自 Saarland 大学有机化学研究所的 U. Kazmaier 教授；来自 München 的 Ludwig-Maximilians 大学有机化学研究所的 P. Knochel 教授；来自加拿大 London Ontario 的 Western Ontario 大学的 J. A. Wisner 教授；以及 L. Kattner 博士，Fa. Endotherm 博士，Saarbrücken 博士，感谢他们提供各自相关研究领域的可行的实验流程。感谢 R. Schmidt教授对本书给予的良好的建议。

同样感谢 Wiley-VCH 的编辑部的员工，对他们卓有成效的帮助和合作表示感激。

于 Göttingen 和 Saarbrücken，德国
2014 年，夏

Lutz F.Tietze
Theophil Eicher
Ulf Diederichsen
Andreas Speicher
Nisa Schützenmeister

目　　录

1　C—C 键的形成

C—C 键的形成对于任何有机化合物结构骨架构建都是必要的，依据其机理进行分类。因此，1.1—1.8 节集中讨论金属有机和过渡金属参与的亲核、亲电、自由基和周环反应进行的 C—C 键构建。

1.1 节内容集中讨论亲核试剂对醛、酮、羧酸衍生物（酯和酸酐等）的加成反应，同时一并讨论亲核试剂对受体取代烯烃（Michael 加成）、羰基烯烃的加成；1.2 节内容是关于醛、酮、羧酸、β-二羰基化合物的 α、γ 位置烷基化；1.3 节则是 Aldol 和 Mannich 反应；1.4 节是亲核和亲电的酰基化反应；1.5 节讲述通过碳卡宾阳离子的烯烃反应；1.6 节描述过渡金属催化的反应，如 Heck、Suzuki-Miyaura、Sonogashira 反应及其机理；1.7 节则是关于多环反应，如环加成、电环化转化以及 σ-迁移反应，1.8 节描述了一些经典自由基反应。更多的过渡金属催化反应，例如 Wacker 氧化法，见 2 章和 5 章。

1.1 亲核试剂对醛、酮、羧酸衍生物(酯和酸酐等)、α,β-不饱和羰基化合物的加成反应和羰基烯基化

1.1.1 (*E*)-4-乙酰氧基-2-甲基-2-丁烯醛

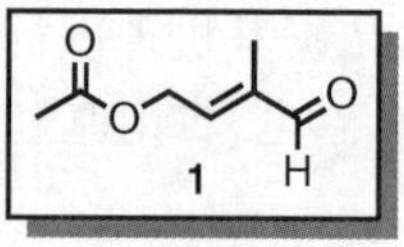

专题
- 为合成维生素 A(Va)进行的 C_5-构建单元制备
- 从酮、乙烯基 Grignard 试剂得到烯丙基醇
- 伴随烯丙基转化的丙烯醇的酰基化反应
- R—CH_2—X→R—CH═O 的 Krnblum 氧化

2 **(a) 概述**

(*E*)-2-甲基-2-丁烯醛的 4 位上带有乙酰氧基,可以看成异戊二烯官能化产物,作为一个 C_5-构建单元,通过羰基烯基化用于合成萜烯[1]。在 BASF 公司的经典的工业化合成 Va 过程中(见 4.1.5 节),(*E*)-4-乙酰氧基-2-甲基-2-丁烯醛(**1**)与 C_{15}-叶立德(**2**)通过 Wittig 反应得到 Va 的乙酸酯(**3**)。

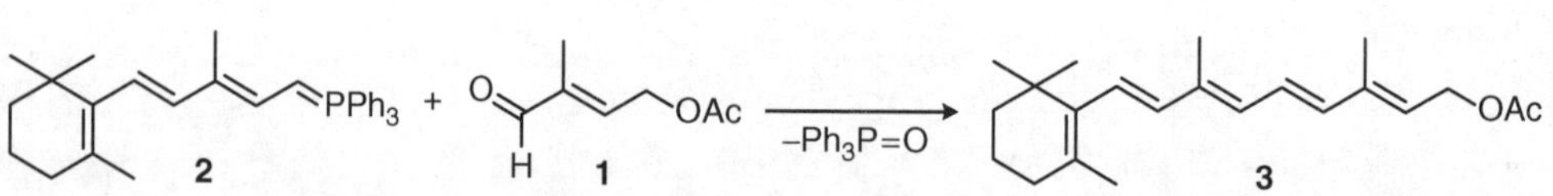

目标化合物 **1** 的合成方法有两条转化路线 **A**/**B**——通过中间体 **4**/**5** 烯丙基醇转化,**4**/**5** 进一步拆解为中间体 **6**/**7**,而 **6**/**7** 是由酮的衍生物 **8**/**9** 与乙烯基金属化合物加成得到的,乙烯基金属化合物是由乙炔基金属化合物部分还原得到的,两条路线 Ⅰ 和 Ⅱ 见文献[2,3]。

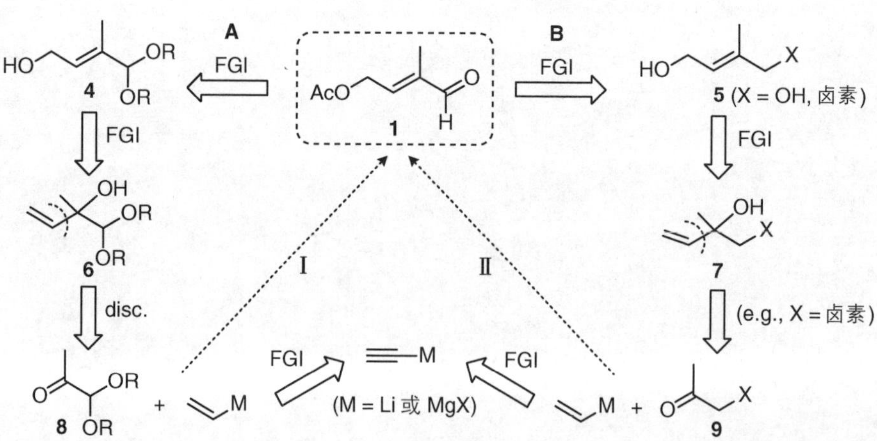

路线Ⅰ对应于 BASF 的工业化合成目标产物 **1**[2]，从丙酮氧化开始（甲醇中亚硝化）得到 2-氧代丙醛缩二甲醇 **10**，接着进行乙炔化，部分还原，乙酰化（**10→11→12→13**），该反应最终通过 Cu（Ⅱ）催化的烯丙基转化和乙酸酯的水解而完成（**13→1**）。另一方面，通过乙酸烯基酯 **15** 与 O_2 在乙酸中用 Pd/Cu 催化下完成烯丙基转化得到乙酸酯 **14**，水解后得到目标产物 **1**[4,5]，**15** 可以由方便易得的巴豆醛 **16** 与乙酸乙烯酯反应得到。

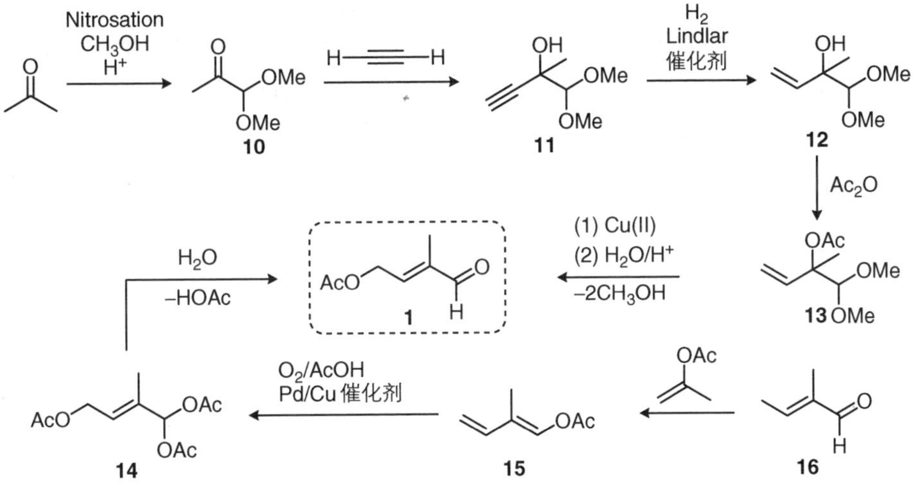

路线Ⅱ是实验室合成 **1** 的基础[3]，细节见(b)部分。

就在最近，又有两种新方法制备 **1**，分别是路线（ⅰ）：从 3-甲酰基-2-丁烯酸酯 **17**；路线（ⅱ）：从 3，4-环氧-1-丁烯 **20** 开始。

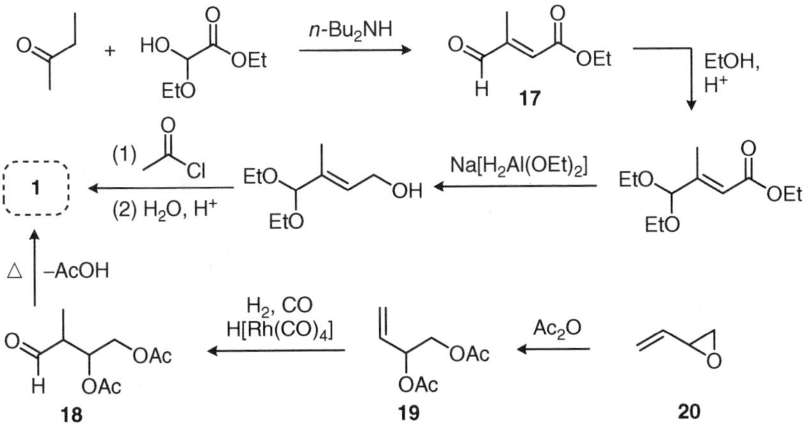

路线（ⅱ）的关键一步是 Rh 区域选择性催化的 **19** 的氢甲酰化反应（**19→18**），**19** 是由 **20** 与无水乙酐开环得到的。

相似的，异戊二烯单环氧化合物 **21** 开环后用 $CuCl_2$/LiCl 催化氯化，得到(*E*)-4-氯-2-甲基-2-丁醛 **22**，用乙酸盐取代氯得到 **1**[7]：

4

更为复杂的合成 **1** 的路线是[8]从异戊烯苄基醚 **23** 与次氯酸盐进行双键氯化开始的[9]，该反应中，双键的立体选择性倾向于偕二甲基位置得到 **24**，烯丙基氯被二甲基胺取代得到 **25**，苄醚片段被乙酸酯取代得到 **27**，再用过氧乙酸氧化得到烯丙氧胺化合物 Z 构型 **28**，该转化是经过 2,3-σ 重排形成的 *N*-氧化物 **26**，*N*-烷基化产物 **28** 与 MeI 反应，经过类 Hofmann 热消除 Me_3N(通过中间体 **29**)得到目标产物 **1**。

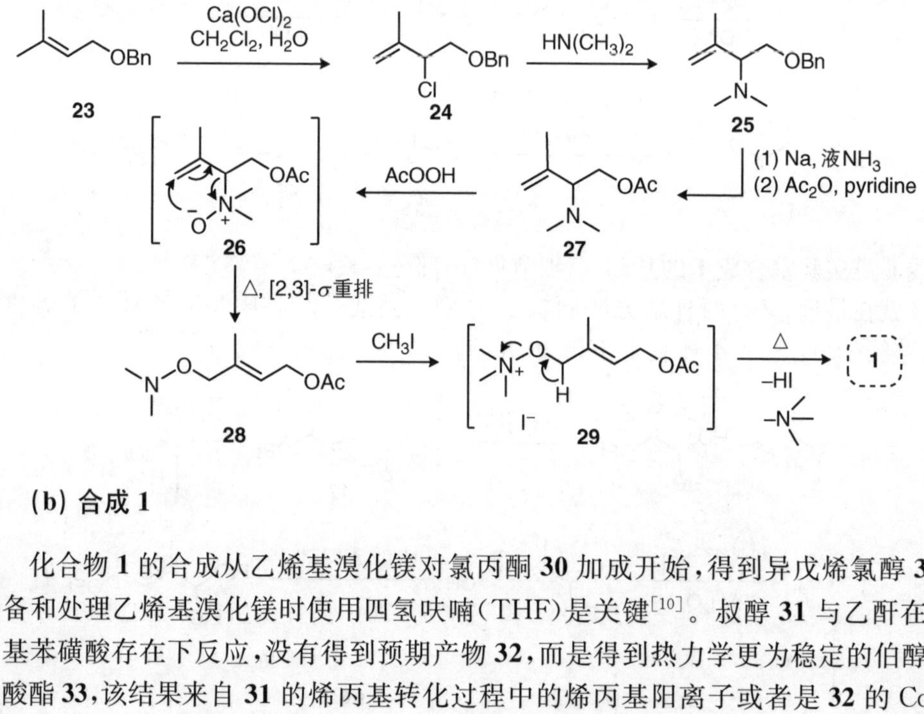

(b) 合成 1

化合物 **1** 的合成从乙烯基溴化镁对氯丙酮 **30** 加成开始，得到异戊烯氯醇 **31**，制备和处理乙烯基溴化镁时使用四氢呋喃(THF)是关键[10]。叔醇 **31** 与乙酐在对甲基苯磺酸存在下反应，没有得到预期产物 **32**，而是得到热力学更为稳定的伯醇的乙酸酯 **33**，该结果来自 **31** 的烯丙基转化过程中的烯丙基阳离子或者是 **32** 的 Cope 重排。

反应的最后一步是 **33** 与二甲基亚砜(DMSO)经过 Kornblum 氧化，伯氯转化为醛基得到 **1**，Kornblum 氧化的缺点(释放出恶臭的 Me_2S)可以通过使用 *N*-乙基吗啉-*N*-氧化物 **34** 替代来避免，该物质氧化伯氯为醛的过程非常干净[11,12]。

5 由此，由 **30** 开始，经过 3 步反应合成目标产物 **1**，全部产率 48%。

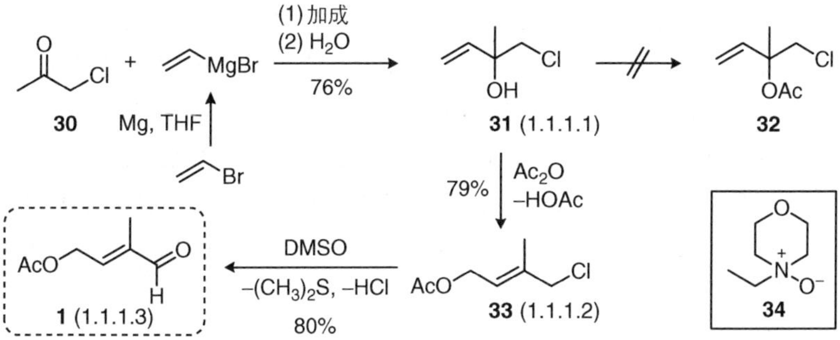

(c) 合成 1 的实验过程

1.1.1.1** 1-氯-2-甲基-3-丁烯-2-醇[3]

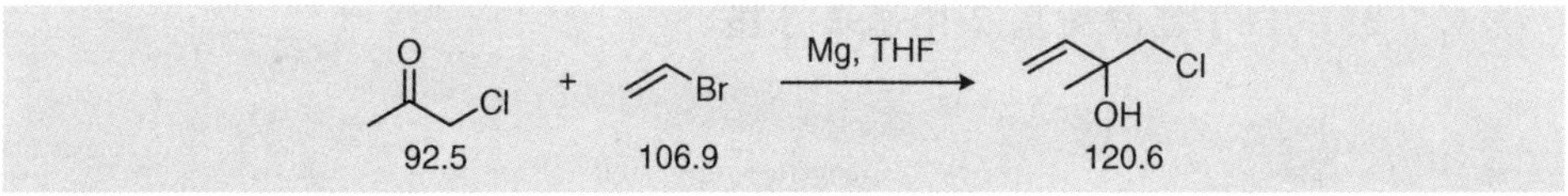

氮气保护下,镁带(7.3 g,0.30 mol)加入到干燥的 70 mL 的 THF 中,加入少量乙基溴(0.7 mL,约为 1 g)引发反应,乙烯基溴(0.30 mol,1 mol/L 的 THF 溶液,0.3 mL)慢慢滴加到反应体系中,搅拌,温度不能超过 40℃(大约需要 90 min),再搅拌 30 min,得到暗灰色溶液,冷却到 0℃,把氯丙酮[(18.5 g,0.20 mol)(催泪剂!)使用前要用小精馏柱蒸馏(bp_{760} 118~119℃)]的 THF(70 mL)溶液缓缓加入到体系中,耗时 45 min,然后室温搅拌 1 h。

反应产物用 0℃饱和 NH_4Cl(100 mL)进行水解,分液,水相用乙醚萃取(2×100 mL),合并有机相,用 2%的 $NaHCO_3$ 溶液(100 mL)和水(100 mL)洗涤,然后用 Na_2SO_4 干燥,减压除去溶剂,精馏得到无色油状物 18.3 g,收率 76%,bp_{17} 48~49℃,n_D^{20}=1.460 8。

IR (film): $\tilde{\nu}$ (cm^{-1}) = 3420, 3080, 1640.

^{1}H NMR (300 MHz, $CDCl_3$): δ (ppm) = 5.89 (dd, 15.0, 9.0 Hz, 1H, 3-H), 5.35 6
(dd, 15.0, 3.0 Hz, 1H, 4-H_a), 5.18 (dd, 9.0, 3.0 Hz, 1H, 4-H_b), 3.46 (s, 2H, 1-H_2), 2.37 (s_{br}, 1H, OH), 1.38 (s, 3H, CH_3).

1.1.1.2* (*E*)-1-乙酰氧基-4-氯-3-甲基-2-丁烯[3]

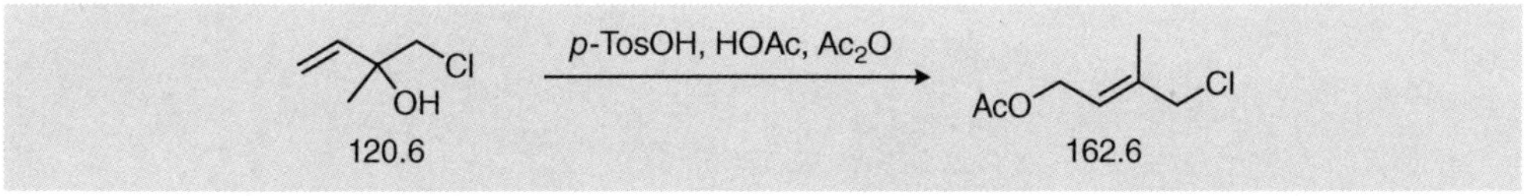

在 15℃条件下，将一水合对甲基苯磺酸(2.54 g，13.4 mmol)的乙酸溶液(60 mL)，滴加到异戊烯氯丁醇 1.1.1.1(15.3 g，127 mmol)的乙酸酐(20.0 mL)和乙酸(60 mL)的溶液中，耗时 15 min，然后升温至 55℃搅拌反应 24 h。

反应冷却到室温，缓缓倾入 800 mL 的 10%的 NaOH 溶液和 200 g 冰的混合液中，搅拌后用乙醚萃取(3×100 mL)，合并有机相，用 Na_2SO_4 干燥，减压除去溶剂，精馏得到无色油状物 16.3 g，收率 79%，bp_{10} 91～93℃，n_D^{20}=1.465 8，产物为 *E*/*Z* 比例为 6∶1 的混合物。

IR (film): $\tilde{\nu}$ (cm^{-1}) = 1740, 1235, 1025, 685.
^{1}H NMR (300 MHz, $CDCl_3$): δ (ppm) = 5.65 (t, *J* = 9.0 Hz, 1H, 2-H), 4.59 (d, *J* = 9.0 Hz, 2H, 1-H_2), 4.06, 3.98 (2×s, 2×2H, 比率 1∶6, *Z*/*E*-CH_2Cl), 2.02 (s, 3H, $OCOCH_3$), 1.79 (s_{br}, 3H, 3-CH_3).

1.1.1.3* (*E*)-乙酰氧基-2-甲基-2-丁醛[3]

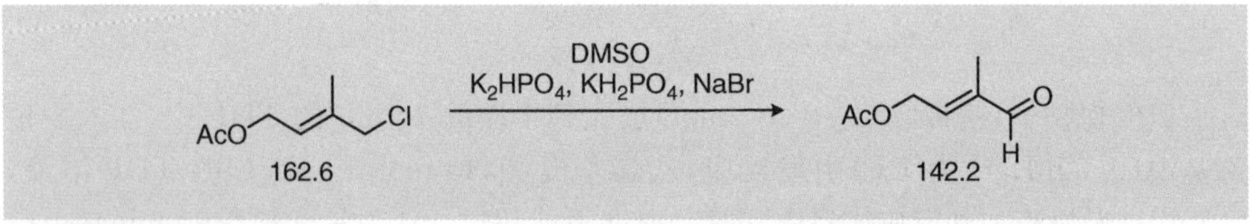

K_2HPO_4(19.9 g，114 mmol)，KH_2PO_4(4.14 g，30.0 mmol)，NaBr(1.20 g，11.6 mmol)，与烯丙基氯 **1.1.1.2**(16.1 g，99.0 mmol)一起悬浮于无水 DMSO 中(120 mL)，加热到 80℃，搅拌反应 24 h(通风橱中进行，因为有二甲基硫醚放出)。

混合物冷却后倒入 400 mL 水与 200 mL 的 CH_2Cl_2 混合物中，分液，水相用
7 100 mL H_2CCl_2 萃取，合并有机相，用 Na_2SO_4 干燥，减压除去溶剂，黄色油状物精馏得到乙酰氧基醛，为无色油状产物 11.2 g，收率 80%，bp_2 66～72℃，n_D^{20}=1.464 7，如果需要，反应原料可以柱层析纯化(硅胶，正己烷/乙醚=9∶1)。

IR (film): $\tilde{\nu}$ (cm^{-1}) = 2720, 1735, 1690, 1645.
^{1}H NMR (300 MHz, $CDCl_3$): δ (ppm) = 9.55 (s, 1H, CHO; *Z*异构体: δ = 10.23), 6.52 (tq, *J* = 6.0, 1.0 Hz, 1H, 3-H), 4.93 (dq, *J* = 6.0, 1.0 Hz, 2H, 4-H_2), 2.12 (s, 3H, $OCOCH_3$), 1.81 (dt, *J* = 1.0, 1.0 Hz, 3H, C2-CH_3).

参考文献

[1] Pommer, H. and Nürrenbach, A. (1975) *Pure Appl. Chem.*, **43**, 527–551.

[2] Reif, W. and Grassner, H. (1973) *Chem. Ing. Tech.*, **45**, 646–652.

[3] (a) Huet, J., Bouget, H., and Sauleau, J. (1970) *C.R. Acad. Sci., Ser. C.*, **271**, 430; (b) Babler, J.H., Coghlan, M.J., Feng, M., and Fries, P. (1979) *J. Org. Chem.*, **44**, 1716–1717.

[4] Fischer, R.H., Krapf, H., and Paust, J. (1988) *Angew. Chem.*, **100**, 301–302; *Angew. Chem., Int. Ed. Engl.*, (1988), **27**, 285–287.

[5] Tanabe, Y. (1981) *Hydrocarbon Process.*, **60**, 187–225.

[6] *Ullmann's Encyclopedia of Industrial Chemistry* (2003), 6th edn, vol. 38, Wiley-VCH Verlag GmbH, Weinheim, p. 119.

[7] Eletti-Bianchi, G., Centini, F., and Re, L. (1976) *J. Org. Chem.*, **41**, 1648–1650.

[8] Inoue, S., Iwase, N., Miyamoto, O., and Sato, K. (1986) *Chem. Lett.*, **15**, 2035–2038.

[9] Suzuki, S., Onichi, T., Fujita, Y., and Otera, J. (1985) *Synth. Commun.*, **15**, 1123–1129.

[10] Normant, H. (1960) *Adv. Org. Chem.*, **2**, 1.

[11] Suzuki, S., Onishi, T., Fujita, Y., Misawa, M., and Otera, J. (1986) *Bull. Chem. Soc. Jpn.*, **59**, 3287–3288; for **1**, a yield of 88% is reported.

[12] Sulfoxides anchored on ionic liquids are reported to represent nonvolatile and odorless reagents for Swern oxidation: He, X. and Chan, T.H. (2006) *Tetrahedron*, **62**, 3389–3394.

1.1.2 (*S*)-5-氧代-3,5-二苯基戊酸甲酯

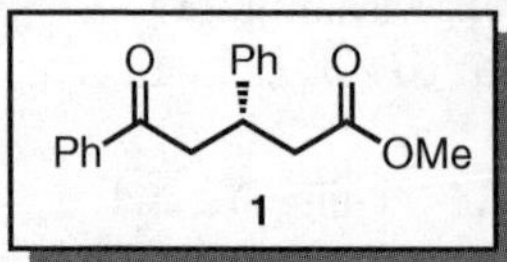

专题 ◆ Knoevenagel 缩合,Michael 加成

◆ 乙酰乙酸乙酯"酸裂解",酸酐生成

◆ 以(—)-金雀花碱为立体控制剂,Grignard 试剂对环状 *meso*-酸酐进行的不对称去对称化

◆ 手性高效液相色谱柱确定 ee 值

8 **(a) 概述**

不对称合成中,对内消旋(*meso*)或者前手性化合物的去对称化是一种重要的方法[1],通过对五元或者六元的 *meso*-环酸酐(如 **2** 或者 **4**)一个对映异构的羰基进行亲核加成开环,从而进行去对称化是可行的:(ⅰ)使用手性的醇或者胺。(ⅱ)非手性醇与酶、有机催化剂共同使用[2]。很明显,改变催化转化到目前为止是原子经济和高效合成的最有吸引力的路线[1],例如:

2 → MeOH, 脂酶 (Amano P), 92% → *S*-(**3**) (ee = 87%)

4 → MeOH, 奎宁 (cat.), 98% → (CO_2Me, CO_2H) (ee = 99%)

目前,通过亲核试剂进攻羰基碳的方法对环酸酐去对称的文献很少[2]。最近,在(—)-金雀花碱为络合剂,使用 Grignard 试剂对 3-取代的戊二酸酐(如 **2**)进行不对称开环反应[3],结果表明[4],这是一个多功能的有机催化剂[5],特别适用于有机锂反应中的立体控制。

正如在(b)中描述的那样[6],通过使用上述方案可以很方便地合成目标产物 **1**。

(b) 合成 1

5 → PhMgBr, **6**, toluene, −78 ℃到 rt, 78% → (*S*)-**7** (1.1.2.4), ee = 96%

(*S*)-**7** → MeI, K_2CO_3, DMF, 95% → (*S*)-**1** (1.1.2.5)

6

注：尽管使用光学纯醇、胺、亲核试剂对 *meso*-环酸酐进行开环反应是高度的非对映选择性的，但该合成法价值很小，因为要使用大量的手性亲核试剂，而且反应后除去助剂需要大量成本，见文献[2]。

3-苯基戊二酸酐(**5**)与溴代苯基镁反应，甲苯为溶剂，−78℃，1.3 倍量的(−)-金 9
雀花碱(**6**)为立体控制剂，反应得到 δ-酮酸 **7**，收率 78%，高光学纯度(ee=96%)[3]。化合物 **7** 的对映体纯度可以由手性 HPLC 测定，手性相为 **7** 的甲基酯 **1**，由 **7** 的钾盐与 MeI 反应制备。

meso-酸酐 **5** 很容易制备[7]，由苯甲醛和 2 倍量的乙酰乙酸乙酯在碱催化下反应，**9** 的合成是三元组分的多米诺工艺，首先是在哌啶中苯甲醛与乙酰乙酸乙酯进行 Knoevenagel 缩合得到 **8**，继续与乙酰乙酸乙酯进行 Michael 加成得到产物 **9**，**9** 在 NaOH 的乙醇溶液中经过两次"酸裂解"，经过酯的皂化反应失去两分子乙酸乙酯得 3-苯基戊二酸 **10**，用乙酸酐处理得到酸酐 **5**。

因此，经过 4 步反应得到目标分子 **1**，全部产率为 60%(基于苯甲醛)。

Ph–CHO + 乙酰乙酸乙酯 → ($-H_2O$) [**8**] → + 乙酰乙酸乙酯 (82%) → **9** (1.1.2.1) → NaOH (96%) → **10** (1.1.2.2) → Ac_2O (98%) → **5** (1.1.2.3)

(c) 化合物 1 的合成

1.1.2.1* 2,4-二乙酰基-3-苯基-戊二酸乙酯[7]

苯甲醛 (106.1) + 2 乙酰乙酸乙酯 (130.1) →(哌啶)→ 产物 (348.4)

乙酸乙酰乙酯(75.5 g，580 mmol，使用前蒸馏，bp_{15} 76～77℃)，苯甲醛(28.5 g， 10
269 mmol)溶解在无水乙醇中(160 mL)，加入哌啶 4 mL，加热回流 10 min，室温搅拌反应 12 h,2～3 h 后开始结晶,如果反应体系黏稠无法搅拌,请加入 50～100 mL 乙醇。

用甲醇干冰浴把反应悬浮液冷却至−20℃,过滤,用−20℃乙醇洗涤直至无色,真空干燥,得到无色晶体 77.2 g,收率 82%,mp 150～152℃,从薄层层析上(TLC,SiO_2/乙醚)看产品已经足够纯。经乙醇重结晶后产品纯度进一步提高,mp 154～155℃。

IR (KBr): $\tilde{\nu}$ (cm^{-1}) = 3515, 2980, 1740, 1720, 1500, 1470, 1380, 1190, 830.
^{1}H NMR (300 MHz, $CDCl_3$): 因为有烯醇化及不同的 *E*/*Z* 异构体存在,导致峰形十分复杂。

1.1.2.2* 3-苯基戊二酸[7]

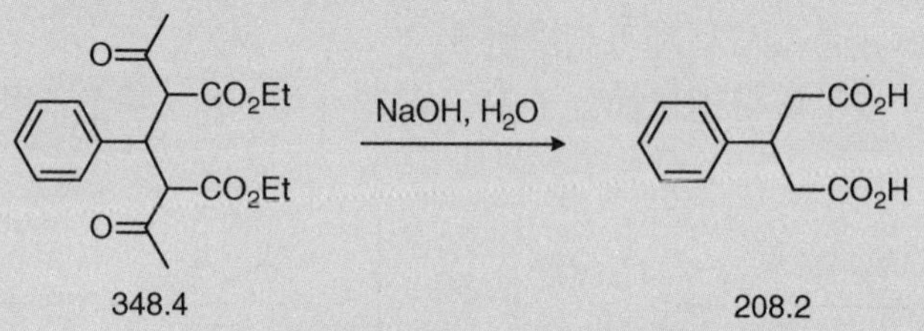

NaOH, H_2O

348.4 208.2

二酯 **1.1.2.1**(69.7 g,194 mmol)加入到 200 mL 50% NaOH 水溶液以及 200 mL 乙醇混合物中,加热回流 3 h。

悬浮物用 200 mL 水稀释,减压干燥,然后加入 400 mL 水,用浓盐酸酸化至 pH 为 2,乙醚萃取(3×150 mL),合并有机相,用 Na_2SO_4 干燥、过滤、减压浓缩至 100～120 mL,产品−20℃结晶析出,过滤收集,用少量−20℃乙醚洗涤,真空干燥,得到无色结晶产品 40 g,收率 96%,mp 145～147℃,产品纯度足以满足下步反应所需。

11 **IR** (KBr): $\tilde{\nu}$ (cm^{-1}) = 3200−2500, 1720, 1705, 1495, 1450, 1420, 820.
^{1}H NMR (300 MHz, [D_6]丙酮): δ (ppm) = 10.88 (s_{br}, 2H, 2×CO_2H), 7.25 (m_c, 5 H), 3.66 (quintet, *J* = 6.7 Hz, 1H, 3-H), 2.72 (d, *J* = 6.7 Hz, 4H, 2-H_2, 4-H_2).

1.1.2.3* 3-苯基戊二酸酐[7]

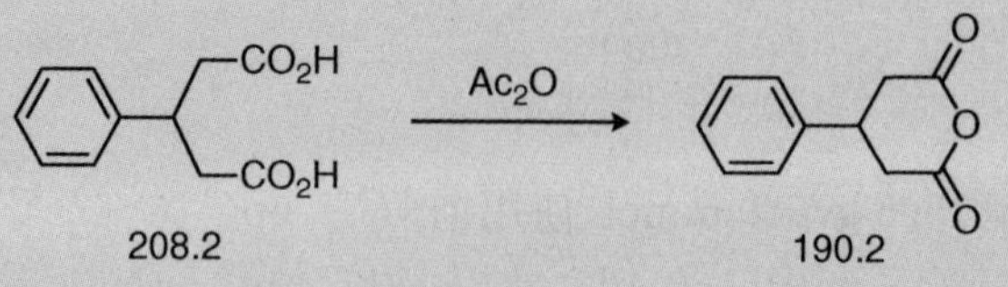

Ac_2O

208.2 190.2

二酸 **1. 1. 2. 2**(26 g,125 mmol)与 140 mL 乙酸酐加热回流 2 h。反应物抽干,剩余物加入 100 mL 乙醚,过滤,滤饼用乙醚洗涤、抽干。产品为无色晶体,23. 3 g,收率 98%,mp 103～105℃,产品纯度足以满足下步反应所需。

IR (solid): $\widetilde{\nu}$ (cm^{-1}) = 3034, 2980, 1809, 1751, 1243, 1172, 1066, 953, 763, 702, 605, 591.
^{1}H NMR (300 MHz, $CDCl_3$): δ (ppm) = 7.40 (t, J = 7.4 Hz, 2H), 7.34 (t, J = 7.6 Hz, 1H), 7.20 (d, J = 7.25 Hz, 2H, 2 × Ar–H), 3.42 (m_c, 1H, 3-H), 3.11 (dd, J = 17.3, 4.4 Hz, 2H, 2-H_A, 4-H_A), 2.89 (dd, J = 17.3, 11.4 Hz, 2H, 2-H_B, 4-H_B).
^{13}C NMR (76 MHz, $CDCl_3$): δ (ppm) = 165.8 (C-1, C-5), 139.1, 129.4, 128.2, 126.3 (6 × Ph–C), 37.2 (C-3), 34.1 (C-2, C-3).

1. 1. 2. 4* (*S*)-5-氧代-3,5-二苯基戊酸[3]

(–)-金雀花碱,甲苯
MgBr
OH
190.2
PhBr: 157.0
Mg: 24.3
268.3

在 N_2 保护下,大约五分之一的溴苯(1. 02 g,6. 5 mmol)的乙醚溶液(10 mL)加入到镁带中(158 mg,6. 5 mmol),反应开始后滴加剩余的溴苯溶液,然后回流直到镁带消失。

在 N_2 保护下,室温,Grignard 试剂逐滴地加入到(—)-金雀花碱(1. 52 g, 12
6. 5 mmol)的无水甲苯(25 mL)溶液中,搅拌 3 h,然后冷却到－78℃,逐滴加入 3-苯基戊二酸酐 **1. 1. 2. 3**(951 mg,5. 00 mmol)的甲苯(10 mL)溶液,保持此温度搅拌反应 3 h,然后升温至室温。

反应用 50 mL 2 mol/L NaOH 猝灭,剧烈搅拌,乙醚萃取(3×20 mL),分液,水相在冰浴中用浓盐酸酸化,有机酸析出,抽滤,水洗(2×20 mL),晾干,得到无色晶体 1. 05 g,78%收率,mp 126～127℃。

IR (solid): $\widetilde{\nu}$ (cm^{-1}) = 3030, 1734, 1698, 1682, 1595, 1578.
^{1}H NMR (300 MHz, [D_6]DMSO): δ (ppm) = 12.06 (s_{br}, 1H, CO_2H), 7.91 (d, J = 7.3 Hz, 2H, 2 × ArH), 7.60 (t, J = 7.6 Hz, 1H, ArH), 7.48 (t, J = 7.6 Hz, 2H, 2 × ArH), 7.26 (d, J = 7.0 Hz, 2H, 2 × ArH), 7.23 (t, J = 7.6 Hz, 2H, 2 × ArH), 7.13 (t, J = 7.3 Hz, 1H, ArH), 3.66 (quintet, J = 7.9 Hz, 1H, 3-H), 3.44 (dd,

J = 17.1, 7.9 Hz, 1H, 2-H_a), 3.37 (dd, J = 17.1, 6.3 Hz, 1H, 2-H_b), 2.69 (dd, J = 15.8, 6.3 Hz, 1H, 4-H_a), 2.56 (dd, J = 15.8, 8.5 Hz, 1H, 4-H_b).
^{13}C NMR (76 MHz, [D_6]DMSO): δ (ppm) = 198.4 (C-5), 172.9 (C-1), 143.8, 136.7, 133.1, 128.6, 128.1, 127.8, 127.5, 126.2 (12 × Ar–C), 44.0, 40.4, 37.2 (C-2. C-3, C-4).

1.1.2.5* (*S*)-5-氧代-3,5-二苯基戊酸甲酯[3]

MeI, K_2CO_3
DMF

268.3 282.3

羧酸 **1.1.2.4**(268 mg,1.0 mmol)与无水 K_2CO_3(207 mg,1.5 mmol)溶解于 5 mL 的 DMF 中,缓缓加入 MeI(2.84 g,20.0 mmol,注意致癌!),室温下搅拌过夜。

先用 10%的 K_2CO_3 溶液 10 mL 猝灭反应,再用乙醚萃取(5×10 mL),分液,合并有机相,然后用卤水洗涤(3×10 mL),接着用 Na_2SO_4 干燥,过滤,减压除去溶剂,
13 最后产品重结晶,得到无色晶体 268 mg,96%收率,mp 82℃,$[\alpha]_D^{20}$ = +1.8(c = 0.85, $CHCl_3$),ee = 96%。

IR (solid): $\tilde{\nu}$ (cm^{-1}) = 2970, 2870, 1735, 1680, 1596, 1578, 1496.
^{1}H NMR (300 MHz, $CDCl_3$): δ (ppm) = 7.91 (d, J = 6.9 Hz, 2H, ArH), 7.53 (t, J = 7.6 Hz, 1H, ArH), 7.43 (t, J = 7.9 Hz, 2H, ArH), 7.26 (m, 3H, ArH), 7.19 (m, 2H, ArH), 3.88 (quintet, J = 7.3 Hz, 1H, PhC$\underline{H}$), 3.58 (s, 3H, OCH_3), 3.39 (dd, J = 16.7, 6.9 Hz, 1H) and 3.33 (dd, J = 16.7, 6.9 Hz, 1H, $\underline{CH_2}CO_2Me$), 2.82 (dd, J = 15.3, 7.3 Hz, 1H), and 2.69 (dd, J = 15.3, 7.3 Hz, 1H, $PhCO\underline{CH_2}$).
^{13}C NMR (76 MHz, $CDCl_3$): δ (ppm) = 198.13, 172.29, 143.36, 136.95, 133.09, 128.62, 128.07, 127.33, 127.18, 126.82, 51.55, 44.55, 40.58, 37.53.

用 HPLC 检测对映体比例为 98∶2,条件:Daicel Chiralcel® ODH 柱(4.6×250 mm;异丙醇/正己烷=20∶80,0.5 mL/min,UV 254 nm,基线分离)。相关的 *rac*-5-氧代-3,5-二苯基戊酸甲酯也可利用上述方法在无金雀花碱的情况下经过酯化制得。

参考文献

[1] Magnuson, S.R. (1995) *Tetrahedron*, **51**, 2167–2213.

[2] Spivey, A.C. and Andrews, B.J. (2001) *Angew. Chem.*, **113**, 3227–3230; *Angew. Chem. Int. Ed.*, (2001), **40**, 3131–3134.

[3] Shintani, R. and Fu, G.C. (2002) *Angew. Chem.*, **114**, 1099–1101; *Angew. Chem. Int. Ed.*, (2002), **41**, 1057–1059.

[4] (a) Hoppe, D. and Hense, T. (1997) *Angew. Chem.*, **109**, 2376–2410; *Angew. Chem., Int. Ed. Engl.*, (1997), **36**, 2282–2316; (b) Beak, P.A. *et al.* (2000) *Acc. Chem. Res.*, **33**, 715–727.

[5] Berkessel, A. and Gröger, H. (2005) *Asymmetric Organocatalysis*, Wiley-VCH Verlag GmbH, Weinheim.

[6] For comparison, see: Diaz-Ortiz, A., Diez-Barra, E., de la Hoz, A., Prieto, P., and Moreno, A. (1996) *J. Chem. Soc., Perkin Trans. 1*, 259–263.

[7] In analogy to Eicher, Th. and Roth, H.J. (1986) *Synthese, Gewinnung und Charakterisierung von Arzneistoffen*, Georg Thieme Verlag, Stuttgart, p. 80.

1.1.3 8-氯-4-甲基-2-萘甲酸乙酯

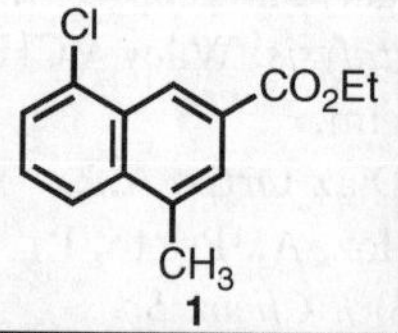

专题 ◆ 在 DABCO 存在下芳香醛与丙烯酸酯进行 Baylis-Hillman 反应

◆ —OH 的乙酰化

◆ 通过硝基烷烃/碱的多米诺反应,转化乙酰化的 Baylis-Hillman 加合物为官能化萘

14 (a) 概述

羰基化合物,主要是醛以及亚胺,在叔胺或者膦特别是 1,4-二氮杂二环[2.2.2]辛烷(DABCO)引发下,与具有受体取代基的烯烃(如丙烯酸酯、丙烯腈、烯酮等)的加成反应就是 Baylis-Hillman 反应[1,2]。

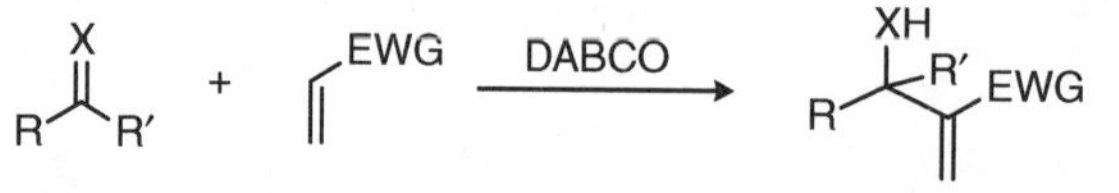

X = O, NR^1

EWG = 吸电子基团

(CO_2R^2, CN, COR^2 等)

现在用醛与丙烯酸甲酯在 DABCO 催化下反应为例,解释通常认为的 Baylis-Hillman 反应机理:

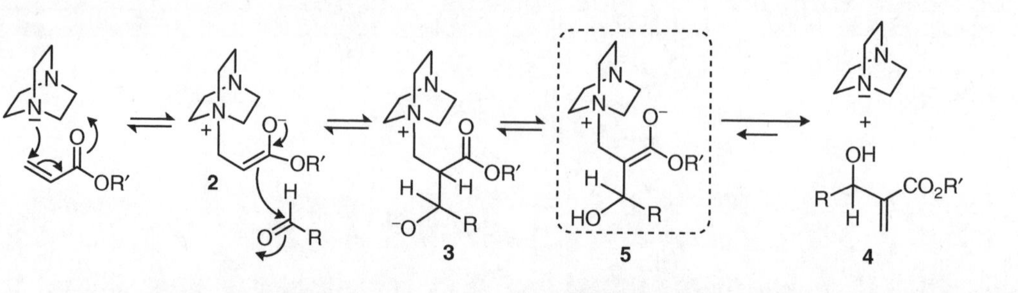

反应第一步是类 Michael 加成:DABCO 对丙烯酸酯加成,得到两性离子烯醇酯 **2**,作为亲核试剂,类似于 Aldol 反应,向醛中的羰基碳进攻得到两性离子 **3**,接着分子内质子转移(**3**→**5**),与叔胺分离,脱离催化循环得到 Baylis-Hillman 加合物 **4**。

产物 **4** 包含了三种不同的官能团,因此具有多种转化能力[2],而且,如果在 Baylis-Hillman 反应中亲电组分进行官能化,那么多米诺反应将被引发[3],生成碳环或者杂环化合物[4],下面是例子(1)～(3)。

在(1)中,丙烯酸酯的 Baylis-Hillman 加合物 **6**(2-氯苯甲醛与丙烯酸乙酯反应,然后乙酰化得到)在碱催化下与砜 **7** 反应,得到萘的衍生物 **8**,其过程包括 S_N'进攻(→**9**),分子内的 S_NAr 反应(→**10**),然后消除甲磺酸[5]。

在(2)中,丙烯酸酯的 Baylis-Hillman 加合物 **11**(用 2,6-二氯苯甲醛反应得到,方法同上)与对甲基苯磺酰胺/碱反应得到喹啉衍生物 **12**,机理类似(1)中所述(**11→13→14→12**)[6]。

在(3)中,乙酰化的 Baylis-Hillman 加合物 **15**(2-吡啶甲醛与丙烯酸乙酯反应,然 15
后乙酰化得到)热解为吲嗪衍生物 **17**,其过程包括对 **15** 中丙烯酸酯 S_N' 进攻得到吲嗪离子 **16**,接着脱质子得到 **17**[7]。

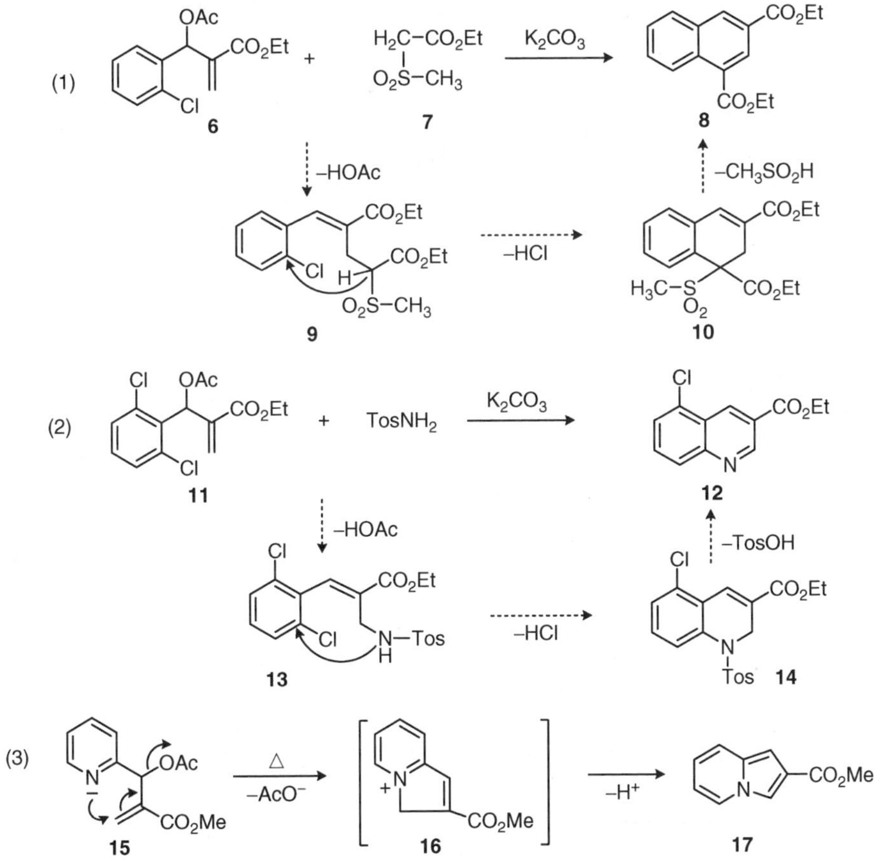

对合成目标产物 **1** 更详细的讨论见(b)[8]2)。

(b) 合成 1

1 的合成从 2,6-二氯苯甲醛 **18** 与丙烯酸乙酯在 DABCO 作用下反应开始,得到 Baylis-Hillman 加合物 **19**,绝大多数情况下,DABCO 引发的 Baylis-Hillman 反应需
要 5 天的长时间反应才能完全,可能是因为 **18** 中的 2,6-位取代基引起的位阻效应。 16
某些情况下,使用 DABCO、三乙醇胺、Lewis 酸 La(OTf)$_3$ 等催化体系,反应时间可以缩

短到 12 h[9]，然而，在 **18**→**19** 的转化中却没有这样的好事情，但是不管怎么说，使用三乙醇胺作为溶剂，效果比辛醇好[9c]，加合物 **19** 与乙酸酐进行酰基化反应得到 **11**：

注 2)：目前为止，方便的合成 **1** 的方法还没有报道。

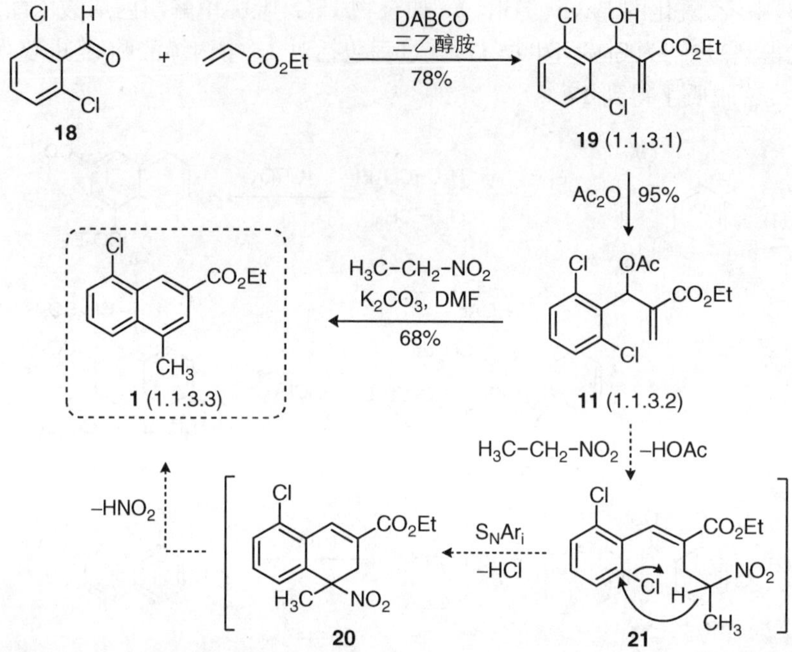

乙酸酯化物 **11** 与硝基乙烷在 DMF 中平稳反应，以 K_2CO_3 为碱得到目标产物 **1**，收率 68%。这是又一次通过多米诺反应三步得到萘的衍生物的反应，首先，硝基乙烷产生的负离子经过类似 S_N' 机理取代 **11** 中的乙酰氧基得到肉桂酸酯 **21**；接着，一个邻位芳卤(被 α,β-不饱和酯活化)被取代，其机理是 **21** 中硝酸酯通过分子内类 S_NAr 反应取代氯得到 **20**；第三步，1,2-二氢萘通过碱消除 HNO_2 进行芳构化得到 **1**。

如此，萘-2-甲酸酯 **1** 经过三步反应的全收率是 50%(以苯甲醛 **18** 为基础)。

17 **(c) 合成 1 的实验过程**

1.1.3.1 2-[(2,6-二氯苯基)羟甲基]丙烯酸乙酯[9]

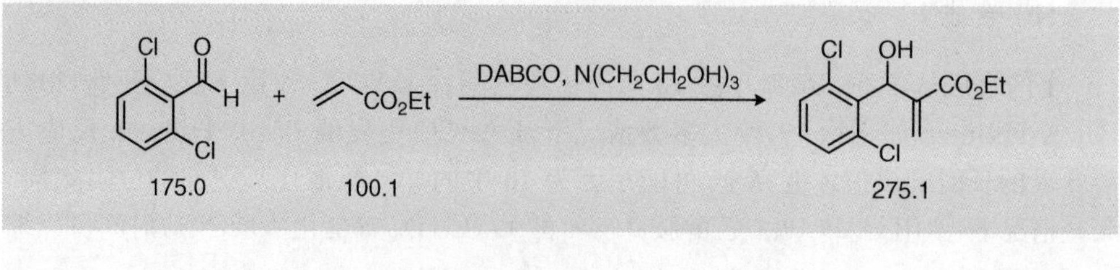

氩气保护，室温，搅拌条件下向丙烯酸乙酯(4.51 g，45.0 mmol)和 2，6-二氯苯甲醛(5.25 g，30.0 mmol)的混合物中添加 DABCO(3.37 g，30.0 mmol)和三乙醇胺(1.99 mL，15 mmol)，反应 5～7 天后终止，用 150 mL 乙醚稀释，然后分别用 100 mL的 2%的 HCl 溶液和 100 mL 水洗涤。分液，有机相用 $MgSO_4$ 干燥、过滤、减压除去溶剂，粗产品柱层析提纯(硅胶，石油醚/乙醚=2∶1)，得到无色晶体 6.44 g，收率 78%，mp 67～68℃。

IR (solid): $\tilde{\nu}$ (cm^{-1}) = 3492, 1694, 1288, 1191, 1047, 964, 762.
^{1}H NMR (300 MHz, $CDCl_3$): δ (ppm) = 7.31 (d, J = 7.8 Hz, 2H, Ar–H), 7.17 (t, J = 7.8 Hz, 1H, Ar–H), 6.41 (d, J = 1.6 Hz, 1H, =CH_a), 6.34 (dt, J = 9.0, 1.9 Hz, 1H, C<u>H</u>OH), 5.79 (d, J = 1.9 Hz, 1H, =CH_b), 4.18 (m, 2H, $C\underline{H_2}CH_3$), 3.37 (d, J = 9.0 Hz, 1H, OH), 1.23 (t, J = 7.3 Hz, 3H, CH_2CH_3).
^{13}C NMR (76 MHz, $CDCl_3$): δ (ppm) = 166.0, 139.8, 135.6, 135.5, 129.5, 129.4, 126.1, 70.1, 61.0, 14.0.

1.1.3.2* 2-[乙酰氧基-(2，6-二氯苯基)甲基]丙烯酸乙酯[10]

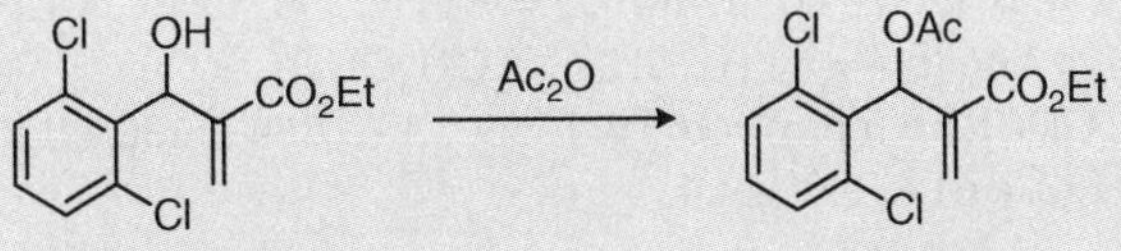

Ac_2O

275.1　　317.2

向苯甲醇 **1.1.3.1**(4.13 g，15.0 mmol)和 50 mL 乙酸酐[使用之前蒸馏，bp_{760} 140～141℃]的混合物中加入一滴浓 H_2SO_4，搅拌反应 30 min，混合物用 100 mL 冷的 2 mol/L NaOH 溶液稀释，室温搅拌 1 h，然后用氯仿萃取(3×30 mL)，合并有机相，用 10% $NaHCO_3$ 溶液洗涤、分液，有机相用 $MgSO_4$ 干燥、过滤、减压除去溶剂，得到 4.54 g(收率 95%)无色黏稠的油状物。

IR (film): $\tilde{\nu}$ (cm^{-1}) = 1747, 1436, 1370, 1228, 1027. 18
^{1}H NMR (300 MHz, $CDCl_3$): δ (ppm) = 7.33 (t, J = 1.9 Hz, 1H, C<u>H</u>OAc), 7.31 (d, J = 8.2 Hz, 2H, 2×Ar–H), 7.17 (t, J = 7.6 Hz, 1H, Ar–H), 6.48 (d, J = 1.3 Hz, 1H, =CH_2), 5.69 (d, J = 1.9 Hz, 1H, =CH_2), 4.20 (m, 2H, $C\underline{H_2}CH_3$), 2.12 (s, 3H, $C(O)C\underline{H_3}$), 1.24 (t, J = 7.3 Hz, 3H, $CH_2C\underline{H_3}$).
^{13}C NMR (76 MHz, $CDCl_3$): δ (ppm) = 169.4, 166.0, 136.2, 136.1, 132.5, 129.9, 129.4, 127.9, 70.3, 61.1, 20.7, 14.0.

1.1.3.3* 8-氯-4-甲基-2-萘甲酸乙酯[8]

室温下 K_2CO_3(4.14 g，30.0 mmol，使用前在 80℃烘干 24 h)溶解于 30 mL 的

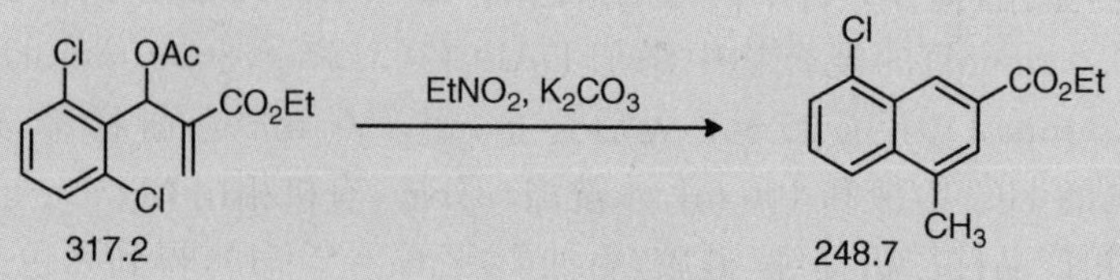

DMF中,加入硝基乙烷(1.44 mL,20.0 mmol),搅拌反应10 min。丙烯酸酯**1.1.3.2**(3.17 g,10.0 mmol)的10 mL DMF溶液,室温下于20 min内逐滴滴入上述溶液中,反应在50~60℃搅拌17 h。

然后黄色的混合物倒入150 mL的稀HCl(注意防呛),溶液用乙醚萃取(3×50 mL),合并有机相,用50 mL水洗涤,分液,有机相用$MgSO_4$干燥、过滤、减压除去溶剂,得到褐色油状粗产物,柱层析提纯(硅胶,正己烷/CH_2Cl_2=1∶1),得到黄色晶体产物1.70 g,收率68%,mp 52~53℃。

IR (solid): $\tilde{\nu}$ (cm^{-1}) = 1708, 1269, 1236, 1186, 765.
^{1}H NMR (300 MHz, $CDCl_3$): δ (ppm) = 8.88 (s, 1H, Ar–H), 7.95 (s, 1H, Ar–H), 7.92–7.48 (m, 3H, Ar–H), 4.46 (q, J = 7.1 Hz, 2H, $CO_2\underline{CH_2}CH_3$), 2.72 (s, 3H, Ar–CH_3), 1.46 (t, J = 7.1 Hz, 3H, $CO_2CH_2\underline{CH_3}$).
^{13}C NMR (76 MHz, $CDCl_3$): δ (ppm) = 166.6, 135.9, 135.3, 134.0, 130.4, 128.3, 127.7, 126.7, 125.7, 123.3, 61.3, 19.7, 14.4.

参考文献

[1] Ciganek, S. (1997) in *Organic Reactions*, (ed. L.A. Paquette), vol. 51, John Wiley & Sons, Inc., New York, p. 201.

[2] (a) Basavaiah, D., Rao, A.J., and Satyanarayana, T. (2003) *Chem. Rev.*, **103**, 811–891; (b) For a new, highly active and selective catalytic system for the Baylis–Hillman reaction, see: You, J., Xu, J., and Verkade, J.G. (2003) *Angew. Chem.*, **115**, 5208–5210; *Angew. Chem. Int. Ed.*, (2003), **42**, 5054–5056.

[3] (a) Tietze, L.F. (1996) *Chem. Rev.*, **96**, 115–136; (b) Tietze, L.F., Brasche, G., and Gericke, K. (2006) *Domino Reactions in Organic Synthesis*, Wiley-VCH Verlag GmbH, Weinheim.

[4] Kim, J.N. and Lee, K.Y. (2002) *Curr. Org. Chem.*, **6**, 627–645.

[5] Jin, Y., Chung, Y.M., Gong, J.H., and Kim, J.N. (2002) *Bull. Korean Chem. Soc.*, **23**, 787–794.

[6] Chung, Y.M., Lee, H.J., Hwang, S.S., and Kim, J.N. (2001) *Bull. Korean Chem. Soc.*, **22**, 799–800.

[7] (a) Bode, M.L. and Kaye, P.T. (1993) *J. Chem. Soc., Perkin Trans. 1*, 1809–1811; (b) For the synthesis of indolizines by a Baylis–Hillman reaction, see also: Basavaiah, D. and Rao, A.J. (2003) *Chem. Commun.*, 604–605; (c) In addition, Baylis–Hillman adducts have been transformed into 2-benzazepines: Basavaiah, D. and Satyanarayana, T. (2004) *Chem. Commun.*, 32–33.

[8] Kim, J.N., Im, Y.J., Gong, J.H., and Lee, K.Y. (2001) *Tetrahedron Lett.*, **42**, 4195–4197.

[9] (a) Aggarwal, V.K., Tarver, G.J., and McCague, R. (1996) *Chem. Commun.*, 2713–2714; Aggarwal, V.K., Grainger, R.S., Adams, H. and Spargo, P.L. (1998) *J. Org. Chem.*, **63**, 3481–3485; (b) The DABCO-promoted Baylis–Hillman reaction may be accelerated by using a recoverable H-bonding organocatalyst: Maher, D.J. and Connon, S.J. (2004) *Tetrahedron Lett.*, **45**, 1301–1305; (c) Park, K.S., Kim, J., Choo, H., and Chong, Y. (2007) *Synlett*, 395–398.

[10] Mason, P.H. and Emslie, N.D. (1994) *Tetrahedron*, **50**, 12001–12008.

1.1.4 (±)-4-羟基-*ar*-雪松烷

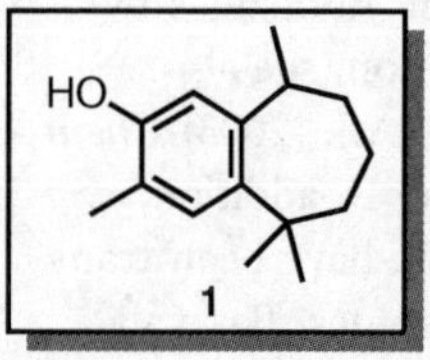

专题
- ◆ 合成含苯酚的倍半萜烯
- ◆ 分子内的 Friedel-Crafts 酰基化
- ◆ Wittig 反应
- ◆ 转换：Ar—NO_2→Ar—NH_2→Ar—OH
- ◆ Ar—O—CH_3 脱甲基化
- ◆ Ti 引发的酮的偕二烷基化

(a) 概述

雪松烯构成一族已知却罕有的由甲基取代的七元环的倍半萜烯系统。α-和 β-雪松烯(**2**/**3**)能够脱氢得到 *ar*-雪松烷 **4**,已有合成该结构的文献[1],最近,**4** 的酚的衍生物(**5**)和(**1**)已经分别从植物 *Lasianthaea podocephala*[2] 和指叶苔属 *incurvata*[3] 中分离得到。雪松烯是名贵香水的原料。

20

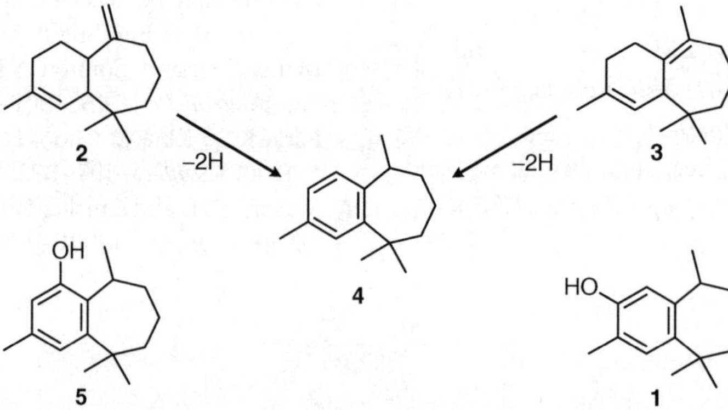

对于 **1** 有两种逆合成路线 **A** 和 **B**。第一条路线首先指向苯并木栓酮 **6**,进一步通过 **7**,**8**,**9** 拆解为邻甲基苯甲醚 **10** 和 3-甲基丁烯酸衍生物 **11**。第二条路线指向不同取代的苯并木栓酮 **12**,通过 **13** 进一步拆解为 **14** 和 **15**。

(b) 合成 1

合成 **1** 的甲基醚 **18**,文献已有报道[4];合成策略Ⅰ/Ⅱ来自逆合成分析 **A**/**B**。

21 从苯乙酮 **14** 与溴代乙酸乙酯的 Reformatsky 反应开始合成,然后催化氢化得到酯 **16**,水解得到相应地酸 **17**,与 β,β-二甲基乙烯基锂反应得到乙烯基取代的酮 **20**,然后通过一个类似于 Friedel-Crafts 关环反应(→**19**),用 Huang-Minlon(黄鸣龙)反应

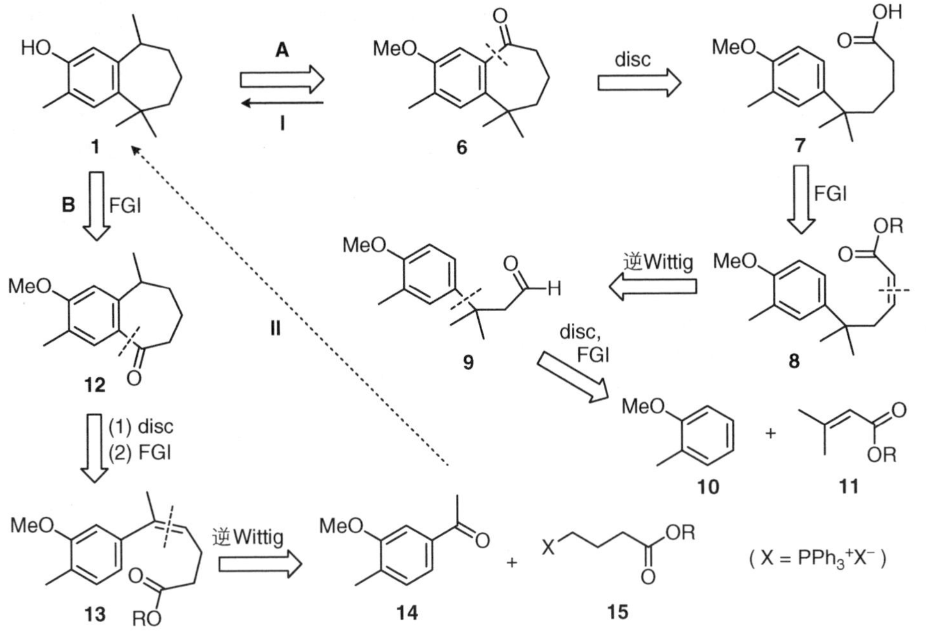

对 **19** 进行脱羰基得到 **18**。最终的几个步骤(**17**→→→**18**)都是中等收率,导致全部收率仅有 4%(基于 **14**)。

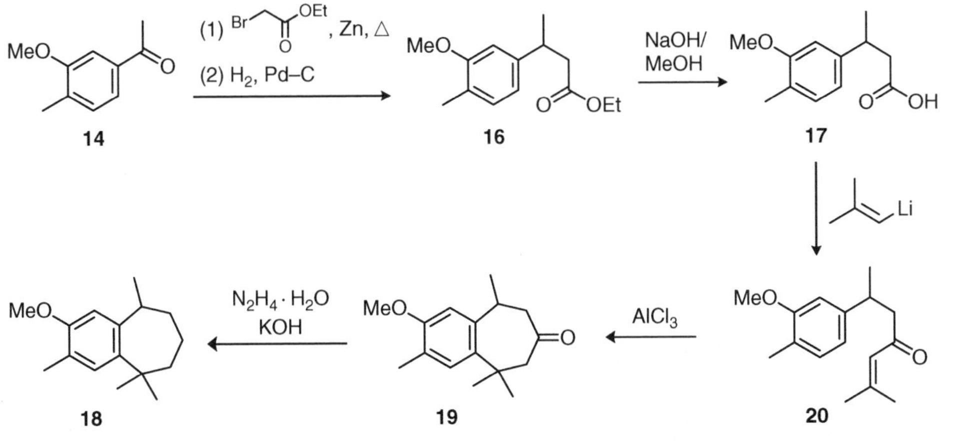

相反,依据逆合成策略 **B** 的合成路线Ⅱ要优于其他的方法[5],其实验细节将在下节描述。从苯并木栓酮 **12** 出发,需要由羰基构建偕二甲基,通过使用钛试剂 $(CH_3)_2TiCl_2$[6]可以非常顺利完成。

4-甲基-3-硝基苯乙酮 **21** 与商业上可供应的 C_4 磷盐 **22** 在 KO*t*Bu 作为碱的条件下进行 Wittig 反应。羰基烯基化得到酯 **23**(是 *Z*/*E* 的混合物),使用 Pd/C 在乙醇溶液中对 **23** 中的硝基以及碳碳双键进行氢化得到氨基酯 **24**,**24** 中的氨基与 HNO_2 反应重氮化，再用 NaOH 的甲醇溶液处理，羟基对重氮基亲核取代得到酚羟基，该过程中酯水解得到羧酸 **26**，通过聚磷酸催化，**26** 进行分子内 Friedel-Crafts 酰基化反应关环得到苯并木栓酮 **25**，使用硫酸二甲酯和 NaOH 进行羟基甲基化(**25→12**)，通过钛试剂$(CH_3)_2TiCl_2$ 对 **12** 的羰基进行偕二甲基转换，−30℃，得到苯并环庚烷 **18**。

22 最后使用 BBr_3 对 **18** 中甲基醚进行脱甲基得到 *ar*-雪松烷 **1**，连续 7 步总收率为 18%(基于 **21**)。

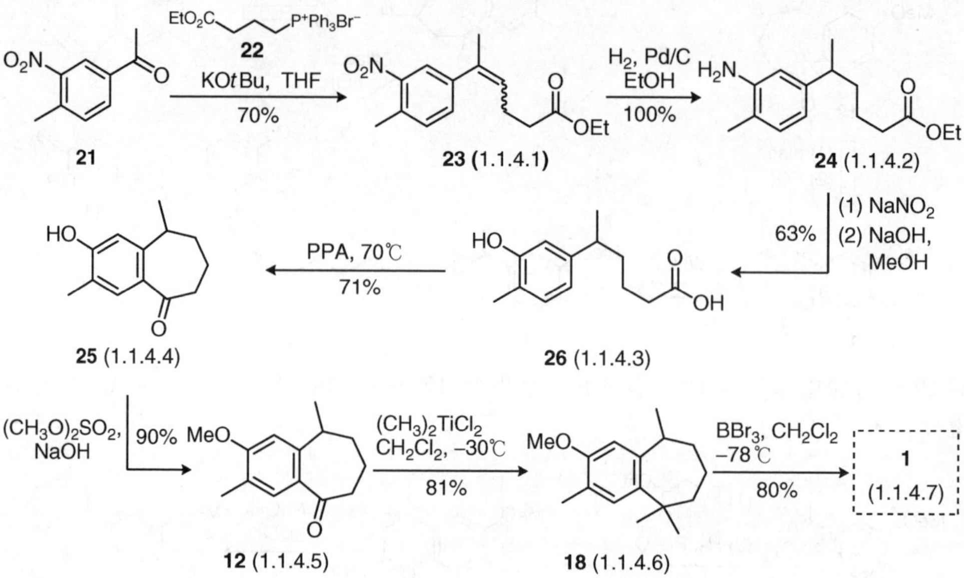

对 **12** 的羰基进行偕二甲基转换，每一个羰基需要 2.0equiv 的钛试剂$(CH_3)_2TiCl_2$，机理如下：(ⅰ)钛试剂中的 Ti—CH_3 中的甲基对羰基碳进行亲核加成，(ⅱ)离子对化合物 **27** 中的甲基迁移。反应动力来自 Δ_H Ti—O 键与 Δ_H Ti—C 键的巨大的差值(480 与 250 kJ/mol)[6,7]。

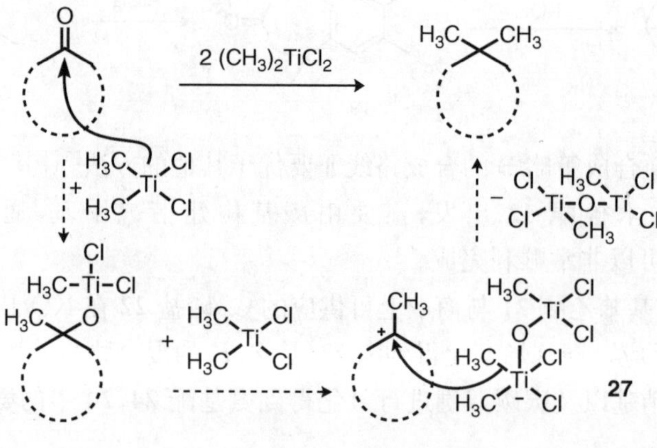

(c) 合成 1 的实验部分

23

1.1.4.1* 5-(4-甲基-3-硝基苯基)-4-己烯酸乙酯[5]

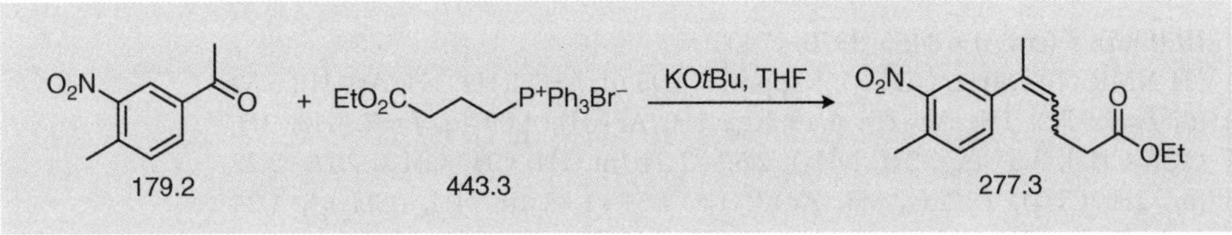

搅拌条件下,把溴化(3-乙氧甲酰基丙基)三苯基磷(42.8 g,94.0 mmol,季鏻盐可以购买,但是价格比较贵,可以根据参考文献 8 合成)加入置有 KO*t*Bu(10.0 g,90.0 mmol)的 100 mL 无水 THF 溶液中,反应 1.5 h,滴加 4-甲基-3-硝基苯乙酮(11.2 g,72.0 mmol)的 THF 溶液(100 mL),滴加完毕后加热回流 12 h(TLC 监控)。反应混合物冷却到室温,倾入 500 mL 的水,乙醚萃取(4×250 mL),合并有机相,水洗涤(5×200 mL),分液,有机相用 $MgSO_4$ 干燥,过滤,减压除去溶剂,得到油状粗产物,用尽量少的 CH_2Cl_2 溶解提纯:(ⅰ)用硅胶(CH_2Cl_2)快速过滤,(ⅱ)硅胶柱层析(乙醚/石油醚=1∶6),得到产品 14.0 g,收率 72%,是 *E*/*Z* 为 2∶1 的混合物,R_f=0.28(乙醚/石油醚=1∶6),直接用于下一步合成。

IR (film): $\tilde{\nu}$ (cm^{-1}) = 1770, 1655.
^{1}H NMR (400 MHz, $CDCl_3$): δ (ppm) = 7.95 (d, *J* = 1.8 Hz, 1H, Ar–H, *Z*), 7.79 (d, *J* = 1.3 Hz, 1H, Ar–H, *E*), 7.50 (dd, *J* = 8.0, 1.8 Hz, 1H, Ar–H, *Z*), 7.35–7.29 (m, 2H, Ar–H, *E*), 7.26 (d, *J* = 8.0 Hz, 1H, Ar–H, *Z*), 5.82 (m_c, 1H, =CH, *Z*), 5.52 (m_c, 1H, = CH, *E*), 4.15 (q, *J* = 7.1 Hz, 2H, $OC\underline{H_2}CH_3$, *Z*), 4.10 (q, *J* = 7.1 Hz, 2H, $OC\underline{H_2}CH_3$, *E*), 2.59 (s, 3H, Ar–CH_3, *E*), 2.57 (s, 3H, Ar–CH_3, *Z*), 2.55–2.44 and 2.36–2.25 (m, 4H, CH_2–CH_2, *E* and *Z*), 2.06 (d, *J* = 1.3 Hz, 3H, = C–CH_3, *Z*), 2.03 (d, *J* = 1.3 Hz, 3H, = C–CH_3, *E*), 1.28 (t, *J* = 7.1 Hz, 3H, $OCH_2C\underline{H_3}$, *Z*), 1.23 (t, *J* = 7.1 Hz, 3H, $OCH_2C\underline{H_3}$, *E*).
MS (CI, 120 eV): *m*/*z* (%) = 277 (76) $[M]^+$.

1.1.4.2* 5-(3-氨基-4-甲基苯基)己酸乙酯[5]

24

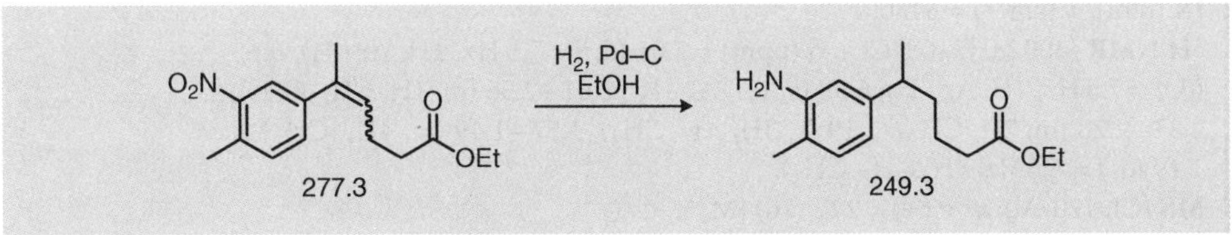

5%的 Pd/C(催化剂约 0.5 g),加入到不饱和酯 **1.1.4.1**(10.0 g,36.0 mmol)的 200 mL 乙醇溶液中,维持氢气压力 2.5 bar(1 bar=10^5 Pa) 12 h,TLC 监控氢化反应完成。催化剂通过硅藻土®过滤除去,滤饼用乙醇洗涤,滤液减压浓缩,得到暗黄色的油状产物 9.0 g,收率 100%,TLC 上只有一个点,直接用于下一步合成。

IR (film): $\tilde{\nu}$ (cm^{-1}) = 3455, 3370, 1740.
^{1}H NMR (400 MHz, $CDCl_3$): δ (ppm) = 6.95 (d, *J* = 7.5 Hz, 1H, Ar–H), 6.52 (d, *J* = 7.5 Hz, 1H, Ar–H), 6.49 (s_{br}, 1H, Ar–H), 4.09 (q, *J* = 7.1 Hz, 2H, OCh_2CH_3), 3.57 (s_{br}, 2H, NH_2), 2.59–2.54 (m, 1H, $C\underline{H}-CH_3$), 2.26–2.22 (m, 2H, CH_2), 2.12 (s, 3H, Ar–CH_3), 1.59–1.48 (m, 4H, $(CH_2)_2$), 1.24 (t, *J* = 7.1 Hz, 3H, CH_3), 1.19 (d, *J* = 6.6 Hz, 3H, $CH-C\underline{H}_3$).
MS (CI, 120 eV): *m/z* (%) = 249 (3) $[M]^+$.

1.1.4.3* 5-(3-羟基-4-甲基苯基)己酸[5]

(1) $NaNO_2$/HCl
(2) NaOH, MeOH

249.3 → 222.3

氨基酯 **1.1.4.2**(8.00 g,32.0 mmol) 与 HCl(5 M,20 mL)混合,大部分固体溶解后降温(置于冰水浴中),缓缓滴加 $NaNO_2$(2.5 mol/L,13 mL,32.5 mmol)溶液,搅拌过程中控制温度不超过 5℃,继续加入 $NaNO_2$ 溶液直到碘/淀粉测试反应为阳性反应(一般在最后 $NaNO_3$ 加入 15 min 后出现),过量的 HNO_2 用尿素破坏。该溶液加热到 100℃直到没有 N_2 放出。

25 冷到室温,反应液用乙醚萃取(3×50 mL),合并有机相,$MgSO_4$ 干燥,过滤,减压除去溶剂,剩余物溶解于 NaOH(5.12 g,128 mmol)的 100 mL 甲醇溶液中,室温搅拌 12 h。减压除去溶剂,剩余物溶解于 100 mL 水中,溶液用乙醚洗涤(3×50 mL),抛弃有机相(TLC 检测),水相用浓 HCl 调节 pH 到 1(注意搅拌),用乙醚萃取(3×50 mL),合并有机相,$MgSO_4$ 干燥,过滤,减压除去溶剂,剩余物柱层析提纯(硅胶,乙醚/石油醚=3∶2),得到橙色固体产物 4.50 g,收率 63%,mp 96~97℃。

IR (film): $\tilde{\nu}$ (cm^{-1}) = 3450, 1720.
^{1}H NMR (400 MHz, $CDCl_3$): δ (ppm) = 7.01 (d, *J* = 7.5 Hz, 1H, Ar–H), 6.65 (d, *J* = 7.5 Hz, 1H, Ar–H), 6.58 (s, 1H, Ar–H), 2.61–2.56 (m, 1H, $C\underline{H}-CH_3$), 2.31–2.28 (m, 2H, CH_2), 2.19 (s, 3H, Ar–CH_3), 1.57–1.49 (m, 4H, $(CH_2)_2$), 1.19 (d, *J* = 6.6 Hz, 3H, $CH-C\underline{H}_3$).
MS (CI, 120 eV): *m/z* (%) = 222 (76) $[M]^+$.

1.1.4.4* 2-羟基-3,9-二甲基-6,7,8,9-四氢-5*H*-苯并[*a*]-环庚-5-酮[5]

HO OH O PPA, 70 °C HO O

222.3 204.3

氩气保护，细粉状的羧酸 **1.1.4.3**(2.0 g,9.00 mmol)悬浮在聚磷酸中(20 mL，85% P_4O_{10})，黄色的悬浮液加热到 70℃，搅拌 2 h。暗红色的反应混合物倒入 50 mL的水中，乙醚萃取(3×25 mL)，合并有机相，$MgSO_4$ 干燥，过滤，减压除去溶剂，剩余物柱层析提纯(硅胶，乙醚/石油醚=1∶2)，得到无色晶体产物 1.30 g，收率 71%，mp 142～143℃。

IR (film): $\tilde{\nu}$ (cm^{-1}) = 3115, 1670.
^{1}H NMR (400 MHz, [D$_6$]DMSO): δ (ppm) = 9.90 (s, 1H, OH), 7.29, 6.74 (2×s, 2×1H, 2×Ar–H), 3.09–3.02 (m$_c$, 1H, C<u>H</u>–CH$_3$), 2.58–2.51 (m, 2H, CH$_2$), 2.11 (s, 3H, Ar–CH$_3$), 1.92–1.76 (m, 2H, CH$_2$), 1.48–1.34 (m, 2H, CH$_2$), 1.28 26
(d, *J* = 6.6 Hz, 3H, CH–C<u>H$_3$</u>).
MS (EI, 70 eV): *m*/*z* (%) = 204 [M]$^+$.

1.1.4.5* 2-甲氧基-3,9-二甲基-6,7,8,9-四氢-5*H*-苯并[*a*]-环庚-5-酮[5]

HO O $(MeO)_2SO_2$, NaOH MeO O

204.3 218.3

5 min 内把羟基苯并环庚酮 **1.1.4.4**(1.0 g,5.0 mmol)加入到 NaOH(200 mg，5.0 mmol)的 2 mL 水溶液中，然后加入$(MeO)_2SO_2$(0.63 g,5.0 mmol,500 μL，注意：致癌物)，室温下持续搅拌 30 min，更多的$(MeO)_2SO_2$(0.63 g,5.0 mmol，500 μL)加入，室温下持续搅拌 60 min，然后在 100℃水浴中反应 30 min。冷却到室温，加入 10 mL 水，然后乙醚萃取(3×20 mL)，合并有机相，$MgSO_4$ 干燥，过滤，减压除去溶剂，剩余物柱层析提纯(硅胶，H_2CCl_2)，得到黄色固体产物 0.96 g，收率 90%，mp 61～62℃。

IR (film): $\tilde{\nu}$ (cm^{-1}) = 1690.
^{1}H NMR (400 MHz, $CDCl_3$): δ (ppm) = 7.44, 6.69 (2×s, 2×1H, Ar–H), 3.88 (s, 3H, OCH_3), 3.13 (m_c, 1H, C<u>H</u>–CH_3), 2.74–2.68, 2.61–2.53 (2×m, 2×1H, CH_2), 2.19 (s, 3H, Ar–CH_3), 1.98–1.83, 1.66–1.49 (2×m, 2×2H, CH_2), 1.39 (d, J = 7.0 Hz, 3H, CH–C<u>H</u>$_3$).
MS (EI, 70 eV): m/z (%) = 218 (77) $[M]^+$.

1.1.4.6* 2-甲氧基-3,5,5,9-四甲基-6,7,8,9-四氢-5*H*-苯并[*a*]-环庚烯[5]

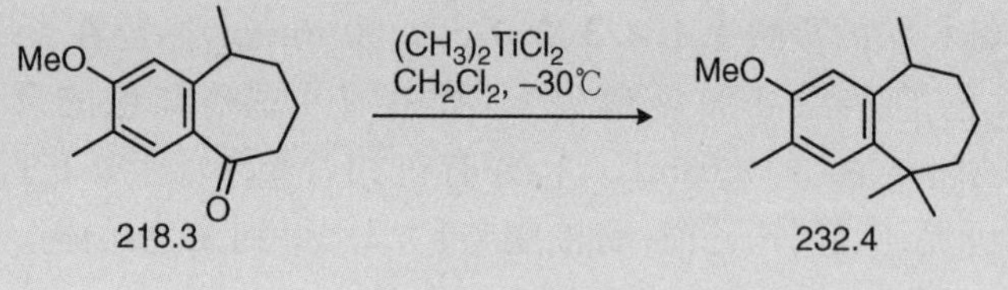

27 反应瓶内维持−30℃,氮气保护下,向置有 $TiCl_4$(0.96 g,5.00 mmol)的 25 mL 无水 CH_2Cl_2 溶液中加入 Me_2Zn 的甲苯溶液(2 mol/L,2.5 mmol,5.0 mmol)溶液,15 min 后加入置有酮 **1.1.4.5**(0.5 g,2.30 mmol)的 1.0 mL 无水 CH_2Cl_2 溶液,可以观察到褐色反应混合物颜色加深,自然升温到室温后加热回流 12 h。反应混合物倒入50 mL水中,用 CH_2Cl_2 萃取(3×20 mL),合并有机相,用过量的水洗涤(100 mL),然后用 100 mL 的饱和 $NaHCO_3$ 洗涤,$MgSO_4$ 干燥,过滤,减压除去溶剂,剩余物柱层析提纯(硅胶,CH_2Cl_2),得到无色油状产物 0.43 g,收率 81%,纯度用 TLC 鉴定。

^{1}H NMR (400 MHz, $CDCl_3$): δ (ppm) = 7.12, 6.71 (2×s, 2×1H, Ar–H), 3.81 (s, 3H, OCH_3), 3.27 (m_c, 1H, C<u>H</u>–CH_3), 2.18 (s, 3H, Ar–CH_3), 1.79–1.74, 1.65–1.52 (2×m, 2×3H, 3×C<u>H</u>$_2$), 1.39, 1.31 (2×s, 2×3H, $C(CH_3)_2$), 1.36 (d, J = 7.1 Hz, 3H, CH–C<u>H</u>$_3$).
MS (CI, 120 eV): m/z (%) = 232 (66) $[M]^+$.

1.1.4.7* 2-羟基-3,5,5,9-四甲基-6,7,8,9-四氢-5*H*-苯并[*a*]-环庚烯[5]

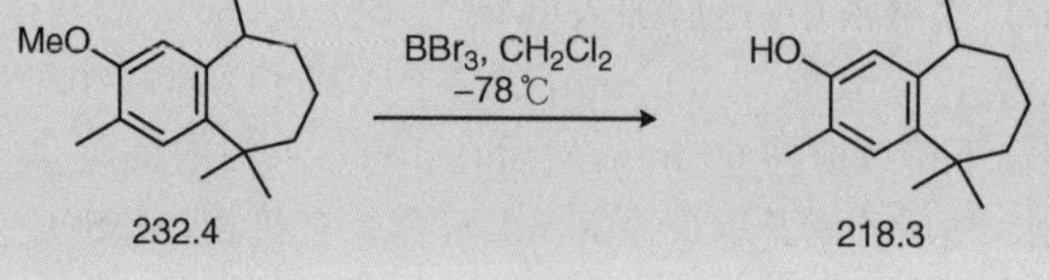

−78℃,搅拌条件下,将 1.0 mol/L 的 BBr_3(4 mL,8.0 mmol)的 CH_2Cl_2 溶液加

入到置有甲氧基化合物 **1.1.4.6**（0.42 g，1.48 mmol）的无水 CH_2Cl_2 溶液（40 mL）中，缓缓升温到室温（耗时 12 h），然后加入 50 mL 水，分液，水相用 CH_2Cl_2 萃取（3×20 mL），合并有机相，$MgSO_4$ 干燥，过滤，减压除去溶剂，剩余物柱层析提纯（硅胶，CH_2Cl_2），得到黄色油状产物 0.25 g，收率 80%，纯度用 TLC 鉴定。

IR (film): $\tilde{\nu}$ (cm^{-1}) = 3370. 28
^{1}H NMR (400 MHz, $CDCl_3$): δ (ppm) = 7.10, 6.65 (2×s, 2×1H, Ar–H), 4.57 (s_{br}, 1H, OH), 3.22 (m_c, 1H, C<u>H</u>–CH_3), 2.21 (s, 3H, Ar–CH_3), 1.83–1.49 (m, 6H, $(CH_2)_3$), 1.39 and 1.30 (2×s, 2×3H, $C(CH_3)_2$), 1.29 (d, J = 7.1 Hz, 3H, CH–C<u>H$_3$</u>).
MS (CI, 120 eV): m/z (%) = 218 (478) $[M]^+$.

注：^{1}H NMR 与相关天然产物[参考文献 4]完全一致。

参考文献

[1] (a) Joseph, T.C. and Dev, S. (1968) *Tetrahedron*, **24**, 3809–3827; (b) Pandey, R.C. and Dev, S. (1968) *Tetrahedron*, **24**, 3829–3839.
[2] Bohlmann, F. and Lonitz, M. (1983) *Chem. Ber.*, **111**, 843–852.
[3] Schmidt, A. (1996) PhD thesis. Phytochemische Untersuchung des Lebermooses *Lepidozia incurvata* Lindenberg. Saarland University, Saarbrücken.
[4] Devi, G.U. and Rao, G.S.K. (1976) *Indian J. Chem.*, **14B**, 162–163.
[5] Schmitz, A. (2000) PhD thesis. Zur Synthese von 4-Hydroxy-*ar*-himachalan. Saarland University, Saarbrücken.
[6] Krause, N. (1996) *Metallorganische Chemie*, Spektrum Akademischer Verlag, Heidelberg, p. 166; for an alternative Al-organic method for the conversion of a carbonyl group to a geminal dimethyl functionality, see: Kim, C.U., Misco, P.F., Luh, B.Y. and Mansouri, M.M. (1994) *Tetrahedron Lett.*, **35**, 3017–3020.
[7] For the use of titanium complexes with chiral ligands as valuable tools in enantioselective synthesis, see: Ramon, D.J. and Yus, M. (2006) *Chem. Rev.*, **106**, 2126–2208.
[8] For synthesis of the phosphonium salt **22**, see: Perlmutter, P., Selajerem, W., and Vounatsos, F. (2004) *Org. Biomol. Chem.*, **2**, 2220–2228.

1.1.5 甲叉环十二烷

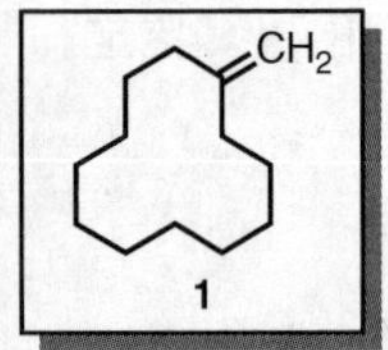

专题 ◆ 羰基烯化的 Lombardo 反应

(a) 概述

羰基烯化包含一系列的 C—C 偶联反应，对醛、酮、酯、酰胺等化合物的羰基进行化学选择和立体选择地进行 C—C 偶联，如下图所示：

29

$$\mathrm{R^1R^2C{=}O} \;+\; \overset{+\text{ 或 }\delta^+}{\mathrm{X}}\text{—}\mathrm{\ddot{C}^{-}R^3R^4}\ (\mathbf{2}) \longrightarrow \mathrm{R^1R^2C{=}CR^3R^4} \;+\; \overset{\text{中性或}}{\mathrm{^{-}X{=}O}}\ (\mathbf{3})$$

羰基烯化反应，需要如同 **2** 类型的 α-碳负离子，作为一个亲核试剂进攻羰基碳，与此同时，分子中亲电性的 X 结构进攻羰基氧形成 X═O 结构 **3** 而离去。如果 X 呈现正电荷，**2** 代表内盐(betaine)或者叶立德(ylide)结构，某些 X 结构中包含 P，Si 以及金属中心的试剂 **2** 被用来进行羰基烯化。

1) 典型的羰基烯化的反应是 Wittig 反应[1]，使用磷叶立德 **5**(很容易通过季鏻盐 **4** 脱除 α-H 制备)。叶立德 **5** 与醛或者酮反应给出烯烃和磷氧化合物：

$$\mathrm{Ph_3\overset{+}{P}\text{—}CHR^1R^2\ X^-}\ (\mathbf{4}) \xrightarrow[\mathrm{-HX}]{\mathrm{Base}} \left[\mathrm{Ph_3\overset{+}{P}\text{—}\ddot{C}^{-}R^1R^2} \longleftrightarrow \mathrm{Ph_3P{=}CR^1R^2}\ (\mathbf{5})\right] \xrightarrow{\mathrm{R^3R^4C{=}O}} \left[\mathrm{R^1R^2C(O\text{—}PPh_3)\text{—}CR^3R^4}\right]\ (\mathbf{6}) \xrightarrow{\mathrm{-Ph_3P{=}O}} \mathrm{R^1R^2C{=}CR^3R^4}$$

Wittig 反应的机理和立体选择性已经研究很透彻了[2,3]，中间体是从不稳定的磷叶立德生成的氧磷环状化合物 **6**，(译者注：原书图有误，**6** 正确的结构如下：

$$\begin{array}{cc} \mathrm{Ph_3P} & \text{—}\ \mathrm{O} \\ \mathrm{R^1\text{—}C(R^2)} & \text{—}\ \mathrm{C(R^4)\text{—}R^3} \end{array}$$

)

6 通过热消除磷氧得到烯烃，作为一个简单法则，共振结构稳定的磷叶立德倾向于得到 *E*-构型的烯烃，共振结构不稳定的磷叶立德得到 *Z*-构型烯烃。Wittig 反应的高价值使其在合成烯烃上得到了广泛的应用(见 1.1.4 节以及 4.1.6 节内容)。

2) Wittig-Horner 反应是个“PO-活化烯化”的最著名的例子[1]，在此过程中 α-碳负离子 **8**(R ═OR′)是由亚磷酸酯衍生的，与醛酮反应得到烯化产物，**8** 与磷叶立德的性质相似。

30

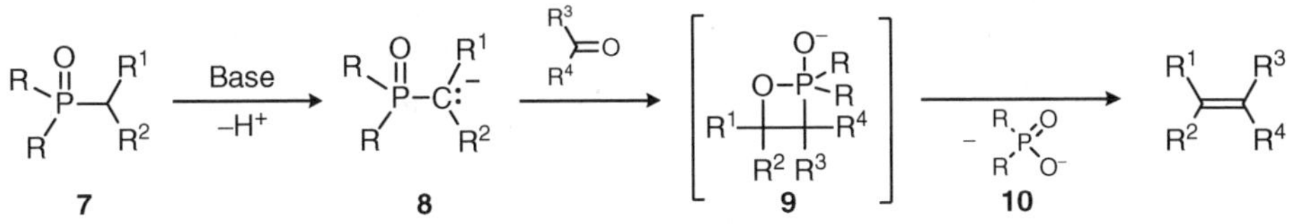

(译者注：原书图有错，**9** 的正确结构如下

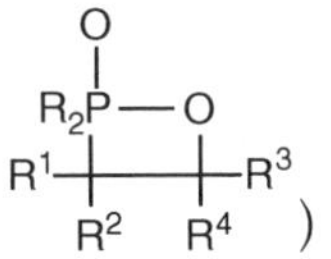

)

Wittig-Horner 反应机理与 Wittig 反应相似[2,3]，环状氧膦 **9** 被认为是最初中间体，通过消除磷酸酯 **10**(R ═OR′)形成烯烃，Wittig-Horner 反应的优点如下：

▲ α-碳负离子 **8** 被证明比相应的磷叶立德 **5** 性能卓越，因此能够对那些与 Wittig 反应不兼容或者兼容度小的羰基底物进行烯化，如环己酮；

▲ 烯化过程中生成的磷酸酯 **10**(R ═OR′)具有水溶性，极大地方便了产物的分离与纯化。

磷酸酯 **7**(R ═OR′)很方便地从亚磷酸盐与卤代烃通过 Arbusov 方法制备。

3) 在 Peterson 烯化反应(有时也称为 sila-Wittig 反应)[4]中，四烷基硅烷 **11** 与二异丙基氨锂(LDA)或者 nBuLi 进行 α-锂化反应得到 **12**，进一步与醛酮反应。

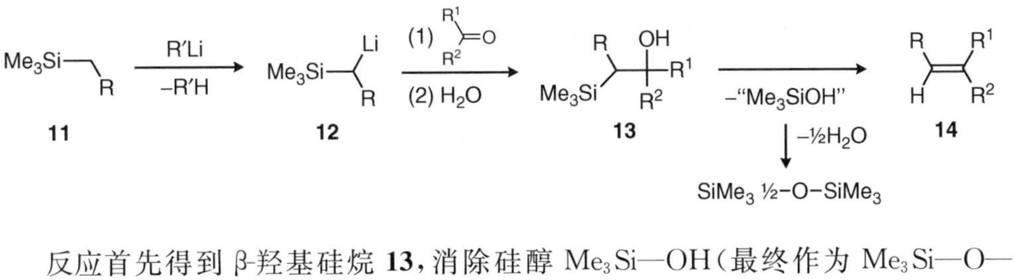

反应首先得到 β-羟基硅烷 **13**，消除硅醇 $Me_3Si—OH$(最终作为 $Me_3Si—O—SiMe_3$ 形式出现)转化为 **14**，从 **13**→**14** 转化过程中的立体化学可以通过硅醇消除过程中加入酸还是碱来控制。使用酸导致反式消除，过渡态为 **15**；使用碱则导致顺式消

除,过渡态为 **16**,通过这两种方式,能够得到 Z 或者 E 结构的烯烃 **14**。

31

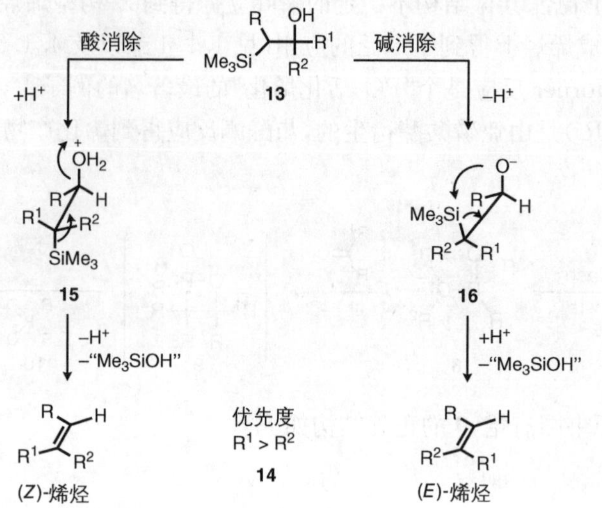

4) 在 Wittig,Horner 以及 Peterson 烯化反应中,总是有一些例外,如某些醛酮不能反应。然而,通过使用钛基试剂,可以极大拓宽羰基底物范围,不仅醛酮,甚至酯、内酯、酰胺都能进行烯化反应,主要进行甲基烯化反应。

(1) Tebbe 试剂 **17**,从 Cp_2TiCl_2 与三甲基铝(TMA)制备得到,在 Lewis 碱(如吡啶)作用下几乎能够和所有含羰基的底物反应[5,6],得到甲基烯化产物 **22**(烯烃,烯基醚,烯胺等)。

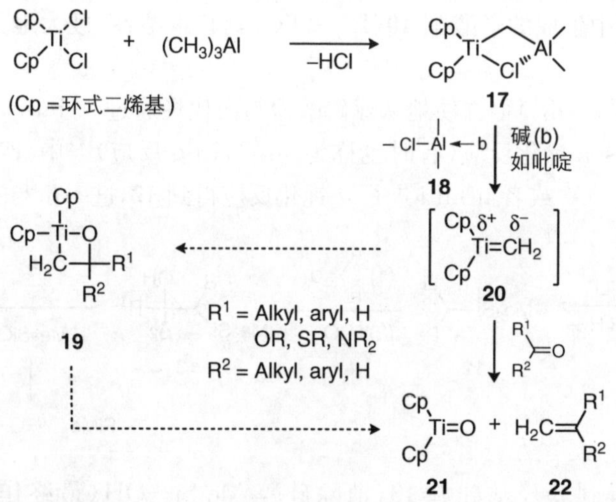

32

Tebbe 反应很可能是通过钛叶立德 **20** 进行的(在 Lewis 碱作用下,通过桥联试剂 **17** 消除二甲基氯化铝结构 **18** 得到的),对羰基进行[2+2]环加成得到环状中间体

19,进一步开环消除得到甲基烯化产物 **22**,氧转移到 Ti 形成 Cp_2TiO 化合物 **21**。

(2) 由二卤甲烷、锌、四氯化钛结合而成的 Lombardo 和 Takai 试剂,易于操作,比 Tebbe 试剂便宜,也能够对醛酮进行甲烯基化反应,然而对于酯基不是很有效[5]。

用于 Lombardo 和 Takai 反应的钛系活化种的结构目前还不得而知。据推测,反应开始时形成"双金属"锌的活性种 **23**,通过两种甲基烯化中的一种路线形成甲烯化产物:ⅰ) 与 Lewis 酸 $TiCl_4$ 活化的羰基反应,通过(**24**)完成亚甲基化;ⅱ) 把钛的化合物转化为钛叶立德 **25**,然后经历与 Tebbe 反应相似的反应对羰基加成:

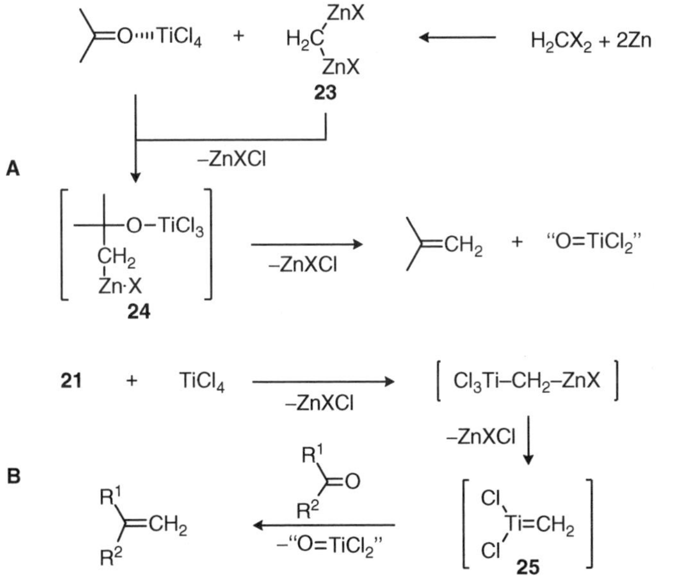

(b) 1 的合成

甲叉环十二烷 **1**,是环十二酮 **26** 通过 Lombardo 试剂一锅法制备的[7],Lombardo 试剂是由二溴甲烷、四氯化钛、锌粉原位生成的,其比例为 1.5∶1.1∶4.5。

反应在无水 THF 中进行,从 0℃到室温平稳进行得到 **1**,经过常规的处理后,使 33
用硅胶进行柱层析纯化,收率 69%。

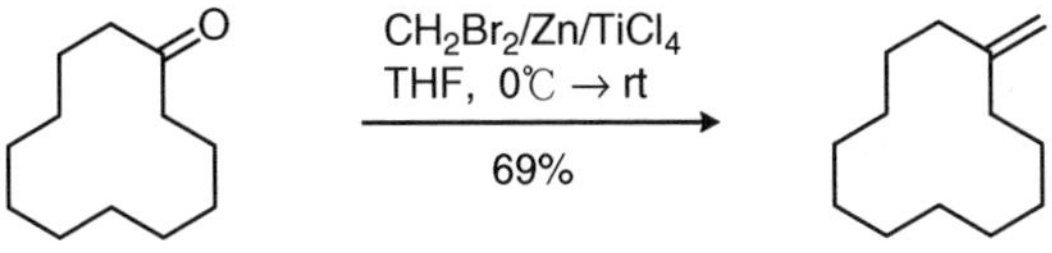

注:化合物同样可以通过 Wittig 制备[8]。

(c) 合成 1 的实验操作

1.1.5.1** 甲叉环十二烷[7]

$$\text{环十二酮 (182.3)} \xrightarrow[\text{THF, 0℃} \rightarrow \text{rt, 12 h}]{CH_2Br_2/Zn/TiCl_4} \text{甲叉环十二烷 (180.3)}$$

二溴甲烷(13.0 g, 74.8 mmol, 5.94 mL), 四氯化钛(1.04 g, 55.0 mmol, 6.07 mL)依次加到剧烈搅拌的锌粉(14.8 g,226 mmol)的无水 250 mL THF 悬浮液中,0℃搅拌 15 min,加入环十二酮(9.10 g,49.9 mmol)的无水 50 mL THF 溶液,室温搅拌 12 h。混合物用 200 mL 乙醚稀释,过滤,滤液依次用 1.0 mol/L 的 HCl 水溶液 250 mL、饱和食盐水 250 mL 洗涤,有机相用 $MgSO_4$ 干燥,过滤,减压除去溶剂,剩余物用正戊烷溶解,柱层析提纯(硅胶,正戊烷),得无色液体产物 6.24 g,收率 69%, R_f=0.76。(产品可以减压蒸馏 $bp_{0.8}$ 76~77℃)

UV (CH_3CN): λ_{max} (nm) (lg ε) = 192.0 (3.854).
IR (KBr): $\tilde{\nu}$ (cm^{-1}) = 2930, 1643, 887, 469.
^{1}H NMR (300 MHz, $CDCl_3$): δ (ppm) = 4.79 (m_c, 2H, 1-CH_2), 2.06 (m, 4H, 2-H_2, 12-H_2), 1.55–1.47 (m, 4H, 4-H_2, 10-H_2), 1.31 (m_c, 14H, 3-H_2, 5-H_2, 6-H_2, 7-H_2, 8-H_2, 9-H_2, 11-H_2).
34 **^{13}C NMR** (76 MHz, $CDCl_3$): δ (ppm) = 147.5 (C-1), 110.3 (1-CH_2), 33.04 (C-2, C-12), 24.43, 24.11, 23.69, 23.24 (C-3, C-4, C-5, C-6, C-8, C-9, C-10, C-11), 22.59 (C-7).
MS (EI, 70 eV): m/z (%) = 180 (46) $[M]^+$, 96 (100) $[M-C_6H_{12}]^+$.

参考文献

[1] (a) Smith, M.B. (2013) *March's Advanced Organic Chemistry*, 7th edn, John Wiley & Sons, Inc., New York, p. 1165; (b) For a review on olefination of carbonyl compounds, see: Korotchenko, V.N., Nenajdenko, V.G., Balenkova, E.S., and Shastin, A.V. (2004) *Russ. Chem. Rev. (Engl. Transl.)*, **73**, 957–989.

[2] Eicher, Th. and Tietze, L.F. (1995) *Organisch-Chemisches Grundpraktikum*, 2nd edn, Georg Thieme Verlag, Stuttgart, p. 227.

[3] *Organikum* (2001), 21st edn, Wiley-VCH Verlag GmbH, Weinheim, p. 536.

[4] Smith, M.B. (2013) *March's Advanced Organic Chemistry*, 7th edn, John Wiley & Sons, Inc., New York, p. 1162.

[5] Krause, N. (1996) *Metallorganische Chemie*, Spektrum Akademischer Verlag, Heidelberg, p. 168.

[6] Pine, S.H. (1993) *Org. React.*, **43**, 1–91.

[7] Hibino, J., Okazoe, T., Takai, K., and Nozaki, H. (1985) *Tetrahedron Lett.*, **26**, 5579–5580.

[8] Casanova, J. and Waegell, B. (1971) *Bull. Soc. Chim. Fr.*, 1295–1345.

1.2 醛酮，羧酸，β-二羰基化合物的烷基化反应

1.2.1 (+)-(*S*)-4-甲基-3-庚酮

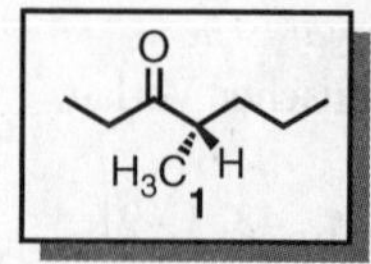

专题
- 通过用 Enders SAMP 方法合成光学纯信息素
- 甲基酮 SAMP 腙的保护
- SAMP 腙的非对映异构的 α-烷基化，烷基化 SAMP 腙的水解脱保护

(a) 概述

(+)-(S)-4-甲基-3-庚酮(**1**)是得克萨斯切叶蚁的主要的警告信息素，其功效是其对应异构体的 400 倍。

逆合成分析法的结果是 2-戊酮(**2**)和烷基化试剂 **3**，通过 α-位置引入。

35

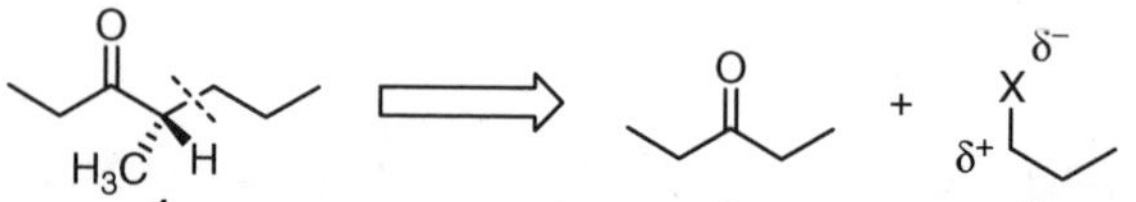

合成 **1** 的关键点是对二烷基酮 **4** 的一边 α-CH_2 进行选择性地烷基化。这要求 C═O转化为 C═N—R 的结构中必须有一个手性基团 R，对烷基化过程提供一个立体化学控制，因此一个额外的键合作用，如螯合保护是必需的，β-烷氧基胺和烷氧基肼都是良好的备选试剂，因为它们很容易从“手性池”氨基酸制备。

对于一个立体选择性的烷基化反应，下述的步骤是必须考虑的：酮的衍生(**4→5**)，α-CH_2 脱质子形成具有刚性骨架结构的氮杂烯醇螯合物 **6**，**6** 与亲电试剂(这里是 R—X，**6→8**)发生非立体选择性反应，最后脱除辅助剂得到一个纯的光学异构体或者所预期的 α-烷基化的酮(**8→7**)。

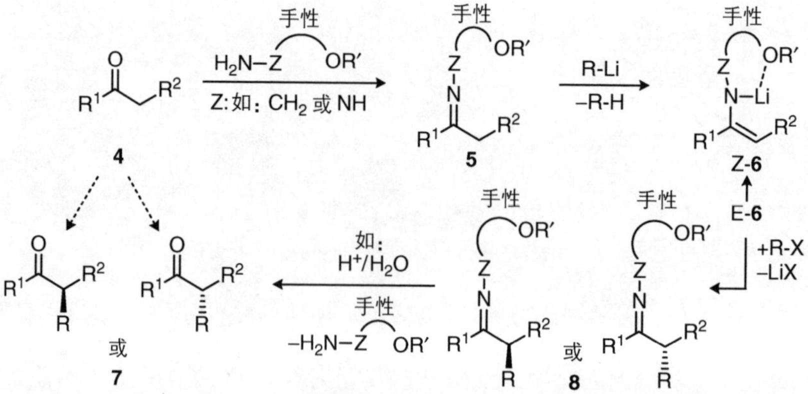

上述理念在实践中经常会有所修正[1]，实践中最成功的突破是得到了从(*S*)-或者(*R*)-脯氨醇的甲基醚(SAMP/RAMP，**9**/**10**)制备的肼的衍生物，它们都非常容易制备[2]，能够用于合成相应的光学纯的 α-烷基酮对应异构体[3]。

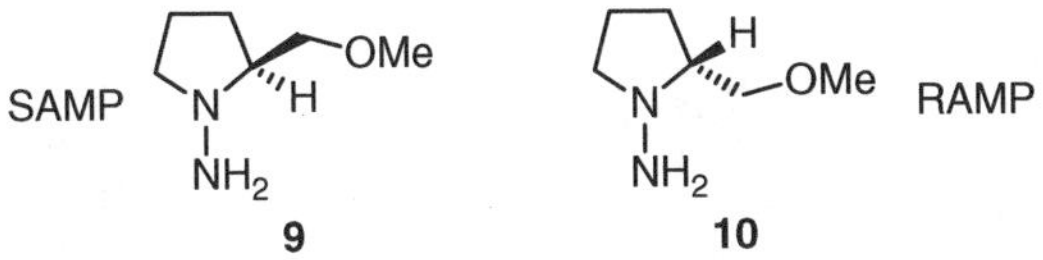

这里，SAMP 法(Enders 法)被用于制备高光学纯度的酮 **1**[4]3)。 36

(b) 合成 1

首先，SAMP 助剂与二乙基甲酮 **2** 进行缩合反应得到手性腙 **11**：

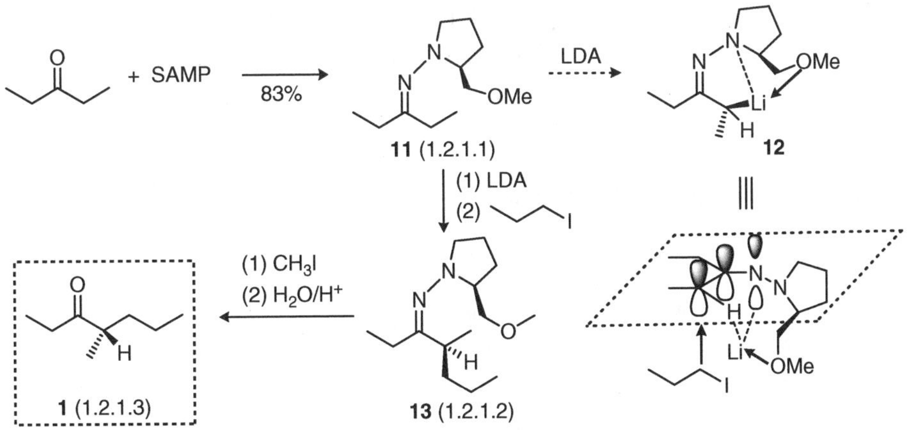

手性腙 **11** 用 LDA 进行锂化得到氮杂烯醇 **12**，与碘丙烷反应得到 α-烷基化的腙 **13**，是非对应异构体中的一个。烷基化过程很可能通过 S_E2 机理进行，伴随着构象扭曲，见 **12** 过渡态，很明显，锂与甲氧基中的 O 的配合是导致产物具有很高光学纯度的主要原因。

腙 **13** 通过与 CH_3I 进行烷基化反应得到腙盐，水性两相体系中酸解后得到 α-烷基化的酮，ee 值为 99%。这种温和的腙的脱保护方法的缺点是手性助剂无法回收(也就是手性助剂"牺牲"了，没有"再生")[5]。

臭氧分解是另外一种用来对腙的 SAMP 进行脱保护的方法，它直接作用于 α-烷基化的羰基源和 SAMP 衍生的亚硝胺[6]。

(c) 合成 1 的具体实验操作

1.2.1.1** 制备手性腙[4]3)

注 3)：是一篇关于非对称合成 RAMP/SAMP 的助剂的综述，见参考文献[3](b)。

37 在 20 mL 单口烧瓶中，(—)-(*S*)-1-氨基-2-(甲氧基甲基)吡咯啉[2]（2.60 g，20.0 mmol）和 3-戊酮（使用前蒸馏，bp_{760} 101～102℃；1.89 g，22.0 mmol，≈2.32 mL）混合，60℃搅拌 20 h，混合物用 20 mL 无水 CH_2Cl_2 稀释，用 Na_2SO_4 干燥，减压除去溶剂，剩余物用非活性 Kugelrohr（常压下用三甲基氯硅烷处理）蒸馏（译者注：Kugelrohr 蒸馏是“瓶-颈-瓶”的短程蒸馏，是短程蒸馏的一种，常用于实验室），高真空除去残留溶剂，得到无色油状产物 3.29 g，83%收率，$bp_{0.04}$ 46℃（烘箱温度 50～55℃）。

1.2.1.2** 手性腙的非立体选择性的烷基化[4]

氮气保护，在 100 mL 的两口烧瓶（装配有隔膜）中加入二异丙基胺（使用前用 CaH_2 回流，bp_{760} 84℃；0.84 g，8.30 mmol，≈1.17 mL）和 40 mL 无水乙醚，−78℃，干燥条件下，用注射器加入丁基锂（1.60 mol/L，5.2 mL），在−78℃下搅拌10 min，然后用大约 30 min 升温到 0℃，把上一步制备的腙 **1.2.1.1**（1.52 g，7.70 mmol）缓缓地滴加，维持 0℃搅拌 10 h，然后冷却到−110℃（石油醚液氮），用冷却的针筒耗时 10 min缓缓滴入碘丙烷（实验前蒸馏，bp_{760} 102℃；1.47 g，8.65 mmol，≈0.84 mL），加完后持续搅拌 1 h。混合物温度升至室温，加入 40 mL CH_2Cl_2 稀释，过滤，减压除去溶剂，剩余物直接投入下一步合成反应。

1.2.1.3*** 烷基化的腙的脱保护[4]

(1) CH_3I
(2) H^+, 正戊烷

240.4

128.2

由 **1.2.1.2** 得到的粗产物和 CH_3I(3.54 g,25.0 mmol,≈1.56 mL;注意：强烈 38
致癌)加热回流,过量的 CH_3I 减压除去,反应得到的碘化腙盐(绿-褐色油)加入 60 mL 正戊烷和 HCl 水溶液(6 mol/L,40 mL),剧烈搅拌 60 min。

分离有机相,水相用正戊烷萃取(2×50 mL),合并有机相,用饱和食盐水清洗,Na_2SO_4 干燥,过滤,减压除去溶剂,剩余物用 Kugelrohr(常压下用三甲基氯硅烷处理)蒸馏,产物为无色液体,475 mg,收率 48%(基于 SAMP),bp_{110} 140℃(炉子温度),$[\alpha]_D^{20}=+16.5$($c=1.2$,正己烷)。观察到 ee=87%(S),文献 3 数值：$[\alpha]_D^{20}=+22.1$($c=1.2$,正己烷),ee=99.5%(S)。

IR (film): $\tilde{\nu}$ (cm^{-1}) = 1710, 740.
^{1}H NMR ($CDCl_3$): δ (ppm) = 2.45 (m, 3H, CH_2CO, CHCO), 1.84–0.71 (m, 13H, $CH_2 + CH_3$).

参考文献

[1] Procter, G. (1999) *Asymmetric Synthesis*, Oxford University Press, Oxford, p. 58.

[2] SAMP and RAMP are commercially available. SAMP can be prepared starting from (*S*)-proline according to Tietze, L.F. and Eicher, Th. (1991) *Reaktionen und Synthesen im organisch-chemischen Praktikum und Forschungslaboratorium*, Georg Thieme Verlag, Stuttgart, p. 443.

[3] (a) A simple example is the enantioselective preparation of both enantiomers of the defense substance of the "daddy longleg" cranefly: Enders, D. and Braus, U. (1983) *Liebigs Ann. Chem.*, 1439–1445; For other applications of the SAMP methodology, see: (b) Enders, D. and Klatt, M. (1996) *Synthesis*, 1403–1418; (c) Vicario, J.L., Job, A., Wolberg, M., Mueller, M., and Enders, D. (2002) *Org. Lett.*, **4**, 1023–1026; (d) Enders, D. and Voith, M. (2002) *Synlett*, 29–32; (e) Enders, D., Boudou, M., and Gries, J. (2005) *New Methods Asymm. Synth. Nitrogen Heterocycl.*, 1.

[4] (a) Enders, D. and Eichenauer, H. (1979) *Chem. Ber.*, **112**, 2933–2960; (b) Enders, D. and Eichenauer, H. (1979) *Angew. Chem.*, **91**, 425–427; *Angew. Chem., Int. Ed. Engl.*, (1979), **18**, 397–398.

[5] For a review on the principles and recent applications of chiral auxiliaries, see: Gnas, Y. and Glorius, F. (2006) *Synthesis*, 1899–1930.

[6] Enders, D., Kipphardt, H., and Fey, P. (1987) *Org. Synth.*, **65**, 183–202.

1.2.2 (*S*)-2-异丙基-4-己炔-1-醇 39

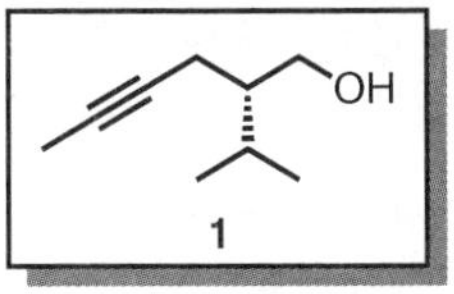

OH
1

专题
- 使用 Evans 方法对脂肪酸进行对映选择性 α-烷基化
- 使用 Evans 助剂从 L-缬氨酸合成手性噁唑烷酮
- 合成 1-溴-2-丁炔(烷基化试剂)
- *N*-酰基化和 *N*-酰基噁唑烷酮对映选择性 α-烷基化
- 还原消除 Evans 助剂，把 *N*-酰基转换为相应伯胺

(a) 概述

目标分子 **1** 在多步天然产物合成中作为构造单元砌块(*L. F. Tietze et al*，未公开)使用，对 **1** 的逆合成分析得到 **2**，进一步得到异戊酸 **3** 和卤代丙炔 **4** 作为底物。

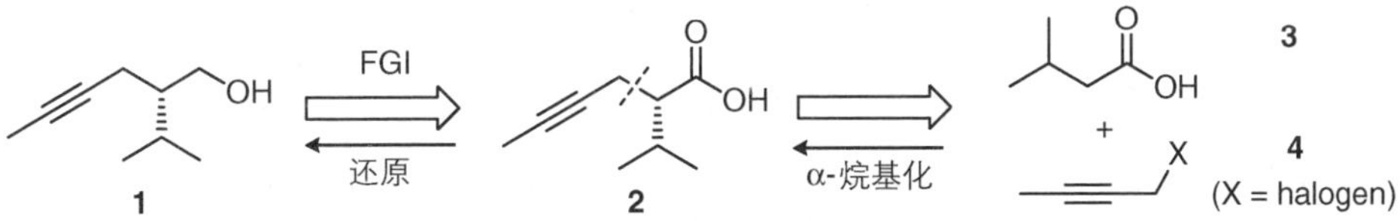

OH FGI 还原 **1** O OH **2** α-烷基化 O OH **3** + X **4** (X = halogen)

相应的，合成包括对 **3** 的 α-烷基化，接着对 **2** 进行羰基还原得到伯醇 **1**，合成 **1** 过程中的立体化学理念就是对烷基链羧酸 R—CH_2—COOH **5** 进行立体选择 α-烷基化，为了在烷基化过程中进行立体区分，需要使用羧酸衍生物 **6**，在酰基碳上引入手性助剂(具体见 1.2.1 节)[1]，手性助剂不仅影响烯醇式构型 **7a**/**7b**(*Z* 或者 *E*，由 **6** 脱质子生成)，还影响烷基化平面选择性(*re* 或者 *si*)，如下图所示： 40

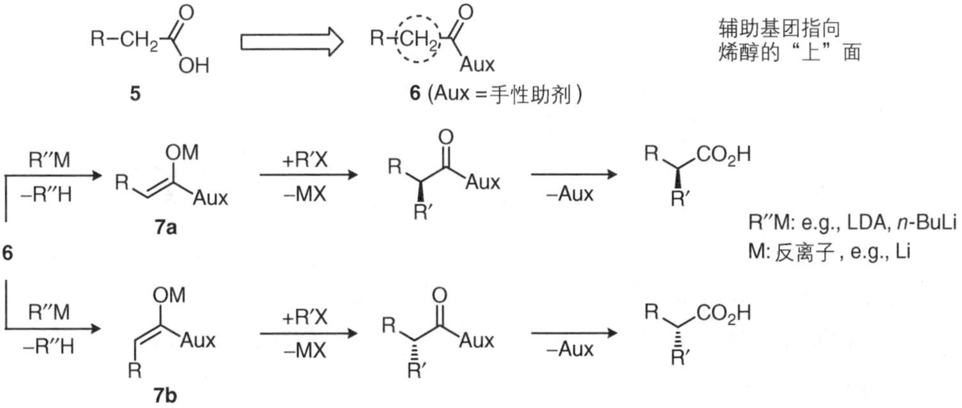

R—CH_2—C(O)OH **5** ⟹ R-CH_2-C(O)Aux **6** (Aux = 手性助剂)

辅助基团指向烯醇的“上”面

6 —R″M / −R″H→ **7a** (OM, Aux) —+R′X / −MX→ R, R′, O, Aux —−Aux→ R, CO_2H, R′

6 —R″M / −R″H→ **7b** (OM, Aux) —+R′X / −MX→ R, R′, O, Aux —−Aux→ R, CO_2H, R′

R″M: e.g., LDA, *n*-BuLi
M: 反离子, e.g., Li

为了高度控制烯醇式构型以及烷基化立体选择性，有必要将手性助剂中的适当

官能团与金属离子配位形成配合物,被广泛使用的手性羧酸衍生物是 **8** 和 **11**,包含手性噁唑烷酮作为助剂(Evans 助剂系列)[2]。

8 和 **11** 用 LDA 脱质子,形成螯合型烯醇盐 **9** 和 **12**,*Z* 构型选择性>99∶1,接着与烷基卤(只能使用甲基、苄基、烯丙基、炔丙基类型卤代烃)进行烷基化,分别得到非对映选择性的产物 **10** 和 **13**。

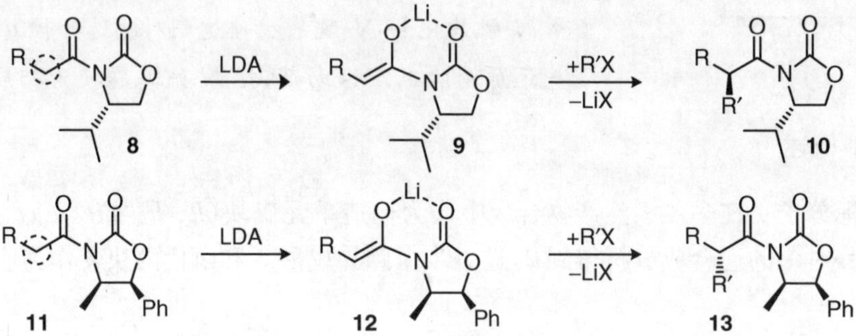

有必要指出,烯醇盐 **9** 和 **12** 还可以用于 Aldol 反应,在这些官能团转换中,使用 *Z*-烯醇,通过一个闭合的过渡态得到 *syn* 型产物,相反,使用 *E*-烯醇,*anti* 型产物优先形成。如果加入 1.0 mol Lewis 酸,立体化学会逆转,因为在这种条件下,更容易形成开放式的过渡态。

从 α-烷基化的 *N*-酰基噁唑烷酮 **10** 和 **13** 上脱保护手性助剂,可以使用的方法有水解、醇解、还原,见下图:

41

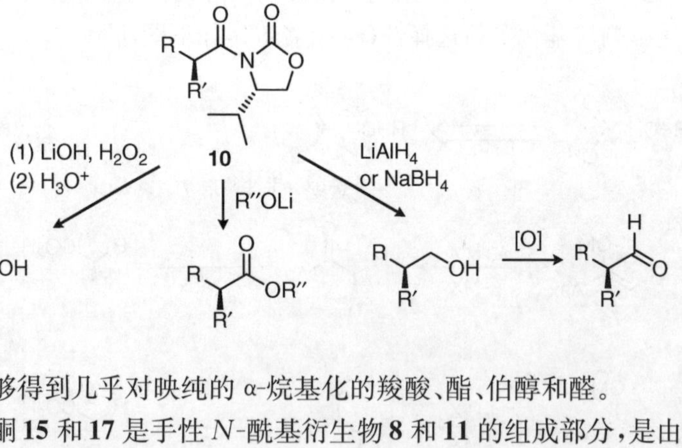

上述方法能够得到几乎对映纯的 α-烷基化的羧酸、酯、伯醇和醛。

手性噁唑烷酮 **15** 和 **17** 是手性 *N*-酰基衍生物 **8** 和 **11** 的组成部分,是由很方便制备 1,2-氨基醇,如 L-缬氨醇(从 L-缬氨酸制备)**14** 以及去甲麻黄碱 **16** 与碳酸二乙酯反应制备。**15** 和 **17** 酰基化得到 **8** 和 **11**,是通过丁基锂或者 LDA 脱质子生成阴离子,然后与酰氯反应制备的。

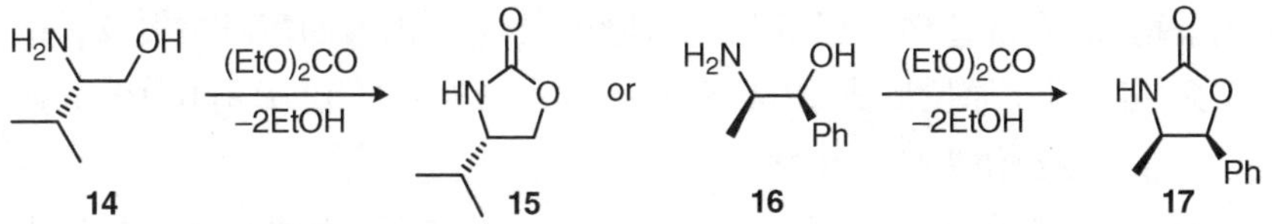

因为它们的 α-烷基化结果互补，因此 **8** 和 **11** 体系允许用来制备(α-烷基)烷基链羧酸 R—CHR′—COOH 的两种对应异构体。

在(b)部分，介绍使用 Enans 合成策略和使用助剂 **15** 完成从异戊酸 **2** 制备目标分子 **1** 的过程。

(b) 合成 1

1 的合成是逐步收敛的，分成 3 部分。首先是从 *S*-缬氨酸制备助剂 **15**，其次从丙炔醇 **23** 制备丙炔卤 **22**；然后用酰基化的助剂 **15** 对 **22** 进行非对映选择性 α-烷基化，最后使用还原法除去助剂。

42

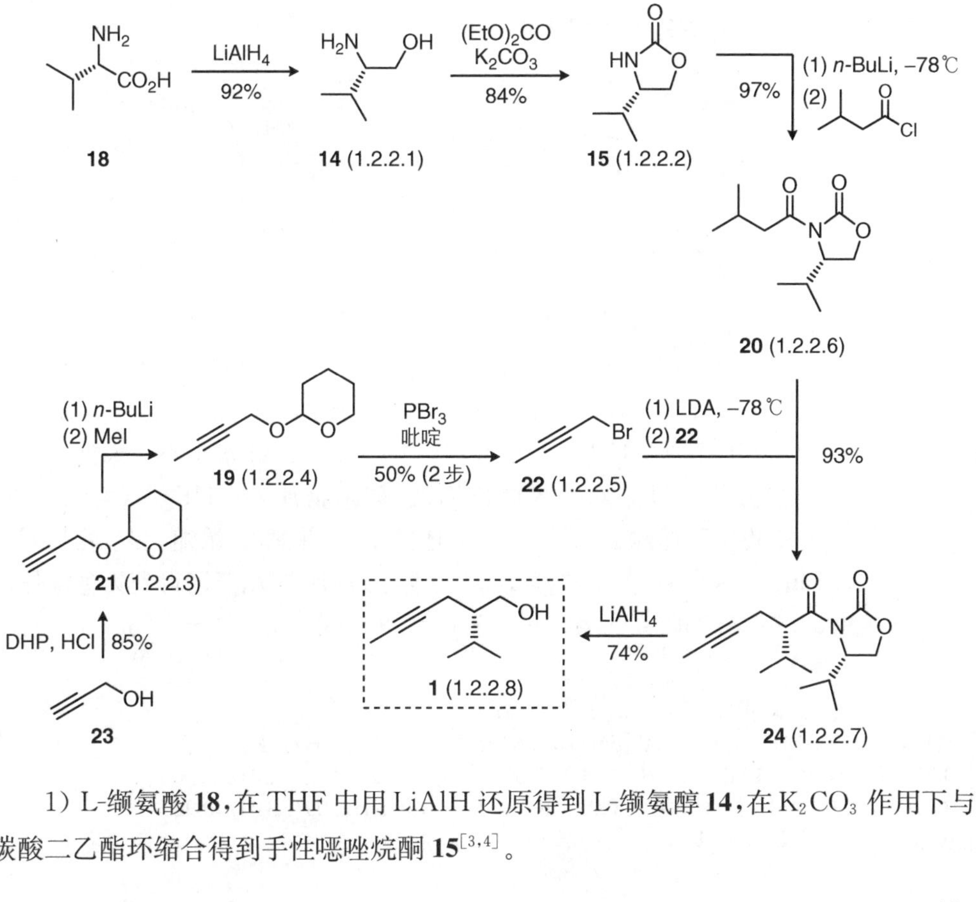

1) L-缬氨酸 **18**，在 THF 中用 LiAlH 还原得到 L-缬氨醇 **14**，在 K_2CO_3 作用下与碳酸二乙酯环缩合得到手性噁唑烷酮 **15**[3,4]。

2）丙炔醇 **23** 在浓盐酸作用下与二氢吡喃反应转化为四氢吡喃醚 **21**，接着脱除端炔上质子，与 CH_3I 原位形成 **19**，以乙醚为溶剂，**19** 中的 THP 醚用 PBr_3、吡啶脱保护得 1-溴-2-丁炔 **22**，作为烷基化试剂[4,5]。

3）噁唑烷酮 **15** 在 THF 中用丁基锂进行 *N*-脱质子，剧烈搅拌下与异戊酰氯进行 *N*-酰基化反应（两步都需要－78℃），几乎定量得到 *N*-异戊酰基噁唑烷酮 **20**。对 **20** 的 α-烷基化反应是通过在 THF 中用 LDA 对—CH_2 进行脱质子得到烯醇盐 **9**（R＝Me_2CH），接着在－78℃条件下与丙炔卤 **22** 进行反应，以 DMPU（1,3-二甲基-3,4,5,6-四氢 2(1H)-嘧啶酮）为促进剂，定量得到非旋光异构体的烷基化产物 **24**（93％收率，ds＝150：1）。

最后，－78℃条件下在 THF 中用 $LiAlH_4$ 处理 **24**，还原消除助剂得到手性炔醇 **1**[5,6]。

43 **(c) 合成 1 的实验过程**

1.2.2.1** **(2*S*)-2-氨基-3-甲基-1-丁醇**[4]

$LiAlH_4$, THF

117.1 → 103.2

三口圆底烧瓶，装有机械搅拌以及回流冷凝管，烘烤抽气除去水和氧，氩气保护下加入 $LiAlH_4$（25.8 g，0.68 mol），无水 THF 300 mL，冷却到 0℃，剧烈搅拌下，L-缬氨酸（40.0 g，0.34 mol）以 1.0 g 为单位缓缓加入（注意：反应开始很慢的），加完后混合物升温回流 15 h。然后冷却到 0℃，40 mL 冰水小心加入到反应物中（开始时用滴加方式），过滤除去灰白色铝盐，剩余物加入 THF/水（4：1，200 mL）搅拌 30 min，再次过滤除去固体，重复上述操作，合并滤液，浓缩，剩余物加入氯仿200 mL，Dean-Stark 装置（分水器）回流，减压除去溶剂，减压蒸馏得到无色液体产物 L-缬氨醇 32.2 g，92％收率，mp 55～56℃，bp_{16} 85～86℃，$[\alpha]_D^{20}$＝＋25.7（*c*＝1.0，氯仿）。

^{1}H NMR (300 MHz, $CDCl_3$): δ (ppm) = 3.62 (dd, *J* = 12.0, 3.5 Hz, 1H, 1-H_b), 3.31 (dd, *J* = 8.0, 12.0 Hz, 1H, 1-H_a), 2.60 (ddd, *J* = 8.0, 6.5, 3.5 Hz, 1H, 2-H), 2.34 (s_{br}, 3H, NH_2, OH), 0.99 (dsept, *J* = 7.0, 6.5 Hz, 1H, 3-H), 0.92 (d, *J* = 7.0 Hz, 6H, 2 × CH_3).

1.2.2.2** (4*S*)-异丙基噁唑-2-酮[4]

H_2N OH + $(EtO)_2CO$ $\xrightarrow{K_2CO_3}$ HN O 1 2 4 5 1′

103.2 118.1 129.2

内置温度计，带有 30 cm 长度的 Vigreux 分馏柱的微量蒸馏装置中，加入 L-缬氨醇(31.0 g，0.30 mol)，二乙基碳酸酯(76.8 g，0.65 mol)，无水 K_2CO_3(4.13 g，0.03 mol)，缓缓加热到 130～140℃，该过程中有乙醇生成，瓶内部温度不超 100℃，Vigreux 分馏柱头不超 85℃，待到乙醇停止馏出后，继续加热 30 min。 44

冷却到室温，用 200 mL CH_2Cl_2 稀释，过滤，滤液用饱和 $NaHCO_3$ 洗涤(2×50 mL)，Na_2SO_4 干燥，过滤，滤液浓缩，产物用醋酸乙酯/正戊烷重结晶，得到 32.7 g 产品，84%收率，mp 74～75℃，$[\alpha]_D^{20}=-19.2$(c=1.24，乙醇)。

> **^{1}H NMR** (300 MHz, $CDCl_3$): δ (ppm) = 7.14 (s_{br}, 1H, NH), 4.47 (dd, J = 9.0, 8.5 Hz, 1H, 5-H_b), 4.12 (dd, J = 9.0, 6.0 Hz, 1H, 5-H_a), 3.64 (ddd, J = 8.5, 6.5, 6.0 Hz, 1H, 4-H), 1.76 (dsept, J = 7.0, 6.5 Hz, 1H, 1′-H), 0.97 (d, J = 7.0 Hz, 3H, CH_3), 0.90 (d, J = 7.0 Hz, 3H, CH_3).

1.2.2.3* 2-(2-丙炔氧基)-四氢吡喃[5,6]

OH + O $\xrightarrow{\text{浓HCl}}$ 1 O 1′ O

56.1 84.1 140.2

0℃，搅拌条件下，向丙炔醇(28.1 g，500 mmol)和 3，4-二氢-2*H*-吡喃(43.7 g，520 mmol)的混合物中加入 1 μL 的浓盐酸，室温下反应 24 h。加入 KOH(900 mg)后反应 15 min，使用 Vigreux 柱进行精馏，得到无水油状的液体产品四氢吡喃 59.6 g，收率 85%，bp_{20} 72～80℃。

> **^{1}H NMR** (300 MHz, $CDCl_3$): δ (ppm) = 4.78 (t, J = 3.2 Hz, 1H, 1′-H), 4.26 (dq, J = 15.2, 2.3 Hz, 1H, 1-H_b), 4.09 (dq, J = 15.2, 2.3 Hz, 1H, 1-H_a), 3.90–3.75 (m, 1H, 5′-H_b), 3.52–3.43 (m, 1H, 5′-H_a), 2.02 (t, J = 2.5 Hz, 1H, 3-H), 1.88–1.40 (m, 6H, 2′-H_2, 3′-H_2, 4′-H_2).

1.2.2.4** 2-(2-丁炔氧基)四氢吡喃[5,6]

n-BuLi, CH_3I, THF

140.2 154.2

—78℃,搅拌条件下,用 1 h 把丁基锂的正己烷溶液(2.5 mol/L,172 mL,429 mmol)滴加到四氢吡喃 **1.2.2.3**(50 g,357 mmol)的 THF(600 mL)溶液中,保持
45 低温反应 5 h,加入 CH_3I(152 g,1.07 mL,66.9 mmol,小心,CH_3I 是致癌物)。混合物在 14 h 内缓慢升温到室温。用 20 mL 水猝灭反应,减压除去溶剂,褐色的油状粗产物用150 mL苯溶解,利用恒沸除去少量水,剩余物精馏得到无色油状产品 50.4 g,收率 91%,bp_{10} 75~80℃。

^{1}H NMR (300 MHz, $CDCl_3$): δ (ppm) = 4.76 (t, *J* = 3.2 Hz, 1H, 1′-H), 4.27 (dq, *J* = 15.2, 2.3 Hz, 1H, 1-H_b), 4.14 (dq, *J* = 15.2, 2.3 Hz, 1H, 1-H_a), 3.86–3.73 (m, 1H, 5′-H_b), 3.54–3.42 (m, 1H, 5′-H_a), 1.90–1.42 (m, 6H, 2′-H_2, 3′-H_2, 4′-H_2), 1.81 (t, *J* = 2.3 Hz, 3H, 4-H_3).

1.2.2.5** 1-溴-2-丁炔[5,6]

吡啶, PBr_3, Et_2O

154.2 133.0

PBr_3(37.6 g,139 mmol,13.1 mL),加入到四氢吡喃 **1.2.2.4**(42.9 g,278 mmol)的乙醚(25 mL)和 0.2 mL 的吡啶混合溶液中,回流 3 h。用 50 mL 水猝灭反应,分离有机相,水相用乙醚萃取(2×150 mL),合并有机相,用饱和 $NaHCO_3$ 溶液洗涤 2 次(2×150 mL),用 Na_2SO_4 干燥,过滤,减压除去溶剂,使用 Vigreux 柱进行精馏,得到无色的液体产品 1-溴-2-丁炔 21.6 g,收率 58%,bp_{43} 38~43℃,R_f = 0.72(正戊烷/甲基叔丁基醚=5∶1)。

^{1}H NMR (300 MHz, $CDCl_3$): δ (ppm) = 3.91 (q, *J* = 2.5 Hz, 2H, 1-H_2), 1.89 (t, *J* = 2.5 Hz, 3H, 4-H_3).
MS (EI): *m/z* (%) = 135 (60) $[M+2H]^+$, 133 (60) $[M]^+$.

1.2.2.6** (*S*)-4-异丙基-3-异戊酰基噁唑-2-酮[5,6]

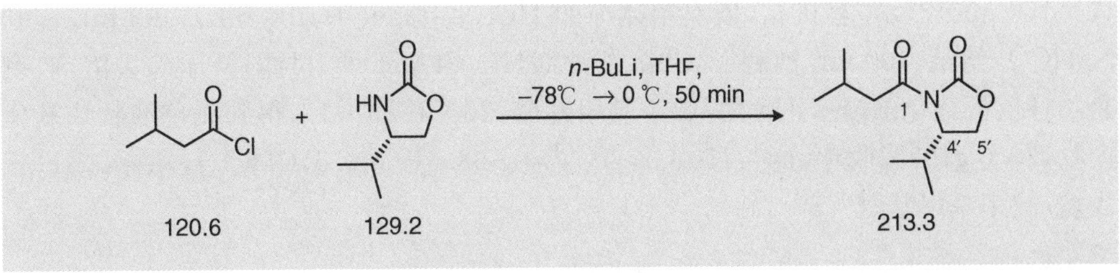

n-BuLi, THF,
−78℃ → 0 ℃, 50 min

120.6 129.2 213.3

−78℃，搅拌，丁基锂（己烷为溶剂，2.6 mol/L，78.2 mL，203 mmol）滴加到噁唑 46
烷酮 **1.2.2.2**（25.0 g，194 mmol）的无水 THF 中（800 mL），反应 30 min，滴加异戊酰氯（25.7 g，213 mmol，26.2 mL），−78℃反应 20 min，0℃反应 30 min。

加入 K_2CO_3 溶液（1.0 mol/L，150 mL）猝灭反应，减压除去溶剂，加入500 mL 水，分液，水相用甲基叔丁基醚萃取（4×400 mL），合并有机相，用饱和食盐水洗涤（2×100 mL），Na_2SO_4 干燥，过滤，减压除去溶剂，精馏得到无色液体 41.3 g，100% 收率，$bp_{0.008}$ 70～85℃，R_f=0.47（正戊烷/乙醚=1∶1）。

> **^{1}H NMR** (200 MHz, $CDCl_3$): δ (ppm) = 4.38 (m_c, 1H, 4′-H), 4.26–4.08 (m, 2H, 5′-H_2), 2.88 (dd, *J* = 15.9, 7.2 Hz, 1H, 2-H_b), 2.64 (dd, *J* = 15.9, 7.2 Hz, 1H, 2-H_a), 2.32 (dsept, *J* = 7.3, 4.0 Hz, 1H, *i*Pr-CH), 2.13 (non, *J* = 7.2 Hz, 1H, 3-H), 1.00–0.76 (m, 12H, 4 × CH_3).

1.2.2.7*** (*S*,*S*)-4-异丙基-3-(2-异丙基-4-己炔酰基)-噁唑-2-酮[5,6]

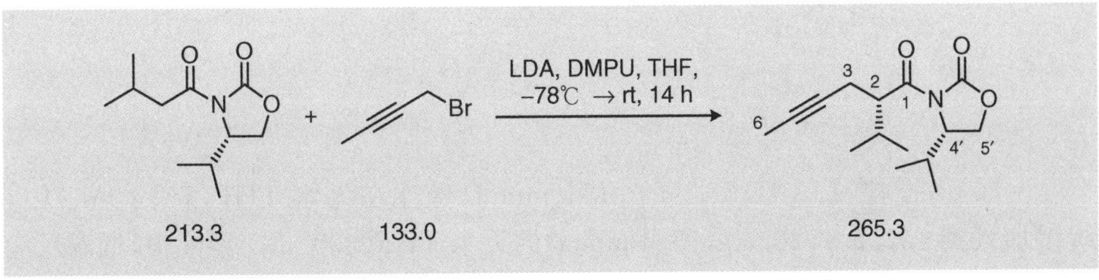

LDA, DMPU, THF,
−78℃ → rt, 14 h

213.3 133.0 265.3

−78℃，搅拌，丁基锂（己烷为溶剂，2.8 mol/L，41.5 mL，116 mmol）滴加到二异丙基胺（12.8 g，126 mmol，17.8 mL）的无水 THF 溶液中（250 mL），0℃搅拌 45 min，然后混合物冷却到−78℃，1.0 h 内缓缓加入到噁唑烷酮 **1.2.2.6**（22.5 g，105 mmol）的无水 THF 溶液中（25 mL），反应 2 h 以上，然后 1.0 h 内缓缓加入 32 mL 的 DMPU 和新制备的溴代物 **1.2.2.5**（20.0 g，150 mmol），自动升温到室温，

反应 14 h。

100 mL 饱和 NH_4Cl 溶液加入到混合物中，分液，收集有机相，水相用乙醚萃取（3×150 mL），合并有机相，依次用冰冻的 HCl（1.0 mol/L，100 mL）、100 mL 饱和 $NaHCO_3$ 溶液、100 mL 饱和 NaCl 溶液洗涤，Na_2SO_4 干燥，过滤，减压除去溶剂，剩
47 余物柱层析纯化（硅胶，正戊烷/叔丁基甲基醚，20：1→3：1），得到无色油状炔基化产物，26.0 g，93%收率，ds=150：1，$[\alpha]_{20}^{D}=+63.6$（$c=0.5$，$CHCl_3$），$R_f=0.41$（正戊烷/叔丁基甲基醚=5：1）。

IR (NaCl): $\tilde{\nu}$ (cm^{-1}) = 3376, 2964, 2924, 2876, 1780, 1698, 1468, 1432, 1388.
UV (CH_3CN): λ_{max} (nm) (log ε) = 206.0 (3.5222).
^{1}H NMR (200 MHz, $CDCl_3$): δ (ppm) = 4.52 (ddd, J = 7.6, 3.8, 3.8 Hz, 1H, 2-H), 4.34–4.16 (m, 2H, 5′-H_2), 3.93 (ddd, J = 9.5, 7.0, 5.0 Hz, 1H, 4′-H), 2.61–2.32 (m, 3H, 3-H_2, 2-C<u>H</u>Me_2), 1.98 (oct, J = 7.0 Hz, 1H, 4′-C<u>H</u>Me_2), 1.71 (t, J = 2.8 Hz, 3H, 6-H_3), 0.95 (d, J = 6.8 Hz, 3H, *i*Pr-CH_3), 0.94 (d, J = 7.0 Hz, 6H, 2 × *i*Pr-CH_3), 0.92 (d, J = 7.0 Hz, 3H, *i*Pr-CH_3).
^{13}C NMR (50 MHz, $CDCl_3$): δ (ppm) = 174.8 (C-1), 153.6 (C-2′), 76.4 (C-4), 76.2 (C-5), 62.9 (C-5′), 58.5 (C-4′), 48.2 (C-2), 29.8 (4′-*i*Pr-*C*H), 28.3 (2-*i*Pr-*C*H), 20.6 (2-*i*Pr-*C*H_3), 19.0 (C-3), 18.9 (2-*i*Pr-*C*H_3), 17.8 (4′-*i*Pr-*C*H_3), 14.4 (4′-*i*Pr-*C*H_3), 3.4 (C-6).
MS (DCI, 200 eV): m/z (%) = 549 (40) $[2M+NH_4]^+$, 283 (100) $[M+NH_4]^+$.

1.2.2.8** (*S*)-2-异丙基-4-己炔-1-醇[5,6]

LiAlH$_4$, THF, –78 ℃, 20 h

265.4 → 140.2

−78℃，搅拌，$LiAlH_4$（5.74 g，151 mmol）悬浮在无水 THF（75.4 mL）中，缓缓加入到 **1.2.2.7**（20.0 g，75.4 mmol）的无水 THF（300 mL）溶液中，低温反应 20 h。

滴加 6 mL 水猝灭反应，缓缓升温到室温，依次加入 6 mL 15% NaOH 溶液和 20 mL 水，滤除固体，滤饼用 THF 洗涤，使用乙醚在 Soxhlet 装置中（索氏提取器）提取 14 h，减压除去溶剂，剩余物用苯溶解，再一次减压浓缩，利用共沸除去微量水，剩余物使用 Vigreux 柱进行精馏，得到无色液体产品 7.8 g，74%收率，$bp_{0.5}$ 48～49℃，$[\alpha]_{20}^{D}=-3.0$（$c=0.5$，$CHCl_3$），$R_f=0.27$（正戊烷/叔丁基甲基醚=5：1）。

IR (NaCl): $\tilde{\nu}$ (cm^{-1}) = 3346, 2960, 2922, 2876, 1388, 1368, 1072, 1040. 48
^{1}H NMR (200 MHz, $CDCl_3$): δ (ppm) = 3.79–3.59 (m, 2H, 1-H_2), 2.37–2.07 (m, 2H, 3-H_2), 1.89 (s, 1H, OH), 1.78 (m_c, 1H, C$\underline{H}$$Me_2$), 1.75 (t, J = 2.6 Hz, 3H, 6-H_3), 1.45 (m_c, 1H, 2-H), 0.91 (d, J = 6.5 Hz, 3H, CH(C$\underline{H_3}$)$_2$), 0.88 (d, J = 6.5 Hz, 3H, CH(C$\underline{H_3}$)$_2$).
^{13}C NMR (50 MHz, $CDCl_3$): δ (ppm) = 77.7 (C-4), 76.8 (C-5), 63.8 (C-1), 46.1 (C-2), 27.8 (*i*Pr-*C*H), 19.9 (*i*Pr-*C*H_3), 19.7 (*i*Pr-*C*H_3), 18.2 (C-3), 3.4 (C-6).
MS (EI, 70 eV): m/z (%) = 140 (2) $[M]^+$, 125 (31) $[M-CH_3]^+$, 97 (100) $[M-i\text{Pr}]^+$, 53 (20) $[CH_3CCCH_2]^+$.

参考文献

[1] An instructive review on α-alkylation of enolates is given in: Procter, G. (1999) *Asymmetric Synthesis*, Oxford University Press, Oxford, p. 41.

[2] (a) Evans, D.A. (1984) in *Asymmetric Synthesis*, (ed. J.D. Morrison), vol. 3, Academic Press, New York, p. 1. (b) Evans, D.A., Takacs, J.M., McGee, L.R., Ennis, M.D., Mathre, D.J., and Bartoli, J. (1981) *Pure Appl. Chem.*, **53**, 1109–1127; (c) Helmchen, G., Hoffmann, R.W., Mulzer, J., and Schaumann, E. (eds) (1995) *Methods of Organic Chemistry (Houben-Weyl)*, 4th edn, vol. 21a, Thieme, Stuttgart-New York, p. 883.

[3] Evans, D.A., Ennis, M.D., and Mathre, D.J. (1982) *J. Am. Chem. Soc.*, **104**, 1737–1739.

[4] Schneider, C. (1992) PhD thesis. Enantioselektive Totalsynthese von (-)-Talaromycin B. Asymmetrische Induktion in intermolekularen Hetero-Diels-Alder-Reaktionen University of Göttingen.

[5] Bittner, C. (2002) PhD thesis. Stereoselektive Allylierung von Ketonen und deren Anwendung zur Synthese von Cembranoiden. University of Göttingen.

[6] Hölsken, S. (2004) PhD thesis. Untersuchungen zur stereoselektiven Totalsynthese von polyoxygenierten Cembranoiden. University of Göttingen.

1.2.3 3-氧代-5-苯基戊酸甲酯

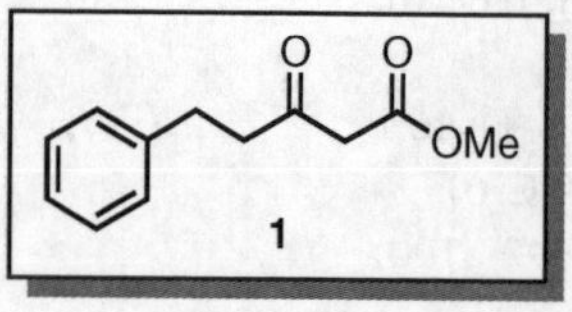

OMe
1

专题 ◆ 乙酰乙酸酯的 γ-烷基化

(a) 概述

在众多的合成 β-酮酯的方法中[1]，通过乙酰乙酸酯的 γ-烷基化增加碳链是合成类型 **1** 结构的 β-酮酯最有效的方法。

乙酰乙酸酯的 α-CH_2 的 C—H 比 γ-CH_3 中的 C—H 的酸性大(α 与 γ 的 ΔpK_α 差不多为 10)，因此，通过形成单负离子 **2**，使得亲电试剂选择性进攻 α-位置，或者通过形成双负离子 **3** 进攻 γ 位置。

49

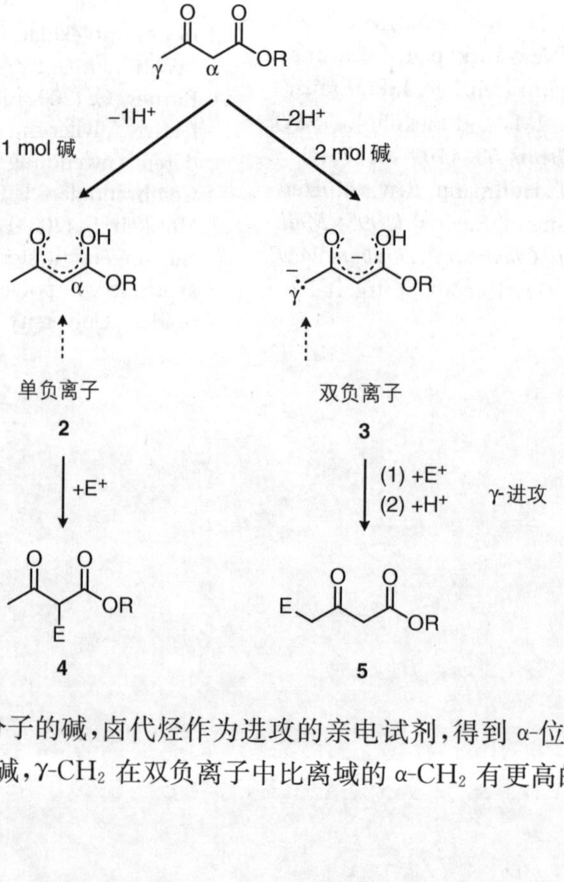

OR
−1H⁺ 1 mol 碱
−2H⁺ 2 mol 碱
单负离子 **2**
双负离子 **3**
α-进攻 +E⁺
(1) +E⁺ (2) +H⁺ γ-进攻
4
5

相应地，使用 1 分子的碱，卤代烃作为进攻的亲电试剂，得到 α-位置烷基化产物 **4**，而使用 2 分子的强碱，γ-CH_2 在双负离子中比离域的 α-CH_2 有更高的电荷密度，因此得到化合物 **5**[2]。

一个有用的且方便合成的路线，诸如 **1** 这样 γ-酮酯从醛增加 C_2 链的反应得到，可以选用氯化亚锡催化重氮乙酸乙酯与醛反应制备[3]：

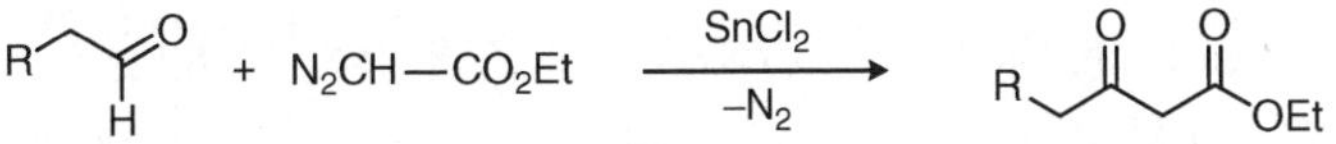

(b) 合成 1

如果乙酰乙酸甲酯在甲醇钠的无水甲醇溶液中与苄氯反应，通过形成 α-碳负离子 **6**，“经典的”α-烷基化反应发生，**6** 进攻苄氯得到“经典的”α-烷基化产物 2-苄基-3-氧代丁酸甲酯 **7**，80％收率[4]。

如果乙酰乙酸甲酯在 THF 中与两分子的 LDA 在低温 0℃反应，再与苄氯反应，HCl 酸化后得到化合物 **1**，78％收率。首先生成乙酰乙酸双负离子 **8**，苄氯经过 S_N 历程进行区位选择性的 γ-烷基化[5]。

50

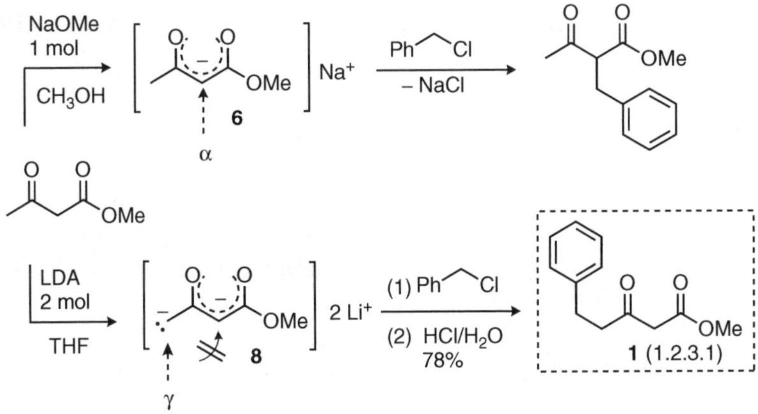

(c) 合成 1 的实验步骤

1.2.3.1** **3-氧代-5-苯基戊酸甲酯**[5]

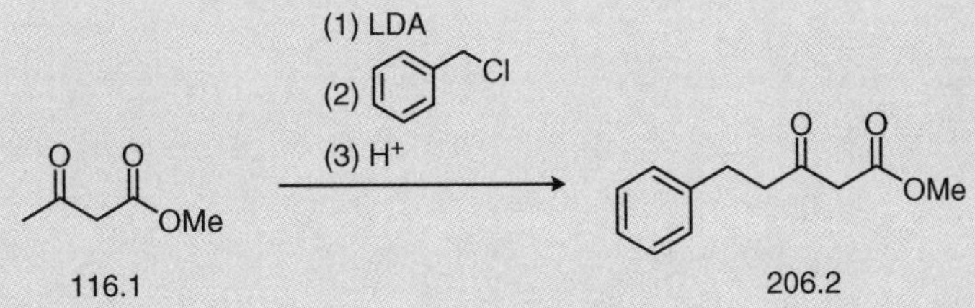

在 250 mL 两口瓶中装入磁力搅拌子,充满保护气,配有密封隔膜,二异丙基胺(5.15 g,50.0 mmol,大约 7.13 mL,使用前用 CaH_2 回流,bp_{760} 83~84℃)用注射器加入到 100 mL 的干燥 THF 中,0℃,搅拌,用注射器缓缓注入丁基锂(1.6 M,32.5 mL,52.0 mmol),反应 20 min 后滴入乙酰乙酸甲酯(2.80 g,24.0 mmol,大约 2.60 mL),0℃,继续搅拌 20 min(形成双负离子),然后滴加苄氯(3.04 g,24.0 mmol,大约 2.76 mL),0℃,继续搅拌 20 min。

浓 HCl 10 mL,水 25 mL,乙醚 75 mL 混合后加入到反应瓶中,分液,有机相用乙醚(2×50 mL)萃取,合并有机相并依次用饱和 $NaHCO_3$、食盐水洗涤,用 $MgSO_4$ 干燥,过滤,减压除去溶剂,剩余物减压蒸馏得到无色油状产物 3.67 g,78%收率,$bp_{0.2}$ 116~117℃,n_D^{20}=1.529 3。

51 **IR** (film): $\tilde{\nu}$ (cm^{-1}) = 3080, 3060, 3030, 1745, 1715, 1600, 1495.
^{1}H NMR (300 MHz, $CDCl_3$): δ (ppm) = 7.22 (s, 5H, Ar–H), 3.67 (s, 3H, CO_2CH_3), 3.39 (s, 2H, 2-CH_2), 2.86 (s, 4H, 4- and 5-CH_2) (note 2).

注:^{1}H NMR 谱,4-和 5-CH_2 的信号发生重叠,显示一个信号。此外,能够发现 **1** 的烯醇式结构的小峰信号。

参考文献

[1] Larock, R.C. (1999) *Comprehensive Organic Transformations*, 2nd edn, Wiley-VCH Verlag GmbH, New York, p. 1528, and reference cited therein.

[2] Smith, M.B. (2013) *March's Advanced Organic Chemistry*, 7th edn, John Wiley & Sons, Inc., New York, p. 541; see also ref. [1], p. 1539.

[3] Holmquist, C.R. and Roskamp, E.J. (1989) *J. Org. Chem.*, **54**, 3258. By application of this method to hydrocinnamic aldehyde, the ethyl ester of **1** is formed in 86% yield; for the mechanism, see ref. [2], p. 1407.

[4] In analogy to *Organikum* (2001), 21st edn, Wiley-VCH Verlag GmbH, Weinheim, p. 608.

[5] (a) Harris, T.M. and Harris, C.M. (1969) *Org. React.*, **17**, 155; (b) Harris, T.M. and Harris, C.M. (1977) *Tetrahedron*, **33**, 2159–2185.

1.3　Aldol 和 Mannich 类型反应

1.3.1　(+)-(7a*S*)-7,7a-二氢-7a-甲基-1,5-(6*H*)-茚满二酮

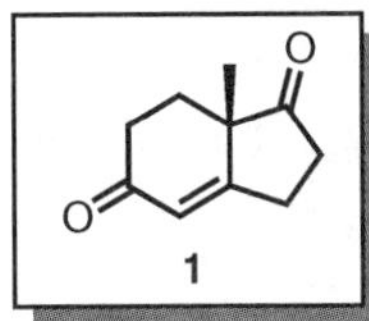

专题
- ◆ 琥珀酸酰基化
- ◆ Michael 加成反应
- ◆ 手性催化剂催化分子内不对称 Aldol 缩合反应，对映选择性有机催化剂，Eder-Sauer-Wiechert-Hajos-Parrish 反应
- ◆ 不对称 Robinson 环化

(a) 概述

二氢茚 **1** 是一种重要的砌块，用于类固醇合成以及天然产物合成[1]，它的制备是有机催化剂用于对映选择合成的第一个突破的例子，这在近几年得到广泛认同。

化合物 **1** 的逆合成分析，首先逆 Robinson 环化，然后是对 2-甲基-环戊-1,3-二酮 52
4 的逆 Aldol 和逆 Michael 反应，以甲基乙烯基酮 **3** 为起始原料。

二酮 **4** 化合物的合成既可以从路线 B 用乙酰乙酸乙酯和 α-卤代乙酸酯为原料反应得到 γ-酮酯，环化后得到 1,3-环戊二酮 **6**；也可以依照路线 A，以 γ-酮酯 **7** 为合成

前体。7 的合成，同样可以分为两条路线，依据上述合成分析，化合物 **1** 的对映选择合成通过化合物 **4** 对甲基乙烯基酮 **3** 进行 1,4-Michael 反应，得到化合物 **2**，然后在(*S*)-脯氨酸催化作用下进行不对称分子内 Aldol 缩合，高收率得到高纯度的旋光产物[2]。

(b) 合成 1

这里展现的不仅有 Eder 等[3]的方法，也有 Hajos 和 Parrish 等的路线[4]，Michael 加成物 **2** 的环化得到 *cis*-Aldol 产物 **8**，一个非对映异构体，收率 88%，ee 值为 84%；随后，**8** 在苯中使用 TosOH 进行酸催化脱水得到 **1**，收率 81%。

53

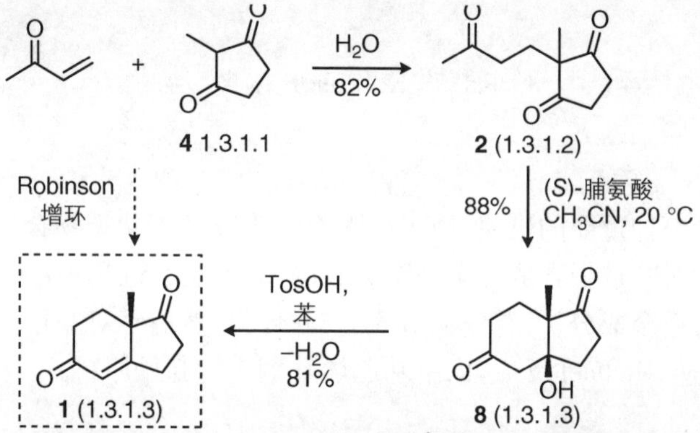

H_2O 82%
4 1.3.1.1
2 (1.3.1.2)
Robinson 增环
88% (*S*)-脯氨酸 CH_3CN, 20 °C
TosOH, 苯 $-H_2O$ 81%
1 (1.3.1.3)
8 (1.3.1.3)

作为手性有机催化剂，(*S*)-脯氨酸的催化机理是通过与化合物 **2** 的侧边上羰基形成烯胺 **9** 得以实现的[5]，烯胺 **9** 随后环化靠近剩余的羰基 C═O，形成羧酸内铵盐 **11**，过渡态 **10** 中氢键对两个非对映异构羰基的选择性的差异是造成高度立体选择环化的原因(**9→11**)，通过水解 **11** 得到 Aldol 反应产物 **8**，终止催化循环，催化剂再生。

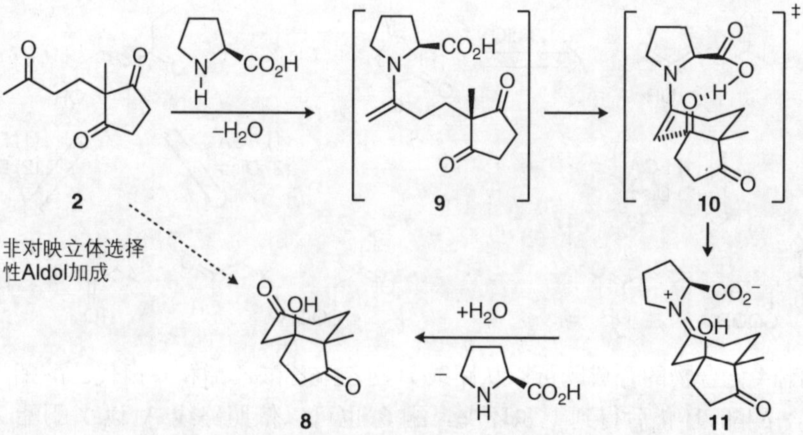

CO_2H $-H_2O$
2 **9** **10** ‡
非对映立体选择性Aldol加成
$+H_2O$ $-$ CO_2H
8 **11**

(*S*)-脯氨酸还可以用于其他分子间的对映选择的 Aldol 和 Mannich 反应[5,6]，而且，脯氨酸类化合物已经作为有机催化剂应用于多种不同的反应中[7]。

依据逆合成分析得到的路线 **A**[9]，2-甲基-1,3-环戊二酮 **4** 可以通过琥珀酸与丙酰氯在 $AlCl_3$ 催化作用下一步合成[8]。

54

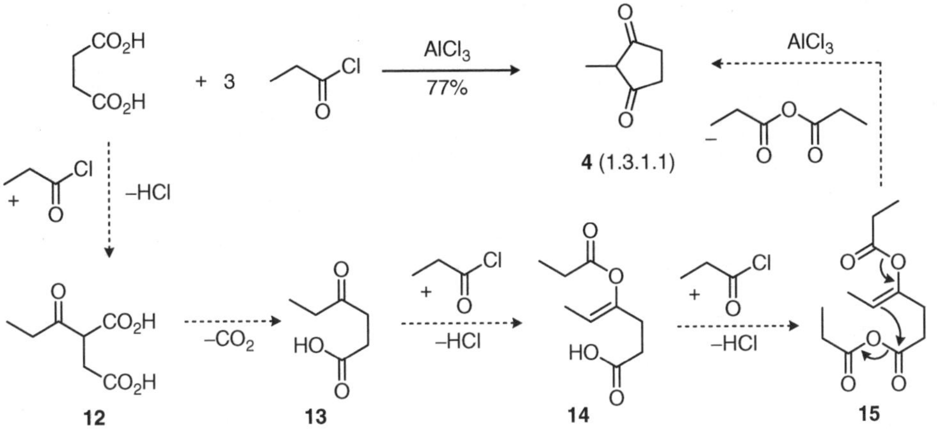

由于使用了 3 分子的酰氯，有可能发生多米诺反应，依次是：琥珀酸的 α-酰基化（→**12**），β-酮酸 **12** 的脱羰基（→**13**），其烯醇式酰基化（→**14**），最后，通过形成混合酐（或者酰氯）（→**15**），经历类 Claisen 环化得到二酮 **4**。

(c) 合成 1 的具体实验步骤

1.3.1.1* 2-甲基-1,3-环戊二酮[8]

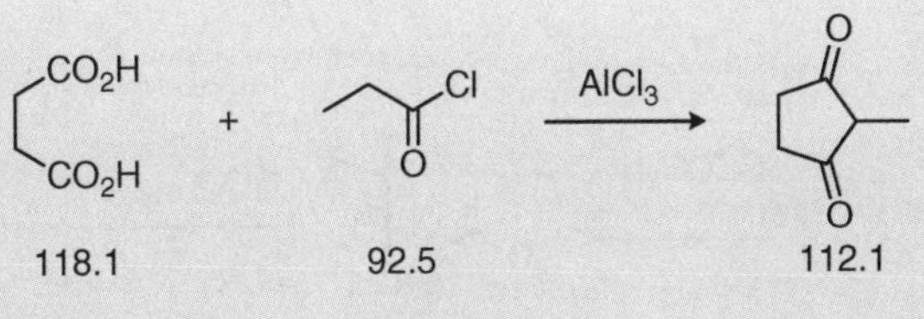

粉末状的琥珀酸（5.9 g，0.50 mol）分批加入无水 $AlCl_3$（200 g，1.50 mol）的无水硝基甲烷溶液中（200 mL），有大量气体放出（HCl，小心有毒），待到没有气体放出时加入丙酰氯（139 g，1.50 mol），升温到 80℃后反应 3 h，得到红色液体。

混合物冷却，倾倒到 400 g 冰块上，－10℃维持 15 h 使产物结晶，过滤，分别用 200 mL 10％的 NaCl 溶液和 200 mL 甲苯洗涤，用水重结晶（用活性炭脱色），得到棱柱状固体 43.0 g，收率 77％，mp 214～216℃。

IR (KBr): $\tilde{\nu}$ (cm^{-1}) = 3200–2600, 1590.
55 **^{1}H NMR** (300 MHz, [D_4]MeOH): δ (ppm) = 4.84 (s, OH), 2.44 [s, CH_2-CH_2; 酮式], 2.90–2.25 [m, CH_2-CH_2; 烯醇式], 1.54 (s, CH_3); 酮式-烯醇式混合物。

1.3.1.2* 2-甲基-2-(3-氧代丁基)-1,3-环戊二酮[3,4]

甲基乙烯基酮(14 g,200 mmol,~16.2 mL)一次性加入到2-甲基-1,3-环戊二酮 **1.3.1.1**(11.2 g,100 mmol)的25 mL水溶液中。氮气保护,室温搅拌5天。

用甲苯萃取(3×25 mL)红褐色透明液体,合并有机相,用 $MgSO_4$ 干燥,过滤,加入活性炭在室温下搅拌2 h,过滤,活性炭用热甲苯50 mL洗涤,合并有机相,减压除去溶剂,剩余物减压蒸馏,得到无色油状物产品15.0 g,82%收率,$bp_{0.1}$ 108~110℃。

IR (film): $\tilde{\nu}$ (cm^{-1}) = 2970, 2930, 2875, 1765, 1720, 1450, 1420, 1370, 1170.
^{1}H NMR (300 MHz, $CDCl_3$): δ (ppm) = 2.79 (s, 4H, 4-H_2, 5-H_2), 2.60–1.65 (m, 4H, 1′-H_2, 2′-H_2), 2.09 (s, 3H, 4′-H_3), 1.10 (s, 3H, CH_3).

1.3.1.3* (+)-(7a*S*)-7,7a-二氢-7a-甲基-1,5(6*H*)-茚二酮[3,4]

1) (+)-(3a*S*, 7a*S*)-3a,4,7,7a-四氢-3a-羟基-7a-甲基-1,5(6*H*)-茚二酮

氮气保护,三酮 **1.3.1.2**(5.60 g,30.7 mmol)和(−)-(*S*)-脯氨酸(3.54 g,30.7 mmol)在40 mL乙腈中搅拌反应6天,浅黄色溶液变成暗褐色直至黑色。

过滤分离脯氨酸,并用少量乙腈洗涤。滤液减压浓缩,暗褐色剩余物用
56 100 mL乙酸乙酯溶解,加入10 g硅胶过滤,硅胶用150 mL乙酸乙酯淋洗,合并滤液,

减压浓缩，得到浅褐色物质在−20℃下保温 14 h 后固化，乙醚重结晶，得到浅黄色结晶物 4.90 g，收率 88%，mp 119～120℃，$[\alpha]_{20}^{D}=+60$（$c=0.5$，$CHCl_3$）。

> **IR** (film): $\tilde{\nu}$ (cm^{-1}) = 3470 (OH), 1740, 1710 (六元环,C=O), 1305, 1270, 1065.
> **^{1}H NMR** (300 MHz, $CDCl_3$): δ (ppm) = 2.84 (s, 1H, OH), 2.63 (s, 2H, 4-H_2), 2.61 – 1.65 (m, 8H, 2-H_2, 3-H_2, 6-H_2, 7-H_2), 1.21 (s, 3H, CH_3).

2）(+)-(7a*S*)-7,7a-二氢-7a-甲基-1,5(6*H*)-茚二酮

取步骤 1）制备的羟基酮（3.64 g，20.0 mmol），加入无水对甲基苯磺酸（25 mg，0.15 mmol），分子筛（4 Å，5 g），无水苯 30 mL，加热回流 30 min。

反应液冷却，加入 $NaHCO_3$ 的水溶液（1.0 mol/L，2 mL），分液，有机相用 $MgSO_4$ 干燥，过滤，溶剂减压除去，得到黄色油状物，在−20℃条件下保温 14 h 后固化，用冰冻的乙醚洗涤，用乙醚/正戊烷重结晶，得到 2.66 g 产物，81%收率，mp 64～65℃，$[\alpha]_{20}^{D}=+362$（$c=0.1$，苯），光学纯度>98% ee。

> **IR** (KBr): $\tilde{\nu}$ (cm^{-1}) = 3045, 1745, 1660, 1455, 1355, 1235, 1150, 1065.
> **^{1}H NMR** (300 MHz, $CDCl_3$): δ (ppm) = 5.95 (m, 1H, 4-H), 2.95 – 1.75 (m, 8H, 2-H_2, 3-H_2, 6-H_2, 7-H_2), 1.30 (s, 3H, CH_3).

参考文献

[1] For example, taxol: Danishefsky, S.J., Masters, J.J., Young, W.B., Link, J.T., Snyder, L.B., Magee, T.V., Jung, D.K., Isaacs, R.C.A., Bornmann, W.G., Alaimo, C.A., Coburn, C.A., and Di Grandi, M.J. (1996) *J. Am. Chem. Soc.*, **118**, 2843–2859.

[2] Micheli, R.A., Hajos, Z.G., Cohen, N., Parrish, D.R., Portland, L.A., Sciamanna, W., Scott, M.A., and Wehrli, P.A. (1975) *J. Org. Chem.*, **40**, 675–681.

[3] Eder, U., Sauer, G., and Wiechert, R. (1971) *Angew. Chem.*, **83**, 492–793; *Angew. Chem., Int. Ed. Engl.*, (1971), **10**, 496–497.

[4] Hajos, Z.G. and Parrish, D.R. (1974) *J. Org. Chem.*, **39**, 1612–1615.

[5] (a) Hoang, L., Bahmanyar, S., Houk, K.N., and List, B. (2003) *J. Am. Chem. Soc.*, **125**, 16–17; (b) Clemente, F.R. and Houk, K.N. (2004) *Angew. Chem.*, **116**, 5890–5892; *Angew. Chem. Int. Ed.*, (2004), **43**, 5766–5768.

[6] (a) Dalko, P.J. and Moisan, L. (2004) *Angew. Chem.*, **116**, 5248–5286; *Angew. Chem. Int. Ed.*, (2004), **43**, 5138–5175; (b) Seayad, J. and List, B. (2005) *Org. Biomol. Chem.*, **3**, 719–724; (c) Amino acids as organocatalysts in carbohydrate synthesis: Kazmaier, U. (2005) *Angew. Chem.*, **117**, 2224–2226; *Angew. Chem. Int. Ed.* (2005), **44**, 2186–2188; (d) organo-catalyzed direct aldol reactions of aldehydes with ketones: Tang, Z., Yang, Z.-H., Chen, X.-H., Cun, L.-F., Mi, A.-Q., Jiang, Y.-Z., and Gong, L.-Z. (2005) *J. Am. Chem. Soc.*, **127**, 9285–9289; (e) Cordova, A., Zou, W., Ibrahem, I., Reyes, E., Engqvist, M.,

57 and Liao, W.-W. (2005) *Chem. Commun.*, 3586–3588.

[7] (a) Westermann, B. (2003) *Nachr. Chem.*, **51**, 802–805; (b) Berkessel, A. and Gröger, H. (2005) *Asymmetric Organocatalysis*, Wiley-VCH Verlag GmbH, Weinheim.

[8] Schick, H., Lehmann, G., and Hilgetag, G. (1969) *Chem. Ber.*, **102**, 3238–3240.

[9] For comparison, see the multistep synthesis of **1** in *Org. Synth.*: John, J.P., Swaminathan, S., and Venkataraman, P.S. (1963) *Org. Synth. Coll.*, **4**, 840.

1.3.2 2-苯甲酰氨基-2-(2-氧代环己基)乙酸环己酯

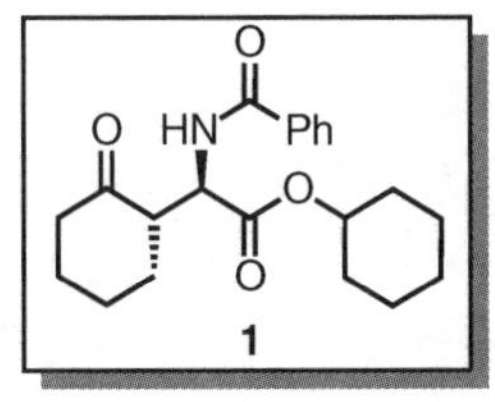

专题 ◆ *N*-酰基亚胺酯非对映选择性氨基烷基化(Aldol 反应的改良)

◆ *N*-酰基-α-氨基酸的酯化

◆ 通过 α-卤代/脱 α-卤合成 *N*-酰基亚胺酯

(a) 概论

在直接的 Aldol 反应中[1]，以等当量的烯醇盐 **2** 为例，α-锂化的亚胺 **3**(Wittig-Aldol 反应)，硅烯醇醚 **4**(Mukaiyama Aldol 反应，参考 1.3.4 节内容)，和烯胺 **5** 与醛或者酮进行 Aldol 加成反应得到产物 **6**，或者通过 Aldol 缩合得到 **7**。环酮的烯胺 58 非常容易得到，且能够与醛缩合反应，平衡条件下通过共沸脱水得到双键，随后酸解[2]：

当使用酰基亚胺乙酸酯 **8** 作为亲电底物时，这种类型的烯胺与之反应，一个氮杂类型的 Aldol 加成反应发生，得到 *N*-酰基-γ-酮-α-氨基酯 **9**[3]，详见(b)部分内容。

产物 **9** 的相对构型是反式的(X-ray 确定)，在这种氮杂修饰的 Aldol 反应中展现出极高的非对映选择性(>96% de)与形成中间体 **11** 的杂原子-Diels-Alder 类型的过渡态 **10** 有关系，既可以开环得到两性离子 **12**，也可以成为烯胺 **13**，酸解后得到反式产物 **9**[3]：

59 使用手性的酯和烯胺可以得到对映选择性高的产物。这源于双立体差别的理念[4]，化合物 **8**(R＝Ph)(＋)和(－)-甲基酯与来自(*S*)-脯氨酸的手性烯胺 **14** 反应，使用(＋)-甲基酯 **15**，反应定量进行，伴随完全的非立体和对映异构选择(de＝ee>99%)，得到纯化合物 **16**，其新形成的立体中心构型为(1′*S*,2*R*)(“匹配”实例)，而(－)-甲基酯 **8**(R＝Ph)则形成 **9** 类型化合物，de>98%，ee＝45%(“非匹配”实例[5])。

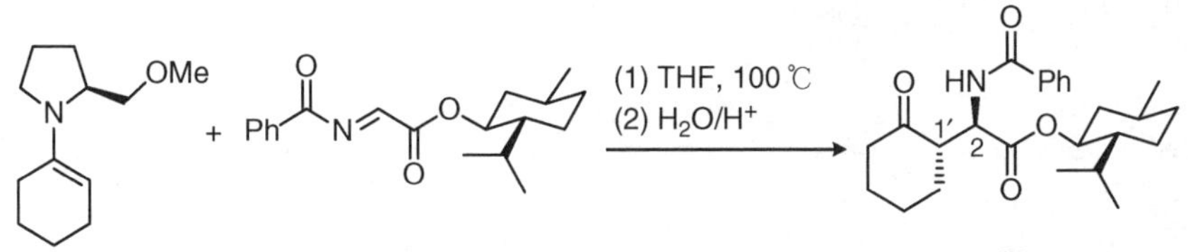

有必要指出，酰基亚胺丙二酸酯 **17** 作为一个令人感兴趣的亲电砌块，通过与 Grignard 试剂反应，随后酸化脱羧，合成 α-氨基酸[6]：

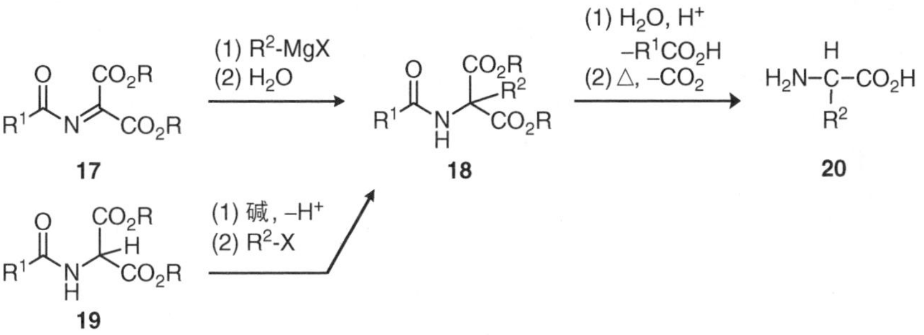

这种类型的合成 α-氨基酸的方法可以替代另一种合成方法：酰胺基丙二酸酯 **19** 在碱存在下烷基化得到 **18**[7]。酰基亚胺酯 **17** 呈现出“极性反转”[8]，异构为酰基氨基丙二酸负离子 **21**：

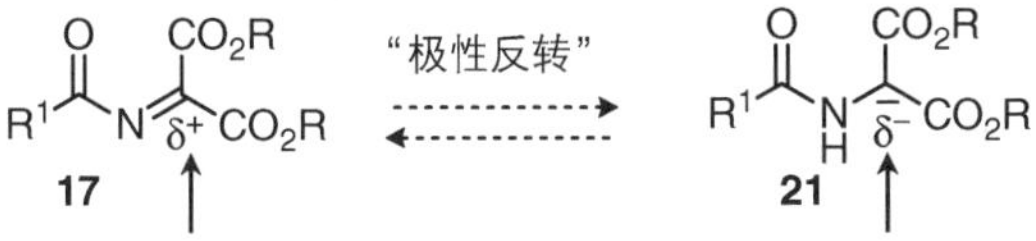

(b) 合成 1

商业上可以获得的马尿酸 **22**，在甲苯中用 TosOH 催化，与环己醇共沸酯化，在置溴的 CCl_4 中环己基酯 **23** 中 COOR 的 α-位发生光诱导的溴化反应得到溴化酯 **24**， 60
接下来转化为苯甲酰亚胺乙酸酯 **25**，不经过分离，直接与烯胺 **26** 反应酸解后得到 **1**，对于这个反应，溴化酯 **24** 的 THF 溶液冷却到 −78℃ 加入三乙胺和烯胺吗啉环己烯 **26**[9]，反应很有可能经历中间体 **27** 和 **28**，调节 pH 为 4～5 酸化，化合物 **1** 分离收率 79%，ds＞98∶2，由此确认氮杂-aldol 反应中高度立体选择性。因此该过程中既没有手性烯胺，也没有手性酯，因此 **1** 是外消旋混合物。

有趣的是，与这里使用的较大位阻的 **23**(环己基酯)相比，相应的甲基酯，乙基酯的非对映选择性对温度依赖更显著，甲基酯与乙基酯与烯胺 **26** 在 −100℃ 反应给出极高的非对映选择性(ds＞98∶2)，而在 −78℃ 条件下只有 85∶15。

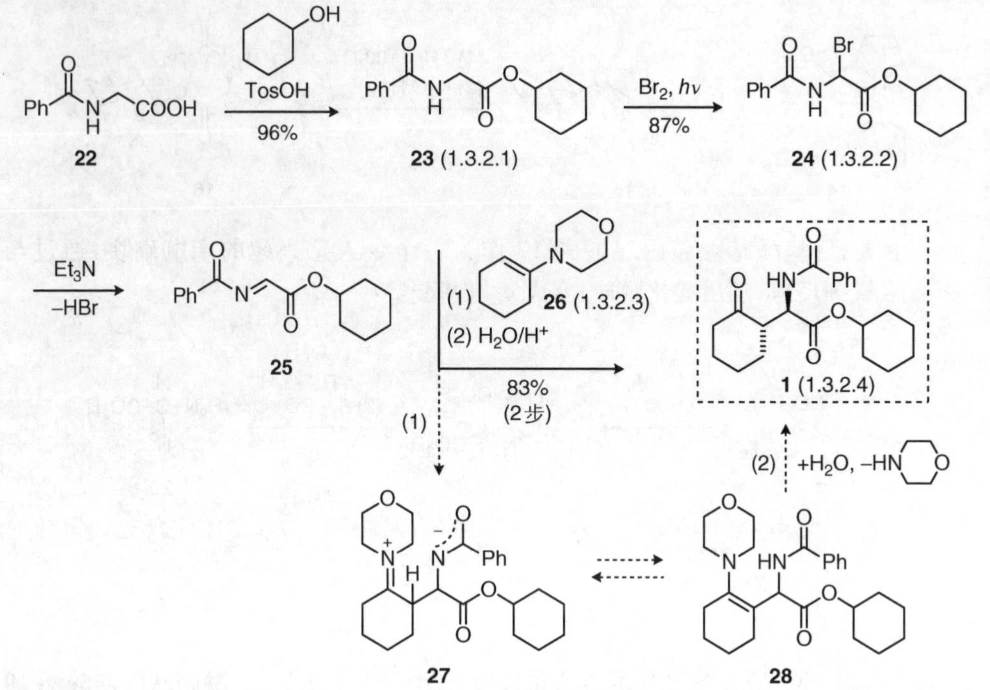

目标分子 **1** 经过三步合成,总收率为 67%(基于马尿酸 **22**)。

61 **(c) 合成 1 的具体实验步骤**

1.3.2.1* 2-苯甲酰基氨基乙酸环己酯[3]

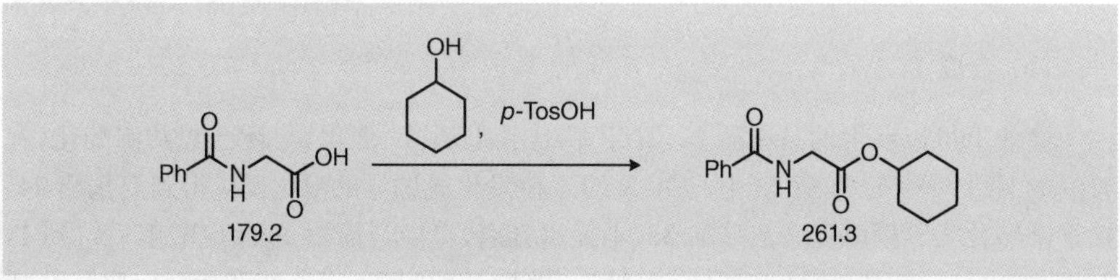

马尿酸(35.8 g,0.20 mol)和环己醇(20.0 g,0.20 mol)溶解于 200 mL 甲苯,加入对甲基苯磺酸 1.0 g,装置配上分水器,加热共沸除水,直到有理论量的水生成。

冷却到 35～40℃,加入 200 mL 乙酸乙酯稀释,有机相用水洗涤两次,$MgSO_4$ 干燥,过滤,减压除去溶剂,粗产品用乙酸乙酯/正己烷(1∶1)重结晶,得到无色固体 50.3 g,96%收率,mp 102～103℃,TLC(硅胶,乙酸乙酯/正己烷=1∶2),R_f=0.57。

UV: λ_{max} (nm) = 224, 194.
IR (KBr): $\tilde{\nu}$ (cm^{-1}) = 3326, 2955, 2939, 2854, 1748, 1650, 1550, 1494, 1450, 1401, 1380, 1360, 1312, 1251, 1201, 1081, 1013, 949, 733, 692.
^{1}H NMR (300 MHz, $CDCl_3$): δ (ppm) = 7.82–7.79 (m, 2H, Ar–H), 7.54–7.42 (m, 3H, Ar–H), 6.70 (s, 1H, NH), 4.84 (m, 1H, hex-H_1), 4.20 (d, J = 3.3 Hz, 2H, α-H_2), 1.93–1.83 (m, 2H, c-hex-H_2), 1.79–1.68 (m, 2H, c-hex-H_2), 1.60–1.20 (m, 6H, c-hex-H_2).
^{13}C NMR (76 MHz, $CDCl_3$): δ (ppm) = 169.5, 167.3, 133.8, 131.7, 128.6, 127.0, 74.3, 42.1, 31.5, 25.2, 23.6.
EI HRMS: m/z = 261.1364 (calcd. 261.1365).

1.3.2.2** 2-苯甲酰基氨基-2-溴乙酸环己酯[9]

Ph(C=O)NH–CH₂–CO–O–c-hex (261.3) —Br₂, AIBN, CCl₄, △, UV→ Ph(C=O)NH–CH(Br)–CO–O–c-hex (340.2)

在紫外照射下(500 W),耗时 2 h 将溴(3.51 g,22.0 mmol)的无水 CCl_4 溶液(30 mL)滴加到回流状态的 **1.3.2.1**(5.22 g,20 mmol)和偶氮二异丁腈(50 mg)的无水 CCl_4 溶液(40 mL)中,溶液变为浅褐色。持续照射回流 3 h。 62

减压除去溶剂,产物用乙酸乙酯/石油醚(50~80℃,1∶1)重结晶,产物对水敏感,用 N_2 保护,于 4℃保存,产品无色透明,5.92 g,87%收率,mp 107~109℃,TLC(硅胶,乙酸乙酯/正己烷=1∶2),R_f=0.27。

UV: λ_{max} (nm) = 231.5, 194.5.
IR (KBr): $\tilde{\nu}$ (cm^{-1}) = 3298, 3038, 2940, 2861, 1733, 1660, 1602, 1581, 1519, 1490, 1453, 1379, 1358, 1340, 1285, 1240, 1194, 1133, 1009, 934, 719, 691, 530.
^{1}H NMR (300 MHz, $CDCl_3$): δ (ppm) = 7.80–7.40 (m, 6H, Ar–H, NH), 6.60 (d, J = 9.9 Hz, 1H, CH), 4.90 (m, 1H, c-hex-H), 1.20–1.90 (m, 10H, c-hex-H_2).
^{13}C NMR (76 MHz, $CDCl_3$): δ (ppm) = 166.3, 165.6, 132.8, 132.4, 128.8, 127.4, 75.9, 50.5, 31.1, 30.6, 25.1, 23.3, 23.2.

1.3.2.3* 1-吗啉-1-环己烯[10]

环己酮 (98.1) + 吗啉 (87.1) —p-TosOH, 甲苯, △→ 1-吗啉-1-环己烯 (167.2)

环己酮(11.8 g,120 mmol)和吗啉(125.g,140 mmol)以及对甲基苯磺酸(20 mg)的 20 mL 甲苯溶液回流 10 h,通过恒沸使用分水器除去生成的水。

冷到室温,用水洗涤 2 次直到 pH=7,用 $MgSO_4$ 干燥,过滤,除掉溶剂,剩余物减压蒸馏得到无色液体 17.5 g,87%收率,bp_{93} 74～75℃,TLC(硅胶,乙酸乙酯/正己烷=1∶2),R_f=0.58。

UV: λ_{max} (nm) = 220.
IR (KBr): $\tilde{\nu}$ (cm^{-1}) = 2926, 2893, 1647, 1450, 1385, 1358, 1264, 1204, 1123, 899, 789.
^{1}H NMR (300 MHz, $CDCl_3$): δ (ppm) = 4.62 (t, *J* = 1.7 Hz, 1H, 12-H_1), 3.76–3.54 (m, 2H, 2-H_2, 6-H_2), 2.92–2.64 (m, 4H, 3-H_2, 5-H_2), 2.07–1.84 (m, 4H, 9-H_2, 12-H_2), 1.60 (m, 4H, 10-H_2, 11-H_2).
^{13}C NMR (76 MHz, $CDCl_3$): δ (ppm) = 145.4, 100.4, 66.9, 48.4, 26.8, 24.3, 23.3, 22.7.
EI-HRMS: *m*/*z* = 167.1306 (calcd. 167.1310).

63 1.3.2.4** 2-苯甲酰氨基-2-(2-氧代环己基)乙酸环己酯[3]

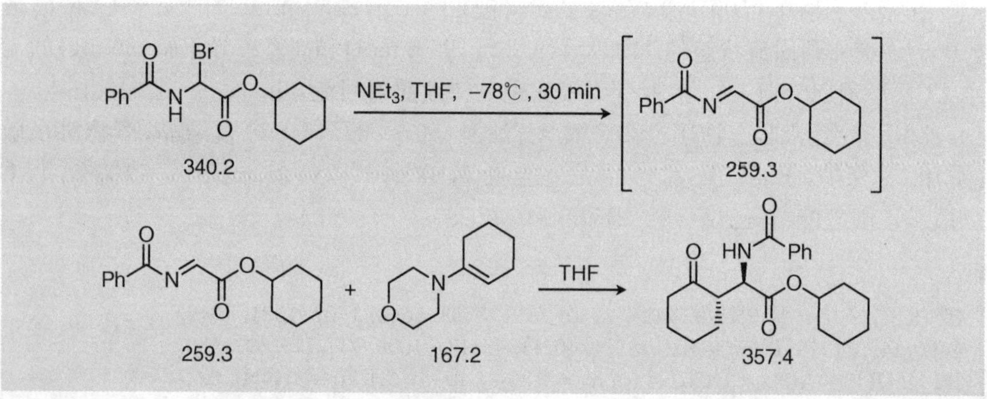

氩气保护,−78℃,将三乙胺(697 μL,0.50 g,5.0 mmol)加入到溴代乙酸酯 **1.3.2.2**(5.0 mmol)无水 THF(35 mL)溶液中,搅拌 30 min 后,冷却到−95℃,加入预先冷到−78℃的烯胺 **1.3.2.3**(0.92 g,5.5 mmol)的无水 THF(10 mL)溶液。维持−95℃ 6 h,接着维持−78℃ 6 h,升至室温后加入稀的柠檬酸直到 pH 4～5,继续搅拌 5 h。

减压除去溶剂,剩余物用乙酸乙酯萃取(3×35 mL),有机相用 20 mL 水洗涤,用 $MgSO_4$ 干燥,过滤,除掉溶剂,剩余物柱层析纯化(硅胶,乙酸乙酯/正己烷=1∶2),得到的油状物用正己烷溶解,超声波处理 20 min,重结晶得到无色固体,1.49 g,83%收率,mp 106～108℃,TLC(硅胶,乙酸乙酯/正己烷=2∶1),R_f=0.52,de>98%

(HPLC,RP C18,H_2O/0.1%TFA(三氟乙酸)),乙腈/水,8.2∶0.1% TFA,30 min 内 60%～90%,t_R=14.6 min。

UV: λ_{max} (nm) = 224.0, 192.5.
IR (KBr): $\tilde{\nu}$ (cm^{-1}) = 3320, 2936, 2860, 1712, 1654, 1546, 1517, 1488, 1447, 1316, 1281, 1268, 1240, 1208, 1011, 719, 693.
^{1}H NMR (300 MHz, $CDCl_3$): δ (ppm) = 7.78–7.40 (m, 5H, Ar–H), 7.00 (d, J = 9.65 Hz, 1H, NH), 4.90 (dd, J = 3.22, 9.59 Hz, 1H, α-H), 4.80 (td, 1H, 环己烷), 3.39–3.31 (m, 1H, 环己酮), 2.42–2.34 (m, 4H, 2 CH_2, 环己酮), 2.29–2.26 (m, 2H, CH_2, 环己酮), 2.10 (m, 2H, CH_2, 环己酮) 1.90 –1.20 (m, 10H, 环己烷).
EI HRMS: m/z = 358.20131 (calcd. 358.20128).

参考文献 64

[1] Smith, M.B. (2013) *March's Advanced Organic Chemistry*, 7th edn, John Wiley & Sons, Inc., New York, p. 1141.

[2] For an example, see: Tietze, L.F. and Eicher, Th. (1991) *Reaktionen und Synthesen im organisch-chemischen Praktikum und Forschungslaboratorium*, 2nd edn, Georg Thieme Verlag, Stuttgart, p. 186.

[3] (a) Kober, R., Papadopoulos, K., Miltz, W., Enders, D., and Steglich, W. (1985) *Tetrahedron*, **41**, 1693–1702; (b) For the direct organocatalyzed enantioselective α-aminomethylation of ketones, see: Ibrahem, I., Casas, J., and Cordova, A. (2004) *Angew. Chem.*, **116**, 6690–6693; *Angew. Chem. Int. Ed.*, (2004), **43**, 6528–6531.

[4] (a) Heathcock, C.H. (1984) in *Asymmetric Synthesis*, (ed. J.P. Morrison), vol. 3, Academic Press, New York, p. 111; (b) see also: Hauptmann, S. and Mann, G. (1996) *Stereochemie*, Spektrum Akademischer Verlag, Heidelberg, p. 216.

[5] Masamune, S., Choy, W., Petersen, J.S., and Sita, L.R. (1985) *Angew. Chem.*, **97**, 1–31; *Angew. Chem., Int. Ed. Engl.*, (1985), **24**, 1–30.

[6] Kober, R., Hammes, W., and Steglich, W. (1982) *Angew. Chem.*, **94**, 213–214; *Angew. Chem., Int. Ed. Engl.*, (1982), **21**, 203.

[7] (a) *Methoden der Organischen Chemie (Houben-Weyl)*, vol. XI/2 (1958), Georg Thieme Verlag, Stuttgart, p. 309; (b) *Organikum* (2001), 21st edn, Wiley-VCH Verlag GmbH, Weinheim, p. 492.

[8] (a)See ref. [1], p. 553; (b) for a monograph, see: Hase, T.A. (1987) *Umpoled Synthons*, John Wiley & Sons, Inc., New York.

[9] Kober, R. and Steglich, W. (1983) *Liebigs Ann. Chem.*, 599–604.

[10] Eicher, Th. and Tietze, L.F. (1995) *Organisch-Chemisches Grundpraktikum*, 2nd edn, Georg Thieme Verlag, Stuttgart, p. 204.

1.3.3 (*S*)-1-羟基-1,3-二苯基-3-丙酮

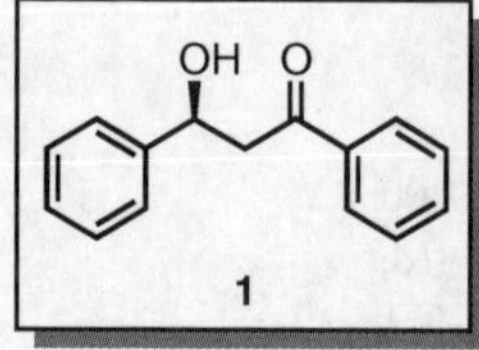

专题
- ◆ 手性(酰基)硼烷催化的不对称 Mukaiyama Aldol 反应
- ◆ 合成手性 β-羟基酮
- ◆ 从 2,6-二羟基苯甲酸和(*S*,*S*)-(—)-酒石酸制备 CAB 配体
- ◆ 酯和芳醚生成,苄酯的脱保护

(a) 概述

Aldol 反应是最有效的和最有利的合成 C—C 键的方法之一[1],Mukaiyama Aldol 反应中(参考 1.3.3 节),硅基烯醇醚或者硅基乙烯酮缩醛与醛在 Lewis 酸催化下(例如 $TiCl_4$)得到 β-羟基酮(Aldol)或者 β-羟基酯:

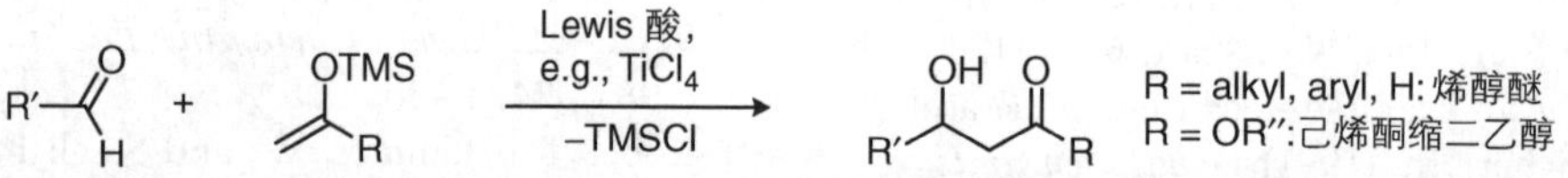

Lewis 酸, e.g., $TiCl_4$; –TMSCl

R = alkyl, aryl, H: 烯醇醚
R = OR″:已烯酮缩二乙醇

65 通过使用手性 Lewis 酸,可以进行一个非对称的 Mukaiyama Aldol 反应,为了这个目的,Ishihara 和 Yamamoto[2] 发展了手性(酰基)硼烷(CAB)化合物 **2**,它是从手性配体酒石酸和芳基硼酸衍生而来的。**2** 被证明是 Aldol 反应有效的手性催化剂[3],已经成功应用于手性转换反应中,如 Diels-Alder[4]、杂原子 Diels-Alder[5] 和烯丙基化反应[6]。

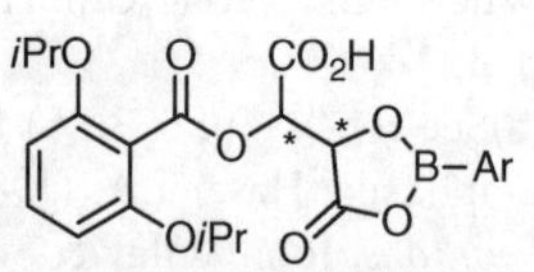

2 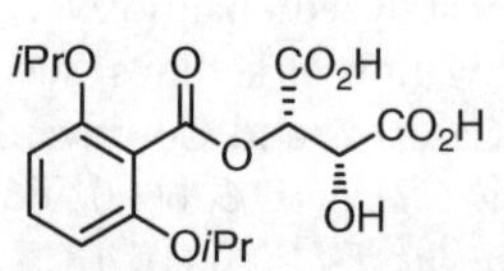 **3**

(b) 合成 1

1) 为了合成 **2** 类型的催化剂,需要用 2,6-二羟基苯甲酸 **4** 和(*S*,*S*)-(—)-酒石酸 **6** 作为原料用五步合成 CAB 配体 **3**。首先,**4** 酯化接着进行烷基化得到二异丙基醚 **5**,再进行皂化反应得到 *O*-烷基化的羧酸 **8**(**5**→**8**)[5c];其次,(*S*,*S*)-(—)-酒石酸 **6** 与苄醇在催化量的对甲基苯磺酸作用下,恒沸除水生成二苯酯 **7**[7],在三氟乙酸酐

66 催化下与 **8** 进行二醇的单羟基酯化反应。该反应可能通过形成混合酐历程进行。合成的最后一步是通过氢化反应脱掉二酯 **9** 中的二苄酯得到 CAB 配体 **3**[6b]。

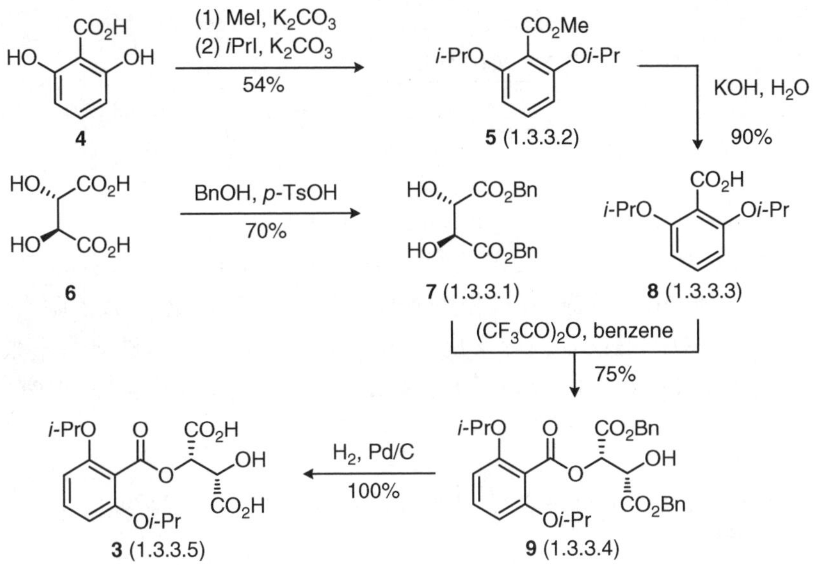

CAB 的活性种 **11** 是通过(2*S*,3*S*)-2-*O*-(2,6-二异丙基苯甲酰基)酒石酸 **3** 和商业上可买到的 2-苯氧基苯基硼酸 **10** 在丙腈中原位生成的[3c]：

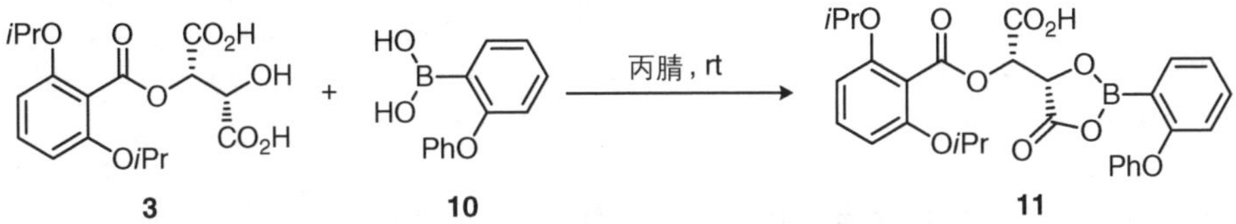

2) 苯甲醛与 1-苯基-1-(三甲基硅氧基)乙烯的非对称的 Mukaiyama Aldol 反应在丙腈中进行，维持－78℃，使用 20％的催化剂 **11**，生成 1-羟基-1，3-二苯基-3-丙酮 **1** 的(*S*)-异构体，91％收率，90％ee。

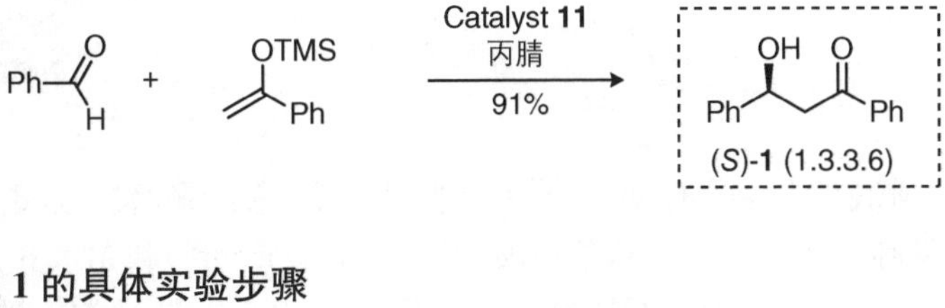

(c) 合成 1 的具体实验步骤

1.3.3.1*　(*S*,*S*)-酒石酸二苯酯[5]

在配有氩气油封的装有分水器的 500 mL 圆底烧瓶中加入(*S*，*S*)-酒石酸(15.0 g，100 mmol)和苄醇(20.7 mL，21.6 g，200 mmol)，一水合对甲基苯磺酸

HO, CO_2H / HO, CO_2H — p-TosOH, BnOH, → HO, CO_2Bn / HO, CO_2Bn (1)

150.1 330.3

(476 mg,2.5 mmol,2.5%),在 200 mL 甲苯中回流 48 h。

冷却到室温,加入 120 mL 乙酸乙酯,依次用饱和 $NaHCO_3$ 溶液(2×30 mL)和饱和食盐水(2×30 mL) 洗涤,有机相用 Na_2SO_4 干燥,过滤,溶剂减压除去,剩余物
67 溶解在 80 mL 甲苯中,缓缓加入异辛烷 80 mL,产物析出,过滤,在高真空条件下干燥,得到白色纤维状产物 23.2 g,70%收率,mp 54~55℃,$[\alpha]_D^{20}=+10.0$($c=1.0$, $CHCl_3$)。

UV (CH_3CN): λ_{max} (nm) (lg ε) = 267.0 (2.200), 262.5 (2.439), 251.5 (2.376), 257.0 (2.515), 207.0 (4.207).
IR (KBr): $\tilde{\nu}$ (cm^{-1}) = 3464, 3280, 3034, 2946, 1747, 1498, 1455, 1378, 1275, 1218, 1192, 1126, 1093, 1029, 1003, 978, 736, 695, 608, 507, 457.
^{1}H NMR (300 MHz, $CDCl_3$): δ (ppm) = 7.34 (m_c, 10H, Ph–H), 5.25 (d, J = 2.0 Hz, 4H, $C\underline{H_2}Ph$), 4.59 (d, J = 7.3 Hz, 2H, 1-H), 3.17 (d, J = 7.3 Hz, 2H, OH).
^{13}C NMR (76 MHz, $CDCl_3$): δ (ppm) = 171.3 (CO_2Bn), 134.7 (Ph–C_{quart}), 128.7 (Ph–CH), 128.4 (Ph–CH), 72.1 (C-1), 68.1 (CH_2Ph).
MS (ESI): m/z (%) = 683 (100) $[2M+Na]^+$, 353 (22) $[M+Na]^+$.

1.3.3.2** 2,6-二异丙氧基苯甲酸甲酯[5]

K_2CO_3, MeI → ; K_2CO_3, i-PrI →

154.1 168.1 252.3

1 000 mL 圆底烧瓶,配有滴液漏斗,将 MeI(注意:致癌! 17.8 mL,40.6 g,286 mmol)滴入到置有 2,6-二羟基苯甲酸(20.0 g,130 mmol)和无水 K_2CO_3(19.8 g,143 mmol)的 300 mL 的无水 DMF 溶液中,室温搅拌 20 h,然后加入冰冷的 HCl 溶液(1.0 mol/L,300 mL),乙醚萃取(3×250 mL),合并有机相并用 150 mL 食盐水洗涤,用 Na_2SO_4 干燥,过滤,减压浓缩。

将得到的油状产物(粗产物,2,6-二羟基苯甲酸甲酯,至多 130 mmol)溶于 300 mL DMF 中,并置于配有滴液漏斗的 1 000 mL 圆底烧瓶中。一次性加入无水

K_2CO_3(44.9 g,325 mmol),室温搅拌,滴入 2-碘丙烷(36.4 m,61.9 g,364 mmol)。室温反应 2 天,混合物倒入冰冷的 HCl 溶液(1.0 mol/L,300 mL)中,乙醚萃取(2×250 mL),合并有机相并用食盐水洗涤(3×150 mL),用 Na_2SO_4 干燥,过滤,减压浓缩。

柱层析纯化(硅胶 400 g,正戊烷/乙酸乙酯=20∶1),得到无色立方体状产物 17.7 g,54%收率,mp 57~59℃,R_f=0.3(正戊烷/乙酸乙酯=20∶1)。

UV (CH_3CN): λ_{max} (nm) (lg ε) = 280.5 (3.353), 203.0 (4.585). 68
IR (KBr): $\tilde{\nu}$ (cm^{-1}) = 2981, 1735, 1595, 1467, 1386, 1295, 1255, 1112, 1071, 959, 902, 823, 783, 739, 665.
^{1}H NMR (300 MHz, $CDCl_3$): δ (ppm) = 7.18 (t, J = 8.4 Hz, 1H, H-4), 6.50 (d, J = 8.4 Hz, 2H, 2 × H-3), 4.49 (sept, J = 6.2 Hz, 2H, 2 × OC$\underline{H}$(CH_3)$_2$), 3.86 (s, 3H, CO_2CH_3), 1.28 (d, J = 6.2 Hz, 12H, 2 × OCH(C$\underline{H}_3$)$_2$).
^{13}C NMR (76 MHz, $CDCl_3$): δ (ppm) = 167.3 (CO_2CH_3), 155.9 (C-2), 130.5 (C-4), 116.2 (C-1), 106.5 (2 × C-3), 71.4 (2 × OCH(CH_3)$_2$), 52.1 (CO_2CH_3), 22.1 (2 × OCH(CH_3)$_2$).
MS (EI, 70 eV): m/z (%) = 252 (15) $[M]^+$, 221 (10), 168 (39) $[M-2C_3H_6]^+$, 136 (100) $[M-2C_3H_6CH_3OH]^+$, 108 (12), 43 (9) $[C_3H_7]^+$.

1.3.3.3** 2,6-二异丙基氧基苯甲酸[5]

KOH, H_2O, MeOH

252.3 → 238.3

苯甲酸酯 **1.3.3.2**(15.6 g,61.9 mmol)加入到 KOH(28.2 g,681 mmol)的甲醇(170 mL)和水(19 mL)溶液中,加热到 80℃,搅拌 15 h。

加入 200 mL 水,减压除去甲醇,0℃下把该溶液滴加到盐酸溶液中(2.0 mol/L,400 mL),白色沉淀析出,过滤,用冰水洗涤(3×30 mL),真空干燥得到无定型无色固体,13.3 g,90%收率,mp 106~107℃,R_f=0.05(正戊烷/乙酸乙酯=10∶1)。

UV (CH_3CN): λ_{max} (nm) (lg ε) = 280.5 (3.343), 204.0 (4.581).
IR (KBr): $\tilde{\nu}$ (cm^{-1}) = 2982, 2934, 2662, 1702, 1597, 1467, 1387, 1340, 1302, 1258, 1173, 1112, 1072, 904, 804, 782, 742, 655, 445.
^{1}H NMR (300 MHz, $CDCl_3$): δ (ppm) = 7.24 (t, J = 8.4 Hz, 1H, 4-H), 6.56 (d, J = 8.4 Hz, 2H, 3-H), 4.56 (sept, J = 5.9 Hz, 2H, OC$\underline{H}$(CH_3)$_2$), 1.33 (d, J = 5.9 Hz, 12H, OCH(C$\underline{H}_3$)$_2$).

^{13}C NMR (76 MHz, $CDCl_3$): δ (ppm) = 168.8 (CO_2H), 156.7 (C-2), 131.4 (C-4), 114.4 (C-1), 106.9 (2 × C-3), 72.0 (2 × $OCH(CH_3)_2$), 22.0 (2 × $OCH(CH_3)_2$).
MS (EI, 70 eV): *m/z* (%) = 238 (8) $[M]^+$, 154 (27) $[M-2C_3H_6]^+$, 136 (100) $[M-OCH(CH_3)_2-C_3H_7]^+$, 108 (12), 43 (7) $[C_3H_7]^+$.

69 1.3.3.4** (2*S*,3*S*)-2-*O*-(2,6-二异丙基氧基苯甲酰基)酒石酸二苄酯[5]

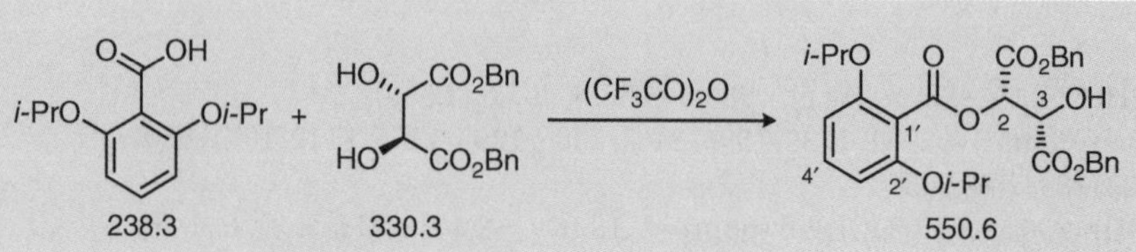

用注射器将三氟乙酸酐(1.96 mL,2.91 g,13.9 mmol)注射到酸 **1.3.3.3**(3.0 g,12.6 mmol)和酒石酸酯 **1.3.3.1**(4.16 g,12.6 mmol)的 65 mL 无水苯的溶液中,耗时 20 min,室温下搅拌 90 min。

将得到的浅黄色溶液倒入 100 mL 饱和的 $NaHCO_3$ 溶液中,乙醚萃取(3×50 mL),合并有机相,用 Na_2SO_4 干燥,过滤,减压除去溶剂,剩余物质柱层析(硅胶,CH_2Cl_2),得到无色黏稠油状物,5.23 g,75%收率,$[\alpha]_D^{20}=+33.4$($c=1.0$,$CHCl_3$),$R_f=0.19$(CH_2Cl_2)。

UV (CH_3CN): λ_{max} (nm) (lg ε) = 282.5 (3.382), 203.0 (4.711).
IR (KBr): $\tilde{\nu}$ (cm^{-1}) = 3522, 3034, 2979, 2935, 1748, 1595, 1499, 1465, 1385, 1334, 1255, 1114, 1071, 967, 905, 789, 736.
^{1}H NMR (300 MHz, $CDCl_3$): δ (ppm) = 7.38–7.31 (m, 10H, Ph–H), 7.25 (t, *J* = 8.3 Hz, 1H, 4′-H), 6.53 (d, *J* = 8.3 Hz, 2H, 3′-H), 5.85 (d, *J* = 2.4 Hz, 1H, 2-H), 5.33 (d, *J* = 12.0 Hz, 1H, $C\underline{H_2}Ph$), 5.26 (d, *J* = 1.8 Hz, 2H, $C\underline{H_2}Ph$), 5.10 (d, *J* = 12.0 Hz, 1H, $C\underline{H_2}Ph$), 4.82 (dd, *J* = 9.0, 2.4 Hz, 1H, 3-H), 4.55 (sept, *J* = 6.0 Hz, 2H, $OC\underline{H}(CH_3)_2$), 3.18 (d, *J* = 9.0 Hz, 1H, OH), 1.30 (d, *J* = 6.0 Hz, 6H, $OCH(C\underline{H_3})_2$), 1.28 (d, *J* = 6.0 Hz, 6H, $OCH(C\underline{H_3})_2$).
^{13}C NMR (76 MHz, $CDCl_3$): δ (ppm) = 170.2 (CO_2Bn), 166.4 (CO_2Bn), 165.1 (CO_2Ar), 156.4 (2 × C-2′), 135.2 (Ph–C_{quart}), 134.7 (Ph–C_{quart}), 131.2 (C-4′), 128.6, 128.5, 128.3, 128.2 (Ph–*C*H), 114.0 (C-1′), 105.9 (2 × C-3′), 73.0 (C-2), 71.1 (2 × $OCH(CH_3)_2$), 71.0 (C-3), 67.9 (CH_2Ph), 67.3 (CH_2Ph), 21.9 ($OCH(CH_3)_2$), 21.8 ($OCH(CH_3)_2$).
MS (ESI): *m/z* (%) = 1124 (100) $[2M+Na]^+$, 573 (25) $[M+Na]^+$.

1.3.3.5** (2*S*,3*S*)-2-*O*-(2,6-二异丙基氧基苯甲酰基)酒石酸[5]

70 氩气保护下,将钯碳(10%,240 mg),加到二苯酯 **1.3.3.4**(3.00 g,5.45 mmol)的 25 mL 乙酸乙酯溶液中,把氩气球换成氢气球,反应混合物在室温搅拌 14 h。

混合物用硅藻土过滤，减压除去溶剂，以定量收率得到单酯化酒石酸，真空干燥后得无色固体 2.02 g，mp 76～78℃，$[\alpha]_D^{20}=+27.8(c=1.0$，乙醇)。

UV (CH_3CN): λ_{max} (nm) (lg ε) = 282.0 (3.376), 202.5 (4.539).
IR (KBr): $\tilde{\nu}$ (cm^{-1}) = 3495, 2982, 1743, 1596, 1467, 1387, 1254, 1112, 903, 733, 662.
^{1}H NMR (300 MHz, $CDCl_3$): δ (ppm) = 7.25 (t, *J* = 8.4 Hz, 1H, 4′-H), 6.53 (d, *J* = 8.4 Hz, 2H, 3′-H), 5.84 (d, *J* = 1.5 Hz, 1H, 2-H), 4.87 (d, *J* = 1.5 Hz, 1H, 3-H), 4.54 (sept, *J* = 6.1 Hz, 2H, OC<u>H</u>(CH_3)$_2$), 1.30 (d, *J* = 6.1 Hz, 6H, OCH(C<u>H</u>$_3$)$_2$), 1.25 (d, *J* = 6.1 Hz, 6H, OCH(C<u>H</u>$_3$)$_2$).
^{13}C NMR (76 MHz, $CDCl_3$): δ (ppm) = 173.1 (CO_2H), 170.0 (CO_2H), 164.4 (CO_2Ar), 156.2 (2×C-2′), 131.8 (C-4′), 114.0 (C-1′), 113.6 (2×C-3′), 72.6 (C-2), 72.1 (2×*O*CH(CH_3)$_2$), 70.5 (C-3), 21.9 (OCH(*C*H$_3$)$_2$), 21.8 (OCH(*C*H$_3$)$_2$).
MS (ESI): *m*/*z* (%) = 763 (87) $[2M+Na]^+$, 393 (100) $[M+Na]^+$.

1.3.3.6** (*S*)-1-羟基-1,3-二苯基-3-丙酮[4]

单酯化的酒石酸 **1.3.3.5**(74.1 mg，0.20 mol)和 2-苯氧苯基硼酸(42.8 mg，0.20 mol)溶解在 1 mL 无水丙腈中，室温下搅拌 30 min，然后冷却到−78℃，苯甲醛(101 μL，106 mg，1.00 mmol)用注射器加入，然后加入 1-苯基-1-三甲硅氧基乙烯(349 μL，327 mg，1.70 mmol)，在−78℃搅拌 4 h，加入 HCl 溶液(0.25 mol/L，4.0 mL)，缓慢升至室温。

将反应液倒入 40 mL 乙醚和 20 mL 水混合溶液中，分液，水相用乙醚萃取(2×20 mL)，合并有机相，分别用 20 mL 水、20 mL $NaHCO_3$ 溶液洗涤，用无水 Na_2SO_4 干燥，过滤，减压除去溶剂。

71 柱层析纯化(失活的硅胶,30 g 硅胶+0.3 mL 三乙胺,正戊烷/乙醚=5∶1),得到浅黄色油状物 206 mg,91%收率,ee=90%,$[\alpha]_D^{20}=-67$(c=1.0,氯仿),R_f=0.14(正戊烷/乙醚=5∶1)。

ee%是用 HPLC 分析的,使用相应的(+)-MTPA 酯,这个酯是依据 Mosher's 方法[8],由少剂量的 **1.3.3.6** 与(+)-α-甲氧基-α-三氟甲基苯基乙酰氯和无水吡啶在 CCl_4 中反应得到的。(S)-1-羟基-1,3-二苯基-3-丙酮(25 mg,0.11 mmol)与(+)-α-甲氧基-α-三氟甲基苯基乙酰氯(20.7 μL,27.8 mg,0.121 mmol)混合,加入 0.1 mL CCl_4 和 0.1 mL 吡啶,室温搅拌 12 h,倒入 10 mL 乙醚和 10 mL 水的混合溶液中,萃取后分液,有机相用无水 Na_2SO_4 干燥,过滤,减压除去溶剂,剩余物溶解在乙酸乙酯中用于 HPLC 分析。

UV (CH_3CN): λ_{max} (nm) (lg ε) = 279.0 (3.178), 241.0 (4.103).
IR (KBr): $\tilde{\nu}$ (cm^{-1}) = 3469, 3057, 1670, 1597, 1447, 1393, 1215, 1055, 1020, 916, 872, 747.
^{1}H NMR (300 MHz, [D_6]benzene): δ (ppm) = 7.61 (dd, J = 8.1, 1.5 Hz, 2H, 2×5-H), 7.35 (dd, J = 7.5, 1.8 Hz, 2H, 2×2′-H), 7.20 (t, J = 7.5 Hz, 2H, 2×3′-H), 7.13–7.05 (m, 2H, 7-H, 4′-H), 6.96 (t, J = 8.1 Hz, 2H, 2×6-H), 5.23 (dd, J = 9.3, 2.9 Hz, 1H, 1-H), 3.53 (s_{br}, 1H, OH), 2.94 (dd, J = 17.7, 9.3 Hz, 1H, 2-H_b), 2.80 (dd, J = 17.7, 2.9 Hz, 1H, 2-H_a).
^{13}C NMR (76 MHz, [D_6]benzene): δ (ppm) = 199.7 (C-3), 144.1 (C-1′), 137.0 (C-4), 133.2 (C-7), 128.5 (2×C-5, 2×C-6, C-4′), 127.5 (2×C-3′), 126.1 (2×C-2′), 70.0 (C-1), 48.0 (C-2).
MS (EI, 70 eV): m/z (%) = 226 (48) $[M]^+$, 208 (58) $[M-H_2O]^+$, 186 (47), 131 (11) $[M-H_2O-C_6H_5]^+$, 120 (48), 105 (100) $[C_6H_5CHCH_3]^+$, 77 (96) $[C_6H_5]^+$, 51 (33).
HPLC: Chiralcel OD (Daicel); 250×4.6 mm ID

洗脱剂: 正己烷/EtOAc, 40∶1;等度洗脱
保留时间: t_{R1} = 12.8 min (S)-异构体; t_{R2} = 15.1 min (R)-异构体.

参考文献

[1] (a) Alcaide, B. and Almendros, P. (2002) *Eur. J. Org. Chem.*, 1595–1601; (b) Palomo, C., Oiarbide, M., and García, J.M. (2002) *Chem. Eur. J.*, **8**, 36–44.

[2] Ishihara, K. and Yamamoto, H. (1999) *Eur. J. Org. Chem.*, 527–538.

[3] (a) Ishihara, K., Maruyama, T., Mouri, M., Gao, Q., Furuta, K., and Yamamoto, H. (1993) *Bull. Chem. Soc. Jpn.*, **66**, 3483–3491; (b) Furuta, K., Maruyama, T., and Yamamoto, H. (1991) *J. Am. Chem. Soc.*, **113**, 1041–1042; (c) Furuta, K., Maruyama, T., and Yamamoto, H. (1991) *Synlett*, 439–440.

[4] (a) Furuta, K., Kanematsu, A., Yamamoto, H., and Takaoka, S. (1989) *Tetrahedron Lett.*, **30**, 7231–7232; (b) Furuta, K., Miwa, Y., Iwanaga, K., and Yamamoto, H. (1988) *J. Am. Chem. Soc.*, **110**, 6254–6255.

[5] (a) Gao, Q., Ishihara, K., Maruyama, T., Mouri, M., and Yamamoto, H. (1994) 72
Tetrahedron, **50**, 979–988; (b) Ishihara, K., Gao, Q., and Yamamoto, H. (1993) *J. Org. Chem.*, **58**, 6917–6919; (c) Kiyooka, S., Kaneko, Y., and Kume, K. (1992) *Tetrahedron Lett.*, **33**, 4927–4930.

[6] (a) Ishihara, K., Mouri, M., Gao, Q., Maruyama, T., Furuta, K., and Yamamoto, H. (1993) *J. Am. Chem. Soc.*, **115**, 11490–11495; (b) Furuta, K., Mouri, M., and Yamamoto, H. (1991) *Synlett*, 561–562.

[7] (a) Bishop, J.E., O'Connell, J.F., and Rapoport, H. (1991) *J. Org. Chem.*, **56**, 5079–5091; (b) Wagner, R., Jefferson, J.W., Tilley, W., and Lovey, K. (1990) *Synthesis*, 785–789.

[8] (a) Dale, J.A. and Mosher, H.S. (1973) *J. Am. Chem. Soc.*, **95**, 512–519; (b) Dale, J.A., Dull, D.L., and Mosher, H.S. (1969) *J. Org. Chem.*, **34**, 2543–2549.

1.3.4 (1*S*,2*R*,6*R*)-2-羟基-4-氧代-2,6-二苯基环己烷甲酸乙酯

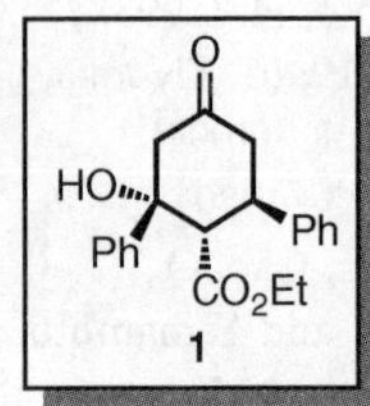

专题 ◆ 有机催化

◆ 对映选择性合成氧代环己烷甲酸酯(Michael 加成反应和分子内 aldol 反应)

◆ 从 L-苯基丙氨酸合成 Jørgensen's 催化剂(酰胺合成,通过还原酰胺合成胺,咪唑合成)

(a) 概述

对映选择性催化剂是有机合成中重要的专题之一,以前,这些工作通常用含过渡金属如 Pd[1],Ru 或者 Rh 与手性配体组成的金属有机催化剂来完成。然而,在过去的 30 年中,随着 Wiechert,Eder,Sauer,Hajos 以及 Parrish[2] 等人使用 L-脯氨酸作为手性催化剂(见 1.3.1 节)对映选择性合成二氢茚,表明对映选择催化剂也可以用不含金属的小分子的一大类如氨基酸以及其衍生物替代。

同时,在各类反应中使用有机催化剂的研究也在不断深入[3],如 aldol 反应[4],Michael 加成[5],Mannich 反应[6],Diels-Alder 反应[7] 以及高度立体选择性的氢化反应[8]。有机催化剂(或者氨基酸催化剂)的理念,主要立足于 Lewis 酸活化的羰基与亚铵离子的电子等效性,因此,亚铵离子比羰基反应活性大,因为其 LUMO 轨道能量更低(最低未占轨道),表现为其亲电性增强,α-C—H 酸性变大。如此,有机催化剂既可以利用亚铵离子高反应活性,又拥有脱质子得到烯胺的能力,因此既可以用于亲电反应又可以用于周环合成。

73

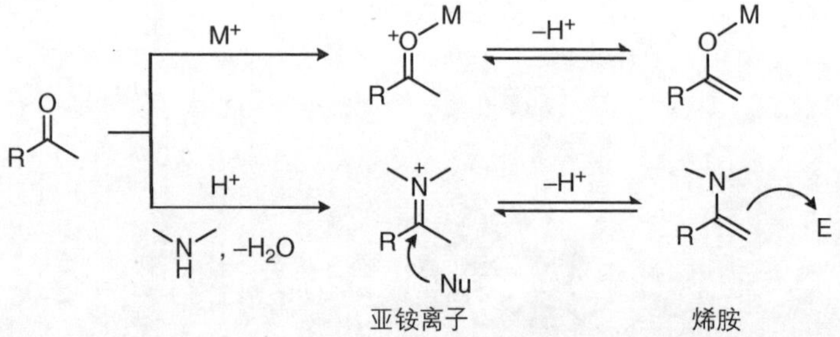

M^+ —— $-H^+$ —— H^+ —— $-H^+$ —— $-H_2O$ —— Nu —— E

亚铵离子 烯胺

各种不同的非对称的 C—C 键形成反应也许能够开发用来构建手性砌块。对映选择性的多米诺反应[9] 因为能在单一转化中形成多个手性中心而具有重要的实用价值。Jørgensen 和其合作者[10]4) 最近报道高度非对称性和对映选择性的非环的 β-酮酯与 α,β-不饱和酮在手性有机催化剂下进行多米诺 Michael-aldol 反应,其使用的催化剂很容易从 L-苯基丙氨酸制备。这种有机催化剂催化是多米诺反应的一个实例,

生成具备若干个手性中心的 4-环己酮羧酸酯，连同需要的有机催化剂展示在下面的(b)节中。

(b) 合成 1

1) Jørgensen 催化剂 **6** 通过四步反应制备，以 1-苯基丙氨酸 **2** 为原料，在甲醇中与 $SOCl_2$ 反应转化为其甲酯的盐酸盐 **3**，进行氨解反应得到其甲胺化合物 **4**，用 $LiAlH_4$ 还原得到二胺 **5**，与一水合乙醛酸反应得到预期的有机催化剂咪唑烷基-2-羧酸 **6**。

$SOCl_2$, MeOH 98%; $MeNH_2$, EtOH 92%; $LiAlH_4$, THF 92%; OHC–CO₂H·H_2O, CH_2Cl_2, quant.

2　**3** (1.3.4.1)　**4** (1.3.4.2)　**5** (1.3.4.3)　**6** (1.3.4.4)

注 4)：一个可供参考的有机催化剂催化的三组分环化反应，醛、α,β-不饱和醛、硝基烯烃，高收率得到环己烯衍生物，一锅法建立多个手性中心，见参考文献[9a]。

2) 通过简单的工艺，在有机催化剂 **6** 作用下，由苯甲酰基乙酸乙酯 **7** 和苄叉丙酮 74
8 通过多米诺 Micheal-aldol 反应进行高度非对称性和对映选择性的合成氧代环己酮羧酸酯 **1** 是可行的。

起始物 β-酮酯 **7** 和烯酮 **8** 进行 Michael 加成反应得到中间物 **9**，随着分子内 aldol 反应的进行生成目标分子 **1**，形成三个手性中心，收率 72%，ee=88%。

在此多米诺反应中，催化剂扮演三重角色：ⅰ）通过形成亚铵离子 **10** 活化 Michael 反应的受体；ⅱ）通过 β-酮酯 **7** 脱质子形成活性 Michael 供体；ⅲ）在分子内 aldol 反应中作为碱。

via **10**　**6** (1.3.4.4) 分子间 Michael 反应；分子内 aldol 反应 72%, 88% ee

7　**8**　**9**　**1** (1.3.4.5)

(c) 合成 1 的具体步骤

1.3.4.1** (2*S*)-2-氨基-3-苯基丙酸甲酯盐酸盐[11]

$SOCl_2$, MeOH

165.2 → 215.7

0℃，氩气保护，搅拌，$SOCl_2$(18.8 g，158 mmol，11.5 mL)缓缓加入到 L-苯基丙氨酸(20.1 g，122 mmol)的 120 mL 甲醇溶液中，自然升至室温，反应 22 h。

减压除去溶剂，加入 30 mL 水，减压除去，该过程重复三次。真空脱除溶剂，得到无色固体 25.7 g，收率 98%，mp 160～161℃。

UV (CH_3CN): λ_{max} (nm) (lg ε) = 263.5 (2.197), 257.0 (2.298), 252.0 (2.214), 192.5 (4.435).
75 **IR** (KBr): $\tilde{\nu}$ (cm^{-1}) = 2845, 1747, 1584, 1496, 1242, 1146, 1084, 935, 741, 702.
^{1}H NMR (300 MHz, D_2O): δ (ppm) = 7.88–7.33 (m, 5H, Ph–H), 4.70 (s_{br}, NH_2), 4.50 (t, *J* = 5.9 Hz, 1H, 2-H), 3.91 (s, 3H, CO_2CH_3), 3.42 (dd, *J* = 14.6, 5.9 Hz, 1H, 3-H), 3.32 (dd, *J* = 14.3, 7.5 Hz, 1H, 3-H).
^{13}C NMR (76 MHz, D_2O): δ (ppm) = 171.0 (C-1), 134.7 (C-4′), 130.4 (C-2′, C-6′), 130.2 (C-3′, C-5′), 129.1 (C-1′), 55.1 (C-2), 54.6 (CO_2CH_3), 36.6 (C-3).
MS (EI, 70 eV): *m/z* (%) = 179 (2) $[M-HCl]^+$.

1.3.4.2* (2*S*)-2-氨基-3-苯基-1N-甲基丙酰胺[7c]

$MeNH_2$, EtOH

215.7 → 178.2

0℃，氩气保护，搅拌，将盐酸盐 **1.3.4.1**(25.6 g，119 mmol)的 200 mL 乙醇溶液加入甲胺(8 mol/L，59.4 mL，475 mmol)的乙醇溶液中，室温下搅拌 20 h。

减压除去溶剂，剩余物悬浮在 30 mL 乙醚中，再次减压除去溶剂以及过量的甲胺，该过程重复两到三次，得到固体盐酸盐，用饱和的 $NaHCO_3$ 水溶液 100 mL 处理，用氯仿萃取(4×100 mL)。

合并有机相,用食盐水洗涤,用 Na_2SO_4 干燥,过滤,减压除去溶剂,得到无色晶体酰胺 19.6 g,92%收率,mp 55～56℃,$[\alpha]_D^{20}=-100.5$(c=1.0,氯仿),R_f=0.39(乙酸乙酯/甲醇=1∶1)。

UV (CH_3CN): λ_{max} (nm) (lg ε) = 268 (2.096), 264 (2.190), 258.0 (2.307), 253.0 (2.237), 248.0 (2.130), 192.5 (4.515).
IR (KBr): $\tilde{\nu}$ (cm^{-1}) = 3372, 2939, 1646, 1527, 1399, 1109, 927, 857, 747, 701, 482.
^{1}H NMR (300 MHz, $CDCl_3$): δ (ppm) = 7.35–7.17 (m, 5H, Ph–H), 3.60 (dd, J = 9.4, 3.8 Hz, 1H, 3-H_A), 3.28 (dd, 1H, J = 13.8, 4.0 Hz, 3-H_B), 2.81 (d, J = 4.9 Hz, 3H, CH_3), 2.67 (dd, J = 13.8, 9.6 Hz, 1H, 2-H), 1.33 (s_{br}, 2H, NH_2).
^{13}C NMR (76 MHz, $CDCl_3$): δ (ppm) = 174.7 (C-1), 137.9 (C-1′), 129.2 (C-2′,C-6′), 128.6 (C-3′, C-5′), 126.7 (C-4′), 56.4 (C-2), 40.9 (C-3), 25.7 (NHCH_3).
MS (DCI, 200 eV): m/z (%) = 179 (100) $[M+H]^+$, 196 (45) $[M+NH_4]^+$.

1.3.4.3** (2*S*)-1*N* 甲基-3-苯基-1,2-二胺 76

LiAlH$_4$, THF

178.2　　164.2

氩气保护,将 80 mL 置有酰胺 **1.3.4.2**(3.79 g,21.3 mmol)的 THF 溶液缓缓加入到 60 mL 置有 $LiAlH_4$(2.96 g,78.0 mmol)的 THF 悬浮溶液中,回流 20 h。

冷却到 0℃,滴入饱和的 Na_2SO_4 溶液,搅拌 30 min,滤掉白色固体并用 EtOAc 洗涤,滤液用食盐水洗涤,用 Na_2SO_4 干燥,过滤,减压除去溶剂,减压蒸馏得到二胺,得到无色油状产物 3.40 g,97%收率,$bp_{0.4}$ 120～121℃,$n_D^{20}=1.528$,$[\alpha]_D^{20}=-6.0$(c=1.0,氯仿),R_f=0.33(氯仿/甲醇=1∶1+10% 三乙胺)。

UV (CH_3CN): λ_{max} (nm) (lg ε) = 268.0 (2.138), 261.0 (2.268), 192.0 (4.491).
IR (KBr): $\tilde{\nu}$ (cm^{-1}) = 3372, 2939, 1646, 1527, 1399, 1109, 928, 747, 701.
^{1}H NMR (300 MHz, $CDCl_3$): δ (ppm) = 7.30–7.13 (m, 5H, Ph–H), 2.75 (dd, J = 15.5, 5.0 Hz, 1H, 3-H_A), 2.62 (dd, 1H, J = 11.4, 3.8 Hz, 3-H_B), 2.51–2.41 (m, 2H, 1-H), 2.40 (s, 3H, NHC$\underline{H_3}$), 1.23 (s_{br}, 3H, NH_2, *N*HCH_3).
^{13}C NMR (76 MHz, $CDCl_3$): δ (ppm) = 139.1 (C-1′), 129.1 (C-2′, C-6′), 128.3 (C-3′, C-5′), 126.1 (C-4′), 58.3 (C-1), 52.2 (C-2), 42.7 (C-3), 36.5 (NHCH_3).
MS (DCI, 200 eV): m/z (%) = 165 (100) $[M+H]^+$.

1.3.4.4* (4*S*,2*R*/*S*)-4-苄基-1-甲基咪唑烷-2-羧酸(Jørgensen 催化剂)[5c]

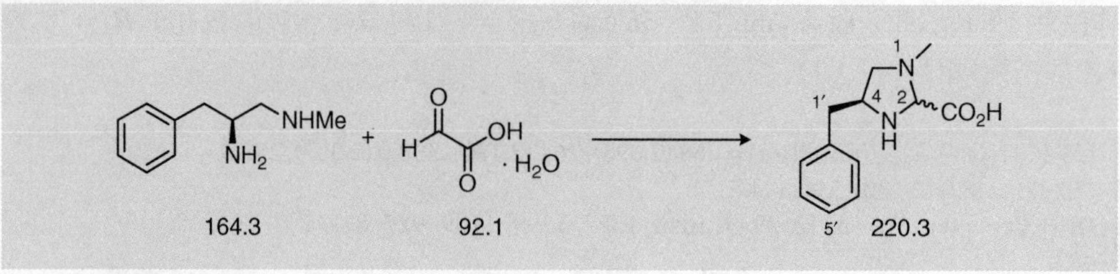

二胺 **1.3.4.3**(2.96 g,18.05 mmol)悬浮在 180 mL 的 CH_2Cl_2 溶液中,在氩气保护下,加入一水合乙醛酸(1.66 g,18.05 mmol),室温下搅拌 16 h。

减压除去溶剂后定量得到羧酸,无色固体,非对应异构体 2∶1 的混合物,mp 122～123℃,$[\alpha]_D^{20}=+10.3$(c=1.0,甲醇),R_f=0.47[氯仿/甲醇=1∶1(+10% 三乙胺)]。

77 **UV** (CH_3CN): λ_{max} (nm) (lg ε) = 267.0 (2.104), 258.0 (2.359), 252.0 (2.330), 248.0 (2.270), 205.0 (3.949).

IR (KBr): $\tilde{\nu}$ (cm^{-1}) = 3483, 2951, 2786, 1664, 1629, 1573, 1435, 1301, 1205, 1176, 1025, 943, 781, 755, 704, 607.

^{1}H NMR (300 MHz, $CDCl_3$): 主要异构体: δ (ppm) = 8.10–7.40 (2×s_{br}, 2H, CO_2H, NH), 7.32–7.20 (m, 5H, Ph–H), 4.19 (s, 1H, 2-H), 3.74 (quintet, *J* = 6.8 Hz, 1H, 4-H), 3.48–3.41 (m, 1H, 5-H_A), 3.21 (dd, *J* = 13.4, 5.8 Hz, 1H, 5-H_B), 2.93–2.52 (m, 2H, 1′-H), 2.89 (s, 3H, N–CH_3).

次要异构体: δ (ppm) = 8.10–7.40 (2×s_{br}, 2H, CO_2H, NH), 7.32–7.20 (m, 5H, Ph–H), 4.12 (s, 1H, 2-H), 4.01 (quintet, *J* = 6.7 Hz, 1H, 4-H), 3.71–3.64 (m, 1H, 5-H_A), 3.01 (dd, *J* = 13.4, 6.3 Hz, 1H, 5-H_B), 2.93–2.52 (m, 2H, 1′-H), 2.84 (s, 3H, NCH_3).

^{13}C NMR (76 MHz, $CDCl_3$): 主要异构体: δ (ppm) = 168.9 (CO_2H), 137.4 (C-2′), 128.8 (2×C-3′), 128.7 (2×C-4′), 126.8 (C-5′), 84.9 (C-2), 58.4 (C-4), 58.1 (C-5), 40.4 (N–CH_3), 38.3 (C-1′).

次要异构体: δ (ppm) = 169.4 (CO_2H), 137.3 (C-2′), 129.1 (2×C-3′), 128.6 (2×C-4′), 126.7 (C-5′), 81.9 (C-2), 58.9 (C-5), 57.3 (C-4), 39.8 (C-1′), 39.2 (NCH_3).

MS (ESI): *m*/*z* (%) = 243 (40) $[M+Na]^+$.

1.3.4.5** (1*S*,2*R*,6*R*)-2-羟基-4-氧代-2,6-二苯基环己烷-1-羧酸乙酯[10,4]

向苄叉丙酮(77.1 mg,527 μmol)的 1.0 mL 乙腈溶液中加入苯甲酰基乙酸乙酯(203 mg,1.06 mmol)和 Jørgensen 催化剂 **1.3.4.4**(11.6 mg,52.7 μmol,摩尔分数 10%),室温下搅拌 93 h。

Jørgensen 催化剂

192.2 146.2 338.4

向混合物中加入 2 mL 乙醚，过滤，用 2 mL 乙醚洗涤滤饼，减压除去溶剂，得到 78
无色固体 127 mg，ee＝88％，$[\alpha]_D^{20}=-7.6$（c＝1.0，氯仿）。

UV (CH_3CN): λ_{max} (nm) (lg ε) = 256.5 (0.074), 251.0 (0.022), 201.0 (1.340).
IR (KBr): $\tilde{\nu}$ (cm^{-1}) = 3348, 1713, 1374, 1225, 1145, 1029, 749, 698.
^{1}H NMR (300 MHz, $CDCl_3$): δ (ppm) = 7.55 (d, J = 7.5 Hz, 2H, Ph–H), 7.39–7.22 (m, 7H, Ph–H), 4.45 (d, J = 2.5 Hz, 1H, OH), 3.86–3.74 (m, 1H, 5-H), 3.61–3.49 (m, 3H, 1-H, OCH_2), 2.79–2.70 (m, 4H, 3-H, 5-H), 0.53 (t, J = 7.2 Hz, 3H, CH_3).
^{13}C NMR (76 MHz, $CDCl_3$): δ (ppm) = 206.0 (C-4), 174.2 (-CO_2R), 144.1 (Ph–C_{quat}), 140.2 (Ph–C_{quat}), 128.4 (2 × Ph–C), 127.6 (2 × Ph–C), 127.6 (2 × Ph–C), 127.5 (2 × Ph–C), 124.6 (2 × Ph–C), 60.6 (C-2), 56.6 (C-1), 54.0 (C-3), 47.4 (C-5), 43.3 (C-6), 13.2 (CH_3).
MS (EI, 70 eV): m/z (%) = 338 (12) $[M]^+$.

参考文献

[1] Negishi, E. (2002) *Handbook of Organopalladium Chemistry for Organic Synthesis*, Wiley-VCH Verlag GmbH, Weinheim.

[2] (a) Hajos, Z.G. and Parrish, D.R. (1974) *J. Org. Chem.*, **39**, 1615–1621; (b) Eder, U., Sauer, G., and Wiechert, R. (1971) *Angew. Chem.*, **83**, 492–493; *Angew. Chem., Int. Ed. Engl.*, (1971), **10**, 496–497.

[3] (a) Berkessel, A. and Gröger, H. (2005) *Asymmetric Organocatalysis*, Wiley-VCH Verlag GmbH, Weinheim; (b) Dalko, P.I. and Moisan, L. (2004) *Angew. Chem.*, **116**, 5248–5286; *Angew. Chem. Int. Ed.*, (2004), **43**, 5138–5175; (c) List, B. (2002) *Tetrahedron*, **58**, 5573–5590; (d) Jarvo, E.R. and Miller, S.J. (2002) *Tetrahedron*, **58**, 2481–2495; (e) Dalko, P.I. and Moisan, L. (2001) *Angew. Chem.*, **113**, 3840–3864; *Angew. Chem. Int. Ed.*, (2001), **40**, 3726–3748; (f) Gröger, H. and Wilken, J. (2001) *Angew. Chem.*, **113**, 545–548; *Angew. Chem. Int. Ed.*, (2001), **40**, 529–532.

[4] (a) Chowdari, N.S., Ramachary, D.B., Cordova, A., and Barbas, C.F. III, (2002) *Tetrahedron Lett.*, **43**, 9591–9595; (b) Nakadai, M., Saito, S., and Yamamoto, H. (2002) *Tetrahedron*, **58**, 8167–8177; (c) Northrup, A.B. and MacMillan, D.W.C. (2002) *J. Am. Chem. Soc.*, **124**,

6798–6799; (d) Bøgevig, A., Juhl, K., Kumaragurubaran, N., and Jørgensen, K.A. (2002) *Chem. Commun.*, 620–621; (e) Cordova, A., Notz, W., and Barbas, C.F. III, (2002) *J. Org. Chem.*, **67**, 301–303; (f) Sakthivel, K., Notz, W., Bui, T., and Barbas, C.F. III, (2001) *J. Am. Chem. Soc.*, **123**, 5260–5267; (g) List, B., Lerner, R.A., and Barbas, C.F. III, (2000) *J. Am. Chem. Soc.*, **122**, 2395–2396.

[5] (a) Tsogoeva, S.B. and Wei, S. (2006) *Chem. Commun.*, 1451–1453; (b) Halland, N., Hazell, R.G., and Jørgensen, K.A. (2002) *J. Org. Chem.*, **67**, 8331–8338; (c) Paras, N.A. and MacMillan, D.W.C. (2002) *J. Am. Chem Soc.*, **124**, 7894–7895; (d) Enders, D. and Seki, A. (2002) *Synlett*, 26–28; (e) Betancort, J.M., Sakthivel, K., Thayumanavan, R., and Barbas, C.F. III, (2001) *Tetrahedron Lett.*, **42**, 4441–444 (f) Betancort, J.M. and Barbas, C.F. III, (2001) *Org. Lett.*, **3**, 3737–3740; (g) List, B. and Castello, C. (2001) *Synlett*, 1687–1689.

79 [6] (a) Cordóva, A., Notz, W., Zhong, G., Betancort, J.M., and Barbas, C.F. III, (2002) *J. Am. Chem. Soc.*, **124**, 1842–1843; (b) Cordova, A., Watanabe, S., Tanaka, F., Notz, W., and Barbas, C.F. III, (2002) *Org. Lett.*, **4**, 1866–1867; (c) Notz, W., Sakthivel, K., Bui, T., Zhong, G., and Barbas, C.F. III, (2001) *Tetrahedron Lett.*, **42**, 199–201; (d) List, B. (2000) *J. Am. Chem. Soc.*, **122**, 9336–9337.

[7] (a) Juhl, K. and Jørgensen, K.A. (2003) *Angew. Chem.*, **115**, 1536–1539; *Angew. Chem. Int. Ed.*, (2003), **42**, 1498–1501; (b) Northrup, A.B. and MacMillan, D.W.C. (2002) *J. Am. Chem. Soc.*, **124**, 2458–2460; (c) Ahrendt, K.A., Borths, C.J., and MacMillan, D.W.C. (2000) *J. Am. Chem. Soc.*, **122**, 4243–4244.

[8] (a) Hoffmann, S., Seayad, A.M., and List, B. (2005) *Angew. Chem.*, **117**, 7590–7593; *Angew. Chem. Int. Ed.*, (2005), **44**, 7424–7427; (b) Rueping, M., Sugiono, E., Azap, C., Theissmann, T., and Bolte, M. (2005) *Org. Lett.*, **7**, 3781–3783; (c) Adolfsson, H. (2005) *Angew. Chem.*, **117**, 3404–3406; *Angew. Chem. Int. Ed.*, (2005), **44**, 3340–3342; (d) Rueping, M., Azap, C., Sugiono, E., and Theissmann, T. (2005) *Synlett*, 2367–2370.

[9] (a) Enders, D., Hüttl, M.R.M., Grondal, C., and Raabe, G. (2006) *Nature*, **441**, 861–863; (b) Tietze, L.F., Brasche, G., and Gericke, K. (2006) *Domino Reactions in Organic Synthesis*, Wiley-VCH Verlag GmbH, Weinheim; (c) Evans, D.A. and Wu, J. (2003) *J. Am. Chem. Soc.*, **125**, 10162–10163; (d) Ramachary, D.B., Chowdari, N.S., and Barbas, C.F. III, (2003) *Angew. Chem.*, **115**, 4365–4369; *Angew. Chem. Int. Ed.*, (2003), **42**, 4233–4237; (e) Jørgensen, K.A. (2000) *Angew. Chem.*, **112**, 3702–3733; *Angew. Chem. Int. Ed.*, (2000), **39**, 3558–3588, and references therein; (f) Kobayashi, S. and Jørgensen, K.A. (eds) (2001) *Cycloaddition Reactions in Organic Synthesis*, Wiley-VCH Verlag GmbH, Weinheim.

[10] Halland, N., Aburel, P.S., and Jørgensen, K.A. (2004) *Angew. Chem.*, **116**, 1292–1297; *Angew. Chem. Int. Ed.*, (2004), **43**, 1272–1277.

[11] Paleo, M.R., Calaza, M.I., and Sardina, F.J. (1997) *J. Org. Chem.*, **62**, 6862–6869.

1.4 亲电和亲核的酰基化反应

1.4.1 (—)-(1*R*)-1-甲基-2-氧代环戊烷-1-羧酸乙酯

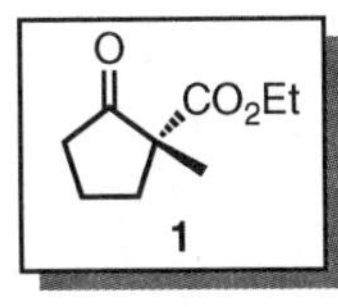

专题
- Dieckmann 环化
- 立体选择性的酶催化还原 β-酮酯转换为 β-羟基酯
- 立体选择性的 β-羟基酯烷基化(Frater-Seebach 烷基化)
- 仲羟基氧化为酮

(a) 概述

手性 β-酮酯 **1** 是合成南部松小蠹信息素诱剂的起始物[1],通常,环戊烷可用于构建天然产物全合成,那是因为很多产物,如甾族化合物,环烯醚萜类都包括五元环结构。 80

对化合物 **1** 逆合成分析,依据 A/B 立刻上溯到环戊酮或者己二酸二乙酯以及合成 **1** 的路线Ⅰ和Ⅱ:

路线Ⅰ表现为环戊酮-2-羧酸酯 **2** 的甲基化,很容易从己二酸二乙酯得到或者从环戊酮与二烷基碳酸酯进行 α-酰基化得到。路线Ⅱ 需要 2-甲基环戊酮 **3** 与二烷基碳酸酯进行 2-位酰基化,然而,已经有报道证明,该方法的缺点是,**3** 的 Claisen 缩合更易发生在位阻小的 C-5 上[2]。因此优选的是路线Ⅰ,作为合成 **1** 的关键问题依然是手性中心的对映选择性的形成。

(b) 合成 1

用于合成 **1** 的起始物是 *rac*-**2** 环戊酮羧酸酯,它很容易通过己二酸二乙酯在乙醇钠作用下进行 Dieckmann 环化得到[3],既然通过应用 SAMP 技术(见 1.2.1 节)对 *rac*-**2** 的

2 位进行对映选择性甲基化只有中等程度的立体选择性[4]，因此需要选择间接方案[5]。

第一步，一个已经成熟的酶催化[6]方法还原外消旋 β-酮酯，使用面包房的葡萄糖发酵水溶液进行，得到 2-环戊醇-1-羧酸酯 **5**，(1*R*，2*S*)-结构，99%的 ee 值，几乎就是单一的非对映异构体。第二步，手性羟基酯 **5** 与两分子 LDA 脱质子，在 DMPU 存在下与 MeI 反应，该过程中，发生著名的 Frater-Seebach 烷基化反应[7]，只有一个 α-C 烷基化产物形成，得到 β-羟基酯 **6**，具备高度立体选择性(de>98%)。

81

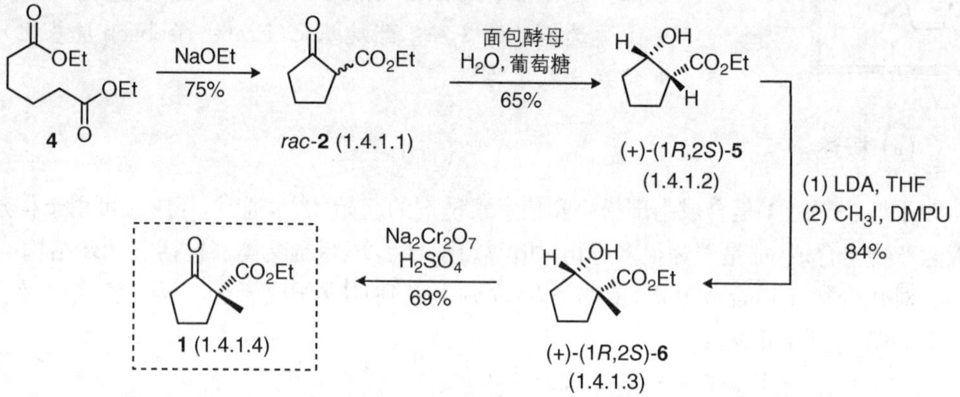

4 → NaOEt, 75% → *rac*-**2** (1.4.1.1) → 面包酵母, H_2O, 葡萄糖, 65% → (+)-(1*R*,2*S*)-**5** (1.4.1.2) → (1) LDA, THF (2) CH_3I, DMPU, 84% → (+)-(1*R*,2*S*)-**6** (1.4.1.3) → $Na_2Cr_2O_7$, H_2SO_4, 69% → **1** (1.4.1.4)

Frater-Seebach 烷基化的中间体是双负离子(这里是 **7**)，作为刚性的 Li 螯合结构存在。这种结构对烷基化过程 **5→6** 中的立体差异起到了关键作用，在类似反应的开链结构中也能发现(例如 **8**，非环状的立体选择)[8]。

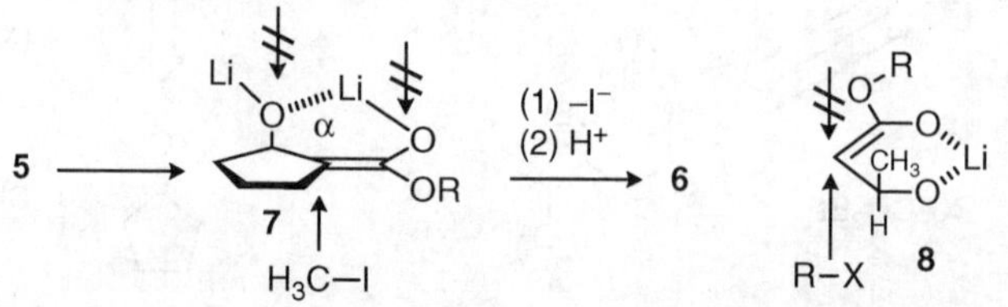

5 → **7** (H_3C—I) → (1) $-I^-$ (2) H^+ → **6**　　**8** (R—X)

在最后一步，羟基酯 **6** 使用 $Na_2Cr_2O_7/H_2SO_4$ 氧化得到手性 β-酮酯 **1**。

因此目标分子实际上以光学纯形式得到(ee>98%)，四步总的收率为 28%(以 **4** 为基础)。

(c) 合成 1 的实验步骤

1.4.1.1*　2-氧代环戊烷羧甲乙酯[3]

醇钠通过金属钠(11.50 g，0.50 mol)与无水乙醇(150 mL)反应制备，减压除去过量
82 乙醇即可。加入无水甲苯 100 mL 和己二酸二乙酯(101 g，0.50 mol)，回流搅拌 8 h。

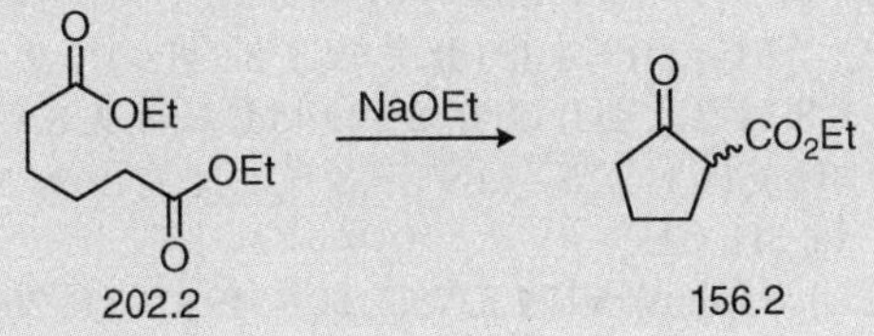

混合物冷却到室温，加入 2 mol/L 的 HCl 水溶液，得到清澈透明两相溶液大约 250 mL，分液，有机相依次用 100 mL 饱和 $NaHCO_3$ 溶液和饱和食盐水 100 mL 洗涤，用无水 Na_2SO_4 干燥，过滤，减压(20 mbar)除去溶剂，得到的 100～140℃馏分，再次减压蒸馏(2 mbar，分馏柱)得到无色油状物 58.2 g，75%收率，bp_2 88～89℃，n_D^{20} = 1.451 9。

IR (film): $\tilde{\nu}$ (cm^{-1}) = 1740, 1715.
^{1}H NMR (300 MHz, $CDCl_3$): δ (ppm) = 4.01 (q, *J* = 7.1 Hz, 2H, OCH_2), 3.15 (dd, *J* = 9.3, 8.7 Hz, 1H, 1-H), 2.13–2.04 (m, 4H, CH_2), 1.98–1.88 (m, 1H, CH_2), 1.77–1.61 (m, 1H, CH_2), 1.08 (t, *J* = 7.1 Hz, 3H, CH_3).
^{13}C NMR (76 MHz, $CDCl_3$): δ (ppm) = 211.8 (C-2), 168.9 (CO_2Et), 60.5, 54.2, 37.5, 26.9, 20.5, 13.7.

1.4.1.2* (+)-(1*R*,2*S*)-2-羟基环戊烷-1-甲酸乙酯[5]

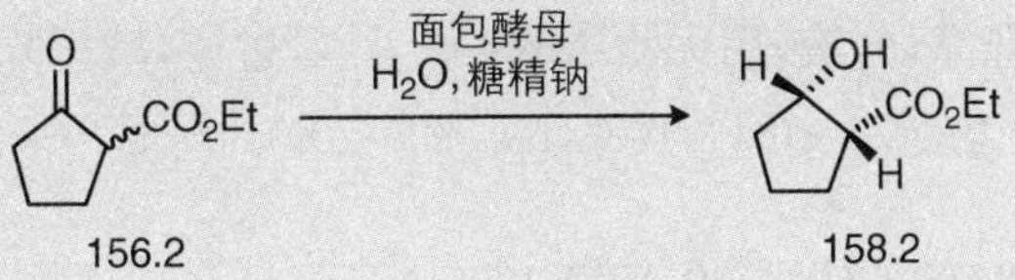

在装配有搅拌装置或者振荡装置的 3-1 Erlenmeyer 烧瓶中，面包酵母(225 g，*Pleser*，*Darmstsdt*，译者注：原书作者是德国人，这是一个德国地名)悬浮在 1.5 L 水中，加入 225 g 糖精钠，半小时后，加入 2-氧代环戊烷甲酸乙酯 **1.4.1.1**(22.5 g，143 mmol)和曲拉通 X114(译者注：原文为 Triton® X114，*Fluka*)，混合物室温下搅拌 48 h。

叶片式硅藻土(译者注：原文为 Hyflow Super Cel®，80 g，*Fluka*)分批加入，混合物用 G2-Frit(译者注：一种搪瓷料)过滤，滤液用 NaCl 饱和后，乙醚萃取(4×300 mL)，用无水 $MgSO_4$ 干燥，过滤，常压挥发除去溶剂，剩余物减压蒸馏，得到无色油状产物 62.6 g，65%收率，bp_{10} 95～96℃，$[\alpha]_D^{20}$ = +15.1(c=2.25，氯仿)，参考文献 9：+14.7(c=2.08，氯仿)。

IR (film): $\tilde{\nu}$ (cm^{-1}) = 3660, 3450, 2985, 1765.
^{1}H NMR (300 MHz, $CDCl_3$): δ (ppm) = 4.38 (dt, J = 4.3, 3.5 Hz, 1H, 2-H), 4.13 (q, J = 7.1 Hz, 2H, OCH_2), 3.14 (s_{br}, 1H, OH), 2.62 (ddd, J = 9.9, 8.8, 4.4 Hz,
83 1H, 1-H), 2.00 – 1.80 (m, 3H, CH_2), 1.75 – 1.69 (m, 2H, CH_2), 1.63 – 1.54 (m, 1H, CH_2), 1.22 (t, J = 7.1 Hz, 3H, CH_3).
^{13}C NMR (76 MHz, $CDCl_3$): δ (ppm) = 174.5, 73.5, 60.3, 49.4, 33.8, 26.0, 21.8, 14.0.

1.4.1.3** (+)-(1*R*,2*S*)-2-羟基-1-甲基环戊烷-1-甲酸乙酯[5]

(1) LDA, THF
(2) CH_3I, DMPU

158.2 → 172.2

LDA 的制备：−78℃，丁基锂(375 mL，0.60 mol，1.6 mol/L 的己烷溶液)加入到 N,N-二异丙基胺(60.7 g，0.60 mol)的无水 THF 溶液中(225 mL)，0℃搅拌 1 h。−50℃，60 mL 羟基酯 **1.4.1.2**(40.1 g，0.25 mol)的无水 THF 溶液一次加入到 LDA 溶液中，温度升高到−10℃，搅拌 0.5 h，加入 MeI(49.7 g，0.35 mol，注意：致癌性)的 DMPU 溶液 125 mL，温度迅速升高到 40℃，室温下反应 20 h。

混合物倒入 1 000 mL 的饱和的 NH_4Cl 水溶液中，乙醚萃取(4×200 mL)，合并有机相，用饱和食盐水洗涤，分液，用无水 $MgSO_4$ 干燥，过滤，减压除去溶剂，剩余物减压蒸馏，得到无色油状产物 36.1 g，84%收率，bp_{10} 99～100℃，$[\alpha]_D^{20}$ = +28.4(c = 1.61，氯仿)。

IR (film): $\tilde{\nu}$ (cm^{-1}) = 3455 (OH), 1730, 1720, 1705.
^{1}H NMR (300 MHz, $CDCl_3$): δ (ppm) = 4.09 (q, J = 7.3 Hz, 2H, OCH_2), 3.90 (dd, J = 5.6, 3.3 Hz, 1H, 2-H), 3.09 (s_{br}, 1H, OH), 2.19 – 2.09 (m, 1H, CH_2), 1.96 – 1.70 (m, 2H, CH_2), 1.66 – 1.43 (m, 3H, CH_2), 1.19 (t, J = 7.3 Hz, 3H, $CH_2\underline{CH_3}$), 1.09 (s, 3H, 1-CH_3).
^{13}C NMR (76 MHz, $CDCl_3$): δ (ppm) = 177.0 (C=O), 79.8 (C-2), 60.4 (O-CH_2), 53.9 (C-1), 33.0 (CH_2), 31.8 (CH_2), 22.2 (CH_2), 20.3 (CH_2), 17.1 (CH_3), 14.0 (CH_3).

1.4.1.4* (−)-(1*R*)-1-甲基-2-氧代环戊烷-1-甲酸乙酯[5]

84 由 $Na_2Cr_2O_7 \cdot 2H_2O$(89.4 g，0.30 mol)和 75 g 浓硫酸，200 mL 水混合制备铬酸。控制温度 0～5℃，把铬酸滴加到 **1.4.1.3**(34.4 g，0.20 mol)的 200 mL 的乙醚溶液中，室温下反应 20 h(注)。

Na$_2$Cr$_2$O$_7$, H$_2$SO$_4$: 172.2 → 170.2

220 mL 水加入到混合物中，乙醚萃取（4×200 mL），合并有机相，用饱和 $NaHCO_3$ 水溶液以及饱和食盐水洗涤，分液，无水 $MgSO_4$ 干燥，过滤，减压除去溶剂，剩余物减压蒸馏，得到无色油状产物 23.5 g，69％收率，bp_{10} 96℃，$[\alpha]_D^{20}=-13.3$（c=1.09，氯仿）。

IR (film): $\tilde{\nu}$ (cm^{-1}) = 1750, 1735.
^{1}H NMR (300 MHz, CDCl$_3$): δ (ppm) = 4.10 (q, J = 7.1 Hz, 2H, OCH$_2$), 2.50–2.20 (m, 3H, CH$_2$), 2.07–1.76 (m, 3H, CH$_2$), 1.25 (s, 3H, 1-CH$_3$), 1.19 (t, J = 7.1 Hz, 3H, CH$_2$C$\underline{H_3}$).
^{13}C NMR (76 MHz, CDCl$_3$): δ (ppm) = 215.8 (C-2), 172.3 (CO$_2$Et), 61.2, 55.8, 37.6 (3×CH$_2$), 36.1 (CH$_2$), 19.5 (CH$_2$), 19.3 (CH$_3$), 14.0 (CH$_3$).

注：乙醇也能够被 DMP 氧化，详见 2.3.2.4 节。

参考文献

[1] Hosokawa, T., Makabe, Y., Shinohara, T., and Murahashi, S.-I. (1985) *Chem. Lett.*, 1529–1530.

[2] (a) Hamada, T., Chieffi, A., Ahman, J., and Buchwald, S.L. (2002) *J. Am. Chem. Soc.*, **124**, 1261–1268; (b) analogous behavior is shown by 2-methylcyclohexanone: Baldry, K.W. and Robinson, M.J.T. (1977) *Tetrahedron*, **33**, 1663–1668.

[3] Mayer, R. and Kubasch, U. (1959) *J. Prakt. Chem.*, **9**, 43–45.

[4] Enders, D., Zamponi, A., Schäfer, T., Nübling, C., Eichenauer, H., Demir, A.S., and Raabe, G. (1994) *Chem. Ber.*, **127**, 1707–1721.

[5] Eicher, Th., Servet, F., and Speicher, A. (1996) *Synthesis*, 863–870.

[6] (a) Frater, G. (1980) *Helv. Chim. Acta*, **63**, 1383–1390; Ru-catalyzed asymmetric reduction of β-keto esters: (b) Junge, K., Hagemann, B., Enthaler, S., Oehme, G., Michalik, M., Monsees, A., Riermeier, T., Dingerdissen, U., and Beller, M. (2004) *Angew. Chem.*, **116**, 5176–5179; *Angew. Chem. Int. Ed.*, (2004), **43**, 5066–5069; (c) Reetz, M.T. and Li, X. (2006) *Adv. Synth. Catal.*, **348**, 1157–1160.

[7] (a) Frater, G. (1979) *Helv. Chim. Acta*, **62**, 2825–2828; (b) Seebach, D. and Wasmuth, D. (1980) *Helv. Chim. Acta*, **63**, 197–200.

[8] Frater, G., Müller, U., and Günther, W. (1984) *Tetrahedron*, **40**, 1269–1277.

[9] Seebach, D., Roggo, S., Maetzke, T., Braunschweiger, H., Cercus, J., and Krieger, M. (1987) *Helv. Chim. Acta*, **70**, 1605–1615.

85 1.4.2 (*S*)-和(*R*)-2-羟基-4-苯基丁酸乙酯

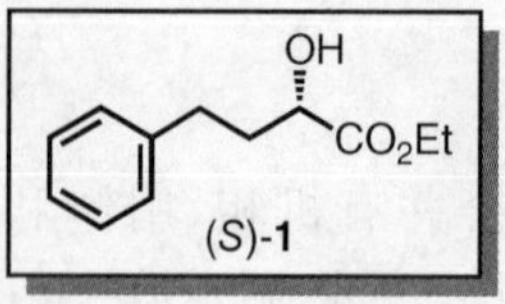

专题
- 前手性 α-羟基脂肪酸酯的两种对应异构体合成
- 芳烃 Friedel-Crafts 酰基化反应(琥珀酰基化)
- 催化还原 Ph—C═O→Ph—CH_2
- OH 基团的甲磺酰化
- 仲醇的构型转化

(a) 概述

合成光学纯物质可采用下列两种策略:

1) 目标分子的构建是通过控制所需要的合成过程中的立体构型选择来完成的,既可以使用手性催化剂,也可以在非对映选择性反应中使用手性助剂,合成后再除去(非对称合成)[1]。

2) 目标分子中手性中心是通过天然产物引入的,或者用商业上容易得到的光学纯物质作为手性起始物,通过立体控制的反应转化为目标分子(前手性池合成,ECP 合成[2])。

ECP 合成,是通过使用众多的立体结构明确的天然产物,例如,羟基、氨基酸,萜类化合物以及碳水化合物,从而获得了很好的发展,从手性池中选择一个适当的候选物须遵从的一个原则是:目标产物与候选物中的立体中心以及绝对构型应该相对应。用合成包含一个立体中心的(*S*)-**1** 为例子加以说明[3]:

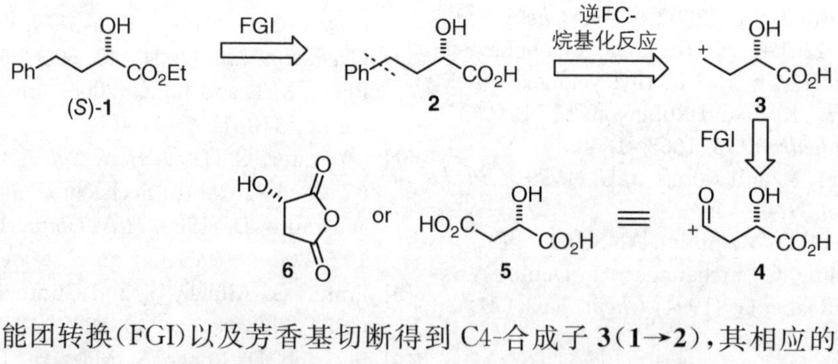

官能团转换(FGI)以及芳香基切断得到 C4-合成子 **3**(**1→2**),其相应的酰基离子 **4**,很方便地从(*S*)-苹果酸 **5** 转化得到。手性的(*S*)-构型的羟基-C4-二羧酸是容
86 易得到的天然产物(从"手性池"),包含完整的目标分子的碳链与"对应的"端基官能团和立体化学中心。因此,(*S*)-苹果酸 **5**,或者它的酸酐 **6**,都是 ECP 合成(*S*)-**1** 的优良底物[4][5]。

(b) 合成 1

1) (S)-苹果酸 **5** 与乙酰氯反应，通过对 **5** 中的羟基乙酰基化并脱水得到 O-乙酰基苹果酸酐 **7**，苯与非对称酸酐 **7** 在 $AlCl_3$ 存在下发生化学选择性的 Friedel-Crafts 酰基化反应，在立体位阻小的羰基一端反应得到(S)-2-羟基-4-氧代-4 苯基丁酸 **8**，收率很好[5]，**7** 中乙酰基在此过程中裂解恢复自由羟基。

8 中的 α-羰基酸中的苄羰基很容易还原成 CH_2，几乎定量得到 α-羟基 **9**，ee 值为 99%。对 **9** 进行 Fisher 法酯化($EtOH/H_2SO_4$)，得到光学纯的(S)-**1** 的乙酯(ee=99%)。

2) 合成(R)-**1** 最简捷的方法是在(1)合成(S)-2-羟基酯过程中直接转化羟基。然而，对于 Mitsunobu 反应(参考 3.4.4 节内容)选择性不尽如人意，因此，即使改良条件使用 $EtO_2C—N=N—CO_2Et/Ph_3P/ClCH_2COOH$，接着用 K_2CO_3/H_2O 水解，酸性的 *ent*-**9** 收率也只有中等[6]。

实际上，在(S)-**1** 中手性中心上的羟基转换过程中，使用甲磺酰氯/吡啶使之变为甲磺酸酯，从而成为一个易离去基团，定量地得到的甲磺酸酯 **10**，在丙酸钠/乙醇中 87
是作为 S_N2 取代对象(Walden 转化)，二酯 **11** 在 K_2CO_3/乙醇中选择性去保护(源于生成乙醇化物的平衡)得到对应异构体(R)-**1**，几乎是光学纯(ee=97%)。

注 5)：其他的逆合成分析，把分子拆解为 C5-和 C6-的碳水化合物作为手性起始物，合成 **1** 的乙酯。然而，尽管这些底物容易得到，但是不建议使用碳水化合物作为合成底物，为了得到一个手性中心而牺牲一堆手性中心，从原子经济学和立体化学效率来说是不应该的。

(*S*)-**1** 以(*S*)-苹果酸为原料经过 4 步合成，总收率 63%；(*R*)-**1** 从(*S*)-**1** 经过 3 步合成，总收率 83%(或者从 **5** 合成，总收率 52%)。

(c) 合成 1 的实验步骤(两种对应异构体)

1.4.2.1* (*S*)-α-乙酰氧基丁酸酐[7]

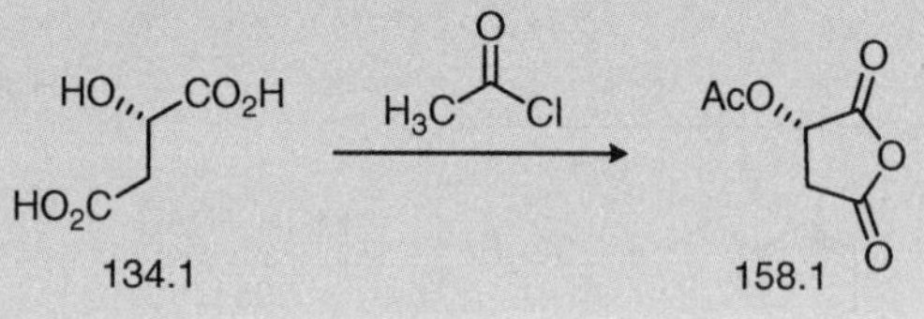

(*S*)-苹果酸(10.0 g，75.0 mmol)与乙酰氯(350 mL)加热回流反应 5 h。减压除去溶剂，加入甲苯(2×30 mL)助蒸发，得到(*S*)-α-乙酰氧基丁酸酐，淡黄色固体 11.6 g，收率 98%，mp 50～52℃；$[\alpha]_D^{20}=-23.1$($c=5.0$，氯仿)；TLC(硅胶，氯仿/甲醇/水/乙酸＝50∶50∶3∶0.3)，$R_f=0.88$。

UV (MeOH): λ_{max} (nm) = 209.
IR (KBr): $\widetilde{\nu}$ (cm^{-1}) = 3012, 2962, 1806, 1743, 1405, 1375, 1293, 1216, 1099, 1032, 966, 917, 722, 663, 572.
88 **^{1}H NMR** (300 MHz, $CDCl_3$): δ (ppm) = 5.51 (dd, *J* = 9.6, 6.3 Hz, 1H, CH), 3.36 (dd, *J* = 19.0, 9.4 Hz, 1H, CH_2), 3.01 (dd, *J* = 19.0, 6.3 Hz, 1H, CH_2), 2.18 (s, 3H, CH_3).
^{13}C NMR (76 MHz, $CDCl_3$): δ (ppm) = 170.5, 169.9, 169.5, 137.1, 68.4, 37.7.

1.4.2.2* (*S*)-2-羟基-4-氧代-4-苯基丁酸[7]

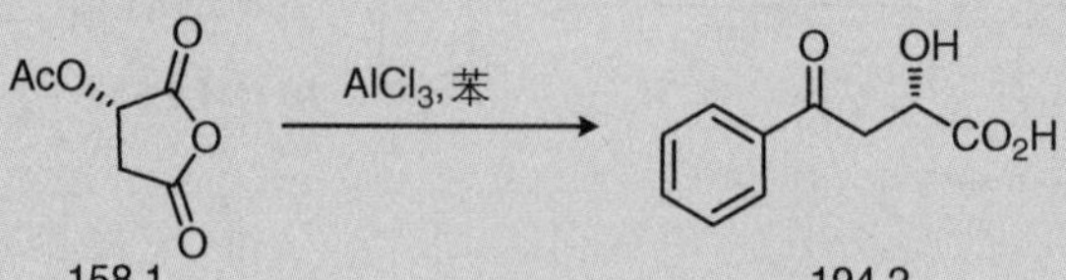

0℃，无水 $AlCl_3$(30.0 g，225 mmol)一次性加入到(*S*)-酸酐 **1.4.2.1**(9.50 g，

60.1 mmol)的无水苯(100 mL)溶液中，剧烈搅拌加热回流 4 h。

反应物倒入 100 g 碎冰中，加入稀盐酸(1.0 mol/L，~100 mL)调节 pH 为 1，搅拌 2 h，乙酸乙酯萃取(3×100 mL)，合并有机相，食盐水洗涤，用 Na_2SO_4 干燥，过滤，减压除去溶剂，粗产品用乙酸乙酯和石油醚重结晶，得到(*S*)-2-羟基酸，无色粉末 8.40 g，72%收率，mp 136~138℃，$[\alpha]_D^{20}=-8.75$(c=4.0，乙醇)；TLC(硅胶，氯仿/甲醇/水/乙酸=70∶30∶3∶0.3)，R_f=0.58。

UV (CH_3OH): λ_{max} (nm) = 278, 241, 201.
IR (KBr): $\tilde{\nu}$ (cm^{-1}) = 3476, 3083, 3061, 2928, 1734, 1677, 1595, 1451, 1364, 1222, 1194, 1105, 811, 761, 689, 580.
^{1}H NMR (300 MHz, [D_6]DMSO): δ (ppm) = 12.0 (s_{br}, 1H, CO_2H), 7.95 (d, *J* = 7.2 Hz, 2H, Ar–H), 7.64 (dd, *J* = 7.5, 7.2 Hz, 1H, Ar–H), 7.53 (t, *J* = 7.5 Hz, 2H, Ar–H), 5.50 (s_{br}, 1H, OH), 4.50 (t, *J* = 6.0 Hz, 1H, CH), 3.32 (d, *J* = 6.0 Hz, 2H, CH_2).
^{13}C NMR (76 MHz, [D_6]DMSO): δ (ppm) = 197.4, 174.8, 136.7, 128.5, 127.9, 66.6, 42.6.

1.4.2.3** (*S*)-2-羟基-4-苯基丁酸[3]

H_2, Pd/C
AcOH

194.2 → 180.2

羟基酸 **1.4.2.2**(5.4 g，0.028 mmol)乙酸(80 mL)溶液，10% Pd-C(0.7 g)，89
H_2(1.0 bar)，室温反应 2 天。

用 TLC 监测反应完毕后过滤，滤液减压除去溶剂，粗产品用甲苯重结晶，得到无色粉末产物 4.40 g，87%收率，mp 65~67℃，$[\alpha]_D^{20}=+13.4$(c=2.5，乙醇)；TLC(硅胶，氯仿/甲醇/水/乙酸=70∶30∶3∶0.3)，R_f=0.65。

UV (CH_3OH): λ_{max} (nm) = 267, 258, 242, 207.
IR (KBr): $\tilde{\nu}$ (cm^{-1}) = 3461, 3027, 2957, 2926, 2861, 2589, 1733, 1497, 1454, 1290, 1270, 1242, 1175, 1097, 1077, 866, 767, 742, 696.
^{1}H NMR (300 MHz, [D_6]DMSO): δ (ppm) = 7.27 (m, 2H, Ar–H), 7.17 (m, 3H, Ar–H), 3.93 (dd, *J* = 8.1, 4.5 Hz, 1H, CH), 2.67 (t, *J* = 7.8 Hz, 2H, CH_2), 1.86–1.99 (m, 1H, CH_2), 1.74–1.85 (m, 1H, CH_2).
^{13}C NMR (76 MHz, [D_6]DMSO): δ (ppm) = 175.5, 141.5, 128.3 (2 Ar–C), 126.0, 69.0, 35.7, 30.6.

1.4.2.4* (*S*)-2-羟基-4-苯基丁酸乙酯[3]

2.0 mL 浓硫酸加入到羟基酸 **1.4.2.3**(3.06 g,0.017 mmol)的无水乙醇(200 mL)溶液中,加热回流 2 h(TLC 监测)。

减压除去溶剂,50 mL 水与 200 mL 乙酸乙酯组成的混合溶液加入反应混合物中,分液,分别用 80 mL 饱和 $NaHCO_3$ 溶液和 90 mL 食盐水洗涤有机相,用 Na_2SO_4 干燥,过滤,减压除去溶剂,得到浅黄色产品,3.36 g,95%收率,$[\alpha]_D^{20}=+19.8$($c=2.5$,氯仿);TLC(硅胶,氯仿,0.1%乙酸),$R_f=0.67$。

UV (CH_3OH): λ_{max} (nm) = 267, 247, 205.
^{1}H NMR (300 MHz, $CDCl_3$): δ (ppm) = 7.33–7.15 (m, 5H, Ar–H), 4.23–4.16 (m, 2H, $\underline{CH_2}$-CH_3, 1H, CH), 2.94 (s_{br}, 1H, OH), 2.84–2.69 (m, 2H, Ph–$\underline{CH_2}$–CH_2), 2.17–2.06 (m, 2H, Ph–CH_2–$\underline{CH_2}$), 2.01–1.88 (m, 2H, Ph–CH_2–$\underline{CH_2}$), 1.27 (t, J = 7.1 Hz, 3H, CH_3).
^{13}C NMR (76 MHz, $CDCl_3$): δ (ppm) = 175.1, 141.1, 128.5, 128.3, 125.9, 69.6, 61.6, 35.9, 30.9, 14.1.

90 ### 1.4.2.5* (*S*)-2-甲磺酰氧基-4-苯基丁酸乙酯[3]

0℃,3.0 mL 甲磺酰氯滴加到羟基酯 **1.4.2.4**(3.13 g,0.015 mmol)的无水 CH_2Cl_2(10 mL)和吡啶(10 mL)溶液中,室温反应过夜。

反应混合物中加入 200 mL 乙酸乙酯,依次用冰水(3×200 mL)、冰冷的 2 mol/L的 HCl(200 mL)、饱和 $NaHCO_3$ 溶液(200 mL)和食盐水(200 mL)洗涤,用 Na_2SO_4 干燥,过滤,减压除去溶剂,得到浅黄色产品,4.21 g,98%收率,TLC(硅胶,氯仿/甲醇/水/乙酸=50∶50∶3∶0.3),$R_f=0.88$。

UV (CH_3OH): λ_{max} (nm) = 267, 242, 202.
IR (film): $\tilde{\nu}$ (cm^{-1}) = 3062, 3029, 2983, 2939, 2869, 1751, 1497, 1455, 1362, 1300, 1252, 1211, 1174, 1039, 964, 864, 844, 820, 747, 701.
^{1}H NMR (300 MHz, [D_6]DMSO): δ (ppm) = 7.30 (m, 2H, Ar–H), 7.18–7.24 (m, 3H, Ar–H), 5.08 (dd, J = 7.5, 5.1 Hz, 1H, CH), 4.17 (q, J = 7.2 Hz, 2H, $C\underline{H_2}CH_3$), 3.27 (s, 3H, SCH_3), 2.71 (t, J = 7.5 Hz, 2H, CH_2), 2.07–2.17 (m, 2H, $C\overline{H_2}$), 1.21 (t, J = 7.2 Hz, 3H, CH_3).
^{13}C NMR (76 MHz, [D_6]DMSO): δ (ppm) = 168.5, 140.1, 128.3, 128.1, 126.1, 76.8, 61.34, 37.9, 33.2, 30.0, 13.8.

1.4.2.6** (*R*)-2-羟基-4-苯基丁酸乙酯(*ent*-1)[3]

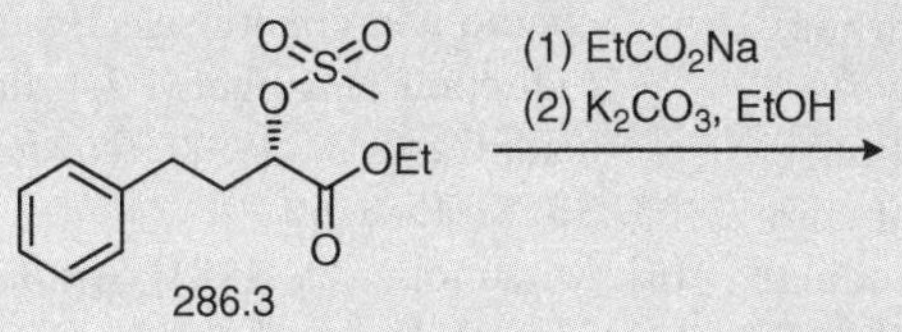

(1) $EtCO_2Na$
(2) K_2CO_3, EtOH

286.3 → 208.3

丙酸钠(4.57 g,0.016 mmol)加入到羟基酯 **1.4.2.5**(3.92 g,0.013 mmol)乙醇(130 mL)中,加热回流 48 h。

混合物冷却到室温,过滤,滤液减压浓缩,剩余物溶解在 100 mL 乙酸乙酯中,饱 91
和食盐水洗涤两次,用 Na_2SO_4 干燥,过滤,减压除去溶剂,粗产物二酯 **11** 溶解在 250 mL 乙醇中,加入 K_2CO_3(5.88 g,0.043 mol),室温下搅拌过夜。

过滤,滤液用 6 mol/L HCl 中和后浓缩,粗产品溶解于 150 mL 的乙酸乙酯中,分别用 50 mL 水和 50 mL 饱和食盐水洗涤,用 Na_2SO_4 干燥,过滤,减压除去溶剂,得到无色油状产品,1.92 g,71%收率,TLC(硅胶,氯仿,0.1%乙酸),R_f=0.67;$[\alpha]_D^{20}$=−18.8(c=2.4,氯仿)。

UV (CH_3OH): λ_{max} (nm) = 267, 258, 242, 205.
IR (film): $\tilde{\nu}$ (cm^{-1}) = 3429, 3063, 3028, 2980, 2961, 2930, 2865, 1732, 1497, 1454, 1370, 1299, 1247, 1178, 1077, 864, 747, 701.
^{1}H NMR (300 MHz, [D_6]DMSO): δ (ppm) = 7.28 (m, 2H, Ar–H), 7.14–7.20 (m, 3H, Ar–H), 5.41 (s_{br}, 1H, OH), 4.08 (q, J = 7.4 Hz, 2H, $C\underline{H_2}CH_3$), 4.00 (m_{br}, 1H, CH), 2.66 (t, J = 8.1 Hz, 2H, CH_2), 1.77–1.86 (m, 1H, $C\overline{H_2}$), 1.18 (t, J = 7.4 Hz, 3H, CH_3).
^{13}C NMR (76 MHz, [D_6]DMSO): δ (ppm) = 174.0, 141.5, 128.3, 128.2, 126.8, 68.9, 59.7, 35.7, 30.6, 13.7.

参考文献

[1] For monographs, see: (a) Procter, G. (1999) *Asymmetric Synthesis*, Oxford University Press, Oxford; (b) Atkinson, R.S. (1997) *Stereoselective Synthesis*, John Wiley & Sons, Inc., New York; (c) Christmann, M. and Bräse, S. (eds) (2007) *Asymmetric Synthesis–The Essentials*, Wiley-VCH Verlag GmbH, Weinheim.

[2] (a) For a monograph, see: Hanessian, S. (1983) *The Chiron Approach*, Pergamon Press, New York; (b) for chiral pool reagents ("chirons"), see: Fuhrhop, J.-H. and Li, G. (2003) *Organic Synthesis*, 3rd edn, Wiley-VCH Verlag GmbH, Weinheim; (c) for a compilation of commercially available enantiopure products, see: Breuer, M., Ditrich, K., Habicher, T., Hauer, B., Keßeler, M., Stürmer, R., and Zelinsky, T. (2004) *Angew. Chem.*, **116**, 806–843; *Angew. Chem. Int. Ed.*, (2004), **43**, 788–824.

[3] Lin, W.-Q., He, Z., Jing, Y., Cui, X., Liu, H., and Mi, A.-Q. (2001) *Tetrahedron: Asymmetry*, **12**, 1583–1588.

[4] Conventional retrosynthesis of the α-hydroxy acid **2** leads to hydrocinnammic aldehyde by retro-cyanohydrin transformation. For the problem of asymmetric cyanohydrin synthesis, see: Brunel, J.-M. and Holmes, I.P. (2004) *Angew. Chem.*, **116**, 2807–2810; *Angew. Chem. Int. Ed.*, (2004), **43**, 2752–2778.

[5] Compound **9** has also been prepared by chemo and enantioselective enzymatic reduction of 4-phenyl-2,4-dioxobutanoic acid: Casy, G. (1992) *Tetrahedron Lett.*, **33**, 8159–8162.

[6] Mitsunobu, O. (1981) *Synthesis*, 1–28.

[7] Henrot, S., Larcheveque, M., and Petit, Y. (1986) *Synth. Commun.*, **16**, 183–190.

1.4.3 萘普生(Naproxen) 92

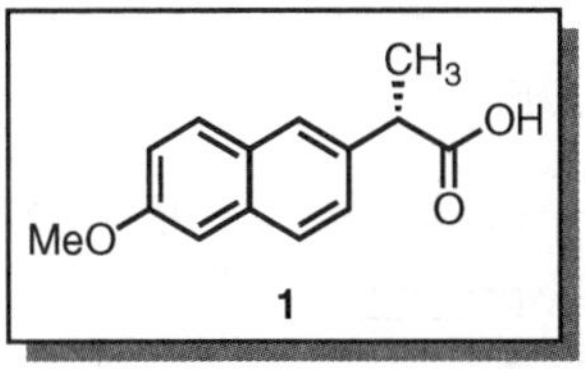

1

专题
- 对映选择性合成药物
- Friedel-Crafts 酰基化反应
- 烷基芳基酮的化学选择性 α-卤代反应
- 应用原酸酯合成缩醛
- Lewis 酸引发的 α-卤代缩酮重排
- 通过对映选择性酶催化酯水解进行动力学拆分
- 通过形成非对映异构化合物进行拆分

(a) 概述

萘普生[**1**,(S)-(+)-2-(6′-甲氧基-2-萘基)丙酸]是芳基和芳香烃系取代的乙酸、丙酸衍生药物中最著名的一个,具有抗炎、镇痛、抗风湿等效用[1]。其他的比较重要的药物如吲哚美辛 **2**,双氯芬酸 **3**,布洛芬 **4** 以及噻洛芬酸 **5**。

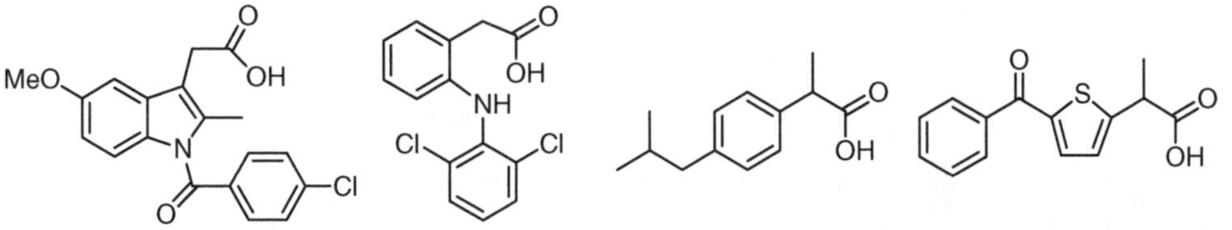

2 **3** **4** **5**

乙酸衍生物 α-取代丙酸衍生物

这些非甾体类抗炎物质是有效的前列腺素生物合成抑制剂[2]。

可应用于治疗的 α-芳基和 α-芳烃系丙酸(如 **4** 和 **5**)是其外消旋混合物,例外的是萘普生,市场化的产品是(+)-(S)-对应异构体。

对 **1** 的逆合成分析得到路线 **A**,指向 2-甲氧基萘化合物 **6** 和 **8**;相似的路线 **B**,从 **1** 逆推到 **7**,同样可以从 2-甲氧基萘经过 **8** 得到。化合物 **1** 中手性中心选择性合成既可以由 **6** 用 Envas 法选择性烷基化得到,也可以由对 **7** 对映选择性的氢化得到。而 **6** 和 **7** 可以很方便地由 **8** 用经典方法的转化完成,如 Willgerodt-Kindler 法或者 Tl(Ⅲ)引发的氧化还原转化(→**6**)或者氰醇反应/CN→COOH,水解,随后消除 H_2O(→**7**)。

实际上,第一个萘普生的工业合成[3]路线是 Willgerodt-Kindler 法,把 **8** 转化为 93
N-酰基吗啉 **9**,水解后得到芳基酸 **6**,它的甲基酯 **10** 再用 MeI/NaH(**10**→**11**)进行甲

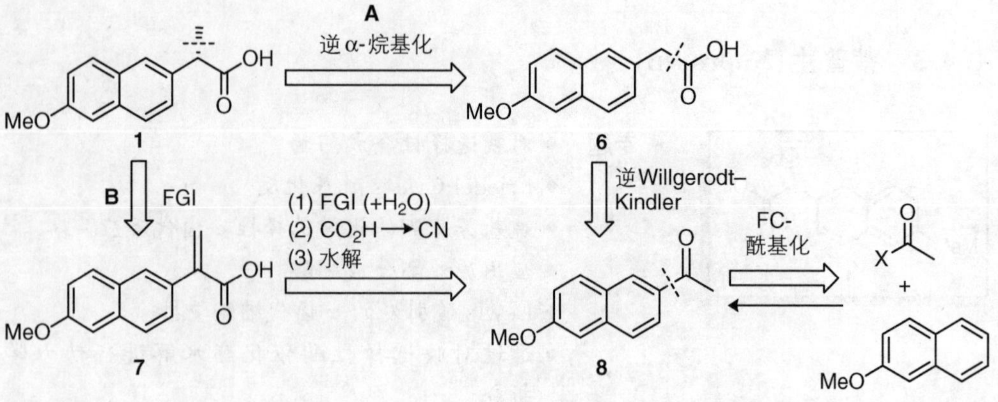

基化得到 **11**,接着进行皂化反应得到外消旋酸(*rac*-**1**),使用辛可尼丁或者手性碱拆分得到(*S*)-萘普生 **1**。

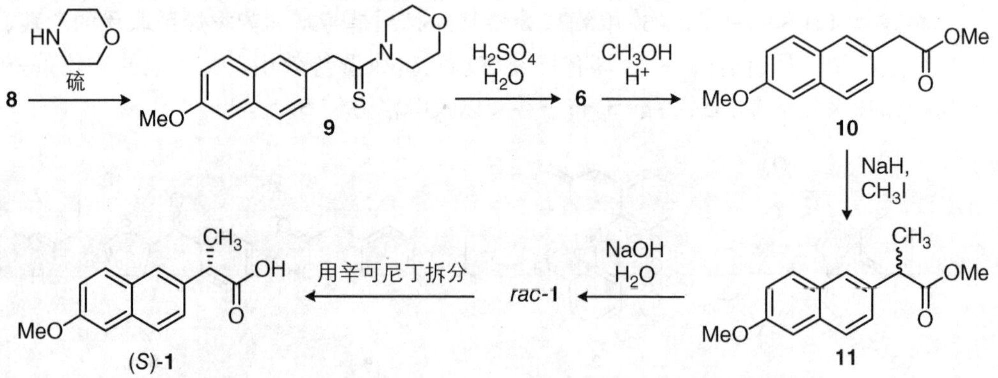

基于逆合成分析,β-萘基丙烯酸 **7** 是对应选择性合成 **1** 的合适的底物,在手性 Ru 催化剂(Ru(Ⅱ)-(*S*)-BINAP(2,2′-双(二苯基膦)-1,1′-二萘))作用下氢化[4]。**7** 可以从 **8** 经过氰醇化制备,或者通过更方便的电羰基化反应制备。因此,在 CO_2 存在下,化合物 **8** 中羰基 $2e^-$ 的负极还原得到羟基酸 **12**,随后酸催化脱水得到 **7**[5]。

94

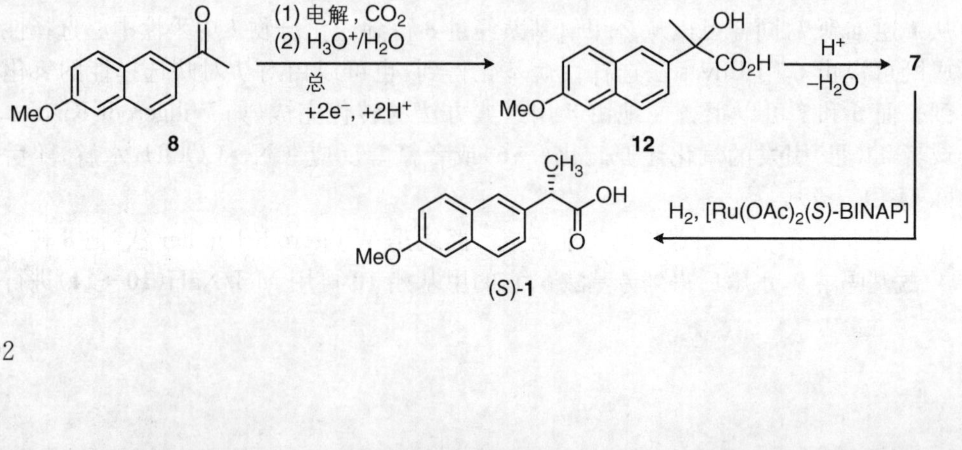

与上述逆合成分析不同的策略是，化合物 **1** 中的 α-芳基丙酸酯侧链可以在 Lewis 酸催化下与 C-2 上含有离去基团的乙基芳基酮 **13** 进行芳基迁移得到酯 **14**[6]。

如果 **13** 中的离去基团 X 处于立体结构明确的位置，那么芳基的 1，2-迁移将保留立体构型，这个工艺在以（*S*）-*O*-甲磺酰基丙酰氯 **15** 为起始物的 **1** 的 ECP 合成中得以实现[3]。

第一步中，由 2-溴-6-甲氧基萘制备的 Grignard 试剂与丙酰氯 **15** 进行酰基化反应得到萘酮 **17**，其中的羰基用 1，3-二醇形成缩酮 **19**，经过酸性离子交换树脂处理，*O*-甲磺酸酯结构单元进行重排得到酯 **18**，**18** 酸解后得到纯的对映异构体（*S*）-萘普生 **1**，总收率 75%。很显然，在重排 **19→18** 中，β-萘基的立体选择的迁移过程使得丙酸盐 95
侧链发生了完全的构型翻转[7]。

基于实验室的设备水平，这里采用的是基于 Lewis 酸促进的 α-溴代酮的重排反应，反应得到外消旋的萘普生的酯，经过以下方法：ⅰ）对映选择性的酶水解；ⅱ）皂化反应得到外消旋酸，再与辛可尼丁成盐后拆分。

(b) 合成 1

从 2-甲氧基萘 **20** 与丙酰氯的 Friedel-Crafts 酰基化开始，$AlCl_3$ 催化（硝基苯为溶剂，0℃反应 4 天），热力学控制导致在 S_EAr 过程中酰基直接进入预期的 β-位置（**20→21**）[8]。

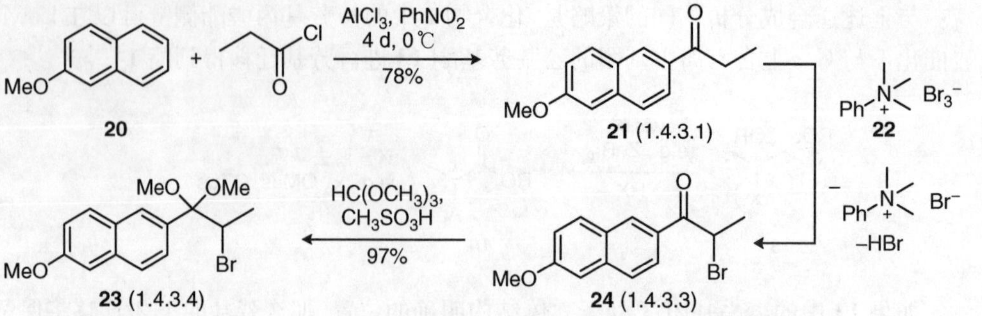

接着,对 **21** 的脂肪链 α-位进行化学选择性的溴代,因为使用单质溴会导致在萘环 5-位取代[9],因此使用三甲基苯胺的过溴化物 **22** 作为选择性溴化剂,专一性得到 α-溴代酮 **24**[10]。

22 从 *N*,*N*-二甲基苯胺与硫酸二甲酯经过两步反应制备[11]:

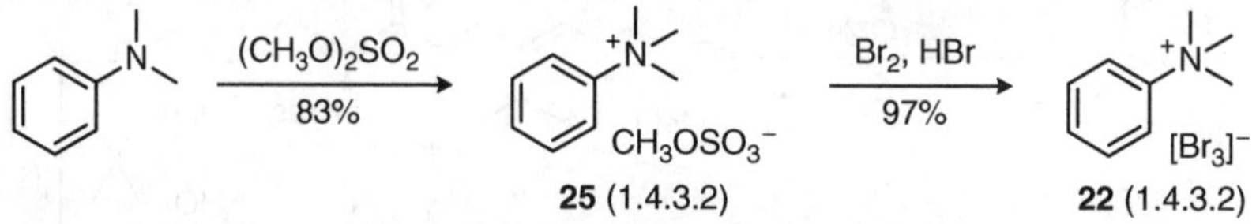

24 在甲基磺酸作用下与原甲酸三甲酯反应得到缩酮 **23**。

96 在无水 $ZnBr_2$ 甲苯溶液中加热,α-溴代缩酮 **23** 重排为萘普生的酯 **27**,这是外消旋混合物。Lewis 酸引发的 1,2-芳基迁移生成中间体芳基阳离子 **26**[12]。它与溴离子作用形成 MeBr 和甲基酯 **27**,脱除烷基重新成为芳香体系[10,13]。

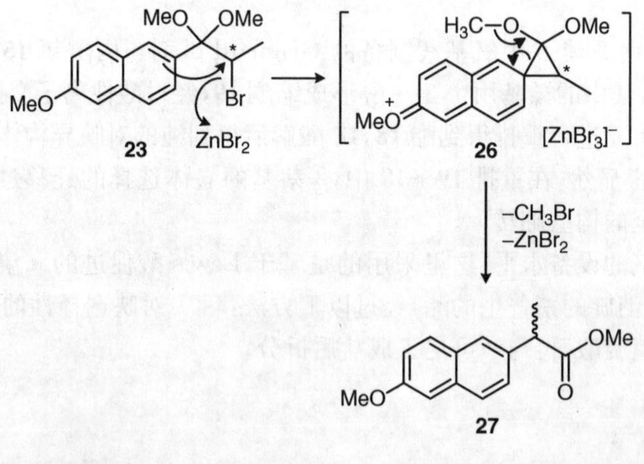

有必要说明,在酮 **21** 转化为缩酮过程中,上述历程可以进行稍微修饰,使用溴单质进行溴代反应。如果使用手性的酒石酸二甲酯进行缩酮化,那么随后的溴代和重排具有更高的立体选择性[14]。

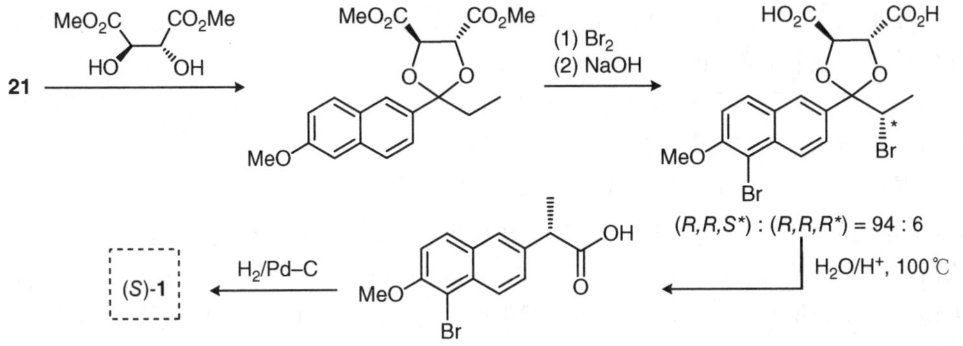

合成 1 的最后一步,外消旋的甲基酯 **27** 通过酶催化水解脱保护进行动力学拆分,使用的脂肪酶来自柱状假丝酵母,转化率 40%,得到 ee 值为 96%的(*S*)-萘普生以及 63% ee 值的(*R*)-酯[15]。

97

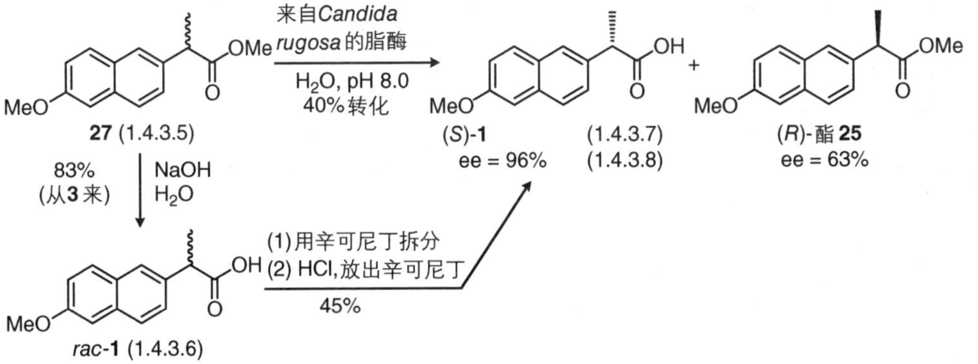

或者,外消旋的 **27** 用 NaOH 水溶液皂化得到外消旋萘普生 **1**,与手性的生物碱辛可尼丁反应得到非对映异构的盐,然后重结晶拆分,(+)-异构体的盐分离纯化后与 HCl 水溶液反应得到光学纯的(+)-(*S*)-萘普生,45%收率,$[\alpha]_D^{20}=+68$($c=0.84$,CH_2Cl_2);(−)-(R)-异构体的分离见参考文献[16]。

(c) 合成 1 的具体实验步骤

1.4.3.1* 6-甲氧基-2-丙酰基萘[8]

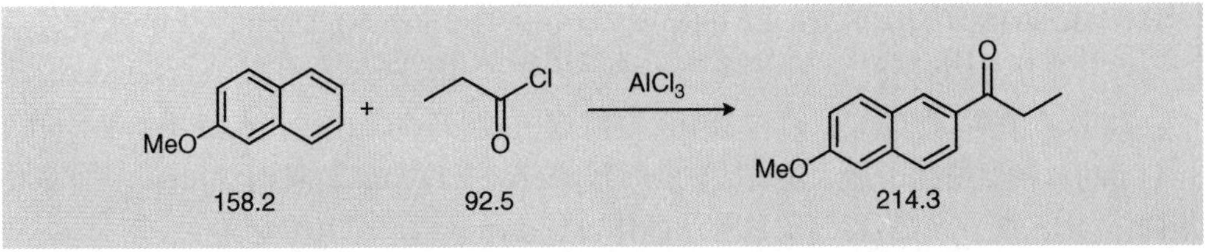

无水 $AlCl_3$(112 g,0. 84 mol)溶液在无水硝基苯(1300 mL)中,冷却到 0~2℃,氩气保护下,剧烈搅拌,加入 2-甲氧基萘(106 g,0. 67 mol)的无水硝基苯(340 mL)溶液,耗时 2 h。0℃搅拌 1 h,缓缓加入丙酰氯(71. 6 g,0. 77 mol)反应最好用氮气保护),控制瓶内温度−3℃,加料完毕,0℃搅拌 96 h。

混合物倒入 2. 0 kg 冰块和 225 mL 浓盐酸中,加入 CH_2Cl_2 致分层以便于相分离,水相用 500 mL 的 CH_2Cl_2 萃取,合并有机相,蒸馏除去 CH_2Cl_2,剩余物用水蒸气蒸馏除去硝基苯,剩余固体用 CH_2Cl_2 溶解,用 Na_2SO_4 干燥,过滤,减压除去溶剂,褐色物质减压蒸馏($bp_{0.2}$ 154~156℃),馏出物用 MeOH 重结晶,得到无色针状产物 112 g,收率 78%,mp 111~112℃,TLC(硅胶,苯),R_f=0. 55。

98 **IR** (film): $\tilde{\nu}$ (cm^{-1}) = 1680, 1625, 1600.
^{1}H NMR (300 MHz, $CDCl_3$): δ (ppm) = 8.38 (d, *J* = 3.0 Hz, 1H, Ar–H), 7.99 (dd, *J* = 9.0, 3.0 Hz, 1H, Ar–H), 7.82 (d, *J* = 9.0 Hz, 1H, Ar–H), 7.74 (d, *J* = 9.0 Hz, 1H, Ar–H), 7.17 (d, *J* = 9.0, 3.0 Hz, 1H, Ar–H), 7.13 (d, *J* = 3.0 Hz, 1H, Ar–H), 3.92 (s, 3H, OCH_3), 3.05 (q, *J* = 8.0 Hz, 2H, $COCH_2$), 1.26 (t, *J* = 8.0 Hz, 3H, CH_3).
^{13}C NMR (76 MHz, $CDCl_3$): δ (ppm) = 200.1 (C=O), 159.4, 137.4, 131.3, 129.6, 128.1, 127.3, 124.9, 119.9, 55.6 (OCH_3), 31.9 (CH_2), 8.7 (CH_3).
MS (EI): *m/z* = 214.1 $[M]^+$, 185.0 $[M-C_2H_5]^+$, 158.0 $[M-C_3H_5O]^+$.

1. 4. 3. 2* 三甲基苯铵多溴化物[11]

$(CH_3O)_2SO_2$ → $CH_3OSO_3^-$; Br_2, HBr → $[Br_3]^-$

121.2 247.3 375.9

1) 5℃,剧烈搅拌下,硫酸二甲酯(63. 0 g,0. 50 mol,~18. 0 mL;注意:有剧毒!)滴加到 *N*,*N*-二甲基苯胺(63. 0 mL,0. 50 mol)的苯溶液中(120 mL)中,滴加过程中温度升高到 75℃,反应 1 h,降温至 3℃,过滤收集固体,苯洗涤,晾干(必须罩上!),产物为甲基磺酸三甲基苯基铵,无色晶体 103 g,收率 83%,mp 108~110℃。

^{1}H NMR (300 MHz, $[D_6]$DMSO): δ (ppm) = 7.86 (m, 2H, 2-H, 6-H), 7.59 (m, 3H, 3-H, 4-H, 5-H), 3.82 (s, 9H, $^+N(CH_3)_3$), 3.72 (s, 3H, $CH_3OSO_3^-$).

2) 取上述物质(80. 0 g,0. 32 mol)溶解在 24%的 HBr 水溶液中(320 mL,1. 41 mol),剧烈搅拌下加入溴(74. 9 g,0. 47 mol,~24. 0 mL),耗时 30 min。抽滤收集固体,用乙酸重结晶,得到黄色针状晶体,117 g,mp 113~115℃。

IR (KBr): $\tilde{\nu}$ (cm^{-1}) = 1600, 1490, 1460, 960.
^{1}H NMR (300 MHz, [D$_6$]DMSO): δ (ppm) = 7.96 (m, 2H, 2-H, 6-H), 7.61 (m, 3H, 3-H, 4-H, 5-H), 3.61 (s, 9H, $^+$N(CH$_3$)$_3$). 99
^{13}C NMR (76 MHz, [D$_6$]DMSO): δ (ppm) = 147.1 (C-1), 129.9 (C-3, C-4, C-5), 120.2 (C-2, C-6) 56.3 (CH$_3$).

1.4.3.3* 2-溴-1-(6-甲氧基-2-萘基)丙-1-酮[9]

多溴化物 **1.4.3.2**(75.2 g,0.20 mol)一次性加入 6-甲氧基-2-丙酰基萘(**1.4.3.1**)(42.8 g,0.20 mol)的 THF(420 mL)溶液,得到澄清的橘红色溶液,几分钟后有无色固体析出(mp 210～212℃)(三甲基苯铵溴化物 mp 210～212℃),上层溶液逐渐变无色,室温搅拌 30 min。

反应混合物用 1 200 mL 水稀释,石油醚萃取(2×150 mL),合并有机相,用 Na_2SO_4 干燥,过滤,减压除去溶剂,剩余油状物用 400 mL 乙醇打浆分散,抽滤收集无色针状晶体(于冰箱中放置 12 h 才能结晶完全),用预先冷却的乙醇洗涤,真空干燥,得产品 56.0 g,收率 96%,mp 78～79℃,TLC(硅胶,苯),R_f=0.65。

IR (KBr): $\tilde{\nu}$ (cm^{-1}) = 1685, 1620, 1600.
^{1}H NMR (300 MHz, CDCl$_3$): δ (ppm) = 8.46 (d, J = 1.7 Hz, 1H, 1′-H), 8.01 (dd, J = 8.7, 1.9 Hz, 1H, 3′-H), 7.84 (d, J = 9.0 Hz, 1H, 8′-H), 7.76 (d, J = 8.8 Hz, 1H, 4′-H), 7.19 (dd, J = 8.9, 2.5 Hz, 1H, 7′-H), 7.14 (d, J = 2.5 Hz, 1H, 5′-H), 5.42 (q, J = 6.7 Hz, 1H, 2-H), 3.93 (s, 3H, OCH$_3$), 1.93 (d, J = 6.7 Hz, 3H, 3-H$_3$).

1.4.3.4* 2-溴-1-(6-甲氧基-2-萘基)丙-1-酮缩二甲醇[10] 100

将溴酮 **1.4.3.3**(41.4 g,0.14 mol),原甲酸三甲酯(43.5 g,0.41 mol),甲

基磺酸(2.72 g)无水甲醇(150 mL)组成的悬浮液加热到45℃反应24 h,得到澄清溶液。

反应液倒入1 000 mL的2%的Na_2CO_3溶液中,随后用乙醚萃取(3×250 mL),合并有机相,用Na_2CO_3干燥,过滤,减压除去溶剂,剩余油状物用300 mL甲醇溶解,冰箱冷冻12 h,抽滤收集固体,用−10℃甲醇洗涤,真空干燥,得到无色针状晶体46.0 g,97%收率,mp 87~88℃,TLC(硅胶,苯),R_f=0.75。

IR (KBr): $\tilde{\nu}$ (cm^{-1}) 2990, 2970, 2940, 2830 (CH), 1630, 1610.
^{1}H NMR (300 MHz, $CDCl_3$): δ (ppm) = 7.93 (d, J = 1.8 Hz, 1H, 1′-H), 7.76 (d, J = 9.8 Hz, 1H, 8′-H), 7.69 (d, J = 8.7 Hz, 1H, 4′-H), 7.57 (dd, J = 8.6, 1.8 Hz, 1H, 3′-H), 7.14 (m, 2H, 5′-H, 7′-H), 4.54 (q, J = 6.0 Hz, 1H, 2-H), 3.91, 3.39, 3.23 (3×s, 9H, 3×OCH_3), 1.54 (d, J = 6.3 Hz, 3H, 3-H_3).

1.4.3.5* (*R*,*S*)-2-(6-甲氧基-2-萘基)丙酸甲酯[13]

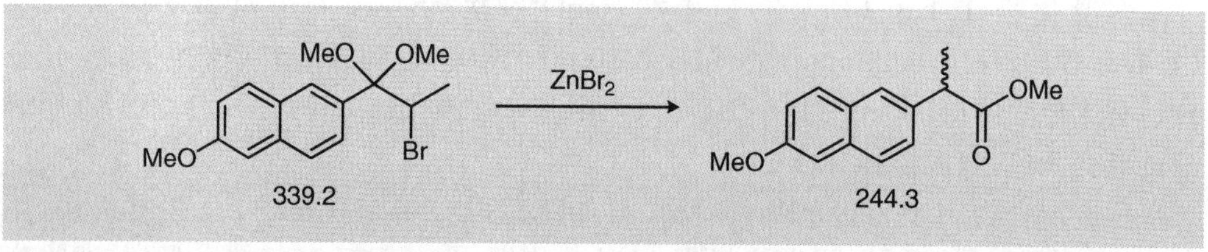

缩酮**1.4.3.4**(33.9 g,0.10 mol)和无水溴化锌(2.25 g,10.0 mmol)悬浮在100 mL的无水苯中,氮气保护下加热回流1 h。

冷却到室温,混合物倒入1 000 mL水中,乙醚萃取(3×300 mL),合并有机相,用
101 Na_2SO_4干燥,过滤,减压除去溶剂。为了进行酶拆分,产品需要柱层析纯化(硅胶,正己烷/乙酸乙酯=85∶15),mp 89~90℃。

IR (KBr): $\tilde{\nu}$ (cm^{-1}) = 3005, 2974, 2932, 1731, 1602.
^{1}H NMR (500 MHz, $CDCl_3$): δ (ppm) = 7.70 (d, J = 8.5 Hz, 2H, 4′-H, 8′-H), 7.66 (d, J = 1.6 Hz, 1H, 1′-H), 7.40 (dd, J = 8.5, 1.9 Hz, 1H, 3′-H), 7.14 (dd, J = 8.8, 2.5 Hz, 1H, Ar–H), 7.11 (d, J = 2.2 Hz, 1H, Ar–H), 3.90 (s, 3H, $ArOCH_3$), 3.85 (q, J = 7.3 Hz, 1H, 2-H), 3.66 (s, 3H, CO_2CH_3), 1.57 (d, J = 7.3 Hz, 3H, 3-H_3).
^{13}C NMR (126 MHz, $CDCl_3$): δ (ppm) = 175.1, 157.7, 135.7, 133.7, 129.3, 129.0, 127.2, 126.2, 126.0, 119.0, 105.7, 55.3, 52.0, 45.4, 18.6.

1.4.3.6* (*R*,*S*)-2-(6-甲氧基-2-萘基)丙酸[13]

粗产品甲基酯**1.4.3.5**溶解在500 mL甲醇中,加入30%的NaOH水溶液,加热

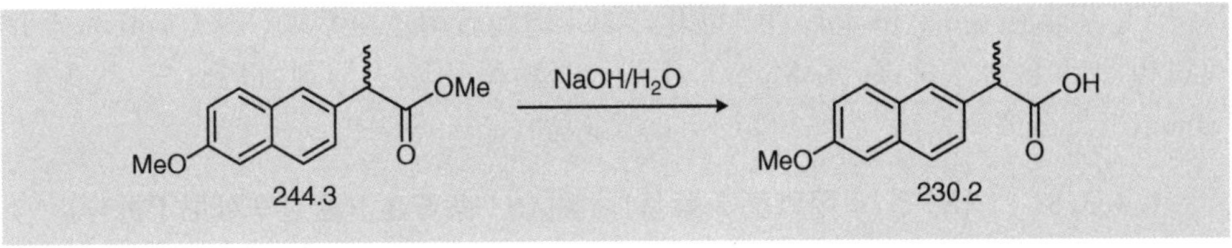

回流 4 h。

减压除去甲醇，反应混合物用 1 200 mL 水溶解，该碱性溶液用乙醚萃取（2×400 mL），抛弃有机相，水相用 HCl 酸化到 pH≈1，生成的酸用乙醚萃取（2×400 mL），合并有机相，Na_2SO_4 干燥，过滤，减压除去溶剂，剩余物用乙酸重结晶，通过小心向母液中加入水再收集一次，获得无色针状产品 19.0 g，83%收率，mp 152～153℃，TLC（硅胶，乙醚），R_f=0.80。

IR (KBr): $\tilde{\nu}$ (cm^{-1}) = 3200–2800, 1710, 1605.
^{1}H NMR (500 MHz, $CDCl_3$): δ (ppm) = 10.6 (s_{br}, 1H, CO_2H), 7.75–7.65 (m, 3H, 1′-H, 4′-H, 8′-H), 7.40 (dd, *J* = 8.5, 1.8 Hz, 1H, 3′-H), 7.13 (d, *J* = 8.8 Hz, 1H, 7′-H), 7.10 (d, *J* = 2.4 Hz, 1H, 5′-H), 3.90 (s, 3H, OCH_3), 3.86 (q, *J* = 7.0 Hz, 1H, 2-H), 1.58 (d, *J* = 7.0 Hz, 3H, 3-H_3).
^{13}C NMR (126 MHz, $CDCl_3$): δ (ppm) = 180.5, 157.7, 134.9, 133.8, 129.3, 128.9, 127.2, 126.2, 126.1, 119.0, 105.6, 55.3, 45.2, 18.1.

1.4.3.7** (*S*)-2-(6-甲氧基-2-萘基)丙酸[(*S*)-萘普生](通过动力学拆分)[15] 102

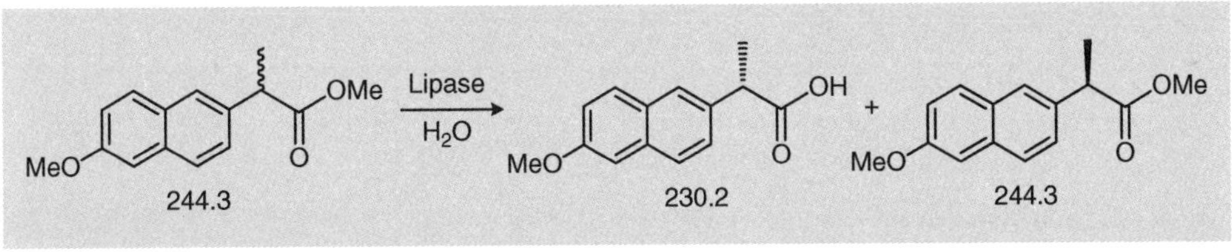

细粉状的外消旋的甲酯 **1.4.3.5**（150 mg，0.65 mmol），巯基乙醇（1 滴）以及聚乙烯基醇（5 mg）加入到 *C. cugosa* 脂肪酶（EC 3.1.1.3，Type Ⅶ，Sigma L-1754，50 mg，600 μg 每单位蛋白质）的磷酸缓冲液（0.2 mol/L，pH 8.0，1.0 mL）中。30℃搅拌反应 120 h，过程中转化率以及光学纯度都可以用 HPLC 进行监控（手性 HPLC，Lichro Cart 250-4(*S*,*S*)-Whelk-01，5 μm，正已烷/异丙醇/乙酸，90：9.5：0.5；1.2 mL·min^{-1}；254 nm）。

用浓盐酸调节混合物 pH 至 2～3，乙醚萃取（5×10 mL），合并有机相，用饱和 Na_2CO_3 溶液萃取（5×10 mL），合并水相再次用乙醚萃取（3×10 mL），合并有机相，饱和 NaCl 溶液洗涤，$MgSO_4$ 干燥，过滤，减压除去溶剂，得到未反应的萘普生甲酯。

Na_2CO_3 萃取液用 6.0 mol/L HCl 酸化，NaCl 饱和后用乙醚萃取(5×10 mL)，合并有机相，饱和食盐水洗涤，用 $MgSO_4$ 干燥，过滤，减压除去溶剂，得到(*S*)-萘普生，53 mg(35%分离率)，$[\alpha]_D^{20}=+65$(c=1.0，氯仿)，ee=96%[15]。

1.4.3.8** (*S*)-2-(6-甲氧基-2-萘基)丙酸[(*S*)-萘普生](通过辛可尼丁拆分)[16]

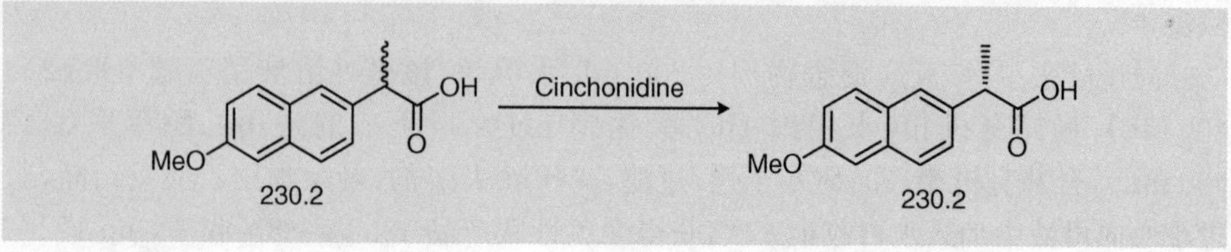

外消旋的萘普生 **1.4.3.6**(11.5 g，50.0 mmol)溶解在热的甲醇(200 mL)和丙酮(50 mL)中，加入置有辛可尼丁(15.0 g，51.0 mmol)的热甲醇(150 mL)和丙酮(100 mL)溶液，冷却，结晶时间超过 12 h，过滤收集沉淀，用甲醇(350 mL)/丙酮
103 (150 mL)重结晶 2 次，结晶时间超过 12 h，得到(*S*)-辛可尼丁萘普生盐，mp 178～179℃。

把固体悬浮在苯中(160 mL)，加入 6.5 mol/L 的 HCl 水溶液 160 mL，维持 30～40℃搅拌，直到两相溶液澄清，约耗时 30 min。分液，有机相用 Na_2SO_4 干燥，过滤，减压除去溶剂，剩余物用丙酮石油醚(沸程：40～65℃)重结晶，得到产品 2.60 g，45%收率，产物为无色针状晶体，mp 156～157℃，$[\alpha]_D^{20}=+68$(c=0.84，氯仿)。

参考文献

[1] Kleemann, A., Engel, J., Kutscher, B., and Reichert, D. (2001) *Pharmaceutical Substances*, 4th edn, Thieme Verlag, Stuttgart.

[2] (a) Auterhoff, H., Knabe, J., and Höltje, H.-D. (1994) *Lehrbuch der Pharmazeutischen Chemie*, 13th edn, Wissenschaftliche Verlagsgesellschaft mbH, Stuttgart, p. 450; (b) Li, J.-J., Johnson, D.S., Sliscovich, D.R., and Roth, B.D. (2004) *Contemporary Drug Synthesis*, John Wiley & Sons, Inc., New York, p. 11.

[3] Harrington, P.J. and Lodewijk, E. (1997) *Org. Process Res. Dev.*, **1**, 72–76.

[4] Ohta, T., Takaya, H., Kitamura, M., Nagai, K., and Noyori, R. (1987) *J. Org. Chem.*, **52**, 3174–3176.

[5] (a) Chan, A.S.C., Huang, T.T., Wagenknecht, J.H., and Miller, R.E. (1995) *J. Org. Chem.*, **60**, 742–744; (b) Alternatively, **7** has been synthesized from 6-methoxy-2-naphthaldehyde, which involved reaction with ethyl diazoacetate in the presence of $[FeCp(CO)_2THF]BF_4$ as catalyst (to give the α-hydroxymethylene arylacetic acid) and reduction to $=CH_2$ with $BH_3 \cdot THF$: Mahmood, S.J., Brennan, C., and Hossain, M.M. (2002) *Synthesis*, 1807–1809.

[6] Giordano, C., Castaldi, G., and Uggeri, F. (1984) *Angew. Chem.*, **96**, 413–419; *Angew. Chem., Int. Ed. Engl.*, (1984), **23**, 413–419.

[7] In a recent synthesis following this principle, mannitol was used as chiral auxiliary in the transformation of **21** to **1**-ester by reaction with $HC(OCH_3)_3/ZnCl_2$: Wang, B., Ma, H.Z., and Shi, Q.Z. (2002) *Synth. Commun.*, **32**, 1697–1709.

[8] Rapala, R.T., Robert, B.W., Truett, W.L., and Johnson, W.S. (1962) *J. Org. Chem.*, **27**, 3814–3818.

[9] Marquet, A. and Jacques, J. (1962) *Bull. Soc. Chim. Fr.*, 90.

[10] Giordano, C., Castaldi, G., Casagrande, F., and Belli, A. (1982) *J. Chem. Soc., Perkin Trans. 1*, 2575–2581.

[11] Marquet, A. and Jacques, J. (1961) *Bull. Soc. Chim. Fr.*, 1822.

[12] Compare: Brückner, R. (2003) *Reaktionsmechanismen*, 2nd edn, Spektrum Akademischer Verlag, Heidelberg, p. 89.

[13] Castaldi, G., Belli, A., Uggeri, F., and Giordano, C. (1983) *J. Org. Chem.*, **48**, 4658–4661.

[14] Giordano, C., Castaldi, G., Cavicchiolly, S., and Villa, M. (1989) *Tetrahedron*, **45**, 4243–4252. As a consequence of additional aromatic substitution in the bromination step, reductive dehalogenation is required at the end of the synthesis.

[15] (a) Gu, Q.-M., Chen, C.-S., and Sih, C.J. (1986) *Tetrahedron Lett.*, **27**, 1763–1766; (b) Koul, S., Parshad, R., Taneja, S.C., and Quazi, G.N. (2003) *Tetrahedron: Asymmetry*, **14**, 2459–2465.

[16] Harrison, I.T., Lewis, B., Nelson, P., Rooks, W., Roszkowski, A., Tomolonis, A., and Fried, J.H. (1970) *J. Med. Chem.*, **13**, 203–205.

104 1.4.4 3-苯甲酰基环己酮

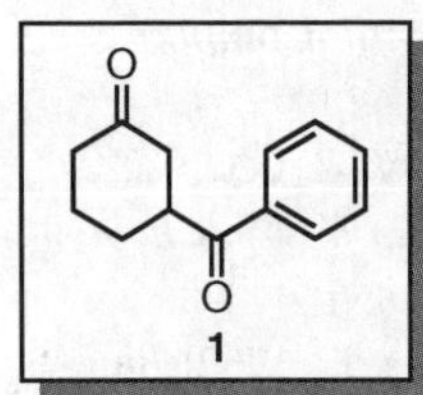

专题 ◆ (*O*-三甲基硅基)氰醇负离子作为酰基化等效物,羰基极性反转,对应 Hünig 方法的亲核酰基化

◆ 制备(*O*-三甲基硅基)氰醇

◆ α-金属化的(*O*-三甲基硅基)氰醇对烯酮的1,4-加成

(a) 概述

极性反转的理念[1]是基于某些反应中官能团的原子(主要是碳原子)通过化学变化极性发生了改变。一个简单的例子是制备 Grignard 试剂,通过在 R—X 分子中 Mg 插入到 C—X 键中(**2**→**3**),另一个例子是 Grignard 试剂与卤素反应(**3**→**2**),sp^3 的碳原子的极性从 δ^+ 到 δ^-,反之亦然。

+Mg
δ^+ —C—X +X_2 δ^- —C—MgX
2 −MgX_2 **3**
Umpolung of an sp^3-C, X = halogen

合成上令人感兴趣的是醛的羰基的极性反转反应,亲电性的羰基碳转变成酰基负离子 **4**:

R—C(=O)—H (δ^+) —极性反转 / −H^+→ R—C̈⁻=O **4** 酰基负离子
衍生物 C=O
|||
酰基负离子等效结构
R—C—H —Base / −H^+→ R—C:⁻ **5** —+E^+→ R—C—E **6** —C=O的再生→ R—C(=O)—E **7**

直接从醛基 HC═O 上消除质子是不现实的,因为 H 的 pK_a 大约是 54。然而,对 C═O 进行衍生,C—H 的酸性提高到可以生成碳负离子 **5**,等价于酰基负离子 **4**,能够作为亲电试剂参与反应(简化为 E^+,**5**→**6**),与 E^+ 反应再次生成羰基化合物(**6**→
105 **7**)**7**,因此,该过程展现的是一个亲电系统中发生的真实的亲核酰基化反应,本书展示的例子如下:

1) 酰基负离子等同物 **8** 是 CN^- 对醛中的羰基进行加成得到的,它是关键中间产物，既可以与苯甲醛反应得到苯偶姻 **9**（苯偶姻反应[2]），也可以对 α,β-不饱和酮进行 1,4-加成反应得到二酮 **10**（Stetter 反应[3]），这两个反应都需要 CN^- 催化。

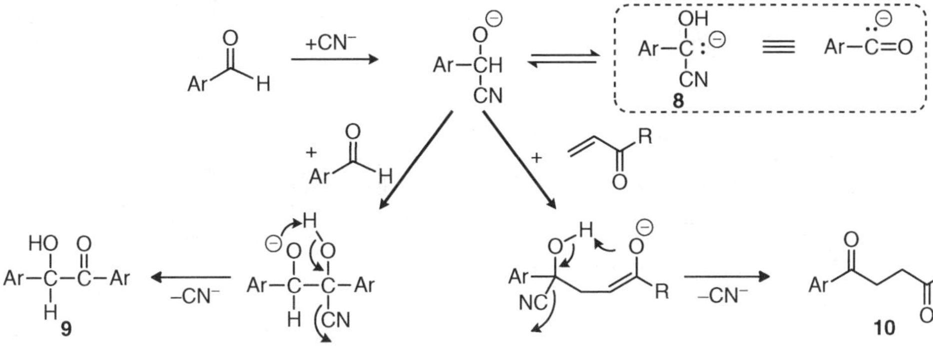

2）相似的酰基负离子等同物锂化 *O*-硅基氰醇 **12** 也可以通过 *O*-硅基氰醇 **11**（三甲基硅基腈对醛加成）与 RLi 进行 α-锂化获得（Hünig 法亲核酰基化）[4]，它们与亲电系统反应（例如，酰基化，对醛或者酮的加成，对烯酮的 1,4-加成）得到 **13**，很容易脱硅，脱 HCN 而转化为 **7**（具体见(b)部分）。

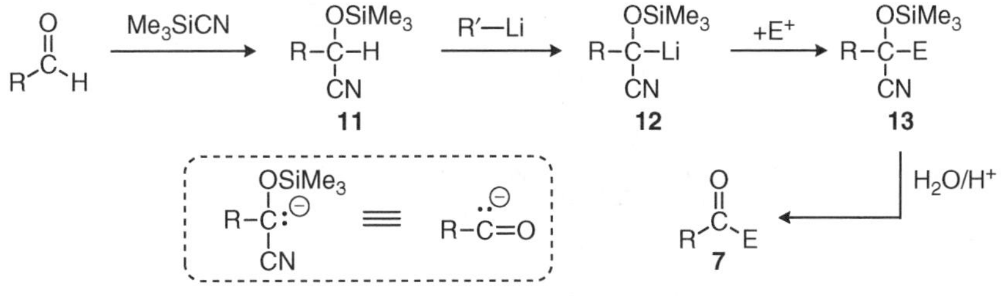

3）2-取代的 1,3-缩二硫醇 **14**（环状的缩二硫醇，由醛酮与 1,3-丙二硫醇缩合制备）与丁基锂作用脱质子得到 2-锂-1,3-二噻烷 **15**，同样是酰基负离子等同物（Corey-Seebach 亲核酰基化[5]）。如同预期，锂化的噻烷 **15** 适合与亲电体系反应：酰基化，对醛酮加成，对烯酮共轭加成，对环氧醚开环加成。由此生成产物 **16**，通过脱硫，羰基部分再生（**16→7**），该过程通过各种氧化进程完成： 106

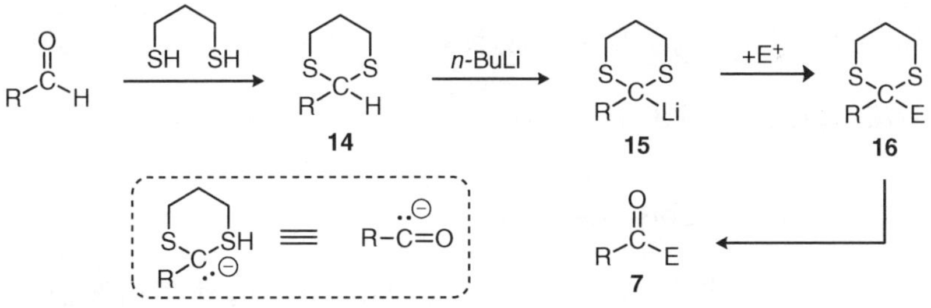

因为1,3-二噻烷化学要使用硫化物,气味难闻,而且反应后还要脱保护硫缩醛,所以 Hünig 法经常被用来进行亲核酰基化反应。

经过简单的逆合成分析,可以看出,目标分子 **1** 可以由苯甲酰基碳负离子 **17** 或者它的等效物与环己烯酮进行1,4-加成制备。

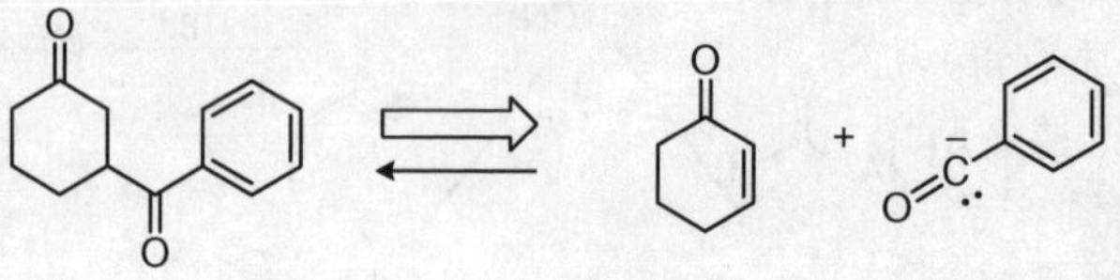

(b) 合成 1

反应必需的原料 *O*-三甲基硅基氰醇 **18** 通过 Lewis 酸催化的三甲基硅基腈对苯甲醛加成制备[6,7]。

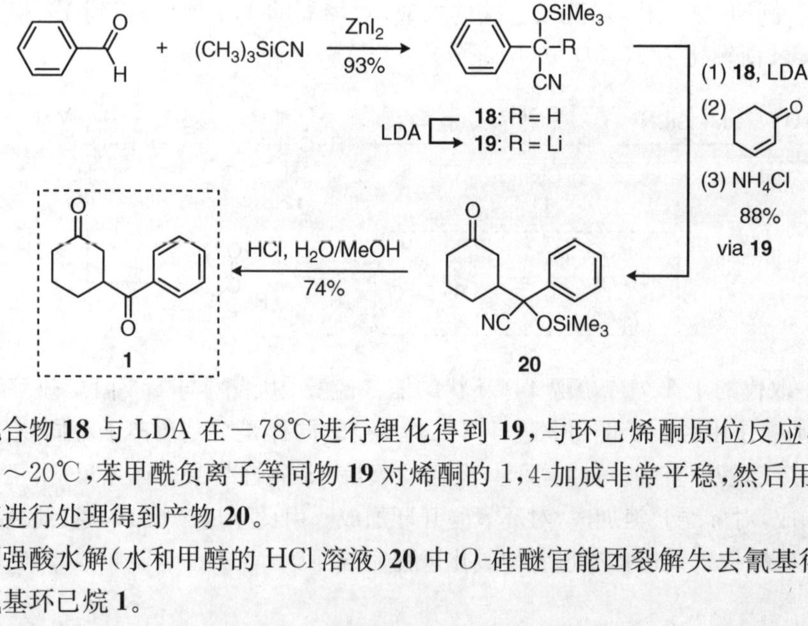

107 化合物 **18** 与 LDA 在-78℃进行锂化得到 **19**,与环己烯酮原位反应,温度为-78℃～20℃,苯甲酰负离子等同物 **19** 对烯酮的1,4-加成非常平稳,然后用 NH_4Cl 水溶液进行处理得到产物 **20**。

用强酸水解(水和甲醇的 HCl 溶液)**20** 中 *O*-硅醚官能团裂解失去氰基得到3-苯甲酰氧基环己烷 **1**。

经过3步反应合成目标分子 **1**,总收率61%(基于苯甲醛)。

(c) 合成 1 的具体实验步骤

1.4.4.1* 苯基(三甲硅氧基)乙腈**[8]

氮气保护下,排除水汽,苯甲醛(7.64 g,72.0 mmol,使用前蒸馏 bp_{10} 62～

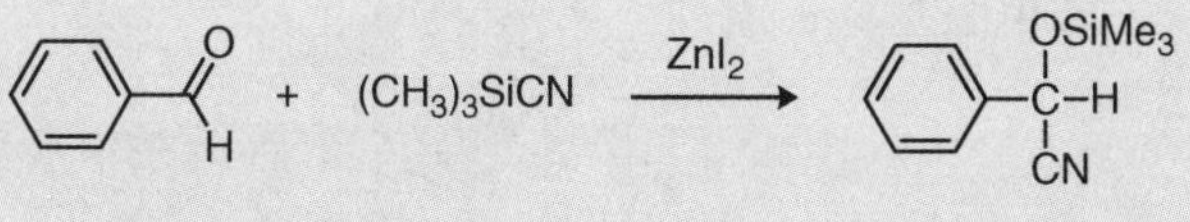

63℃)耗时 20 min 滴加到三甲基硅腈中(7.94 g,90.0 mmol,使用前蒸馏 bp 118～119℃,注意该物质有毒),加入几毫克的 ZnI_2(使用前 100℃真空干燥 5 h),搅拌,加热到 80～100℃维持 2 h,用 IR 监测反应。

减压精馏得到产品,得到无色油状物 13.7 g,93%收率,bp_1 62～63℃,n_D^{20} = 1.484 0(氰醇很容易释放 HCN,小心)。

IR (film): $\tilde{\nu}$ (cm^{-1}) = 3070, 3040, 1260, 875, 850, 750.
^{1}H NMR (300 MHz, $CDCl_3$): δ (ppm) = 7.40–7.24 (m, 5H, Ph–H), 5.48 (s, 1H, C–H), 0.21 (s, 9H, $Si(CH_3)_3$).

1.4.4.2*** (3-氧代环己基)苯基(三甲硅氧基)乙腈[9] 108

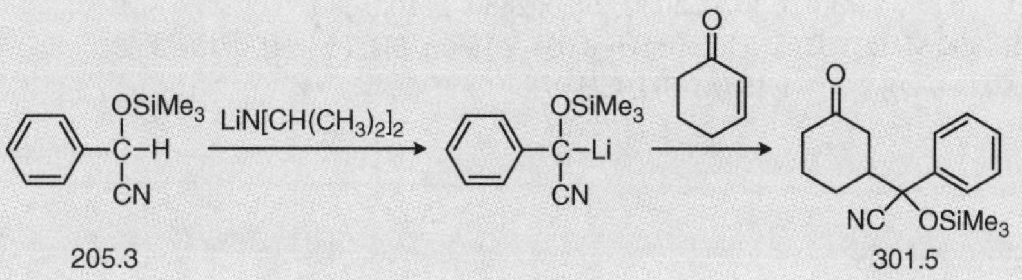

−78℃,氮气保护,除去水汽,丁基锂(1.60 mol/L,正己烷溶液,19.4 mL,31.0 mmol),滴加到二异丙基胺(3.12 g,31.0 mmol,使用前蒸馏,bp 84～85℃)的无水 THF(20 mL)溶液中,搅拌 15 min,硅化的腈 **1.4.4.1**(6.15 g,30.0 mmol)在同样温度下滴加到上述溶液中,生成黄色沉淀,最后,加入 2-环己基-1-酮(2.88 g,30.0 mmol,使用前蒸馏 bp 168～169℃),耗时 4 h 缓缓升高到−20℃(为了合成 3-苯甲酰基环己酮,混合物的水解反应在水/甲醇的 HCl 溶液中进行,按照 **1.4.4.3** 部分进行)。

加入饱和 NH_4Cl 水溶液 30 mL,室温下搅拌 3 min,然后乙醚萃取(3×30 mL),合并有机相,饱和 NH_4Cl 水溶液 30 mL 和饱和食盐水 30 mL 各洗涤一次,用 Na_2SO_4 干燥,过滤,减压除去溶剂,使用 Kugelrohr 蒸馏仪蒸馏,得到无色液体8.00 g,88%收率,$bp_{0.05}$ 140℃(偶尔升到 145℃),n_D^{20}=1.512 5(水解很容易释放 HCN,小心)。

IR (film): $\tilde{\nu}$ (cm^{-1}) = 3080, 3060, 3030, 2960, 2900, 2870, 1720, 1260.
^{1}H NMR (300 MHz, $CDCl_3$): δ (ppm) = 7.41–7.21 (m, 5H, Ph–H), 2.65–1.25 (m, 9H, c-hexane-H), 0.12 (s, 9H, $(CH_3)_3Si$).

109 **1.4.4.3*** 3-苯甲酰基环己酮**[9]

OSiMe$_3$ LiN[CH(CH$_3$)$_2$]$_2$ OSiMe$_3$
C–H C–Li
CN CN
205.1 202.2

HCl 的(2 mol/L,30 mL)的甲醇(15 mL)溶液,加入到 **1.4.4.2** 的混合物中,室温下搅拌 14 h(水解很容易释放 HCN,小心)。

加入大约 100 mL 水稀释,乙醚萃取(3×50 mL),合并有机相,NaOH 水溶液(1 mol/L,50 mL)和饱和食盐水洗涤一次,用 Na_2SO_4 干燥,过滤,减压除去溶剂,减压精馏得到无色油状物 4.48 g,74%收率,$bp_{0.01}$ 130~131℃,n_D^{20}=1.557 4。

IR (film): $\tilde{\nu}$ (cm^{-1}) = 3080, 3070, 3030, 2960, 2880, 1710, 1680.
^{1}H NMR (300 MHz, CDCl$_3$): δ (ppm) = 8.05–7.15 (m, 5H, Ph–H), 4.10–3.53 (m, 1H, CH–CO), 2.75–1.45 (m, 8H, CH$_2$).

参考文献

[1] Hase, T.A. (1987) *Umpoled Synthons*, John Wiley & Sons, Inc., New York.

[2] Smith, M.B. (2013) *March's Advanced Organic Chemistry*, 7th edn, John Wiley & Sons, Inc., New York, p. 1187.

[3] (a) Stetter, H. (1976) *Angew. Chem.*, **88**, 695–704; *Angew. Chem., Int. Ed. Engl.*, (1976), **15**, 639–647.

[4] Hünig, S. and Reichelt, H. (1986) *Chem. Ber.*, **119**, 1772–1800.

[5] (a) Gröbel, B.T. and Seebach, D. (1977) *Synthesis*, 357–402. (b) Bulman Page, P.C., van Niel, M.B., and Prodger, J.C. (1989) *Tetrahedron*, **45**, 7643–7677.

[6] For new efficient catalysts for the cyanotrialkylsilylation of aldehydes and ketones, see: (a) Fetterly, B.M. and Verkade, J.G. (2005) *Tetrahedron Lett.*, **46**, 8061–8066; (b) Kano, T., Sasaki, K., Konishi, T., Mii, H., and Maruoka, K. (2006) *Tetrahedron Lett.*, **47**, 4615–4618.

[7] For catalytic enantioselective cyanotrialkylsilylation of ketones, see: (a) Fuerst, D.E. and Jacobsen, E.N. (2005) *J. Am. Chem. Soc.*, **127**, 8964–8965; (b) Kim, S.S. and Kwak, J.M. (2006) *Tetrahedron*, **62**, 49–53.

[8] Deuchert, K., Hertenstein, U., Hünig, S., and Wehner, G. (1979) *Chem. Ber.*, **112**, 2045–2061.

[9] Hünig, S. and Wehner, G. (1979) *Chem. Ber.*, **112**, 2062–2064; *Chem. Ber.*, (1980), **113**, 302, 324–332.

1.5 烯烃的碳正离子反应

110

1.5.1 胡椒碱

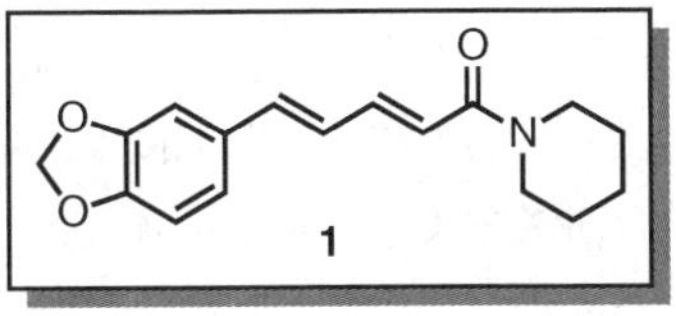

1

专题
- 合成天然芳香多烯烃化合物
- 通过原甲酸酯合成缩酮
- 由 Lewis 酸诱导，通过缩醛对烯醇醚进行加成形成 C—C 键
- 酸催化 ROH 消除；缩醛水解
- Knoevenagel 缩合反应/脱羧反应
- 羧酸转化为酰胺

(a) 概述

胡椒碱(**1**，4-(3，4-亚甲基二氧苯基)-1，3-丁二烯-1-羧基哌啶)，是几种胡椒(胡椒科)的构成单元，特别是黑胡椒的辛辣成分。与大多数胡椒生物碱类似，胡椒碱同样展现了抗菌性质[1]；**1** 在碱性介质中水解得到胡椒酸 **2** 和哌啶，其名称来自天然源产物：

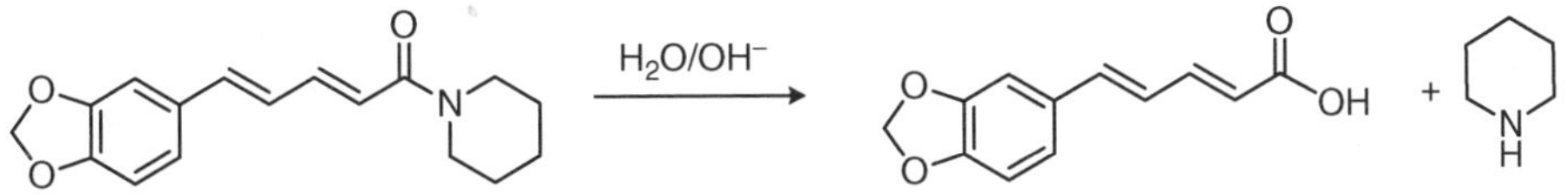

1 $\xrightarrow{H_2O/OH^-}$ **2** + 哌啶

胡椒酸 **2** 被认为是合成 **1** 的中间体。对 **2** 的逆合成分析为 **A**/**B** 两条路线，通过拆解双键，是由逆 Wittig 反应转化的：

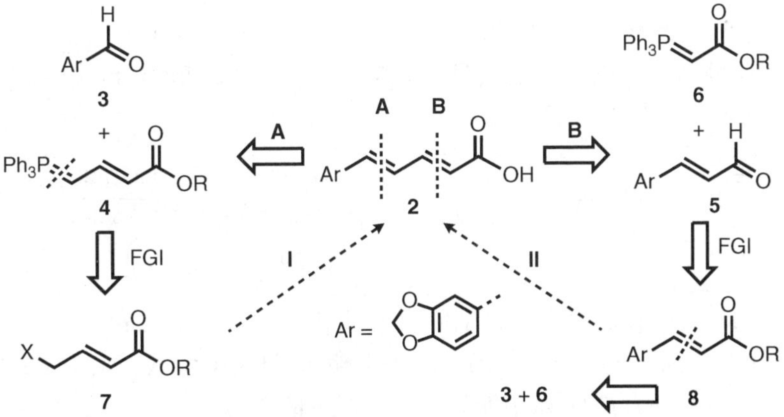

111 对 **A** 路线的逆合成分析，分子拆解为洋茉莉醛和 C4-叶立德 **4**，**4** 由 γ-卤代丁烯酸酯 **7** 衍生而来，也就是巴豆酸酯的烯丙基卤代(如与 NBS 反应)。

对 **B** 路线的逆合成分析，分子拆解为 C2-叶立德 **6**(来自卤代乙酸乙酯)和 3-芳基丙烯醛 **5**，进一步上推为肉桂酸酯 **8** 还原得到的(如用 DIBAL，二异丁基氢化铝还原)。

合成 **2** 的两条路线，文献中都已有描述，然而，使用 **3** 与 **4** 进行羰基烯基化反应合成 **2** 的路线Ⅰ在实践上是有问题的；通过对 **5** 连续烯基化同样困难(路线Ⅱ，R.Pick，Th.Eicher，未发表的结果)。因此，基于碳正离子合成 C—C 键的方法才是用于合成 **2** 的好方法[3]，该法已经有效地应用于合成芳基多烯烃[4](见 4.1.5 节)。

(b) 合成 1

作为合成的起始，胡椒醛 **3** 在 TosOH 作用下与原甲酸三乙酯反应转化为它的缩醛 **9**，接着在 Lewis 酸，如 $ZnCl_2$ 催化作用下对乙基乙烯基醚中 C═C 双键加成，得到 3-芳香基-1，1，3-三乙氧基丙烷衍生物 **10**。

$HC(OEt)_3$, *p*-TosOH, 84%; ZnCl$_2$, 83%

3 **9** (1.5.1.1) **10** (1.5.1.2)

H_3PO_4, H_2O, −3HOEt, 85%

CO_2Me / CO_2H **12**, Pyridine/piperidine, 87%

11 (1.5.1.4) **5** (1.5.1.3)

从 **9**→**10** 的转换，思路理顺：ⅰ) Lewis 酸引发下缩醛 **9** 成为碳阳离子；ⅱ) Markownikov导向的对富电子的烯基醚的 C═C 亲电加成；ⅲ) 反应终止是通过把 OEt 移到阳离子中间体 **13**：

Ar, OEt, H, OEt, $ZnCl_2$ + OEt —$-[EtOZnCl_2]^-$→ **13** —$+[EtOZnCl_2]^-$, $-ZnCl_2$→ **10**

112 化合物 **10** 经过酸催化水解再消除 EtOH 转化为 α，β-不饱和醛。最终，化合物 **1** 中的 C5-1，3-二烯侧链通过 **5** 与丙二酸单甲酯 **12** 进行 Knoevenagel 缩合反应而制备甲基酯 **11**，这是缩合产物 **14** 在反应条件下脱羧的产物[5]：

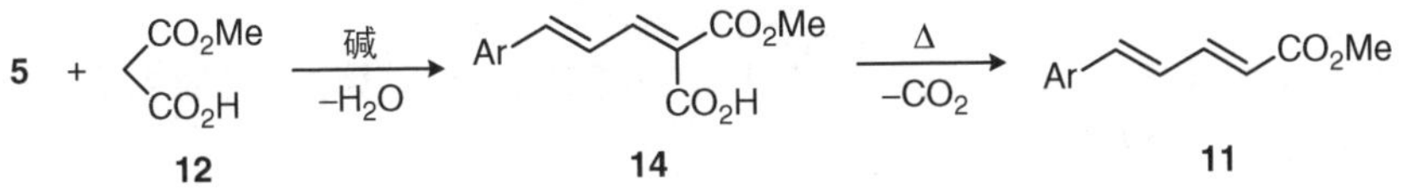

合成化合物 **1** 的最后一步，甲基酯 **11** 在 KOH 的醇溶液中皂化得到胡椒酸 **2**，与 $SOCl_2$ 反应然后与哌啶反应得到酰胺，这是个很方便的 Schotten-Baumann 方法。

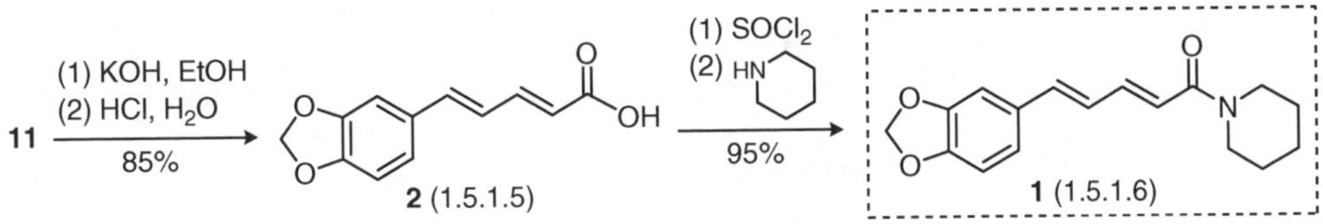

目标分子通过六步反应制备，总收率 42%(基于胡椒醛)。

(c) 合成 1 的具体实验步骤

1.5.1.1* 胡椒醛缩二乙醇[3]

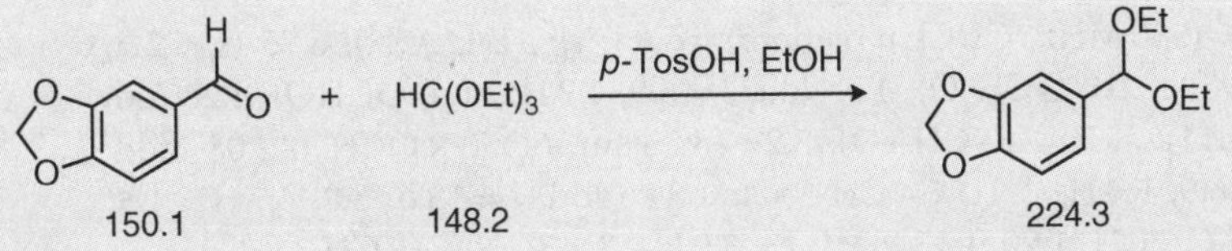

胡椒醛(50.0 g，0.33 mol)，原甲酸三乙酯(97.8 g，0.66 mol)，$TosOH \cdot H_2O$ (10 mg)共同溶解在 330 mL 无水乙醇中，加热到 80℃，反应 1 h(注意防潮)。

过量的乙醇蒸馏除去，剩余物溶解在 200 mL 乙醚中，溶液用 100 mL 水洗涤，有机相用 K_2CO_3 干燥，过滤，减压除去溶剂，剩余物用 20 cm 的 Vigreux 柱进行精馏，得到无色油状物 62.2 g，84%收率，$bp_{0.1}$ 84～86℃，R_f=0.55(正戊烷/乙醚=1∶1)。

IR (film): $\tilde{\nu}$ (cm^{-1}) = 2974, 2880, 1504.
^{1}H NMR (500 MHz, $CDCl_3$): δ (ppm) = 6.98 (d, J = 1.3 Hz, 1H, ArH), 6.93 (dd, J = 7.9, 1.3 Hz, 1H, ArH), 6.78 (d, J = 7.9 Hz, 1H, ArH), 5.94 (s, 2H, OCH_2O), 5.39 (s, 1H, OCHO), 3.60 (dq, J = 9.4, 6.9 Hz, 2H, $OC\underline{H_2}CH_3$), 3.50 (dq, J = 9.4, 6.9 Hz, 2H, $OC\underline{H_2}CH_3$), 1.24 (t, J = 6.9 Hz, 6H, $OCH_2C\underline{H_3}$).
^{13}C NMR (126 MHz, $CDCl_3$): δ (ppm) = 147.7, 147.5, 133.4, 120.3, 107.8, 107.0, 101.4, 101.0, 61.1, 15.2.

113

1.5.1.2* 1,1,3-三乙氧基-3-(3,4-亚甲基二氧苯基)丙烷[3](原书有误,根据文献改成乙氧基)

OEt OEt + OEt $\xrightarrow{ZnCl_2}$ OEt OEt OEt

224.3 72.1 296.4

无水 $ZnCl_2$(0.70 g,使用前使用 P_4O_{14} 真空干燥)悬浮在 5 mL 无水乙酸乙酯中,滴加到 **1.5.1.1**(56.0 g,250 mmol),剧烈搅拌,注意防潮。混合物加热到 40℃,加入乙基乙烯基醚(19.5 g,270 mmol),控制好滴加速度维持反应温度在 40~45℃,滴加完毕后维持此温度继续反应 1 h。

冷却到室温,加入 130 mL 乙醚稀释,然后用 NaOH 溶液(2 mol/L,25 mL)洗涤,用 Na_2SO_4 干燥,过滤,减压除去溶剂,剩余物用 20 cm 的 Vigreux 柱进行精馏,得到无色油状物,62.7 g,83%收率,$bp_{0.1}$ 97~99℃。

IR (film): $\tilde{\nu}$ (cm^{-1}) = 2973, 2875, 1503.
^{1}H NMR (500 MHz, $CDCl_3$): δ (ppm) = 6.83 (s_{br}, 1H, ArH), 6.75 (s_{br}, 2H, ArH), 5.95 (s, 2H, OCH_2O), 4.58 (dd, J = 6.9, 4.7 Hz, 1H, OCHO), 4.28 (dd, J = 8.8, 5.4 Hz, 1H, Ar–CH–O), 3.22–3.75 (m, 6H, 3 × OCH_2), 2.08 (ddd, J = 13.9, 6.9, 5.4 Hz, 1H, C–CH_2–C), 1.84 (ddd, J = 13.6, 8.8, 4.7 Hz, 1H, C–CH_2–C), 1.21, 1.20, 1.15 (3 × t, J = 6.9 Hz, 3 × 3H, $OCH_2\underline{CH_3}$).
^{13}C NMR (126 MHz, $CDCl_3$): δ (ppm) = 147.9, 146.9, 136.7, 120.1, 108.0, 106.7, 100.9, 100.4, 78.3, 63.8, 61.3, 42.4, 18.5, 15.4.

114 ### 1.5.1.3* 3-(3,4-亚甲基二氧苯基)丙烯醛[3]

OEt OEt OEt $\xrightarrow{H_3PO_4,\ H_2O}$ H O

296.4 176.2

在氮气保护下,将三乙氧基丙烷 **1.5.1.2**(60.4 g,204 mmol),1,4-二氧六环(400 mL),水(140 mL),90%磷酸 20 mL,氢醌 0.2 g 混合加热回流 8 h。

冷却到室温,倒入 1 000 mL 的冰水中,搅拌 1 h,过滤收集沉淀,用很稀的 $NaHCO_3$ 溶液洗涤,接着用水洗至中性,用乙醇重结晶,得到 30.0 g 黄色晶体,83%

收率，mp 84～85℃。

UV (EtOH): λ_{max} (lg ε) = 338 nm (4.29), 297 (4.06), 248 (4.07), 220 (4.06).
IR (solid): $\tilde{\nu}$ (cm^{-1}) = 3048, 2992, 2916, 2823, 2729, 2701, 1666, 1620, 1597.
^{1}H NMR (500 MHz, [D_6]DMSO): δ (ppm) = 9.59 (d, J = 7.9 Hz, 1H, CHO), 7.62 (d, J = 15.8 Hz, 1H, Ar–C<u>H</u>=CH), 7.42 (d, J = 1.6 Hz, 1H, ArH), 7.23 (dd, J = 7.9, 1.6 Hz, 1H, ArH), 7.00 (d, J = 7.9 Hz, 1H, ArH), 6.74 (dd, J = 15.8, 7.9 Hz, 1H, =C<u>H</u>CHO), 6.09 (s, 2H, OCH_2O).
^{13}C NMR (126 MHz, [D_6]DMSO): δ (ppm) = 194.0 (CHO), 153.1, 150.0, 148.1, 128.5, 126, 125.7, 108.6, 106.8, 101.7 (OCH_2O).

1.5.1.4** 4-(3,4-亚甲基二氧苯基)-1,3-丁二烯-1-羧酸酯[3]

(1) $CH_2(CO_2Me)_2$ (132.1) —(1) KOH, EtOH; (2) HCl→ $MeO_2CCH_2CO_2H$ (118.1)

(2) 176.2 + $MeO_2CCH_2CO_2H$ (118.1) —Pyridine/piperidine→ 232.2

1) 丙二酸单甲酯：KOH(16.8 g,0.30 mol)溶解于无水甲醇(170 mL)中，滴加到丙二酸二甲酯(40.0 g,0.30 mol)的无水甲醇(170 mL)溶液中，室温搅拌 24 h，得到的盐过滤收集，50 mL 乙醚洗涤，真空干燥。得到的盐溶解在 30 mL 的水中，0℃， 115
缓缓加入 58 mL 的浓盐酸，混合物用乙醚萃取(4×50 mL)，合并有机相，用 Na_2SO_4 干燥，过滤，减压除去溶剂，得到油状物 33.6 g，95%收率，$bp_{0.18}$ 84～85℃。

^{1}H NMR (300 MHz, $CDCl_3$): δ (ppm) = 10.90 (s, 1H, CO_2H), 3.78 (s, 3H, CH_3), 3.46 (s, 2H, CH_2).
^{13}C NMR (76 MHz, $CDCl_3$): δ (ppm) = 171.8 ($\mathit{C}O_2H$), 167.1 ($\mathit{C}O_2CH_3$), 52.8 (CH_2), 40.7 (CH_3).

2) 醛 **1.5.1.3**(17.6 g,0.10 mol)，丙二酸单甲酯(17.7 g,0.10 mol)，无水哌啶(1.0 mL)，无水吡啶(40 mL)混合加热到 80℃反应 2 h，130℃再反应 1 h。

混合物用 150 mL 乙醚稀释，用 100 mL 水洗涤几次，再用 HCl 溶液(2 mol/L，100 mL)洗涤，然后用水洗涤至中性，分液，有机相 $MgSO_4$ 干燥，过滤，减压除去溶剂，剩余物用甲醇重结晶，黄色晶体 20.1 g，87%收率，mp 142～143℃。

IR (KBr): $\tilde{\nu}$ (cm^{-1}) = 2947, 1706, 1616, 1607, 1505.
^{1}H NMR (500 MHz, [D$_6$]DMSO): δ (ppm) = 7.37 (ddd, *J* = 15.1, 8.5, 1.9 Hz, 1H, C<u>H</u>=CHCO$_2$), 7.22 (d, *J* = 1.3 Hz, 1H, ArH), 7.10–7.05 (combined signals, 3H, ArH, Ar–C<u>H</u>=C<u>H</u>), 6.92 (d, *J* = 7.9 Hz, 1H, ArH), 6.04 (s, 2H, OCH_2O), 6.00 (d, *J* = 15.1 Hz, 1H, =CHCO$_2$), 3.67 (s, 3H, OCH_3).
^{13}C NMR (126 MHz, [D$_6$]DMSO): δ (ppm) = 166.6, 148.2, 148.0, 145.2, 140.5, 130.4, 124.6, 123.2, 119.4, 108.5, 105.7, 101.3, 51.2.

1.5.1.5* 4-(3,4-亚甲基二氧苯基)-1,3-丁二烯-1-羧酸[3]

OMe; KOH, EtOH; 232.2 → 218.2 (4, 2, 3, 1, OH)

甲基酯 **1.5.1.4**(18.6 g, 80.0 mmol)溶解在 20%的 KOH 的乙醇溶液中(100 mL),加热回流 3 h。

减压除去溶剂,剩余物用尽量少的热水溶解(大约 50 mL),冷却到 0℃,滴加浓盐
116 酸酸化,沉淀抽滤收集固体,用冷水洗涤(译者注:原书有误,$MgSO_4$ 干燥,减压除去溶剂这一句应删除),真空干燥,乙醇重结晶,得到黄色晶体,mp 217~218℃,TLC(硅胶;乙醚),R_f=0.60。

IR (KBr): $\tilde{\nu}$ (cm^{-1}) = 3100–2400, 1680.
UV (EtOH): λ_{max} (lg ε) = 343 nm (4.42), 308 (4.21), 262 (4.07).
^{1}H NMR ([D$_6$]DMSO): δ = 7.54–7.16 (m, 1H, vinyl-H-2), 7.21–6.68 (m, 5H, Ar–H, H-3, H-4), 6.01 (s, 2H, OCH_2), 5.93 (d, *J* = 14 Hz, 1H, vinyl-H-1).

1.5.1.6* 4-(3,4-亚甲基二氧)-1,3-丁二烯-1-羧酸哌啶(胡椒碱)[2]

OH; (1) $SOCl_2$ (2) HN; 218.2 → 285.3 (4, 2, 3, 1, O, N)

1) 酸 **1.5.1.5**(8.72 g, 40.0 mmol)悬浮在 180 mL 无水苯中,再加入二氯亚砜(10 mL,使用前蒸馏 bp_{760} 78~79℃)和 1.2 mL 无水 DMF,混合物加热回流 2 h(氮

气保护，罩住，有 HCl 和 SO_2 生成），减压除去溶剂，剩余物（酰氯粗品）直接用于下一步反应。

2）酰氯溶解在 40 mL 无水苯中，冷却到 0℃，耗时 20 min 加入无水哌啶（14.8 g，0.17 mol，16.0 mL）的 40 mL 的无水苯溶液。滴加完毕后，室温搅拌 2 h。

加入 200 mL 水，水相用苯萃取（3×50 mL），合并有机相，Na_2SO_4 干燥，过滤，减压除去溶剂，剩余物溶解在 80 mL 热的环己烷/苯溶液（4∶1）中，冷却到室温，产品结晶得到形状良好的黄色针状晶体，环己烷洗涤，干燥后得到产品 11.0 g，95% 收率，mp 130～132℃，TLC（硅胶；乙醚），R_f=0.40。

IR (KBr): $\tilde{\nu}$ (cm^{-1}) = 1640, 1615, 1590. 117
^{1}H NMR (500 MHz, $CDCl_3$): δ = 7.61–7.28 (m, 1H, vinyl-H-2), 6.98–6.64 (m, 5H, Ar–H, 3-H, 4-H), 6.46 (d, J = 13.9 Hz (trans coupling), 1H, H-1), 6.00 (s, 2H, OCH_2), 3.69–3.51 (m, 4H, NCH_2), 1.82–1.42 (m, 6H, β- and γ-piperidine-CH_2).

参考文献

[1] (a) Steglich, W., Fugmann, B., and Lang-Fugmann, S. (eds) (1997) *Römpp, Lexikon "Naturstoffe"*, Georg Thieme Verlag, Stuttgart, p. 500; (b) For the isolation of piperine from black pepper, see: Becker, H. and Adam, K.P. (eds) (2000) *Analytik biogener Arzneistoffe*, Pharmazeutische Biologie, vol. 4, Wissenschaftliche Verlagsgesellschaft mbH, Stuttgart, p. 333.

[2] Eicher, Th. and Roth, H.J. (1986) *Synthese, Gewinnung und Charakterisierung von Arzneistoffen*, vol. 303, Georg Thieme Verlag, Stuttgart.

[3] Dallacker, F. and Schubert, J. (1975) *Chem. Ber.*, **108**, 95–108.

[4] Isler, J., Lindlar, H., Montavon, M., Rüegg, R., and Zeller, P. (1956) *Helv. Chim. Acta*, **39**, 249–259.

[5] Compare the analogous behavior of malonic acid in the formation of cinnamic acid by decarboxylative Knoevenagel condensation with benzaldehyde: *Organikum* (2001), 21st edn, Wiley-VCH Verlag GmbH, Weinheim, p. 529.

1.5.2 环苷酸

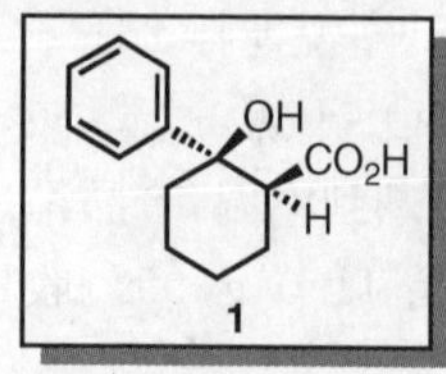

专题
- ◆ 合成药物
- ◆ RMgX 对酮加成制备叔醇
- ◆ 酸催化的叔醇脱水
- ◆ 立体选择性 Prins 反应(酸催化的甲醛对烯烃加成)
- ◆ 氧化伯醇到酸

(a) 概述

环苷酸(**1**,*rac-cis*-2-羟基-2-苯基环己烷-1-甲酸)作为利胆和护肝药品使用[1]。它的立体化学,羟基与羧基的顺式关系通过^{1}H NMR 确定[2]。

对 **1** 的逆合成分析,得到环己酮-2-甲酸 **2** 作为起始物,通过与 PhMgBr 反应可以
118 顺利得到目标分子 **1**。实际上这根本行不通,必须要花费更多的步骤把酮酯转换为醇 **3**[3],通过与 Grignard 试剂反应再氧化得到 **1**,该方法的不足之处是低收率,而且没有立体选择性,得到的是顺/反非对映体混合物。

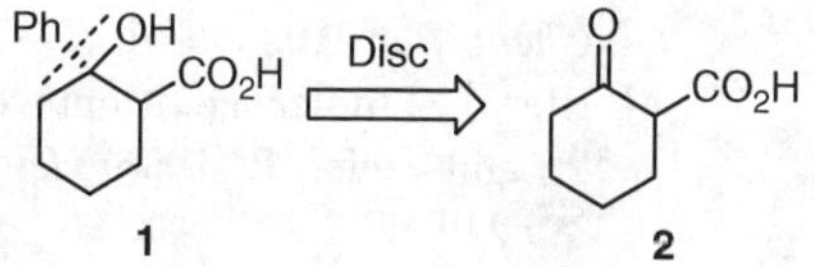

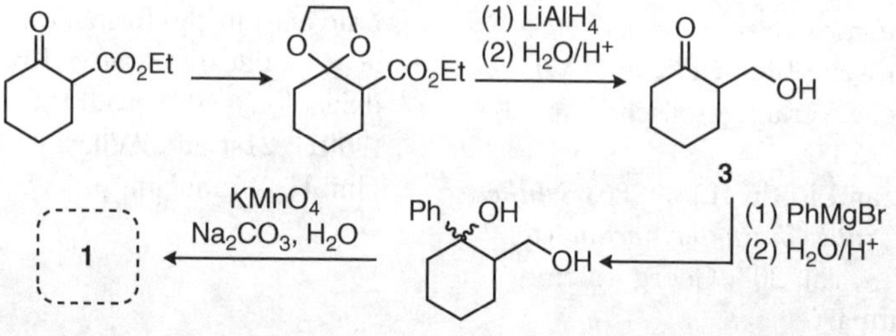

第二条较少使用的逆合成分析,得到 1-苯基环己烯和甲醛。

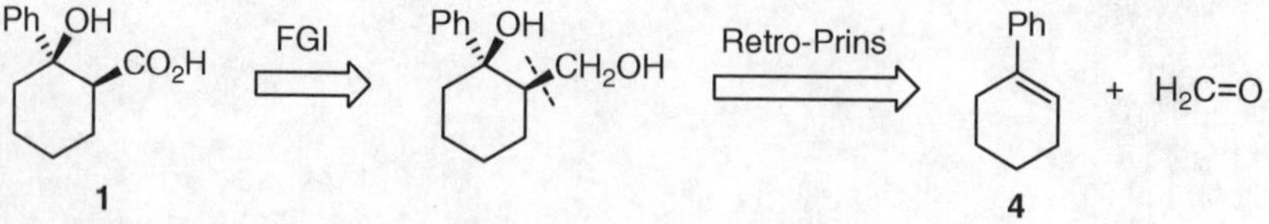

该路线用于合成 **1**,优点是非对映选择性高。

酸催化的醛加成,主要是甲醛对烯烃的加成反应,即著名的 Prins 反应。该过程

中，质子化的羰基引发的对 C═C 的加成衍生的碳正离子是关键中间体，通过加入亲核试剂，优选使用的溶剂(H_2O，甲酸等)，得到 1,3-二醇或者是它的单酯作为产物[4,5]。

(b) 合成 1

为了合成 **1**，1-苯基环己烯 **4** 在甲酸水溶液(5∶95)中与甲醛反应，给出 **6**、**7** 为主产物，伴随着副产物 **8** 的生成，它是由产物 **6** 与另一分子甲醛生成的，甲酸酯 **7** 是由 **6** 与 NaOH 皂化得到的。 119

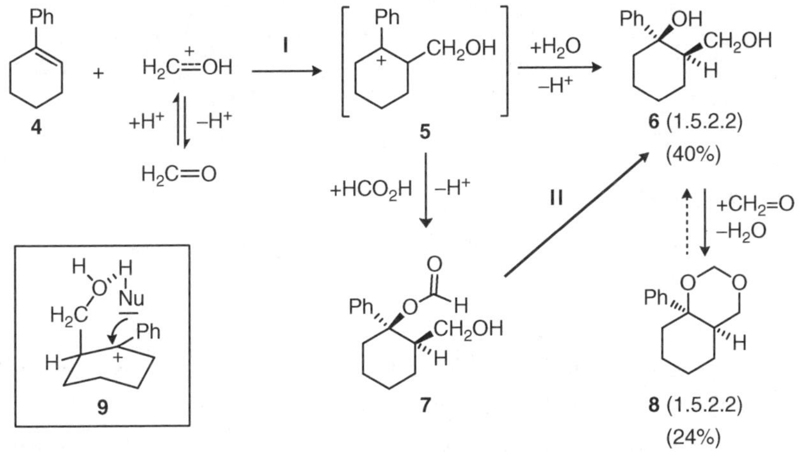

经具有高度立体选择性的 Prins 反应得到顺式非对映体 **6** 和 **7** 插入的亲核试剂和阳离子中间体 **5** 的羟甲基形成定位效应的氢键[2]，导致高度立体选择性。

最后一步，二醇 **6** 用 $KMnO_4$ 氧化(Na_2CO_3 溶液中)得到羧酸 **1**：

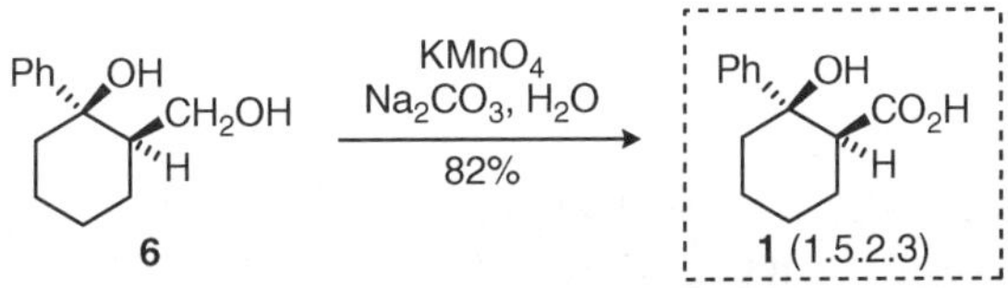

需要的底物，1-苯基环己烯 **4**，很容易由环己酮与 PhMgBr 反应后经酸催化脱水制备[6]：

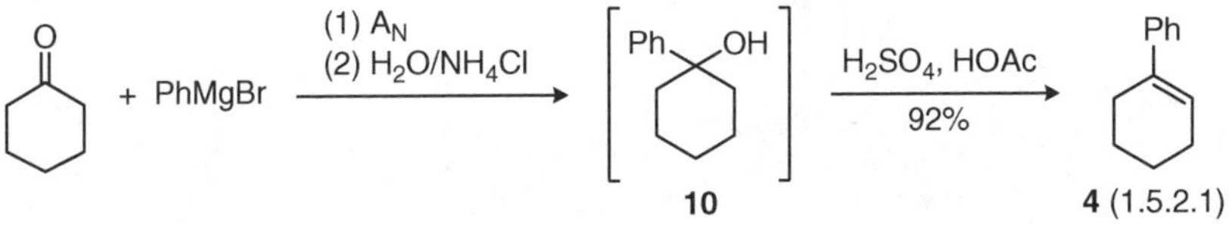

经过立体选择性的三步反应得到 **1**，总收率 47%(基于环己酮)[6)]。

注 6)：为了提高收率，对环缩酮 **8** 进行酸催化水解($CH_3OH/H_2O/HCl$)定量得到 **6**。

120 **(c) 合成 1 的具体实验步骤**

1.5.2.1* 苯基环己-1-烯[6]

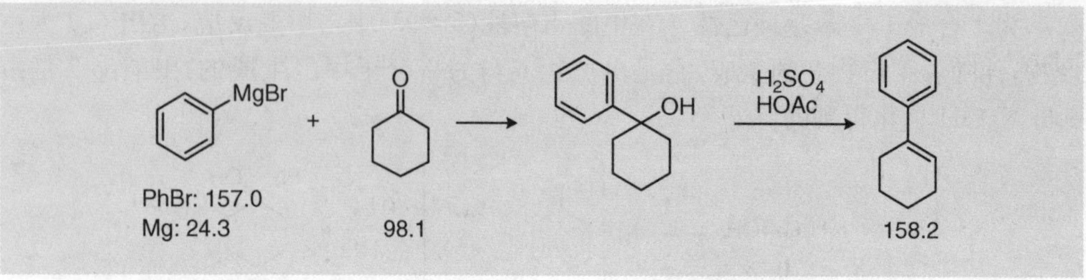

第一批 20 mL 的溴苯(94.5 g,0.50 mol,使用前蒸馏,bp_{15} 48～49℃)在 200 mL的无水乙醚中和 MeI(4～6 滴,注意:有毒致癌!)加入到镁带(14.5 g,0.50 mol)的 20 mL 乙醚溶液中,反应引发后,加入余下的溴苯,保持反应体系微微沸腾,滴加完毕后,回流 2 h。

含有环己酮[49.1 g,0.50 mol,使用前蒸馏,bp_{760} 155～156℃,$n_D^{20}=1.4500$(译者注:原书有误,应该是折光率,不是比旋光度)]的 40 mL 无水乙醚溶液加到上述制备好的苯基溴化镁溶液中,保持微沸,滴加完毕后,回流 30 min。

混合物放在冰浴中冷却,冰冷的饱和 NH_4Cl 溶液 400 mL 加入到混合物中,剧烈搅拌。水相用 150 mL 乙醚萃取,合并有机相,用 Na_2SO_4 干燥,过滤,减压除去溶剂,黄色剩余物(此物质是 1-苯基环己烷-1-醇,直接原位酸化脱水)加入 20 mL 浓硫酸和 80 mL乙酸,50℃搅拌 30 s,然后倒入 500 mL 水和 300 mL 乙醚混合物,摇晃,分液,有机相用饱和 $NaHCO_3$ 洗涤(4×100 mL),合并有机相,用 Na_2SO_4 干燥,过滤,减压除去溶剂,得到无色液体 72.5 g,92%收率,$bp_{4.5}$ 90～91℃,$n_D^{20}=1.5665$。

IR (film): $\tilde{\nu}$ (cm^{-1}) = 3010, 2910–2835, 1660, 1495, 1445.
^{1}H NMR (300 MHz, $CDCl_3$): δ (ppm) = 7.50–7.05 (m, 5H, Ph–H), 6.20–5.91 (m, 1H, vinyl-H), 2.61–2.00 (m, 4H, CH_2), 2.00–1.43 (m, 4H, CH_2).

121 **1.5.2.2** *cis*-2-羟甲基-1-苯基环己醇**[4]**

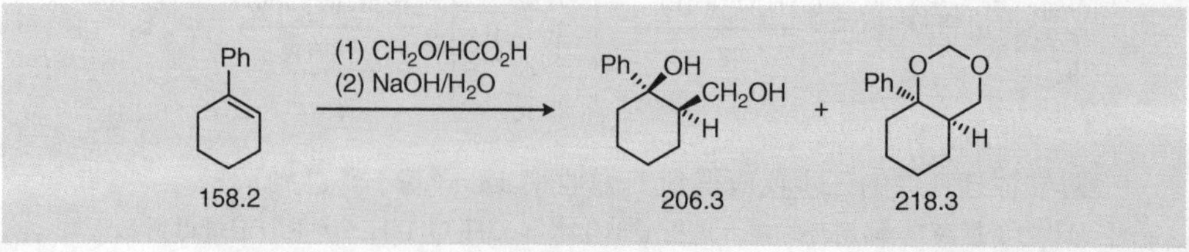

苯基环己烯 **1.5.2.1**(66.5 g,0.42 mol)悬浮在甲酸(420 mL)和水(15 mL)溶液中,40%的甲醛水溶液(44.1 mL,0.59 mol)耗时 30 min 加入。加料完毕后室温搅拌 3 h。

30℃水溶液中减压除去溶剂,剩余物加入 NaOH(28.0 g)的乙醇(210 mL)溶液处理,室温下反应 12 h,然后加入大约 250 mL 水稀释,氯仿萃取(2×150 mL),合并有机相,用 Na_2SO_4 干燥,过滤,减压除去溶剂,油状物用 300 mL 石油醚加热溶解,冷却到室温,于冰箱中放置 24 h,过滤去除二醇产物,滤液保留,重复纯化过程,得到无色晶体合计 34.5 g,40%收率,mp 82～83℃,TLC(硅胶,乙醚),R_f=0.80。

IR (KBr): $\tilde{\nu}$ (cm^{-1}) = 3500–3180, 2930–2840.
^{1}H NMR (300 MHz, $CDCl_3$): δ (ppm) = 7.62–7.21 (m, 5H, phenyl-H), 3.73, 2.45 (s, 1H, OH; exchangeable with D_2O), 3.65–3.25 (m, 2H, OCH_2), 2.25–1.25 (m, 9H, cyclohexyl-H).

第一次结晶二醇的石油醚母液浓缩,剩余物溶解在尽量少的乙醇中,冰箱放置 12 h,得环氧烷产物(无色晶体)22.5 g,24%收率,mp 62～63℃,TLC(硅胶,乙醚),R_f=0.80。

^{1}H NMR (300 MHz, $CDCl_3$): δ (ppm) = 7.41–7.25 (m, 5H, phenyl-H), 122
4.87–4.75 (m, 2H, OCH_2O), 3.85, 3.53 (d, J = 11.2 Hz, 2×1H, OCH_2), 2.54–1.08 (m, 9H, cyclohexyl-H).

1.5.2.3* *cis*-2-羟基-2-苯基环己烷甲酸[4]

Ph OH CH$_2$OH H
206.3
$KMnO_4$
Na_2CO_3
Ph OH CO_2H H
220.3

二醇 **1.5.2.2**(29.0 g,141 mmol)溶解在 1 500 mL 水中,加热到 85℃(反应瓶内温度),细粉状 $KMnO_4$(57.5 g,364 mmol)和 Na_2CO_3(29.0 g,274 mmol)在剧烈搅拌下分批加入,加料完毕后,85℃反应 30 min(如果反应物中仍然含有 $KMnO_4$,则需加入甲醇至无色)。

把生成的 MnO_2 抽滤除去,滤饼用水洗涤(3×100 mL),滤液用浓盐酸调节到 pH 为 1,抽滤收集沉淀,少量冰水洗涤,P_4O_{10} 真空干燥,环己烷重结晶,得到产物 25.5 g,82%收率,mp 139～140℃,TLC(硅胶,乙醚),R_f=0.75。

IR (KBr): $\tilde{\nu}$ (cm^{-1}) = 3530, 3200–2600, 1680.

^{1}H NMR (300 MHz, $CDCl_3$): δ (ppm) = 7.57–7.15 (m, 5H, Ph–H), 3.10–2.91 (m, 1H, 1-H), 2.15–1.20 (m, 8H, 4 × CH_2).

参考文献

[1] Kleemann, A. and Engel, J. (1999) *Pharmaceutical Substances*, 3rd edn, Thieme Verlag, Stuttgart, p. 434.

[2] Turbanti, L., Cerbai, G., and Ceccarelli, G. (1978) *Arzneim.-Forsch./Drug Res.*, **87**, 1249.

[3] Brit. (1969), GB 1167386 19691015.

[4] Ger. Offen. (1977), DE 2607967 A1 19770526. *Chem. Abstr.*, (1977), **87**, 84688.

[5] (a) Adams, D.R. and Bhatnagar, S.P. (1977) *Synthesis*, 661; (b) Thiem, J. (1980) *Houben-Weyl, Methoden der Organischen Chemie*, vol. 6/1a, p. 793; (c) For the use of Prins cyclizations in natural product synthesis, see: Overman, L.E. and Pennington, L.D. (2003) *Chem. Soc. Rev.*, **32**, 381–383.

[6] Garbisch, E.W. Jr. (1961) *J. Org. Chem.*, **26**, 4165.

1.5.3 β-紫罗兰酮 123

专题 ◆ 萜类衍生物 C_{13}-二烯酮合成
◆ 乙酰乙酸乙酯 α-烷基化
◆ 羰基炔化
◆ 醇与二乙烯酮的乙酰乙酰化反应
◆ 烯丙基乙酰乙酸乙酯 Carroll 反应([3,3]-α 热重排)
◆ 1,5-二烯正离子环化制备环己烯衍生物

(a) 概述

紫罗兰酮是一类天然香料,来自四萜物质(胡萝卜素)的氧化降解[1]。α-紫罗兰酮 **2** 是紫罗兰油的主要成分,而 β-和 γ-紫罗兰酮(**1** 和 **3**)则存在于几种精油中,结构相关的二氢突厥酮(例如 β-突厥酮 **4**,玫瑰精油组分之一)和鸢尾酮(如 β-鸢尾酮 **5**,2-甲基-β-紫罗兰酮),后者是从鸢尾属植物种子精油提取的香料[2]。

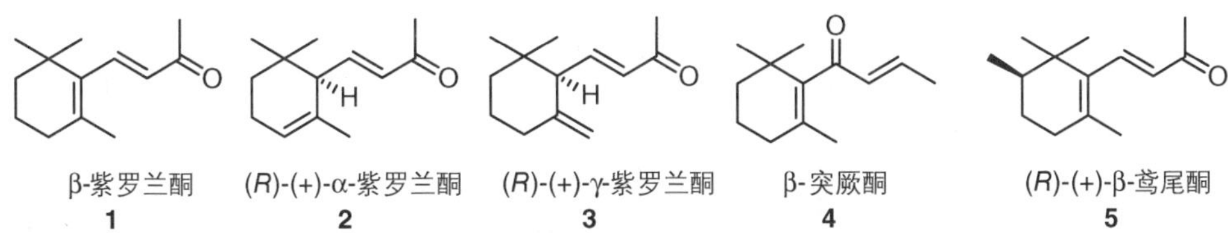

β-紫罗兰酮是具有最强烈香味的有机物之一(可嗅到的浓度 0.1 μg/L),是一种重要的香水配料,也是合成某些天然产物的底物,如二氢突厥酮 **3** 和维生素 A(见 4.1.5 节)。

β-紫罗兰酮逆合成分析,有三条路线。

路线 **A** 中,逆 Heck 反应切断 C6/C7,得到的环己烯可以用 Diels-Alder 反应制备,但是该反应电子转移不利。

路线 **B** 中,环己烯被逆 Diels-Alder 反应切断为乙烯和亲二烯体系 1,3-二烯体系 **8**,然而如同以前讨论一样,它们的[4+2]环加成反应不是优选方案,同样因为电子效应(非活化的亲二烯),以及缺乏区位选择性(**8** 中还有其他的 1,3-二烯组分)。

路线 **C**,质子化/脱质子历程导致开环(**1→7→9**)得到假紫罗兰酮 **10**,它由柠檬 124
醛 **14** 与丙酮缩合制备。另一种可能的对 **10** 逆合成分析,包括逆 Claisen 过程(**10→11a→11b**),可以推导到去氢芳樟醇的乙酰乙酸酯 **12/13**,进一步推导到二氢芳樟醇 **15** 和乙酰乙酸酯,**15** 还可以来自甲基庚烯酮 **16**,后者由乙酰乙酸酯与 **17** 反应得到。

合成 **1** 的三条路线都已有文献报道。

125 因此,利用 2,6,6-三甲基环己酮的三氟甲磺酸酯 **6**($X=OSO_2CF_3$)与甲基乙烯基酮进行 Heck 反应,是一条简捷高效的合成 **1** 的路线[4]。

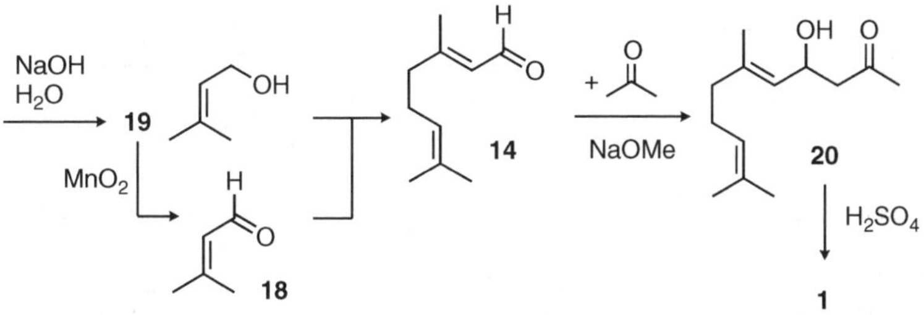

第二种得到 **1** 的方法是丙酮与柠檬醛 **14** 缩合[5]，**14** 由多个周环反应串联制备，烯丙基醇 **19** 和醛 **18** 经甲基乙烯基醚 **21** 发生两次[3,3]σ 热迁移重排而得到：

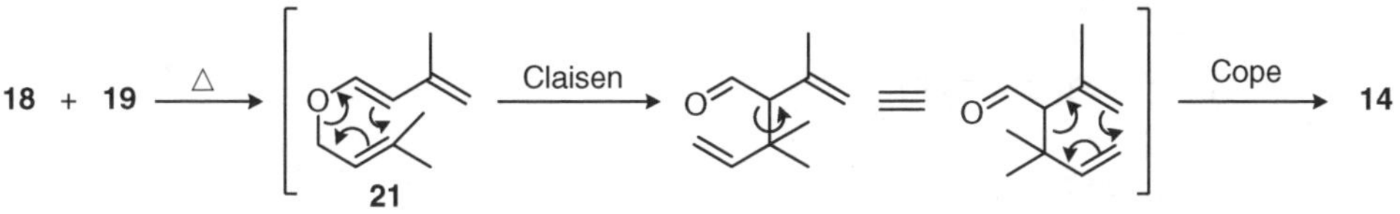

第三条路线是由 BASF 公司开发的工业化方法，已有详细文献报道[6]。

(b) 合成 1

首先合成 6-甲基-5-庚烯-2-酮 **16**。异戊烯基溴与乙酰乙酸乙酯进行 α-烷基化反应(参考 4.1.3 节)，然后皂化、酸化、脱羧。**16** 与炔钠反应[7]得到炔基叔醇 **15**(去氢芳樟醇)，再与二烯酮酯化。

126

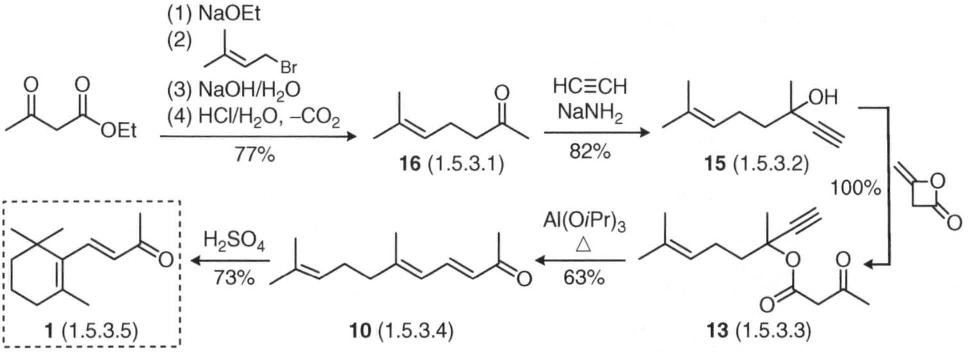

乙酰乙酸炔基酯 **13**，在(iPrO)$_3$Al 作用下发生[3,3]σ 热迁移重排得到产物 β-丙二烯酸 **11b**，脱羧后变为不饱和酮 **10**(假紫罗兰酮)，烯丙基的 Claisen(oxa-Cope)或乙酰乙酸炔基酯 Corroll 反应，在萜类化合物合成[8]中常常用来增长 C3 结构单元(已经实现工业化)，此处是 C10→C13。

合成 β-紫罗兰酮 **1** 的最后步骤是 **10** 在酸催化下环化异构化。其机理，通过对端基烯烃双键质子化形成的碳正离子引发 1,5-二烯的环化反应，形成环己烯母环结构。

10 $\xrightarrow{H^+}$ 9 → 7 $\xrightarrow{-H^+}$ 1

该类型环化反应伴随高度立体选择性(过渡态为类椅式结构,**9→7** 是个高度立体电子控制过程)[9]。

最终,使用上述方法,目标分子 **1** 经过五步反应得到,总体收率 29%(以乙酰乙酸乙酯计算)。

(c) 合成 1 的具体实验步骤

1.5.3.1* 6-甲基-5-庚烯-2-酮[10]

(1) NaOEt, EtOH
(2) NaOH/H_2O
(3) HCl/H_2O

149.0 + 130.1 → 126.2

127 金属钠压成丝(12.6 g,0.55 mol)加入到乙酰乙酸乙酯(87.8 g,0.67 mol)的乙醇溶液中(150 mL),搅拌(小心,H_2 放出!),混合物冷却到 0℃,耗时 20 min 加入 1-溴-3-甲基-2-丁烯(74.5 g,0.50 mol),室温反应 3 h,再加热到 60℃反应 4 h,能观察到溴化钠晶体析出。

混合物过滤,滤液减压浓缩,剩余物加入 200 mL 的 10% NaOH 溶液处理,室温下搅拌 2 h,再加热到 60℃反应 3 h,冷却,浓盐酸酸化至 pH=4,乙醚萃取(3×100 mL),合并有机相,依次用饱和 $NaHCO_3$ 溶液 150 mL 和水洗涤,然后用 $MgSO_4$ 干燥,过滤,减压除去溶剂,剩余物用 Vigreux 柱蒸馏,得到无色有香味,油状物 51.7 g,收率 77%,bp_{12} 64~65℃,n_D^{20}=1.440 4。

IR (film): $\tilde{\nu}$ (cm^{-1}) = 1720, 1360, 1160.
^{1}H NMR (300 MHz, $CDCl_3$): δ (ppm) = 5.00 (m, 1H, 5-H), 2.4–2.1 (m, 4H, 3-H_2, 4-H_2), 2.04 (s, 3H, 1-H_3), 1.63 (m, 6H, 7-H_3, 6-CH_3).

1.5.3.2** 去氢芳樟醇(3,7-二甲基-1-辛炔-6-烯-3-醇)[11]

−15℃下,细粉状的 $NaNH_2$(18.0 g,0.46 mol,甲苯悬浮液用砂芯漏斗过滤,乙醚洗涤两次)一次性加入到甲基庚烯酮 **1.5.3.1**(30.0 g,0.24 mol)的无水乙醚溶液

HC≡CH, $NaNH_2$

126.2 152.2

中(150 mL),搅拌反应 3 h,乙炔气体鼓泡 4 h,然后−20℃搅拌反应 15 h,在保持−15℃条件下,通入乙炔气体鼓泡 4 h。

剧烈搅拌条件下把棕黄色混合物倒入 500 mL 的冰水中,分液,水相乙醚萃取(150 mL),合并有机相,用 $MgSO_4$ 干燥,过滤,减压除去溶剂,精馏得到有柠檬香味的无色油状物 29.7 g,收率 82%,bp_{10} 85~88℃,n_D^{20}=1.463 2(如产品经过 GC 检测含有甲基庚烯酮,可将其与 $NaHSO_3$ 溶液一起振荡 15 h 去除)。

IR (film): $\tilde{\nu}$ (cm^{-1}) = 3400, 3300, 2970, 2920, 2860, 1450, 1120.

^{1}H NMR (300 MHz, $CDCl_3$): δ (ppm) = 5.15 (t, J = 6.5 Hz, 1H, 6-H), 2.52 [s, 1H, OH (exchangeable with D_2O)], 2.49 (s, 1H, 1-H), 2.35–1.9 (m, 2H, 5-H_2), 1.66 (s, 6H, 2×7-CH_2), 1.64 (t, J = 7 Hz, 2H, 4-H_2), 1.50 (s, 3H, 3-CH_3). 128

1.5.3.3** 乙酰乙酸(去氢芳樟醇)酯[12]

152.2 + 84.1 → 236.3

新制备的甲醇钠(0.20 g,100℃/0.1 mbar 干燥),加入到去氢芳樟醇 **1.5.3.2**(26.6 g,175 mmol)的无水甲苯(40 mL)溶液中,耗时 2 h 加入二烯酮(16.4 g,195 mmol),保持温度低于 30℃(需要偶尔冷却一下),后于 30℃搅拌反应 5 h,室温下继续反应 15 h。

淡褐色混合物分别用 1 mol/L 的硫酸溶液 50 mL、饱和 $NaHCO_3$ 溶液 50 mL、水(2×50 mL)洗涤,有机相用 Na_2SO_4 干燥,过滤,减压除去溶剂,得到的黄色产物纯度足以进行下一步反应。黄色油状产物 41.3 g,100%收率,精馏得到无色油状物,$bp_{0.005}$ 43~44℃,n_D^{20}=1.465 2。

IR (film): $\tilde{\nu}$ (cm^{-1}) = 3290, 2060, 1755, 1725.

^{1}H NMR (300 MHz, $CDCl_3$): δ (ppm) = 5.25–4.80 (m, vinyl-H + enol-H), 3.34 (s, including previous signal 3H, CO–CH_2), 2.56 (s, 1H, ≡CH), 2.22 (s, 3H, CO–CH_3), 2.1–1.8 (m, 2H, allyl-CH_2), 1.70 [s, 6H, =C$(CH_3)_2$], 1.60 (s, 3H, CH_3), 1.75–1.5 (m, 2H, CH_2).

1.5.3.4** 假紫罗兰酮(6,10-二甲基-十一碳-3,5,9-三烯-2-酮)[12]

Al(O*i*Pr)$_3$, △

236.3 192.3

1 6 10

129 粗产物 **1.5.3.3**(41.3 g,175 mmol)与 50 mL 萘烷,冰醋酸 0.5 mL,异丙醇铝 40 mg的混合物加热到 175~190℃反应 2 h(鼓泡器观察到 CO_2 放出)。

混合物冷却,分别用 1 mol/L 的硫酸溶液 50 mL、饱和 $NaHCO_3$ 溶液(3×50 mL)、水(2×50 mL)洗涤,有机相用 $CaSO_4$ 干燥,过滤,减压 10 mbar 除去萘烷(bp_{10} 70~71℃),剩余黄色油状物精馏,得到淡黄色油状产物 21.2 g,63%收率,$bp_{0.5}$ 92~95℃,n_D^{20}=1.527 2,纯度用 GC 检测。

UV (CH_3CN): λ_{max} (lg ε) = 284 (4.51), 212 nm (4.14).
IR (film): $\tilde{\nu}$ (cm^{-1}) = 1685, 1665, 1630, 1590, 1250, 975.
^{1}H NMR (300 MHz, $CDCl_3$): δ (ppm) = 7.41 (dd, *J* = 11.0, 3.0 Hz, 1H, 4-H), 6.20–5.81 (m, 2H, 3-H, 5-H), 5.05 (m, 1H, 9-H), 2.40–2.05 (m, 4H, 7-H_2, 8-H_2), 2.27 (s, 3H, 1-H_3), 1.90 (s, 3H, 6-CH_3), 1.67, 1.61 (s, 6H, 2×10-CH_3).

1.5.3.5** β-紫罗兰酮(4-(2,6,6-三甲基环己烯-1-基)-3-丁烯-2-酮)[13]

H_2SO_4

192.3 192.3

1′ 1 2′ 4 2 3

5℃,剧烈搅拌条件下,耗时 40 min 把假紫罗兰酮 **1.5.3.4**(50.0 g,0.26 mol)加入到浓硫酸(175 g)与冰醋酸(75 g)的混合溶液中,控制温度低于 10℃,滴加完毕后在 10~15℃搅拌 10 min。

混合物倒入 1 000 mL 冰水和 250 mL 乙醚的混合物中,剧烈搅拌,分液,水相用 250 mL 乙醚萃取,合并有机相,分别用水(250 mL)、1% Na_2CO_3 溶液(250 mL)、水洗涤(250 mL),减压除去溶剂,剩余物经水蒸气蒸馏,用乙醚转移(2×250 mL)产物,用 Na_2SO_4 干燥,过滤,减压除去溶剂,剩余物用 20 cm 长度的填充柱(Raschig 环)精馏,得到具有愉悦香味的浅黄色油状物 36.5 g,收率 73%,$bp_{0.7}$ 91~93℃,n_D^{20}=1.519 8。

IR (film): $\widetilde{\nu}$ (cm^{-1}) = 1700, 1675, 1615, 1590, 1260.
^{1}H NMR (300 MHz, $CDCl_3$): δ (ppm) = 7.13, 5.99 (d, J = 16.1 Hz, 1H, 4-H, 3-CH), 2.19 (s, 3H, 4′-H_3), 2.07 (m, 2H, 3-H_2), 1.75 (s, 3H, 2-CH_3), 1.80–1.20 (m, 4H, 4-H_2, 5-H_2), 1.07 (s, 6H, 6-$(CH_3)_2$).

参考文献 130

[1] Mordi, R.C. and Walton, J.C. (1993) *Tetrahedron*, **49**, 911–928.

[2] Steglich, W., Fugmann, B., and Lang-Fugmann, S. (eds) (1997) *Römpp, Lexikon "Naturstoffe"*, 10th edn, Georg Thieme Verlag, Stuttgart, p. 334.

[3] (a) Eicher, Th., Hauptmann, S., and Speicher, A. (2012) *The Chemistry of Heterocycles*, 3rd edn, Wiley-VCH Verlag GmbH, Weinheim, p. 192; (b) Büchi, G. and Vederas, J.C. (1972) *J. Am. Chem. Soc.*, **94**, 9128–9132.

[4] Breining, T., Schmidt, C., and Polos, K. (1987) *Synth. Commun.*, **17**, 85–88.

[5] Vani, P.V.S.N., Chida, A.S., Srinivasan, R., Chandrasekharam, M., and Singh, A.K. (2001) *Synth. Commun.*, **31**, 219–224.

[6] Reif, W. and Grassner, H. (1973) *Chem. Ing. Tech.*, **45**, 646–652.

[7] By mediation with $Zn(OTf)_2$, the addition of terminal acetylenes to aldehydes can be conducted enantioselectively in the presence of chiral amino alcohol ligands: (a) Anand, N.K. and Carreira, E.M. (2001) *J. Am. Chem. Soc.*, **123**, 9687–9688; (b) Emmerson, D.P.G., Hems, W.P., and Davis, B.G. (2006) *Org. Lett.*, **8**, 207–210.

[8] Pommer, H. and Nürrenbach, A. (1975) *Pure Appl. Chem.*, **43**, 527–551.

[9] Johnson, W.S. (1976) *Angew. Chem.*, **88**, 33–41; *Angew. Chem., Int. Ed. Engl.*, (1976), **15**, 9–17.

[10] In analogy to: *Organikum* (2001), 21st edn, Wiley-VCH Verlag GmbH, Weinheim, p. 608.

[11] Kimel, W., Surmatis, J.D., Weber, J., Chase, G.O., Sax, N.W., and Ofner, A. (1957) *J. Org. Chem.*, **22**, 1611–1618.

[12] Kimel, W., Sax, N.W., Kaiser, S., Eichmann, G.G., Chase, G.O., and Ofner, A. (1958) *J. Org. Chem.*, **23**, 153–157.

[13] Krishna, H.J. and Joshi, B. (1957) *J. Org. Chem.*, **22**, 224–226.

1.6 过渡金属催化的反应

1.6.1 (*E*)-4-氯-1,2-二苯乙烯(Stibene)

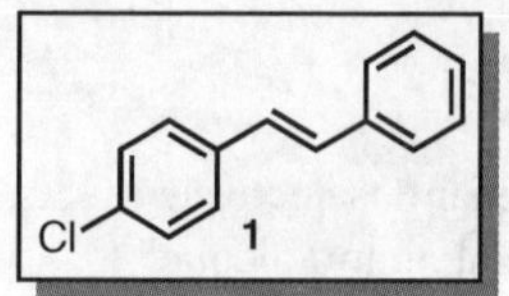

专题 ◆ Pb 催化的烯烃芳基化 Heck 反应

(a) 概述

Pd 催化的烯烃的烯基化和芳基化反应，就是著名的 Heck 反应[1]：

H + R−X —“Pd(0)”, −HX→ R   R =芳基，烯基 X = I, Br, OTf

对于两个 sp^2 杂化的碳原子的偶联反应，需要：ⅰ）单齿或者双齿的膦化合物作
131 为络合配体，ⅱ）合适的碱，如经常使用叔胺，如三乙胺，二异丙基乙胺（Hünig 碱）或者无机碱，如 K_2CO_3 和 NaOAc。

现在普遍认为，Heck 的机理[2]是由五个基元反应Ⅰ～Ⅴ组成的催化循环组成，以单取代烯烃 R^2—CH═CH_2 与芳基或者烯基卤 R^1—X 的反应为例展示如下：

R^1—X + ⟋⟍R^2 —nL, “Pd(0)”; 碱, −HX→ R^1⟍⟋⟍R^2

第一步，对 14 电子的配合物 Pd(0)L_2(**2**)氧化加成，通过插入 R^1—X 中的 C(sp^2)—X 键得到四配位的 16 电子 Pd(Ⅱ)配合物 **3**。配合物 **2** 既可以通过 Pd(Ⅱ)源化合物如 $Pd(OAc)_2$ 带有如叔胺[1e,2b]或者膦配体原位还原制备；也可以由 Pd(0)L_4 类型配合物如 $Pd(PPh_3)_4$ 解离两个配体得到。

第二步和第三步，烯烃与 Pd(Ⅱ)活性种 **3** 配合得到 π-配合物 **4**，然后插入到 Pd(Ⅱ)—R^1 键中，插入过程Ⅲ是立体选择性的，遵循 *syn*-方式。由于烯烃的 R^2—CH═CH_2 非对称结构，C_a 和 C_b 都能参与插入过程，因此产物是区位异构的 σ-烷基-Pd(Ⅱ)活性种 **5** 以及 **6**。

132 第四步，一个 *syn*-方式的 Pd-β-H 消除，生成产物 **7**/**8** 以及 Pd(Ⅱ)氢配合物 **9**。

第五步，通过由 **9** 与碱反应消除 HX 再生成具有催化活性的 Pd(0)L_2(**2**)，完成催化循环，通常把步骤四和五称为还原消除。

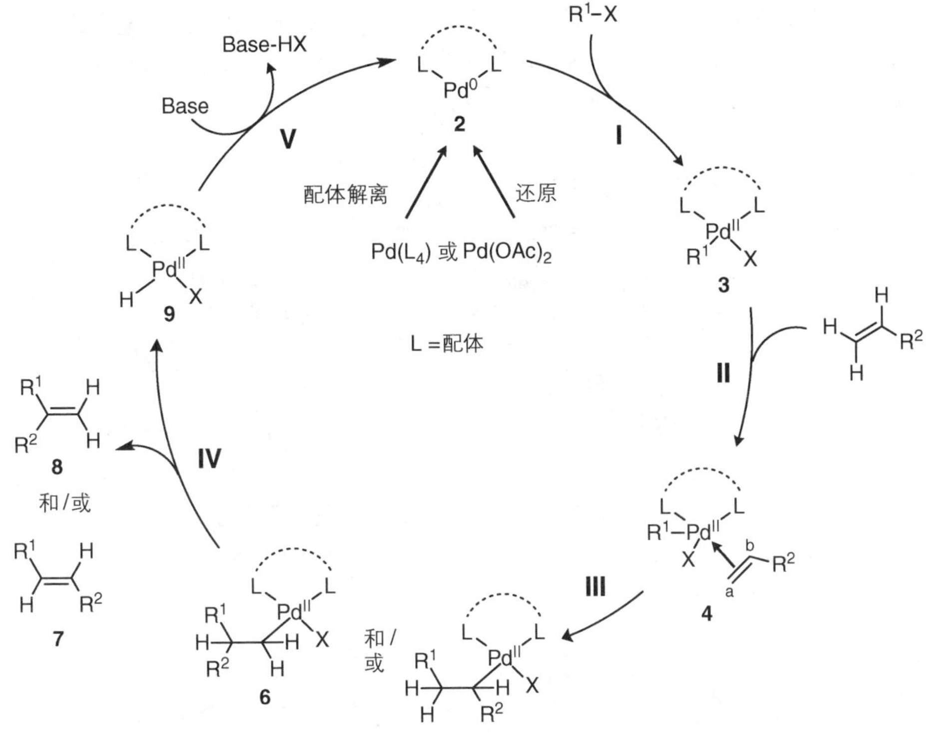

实验结果表明，构型明确的烯烃 **10** 和 **12** 进行 Heck 反应得到的产物 **11** 和 **13**，都是 *syn*-式的立体选择性地对双键插入和还原消除的结果[3]。

Ph—Br + (*Z*)-烯烃 **10** —[Pd^0; Ph_3P, Et_3N]→ (*Z*)-构型 **11**

+Ph-Pd^{II}—Br　*syn*-氧化加成　　*syn*-还原消除　−HBr, −Pd^0

Ph—Br + **12** —[Pd^0; Ph_3P, Et_3N]→ **13**

+Ph-Pd^{II}—Br　*syn*-氧化加成　　*syn*-还原消除　PdHBr

对于不对称烯烃 R—CH ═CH_2 与 Ar—X 进行 Heck 反应中的区位选择性[2a](步骤三和四),使用苯乙烯和丙烯酸衍生物为模板进行了深入研究,取代实际上发生在烯烃底物的 β-CH_2 一侧,从而得到(*E*)-构型为主的产物 **14**。

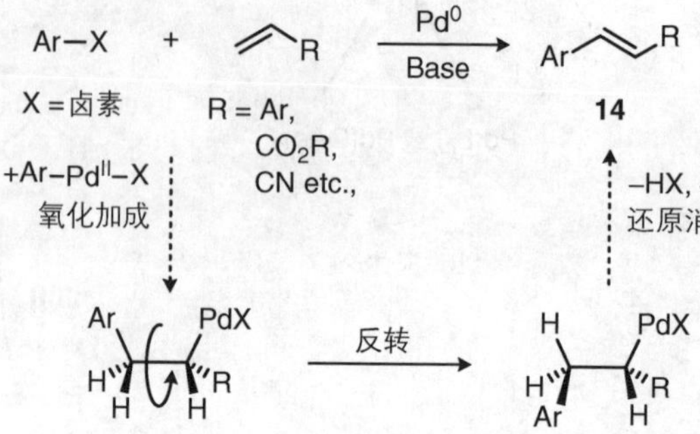

133 然而,某些情况下,区位选择性还受到 Ar—X 中离去基团的影响。因此,对于烯胺酰基化合物 **15**,当 X=卤素时得到混合物 **16**/**17**,其中 β-取代产物 **16** 是主产物(3∶2)。然而,当 X=OTf 时,α-取代产物 **17** 成为主产物:

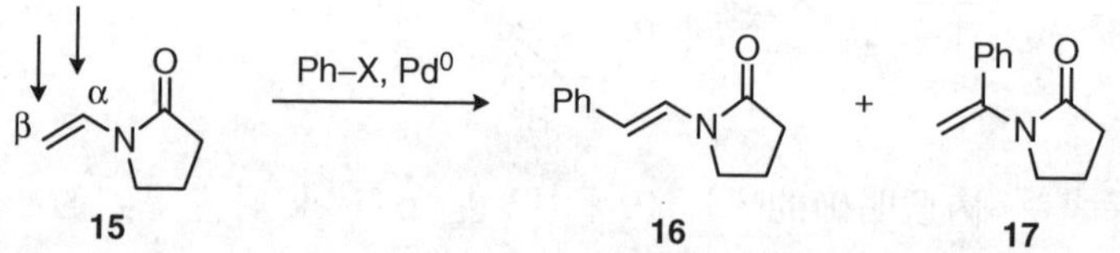

当使用 Ag^+ 时,Ar—X(X=卤素)的反应具有相似的结果。可以推测在这种情况下使用 ArOTf 为底物时,应该有 Pd^+ 中间产物生成。有必要指出,丙烯酸酯在两种情况下都是在 β-位置反应。Heck 反应在有机合成上具有重要意义(见 3.3.5 节和参考文献 4),它同时适用于分子间、分子内反应[5],使用手性配体,可以实现对映选择性转化,ee 值大于 98%[6]。Heck 反应发展迅速,使用无膦配体[7,8],甚至使用聚合物负载催化剂[9]都已经广泛应用。类似的无配体 Pd 源的应用将在(b)部分讨论[10]。较为传统的例子,见 3.3.5 节内容。

无配体 Pd 催化剂对芳基碘为底物的 Heck 反应有效[11],此外水相 Heck 反应[12],底物含有不常见的离去基团,如重氮基、羧酸衍生物的 Heck 反应[13]都已经研发成功。对于较为方便制备的芳基溴底物,使用无配体 Pd 催化的 Heck 反应最近才有报道[10]。

(b) 合成 1

供体和受体单取代的烯烃(优选丙烯酸酯和苯乙烯之类)的 Heck 反应,可以在无配体的 $Pd(OAc)_2$ 催化下进行(Pd 使用量 0.01～0.1%,摩尔分数),举例:4-氯溴苯

(**18**)与苯乙烯在 0.05%的 $Pd(OAc)_2$ 存在下，与 *N*-甲基吡咯烷酮(NMP)在 135℃条件下反应，化学选择性地给出 4-氯取代的 *trans*-1,2-二苯乙烯产物 **1**，收率 94%；全部转化率 99%，*trans*-选择性达到 99∶1，区位选择性(α/β 取代，见(a)部分)超过 95∶5。

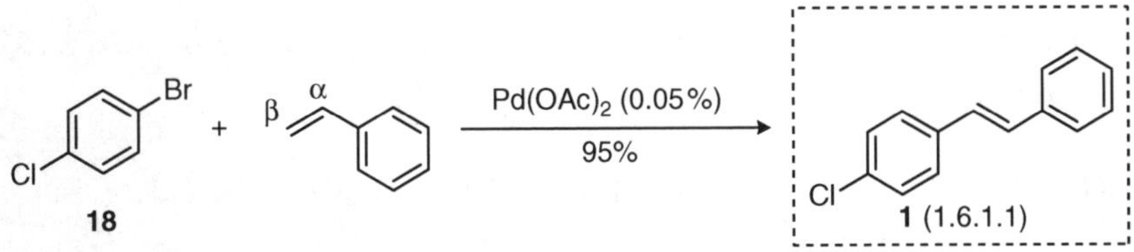

在催化剂浓度很大的情况下会有钯黑析出，底物尚未转换完全反应就停止了。 134
下述机理解释低浓度条件下芳基化反应中[10]催化剂作用：

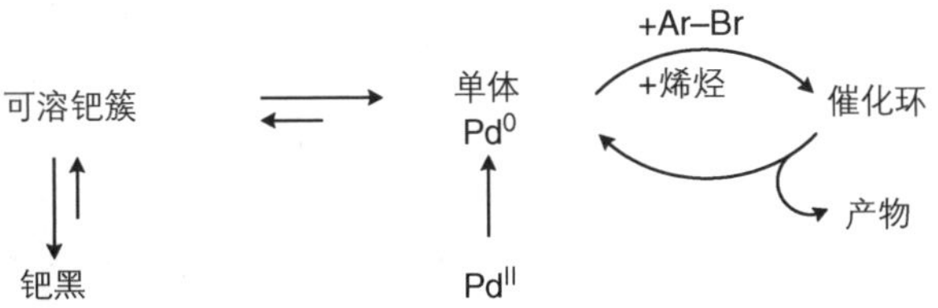

对于溴代芳烃，决定反应速率的关键一步是单体 Pd(0)活性种对 sp^2C—Br 的氧化加成[7)]。因此一旦使用较高浓度的催化剂，高浓度的 Pd(0)将会聚集成可溶的簇，进而转化为难溶的钯黑，这一步是自催化的，很快导致 Pd(0)浓度快速下降，反应因为缺乏 Pd(0)活性种而终止。

(c) 合成 1 的具体实验操作

1.6.1.1** (*E*)-4-氯-1,2-二苯基乙烯[10]

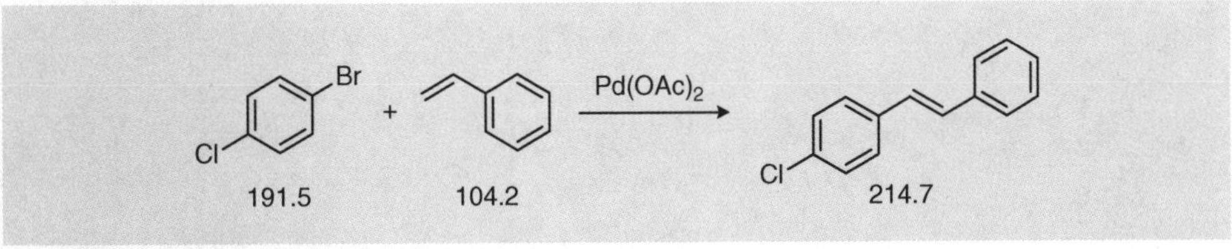

惰性气体保护，两口烧瓶中装入 NaOAc(0.90 g，11.0 mmol)，1-溴-4-氯苯(1.91 g，10.0 mmol)的 NMP (14.0 mL)溶液。在另一个瓶中，$Pd(OAc)_2$ (5.0 mg)溶解于 100 mL 的 NMP 中作为储备液，一份该储备液(9 mL，相对于 1-溴-4-氯苯为 0.02% Pd)用针筒注射到卤代苯所在的烧瓶中，混合物加热到 120℃，加入

苯乙烯(1.46 g,14.0 mmol),在135℃搅拌反应15 h。

反应物冷却到室温,倒入75 mL水中,甲苯萃取(2×75 mL),合并有机相,依次用水(3×50 mL)、饱和食盐水(50 mL)洗涤,用 Na_2SO_4 干燥,用硅藻土过滤除去催化剂,滤饼用50 mL甲苯洗涤,合并有机相,减压浓缩得到白色固体2.01 g,94%收率,R_f=0.33(硅胶,石油醚)。

注7):应该指出,芳基碘为底物,决定速率关键步骤很可能是((a)中的第三步),大部分Pd源转化为相对稳定的Pd(Ⅱ)配合物。

135 **^{1}H NMR** (300 MHz, $CDCl_3$): δ (ppm) = 7.03 (d, J = 16.4 Hz, 1H, CH=CH) and 7.07 (d, J = 16.4 Hz, 1H, CH=CH), 7.20–7.53 (m, 9H, 9 × Ar–H).
^{13}C NMR (76 MHz, $CDCl_3$): δ (ppm) = 126.6, 127.4, 127.7, 127.9, 128.7, 128.9, 129.3, 133.2, 135.9, 137.0.

注:^{1}H NMR表征结果表明,产品中含有5%的4-氯-(1-苯基乙烯基)苯,R_f=0.49(硅胶,石油醚)。

参考文献

[1] (a) Beller, M. and Bolm, C. (2004) *Transition Metals for Organic Synthesis*, 2nd edn, vol. 1/2, Wiley-VCH Verlag GmbH, Weinheim; (b) de Meijere, A. and Diederichs, F. (2004) *Metal-Catalyzed Cross-Coupling Reactions*, 2nd edn, vol. 1/2, Wiley-VCH Verlag GmbH; (c) For a review on the use of Pd-catalyzed cross-coupling reactions in total synthesis, see: Nicolaou, K.C., Bulger, P.G., and Sarlah, D. (2005) *Angew. Chem.*, **117**, 4516–4663; *Angew. Chem. Int. Ed.*, (2005), **44**, 4442–4489; (d) for a review on Pd-catalyzed enantioselective transformations, see: Tietze, L.F., Ila, H., and Bell, H.P. (2004) *Chem. Rev.*, **104**, 3453–3516; (e) for a review on the nature of the active species in Pd-catalyzed Heck and Suzuki couplings, see: Phan, N.T.S., van der Sluys, M., and Jones, C.W. (2006) *Adv. Synth. Catal.*, **348**, 609–679.

[2] (a) Cabri, W. and Candiani, I. (1995) *Acc. Chem. Res.*, **28**, 2–7; (b) Hegedus, L.S. (1995) *Organische Synthese mit Übergangsmetallen*, Wiley-VCH Verlag GmbH, Weinheim, p. 93; (c) Hegedus, L.S. (1994) *Transition Metals in the Synthesis of Complex Organic Molecules*, University Science Books, Mill Valley, CA, p. 103.

[3] Krause, N. (1996) *Metallorganische Chemie*, Spektrum Akademischer Verlag, Heidelberg, p. 204.

[4] (a) An example involving multiple application of the Heck reaction is the synthesis of the methyl ester of *N*-acetyl clavicipitic acid: Harrington, P.J., Hegedus, L.S., and McDaniel, K.F. (1987) *J. Am. Chem. Soc.*, **109**, 4335–4338; (b) for further examples, see: Nicolaou, K.C. and Sorensen, E.J. (1996) *Classics in Total Synthesis I*, Wiley-VCH Verlag GmbH, Weinheim, p. 566.

[5] (a) Link, J.T. (2002) *Org. React.*, **60**, 157–534; (b) Dounay, A.B. and Overman, L.E. (2003) *Chem. Rev.*, **103**, 2945–2963.

[6] (a) Tietze, L.F. and Thede, K. (2000) *Synlett*, 1470–1472; (b) Nilsson, P., Larhed, M., and Hallberg, A. (2003) *J. Am. Chem. Soc.*, **125**, 3430–3431.

[7] Miyazaki, F., Yamaguchi, K., and Shibasaki, M. (1999) *Tetrahedron Lett.*, **40**, 7379–7383.

[8] Consorti, C.C., Zanini, M.L., Leal, S., Ebeling, G., and Dupont, J. (2003) *Org. Lett.*, **5**, 983–986.

[9] Bergbreiter, D.E., Osburn, P.L., and Liu, Y.-S. (1999) *J. Am. Chem. Soc.*, **121**, 9531–9538.

[10] de Vries, A.H.M., Mulders, J.M.C.A., Mommers, J.H.M., Henderickx, H.J.W., and de Vries, J.G. (2003) *Org. Lett.*, **5**, 3285–3288.

[11] Jeffery, T. (1996) in *Advances in Metal-Organic Chemistry*, (ed. L. Liebeskind), vol. 5 , JAI Press, Greenwich, CT, p. 153.

[12] Beletskaya, I.P. (1997) *Pure Appl. Chem.*, **69**, 471–476.

[13] (a) Beletskaya, I.P. and Cheprakov, A.V. (2000) *Chem. Rev.*, **100**, 3009–3066; (b) Masllorens, J., Moreno-Manas, M., Pla-Quintana, A., and Roglans, A. (2003) *Org. Lett.*, **5**, 1559–1561; (c) cf.: Reetz, M.T. and de Vries, J.G. (2004) *Chem. Commun.*, 1559–1563.

136 1.6.2 2-氰甲基-3′,4′-二甲氧基联苯

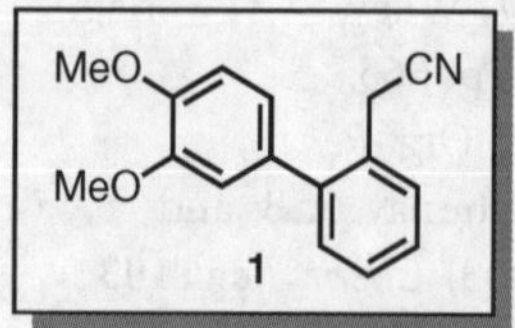

专题 ◆芳基硼酸与卤代芳烃进行 Suzuki-Miyaura 交叉偶联反应制备联苯

(a) 概述

Suzuki-Miyaura 交叉偶联反应[1]是在芳基或者烯基硼酸/酯与含有离去基团(卤素、三氟磺酸酯、芳基磺酸酯)的芳烃,芳杂烃或者烯烃进行 C—C 偶联反应,得到类型 **2** 的产物:

$$R^1\text{-}X \quad + \quad R^2\text{-}B(OR)_2 \xrightarrow[\text{Base}]{Pd^0} \underset{\mathbf{2}}{R^1\text{-}R^2} \quad + \quad Z\text{-}B(OR)_2$$

R = H, OR′
R^1, R^2 = 芳基、杂芳基、烯基
X = 卤素、三氟甲磺酸根、芳基磺酸根
Z = OH, OR

这个 C(sp^2)—C(sp^2)偶联反应[2]使用 Pd(0)配合物催化,绝大多数情况下是 $Pd(Ph_3P)_4$,反应需要无机碱,如碱金属氢氧化物、碱金属烷氧盐或者碳酸盐,形成酸根型配合物作为反应中间体。

Suzuki-Miyaura 可能的机理[3]是个循环催化,其原理类似于 Heck 反应和 Sonogashira 反应(见 1.6.1 节以及 1.6.3 节):

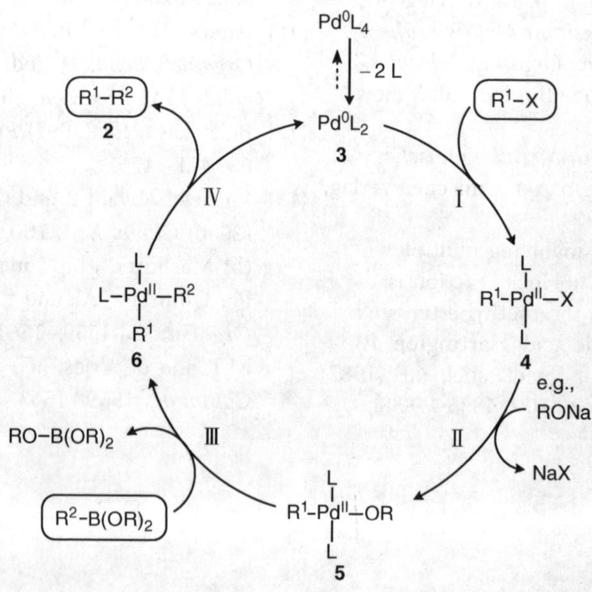

Pd 催化剂活性种依然是 14 电子 $Pd(0)L_2$ 配合物(**3**)(来自 Pd(Ⅱ)L_4 的配体解离),**3** 对 R^1—X 进行氧化加成引发循环催化(步骤Ⅰ),形成四配位的 Pd(Ⅱ)配合物 **4** 与碱如 RONa 反应,配体 L 被 RO 置换得到配合物 **5**(步骤Ⅱ),第二次交换反应中,硼酸/酯通过传递其有机组分 R^2 给 Pd 配合体(可能经历硼原子形成酸根型配合物,步骤Ⅲ)与 RO 交换(**5→6**),最终,Pd(Ⅱ)配合物 **6** 经历还原消除给出 C—C 偶联产物 **2**(最有可能的是处于 *cis*-位置的 R^1 和 R^2),Pd(Ⅱ)配合物变为 Pd(0)活性种 **3**,再次参与循环催化(步骤Ⅳ)。 137

相似的,其他的金属有机物种 M—R^2 同样能够用于 Pd(0)催化的“金属转移”过程:

$$R^1\text{-}X \xrightarrow{\text{“}Pd^0\text{”}} [R^1\text{-}Pd^{II}\text{-}X] \xrightarrow[-Pd^0,\ -MX]{+M\text{-}R^2} R^1\text{-}R^2$$

$$R^1\text{-}X \xrightarrow[-MX]{\text{“}Pd^0\text{” (cat.)},\ +M\text{-}R^2} R^1\text{-}R^2$$

M = 金属

因此,Pd(0)为中间体的金属转化反应,同样应用于数量众多的含有卤素或者三氟甲磺酸酯类的烯烃、芳烃的 C(sp^2)—C(sp^2)偶联反应。该领域中,有 Grignard 化合物[4]、有机锌卤化物(Negishi 交叉偶联[5])、有机锡(Stille 交叉偶联[6])、有机硅应用于该类反应,分别举例如下:

(Z)-R-CH=CH-I + CH2=CH-MgBr → [Pd(PPh3)4, 80%] (Z)-R-CH=CH-CH=CH2

1-氯环戊烯 + ClZn-(2-甲基苯基) → [Pd(PtBu3)2, 94%] 1-(2-甲基苯基)环戊烯

2-甲基环己烯基-OTf + Me3Si-CH=CH-SnMe3 → [Pd(PPh3)4, LiCl, 90%] 2-甲基-1-(2-三甲基硅基乙烯基)环己烯

4-碘-3-硝基苯甲腈 → [MesMgBr] 4-MgBr-3-硝基苯甲腈 → [(1) $ZnBr_2$ (2) Pd^0 (3) 4-碘苯甲酸乙酯, 73%] 2-硝基-4-氰基-4'-乙氧羰基联苯

138 除了 Suzuki-Miyaura 交叉偶联反应，Stille 偶联应用也很广泛，而且还具有不需要使用碱的优点。但是另一方面，有机锡试剂有剧毒。Negishi 方法也很有用，其所需要的有机锌卤试剂可以很方便地用 Grignard 试剂的金属转换得到[5]。应用商业上可获得的稳定的催化剂 $HPd(PtBu_3)_3 \cdot BF_4$，即使是常规认为惰性的芳基、烯基卤，都可以与芳基、烯基、烷基溴化锌发生偶联反应[7]，该试剂与很多官能团，如 NO_2，CO_2R，CN，COR 兼容。

Suzuki 反应广泛应用于 1，3-丁二烯类以及不对称的联苯类的合成，它们在天然产物全合成以及药物化学上具有挑战性[8-12]：

$$Ar^1{-}X \quad + \quad Ar^2{-}B(OH)_2 \xrightarrow{Pd^0} Ar^1{-}Ar^2$$

X = Br, I, 三氟甲磺酸根，芳基磺酸根

Ar^1 = 带官能团的芳基(CO_2R, CN, NO_2 等)

Ar^2 = 带官能团的芳基(醚、醛等)

对 Ar^1—X 而言，常用的主要是溴化物、碘化物、三氟甲磺酸酯和芳基磺酸酯[13]，氯化物在用高活性的 Pd 催化剂如 $HPd(PtBu_3)_3 \cdot BF_4$ 存在下也能偶联[14]，甚至重氮盐和芳香族羧酸也能反应[15]。无膦以及改进的 Pd 循环催化为基础的 Suzuki 反应的研究也有进展[16]。一般而言，Ar^1—X 分子中允许兼容 NO_2，CN，CO_2R 等基团，而 Ar^2—$(OH)_2$ 分子中可以含有醚和缩醛。

在(b)部分，介绍了使用 Suzuki 反应制备化合物 **1**，作为合成某些具有不对称官能团联苯结构的较为简单的天然生物碱(见 5.2.3 中 Buflavine)的底物[17]。

(b) 合成 1

首先，合成 Suzuki 反应需要的底物 2-溴苯基乙腈(**9**)，可以很方便地用 2-溴甲苯(**7**)光催化溴化得到 **8**，然后经过氰基对苄溴的亲核取代反应得到 **9**：

Me, Br — Br_2, $h\nu$ / 80% → Br, Br — KCN / 80% → CN, Br

7 **8** **9** (1.6.2.1)

第二个砌块是 3，4-二甲氧基苯基硼酸(**11**)，由 4-溴藜芦醚(**10**)通过与叔丁基锂进行卤素-金属交换反应得到[19](**10→12**，不能使用正丁基锂的原因是它会导致邻位
139 锂化)。得到的锂盐 **12** 与三正丁基硼酸酯反应然后酸解得到硼酸酯 **14**，进而得到 **11**，**14** 的形成有可能经过酸根型化合物 **13** 随后裂解释放出 n-BuOLi：

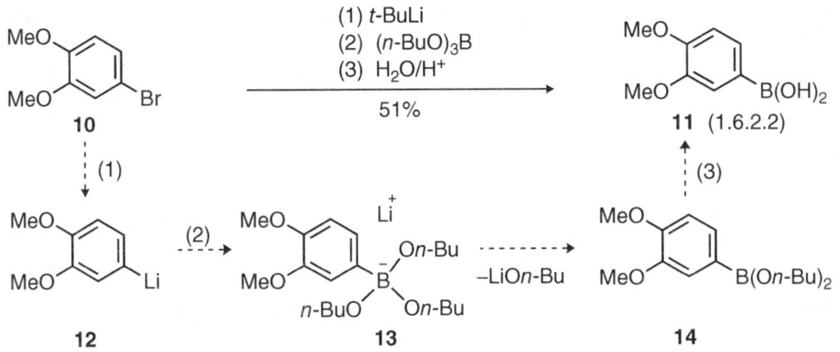

砌块 **9** 和 **11**，使用 $Pd(PPh_3)_4$ 作为催化剂，K_2CO_3 作为碱，经过 Suzuki-Miyaura 交叉偶联合为一体，使用标准流程，几乎定量得到联苯体系 **1**。

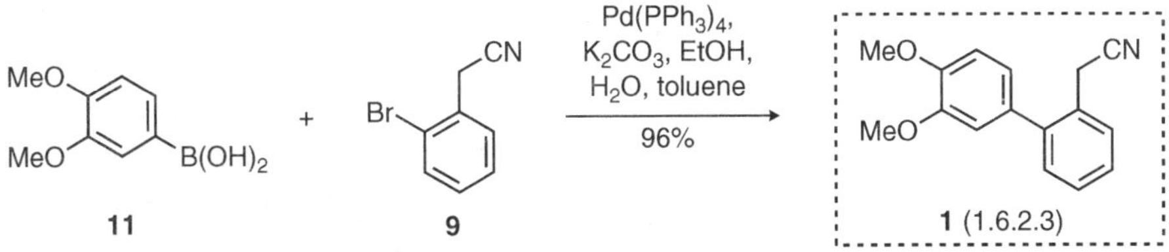

(c) 合成 1 的具体实验步骤

1.6.2.1　(2-溴苯基)乙腈**[18]

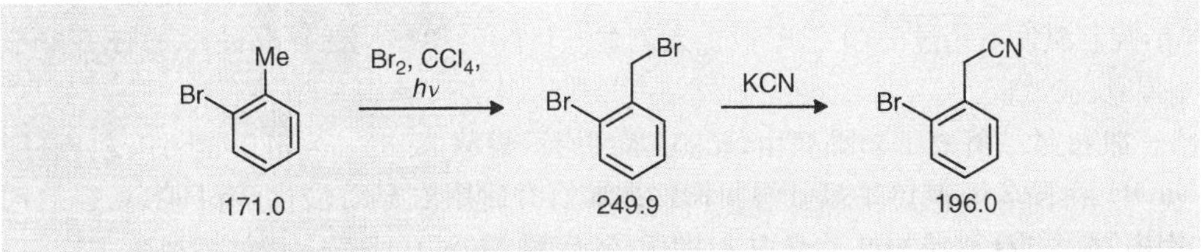

2-溴甲苯(8.55 g，50.0 mmol)溶解在 CCl_4 中(250 mL，注意：通过皮肤吸收)，反应液在光照下(白炽灯，500 W)加热回流，慢慢通过恒压滴液漏斗加入溴(8.19 g，51.3 mmol)，控制滴加速度保持回流溶液无色。

反应完成(溶液无色)后停止光照，冷却到室温，混合物依次用 150 mL 冰水、 140
150 mL 冰冷的饱和 $NaHCO_3$ 溶液、150 mL 冰水快速地洗涤，有机相用 $MgSO_4$ 干燥，过滤，减压除去溶剂，剩余物减压蒸馏(bp_{16} 130～131℃)得到无色液体，10.0 g，收率 80%。

2-溴苄溴(10.0 g，40 mmol)，NaCN(2.45 g，50.0 mmol，小心!)，以及三缩乙二醇 20 mL 混合，剧烈搅拌，小心加热到 100℃，反应 30 min，然后倒入水中，氯仿萃取(4×20 mL)，合并有机相，反应副产物异腈通过与 15 mL 的 5% 的硫酸溶液振荡

5 min 除去，分离出有机相，用稀的 $NaHCO_3$ 溶液(30 mL)和水洗涤，有机相用 $CaCl_2$ 干燥，过滤，减压除去溶剂，剩余物减压蒸馏(bp_{17} 146～147℃)得到无色液体 6.27 g，80%收率。

IR (KBr): $\tilde{\nu}$ (cm^{-1}) = 3060, 2260, 1565, 1475, 1020, 740.
^{1}H NMR (200 MHz, $CDCl_3$): δ (ppm) = 7.57 (dd, *J* = 7.8, 1.7 Hz, 1H, Ar–H), 7.49 (dd, *J* = 7.8, 1.7 Hz, 1H, Ar–H), 7.33 (dt, *J* = 7.8, 1.7 Hz, 1H, Ar–H), 7.18 (dt, *J* = 7.8, 1.7 Hz, 1H, Ar–H), 3.80 (s, 2H, CH_2).
^{13}C NMR (50 MHz, $CDCl_3$): δ (ppm) = 132.8, 129.7, 129.6, 129.5, 127.9, 123.3, 116.7, 24.60.
MS (EI, 70 eV): *m/z* (%) = 197 (34) $[M+H]^+$, 195 (35) $[M-H]^+$, 171 (8), 169 (9), 116 (100), 89 (36).

1.6.2.2** 3,4-二甲氧基苯基硼酸[19]

MeO, MeO, Br — 217.1
(1) *t*-BuLi, THF
(2) (*n*-BuO)$_3$B
(3) H_2O/HCl
MeO, MeO, $B(OH)_2$ — 182.0

−78℃，氮气保护条件下，叔丁基锂(1.5 mol/L 的 CH_2Cl_2 溶液，13.5 mL，20.2 mmol)缓缓加入 4-溴藜芦醚(4.00 g，18.4 mmol)的 THF(50 mL)溶液中，耗时 4 h，控制温度不超过−70℃，然后加入硼酸三甲酯(2.87 g，27.6 mmol)，自动升温至室温，反应过夜。

加入 HCl 溶液(25 mL，2 mol/L)，水相用乙醚萃取(2×50 mL)，合并有机相，用 NaOH 溶液(2 mol/L，2×50 mL)萃取，水相合并后用浓 HCl 酸化至 pH 1，所得的水
141 相用乙醚萃取(3×50 mL)，合并有机相，然后用 $MgSO_4$ 干燥，过滤，减压除去溶剂，得到白色固体 1.72 g，51%收率，mp 238～240℃。

^{1}H NMR (500 MHz, $CDCl_3$): δ (ppm) = 7.85 (dd, *J* = 8.2, 1.3 Hz, 1H, Ar–H), 7.68 (d, *J* = 1.3 Hz, 1H, Ar–H), 7.01 (d, *J* = 8.2 Hz, 1H, Ar–H), 4.01 (s, 3H, OCH_3), 3.96 (s, 3H, OCH_3).
^{13}C NMR (126 MHz, $CDCl_3$): δ (ppm) = 153.0, 148.6, 129.9, 117.5, 110.8, 55.9, 55.9.

1.6.2.3** 2-氰甲基-3′,4′-二甲氧基联苯[17]

3,4-二甲氧基硼酸 **1.6.2.2**(2.0 g，11.0 mmol)的乙醇溶液(60 mL)，加入到由

MeO MeO B(OH)$_2$ 196.0 + Br CN 182.0 → Pd(PPh$_3$)$_4$, K_2CO_3, EtOH, H_2O, toluene → MeO MeO CN 253.3

2-溴苯基乙腈 **1.6.2.1**(1.96 g,10.0 mmol)、甲苯(60 mL)、Pd(Ph_3P)$_4$(348 mg,0.30 mmol)、K_2CO(4.15 g,30.0 mmol)以及 40 mL 水组成的混合物中。惰性气体保护下脱气并回流 24 h。

冷却到室温,加入 50 mL 水,混合物用乙醚萃取(3×80 mL),合并有机相,然后用 $MgSO_4$ 干燥,过滤,减压除去溶剂,剩余物柱层析纯化(硅胶,CH_2Cl_2),得到黄色油状产品 2.43 g,收率 96%。

^{1}H NMR (500 MHz, $CDCl_3$): δ (ppm) = 7.56–7.46 (m, 1H, Ar–H), 7.44–7.26 (comb. m, 3H, Ar–H), 6.95 (d, J = 8.5 Hz, 1H, Ar–H), 6.85 (s_{br}, 2H, Ar–H), 3.93 (s, 3H, OCH_3), 3.90 (s, 3H, OCH_3), 3.63 (s, 2H, CH_2–CN).
^{13}C NMR (126 MHz, $CDCl_3$): δ (ppm) = 149.1, 148.7, 141.9, 132.6, 130.6, 129.1, 128.2, 128.1, 121.2, 118.5, 112.3, 111.4, 56.0, 56.0, 22.1.

参考文献

[1] (a) Beller, M. and Bolm, C. (eds) (2004) *Transition Metals for Organic Synthesis*, **2** vols., Wiley-VCH Verlag GmbH, Weinheim; (b) de Meijere, A. and Diederich, F. (eds) (2004) *Metal-Catalyzed Cross-Coupling Reactions*, 2nd edn, **2** vols., Wiley-VCH Verlag GmbH, Weinheim; For an overview of recent advances in the development of Pd catalysts for the Suzuki cross-coupling reaction, see: (c) Bellina, F., Carpita, A., and Rossi, R. (2004) *Synthesis*, 2419–2440.

[2] Transition-metal-free Suzuki-type coupling reactions are also known, see: Leadbeater, N.E. and Marco, M. (2003) *Angew. Chem.*, **115**, 1445–1447; *Angew. Chem. Int. Ed.*, (2003), **42**, 1407–1409.

[3] Nicolaou, K.C. and Sorensen, E.J. (1996) *Classics in Total Synthesis*, Wiley-VCH Verlag GmbH, Weinheim, p. 586.

[4] (a) Krause, N. (1996) *Metallorganische Chemie*, Spektrum Akademischer Verlag Heidelberg, p. 215; see also: (b) Jensen, A.E., Dohle, W., Sapountzis, I., Lindsay, D.M., Vu, V.A., and Knochel, P. (2002) *Synthesis*, 565–569.

[5] See ref. [1] and Knochel, P., Dohle, W., Gommermann, N., Kneisel, F.F., Kopp, F., Korn, T., Sapountzis, I., and Vu, V.A. (2003) *Angew. Chem.*, **115**, 4438–4456; *Angew. Chem. Int. Ed.*, (2003), **42**, 4302–4320.

[6] For a review on the Stille reaction, see: Farina, V., Krishnamurthy, V., and Scott, W.J. (1997) *Organic Reactions*, vol. 50, John Wiley & Sons, Inc., New York, p. 1

142

[7] Dai, C. and Fu, G.C. (2001) *J. Am. Chen Soc.*, **123**, 2719–2724.

[8] Vancomycin antibiotics: (a) Nicolaou, K.C., Boddy, C.N.C., Bräse, S., and Winssinger, N. (1999) *Angew. Chem.*, **111**, 2230–2287; *Angew. Chem. Int. Ed.*, (1999), **38**, 2096–2152; (b) Nicolaou, K.C. and Snyder, S.A. (2003) *Classics in Total Synthesis II*, Wiley-VCH Verlag GmbH, Weinheim, p. 239.

[9] (a) Eicher, Th., Fey, S., Puhl, W., Büchel, E., and Speicher, A. (1998) *Eur. J. Org. Chem.*, 877–888; (b) Speicher, A., Kolz, J., and Sambanje, R.P. (2002) *Synthesis*, 2503–2512.

[10] Losartan and other sartans: (a) Birkenhagen, W.H. and Leeuw, P.W. (1999) *J. Hypertens.*, **17**, 873; see also: (b) Kleemann, A. and Engel, J. (1999) *Pharmaceutical Substances*, 3rd edn, Thieme, Stuttgart, p. 1116 and 1024.

[11] Bringmann, G., Günther, C., Ochse, M., Schupp, O., and Tasler, S. (2001) Biaryls in nature, in *Progress in the Chemistry of* decarboxylative coupling of arylcarboxylic acid salts with bromoarenes, see (b) Gooßen, L.J., Deng, G., and Levy, L.M. (2006) *Science*, **313**, 662–664. *Organic Natural Products*, (eds W. Herz H. Falk, G.W. Kirby, and R.E. Moore), vol. 82, Springer, Wien, New York, p. 1.

[12] (a) (0000) For the Ullmann coupling reaction via organocopper reagents as a tool for biphenyl synthesis, see ref. [4a], p. 195; for a convenient large-scale synthesis of biaryls by Cu(I)/Pd(II)-catalyze Tzschukke, C.C., Markert, C., Glatz, H., and Bannwarth, W. (2002) *Angew. Chem.*, **114**, 4678–4681; *Angew. Chem. Int. Ed.*, (2002), **41**, 4500–4503; for ligandless biaryl coupling, see: (d) Tao, X., Zhao, Y., and Shen, D. (2004) *Synlett*, 359–361; (e) Solodenko, W., Weu, H., Leue, S., Stuhlmann, F., Kunz, U., and Kirschning, A. (2004) *Eur. J. Org. Chem.* 3601–3610.

[13] review:Aryl halides: Development of efficient catalysts: (a) Zapf, A. and Beller, M. (2005) *Chem. Commun.*, 431–440; polymer-incarcerated Pd: (b) Okamoto, K., Akiyama, R., and Kobayashi, S. (2004) *Org. Lett.*, **6**, 1987–1990; recyclable and reusable Pd(II) acetate/DABCO/PEG-400 system: (c) Li, J.-H., Liu, W.-J., and Xie, Y.-X. (2005) *J. Org. Chem.*, **70**, 5409–5412; ligand-free with $Pd(OAc)_2/Na_2CO_3$ in aqueous phase: (d) Liu, L., Zhang, Y., and Xin, B. (2006) *J. Org. Chem.*, **71**, 3994–3997; aryl triflates/sulfonates: (e) Nguyen, H.N., Huang, X., and Buchwald, S.L. (2003) *J. Am. Chem. Soc.*, **125**, 11818–11819.

[14] (a) Walker, S.D., Barder, T.E., Martinelli, J.R., and Buchwald, S.L. (2004) *Angew. Chem.*, **116**, 1907–1912; *Angew. Chem. Int. Ed.*, (2004), **43**, 1871–1876; (b) Özdemir, I., Gök, Y., Gürbüz, N., Çetinkaya, E., and Çetinkaya, B. (2004) *Synth. Commun.*, **34**, 4135–4144; (c) Bedford, R.B., Hazelwood, S.L., and Limmert, M.E. (2002) *Chem. Commun.*, **22**, 2610–2611; (d) Anderson, K.W. and Buchwald, S.L. (2005) *Angew. Chem.*, **117**, 6329–6333; *Angew. Chem. Int. Ed.*, (2005), **44**, 6173–6177; (e) Billingsley, K.L., Anderson, K.W., and Buchwald, S.L. (2006) *Angew. Chem.*, **118**, 3564–3568; *Angew. Chem. Int. Ed.*, (2006), **45**, 3484–3488.

[15] Andruss, M.B. and Song, C. (2001) *Org. Lett.*, **3**, 3761–3764.

[16] (a) Mino, T., Shirae, Y., Sakamoto, M., and Fujita, T. (2003) *Synlett*, 882–883;

(b) Zim, D., Gruber, A.S., Ebeling, G., Dupont, J., and Monteiro, A.L. (2000) *Org. Lett.*, **2**, 288 –2884; for fluorous biphasic catalysis, see: (c)

[17] Sahakitpichan, P. and Ruchirawat, S. (2003) *Tetrahedron Lett.*, **44**, 5239–5241.

[18] *Organikum* (2001), 21st edn, Wiley-VCH Verlag GmbH, Weinheim, p. 204/257.

[19] Keserü, G.M., Mezey-Vándor, G., Nógrádi, M., Vermes, B., and Kajtár-Peredy, M. (1992) *Tetrahedron*, **48**, 913–922.

143

1.6.3 (2-苯乙炔基)苯胺

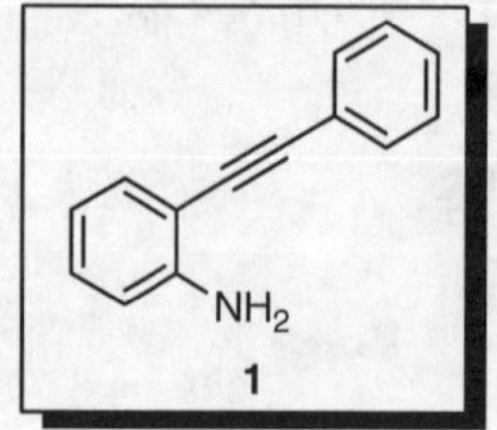

专题 ◆ 端基炔烃与芳基卤或者烯基卤的 Sonogashira 交叉偶联反应

(a) 概述

Sonogashira 交叉偶联反应[1]，Pd(0)催化的芳基、杂芳基、烯基卤化物与端基炔烃形成 C(sp)—C(sp^2)得到类型 **2** 的产物。该反应需要用 CuI 助催化，碱优选二乙胺：

$$R^1{-}X \; + \; H{-}{\equiv}{-}R^2 \xrightarrow[\text{CuI (cat.), } Et_2NH]{[PdCl_2(PPh_3)_2]\text{ (cat.)}} R^1{-}{\equiv}{-}R^2 \; (\mathbf{2})$$

X＝卤素
R^1＝芳基、杂芳基、烯基
R^2＝各种可用基团

Sonogashira 偶联反应与 Stephens-Castro 反应相关[2]，后者是芳基碘与芳炔铜的偶联反应：

$$Ar^1{-}I \; + \; Cu{-}{\equiv}{-}Ar^2 \xrightarrow[-CuI]{\text{吡啶}} Ar^1{-}{\equiv}{-}Ar^2$$

Sonogashira 交叉偶联反应机理[2]与 Heck 反应以及 Suzuki-Miyaura 类似，在 Pd 配合物活化中心上形成 C—C 键(L 表示配体，如 Ph_3P)。

144

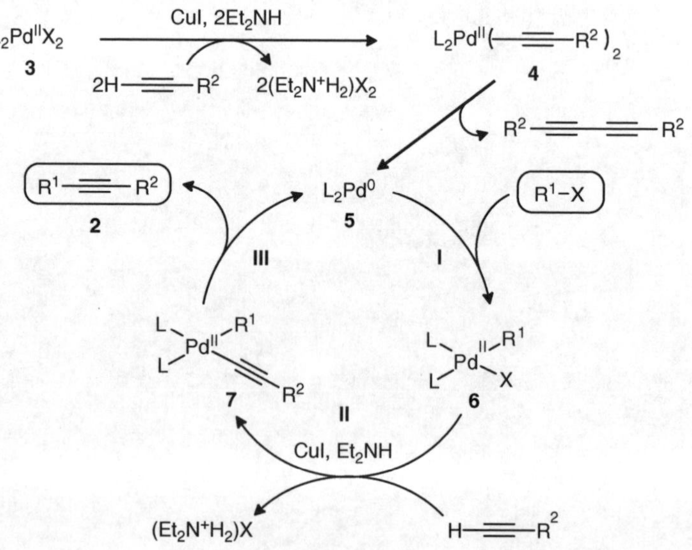

催化循环从活性种 **5** Pd(0)开始，**5** 的形成，举例说明，由 Pd(Ⅱ)配合物 **3** 在碱作用下其配体 X 与炔基交换得到炔基 Pd 配合物 **4**，进而发生歧化反应得到活性种 **5**，该过程产物还有副产物二炔生成，该副反应可以加入 Pd(0)配合物如$Pd(Ph_3P)_4$加以避免。活性种 **5** 对 R^1—X 进行氧化加成(步骤Ⅰ)，接着在 CuI 催化和碱的诱导作用下 Pd(Ⅱ)配合物 **6** 中 X 与炔基交换(步骤Ⅱ)，最后，Pd(Ⅱ)配合物 **7** 进行还原消除得到二取代炔产物 **2** 和活性种 **5**，最可能是 syn 重排，再次进入催化循环(步骤Ⅲ)。

通常 Sonogashira 反应的底物是碘化物，它的活性比氯化物和溴化物高[3]。因此对于含有不同卤素的底物，该反应具有化学选择性，完全可以在二卤烯烃上引入两个不同的炔基，这对于合成烯二炔类型抗生素具有重要的意义[2]：

作为 Sonogashira 反应替代手段，烯基卤化合物 **9** 的炔基化也可以有效地用 Pd(0)催化与炔基溴化锌偶联而实现，后者很容易用炔化物与 $ZnBr_2$ 原位生成[4]： 145

Sonogashira 反应在合成上最重要的价值在于，炔基可以继续转换为其他官能团，在一系列杂环合成中已经体现出其价值[5]。

因此，在(b)部分，介绍了利用 Pd(0)催化的 Sonogashira 交叉偶联反应[6]制备化合物 **1**，进而合成吲哚类物质(见 3.2.4)。

(b) 合成 1

从 2-碘苯胺(**10**)出发合成 **1**，化合物 **10** 既可以从商业途径获得，也可以方便地用苯胺邻位锂化与碘反应制备[7]。**10** 与苯乙炔的 Sonogashira 交叉偶联反应，以$[PdCl_2(Ph_3P)_2]$作为催化剂，CuI 为助催化剂，三乙胺作为碱，可定量得到(2-苯基乙炔基)苯胺。

(c) 合成 1 的具体实验步骤

1. 6. 3. 1** 2-(苯基乙炔基)苯胺[6]

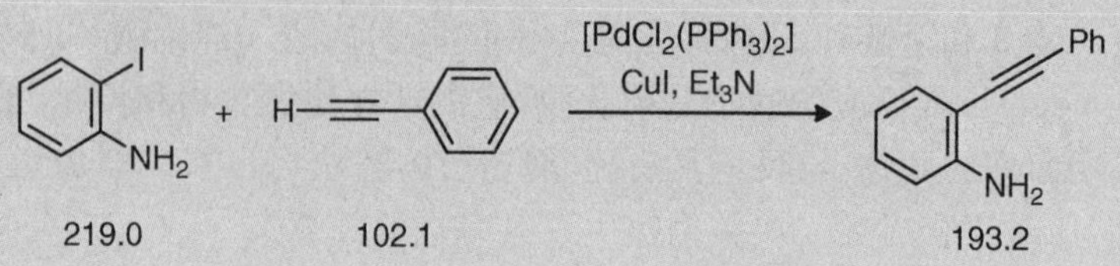

$[PdCl_2(PPh_3)_2]$

CuI, Et_3N

219.0 102.1 193.2

2-碘苯胺(2. 19 g,10. 0 mmol)与苯乙炔(1. 12 g,11. 0 mmol),CuI(190 mg,1. 00 mmol),$[PdCl_2(Ph_3P)_2]$(210 mg,0. 30 mmol),三乙胺(20 mL)混合,加热到60℃搅拌反应 1 h。

加入 20 mL 水稀释反应混合物,氯仿萃取(3×20 mL),合并有机相,然后用 $MgSO_4$ 干燥,过滤,减压除去溶剂,粗产品经柱层析纯化(硅胶,正己烷/乙酸乙酯=3∶1)。

146 用正己烷/乙酸乙酯(20∶1)重结晶,得到淡黄色棱柱状晶体 1. 84 g,95%收率,mp 86~87℃,R_f=0. 60(正己烷/乙酸乙酯=3∶1)。

IR (KBr): $\tilde{\nu}$ (cm^{-1}) = 3500, 2250, 1620.
^{1}H NMR (500 MHz, $CDCl_3$): δ (ppm) = 7.56–7.51 (m, 2H, Ph–H), 7.39–7.32 (m, 4H, Ph–H), 7.14 (dt, J = 7.9, 1.4 Hz, 1H), 6.79 (t, J = 7.7 Hz, 2H), 4.29 (s_{br}, 2H, NH_2).

参考文献

[1] (a) Beller, M. and Bolm, C. (eds) (2004) *Transition Metals for Organic Synthesis*, **2** vols., Wiley-VCH Verlag GmbH, Weinheim; (b) de Meijere, A. and Diederich, F. (eds) (2004) *Metal-Catalyzed Cross-Coupling Reactions*, 2nd edn, **2** vols., Wiley-VCH Verlag GmbH, Weinheim; Instead of Pd complexes, nanosized Pd(0) ((c) Li, P., Wang, L., and Li, H. (2005) *Tetrahedron*, **61**, 8633–8640), ultrafine Ni(0) (Wang, L., Li, P., and Zhang, Y. (2004) *Chem. Commun.*, 514–515), or Pd immobilized on organic–inorganic hybrid materials (Li, P.-M. and Wang, L. (2006) *Adv. Synth. Catal.*, **348** 681–685) has also been applied in the Sonogashira process.

[2] Nicolaou, K.C. and Sorensen, E.J. (1996) *Classics in Total Synthesis*, Wiley-VCH Verlag GmbH, Weinheim, p. 582.

[3] (a) Krause, N. (1996) *Metallorganische Chemie*, Spektrum Akademischer Verlag, Heidelberg, p. 216; Efficient catalysts have also been developed for the Sonogashira coupling of chloroarenes: (b) Köllhofer, A., Pullmann, T., and Plenio, H. (2003) *Angew. Chem.*, **115**, 1086–1088; *Angew. Chem. Int. Ed.*, (2001), **40**, 1056–1058.

[4] (a) Negishi, E.-i., Qian, M., Zeng, F., Anastasia, L., and Babinski, D. (2003) *Org. Lett.*, **5**, 1597–1600; (b) Anastasia, L. and Negishi, E.-I. (2001) *Org. Lett.*, **3**, 3111–3113.

[5] See: Eicher, Th., Hauptmann, S., and Speicher, A. (2012) *The Chemistry of Heterocycles*, 3rd edn, Wiley-VCH Verlag GmbH, Weinheim, p. 83, 140.

[6] Yasuhara, A., Kanamori, Y., Kaneko, M., Numata, A., Kondo, Y., and Sakamoto, T. (1999) *J. Chem. Soc., Perkin Trans. 1*, 529–534.

[7] Snieckus, V. (1990) *Chem. Rev.*, **90**, 879–933.

1.6.4 3-环戊烯-1,1-二甲酸二乙酯和1,8-二氧杂环十四碳-11-炔-2,7-二酮

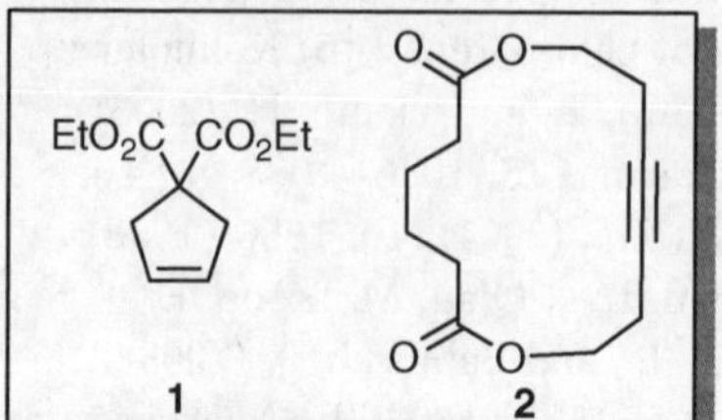

专题
- 烯烃复分解关环反应
- 合成钌配合物
- 配体交换
- 使用对空气稳定的钼叉邻菲罗啉催化剂催化炔烃复分解关环反应
- 合成环戊烯
- 合成线性二炔
- 合成环炔

(a) 概述

147 烯烃复分解反应对于合成 C═C 是个重要的反应。从合成角度看,该反应最有价值的是关环复分解反应(RCN)、开环复分解反应(ROM)以及烯烃的交叉复分解反应(CM)。而且,更为重要的延伸是开环易位聚合(ROMP)、非环状二烯的复分解(ADMET)以及关环模型中的炔烃复分解(RCAM,ring-closing,alkene metathesis)[1]。

上述转化反应的催化剂,主要是 Schrock 类型的含有钼或者钨的金属有机化合物 **3**,以及 Grubbs 催化剂 **4**,**5**,**6** 等含有钌的金属有机化合物。另一类常用的烯烃复分解催化剂是 Ru-苯基茚叉配合物 **7a** 和 **7b**。

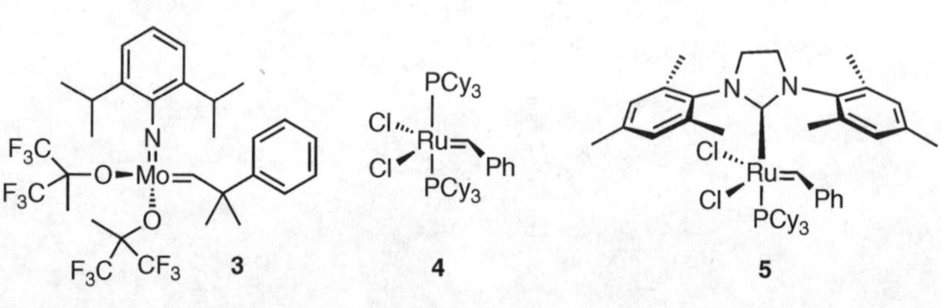

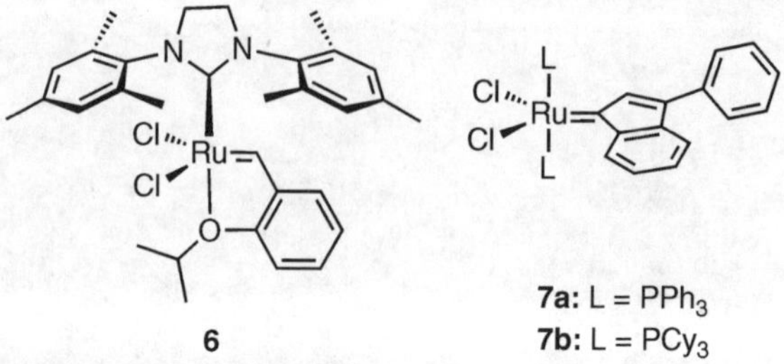

7a: L = PPh_3
7b: L = PCy_3

烯烃复分解反应经历烯烃或者炔烃与金属催化剂形成金属杂环丁烷的[2+2]环加成历程，开环过程中反应可能逆转也可以与另外一分子烯烃反应得到产物，催化剂随之再生。要理解该反应是热力学控制，这一点很重要，从热力学观点来看，CMs 以及 RCMs 是优选反应，因为该反应生成乙烯或者其他的气体导致反应熵增加。

现在用 CMs 反应来代替 Wittig 反应，RCMs 代替 Diels-Alder 反应制备环己烯衍生物。 148

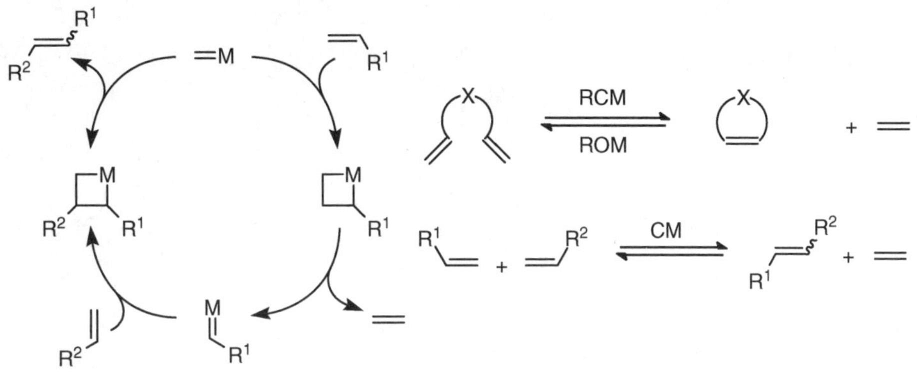

然而，该方法一个主要的缺点是对烯烃 Z/E 构型选择性很低，尽管 Schrock[2] 等的最新研究让人们看到了解决该问题的希望。另一个可能实现的是借助炔烃 RCM 反应选择性制备 Z 或者 E 构型的大环烯烃。Fürstner[3] 等近来研发了应用对空气稳定的 Mo 配合物 **8** 催化此类反应。

得到的环炔烃可用 Lindlar-类型催化剂氢化得到 Z-环烯烃，另一方面，Birch 或者其他新颖的方法能够得到相应的 E 构型的环烯烃产物。

炔烃的复分解反应机理与烯烃相类似，经过一个金属杂环丁二烯中间体：

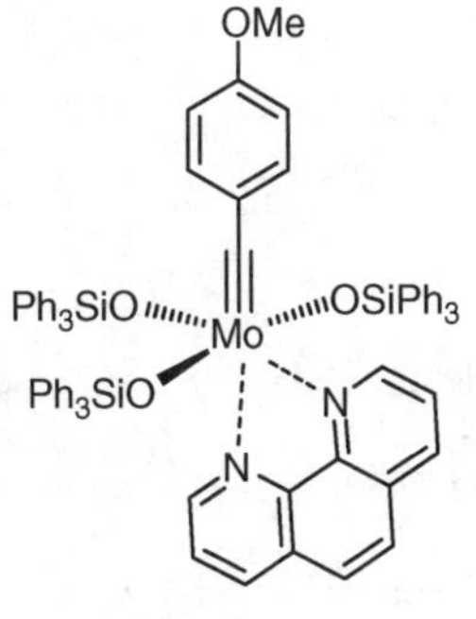

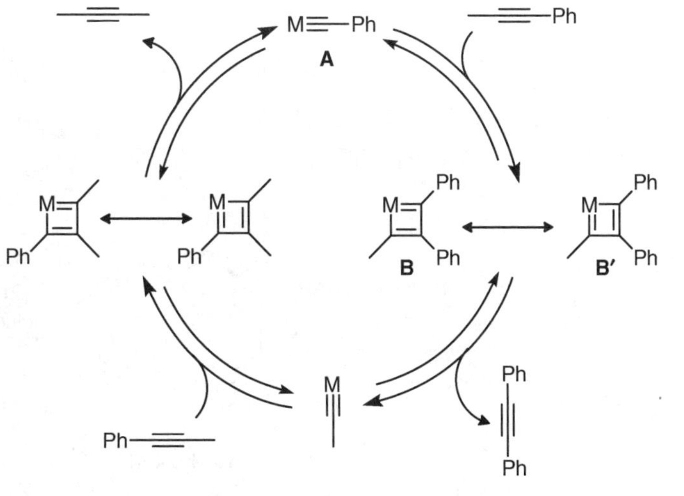

(b) 合成 **1** 和 **2**

为了用 α,ω-二烯 **12** 通过 RCM 合成环戊烯 **1**,要使用钌苯基茚叉配合物 **7b** 作为催化剂[5],尽管钌的苄叉配合物 **4** 和 **5** 也能作为催化剂使用,但是 Fürstner[3] 等研发的苯叉配合物 **7a** 和 **7b** 是第一代 Grubbs 催化剂 **4** 的良好的替代物。

149 其主要优点是制备简单:使用钌配合物 **9** 以及价格不贵、无毒的二苯基炔醇 **10** 作为卡宾来源物。相反,制备 Grubbs 催化剂需要使用苯基重氮甲烷,收率低下。而制备 **7a**,仅需要把 **9** 与 **10** 在 THF 中混合加热回流 90 min,经过中间体 **11** 得到产物,而 **7a** 在三环己基膦存在下加热很容易转化为 **7b**:

$[RuCl_2(PPh_3)_3]$ **9** + **10** → **11** → **7a** (1.6.4.1) —PCy_3→ **7b** (1.6.4.2)

为了合成 **1**,使用商业可获得的 1,6-二烯 **12** 作为底物加入,1.5%(摩尔分数)的 **7b**,在 CH_2Cl_2 中反应:

12 —**7b**, − $CH_2{=}CH_2$→ **1** (1.6.4.3)

对于炔烃关环复分解反应,可以应用新颖的、商业化的、对空气稳定的 Mo 配合物 **8** 为催化剂[3],反应底物用含有两个炔基的己二酸酯 **15** 作为示例,**15** 可由己二酰氯 **13** 与 3-戊炔-1-醇 **14** 反应得到:

13 + **14** —Pyridine, DMAP, CH_2Cl_2→ **15** (1.6.4.4) —**8** (cat.), $ZnCl_2$(cat.), toluene, MS 5 Å→ **2** (1.6.4.5)

(c) 合成 1 和 2 的具体实验步骤 150

1.6.4.1*** 钌-苯基茚叉配合物 7a[5]

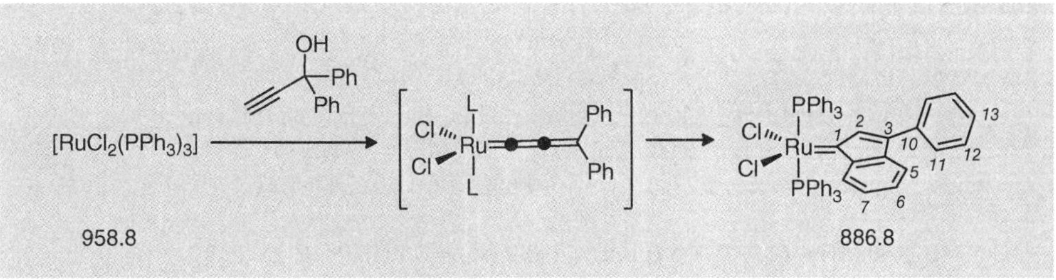

装有磁力搅拌杆和回流冷凝管的两口圆底烧瓶，配有氩气或者氮气排出口，热烤干燥后充满保护气（译者注：就是采用标准 Schenlk 技术操作），加入[$RuCl_2(Ph_3P)_3$]（10.4 g，10.8 mmol），600 mL THF，1,1-二苯基丙炔醇（3.37 g，16.2 mmol），搅拌混合，保护气作用下回流 2.5 h，混合物逐渐转化为暗红色。

减压除去溶剂（12 mbar），剩余物中加入 400 mL 正己烷，搅拌 3 h 直至固体彻底沉降，液体呈现均相，粉状固体过滤除去，滤液浓缩得到橙色产物 9.60 g，定量反应。

> **^{1}H NMR** (600 MHz, CD_2Cl_2): δ (ppm) = 7.54 (1H, 13-H), 7.54 (12H, Ph), 7.50 (2H, 11-H, 12-H), 7.46 (6H, Ph), 7.34 (2H, 12-H), 7.33 (12H, Ph), 7.31 (td, J = 7.5, 1.5 Hz, 1H, 6-H), 7.25 (dd, J = 7.5, 1.5 Hz, 1H, 5-H), 7.08 (dd, J = 7.3, 1.0 Hz, 1H, 8-H), 6.67 (td, J = 7.4, 1.0 Hz, 1H, 7-H), 6.38 (s, 1H, 2-H).
> **^{13}C NMR** (150 MHz, CD_2Cl_2): δ (ppm) = 301.0 (s, J = 12.9 Hz (t), C-1), 145.4 (s, C-3), 141.8 (s, J = 2.7 Hz (t), C-9), 139.8 (s, C-4), 139.4 (d, J = 5.2 Hz (t), 175.4 Hz, C-2), 135.6 (s, C-10), 130.1 (d, C-6), 130.1 (d, C-7), 129.41 (2C, d, C-12), 129.36 (d, C-13), 129.33 (d, 165 Hz, C-8), 127.1 (2C, d, C-11), 118.6 (d, 160 Hz, C-5). Phenyl signals: X part of ABX spin systems (A, B = ^{31}P, X = ^{13}C), δ = 135.2 (d, [J(P,C) + J(P′,C)] = 11.2 Hz, C-*ortho*), 131.2 (s, [J(P,C) + J(P′,C)] = 42.8 Hz, C-*ipso*) 130.6 (d, C-*para*), 128.4 (d, [J(P,C) + J(P′,C)] = 9.6 Hz, C-*meta*).
> **^{31}P NMR** (243 MHz, CD_2Cl_2, rel. ext. H_3PO_4): δ (ppm) = 28.7.

1.6.4.2*** 钌-苯基茚叉配合物 7b[5] 151

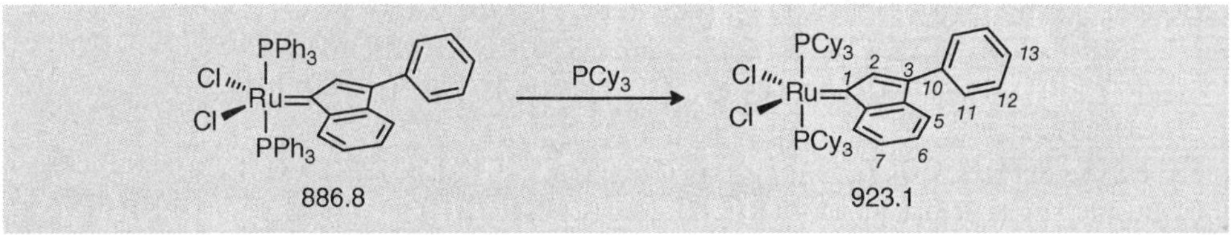

PCy_3(9.39 g,33.5 mmol)加入配合物 **1.6.4.1** 的 CH_2Cl_2(250 mL)溶液中,氩气保护,室温搅拌 2 h。

溶剂挥发,粗产品悬浮在 400 mL 正己烷中,室温下搅拌 3 h,固体彻底粉末化后过滤除去,小心用 100 mL 正己烷洗涤几次,滤液浓缩,真空干燥后得到 7.90 g 分析纯的橙色粉末,80%收率。

^{1}H NMR (600 MHz, CD_2Cl_2): δ (ppm) = 8.67 (dd, J = 7.5 Hz, 1H, 8-H), 7.75 (2H, 11-H), 7.52 (1H, 13-H), 7.40 (2H, 12-H), 7.39 (s, 1H, 2-H), 7.38 (td, 1H, J = 7.3 Hz, 6-H), 7.29 (td, J = 7.5 Hz, 1H, 7-H), 7.27 (dd, J = 7.3 Hz, 1H, 5-H). Cyclohexyl signals: δ = 2.60, 1.77, 1.73, 1.66, 1.65, 1.52, 1.50, 1.47, 1.21, 1.19, 1.18.
^{13}C NMR (150 MHz, CD_2Cl_2): δ (ppm) = 293.9 (s, J = 8.1 Hz (t), C-1), 145.0 (s, C-9), 141.4 (s, C-4), 139.8 (s, C-3), 139.1 (d, ^1J(C,H) = 175 Hz, C-2), 136.8 (s, C-10), 129.4 (d, ^1J(C,H) = 163 Hz, C-8), 129.4 (2C, d, C-12), 129.2 (d, C-7), 128.7 (d, C-6), 128.4 (d, C-13), 126.6 (2C, d, C-11), 117.6 (d, ^1J(C,H) = 157 Hz, C-5). Cyclohexyl signals: δ (ppm) = 33.1 (CH), 30.21, 30.16, 28.3, 28.1, 26.9 (all CH_2).
^{31}P NMR (243 MHz, CD_2Cl_2, rel. ext. H_3PO_4) δ (ppm) = 32.6.

1.6.4.3** 3-环戊烯-1,1-二甲酸二乙酯[5]

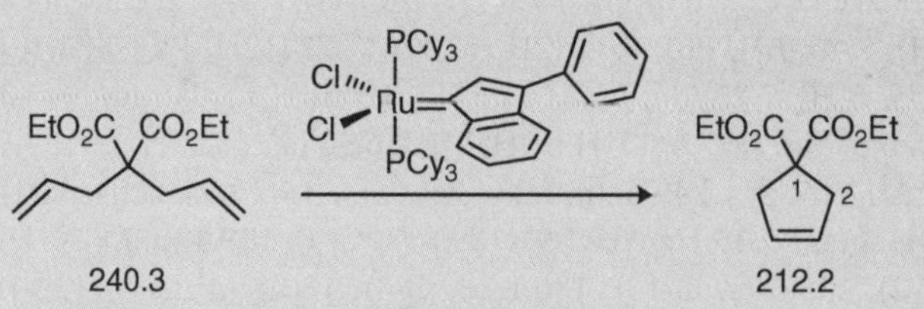

152 采用标准 Schlenk 技术,在两口圆底烧瓶中放入 **1.6.4.2** 钌的配合物(32.5 mg,1.5%)的 CH_2Cl_2 (5 mL)溶液,搅拌,室温下加入 2,2-二烯丙基丙二酸二乙酯(577 mg,2.40 mmol),反应 90 min(严格隔离氧气是提高收率的关键)。

减压除去溶剂,柱层析纯化产物(硅胶,正戊烷/乙醚=20∶1),459 mg 无色油状的环戊烯衍生物。

IR (film) $\tilde{\nu}$ (cm^{-1}) = 3063, 2983, 1733, 1625, 1256, 1182, 1072, 697.
^{1}H NMR (300 MHz, $CDCl_3$): δ (ppm) = 5.62–5.60 (m, 2H, 2×3-H), 4.20 (q, J = 7.1 Hz, 4H, $C\underline{H_2}CH_3$), 3.01 (s, 4H, 2×2-H_2), 1.25 (t, J = 7.1 Hz, 6H, $CH_2C\underline{H_3}$).
^{13}C NMR (75 MHz, $CDCl_3$): δ (ppm) = 172.2 ($\mathit{C}OCH_2CH_3$), 127.7 (2×C-3), 61.4 ($CO\mathit{C}H_2CH_3$), 58.8 (C-1), 40.8 (C-2), 14.0 ($COCH_2\mathit{C}H_3$).

MS: *m*/*z* (rel. intensity): 212 (M^+, 23), 166 (52), 138 (89), 123 (2), 111 (52), 93 (44), 79 (63), 66 (84), 55 (8), 39 (20), 29 (100).

1.6.4.4* 己二酸二(3-戊炔-1-醇)酯[6,7]

在配有恒压滴液漏斗的干燥的两口圆底烧瓶中放入 3-戊炔-1-醇(5.04 g，59.9 mmol)，二甲基氨基吡啶(DMAP)(催化剂，大约 40 mg)，无水吡啶(5.0 mL)，无水 CH_2Cl_2 (50 mL)，搅拌混合，0℃，滴加己二酰氯(5.48 g，29.9 mmol)的 CH_2Cl_2(20 mL)溶液，室温反应 12 h。

后处理：1 mol/L 的 HCl 溶液 80 mL 搅拌下缓缓加入到混合物中，分液，有机相依次用 1 mol/L 的 HCl 溶液 30 mL、饱和 $NaHCO_3$ 溶液 30 mL 洗涤，合并水相并用 50 mL 乙酸乙酯萃取，合并有机相，用 50 mL 饱和食盐水洗涤，Na_2SO_4 干燥，过滤，减压除去溶剂，剩余物用少量甲苯(15 mL)抽提两次，通过共沸除去残留的吡啶。真空干燥后，得到己二酸的二酯产物 **1.6.4.4**，无色固体 7.49 g，90%收率，mp 63～64℃，可直接用于下一步反应，不需要再纯化。

IR (film) $\tilde{\nu}$ (cm^{-1}) = 2962, 2918, 2856, 1735, 1698, 1468, 1453, 1427, 1412, 153
1394, 1371, 1302, 1250, 1136, 1070, 1051, 981, 924, 913, 750, 734, 707.
^{1}H NMR (400 MHz, $CDCl_3$): δ (ppm) = 4.11 (t, *J* = 7.0 Hz, 4H, 2 × 1′-H_2), 2.44 (tq, *J* = 7.0, 2.5 Hz, 4H, 2 × CH_2), 2.36–2.31 (m, 4H, 2 × CH_2), 1.76 (t, *J* = 2.5 Hz, 6H, 2 × CH_3), 1.69–1.63 (m, 4H, 2 × CH_2).
^{13}C NMR (100 MHz, $CDCl_3$): δ (ppm) = 173.0 (C-1), 77.2, 74.7 (C-3′, C-4′), 62.7 (C-1′), 33.8, 24.3, 19.2 (C-2, C-3, C-2′), 3.4 (C-5′).
MS: *m*/*z* (EI) (rel. intensity): 278 (2) $[M]^+$, 213 (22), 196 (11), 195 (92), 177 (12), 153 (12), 150 (16), 149 (26), 135 (27), 133 (10), 132 (76), 131 (22), 129 (35), 126 (13), 125 (12), 117 (78), 111 (64), 107 (20), 101 (17), 97 (13), 83 (19), 67 (100), 66 (76), 65 (21), 55 (24), 41 (19).
HRMS: (ESI+): *m*/*z*: calc. for $[C_{16}H_{22}O_4 + Na]^+$: 301.1410; found: 301.1409.

1.6.4.5** 1,8-二氧杂环十四碳-11-炔-2,7-二酮[6,7]

使用标准 Schlenk 技术。配有磁力搅拌棒的两口圆底烧瓶，加入 $ZnCl_2$ (12.7 mg,

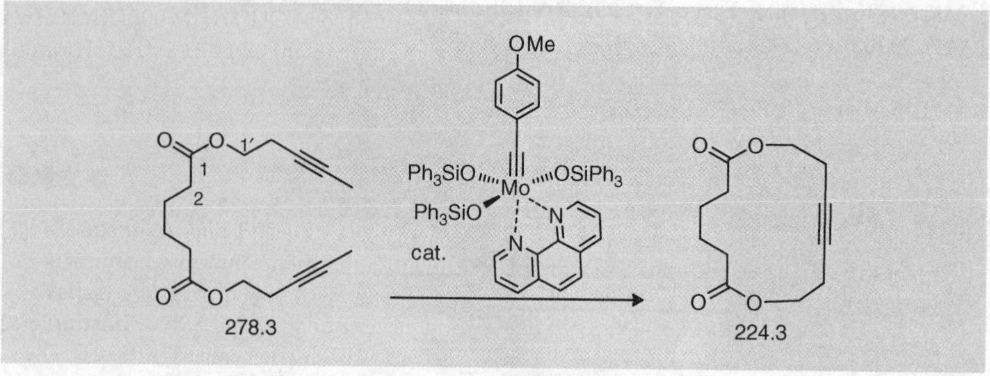

5%)以及分子筛(5 Å,4 g,180℃真空活化),无水甲苯 90 mL,室温下搅拌 1 h,[Mo(≡CAr)(OSiPh₃)₃(phen)][Ar=4-甲氧基苯基,phen=1,10-二氮杂菲(邻菲罗啉)](114 mg,5%),**1.6.4.4**(519 mg,1.87 mmol),混合,室温搅拌 18 h。

后处理:正己烷/乙酸乙酯(5∶1),在直径为 4.5 cm 的柱子中湿法装入 19 g 硅胶,反应混合物通过该硅胶过滤。用 140 mL 的混合溶液(正己烷/乙酸乙酯=5∶1)淋洗滤饼,TLC 监控,抛弃滤液。再用 120 mL 的混合溶液(正己烷/乙酸乙
154 酯=5∶1),淋洗滤饼,收集滤液,浓缩得到分析纯的 **1.6.4.5**,得到无色固体 350 mg,84%收率,mp 109~110℃。

IR (film) $\tilde{\nu}$ (cm^{-1}) = 2995, 2954, 2937, 2918, 2901, 2872, 1721, 1458, 1425, 1384, 1341, 1272, 1236, 1167, 1140, 1080, 1065, 1021, 981, 931, 843, 824, 699.
^{1}H NMR (400 MHz, $CDCl_3$): δ (ppm) = 4.13–4.06 (m, 4H, 2×CH_2), 2.53–2.47 (m, 4H, 2×CH_2), 2.39–2.30 (m, 4H, 2×CH_2), 1.76–1.67 (m, 4H, 2×CH_2).
^{13}C NMR (100 MHz, $CDCl_3$): δ (ppm) = 173.2 (2×$CH_2CO_2CH_2$), 78.2 (2×C≡C), 62.8 (2×CH_2), 35.2 (2×CH_2), 25.4 (2×CH_2), 19.4 (2×CH_2).
MS: *m/z* (EI) (rel. intensity): 129 (3), 111 (8), 78 (100), 66 (20), 55 (15), 41 (8).
HRMS: (ESI+): *m/z*: calc. for $[C_{12}H_{16}O_4 + Na]^+$: 247.0941; found: 247.0938.

参考文献

[1] (a) Fürstner, A. (2011) *Chem. Commun.*, **47**, 6505–6511; (b) Hoveyda, A.H., Malcolmson, S.J., Meek, S.J., and Zhugralin, A.R. (2010) *Angew. Chem. Int. Ed.*, **49**, 34–44; (c) Vougioukalakis, G.C. and Grubbs, R.H. (2010) *Chem. Rev.*, **110**, 1746–1787.

[2] Yu, M., Wang, C., Kyle, A.F., Jakubec, P., Dixon, D.J., Schrock, R.R., and Hoveyda, A.H. (2011) *Nature*, **479**, 88–93.

[3] (a) Fürstner, A. (2013) *Angew. Chem.*, **125**, 2860–2887; *Angew. Chem. Int. Ed.*, (2013), **52**, 2794–2819; (b) Haberlag, B., Freytag, M., Daniliuc, C.G., Jones, P.G., and Tamm, M. (2012) *Angew. Chem. Int. Ed.*, **51**, 13019–13022.

[4] Michaelidis, I.N. and Dixon, D.J. (2013) *Angew. Chem. Int. Ed.*, **52**, 806–808.

[5] Fürstner, A., Guth, O., Düffels, A., Seidel, G., Liebl, M., Gabor, B., and Mynott, R. (2001) *Chem. Eur. J.*, **7**, 4811–4820.

[6] Heppekausen, J., Stade, R., Kondoh, A., Seidel, G., Goddard, R., and Fürstner, A. (2012) *Chem. Eur. J.*, **18**, 10281–10299.

[7] Heppekausen, J., Stade, R., Goddard, R., and Fürstner, A. (2010) *J. Am. Chem. Soc.*, **132**, 11045–11057.

1.7 周环反应

1.7.1 苯基环丙胺

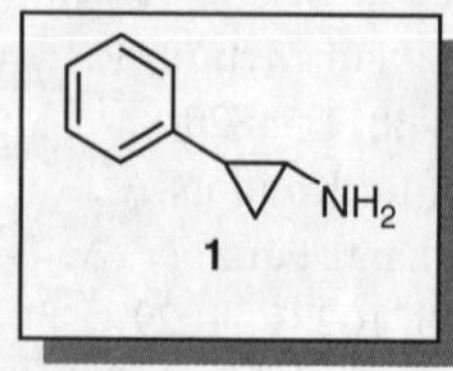

专题
- 氨基环丙烷类药物合成
- 乙酰氧基卡宾对苯乙烯的[1+2]环加成,烯烃的环丙烷化
- 酯的皂化
- 分步结晶分离立体异构体
- Curtius 热分解

155 (a) 概述

苯基环丙胺(**1**)是外消旋的 *trans*-(*E*)-2-苯基环丙胺混合物,作为心理兴奋剂和抗抑郁的精神类药物使用[1]。**1** 作为单胺氧化酶的抑制物,具有延迟 5-羟色胺,去甲肾上腺素,肾上腺素以及其他胺的代谢降解作用[2]。

Ph NH$_2$ H H (+)-(1*S*,2*R*) **1** H$_2$N Ph H H (–)-(1*R*,2*S*)

1 的两个对映异构体结构已经明确,其结构-活性关系已经被广泛研究,其中,(1*S*,2*R*)-化合物抗抑郁活性比其对映异构体高 10 倍。

环丙胺的逆合成分析,最主要的切断是逆-[1+2]环加成,因此有 **A**/**B** 两条路线合成目标分子 **1**。

路线 **A**,经过 FGI($NH_2 \rightarrow NO_2$)得到苯基硝基环丙烷 **2**,**2** 又是由卡宾对(*E*)-2-苯基-1-硝基乙烯(**3**)进行[1+2]环加成得到的,**3** 很容易通过苯甲醛与硝基甲烷进行硝基 aldol 缩合反应来制备(Henry 反应)。

路线 **B**,经过 FGI,伯胺官能团来自酰基叠氮化合物 **4**(逆 Curtius 重排),**4** 进一步逆推至(*E*)-2-苯基-环丙烷甲酸酯 **5**,进一步逆推,**5** 是由乙酰氧基卡宾(**7**)与苯乙烯(**6**)[1+2]环加成得到:

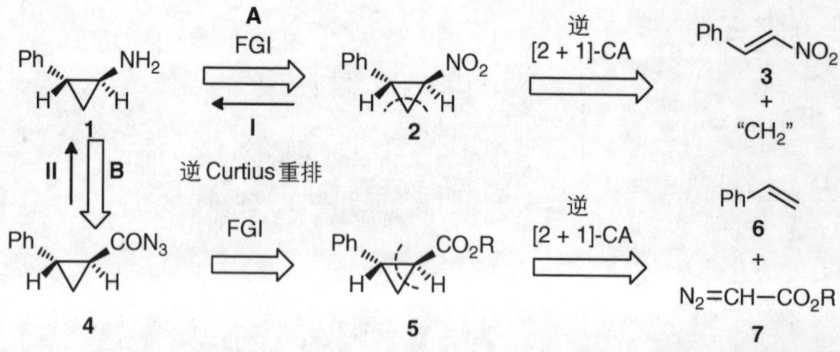

实际情况是，苯基硝基环丙烷 **2** 可以由苯基硝基乙烯 **3** 与三甲基氧锍碘化物($Me_3S^+{=}OI^-$)/NaH 发生 Corey-Chaykovsky 反应进行环丙烷化得到[3]。很遗憾，文献中没有涉及后续的还原反应，因此这条可能的简捷合成路线就此别过。

事实上，基于逆合成分析 **B** 的合成路线Ⅱ已有文献报告[4]，将在(b)部分 156
讨论。

Ph⁀ + N_2=CH−CN —Cu, $-N_2$, [2 + 1]-CA→ *trans*-**8** —*Rhodococcus* sp. AJ270, pH 7.0, 30℃→ (1*R*,2*S*)-**9**, 99% ee + (1*S*,2*R*)-**10**, 81% ee —(1) $ClCO_2Et$, NaN_3 (2) *t*-BuOH (3) HCl/H_2O→ (1*S*,2*R*)-**1**

有必要指出，对映纯(1*R*,2*S*)-**1** 还可以通过对 *E*-2-苯基环丙烷腈(**8**)进行化学酶方法转化来制备[5]。红球菌 sp AJ 170 是一种用途广泛的氰基水合/酰胺酶，对映选择性地催化水解 **8** 伴随高 ee 值，得到相应的酰胺 **9** 和酸 **10**。酸 **10** 通过改进的 Curtius 重排转化为(+)-(1*S*,2*R*)-**1**。

(b) 合成 1

1 的合成从苯乙烯与乙酰氧基卡宾环丙基化开始，后者由重氮乙酸乙酯(**12**)的热分解得到。**12** 由甘氨酸乙酯盐酸盐(**11**)与亚硝酸反应制备[6]：

11 —HNO_2, ~85%→ N_2=CH−CO_2Et **12** (1.7.1.1) —Ph⁀, △, $-N_2$, 69%→ *trans*-**13** + *cis*-**14** (1.7.1.2)

环丙烷化反应得到的是苯基环丙烷羧酸乙酯的两个非对映异构体混合物 **13** 和 **14**，作为混合物(译者注：原书中错)，*trans*/*cis* 比例为 21。混合物 **13** 和 **14** 在 NaOH 溶液中进行皂化反应，得到混合酸 **15** 和 **16**，经分步重结晶(水)分离得到纯的 *trans*-酸 **15** 用于后续合成。

反式苯基环丙烷甲酸 **15** 经过 Curtius 反应降解相应的酰基叠氮化合物转化为 **1**，具体实现过程：**15** 变为酰氯(**19**)，与 NaN_3 反应得到叠氮化合物(**18**)，通过 1,2-*N*-六电子重排历程热分解得到异腈酸酯(**17**)，最终，**17** 在酸性介质中，通过氨基甲酸以及脱羧得到苯基环丙烷胺 **1**。

157

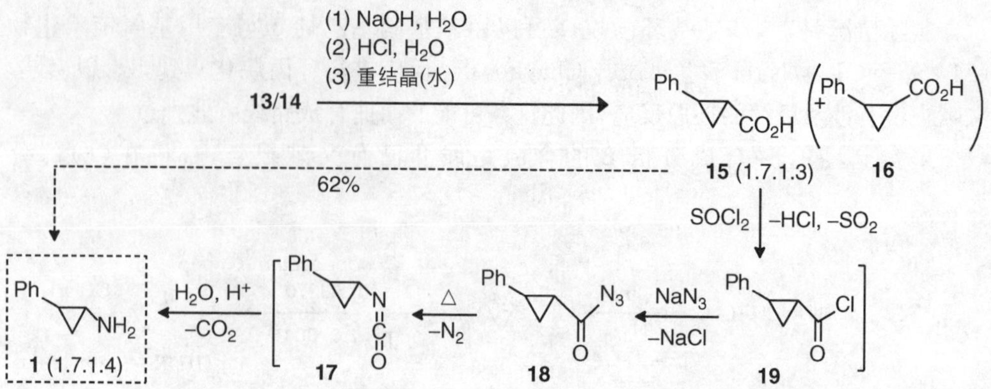

15→1 的四步转化是用一锅法完成的，波谱检测到中间体 **17** 和 **19** 存在，经过四步总收率为 19%(以 **11** 计算)。(译者注：原书中上图中 **7** 应为 **17**)。

另外还有一个方法：在手性 Co(Ⅱ)配合物催化下，苯乙烯与重氮乙酸酯进行对应选择性和非对映选择性的环加成：

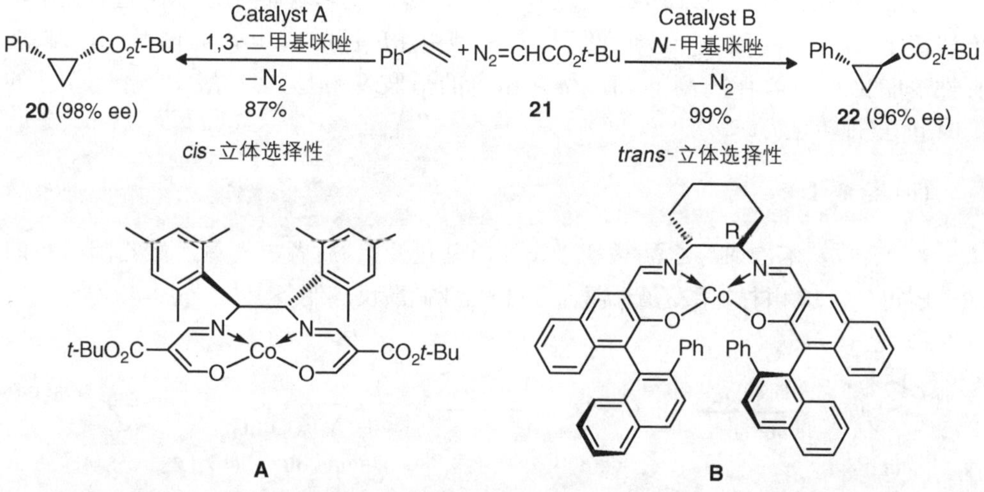

如此，苯乙烯与重氮乙酸叔丁酯(**21**)在 β-酮亚胺-Co(Ⅱ)配合物 **A** 催化下反应得到 *cis*-二取代环丙烷化合物 **20**[7]，而使用 Salen-型配合物 **B** 得到 *trans*-异构体 **22**，两者 ee 值都大于 96%[8]。

158 **(c) 合成 1 的具体实验步骤**

1.7.1.1** **重氮乙酸乙酯**[6]

$NaNO_2$(32.8 g，0.48 mol)溶解于 100 mL 水中，−5℃，加入剧烈搅拌的甘氨酸

$H_3\overset{+}{N}CH_2CO_2Et\ Cl^-$ (139.6) $\xrightarrow{HNO_2}$ $N_2{=}CH{-}CO_2Et$ (114.1)

盐酸盐(56.0 g,0.40 mol)的 100 mL 水和 240 mL 的 CH_2Cl_2 混合溶液中,冷却到 −9℃,用约 3 min 时间将冷的 5%的硫酸溶液 38 g 缓缓加入反应体系中,控制温度低于 1℃,滴加完毕后继续搅拌 15 min。

反应液用冷的分液漏斗分液,水相用 30 mL 的 CH_2Cl_2 萃取,合并有机相,用总量为 400 mL 的 5%的 $NaHCO_3$ 溶液中和,直到没有 CO_2 气泡放出。有机相用 $CaCl_2$ 干燥,过滤,不需要分离纯化可直接用于下一步,滤液约有 280 mL,含有 36～40 g 产品,浓度约为 79%～88%。

1.7.1.2** 2-苯基环丙烷羧酸乙酯[4]

苯乙烯 (104.1) + $N_2{=}CH{-}CO_2Et$ (114.1) $\xrightarrow{\triangle}$ 2-苯基环丙烷羧酸乙酯 (trans + cis) (190.2)

三口瓶配上滴液漏斗、温度计和搅拌器和蒸馏装置(反应瓶不能小于 500 mL,特别是在反应开始阶段,重氮乙酸酯分解产生大量氮气,造成强烈的烟雾),苯乙烯(17.7 g,0.17 mol,苯乙烯使用前应该在氢醌存在下蒸馏,bp_{12} 33～34℃)和 0.4 g 的氢醌,加热到 125℃。然后用 **1.7.1.1** 制备的重氮乙酸酯,溶解苯乙烯(34.4 g,0.33 mol)和氢醌(0.4 g),剧烈搅拌下滴加到三口瓶中,控制滴加速度,使瓶内温度保持在 125～135℃(外部油浴温度为 160℃),整个添加过程需要大约 3 h。

蒸馏出来的淡黄色的 CH_2Cl_2 溶液,室温下减压浓缩到大约 40 mL,滴加到反应瓶中(条件同上)。

后处理:常压蒸馏除去 CH_2Cl_2,过量的苯乙烯减压蒸馏除去(15 mbar,18.7 g,0.18 mol),继续蒸馏,收集 1 mbar 馏分,得到无色液体 41.8 g(69%收率,基于苯乙烯),bp_1 106～108℃,^1H NMR 结果表明,产物是 *cis*-和 *trans*-的混合物。

IR (film): $\tilde{\nu}$ (cm^{-1}) = 1725, 760, 700. 159
^{1}H NMR (300 MHz, $CDCl_3$): δ (ppm) = 7.4–7.0 (m, 5H, Ph–H), 4.16, 3.86 (q, *J* = 7.0 Hz, together 2H, OCH_2), 2.7–2.4 (m, 1H, 2-H), 2.2–1.4 (m, 3H, 3-H_2, 1-H), 1.26, 0.96 (t, *J* = 7.0 Hz, 3H, CH_3; relative intensity 1 : 2, ratio of the cis/trans stereoisomers).

1.7.1.3** *trans*-2-苯基环丙烷-1-甲酸[4]

Ph, CO_2Et + Ph, CO_2Et —NaOH→ Ph, CO_2H + Ph, CO_2H

将 **1.7.1.2** 得到的混合物(38 g,0.20 mol)和 NaOH(11.8 g,0.30 mol)溶解于乙醇/水(110 mL/15 mL)混合溶液中,加热回流 9 h。

红色混合物减压浓缩,剩余物溶解于 50 mL 水中,溶液冰浴冷却。确保搅拌条件下加入浓盐酸,抽滤收集沉淀,滤饼用水洗涤,用大约 2.5 L 水重结晶(活性炭脱色)。第二次重结晶获得纯的 *trans*-2-苯基环丙烷-1-羧酸,11.4 g,35%收率,无色晶体,mp 92.5~93.5℃。重结晶的母液合并、浓缩到 500 mL,又得到 5.20 g 产品,16%收率,mp 91~92℃,总收率 51%;TLC(硅胶,乙醚),R_f=0.75。

IR (KBr): $\tilde{\nu}$ (cm^{-1}) = 3500–2300, 1695, 1245.
^{1}H NMR (300 MHz, $CDCl_3$): δ (ppm) = 7.4–6.9 (m, 5H, Ph–H), 2.7–2.4 (m, 1H, 2-H), 2.9–1.2 (m, 3H, 1-H, 3-H_2); CO_2H is not observed.

1.7.1.4** (±)-*trans*-2-苯基环丙烷-1-胺[4]

Ph, CO_2H (162.2) —$SOCl_2$→ Ph, COCl (180.6) —(1) NaN_3 (2) Δ, $-N_2$ (3) H_2O, H^+→ Ph, NH_2 (133.2)

160 1) *trans*-2-苯基环丙烷-1-甲酰氯。*trans*-酸 **1.7.1.3**(13.0 g,0.08 mol)和二氯亚砜(20.3 g,0.17 mol)的无水苯(45 mL,注意:致癌的)溶液加热回流 5 h(注意:有毒的 HCl 和 SO_2 气体放出),减压浓缩后加入 30 mL 苯,再次减压浓缩以除去过量的二氯亚砜。黄色的酰氯粗产物不需要纯化,直接用于下一步合成,得到 13.5 g 产品,收率 93%,(IR(薄膜法),$\tilde{\nu}$=1 780 cm^{-1},C═O)。

2) 70℃(油浴温度条件下),上述得到的酰氯溶解于 70 mL 甲苯,并用时 1 h 滴加到剧烈搅拌的 NaN_3(21.0 g,0.32 mol,注意要放入通风橱操作)的无水甲苯悬浮液中,缓慢升温,在 70~80℃有氮气放出。滴加完毕回流 4 h 至无氮气泡产生。

冷却到室温,抽滤除去无机盐,甲苯洗涤滤饼,合并有机相,减压浓缩得到异腈酸酯 11.9 g(IR(薄膜法),$\tilde{\nu}$=2 280 cm^{-1},N═C═O)。冷却到 10℃,用时 45 min 加入浓盐酸 135 mL,然后加热回流 2 h。冷却到室温,加入 50 mL 冰水,用 100 mL 乙醚萃取水相,水相减压浓缩。剩余物中加入 100 mL 乙醚,置于冰浴中,加入 50%的 KOH 溶液 50 mL,游离的胺进入乙醚相,碱性水相用 50 mL 乙醚洗涤两次,合并乙醚溶液,用 $MgSO_4$ 干燥,过滤,减压除去溶剂,剩余的浅黄色油状物用微量蒸馏仪蒸馏,得到反式苯基环丙烷胺,无色液体 6.60 g,收率 62%(基于 *trans*-酸 **1.7.1.3**),$bp_{0.4}$ 43~45℃。

IR (film): $\tilde{\nu}$ (cm^{-1}) = 3370, 3300, 1605, 1500, 1460, 745, 700.
^{1}H NMR (300 MHz, $CDCl_3$): δ (ppm) = 7.4–6.9 (m, 5H, Ph–H), 2.7–2.4 (m, 1H, 2-H), 2.1–1.7 (m, 1H, 1-H), 1.55 (s, 2H, NH_2), 1.2–0.7 (m, 2H, 3-H_2).

衍生物

1) 化合物 **1** 的盐酸盐:在 **1** 的无水乙醚溶液里通入 HCl 气体,得到白色结晶,mp 155~157℃(溶解于甲醇,加入乙酸乙酯/乙醚=1∶1,结晶得到)。

2) 化合物 **1** 的 *N*-苯甲酰化物:等化学计量的苯甲酰氯,以二氧六环为溶剂,20℃条件下与 **1** 反应 1 h(Schotten-Baumann 反应),得到无色针状晶体,mp 120~121℃(甲醇重结晶)。

参考文献

[1] Kleemann, A. and Engel, J. (1999) *Pharmaceutical Substances*, 3rd edn, Thieme Verlag, Stuttgart, p. 1923.

[2] Auterhoff, H., Knabe, J., and Höltje, H.-D. (1994) *Lehrbuch der Pharmazeutischen Chemie*, 13th edn, Wissenschaftliche Verlagsgesellschaft mbH, Stuttgart, p. 389.

[3] (a) Asunksis, J. and Shechter, H. (1968) *J. Org. Chem.*, **33**, 1164–1168; Cyclopropane α-aminocarboxylates have been obtained by reduction of the corresponding nitrocarboxylates resulting from cycloaddition of nitrodiazoacetates to alkenes: (b) Wurz, R.P. and Charette, A.B. (2004) *J. Org. Chem.*, **69**, 1262–1269.

[4] Burger, A. and Yost, W.L. (1948) *J. Am. Chem. Soc.*, **70**, 2198–2201.

[5] Wang, M.-X. and Feng, G.-Q. (2002) *New J. Chem.*, **26**, 1575–1583.

[6] Newman, M.S., Ottmann, G.F., and Grundmann, C.F. (1963) *Org. Synth. Coll. Vol. IV*, 424–426.

[7] Niimi, T., Ushida, T., Irie, R., and Katsuki, T. (2000) *Tetrahedron Lett.*, **41**, 3677–3680.

[8] (a) Ikeno, T., Sato, M., and Yamada, T. (1999) *Chem. Lett.*, 1345–1346; For other catalyst types and their stereoselectivities, see: (b) Yamada, T., Ikeno, T., Sekino, H., and Sato, M. (1999) *Chem. Lett.*, 719–720; (c) Loeffler, F., Hagen, M., and Luening, U. (1999) *Synlett*, 1826–1828.

1.7.2 11,11-二氟-1,6-桥亚甲基[10]轮烯

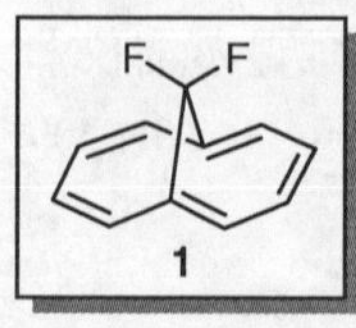

专题 ◆ Vogel 法合成 1,6-亚甲基[10]轮烯

◆ 萘的 Birch 还原

◆ 多环烯体系的化学选择性的环丙烷化([1+2]环加成)

◆ 碱诱导的 HX 消除

◆ 降蒈二烯与环庚三烯重排

(a) 概述

[10]轮烯在芳香性[*n*]轮烯家族中是个有问题的成员[1],它有 10 个 π 电子,好像满足了 Hückel 规则关于电子数目的要求($n=2$)。但是其结构中所有的双键既有高度的 sp^2 键角变形(见 **2**),又有严重的氢原子的顶冲(见 **4**),其结果导致 10 个 π 电子不能处于平面或者近似平面的"芳香化"所需要的稳定结构中。

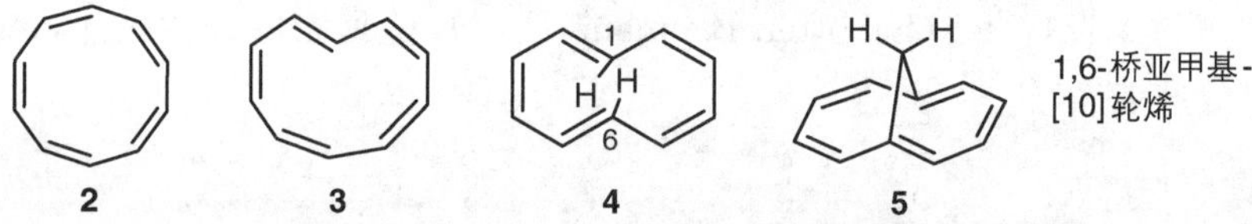

事实上,完全顺式结构的单-*trans*-[10]轮烯(**2** 和 **3**)已经被合成出来,这种非平
162 面的、没有芳香性的结构,非常不稳定。如同 Vogel 所预测那样[2],以一个亚甲基取代双反式结构 **4** 中有顶冲作用的环内氢得到 1,6-桥[10]轮烯 **5**,其波谱数据与 10π 电子芳香烃一致。

化合物 **5** 的 ^{1}H NMR 数据表明,该化合物是个抗磁性的平面烃(环质子在 $\delta=7.27$ ppm和 6.95 ppm 处呈现 AA′BB′类型的多重信号峰;位于 π 平面上方的 CH_2 化学位移在−0.52 ppm)。依据 X-ray 衍射结构解析数据,环周边的 sp^2-C 并非处于一个平面上,但是 sp^2 C—sp^2 C 的键长落在苯类化合物范围内(137.3~141.9 pm,对比苯中 139.8 pm),表现出明显的 π-体系的离域化。在化学上,**5** 对氧气稳定,热稳定达 220℃以上;能够发生预期的类似于芳香族化合物的 S_EAr 反应(如溴化、硝化、酰基化等反应):

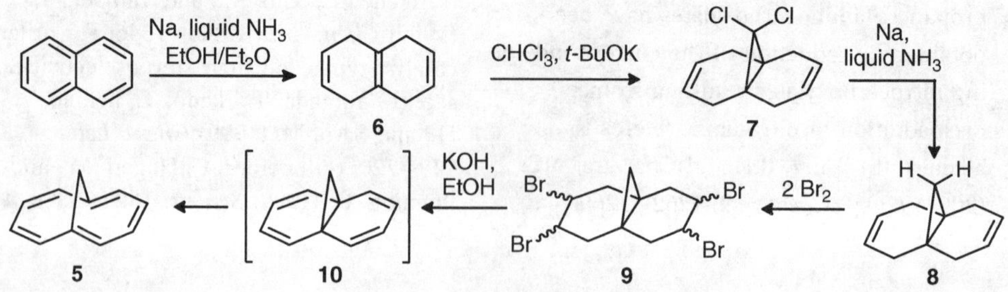

Vogel's 合成 **5** 的路线[2]从异四氢萘 **6** 开始，**6** 由萘的 Birch 还原制备。氯仿与叔丁醇钾反应得到的卡宾与 **6** 中间的双键进行环加成反应得到 **7**，用 Na/液氨体系还原得到螺浆烷 **8**，然后 **8** 转化成 **5** 的路径为：ⅰ）溴对双键加成得到 **9**，再用 KOH 脱 HBr；或ⅱ）用 2,3-二氯-5,6-二氰基-1,4-苯醌(DDQ)脱氢。两条路线得到的同一个中间体降蒈烯衍生物 **10**，经过热电环化开环得到 **5**。

Vogel 的合成理念在合成其他桥基的[10]轮烯体系(**11**，X=O，NH，CF_2)中得以实现，以及用于制备 **5** 不同的合成策略[3]得到多桥[14]-、[18]-和[22]轮烯(如 **12**)[8)]；[10]轮烯体系中其他类型的桥，如 1,5-亚甲基化合物 **13**，与它的等电子体 **14** 具有高度的结构相似性(见 1.7.3 节)，三环烃 **14** 是一个三-*trans*-双-*cis*-[10]轮烯三环短周环衍生物，也有此性质。

注 8)：此外，如同 10π-吡啶合成，*syn*-以及 *anti*-桥以及多亚甲基桥的[14]轮烯化合物也被合成出来，见参考文献 1。 163

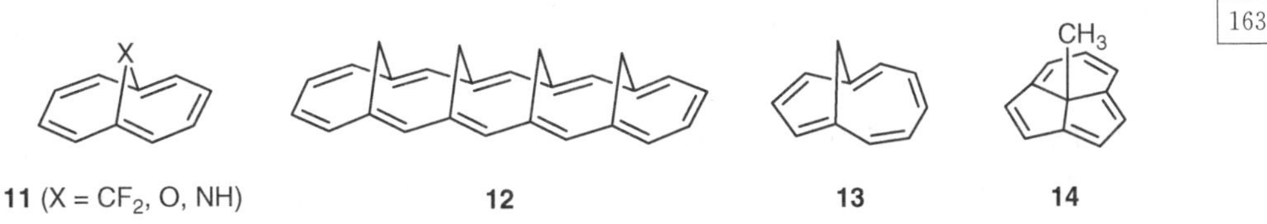

11 (X = CF_2, O, NH)　　**12**　　**13**　　**14**

(b) 合成 1

合成 **1** 的理念是基于合成 **5** 的方法发展而来的[4]。首先，萘用 Na/液氨体系还原(Birch 法，乙醇作溶剂，提供质子源)，稠环芳烃经历两次 1,4-还原得到 1,4,5,8-四氢萘(**6**，异四氢萘)。化合物 **6** 在二甘醇二甲醚中与 2,2-二氟-2-氯-乙酸钠在 165℃条件下反应(二氟卡宾从反应 $F_2ClCCOONa \rightarrow CF_2 + CO_2 + NaCl$ 中产生)，卡宾化学选择性的对内双键进行环加成反应(原因在于内双键是四烷基取代，比周边双键二烷基取代具有更高密度电子云)，得到单卡宾加成产物 **15**：

Na, liquid NH_3, EtOH, 76%；$ClCF_2CO_2Na$, diglyme, △, $-NaCl$, $-CO_2$, 30%

6 (1.7.2.1)　　**15** (1.7.2.2)

81%　　$2Br_2$, 30%

△　　KOH, MeOH

1 (1.7.2.3)　　**16**　　**17**

二氟螺桨烷 **15** 转化为 11,11-二氟-1,6-亚甲基[10]轮烯 **1**,可采用的方法为：两分子的溴对 **15** 加成得到四溴代物 **17**,不经分离直接用 KOH/MeOH 脱四分子的 HBr 得到降蒈二烯体系 **16**。在反应条件下,**16** 分子中央 C—C 键断裂,经历降蒈二烯-环庚三烯重排得到目标分子 **1**。

经过三步反应,合成目标分子 **1**,总收率 18%(以萘计算)。

164 **(c) 合成 1 的具体实验步骤**

1.7.2.1** 1,4,5,8-四氢萘[4]

Na, liquid NH_3

128.2 132.2

在干冰-丙酮浴中的烧瓶内加入 1.0 L 的液氨(小心,通风橱内操作),除去干燥管,剧烈搅拌下,用时 1 h 分批加入 Na(64.1 g,1.80 mol),然后用时 3 h 小心地加入萘(64.1 g,0.50 mol)的无水乙醇(200 mL)和乙醚(250 mL)混合溶液,最后保持 −78℃,搅拌反应 6 h。

移去冷浴,让氨挥发 12 h,氮气保护下向剩余物中加入甲醇 40 mL 来破坏过量的金属钠。然后加入 1.5 L 的冰水,混合物用乙醚萃取(3×100 mL),合并有机相,用 Na_2SO_4 干燥,过滤,20℃减压除去溶剂。剩余物在玻璃杯内用水洗涤几次,并使用大约 530 mL 甲醇重结晶,得到 60.5 g 产品,76%收率,mp 52～53℃(大约 98%纯度)。甲醇再次重结晶后 mp 57～58℃。

IR (KBr): $\tilde{\nu}$ (cm^{-1}) = 3020, 2870, 2840, 2810, 1660.
^{1}H NMR (300 MHz, $CDCl_3$): δ (ppm) = 5.67 (s, 4H, vinyl-H), 2.50 (s, 8H, allyl-H).

1.7.2.2** 11,11-二氟三环[4.4.1.$0^{1,6}$]十一碳-2,8-二烯[4]

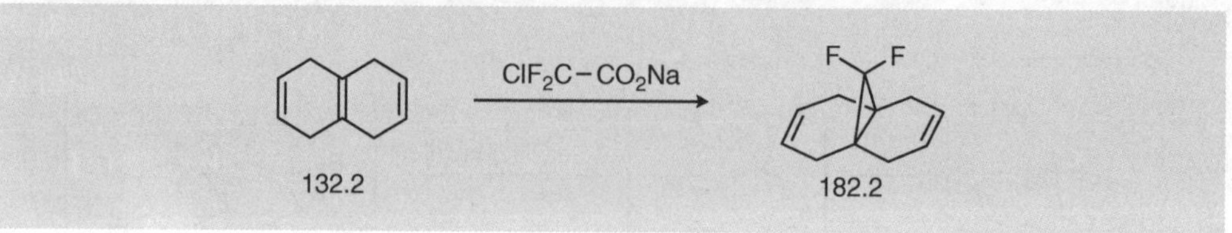

1) 2,2-二氟-2-氯-乙酸钠：将 2,2-二氟-2-氯-乙酸(71.7 g,0.55 mol)的甲醇溶液

(110 mL),滴加到 NaOH(22.0 g,0.55 mol)的甲醇溶液(250 mL)中,控制反应温度为 40℃,偶尔用冰浴控制。反应结束后减压除去溶剂,得到的盐置于 P_4O_{10}/1 mbar 条件下干燥,收率为 83.7%。

2) 向回流条件下剧烈搅拌的异四氢萘(46.2 g,0.35 mol)的无水的二甘醇二甲醚溶液(140 mL)中加入上述盐(76.1 g,0.50 mol)的无水二甘醇二甲醚溶液(100 mL),控制滴加速度,确保反应温度不低于 165℃。滴加完毕后,在 165℃温度下继续反应 15 min,直至无 CO_2 气体放出。 165

溶液冷却至室温,倒入 1 L 的水中,用正戊烷萃取(1×300 mL,4×100 mL)。合并有机相,用 300 mL 水洗涤,然后用 $MgSO_4$ 干燥,过滤,室温下减压除去溶剂,剩余物用 30 cm 长的填充柱蒸馏(填充物为 Raschig 环),蒸馏时用吹风机或者红外灯加热柱子,以防止产物在柱子内结晶。第一馏分 bp_{12} 89～91℃舍弃,收集第二馏分(bp_{12} 91～103℃),使用甲醇重结晶,得到白色四方片状产物 19.0 g,29%收率,mp 58～60℃,98%纯度(GC 表征)。

IR (KBr): $\tilde{\nu}$ = 3040, 2980, 2890, 2830, 1670 cm^{-1}.
^{1}H NMR (300 MHz, $CDCl_3$): δ (ppm) = 5.59 (s, 4H, vinyl-H), 2.8 – 1.8 (m, 8H, allyl-H).

1.7.2.3** 11,11-二氟-1,6-亚甲基[10]轮烯[4]

卡宾加成物 **1.7.2.2**(10.9 g,60.0 mmol)溶解在 120 mL 的无水 CH_2Cl_2 中,冷却到−60℃,向其滴加溴(19.2 g,0.12 mol)的 CH_2Cl_2(60 mL)溶液,并控制滴加速度使反应体系中没有溴的颜色存在,大约用时 15 min。

室温下减压除去溶剂,剩余物呈无色晶体状,于高真空下干燥(直接用油泵抽)15 min,然后溶解在 60 mL 的 THF 中,并用时 20 min 滴加到回流状态下的、剧烈搅拌的 KOH(28 g,0.50 mol)的甲醇溶液(160 mL)中,保持回流,反应 2 h 后冷却到 40℃,小心加入盐酸溶液(6 mol/L,120 mL),加热回流 1 h。

混合物冷却到室温,倒入 800 mL 水中,正戊烷萃取(5×150 mL)。合并有机相,用 300 mL 饱和的 $NaHCO_3$ 溶液洗涤,然后用 $MgSO_4$ 干燥,过滤,滤液中加入碱性 Al_2O_3(20 g,活性等级Ⅰ),减压除去溶剂。使用 Soshlet 提取器,用正戊烷把产品从氧化铝上淋洗出来,冷却后得到淡黄色长针状晶体,甲醇重结晶,得到产物7.20 g,mp 166 116~118℃。浓缩母液又可以得到产物 1.20 g,剩余的粗产物经过柱层析(硅胶,正戊烷)得到产物 0.4 g,合计产品 8.80 g,总收率 81%。

UV (cyclohexane): λ_{max} (lg ε) = 409 (2.73), 398 (2.93), 389 (2.90), 380 (2.77), 293 (3.77), 253 nm (4.81).
IR (KBr): $\tilde{\nu}$ (cm^{-1}) = 3030, 1375, 1100, 790.
^{1}H NMR ($CDCl_3$): δ (ppm) = 7.4–6.8 (m, AA′BB′ system of eight aromatic protons [4]).

参考文献

[1] For an instructive and detailed discussion of the [10]annulene problem, see Hopf, H. (2000) *Classics in Hydrocarbon Chemistry*, Wiley-VCH Verlag GmbH, Weinheim, p. 218 and 227.

[2] Vogel, E. and Roth, H.D. (1964) *Angew. Chem.*, **76**, 145.

[3] Vogel, E., Deger, H.M., Sombroek, J., Palm, J., Wagner, A., and Lex, J. (1980) *Angew. Chem.*, **92**, 43–45; *Angew. Chem., Int. Ed. Engl.*, (1980), **19**, 41–43.

[4] (a) Rautenstrauch, V., Scholl, H.-J., and Vogel, E. (1968) *Angew. Chem.*, **80**, 278–279; (b) Vogel, E., Klug, W., and Breuer, A. (1974) *Org. Synth.*, **54**, 11; original contribution from Vogel, E., 1981.

1.7.3 1,2-庚塔烯二甲酸二甲酯

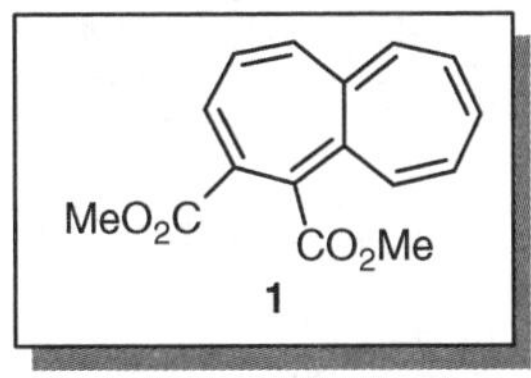

专题
- ◆ Hafler-Ziegler 法合成薁
- ◆ 活泼卤代芳烃的 S_NAr 反应
- ◆ Zincke 反应（*N*-受体取代吡啶阳离子亲核开环制备五次甲基菁）
- ◆ 烯基化 6-氨基富烯以及电环化转化为薁的反应
- ◆ 偶极[2+2]-环加成为薁，扩环为庚塔烯

(a) 概述

庚塔烯(**4**)是无桥轮烯家族(见 1.7.2 节)第一个成员，该类化合物在 π 电子系统上包含一个五元环富烯(戊塔烯(**2**)和薁(**3**))，或者七元环富烯(庚塔烯(**4**))[1]：

周长：[8]-轮烯　[10]-轮烯　[12]-轮烯

2 (8π)　**3** (10π)　**4** (12π)

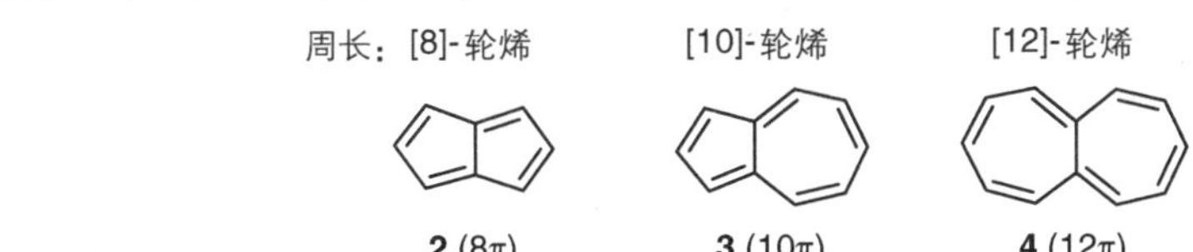

庚塔烯(**4**)是个非常活泼的、对氧敏感的、非平面构型的环多烯烃，变温^{1}H NMR 结果表明，其不同温度下存在构象异构。化合物 **4** 的非平面骨架结构可由其稳定的衍生物如二羧酸酯 **1** 的 X-ray 衍射确认，晶体状态下两个环的平面倾向于形成类船型构象[2]。 167

绝大多数合成 **4** 的方法都是从 1,4,5,8-四氢萘(**5**)开始，**5** 是 Vogel's 法合成亚甲基[10]轮烯的中间体：

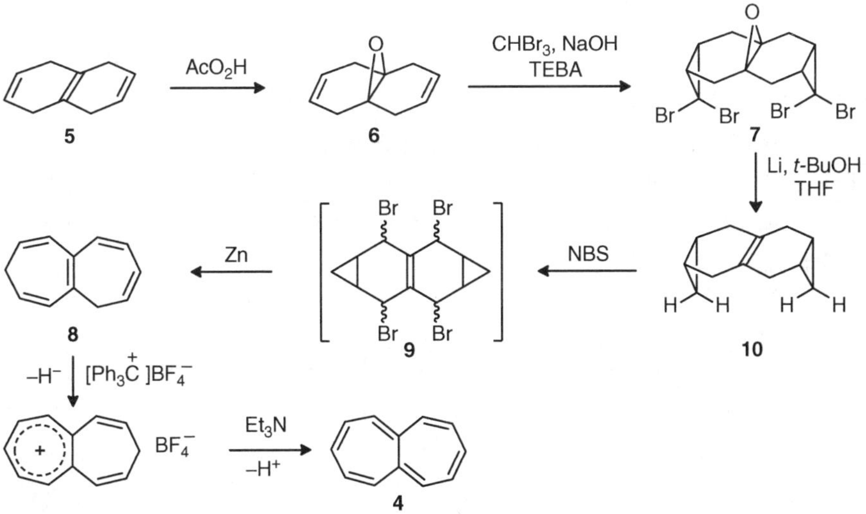

对 **5** 分子中的中央双键进行化学选择性的环氧化得到化合物 **6**,接着在相转移条件下与二溴卡宾加成得到 *trans*-双加成产物 **7**,**7** 在 THF 溶液中用 Li/叔丁醇处理下脱卤素和氧后转化为 **10**,继续与 NBS 反应得到四溴化物 **9**,再用 Zn 还原得到 3,8-二氢庚塔烯 **8**。化合物 **8** 先用氢攫取剂[$Ph_3C^+ \cdot BF_4^-$]脱除一个氢,再用三乙胺脱氢(**8→4**),最后完成 **4** 的合成[3]。

(b) 合成 1

为了合成稳定的庚塔烯衍生物 **1**,文献提供了一条最简捷的路线[4],即由薁(**3**)与丁炔二酸二甲酯进行[2+2]环加成,进而扩环得到目标分子 **1**。

因此,首先要合成薁(**3**),诸多方法见参考文献[5]。本文选取的是 Hafner 方法[6],采用一锅法连续多步合成,即从吡啶与 2,4-二硝基氯苯经过 S_NAr 反应原位生成氯化 1-(2,4-二硝基苯基)吡啶盐(**11**)为起始原料。

168

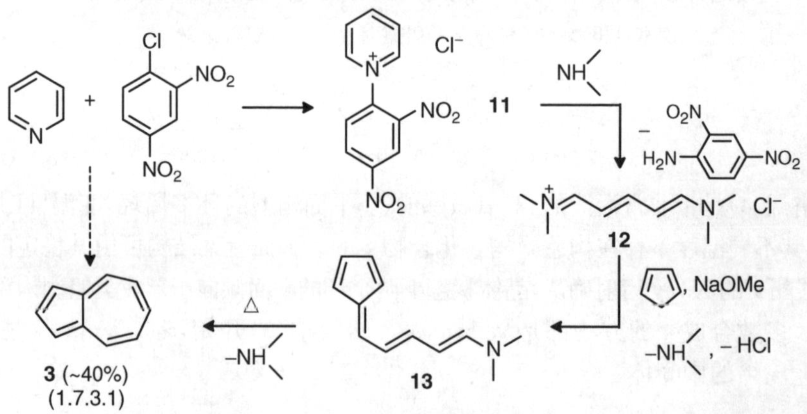

11 与二甲基胺反应,吡啶发生胺交换反应开环生成对称的五次甲基菁 **12**,这是关键的中间体。**12** 与环戊二烯在 $NaOCH_3$ 作用下发生缩合反应得到双烯基化 6-氨基富烯 **13**,最后加热到 125℃消除二甲胺环化得到薁。

开环过程 **11→12** 可以作为 Zincke 反应的一个例子,该反应通常是由 *N*-受体取代的吡啶盐 **14** 与 *O*-或者 *N*-亲核试剂作用,亲核试剂首先进攻 C-2(→**15**),然后打开 N—C-2 键生成 1-氮杂三烯 **16**[7]。

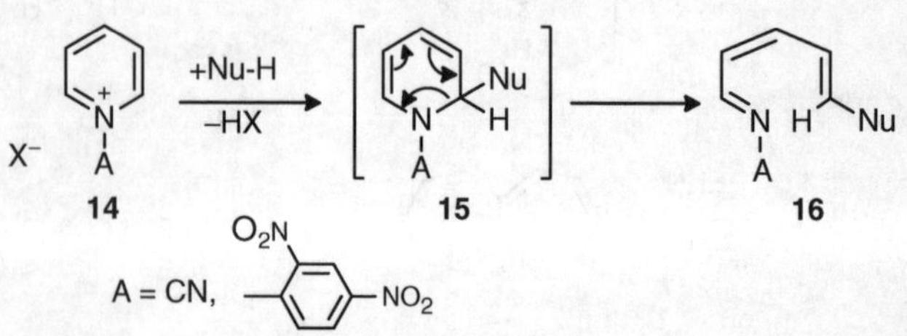

双烯基化 6-氨基富烯 **13** 环化成薁的机理是 10π 电子体系电环化到 **17**，再热 β-消除氨基组分(**17→3**)：

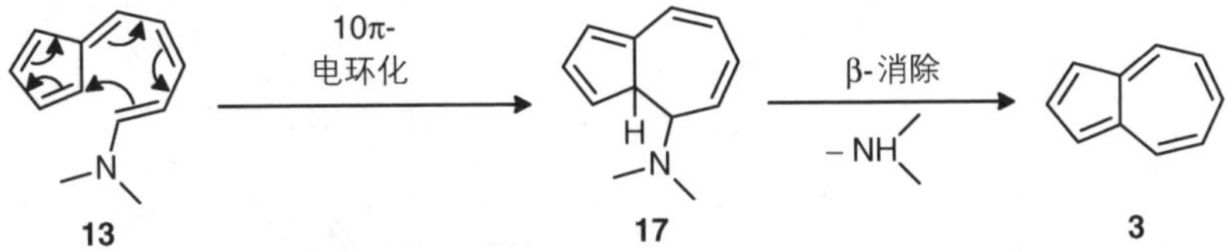

薁(**3**)与丁炔二酸二甲酯进行的热扩环反应是在沸腾的四氢萘中进行的。柱层析纯化后(分离未反应的薁)，得到的目标分子 **1** 是个稳定的、红褐色晶体。

从 **3** 到 **1** 的反应可以认为是两步偶极[2+2]环加成[8]，因为薁环中电子分布 169
(b)导致亲电进攻完全发生在五元环上，生成的极化中间体 **18** 中内含一个稳定的䓬离子结构：

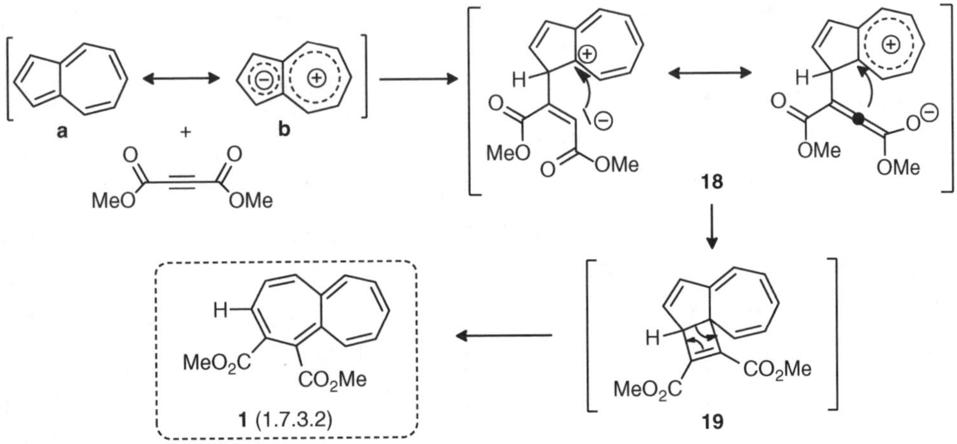

最终，以[2+2]环加成形式存在的 **19**，通过环丁烯子结构上的 4π-开环为 1,3-二烯而成为庚塔烯。

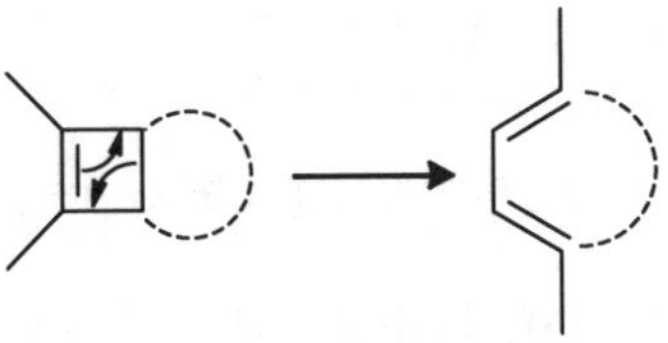

(c) 合成 1 的具体实验步骤

1.7.3.1** 薁[6]

2,4-二硝基氯苯(40.5 g，0.20 mol，注意：腐蚀性!)与 240 mL 无水吡啶混合，搅 170

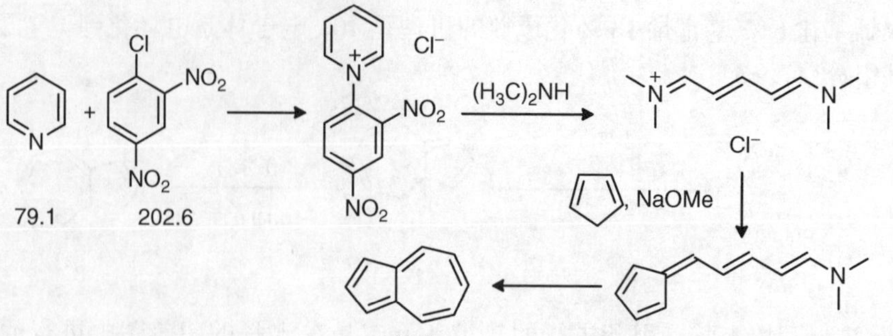

79.1　202.6　128.2

拌,蒸气浴加热至 85～90℃反应 4 h。黄褐色的氯化 N-(2,4-二硝基苯基)吡啶盐在反应 30 min 时开始析出。将混合物使用冰盐浴冷却到 0℃,用超过 30 min 的时间将二甲胺(20.0 g,0.44 mol)的无水吡啶溶液(60 mL)滴加到混合物中,温度升到 4℃。滴加完毕缓缓升温至室温,搅拌 12 h。氮气保护下将干燥管换为气体导入管。

加入环戊二烯(通过二聚体裂解,见参考文献[9]14.0 g,0.21 mol),搅拌条件下用时 30 min 加入 NaOMe[2.5 mol/L,Na(4.60 g)与 60 mL 甲醇的溶液],升温到 26℃室温反应 15 h,把恒压滴液漏斗换为蒸馏头,小心加热反应液(注意二甲胺的挥发!),加热到 105℃除去吡啶和甲醇(大约蒸馏出 150 mL),然后移去蒸馏头,再加入 200 mL无水吡啶,氮气保护下,在 125℃条件下反应 4 天。

混合物冷却 60℃,减压除去吡啶,剩余物为蓝黑色晶状物。使用 Soxhlet 提取器,将剩余物用 400 mL 正已烷提取 4 h,混有少量吡啶的蓝色提取液依次用 10%的 HCl 溶液(3×30 mL)、水(30 mL)洗涤,用 Na_2SO_4 干燥,过滤,溶液使用 Vigreux 分馏柱浓缩至一半体积。浓缩液通过碱性氧化铝柱过滤(30×4 cm,200 g 的 Al_2O_3,活性等级Ⅱ,正已烷淋洗),蒸馏除去溶剂得到蓝黑色叶片状物 9.10 g,36%收率,mp 97～98℃,进一步的纯化可以在 10 mbar 压力下升华,mp 99～100℃。

UV (*n*-hexane): λ_{max} (lg ε) = 580 (2.46), 352 (2.87), 339 (3.60), 326 (3.48), 315 (3.26), 294 (3.53), 279 (4.66), 274 (4.70), 269 (4.63), 238 (4.24), 222 nm (4.06).
IR (KBr): $\tilde{\nu}$ (cm^{-1}) = 1580, 1450, 1395, 1210, 960, 760.
^{1}H NMR (300 MHz, $CDCl_3$): δ (ppm) = 8.4–6.8 (m).

注:无水条件下,把 KOH 干燥的二甲胺气体通入无水吡啶中得到二甲胺的吡啶溶液。

1.7.3.2** 1,2-庚塔烯二甲酸二甲酯[6]

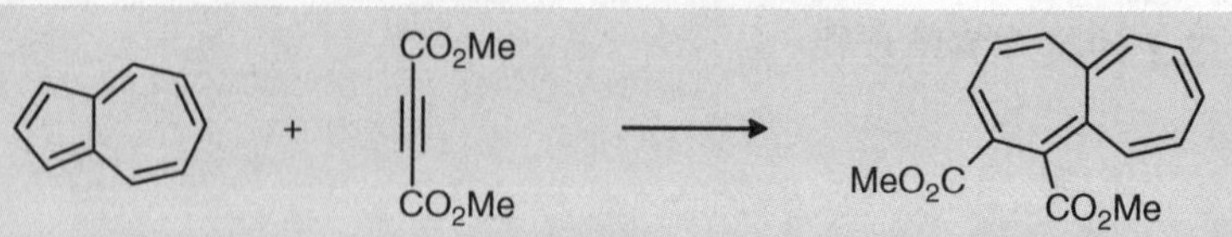

128.2　142.1　270.3

将薁 **1.7.3.1**(1.28 g,10.0 mmol)和丁炔二酸二甲酯(2.13 g,15.0 mmol)溶解在新蒸馏的四氢萘(20 mL)中,加热回流 20 min。冷却,加入 150 mL 正己烷稀释,柱层析(碱性氧化铝,活性等级Ⅳ,100 g),正己烷淋洗(馏分 1),然后用 CH_2Cl_2 洗脱直到洗脱液中检测不到产物(TLC 监控,馏分 2): 171

馏分处理如下:

馏分 1 蓝色淋洗液减压浓缩,剩余物柱层析(碱性氧化铝,活性等级Ⅰ,200 g),正己烷淋洗,首先流出的是四氢萘,然后是蓝色的未反应的薁,挥发溶剂后得到结晶薁 0.78 g,61%。

馏分 2 蒸馏除去溶剂,剩余物柱层析(碱性氧化铝,活性等级Ⅳ,500 g),正己烷/乙醚(5∶3)淋洗,收集到紫红色 1、深蓝色 2、蓝绿色 3、黄棕色 4、蓝紫色 5、蓝色 6 六个馏分,第 4 个馏分除去溶剂后得到产物,用正己烷/乙醚重结晶,得到产物 0.26 g,9.6%收率(基于薁的 25%的转化率),mp 112~113℃。

UV (*n*-hexane): λ_{max} (lg ε) = 337 (3.63), 266 (4.29), 204 nm (4.36).
IR (KBr): $\tilde{\nu}$ (cm^{-1}) = 1720, 1570, 1440, 1260, 1230.
^{1}H NMR (300 MHz, [D_6]acetone): δ (ppm) = 7.27 (d, *J* = 7.0 Hz, 1H, 3-H), 6.7 – 5.7 (m, 7H, vinyl-H), 3.71, 3.64 (s, 2 × 3H, 2 × OCH_3).

参考文献

[1] For a review, see: Hopf, H. (2000) *Classics in Hydrocarbon Chemistry*, Wiley-VCH Verlag GmbH, Weinheim, p. 285.

[2] Hafner, K., Knaup, G.L., and Lindner, H.J. (1988) *Bull. Chem. Soc. Jpn.*, **61**, 155–163.

[3] (a) Vogel, E., Kerimis, D., Allison, N.T., Zellerhoff, R., and Wassen, J. (1979) *Angew. Chem.*, **91**, 579–581; *Angew. Chem., Int. Ed. Engl.*, (1979), **18**, 545–546; For an alternative synthesis of **4** starting from **5**, see: (b) Paquette, L.A., Browne, A.R., and Chamot, E. (1979) *Angew. Chem.*, **91**, 581–582;
172 *Angew. Chem., Int. Ed. Engl.*, (1979), **18**, 546–547.

[4] (a) Hafner, K., Diehl, H., and Süß, H.U. (1976) *Angew. Chem.*, **88**, 121–123; *Angew. Chem., Int. Ed. Engl.*, (1976), **15**, 104–106; for comparison, see: (b) Jin, X., Linden, A., and Hansen, H.-J. (2005) *Helv. Chim. Acta*, **88**, 873–884.

[5] (a) For a review on azulene syntheses, see ref. [1], p. 281, and Zeller, K.-P. (1985) Houben-Weyl, *Methoden der Organischen Chemie*, vol. 5/2c, Thieme Verlag, Stuttgart, p. 127; Recently, a highly flexible route to azulenes was reported, starting with cycloaddition of dichloroketene to cycloheptatriene and ring expansion with diazomethane: (b) Carret, S., Blanc, A., Coquerel, Y., Berthod, M., Greene, A.E., and Deprés, J.-P. (2005) *Angew. Chem.*, **117**, 5260–5263; *Angew. Chem. Int. Ed.*, (2005), **44**, 5130–5133.

[6] Hafner, K. and Meinhardt, K.-P. (1984) *Org. Synth.*, **62**, 134–139; original contribution by Hafner, K., 1981.

[7] Eicher, Th., Hauptmann, S., and Speicher, A. (2012) *The Chemistry of Heterocycles*, 3rd edn, Wiley-VCH Verlag GmbH, Weinheim, p. 356.

[8] Gompper, R. (1969) *Angew. Chem.*, **81**, 348–363; *Angew. Chem., Int. Ed. Engl.*, (1969), **8**, 312–327.

[9] Wilkinson, G. (1963) *Org. Synth. Coll.*, **IV**, 475.

1.7.4 1,8-双高-4,6-立方烷二甲酸二甲酯

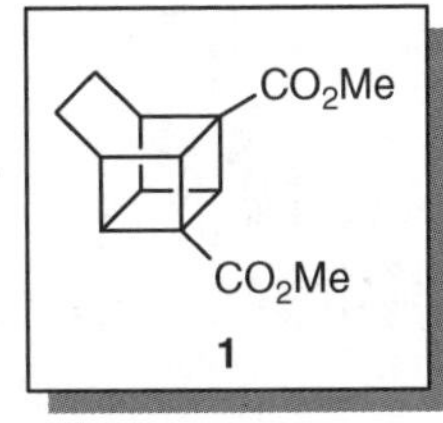

专题
- 酚的卤代反应(S_EAr)
- 氢醌脱氢得到 1,4-苯醌
- 1,4-醌作为缺电子亲二烯体参与 Diels-Alder 反应
- 分子[2+2]光化学环加成制备环丁烷
- Favorskii 重排
- 羧酸与重氮甲烷反应制备甲酯

(a) 概述

1,8-双高立方烷(**2**)是从立方烷(**3**)一条棱边 C—C 键置换为二亚甲基(CH_2—CH_2)得到的,因为形状如同篮子,又被称为篮烷。

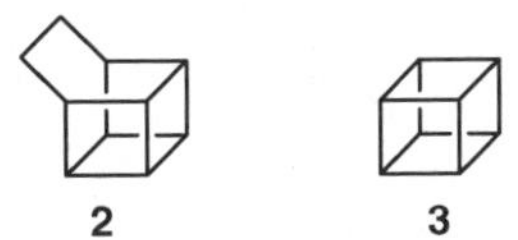

2 的合成是基于 Pettit 发展的[2]立方烷的合成[1]方法,具体见下图:

Fe(CO)3 → **5** —Ce4+→ **6** → **7** → **8** —(1) SOCl2 (2) t-BuOOH (3) △,−CO2, −t-BuOH→ **3**

铁的配合物 **4** 被 Ce(Ⅳ)氧化释放出环丁二烯,与二溴苯醌 **5** 进行[2+2]环加成 173
得到 **6**,**6** 分子中的两个双键采用 *syn*-排列,以利于光催化下分子内[2+2]环加成形成二溴二酮化合物 **7**(译者注:原书是 **8**,有误,译者改为 **7**),环的构建是经过两次 Favorskii 重排(→**8**)(译者注:原书是 **7**,有误,译者改为 **8**)从而得到立方烷-1,3-二酸,再经过双过氧酸酯脱羧得到立方烷 **3**。

很自然的,**2** 的合成采用同样策略,分别是:ⅰ)用光催化分子内[2+2]环加成合成合适的前体(包含篮烷的提把);ⅱ)Favorskii 环构建,即把 α-溴代环戊酮转化为环丁烷二羧酸。

(b) 合成 1

1 的合成从环己二烯(**9**)与 2,5-二溴-苯醌(**5**)进行 Diels-Alder 反应开始(**9**+**5**→**10**)。[4+2]环加成反应中,1,4-苯醌是个缺电子的性能良好的亲二烯体[3]。

在苯中,25℃,光照,Diels-Alder 反应产物 **10** 中处于 *syn*-方位的两个双键分子内[2+2]环加成得到二溴二酮化合物 **12**,**12** 用 NaOH 处理,经过环丙酮缩环生成 1,3-双高立方烷二羧酸 **11**[4]。

174 最终,**11** 与重氮甲烷酯化得到二酯 **1**,从 **12**→**11**→**1** 是一锅法完成的。

反应需要的化合物 **5** 由对苯二酚溴代得到,作为活泼的芳烃,与 Br_2 反应给出对称的二取代产物 **13**,再用 $FeCl_3$ 氧化得到 **5**。

如此，经过五步反应得到篮烷二酯 **1**，总收率 19%（基于氢醌）。

有必要指出，**2** 还可以用改进的 Hunsdiecker 反应制备二溴化合物 **14**，再用 Bu_3SnH 还原脱溴制备（**14→2**）[5]，该两步反应对应于 **11** 的脱羧。

CO_2H / CO_2H — HgO, Br_2, CH_2Br_2 → Br / Br — n-Bu_3SnH, AIBN → H / H

11　　**14**　　**2**

(c) 合成 1 的具体实验步骤

1.7.4.1* 2,5-二溴-1,4-苯醌[6]

OH / OH — $+2Br_2$ → OH, Br / Br, OH — $FeCl_3 \cdot 6\ H_2O$ → O, Br / Br, O

110.1　　267.9　　265.9

1) 室温下，把溴（64.0 g，0.40 mol，约 20.5 mL）的冰醋酸溶液（20 mL）滴加到氢醌（22.0 g，0.20 mol）的冰醋酸溶液（200 mL）中，温度上升至 30℃，溶液由澄清变浑浊，5～10 min 后产生白色沉淀。持续搅拌反应 1 h。 175

混合物过滤，固体用少量冰醋酸洗涤，母液浓缩到原体积一半，静置 12 h，过滤收集沉淀，如是三次，共收集晶体 46.4 g，87%收率，mp 180～187℃。冰醋酸重结晶后 mp 188～189℃，事实上不需要重结晶就可以用于下一步反应。

2) 上一步制备的溴酚（27.4 g，102 mmol）的水溶液（800 mL），搅拌，在加热回流条件下，用 15 min 向其滴加 $FeCl_3 \cdot 6H_2O$（65.4 g，242 mmol）的水溶液（140 mL），溴醌产物立刻析出。冷却到室温后过滤收集沉淀，用少量水洗，乙醇（800 mL）重结晶，得到黄色针状晶体 20.0 g，74%收率，mp 188～189℃。

IR (KBr): $\tilde{\nu}$ (cm^{-1}) = 1770, 1760.
^{1}H NMR (300 MHz, $CDCl_3$): δ (ppm) = 7.12 (s, 2H, 3-H, 6-H).

1.7.4.2* 2,5-二溴三环[6.2.2.$0^{2,7}$]十二碳-4,9-二烯-3,6-二酮[5]

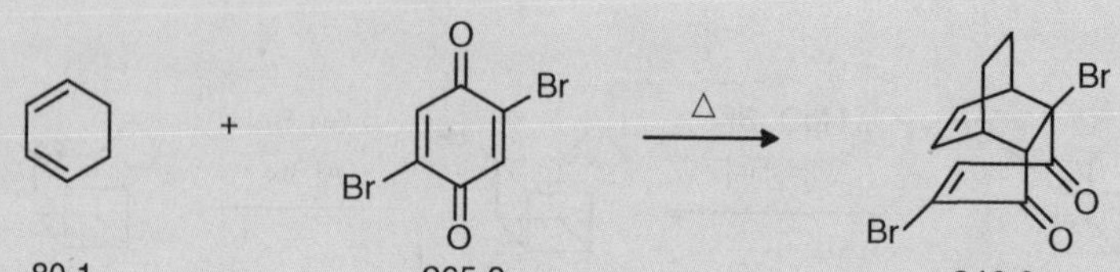

把 2,5-二溴对苯醌 **1.7.4.1**(10.0 g,37.5 mmol)和 1,3-环己二烯(6.40 g,80.0 mmol)在无水苯(20 mL)中加热回流 3 h。

蒸馏除去溶剂和过量的 1,3-环己二烯,剩下的黏稠油状物刮擦后结晶,用热的石油醚提取(2×100 mL),合并提取液,−10℃结晶得到晶体,浓缩母液还可以得到少量产物,合计 10.3 g,78%收率,mp 116~118℃。

IR (KBr): $\tilde{\nu}$ (cm^{-1}) = 1690, 1670, 1600.
^{1}H NMR (300 MHz, $CDCl_3$): δ (ppm) = 7.39 (s, 1H, vinyl-H), 6.3–6.2 (m, 2H, vinyl-H), 3.7–3.1 (m, 3H, bridgehead-H and CO–CH), 2.6–1.2 (m, 4H, CH_2–CH_2).

176 1.7.4.3** 1,6-二溴五环[6.4.$0^{3,6}$.$0^{4,12}$.$0^{5,9}$]十二碳-2,7-酮[5]

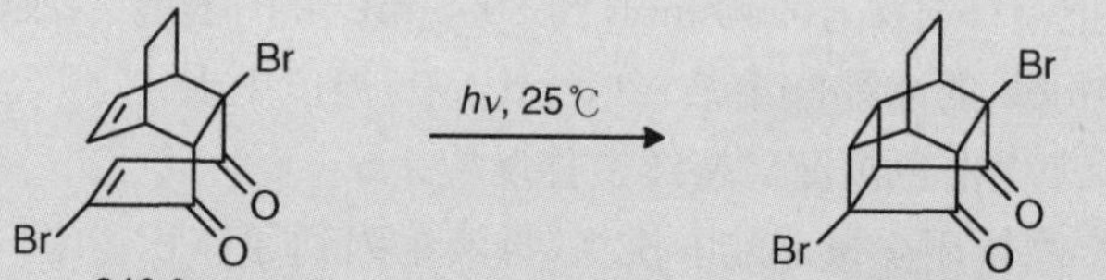

反应装置:光化学反应器,石英滤光片,高压汞蒸气灯(Philips HPK-125W 或者 Hanau TQ-150W)。

二溴二酮 **1.7.4.2**(10.0 g,29.9 mmol)溶解于无水苯中(260 mL,其他条件相同,使用甲苯做溶剂收率降低,只有 41%),氮气饱和约 15 min,然后室温下光照 5 h,逐渐有少量晶体产生。

过滤收集沉淀,母液浓缩到 30 mL,再次过滤收集晶体,合计 6.40 g,64%收率,mp 206~208℃,纯度由 TLC 检测(硅胶,CH_2Cl_2)。

IR (KBr): $\tilde{\nu}$ (cm^{-1}) = 1780.
^{1}H NMR (300 MHz, $CDCl_3$): δ (ppm) = 3.41 (s_{br}, 3H), 3.15–3.0 (m, 1H, CH adjacent to CO and CBr; assignment unclear), 2.5–1.6 (m, 6H, CH + CH_2).

1.7.4.4** 1,8-双高立方烷-4,6-二甲酸二甲酯[5]

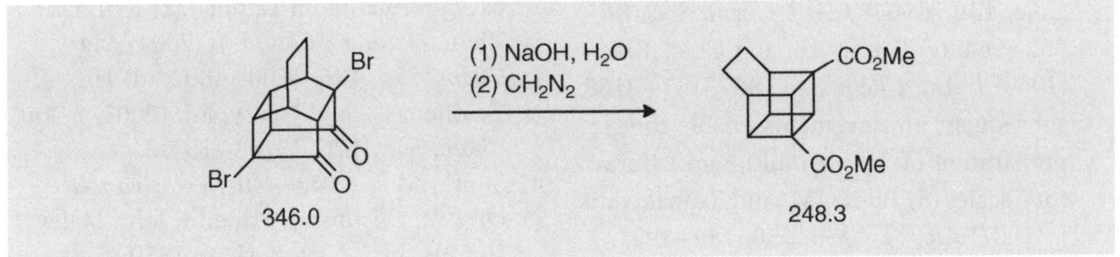

1.7.4.3(6.30 g,18.2 mmol)与 KOH(25%,65 mL)溶液混合,搅拌加热回流 2 h。冷却后用浓盐酸酸化,在此过程中保持温度低于 5℃。过滤收集沉淀,水洗涤,真空干燥,得到产品 5.4 g。

上述固体分批加入重氮甲烷的乙醚溶液中(由 6.20 g,约 60.0 mmol 亚硝基甲基脲在 0℃制备[7]),随着氮气逸出,固体完全溶解,搅拌反应 5 min,过量的重氮甲烷被缓缓加入的 2 mol/L 的乙酸破坏,直到无 N_2 放出。 177

分离有机相,分别用水、饱和 $NaHCO_3$ 溶液、食盐水各 30 mL 洗涤,无水 $MgSO_4$ 干燥,过滤,减压除去溶剂,剩余物柱层析纯化(硅胶,0.06~0.02 mm,150 g,正己烷/乙醚=1∶1),第一个馏分中含有产物,浓缩后得到无色油状物,用正戊烷在−15℃重结晶,得到产物 2.60 g,58%收率,mp 54~56℃(TLC 检测纯度)。

IR (KBr): $\tilde{\nu}$ (cm^{-1}) = 1725.
^{1}H NMR (300 MHz, $CDCl_3$): δ (ppm) = 3.73, 3.70 (s, 3H, CO_2Me), 3.5–2.85 (m, 6H, cyclobutane CH), 1.54 (s_{br}, 4H, CH_2–CH_2).

参考文献

[1] For a review on cubane synthesis, see: (a) Hopf, H. (2000) *Classics in Hydrocarbon Chemistry*, Wiley-VCH Verlag GmbH, Weinheim, p. 53; The first cubane synthesis was reported by (b) Eaton, P.E. and Cole, T.W. (1964) *J. Am. Chem. Soc.*, **86**, 962–964; (c) Eaton, P.E. and Cole, T.W. (1964) *J. Am. Chem. Soc.*, **86**, 3157–3158; subsequent improvements enable the preparation of **3** on a multigram laboratory scale: (d) Bliese, M. and Tsanaktsidis, J. (1997) *Aust. J. Chem.*, **50**, 189–192.

[2] Barborek, J.C., Watts, L., and Pettit, R. (1966) *J. Am. Chem. Soc.*, **88**, 1328–1329.

[3] (a) Müller, E. (Ed.) (1976), Methoden der Organischen Chemie (Houben-Weyl), vol. 7/2b, Georg Thieme Verlag, Stuttgart, p. 1765; (b) Müller, E. (Ed.) (1979), Methoden der Organischen Chemie (Houben-Weyl), vol. 7/3c, Georg Thieme Verlag, Stuttgart p. 23; Diels–Alder reactions of 1,4-benzoquinones have been conducted enantioselectively by catalysis with chiral oxazaborolidinium cations: (c) Ryu, D.H., Zhou, G., and Corey, E.J. (2004) *J. Am. Chem. Soc.*, **126**, 4800–4802; (d) Hu, Q.-Y., Zhou, G., and Corey, E.J. (2004) *J. Am. Chem. Soc.*, **126**, 13708–13713.

[4] Smith, M.B. (2013) *March's Advanced Organic Chemistry*, 7th edn, John Wiley & Sons, Inc., New York, p. 1350.

[5] Gassman, P.G. and Yamaguchi, R. (1978) *J. Org. Chem.*, **43**, 4654–4656.

[6] Bagli, J.F. and L'Ecuyer, P. (1961) *Can. J. Chem.*, **39**, 1037–1048.

[7] *Organikum* (2001), 21st edn, Wiley-VCH Verlag GmbH, Weinheim, p. 647.

1.7.5 α-萜品醇

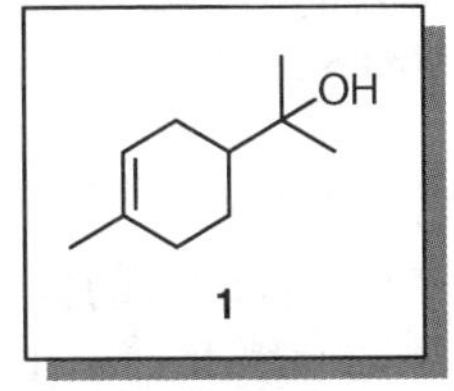

专题 ◆ 合成环状单萜烯醇：ⅰ）外消旋；ⅱ）对映异构体

◆ Lewis 酸催化的区位选择性的 Diels-Alder 反应

◆ 使用手性辅助基(Evans 助剂)催化非立体选择性的 Diels-Alder 反应

◆ 酯和格氏试剂制备叔醇

◆ (S)-苯基丙氨酸为基础 Evans 助剂的合成与应用

(a) 概述 178

α-萜品醇(**1**，*p*-薹烯醇)属于环状单萜烯类，是由两分子异戊二烯单元通过甲羟戊酸酯路径得到的生物物质的衍生物。α-萜品醇在自然界分布广泛，它的(+)和(−)异构体分别在松节油中发现(从常叶松中得到的植物精油)，因为它所具有的薰衣草的怀旧的味道，所以被作为香料用于化妆品。在工业上，α-萜品醇是由蒎烯制备的[1]。

对 **1** 的逆合成分析可得到路线 **A**，分别是异戊二烯 **3** 和丙烯酸酯 **4a** 或者甲基乙烯基酮 **4b**，通过中间产物环己烯而制备。

OH　A　R　逆 [4+2]-CA　O　+　O　R
(*rac*)-**1**　**2a/2b**　Ⅰ　**3**　**4a/4b**

Ⅱ　逆 [4+2]-CA　B

2a/4a：R = OR′ 和 R′ = 烷基

2b/4b：R = CH_3

+　OH

3　**5**

从 **3** 和 **4** 利用 Diels-Alder 反应制备 **2** 是优选路线，因为其相互电子效应比较有利(二烯上有富电子基团，亲二烯上有贫电子基团)。叔醇可以通过环加成产物 **2a** 与两分子的 MeMgBr(请参考(b)内容)反应，或者用 **2b** 与一分子 MeMgBr 反应制备。

对逆合成路线 **B** 分析，路线 **B** 就是逆 Diels-Alder 反应，即把 **1** 直接分解为异戊二烯 **3** 和烯丙醇 **5** 作为亲二烯体。然而，它们的热力学[4+2]环加成反应Ⅱ不是一个优选反应，因为二烯的 HOMO 轨道与亲二烯体的 LUMO 轨道能量差太多，即比 **5** 和 **4a** 能量差大得多[2]。

异戊二烯 **3** 与丙烯酸酯 **4a** 的[4+2]环加成反应已经成为研究 Diels-Alder 反应中立体选择性和区位选择性的模板反应。

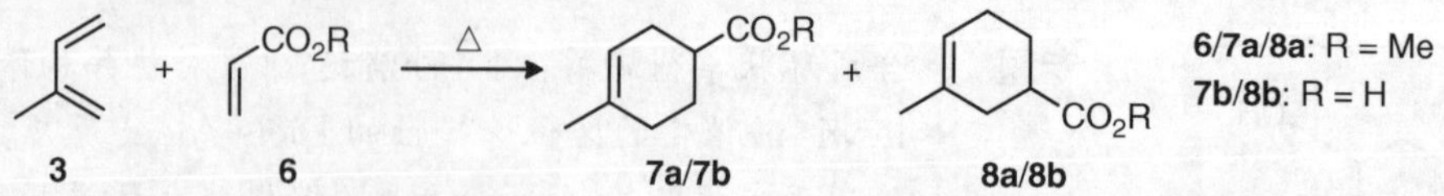

3 + 6 —△→ 7a/7b + 8a/8b

6/7a/8a: R = Me
7b/8b: R = H

1) 异戊二烯 **3** 与丙烯酸甲酯 **6** 在 80℃加热反应得到环加成产物，**7a** 和 **8a** 的区位异构体比例为 70∶30，收率 80%。如加入 Lewis 酸，区位选择性将显著提高，因
179 此，在 $AlCl_3$ 存在下，**7a** 与 **8a** 比例为 95∶5(77%收率，见(b)中文献[3]，[4])，皂化反应后进行分步结晶分离得到酸 **7b** 和 **8b**，纯的、不含对应异构体的酯 **7a** 可以由 **7b** 与 CH_2N_2 再次酯化得到。

2) 非对称 Diels-Alder 反应途径：ⅰ)使用带有手性辅助基的亲二烯体；ⅱ)应用手性 Lewis 酸作为催化剂[5]。

关于内容ⅰ)，在(b)部分有个例子，是丙烯酸与 Evans 助剂(参考 1.2.2 节内容)配合，用于[2+2]环加成制备异戊二烯[6]，除去助剂得到光学纯的 **7a**，可以用来制备(*R*)-**1**。

关于内容ⅱ)，异戊二烯与丙烯酸酯的非对称催化的 Diels-Alder 反应已经得到发展[7]，这里要使用三氟甲基丙烯酸酯 **9** 以及手性的脯氨酸衍生的噁唑硼烷阳离子衍生物 **11**(三氟磺酰胺形式)，得到环加成产物 **10**，99%收率，ee 为 98%，**10** 同样可以作为合成(*R*)-**1** 的底物。

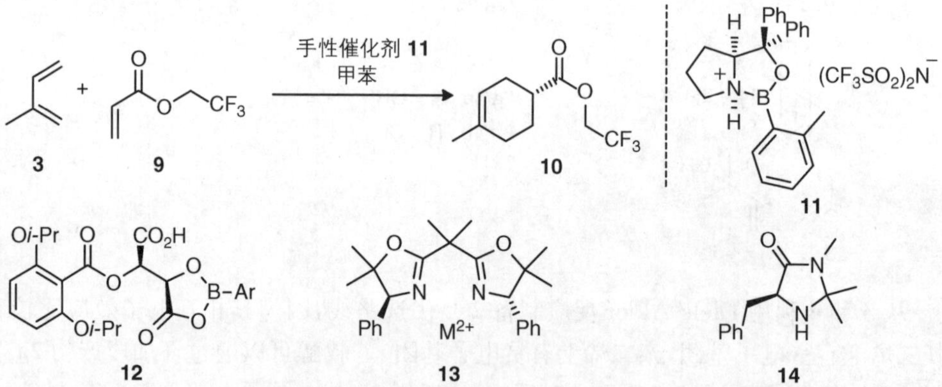

3 + 9 —手性催化剂 **11**，甲苯→ 10

$(CF_3SO_2)_2N^-$

11　12　13　14

化合物 **11** 类型的催化剂在对映选择性[4+2]环加成反应中有着广泛用途[7,8]，CAB[9](**12**，参考 1.3.3 节内容)和手性的双噁唑啉配体[10](BOX，**13**)也是催化不对称 Diels-Alder 反应有效的催化剂[11]，这是因为它们形成刚性的配体-金属配合物，提供了优异的立体选择性。类似的，对于需要电子逆转的含有杂原子的 Diels-Alder 反

应，已经有大量的基于 Cr，Zr，Sc 的有效的催化剂[12]，而且，使用 α，β-不饱和醛作为亲二烯底物以及手性胺作为有机催化剂的对映选择性的 Diels-Alder 反应[13]也能很好地进行，例如，使用咪唑啉酮 **14** 作为催化剂就可以。亲二烯的羰基与有机催化剂的胺形成的亚铵离子降低了亲二烯分子的 LUMO 轨道的能量，使得 Diels-Alder 反应加速进行。

(b) 合成 1 180

1) 合成 *rac*-α-萜品醇[3,14]

异戊二烯与丙烯酸酯 **6** 的 Diels-Alder 反应，一般在苯中室温下进行，使用 $AlCl_3$ 作为催化剂。环加成产物 **7a**[含有 5%不纯的区位异构化的酯 **8a**，分离操作见(a)]与 2 mol 的甲基碘化镁反应，然后用氯化铵溶液处理。这种经典的酯转化为叔醇的反应中，得到等量的 α-取代物，导致形成 *rac*-**1**。

3 + **6** (CO_2Me) —($AlCl_3$，苯，77%)→ **7a** (1.7.5.1) —((1) 2MeMgBr (2) NH_4Cl, H_2O，82%)→ *rac*-**1** (1.7.5.2)

2) 合成(+)-(*R*)-α-萜品醇[6]

作为 Evans 类型的手性助剂(参考 1.2.2 节)噁唑啉-2-酮 **17**，很容易从(*S*)-苯基丙氨酸 **15** 来制备：用 $LiAlH_4$ 还原 **15** 得到(*S*)-苯基丙氨醇 **16**，与碳酸二乙酯环缩合得到 **17**。

15 —($LiAlH_4$，99%)→ **16** (1.7.5.3) —($(EtO)_2CO$，75%)→ **17** (1.7.5.4)

为了引入烯丙酸骨架，手性助剂 **17** 在 THF 中用化学剂量的 LiCl 脱质子，然后与烯丙酸酐进行酰基化反应(丙烯酸酐制备：烯丙酰氯与烯丙酸在三乙胺作用下原位制备[15])得到手性丙烯酰胺 **18**。

18 与异戊二烯 **3** 的 Diels-Alder 反应在－100℃条件下，Et_2AlCl，CH_2Cl_2/甲苯溶液中进行，然后水解处理，经过 s-*cis*-烯醇 **19** 过渡态得到环加成产物 **21**，非对映异构选择性(de)为 90%。有效的立体选择性原因如下：ⅰ) Lewis 酸 Et_2AlCl 通过与 *N*-丙烯酰基咪唑啉-2-酮 **20** 分子中的两个羰基配位，与亲二烯形成刚性螯合结构，而且通过ⅱ) π-堆积作用，使得过渡态电子稳定[6]。因此，与脂肪残基相比，如缬氨醇衍生物类型,在使用苄基取代的手性助剂 **17** 时,非对映选择性大大提高。

181 经过重结晶,环加成产物 **21** 的非对映纯度可以高于 98%。化合物 **21** 与 CH_3OMgBr 反应(通过 CH_3MgBr 与甲醇原位制备)反应分解得到(R)-**22**,ee>99%。手性助剂 **17** 可以从混合物中除去,并重复使用。最后,**22** 经过与 2 mol 的 MeMgI 反应转化为(+)-(R)-α-萜品醇((R)-**1**),得到的手性的单萜醇(R)-**1** 几乎是完全的光学纯,ee>98%。

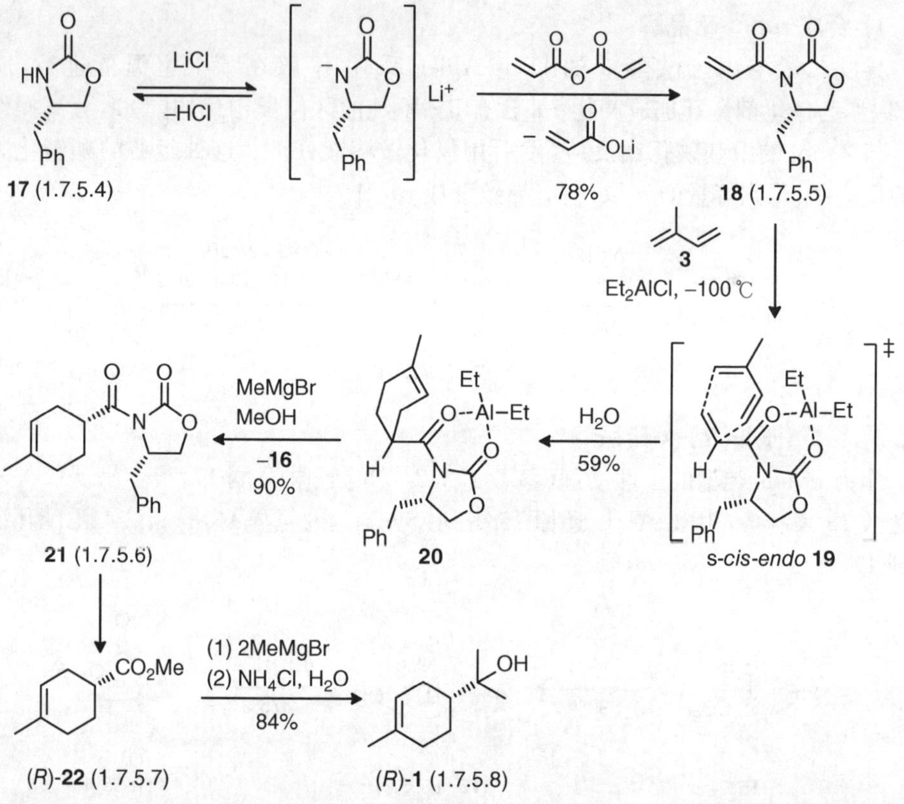

(c) 合成 1 的具体实验步骤

1.7.5.1** 4-甲基环己-3-烯-1-甲酸甲酯[14]

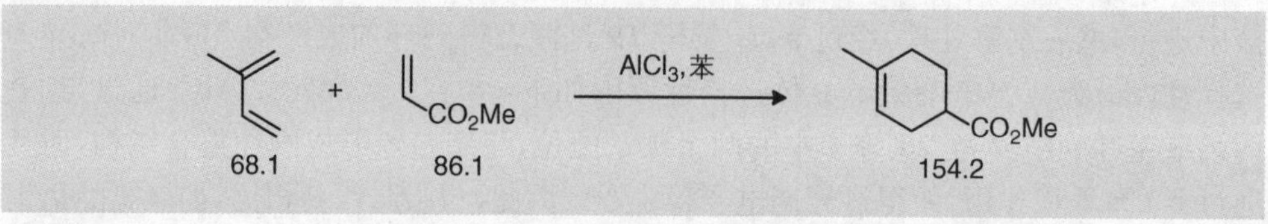

丙烯酸甲酯(26.1 g,303 mmol,使用前加入对苯醌蒸馏,bp_{760} 80～81℃)溶解于 182
30 mL 的无水苯中,耗时 15 min 滴加到 $AlCl_3$(4.30 g,32.0 mmol)的 250 mL 的无水苯悬浮液中,观察到氯化铝逐渐溶解。然后耗时 60 min 滴加异戊二烯(20.9 g,307 mmol)的 50 mL 无水苯溶液,滴加过程中温度控制在 15～25℃,然后室温搅拌反应 3 h。

混合物倒入 500 mL 的 NaCl 饱和的 HCl(2 mol/L)溶液中,分液后有机相用 250 mL水洗涤,Na_2SO_4 干燥,过滤,70℃减压除去溶剂,剩余物减压蒸馏,得到无色油状物 35.7 g,77%收率,bp_{17} 80～82℃,n_D^{20}=1.463 0(产物是 95∶5 的位置异构混合物[4],含有 5%的 3-甲基环己-3-烯甲酸甲酯可直接用于下一步)。

IR (NaCl): $\tilde{\nu}$ (cm^{-1}) = 1745, 1440, 1175.
^{1}H NMR (200 MHz, $CDCl_3$): δ (ppm) = 5.28 (s_{br}, 1H, 3-H), 3.60 (s, 3H, CO_2CH_3), 2.70–1.65 (m, 7H, 1-H, 2-H_2, 5-H_2, 6-H_2), 1.63 (s, 3H, CH_3).

1.7.5.2* *rac*-α-萜品醇[3]

CO_2Me 154.2 → ($2CH_3MgI$, Et_2O) → OH 154.2

在含有镁片(7.20 g,300 mmol)的 30 mL 无水乙醚溶液中,加入碘片,滴入含有少量 MeI(42.6 g,300 mmol)的 50 mL 无水乙醚溶液,Grignard 试剂反应立刻开始,控制剩余溶液滴加速度,使乙醚溶液保持微沸(大约 1 h)。滴加完成后加热回流 30 min,然后把 **1.7.5.1**(20.0 g,130 mmol)的乙醚溶液用时 40 min 加入其中,剧烈搅拌,有灰色沉淀产生,加热回流 2 h。

混合物冷却后倾入预冷的氯化铵(60 g)水溶液(300 mL)中,分液,水相用乙
醚萃取(2×50 mL)。合并有机相,用 Na_2SO_4 干燥,过滤,减压除去溶剂,剩余物 183
减压蒸馏,得到松节油味道的无色油状物 16.4 g,82%收率,bp_{15} 94～95℃,n_D^{20}=1.479 0。

IR (NaCl): $\tilde{\nu}$ (cm^{-1}) = 3600–3200, 2980, 2940, 2850, 1450, 1390, 1375.
^{1}H NMR (200 MHz, $CDCl_3$): δ (ppm) = 5.30 (s_{br}, 1H, 3-H), 2.41 (s, 1H, OH), 2.20–1.50 (m, 7H, 1-H, 2-H_2, 5-H_2, 6-H_2), 1.60 (s, 3H, 4-CH_3), 1.13 (s, 6H, $C(CH_3)_2$).

1.7.5.3** (2*S*)-2-氨基-3-苯基-1-丙醇[15]

NH_2 Ph CO_2H —— $LiAlH_4$, THF ——> NH_2 Ph OH (3 2 1)

165.2　　　　151.2

氮气保护(注意：反应开始缓慢,但是开始后很剧烈),0℃条件下,耗时 30 min L-苯基丙氨酸(54.5 g,330 mmol)小心地加到 $LiAlH_4$(25.0 g,660 mmol)的无水 THF(400 mL)溶液中,升至室温后回流反应 15 h。

混合物冷却后,缓缓加入 135 mL 水,过滤,滤液减压浓缩,剩余物用 THF/水(4∶1,200 mL)重结晶,得到淡黄色针状产物 49.2 g,99%收率,mp 91～92℃,$[\alpha]_D^{20}=-17.4$($c=1.0$,氯仿),$R_f=0.14$(乙酸乙酯/甲醇=10∶1)。

UV (CH_3CN): λ_{max} (nm) (lg ε) = 268.0 (2.229), 258.5 (2.363), 254.0 (2.304), 192.5 (4.473).
IR (KBr): $\tilde{\nu}$ (cm^{-1}) = 3356, 2876, 1577, 1492, 1338, 1122, 1065, 754, 698, 621, 592.
^{1}H NMR (300 MHz, $CDCl_3$): δ (ppm) = 7.32–7.17 (m, 5H, Ph–H), 3.58 (dd, J = 10.6, 4.2 Hz, 1H, 1-H_b), 3.35 (dd, J = 10.6, 7.3 Hz, 1H, 1-H_a), 3.05 (m_c, 1H, 2-H), 2.75 (dd, J = 13.5, 5.4 Hz, 1H, 3-H_b), 2.48 (s_{br}, 3H, NH_2, OH), 2.46 (dd, J = 13.5, 8.8 Hz, 1H, 3-H_a).
^{13}C NMR (76 MHz, $CDCl_3$): δ (ppm) = 138.6, 129.1, 128.5, 126.3 (6 × Ph–C), 65.9 (C-1), 54.1 (C-2), 40.5 (C-3).
MS (DCI, 200 eV): m/z (%) = 152 (100) $[M+H]^+$, 169 (37) $[M+NH_4]^+$.

184 1.7.5.4** (4*S*)-4-苄基噁唑啉-2-酮[15]

NH_2 Ph OH —— $(EtO)_2CO$, K_2CO_3 ——> O HN O 1 4 1′ Ph

151.2　　　　177.2

干燥的三口圆底烧瓶配有温度计、Vigreux 分馏柱以及磁力搅拌子。向烧瓶中加入 **1.7.5.3**(15.1 g,100 mmol)、K_2CO_3(1.38 g,10.0 mmol)、碳酸二乙酯(29.5 g,250 mmol),小心加热到 135～140℃,有乙醇生成。2 h 后应该收集到 15 mL 馏分。

混合物用 250 mL 的 CH_2Cl_2 稀释，过滤，滤液用 100 mL 饱和 $NaHCO_3$ 溶液洗涤，$MgSO_4$ 干燥，过滤，减压除去溶剂，用乙酸乙酯/正戊烷重结晶，得到无色针状物 13. 3 g，75％收率，mp 88～89℃，$[\alpha]_D^{20}=-62.5$（$c=1.0$，氯仿），$R_f=0.47$（乙酸乙酯）。

UV (CH_3CN): λ_{max} (nm) (lg ε) = 263.5 (2.191), 258.0 (2.302), 252.5 (2.218), 206.0 (3.939).
IR (KBr): $\tilde{\nu}$ (cm^{-1}) = 1751, 1404, 1244, 1096, 1021, 942, 757, 708.
^{1}H NMR (300 MHz, $CDCl_3$): δ (ppm) = 7.37–7.17 (m, 5H, Ph–H), 6.01 (s_{br}, 1H, NH), 4.43 (m_c, 1H, 5-H_b), 4.17–4.05 (m, 2H, 4-H, 5-H_a), 2.88 (m_{cr}, 2H, 1′-H_2).
^{13}C NMR (76 MHz, $CDCl_3$): δ (ppm) = 159.5 (C-2), 135.9, 129.0, 128.9 (6 × Ph–C), 69.52 (C-5), 53.72 (C-4), 41.33 (C-1′).
MS (EI, 70 eV): m/z (%) = 177 (7) $[M]^+$, 86 (86) $[M-C_7H_7]^+$.

1. 7. 5. 5** (4*S*)-3-(1-丙烯酰基)-4-苄基-噁唑啉-2-酮[6]

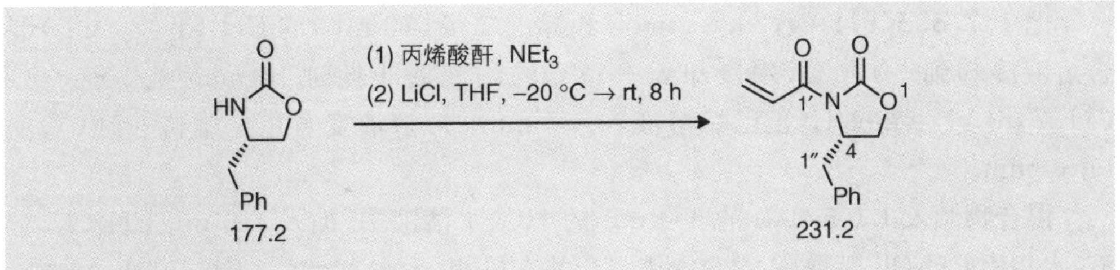

氮气保护，在－20℃条件下，将三乙胺（13. 4 g，132 mmol，18. 4 mL）与烯丙基酰 185
氯（5. 98 g，66. 0 mmol，5. 34 mL）加入丙烯酸（5. 13 g，71. 2 mmol，4. 88 mL）的无水 THF（200 mL）溶液中，保持温度，反应 2 h。加入 LiCl（2. 58 g，61. 0 mmol），再加入 **1. 7. 5. 4**（9. 00 g，50. 8 mmol），升温到室温，反应 8 h。

加入 HCl（0. 2 mol/L，70 mL）猝灭反应，减压除去 THF，加入 100 mL 乙酸乙酯，混合物分别用 80 mL 半饱和的 $NaHCO_3$ 溶液和 80 mL 饱和食盐水洗涤，Na_2SO_4 干燥，过滤，减压除去溶剂。剩余物用硅胶柱层析（正戊烷/乙酸乙酯＝4∶1），得到无色晶体 9. 21 g，78％收率，mp 74～75℃，$[\alpha]_D^{20}=+79.0$（$c=1.0$，氯仿），$R_f=0.42$（正戊烷/乙酸乙酯＝4∶1）。

UV (CH_3CN): λ_{max} (nm) (lg ε) = 207.5 (4.316), 191.5 (4.658).
IR (KBr): $\tilde{\nu}$ (cm^{-1}) = 1784, 1682, 1389, 1352, 1313, 1245, 1216, 989, 696.
^{1}H NMR (300 MHz, $CDCl_3$): δ (ppm) = 7.47 (dd, J = 17.0, 10.5 Hz, 1H, 2′-H), 7.37–7.21 (m, 5H, 5 × Ph–H), 6.58 (dd, J = 17.0, 1.7 Hz, 1H, 3′-H_b), 5.92 (dd, J = 10.5, 1.7 Hz, 1H, 3′-H_a), 4.70 (m_c, 1H, 4-H), 4.17 (m_c, 2H, 5-H_2), 3.33 (dd,

$J = 13.3, 3.3$ Hz, 1H, 1″-H_b), 2.78 (dd, $J = 13.3, 9.4$ Hz, 1H, 1″-H_a).
^{13}C NMR (76 MHz, $CDCl_3$): δ (ppm) = 164.8 (C-1′), 153.3 (C-2), 135.2 (C-2″), 131.9 (C-3′), 129.4 (C-2′), 128.9, 127.3 (5 × Ph−C′), 66.20 (C-5), 55.22 (C-4), 37.70 (C-1″).
MS (EI, 70 eV): *m/z* (%) = 231 (27) $[M]^+$, 140 (18) $[M-CH_2Ph]^+$, 55 (100) $[M-C_{10}H_{10}NO_2]^+$.

1.7.5.6 *** (4*S*,1″*R*)-4-苄基-3-(4-甲基环己-3-烯基羰基)噁唑啉-2-酮[6]

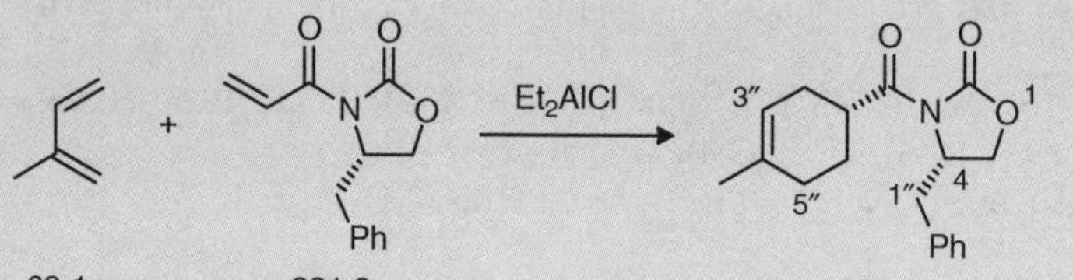

Et_2AlCl

68.1　　231.2　　299.4

把 **1.7.5.5**(6.89 g,29.8 mmol)和异戊二烯(70 mL)的 CH_2Cl_2(70 mL)混合溶液冷却到−100℃,用冷却到−78℃的滴液漏斗耗时 10 min 加入 Et_2AlCl(41.7 mL,1.0 mol/L,正己烷溶液,41.7 mmol),溶液变黄色。维持−100℃反应 30 min。

混合物倾入 1.0 mol/L 的 600 mL 的 HCl 水溶液中,加入 100 mL CH_2Cl_2,分
186 液,水相用 CH_2Cl_2 萃取(2×200 mL),合并有机相,无水 $MgSO_4$ 干燥,过滤,减压除去溶剂,剩余物柱层析纯化(硅胶,正戊烷/乙酸乙酯=4∶1),得到白色针状物 5.30 g,59%收率,mp 87~88℃,$[\alpha]_D^{20} = +92.8$($c = 1.0$,氯仿),$R_f = 0.39$(正戊烷/乙酸乙酯=4∶1)。

UV (CH_3CN): λ_{max} (nm) (lg ε) = 263.5 (2.239), 257.5 (2.392), 252.0 (2.392), 247.0 (2.367).
IR (KBr): $\tilde{\nu}$ (cm^{-1}) = 3026, 2963, 2835, 1700, 1387, 1238, 1219, 1202.
^{1}H NMR (300 MHz, $CDCl_3$): δ (ppm) = 7.36–7.15 (m, 5H, 5 × Ph−H), 5.40 (m, 1H, 3″-H), 4.66 (m, 1H, 4-H), 4.23–4.10 (m, 2H, 5-H_2), 3.72–3.59 (m, 1H, 1″-H), 3.24 (dd, $J = 13.4, 3.2$ Hz, 1H, 1′-H_b), 2.75 (dd, $J = 13.4, 9.5$ Hz, 1H, 1′-H_a), 2.35–1.68 (m, 6H, 2″-H_2, 5″-H_2, 6″-H_2), 1.65 (s, 3H, 4″-CH_3).
^{13}C NMR (76 MHz, $CDCl_3$): δ (ppm) = 176.5 (1″-(CO)N), 153.0 (C-2), 135.3, 133.7, 129.4, 128.9, 127.3 (5 × Ph−C, C-4″), 119.0 (C-3″), 66.00 (C-5), 55.24 (C-4), 38.41 (C-1″), 37.88 (Ph−CH_2), 29.42 (C-5″), 27.71 (C-2″), 25.68 (C-6″), 23.38 (4″-CH_3).
MS (ESI, 70 eV): *m/z* (%) = 622 (6) $[2M+Na]^+$, 354 (100) $[M-H+2Na]^+$, 322 (25) $[M+Na]^+$.

1.7.5.7** (*R*)-4-甲基环己烯-3-甲酸乙酯[6]

0℃条件下，把 MeMgBr(3 mol/L，乙醚溶液，2.3 mL，4.68 mL)滴加到 20 mL 无水甲醇中，室温搅拌 5 min，将 Diels-Alder 反应物 **1.7.5.6**(0.70 g，2.34 mmol)的 20 mL的甲醇溶液加入上述溶液中，反应 90 min。

加入 pH 为 7 的磷酸盐缓冲液 20 mL 猝灭反应，室温下继续搅拌 30 min。用半饱和 NH_4Cl 水溶液 40 mL 和饱和食盐水 40 mL 稀释，加入 40 mL CH_2Cl_2，分液，水相用 CH_2Cl_2 萃取(3×40 mL)，合并有机相，用无水 $MgSO_4$ 干燥，过滤，减压除去溶剂，剩余物柱层析纯化(硅胶，正戊烷/乙醚＝14∶1)，得到无色液体 324 mg，90%收率，n_D^{20}＝1.4624，$[\alpha]_D^{20}$＝＋52.2(c＝2.1，CH_2Cl_2)，R_f＝0.46(正戊烷/乙酸乙酯＝20∶1)。 187

UV (CH_3CN): λ_{max} (nm) (lg ε) = 267.0 (1.934), 263.0 (2.159), 251.5 (2.155), 257.0 (2.269), 191.5 (4.576).
IR (KBr): $\tilde{\nu}$ (cm^{-1}) = 2961, 2928, 1734, 1455, 1442, 1163, 697.
^{1}H NMR (300 MHz, $CDCl_3$): δ (ppm) = 5.41–5.34 (2×m, 1H, 3-H), 3.68 (s, 3H, OCH_3), 2.56–2.43 (m, 1H, 1-H), 1.62–1.78, 1.94–2.05, 2.17–2.26 (3 m, 9H, 2-H_2, 3-H_2, 4-CH_3, 5-H_2).
^{13}C NMR (76 MHz, $CDCl_3$): δ (ppm) = 23.43 (4-CH_3), 25.43 (C-6), 27.62 (C-2), 29.24 (C-5), 39.03 (C-1), 51.56 (O-CH_3), 119.15 (C-3), 133.69 (C-4), 176.47 (C=O).
MS (EI, 70 eV): m/z (%) = 154 (32) $[M]^+$, 95 (46) $[M-CH_3-CO_2]^+$, 94 (100) $[M-CH_3-CO_2-H]^+$.

1.7.5.8** (＋)-(*R*)-α-萜品醇[6]

把甲酯 **1.7.5.7**(209 mg,1.36 mmol)的无水乙醚(10 mL)溶液滴加到 MeMgI(3 mol/L 乙醚溶液,1.62 mL,4.86 mmol)的 15 mL 的无水乙醚溶液中。室温下反应 4.5 h,TLC 监控。

混合物倒入 30 mL 饱和的 NH_4Cl 溶液中,分液,水相用乙醚萃取(5×20 mL),合并有机相,依次用 20 mL 的水和食盐水洗涤,用无水 $MgSO_4$ 干燥,过滤,减压除去溶剂,剩余物柱层析纯化(硅胶,正戊烷/乙醚=7∶3),得到无色油状产物,冰箱中固化,177 mg,84%收率,mp 25~26℃,$[\alpha]_D^{20}=+91.1$($c=1.0$,氯仿),$R_f=0.27$(正戊烷/乙醚=7∶3)。

IR (KBr): $\tilde{\nu}$ (cm^{-1}) = 3600–3100, 2970, 2924, 2889, 2836, 1438, 1377, 1366, 1158, 1133.
^{1}H NMR (300 MHz, $CDCl_3$): δ (ppm) = 5.42–5.36 (m, 1H, 3-H), 1.67–1.64 (m, 3H, 4-CH_3), 1.50 (m, 1H, 1-H), 2.13–1.72, 1.33–1.20 (2×m, 7H, 2-H_2, 5-H_2, 6-H_2, OH), 1.91, 1.17 (2×s, 2×3H, C(OH)($C\underline{H}_3$)$_2$).
188 **^{13}C NMR** (76 MHz, $CDCl_3$): δ (ppm) = 133.99 (C-4), 120.51 (C-3), 72.71 (COH), 44.95 (C-1), 30.96 (C-5), 26.85 (C-2), 27.42*, 26.22* (COH(CH_3)$_2$), 23.93 (C-6), 23.33 (4-CH_3).
MS (EI, 70 eV): m/z (%) = 154 (14) $[M]^+$, 136 (69) $[M-CH_3]^+$, 121 (55) $[M-2CH_3]^+$.

GC:柱　WCOT 熔融硅胶 CP-Chiralsil-DEX CB(25 m×0.25 mm)
载气　H_2;温度　100℃
保留时间　$t_{R1}=9.14$ min(次对应异构体),$t_{R2}=9.34$ min(主对应异构体)

参考文献

[1] Steglich, W., Fugmann, B., and Lang-Fugmann, S. (eds) (1997) Römpp Lexikon "*Naturstoffe*", Georg Thieme Verlag, Stuttgart, p. 393.

[2] For the principles and rules of Diels–Alder reactions with "normal" and "inverse" electron demand, see: Smith, M.B. (2013) *March's Advanced Organic Chemistry*, 7th edn, John Wiley & Sons, Inc., New York, p. 1020.

[3] Inukai, I. and Kasai, M. (1965) *J. Org. Chem.*, **30**, 3567.

[4] Inukai, I. and Kojima, T. (1966) *J. Org. Chem.*, **31**, 1121–1123.

[5] For a comprehensive overview, see: Procter, G. (1998) *Stereoselectivity in Organic Synthesis*, Oxford University Press, Oxford, p. 101.

[6] Evans, D.A., Chapman, K.T., and Bisaha, J. (1988) *J. Am. Chem. Soc.*, **110**, 1238–1256.

[7] Ryu, D.H. and Corey, E.J. (2003) *J. Am. Chem. Soc.*, **125**, 6388–6390.

[8] Ryu, D.H., Lee, T.W., and Corey, E.J. (2002) *J. Am. Chem. Soc.*, **124**, 9992–9993.

[9] (a) Gao, Q., Ishihara, K., Maruyama, T., Mouri, M., and Yamamoto, H. (1994) *Tetrahedron*, **50**, 979–988; (b) Ishihara, K., Gao, Q., and Yamamoto, H. (1993) *J. Org. Chem.*, **58**, 6917–6919; (c) Kiyooka, S., Kaneko, Y., and Kume, K. (1992) *Tetrahedron Lett.*, **33**, 4927–4930; (d) Furuta, K., Kanematsu, A., Yamamoto, H., and Takaoka, S. (1989) *Tetrahedron Lett.*, **30**, 7231–7232; (e) Furuta, K., Miwa, Y., Iwanaga, K., and Yamamoto, H. (1988) *J. Am. Chem. Soc.*, **110**, 6254–6255.

[10] (a) Corey, E.J. and Ishihara, K. (1992) *Tetrahedron Lett.*, **33**, 6807–6810; (b) Corey, E.J., Imai, N., and Zhang, H.Y. (1991) *J. Am. Chem. Soc.*, **113**, 728–729.

[11] For reviews, see: (a) Corey, E.J. (2002) *Angew. Chem.*, **114**, 1724–1741; *Angew. Chem. Int. Ed.*, (2002), **41**, 1650–1667; (b) Hayashi, Y. (2002) *Cycloaddit. React. Org. Synth.*, 5–56.

[12] (a) Yamashita, Y., Saito, S., Ishitani, H., and Kobayashi, S. (2003) *J. Am. Chem. Soc.*, **125**, 3793–3798; (b) Gademann, K., Chavez, D.E., and Jacobsen, E.N. (2002) *Angew. Chem.*, **114**, 3185–3187; *Angew. Chem. Int. Ed.*, (2002), **41**, 3059–3061.

[13] (a) Juhl, K. and Jørgensen, K.A. (2003) *Angew. Chem.*, **115**, 1536–1539; *Angew. Chem. Int. Ed.*, (2003), **42**, 1498–1501; (b) Northrup, A.B. and MacMillan, D.W.C. (2002) *J. Am. Chem. Soc.*, **124**, 2458–2460; (c) Ahrendt, K.A., Borths, C.J., and MacMillan, D.W.C. (2000) *J. Am. Chem. Soc.*, **122**, 4243–4244.

[14] Adler, K. and Vogt, W. (1949) *Liebigs Ann. Chem.*, **564**, 109–120.

[15] Schneider, C. (1992) PhD thesis. Enantioselektive Totalsynthese von(-)-Talaromycin B. Asymmetrische Induktion in intermolekularen Hetero-Diels-Alder-Reaktionen. University of Göttingen.

189 1.7.6 双环[2.2.2]辛烯衍生物

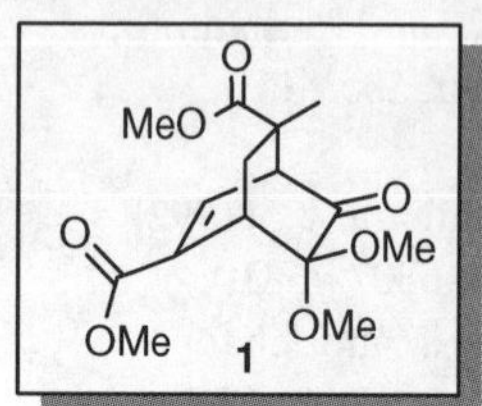

专题 ◆ 邻甲氧基取代酚与高价碘化物氧化

◆ 1,3-环己二烯与丙烯酸酯的 Diels-Alder 反应

(a) 概述

通常,高价有机碘化物[1-3]是由芳基碘 **2**(碘的氧化价态:+1)对碘原子氧化得到的。因此,**2** 能够被氧化为二氧碘基芳烃 **3** 和二酰基化为(二酰氧基)碘代芳烃 **4**(碘的氧化价态:+3)。

高价碘Ⅲ化合物,如 **4**,能够进一步氧化为碘Ⅴ化合物 **6/7**,如 Dess-Martın 多碘化物 **8**(DMP)和邻碘氧苯甲酸 **9**(IBX),都是重要的氧化剂,分别把伯醇和仲醇氧化为醛和酮(详见 2.3.2 节内容):

二芳基碘鎓化合物 **5** 是另外一种应用于合成化学的高价碘化物[4]。

三价(二酰氧基)碘代芳烃 **4**(最常见的是 Ar=苯基,酰基=乙酰基或者三氟乙酰基)常常用于氧化有机底物,形成 C—C 键或者各种类型的 C-杂原子键[1]。

190 实际应用方面,使用 **4** 对酚进行氧化可以用来合成很多有用的产品[2],邻位取代的酚以及邻、对苯二酚氧化得到相应的苯醌;而对位取代的酚 **10** 在亲核试剂(分子内或者外加的)作用下得到 4,4-二取代的 2,5-环己二烯酮(或者螺二烯酮)**11**:

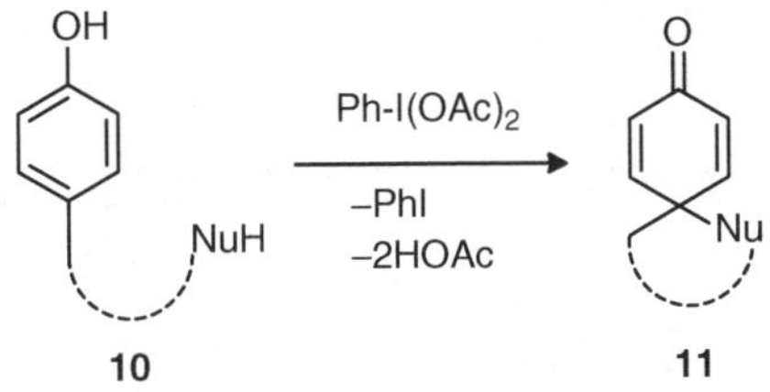

Nu ═RO, X^-, Ar

酚的分子内氧化被广泛应用于多环体系合成中的螺烯酮骨架的构建[1]，特别是把两种不同的酚环氧化偶联[5]，下图给出了例子（**12→13**）[6]：

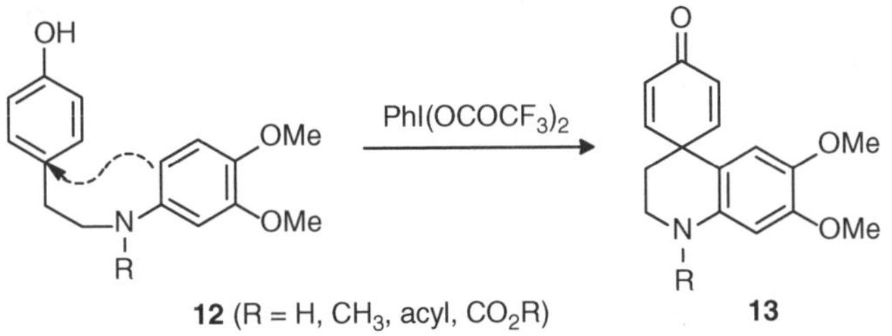

当邻位有甲氧基取代的酚 **14** 在甲醇中用 $PhI(OAc)_2$ 进行氧化反应时，观察到相似的现象[7,8]：

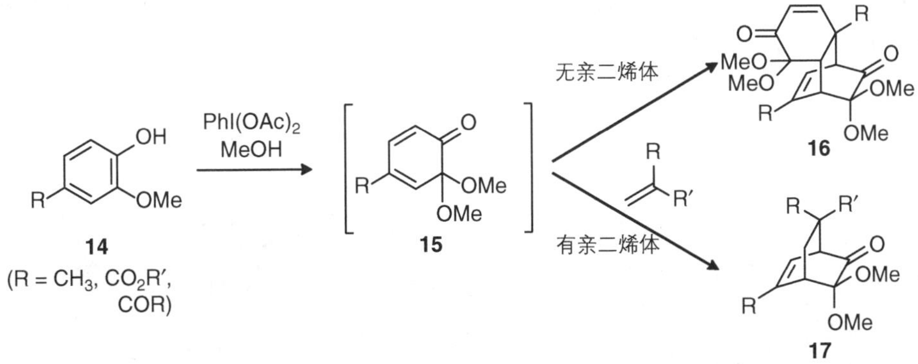

起始底物是缩酮掩蔽的 *O*-苯醌 **15**，虽然稳定性不好，但是非常容易被亲二烯体 191
捕捉而发生 Diels-Alder 反应得到环加成产物 **17**，即双环[2.2.2]辛酮类化合物。没有亲二烯时，**15** 二聚得到多环化合物 **16**。在(b)部分讨论中将介绍，高碘化合物引发的酚氧化反应可用于一步法合成高度官能团化的双环[2.2.2]辛烷类化合物，其他的方法都不太好用[8]。

(b) 合成 1

室温下,香子兰酸甲酯 **18**,以甲醇为溶剂,在过量的丙烯酸甲酯存在下用 $PhI(OAc)_2$进行氧化反应,产物是双环[2.2.2]辛-2-酮 **1**,产率 54%,这是由亲二烯体对富电子酚 **18** 进行原位氧化生成的环己二烯酮 **19** 进行单一、立体、区位选择性的[4+2]环加成得到的。

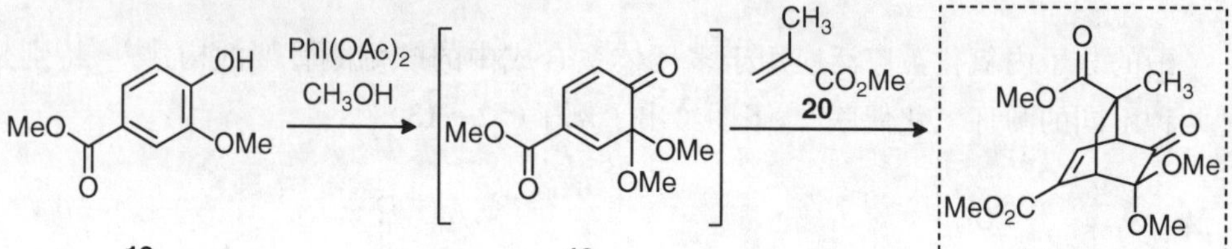

上述过程中观察到的 **19**+**20**→**1** 中的区位和立体选择性可以用前线分子轨道理论进行解释[8]。

对于氧化反应 **18**→**19**,有两种可相互替代的机理[2]。机理 **A** 中,酚 **18** 与
192 $PhI(OAc)_2$配体交换,失去 HOAc 后与 I(Ⅲ)中的碘连接,得到中间体 **21**。通过甲醇进攻,在加成/消除过程中发生氧化还原歧化反应,结果得到 2,4-二烯酮 **19**,碘苯和 HOAc。机理 **B** 中,**18** 可能在酚氧游离基导致的两电子/质子历程中被氧化为碳鎓离子 **22**,该离子被甲醇捕捉后继续失去一个质子得到 **19**,相应地,$PhI(OAc)_2$ 还原为碘苯和两分子的乙酸乙酯。

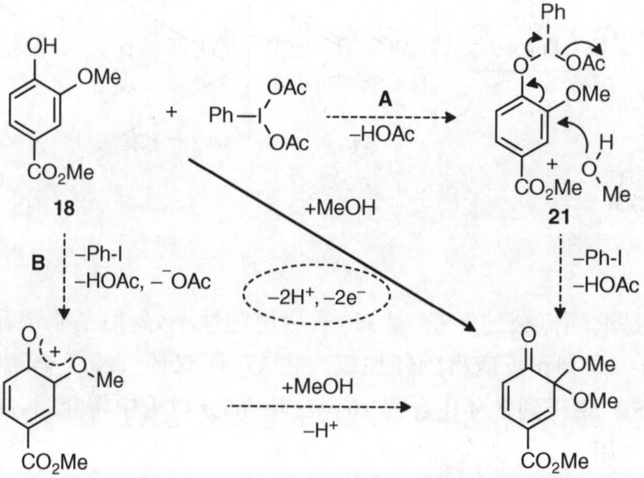

(c) 合成 1 的具体实验步骤

1.7.6.1** ($1R^*$,$4S^*$,$7S^*$)-3,3-二甲氧基-5,7-二(甲氧羰基)-7-甲基双环[2.2.2]-辛-5-烯-2-酮[8]

182.2 → ($PhI(OAc)_2$, CH_3OH) → [212.2] → (甲基丙烯酸甲酯, CO_2Me) → 312.3

香子兰酸甲酯(1.0 g,5.49 mmol)溶解于 70 mL 的无水甲醇中,通过注射泵耗时 8 h 加入到二乙酰氧基碘苯(2.12 g,6.58 mmol)和甲基丙烯酸甲酯(14.5 mL,13.7 g,137 mmol)的 30 mL 的无水甲醇溶液中,氮气保护,室温反应,加料完毕后搅拌反应 2 h。

减压除去溶剂、过量的亲二烯体以及挥发组分,剩余物质经快速色谱纯化(乙酸乙酯/正己烷=9∶1)得到无色液体产品 918 mg,收率 54%,R_f=0.57(乙酸乙酯/正己烷=9∶1)。

IR (film): $\tilde{\nu}$ (cm^{-1}) = 2975, 1727.
^{1}H NMR (300 MHz, $CDCl_3$): δ (ppm) = 7.09 (dd, J = 6.5, 1.7 Hz, 1H, 6-H), 3.65–3.71 (m, 1H, 4-H), 3.74, 3.64 (2 × s, 6H, 2 × CO_2CH_3), 3.48 (d, J = 6.5 Hz, 1H, 1-H), 3.34, 3.26 (2 × s, 6H, 2 × OCH_3), 2.19 (dd, J = 18.1, 3.1 Hz, 1H, 8-H_A), 1.93 (dd, J = 18.1, 2.2 Hz, 1H, 8-H_B), 1.31 (s, 3H, 7-CH_3).
^{13}C NMR (76 MHz, $CDCl_3$): δ (ppm) = 201.0 (C-2), 175.7 (C=O), 164.3 (C=O), 137.4 (C-5), 137.4 (C-5), 93.4 (C-3), 57.3 (C-8), 52.4 (C-4), 51.9 (OCH_3), 50.0 (H-1), 49.8 (C3-OCH_3), 46.7 (C3-OCH_3), 38.4 (C-8), 25.4 (C-7).
MS (DCI, NH_3, 200 eV): 643 $[2M+NH_4]^+$, 330 $[2M+NH_4]^+$.

193 参考文献

[1] Hypervalent iodine compounds in synthesis: Wirth, T. (2005) *Angew. Chem.*, **117**, 3722–3731; *Angew. Chem. Int. Ed.*, (2005), **44**, 3656–3665.

[2] Zhdankin, V.V. and Stang, P.J. (2002) *Chem. Rev.*, **102**, 2523–2584.

[3] For a review on the preparation of hypervalent organoiodine compounds, see: Varvoglis, A. (2002) *Top. Curr. Chem.*, **224**, 69–136.

[4] For instructive examples on the synthetic utility of diaryliodonium compounds, see ref. [2] and Tietze, L.F. and Eicher, Th. (1991) *Reaktionen und Synthesen im organisch-chemischen Praktikum und Forschungslaboratorium*, 2nd edn, Georg Thieme Verlag, Stuttgart, p. 315.

[5] Phenol oxidation in alkaloid biogenesis: Hesse, M. (2000) *Alkaloide*, Wiley-VCH Verlag GmbH, Weinheim, p. 265; see also: Fuhrhop, J. and Penzlin, G. (1994) *Organic Synthesis*, 2nd edn, Wiley-VCH Verlag GmbH, Weinheim, p. 293.

[6] Compound **13** is a central intermediate in a synthesis of the *Amaryllidacea* alkaloid maritidine: (a) Kita, Y., Takada, T., Gyoten, M., Tohma, H., Zenk, M.H., and Eichhorn, J. (1996) *J. Org. Chem.*, **61**, 5857–5864; A spirodienone of type **11** is a key intermediate in a synthesis of the anti-Alzheimer agent galanthamine: (b) Krikorian, D., Tarpanov, V., Parushev, S., and Mechkarova, P. (2000) *Synth. Commun.*, **30**, 2833–2846.

[7] Chu, C.-S., Lee, T.-H., and Liao, C.-C. (1994) *Synlett*, 635–636.

[8] Liao, C.-C., Chu, C.-S., Lee, T.-H., Rao, P.D., Ko, S., Song, L.-D., and Shiao, H.-C. (1999) *J. Org. Chem.*, **64**, 4102–4110.

1.8　自由基反应

1.8.1　4,6,6,6-四氯-3,3-二甲基己酸乙酯

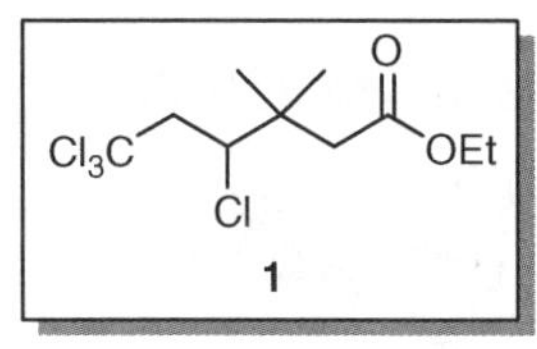

专题　◆ Claisen 原酸酯反应,[3,3]-σ 热重排

◆ CCl_4 对烯烃自由基加成的调节聚合

(a) 概述

目标分子 **1** 是合成(二氯乙烯基)环丙烷羧酸 **2** 的关键中间体,化合物 **2** 与 4-苯氧基苄醇(译者注:原书是 3-苯氧基苄醇,名称有误)进行酯化反应得到化合物 **3**,这是一种高效杀虫剂(Permethrin,苄氯菊酯,详见 4.2.1 节)。作为菊酸类似物,化合物 **3** 发展很快,这类天然杀虫剂是从芳香类植物爱菊属类植物中提取的(如菊酸甲酯、苄氯菊酯)。

194

对 **1** 进行逆合成分析,必须考虑两种情况:(ⅰ)**1** 的左边部分来自 CCl_4 对 C═C 的加成;(ⅱ)对于不饱和酯 **4**,C═C 和 C═O 官能团是 1,5-位,因此必须与[3,3]-σ 热重排兼容,对应于逆-氧代-Cope 重排(A):[9]

因此,对 **4** 的逆合成分析可知,烯丙基醇 **6** 和原乙酸三乙酯反应,通过形成 **7** 和 **5** 得到 γ,δ-不饱和酯 **4**,进行[3,3]-σ 热重排得到目标产物,沿着该思路化合物 **1** 的合成路线会被详细讨论。

(b) 合成 1

首先,使用 3-甲基-1-醇 **6** 与原乙酸三乙酯进行 Claisen 反应制备酯 **4**,体系中有苯酚存在(G. Künast, Bayer A G, private communication, 1981):

注 9):其他的逆合成分析,如 B 路径,最终推导出使用异丁醇与环氧丙烷作为合成 **1** 的起始物,这是不受欢迎的(违反了简单原则!)。

195

6 + $H_3C-C(OEt)_3$ $\xrightarrow[-2EtOH,\ 77\%]{H^+}$ **4** (1.8.1.1)

首先,原乙酸三乙酯中一分子的 EtOH 被醇 **6** 置换(→**7**),然后失去第二个 EtOH 转化为乙烯乙缩酮 **5**[2];这两步反应都需要 H^+ 催化。官能化的烯丙基乙烯基醚 **5** 能够进行[3,3]-σ 热重排(氧代-Cope 重排,一种相关的重排反应是 Carroll 反应,见 1.5.3 节),直接形成 γ,δ-不饱和酯 **4**。

这里有必要指出,作为一个高度有序的类椅式构象的过渡态的结果,氧代-Cope 重排(如 **5→4**)反应高度立体可控并能传达从底物到产物的立体结构信息。该结论通过以下描述例子得到确认[3]:立体化学不同的(*R*)-*Z*-醇 **8** 和(*S*)-*E* 醇 **9** 的化合物与原乙酸三乙酯/丙酸反应,经历中间体 **10** 和 **11**[10] 都得到拥有(*S*)-*E* 立体化学的不饱和酯 **12**:

8, **9** $\xrightarrow[-2EtOH]{+H_3C-C(OEt)_3/H^+}$ [**10**], [**11**] → **12**

12
(100% *E*, ~95% (*S*), ~98% 手性转化)

注 10)：类似椅式构象的周环反应过渡态((*R*)-*Z*-**10**→(*S*)-*E*-**12**←(*S*)-*E*-**11**)被认可的原因是拥有最少的非键相互作用，比如假 a 轴键的取代基[3]。

第二步，在过氧化二苯甲酰(DBPO)作用下 CCl_4 对不饱和酯 **4** 加成得到 **1**： 196

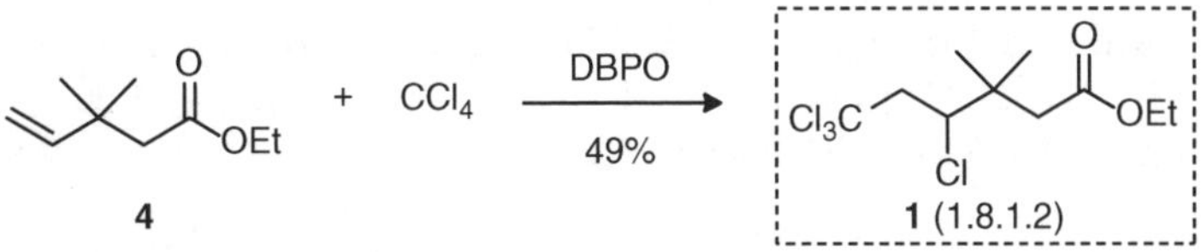

这是一个由 DBPO 引发的游离基链式反应：

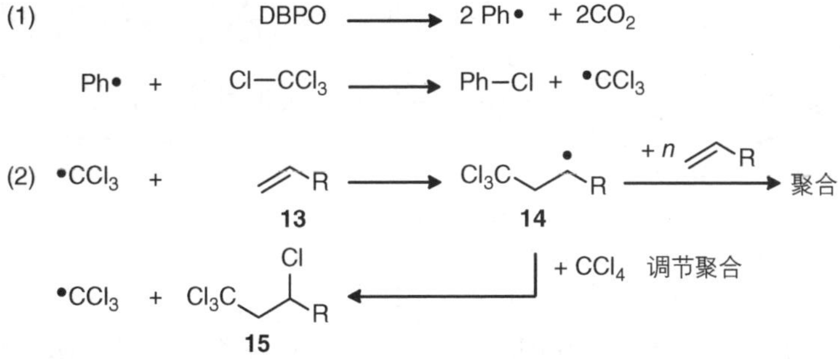

首先，DBPO 热解为苯自由基，与 CCl_4 反应生成 · CCl_3，在链增长反应(2)中，· CCl_3 对含烯基的底物(**13**)的末端双键碳加成，生成二级游离基 **14**，该游离基既能使烯基底物聚合，也能够从 CCl_4 夺取一个氯得到加成产物 **15**(聚合调节[4])，完成链增长。聚合和终止的竞争，取决于中间体自由基的立体结构控制和烯基底物结构，立体位阻增大导致聚合调节。

因此，目标分子 **1** 经过两步反应得到，总收率 38%。

(c) 合成 1 的具体实验步骤

1.8.1.1** 3,3-二甲基-4-戊烯酸乙酯[1]

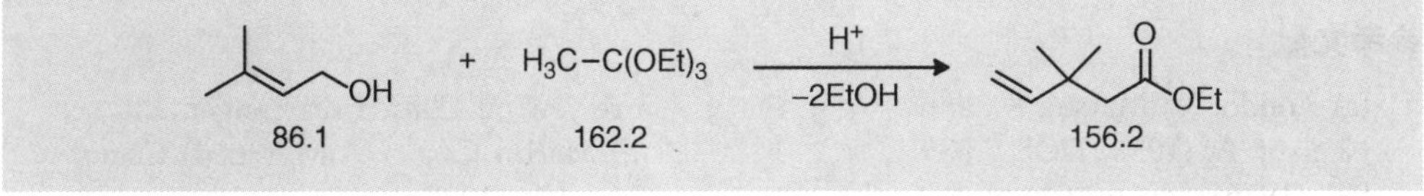

将 3-甲基-2-丁烯-1-醇(bp 140℃，43.1 g，0.50 mol)，原乙酸乙酯(蒸馏，bp 144～146℃)，苯酚(注意：腐蚀性！ 7.00 g，74.4 mmol)混合后，加热到 135～140℃反应 10 h，不断地除去生成的乙醇。 197

混合物冷却，加入 200 mL 乙醚稀释，随后依次用 HCl(1.0 mol/L，2×100 mL，除去过量的原乙酸酯)、饱和 $NaHCO_3$ 溶液、食盐水溶液洗涤,分液,有机相用 $MgSO_4$ 干燥,过滤,减压除去溶剂,剩余物用小柱精馏,得到产物 60.4 g,77%收率,bp_{11} 57~60℃。

IR (film): $\tilde{\nu}$ (cm^{-1}) = 3090, 1740, 1640, 1370, 1240.
^{1}H NMR (300 MHz, $CDCl_3$): δ (ppm) = 5.90 (dd, *J* = 18.5, 10.0 Hz, 1H, 4-H), 5.15–4.7 (m, 2H, 5-H_2), 4.07 (q, *J* = 7.0 Hz, 2H, OCH_2), 2.25 (s, 2H, 2-H_2), 1.20 (t, *J* = 7.0 Hz, 3H, CH_3), 1.13 (s, 6H, 2 × 3-CH_3).

1.8.1.2** 4,6,6,6-四氯-3,3-二甲基己酸乙酯[1]

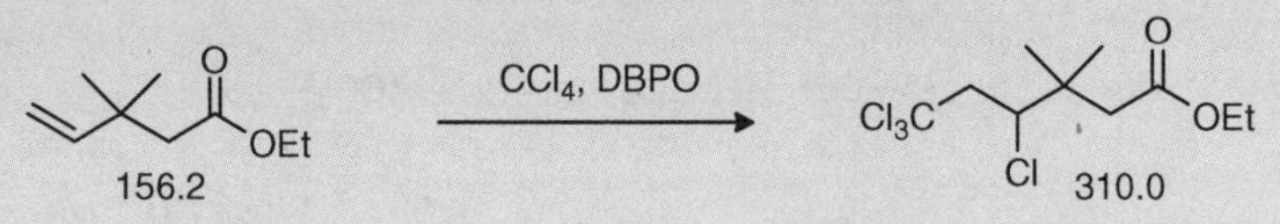

156.2 —(CCl_4, DBPO)→ 310.0

将 3,3-二甲基-4-戊烯酸乙酯 **1.1.8.1**(23.4 g,150 mmol),DBPO(注意:爆炸危险! 25% H_2O,2.40 g)的 CCl_4 溶液(200 mL,注意会透过皮肤吸收!)混合后加热回流 8 h,装置配有分水器(Dean-Stark trap)除水,之后再加入一份 DBPO(25% H_2O,2.40 g),持续除水 8 h。

溶液冷却,用冰冷的 NaOH 溶液(1.0 mol/L,除去苯甲酸)洗涤两次,饱和食盐水洗涤三次,分液,有机相用 Na_2SO_4 干燥,过滤,减压除去溶剂,剩余物用小柱精馏,得到产物 22.8 g,49%收率,$bp_{0.2}$ 132~138℃。

IR (film): $\tilde{\nu}$ (cm^{-1}) = 2980, 1730, 1465, 1370, 720, 690.
^{1}H NMR (300 MHz, $CDCl_3$): δ (ppm) = 4.43 (dd, *J* = 8.0, 3.3 Hz, 1H, 4-H), 4.12 (q, *J* = 7.0 Hz, 2H, O–CH_2), 3.19 (d, *J* = 3.3 Hz, 1H, 5-H_A), 3.13 (d, *J* = 8.0 Hz, 1H, 5-H_B), 2.66 (d, *J* = 15.0 Hz, 1H, 2-H_A), 2.26 (d, *J* = 15.0 Hz, 1H, 2-H_B), 1.24 (t, *J* = 7.0 Hz, 3H, CH_3), 1.20 (s, 3H, 3-CH_3), 1.13 (s, 3H, 3-CH_3).

参考文献

[1] (a) Kondo, K., Matsui, K., and Negishi, A. (1976) DOS 2 539 895 (1976), Sagami Chem. Res.; (b) Kondo, K., Matsui, K. and Negishi, A. (1977) *ACS Symp. Ser.*, **42**, 128.

[2] (a) Smith, M.B. (2013) *March's Advanced Organic Chemistry*, 7th edn, John Wiley & Sons, Inc., New York, p. 1408; for a review on Claisen rearrangement, see: (b) Martin Castro, A.M. (2004) *Chem. Rev.*, **104**, 3037–3058.

[3] Chan, K.-K., Cohen, N., DeNoble, J.P., Specian, A.C. Jr., and Saucy, G. (1976) *J. Org. Chem.*, **41**, 3497–3515.

[4] See ref. [2a], p. 977.

1.8.2 3-溴菲 198

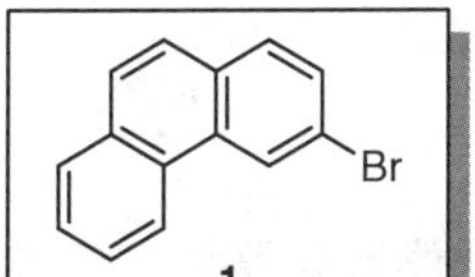

专题 ◆ Meerwein芳基化(芳基加成到活化烯烃上,自由基历程)

◆ 1,2-消除

◆ 反-均二苯乙烯光异构化为顺式异构体,电环化反应得到二氢菲,脱氢得到菲

(a) 概述

合成菲有三种重要的方法[1]

1) Pschorr菲合成法[2],邻氨基-cis-均二苯乙烯甲酸**2**重氮化后用Cu脱重氮基环化得到9-菲甲酸**3**,继续热脱羧得到**4**。环化这一步历程,与Gomberg-Bachmann芳基化游离基机理[2]类似的。Pschorr菲合成法不适用于**1**的合成[3]。

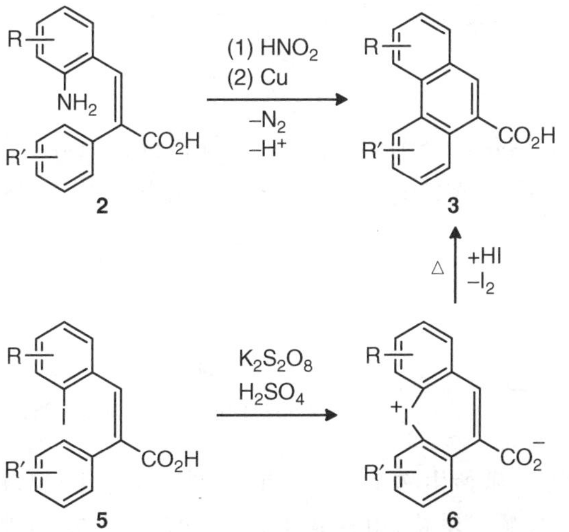

2) 氧化环化[4],通过α-芳基-邻-碘肉桂酸**5**与$K_2S_2O_8$反应转化成菲,首先是形成环状碘化物**6**,热分解得到9-菲甲酸**3**,继续热脱羧得到**4**。碘代芳烃**5**初始氧化产物是亚碘酰芳烃活性种。通过S_EAr_i环化为**6**的中间体已经明确,但是**6**环化为**3**的机理尚不清楚。

3) 在光化学多米诺反应中[5],反式均二苯乙烯**7**光异构化为*cis*-均二苯乙烯**8**, 199
经历一个6π-电环化历程给出二氢菲**9**,接着原位脱氢得到菲**4**:

7 → $h\nu$ → 8 → $h\nu$ → [9] → $-2H$ → 4

至此目标分子 **1** 通过方法(2)和(3)得以合成。在(b)节,光化学环化路线[6]被详细讨论。

(b) 合成 1

反-4-溴均二苯乙烯 **12** 合成需两步,以 4-溴苯胺 **10** 为原料,与 HNO_2 反应得到重氮盐,在 $CuCl_2$ 的丙酮水溶液中与苯乙烯反应,得到衍生物 **11**:

10 —— (1) HNO_2 (2) + 苯乙烯 (3) $CuCl_2$, 57% → **11** (1.8.2.1)

Cu(Ⅰ)催化的芳基重氮盐对活化烯烃加成(除了苯乙烯以外,丙烯腈、丙烯酸酯也常用)并伴随着 N_2 释放(Meerwein 芳基化[7])。Meerwein 芳基化是经过游离基历程完成的,属于由 Cu(Ⅰ)引发的 Sandmeyer 类型的反应。

$$Ar^1{-}N_2^+ + Cl^- + Cu^{I}Cl \longrightarrow {}^{\bullet}Ar^1 + N_2 + Cu^{II}Cl_2$$

$${}^{\bullet}Ar^1 + CH_2{=}CH{-}Ar^2 \longrightarrow Ar^1CH_2\dot{C}H{-}Ar^2 \xrightarrow[-CuCl]{+CuCl_2} Ar^1CH_2CHCl{-}Ar^2$$

在乙醇溶液中用乙醇钠脱除二苯衍生物 **11** 的 HCl,得到反-4-溴菲 **12**,在碘存在
200 下环己烷溶液中 **12** 会光异构化为顺式结构,电环化关环反应得到二氢菲,随后脱氢得到预期的 3-溴菲(**1**)。

11 (1.8.2.1) —— NaOEt/HOEt, 70% → **12** (1.8.2.2) —— $h\nu$, 51% → **1** (1.8.2.3)

应用这种方法，目标分子 **1** 用三步合成，总收率 20%（基于 4-溴苯胺）。

(c) 合成 1 的实验步骤

1.8.2.1* 2-(4-溴苯基)-1-氯-1-苯基乙烷[8]

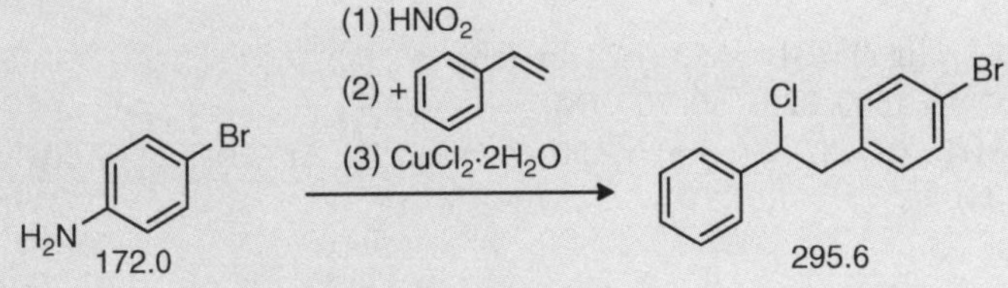

冰盐浴保持 5℃以下，亚硝酸钠（7.00 g，0.10 mol）溶解在 35 mL 水中滴加到对溴苯胺（17.2 g，0.10 mol）的盐酸溶液中（5 mol/L，60 mL）（反应用淀粉-KI 试纸监控，如果存在 HNO_2，试纸变蓝），分批加入 $NaHCO_3$（14.3 g）调节 pH 为 4～5，用时不少于 10 min，把该溶液加入到苯乙烯（10.4 g，0.10 mol，苯乙烯用对苯二酚蒸馏，bp_{12} 33～34℃，加入对苯二酚存贮）和 $CuCl_2 \cdot 2H_2O$（4.00 g，25.0 mmol）的丙酮溶液（100 mL）中，氮气开始缓缓放出，约 1 h 后剧烈释放，15 h 后反应结束。

加入 100 mL 乙醚，黑色的有机相分离，水相乙醚萃取（2×50 mL），合并有机相，$MgSO_4$ 干燥，过滤，减压除去溶剂，褐色剩余物中加入少量石油醚（50～70℃），结晶出产物 16.9 g，57%收率，mp 81～82℃，乙醇重结晶，得到亮棕色针状晶体，mp 87～88℃。

UV (CH_2Cl_2): λ_{max} (lg ε) = 316 (3.57), 330 nm (sh).
IR (KBr): $\tilde{\nu}$ (cm^{-1}) = 1585, 800, 765, 690.
^{1}H NMR (300 MHz, $CDCl_3$): δ (ppm) = 7.30, 6.88 (2×d, *J* = 8.0 Hz, 4H, 4- 201
bromophenyl-H), 7.25 (s, 5H, Ar–H), 4.88 (t, *J* = 6.0 Hz, 1H, 1-H), 3.24 (d, *J* = 6.0 Hz, 2H, 2-H_2).

1.8.2.2* 反式 4-溴均二苯乙烯[8]

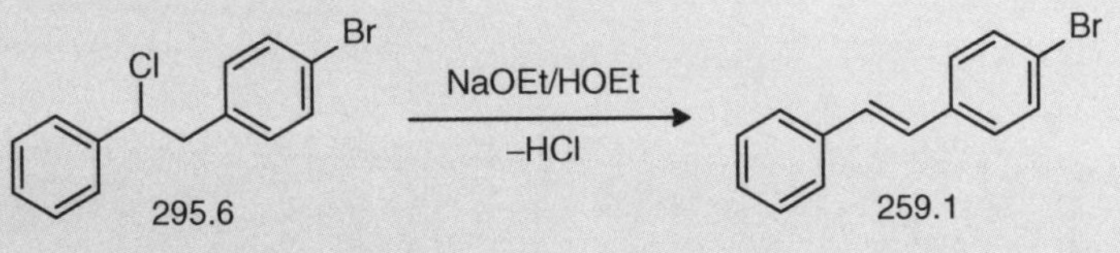

用无水乙醇(50 mL)和钠(1.15 g,0.05 mol)制备乙醇钠,搅拌下加入 **1.8.2.1**(5.90 g,20.0 mmol)。悬浮液放在水蒸气浴上加热直至完全溶解,约 2 min 后有 NaCl 开始析出,约 6 min 后,大量的沉淀生成,剧烈搅拌,加热回流 1 h。

将 5 mL 水加到热溶液中,冰浴冷却混合物,过滤收集沉淀,用 10 mL 乙醇洗涤,5.5 g 粗产品用异丙醇重结晶(用活性炭脱色),得到无色针状晶体 3.6 g,70% 收率,mp 137~138℃,TLC(硅胶,CH_2Cl_2)检测纯度。

UV (CH_2Cl_2): λ_{max} (lg ε) = 314 (4.52), 427 nm (sh).
IR (KBr): $\tilde{\nu}$ (cm^{-1}) = 1580, 820, 750, 700, 690.
^{1}H NMR (300 MHz, $CDCl_3$): δ (ppm) = 7.50–7.26 (m, 9H, Ar–H), 7.14–7.00 (m, 2H, 1-H, 2-H).

1.8.2.3** 3-溴菲[6]

Br
hν, I_2
1
2
259.1
257.1
Br

202 装置:配有石英滤光器和高压汞气灯(Philips HPK-125W 或者 Hanau TQ-150W)的光解装置。

反式 4-溴均二苯乙烯 **1.8.2.2**(2.60 g,10.0 mmol)和碘(0.13 g,1.0 mmol)在 1 000 mL 无水的环己烷中照射 16 h,保持空气流通(用氧气代替空气以及延长照射时间不能增加产率)。

减压除去溶剂,剩余红色物质溶解在 50 mL 环己烷中,用中性 Al_2O_3(25 g,活性等级Ⅰ)过滤,无色的滤液浓缩,产物 1.35 g,mp 76~78℃,用乙醇重结晶,得到无色针状晶体 1.30 g,收率 51%,mp 83~84℃,TLC(硅胶,CH_2Cl_2)检测纯度。

UV (CH_2Cl_2): λ_{max} (lg ε) = 298 (4.17), 286 (4.05), 277 (4.18), 268 (sh), 254 nm (4.95).
IR (KBr): $\tilde{\nu}$ (cm^{-1}) = 1580, 840, 820, 730.
^{1}H NMR (300 MHz, $CDCl_3$): δ (ppm) = 8.80–8.20 (m, 2H, Ar–H), 7.90–7.20 (m, 7H, Ar–H).

参考文献

[1] Another method often mentioned in textbooks, the Haworth synthesis, seems to be of limited scope and is only applicable to phenanthrene itself and some alkyl-substituted derivatives: Beyer, H. and Walter, W. (1998) *Lehrbuch der Organischen Chemie*, 23rd edn, S. Hirzel Verlag, Stuttgart, p. 686.

[2] (a) Abramovitch, R.A. (1966) *Adv. Free-Radical Chem.*, **2**, 87; (b) Duclos, R.I. Jr., Tung, J.S., and Rappoport, H. (1984) *J. Org. Chem.*, **49**, 5243–5246.

[3] Bachmann, W.E. and Boatner, C.H. (1936) *J. Am. Chem. Soc.*, **58**, 2194–2195.

[4] Nesmeyanov, A.N., Tolstaya, T.P., Vanchicova, L.N., and Petrakov, A.V. (1980) *Izv. Akad. Nauk SSSR, Ser. Kim.*, 2530.

[5] (a) Mallory, F.B. and Mallory, C.W. (1984) *Org. React.*, **30**, 1–456; (b) Laerhoven, W.H. (1989) *Org. Photochem.*, **10**, 163–195.

[6] Wood, C.S. and Mallory, F.B. (1964) *J. Org. Chem.*, **29**, 3373–3377.

[7] Rondestved, C.S. Jr. (1976) *Org. React.*, **24**, 225–259.

[8] Tashchuk, K.G. and Dombrovski, A.V. (1965) *Zh. Org. Khim.*, **1**, 1995; *Chem. Abstr.*, (1966), **64**, 9617.

203

2 氧化与还原

2.1 C═C 的环氧化

环氧化合物(环氧乙烷)在开环制备1,2-二取代官能化烷烃方面用途广泛。因此,对烯烃进行对映选择性环氧化在有机合成领域的重要性不言而喻,因为通过它能够形成立体可控的 sp^3 碳手性中心[1]。通常使用两种方法: Sharpless-Katsuki[2]环氧化(见2.1.1节)和Jacobsen环氧化[3a](见2.1.2节)。

2.1.1 Sharpless-Katsuki 环氧化

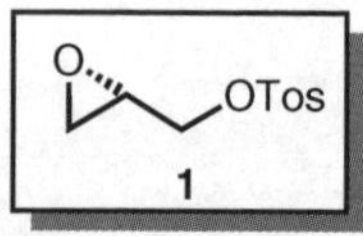

专题 ◆ Sharpless-Katsuki 对烯丙醇不对称环氧化
◆ 醇羟基的对甲基苯磺酸酯化

(a) 概述

在Sharpless-Katsuki环氧化中,烯丙醇**2**用化学计量的过氧化物(通常是叔丁基-或者异丙基苯过氧化物)作为氧化剂,转化为环氧乙烷**3**,该过程使用催化剂量的 $Ti(O\textit{i}Pr)_4$ 和二烷基酒石酸酯,最常用的是二乙基酒石酸酯(DET)或者二异丙基酒石酸酯(DIPT)作为手性配体。

204

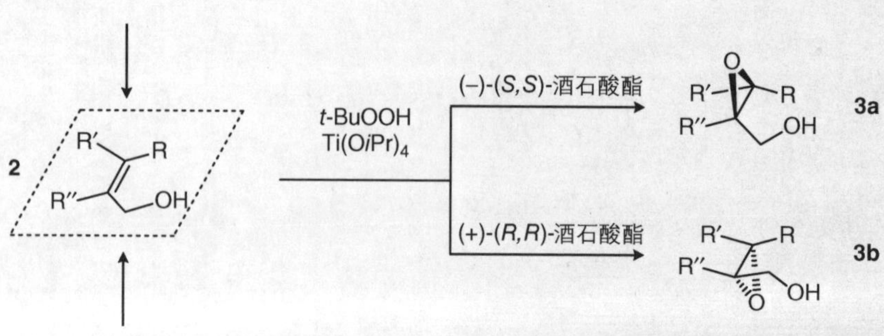

通常,当使用(+)-(*R*,*R*)-或者(−)-(*S*,*S*)-二烷基酒石酸酯时环氧化合物**3**的

两种对映异构体(a 和 b)都能得到,ee 值大于 90%。有必要指出:

- 在其他烯基双键存在下,烯丙基单元可以被化学选择性环氧化;
- Sharpless-Katsuki 环氧化同样适用高烯丙醇,但是选择性较低;
- Sharpless-Katsuki 环氧化同样适用于拆分 *rac*-烯丙醇混合物。

至于 Sharpless-Katsuki 环氧化机理,中间体手性钛酒石酸配合物 **4** 的形成是关键[4],通过烯丙醇上羟基与钛配合形成底物-催化剂配体相互作用,促成底物的手性转化。

4
($E = CO_2R$)

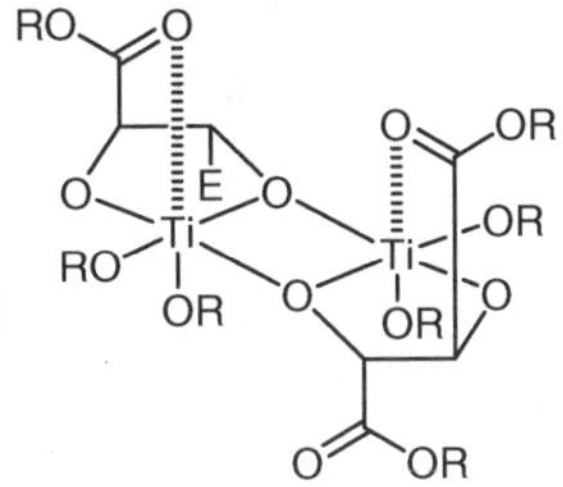

(b)部分描述了丙烯醇的 Sharpless-Katsuki 环氧化[5],这是合成(*S*)-心得宁的关键步骤(参考 3.1.1 节)。

(b) 合成 1

丙烯醇 **5** 在催化剂量的 $Ti(OiPr)_4$ 和(—)-(*S*,*S*)-DIPT 作用下与异丙苯过氧化氢反应,0℃以下,以二氯甲烷为溶剂。过量的过氧化物用亚磷酸三甲基酯还原,生成的(*S*)-缩水甘油 **6** 在三乙胺作用下羟基原位磺酰酯化,如此环氧磺酸酯 **1** 以烯丙醇为原料,经过一锅法制备。

异丙苯过氧化氢 205
$Ti(OiPr)_4$, (–)-(*S*,*S*)-DIPT
TosCl, NEt_3
58%
(2 steps)
5　**6**　**1**

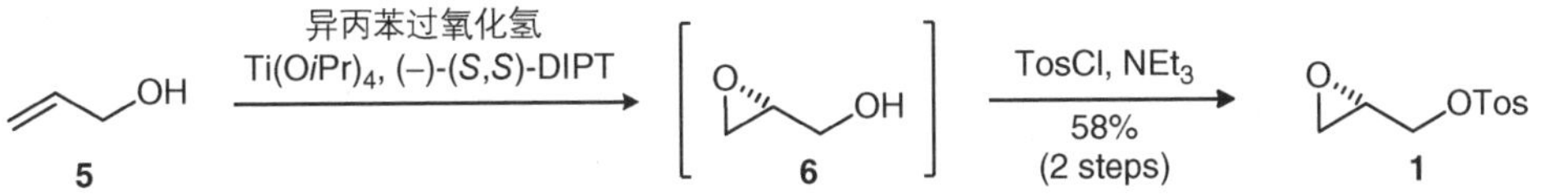

(c) 合成 1 的具体实验步骤

2.1.1.1** (*S*)-*O*-对甲基苯磺酰基缩水甘油[5]

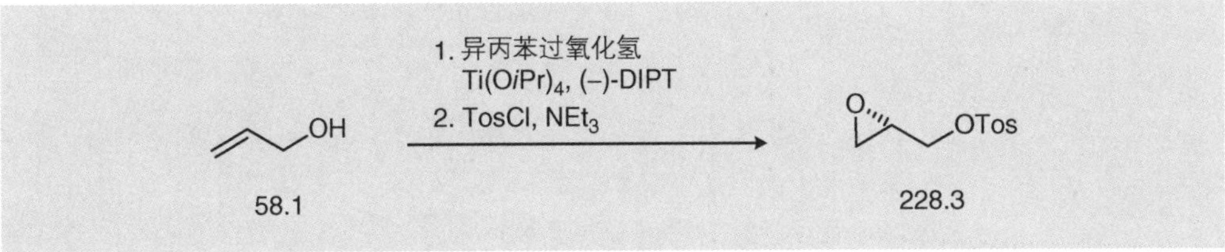

1. 异丙苯过氧化氢
$Ti(OiPr)_4$, (–)-DIPT
2. TosCl, NEt_3

58.1　228.3

(—)-(*S*,*S*)-DIPT(1.21 g,5.17 mmol)的 CH_2Cl_2(1.3 mL)溶液,氮气保护下加

入活化的 3 Å 分子筛 3 g 和 164 mL CH_2Cl_2,然后加入烯丙醇(5.86 mL,5.01 g,86.2 mmol),冷却到−5℃,$Ti(O\textit{i}Pr)_4$(1.29 mL,1.23 g,4.30 mmol)加入到其中,搅拌 30 min,缓慢(超过 45 min)加入预先冷却的异丙苯过氧化物(80%,30.2 mL,172 mmol),控制反应瓶内部温度低于−2℃,然后在−5～0℃条件下剧烈搅拌 6 h。

冷却到−20℃,过量的过氧化物用亚磷酸三甲酯 $P(OMe)_3$(12.7 g,86.4 mmol)还原,控制瓶内温度−10℃,用 TLC 监控反应(乙酸乙酯/正己烷=2∶3)。1 h 以后,加入三乙胺(15.1 mL,11.0 g,109 mmol)和对甲基苯磺酰氯(17.3 g,90.4 mmol)的 CH_2Cl_2 溶液(80 mL),烧瓶在−20℃条件下保存过夜。

缓慢升温到室温,用硅藻土过滤(预先用 CH_2Cl_2 洗涤),黄色滤液依次用 10%的酒石酸水溶液洗涤(2×250 mL)、饱和食盐水(2×250 mL)洗涤,$MgSO_4$ 干燥,过滤,高真空除去异丙苯,2-苯基-2-丙醇,$P(OMe)_3$ 和 $PO(OMe)_3$,剩余物用短的硅胶柱层析(硅胶 25 g,CH_2Cl_2 洗脱),得淡黄色油状物 11.2 g,收率 58%,R_f=0.56(正戊烷/乙酸乙酯),$[\alpha]_D^{20}$=+17.9(c=1.5,氯仿);ee 值 98%(光学纯)。

^{1}H NMR (300 MHz, $CDCl_3$): δ (ppm) = 7.77 (d, J = 8.4 Hz, 2H, 3′-H), 7.32 (d, J = 7.8 Hz, 2H, 2′-H), 4.23 (dd, J = 11.3, 3.6 Hz, 1H, 3-H), 3.90 (dd, J = 11.4, 6.3 Hz, 1H, 3-H), 3.12–3.18 (m, 1H, 2-H), 2.78 (t, J = 4.8 Hz, 1H, 1-H), 2.56 (dd, J = 4.4, 2.4 Hz, 1H, 1-H), 2.42 (s, 3H, CH_3).
206 **^{13}C NMR** (75 MHz, $CDCl_3$): δ (ppm) = 145.1 (C-1′), 132.6 (C-4′), 129.9 (C-2′), 127.9 (C-3′), 70.4 (C-3), 48.8 (C-2), 44.5 (C-1), 21.6 (CH_3).

2.1.2　Jacobsen 环氧化

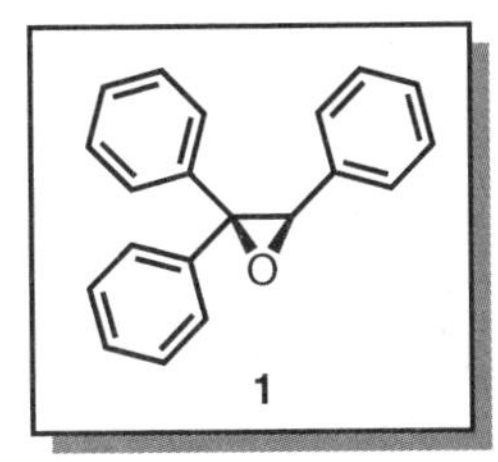

专题

- 三取代烯烃用 Jacobsen 催化剂和次氯酸钠对映选择性的环氧化
- 合成 Jacobsen Mn-salen 催化剂(Duff 甲酰化,1,2-环己二胺拆分,Schiff-碱合成与 MnⅢ的配合)

(a) 概述

Jacobsen 环氧化适用于把一大类非官能化的前手性的烯烃转化为手性环氧化合物,优选环氧化试剂 NaOCl,在催化剂量的手性 Mn(Ⅲ)-salen 化合物 **2**(Jacobsen 催化剂)作用下反应[3b]:

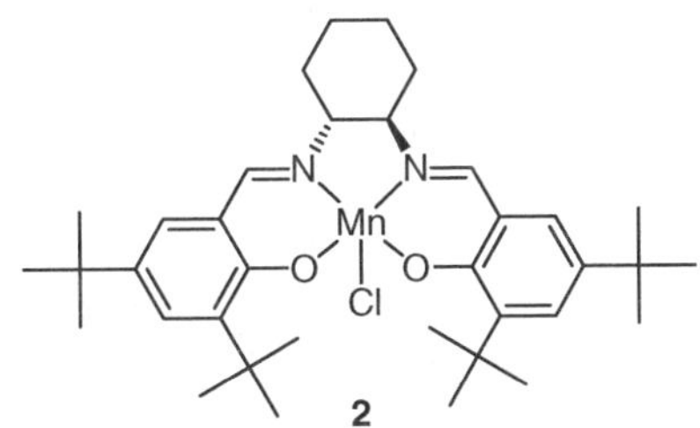

Jacobsen Mn-salen 配合物

最适宜的底物是双取代的(*Z*)-烯烃(99%的 ee 值)和三取代的烯烃,单取代的烯烃效果很差。

令人感兴趣的是,Sharpless 双羟化反应(参考 2.2 节)显示了广泛的底物互补性,因此(*E*)-双取代的烯烃给出最好的对映体过量值(99%的 ee 值),即使是单取代烯烃 ee 值依然可以达到 70%~80%。

Jacobsen 催化剂由 Mn(Ⅲ)化合物和手性 salen 配体组成(salen=(*R*,*R*)-环己二胺的双-水杨醛亚胺),早在 1990 年代初就引入有机合成,核心 Mn 与配体呈现四方形配位,依靠轴上氯原子获得稳定[6]。分子的几何形状可能是不对称烯烃环氧化立体化学的主要原因[7],氧化剂,就是常用的漂白剂(NaOCl 的水溶液)需要化学计量[8],Jacobsen 环氧化已经应用于工业级别的生产[9]。

该方面的最新进展包括使用离子液体以及官能化的沸石、有机修饰的硅胶等负 207
载手性催化剂,有利于催化剂回收和再利用。

(b) 合成 1

1) Jacobsen Mn(Ⅲ)-salen 配合物 **2** 用四步合成，以 2,4-二叔丁基苯酚 **3** 为原料[9]，3,5-二叔丁基水杨醛 **4** 由 **3** 经过 Duff 甲酰化制备[11]，与六亚甲基四胺在三氟乙酸中反应：

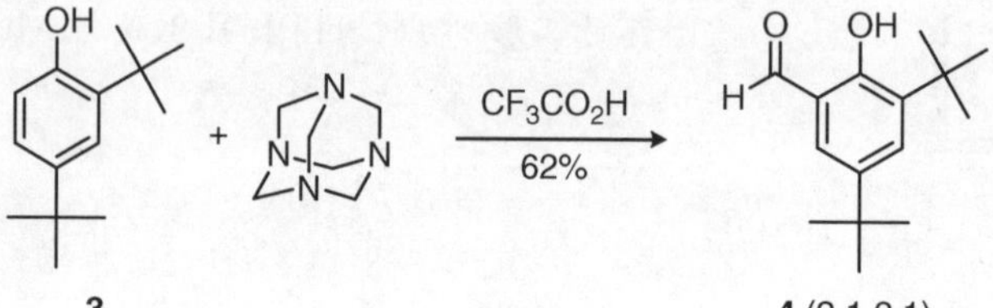

3 **4** (2.1.2.1)

rac-1,2-二氨基环己烷 **5** 的拆分是通过与(+)-(*R*,*R*)-酒石酸 **6** 得到的铵盐 **7**，然后重结晶，能够得到非常高的非对映异构纯度：

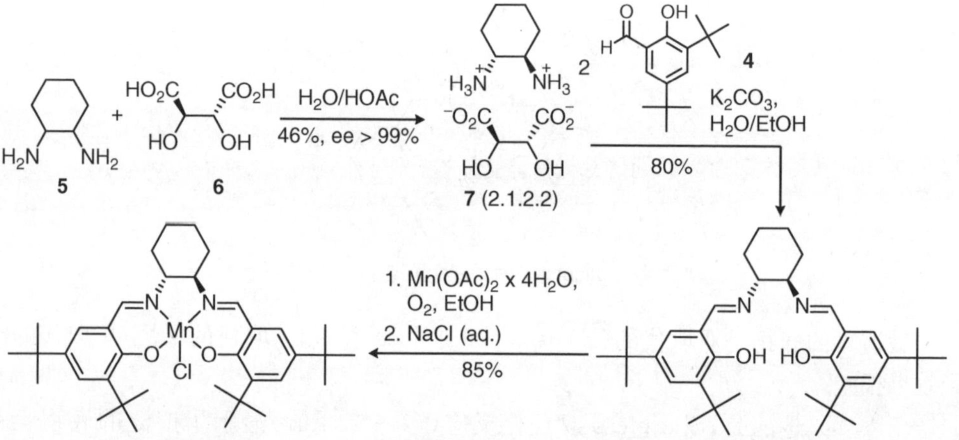

5 **6** **7** (2.1.2.2) **2** (2.1.2.4) **8** (2.1.2.3)

为了简化上述过程，盐 **7** 直接应用于与水杨醛 **4** 的反应，由此避免水溶性和空气敏感的氨的分离。最后，Schiff-碱 **8** 与乙酸 Mn(Ⅱ)配合，空气氧化得到配合物 **2**，是一个褐色的对空气和水稳定的粉末。

208 2) 三苯基乙烯 **9** 作为底物用于对映选择性的环氧化反应：NaOCl 水溶液为氧化剂，催化剂量的 Jacobsen Mn(Ⅲ)配合物 **2** 以及 4-苯基吡啶 *N*-氧化物作为助氧化剂，在 CH_2Cl_2 与水组成的两相系统中 0℃ 反应，得到(*R*)-2,2,3-三苯基环氧化合物，87%收率和 88%ee 值。

作为比较，三苯乙烯 **9** 与 *m*-CPBA 环氧化给出 *rac*-**1** 混合物，收率 80%。

Jacobsen催化的机理可能是两步催化过程[12],氧从氧化剂 NaOCl 中转移到 Mn(Ⅲ)-salen配合物形成中间体 Mn(Ⅴ)-氧活性种 **10** 或者 **11**[6c],实际上,中性的 **10** 或者阳离子 **11** 的 Mn(Ⅴ)-氧活性种的生成取决于氧化剂和溶剂。第二步,氧转移到烯烃双键上形成环氧化合物,而 Mn(Ⅴ)变为 Mn(Ⅲ)种 **2** 或者 **12**,可以再次被氧化:

理论研究表明,反应可能是通过自由基历程进行的[13],反应开始,烯烃从氧的一边靠近催化剂,形成弱键合作用的催化剂-底物加成物 **13**,通过过渡态 **14** 给出自由基中间体 **15**,通过过渡态 **16** 形成第二个氧-碳键,得到一个环氧化合物与催化剂的弱键合作用的 **17**,很容易离解为预期环氧产物 **18**。

209

(c) 合成 1 和 2 的具体实验步骤

2.1.2.1** 3,5-二叔丁基-2-羟基苯甲醛[9]

CF_3CO_2H, 120 ℃, 18 h

206.3 140.2 234.3

在 0℃,氩气保护条件下,向装配冷凝管的干燥的三口圆底烧瓶加入 200 mL 的三氟乙酸,六亚甲基四胺(25.1 g,179 mmol),2,4-二叔丁基苯酚(28.7 g,139 mmol),混合物加热到 120℃,回流反应 18 h。

冷却到 0℃,加入 1 200 mL 水,Na_2CO_3(140 g,1.32 mol),搅拌,然后加入 6 mol/L的 HCl 溶液 200 mL,搅拌后用乙酸乙酯萃取(3×500 mL),合并有机相,用 $MgSO_4$ 干燥,过滤,减压除去溶剂,黄色剩余物加入 30 mL 甲醇加热,得到的悬浮液减压抽滤,滤饼用甲醇洗涤(3×50 mL),合并滤液减压浓缩,得到油状物 20.1 g,62%收率,不用分离直接用于下一步。当然,可以用柱层析进一步分离纯化(硅胶,乙酸乙酯/正己烷=3∶7)。

UV (CH_3CN): λ_{max} (nm) (lg ε) = 343.5 (3.469), 263.5 (3.998), 219.5 (4.180).
IR (KBr): $\tilde{\nu}$ (cm^{-1}) = 2959, 1650, 1439, 1322, 1206, 894, 829, 737, 534.
210 **^{1}H NMR** (300 MHz, $CDCl_3$): δ (ppm) = 11.65 (s, 1H, OH), 9.87 (s, 1H, 1′-H), 7.60 (d, 1H, *J* = 2.6 Hz, 6-H), 7.35 (d, 1H, *J* = 2.6 Hz, 4-H), 1.43 (s, 9H, 3-*t*Bu), 1.33 (s, 9H, 5-*t*Bu).
^{13}C NMR (75 MHz, $CDCl_3$): δ (ppm) = 197.4 (C-1′), 159.1 (C-2), 141.6 (C-5), 137.6 (C-3), 131.9 (C-4), 127.0 (C-6), 119.9 (C-1), 34.99 (3-*C*(CH_3)$_3$), 34.22 (5-*C*(CH_3)$_3$), 31.29 (3-C(CH_3)$_3$), 29.23 (5-C(CH_3)$_3$).
MS (EI, 70 eV): *m/z* (%) = 234.1 (13) $[M]^+$, 219.1 (100) $[M-CH_3]^+$, 57 (62) $[C(CH_3)_3]^+$.

2.1.2.2** 拆分 *rac*-反-1,2-二氨基环己烷/(*R*,*R*)-二氨基环己烷-(+)-酒石酸盐[9]

三口圆底烧瓶装配冷凝管、温度计,以及恒压滴液漏斗。加入(+)-(*R*,*R*)-酒石酸(75 g,500 mmol)和水 200 mL,搅拌至酸完全溶解,*rac-cir/trans*-1,2-二氨基环己

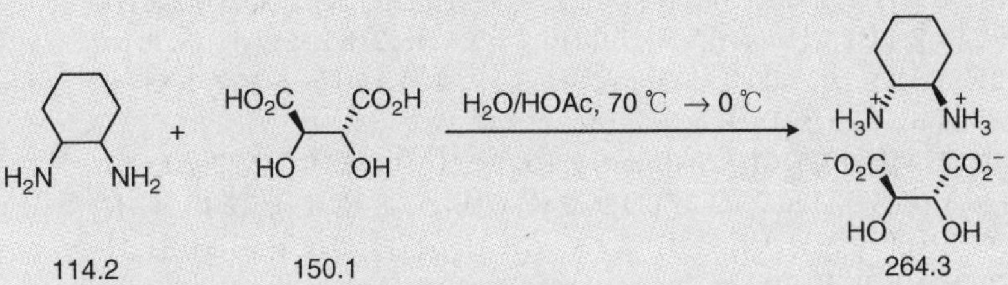

烷(120 mL,970 mmol)缓缓加入,控制速度使瓶内温度为 60～65℃,冰醋酸(50 mL,875 mmol)缓缓加入,控制速度使瓶内温度为 65～70℃,用 2 h 冷到室温,再用 2 h 冷到 0℃。

过滤,滤饼用 50 mL 冰水以及预冷的甲醇洗涤(6×50 mL),真空干燥,得到白色晶体 60.8 g,46%收率,ee>99%,$[\alpha]_D^{20}=+12.7$(c=4.0,水)。

2.1.2.3** (*R*,*R*)-*N*,*N*′-二(3,5-二叔丁基水杨醛)-1,2-环己烷二亚胺[9]

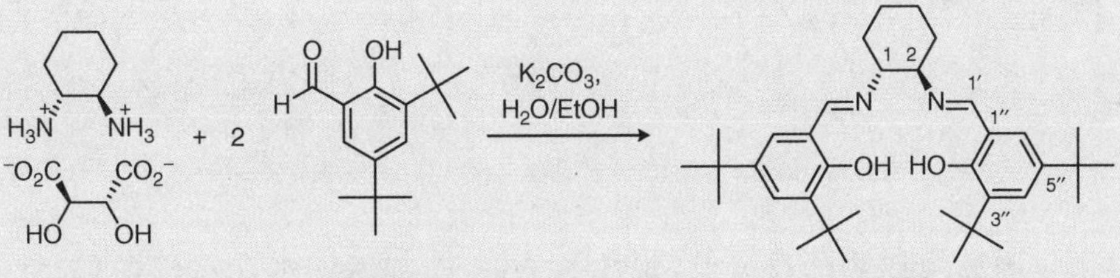

三口圆底烧瓶装配冷凝管,恒压滴液漏斗,加入酒石酸盐 **2.1.2.2**(8.33 g,31.5 mmol),K_2CO_3(8.72 g,63.1 mmol),水 41 mL,加热直到完全溶解,加入乙醇 168 mL,加热回流,醛 **2.1.2.1**(15.0 g,64.0 mmol)的乙醇溶液(70 mL)用 30 min 滴入,回流 2 h 后,加入 42 mL 水,耗时 30 min 冷却到室温,保持 0～5℃过夜。 211

抽滤收集沉淀,滤饼用乙醇 40 mL 洗涤,用 140 mL 的 CH_2Cl_2 溶解,分别用水(3×80 mL)以及饱和食盐水 40 mL 洗涤,有机相用 $MgSO_4$ 干燥,过滤,减压除去溶剂,得到黄色粉末产品 13.8 g,80%收率,mp 200～203℃;$[\alpha]_D^{20}=-283$(c=1.0,CH_2Cl_2)。

UV (CH_3CN): λ_{max} (nm) (lg ε) = 328.5 (3.864), 259.5 (4.296), 218.5 (4.663), 194.0 (4.654).
IR (KBr): $\tilde{\nu}$ (cm^{-1}) = 2961, 2864, 1630, 1439, 1361, 1271, 1203, 1174, 1085, 1038, 879, 773.

^{1}H NMR (300 MHz, $CDCl_3$): δ (ppm) = 13.74 (s, 2H, OH), 8.32 (s, 2H, 2 × 1′-H), 7.32 (d, J = 2.4 Hz, 2H, 2 × 6″-H), 7.00 (d, J = 2.4 Hz, 2H, 2 × 4″-H), 3.38 to 3.28 (m, 2H, 1-H, 2-H), 2.00 to 1.60 (m, 8H, 3-H_2, 4-H_2, 5-H_2, 6-H_2), 1.43 (s, 18H, 2 × 3″-*t*Bu), 1.25 (s, 18H, 2 × 5″-*t*Bu).
^{13}C NMR (75 MHz, $CDCl_3$): δ (ppm) = 165.8 (C-1′), 158.0 (C-2″), 139.8 (C-5″), 136.3 (C-3″), 126.7 (C-4″), 126.0 (C-6″), 117.8 (C-1″), 72.40 (C-1, C-2), 34.93 (2 × 5″-*C*(CH_3)$_3$), 34.01 (2 × 3″-*C*(CH_3)$_3$), 33.26 (C-3, C-6), 31.39 (2 × 5″-C(CH_3)$_3$), 29.40 (2 × 3″-C(CH_3)$_3$), 24.34 (C-4, C-5).
MS (EI, 70.0 eV): m/z (%) = 546.3 (63) $[M]^+$, 313.2 (100) $[M-N-CH-C_{14}H_{20}O]^+$.

2.1.2.4** [(*R*,*R*)-*N*,*N*′-二(3,5-二叔丁基水杨醛)-1,2-环己烷二亚胺]Mn(Ⅲ)氯化物[9]

三口圆底烧瓶装配冷凝管、恒压滴液漏斗，加入四水合乙酸锰(3.53 g,
212 14.4 mmol)的乙醇(36 mL)溶液，加热回流，将 **2.1.2.3** 得到的 Schiff-碱(3.00 g, 5.46 mmol)的甲苯溶液(20 mL)缓慢地(超过 35 min)加入体系。混合物回流 2 h，停止加热，向瓶内鼓入空气 3 h，加入 6 mL 饱和食盐水，室温搅拌过夜。

把 20 mL 甲苯加入体系，分别用水(3×50 mL)、饱和食盐水 50 mL 洗涤，有机相用 $MgSO_4$ 干燥，过滤，减压除去溶剂，固体用 18 mL 的 CH_2Cl_2 以及 18 mL 正庚烷溶解，浓缩到一半体积，室温下过夜，抽滤收集沉淀，用 50 mL 正庚烷洗涤，得到褐色固体 2.95 g，85% 收率，mp 324～326℃，$[\alpha]_D^{20} = -608.3$ (c = 0.012，乙醇)。

UV (CH_3CN): λ_{max} (nm) (lg ε) = 421.0 (3.636), 316.5 (4.105), 239.5 (4.578), 197.0 (4.656).
IR (KBr): $\tilde{\nu}$ (cm^{-1}) = 2952, 2866, 1613, 1535, 1433, 1311, 1252, 1175, 1030, 929, 917, 837, 748, 569, 543.
MS (ESI): m/z (%) = 679.0 (100) $[M+HCO_2]^+$, 633.3 (17) $[M-H]^+$, 599.5 (100) $[M-Cl]^+$.

2.1.2.5*** (*R*)-2,2,3-三苯基环氧乙烷[14]

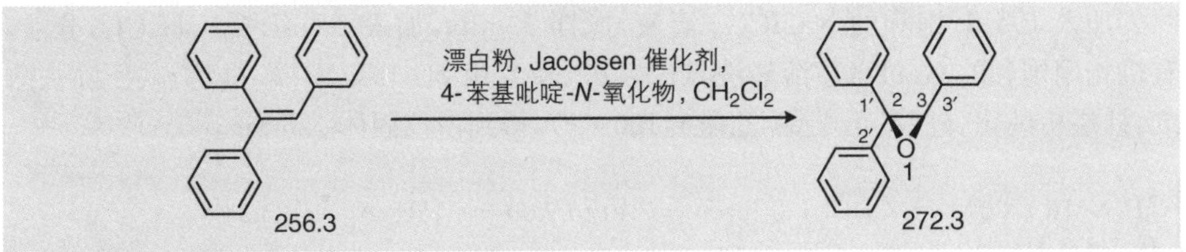

制备漂白剂溶液 NaOCl 的水溶液(10%,32.8 mL,55.0 mmol),与磷酸氢二钠水溶液(10%,0.05 mol/L,67.2 mL)混合,用 1.0 mol/L 的 NaOH 溶液调节 pH 为 11.3。

单口圆底烧瓶,氩气保护,装入三苯基乙烯(500 mg,1.95 mmol),2.5 mL 的 CH_2Cl_2,0℃,加入 4-苯基吡啶 *N*-氧化物(66.8 mg,0.39 mmol)以及 Jacobsen 催化剂 **2.1.2.4**(61.9 mg,97.5 μmol),混合后冷却到 0℃,搅拌,加入预冷的漂白液(0.55 mol/L,5.32 mL,2.93 mmol),0℃搅拌 23 h,然后加入 10 mL 的 CH_2Cl_2,10 mL的水,分液,有机相用 10 mL 水洗,水相用 CH_2Cl_2 萃取(3×10 mL),合并有机相,Na_2SO_4 干燥,过滤,减压除去溶剂,粗产物柱层析纯化(硅胶,正戊烷/乙酸乙酯=100∶2),得到白色固体 464 mg,87%收率,ee=88%,$[\alpha]_D^{20}=+61.2$(c=1.0,氯仿)。 213

UV (CH_3CN): λ_{max} (nm) (lg ε) = 225.5 (4.273).
IR (KBr): $\tilde{\nu}$ (cm^{-1}) = 3026, 2972, 1887, 1601, 1491, 1447, 1336, 1074, 1029, 903, 865, 822.
^{1}H NMR (300 MHz, $CDCl_3$): δ (ppm) = 7.40 to 7.00 (m, 15H, 2×2-Ph, 3-Ph), 4.34 (s, 1H, 3-H).
^{13}C NMR (75 MHz, $CDCl_3$): δ (ppm) = 140.9 (C-3′), 135.7, 135.4 (C-1′, C-2′), 129.2, 128.3, 127.8, 127.7, 127.6, 127.5, 126.7, 126.3 (15×Ph–CH), 68.6 (C-2), 68.1 (C-3).
MS (EI, 70.0 eV): *m*/*z* (%) = 272.2 (39) $[M]^+$, 165.1 (100) $[M-PhCH_2O]^+$, 105.1 (62) $[C_8H_9]^+$, 77.0 (31) $[Ph]^+$.
HPLC: Chiralpak IA® (Chiral Technologies Europe); 250×4.6 mm; eluent: *n*-hexane/*i*-propanol, 98:2; gradient: isocratic; retention time: t_{R1} = 7.21 min; t_{R2} = 8.06 min.

2.1.2.6* *rac*-2,2,3-三苯基环氧乙烷[15]

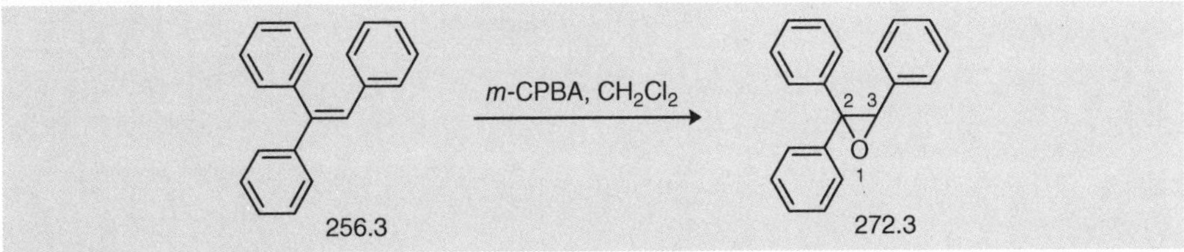

m-CPBA, CH_2Cl_2

256.3 → 272.3

氩气保护，单口圆底烧瓶中装入三苯基乙烯(500 mg，1.95 mmol)，5 mL 的 CH_2Cl_2，0℃，加入间氯过氧苯甲酸(70%，722 mg，2.93 mmol)，室温搅拌 24 h。

加入 10 mL 饱和的 $NaHCO_3$ 溶液，搅拌 30 min，加入 20 mL 的 CH_2Cl_2，分液，有机相用饱和的 $NaHCO_3$ 溶液洗涤(2×10 mL)，用 Na_2SO_4 干燥，过滤，减压除去溶剂，柱层析纯化(硅胶，正戊烷/乙醚＝100：1)，得到白色固体 425 mg，80%收率。

^{1}H NMR (300 MHz, $CDCl_3$): δ (ppm) = 7.40 to 7.00 (m, 15H, Ar–H), 4.34 (s, 1H, 3-H).

参考文献

214

[1] (a) Corsi, M. (2002) *Synlett*, 2127–2128; (b) Jacobsen, E.N., Zhang, W., Muci, A.R., Ecker, J.R., and Deng, L. (1991) *J. Am. Chem. Soc.*, **113**, 7063–7064; (c) Zhang, W., Loebach, J.L., Wilson, S.R., and Jacobsen, E.N. (1990) *J. Am. Chem. Soc.*, **112**, 2801–2803.

[2] (a) Pfenninger, A. (1986) *Synthesis*, 89–116; (b) Corey, E.J. (1990) *J. Org. Chem.*, **55**, 1693–1694; (c) Besse, P. and Veschambre, H. (1994) *Tetrahedron*, **50**, 8885–8927.

[3] (a) Zhang, W. and Jacobsen, E.N. (1991) *J. Org. Chem.*, **56**, 2296–2298; (b) Sawada, Y., Matsumoto, K., Kondo, S., Watanabe, H., Ozawa, T., Suzuki, K., Saito, B., and Katsuki, T. (2006) *Angew. Chem.*, **118**, 3558–3560; *Angew. Chem. Int. Ed.*, 2006, **45**, 3478–3480.

[4] Krause, N. (1996) *Metallorganische Chemie*, Spektrum Akademischer Verlag, Heidelberg, p. 298.

[5] Klunder, J.M., Koo, S.Y., and Sharpless, K.B. (1986) *J. Org. Chem.*, **51**, 3710–3712.

[6] (a) Katsuki, T. (1995) *Coord. Chem. Rev.*, **140**, 189–214; (b) Irie, R., Noda, K., Ito, Y., and Katsuki, T. (1991) *Tetrahedron Lett.*, **32**, 1055–1058; (c) Srinivasan, K., Michaud, P., and Kochi, J.K. (1986) *J. Am. Chem. Soc.*, **108**, 2309–2320; (d) Srinivasan, K., Perrier, S., and Kochi, J.K. (1986) *J. Mol. Catal.*, **36**, 297–317.

[7] Scheurer, A., Maid, H., Hampel, F., Saalfrank, R.W., Toupet, L., Mosset, P., Puchta, R., and van Eikema Hommes, N.J.R. (2005) *Eur. J. Org. Chem.*, **12**, 2566–2574.

[8] (a) Brandes, B.D. and Jacobsen, E.N. (1995) *Tetrahedron Lett.*, **36**, 5123–5126; (b) Chang, S., Galvin, J.M., and Jacobsen, E.N. (1994) *J. Am. Chem. Soc.*, **116**, 6937–6938; (c) Brandes, B.D. and Jacobsen, E.N. (1994) *J. Org. Chem.*, **59**, 4378–4380; (d) Chang, S., Lee, N.H., and Jacobsen, E.N. (1993) *J. Org. Chem.*, **58**, 6939–6941; (e) Lee, N.H. and Jacobsen, E.N. (1991) *Tetrahedron Lett.*, **32**, 6533–6536; (f) Lee, N.H., Muci, A.R., and Jacobsen, E.N. (1991) *Tetrahedron Lett.*, **32**, 5055–5058.

[9] Larrow, J.F., Jacobsen, E.N., Gao, Y., Hong, Y., Nie, X., and Zepp, C.M. (1994) *J. Org. Chem.*, **59**, 1939–1942.

[10] (a) Park, D.-W., Choi, S.-D., Choi, S.-J., Lee, C.-Y., and Kim, G.-J. (2002) *Catal. Lett.*, **78**, 145–151; (b) Gbery, G., Zsigmond, A., and Balkus, K.J. Jr., (2001) *Catal. Lett.*, **74**, 77–80; (c) Song, C.E. and Roh, E.J. (2000) *Chem. Commun.*, 837–838.

[11] Smith, M.B. (2013) *March's Advanced Organic Chemistry*, 7th edn, John Wiley & Sons, Inc., New York, p. 628.

[12] Dalton, C.T., Ryan, K.M., Wall, V.M., Bousquet, C., and Gilheany, D.G. (1998) *Top. Catal.*, **5**, 75–91.

[13] (a) Cavallo, L. and Jacobsen, H. (2003) *Eur. J. Inorg. Chem.*, **5**, 892–902; (b) Adam, W., Roschmann, K.J., Saha-Möller, C.R., and Seebach, D. (2002) *J. Am. Chem. Soc.*, **124**, 5068–5073.

[14] Flessner, T. and Doye, S. (1999) *J. Prakt. Chem.*, **341**, 436–444.

[15] According to: Tietze, L.F. and Eicher, Th. (1991) *Reaktionen und Synthesen im organisch-chemischen Praktikum und Forschungslaboratorium*, 2nd edn, Georg Thieme Verlag, Stuttgart, p. 476.

2.2 C═C 的二羟基化反应

对烯烃的 C═C 进行二羟基化反应得到 *cis*-1,2-二醇 **1** 是烯烃化学中的基础反应[1]。1,2-二醇当然也可以用环氧化合物作为前体通过酸催化的亲核开环反应来制备(参考 2.1 节)。这种情况下,得到的是 *trans*-1,2-二醇 **2**(X═OH)[2],环氧的形成和开环可以在一个工艺过程中完成。

215

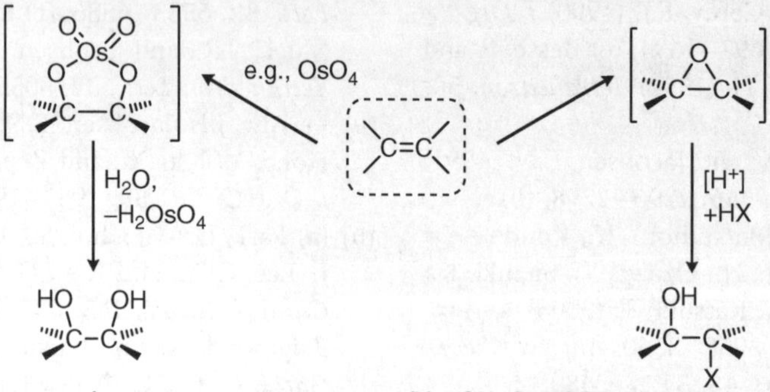

e.g., OsO_4

H_2O,
$-H_2OsO_4$

$[H^+]$
+HX

1

(X = OH, O—CO—R) **2**

cis-二羟基化反应使用高锰酸钾或者四氧化锇为氧化剂,中间体为环状的锰或者锇的酯。高锰酸钾常常会使产物进一步氧化[1],而四氧化锇却是合成 *cis*-1,2-二醇的适宜方法,广泛用于合成化学[3]。

其他的二羟基化方法,如 Prevost 法(I_2,苯甲酸银,反式加成),Woodward 法(I_2,乙酸银,水,顺式加成)[4],尽管它们也是立体选择性的,但是在合成上几乎没有重要意义。

对于烯烃对映选择性的顺式二羟基化反应,Sharpless 及其合作者在 OsO_4 基础上开发了有效的方法[5,6],具体见 2.2.1 节。

2.2.1 Sharpless 二羟基化反应

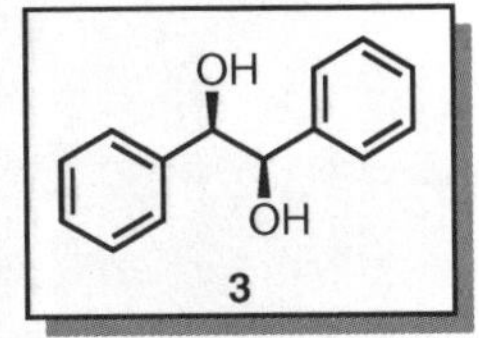

专题 ◆ 源于 Sharpless 法的烯烃不对称二羟基化反应

(a) 概述

Sharpless 二羟基化反应，除了对(*Z*)-1,2-二取代的烯烃，几乎对所有的烯烃都能达到极好的选择性，ee 最高达 99.8%。在 Sharpless 工艺中，所谓的 AD 混合物(AD=不对称的二羟基化)是作为试剂使用的，它们用的 $OsO_2(OH)_4$ 作为催化剂是非挥发性的 Os(Ⅷ)源，与氢化奎宁 1,4-(2,3-二氮杂萘)二醚[$(DHQ)_2$PHAL](**4**)配合得到 AD-mix-α，也可以和氢化奎尼定 1,4-(2,3-二氮杂萘)二醚[$(DHQD)_2$PHAL](**5**)配合得到 AD-mix-β(译者注：原书拼写错误，译者根据上下文改正)，K_2CO_3，化学计量的 $K_3[Fe(CN)_6]$ 作为再氧化剂。配体与锇盐的物质的量的比为 2.5∶1，通常只需要 0.4%的锇盐作为催化剂。

基于 PHAL 配体[5]的催化剂，广泛应用于单、1,1-二取代、(*E*)-1,2-二取代、三、 216
四取代[7]的烯烃底物。对于(*Z*)-1,2-二取代的烯烃的对映选择性的 Sharpless 顺式二羟基化，需要使用专门的吲哚类所谓的 IND 的碘试剂[8]。而且，用于满足特殊底物的不同的配体[9]已得到很好的发展。

$(DHQ)_2$PHAL
4

$(DHQD)_2$PHAL
5

在 PHAL 试剂中，锇原子与配体 **4** 或者 **5** 配合，该配合物因为它的立体要求，可以有效地分辨前手性烯烃的两个平面。

一个经验规律有助于理解和预测 Sharpless 顺式二羟基化的立体化学。如同模型 **6** 所展示的，正方形的东南角和西北角方向被配体堵住，因此最小的以及次最小的取代基应该处于此处，以利于最有可能形成过渡态。[$(DHQD)_2$PHAL]系统(AD-mix-β)诱导从上部的β-面进攻，而[$(DHQ)_2$PHAL]系统(AD-mix-α)则从下部α-面进攻：

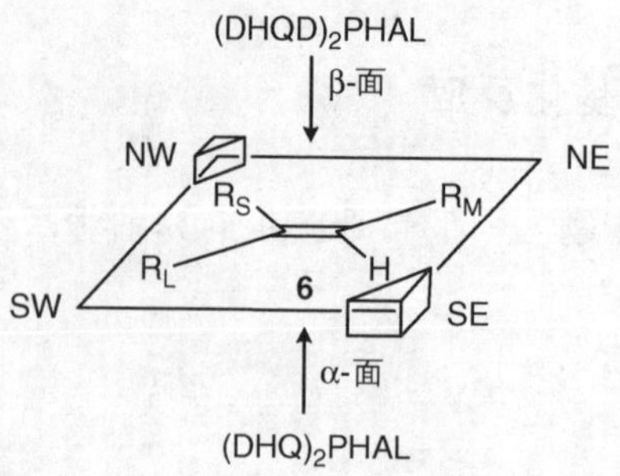

(b) 合成 3

非对称的 *cis*-二羟基化反应使用(*E*)-二苯乙烯(stibene)作为底物,使用 AD-mix-β 作为氧化试剂,甲磺酰胺、叔丁醇/水作为溶剂[10]。(+)-(*R*,*R*)-1,2-二苯基-1,2-乙二醇 **3** 几乎定量获得,实际的光学纯度 ee 99%。

217

AD-mix-β, $CH_3SO_2NH_2$, *t*-BuOH/H_2O (1:1), 93%

OH OH

3 (2.2.1.1)

实验结果表明,试剂 AD-mix-β 有效地诱导了对烯烃的 β-面进攻。

对于如同(*E*)-stibene 烯烃的非端基烯烃,甲磺酰胺的加成效应促进了锇(Ⅵ)酯的水解,缩短了反应时间。

(c) 合成 3 的具体实验步骤

2.2.1.1** (+)-(*R*,*R*)-1,2-二苯基-1,2-二乙醇[7]

AD-mix-β, $CH_3SO_2NH_2$, *t*-BuOH/H_2O (1:1)

180.2 → 214.3 (OH, OH; 1, 2, 5, 1′, 2′, 5′)

25 mL 圆底烧瓶,配有磁力搅拌,加入丁醇 5 mL,水 5 mL,AD-mix-β 2.0 g,搅拌 15 min,加入甲基磺酰胺(158 mg,1.66 mmol),再搅拌 15 min,加入(*E*)-stibene 烯烃(250 mg,1.38 mmol),室温,泥浆状混合物剧烈搅拌 24 h,加入 2.0 g 的亚硫酸钠,继续搅拌 1 h。

混合物加入 30 mL 水,CH_2Cl_2 萃取(3×10 mL),合并有机相,依次用 30 mL 水和饱和食盐水洗涤,用 $MgSO_4$ 干燥,过滤,减压除去溶剂,产物柱层析(硅胶,石油醚/乙酸乙酯=3∶1)得到白色针状晶体的产物 279 mg,收率 93%,ee 值用手性 HPLC 柱测试,ee>99%,mp 124~125℃,$[\alpha]_D^{20}=+93$(c=0.87,乙醇);R_f=0.5(石油醚/乙酸乙酯=2∶1)。

UV (CH_3CN): λ_{max} (nm) (lg ε) = 263.5 (6.651), 252.0 (6.631), 257.5 (6.641), 194.5 (5.519), 192.5 (6.514).
IR (KBr): $\tilde{\nu}$ (cm^{-1}) = 3499, 3395, 3063, 2895, 1493, 1452, 1385, 1335, 1252, 1198, 1044, 1012.
^{1}H NMR (300 MHz, $CDCl_3$): δ (ppm) = 7.28–7.20 (m, 6H, 2 × 4-H, 2 × 4′-H, 218
5-H, 5′-H), 7.18–7.09 (m, 4H, 2 × 3-H, 2 × 3′-H), 4.70 (s, 2H, 1-H, 1′-H), 2.85 (s_{br}, 2H, 2 × OH).
^{13}C NMR (75 MHz, $CDCl_3$): δ (ppm) = 139.8 (C-2, C-2′), 128.1 (C-4, C-4′), 127.9 (C-5, C-5′), 126.9 (C-3, C-3′), 97.1 (C-1, C-1′).
MS (DCI): m/z (%) = 446.3 $[2M+NH_4]^+$, 249.2 $[M+NH_3+NH_4]^+$, 232.1 $[M+NH_4]^+$, 214.1 $[M-H_2O+NH_4]^+$.
HPLC: Chiralpak IA® (Chiral Technologies Europe); 250 × 4.6 mm i.d.
eluent: n-hexane/i-propanol, 90 : 10
gradient: 0.8 ml min^{-1}.
retention time: t_R = 15.32 min.

参考文献

[1] *Organikum* (2001), 21st edn, Wiley-VCH Verlag GmbH, Weinheim, p. 302.

[2] When epoxidation is carried out with H_2O_2 in formic acid or acetic acid, monoesters of *trans*-1,2-diols (**2**, X = OCOR) result, which can be saponified to 1,2-diols (**2**, X = OH); compare: Tietze, L.F. and Eicher, Th. (1991) *Reaktionen und Synthesen im organisch-chemischen Praktikum und Forschungslaboratorium*, 2nd edn, Georg Thieme Verlag, Stuttgart, p. 62.

[3] (a) Wirth, T. (2000) *Angew. Chem.*, **112**, 342–343; *Angew. Chem. Int. Ed.*, 2000, **39**, 334–335; (b) Gypser, A., Michel, D., Nirschl, D.S., and Sharpless, K.B. (1998) *J. Org. Chem.*, **63**, 7322–7327; (c) Cha, J.K. and Kim, N.-S. (1995) *Chem. Rev.*, **95**, 1761–1795.

[4] Smith, M.B. (2013) *March's Advanced Organic Chemistry*, 7th edn, John Wiley & Sons, Inc., New York, p. 994.

[5] (a) Fan, Q.-H., Li, Y.-M., and Chan, A.S.C. (2002) *Chem. Rev.*, **102**, 3385–3466; (b) Kolb, H.C., VanNieuwenhze, M.S., and Sharpless, K.B. (1994) *Chem. Rev.*, **94**, 2483–3547.

[6] For the nobel lecture of K. B. Sharpless, see: Sharpless, K.B. (2002) *Angew. Chem.*, **114**, 2126–2135; *Angew. Chem. Int. Ed.*, 2002, **41**, 2024–2032.

[7] Morikawa, K., Park, J., Andersson, P.G., Hashiyama, T., and Sharpless, K.B. (1993) *J. Am. Chem. Soc.*, **115**, 8463–8464.

[8] Wang, L. and Sharpless, K.B. (1992) *J. Am. Chem. Soc.*, **114**, 7568–7570.

[9] Sharpless, K.B., Amberg, W., Beller, M., Chen, H., Hartung, J., Kawanami, Y., Lübben, D., Manoury, E., Ogino, Y., Shibata, T., and Ukita, T. (1991) *J. Org. Chem.*, **56**, 4585–4588.

[10] Wang, Z.-M. and Sharpless, K.B. (1994) *J. Org. Chem.*, **59**, 8302–8303.

2.3 醇氧化成羰基化合物

$$\gt CH\text{—}OH \longrightarrow \gt C{=}O$$

219 把伯醇氧化为醛以及仲醇氧化为酮的方法有很多[1]，铬(Ⅳ)试剂(如铬酸、重铬酸盐、吡啶铬酸盐)是早期优选试剂，现在几乎被低毒试剂完全取代了，下图中是节选的几个例子：

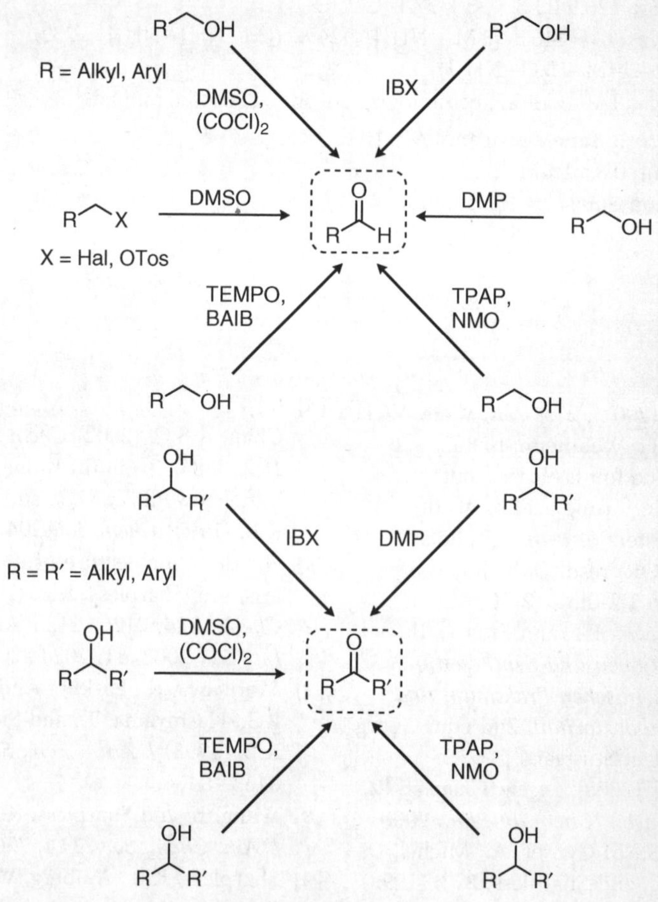

氧化伯醇和仲醇的一个常用而可靠的方案是使用 Swern 氧化法，应用草酰氯和二甲亚砜[2]。其缺点是制备的数量不能太大，DMSO 也能够用于转化烷基卤和对甲基苯磺酸酯为羰基化合物，就是所谓的 *Kornblum* 氧化([3]，参考 1.2.1 节)，然而实际上，该方法用处不大。

现在环保要求化学工程涉及的反应应该是清洁、高效，必须应用选择性的氧化方法。出于实际考虑使用高碘化合物（参考 1.8.6 节）作为温和的、高效的、低毒氧化剂[4]。

Dess-Martin 高价碘化物（DMP）和它的前体 1-羟基-1，2-苯碘酰-3（1*H*）-酮-1-氧 220
化物（IBX）都属于此系列，使用的有机溶剂为 DMSO、CH_2Cl_2 或者丙酮[5]；然而，尽管该试剂很有用，但是碘（Ⅴ）试剂具有潜性爆炸危险。因此，使用容易获得且相对稳定的碘（Ⅲ）试剂，如二乙酰氧基碘基苯（BAIB）吸引了研究者的兴趣[6]，该试剂与催化剂量的 2，2，6，6-四甲基-1-哌啶硝酰（TEMPO）合并使用，以利于再生[7]。也可以用次氯酸钠替代较为昂贵的 BAIB 作为氧化剂。

n-$Pr_4N(RuO_4)$

IBX　DMP　TPAP　NMO　TEMPO　BAIB

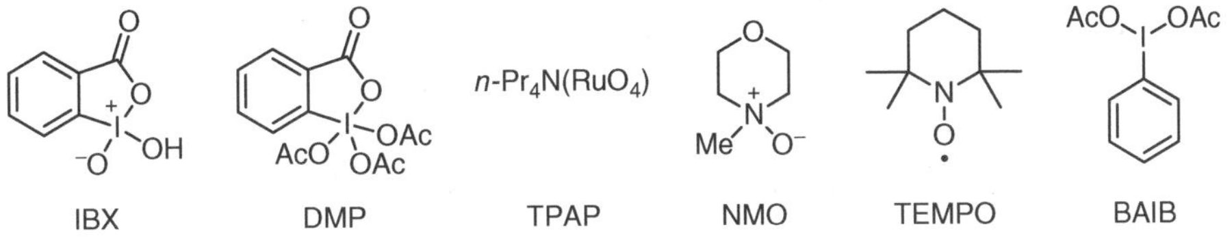

一个最通用的氧化剂是四异丙基过钌酸铵（TPAP），用于温和条件下金属参与的醇氧化反应，避免了令人讨厌的或者价格昂贵的试剂[8]。TPAP 作为催化剂量使用，*N*-甲基吗啡啉-*N*-氧化物（NMO）作为助氧化剂再生活性钌活性种。

上述氧化方法以及氧化剂制备方法见下文。使用伯醇正辛醇氧化为醛 **1** 的反应作为参考标准[9]：

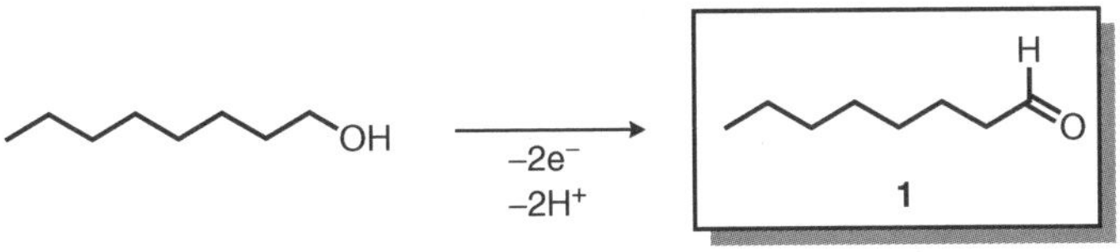

$-2e^-$
$-2H^+$

1

2.3.1 Swern 氧化

(a) 概述

针对 Swern 氧化反应，建立了如下的机理：

DMSO(**2**)通过草酰氯(**3**)对硫的酰基化而活化，接着失去 CO 和 CO_2 得到氯化二甲基氯化锍(**4**)，与醇反应(这里是 RCH_2OH)得到烷氧基锍盐阳离子 **6**，在碱作用下(这里是三乙胺)脱质子得到叶立德 **5**，此时质子转移到叶立德碳上然后 O—S 键断裂生成产物：羰基化合物(这里是 R—C═O)和 Me_2S。

221

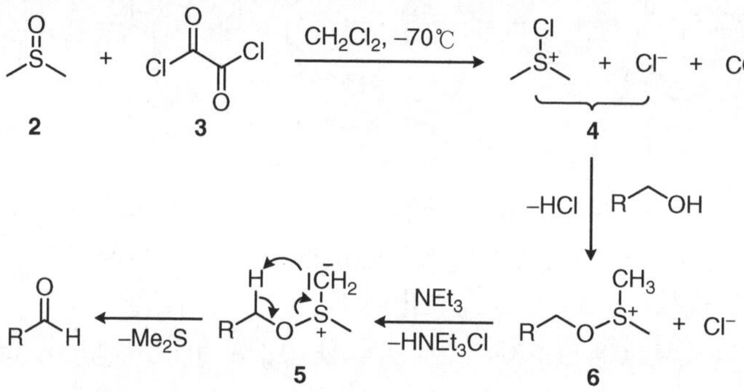

(b) Swern 氧化正辛醇(实验部分)

2.3.1.1** 正辛醛 1[2]

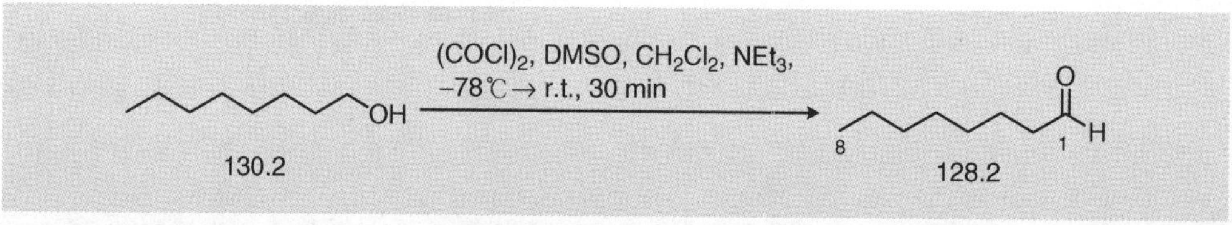

干燥，氩气保护，500 mL 三口圆底烧瓶配有磁力搅拌、恒压滴液漏斗以及温度计，加入草酰氯(15.2 g，10.3 mL，120 mmol)溶解于 150 mL 的 CH_2Cl_2 溶液，冷到 −70℃，滴入 DMSO(20.3 g，18.5 mL，260 mmol)的 CH_2Cl_2(40 mL)溶液，搅拌 30 min，再滴入正辛醇(13.0 g，15.8 mL，100 mmol)的 CH_2Cl_2(40 mL)溶液，−70℃搅拌 30 min，加入三乙胺(50.6 g，69.5 mL，500 mmol)。

混合物升至室温，加入 100 mL 水，继续搅拌 10 min，分液，水相用 CH_2Cl_2 萃取(2×100 mL)，合并有机相，Na_2SO_4 干燥，过滤，溶剂用 Vigreux 柱(20 cm)减压除去

(～500 mbar，水浴温度小于 40℃)，剩余物减压蒸馏得到无色挥发性液体 12.5 g，98%收率，bp_{12} 62～63℃。

IR (KBr): $\tilde{\nu}$ (cm^{-1}) = 2928, 2858, 1712, 1465, 1414, 1285, 1232, 1109, 938, 725.
^{1}H NMR (300 MHz, $CDCl_3$): δ (ppm) = 9.75 (t, J = 1.8 Hz, 1H, 1-H), 2.41 (td, J = 7.4, 1.8 Hz, 2H, 2-H_2), 1.61 (m_c, 2H, 3-H_2), 1.29 (m_c, 8H, H_{alkyl}), 0.87 (t, J = 6.9 Hz, 3H, 8-H_3).
^{13}C NMR (75 MHz, $CDCl_3$): δ (ppm) = 202.9 (C-1), 43.9 (C-2), 31.6 (C-3), 29.1 (C-4), 29.0 (C-5), 22.6 (C-6), 22.1 (C-7), 14.0 (C-8). 222

注：如果可能，正辛醛通过蒸馏提纯而不是柱层析。

2.3.2 Dess-Martin 氧化剂

(a) 概述

该方法中氧化剂是 DMP(**1**),高价态的有机碘(Ⅴ)由邻氨基苯甲酸(**2**)经过三步制备:

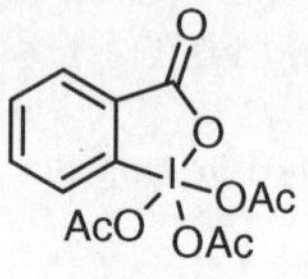

AcO OAc OAc

1

(b) 合成 Dess-Martin 高价碘化合物(1)

邻氨基苯甲酸(**2**)经过重氮化反应然后用碘取代重氮基转化为邻碘苯甲酸(**3**)(S_NAr 过程),用溴酸钾在硫酸中把 **3** 中碘氧化,接着与—COOH 环化得到 1-羟基-1,2-苯碘酰-3(1*H*)-酮-1-氧化物(IBX)(**4**),在乙酸中与乙酸酐进行多酰基化得到预期的氧化剂 1,1,1-三乙酰氧基-1,1-二氢-1,2-苯并碘氧-3(1*H*)-酮(DMP)(**1**):

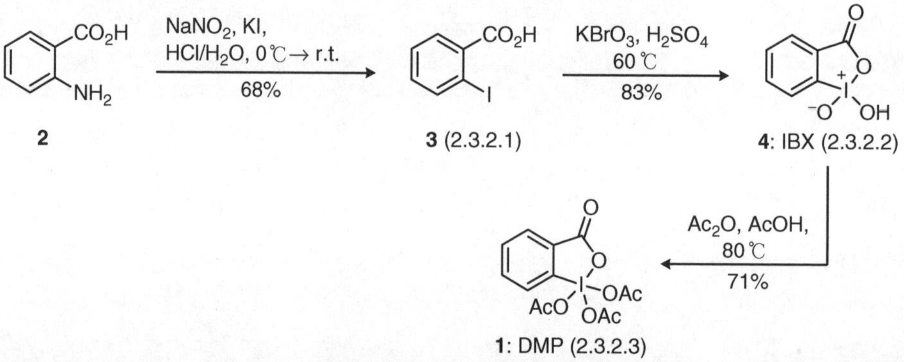

$NaNO_2$, KI, HCl/H_2O, 0℃→ r.t., 68%; $KBrO_3$, H_2SO_4, 60℃, 83%; Ac_2O, AcOH, 80℃, 71%

2　**3** (2.3.2.1)　**4**: IBX (2.3.2.2)　**1**: DMP (2.3.2.3)

Dess-Martin 氧化依据以下机理进行:首先,醇(这里是 RCH_2OH)置换 DMP 中碘原子上的一个乙酰氧基,接着中间体 **5**(依然含有碘Ⅴ)经历歧化历程,消除 HOAc

223 生成羰基化合物(这里是 R—C═O),同时形成低活性的碘Ⅲ活性种 **6**:

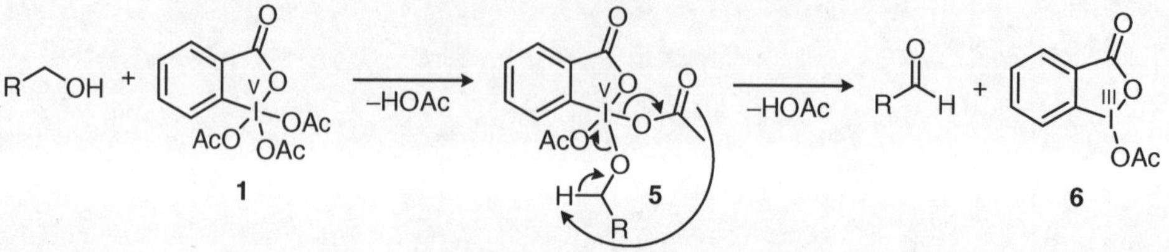

–HOAc　–HOAc

1　**5**　**6**

(c) 合成 1 的具体实验步骤

2.3.2.1** *o*-碘苯甲酸[1]

CO_2H, NH_2 — $NaNO_2$, KI, HCl/H_2O, 0 ℃→ r.t., 30 min — 6, CO_2H, 1, 4, I

137.1　　248.0

氩气保护，邻氨基苯甲酸(34.2 g，249 mmol)溶解于 250 mL 水和 62.5 mL 浓盐酸混合物中，冷到 0～5℃，滴加 $NaNO_2$(17.7 g，257 mmol)的水(50 mL)溶液，控制温度不超过 5℃，搅拌 5 min，加入 KI(42.7 g，257 mmol)的水(65 mL)溶液，不断搅拌 5 min，升温到 40～50℃，大量气体放出，生成褐色沉淀。

维持 40～50℃条件 15 min，升温到 70～80℃维持 10 min，然后冰浴冷却，加入硫代硫酸钠破坏多余的碘，过滤收集沉淀并用冰水洗涤(3×200 mL)，得到的固体溶解于 175 mL 的热乙醇，活性炭处理三次。过滤除去活性炭，滤液中加入 80 mL 热水，加热至回流，加入冷水 100 mL，放入冰箱，直到有黄橙色针状晶体析出，41.2 g，68%收率，mp 159～160℃，R_f=0.39(正戊烷/乙酸乙酯=4∶1，加入 1%的乙酸)。

UV (CH_3CN): λ_{max} (nm) (lg ε) = 285.0 (3.130), 205.0 (4.341).
IR (KBr): $\tilde{\nu}$ (cm^{-1}) = 2875, 1681, 1581, 1466, 1402, 1295, 1266, 1109, 1014, 896, 739, 678.
^{1}H NMR (300 MHz, CD_3OD): δ (ppm) = 8.00 (dd, *J* = 8.0, 1.0 Hz, 1H, 3-H), 224
7.79 (dd, *J* = 7.8, 1.7 Hz, 1H, 6-H), 7.45 (dt, *J* = 7.7, 1.0 Hz, 1H, 5-H), 7.19 (dt, *J* = 7.8, 1.7 Hz, 1H, 4-H).
^{13}C NMR (75 MHz, CD_3OD): δ (ppm) = 170.1 (CO_2H), 142.3 (C-3), 137.8 (C-1), 133.5 (C-4), 131.6 (C-6), 129.1 (C-5), 94.14 (C-2).
MS (EI, 70 eV): *m/z* (%) = 248 (100) $[M]^+$, 231 (47) $[M-OH]^+$, 203 (10) $[M-CO_2H]^+$, 121 (2) $[M-I]^+$, 76 (10) $[C_6H_4]^+$.

2.3.2.2** 1-羟基-1,2-苯并碘氧-3(1*H*)-酮-1-氧化物(IBX)[5f]

CO_2H, I — $KBrO_3$, H_2SO_4, 60℃, 4 h — O, O, +, I, $^-$O, OH

248.0　　280.0

溴酸钾(30.0 g,180 mmol)分批小量加入机械搅拌的 **2.3.2.1**(35.0 g,141 mmol)的硫酸溶液(300 mL,0.73 mol/L)(注意:加料时控制温度不要超过50℃),混合物室温下搅拌 20 min,用 1 h 小心加热到 60℃,在该温度搅拌 3 h。

混合物冷却到 0℃,过滤除去固体(小心爆炸!),依次用 350 mL 冷水、25 mL 乙醇、25 mL 乙醚洗涤,真空干燥得到浅黄色固体粉末(考虑到爆炸的风险,该化合物立刻投入下一步反应),33 g,84%收率。

> ^{1}**H NMR** (300 MHz, [D_6]DMSO): δ (ppm) = 8.00 (m, 4H, ArH), 4.40 (s_{br}, 1H, OH).

2.3.2.3*** 1,1,1-三乙酰氧基-1,1-二氢-1,2-苯并碘氧-3(1*H*)-酮(DMP)[5f]

Ac$_2$O, AcOH, 80 ℃, 2.5 h

280.0 → 424.1

225 室温下化合物 **2.3.2.2**(13.0 g,46.4 mmol)加入乙酸酐(16.6 g,162 mmol)以及乙酸(13.8 g,230 mmol)的混合物溶液中,用超过 1 h 时间加热到 80℃,该温度下继续搅拌 1.5 h,缓缓冷却到 0℃,得到的无色晶体用乙醚洗涤(6×10 mL),彻底真空干燥,得到白色晶体 DMP,14.0 g,收率 71%,mp 133～134℃。

> ^{1}**H NMR** (300 MHz, [D_6]DMSO): δ (ppm) = 8.31, 8.29 (2×d, *J* = 8.5 Hz, 2H, 3-H, 6-H), 8.07, 7.80 (2×dd, *J* = 8.5, 7.3 Hz, 2H, 4-H, 5-H), 2.33 (s, 3H, CH_3), 2.01 (s, 6H, 2×CH_3).
> ^{13}**C NMR** (75 MHz, [D_6]DMSO): δ (ppm) = 175.7, 174.0 (3×*C*OCH_3), 166.1 (C-3), 142.4 (Ar–C), 135.8, 133.8, 131.8, 126.5, 126.0, 20.4 (CO*C*H_3), 20.3 (2×CO*C*H_3).

(d) Dess-Martin 高价碘化物氧化正辛醇实验步骤

2.3.2.4* 正辛醛Ⅱ[5]

DMP, CH_2Cl_2, r.t., 2 h

130.2 → 128.2

氩气保护，DMP **2.3.2.3**(489 mg，1.15 mmol)加入到正辛醇(100 mg，770 μmol)的CH_2Cl_2(6.0 mL)溶液中，室温下搅拌 2 h，加入硅胶，减压除去溶剂(700 mbar 压力下最高 40℃，要快!)，快速柱层析(硅胶，正戊烷/乙醚＝10∶1)，得到无色易挥发液体辛醛 89.2 mg，90%收率，R_f=0.54(正戊烷/乙醚＝10∶1)。

关于进一步纯化和表征，参考 **2.3.1.1** 节。

2.3.3 高钌酸盐氧化

(a) 概述

伯醇或者仲醇用 TPAP(**1**)催化氧化需要使用化学剂量的 NMO(**4**)作为助氧化剂,反应过程中过钌酸负离子与醇反应(这里是 R—CH_2OH)得到 Ru(Ⅶ)中间体 **2**,
226 经过歧化得到 Ru(Ⅴ)活性种 **5** 以及产物醛。最终,**5** 被 NMO 氧化再生为 **1** 中的 Ru(Ⅶ)负离子,NMO 随之被还原为叔胺 **3**。

这是一个自催化反应,反应开始时速度很低,随着羰基化合物生成速度加快,随反应结束而慢慢减速。胶联态的 RuO_2 被认为是引发自催化的原因,其与$[RuO_4]^-$配合得到活性$[RuO_4 \cdot nRuO_2]^-$配合物,过钌酸盐氧化反应对水非常敏感,必须用分子筛强行除去。原因在于水分子与 RuO_2 颗粒键合,降低了与$[RuO_4]^-$配合的 RuO_2 颗粒数量,抑制自催化过程。水还能与醛形成加合物,导致形成不需要的副产物羧酸。

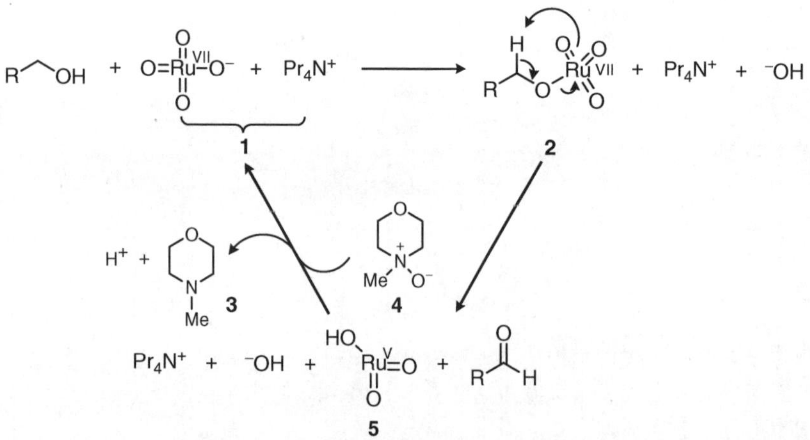

(b) 过钌酸氧化正辛醇的具体实验步骤

2.3.3.1* 正辛醛Ⅲ[8]

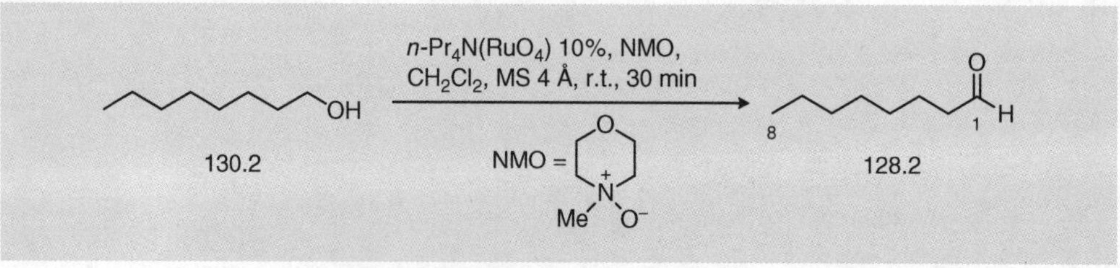

n-$Pr_4N(RuO_4)$ 10%, NMO, CH_2Cl_2, MS 4 Å, r.t., 30 min

130.2 → 128.2

TPAP(28.1 mg,0.08 mmol,10 mol%)和 NMO(271 mg,2.31 mmol)加入到正辛醇(100 mg,0.77 mmol)和 4 Å 分子筛(100 mg)的混合物的 CH_2Cl_2(4.0 mL)溶液中,室温下振荡 30 min。 227

减压浓缩(500 mbar 压力,不超过 40℃,要快!),快速硅胶柱层析分离(正戊烷/乙醚=10∶1)得到无色液体易挥发的醛 98 mg,99%收率,R_f=0.54(正戊烷/乙醚=10∶1)。

进一步的分离和表征,见 **2.3.1.1** 节。

2.3.4 TEMPO 氧化

(a) 概述

TEMPO 氧化具有高度的化学选择性,使用双乙酰氧基碘苯(BAIB,**2**)作为化学计量的氧化剂,与催化剂量的 2,2,6,6-四甲基哌啶硝酰(TEMPO,**1**)合并使用。

该反应中,TEMPO 游离基 **1** 首先被 BAIB(**2**)氧化为 *N*-氧化铵离子 **3**,对醇加成(这里是 R—CH_2OH),失去一分子 AcOH 得到中间体 **4**,内盐 **4**(译者注:原书拼写为甜菜碱,有误,根据上下文改为内盐)歧化给出羰基化合物(这里是 R—CH ═O)以及羟氨衍生物 **7**,**7** 被上一步反应(**1**+**2**)产生的乙酰氧碘基苯基自由基 **5** 再次氧化为 TEMPO 自由基 **1**,同时产生碘苯 **6** 和 HOAc。最终在 R—CH_2OH→R—CH ═O 过程中,催化剂 TMEPO 再生而 BAIB 被消耗,生成碘苯和乙酸。

1 + 2 → 3 + ⁻OAc; R–CH₂OH, –HOAc → 4
2 → 5 (AcO–I•–Ph); 5 → 6 (PhI)
4 → RCHO + 7; 7, –HOAc → RCHO + 1

228 **(b) TEMPO 氧化正辛醇的具体实验步骤**

2.3.4.1* 正辛醛 V[7]

n-octanol (130.2) —TEMPO, BAIB, CH_2Cl_2, r.t., 1 h→ octanal (128.2)
TEMPO 156.2; BAIB 322.1

20℃，BAIB (272.1 mg，0.85 mmol) 加入到正辛醇(121.4 μL，100 mg，0.77 mmol)与 TEMPO(12.0 mg，0.07 mmol)的 CH_2Cl_2(0.75 mL)溶液中，继续搅拌 1 h。

混合物中加入 CH_2Cl_2(0.75 mL)稀释，饱和的硫代硫酸钠溶液(1.0 mL)洗涤，水相用 CH_2Cl_2 萃取(4×1.0 mL)，合并有机相，并依次用饱和 $NaHCO_3$ 溶液(1.0 mL)、饱和食盐水(1.0 mL)洗涤，用 Na_2SO_4 干燥，过滤，减压除去溶剂，剩余物快速柱层析(硅胶，正戊烷/乙醚＝10∶1)，得到无色液体醛 88 mg，89%收率，R_f＝0.54(正戊烷/乙醚＝10∶1)。

进一步的分离和表征，见 **2.3.1.1** 节。

参考文献

[1] Bäckvall, J.-E. (2003) *Modern Oxidation Methods*, Wiley-VCH Verlag GmbH, Weinheim.

[2] (a) Marx, M. and Tidwell, T.T. (1984) *J. Org. Chem.*, **49**, 788–793; (b) Mancuso, A.J. and Swern, D. (1981) *Synthesis*, 165–185.

[3] Kornblum, N., Powers, J.W., Anderson, G.J., Jones, W.J., Larson, H.O., Levand, O., and Weaver, W.M. (1957) *J. Am. Chem. Soc.*, **79**, 6562–6562.

[4] (a) Zhdankin, V.V. and Stang, P.J. (2002) *Chem. Rev.*, **102**, 2523–2584; (b) Wirth, T. and Hirt, U.H. (1999) *Synthesis*, 1271–1287; (c) Varvoglis, A. (1997) *Hypervalent Iodine in Organic Chemistry*, Academic Press, London; (d) Varvoglis, A. (1997) *Tetrahedron*, **53**, 379–380; (e) Stang, P.J. and Zhdankin, V.V. (1996) *Chem. Rev.*, **96**, 1123–1178.

[5] (a) Surendra, K., Krishnaveni, N.S., Reddy, M.A., Nageswar, Y.V.D., and Rama Rao, K. (2003) *J. Org. Chem.*, **68**, 2058–2059; (b) Thottumkara, A.P. and Vinod, T.K. (2002) *Tetrahedron Lett.*, **43**, 569–572; (c) Frigerio, M., Santagostino, M., Sputore, S., and Palmisano, G. (1995) *J. Org. Chem.*, **60**, 7272–7276; (d) Corey, E.J. and Palani, A. (1995) *Tetrahedron Lett.*, **36**, 3485–3488; (e) Meyer, S.D. and Schreiber, S.L. (1994) *J. Org. Chem.*, **59**, 7549–7552; (f) Dess, D.B. and Martin, J.C. (1991) *J. Am. Chem. Soc.*, **113**, 7277–7278; (g) Dess, D.B. and Martin, J.C. (1983) *J. Org. Chem.*, **48**, 4155–4156; (h) Speicher, A., Bomm, V., and Eicher, Th. (1996) *J. Prakt. Chem.*, **338**, 588–590.

[6] (a) Qian, W., Jin, E., Bao, W., and Zhang, Y. (2005) *Angew. Chem.*, **117**, 974–977; *Angew. Chem. Int. Ed.*, 2005, 229
44, 952–955; (b) Tohma, H., Takizawa, S., Maegawa, T., and Kita, Y. (2000) *Angew. Chem.*, **112**, 1362–1364; *Angew. Chem. Int. Ed.*, 2000, **39**, 1306–1308; (c) Yokoo, T., Matsumoto, K., Oshima, K., and Utimoto, K. (1993) *Chem. Lett.*, 571–572.

[7] de Mico, A., Margarita, R., Parlanti, L., Vescovi, A., and Piancatelli, G. (1997) *J. Org. Chem.*, **62**, 6974–6977.

[8] Ley, S.V., Norman, J., Griffith, W.P., and Marsden, S.P. (1994) *Synthesis*, 639–666.

[9] For comparison, see the earlier oxidation methods for *n*-octanol → *n*-octanal in: Tietze, L.F. and Eicher, Th. (1991) *Reaktionen und Synthesen im organisch-chemischen Praktikum und Forschungslaboratorium*, 2nd edn, Georg Thieme Verlag, Stuttgart, p. 96. It should be noted that in application of the oxidation methods **2.3.1–2.3.4** to the above reference process, further oxidation aldehyde → carboxylic acid is suppressed.

2.4 酮的对映选择性还原

醛酮被铝和硼的氢化物还原为伯醇和仲醇，该反应在有机合成中应用广泛。对前手性酮进行对映选择性还原需要使用手性配体修饰的铝和硼的氢化物，此外，也常常使用酶和手性氢化催化剂[1]。

最广泛使用的手性铝和硼的化合物是(*R*)-2,2′-二羟基-1,1′-二萘基氢化铝锂(BINAL-H)(**1**)、(+)-蒎基硼烷(**2**)、二异松蒎基氯硼烷(**3**)，以及被称为 Corey-Bakshi-Shibata(CBS)试剂的(*R*)-**4** 和它们的对映异构体。由著名的 Noyori 和他的合作者[3]开发的试剂 **1**，特别适合用于还原芳基酮和不饱和酮，它先由等当量的(*R*)-BINOL 和 $LiAlH_4$ 原位反应，然后与一分子的醇，通常是乙醇(尽管甲醇也能使用)反应，研究认为可能的过渡态具有 TS-1 结构：

(*R*)-BINAL–H (**1**)　　　　TS-1

Midland，Brown 及其合作者[4]开发的萜修饰的硼试剂 **2** 和 **3**，对炔酮还原具有非
230 常好的效果。作为一个强的 Lewis 酸，试剂 **3** 通常给出更好的 ee 值，反应过渡态(TS-**3**)更为紧凑。

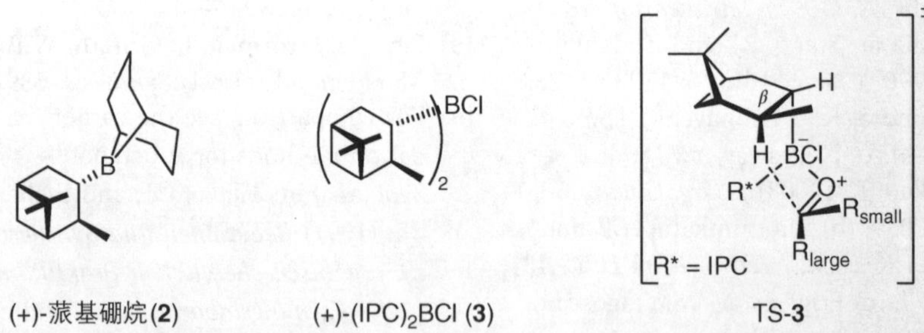

(+)-蒎基硼烷(**2**)　　(+)-$(IPC)_2BCl$ (**3**)　　TS-**3**

上述三种试剂实际都是化学计量参与反应的，与噁唑硼烷 **4** 相比这是它们的缺点，催化剂量的噁唑硼烷 **4** 与化学计量的 BH_3 配合使用，效果良好，这是由 Itsuno 与其合作者[5]开发的，使用手性胺醇与BH_3·THF混合物对各类酮进行还原。

Corey，Bakshi，Shibata 随后发展了一类从 L-脯氨酸出发的化学结构明确的噁唑硼烷(*R*)-**4**，对各类前手性酮进行对映选择性的还原，过渡态为 TS-**4**[6]：

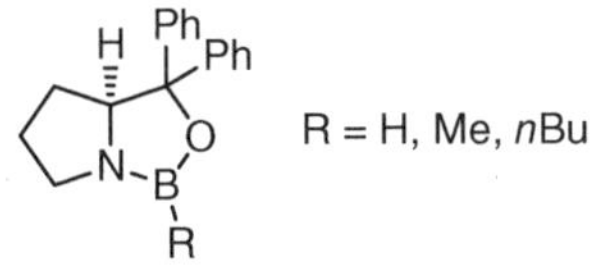

R = H, Me, *n*Bu

CBS 试剂 (*R*)-**4** 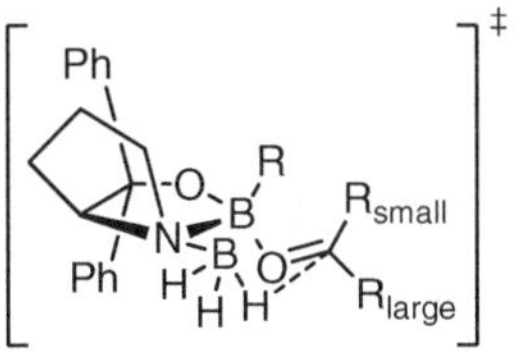　　TS-**4**

(*R*)-**4** 对空气和水高度敏感，因此已经逐渐被更加稳定的(如今应用更广泛的)甲基和丁基的衍生物(*R*)-**4b** 和(*R*)-**4c** 代替：

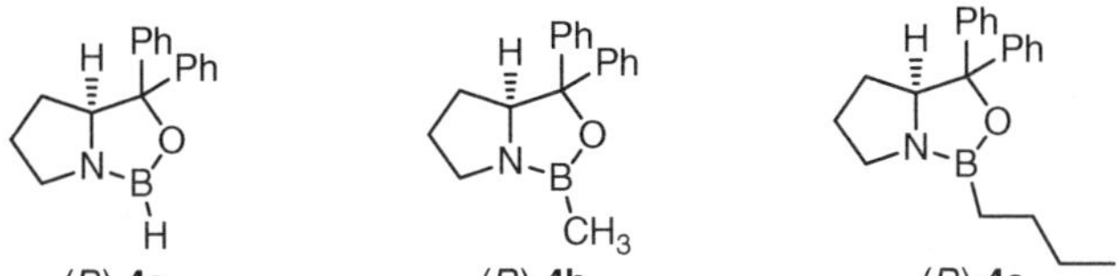

(*R*)-**4a**　　(*R*)-**4b**　　(*R*)-**4c**

作为化学计量使用的硼烷化合物主要有 BH_3·THF、BH_3·SMe_2，以及儿茶酚硼烷[7]，后者与(*R*)-**4c** 结合使用，在低温下反应，具有很低的“背景还原速率”。Stone 231
对温度进行了系统研究[8]，结果表明在 30～50℃，使用(*R*)-**4b**、(*R*)-**4c** 和 1,4-噻唑烷-BH_3 配合物时，获得最好的选择性。

CBS 策略已经被广泛应用于各类不对称取代的羰基化合物还原，这些羰基化合物取代基包括烷基、烯基、炔基和芳基。研究结果表明，如果羰基两侧取代基具有较大的立体/电子效应差异，还原反应的对应选择性较好。因此，在底物 **5** 中，需要较大 R 和较小 R 取代基[9]，对于立体位阻区别不大的二芳基酮，芳环上取代基电子效应的差别能有效提高还原反应的 ee 值[9c,10]。底物 **5** 与(*R*)-**4b** 经过过渡态 TS-**4b** 得到 **6**，该 CBS 还原反应的立体化学是可以从理论上预测的[6]。

下面的一般的机理图中给出了可能的中间体：

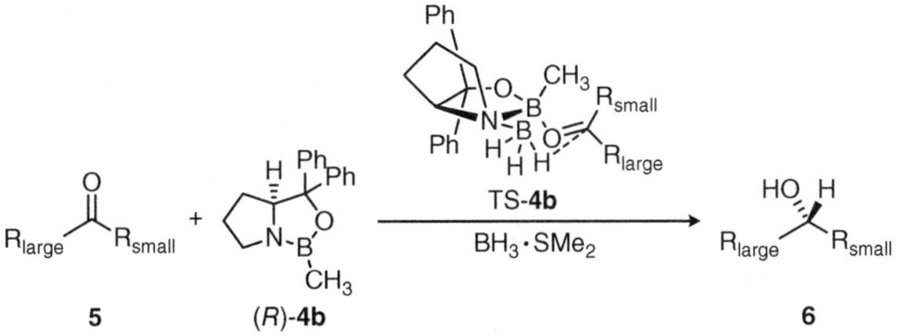

TS-**4b**　BH_3·SMe_2

5　(*R*)-**4b**　**6**

起始的步骤是 BH_3 与噁唑硼烷 **4b** 的 α-面上的 N 原子配合形成 *cis*-复合物 **7**，其中被 Lewis 碱 N 原子活化的 BH_3 作为一个氢供体，与此同时桥环上 B 原子 Lewis 酸性大为增强，前手性酮 **5** 中的 O 原子使用立体位阻较小一侧的 a 电子对与桥环上 B

原子配位,且羰基与邻位的 BH_3 以 *cis*-相位排列,形成六元环状类似椅式结构的过渡态 TS-**4b**,接着质子从上方转移得到 **8**,催化剂再生有可能有两种路径:ⅰ)**8** 解离释放出催化剂和硼酸酯 **9**,或者 ⅱ)BH_3 对 **8** 加成形成六元环 BH_3 桥连的活性种 **10**,进一步分解为复合物 **7** 和硼酸酯 **9**,**9** 进一步歧化得到相应的二烷氧基硼烷 **11** 和 BH_3,使得化学计量的还原剂中的氢得以有效利用。最终,**11** 用甲醇水溶液分解得到预期的手性醇。

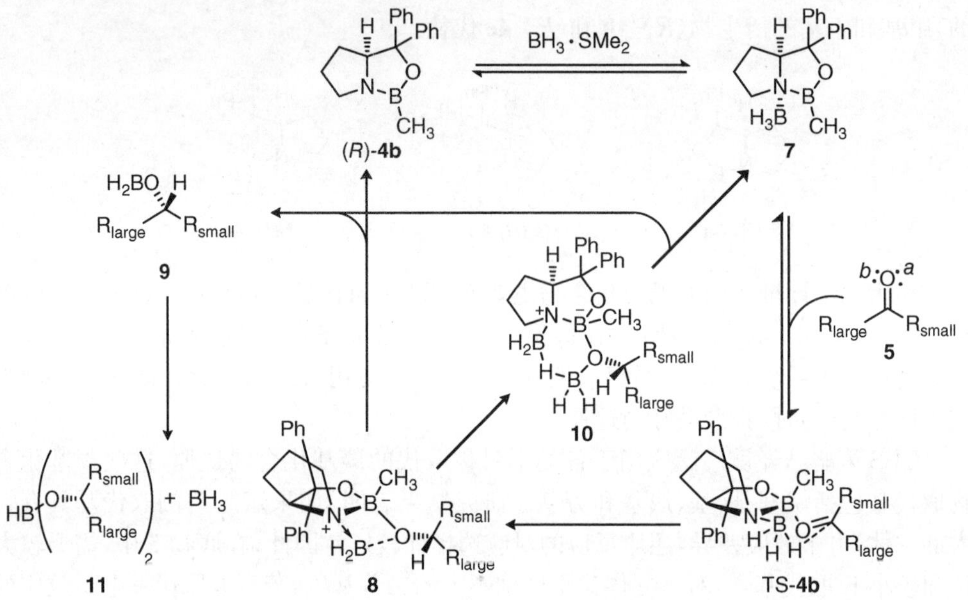

232

在 2.4.1 和 2.4.2 节中,详细介绍了对映选择性还原烷基苯基酮 **12a**/**12b** 为手性苄醇 **13**/**14**,使用原位制备的氢化铝/手性的 BINAL-H**1** 以及结合氢供体 Me_2S-BH_3/(R)-甲基-CBS **4b**。从产物立体化学来看,这两种试剂是互补的:苯丁酮 **12a** 被 **1** 还原为(*S*)-1-苯基丁醇((*S*)-**13**),而苯乙酮 **12b** 用 CBS 催化剂 **4b** 还原几乎完全得到(*R*)-1-苯基乙醇((*R*)-**14**):

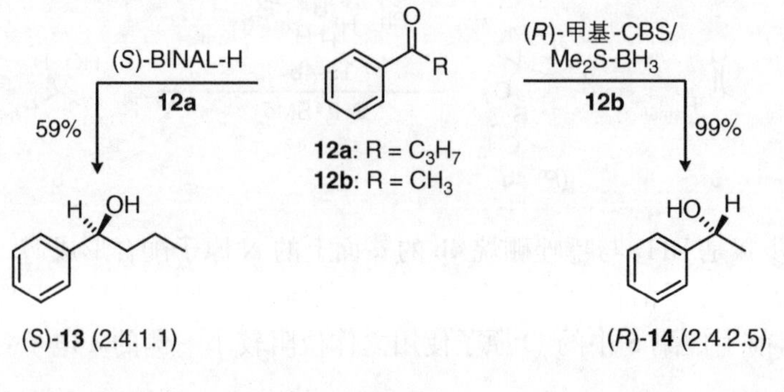

2.4.1 BINAL-H 还原苯丁酮

本文介绍苯丁酮对映选择性还原，以(+)-(S)-BINOL 和乙醇、$LiAlH_4$ 原位制备的化学计量的氢铝配合物为还原剂，得到光学纯的(−)-(S)-1-苯基丁醇。

2.4.1.1*** (−)-(*S*)-1-苯基丁醇[3] 233

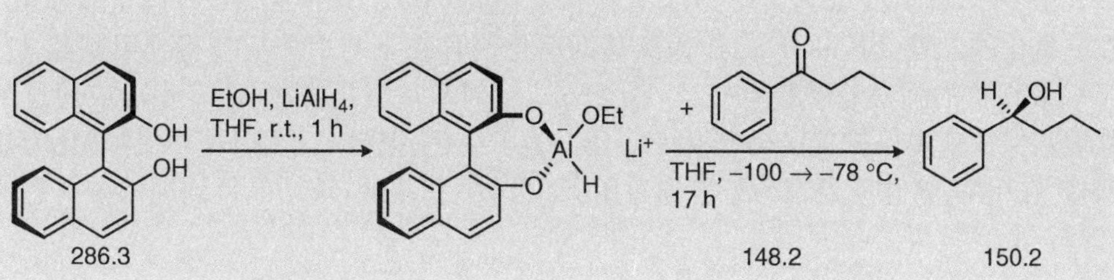

0℃，氮气保护，把乙醇(483 mg，9.50 mmol，0.56 mL)的 THF(5 mL)溶液滴加到 $LiAlH_4$(361 mg，9.50 mmol)的 20 mL 无水 THF 中的悬浮液中，再加入(−)-(S)-2,2′-联萘酚(2.72 g，9.50 mmol)的 30 mL 无水 THF 溶液，室温下搅拌 1 h，冷却到−100℃，加入苯丁酮(415 mg，2.80 mmol，0.42 mL)的 5 mL THF 溶液，−100℃搅拌 3 h，−78℃再搅拌 14 h。

−78℃，32 mL 的 HCl 溶液(2 mol/L)与 100 mL 乙醚加入混合物中，分液，水相乙醚萃取(3×30 mL)，合并有机相，饱和食盐水洗涤，用 Na_2SO_4 干燥，过滤，减压浓缩，使用 Kugelrohr 装置蒸馏，得无色液体 250 mg，59%收率，bp_{14} 112℃，油浴(后用加热炉)温度 120℃，$n_D^{20}=1.5138$，$[\alpha]_D^{20}=-43.0$($c=1.0$，苯)；光学纯化合物 $[\alpha]_D^{20}=-45.0$。

蒸馏剩余物用苯重结晶大约能回收 80%的(−)-(S)-2,2′-联萘酚。

IR (NaCl): $\tilde{\nu}$ (cm^{-1}) = 3400, 1030.
^{1}H NMR (300 MHz, $CDCl_3$): δ (ppm) = 7.40 −7.20 (m, 5H, Ar−H), 4.50 (t, J = 6.0 Hz, 1H, *C*H−OH), 3.15 (s, 1H, OH), 1.09 to 0.70 (m, 5H, CH_2, CH_3).

注：反应体系必须严格无水，烧瓶等装置使用前应该 130℃干燥，溶剂试剂等使用注射器加料，几次实验后发现，产物里有未反应的原料苯丁酮。

234 2.4.2 CBS 还原苯乙酮

(a) 合成甲基-CBS 催化剂(*R*)-4b

作为对映选择性的还原催化剂,甲基-CBS(*R*)-**4b** 从(*S*)-脯氨酸经历四步反应制备[11]。

第一步,脯氨酸 **15** 上的—NH 用氯甲酸苄酯(CbzCl)保护成为(*S*)-脯氨酸酯 **16**,在三氟化硼乙醚($BF_3 \cdot OEt_2$)作为羰基助活化剂存在下与甲醇反应得到甲基酯 **17**,*N*-Cbz-保护的脯氨酸甲酸酯 **17** 与 Grignard 试剂苯基氯化镁在 THF 中反应通过苄氧羰基保护基脱保护直接得到叔胺醇 **18**。为了纯化,把粗产品用 HCl 气体转化为盐酸盐,在甲醇/水中重结晶,最后,通过用 NaOH 中和盐酸,重结晶得到纯的游离态的胺醇:

CO_2H NH **15**
CbzCl, NaOH, H_2O, −10 → 0℃ 94%
16 (2.4.2.1)
$BF_3 \cdot OEt_2$, MeOH, 回流 96%
CO_2Me **17** (2.4.2.2)
PhMgCl, THF −10℃→ r.t. 51%
OH NH **18** (2.4.2.3)
甲苯, r.t. 87%
Me B O O B B Me Me
N B O Me (*R*)-**4b** (2.4.2.4)

最后的噁唑硼烷使用手性的(*S*)-脯氨酸衍生的胺醇 **18** 与三甲基环三硼氧烷在甲苯中反应得到。预期产物甲基-CBS 催化剂(*R*)-4b 经过高真空蒸馏得到白色固体,室温下密闭存储,空气中吸潮或者变坏。某些情况下,可以原位用醇和 $BH_3 \cdot SMe_2$ 反应制备噁唑硼烷(见 **5.2.1.1**),有必要说明,把 **18** 转化成噁唑硼烷(*R*)-4b 并不容易。

235 (b) 合成(*R*)-4b 的具体实验步骤[11]

2.4.2.1** *N*-(苄氧羰基)-(*S*)-脯氨酸

−10℃,(*S*)-脯氨酸(23.0 g,0.20 mol)加入到 2 mol/L 的 NaOH 水溶液

CbzCl, NaOH, H_2O
−10 → 0℃, 2 h
115.1
249.3

(100 mL, 0. 20 mol)中，然后缓慢地加入氯甲酸苄酯(40. 9 g, 0. 24 mol, 36. 4 mL)，控制条件−5℃～0℃(瓶内温度)，耗时 1 h。然后加入 4 mol/L 的 NaOH 水溶液(70 mL, 0. 28 mol)，−5℃～0℃条件下搅拌 1 h。

混合物用乙醚洗涤(2×50 mL)，水相用冰冷的 6 mol/L 的 HCl 酸化到 pH=2，用 Na_2SO_4 饱和后用乙酸乙酯萃取(3×100 mL)，合并有机相，Na_2SO_4 干燥两次，过滤，溶剂减压浓缩，得到保护的脯氨酸氨基甲酸酯，无色油状物质 46. 9 g, 94%收率，$[\alpha]_D^{20}=-37.0$(c=2. 0，乙醇)；R_f=0. 17(CH_2Cl_2)。

UV (CH_3CN): λ_{max} (nm) (lg ε) = 263 (2.136), 257 (2.241), 252 (2.124), 204 (3.980).
IR (KBr): $\tilde{\nu}$ (cm^{-1}) = 2958, 1707, 1499, 1428, 1359, 1179.
^{1}H NMR (300 MHz, $CDCl_3$): δ (ppm) = 10.52 (s_{br}, 1H, CO_2H), 7.47–7.20 (m, 5H, Ph–H), 5.24–5.02 (m, 2H, Bn–H_2), 4.47–4.31 (m, 1H, 2-H), 3.70–3.37 (m, 2H, 5-H_2), 2.37–1.78 (m, 4H, 3-H_2, 4-H_2).
^{13}C NMR (76 MHz, $CDCl_3$) (ratio of rotamers: 1 : 1.5): δ (ppm) = 178.1, 176.7 (2×C-1″), 155.6, 154.4 (2×C-1′), 136.4, 136.3 (2×Ph–C), 128.4, 128.3 (2×Ph–C), 128.0, 127.9 (2×Ph–C), 127.8, 127.6 (2×Ph–C), 127.5, 127.0 (2×Ph–C), 67.4, 67.1 (2×Bn–C), 59.2, 58.6 (2×C-2), 46.9, 46.5 (2×C-5), 30.8, 29.4 (2×C-3), 24.2, 23.4 (2×C-4).
MS (EI, 70 eV): m/z (%) = 249 (12) $[M]^+$, 204 (22) $[M-CO_2H]^+$, 160 (28) $[M-C_7H_6]^+$, 114 (36) $[M-Cbz]^+$, 91 (100) $[C_7H_7]^+$.

2. 4. 2. 2** *N*-(苄氧基羰基)-(*S*)-脯氨酸甲基酯[11]

$BF_3 \cdot OEt_2$, MeOH
回流, 1 h
249.3
263.3

氩气保护，$BF_3 \cdot OEt_2$(28. 4 g, 0. 203 mol, 24. 6 mL)加入到脯氨酸的氨基甲酸酯 236
2. 4. 2. 1(33. 7 g, 135 mmol)的无水甲醇(400 mL)溶液中，加热回流 1 h。

减压除去溶剂，剩余物加入冰水 200 mL 搅拌，乙酸乙酯萃取(3×100 mL)，合并有机相，依次用饱和食盐水 100 mL、$NaHCO_3$ 溶液(1 mol/L)100 mL、饱和食盐水 100 mL 洗涤，用 Na_2SO_4 干燥，过滤，减压除去溶剂，得到 Cbz-保护的脯氨酸甲酯，无色油状 34.2 g，96%收率，$[\alpha]_D^{20}=-55.7$($c=1.0$，甲醇)；$R_f=0.32$(CH_2Cl_2)。

UV (CH_3CN): λ_{max} (nm) (lg ε) = 267 (2.177), 263 (2.335), 257 (2.442), 252 (2.368), 204 (3.994).
IR (KBr): $\tilde{\nu}$ (cm^{-1}) = 3479, 3033, 2954, 2882, 1748, 1707, 1416.
^{1}H NMR (300 MHz, $CDCl_3$) (ratio of rotamers: 1:1): δ (ppm) = 7.43–7.23 (m, 5H, Ph–H), 5.25–5.00 (m, 2H, Bn–H), 4.45–4.30 (2 dd, not resolved, 1H, 2-H), 3.74, 3.58 (2×s, 2×3H, OCH_3), 3.65–3.37 (m, 2H, 5-H_2), 2.33–2.11 (m, 1H, 3-H_A), 2.09–1.81 (m, 3H, 3-H_B, 4-H_2).
^{13}C NMR (76 MHz, $CDCl_3$) (ratio of rotamers: 1:1): δ (ppm) = 173.2, 173.1 (2×C-1″), 154.8, 154.2 (2×C-1′), 136.6, 136.5 (2×Ph–C), 128.4, 128.3 (2×Ph–C), 128.3, 128.1 (2×Ph–C), 127.9, 127.8 (2×Ph–C), 127.8, 127.7 (2×Ph–C), 127.4, 126.9 (2×Ph–C), 66.9, 66.9 (2×Bn–C), 52.2, 52.0 (2×C-2), 46.8, 46.3 (2×C-5), 30.8, 29.8 (2×C-3), 24.2, 23.5 (2×C-4).
MS (EI, 70 eV): m/z (%) = 263 (4) $[M]^+$, 204 (10) $[M-CO_2CH_3]^+$, 160 (12) $[M-CH_3-C_7H_6]^+$, 108 (100) $[M-C_7H_8O]^+$, 91 (46) $[C_7H_7]^+$, 77 (30) $[C_6H_5]^+$.

2.4.2.3*** (*S*)-2-(二苯基羟甲基)吡咯烷[11]

氩气保护，Cbz-保护的脯氨酸甲酯 **2.4.2.2**(26.3 g，100 mmol)的无水 THF(100 mL)溶液，缓慢地加入 2 mol/L 的苯基氯化镁的无水 THF 溶液(400 mL，800 mmol)中，耗时 1 h，温度控制在−10～0℃，移去冷浴，继续搅拌 16 h。

反应混合物倒入 300 g 冰、60 g 的 NH_4Cl、100 mL 的水组成的混合溶液中，减压浓缩到 500 mL，乙醚萃取(4×300 mL)，合并有机相，用饱和食盐水 400 mL洗涤，用 K_2CO_3 干燥，过滤，减压浓缩至 500 mL，通入干燥的 HCl 气体，
237 直到混合物呈现酸性。过滤收集沉淀的胺的盐酸盐，乙醚洗涤用甲醇/乙醚(1∶4)重结晶，盐酸盐悬浮在 300 mL 的乙醚中，耗时 45 min 加入 2 mol/L 的 NaOH 水溶液60 mL。乙醚萃取(3×200 mL)，合并有机相，400 mL 饱和食盐水洗涤，无水 K_2CO_3 干燥，减压浓缩得到黄色固体，甲醇/水重结晶，得无色晶体 12.7 g，51%收率，$[\alpha]_D^{20}=-56$($c=3.0$，甲醇)；$R_f=0.34$(乙酸乙酯)。

UV (CH_3CN): λ_{max} (nm) (lg ε) = 258 (2.678), 252.5 (2.619), 201.5 (4.365).
IR (KBr): $\widetilde{\nu}$ (cm^{-1}) = 3406, 3329, 2972, 1493, 1446, 1403.
^{1}H NMR (300 MHz, $CDCl_3$): δ (ppm) = 7.65–7.42 (m, 4H, Ph–H), 7.37–7.05 (m, 6H, Ph–H), 4.31–4.17 (m, 1H, 2-H), 3.09–2.84 (m, 2H, 5-H_2), 1.83–1.45 (m, 4H, 4-H_2, 3-H_2).
^{13}C NMR (76 MHz, $CDCl_3$): δ (ppm) = 148.2, 145.4, 128.2, 127.9, 126.4, 126.3, 125.8, 125.5 (12 × Ph–C), 77.1 (C-1′), 64.5 (C-2), 46.7 (C-5), 26.3 (C-3), 25.5 (C-4).
MS (DCI): m/z (%) = 254 (100) $[M+H]^+$.

注：**2.4.2.3** 在 **5.2.1.1** 中也要使用。

2.4.2.4*** (*S*)-2-四氢-1-甲基-3,3-二苯基-1*H*,3*H*-吡咯[1,2-*c*][1,3,2]噁唑硼烷[11]

甲苯
r.t., 30 min
253.3 + 125.5 → 277.2

氩气保护下，三甲基环三硼氧烷(0.33 g，2.64 mmol)加入到吡咯烷 **2.4.2.3** (1.0 g，3.95 mmol)的无水甲苯(10 mL)溶液中，2 min 后白色沉淀生成。

30 min 后加入 10 mL 甲苯，一次性蒸馏出甲苯 13 mL，通过恒沸除去三甲基环硼氧烷(空气冷凝，以防三甲基环硼氧烷结晶)，再将无水甲苯 10 mL 加入到剩余物中，再次蒸馏，多次重复(译者注：目的是去除三甲基环硼氧烷)，得到的黄色油状物质蒸馏(150℃，0.05 mbar 升华装置)得到白色固体 0.95 g，87%收率。

MS (EI, 70 eV): m/z (%) = 277 (72) $[M]^+$, 165 (60) $[C_8H_{12}BNO_2]^+$, 70 (100) $[C_4H_8N]^+$.

(c) 苯乙酮的 CBS 还原 238

作为一个标准方法，苯乙酮对映选择还原几乎得到纯的(*R*)-(+)-1-苯基乙醇。该过程要使用催化剂量的甲基-CBS 以及化学计量的硼烷二甲基硫醚配合物。

2.4.2.5** (+)-(*R*)-1-苯基乙醇[9a]

将苯乙酮(240.3 mg，2.00 mmol)的 THF(20 mL)溶液加入到冰冷的噁唑硼烷 **2.4.2.4**(55.4 mg，200 μmol)和二甲基硫醚硼烷配合物(2 mol/L，THF 溶液，

(S)-**2.4.2.4**, $BH_3 \cdot SMe_2$
THF, 0℃, 10 min

120.1 → 122.2

600 μL, 1. 20 mmol)的 THF(20 mL)溶液中,0℃搅拌 10 min。

加入 2 mL 甲醇,减压除去溶剂,剩余物用 0. 5 g 硅胶吸附,柱层析,CH_2Cl_2 淋洗,产品为无色液体,241. 8 mg,99%收率,$[\alpha]_D^{20} = +41$($c = 5.0$,甲醇);$R_f = 0.37$(CH_2Cl_2)。

UV (CH_3OH): λ_{max} (nm) (lg ε) = 263 (2.339), 257 (2.441), 252 (2.381), 247 (2.299), 207 (3.970).
IR (KBr): $\tilde{\nu}$ (cm^{-1}) = 3354, 2973, 2927, 1603, 1493, 1452, 1302, 1204, 1078.
^{1}H NMR (300 MHz, $CDCl_3$): δ (ppm) = 7.39–7.22 (m, 5H, Ph–H), 4.86 (q, 1H, J = 6.3 Hz, 1H, 1-H), 2.09 (1H, OH), 1.48 (d, J = 6.3 Hz, 3H, 2-H).
^{13}C NMR (76 MHz, $CDCl_3$): δ (ppm) = 145.8 (C-1′), 128.4 (C-3′, C-5′), 127.4 (C-4′), 125.3 (C-2′, C-6′), 70.3 (C-1), 25.1 (C-2).
MS (EI, 70 eV): m/z (%) = 122 (44) $[M]^+$, 107 (100) $[C_7H_7]^+$, 79 (87) $[C_6H_7]^+$.
GC: column: wall-coated open tubular (WCOT) fused silica CP-Chiralsil-DEX CB (25 m × 0.25 mm)

载气: H_2
温度: 135 °C
保留时间: t_{R1} = 1.04 min (主要对映体)
t_{R2} = 1.11 min (次要对映体).

参考文献

[1] Stumpfer, W., Kosjek, B., Moitzi, C., Kroutil, W., and Faber, K. (2002) *Angew. Chem.*, **114**, 1056–1059; *Angew. Chem. Int. Ed.*, 2002, **41**, 1014–1017.

[2] (a) Noyori, R. and Ohkuma, T. (1999) *Pure Appl. Chem.*, **71**, 1493–1501; (b) Benincori, T., Cesarotti, E., Piccolo, O., and Sannicolo, F. (2000) *J. Org. Chem.*, **65**, 2043–2047; (c) Benincori, T., Piccolo, O., Rizzo, S., and Sannicolo, F. (2000) *J. Org. Chem.*, **65**, 8340–8347.

[3] Noyori, R., Tomino, I., and Tanimoto, Y. (1979) *J. Am. Chem. Soc.*, **101**, 3129–3131.

[4] (a) Midland, M.M. (1989) *Chem. Rev.*, **89**, 1553–1561; (b) Brown, H.C. and Ramachandran, V. (1992) *Acc. Chem. Res.*, **25**, 16–24.

[5] (a) Hirao, A., Itsuno, S., Nakahama, S., and Yamazaki, N. (1981) *J. Chem. Soc., Chem. Commun.*, 315–317; (b) Itsuno, S., Hirao, A., Nakahama, S., and Yamazaki, N. (1983) *J. Chem. Soc., Perkin Trans. 1*, 1673–1676.

[6] Corey, E.J. and Helal, C.J. (1998) *Angew. Chem.*, **110**, 2092–2118; *Angew. Chem. Int. Ed.*, 1998, **37**, 1986–2012.

[7] (a) Corey, E.J. and Link, J.O. (1989) *Tetrahedron Lett.*, **30**, 6275–6278; (b) Corey, E.J. and Bakshi, R.K. (1990) *Tetrahedron Lett.*, **31**, 611–614.

[8] Stone, B. (1994) *Tetrahedron: Asymmetry*, **5**, 465–472.

[9] (a) Corey, E.J., Bakshi, R.K., Shibata, S.,
Chen, C.-P., and Singh, V.K. (1987) *J.* 239
Am. Chem. Soc., **109**, 7925–7926; (b) Salunkhe, A.M. and Burkhardt, E.R. (1997) *Tetrahedron Lett.*, **38**, 1523–1526; (c) Corey, E.J. and Helal, C.J. (1995) *Tetrahedron Lett.*, **36**, 9153–9156; (d) Wipf, P. and Lim, S. (1995) *J. Am. Chem. Soc.*, **117**, 558–559; (e) Parker, K.A. and Ledeboer, M.W. (1996) *J. Org. Chem.*, **61**, 3214–3217.

[10] Corey, E.J. and Helal, C.J. (1996) *Tetrahedron Lett.*, **37**, 5675–5678.

[11] (a) Corey, E.J., Shibata, S., and Bakshi, R.K. (1988) *J. Org. Chem.*, **53**, 2861–2863; (b) Reichard, G.A., Stengone, C., Paliwal, S., Mergelsberg, I., Majmundar, S., Wang, C., Tiberi, R., McPhail, A.T., Piwinski, J.J., and Shih, N.-Y. (2003) *Org. Lett.*, **5**, 4249–4251.

2.5 仿生还原氨化

2.5.1 苄基-4-甲氧基苯胺合成

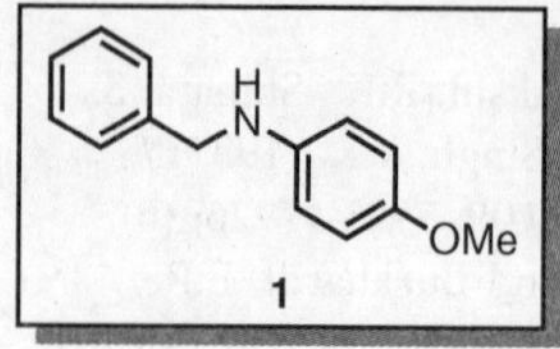

专题 ◆ 还原胺化
◆ 1,4-二氢吡啶的 Hantzsch 合成法

(a) 概述

α-氧代羧酸的还原胺化制备 α-氨基酸是自然界中一个重要的合成手段。该反应中,α-氧代羧酸与吡多胺生成的亚胺是反应中间体,用二氢吡啶酶的辅酶如烟碱腺嘌呤二核苷酸(NADH)[1]还原得到胺。

240

α-氧代羧酸 + 吡多胺 + NADH → 氨基酸

目前,对于合成仲胺和叔胺来说,使用醛酮进行还原氨化是优选。绝大多数情况下,在 pH 为 3～4 时使用氰基硼氢化钠[2]或者三乙酰氧基硼氢化钠[3];还有一些更广泛使用 Pd/C 或者其他过渡金属催化的氢化反应,氢气、$B_{10}H_{14}$、HCO_2NH_4、异丙醇等[4]作为还原剂;某些情况下,硼氢化钠以及 $Et_3SiH/InCl_3$[5]等也可以使用;使用硫脲和 Hantasch 酯[6]进行的仿生还原氨化条件非常温和。本书展示的是苯甲醛和4-甲氧基苯胺在 1,4-二氢吡啶和 Brønsted 酸(M. Ruepig, M. Leiendecker, A. Teppler, personal communication, 2013)中的非常温和的仿生还原胺化反应。该工艺同样适合使用手性 Brønsted 酸进行对应选择转化[7]。

苯甲醛 **2** 与 4-甲氧基苯胺 **3** 一锅法反应,亚胺 **4** 与樟脑磺酸 **5** 质子化得到高活性亚铵盐 **6**,与 1,4-二氢吡啶 **7** 进行质子转移反应,**7** 的角色类似于生化过程中的 NADPH(烟酰胺腺嘌呤二核苷酸磷酸),形成相应的吡啶化合物 **8**,反应完成后务必
241 通过柱层析除去预期的仲胺 **1** 就得到了。

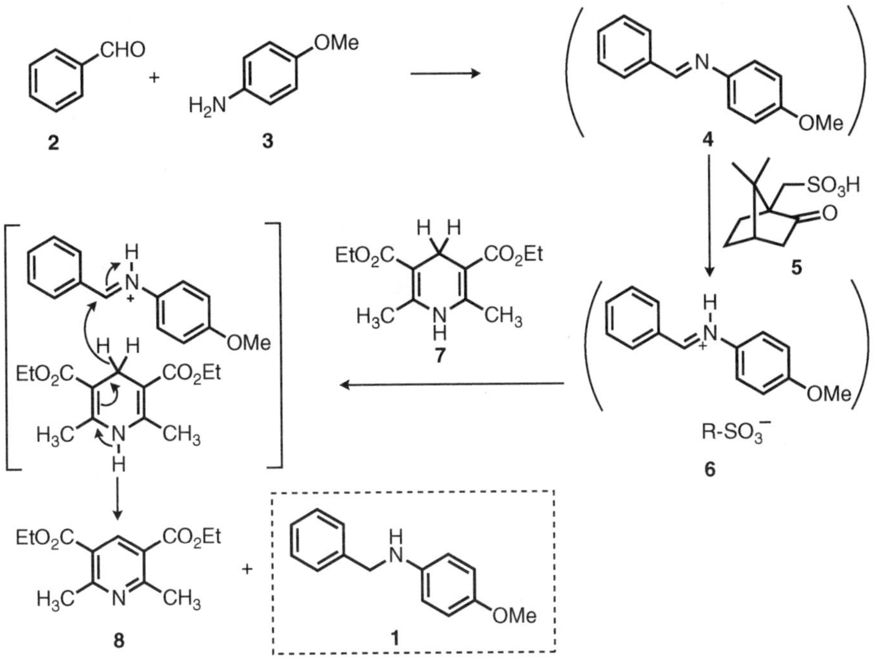

通过 Hantzsch 法[8](参考 **3.4.1.1** 节),1,4-二氢吡啶采用以乙酰乙酸乙酯、甲醛、铵盐为原料的多米诺工艺很容易合成。

(b) 合成 1[1)]

2.5.1.1** 2,6-二甲基-1,4-二氢吡啶-3,5-二羧酸乙酯

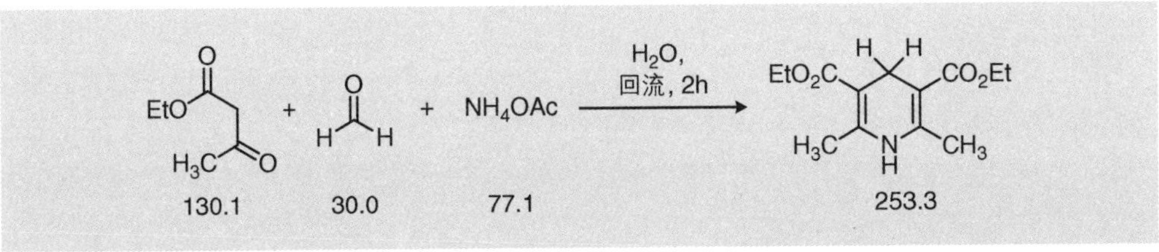

乙酰乙酸乙酯(3.81 mL,3.89 g,29.9 mmol),甲醛水溶液(37%,0.56 mL,0.60 g,7.46 mmol),乙酸铵(1.16 g,15.0 mmol)的 15 mL 水溶液混合,加热回流 2 h,冷到室温,过滤收集固体,冷水洗涤(3×10 mL),真空干燥得到淡黄色固体 1.71 g,90%收率,mp 166~168℃。

^{1}H NMR (400 MHz, $CDCl_3$): δ (ppm) = 5.07 (s_{br}, 1H, NH), 4.15 (q, J = 7.2 Hz, 4H, 2×$CO_2CH_2CH_3$), 3.25 (s, 2H, 4-H_2), 2.18 (s, 6H, 2×CH_3), 1.27 (t, J = 7.2 Hz, 6H, 2×$CO_2CH_2CH_3$).

2.5.1.2** 4-甲氧基苄基苯胺

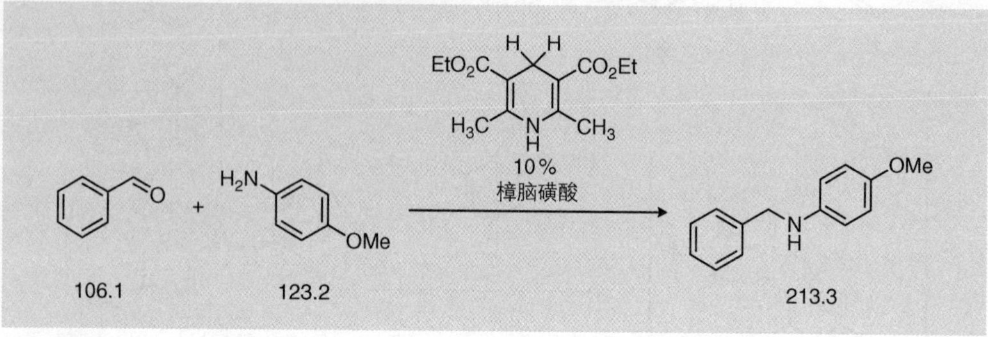

苯甲醛(0.30 mL,320 mg,3.02 mmol)、对甲氧基苯胺(372 mg,3.2 mmol)、樟脑磺酸(69.7 mg,0.30 mmol)、1,4-二氢吡啶 **2.5.2.1**(1.01 g,3.99 mmol)的 THF(40 mL)溶液混合,室温反应 16 h。

注 1):M. Ruepig,M. Leiendecker,A. Teppler,personal communication,2013.

242 加入 30 mL CH_2Cl_2 和饱和 $NaHCO_3$ 溶液 20 mL,分离有机相,水相用 CH_2Cl_2 萃取(4×30 mL),合并有机相并用饱和食盐水洗涤,用 Na_2SO_4 干燥,过滤,减压除去溶剂,粗产物柱层析(硅胶,甲苯/乙酸乙酯=10∶1),产品 R_f=0.52,Hantzsch 吡啶 R_f=0.19,得黄色油状产品 505 mg,79%收率。

^{1}H NMR (400 MHz, $CDCl_3$): δ (ppm) = 7.37–7.22 (m, 5H, Ar), 6.77 (d, J = 12 Hz, 2H, Ar), 6.60 (d, J = 8 Hz, 2H, Ar), 4.30 (s, 2H, NHCH_2), 3.83 (s, 1H, NH), 3.75 (s, 3H, OCH_3).

参考文献

[1] Silverman, R.B. (2002) *The Organic Chemistry of Enzyme-Catalyzed Reactions*, Academic Press, London, p. 428.

[2] (a) Borch, R.F. and Durst, H.D. (1969) *J. Am. Chem. Soc.*, **91**, 3996–3997; (b) Dangerfield, E.M., Plunkett, C.H., Win-Mason, A.L., Stocker, B.L., and Timmer, M.S.M. (2010) *J. Org. Chem.*, **75**, 5470–5477.

[3] (a) Abdel-Magid, A.F., Carson, K.G., Harris, B.D., Marynoff, C.A., and Shah, R.D. (1996) *J. Org. Chem.*, **61**, 3849–3862; (b) McLaughlin, M., Palucki, M., and Davis, I.W. (2006) *Org. Lett.*, **8**, 3307–3310.

[4] Aloso, F., Riente, P., and Yus, M. (2008) *Synlett*, 1289–1292.

[5] Li, C., Villa-Marco, B., and Xiao, J. (2009) *J. Am. Chem. Soc.*, **131**, 6967–6969.

[6] Menche, D., Hassfeld, J., Li, J., Menche, G., Ritter, A., and Rudolph, S. (2006) *Org. Lett.*, **8**, 741–744.

[7] (a) Rueping, M., Sugiono, E., Azap, C., Theissmann, T., and Bolte, M. (2005) *Org. Lett.*, **7**, 3781–3783; (b) Hoffmann, S., Seayad, A.M., and List, B. (2005) *Angew. Chem. Int. Ed.*, **44**, 7424–7427.

[8] Eicher, Th., Hauptmann, S., and Speicher, A. (2012) *The Chemistry of Heterocycles*, 3rd edn, Wiley-VCH Verlag GmbH, Weinheim, p. 371.

2.6 对映选择性的 Wacker 法氧化

2.6.1 (*S*)-5-甲氧基-2,7-二甲基-2-乙烯基色满

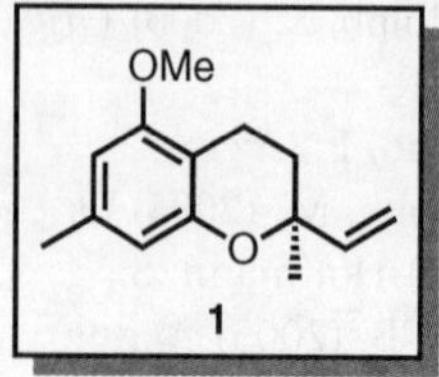

专题
- ◆ 酚的 O-烷基化
- ◆ 甲酰化
- ◆ Aldol 反应
- ◆ Wittig 反应
- ◆ 自由基溴代
- ◆ Pinnick 氧化
- ◆ Glaser 偶联
- ◆ 对映选择性 Wacker 氧化

243 **(a) 概述**

Wacker 氧化法[1]是工业规模的 Pd(Ⅱ)催化工艺,其中,乙烯在 CuCl 和氧存在下转化为乙醛,遵循下图所示的低浓度的 Cl^- 循环机理:

CH_3CHO ; $-HCl$, $-H_2O$; Pd^0 ; VII ; VIII ; $+2HCl$; $1/2\ O_2$; $-H_2O$; $2CuCl_2$; $2CuCl$

$[PdCl_4]^{2-}$; $H_2C{=}CH_2$; I ; $+Cl^-$; $[PdCl_3(CH_2{=}CH_2)]^-$; II ; $+H_2O$, $-Cl^-$; $PdCl_2(H_2O)(CH_2{=}CH_2)$; III ; $+H_2O$, $-H_3O^+$; IV ; V ; VI

当然对于机理仍然有争论，不同浓度的反应物可能机理不同，一般公认的反应方程式如下：

$$[PdCl_4]^{2-} + C_2H_4 + H_2O \longrightarrow CH_3CHO + Pd + 2HCl + 2Cl^-$$

$$Pd + 2CuCl_2 + 2Cl^- \longrightarrow [PdCl_4]^{2-} + 2CuCl$$

$$2CuCl + \frac{1}{2}O_2 + 2HCl \longrightarrow 2CuCl_2 + H_2O$$

Wacker 氧化法还可以用来合成杂环，诸如使用烯基苯酚 **2** 为起始物合成色满 **1**[2]，为了运行对映选择性的反应，需要使用 2,2′-双(噁唑啉-2-基)-1,1′-二萘基配体(BOXAX)**3**[3]，当 C═C 双键对映面选择性地与原位生成的 Pd(Ⅱ) L* 配合物配位，酚羟基对 C═C 双键经过 **4** 和 **5** 中间体进行面选择性的亲核加成，最终 ee 值为 87%，Wacker 法对应选择可以提高到 93% ee 值，但是要使用纯的(*E*)-异构体，(*Z*)- 244
异构体则为 83%ee 值。然而，柱拆分(*E*)/(*Z*)混合物是一件枯燥乏味的事情，而且不适合工业使用。另一方面，使用相应的异丙醇的-BOXAX 配体(**3**，异丙醇代替 Bn)，即使使用(*E*)/(*Z*)混合物，也能获得 96%的 ee 值。

(b) 合成 1

为了合成 **1**，Wacker 法需要的前体 **2** 可以用可商业购买的间二酚 **6** 为原料合成，通过 K_2CO_3 作用与硫酸二甲酯反应得到二醚 **7**(**2.6.1.1**)[5]，用丁基锂和 TMEDA(四甲基乙二胺)处理，接着加入 DMF，得到醛 **8**(**2.6.1.2**)[6]，作为反应中间体，原位形成的芳基锂因为与邻位的甲氧基配合而获得稳定性。接下来的对甲酰胺的亲核加成水解后形成醛，与丙酮缩合给出 α,β-不饱和酮 **9(2.6.1.3)**，使用钯碳对 C═C 氢化得到 **10(2.6.1.4)**，应用 Wittig 反应生成烯 **11(2.6.1.3)**，得到的是(*E*)/(*Z*)混合物。

最后，通过使用乙硫醇钠对 **11** 中醚键进行选择性裂解得到前体 **2(2.6.1.5)**，其原因是形成的酚氧负离子对亲核试剂的静电斥力阻止了对第二个醚键的进攻。

245

OH, OH; **6** → Me_2SO_4, K_2CO_3, 丙酮, 回流, 24 h; 94% → OMe, OMe; **7** (2.6.1.1) → *n*-BuLi, TMEDA, Et_2O, 0℃ → 回流, 3 h, 然后 DMF, 0℃ → r.t, 2 h; 87% → OMe, CHO, OMe; **8** (2.6.1.2)

→ NaOH(aq.), 0℃ → r.t., 3 h; 84% → OMe, O, OMe; **9** (2.6.1.3) → H_2, Pd/C, EtOAc, r.t., 3 h; 92% → OMe, O, OMe; **10** (2.6.1.4)

→ $Ph_3\overset{+}{P}(CH_2CH_3)Br^-$, *n*-BuLi, THF; 90% → OMe, OMe; **11** → NaSEt, DMF, 120 °C, 20 h; 92% → OMe, OH; **2** (2.6.1.5)

为了对映选择性 Wacker 氧化而发展的 BOXAX 配体 **3(2.6.1.10)**[3] 用五步合成得到，以商业上可得的 1-溴-2-甲基萘为原料，通过自由基反应得到 **13(2.6.1.6)**，用甲酸水溶液水解得到醛 **14(2.6.1.7)**，经过 Pinnick 氧化反应[6] 得到酸 **15(2.6.1.8)**，与 L-苯基丙氨酸(**1.8.5.3**)环缩合得到噁唑啉 **16(2.6.1.9)**，经过 Glaser 偶联二聚得到 BOXAX 配体 **3(2.6.1.10)**：

Br; **12** → NBS, AIBN, CCl_4; 75% → Br, Br, Br; **13** (2.6.1.6) → HCO_2H/H_2O; 86% → Br, O, H; **14** (2.6.1.7)

→ $NaClO_2$, NaH_2PO_4, 2-甲基-2-丁烯; 79% → Br, O, OH; **15** (2.6.1.8)

→ 1. $(COCl)_2$ 2. L-苯基丙氨酸 (**1.7.5.3**) 3. MsCl, NEt_3 4. KOH; 86% → Br, O, N, Bn; **16** (2.6.1.9) → Cu; 69% → O, N, Bn, Bn, N, O; **3** (2.6.1.10)

在 BOXAX 配体 **3**(**2.6.1.10**)存在下对 **2**(**2.6.1.5**)进行对映选择性 Wacker 氧化,要使用催化剂量的三氟乙酸钯[$Pd(OTFA)_2$](甲醇溶液),得到 **1**(**2.6.1.11**),
80%收率,和 87%的 ee 值。该工艺中,需要加入对苯醌把 Pd(0)氧化为 Pd(Ⅱ)使 246
Wacker 氧化持续进行。

10 % $Pd(OTFA)_2$,
20% **3** (2.6.1.10),
对苯醌, CO,
MeOH, r.t., 24 h
80%, 87% ee

OMe
OH
2 (2.6.1.5)
OMe
O
1 (2.6.1.11)
Bn
N
O
N
O
Bn
3 (2.6.1.10)

(c) 合成 1 的具体实验步骤

2.6.1.1* 1,3-二甲氧基-5-甲基苯[5]

OH
OH
124.1
Me_2SO_4, K_2CO_3
OMe
OMe
152.2

硫酸二甲酯(54.0 mL,72.4 g,575 mmol,注意有毒)在室温下滴加到一水合二酚 **6**(35.5 g,250 mmol)与无水 K_2CO_3(70.0 g,507 mmol)的 500 mL 丙酮溶液中,加热回流 24 h,然后用浓氨水 25 mL 处理,继续加热 15 min。

冷却到室温,混合物过滤,滤液减压浓缩,剩余物溶于 400 mL 水与 100 mL 乙醚的混合溶液中,分液,水相用乙醚萃取(2×100 mL),合并有机相,依次用 100 mL 水、3 mol/L 的 NaOH 溶液(2×100 mL)、100 mL 饱和食盐水洗涤,用 $MgSO_4$ 干燥,过滤,减压除去溶剂,加压蒸馏得到二甲醚 **2.6.1.1**,无色液体 35.8 g,94%收率,R_f=0.56(正戊烷/乙酸乙酯=9∶1),bp 110~112℃(20 mbar)。

IR (KBr): $\tilde{\nu}$ (cm^{-1}) = 3059, 2955, 2838, 1597, 1461, 1321, 1295, 1205, 1151, 1070, 921, 828, 686.

247 **^{1}H NMR** (300 MHz, $CDCl_3$): δ (ppm) = 6.35 (m_c, 2H, 4-H, 6-H), 6.30 (m_c, 1H, 2-H), 3.78 (s, 6H, 2 × OCH_3), 2.32 (s, 3H, Ar−CH_3).
^{13}C NMR (76 MHz, $CDCl_3$): δ (ppm) = 160.7 (C-1, C-3), 140.2 (C-5), 107.1 (C-4, C-6), 97.5 (C-2), 55.2 (OCH_3), 21.8 (Ar−CH_3).
MS (70 eV, EI): *m/z* (%): 152.2 (100) $[M]^+$, 123.1 (37) $[M-2CH_3+H]^+$.

2.6.1.2*** 2,6-二甲氧基-4-甲基苯甲醛[7]

OMe OMe
(1) *n*-BuLi, TMEDA
(2) DMF
(3) H_2O
CHO
OMe OMe
152.2 180.2

0℃,正丁基锂(32.4 mL,2.5 mol/L,正己烷溶液,81.0 mmol)滴加到间二酚甲基醚 **2.6.1.1**(10.3 g,67.4 mmol)以及 TMEDA(20.4 mL,15.7 g,135 mmol)的乙醚(100 mL)溶液中,加热回流 3 h,冷却到 0℃,滴加 DMF(19.0 mL,203 mmol),室温搅拌 2 h。

加入 300 mL 水猝灭反应,分液,水相用乙酸乙酯萃取(2×100 mL),合并有机相,用 Na_2SO_4 干燥,过滤,减压除去溶剂,剩余物柱层析纯化(硅胶,正戊烷/乙酸乙酯=7∶3)得到醛 **2.6.1.2**,淡黄色固体,10.6 g,87%收率,R_f=0.28(正戊烷/乙酸乙酯=7∶3)**(注意:产品对空气敏感,不能长时间存放)**。

IR (KBr): $\tilde{\nu}$ (cm^{-1}) = 3026, 2974, 2787, 1668, 1611, 1241, 1124, 814, 575.
^{1}H NMR (300 MHz, $CDCl_3$): δ (ppm) = 10.39 (s, 1H, CHO), 6.34 (s, 2H, 2 × Ar−H), 3.82 (s, 6H, 2 × OCH_3), 2.32 (s, 3H, Ar−CH_3).
^{13}C NMR (76 MHz, $CDCl_3$): δ (ppm) = 189.0 (CHO), 162.2 (C-2, C-6), 147.7 (C-4), 111.9 (C-3, C-5), 104.6 (C-1), 55.7 (OCH_3), 22.6 (Ar−CH_3).
MS (70 eV, EI): *m/z* (%): 180.2 (100) $[M]^+$, 165.2 (11) $[M-CH_3]^+$.

2.6.1.3* 4-(2,6-二甲氧基-4-甲基苯基)-3-丁烯-2-酮[2]

OMe OMe O
CHO
Acetone, NaOH
OMe OMe
180.2 220.3

醛 **2. 6. 1. 2**(10. 0 g,55. 5 mmol)的丙酮(80 mL)溶液,0℃,滴加 35 mL 的 1 mol/L的 NaOH 水溶液。室温搅拌 3 h,冷却到 0℃,滴加 1 mol/L 的 HCl 水溶液 40 mL。 248

加入 300 mL 水,乙酸乙酯萃取(3×100 mL),合并有机相,用 Na_2SO_4 干燥,过滤,减压除去溶剂,剩余物柱层析纯化(硅胶,正戊烷/乙酸乙酯=7∶3),得到不饱和酮 **2. 6. 1. 3**,无色固体,10. 3 g,84%收率,R_f=0. 34(正戊烷/乙酸乙酯=7∶3)。

IR (KBr): $\tilde{\nu}$ (cm^{-1}) = 3052, 3006, 2975, 2945, 2845, 1677, 1567, 1250, 1116, 994, 823, 549.
^{1}H NMR (300 MHz, $CDCl_3$): δ (ppm) = 7.96 (d, J = 16.7 Hz, 1H, 4′-H), 7.12 (d, J = 16.7 Hz, 1H, 3′-H), 6.38 (s, 2H, 2 × Ar–H), 3.86 (s, 6H, 2 × OCH_3), 2.36 (s, 6H, 1′-H_3, Ar–CH_3).
^{13}C NMR (76 MHz, $CDCl_3$): δ (ppm) = 200.6 (C-2′), 159.9 (C-2, C-6), 143.6 (C-4), 135.0 (C-4′), 129.2 (C-3′), 109.4 (C-3, C-5), 104.6 (C-1), 55.7 (OCH_3), 26.9 (C-1′), 22.5 (Ar–CH_3).
MS (70 eV, EI): m/z (%): 220.1 (15) $[M]^+$, 205.1 (21) $[M-CH_3]^+$, 189.1 (100) $[M-2CH_3-H]^+$.

2. 6. 1. 4* 4-(2,6-二甲氧基-4-甲基苯基)-2-丁酮[2]

OMe O → H_2, Pd/C → OMe O
OMe OMe
220.3 222.3

不饱和酮 **2. 6. 1. 3**(9. 75 g,44. 5 mmol)在 250 mL 的乙酸乙酯溶液中,室温,氮气保护,加入Pd/C(1. 45 g,10% Pd,1. 34 mmol),通入氢气 30 min,然后反应 2. 5 h(TLC 监测)。

通过砂芯漏斗过滤除去催化剂,用 CH_2Cl_2 洗涤,减压除去溶剂,柱层析纯化(硅胶,正戊烷/乙酸乙酯=3∶1),得到饱和酮 **2. 6. 1. 4**,无色固体 9. 10 g,92%收率,R_f=0. 35(正戊烷/乙酸乙酯=3∶1)。

IR (KBr): $\tilde{\nu}$ (cm^{-1}) = 3064, 2994, 2938, 2838, 1704, 1589, 1466, 1246, 1127, 968, 814, 579.
^{1}H NMR (300 MHz, $CDCl_3$): δ (ppm) = 6.36 (s, 2H, 2 × Ar–H), 3.78 (s, 6H, 249
2 × OCH_3), 2.83–2.93 (m, 2H, 4′-H_2), 2.57–2.63 (m, 2H, 3′-H_2), 2.34 (s, 3H, Ar–CH_3), 2.15 (s, 3H, 1′-H_3).
^{13}C NMR (76 MHz, $CDCl_3$): δ (ppm) = 209.6 (C-2′), 157.8 (C-2, C-6), 137.1

(C-4), 113.9 (C-1), 104.4 (C-3, C-5), 55.4 (OCH_3), 43.3 (C-3′), 29.5 (C-1′), 21.9 (Ar−CH_3), 17.5 (C-4′).
MS (70 eV, EI): m/z (%): 245.1 (100) $[M+Na]^+$, 223.1 (27) $[M+H]^+$.

2.6.1.5** (*E*)-3-甲氧基-5-甲基-2-(3-甲基-3-戊烯-1-基)苯酚和(*Z*)-3-甲氧基-5-甲基-2-(3-甲基-3-戊烯-1-基)苯酚[2]

OMe O OMe 222.3
$Ph_3\overset{+}{P}(CH_2CH_3)Br^-$
n-BuLi, THF
OMe OMe 234.3
NaSEt
DMF
OMe 3 1′ 5′ 1 OH 220.3

溴化乙基三苯基鏻(30.0 g,80.8 mmol)的 THF 溶液(260 mL),用丁基锂(30.2 mL,2.5 mol/L,正己烷溶液,75.6 mmol)在 0℃条件处理,搅拌 30 min 后升至室温继续反应 30 min。冷到 0℃,加入酮 **2.6.1.4**(6.00 g,27.2 mmol)的 THF(160 mL)溶液,室温搅拌反应 2.5 h。

0℃,加入饱和 NH_4Cl 溶液 100 mL,水 10 mL 猝灭反应,水相用甲基叔丁基醚(MTBE)萃取(3×100 mL),合并有机相,用 Na_2SO_4 干燥,过滤,减压除去溶剂。剩余物柱层析纯化(硅胶,石油醚/MTBE=50∶1),得到烯烃 **11**,无色油状物 5.67 g,24.2 mmol,90%收率,(*E*)/(*Z*)=1∶2.4,可用于下一步反应。

烯烃 **11**(5.67 g,24.2 mmol)的 DMF(40 mL)溶液用 NaSEt(90%,4.27 g,50.8 mmol)处理,混合物加热到 120℃,反应 20 h。冷却到室温,加入 200 mL 水猝灭反应。水相用 MTBE 萃取(3×100 mL),合并有机相,分别用水(2×100 mL),饱和食盐水洗涤(1×100 mL),用 Na_2SO_4 干燥,过滤,减压除去溶剂。快速柱层析纯化(硅胶,石油醚/乙酸乙酯=30∶1),得到单酚 **2.6.1.5**,浅黄色油状,−30℃固化,(*E*)/(*Z*)=1∶2.4,E/E 异构体可以用 HPLC 分离(柱: Daicel Chiralcel 1A,250×20 mm,5 μm,λ=210 nm,流速: 18 mL·min^{-1},淋洗: 正己烷/异丙醇=99∶1,t_R=39.6 min(*Z*-异构体),51.1 min(*E*-异构体))。

250 *Z*-异构体表征数据

IR (KBr): $\tilde{\nu}$ (cm^{-1}) = 3435, 2959, 2923, 2857, 1617, 1591, 1454, 1416, 1219, 1154, 1099, 1070, 995, 973, 812, 584.
^{1}H NMR (600 MHz, $CDCl_3$): δ (ppm) = 6.29 (s, 1H, Ar−H), 6.26 (s, 1H, Ar−H), 5.22 (q, J = 6.8 Hz, 1H, 4′-H), 4.79 (s_{br}, 1H, OH), 3.78 (s, 3H, 3-OCH_3), 2.66 (dd, J = 8.6, 7.0 Hz, 2H, 1′-H_2), 2.26 (s, 3H, 5-CH_3), 2.21 (dd, J = 8.8, 6.3 Hz, 2H, 2′-H_2), 1.74 (t, J = 1.4 Hz, 3H, 3′-CH_3), 1.51 (dd, J = 6.6,

1.5 Hz, 3H, 4′-CH_3).
^{13}C NMR (126 MHz, $CDCl_3$): δ (ppm) = 158.5, 154.2 (C-1, C-3), 136.9, 136.8 (C-3′, C-5), 119.5 (C-4′), 113.9 (C-2), 109.0, 104.3 (C-4, C-6), 55.6 (3-OCH_3), 31.1 (C-2′), 23.7 (3′-CH_3), 21.6, 21.5 (C-1′, 5-CH_3), 13.0 (4′-CH_3).
MS (ESI): *m/z* (%) = 243.1 (100) $[M+Na]^+$, 221.2 (66) $[M+H]^+$.

E-异构体表征数据

IR (KBr): $\tilde{\nu}$ (cm^{-1}) = 3432, 2921, 2855, 1617, 1591, 1510, 1462, 1416, 1313, 1165, 1100, 1082, 973, 921, 812, 571.
^{1}H NMR (600 MHz, $CDCl_3$): δ (ppm) = 6.28 (s, 1H, Ar–H), 6.26 (s, 1H, Ar–H), 5.25 (q, *J* = 6.6 Hz, 1H, 4′-H), 4.71 (s_{br}, 1H, OH), 3.77 (s, 3H, 3-OCH_3), 2.66 (t, *J* = 8.0 Hz, 2H, 1′-H_2), 2.25 (s, 3H, 5-CH_3), 2.12 (t, *J* = 8.3 Hz, 2H, 2′-H_2), 1.66 (s, 3H, 3′-CH_3), 1.56 (dd, *J* = 6.7, 1.0 Hz, 3H, 4′-CH_3).
^{13}C NMR (126 MHz, $CDCl_3$): δ (ppm) = 158.3, 154.1 (C-1, C-3), 136.8, 136.6 (C-3′, C-5), 118.5 (C-4′), 113.8 (C-2), 109.0, 104.3 (C-4, C-6), 55.6 (3-OCH_3), 38.9 (C-2′), 22.2 (C-1′), 21.5 (5-CH_3), 15.9 (3′-CH_3), 13.4 (4′-CH_3).
MS (ESI): *m/z* (%) = 243.1 (100) $[M+Na]^+$, 221.2 (59) $[M+H]^+$.

2.6.1.6* 1-溴-2-(二溴甲基)萘[2,3]

NBS, AIBN, CCl_4

221.1 378.9

向 1-溴-2-甲基萘 **12**(15.0 g,67.8 mmol)的 CCl_4 溶液(300 mL,注意,透过皮肤吸收!)中加入 NBS(36.3 g,204 mmol)和 AIBN(偶氮二异丁腈,2.23 g,13.6 mmol),85℃,反应 26 h。

冷却到室温,过滤,滤饼用 150 mL 的 CCl_4 洗涤,有机相减压浓缩到 150 mL,用
饱和的 $NaHSO_3$ 水溶液 150 mL 洗涤,用 Na_2SO_4 干燥,过滤,减压除去溶剂。剩余 251
物用乙醇重结晶,得到无色针状晶体 **2.6.1.6** 19.3 g,50.9 mmol,75%收率,R_f = 0.48(石油醚)。

IR (KBr): $\tilde{\nu}$ (cm^{-1}) = 3033, 1908, 1619, 1595, 1556, 1501, 1459, 1382, 1348, 1323, 1301, 1258, 1218, 1206, 1141, 1033, 973, 958, 906, 863, 804, 770, 747, 734, 677, 665, 646, 596, 528, 515.
^{1}H NMR (300 MHz, $CDCl_3$): δ (ppm) = 8.30 (d, *J* = 8.5 Hz, 1H, 8-H), 8.07 (d, *J* = 8.7 Hz, 1H, 3-H), 7.89 (d, *J* = 8.7 Hz, 1H, 4-H), 7.83 (d, *J* = 8.1 Hz, 1H, 5-H), 7.60–7.68 (m, 1H, 7-H), 7.53–7.60 (m, 1H, 6-H), 7.50 (d, *J* = 0.4 Hz 1H,

$CHBr_2$).

^{13}C NMR (126 MHz, $CDCl_3$): δ (ppm) = 138.0 (C-2), 134.7 (C-4a), 131.2 (C-8a), 129.1 (C-4), 128.4, (C-7, C-8), 128.3 (C-5), 128.0 (C-6), 126.8 (C-3), 119.6 (C-1), 41.4 ($CHBr_2$).

MS: (EI, 70 eV): *m*/*z* (%) = 379.8 (5) $[M]^+$, 298.9 (100) $[M-Br]^+$, 219.0 (5) $[M-2Br]^+$, 139.1 (71) $[M-3Br]^+$.

2.6.1.7* 1-溴-2-萘醛[2,3]

HCO_2H/H_2O

378.9 → 235.1

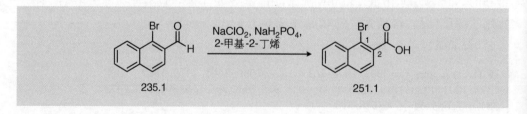

1-溴-2-(二溴甲基)萘 **2.6.1.6**(18.0 g,47.5 mmol)与甲酸(88%,225 mL)混合,120℃,反应 20 h。减压除去溶剂,剩余物用 225 mL 水溶解,用 CH_2Cl_2 萃取(3×150 mL),合并有机相,Na_2SO_4 干燥,过滤,减压除去溶剂。用快速柱层析纯化(硅胶,石油醚/乙酸乙酯=30∶1),得到醛 **2.6.1.7** 白色固体 9.59 g,40.8 mmol,86%收率,R_f=0.25(石油醚/乙酸乙酯=30∶1)。

IR (KBr): $\tilde{\nu}$ (cm^{-1}) = 1684, 1323, 1215, 888, 810, 752.

^{1}H NMR (300 MHz, $CDCl_3$): δ (ppm) = 10.65 (s, 1H, CHO), 8.43–8.51 (m, 1H, 8-H), 7.91 (d, *J* = 8.5 Hz, 1H, 3-H), 7.88 to 7.79 (m, 2H, 4-H, 5-H), 7.70 to 7.63 (m, 2H, 6-H, 7-H).

^{13}C NMR (126 MHz, $CDCl_3$): δ (ppm) = 192.7 (CHO), 137.2, 132.1, 131.3, 131.2 (C-1, C-2, C-4a, C-8a), (C-1), 129.7 (C-6), 128.5, 128.3, 128.2, 128.1 (C-4, C-5, C-7, C-8), 124.1 (C-3).

MS: (EI, 70 eV): *m*/*z* (%) = 235.0 (9) $[M]^+$, 126.0 (14) $[M-Br-CHO]^+$.

252 ### 2.6.1.8* 1-溴-2-萘甲酸[2,3]

$NaClO_2$, NaH_2PO_4,
2-甲基-2-丁烯

235.1 → 251.1

0℃,向醛 **2.6.1.7**(8.50 g,36.2 mmol)和 2-甲基-2-丁烯(27 mL)的丙酮溶液(460 mL)中滴加 $NaClO_2$(19.6 g,217 mmol)和 $NaH_2PO\cdot H_2O$(34.9,253 mmol)

230 mL的水溶液中，室温搅拌 20 h。

减压除去溶剂，剩余物溶解在 280 mL 的 2 mol/L 盐酸中，乙醚萃取（3×180 mL），合并有机相，浓缩，Na_2SO_4 干燥，过滤，所得物质用乙酸乙酯重结晶，得到无色的 **2.6.1.8** 7.19 g，28.6 mmol，79%收率。

IR (KBr): $\tilde{\nu}$ (cm^{-1}) = 1684, 1323, 1215, 888, 810, 752.
^{1}H NMR (300 MHz, acetone-d_6): δ (ppm) = 8.41 (d, J = 8.5 Hz, 1H, 8-H), 8.04–7.92 (m, 2H, 4-H, 5-H), 7.79–7.60 (m, 3H, 3-H, 6-H, 7-H).
^{13}C NMR (126 MHz, acetone-d_6): δ (ppm) = 168.3 (CO_2H), 135.8, 133.4, 132.7 (C-2, C-4a, C-8a), 129.2, 129.1, 128.8, 128.8, 128.6 (C-4, C-5, C-6, C-7, C-8), 126.4 (C-3), 121.6 (C-1).
MS: (EI, 70 eV): m/z (%) = 235.0 (9) $[M]^+$, 126.0 (14) $[M-Br-CHO]^+$.

2.6.1.9*　(*S*)-2-(4-苄基-4,5-二氢-2-噁唑基)-1-溴萘[2,3]

Br O OH
1. $(COCl)_2$
2. **1.7.5.3**
3. MsCl, NEt_3
4. KOH
Br O 4 1″ 1′ 2 N Ph
251.1　　366.3

0℃，向 1-溴-2-萘甲酸 **2.6.1.8**（7.0 g，27.9 mmol）的 60 mL 甲苯溶液中加入 0.2 mL 催化剂量的 DMF，将其滴加入$(COCl)_2$（4.89 mL，7.22 g，55.8 mmol）中。溶液逐渐澄清，室温搅拌 3 h，减压除去溶剂，高真空干燥产品，所得酰氯溶解在 280 mL二氯甲烷中，加入 L-脯氨酸（**1.8.5.3**）（4.64 g，30.7 mmol）和三乙胺（8 mL，5.84 g，57.7 mmol）的 CH_2Cl_2 溶液（55 mL），在 0℃条件下滴加，室温搅拌反应 19 h。253

加入 1 mol/L 的盐酸水溶液 180 mL 猝灭反应，分液，水相用 180 mL 的饱和 NaCl 溶液洗涤，然后用乙酸乙酯萃取（5×200 mL），合并有机相，用 Na_2SO_4 干燥，过滤，减压除去溶剂。

甲酰胺悬浮在 440 mL 的 CH_2Cl_2 中，0℃，加入三乙胺（11.6 mL，8.46 g，83.6 mmol）和甲磺酰氯（3.24 mL，4.79 g，41.8 mmol），混合物室温搅拌 2 h。减压除去溶剂，甲磺酸酯悬浮在 350 mL 的甲醇中，用 KOH 处理（7.82 g，139 mL），室温搅拌 2.5 h。

减压除去溶剂，剩余物用 440 mL 水溶解，然后用乙酸乙酯萃取（3×220 mL），合并有机相，Na_2SO_4 干燥，过滤，减压除去溶剂，用快速柱层析纯化（硅胶，石油醚/乙酸乙酯=5∶1），得无色油状产物 9.12 g，24.9 mmol，86%收率，R_f=0.30，$[\alpha]_D^{20}$=+4.1（c=1.0，氯仿）。

IR (KBr): $\tilde{\nu}$ (cm^{-1}) = 3060, 2892, 1642, 1495, 1454, 1362, 1239, 1098, 1057, 973, 866, 824, 753, 701, 563, 505.
^{1}H NMR (300 MHz, $CDCl_3$): δ (ppm) = 8.05 (d, J = 8.8 Hz, 2H, 2×8-H), 7.95 (d, J = 8.6 Hz, 4H, 2×3-H, 2×4-H), 7.47 (m_c, 2H, 2×6-H), 7.35–7.23 (m, 4H, 2×5-H, 2×7-H), 7.22–7.08 (m, 6H, 4×Ph-H_m, 2×Ph-H_p), 6.98–6.89 (m, 4H, 4×Ph-H_o), 4.12 (m_c, 2H, 2×4′-H), 3.62 (d, J = 7.9 Hz, 4H, 2×5′-H_2), 2.57 (dd, J = 13.7, 5.0 Hz, 2H, 2×1″-H_a), 1.86 (dd, J = 13.7, 9.4 Hz, 2H, 2×1″-H_b).
^{13}C NMR (126 MHz, $CDCl_3$): δ (ppm) = 164.3 (2×C-2′), 138.2, 137.8, (2×C-1, 2×Ph–C_i), 134.3, 132.7 (2×C-2, 2×C-4a), 128.9, 128.3, 127.8, 127.6, 126.9, 126.8, 126.4, 126.1, 125.9, (2×C-3, 2×C-4, 2×C-5, 2×C-6, 2×C-7, 2×C-8, 4×Ph–C_o, 4×Ph–C_m, 2×Ph–C_p), 125.9 (2×C-8a), 71.6 (2×C-5′), 67.8 (2×C-4′), 41.1 (2×C-1″).
MS: (EI, 70 eV): m/z (%) = 573.3 (100) $[M+H]^+$.

2.6.1.10** (*S*)-2,2′-双-[(*S*)-4-苄基-4,5-二氢噁唑啉-2-基]-1,1′-二萘[2,3]

254 **2.6.1.9**(8.09 g,22.1 mmol)与新活化的铜粉(35.1 g,553 mg,铜粉活化,用乙酸洗涤三次,甲醇洗三次,乙醚洗三次,高真空干燥过夜)混合,加入吡啶 200 mL,搅拌,130℃回流 46.5 h。

减压除去溶剂,剩余物用 400 mL 的 CH_2Cl_2 溶解,用硅胶/Celite®过滤,滤饼用 CH_2Cl_2 洗涤(2×400 mL),合并有机相,用浓氨水洗涤(3×400 mL),直到水相无色为止,用 Na_2SO_4 干燥,过滤,减压除去溶剂,粗产物柱层析纯化(硅胶,石油醚/乙酸乙酯=100∶1→9∶1),得到对映以及非光学纯的无色泡沫状的 **2.6.1.10** 4.38 g,7.65 mmol,69%收率,R_f=0.14(石油醚/乙酸乙酯=4∶1),$[\alpha]_D^{20}$=−98.3(c=0.7,氯仿)。

IR (KBr): $\tilde{\nu}$ (cm^{-1}) = 3061, 2923, 1661, 1599, 1556, 1497, 1454, 1376, 1347, 1241, 1106, 976, 958, 865, 817, 750, 702, 663.
^{1}H NMR (300 MHz, $CDCl_3$): δ (ppm) = 8.41 (d, J = 8.4 Hz, 8′-H), 7.85–7.78 (m, 2H, 3′-H, 4′-H), 7.66–7.53 (m, 3H, 5′-H, 6′-H, 7′-H), 7.37–7.20 (m, 5H, 5×Ph–H), 4.69 (m_c, 1H, 4-H), 4.44 (dd, J = 8.6, 8.6 Hz, 1H, 5-H_a), 4.24 (dd, J = 8.6, 7.2 Hz, 1H, 5-H_b), 3.28 (dd, J = 13.9, 5.2 Hz, 1H, 1″-H_a), 2.86 (dd,

$J = 13.9, 8.4$ Hz, 1H, 1″-H_b).
^{13}C NMR (126 MHz, $CDCl_3$): δ (ppm) = 164.2 (C-2), 137.7, 134.8, (C-2′, Ph−C_i), 132.2 (C-4a′), 128.3 (C-8a′), 129.3, 128.5, 128.2, 128.1, 127.8, 127.7, 127.6, 126.7, 126.5, (C-3′, C-4′, C-5′, C-6′, C-7′, C-8′, 2 × Ph−C_o, 2 × Ph−C_m, Ph−C_p), 123.2 (C-1′), 72.1 (C-5), 68.3 (C-4), 41.7 (C-1″).
MS: (EI, 70 eV): m/z (%) = 365.3 (4) $[M]^+$, 274.2 (100) $[M-C_7H_7]^+$

2.6.1.11** (*S*)-5-甲氧基-2,7-二甲基-2-乙烯基色满[2]

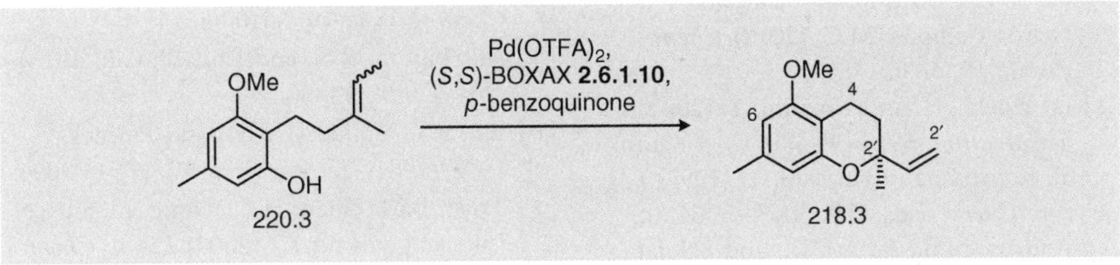

Pd(OTFA)$_2$ (7.8 mg, 23.6 μmol, 10%) 和 (*S*, *S*)-Bn-BOXAX **2.6.1.10** (27.0 mg, 47.2 μmol, 20%) 以及 0.5 mL 甲醇混合，室温搅拌 15 min，加入酚 **2.6.1.5**(52.0 mg, 236 μmol)(E/Z=1∶2.4)(注)以及对苯醌(102 mg, 944 μmol)的 1.0 mL 甲醇溶液，继续反应 22 h，混合物倒入 20 mL 的 1.0 mol/L 的盐酸溶液中，用 MTBE 萃取(4×10 mL)，合并有机相，用 1.0 mol/L 的 NaOH 溶液洗涤(3×10 mL)，用 Na_2SO_4 干燥，过滤，减压除去溶剂，剩余物硅胶柱层析纯化(石油醚/乙酸 255
乙酯=100∶1→70∶1)得到乙烯基色满 **2.6.1.11**，黄色油状，38.4 mg, 176 μmol, 75%收率，ee 值为 87%；$[\alpha]_D^{20} = -55.7$(c=0.5，氯仿)；HPLC(柱：Daicel Chiralcel OD)：250×4.6 mm, 5 μm, λ=275 nm，流速：0.8 mL·min^{-1}，淋洗：正己烷/异丙醇=99.5∶0.5，t_R=10.1 min((−)-**2.6.1.11**)，11.9 min((+)-**2.6.1.11**)。

IR (KBr): $\tilde{\nu}$ (cm^{-1}) = 3082, 2952, 2927, 1615, 1583, 1459, 1409, 1350, 1261, 1229, 1209, 1126, 1091, 1023, 1013, 923, 814, 583.
^{1}H NMR (300 MHz, $CDCl_3$): δ (ppm) = 6.36 (s, 1H, 8′-H), 6.22 (s, 1H, 6′-H), 5.85 (dd, J = 17.3, 10.8 Hz, 1H, 1-H), 5.17 (dd, J = 17.3, 1.3 Hz, 1H, 2-H_{trans}), 5.05 (dd, J = 10.8, 1.3 Hz, 1H, 2-H_{cis}), 3.78 (s, 3H, 5′-OCH_3), 2.65 (dt, J = 17.0, 5.4 Hz, 1H, 4′-H_b), 2.44 (ddd, J = 16.7, 9.8, 6.0 Hz, 1H, 4′-H_a), 2.28 (s, 3H, 7′-CH_3), 1.90 (ddd, J = 13.5, 6.1, 5.0 Hz, 1H, 3′-H_b), 1.76 (ddd, J = 13.5, 9.8, 5.9 Hz, 1H, 3′-H_a), 1.40 (s, 3H, 2′-CH_3).
^{13}C NMR (126 MHz, $CDCl_3$): δ (ppm) = 157.5, 154.4 (C-5′, C-8a′), 141.4 (C-1), 136.9 (C-7′), 113.6 (C-2), 110.1 (C-6′), 107.3 (C-4a′), 102.7 (C-8′), 76.2 (C-2′), 55.3 (5′-OCH_3), 31.3 (C-3′), 26.8 (2′-CH_3), 21.6 (7′-CH_3), 16.7 (C-4′).
MS (ESI): m/z (%) = 241.1 (33) $[M+Na]^+$, 219.1 (100) $[M+H]^+$.

注：Wacker 法氧化的对映选择性，通过使用纯的(E)-化合物可以提高到 93%，而(Z)-异构体得到 88%的 ee 值，然而分离(E/Z)-混合物 **2.6.1.5** 的工作不仅枯燥，而且也不适合工业上大规模应用。

参考文献

[1] (a) Sigman, M.S. and Werner, E.W. (2012) *Acc. Chem. Res.*, **45**, 874–884; (b) Keith, J.A. and Henry, P.M. (2009) *Angew. Chem. Int. Ed.*, **48**, 9038–9049; (c) Takacs, J.M. and Jiang, X. (2003) *Curr. Org. Chem.*, 7, 369–396.

[2] Tietze, L.F., Jackenkroll, S., Raith, C., Spiegl, D.A., Reiner, J.R., and Ochoa Campos, M.C. (2013) *Chem. Eur. J.*, **19**, 4876–4882.

[3] (a) Hocke, H. and Uozumi, Y. (2003) *Tetrahedron*, **59**, 619–630; (b) Uozumi, Y., Kato, K., and Hayashi, T. (1997) *J. Am. Chem. Soc.*, **119**, 5063–5064; (c) Andrus, M.B., Asgari, D., and Sclafani, J.A. (1997) *J. Org. Chem.*, **62**, 9365–9368; (d) Uozumi, Y., Kyota, H., Kishi, E., Kitayama, K., and Hayashi, T. (1996) *Tetrahedron: Asymmetry*, 7, 1603–1606; (e) Nelson, T.D. and Meyers, A.I. (1994) *J. Org. Chem.*, **59**, 2655–2658.

[4] Tietze, L.F., Ma, L., Reiner, J.R., Jackenkroll, S., and Heidemann, S. (2013) *Chem. Eur. J.*, **19**, 8610–8614.

[5] Mirrington, R.N. and Feutrill, G.I. (1973) *Org. Synth.*, **53**, 90–93.

[6] Bal, B.S., Childers, W.E., and Pinnick, H.W. (1981) *Tetrahedron*, **37**, 2091–2096.

[7] Trost, B.M., Shen, H.C., Dong, L., Surivet, J.-P., and Sylvain, C. (2004) *J. Am. Chem. Soc.*, **126**, 11966–11983.

3　杂环化合物

257

杂环化合物构成了有机物中最大的类别，在很多天然产物中都有涉及(如维生素、生物碱、抗生素等)，同时也是生物、医药、精细化工领域(如药剂、农药、染料等)的关联产品。在3.1～3.5节的内容中，挑选了一部分芳香与非芳香的杂环化合物进行合成分析，依据环上原子数目和结构复杂程度进行了分类。

3.1节是关于三元杂环、四元杂环的，如环氧丙烷、环氧丁烷，以及β-内酰胺等；3.2节是关于五元杂环的，如呋喃、吡咯、咪唑，以及它们的苯并衍生物如苯并噻吩、吲哚以及吲哚酮；3.3节是关于六元杂环，以及它们的苯并衍生物的，如吖嗪、二嗪、二氢吡啶、嘧啶、异喹啉、2-嘧啶基吡唑啉酮，以及苯并菲啶衍生物，如多步合成的Ras法尼基转移酶(FT)抑制剂。最后，3.4节是关于把不同杂环合并的内容，如萘并吲嗪醌、吡咯并[2,3-*d*]嘧啶、萘啶、咖啡因、奈多罗米类药物，以及通过Knoevenagel反应高压环化得到的多杂环体系。3.5节是关于杂环体系如冠醚、轮烷，以及杂环染料如紫菜碱、靛蓝、青色素等。

3.1 三元和四元杂环

3.1.1 (*S*)-心得宁

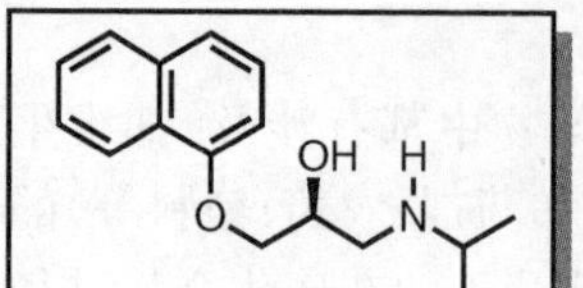

(*S*)-1

专题 ◆ 合成心得宁:(ⅰ)外消旋;(ⅱ)(*S*)-异构体
◆ 1-萘酚的烷基化
◆ 胺对环氧丙烷的立体和区位选择性开环

(a) 概述

258 心得宁 **1** 属于芳氧基或者芳杂环氧基丙醇胺类化合物 **2**,医学上作为β-抗肾上腺素(β-受体阻滞剂),活性特征上具有心血管选择性,内源性拟交感神经活性以及膜效应。心得宁人工合成是外消旋混合物,现已知其中(*S*)-对映异构体比(*R*)-异构体效能高很多[1-3]。

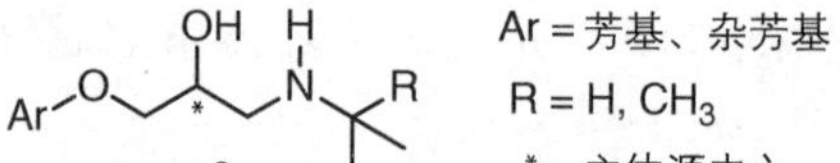

2　Ar = 芳基、杂芳基
R = H, CH_3
* = 立体源中心

对心得宁(**2**,Ar=1-萘基,R=H)的逆合成分析,很容易拆解为1,2-二醇衍生物。因此合成可以从α-萘酚 **4** 的 *O*-烷基化开始,与含有离去基团的环氧丙烷 **5** 反应,得到的环氧丙烷醚 **3** 与异丙基胺开环得到目标产物。环氧丙烷 **5** 是由烯丙基化合物 **6** 环氧化得到(**6→5**),该过程提供了对映选择性的操作,允许在形成目标分子立体中心过程中进行立体控制(参见 **2.1.1.1**)。

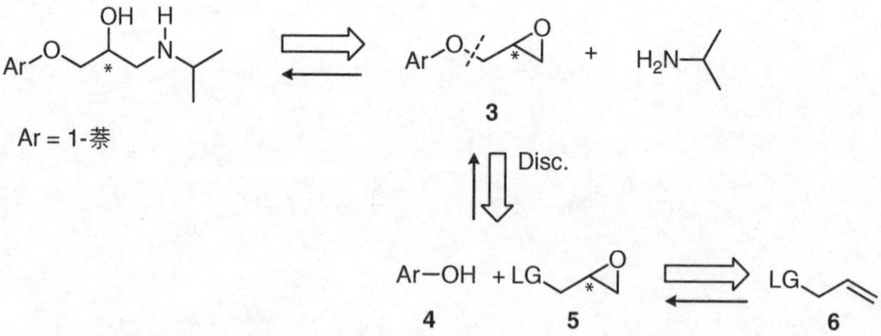

Ar = 1-萘　**3**　+ H_2N-iPr　Disc.　Ar—OH **4** + LG **5**　LG **6**

上述理念用于合成外消旋心得宁以及它的(*S*)-对映异构体。

另一种制备 **1** 的对映选择性方法是用手性的 La(Ⅲ)-Li-(*R*)-BIONL(1,1′-双-2-萘酚)配合物[4]作为催化剂,催化醛 **7** 和硝基甲烷进行不对称的硝基 aldol 反应。硝

基醛缩合物 **8** 的(*S*)-构型中心中的 NO_2 在 H_2/PtO_2 催化下还原为 NH_2，进一步与丙酮还原胺化，转化为(*S*)-心得宁立体中心。

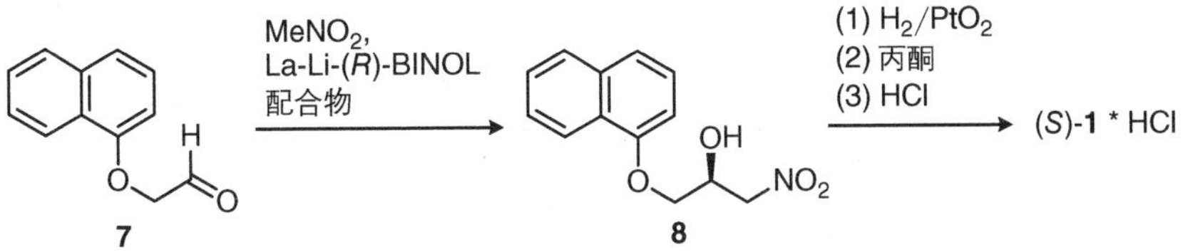

(b) 合成 1 259

由 1-萘酚 **9** 与氯代环氧丙烷合成外消旋心得宁(*rac*-**1**)[5,6]，经历萘酚负离子对氯代环氧丙烷的 S_N 反应，得到醚 **10**：

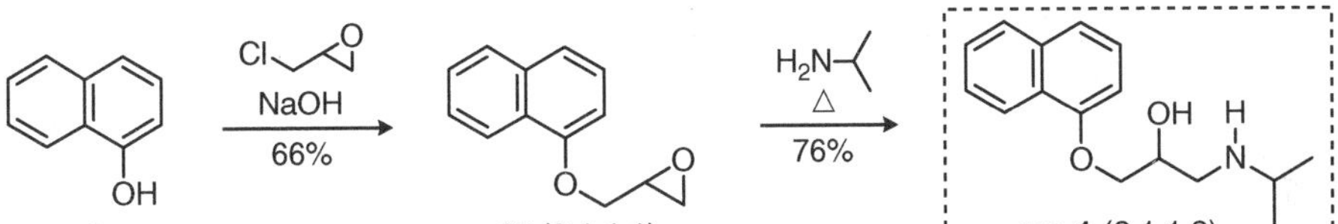

接下来醚 **10** 与异丙胺反应得到外消旋心得宁(*rac*-**1**)。如同预期，在 N-亲核进攻环氧醚 **10** 过程中，区位选择性进攻立体位阻小的 CH_2。

在用烯丙醇进行对映选择性环氧化为起始点的合成(*S*)-**1** 过程中[7]，以过氧化异丙基苯为氧化剂，在催化剂 $Ti(O^iPr)_4$ 和(−)-酒石酸二异丙酯作用下进行，原理是 Sharpless-Katsuki 方法(参见 **2.1.1.1**，参考文献[7,8])，得到的环氧丙醇 **11** 用对甲基苯磺酰氯/Et_3N 进行原位酯化得到(2*S*)-环氧丙醇磺酸酯 **12**，在 DMF 中与 1-萘酚钠反应得到手性的萘基环氧醚 **13**，**13** 被异丙胺原位区位选择性地开环加成得到(*S*)-心得宁 **1**：

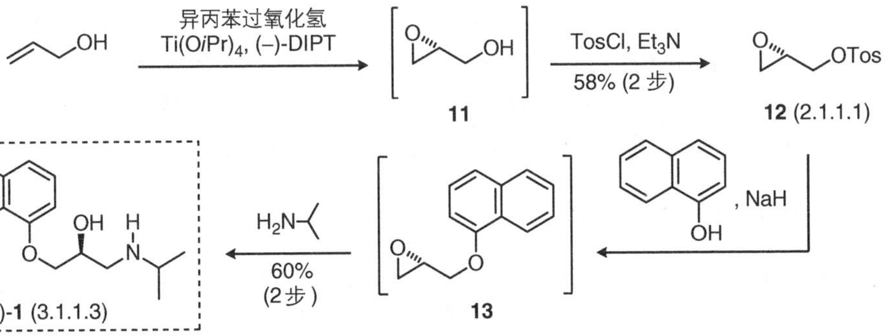

值得注意的是，(*S*)-心得宁 **1** 也可以由 *rac*-**1** 进行化学酶拆分得到[9]。对 *rac*-**1** 进行对映选择性酯化：琥珀酸酐在脂肪酶 PS-D 作用下直接得到(*S*)-**1** 和(*R*)-**1** 的

丁二酸单酯 **14**,该方法中,简单地在 MeOH/H_2O 溶液中用 K_2CO_3 水解 **14** 也可以获得(*R*)-**1**。

260

PS-D 脂肪酶

rac-1 (S)-1 + 14 (R)-1

K_2CO_3, MeOH, H_2O

下面描述的两步法合成 *rac*-**1**,总收率 50%(基于 1-萘酚),(*S*)-**1** 对映异构体用三步法合成,总收率 32%(基于烯丙基醇)。

(c) 合成 1 的具体实验步骤

3.1.1.1* 2,3-环氧丙基-1-(1-萘基)醚[5]

NaOH

144.2 92.5 200.2

1-萘酚(7.21 g,50.0 mmol)溶解在 NaOH(2.00 g,50.0 mmol)的 10 mL 水溶液中,剧烈搅拌下,缓慢滴加,氯代环氧丙烷(4.67 g,50.0 mmol,使用前蒸馏,bp_{760} 116~117℃,$n_D^{20}=1.4380$),控制瓶内温度不得超过 35℃,加完料后在室温下搅拌 12 h。

反应混合物(油相)用乙醚萃取(2×20 mL),合并有机相,用 1.0 mol/L 的 NaOH 洗涤(2×20 mL),用 Na_2SO_4 干燥,过滤,减压除去溶剂,剩余物精馏,得到无色液体油状物 6.63 g,收率 66%,$bp_{0.5}$ 124~125℃,TLC(氯仿),$R_f=0.75$。

IR (film): $\tilde{\nu}$ (cm^{-1}) = 3070, 2930 (CH), 1600, 1590, 1520 (C=C), 1410, 1280, 1110, 800, 780.

^{1}H NMR (300 MHz, $CDCl_3$): δ (ppm) = 8.37–8.26 (m, 1H, 8′-H), 7.83–7.78 (m, 1H, 2′-H), 7.54–7.33 (m, 4H, 4′-H, 5′-H, 6′-H, 7′-H), 6.80 (dd, *J* = 9.0, 1.0 Hz, 1H, 3′-H), 4.39 (dd, *J* = 11.0, 3.0 Hz, 1H, 1-H_A), 4.13 (dd, *J* = 11.5, 6.0 Hz, 1H, 1-H_B), 3.53–3.43 (m, 1H, 2-H), 2.96 (dd, *J* = 5.0, 4.0 Hz, 1H, 3-H_A), 2.84 (dd, *J* = 5.0, 1.0 Hz, 1H, 3-H_B).

^{13}C NMR (76 MHz, $CDCl_3$): δ (ppm) = 154.2 (C-1′), 134.5 (C-5′), 127.4 (C-6′), 126.5 (C-7′), 125.7 (C-3′), 125.5 (C-8′), 125.2 (C-10′), 122.0 (C-9′), 120.8 (C-4′), 104.9 (C-2′), 68.9 (C-1), 50.2 (C-2), 44.7 (C-3). 261
MS (EI, 70 eV): *m*/*z* (%) = 200.2 (76) $[M]^+$, 144.1 (68) $[M-C_3H_4O]^+$, 115.1 (100) $[M-C_4H_5O_2]^+$.

3.1.1.2* 1-异丙基氨基-3-(1-萘氧基)-2-丙醇(*rac*-心得宁)[6]

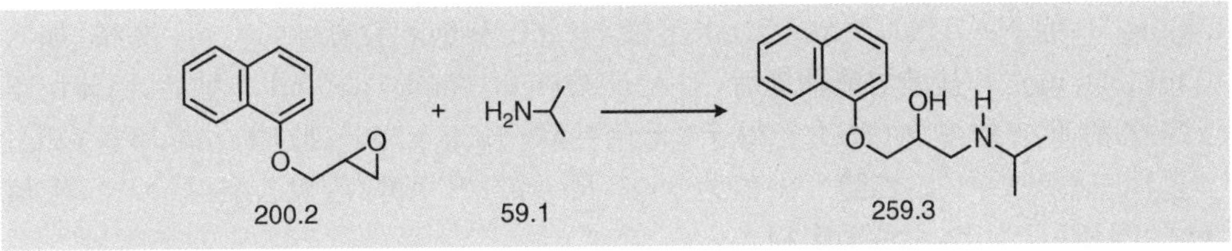

环氧醚 **3.1.1.1**(3.52 g,28 mmol)与异丙胺(5.10 g,86.0 mmol)(使用前用固体 KOH 浸泡,蒸馏 bp_{760} 33～34℃)混合后加热回流 16 h。

减压除去过量的胺,剩余物质倾入 75 mL 的 2.0 mol/L 的 HCl 水溶液中,乙醚萃取(2×30 mL)(萃取的目的是除去中性不纯物质),水相缓缓倾入到冰冷的 150 mL的 2.0 mol/L 的 NaOH 溶液中,无色晶体沉淀析出,抽滤后用 P_4O_{10} 减压干燥,环己烷重结晶,得到的 *rac*-心得宁为无色针状晶体,5.45 g,76%收率,mp 94～96℃,TLC(甲醇),R_f=0.20。

IR (KBr): $\tilde{\nu}$ (cm^{-1}) = 3280 (NH), 1600, 1590, 1410, 1280, 1110.
^{1}H NMR (300 MHz, $CDCl_3$): δ (ppm) = 8.23–8.20 (m, 1H, 8′-H), 7.80–7.76 (m, 1H, 2′-H), 7.51–7.31 (m, 4H, 4′-H, 5′-H, 6′-H, 7′-H), 6.80 (dd, *J* = 7.5, 1.0 Hz, 1H, 3′-H), 4.20–4.10 (m, 3H, 1-H_2, 2-H), 3.02–2.80 (m, 3H, 3-H_2, 5-H), 2.56 (s_{br}, 2H, OH, NH), 1.10 (d, *J* = 6.0 Hz, 6H, 2×6-H_3).
^{13}C NMR (76 MHz, $CDCl_3$): δ (ppm) = 154.3 (C-1′), 134.4 (C-5′), 127.5 (C-6′), 126.4 (C-7′), 125.8 (C-3′), 125.5 (C-8′), 125.2 (C-10′), 121.8 (C-9′), 120.5 (C-4′), 104.8 (C-2′), 70.7 (C-1), 68.5 (C-2), 49.5 (C-3), 48.9 (C-2″), 23.1, 23.0 (2×CH_3).
MS (EI, 70 eV): *m*/*z* (%) = 259.3 (9) $[M]^+$, 72.1 (100) $[M-C_{12}H_{11}O_2]^+$.

3.1.1.3** (*S*)-心得宁[7] 262

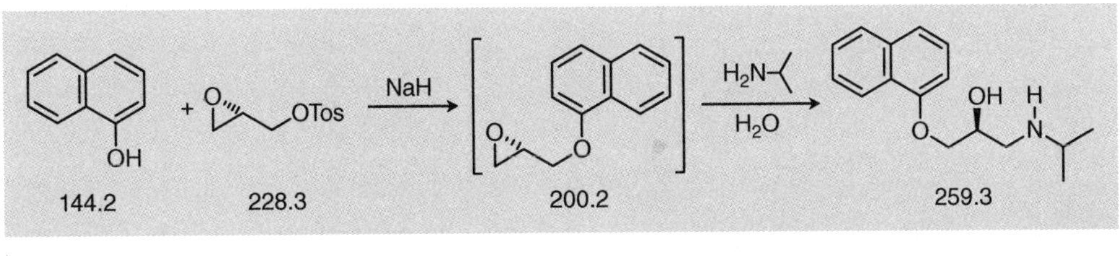

氩气保护，1-萘酚(1.35 g，9.4 mmol)溶解在 5 mL 的无水 DMF 中，室温下，滴加到 NaH(60%，428 mg，10.7 mmol)的 9 mL 的无水 DMF 溶液中，得到绿色泡沫状的物质。搅拌 30 min，然后加入(2*S*)-环氧丙醇磺酸酯(参见 **2.1.1.1** 内容)(2.00 g，8.90 mmol)，搅拌 3.5 h(反应用 TLC 监控，乙酸乙酯/正己烷=2∶3)，然后加入异丙胺(7.58 mL，89.2 mmol)和水(0.76 mL，42.4 mmol)，加热回流 3.5 h(反应用 TLC 监控，CH_2Cl_2/正己烷=1∶1)。

冷却到室温，加入 25 mL H_2O 稀释，乙醚萃取(3×25 mL)，合并有机相，依次用 1.0 mol/L 的 NaOH(1.0 mol/L)水溶液 50 mL 和饱和食盐水 50 mL 洗涤，加入 40 mL 2.0 mol/L 盐酸溶液抽提后，加入 NaOH(2.0 mol/L，50 mL)，抽滤，固体用正己烷/乙醚重结晶得到(2*S*)-心得宁，无色针状，1.29 g，56%收率，mp 72～73℃，$[\alpha]_D^{20}=-8.5$(c=1.0，乙醇)，ee 值为 85%，R_f=0.22(甲醇/乙酸乙酯=1∶1)，ee 值测试由 HPLC 测定，手性固定相。

^{1}H NMR (300 MHz, $CDCl_3$): δ (ppm) = 8.27–8.21 (m, 1H, 9′-H), 7.82–7.75 (m, 1H, 6′-H), 7.40–7.20 (m, 3H, 4′-H, 7′-H, 8′-H), 7.37 (t, *J* = 12.0 Hz, 1H, 3′-H), 6.80 (dd, *J* = 1.2, 6.8 Hz, 1H, 2′-H), 4.20–4.08 (m, 3H, 2-H, 1-H), 2.98 (dd, *J* = 3.6, 12.0 Hz, 1H, 3-H), 2.89–2.77 (m, 2H, 3-H, 2″-H), 1.10 (d, *J* = 6.3 Hz, 6H, 2×CH_3).
^{13}C NMR (76 MHz, $CDCl_3$): δ (ppm) = 154.3 (C-1′), 134.4 (C-2′), 127.5 (C-6′), 126.4 (C-7′), 125.8 (C-3′), 125.5 (C-8′), 125.2 (C-10′), 121.8 (C-9′), 120.5 (C-4′), 104.8 (C-2′), 70.7 (C-1), 68.5 (C-2), 49.6 (C-3), 48.9 (C-2″), 23.1, 23.0 (2×CH_3).
HPLC: Chiralpak IB (Daicel); 250×4.6 mm; eluent: *n*-hexane/EtOAc, 1:1, isocratic; flow: 1.0 ml min^{-1}; detection: UV 270 nm; retention time: t_R = 3.54 min (minor enantiomer), 3.98 min (major enantiomer).

参考文献

[1] Kleemann, A. and Engel, J. (1999) *Pharmaceutical Substances*, 3rd edn, Georg Thieme Verlag, Stuttgart, p. 1613.

[2] Höltje, H.-D., Auterhoff, H., and Knabe, J. (1994) *Lehrbuch der Pharmazeutischen Chemie*, 13th edn, Wissenschaftliche Verlagsgesellschaft mbH, Stuttgart, p. 504.

[3] Roth, H.J. and Fenner, H. (1988) *Arzneistoffe, Struktur – Bioreaktivität – Wirkungsbezogene Eigenschaften*, Georg Thieme Verlag, Stuttgart, p. 422.

[4] Sasai, H., Suzuki, T., Itoh, N., and Shibasaki, M. (1995) *Appl. Organomet. Chem.*, **9**, 421–426.

[5] (a) v.Lindemann, T. (1891) *Ber. Dtsch. Chem. Ges.*, **24**, 2145–2149. (b) Meerwein, H. in Müller, E. (Ed.) (1965) *Methoden der Organischen Chemie (Houben-Weyl)*, 4th edn, vol. 6/3, Thieme Stuttgart p. 424.

[6] (a) Crowther, A.F. and Smith, L.H. (1968) *J. Med. Chem.*, **11**, 1009–1013. (b) Crowther, A.F. and Smith, L.H., US Patent 3 337 628; *Chem. Abstr.*, (1969), **70**, 3607j.

[7] Klunder, J.M., Ko, S.Y., and Sharpless, K.B. (1986) *J. Org. Chem.*, **51**, 3710–3712. 263

[8] Smith, M.B. (2013) *March's Advanced Organic Chemistry*, 7th edn, John Wiley & Sons, Inc., New York, p. 1004.

[9] Damle, S.V., Patil, P.N., and Salunkhe, M.M. (1999) *Synth. Commun.*, **29**, 3855–3862.

3.1.2 氧杂环丁烷衍生物

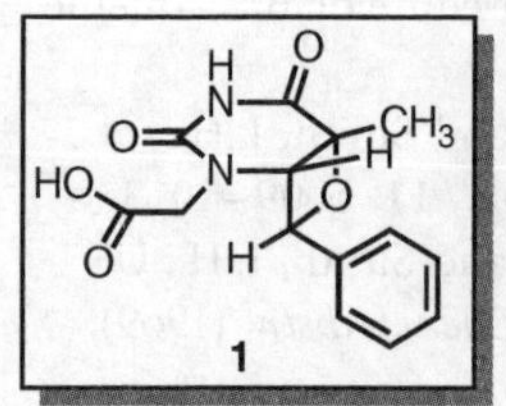

专题 ◆ 通过 C═O 和 C═C 进行光化学[2+2]环加成反应制备氧杂环丁烷衍生物(Paterno-Büchi 反应)

(a) 概述

氧杂环丁烷是环氧乙烷的高级同系物,它具有稍微扭曲的、非平面的结构[1],合成氧杂环丁烷有两种方法[2]:

1) 碱作用下,在 γ-位置带有离去基团的醇进行 S_Ni 历程环化:

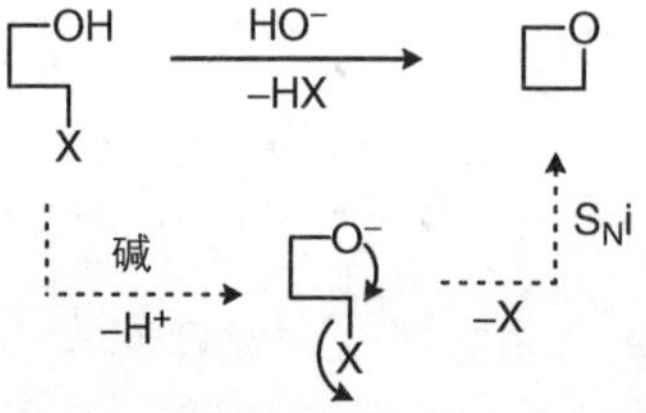

2) 羰基化合物(醛,酮)与烯烃进行光化学[2+2]环加成,被称作 Paterno-Büchi 反应,产生氧杂环丁烷。

264

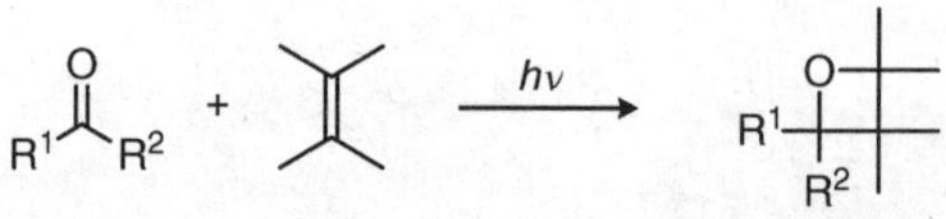

羰基化合物通过 n→π* 跃迁激发为单线态,接着系统内串越成为低能态的三线态;如果对 C═C 是单线态加成,依据 Woodward-Hoffman 规律,环加成应该是个协同立体选择的过程。

事实上,确实观察到在含有吸电子基的底物上立体选择性加成得到氧杂环丁烷(→**2**):

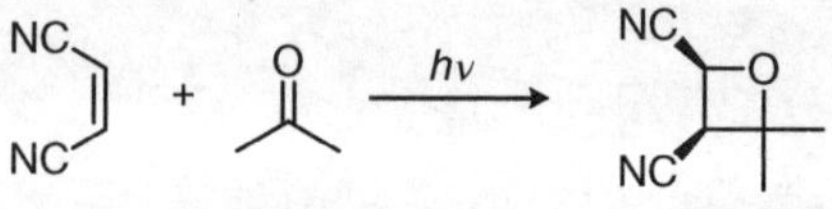

相反，与带有供电子基团的烯烃加成没有立体选择性，形成 *cis/trans* 加成异构体 **4**：

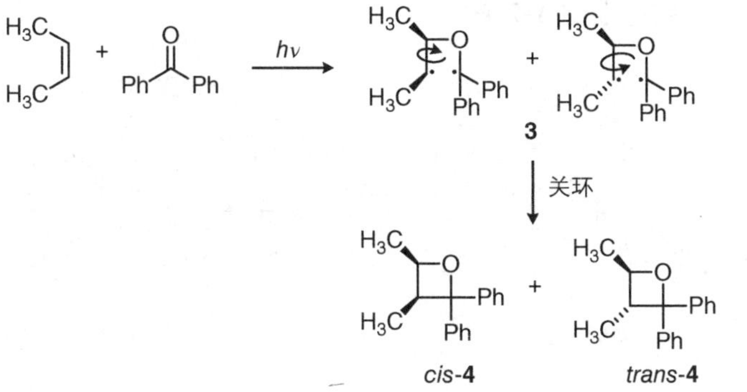

这里面涉及中间体双自由基 **3** 在关环前围绕 C-2 和 C-3 的旋转。

通过[2+2]环加成生成氧杂环丁烷通常是可行的，使用底物为受体-取代的烯烃、苯醌和缺电子的杂环。一个典型的 Paterno-Büchi 例子在(b)中介绍。

(b) 合成 1

Paterno-Büchi 反应底物是胸腺嘧啶-1-甲酸 **7**，很容易通过胸腺嘧啶 **5** 与溴代乙酸乙酯进行 N-烷基化反应来制备 **6**，皂化后得到 **7**。

265

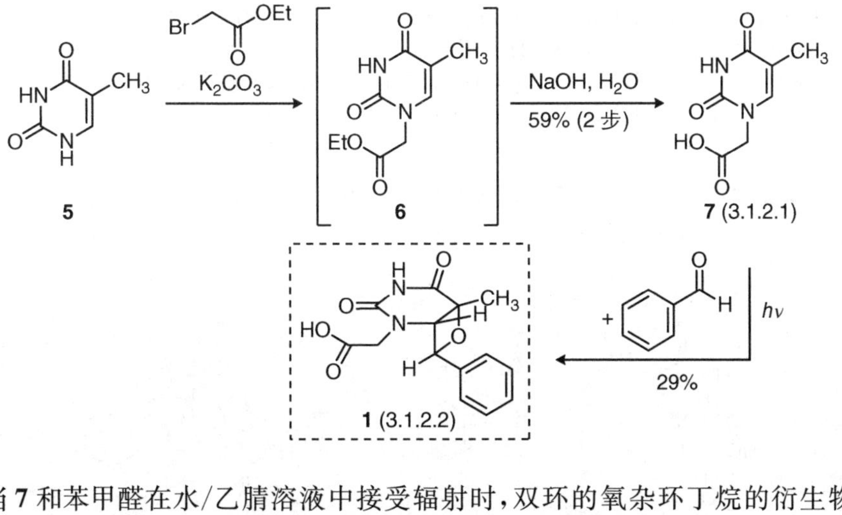

当 **7** 和苯甲醛在水/乙腈溶液中接受辐射时，双环的氧杂环丁烷的衍生物 **1** 形成，从波谱数据看出，其中四元环上的苯基被高度定位成外构型[4]，因此，光化学引发的[2+2]-环加成反应中，醛 C═O 对嘧啶骨架中 5，6-C═C 加成完全是区位选择和立体选择，环氧丁烷形成很可能是协同反应。

(c) 合成 1 的具体的实验步骤

3.1.2.1** 胸腺嘧啶-1-乙酸[5,6]

(1) $BrCH_2CO_2Me/K_2CO_3$
(2) NaOH (aq.)

126.1　　184.2

溴代乙酸甲酯(11 mL,119 mmol)滴加到胸腺嘧啶(15.0 g,119 mmol)和K_2CO_3(16.5 g,119 mmol)的无水DMF溶液(300 mL)中,氮气保护,剧烈搅拌过夜。混合物过滤后浓缩,向固体中加入冰水(250 mL)和盐酸(2 mol/L,10 mL),0℃,搅拌
266 30 min,过滤收集沉淀,冰水洗涤(3×100 mL),加入100 mL水和NaOH(7.20 g),加热到100℃搅拌10 min,再次冷却到0℃,加入36%的盐酸12 mL,0℃搅拌30 min,过滤收集固体,冰水洗涤(3×100 mL),用P_2O_5干燥,得到产物19.9 g,收率59%,mp 260~261℃。

^{1}H NMR (300 MHz, [D_6]DMSO): δ (ppm) = 11.3 (s, 1H, CO_2H), 7.47 (s, 1H, 6-H), 4.36 (s, 2H, N-CH_2), 1.75 (s, 3H, 5-CH_3).
^{13}C NMR (50 MHz, [D_6]DMSO): δ (ppm) = 169.6 (CO_2H), 164.3 (C-4), 150.9 (C-2), 141.7 (C-6), 108.3 (C-5), 48.4 (N-CH_2), 11.8 (C-5-CH_3).

3.1.2.2*** (6-甲基-3,5-二氧代-8-苯基-7-氧杂-2,4-二氮杂二环[4.2.0]-2-辛基)乙酸[4]

hν

184.2　　106.1　　290.3

胸腺嘧啶-1-乙酸 **3.1.2.1**(4.00 g,21.7 mmol)和苯甲醛(10 mL,95 mmol)悬浮

在 240 mL 的乙腈中，45℃，剧烈搅拌下加入 40 mL 水，直到获得澄清溶液。用氩气缓缓脱气，用配有水冷的 300 W 的高压汞灯照射 50 h，不要用滤光片（注意：不能直视汞灯）。

减压除去部分溶剂，剩余物用 500 mL 的乙酸乙酯溶解，有机相用 $KHCO_3$ 溶液抽提（0. 5 mol/L，2×150 mL），合并水相，用乙酸乙酯萃取（3×150 mL），水相冷却到 0℃，缓缓加入预先冷却的浓盐酸（12 mol/L）直到 pH＝2，过滤收集沉淀，用稀盐酸洗涤（0. 1 mol/L，100 mL，0℃），真空干燥，得到预期的氧杂环丁烷衍生物完全是外构型，1. 81 g，28%收率，mp 240～241℃。

IR (KBr): $\tilde{\nu}$ (cm^{-1}) = 3430, 1717, 1671, 1489, 1406, 1282, 1237, 886, 774.
^{1}H NMR (300 MHz, [D_6]DMSO): δ (ppm) = 12.81 (s, 1H, OH), 10.84 (s, 1H, NH), 7.46–7.31 (m, 5H, Ph), 5.64 (d, J = 6.6 Hz, 1H, 8-H), 4.35 (d, J = 6.6 Hz, 1H, 1-H), 4.09 (d, J = 17.6 Hz, 1H, N-CH_A), 3.80 (d, J = 17.6 Hz, 1H, N-CH_B), 1.66 (s, 3H, 6-CH_3).
^{13}C NMR (76 MHz, [D_6]DMSO): δ (ppm) = 170.3, 170.2 (CO_2H, C-5), 151.3 267
(C-3), 139.2, 128.5, 128.3, 126.4 (4 × Ph), 85.5 (C-6), 77.1 (C-8), 64.3 (C-1), 48.2 (N–CH_2), 22.3 (6-CH_3).
ESI-HRMS: m/z = 291.09774 $[M+H]^+$.

参考文献

[1] Eicher, Th., Hauptmann, S., and Speicher, A. (2012) *The Chemistry of Heterocycles*, 3rd edn, Wiley-VCH Verlag GmbH, Weinheim, p. 45.

[2] Eicher, Th., Hauptmann, S., and Speicher, A. (2012) *The Chemistry of Heterocycles*, 3rd edn, Wiley-VCH Verlag GmbH, Weinheim, p. 46.

[3] Smith, M.B. (2013) *March's Advanced Organic Chemistry*, 7th edn, John Wiley & Sons, Inc., New York, p. 1243.

[4] (a) Stafforst, T. and Diederichsen, U. (2005) *Chem. Commun.*, **27**, 3430–3432; (b) Stafforst, T. and Diederichsen, U. (2007) *Eur. J. Org. Chem.*, 681–688.

[5] Dueholm, K.L., Egholm, M., Behrens, C., Christensen, L., Hansen, H.F., Vulpius, T., Petersen, K.H., Berg, R.H., Nielsen, P.E., and Buchardt, O. (1994) *J. Org. Chem.*, **59**, 5767–5773.

[6] Rabinowitz, J.L. and Gurin, S. (1953) *J. Am. Chem. Soc.*, **75**, 5758–5759.

3.1.3 氮杂环丁-2-酮衍生物

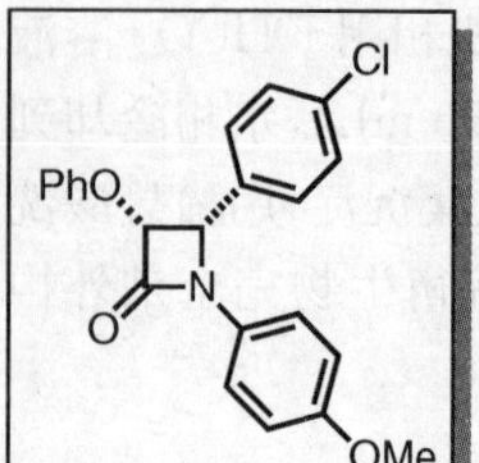

专题 ◆ 从 Ar—NH_2 和 Ar—CH═O 制备亚胺

◆ 使用 Mukaiyama 试剂对羧酸 R—CH_2—COOH 脱水制备烯酮 R—CH═C═O

◆ 烯酮对亚胺[2+2]环加成,*cis*-立体选择性的 β-内酰胺合成(Staudinger 反应)

(a) 概述

β-内酰胺(氮杂环丁酮)是盘尼西林、头孢和相关抗生素的药效团的结构单元[1]。为了合成氮杂环丁酮,介绍下述方法[2]:

1) β-氨基酸 **2** 或者相应的酯 **3** 进行环化:

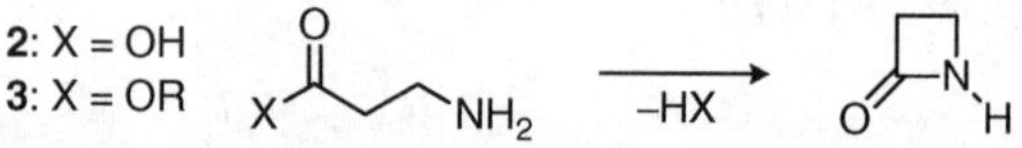

2: X = OH
3: X = OR

–HX

β-氨基酸 **2** 的环化可以用 $CH_3SO_3Cl/NaHCO_3$ 完成;而 **3** 需要强碱如 Grignard
268 试剂或者 LDA 完成。如果 β-氨基酸酯带有明确的立体信息,则可以得到立体选择的 β-内酰胺[3]。

2) 烯酮对亚胺的[2+2]环加成(Staudinger 反应):

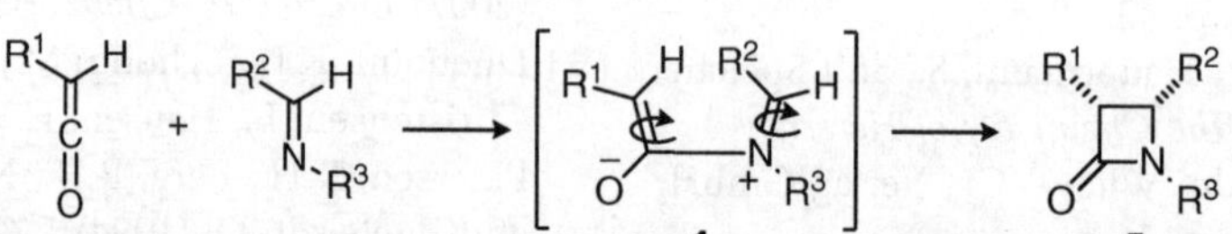

与烯酮和烯烃加成类似,Staudinger 反应有可能经过偶极中间体 **4** 的热允许的两步[2+2]过程[4]获得 *cis*-3,4-二取代氮杂环丁-2-酮 **5** 的立体选择性。

3) 烯烃对异腈酸酯[2+2]环加成,优选 $ClSO_2$—N═C═O:

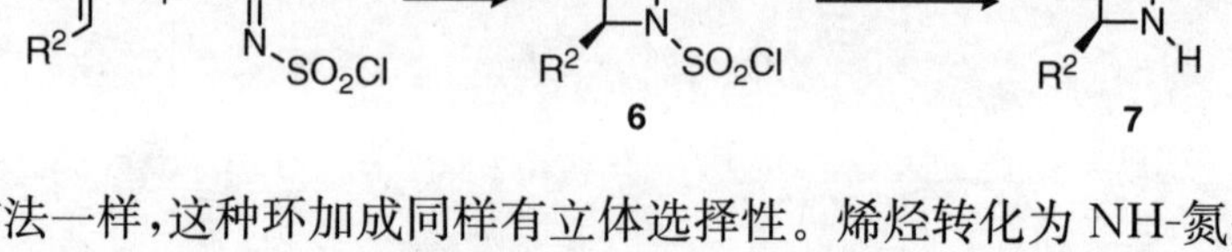

Na_2CO_3

同 2)方法一样,这种环加成同样有立体选择性。烯烃转化为 NH-氮杂环丁烷-2-

酮 **7** 的立体化学，是从环加成产物 **6** 在碱作用下消除氯磺酰基获得的。在(b)部分，介绍 Staudinger 法(2)制备 β-内酰胺，同样能够通过不对称合成方法实现[5]。

(b) 合成 1

Staudinger 法需要的烯酮的前体，既可以用酰氯与碱反应得到，也可以用羧酸 R—CH_2—COOH 与脱水剂反应得到。因此，2-氯-1-甲基吡啶盐（如 **10**），以 Mukaiyama 试剂[6]而闻名，被证明在温和条件下使用一锅化工艺对羧酸有效脱水制备烯酮[5]；最初用来从羧酸合成酯和酰胺的化合物 **10**，通过用 2-氯吡啶与碘甲烷进行 *N*-烷基化反应制备。

因此，酚基乙酸 **8** 与亚胺 **9** 在三乙胺与碘化-2-氯-1-甲基吡啶 **10** 的作用下，在室温下，于 CH_2Cl_2 溶液中平稳地反应，以几乎定量的产率和 *cis*-立体选择性给出氮杂环丁-2-酮 **1**(*cis*-/*trans*-异构体比例为 99∶1)。

269

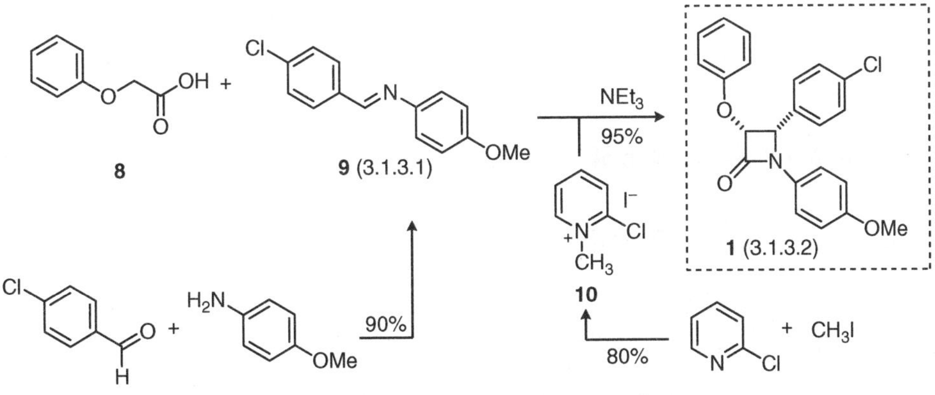

OH + Cl N OMe NEt3 95% O Cl O N OMe

8 9 (3.1.3.1) 10 1 (3.1.3.2)

Cl O H + H2N OMe 90% I⁻ +N Cl CH3 80% N Cl + CH3I

开始时，吡啶盐 **10** 经过亲核取代(加成/消除)，2-氯被羧酸负离子取代(**8** 与三乙胺反应得到)形成 2-酰氧基吡啶盐 **12**，紧接着 **12** 脱质子并分解为 1-甲基-2-吡啶酮 **14** 和酚氧基乙烯酮 **13**，**13** 经过立体选择与亚胺 **9** 进行顺式[2+2]环加成得到 **1**：

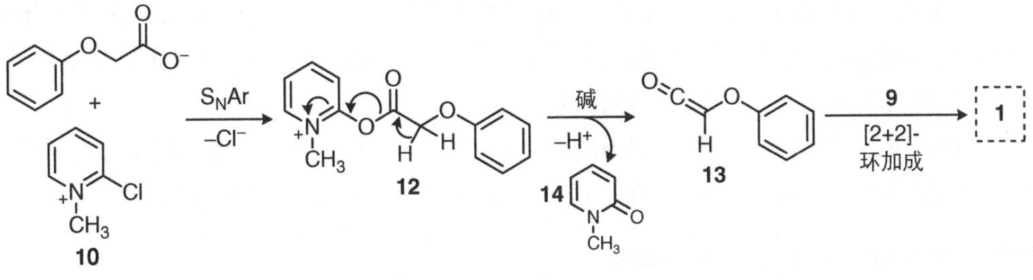

O O⁻ + +N Cl CH3 10 S_NAr −Cl⁻ +N O O H H O CH3 12 碱 −H⁺ 14 N O CH3 O C O H 13 9 [2+2]-环加成 1

亚胺 **9** 是由对氯苯甲醛与对甲氧基苯胺在 $MgSO_4$ 作用下制备的。

有必要指出，以(+)-赤式-2-氨基-1，2-二苯基-乙醇 **15** 作为助剂，**10** 参与的不对称 Staudinger 反应已经发展成功[5]。因此,手性甘氨酸衍生物 **17** 可以由噁唑烷酮 **16**(由 **15** 与碳酸二乙酯环化获得)与溴代乙酸乙酯进行 *N*-烷基化后再皂化制备:

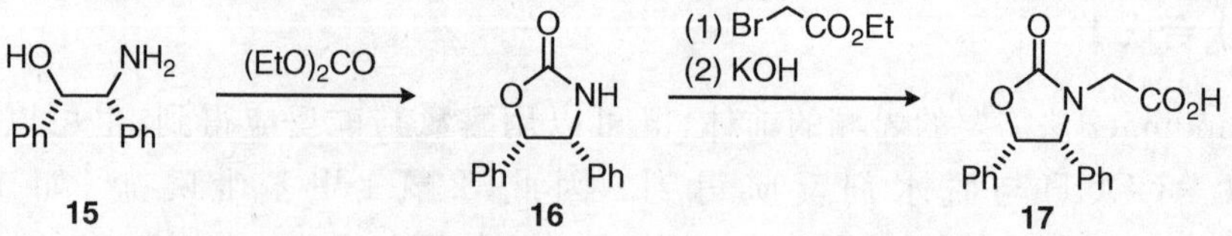

当手性羧酸 **17** 与亚胺在 2-氯-1-甲基吡啶对甲基苯磺酸盐(TosO$^-$代替 I$^-$)**10**

270 以及三乙胺在上述条件下反应时,得到非对映异构纯的 *cis*-β-内酰胺 **18**[6,7]:

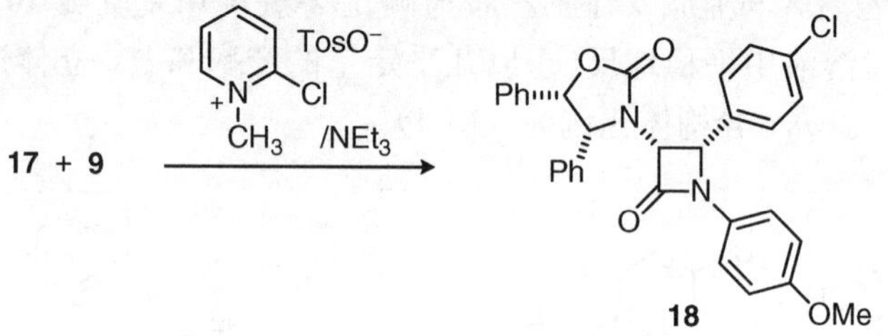

(c) 合成 1 的具体实验步骤

3.1.3.1** **对氯苄叉-对甲氧基亚胺**[5]

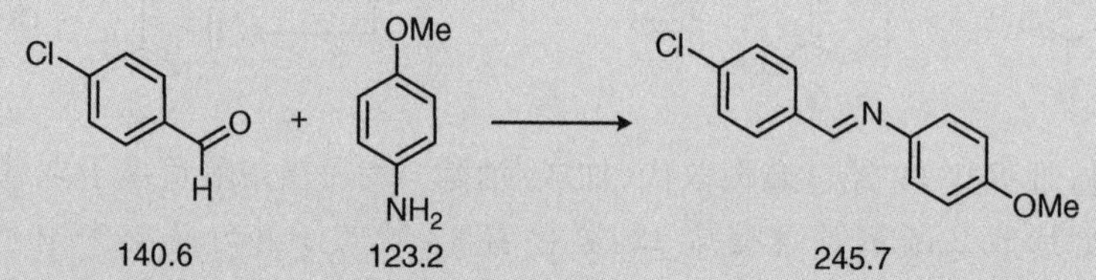

在氩气保护下,耗时 5 min 把对甲氧基苯胺(2.46 g,20.0 mmol)的 CH_2Cl_2(10 mL)溶液滴加到对氯苯甲醛(2.81 g,20.0 mmol)的 CH_2Cl_2(20 mL)溶液中,加入过量的硫酸镁(3.0 g),室温下搅拌反应 17 h。

过滤,减压除去溶剂,粗产品用正己烷/CH_2Cl_2(1∶1)重结晶,得到无色固体 3.98 g,收率 81%,mp 113~115℃,TLC:(氯仿/甲烷=19∶1),R_f=0.76。

IR (KBr) $\tilde{\nu}$ (cm^{-1}) = 1620, 1506, 1255, 839.
^{1}H NMR (300 MHz, $CDCl_3$): δ (ppm) = 8.42 (s, 1H, N = CH), 7.85–7.75 (m, 2H, Ar), 7.47 to 7.35 (m, 2H, Ar), 7.25–7.17 (m, 2H, Ar), 6.94–6.86 (m, 2H, Ar), 3.82 (s, 3H, OCH_3).

^{13}C NMR (76 MHz, $CDCl_3$): δ (ppm) = 158.4 (C_qCH=N), 156.6 (N=CH), 144.3, 136.8, 134.8 (3 × Ar−C_q), 129.6, 128.9, 122.2, 114.3 (4 × Ar−C), 55.43 (OCH_3).
MS (EI, 70 eV): m/z = 245 [M+H$^+$].

3.1.3.2** *cis*-4-对氯苯基-1-对甲氧苯基-3-苯氧基-氮杂环丁-2-酮[2]

271

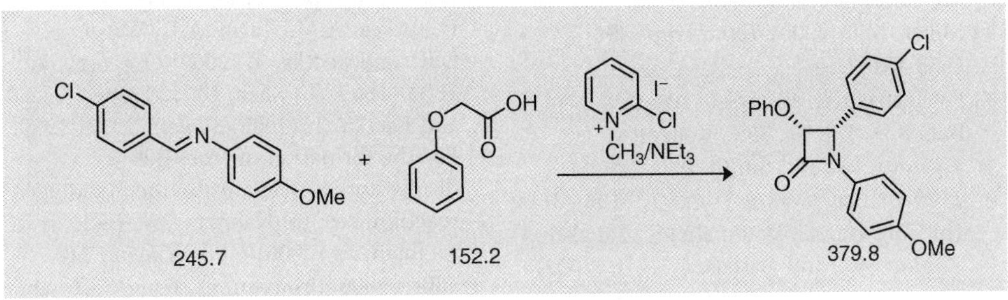

在氩气保护下，三乙胺（1.64 mL，4.59 mmol）滴加到苯氧乙酸（298.8 mg，1.96 mmol）和碘化 2-氯-1-甲基吡啶盐（512.2 mg，2.02 mmol）的无水 CH_2Cl_2（5 mL）溶液中，然后加入亚胺 **3.1.3.1**（562.8 mg，2.29 mmol）无水 CH_2Cl_2（2.0 mL）溶液，室温搅拌 17 h（反应不久后有沉淀生成）。

加入 5 mL 水，用 CH_2Cl_2 萃取（3×30 mL），有机相用 30 mL 饱和食盐水洗涤，用 $MgSO_4$ 干燥，过滤，加压除去溶剂，粗产品氯仿重结晶得到无色晶体 702.5 mg，收率 94%，mp 168～170℃，TLC：CH_2Cl_2，R_f=0.37，$[\alpha]_D^{20}$=0.0（c=0.5，DMSO）。

IR (KBr) $\tilde{\nu}$ (cm^{-1}) = 1745, 1598, 1514, 1394, 1240, 1113, 839, 751.
^{1}**H NMR** (300 MHz, $CDCl_3$, 50 °C): δ (ppm) = 7.36−7.11 (m, 8H, Ar), 6.97−6.75 (m, 5H, Ar), 5.53 (d, J = 4.6 Hz, 1H, PhOC*H*), 5.31 (d, J = 4.6 Hz, 1H, *p*-ClC_6H_4C*H*), 3.74 (s, 3H, OCH_3).
^{13}**C NMR** (76 MHz, $CDCl_3$): δ (ppm) = 162.3 (NC=O), 157.0 (Ar−C_q), 156.8 (Ar−C_q), 134.7 (Ar−C_q), 131.6 (Ar−C_q), 130.4 (Ar), 129.5 (2 × Ar), 129.4 (2 × Ar), 128.7 (2 × Ar), 122.4 (Ar), 118.9 (2 × Ar), 115.8 (2 × Ar), 114.6 (2 × Ar), 81.4 (PhOCH), 61.5 (*p*-ClC_6H_4CH), 55.5 (OCH_3).
MS (ESI): m/z (%) = 783 (100) [2M+Na]$^+$, 402 (88) [M+Na]$^+$.

参考文献

272 [1] (a) Eicher, Th., Hauptmann, S., and Speicher, A. (2012) *The Chemistry of Heterocycles*, 3rd edn, Wiley-VCH Verlag GmbH, Weinheim, p. 52/212/455; (b) Coates, C., Kabir, J., and Turos, E. (2005) *Sci. Synth.*, **21**, 609–646.

[2] Miller, M.J. (2000) *Tetrahedron*, **56**, 5553–5742.

[3] For instructive examples, see: (a) Bull, S.D., Davies, S.G., Kelly, P.M., Gianotti, M., and Smith, A.D. (2001) *J. Chem. Soc., Perkin Trans. 1*, 3106–3111; (b) Córdova, A., Watanabe, S., Tanaka, F., Notz, W., and Barbas, C.F. III, (2002) *J. Am. Chem. Soc.*, **124**, 1866–1867.

[4] Smith, M.B. (2013) *March's Advanced Organic Chemistry*, 7th edn, John Wiley & Sons, Inc., New York, p. 1529.

[5] Matsui, S., Hashimoto, Y., and Saigo, K. (1998) *Synthesis*, 1161–1166.

[6] Alternative methods for the stereoselective formation of *cis*-3,4-disubstituted β-lactams by the Staudinger reaction have been reported: (a) France, S., Wack, H., Hafez, A.M., Taggi, A.E., Witsil, D.R., and Lectka, T. (2002) *Org. Lett.*, **4**, 1603–1605; (b) Shah, M.H., France, S., and Lectka, T. (2003) *Synlett*, 1937–1939.

[7] For the formation of *trans*-3,4-disubstituted β-lactams by the Staudinger reaction, see: (a) Nahmany, M. and Melman, A. (2006) *J. Org. Chem.*, **71**, 5804–5806; (b) Yuan, Q., Jiang, S.-Z., and Wang, Y.-G. (2006) *Synlett*, 1113–115 (auxiliary-assisted enantioselective synthesis).

3.2 五元杂环

3.2.1 2,4-二苯基呋喃

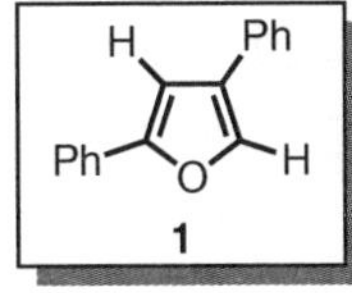

专题
- 吡喃鎓转化为呋喃
- 吡喃鎓离子开环和再环化
- Haller-Bauer 裂解非烯醇化的酮

(a) 概述

如同 **2** 的吡喃鎓离子是含有一个氧原子的带有正电荷的芳香杂环，在 2,4,6-位置很容易发生亲核试剂进攻：

亲核试剂 Nu 对 2-位进攻形成 2*H*-吡喃 **3**，电环化开环得到 **4**；如果亲核试剂是 OH^-，吡喃鎓体系在酸性介质中恢复原结构，然而当亲核试剂含有 N-，S-，P-或者 C-时，随着进攻原子插入就会生成新的杂环或者碳环系统 **5**，如例 **6**～**8** 所示，吡喃鎓离子转换非常具有合成价值[1]。

273

因此，吡喃鎓离子 **9** 与碳酸钠水溶液以及碘，很方便且区位选择性合成 2,4-二取代的呋喃[2],用其他方法很难得到[3]。

(b) 合成 1

2,4,6-三苯基吡喃氟硼酸盐 **13** 通过改良的 Dilthey 合成法制备[2,4],该方法中,一分子苯甲醛与两分子苯乙酮在 BF_3-乙醚作用下环缩合制备吡喃鎓;其中间体查尔酮 **10**(由一分子苯乙酮与苯甲醛 aldol 缩合得到),1,5-戊二酮 **11**(由第二分子苯乙酮对 **10** 的 Michael 加成反应得到),4*H*-吡喃 **12**(由 **11** 环缩合得到),最后一步是 Lewis 酸从 **12** 上夺氢得到 2,4,6-三芳基吡喃鎓 **9**:(译者注:原书图有误,更正如下:)

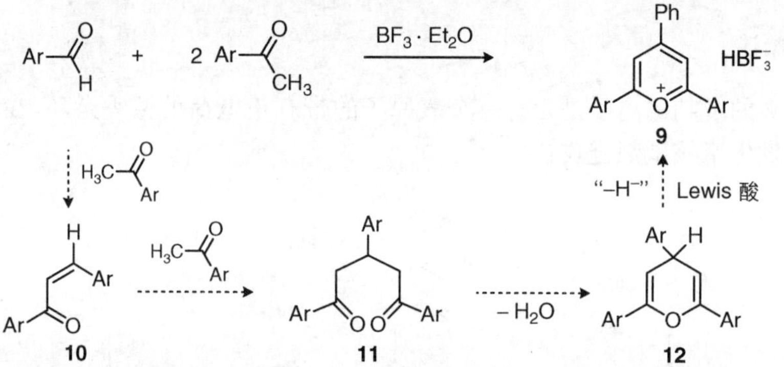

总之,2,4,6-三苯基吡喃氟硼酸盐 **13** 是通过苯甲醛与两分子苯乙酮在 BF_3-乙醚苯溶液中进行环缩合得到的。不需要进一步纯化,**13** 在碳酸钠水/丙酮溶液中处理,再用碘处理得到 3,5-二苯基呋喃 **14**:

274

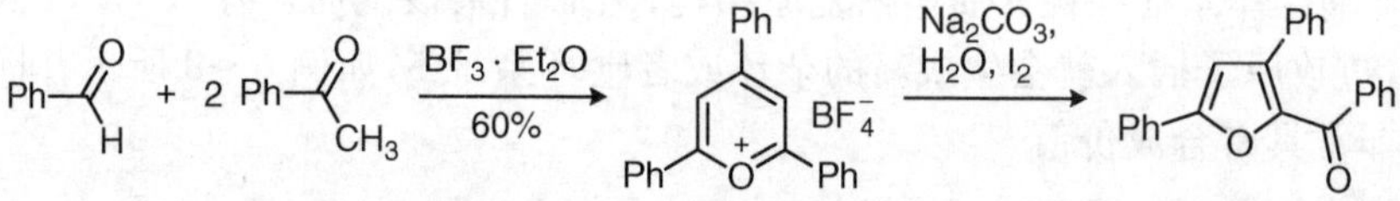

从 **13** 到 **14** 的环的构建,从 OH^- 对吡喃鎓的 2-位进攻引发(→**15**),接着电环化开环生成 1,5-二酮(**16** 的烯醇形式),因此从 **13** 到 **14** 的转换是在碱性介质中完成的,很有可能负离子 **17** 在碘化形成呋喃环过程中扮演重要角色。

对于负离子 **17** 转化为 **14**,有两种机理供考虑。**A** 方案,单电子转移(SET)得到自由基 **19** 和它的环化产物 **18**(两者都是高度定位的),第二次 SET 得到 2-苯甲酰呋喃 **14**。**B** 方案,碘对 **17** 中 α,β-不饱和双键加成,得到碘加成物 **20**,经过分子内对碘置换的 S_Ni 历程环化为二氢呋喃 **21**,碱作用下脱 HI 芳香化得到 **14**。对于 **A**/**B** 路径,都是定量消耗一分子碘,生成两分子 H^+ 和 I^-[5]。

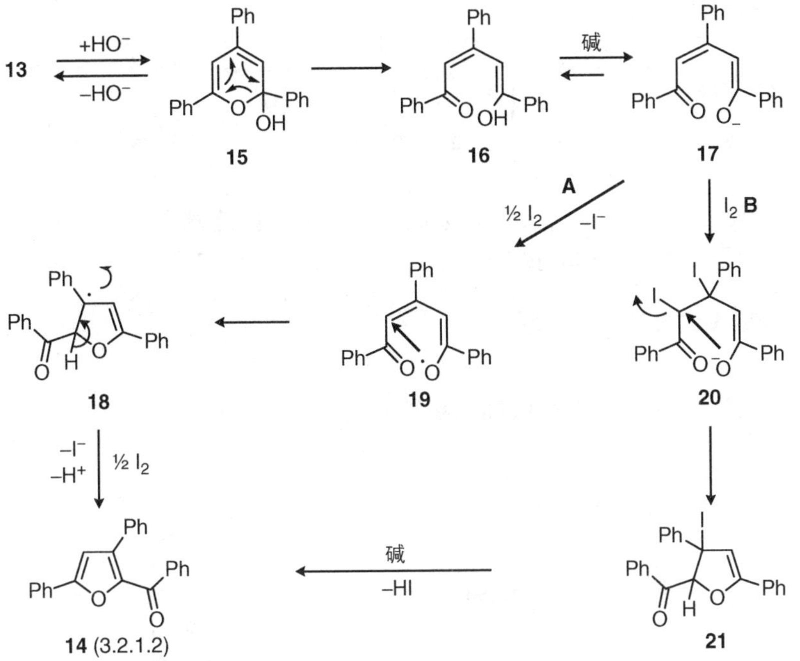

最后，呋喃 **14** 中的 2-苯甲酰基以氢置换，该过程使用 Haller-Bauer 类型反应完成，**14** 在叔丁醇钾的 DMSO 溶液中脱去苯甲酰，再水解转化为 2,4-二苯基呋喃。 275

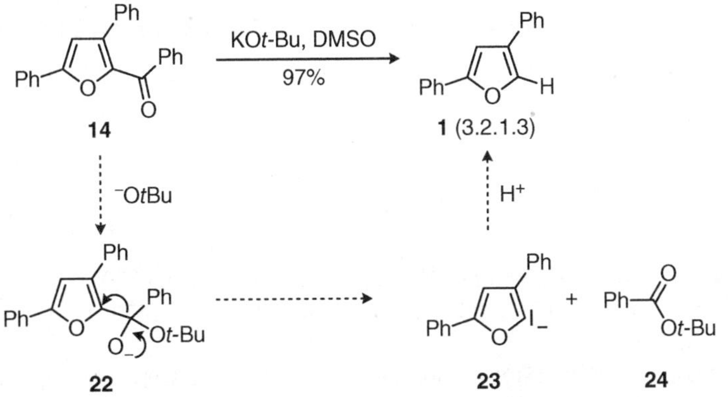

在 **14** 转化过程中，通过加成物 **22** 的裂解形成 α-呋喃碳负离子 **23** 或者是苯基负离子，由于 **23** 比苯负离子稳定得多，因此产物只有呋喃 **1** 和苯甲酸叔丁酯 **24**。

Haller-Bauer 反应[6]包括碱促进的非烯醇化的酮的裂解，习惯上该反应使用 $NaNH_2$ 作为碱，因此会出现从酮到酰胺的转变。对不对称酮 **18** 的裂解，通过生成稳定结构的负离子进行导向：

相比较而言,苯负离子比叔丁基的负离子更稳定,因此氨离子对酮进攻形成的中间体 **25** 进行裂解得到苯和酰胺 **26**。

(c) 合成 1 的具体实验步骤

3.2.1.1* 2,4,6-三苯基吡喃四氟硼酸盐[3,4]

276 新蒸馏的苯甲醛(1.0 mL,9.42 mmol)和苯乙酮(2.5 mL,20.7 mmol)溶解于10 mL无水苯中,氮气保护下滴加到三氟化硼乙醚(6.00 mL,22.6 mmol)溶液中,加热回流反应 2 h。

冷却到室温,加入 10 mL 丙酮,暗红色溶液倒入 100 mL 乙醚中,过滤收集黄色沉淀,乙醚洗涤,真空干燥 12 h,得到 972 mg 产品,26%收率,mp 247~248℃。

UV (CH_3CN): λ_{max} (nm) (lg ε) = 406.0 (7.219), 353.5 (7.159), 275.5 (7.051).
IR (KBr): $\tilde{\nu}$ (cm^{-1}) = 3070, 1745, 1624, 1593, 1579, 1527, 1497, 1470, 1273, 1248, 1194, 1167, 1057.
^{1}H NMR (300 MHz, [D_6]DMSO): δ (ppm) = 9.18 (s, 2H, 5-H, 3-H), 8.60 (d, *J* = 7.2 Hz, 4H, 2 × 2′-H, 2 × 6′-H), 7.95–7.78 (m, 11H, 11 × Ph–H).
^{13}C NMR (76 MHz, [D_6]DMSO): δ (ppm) = 172.1 (C-2, C-6), 167.4 (2 × C-1′), 136.1*, 133.9 (C-4), 130.9*, 130.7* (* = 15 × Ph–C), 130.2 (C-1″), 129.7, 116.4 (C-3, C-5).
MS (EI, 70 eV): *m/z* (%) = 396 (10) $[M]^+$, 309 (100) $[M-BF_4]^+$, 202 (46) $[M-C_7H_7BF_4O]^+$, 105 (69) $[M-C_{16}H_{12}BF_4]^+$, 77 (100) $[M-C_{17}H_{12}BF_4O]^+$, 49 (41) $[M-C_{19}H_{16}BF_4O]^+$.

3.2.1.2* 2-苯甲酰基-3,5-二苯基呋喃[3]

Na_2CO_3, I_2, 丙酮, rt, 18 h

396.2 → 324.4

Na_2CO_3(500 mg,4.71 mmol)溶解于 1.6 mL 水中,滴加到吡喃鎓 **3.2.1.1**(972 mg,2.46 mmol)的 15 mL 丙酮溶液中,室温搅拌 2 h,加入碘(1.00 g,3.93 mmol),继续反应 16 h。

黑色混合物倒入 $Na_2S_2O_3$(6.21 g)的水(75 mL)溶液中,水相用 CH_2Cl_2 萃取(3×50 mL),合并有机相,分别用 50 mL 饱和食盐水和 50 mL 水洗涤,$MgSO_4$ 干燥,过滤,减压除去溶剂,硅胶柱层析纯化产品(石油醚/乙酸乙酯=10∶1),得黄色固体 542 mg,68%收率,mp 119~120℃,R_f=0.43(石油醚/乙酸乙酯=10∶1)。

UV (CH_3CN): λ_{max} (nm) (lg ε) = 341.5 (6.954), 265 (6.844). 277
IR (KBr): $\tilde{\nu}$ (cm^{-1}) = 3051, 2924, 2854, 1965, 1641, 1599, 1576, 1570, 1523, 1472.
^{1}H NMR (300 MHz, $CDCl_3$): δ (ppm) = 8.32–8.11 (m, 2H, 3′-H, 7′-H), 7.80 to 7.70 (m, 2H, 2‴-H, 6‴-H), 7.61–7.58 (m, 2H, 2″-H, 6″-H), 7.57–7.17 (m, 9H, 9×Ar–H), 6.98 (s, 1H, 4-H).
^{13}C NMR (76 MHz, $CDCl_3$): δ (ppm) = 183.5 (C-1′), 156.0 (C-2), 146.0 (C-5), 138.0 (C-1‴), 137.7 (C-3), 132.2 (C-1″), 132.2 (C-5′), 129.7, 129.3, 129.2 (6×Ph–C), 129.0 (C-4‴), 128.4 (C-4″), 128.2, 128.1, 125.0 (6×Ph–C), 109.8 (C-4).
MS (EI, 70 eV): *m/z* (%) = 324 (100) $[M]^+$, 247 (6) $[M-C_6H_5]^+$, 191 (10) $[M-C_8H_5O_2]^+$, 105 (8.5) $[M-C_{16}H_{11}O]^+$, 77 (17) $[M-C_{17}H_{11}O_2]^+$, 51 (10) $[M-C_{21}H_{14}O_2]^+$.

3.2.1.3* 2,4-二苯基呋喃[3]

KO*t*-Bu, 1,4-二氧六环, rt, 45 min

324.4 → 220.3

水(34.0 μL)和苯甲酰基二苯基呋喃 **3.2.1.2**(200 mg,0.62 mmol)加入到叔丁醇钾(800 mg,7.08 mmol,注：叔丁醇钾是高度易潮解物质,短时间暴露在空气中就会失效。)和 5 mL 的 1,4-二氧六环的混合物中,搅拌 30 min。

混合物小心倒入 30 mL 冰水中,搅拌 15 min,用 CH_2Cl_2 萃取(3×10 mL),合并有机相,分别用 10 mL 水和 10 mL 饱和食盐水洗涤,有机相 $MgSO_4$ 干燥,过滤,溶剂减压除去,剩余物用硅胶柱层析纯化(石油醚/乙酸乙酯=10∶1),得到无色针状固体 225 mg,97%收率,mp 109～110℃,R_f=0.60(硅胶,石油醚/乙酸乙酯,10∶1)。

UV (CH_3CN): λ_{max} (nm) (lg ε) = 275.5 (6.696), 242.0 (6.64), 226.5 (6.611), 199.5 (6.556), 197.5 (6.551).
IR (KBr): $\tilde{\nu}$ (cm^{-1}) = 3441, 3135, 3106, 3036, 1609, 1538, 1490, 1453, 1199.
^{1}H NMR (300 MHz, $CDCl_3$): δ (ppm) = 7.95–7.91 (m, 2H, 2′-H, 6′-H), 7.77–7.74 (m, 2H, 2″-H, 6″-H), 7.62–7.56 (m, 4H, 3′-H, 5′-H, 3″-H, 5″-H), 7.44–7.30 (m, 2H, 4′-H, 4″-H), 7.24 (s, 1H, 2-H), 6.97 (s, 1H, 5-H).
278 **^{13}C NMR** (76 MHz, $CDCl_3$): δ (ppm) = 154.8 (C-2), 137.9 (C-5), 132.3 (C-1′), 130.6 (C-4), 128.8, 128.7 (2 × Ph–C), 128.3 (C-1″), 127.6, 127.1, 123.8, 123.9 (8 × Ph–C), 103.9 (C-3).
MS (EI, 70 eV): m/z (%) = 220 (100) $[M]^+$, 192 (15) $[M-CO]^+$, 191 (53) $[M-CHO]^+$, 189 (16) $[M-CH_3O]^+$; 165 (7) $[M-C_{13}H_9]^+$.

参考文献

[1] (a) Eicher, Th., Hauptmann, S., and Speicher, A. (2012) *The Chemistry of Heterocycles*, 3rd edn, Wiley-VCH Verlag GmbH, Weinheim, p. 299ff; (b) Balaban, T.S. and Balaban, A.T. (2003) *Sci. Synth.*, **14**, 11–200; (c) Kreher, R.P. (Ed.) (1992) *Methoden der organischen Chemie (Houben-Weyl)*, 4th edn, vol. E 7b, Georg Thieme Verlag, Stuttgart, p. 755.

[2] For the chemistry and synthesis of furans, see: (a) Koenig, B. (2002) *Sci. Synth.*, **9**, 183–285; (b) Eberbach, W. in Müller, E. (Ed) (1992) *Methoden der Organischen Chemie (Houben-Weyl)*, 4th edn, vol. E 6a, Georg Thieme Verlag, Stuttgart, p. 16.

[3] Francesconi, I., Patel, A., and Boykin, D.W. (1999) *Synthesis*, 61–67.

[4] Lombard, R. and Stephan, J.-P. (1958) *Bull. Soc. Chim. Fr.*, **1**, 1458–1462.

[5] When the pyrylium ion **13** is reacted with Na_2S and the product is oxidized with I_2 or air, the thiophene compound analogous to **14** is obtained: Pedersen, C.L. (1975) *Acta Chem. Scand. Ser. B*, **29**, 791–796.

[6] For a review, see: Gilday, J.P. and Paquette, L.A. (1990) *Org. Prep. Proced. Int.*, **22**, 167–201.

3.2.2　3,4-二甲基吡咯

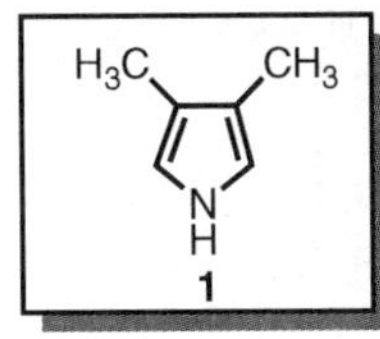

专题
- Barton-Zard 吡咯合成法
- 硝基 aldol 加成
- 硝基 aldol 的乙酰化
- 皂化反应,吡咯羧酸脱羧反应
- *N*-甲酰基-α-氨基酯脱水制备异腈酸酯

(a) 概述

合成吡咯衍生物方法众多[1],经典的 Paal-Knorr 合成法(参见 3.5.3 节)依然是首选的制备 2,5-二取代,3,4-二取代的(如同分子 **1**)吡咯的方法,基于异腈化物的该方法简便易得,本节主要介绍 Barton-Zard 和 van Leusen 合成法。

Barton-Zard 合成法[2]中,3,4-二取代而 5-位未取代的吡咯羧酸酯 **3** 是从异腈酸酯和硝基烯烃 **2** 反应得到的,反应要使用碱(例如 DBU(1,8-二氮杂双环[5.4.0]-7-十一烯),四甲基胍(TMG),K_2CO_3[3]):

279

该环缩合反应被认为经过脱质子的异腈酸酯对硝基烯烃进行 Michael 加成反应,生成的氮酸酯负离子 **5** 通过异腈化被分子内捕获(→**6**),再质子化(**6**→**7**),再经过碱引发的 HNO_2 消除,得到的 2*H*-吡咯互变异构为 1*H*-吡咯 **3**,吡咯-2-羧酸酯 **3** 进行皂化反应得到吡咯-2-羧酸 **4**,再经过热脱羧得到 3,4-二取代的吡咯 **8**。

与 Barton-Zard 合成法相关的 van Leusen 合成法[4],在其中(对甲基苯磺酰基) 甲腈与 α,β-不饱和酮在碱(如 NaH)存在下进行环缩合得到 3-酰基-4-取代的吡咯 **9**:

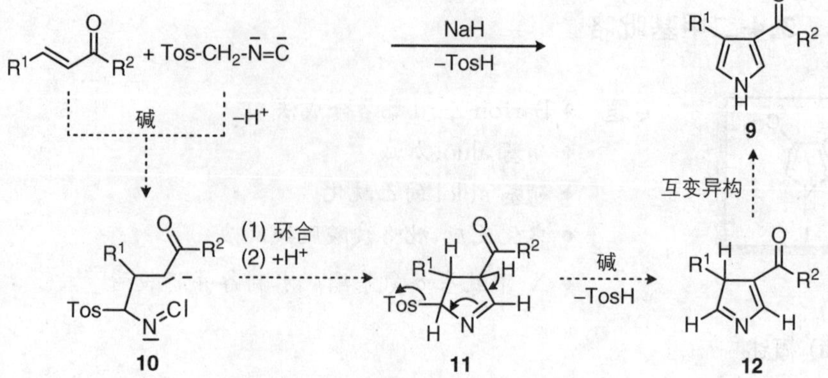

van Leusen 合成法中,脱质子(对甲基苯磺酰基)的甲肼对烯酮加成得到烯醇化物 **10**,经过异腈官能团分子内捕获关环,质子化(**10→11**),**11** 的 3-CH 脱质子得到烯醇化物,进行 1,4-消除磺酰基得到 3*H*-吡咯 **12**,互变异构为 2,5-未取代的 1*H*-吡咯 **9**。

280 3,4-二甲基吡咯可用几种方法合成[5],其中用亚砜亚胺 **13** 与 2,3-二甲基-1,3-丁二烯进行 Diels-Alder 反应,对得到的环化产物 **14** 进行碱诱导的环缩合[6]:

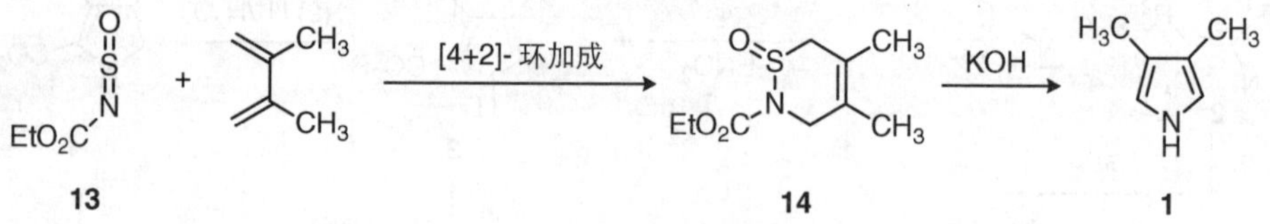

然而,由于这种制备方法在理念上不简洁,最好使用 Barton-Zard 方法合成目标分子 **1**,因此(b)讨论的是此方法。

(b) 合成 1

首先,2-乙酰氧基-3-硝基丁烷 **16** 的合成:通过硝基乙烷与乙醛在氟盐催化下进行 Henry 反应得到 **15**,随后在二甲基胺吡啶(DMAP)催化下与乙酸酐进行酰基化。其次,异腈乙酸乙酯 **20** 的合成:用甘氨酸盐酸盐 **18** 与甲酸乙酯进行氨解反应得到 *N*-甲酰基化产物 **19**,接着用 $POCl_3$ 脱水。$POCl_3$ 对伯胺的 *N*-甲酰基消除制备异腈,这是一种广泛使用的优选方法[7]。

然后,2-乙酰氧基-3-硝基丁烷 **16** 和异腈乙酸乙酯 **20** 在 TMG 催化下进行 Barton-Zard 反应制备吡咯-2-甲酸乙酯 **22**,反应开始需要的 2-硝基-2-丁烷 **17**,通过
281 **16** 在碱催化下原位消除乙酸即可得到。

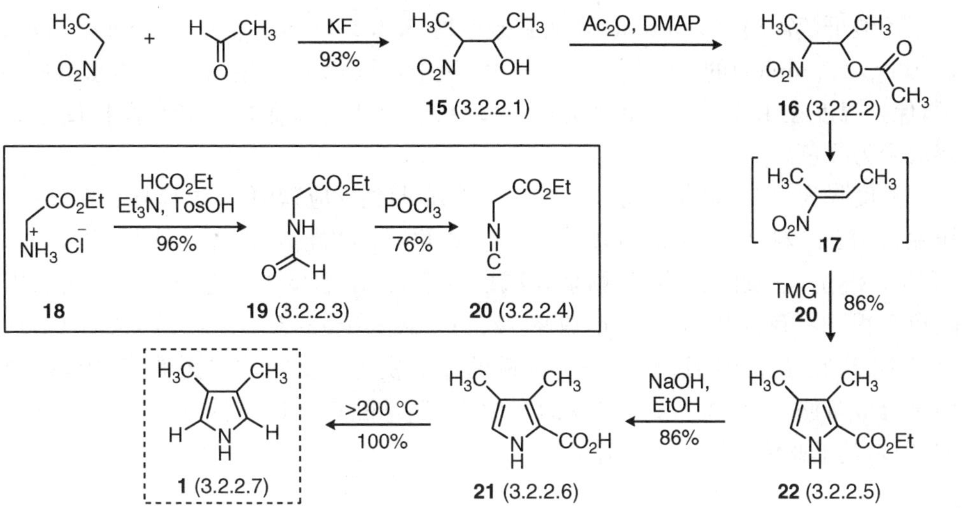

在乙醇中用 NaOH 对 **22** 进行皂化反应得到吡咯羧酸 **21**，接着热消除羧酸就得到了目标分子 3,4-二甲基吡咯 **1**[8]。

(c) 合成 1 的实验具体步骤

3.2.2.1* 2-硝基-3-丁醇[5]

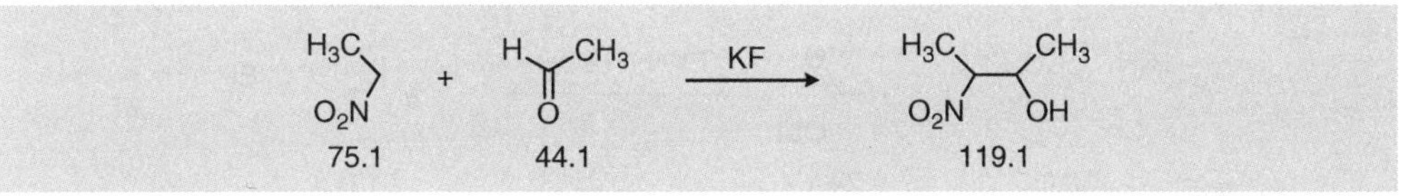

0℃，耗时 30 min 将硝基乙烷(75.1 g，1.00 mol)滴加到由乙醛(44.1 g，56.5 mL，1.00 mol)、KF(2.95 g，50.0 mmol)以及异丙醇 40 ml 组成的混合物中。升温到室温引发稍微放热的 aldol 反应，然后用水浴冷却保持反应在 35～40℃条件下进行，30 min后室温搅拌 12 h。

减压除去溶剂，剩余物溶解在 100 mL CH_2Cl_2 中，使用 G-4 砂芯进行过滤，溶剂浓缩，得到油状产物(几乎是纯品)110.6 g，收率 93%。不需要进一步纯化，直接用于下一步，TLC(CH_2Cl_2)：R_f=0.25(CH_2Cl_2)，NMR 数据见文献[7]。

3.2.2.2** 3-乙酰氧基-2-硝基丁烷[5]

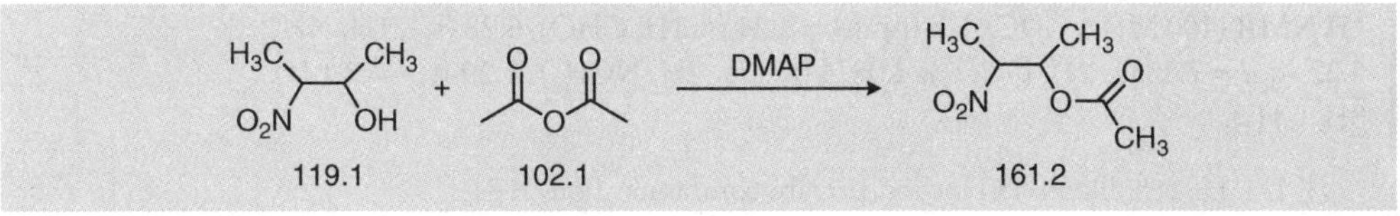

乙酸酐(77.2 g,0.75 mol)滴加到硝基醇 **3.2.2.1**(59.5 g,0.50 mol)与 DMAP(2.00 g,244 mmol)的 CH_2Cl_2(100 mL)溶液中,放热反应发生,偶尔用冰水浴控制一下,保持温度在 40℃以下。滴加完成后,保持反应瓶内温度 35～40℃搅拌反应 2 h,溶液变为绿色。

温度降为 30℃,滴加甲醇(32.0 g,1.00 mol)到反应物中,室温搅拌反应 2 h。减
282 压除去溶剂,剩余物用 20 mL CH_2Cl_2 溶解,通过硅胶快速过滤除去 DMAP,CH_2Cl_2 淋洗,蒸发除去溶剂,剩余物减压蒸馏,油浴温度不要超过 60℃(注意用屏蔽罩),得到蓝色油状物 58.0 g,收率 72%;$bp_{0.01}$ 50～53℃,R_f=0.75(CH_2Cl_2)(文献[7]报道在减压蒸馏过程中有小规模的爆炸发生。实际上在文献[7]中,粗产品用于合成吡咯(→**3.2.2.5**),在我们实验中,硝基酯在上述条件下蒸馏是安全可控的,但是其呈蓝色的原因还不清楚)。

IR (film): $\tilde{\nu}$ (cm^{-1}) = 3471, 2954, 2860, 1743, 1555, 1455 [7].
^{1}H NMR (400 MHz, $CDCl_3$, diastereomeric mixture): δ (ppm) = 5.25–4.60 (m, 2H, 2×CH), 2.01, 1.97 (2×s, 3H, OC(O)CH_3), 1.50–1.25 (m, 6H, 2×CH_3).

3.2.2.3* *N*-甲酰基甘氨酸乙酯[1)]

$H_3N^+CH_2CO_2Et\ Cl^-$ (139.6) + HC(O)OEt (74.1) —(Et_3N, TosOH)→ HC(O)NHCH$_2$CO$_2$Et (131.1)

三乙胺(111 g,1.10 mol)滴加到回流着的甘氨酸乙酯盐酸盐(140 g,1.00 mol)和一水合对甲基苯磺酸(100 mg)甲酸乙酯溶液(500 mL)中,持续回流反应 20 h。

混合物冷却到 20℃,过滤除去三乙胺盐酸盐,溶液减压浓缩到 150 mL,冷却到 −5℃,析出的盐酸盐沉淀过滤除去。滤液蒸馏得到油状物 126 g,96%收率,$bp_{0.1}$ 110～111℃。

IR (film): $\tilde{\nu}$ (cm^{-1}) = 3300, 1740, 1655.
^{1}H NMR (400 MHz, $CDCl_3$): δ (ppm) = 8.24 (s, 1H, CHO), 6.28 (s_{br}, 1H, NH), 4.22 (q, *J* = 7.1 Hz, 2H, OCH_2), 4.08/4.07 (2s, 2H, NCH_2), 1.29 (t, *J* = 7.1 Hz, 3H, CH_3).

注 1):U. Schöllkopf, D. Hopper, private communication, 1981.

3.2.2.4** 异腈乙酸乙酯[9] 283

0℃,搅拌,三氯氧磷(76.5 g,0.50 mol)滴加到 *N*-甲酰基乙酸乙酯 **3.2.2.3**(65.5 g,0.50 mol)和三乙胺(125 g,1.24 mol)的 500 mL 的 CH_2Cl_2 溶液中,反应 1 h。

碳酸钠(100 g)的水(400 mL)溶液加入到混合物中,保持 20～25℃快速搅拌(小心泡沫),室温下搅拌 30 min。

水相用 600 mL 水稀释,CH_2Cl_2 萃取(2×250 mL);有机相用饱和食盐水 250 mL洗涤,Na_2SO_4 干燥,过滤,减压除去溶剂,剩余物减压蒸馏得到无色油状产品,43.1 g,76%收率,bp_{12} 80～82℃(反应必须遮盖,必须戴橡胶手套)。

IR (film): $\tilde{\nu}$ (cm^{-1}) = 2150, 1750.
^{1}H NMR (400 MHz, $CDCl_3$): δ (ppm) = 4.28 (q, *J* = 7.1 Hz, 2H, OCH_2), 4.22 (s, 2H, NCH_2), 1.31 (t, *J* = 7.1 Hz, 3H, CH_3).

3.2.2.5** 3,4-二甲基吡咯-2-甲酸乙酯[5]

0℃,搅拌,硝基乙酰氧基丁烷 **3.2.2.2**(40.0 g,248 mmol)滴加到异腈酸酯 **3.2.2.4**(22.6 g,200 mmol)和 TMG(60.0 g,508 mmol)以及 200 mL 无水 THF 与 200 mL异丙醇的溶液中,反应发热,反应瓶内温度控制在 0℃(干冰甲醇浴冷却),滴加完成后,室温下搅拌反应 12 h。

1 000 mL 水加到混合物中,用 CH_2Cl_2 萃取(2×200 mL),有机相用 Na_2SO_4 干燥,过滤,减压除去溶剂,剩余物用 20 mL 乙醚溶解,迅速用硅胶过滤(乙醚洗提),除 284
去溶剂后,固体用冷的正己烷洗涤,得到无色晶体 28.7 g,86%收率,mp 82～83℃,

R_f=0.30(CH_2Cl_2)(可以用 CH_2Cl_2/己烷重结晶,mp 92～94℃[7],然而,它在^1H NMR 和 TLC 上看不到任何杂质)。当使用 **3.2.2.2** 粗产品用于上述合成时,收率降低至 58%。

IR (KBr): $\tilde{\nu}$ (cm^{-1}) = 1743 [7].
^{1}H NMR (400 MHz, $CDCl_3$): δ (ppm) = 6.63 (s, 1H, pyrrole-5-H), 4.29 (q, J = 14 Hz, 2H, OCH_2), 2.25, 1.99 (s, 3H, CH_3), 1.33 (t, J = 14 Hz, 3H, CH_3).
^{13}C NMR (400 MHz, $CDCl_3$): δ (ppm) = 161.7 (C = O), 126.5, 120.5, 120.0, 119.2 (pyrrole-C), 59.7 (OCH_2), 14.5, 10.2, 9.85 (CH_3).

3.2.2.6* 3,4-二甲基吡咯-2-甲酸[5]

吡咯酯 **3.2.2.5**(25.0 g,150 mmol)悬浮在 100 mL 乙醇中,搅拌条件下滴入 30%的 KOH 水溶液 140 mL,回流 2 h 得到黄色溶液。

冷却到 0℃,加入冷的浓盐酸调节 pH=1,形成微小的吡咯甲酸晶体,无法进行通常的抽滤,加入乙醚(4×1.0 L)抽提,合并后用 Na_2SO_4 干燥,过滤,减压除去溶剂,−30℃,加入 50 mL 乙醚把固体研磨捣碎后抽滤,得到无色晶体 18.0 g,收率 86%,mp>200℃,TLC:R_f=0.30(乙醚)。

^{1}H NMR (400 MHz, [D_6]DMSO): δ (ppm) = 10.97 (s_{br}, 1H, CO_2H), 6.64 (s, 1H, pyrrole-5-H), 2.14, 1.90 (s, 3H, CH_3).
^{13}C NMR (400 MHz, [D_6]DMSO): δ (ppm) = 162.8 (CO_2H), 125.2, 125.9, 119.1, 118.9 (4 × pyrrole-C), 10.37, 10.02 (2 × CH_3).

285

3.2.2.7** 3,4-二甲基吡咯[5]

吡咯甲酸 **3.2.2.6**(15.9 g,100 mmol)置入 50 mL 圆底烧瓶中,连接短颈蒸馏装置,真空下(大约 20 mbar)加热到 300℃,气体放出后在 160℃有产物馏出,无色油状,冰箱中固化为长针状晶体 9.50 g,定量反应,TLC: R_f=0.25(CH_2Cl_2)。

^{1}H NMR (400 MHz, $CDCl_3$): δ (ppm) = 7.76 (s_{br}, 1H, NH), 6.55 (s, 2H, 2-H, 5-H), 2.10 (s, 6H, 2×CH_3).
^{13}C NMR (400 MHz, $CDCl_3$): δ (ppm) = 118.1, 115.5 (4×pyrrole-C), 9.91 (2×CH_3).

参考文献

[1] (a) Black, D.S. (2002) *Sci. Synth.*, **9**, 441–552; (b) Gossauer, A. in Müller, E. (Ed.) (1992) *Methoden der Organischen Chemie (Houben-Weyl)*, 4th edn, Vol. E 6a, p. 556, Georg Thieme Verlag, Stuttgart. (c) Joule, J.A. and Mills, K. (2000) *Heterocyclic Chemistry*, 4th edn, Blackwell Science, Oxford, p. 255; For an overview on pyrrole synthesis, see: (d) Sundberg, R.J. (1996) in *Comprehensive Heterocyclic Chemistry*, (eds A.R. Katritzky, C.W. Rees, and E.F.V. Scriven), vol. 2, Pergamon, Oxford; (e) Ferreira, V.F., De Souza, M.C.B.V., Cunha, A.C., Pereira, L.O.R., and Ferreira, M.L.G. (2001) *Org. Prep. Proced. Int.*, **33**, 411–454; pyrrole synthesis by MCR: (f) Balme, G. (2004) *Angew. Chem.*, **116**, 6396–6399; *Angew. Chem. Int. Ed.*, (2004), **43**, 6238–6241.

[2] Barton, D.H.R., Kervagoret, J., and Zard, S.J. (1990) *Tetrahedron*, **46**, 7587–7598.

[3] For an improved procedure for the Barton–Zard synthesis, see: Bobal, P. and Lightner, D.A. (2001) *J. Heterocycl. Chem.*, **38**, 527–530.

[4] (a) Possel, O. and van Leusen, A.M. (1977) *Heterocycles*, 7, 77–80; (b) Parvi, N.P. and Trudell, M.L. (1997) *J. Org. Chem.*, **62**, 2649–2651.

[5] Chen, Q., Wang, T., Zhang, Y., Wang, Q., and Ma, J. (2002) *Synth. Commun.*, **32**, 1031–1040.

[6] D'Auria, M., Luca, D.E., Mauriello, G., Racioppi, R., and Sleiter, G.J. (1997) *J. Chem. Soc., Perkin Trans. 1*, 2369–2374.

[7] Smith, M.B. (2013) *March's Advanced Organic Chemistry*, 7th edn, John Wiley & Sons, Inc., New York, p. 1314.

[8] A remarkable improvement of yield in Barton–Zard syntheses by the use of *tert*-butyl methyl ether as solvent has recently been reported: Bhattacharya, A., Cherukuri, S., Plata, R.E., Patel, N., Tamez, V. Jr., Grosso, J.A., Peddicord, M., and Palaniswamy, V.A. (2006) *Tetrahedron Lett.*, **47**, 5481–5484.

[9] (a) Hoppe, D. and Schöllkopf, U. (1972) *Liebigs Ann. Chem.*, **763**, 1–16; (b) Schöllkopf, U. and Hoppe, D. (1981) Original Contribution.

286 3.2.3 4,6-二甲氧基苯并[*b*]噻吩

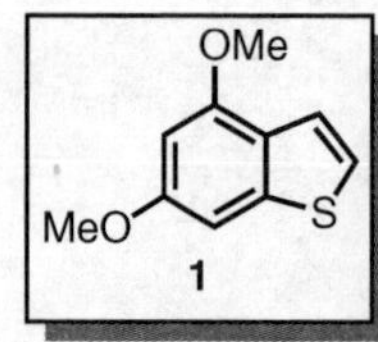

专题
- 合成苯并噻吩衍生物
- 羧酸转化为酰胺
- 芳烃的金属化
- 酰基芳烃硫醚 α-金属化
- 金属有机锂化合物通过酰胺进行分子内酰基化
- 还原 C═O→CH—OH,醇脱水

(a) 概述

苯并[*b*]噻吩衍生物展现了强大的生物活性。该系统与萘和吲哚为生物等排性,因此,化合物 **2** 是个杀虫剂,类似于相应的萘的化合物;化合物 **3** 作为植物生长抑制剂类似于吲哚-3-乙酸,化合物 **4** 对中枢神经系统的影响比相应吲哚类似物色胺更强[1]:

以芳基硫醇为起始物的苯并[*b*]噻吩衍生物的合成方法众多[2],但是使用范围和应用能力有限制。在这些方法[1,2]中苯硫酚盐 **5** 和 α-卤代羰基化合物合成 α-苯硫酚羰基化合物 **6**,经历分子内羟基烷基化(S_EAr)后在 $ZnCl_2$ 作用下脱水得到苯并[*b*]噻吩 **7**:

毋庸讳言,该方法严重限制了化合物 **7** 的杂环上的取代基种类,因为取代基的存在会引起 S_EAr 关环过程的立体选择问题。

最近发展的方法[3]淘汰了以前使用的价格昂贵试剂以及环境不友好的苯硫酚,相反地,使用 *N*,*N*-二烷基苯甲酰胺作为起始物质,通过直接金属化方法在其邻位引入甲硫基[4],苯-*o*-Li 中间体与 CH_3—S—S—CH_3 进行亲电反应(→**9**),化合物 **9** 中
287 的—SCH_3 基团再次进行金属化,通过硫甲基负离子对邻近的酰氨基进行分子内酰基化关环,得到硫代-3-吲哚酚 **10**[2)],进一步用 $NaBH_4$ 还原得到醇 **11**,自发脱水得到苯

并[*b*]噻吩 **12**：

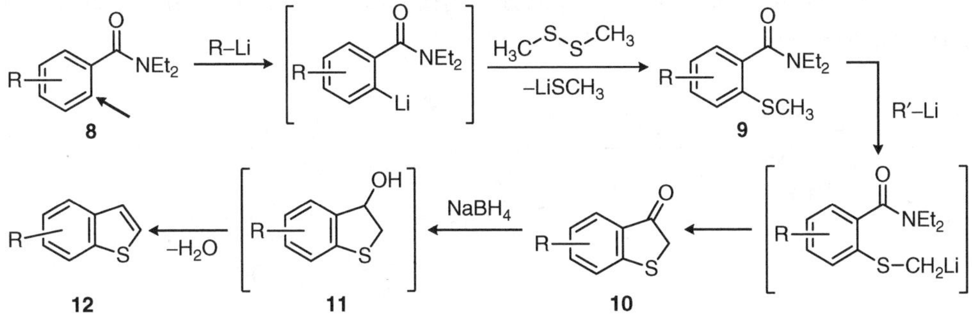

直接对芳烃或者杂环芳烃进行金属化，其中锂化选择能够使锂盐稳定的官能团的邻位，经过 H-金属交换得到锂盐，通过与邻位基团分子内螯合而获得稳定，即使是甲氧基这样的完全的供电子基，其锂化仍然优先选择邻位(**13→14**)：

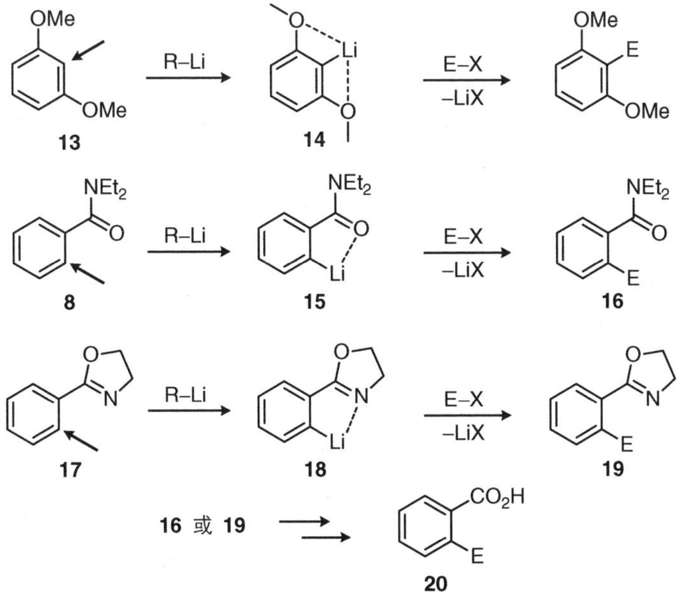

注 2)：硫代-3-吲哚酚是硫靛的前体，对它们进行氧化二聚就是硫靛[1]。

但是相比较而言定位功能更强大的是 *N*,*N*-二烷基苯甲酰胺(**8→15**)和噁唑啉(**17→18**)[5]，在(b)部分合成目标分子 **1** 中展现出立体化学结果。 288

底物 **8** 和 **17** 都由苯甲酸得到，它们的邻位金属化和随之而来的亲电转换(**15→16** 以及 **18→19**)都表现为直接的邻位官能团的区位选择性。能够利用的官能化为酰基化、烷基化、羧基化、烷基磺胺化等。

有必要指出，有机锂化合物的酰基化(**9→10**)使用 Weinreb 酰胺 **21**(*N*-甲基-*N*-

烷氧基酰胺)具有突出的优点,能够避免两分子的 R-Li 对羰基的加成(在酯和酰氯中出现),其原理是第一次加成产物 **22** 的分子内螯合稳定效应阻止了第 2 个 RLi 对羰基官能团的进攻[7]:

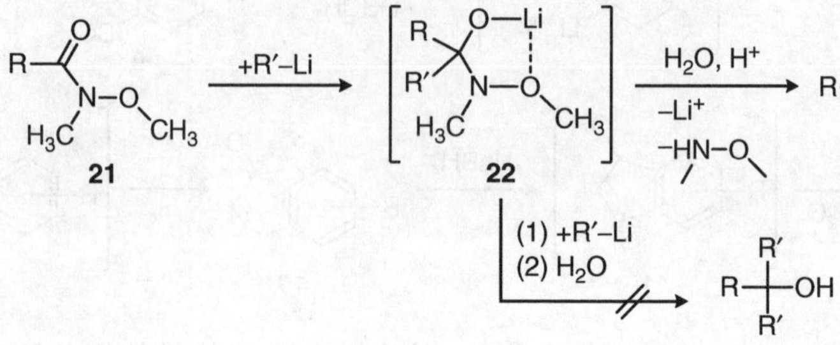

(b) 合成 1

N,*N*-二乙基-2,4-二甲氧基苯甲酰胺 **24** 可以很方便地由相应的羧酸和 $SOCl_2$ 反应后与 $HNEt_2$ 反应而制备[8]:

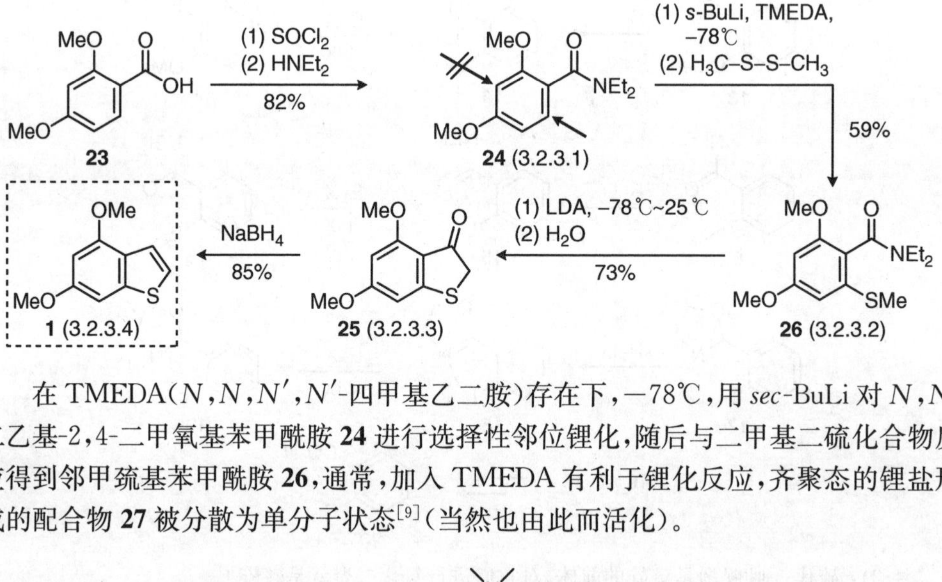

在 TMEDA(*N*,*N*,*N*′,*N*′-四甲基乙二胺)存在下,−78℃,用 *sec*-BuLi 对 *N*,*N*-二乙基-2,4-二甲氧基苯甲酰胺 **24** 进行选择性邻位锂化,随后与二甲基二硫化合物反应得到邻甲巯基苯甲酰胺 **26**,通常,加入 TMEDA 有利于锂化反应,齐聚态的锂盐形成的配合物 **27** 被分散为单分子状态[9](当然也由此而活化)。

289

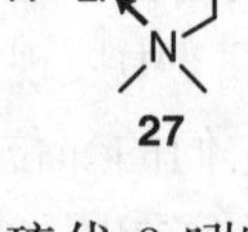

邻甲巯基苯甲酰胺 **26** 环化得到硫代-3-吲哚酮 **25**,该反应在 −78℃ 条件下 **26** 与 LDA 反应金属化,随后侧链上的碳负离子进行分子内酰基化得到 **25**。当 **25** 与 $NaBH_4$ 反应时,羰基还原、脱水,而得到苯并噻吩 **1**。

如此，目标分子经过四步连续反应制备，总收率 30%(基于 2,4-二甲氧基苯甲酸 **23**)。

(c) 合成 1 的具体实验步骤

3.2.3.1** *N*,*N*-二乙基-2,4-二甲氧基苯甲酰胺[8]

(1) $SOCl_2$
(2) $HNEt_2$
182.2 → 237.3

2,4-二甲氧基苯甲酸(3.20 g，17.6 mmol)和亚硫酰氯(12.7 g，107 mmol) 溶解在无水苯中(100 mL)，加热回流 2 h。溶剂和过量的亚硫酰氯减压除去。

粗产物(3.60 g，17.6 mmol)溶解在 40 mL 无水苯中，冷却到 0℃，缓缓加入二乙胺(3.96 g，54.1 mmol)的 15 mL 无水苯溶液中，保持 0℃搅拌 2 h，室温下再反应 15 h。减压除去溶剂，剩余物溶解在 40 mL 的 CH_2Cl_2 中，分别用 5%的 100 mL 的 $NaHCO_3$ 溶液、5%的 HCl 溶液 100 mL 和水 100 mL 洗涤，用 Na_2SO_4 干燥过滤，减压除去溶剂，得到黄色液体 3.49 g，收率 82%。产品经柱层析进一步纯化(乙酸乙酯/正己烷=2∶1，R_f=0.25)。

IR (film): $\tilde{\nu}$ (cm^{-1}) = 2838, 1606, 1427, 1277, 1207, 1157, 1028.
^{1}H NMR (500 MHz, $CDCl_3$): δ (ppm) = 7.12 (d, *J* = 8.3 Hz, 1H, 6-H), 6.49 (dd, *J* = 8.3, 2.2 Hz, 1H, 5-H), 6.46 (d, *J* = 2.2 Hz, 1H, 3-H), 3.81, 3.79 (2 × s, 2 × 3H, 2 × OCH_3), 3.52, 3.16 (2 × q, *J* = 7.1 Hz, 2 × 2H, 2 × CH_2CH_3), 1.23, 1.03 (2 × t, *J* = 7.1 Hz, 2 × 3H, 2 × CH_2CH_3). 290
^{13}C NMR (126 MHz, $CDCl_3$): δ (ppm) = 168.8 (*C*(O)NEt_2), 161.2 (C-4), 156.6 (C-2), 128.4, 119.9, 104.6, 98.7 (4 × Ar–C), 55.5, 55.4 (2 × OCH_3), 42.9, 38.9 (2 × OCH_2CH_3), 14.0, 12.9 (2 × OCH_2CH_3).
MS (EI, 70 eV): *m*/*z* (%) = 236.2 (20) $[M]^+$, 165.1 $[M-N(CH_2CH_3)_2]^+$.

3.2.3.2*** *N*,*N*-二甲基-2-甲巯基-4,6-二甲氧基苯甲酰胺[3]

(1) *s*-BuLi, TMEDA
(2) $H_3C-S-S-CH_3$
−78℃
237.3 → 283.4

-78℃,用注射器将 *s*-BuLi(9.08 mL,1.3 mol/L 环己烷溶液)加入到 TMEDA(1.37 g,11.8 mmol)的无水 THF(30 mL)溶液中,持续搅拌 20 min,把苯甲酰胺 **3.2.3.1**(1.87 g,7.88 mmol)的无水 THF(15 mL)溶液加入到反应体系中(使用 1.5 倍的 *s*-BuLi 是很有必要的),搅拌 30 min 后,加入二甲基二硫化合物(2.08 g,22.1 mmol)的无水 THF(10 mL)溶液,继续搅拌 15 min,升温到室温保持 15 h。

减压除去溶剂,加入饱和的 NH_4Cl 水溶液 100 mL,用乙醚萃取(3×40 mL),合并有机相,用 100 mL 饱和食盐水洗涤,用 Na_2SO_4 干燥过滤,减压除去溶剂,得到无色硫醚产物(产品经柱层析进一步纯化(乙酸乙酯/正己烷=2∶1,$R_f=0.21$)),1.31 g,收率 59%,mp 83~84℃。

IR (solid): $\tilde{\nu}$ (cm^{-1}) = 2932, 1619, 1395, 1277, 1152, 831.
^{1}H NMR (500 MHz, $CDCl_3$): δ (ppm) = 6.43 (d, *J* = 2.1 Hz, 1H, Ar), 6.29 (d, *J* = 2.1 Hz, 1H, Ar), 3.82, 3.77 (2×s, 2×3H, 2×OCH_3), 3.77 (dq, *J* = 15.0, 7.1 Hz, 1H, $CH_AH_BCH_3$), 3.40 (dq, *J* = 15.0, 7.1 Hz, 1H, $CH_AH_BCH_3$), 3.13 (q, *J* = 7.1 Hz, 2H, CH_2CH_3), 2.45 (s, 3H, SCH_3), 1.25, 1.04 (2×t, *J* = 7.1 Hz, 2×3H, 2×CH_2CH_3).
^{13}C NMR (126 MHz, $CDCl_3$): δ (ppm) = 166.8 (*C*(O)NEt_2), 160.8, 156.8, 137.4, 119.4, 104.0, 95.7 (6×Ar–C), 55.7, 55.5 (2×OCH_3), 42.6, 38.7 (2×CH_2CH_3), 16.4 (SCH_3), 13.9, 12.6 (2×CH_2CH_3).

291 **3.2.3.3*　2,3-二氢-4,6-二甲氧基苯并[*b*]噻吩-3-酮**[3]

MeO, O, NEt_2, MeO, SMe　283.4　(1) LDA, THF　(2) H_2O　→　MeO, O, MeO, S　210.2

0℃,通过注射器将 *n*-BuLi(1.38 mL,2.5 mol/L 正己烷溶液,1.5 倍当量)注入二异丙基胺(580 mg,5.73 mmol)的无水 THF(20 mL)溶液中,保温搅拌 20 min,然后冷却到-78℃,保持此温度,耗时半小时,缓缓加入 2-甲巯基苯甲酰胺 **3.2.3.2**(0.65 g,2.29 mmol)的无水 THF(5 mL)溶液,然后升温到室温,搅拌 15 h。

饱和 NH_4Cl 水溶液 100 mL 加入到混合物中,用乙醚萃取(3×40 mL),合并有机相,用 Na_2SO_4 干燥过滤,减压除去溶剂,粗产品用乙醇重结晶,得到无色针状产品 350 mg,收率 73%,mp 110~112℃。产品可以柱层析进一步纯化(乙酸乙酯/正己烷=2∶1,$R_f=0.53$);产品对空气敏感,应该氩气保护,存放于冰箱中。

IR (solid): $\tilde{\nu}$ (cm^{-1}) = 2933, 1568, 1277, 1209, 1152, 831.
^{1}H NMR (500 MHz, $CDCl_3$): δ (ppm) = 6.45 (d, J = 1.9 Hz, 1H, Ar), 6.15 (d, J = 1.9 Hz, 1H, Ar), 3.91, 3.87 (2 × s, 2 × 3H, 2 × OCH_3), 3.76 (s, 2H, SCH_2).
^{13}C NMR (126 MHz, $CDCl_3$): δ (ppm) = 196.0 (C=O), 167.4, 161.5, 159.7, 113.6, 99.8, 95.7 (6 × Ar−C), 55.9 (2 × OCH_3), 39.7 (SCH_2).

3.2.3.4* 4,6-二甲氧基苯并[*b*]噻吩[3] 292

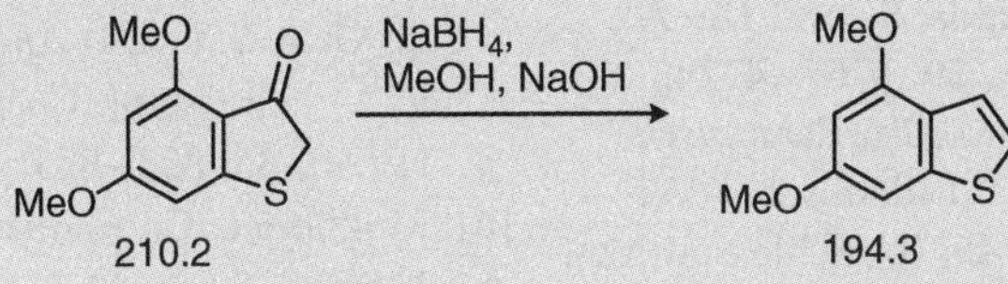

$NaBH_4$（70 mg，1.90 mmol）的甲醇/10%的 NaOH 混合溶液（10∶3）15 mL，搅拌下滴加到噻吩酮 **3.2.3.3**（200 mg，0.95 mmol）的甲醇/10%的 NaOH 混合溶液（6∶1，20 mL）中，加热回流 6 h。

减压除去溶剂，10%的 H_2SO_4 溶液 30 mL 加到剩余物中，用乙醚萃取（3×40 mL），合并有机相，用 100 mL 水洗涤，用 Na_2SO_4 干燥过滤，减压除去溶剂，得到黄色晶体 155 mg，产品可用柱层析纯化（乙酸乙酯/正己烷＝2∶1，R_f＝0.53），85%收率，mp 77～79℃。

^{1}H NMR (500 MHz, $CDCl_3$): δ (ppm) = 7.38 (d, J = 5.6 Hz, 1H), 7.15 (d, J = 5.5 Hz, 1H) (2-H, 3-H), 6.93 (d, J = 1.5 Hz, 1H), 6.41 (d, J = 1.9 Hz, 1H) (5-H, 6-H), 3.92, 3.86 (2 × s, 2 × 3H, 2 × OCH_3).
^{13}C NMR (126 MHz, $CDCl_3$): δ (ppm) = 158.8, 155.4, 142.1, 125.0, 121.8, 120.2, 96.2, 95.8 (C-2, C-3, C-3a, C-4, C-5, C-6, C-7, C-7a) 55.7, 55.4 (2 × OCH_3).

参考文献

[1] Eicher, Th., Hauptmann, S., and Speicher, A. (2012) *The Chemistry of Heterocycles*, 3rd edn, Wiley-VCH Verlag GmbH, Weinheim, p. 103.

[2] Rajappa, S. (1984) in *Comprehensive Heterocyclic Chemistry*, (eds A.R. Katritzky and C.W. Rees), Vol. 4, Pergamon, New York 863–934.

[3] Mukherjee, C., Kamila, S., and De, A. (2003) *Tetrahedron*, **59**, 4767–4774.

[4] (a) Krause, N. (1996) *Metallorganische Chemie*, Spektrum Akademischer Verlag, Heidelberg, p. 45; (b) Schlosser, M. (2005) *Angew. Chem.*, **117**, 380–398; *Angew. Chem. Int. Ed.*, (2005), **44**, 376–393.

[5] Snieckus, V. (1990) *Chem. Rev.*, **90**, 879–933.

[6] Nahm, S. and Weinreb, S.M. (1981) *Tetrahedron Lett.*, **22**, 3815–3818.

[7] An instructive example utilizing directed ortho-metalation and acylation of an organolithium compound with a Weinreb amide as key transformations is the synthesis of the natural product mamanutha quinone: Yoon, T., Danishefsky, S.J., and de Gala, S. (1994) *Angew. Chem.*, **106**, 923–925; *Angew. Chem., Int. Ed. Engl.*, (1994), **33**, 853–855.

[8] Mukherjee, C., Kamila, S., De, A., and Mondal, S.S. (2003) *Tetrahedron*, **59**, 1339–1348.

[9] Krause, N. (1996) *Metallorganische Chemie*, Spektrum Akademischer Verlag, Heidelberg, p. 14.

3.2.4 2-苯基吲哚 293

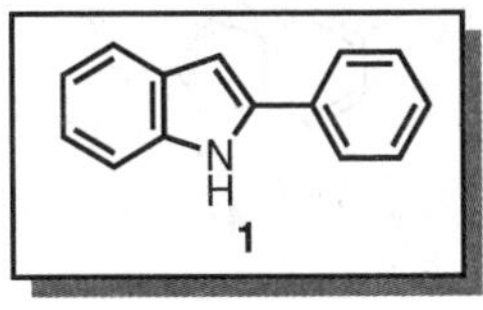

专题
- 过渡金属中间体的吲哚合成法
- Sonogashira 交叉偶联反应
- 伯胺酰基化
- 从邻-乙炔基苯胺制备吲哚

(a) 概述

吲哚是最重要的杂环化合物之一，大量的天然产物（如色氨酸和生物碱）以及药物都衍生于吲哚。因此，发展了大量的合成吲哚的方法[1]。

有两种经典的方法合成 2-取代的吲哚 **4**（目标分子 **1** 就是例子），分别称为 Reissert 合成法（邻硝基苄基酮 **2** 的还原环化）和 Fischer 合成法（酸催化的 *N*-苯基甲基酮腙 **3** 的过原环化）。

所有合成吲哚 **4** 的方法被一系列的过渡金属扩大[2]。因此，邻乙炔基苯胺 **6** 的 *N*-酰基化或者磺酰化衍生物环化制备相应 2-取代吲哚，使用 TBAF（氟化四丁基铵）或者 Pd-或者 Cu-配合物催化，是一种较为方便的方法。邻乙炔基苯胺 **6** 可以很方便地由邻碘苯胺 **5** 与端炔通过以 Pd 为催化剂的 Sonogashira 交叉偶联反应（参见 294
1.6.3 节内容）得到[3-5]。该方法的潜在应用是使用聚合物键联的邻卤素苯胺进行固相反应[6]。最近，从 *N*-三氟乙酸酯 **5**（R′═C(O)CF_3）开始的一步法（**5**→**4**）见诸文献[7]，以 Cu 配合物为催化剂。

另一种使用 Pd-催化的合成 2-取代吲哚的方法是邻碘苯胺与甲基酮的环化反应[8]：

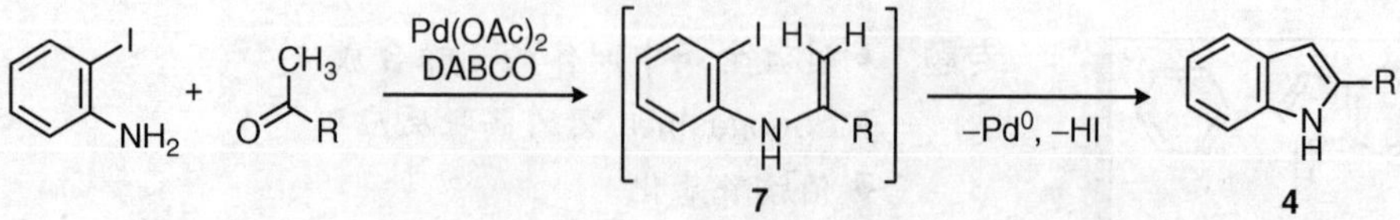

其过程是先形成烯胺(→**7**),再进行分子内的 Heck 反应(参见 1.6.1 节内容)(**7**→**4**)。

目标分子 **1** 已经通过苯乙酮苯腙 **3**(R=苯基)应用 Fischer 法合成[9]。这里,作为一个可替换选项,展现 Pd-催化的路径[3]。

(b) 合成 1

制备的起始物质是商业上可获得的邻碘苯胺 **8**,在$(Ph_3P)_2PdCl_2$、CuI、三乙胺的作用下与苯乙炔进行 Sonogashira 交叉偶联反应,几乎定量得到邻苯乙炔基苯胺衍生物 **9**(参见 **1.6.3.1**)。

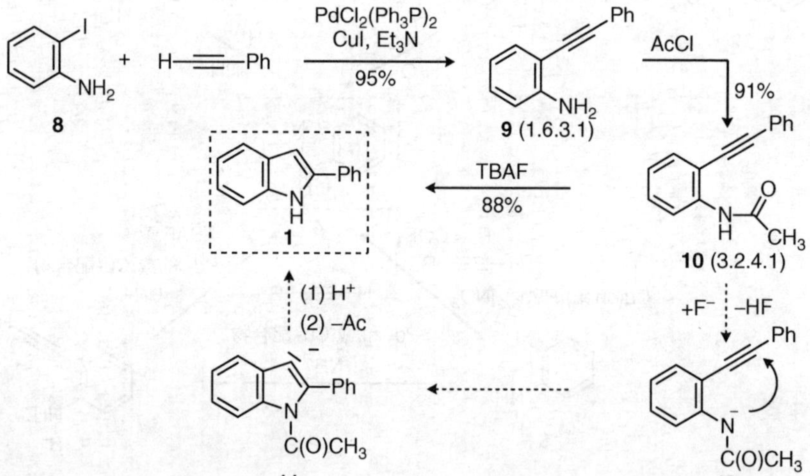

295 苯胺衍生物 **9** 用乙酰氯进行 *N*-酰基化得到 **10**,在 THF 中与 TBAF 回流很容易环化得到 2-苯基吲哚。

与 Pd-催化环化[1,7]相反,TBAF 促进的环化机理(**10**→**1**)有其特殊性,已经发现当 R′=H 时候,苯胺 **6** 不能环化,而且为了从 **10** 转化到 **1**,需要投入三倍量的 TBAF,可以设想 **10** 脱质子得到阴离子 **12**,由此引发了环化反应(**12**→**11**),经过再次质子化和氟诱导的脱乙酰基得到 **1**,最终完成 **1** 的合成(**11**→**1**)。此外,化合物 **9** 可以在 NMP(*N*-甲基-2-吡咯酮)中用强碱叔丁醇钾处理,直接环化得到 **1**,收率 79%[10]。

运用第一种方法,经过三步得到目标分子,总收率 73%(基于邻碘苯胺)。

(c) 合成 1 的具体实验步骤

3.2.4.1* *N*-乙酰基-2-苯乙炔基苯胺[3]

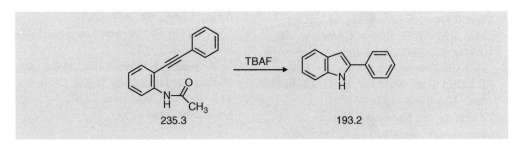

将乙酰氯(785 mg,10.0 mmol)滴加到苯胺 **1.6.3.1**(1.75 g,9.05 mmol)的吡啶和 THF 混合溶液中(1∶2,15 mL),室温搅拌 24 h。

混合物中加入 20 mL 水,用氯仿萃取(3×20 mL),合并有机相,用 $MgSO_4$ 干燥过滤,减压除去溶剂,产物用正己烷/丙酮重结晶(5∶1),得到无色针状晶体 1.83 g,86%收率,mp 119~121℃。

IR (KBr): $\tilde{\nu}$ (cm^{-1}) = 3300, 1660.
^{1}H NMR (500 MHz, $CDCl_3$): δ (ppm) = 8.41 (d, *J* = 8.2 Hz, 1H, Ar), 7.98 (s_{br}, 1H, NH), 7.56–7.26 (m, 7H, Ar), 7.07 (t, *J* = 7.7 Hz, 1H, Ar), 2.24 (s, 3H, CH_3).
^{13}C NMR (126 MHz, $CDCl_3$): δ (ppm) = 168.1 (C(O)CH_3), 138.9, 131.7, 131.5, 129.8, 129.0, 128.6, 123.4, 122.4, 119.3, 111.8 (10 × Ar–C), 96.4, 84.3 (2 × alkin-C), 25.0 (C(O)CH_3).
MS (EI, 70 eV): *m*/*z* (%) = 235 (31) $[M]^+$, 193 (100) $[M-C_2H_3O]$.

3.2.4.2* 2-苯基吲哚[3] 296

将酰胺 **3.2.4.1**(1.65 g,7.00 mmol)和 TBAF(1.0 mol/L THF 溶液,14.0 mmol)混

合，加入 THF 35 mL 加热回流 12 h。

减压除去溶剂，加入 50 mL 水到混合物，乙酸乙酯萃取(3×20 mL)，合并有机相，$MgSO_4$ 干燥过滤，减压除去溶剂，产物柱层析纯化(硅胶，CH_2Cl_2)，得到无色晶体 1.19 g，收率 88%，mp 185～187℃。

IR (KBr): $\tilde{\nu}$ (cm^{-1}) = 3445, 1655.
^{1}H NMR (500 MHz, $CDCl_3$): δ (ppm) = 8.42–8.28 (s_{br}, 1H, NH), 7.68–7.62 (m, 3H, Ar), 7.48–7.22 (m, 4H, Ar), 7.20 (dt, *J* = 8.2, 1.1 Hz, 1H, Ar), 7.12 (dt, *J* = 7.1, 1.1 Hz, 1H, Ar), 6.83 (dd, *J* = 1.9, 1.1 Hz, 1H, Ar).
^{13}C NMR (126 MHz, $CDCl_3$): δ (ppm) = 137.9, 136.8, 132.4, 129.3, 129.0, 127.7, 125.2, 122.4, 120.7, 120.3, 110.9 (14 × Ar–C), 100.0 (C-3).
MS (EI, 70 eV): *m*/*z* (%) = 193 (100) $[M]^+$.

参考文献

[1] (a) Eicher, Th., Hauptmann, S., and Speicher, A. (2003) *The Chemistry of Heterocycles*, 3rd edn, Wiley-VCH Verlag GmbH, Weinheim, p. 134; for a review on practical methodologies for synthesizing indoles, see: (b) Humphrey, G.R. and Kuethe, J.T. (2006) *Chem. Rev.*, **106**, 2875–2911.

[2] As a standard reference, see: (a) Beller, M. and Bolm, C. (eds) (2004) *Transition Metals for Organic Synthesis*, vol. 2, Wiley-VCH Verlag GmbH, Weinheim; 1,2-disubstituted indoles are obtained from (*o*-halogenoaryl)alkynes and primary amines by a Ti/Pd-catalyzed domino hydroamination/N-arylation reaction: (b) Siebeneicher, H., Bytschkov, I., and Doye, S. (2003) *Angew. Chem.*, **115**, 3151–3153; *Angew. Chem. Int. Ed.*, (2003), **42**, 3042–3044; for a Neber route 297 to 2-substituted indoles, see: (c) Taber, D.F. and Tian, W. (2006) *J. Am. Chem. Soc.*, **128**, 1058–1059.

[3] Yasuhara, A., Kanamori, Y., Kaneko, M., Numata, A., Kondo, Y., and Sakamoto, T. (1999) *J. Chem. Soc., Perkin Trans. 1*, 529–534.

[4] Arcadi, A., Cacchi, S., and Marinelli, F. (1989) *Tetrahedron Lett.*, **30**, 2581–2584.

[5] 2-Iodoanilines (**5**, R′ = H) are easily prepared by ortho-lithiation of anilines and subsequent iodination: Snieckus, V. (1990) *Chem. Rev.*, **90**, 879–933.

[6] (a) Collini, M.D. and Ellingboe, J.W. (1997) *Tetrahedron Lett.*, **38**, 7963–7966; (b) Zhang, H.-C., Ye, H., Moretto, A.F., Brumfield, K.K., and Maryanoff, B.E. (2000) *Org. Lett.*, **2**, 89–92.

[7] Cacchi, S., Fabrizi, G., and Parisi, L.M. (2003) *Org. Lett.*, **5**, 3843–3846.

[8] Chen, C., Lieberman, D.R., Larsen, R.D., Verhoeven, T.R., and Reider, P.J. (1997) *J. Org. Chem.*, **62**, 2676–2677.

[9] Guy, A., Guette, J.P., and Lang, G. (1980) *Synthesis*, 222–223.

[10] Rodriguez, A.L., Koradin, C., Dohle, W., and Knochel, P. (2000) *Angew. Chem.*, **112**, 2607–2609; *Angew. Chem. Int. Ed.*, (2000), **39**, 2488–2490.

3.2.5 褪黑激素

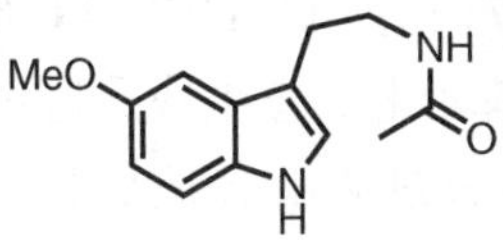

专题
- 合成吲哚的天然衍生物
- Japp-Klingemann 反应
- Fischer 吲哚合成法
- 热脱羧，*N*-酰基化

(a) 概述

褪黑激素(**1**，5-甲氧基-(*N*-乙酰基)-色胺)是一种天然的、由脊椎动物松果体产生的荷尔蒙。在夜间分泌增加，导引睡眠。在对付失眠方面展现了医学用途，由于能够对抗氧化，可以作为阿尔兹海默症的一种抑制剂[1]。

对 **1** 的逆合成分析，推导出使用 Fischer 吲哚合成法[2]，通过腙 **2** 拆解为苯肼 **3** 和醛 **4**，**4** 可以由二氢吡咯 **5** 得到。

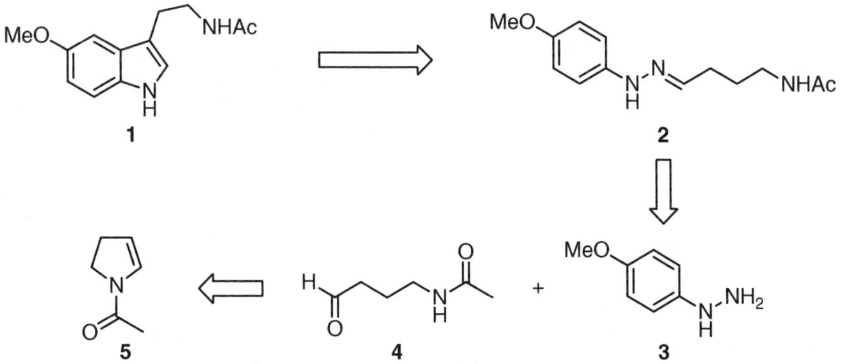

应用上述分析，已经有数量众多的合成褪黑激素 **1** 的方法被实施[3]。

例如，通过烯胺 **5**(**4** 的前体)和苯肼 **3** 的盐酸盐反应制备 **1**。**5** 可以通过四氢吡咯 **6** 用过硫酸盐氧化制备，首先得到三聚体 **7**，然后热裂解得到二氢吡咯 **8**，进行酰基化反应得到 **5**[4]。

298

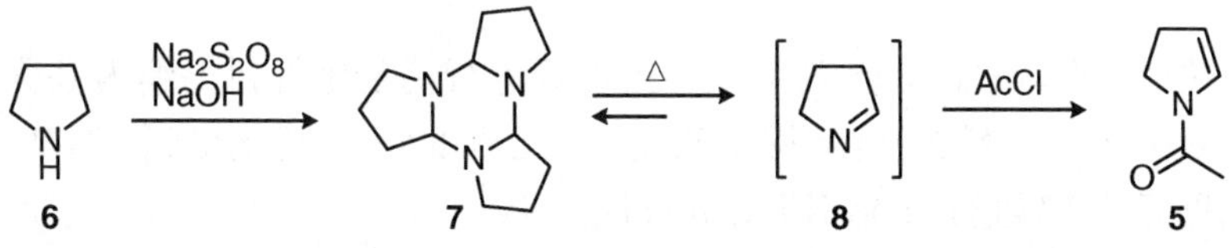

另一种使用 Fischer 策略,在(b)部分叙述。

一个不同的应用途径(逆合成分析部分不涉及)是自由基为基础的吲哚合成[1]。其关键中间体是炔 **11**,它是通过 2-碘-(*N*-甲磺酰基)-对甲氧基苯胺 **9** 与邻苯二甲酰亚胺衍生物 **10** 进行 Mitsunobu 反应(参见 3.3.4 节内容)制备的。**11** 经 $(Me_3Si)_3SiH$ 和 AIBN(偶氮二异丁腈)引发的 *exo-trig* 自由基环化反应生成假吲哚 **12** 和吲哚 **13** 的混合物。假吲哚用 TosOH 原位转化为吲哚,通过肼解释放保护基邻苯二甲酸盐,用 KOH 裂解 NH-吲哚释放对甲苯磺酸,对 **14** 的伯胺官能化得到褪黑激素 **1**。

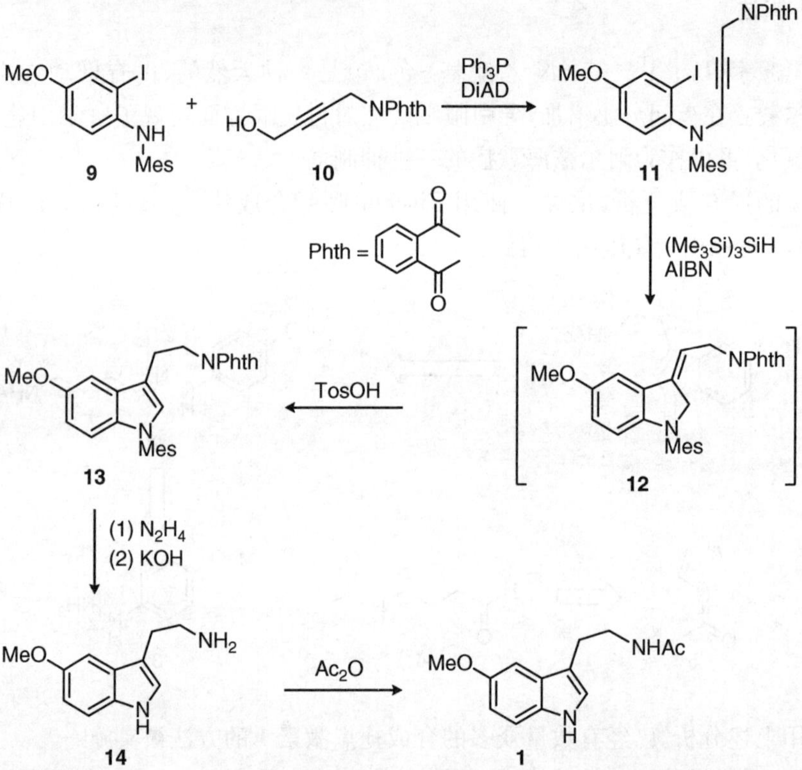

(b) 合成 1

这里列举的合成方法比较简单,避免了代价高昂的三废排放,其合成规模适用于工业应用[5,6]。

299 微波照射,邻苯酰亚胺 **15** 与 1,3-二溴丙烷进行烷基化得到 1-溴丙基化合物 **16**,经过 Finkelstein 反应碘置换溴,用于乙酰乙酸乙酯的 α-烷基化得到 **18**,随后与 4-甲氧基氯化重氮苯 **17** 进行 Japp-Klingemann 反应:

直接得到吲哚 2-羧酸酯 **21**，该多米诺过程[7]包括偶氮 **19** 形成腙 **20**，接着进行 300
Fischer 吲哚合成得到 **21**。邻苯二甲酰亚胺以及酯基水解脱去酰亚胺及酯(不稳定化合物羧酸 **22**)，得到 5-甲氧基色胺 **14**，酰基化后得到褪黑激素 **1**。

因此，为了合成目标分子，通过连续四步，以总收率 20%(基于 **15**)得到化合物 **1**。

(c) 合成 1 的实验步骤

3.2.5.1*** 2-(3-邻苯二甲酰亚胺丙基)乙酰乙酸乙酯[6]

(1) 1,3-二溴丙烷, TEBA, CH_3CN, MW, 100℃, 20 min
(2) K_2CO_3, 乙酰乙酸乙酯, CH_3CN, 回流, 2 h

185.2 317.3

把邻苯二甲酰亚胺钾(1.27 g,6.84 mmol),1,3-二溴丙烷(2.77 g,13.7 mmol),TEBA(氯化三乙基苄基铵,154 mg,0.67 mmol,10.0 mol%)溶解在 3.0 mL 水和 10 mL 的乙腈溶液中,微波辐射加热到 100℃,保持 20 min。

冷却到室温,加入 25 mL 乙醚,把产生的沉淀过滤除掉,滤液浓缩,剩余物(粗产物 *N*-(3-溴丙基)邻苯二甲酰亚胺)溶解在 2.0 mL 乙腈中,加入 K_2CO_3(4.73 g,34.2 mmol)和乙酰乙酸乙酯(980 mg,7.53 mmol),加热回流 2 h。

冷却到室温,加入 25 mL 丙酮,过滤,滤液浓缩,剩余物用乙酸乙酯/石油醚重结晶得到无色片状产品 1.37 g,收率 63%,mp 65~66℃,R_f=0.45(正戊烷/乙酸乙酯=1∶1)。

UV (CH_3CN): λ_{max} (nm) (lg ε) = 292 (3.248), 241 (4.039), 232 (4.163), 219 (4.624).
IR (KBr): $\tilde{\nu}$ (cm^{-1}) = 3459, 2969, 2934, 1772, 1738, 1713, 1613, 1463, 1438, 1402, 1368, 1368, 1341, 1283, 1243, 1192, 1144, 1124, 1091, 1043, 882, 848, 831, 795, 724, 632, 532.
301 **^{1}H NMR** (300 MHz, $CDCl_3$): δ (ppm) = 7.83–7.79 (m, 2H, 3″-H, 6″-H), 7.70–7.67 (m, 2H, 4″-H, 5″-H), 4.15 (q, *J* = 7.0 Hz, 2H, OCH_2CH_3), 3.68 (t, *J* = 7.0 Hz, 2H, 3′-H_2), 3.47 (t, *J* = 7.0 Hz, 1H, 3-H), 2.20 (s, 3H, 1-H_3), 1.92 to 1.80 (m, 2H, 2′-H_2), 1.70–1.55 (m, 2H, 1′-H_2), 1.24 (t, *J* = 7.0 Hz, 3H, OCH_2CH_3).
^{13}C NMR (76 MHz, $CDCl_3$): δ (ppm) = 202.6 (C-2), 169.4 (C-4), 168.3 (C-2″, C-7″), 133.9 (C-4″, C-5″), 132.0 (C-2″a, C-7″a), 123.2 (C-3″, C-6″), 61.44 (OCH_2CH_3), 58.94 (C-3), 37.24 (C-3′), 28.94 (C-2′), 26.22 (C-1), 25.05 (C-1′), 14.04 (OCH_2CH_3).
MS (EI, 70 eV): *m/z* (%) = 317 (3) $[M]^+$, 275 (16) $[M-CH_3CO]^+$, 201 (41) $[M-CH_3CO-CO_2Et]^+$, 160 (100) $[Phth-CH_2]^+$, 77 (16) $[Ph]^+$, 43 (60) $[CH_3CO]^+$.

3.2.5.2** 5-甲氧基-3-(2-邻苯二甲酰亚胺乙基)-吲哚-2-甲酸乙酯[6]

(1) 对甲氧基苯胺 HCl, $NaNO_2$ (2) NaOAc, EtOH, 0℃, 5 h

317.3 → 392.4

$NaNO_2$(104 mg,1.51 mmol)溶解于 0.4 mL 的水中,0℃搅拌条件下,滴加到对甲氧基苯胺(185 mg,1.50 mmol)的水(3.4 mL)和浓盐酸(1.1 mL)溶液中,反应30 min得到溶液 A;酯**3.2.5.1**(512 mg,1.62 mmol)溶解在 2.60 mL 乙醇中,0℃搅拌条件下滴加到 NaOAc(1.38 g,16.8 mmol)乙醇(2.60 mL)溶液中,反应 30 min,加入 5.0 g 冰,得到溶液 B。0℃条件下,把溶液 A 注射到溶液 B 中,混合物升温到室温,搅拌反应 3 h。

0℃条件下,加入饱和 Na_2CO_3 水溶液进行碱化,并用 CH_2Cl_2 萃取(3×25 mL),合并有机相,25 mL 水洗涤,$MgSO_4$ 干燥,过滤,减压除去溶剂,红色的剩余物溶解在 20 mL无水乙醇中,用 2 mL 饱和 HCl 的乙醇溶液处理[其制备方法是把乙酰氯(1.18 g,15.0 mmol)溶解在乙醇(292 mg,15.0 mmol)中]。混合物加热回流 1 h。冷却到室温,减压除去溶剂,剩余物用水(10 mL)和 CH_2Cl_2(25 mL)分散,水相用饱和 Na_2CO_3 溶液 25 mL 碱化,以 CH_2Cl_2 萃取(3×25 mL),合并有机相,用 10 mL 食盐水洗涤,并用 $MgSO_4$ 干燥,过滤,减压除去溶剂,乙醇结晶得到黄色的吲哚酯固体, 302
398 mg,收率 68%,mp 238~239℃,R_f=0.58(正戊烷/乙酸乙酯=1∶1)。

UV (CH_3CN): λ_{max} (nm) (lg ε) = 326 (3.763), 299 (4.293), 240 (4.271), 218 (4.777).
IR (KBr): $\tilde{\nu}$ (cm^{-1}) = 3322, 2940, 1771, 1719, 1682, 1545, 1467, 1437, 1394, 1355, 1261, 1220, 1016, 808, 716, 653, 530.
^{1}H NMR (300 MHz, $CDCl_3$): δ (ppm) = 8.65 (s_{br}, 1H, 1-H), 7.83–7.79 (m, 2H, 3″-H, 6″-H), 7.67–7.64 (m, 2H, 4″-H, 5″-H), 7.21 (d, *J* = 8.9, 1H, 7-H), 7.06 (d, *J* = 2.3 Hz, 1H, 4-H), 6.90 (dd, *J* = 8.9, 2.3 Hz, 1H, 6-H), 4.40 (q, *J* = 7.2 Hz, 2H, OCH_2CH_3), 3.77 (s, 3H, OCH_3), 3.98 (t, *J* = 7.9 Hz, 2H, 2′-H_2), 3.42 (t, *J* = 7.9 Hz, 2H, 1′-H_2), 1.43 (t, *J* = 7.2 Hz, 3H, OCH_2CH_3).
^{13}C NMR (76 MHz, $CDCl_3$): δ (ppm) = 168.3 (C-2″, C-7″), 162.1 (CO_2Et), 154.5 (C-5), 133.8 (C-4″, C-5″), 132.2 (C-2″a, C-7″a), 131.0 (C-3a), 128.4 (C-7a), 124.5 (C-2), 123.0 (C-3″, C-6″), 119.3 (C-3), 117.4 (C-7), 112.8 (C-6), 110.1 (C-4), 60.97 (OCH_2CH_3), 55.56 (OCH_3), 38.13 (C-2′), 24.03 (C-1′), 14.40 (OCH_2CH_3).
MS (EI, 70 eV): *m/z* (%) = 392 (32) $[M]^+$, 232 (40) $[M-CH_2Phth]^+$, 186 (100) $[M-OCH_3-(CH_2)_2Phth]^+$, 77 (6) $[Ph]^+$.

3.2.5.3* 5-甲氧基色胺[6]

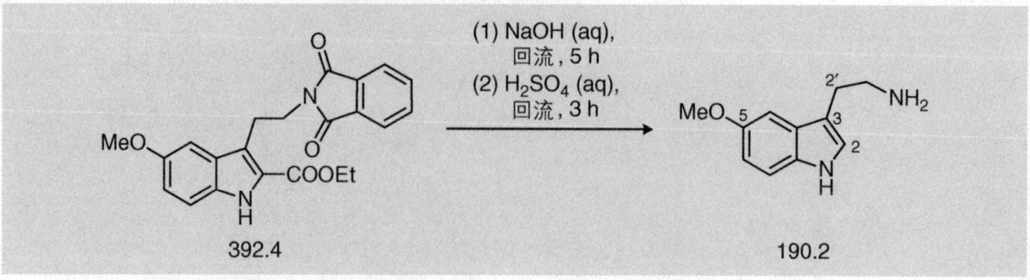

(1) NaOH (aq), 回流, 5 h
(2) H_2SO_4 (aq), 回流, 3 h

392.4 → 190.2

吲哚酯 **3.2.5.2**(1.0 g,2.55 mmol)和 NaOH 水溶液(2 mol/L,25 mL)回流反应 5 h,得到均相溶液,然后于 20 min 内滴加 50 mL 硫酸水溶液(20%,体积分数),混合物回流反应 3 h。

冰浴冷却 3 h,沉淀的邻苯二甲酸过滤除去,加入 NaOH 水溶液(30%,体积分数)碱化并用 CH_2Cl_2 萃取(5×10 mL),合并有机相,依次用 10 mL 的水和 10 mL 饱和食盐水洗涤,用 Na_2SO_4 干燥,过滤,减压除去溶剂,得到浅黄色晶体胺 317 mg,mp 121~122℃。

303 **UV** (CH_3CN): λ_{max} (nm) (lg ε) = 296.5 (3.677), 278.0 (3.789), 224.5 (4.369), 202.0 (4.418).

IR (KBr): $\tilde{\nu}$ (cm^{-1}) = 3335, 2595, 1586, 1492, 1305, 1218, 1048, 1010, 957, 922, 791, 638.

^{1}H NMR (300 MHz, $CDCl_3$): δ (ppm) = 8.27 (s_{br}, 1H, NH), 7.24 (dd, *J* = 8.8, 0.6 Hz, 1H, 7-H), 7.04 (d, *J* = 2.2 Hz, 1H, 4-H), 6.99 (d, *J* = 2.1 Hz, 1H, 2-H), 6.86 (dd, *J* = 8.8, 2.4 Hz, 1H, 6-H), 3.86 (s, 3H, OMe), 3.03 (t, *J* = 6.8 Hz, 2H, 2′-H_2), 2.88 (t, *J* = 6.8 Hz, 2H, 1-H_2), 1.35 (s_{br}, 2H, NH_2).

^{13}C NMR (76 MHz, $CDCl_3$): δ (ppm) = 153.8 (C-5), 131.5 (C-7a), 127.8 (C-3a), 122.9 (C-2), 113.3 (C-3), 112.1 (C-7), 111.8 (C-6), 100.6 (C-4), 55.89 (OCH_3), 42.21 (C-2′), 29.42 (C-1′).

MS (EI, 70 eV): *m/z* (%) = 190 (36) $[M]^+$, 160 (100) $[M-CH_3NH_2]^+$, 145 (28) $[M-CH_3NH_2-CH_3]^+$.

3.2.5.4* *N*-[2-(5-甲氧基-1*H*-吲哚-3-基)乙基]乙酰胺褪黑素[6]

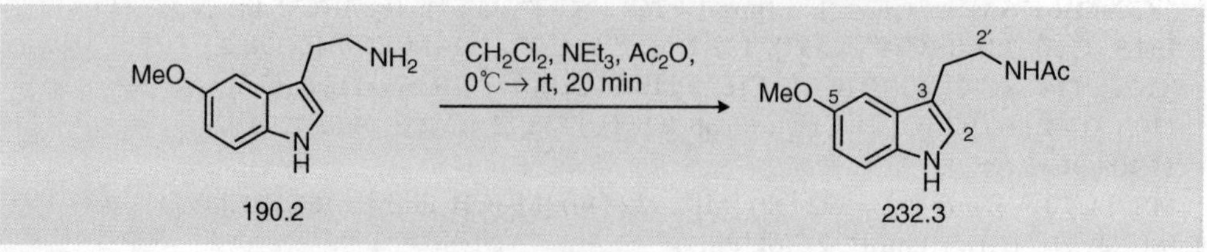

CH_2Cl_2, NEt_3, Ac_2O, 0℃→ rt, 20 min

190.2 → 232.3

0℃，NEt_3（33.2 mg，32.8 μmol）和乙酸酐（40.7 mg，39.9 μmol）滴加到胺 **3.2.5.3**（50.0 mg，26.3 μmol）的无水 CH_2Cl_2（2 mL）溶液中，滴加完毕后移除冰浴，室温下搅拌 20 min，倒入 5 mL 冰水中。

过滤收集无色固体，真空干燥，得到产物 43.4 mg，收率 71%，mp 117～118℃。

UV (CH_3CN): λ_{max} (nm) (lg ε) = 297.0 (3.592), 275.5 (3.701), 223.5 (4.272), 200.5 (4.420).
IR (KBr): $\tilde{\nu}$ (cm^{-1}) = 3294, 2934, 1651, 1486, 1217, 1036.
^{1}H NMR (300 MHz, $CDCl_3$): δ (ppm) = 8.44 (s_{br}, 1H, NH), 7.24 (d, J = 8.8 Hz, 1H, 7-H), 7.01 (d, J = 2.5 Hz, 1H, 4-H), 6.83 (dd, J = 8.8, 2.7 Hz, 1H, 6-H), 5.71 (s_{br}, 1H, NHAc), 3.83 (s, 3H, OMe), 3.56 (t, J = 6.8 Hz, 1H, 2′-H_b), 3.54 (t, J = 6.8 Hz, 1H, 2′-H_a), 2.93 (t, J = 6.8 Hz, 2H, 1′-H_2), 1.90 (s, 3H, 1″-H_3).
^{13}C NMR (76 MHz, $CDCl_3$): δ (ppm) = 170.2 (C-2″), 154.0 (C-5), 131.6 (C-7a), 127.7 (C-3a), 122.9 (C-2), 112.5 (C-3), 112.3 (C-7), 112.1 (C-6), 100.4 (C-4), 55.9 (OCH_3), 39.8 (C-2′), 25.3 (C-1′), 23.3 (C-1″).
MS (EI, 70 eV): m/z (%) = 232 (30) $[M]^+$, 173 (100) $[M-Ac-CH_3]^+$, 160 (93) $[M-CH_3NHAc]^+$, 145 (15) $[M-CH_3NHAc-CH_3]^+$.

参考文献 304

[1] Thomson, D.W., Commeureuc, A.G.J., Berlin, S., and Murphy, J.A. (2003) *Synth. Commun.*, **33**, 3631–3641.

[2] For discussion of the Fischer indole synthesis and its detailed mechanism, see: (a) Eicher, Th., Hauptmann, S., and Speicher, A. (2012) *The Chemistry of Heterocycles*, 3rd edn, Wiley-VCH Verlag GmbH, Weinheim, p. 142; for further information on indole synthesis, see: (b) Kreher, R. (ed.) (1994) *Methoden der organischen Chemie (Houben-Weyl)*, 4th edn, vol. E 6b1/E 6b2, Georg Thieme Verlag, Stuttgart.

[3] Hügel, H.M. and Nurlawis, F. (2003) *Heterocycles*, **60**, 2349–2354.

[4] Marais, W. and Holzapfel, C.W. (1998) *Synth. Commun.*, **28**, 3681–3691.

[5] Prabhakar, C., Kumar, N.V., Reddy, M.R., Sarma, M.R., and Reddy, G.O. (1999) *Org. Process Res. Dev.*, **3**, 155–160.

[6] He, L., Li, J.-L., Zhang, J.-J., Su, P., and Zheng, S.-L. (2003) *Synth. Commun.*, **33**, 741–747; the microwave-assisted indole formation described in this paper proved to be irreproducible.

[7] (a) Tietze, L.F. (1996) *Chem. Rev.*, **96**, 115–136; (b) Tietze, L.F., Brasche, G., and Gericke, K. (2006) *Domino Reactions in Organic Synthesis*, Wiley-VCH Verlag GmbH, Weinheim; (c) Tietze, L.F. (ed.) (2014) *Domino Reactions - Concepts for Efficient Organic Synthesis*, Wiley-VCH Verlag GmbH, Weinheim.

3.2.6 3-(4-甲基苯甲酰氨基)-1-苯基-4,5-二氢吡唑

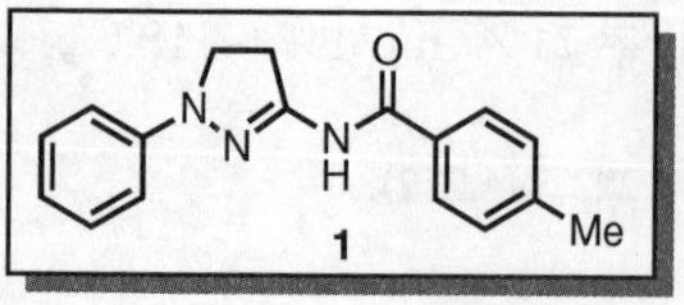

专题
- 伯胺氰乙基化
- 酰胺肟的合成
- 1,2,4-噁二唑合成
- 杂环热异构化：3-(β-氨乙基)-1,2,4-噁二唑→(3-芳氨基)-4,5-二氢吡唑

(a) 概述

合成含有两个或者多个杂原子的五元杂环(通常结构如 **3**)，一般由非环状的如 **2** 类型化合物 1,5-偶极化合物关环反应合成。该过程被称为——原则上可逆——6π 电子环化[1-3]：

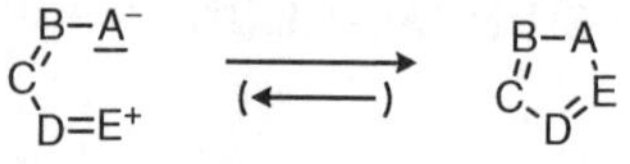

1,5-偶极类化合物通常是反应中间体，形成方法：ⅰ）适合的非环状的前体，或者ⅱ）杂环开环反应，如下面例子所示。

1）α-重氮羰基化合物在 Lewis 酸或者过渡金属离子[Cu(Ⅱ)，Pd(Ⅱ)，特别是 Rh(Ⅱ)]作用下通过消除 N_2 对腈加成形成 1,3-噁唑 **5**，反应很可能是立刻形成腈叶立德 **4** 然后关环得到偶极化合物 **5**[3]：

305

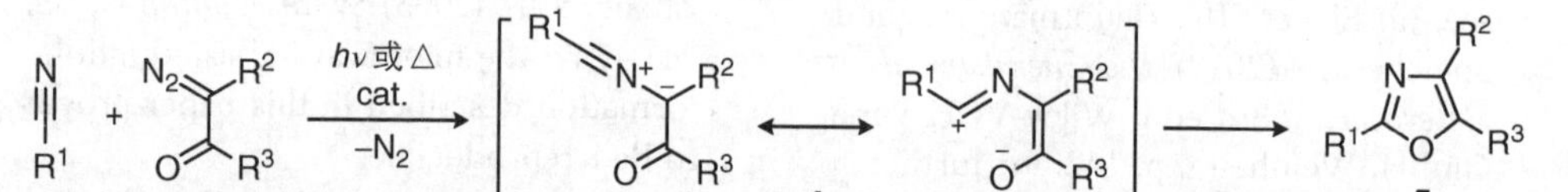

2）1,2-噁唑(如 **6**)通过光化学异构化为 1,3-噁唑(如 **7**)，该重排过程中，(可分离的)3-酰基氮杂环丙烯(如 **8**)作为一个中间体，通过腈叶立德 **9** 的 1,5-电环化转化为 1,3-噁唑体系[4,5]：

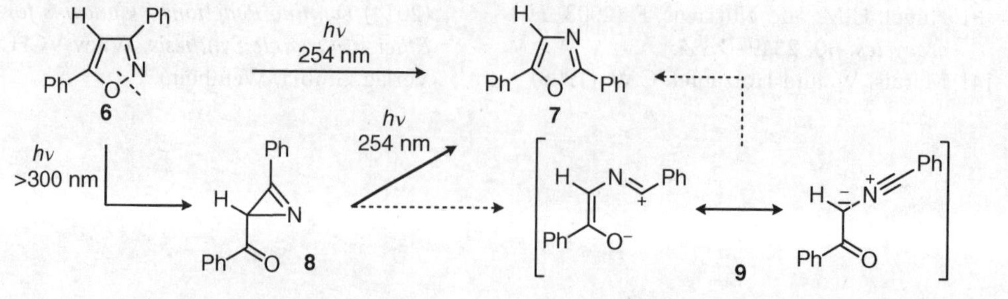

关于更多的 1,5-电环化内容见参考文献[1]。

(b) 合成 1

(3-酰氨基)-4,5-二氢吡唑,如 **1**,可以用 3-(β-氨乙基)-1,2,4-噁二唑热重排制备[6]。通常,1,2,4-噁二唑 **11** 在碱性条件下用酰胺肟 **10** 与羧酸酯缩合得到:

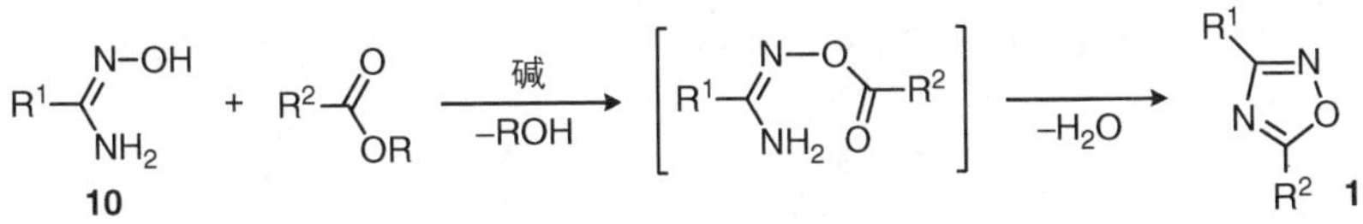

因此,合成 **1** 的第一部分是合成酰胺肟 **13**。

在醋酸铜催化下,苯胺对丙烯腈进行共轭加成(腈乙基化[7])生成 β-苯氨基丙腈 **12**,通过羟胺对 C≡N 加成得到酰胺肟 **13**:

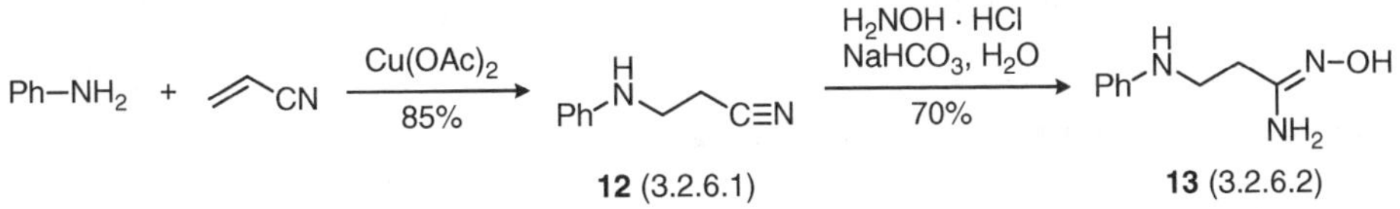

在合成的第二部分,酰胺肟 **13** 与对甲基苯甲酸乙酯环缩合,在乙醇溶液中用乙醇钠处理回流,很容易得到 1,2,4-噁二唑 **14**,收率 83%。当 **14** 在丁醇中加热时,很容易异构化为 3-酰氨基-4,5-二氢吡唑 **1**。 306

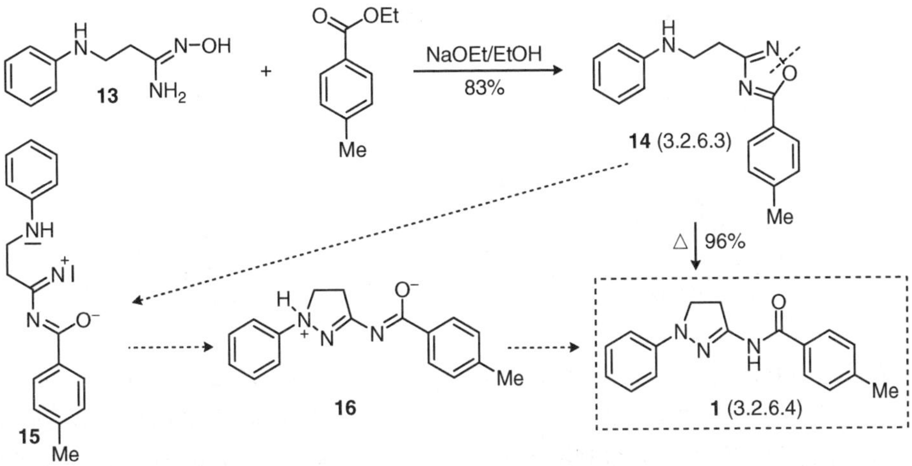

由 **14→1** 的热重排有可能与(a)部分中的例子有相似的机理,1,2,4-噁二唑 **14** 开环(在相对较弱的 N—O 键)得到 1,5-偶极化合物 **15**,通过苯胺 N 的分子内亲核进攻(很可能是因为空间靠得近的原因)得到 4,5-二氢吡唑 **16**,随后质子转移异构化得到 **1**。

目标分子通过四步反应得到,总收率 47%(基于苯胺)。

(c) 合成 1 的具体实验步骤

3.2.6.1* β-苯胺丙腈[8]

$PhNH_2$ + $CH_2{=}CHCN$ $\xrightarrow{Cu(OAc)_2}$ $PhNHCH_2CH_2C{\equiv}N$

93.1　　53.1　　146.2

向苯胺(93.1 g,1.00 mol)与丙烯腈(53.1 g,1.00 mol,苯胺(bp_{20} 84～85℃)和丙烯腈(bp_{760} 74～75℃)使用前要蒸馏)的混合物中加入乙酸铜(1.85 g),加热回流(大约是95℃),用30 min把油浴温度升高到110℃并保持1.0 h。

307 混合物冷却到80℃,未反应的苯胺和丙烯腈减压除去(20 mbar),回收大约29 g苯胺;暗色的剩余物精馏先是有个前馏分,然后得到黄色油状物,在接收器中结晶固化,用乙醇重结晶得到无色针状晶体84.5 g,收率85%,$bp_{0.02}$ 115～120℃。

IR (KBr): $\tilde{\nu}$ (cm^{-1}) = 3360, 2260.
^{1}H NMR (600 MHz, $CDCl_3$): δ (ppm) = 7.21 (dt, *J* = 7.2, 1.8 Hz, 2H, 3-H, 5-H), 6.77 (tt, *J* = 7.2, 1.7 Hz, 1H, 4-H), 6.61 (m, 2H, 2-H, 6-H), 3.99 (s_{br}, 1H, NH), 3.49 (t, *J* = 5.5 Hz, 2H, 1′-H_2), 2.48 (t, *J* = 5.5 Hz, 2H, 2′-H_2).
^{13}C NMR (126 MHz, $CDCl_3$): δ (ppm) = 146.1 (C-1), 129.4 (C-3, C-5), 118.4 (C-4), 118.2 (CN), 112.9 (C-2, C-6), 39.6 (C-1′), 17.9 (C-2′).

3.2.6.2* β-苯氨基丙酰胺肟[6]

$PhNHCH_2CH_2C{\equiv}N$ $\xrightarrow{H_2NOH\cdot HCl,\ NaHCO_3}$ $PhNHCH_2CH_2C(=N{-}OH)NH_2$

146.2　　179.2

$NaHCO_3$(16.8 g,0.20 mol)一次性加入盐酸羟胺(14.0 g,0.20 mol)的50 mL水溶液中,再加入β-苯氨基丙腈**3.2.6.1**(14.6 g,0.10 mol)的100 mL乙醇溶液,回流反应6 h。

减压浓缩至三分之一后得到绿色油状物质,乙醚萃取(3×100 mL),合并有机相,用Na_2SO_4干燥,过滤,减压除去溶剂得到油状物14.6 g,TLC检测是个纯净物,正己烷/乙酸乙酯重结晶(1∶1,80 mL),得到12.6 g产物,70%收率,mp 84～86℃,再次重结晶得到淡红色针状晶体,mp 90～90℃。如果没有晶体出现,用柱层析纯化(硅胶200 g),乙醚淋洗,重结晶得到无色晶体,mp 91～92℃。

IR (KBr): $\tilde{\nu}$ (cm^{-1}) = 3500, 3370, 3390, 1660.
^{1}H NMR (300 MHz, $CDCl_3$): δ (ppm) = 7.22–7.18 (m, 2H, Ar), 6.80–6.72 (m, 1H, Ar), 6.70–6.62 (m, 2H, Ar), 4.63 (s_{br}, 1H, NH), 3.49, 2.49 (2×t, J = 4.8 Hz, 2×CH_2).

3.2.6.3* 3-(β-苯胺乙基)-5-(*p*-甲苯基)-1,2,4-噁二唑[6] 308

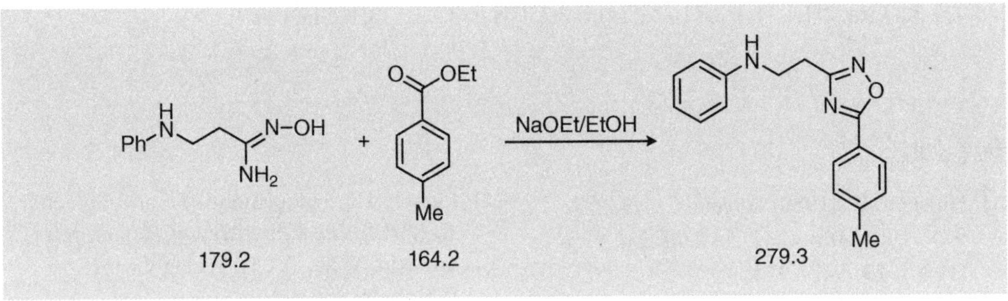

把酰胺肟 **3.2.6.2**(8.95 g,50.0 mmol)和对甲基苯甲酸乙酯(16.4 g,0.10 mol)溶解在乙醇中(50 mL),耗时 3 min 加入 EtONa(1.20 g,52.0 mmol)的乙醇(50 mL)溶液中,大约 10 min 后溶液变黄色,有晶体析出,反应回流 8 h。

混合物冷却到室温,过滤,固体用乙醇洗涤,然后加入 250 mL 水,搅拌 10 min,过滤,晾干,得到产物 8.42 g,mp 96~99℃。乙醇母液浓缩后投入 100 mL 水中,用 CH_2Cl_2 萃取(3×100 mL),合并有机相,用 $MgSO_4$ 干燥,过滤,减压除去溶剂,剩余物用乙醇重结晶,得到产物 3.20 g,mp 94~98℃,合计得到产物 11.6 g,总收率为 83%,乙醇重结晶后得到无色片状物,mp 101~102℃。

IR (KBr): $\tilde{\nu}$ (cm^{-1}) = 3400, 1630.
^{1}H NMR (300 MHz, $CDCl_3$): δ (ppm) = 8.05–8.10 (m, 2H, Ar), 7.37–7.31 (m, 2H, Ar), 7.25–7.18 (m, 2H, Ar), 6.78–6.69 (m, 3H, Ar), 4.25 (s_{br}, 1H, NH), 3.74 (t, J = 6.7 Hz, 2H, CH_2), 3.05 (t, J = 6.7 Hz, 2H, CH_2), 2.42 (s, 3H, CH_3).

3.2.6.4* 3-(4-对甲基苯甲酰胺)-1-苯基-4,5-二氢吡唑[6]

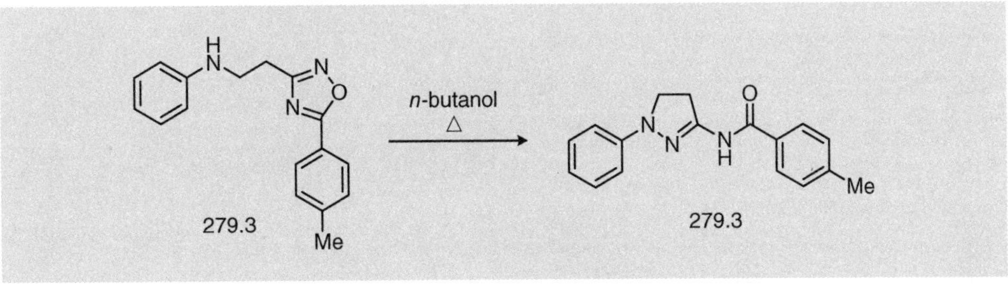

嗯二唑 **3. 2. 6. 3**(5. 60 g,20. 0 mmol)的无水丁醇(30 mL)溶液加热回流 8 h。
309 溶液冷却到室温,酰胺二氢吡唑衍生物呈现黄色针状析出,TLC 检测是纯净物,得到产物 5. 41 g,96%收率,mp 182~183℃(用正丁醇重结晶不改变熔点)。

IR (KBr): $\tilde{\nu}$ (cm^{-1}) = 3310, 1665, 1620.
^{1}**H NMR** (300 MHz, $CDCl_3$): δ (ppm) = 8.45 (s_{br}, 1H, NH), 7.80–7.75 (m, 2H, Ar), 7.35–7.26 (m, 4H, Ar), 7.02–6.97 (m, 2H, Ar), 6.89–6.82 (m, 1H, Ar), 3.92–3.83 (m, 2H, CH_2), 3.72–3.63 (m, 2H, CH_2), 2.47 (s, 3H, CH_3).

参考文献

[1] Huisgen, R. (1980) *Angew. Chem.*, **92**, 979–1005 *Angew. Chem., Int. Ed. Engl.*, (1980), **19**, 947–973.

[2] Taylor, E.C. and Turchi, I.J. (1979) *Chem. Rev.*, **79**, 181–231.

[3] Moody, C.J. and Doyle, K.J. (1997) *Progr. Heterocycl. Chem.*, **9**, 1–16.

[4] Singh, B. and Ullman, E.F. (1967) *J. Am. Chem. Soc.*, **89**, 6911–6916.

[5] Eicher, Th., Hauptmann, S., and Speicher, A. (2012) *The Chemistry of Heterocycles*, 3rd edn, Wiley-VCH Verlag GmbH, Weinheim, p. 192.

[6] Korbonits, D., Bako, E.M., and Horvath, K. (1979) *J. Chem. Res. (S)*, 64.

[7] Möller, F. (1967) *Methods of Organic Chemistry (Houben-Weyl)*, vol. XI/1, p. 272, Georg Thieme Verlag Stuttgart.

[8] Heininger, S.A. (1957) *J. Org. Chem.*, **22**, 1213–1217.

3.2.7 Camalexin(卡马来星,植物抗毒素)

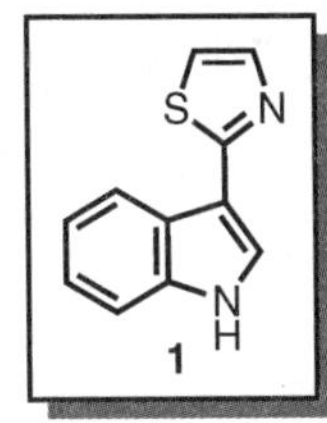

专题
- 植物抗毒素合成
- 卤素-金属交换反应
- 有机锂对芳醛加成
- CH—OH→C═O 氧化,Ar—NO_2→Ar—NH_2 还原
- 伯胺甲酰化反应
- Fürstner 吲哚合成法：低价钛引发的(2-酰基)酰替苯胺的还原环化

(a) 概述

Camalexin[**1**,3-(2-噻唑基)吲哚]属于植物抗毒素,在植物的抗微生物的机理中扮演着重要角色,Camalexin 和它的 6-甲氧基衍生物产生于亚麻芥的叶子中(Camelina sativa),源于抵抗芸苔链格孢(*Alternaria brassicae*)感染,因此展现了抗真菌的活性[1]。

在众多的构建吲哚结构的方法中[2],Fürstner 吲哚合成法成功合成化合物 **1** 以及其他的以吲哚为基础的天然产物[1,3]。

310

R^3, O, O, N, R^1, R^2 **2** —[Ti]→ R^3, R^2, N, R^1 **3**

2 还原 +2e⁻ → **4**; **4** 分子内自由基偶联 → **5**; **5** "–TiO_2" 脱氧 → **3**

在 Fürstner 吲哚合成中,2-酰基-苯胺化合物 **2** 可以经过分子内两个羰基的还原偶联进行环化,其中间体为"低价钛"(简称为[Ti])活性种,由此得到吲哚 **3** 中 C-2/C-3 键,该过程与 McMurry 反应很相似[4],也就是醛或者酮的还原二聚形成烯烃 C═C,它的机理可能包含一个电子转移到羰基上(**2**→**4**),以及 **4** 的分子内自由基偶联得到钛氧中间体 **5**,最后脱氧得到吲哚 **3**[5]。

Fürstner 法非常实用，其合成的杂环吲哚上取代基高度可调，这是源于底物 **2** 上各类过原性的官能团与大量的 Lewis 酸高度兼容。低价的 Ti 活性种可以从 $TiCl_3$ 与还原剂 Zn、Mg，或者石墨钾 C_8K 反应得到[3]。

在合成 **1** 的实验(b)部分，钛试剂是在底物 **6** 存在下现场制备的(原位生成)，用于还原环化。

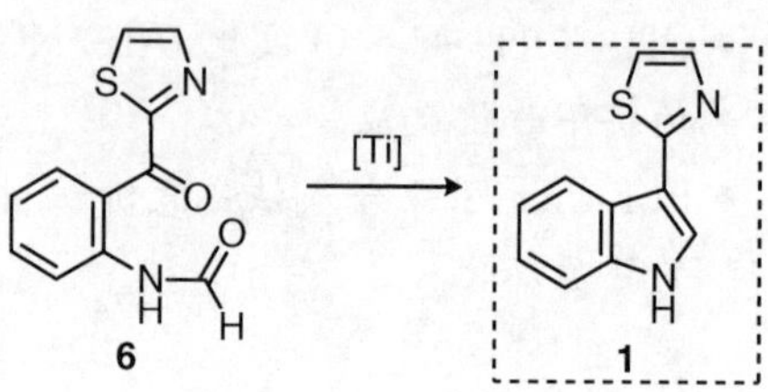

311 **(b) 合成 1**

商业上有供货的 2-溴噻唑(**7**)，通过与丁基锂进行卤素-金属置换得到噻唑锂(**8**)，接着加入到羰基化合物 2-硝基苯甲醛的乙醚溶液中(−78℃)反应得到(酸化后)仲醇 **9**，接着用吡啶重铬酸盐(PDC)氧化得到 2-硝基苯基-(2-噻唑基)甲酮 **10**。

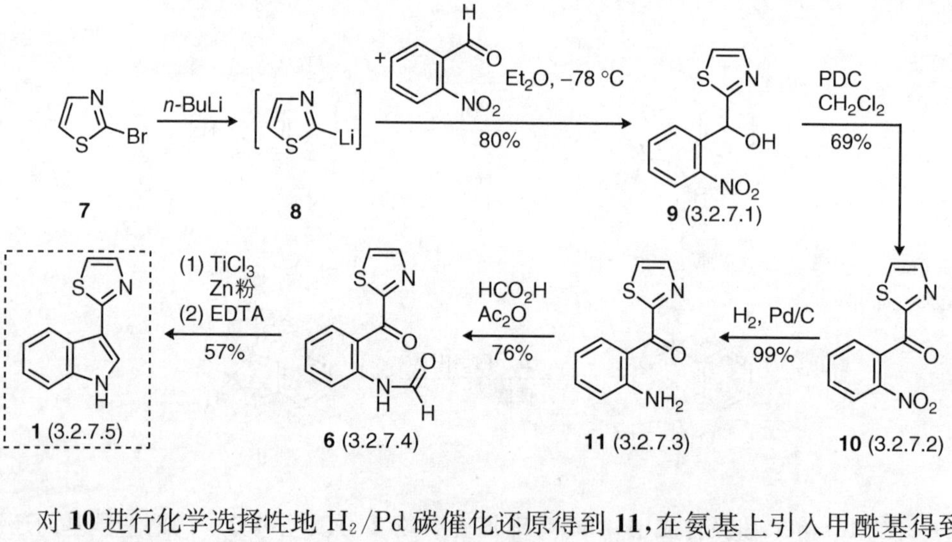

对 **10** 进行化学选择性地 H_2/Pd 碳催化还原得到 **11**，在氨基上引入甲酰基得到(2-酰基)-*N*-甲酰基苯胺化合物 **6**，在 THF 中用 $TiCl_3$/Zn 粉进行环化，使用乙二胺四乙酸(EDTA)进行清污，目的是除去碱性的噻唑 N 的 Ti 盐，最后得到 Camalexin **1**。

有必要指出，2-硝基苯基-2-噻唑基甲酮 **10**，还可以从 2-三甲硅基噻唑 **12** 通过与邻硝基苯甲酰氯进行 Si-C 键酰基化反应制备：

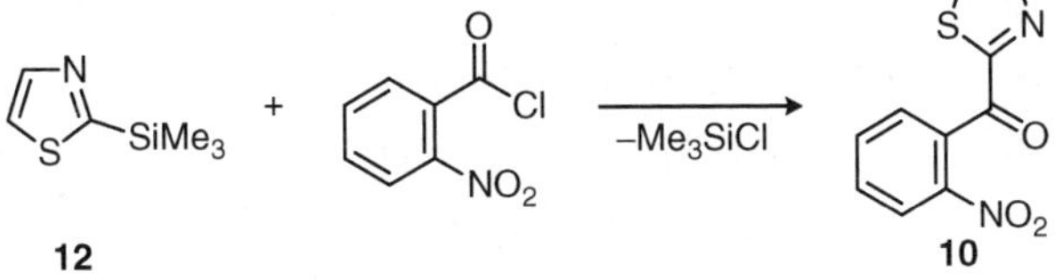

$-Me_3SiCl$

12 10

因为 **12**(又称为 Donchni 噻唑)有毒,而且与 **10** 难以分离,因此上述用 2-硝基苯甲醛的方法是优选方案。

综上所述,目标化合物 **1** 通过 5 步反应得到,总收率 24%(基于化合物 **7**)。

(c) 合成 1 的实验步骤 312

3.2.7.1** 2-硝基苯基-(2-噻唑基)-甲醇[1]

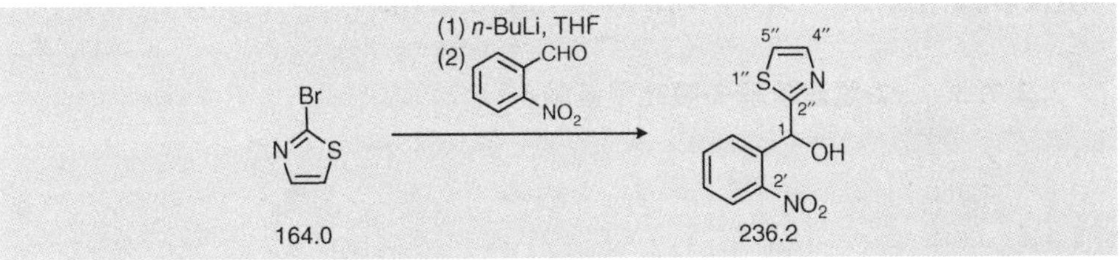

(1) *n*-BuLi, THF
(2) 2-硝基苯甲醛

164.0 236.2

-78℃,搅拌,氩气保护下,2-溴噻唑(5.0 g,30.5 mmol)的无水乙醚/THF(20 mL,2∶1)溶液,缓缓滴加到丁基锂的(1.6 mol/L,正己烷溶液,20 mL)的乙醚溶液中(80 mL),滴加耗时 45 min,完毕后继续反应 15 min,缓缓滴加 2-硝基苯甲醛(4.50 g,30.0 mmol)的 THF 溶液(20 mL),耗时 45 min,保持-78℃继续搅拌 30 min。

冷却,缓缓地向混合物中加入 10%的 NH_4Cl 水溶液 100 mL,水相用乙酸乙酯萃取(3×30 mL),合并有机相,用 20 mL 食盐水洗涤,并用 $MgSO_4$ 干燥,过滤,减压除去溶剂,剩余物甲苯重结晶,得到淡黄色晶体 4.62 g,80%收率,mp 130~131℃,R_f=0.17(正庚烷/乙酸乙酯=4∶1)。

^{1}H NMR (200 MHz, $CDCl_3$): δ (ppm) = 8.03 (m, 1H, 3′-H), 7.58 (m, 3H, 4′-H, 5′-H, 6′-H), 7.48 (m, 1H), 7.32 (d, *J* = 8 Hz 1H) (4″-H, 5″-H), 6.62 (s, 1H, 1-H), 4.50 (s_{br}, 1H, OH).

3.2.7.2* 2-硝基苯基-2-噻唑基甲酮[1]

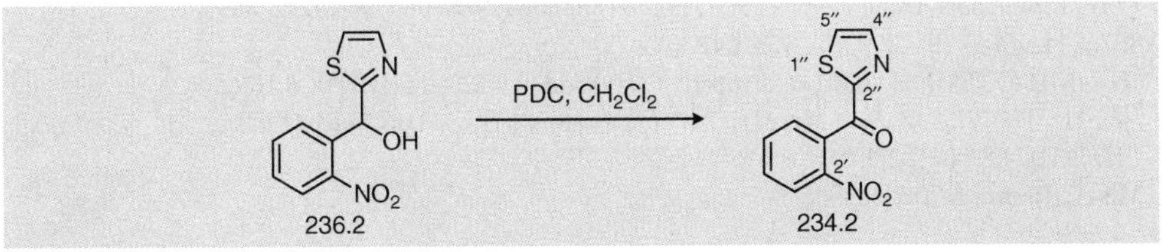

PDC, CH_2Cl_2

236.2 234.2

氩气保护下，吡啶重铬酸盐(PDC)(12.1 g，32.1 mmol)加到 **3.2.7.1**(3.8 g，
313 16.1 mmol)的 150 mL 的 CH_2Cl_2 溶液中，室温下搅拌 5 h，然后用装有少量硅藻土 Celite®的柱子过滤，过滤后柱子用 250 mL CH_2Cl_2 洗脱，合并滤液和洗脱液，用 $MgSO_4$ 干燥，过滤，减压除去溶剂，剩余物用 MeOH 重结晶得到 2-硝基苯基-2-噻唑甲基酮，淡黄色晶体 2.6 g，69%收率，mp 119～120℃，R_f＝0.39(正戊烷/乙酸乙酯＝4∶1)。

IR (film): $\tilde{\nu}$ (cm^{-1}) = 3448, 3335, 3155, 3114, 3093, 3059, 3031., 2950, 2919, 2853, 1976, 1951, 1864, 1849, 1821, 1754, 1734, 1718, 1675, 1638, 1611, 1575, 1519, 1480, 1438, 1384, 1371, 1348, 1330, 1309, 1296, 1257, 1174, 1136, 1064, 988, 964, 912, 898, 867, 854, 790, 768, 737, 707.
^{1}H NMR (200 MHz, $CDCl_3$): δ (ppm) = 8.24 (d, J = 4 Hz, 1H), 8.06 (d, J = 4 Hz, 1H) (4″-H, 5″-H), 7.78–7.97 (m, 4H, 3′-H, 4′-H, 5′-H, 6′-H).

3.2.7.3** 2-氨基苯基-2-噻唑甲基酮[1]

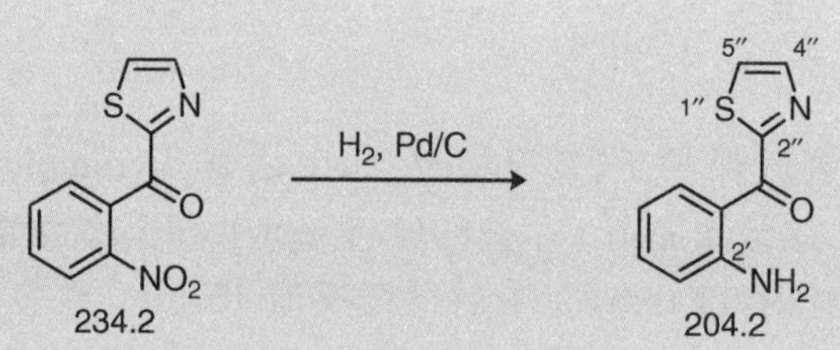

硝基酮衍生物 **3.2.7.2**(1.0 g，4.27 mmol)溶解于 25 mL 乙酸乙酯中，加入 5% 的 Pd/C 112 mg，通入 H_2 3 h，反应物变红。

然后用装有少量硅藻土(5 g)Celite®的柱子过滤，过滤后柱子用乙酸乙酯洗脱，合并滤液和洗脱液，$MgSO_4$ 干燥，过滤，减压除去溶剂，得到黄色针状晶体 860 mg，99%收率，mp 116～117℃，R_f＝0.49(正戊烷/乙酸乙酯＝4∶1)。

IR (film): $\tilde{\nu}$ (cm^{-1}) = 3443, 3335, 3156, 3114, 3093, 2949, 2921, 2853, 2618, 1976, 1951, 1849, 1821, 1754, 1734, 1718, 1674, 1638, 1611, 1575, 1519, 1481, 1439, 1384, 1330, 1309, 1296, 1257, 1174, 1135, 1064, 988, 964, 940, 912, 899, 867, 854, 790, 768, 737, 707, 673, 642, 612.
^{1}H NMR (300 MHz, $CDCl_3$): δ (ppm) = 8.90 (dd, J = 8.2, 1 Hz, 1H), 8.10 (d, J = 1 Hz, 1H), 7.58 (d, J = 1 Hz, 1H), 7.37 (dt, J = 8.2, 1 Hz, 1H), 6.74 (dt, J = 8.2, 1 Hz, 2H), 4.80 (s_{br}, 2H, NH_2).
MS (ESI): m/z = 206 $[M+H]^+$.

3.2.7.4** 2-甲酰氨基苯基-2-噻唑甲基酮[1] 314

Ac_2O/HCO_2H

204.2 232.3

60℃，甲酸(10.9 mL，290 mmol)和乙酸酐(25 mL，264 mmol)混合搅拌 3 h，然后加入氨基酮 **3.2.7.3**(572 mg，28.0 mmol)，室温继续搅拌 30 min。

小心加入 15 mL 饱和的 $NaHCO_3$ 溶液猝灭反应，分液，水相用乙酸乙酯萃取(5×15 mL)，合并有机相，用 $MgSO_4$ 干燥，过滤，减压除去溶剂，剩余物用柱层析快速纯化(硅胶，正戊烷/乙酸乙酯＝4∶1)，得到淡黄色针状晶体 492 mg，76％收率，mp 110～111℃，R_f＝0.18(正戊烷/乙酸乙酯＝4∶1)。

IR (film): $\tilde{\nu}$ (cm^{-1}) = 3407, 2922, 2851, 1657, 1548, 1480, 1381, 1328, 1300, 1276, 1200, 1160, 1096, 1069, 1034, 897, 876, 752.
^{1}H NMR (300 MHz, $CDCl_3$): δ (ppm) = 10.9 (s_{br}, 1H, NH), 8.88 (d, J = 8 Hz, 1H), 8.72 (d, J = 8 Hz, 1H), 8.52 (s, 1H), 8.12 (d, J = 3.2 Hz, 1H), 7.79 (d, J = 3.2 Hz, 1H), 7.67 (t, J = 8.1 Hz, 1H, 1H), 7.26 (t, J = 8 Hz, 1H).
MS (ESI): m/z = 255 $[M+Na]^+$, 233 $[M+H]^+$.

3.2.7.5** Camalexin(卡马来星)[1]

$TiCl_3$, Zn 粉, THF

232.3 200.3

甲酰胺衍生物 **3.2.7.4**(50 mg，216 μmol)，$TiCl_3$(166 mg，1.1 μmol)和锌粉(70.6 mg，1.08 mmol)悬浮在无水 2.5 mL THF 中，氩气保护下加热回流 3 h。

混合物冷却到室温，加入 5 mL 乙酸乙酯稀释，用饱和的 EDTA 洗涤(3×2 mL)，水相用乙酸乙酯萃取(5×5 mL)，合并有机相，$MgSO_4$ 干燥，过滤，减压除去溶剂，剩 315

余物用柱层析快速纯化(硅胶,正戊烷/乙酸乙酯=4∶1),得到淡黄色晶体 24.6 mg,57%收率,mp 132~133℃,R_f=0.58(正戊烷/乙酸乙酯=4∶1)。

IR (film): $\tilde{\nu}$ (cm^{-1}) = 3386, 2960, 2923, 2852, 2346, 1720, 1654, 1550, 1498, 1460, 1377, 1325, 1260, 1093, 1029, 865, 798, 745.
^{1}H NMR (300 MHz, $CDCl_3$): δ (ppm) = 9.25 (s_{br}, 1H, NH), 8.25 (m, 1H,), 7.85 (t, J = 8 Hz, 2H), 7.43–7.20 (m, 4H).
MS (ESI): m/z = 200 $[M+H]^+$.

参考文献

[1] Fürstner, A. and Ernst, A. (1995) *Tetrahedron*, **51**, 773–786.
[2] Kreher, R. (ed.) (1994) *Methoden der Organischen Chemie (Houben-Weyl)*, vol. E 6 b1/E 6 b2 Georg Thieme Verlag Stuttgart.
[3] Fürstner, A., Ernst, A., Krause, H., and Ptok, A. (1996) *Tetrahedron*, **52**, 7329–7344.
[4] McMurry, J.E. (1989) *Chem. Rev.*, **89**, 1513–1524.
[5] Smith, M.B. (2013) *March's Advanced Organic Chemistry*, 7th edn, John Wiley & Sons, Inc., New York, p. 1559, and literature cited therein.

3.3 六元杂环

3.3.1 乙酰乙酸乙酯合成吖嗪和二吖嗪

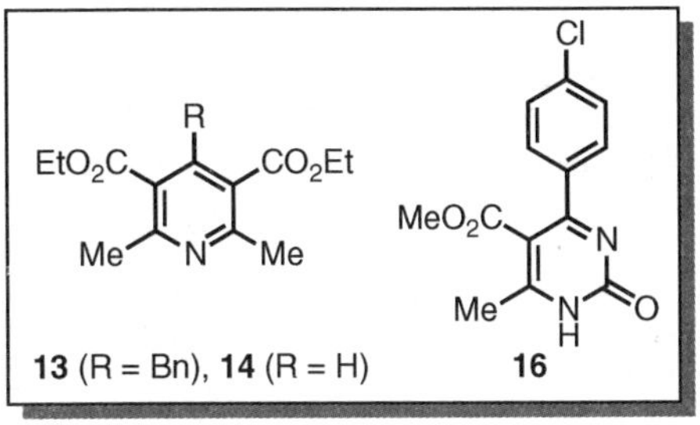

专题
- Hantzsch 法合成吡啶
- Biginelli 法合成 3,4-二氢嘧啶-2-酮
- 二氢嘧啶-2-酮脱氢得到嘧啶

(a) 概述

目前有多种高效的构建方法来合成六元杂环,其中β-二羰基化合物,优选β-羰基酯使用多组分一锅煮法,作为一个 C2 砌块插入骨架中,这些方法的两条路线展示在1)和 2)中。

1) 在 Hantzsch 法合成吡啶中,2 分子的β-二羰基化合物(β-酮-酯或者β-二酮)、醛、氨,通过四组分环缩合给出 1,4-二氢吡啶 **1**,继续氧化为吡啶 **2**[1]。 316

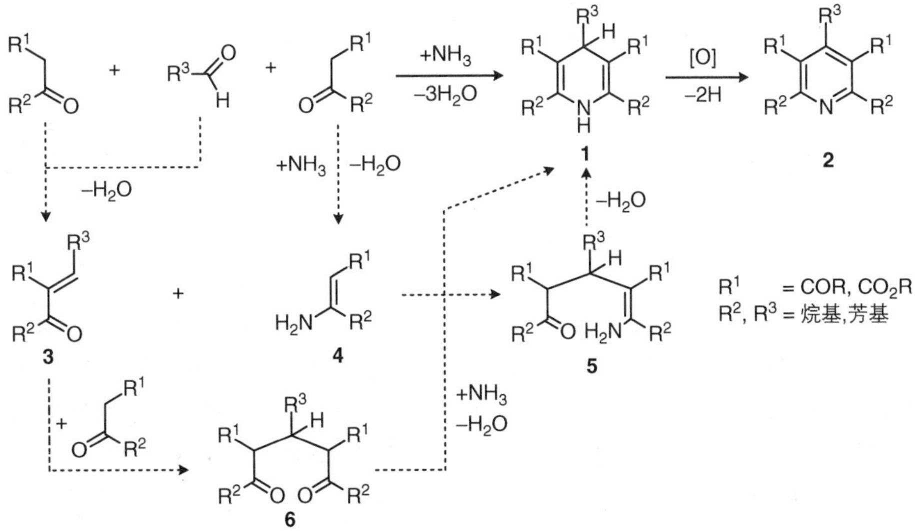

该过程能通过两条不同的路径实现,首先一分子的β-二羰基化合物与醛缩合得到 Knoevenagel 产物 **3**,另一分子β-二羰基化合物与氨或者伯胺缩合得到β-烯胺 **4**,

3 与 **4** 进行 Michael 加成反应得到 5-氨基-4-戊烯酮 **5**,环化后得到二氢吡啶衍生物 **1**。

该方法能够得到不对称的二氢吡啶衍生物,因此在使用预制的 β-烯胺酮改良的 Hantzsch 法中,可以使用不同的 β-二羰基化合物(应用于制备 β-烯胺酮以及 Knoevenagel 缩合反应[2])。另一条反应路线中,两分子的 β-二羰基化合物与醛经过多米诺式的缩合 Knoevenagel-Michael 加成反应得到 1,5-二羰基化合物 **6**,进一步与 NH_3 环缩合得到产物 **1**,这种方法只能用于合成对称结构的化合物。

有必要指出,1,4-二氢吡啶,如同硝苯地平 **7** 以及类似物是有效的 Ca 的拮抗药以及冠状动脉扩张剂,作为降压药具有重要的医学价值:

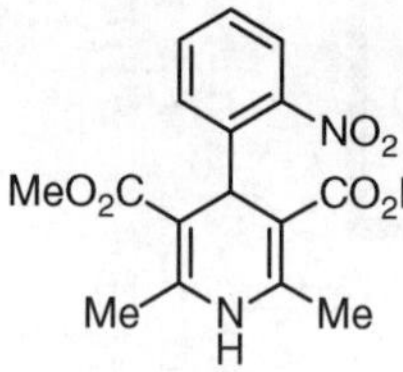

7

317 2) Biginell 法组分合成 3,4-二氢嘧啶酮 **8**[4] 过程中,β-酮酯、醛、脲经历酸催化或者金属离子催化三环缩合:

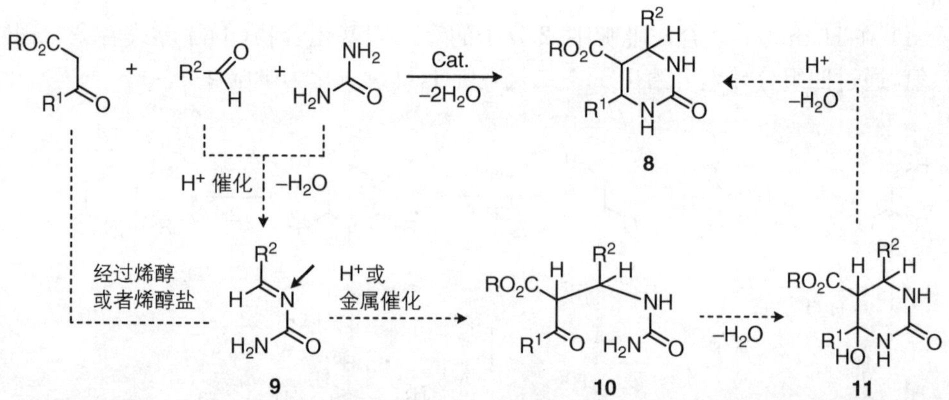

8 **9** **10** **11**

除了前面合成 1,4-二氢吡啶的机理与 1)相似以外,Biginell 法的机理有其不同之处[5]。其关键的一步是醛和脲在酸催化下形成中间体 **9**,通过 N-质子化或者与金属离子配位(Fe(Ⅲ),Ni(Ⅱ)等),烯丙酰亚胺 **9** 能被活化,作为亚铵离子被 β-酮酯(烯醇或者烯醇盐)捕获形成一个开链的酰基脲 **10**,接着环化(通过环酰基脲 **11** 脱水)得到 3,4-二氢嘧啶酮 **8**。

(b) 合成 13,14,16

1) 合成 **13**,**14**,4-苄基-1,4-二氢吡啶 **12** 是通过 Hantzsch 法,使用两分子的乙酰

乙酸乙酯，一分子的苯基乙醛，氨合计四元组分环缩合得到的[6]。

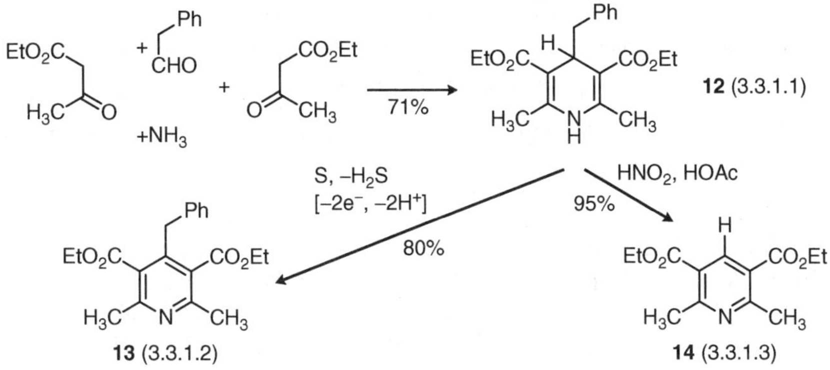

12 (3.3.1.1)

13 (3.3.1.2)

14 (3.3.1.3)

得到的 1,4-二氢吡啶 **12** 能够进一步按照两条路径转化，一条路径是与硫反应脱氢得到 4 位苄基保护的吡啶二酯衍生物 **13**[7]，另一条途径是在冰醋酸中与 HNO_2 反应经历脱烷基的氧化反应(消除 4 位取代基，反应可能通过苄基阳离子完成，伴随着苄醇、苯甲醛或者苯甲酸酯生成)得到吡啶二酯衍生物 **14**[6]，用 SET 机理[8]可以解释二氢吡啶“正常的”以及“反常的”氧化芳基化。 318

2) 为了合成 **16**，首先要制备 4-对氯苯基-3,4-二氢嘧啶-2(1*H*)-酮 **15**，通过乙酰乙酸甲酯，对氯苯甲醛和脲的三组分环缩合反应得到 **15**，使用 HCl、$FeCl_3$ 为催化剂，乙醇为溶剂，该法被称为 Biginelli 法[5]，**15** 进一步用 HNO_3 氧化得到 **16**[9]。

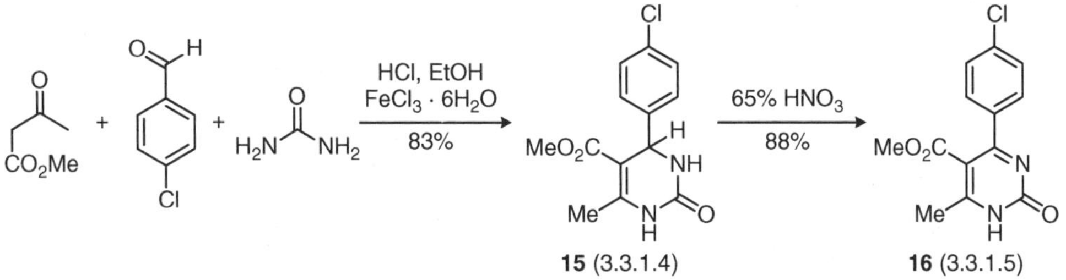

15 (3.3.1.4)

16 (3.3.1.5)

(c) 合成 13,14,16 的具体实验步骤

3.3.1.1* 4-苄基-3,5-二(乙氧羰基)-1,4-二氢-2,6-二甲基吡啶[6]

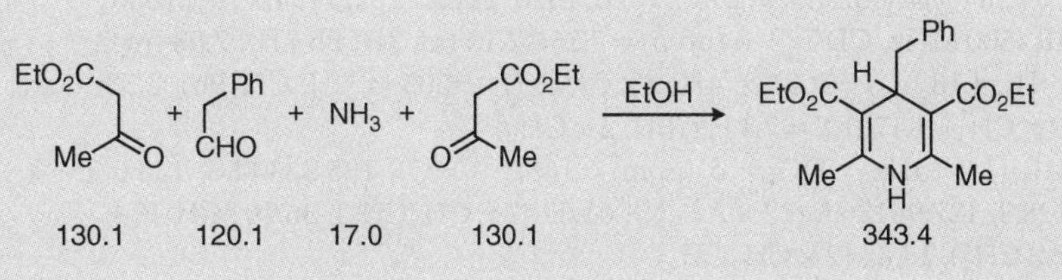

130.1 120.1 17.0 130.1 343.4

将乙酰乙酸乙酯(44.2 g,0.34 mol,使用前要蒸馏,bp_{18} 75～76℃),苯乙醛(20.2 g,0.17 mol,用亚硫酸氢钠反应纯化[10]),浓氨水 20 mL(约等于 0.30 mol)溶解于 40 mL 乙醇中,加热回流 2 h,冷却到室温,混合物倒入 500 mL 冰水中,把黄色油层分离,1 h 以后固化,过滤,用水洗涤,真空干燥。

319 用环己烷重结晶,得到淡黄色针状晶体 41.5 g,收率 71%,mp 115～116℃,如要进一步纯化,请用甲醇重结晶。

IR (KBr): $\tilde{\nu}$ (cm^{-1}) = 3320, 1690, 1650.
^{1}H NMR (500 MHz, $CDCl_3$): δ (ppm) = 7.20–7.10 (m, 3H, Ph–H), 7.02 (m_c, 2H, Ph–H), 5.37 (s_{br}, 1H, NH), 4.20 (t, *J* = 5.6 Hz, 1H, allyl–H), 4.07, 4.03 (2 × q, *J* = 7.2 Hz, 4H, OCH_2), 2.58 (d, *J* = 5.6 Hz, 2H, CH_2Ph), 2.17 (s, 6H, 2 × CH_3), 1.23 (t, *J* = 7.2 Hz, 6H, 2 × CH_2CH_3).
^{13}C NMR (126 MHz, $CDCl_3$): δ (ppm) = 167.8 (2 × C=O), 145.4 (C-2, C-6), 139.3, 130.1, 127.3, 125.6 (6 × Ph–C), 101.9 (C-3, C-5), 59.57 (2 × CH_2CH_3), 42.31, 35.51 (C-4, CH_2Ph), 19.21 (2 × CH_3), 14.35 (2 × CH_2CH_3).

3.3.1.2* 4-苄基-3,5-二(乙氧羰基)-2,6-二甲基吡啶[7]

S, $-H_2S$

343.4 → 341.4

二氢吡啶衍生物 **3.3.1.1**(4.00 g,11.6 mmol)和硫(0.389 g,11.8 mmol)加热到 200℃,维持 1 h 直到混合物变得澄清并且没有气泡冒出,硫完全消耗掉。

冷却,半固化的反应物用 HCl 溶液(4 mol/L,30 mL)萃取,过滤,滤液用 Na_2CO_3 中和,释放的油用乙醚萃取(3×50 mL),合并萃取液,用 $MgSO_4$ 干燥,过滤,溶剂减压除去,依据 NMR 结果可知剩余的黄色油状物已经足够纯,可直接用于下一步反应。蒸馏得到无色油状物,bp_1 170℃,放置后固化,3.16 g,80%收率,mp 45～46℃。

IR (oil): $\tilde{\nu}$ (cm^{-1}) = 3062, 3029, 2980, 1720, 1570, 1446, 1233, 1194, 1106, 1080.
^{1}H NMR (500 MHz, $CDCl_3$): δ (ppm) = 7.25–7.13 (m, 3H, Ph–H), 7.08 (m_c, 2H, Ph–H), 4.18 (q, *J* = 7.1 Hz, 4H, 2 × CH_2CH_3), 4.05 (s, 2H, CH_2Ph), 2.53 (s, 6H, 2 × CH_3), 1.17 (t, *J* = 7.1 Hz, 6H, 2 × CH_3).
^{13}C NMR (126 MHz, $CDCl_3$): δ (ppm) = 168.3 (C=O), 155.3, 144.6, 138.0, 129.1, 128.3, 127.9, 126.5 (12 × Ar–C), 61.52 (2 × CH_2CH_3), 36.20 (CH_2Ph), 23.02 (2 × CH_3), 13.85 (2 × CH_2CH_3).

3.3.1.3* 3,5-二(乙氧羰基)-2,6-二甲基吡啶[6] 320

剧烈搅拌后，向吡啶衍生物 **3.3.1.1**(10.0 g，29.2 mmol)的 10 mL 冰醋酸溶液中分批加入 $NaNO_2$(10.0 g，145 mmol，注意：分成小份)，维持温度在 50℃以下。加完后室温下继续搅拌 30 min，直到没有氧化氮气体逸出。混合物倒冰水中(400 mL)，用乙醚萃取(3×300 mL)，合并有机相，用 HCl(2 mol/L，2×200 mL)洗涤，水相用固体 $NaHCO_3$ 中和到中性，产品析出，过滤，干燥，用环己烷重结晶，得到浅黄色叶状晶体 7.00 g，收率 95%，mp 69～71℃。

IR (KBr): $\tilde{\nu}$ (cm^{-1}) = 2980, 1725, 1592, 1557, 1445, 1368, 1292, 1255, 1223, 1107, 1044, 771.
^{1}H NMR (300 MHz, $CDCl_3$): δ (ppm) = 8.63 (s, 1H, 4-H), 4.38 (q, *J* = 7 Hz, 4H, 2×CH_2CH_3), 2.82 (s, 6H, 2×CH_3), 1.40 (t, *J* = 7 Hz, 6H, 2×CH_3).

3.3.1.4** 4-(对氯苯基)-3,4-二氢-5-甲氧羰基-6-甲基嘧啶-2(1*H*)-酮[5]

向乙酰基乙酸甲酯(2.32 g，20.0 mmol)、4-氯苯甲醛(2.81 g，20.0 mmol)、脲(1.80 g，30.0 mmol)、$FeCl_3 \cdot 6H_2O$(1.35 g，5.00 mmol)的乙醇(40 mL)溶液中加入
4 滴浓 HCl，回流 5 h。冷却，反应混合液倒入 200 g 碎冰中，搅拌 15 min。过滤出沉 321
淀并用冷水(2×50 mL)洗，再用乙醇/H_2O(1∶1，3×40 mL)洗。干燥粗产物并用乙醇重结晶，得无色晶体 4.85 g(83%)，熔点 200～201℃。

IR (KBr): $\tilde{\nu}$ (cm^{-1}) = 3364, 3218, 3093, 2947, 1712, 1687, 1633, 1488.
^{1}H NMR (500 MHz, [D_6]DMSO): δ (ppm) = 9.26 (s, 1H, NH), 7.78 (s, 1H, NH), 7.39 (d, *J* = 8.4 Hz, 2H, Ar), 7.25 (d, *J* = 8.4 Hz, 2H, Ar), 5.14 (d, *J* = 3.5 Hz, 1H, 4-H), 3.53 (s, 3H, OCH_3), 2.25 (s, 3H, CH_3).
^{13}C NMR (126 MHz, [D_6]DMSO): δ (ppm) = 165.7 (CO_2Me), 151.9 (NC(O)N), 149.0 (C-6), 143.6, 131.8, 128.4, 128.1 (6 × Ar–C), 98.6 (C-5), 53.2, 50.8 (C-4, OCH_3), 17.8 (CH_3).

3.3.1.5* 4-对氯苯基-5-甲氧羰基-6-甲基嘧啶-2(1*H*)-酮[9]

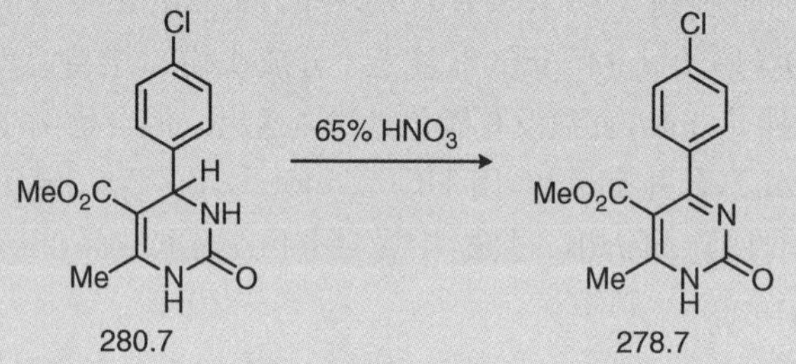

65% HNO_3

280.7 → 278.7

在 0℃条件下，将二氢嘧啶酮 **3.3.1.4**(2.81 g，10.0 mmol)分批加入硝酸(65%，20 mL)中，约 5 min 加完。混合液于 0℃下再搅拌 2 min，溶液颜色变成黄色，在约 15 min 内逐渐升至室温。

反应液立刻倒入 50 g 碎冰中，用 K_2CO_3 调节 pH 8(注意：释放大量 CO_2)。混合液用 $CHCl_3$(4×100 mL)萃取，合并有机相，H_2O(100 mL)洗，无水 $MgSO_4$ 干燥，过滤，真空条件下移除溶剂。粗产物用乙醇重结晶，得到黄绿色固体，2.45 g(88%)，熔点 173～174℃。

^{1}H NMR (500 MHz, [D_6]DMSO): δ (ppm) = 8.31 (s, 1H, NH), 7.54 (d, *J* = 8.4 Hz, 2 × Ar), 7.47 (d, *J* = 8.4 Hz, 2H, Ar), 3.52 (s, 3H, OCH_3), 2.40 (s, 3H, CH_3).
322 **^{13}C NMR** (126 MHz, [D_6]DMSO): δ (ppm) = 169.4, 166.3, 162.2, 155.6 (CO_2Me, C-2, C-4, C-6), 136.7, 135.0, 129.4, 128.4 (6 × Ar–C), 108.5 (C-5), 51.99 (OCH_3), 18.58 (CH_3).

参考文献

[1] Eicher, Th., Hauptmann, S., and Speicher, A. (2012) *The Chemistry of Heterocycles*, 3rd edn, Wiley-VCH Verlag GmbH, Weinheim, p. 371.

[2] Bossert, F., Meyer, H., and Wehinger, E. (1981) *Angew. Chem.*, **93**, 755–763; *Angew. Chem., Int. Ed. Engl.*, (1981), **20**, 762–769.

[3] Goldmann, S. and Stoltefuß, J. (1991) *Angew. Chem.*, **103**, 1587–1605; *Angew. Chem. Int. Ed.*, (1991), **30**, 1559–1577.

[4] Kappe, C.O. (1993) *Tetrahedron*, **49**, 6937–6963.

[5] (a) Lu, J. and Bai, Y. (2002) *Synthesis*, 466–470; Bi(III) triflate as catalyst: (b) Varala, R., Alam, M., and Adapa, S.R. (2002) *Synlett*, 67–70; Cu(II) triflate as a reusable catalyst: (c) Paraskar, A.S., Dewkar, G.K., and Sudalai, A. (2003) *Tetrahedron Lett.*, **44**, 3305–3308; green protocol for the Biginelli reaction ($Ag_3PW_{12}O_{40}$ as a water-tolerant catalyst): (d) Yadav, J., Reddy, B.V.S., Sridhar, P., Reddy, J.S.S., Nagaiah, K., Lingaiah, N., and Saiprasad, P.S. (2004) *Eur. J. Org. Chem.*, 552–557.

[6] Loev, B. and Snader, K.M. (1965) *J. Org. Chem.*, **30**, 1914–1916.

[7] Ayling, E.E. (1938) *J. Chem. Soc.*, 1014–1023.

[8] Lee, K.H. and Koo, K.-Y. (2002) *Bull. Korean Chem. Soc.*, **23**, 1505–1506.

[9] (a) Kang, F.-A., Kodah, J., Guan, Q., Li, X., and Murray, W.V. (2005) *J. Org. Chem.*, **70**, 1957–1960; (b) Puchala, A., Belaj, F., Bergman, J., and Kappe, C.O. (2001) *J. Heterocycl. Chem.*, **38**, 1345–1352.

[10] Bayer, O. (ed.) (1954) *Methoden der Organischen Chemie (Houben-Weyl)*, Vol. VII/I, Georg Thieme Verlag Stuttgart. p. 484.

3.3.2 (*R*)-猪毛菜定碱

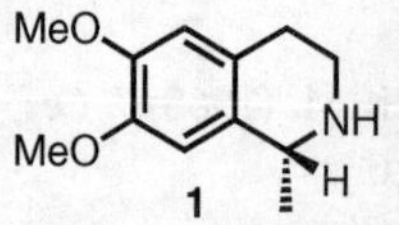

1

专题
- 异喹啉类生物碱的合成
- 3,4-二氢异喹啉的 Bischler-Napieralski 合成
- 手性 Ru 催化亚胺的 Noyori 加氢反应(3,4-二氢异喹啉→1,2,3,4-四氢异喹啉)

(a) 概述

猪毛菜定碱(**1**)属于老头掌生物碱类,在鹿尾草(藜科)中被发现。一般而言,老头掌生物碱是墨西哥仙人掌的一种成分;这类剧毒异喹啉类生物碱的代表是老头掌碱(**2**)和卡内精(**3**)[1,2]。

323

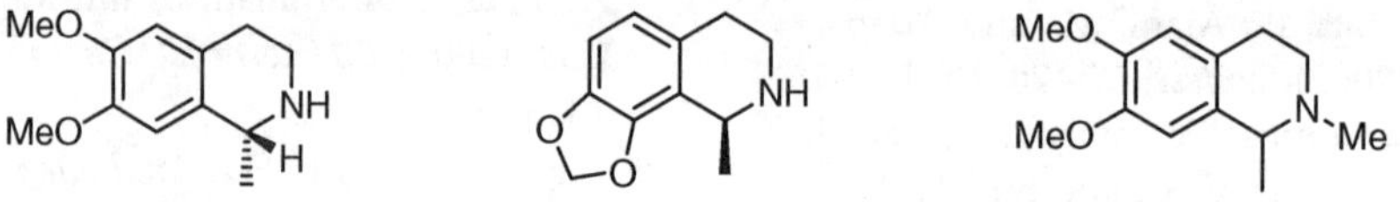

1: (+)-(*R*)-猪毛菜定碱　**2**: (–)-(*S*)-老头掌碱　**3**: (±)-卡内精

rac-**1** 的逆合成有两种方法(A/B)。根据方法 A,采用反向 Pictet-Spengler 合成[3,4](合成 1,2,3,4-四氢-β-咔啉最常用的方法)逆推到亚铵离子 **4**,再到 β-芳基乙胺 **5** 和乙醛作为底物(Ⅰ)[5]。方法 B:先通过功能团转换(FGI)得到 3,4-二氢异喹啉 **6**,**6** 可由酰胺 **7**(即 **5** 的 *N*-乙酰衍生物)的环化反应通过 Bischler-Napieralski 反应得到(Ⅱ)[6]。并且,方法Ⅱ提供了一种用 Noyori 方法通过对 **6** 的亚氨基进行不对称催化氢化合成(*R*)-**1** 的可能性[7]。对合成异喹啉来说,Bischler-Napieralski 反应优于 Pictet-Spengler 反应。

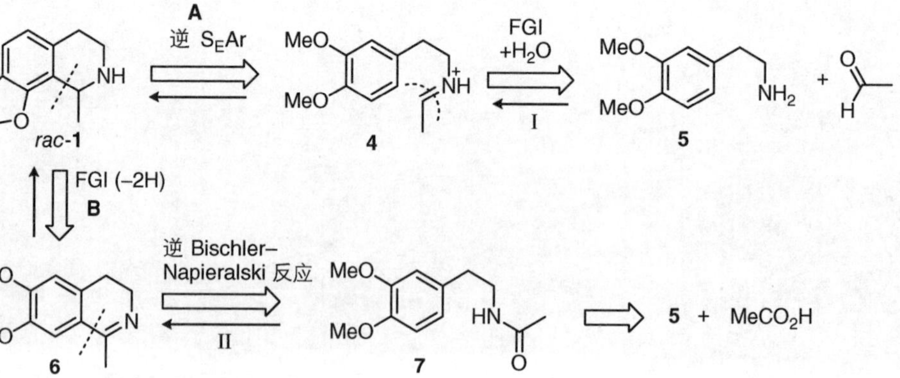

最近报道了另一个对映选择性合成(*S*)-猪毛菜定碱((*S*)-**1**)的方法[8]。该方法

是对底物6,7-二甲氧基-3,4-二氢异喹啉进行具有对映选择性的Strecker反应[9]，即在Jacobsen催化剂**10**和三氟乙酸酐存在下的氢氰化作用。

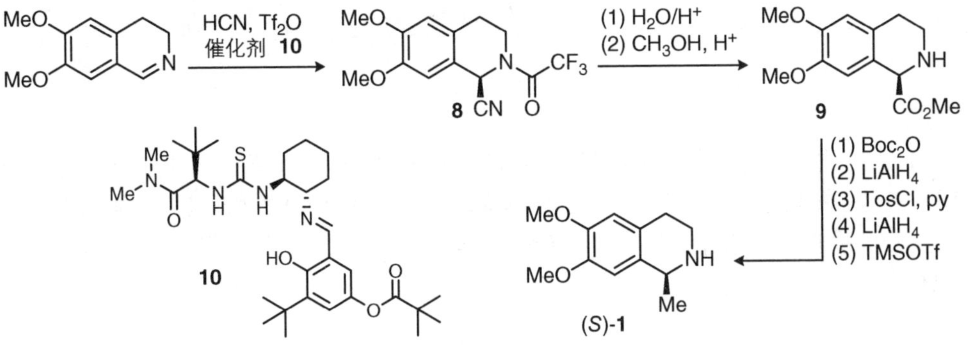

该方法可以高化学产率和高ee值(产率86%，95%的ee值)地获得关键中间体 324
8。**8**能通过酯**9**和还原反应转变成(S)-**1**($CO_2Me \rightarrow CH_3$)。

(b) 1的合成

2-(3,4-二甲氧苯基)乙胺(**5**)在三乙胺和催化量的DMAP存在下和乙酐进行*N*-乙酰化反应生成酰胺**7**，酰胺**7**与$POCl_3$进行环化反应生成二氢异喹啉**6**(Bischler-Napieralski反应)[10,11]。除了$POCl_3$，也可以使用多聚磷酸、H_2SO_4、CF_3CO_2H或CF_3SO_3H。

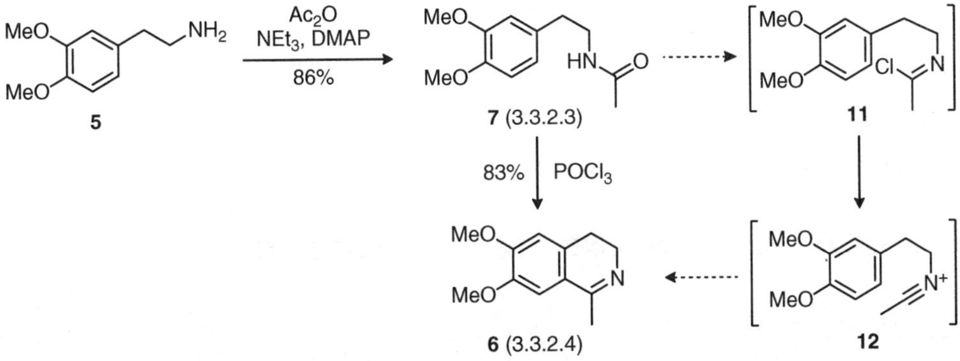

据推测，在$POCl_3$媒介的Bischler-Napieralski反应中，氯亚胺(例如**11**)和腈离子**12**都是可能的中间体，它们通过分子内S_EAr过程环化形成3,4-二氢异喹啉。氯亚胺**11**类似于Vilsmeier试剂[12]。

(*R*)-猪毛菜定碱**1**的合成：1-甲基-3,4-二氢异喹啉**6**在手性Ru催化剂**16**存在下与甲酸/三乙胺发生转移氢化反应生成在手性中心C-1上具有(*R*)构型的1-甲基-

1,2,3,4-四氢异喹啉 **1**,化学产率 81%,ee 值 95%。

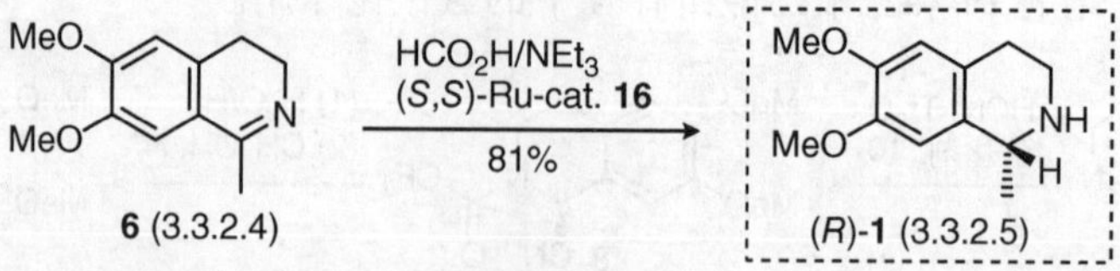

MeO, MeO; **6** (3.3.2.4) → HCO_2H/NEt_3, (*S,S*)-Ru-cat. **16**, 81% → (*R*)-**1** (3.3.2.5)

必需的手性 Ru 配合物 **16** 可以通过两步反应得到:(1*S*,2*S*)-1,2-二苯基乙二胺(**13**)在三乙胺中与对甲苯磺酰氯通过单磺酰化反应得到磺酰胺 **14**。将手性磺酰胺 **14** 加入非手性 Ru 配合物[$RuCl_2$(η^6-*p*-cymene)]$_2$(**15**)原位得到手性 Ru 配合物 **16**[7]。

325

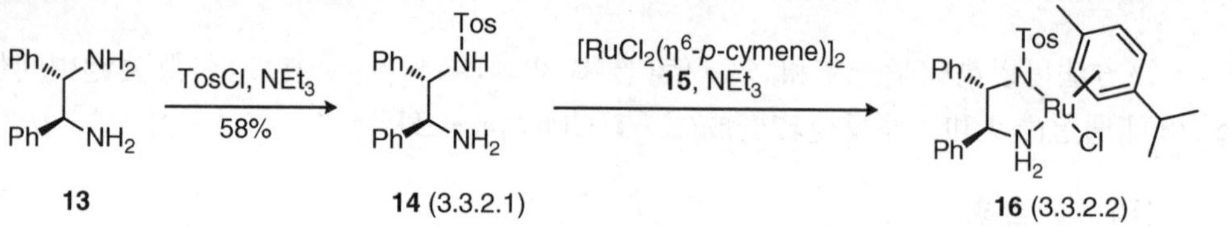

13 → TosCl, NEt_3, 58% → **14** (3.3.2.1) → [$RuCl_2$(η^6-*p*-cymene)]$_2$, **15**, NEt_3 → **16** (3.3.2.2)

手性 Ru 配合物为催化剂的不对称转移氢化催化的方向用下述示意图表示:

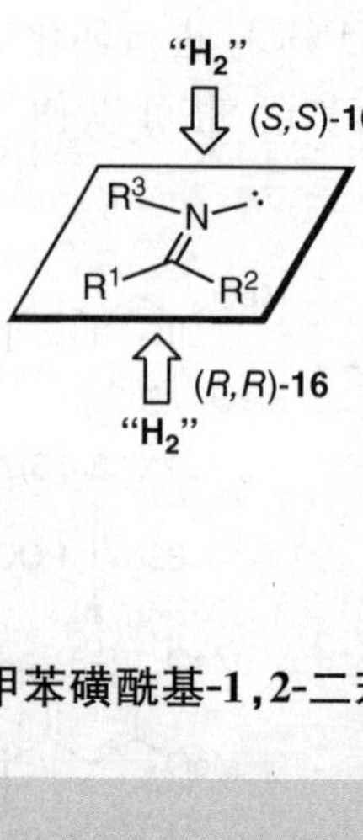

"H_2" (*S,S*)-**16**; (*R,R*)-**16** "H_2"

(c) 合成 1 的实验步骤

3.3.2.1* (1*S*,2*S*)-*N*-对甲苯磺酰基-1,2-二苯基乙二胺[13]

212.3 → TosCl, NEt_3, THF, rt, 22 h → 366.5

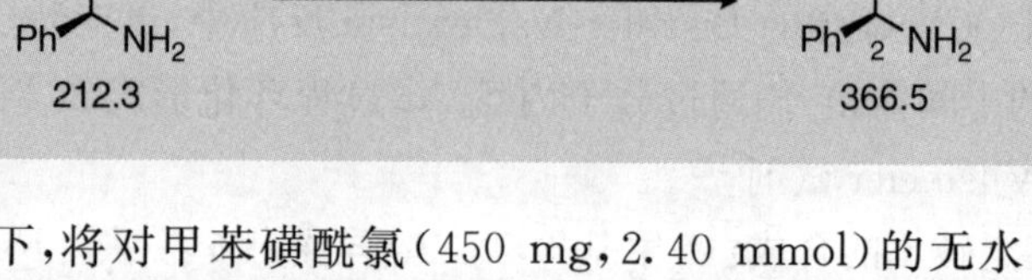

在 0℃条件下,将对甲苯磺酰氯(450 mg,2.40 mmol)的无水 THF 溶液加入(1S,2*S*)-(—)-1,2-二苯基乙二胺(500 mg,2.40 mmol)的无水 THF(20 mL)和三乙

胺(1 mL)的溶液中,约 0.5 h 全部加完,然后,室温搅拌 12 h。

减压下移除溶剂,残留物用饱和 $NaHCO_3$ 水溶液(40 mL)和二氯甲烷(40 mL)处理。分出有机相,用饱和食盐水洗(40 mL),用无水 Na_2SO_4 干燥,减压浓缩,粗产物通过柱色谱提纯,乙酸乙酯/正己烷(1∶1)淋洗,得到单磺酰胺的白色固体 790 mg,产率 90%,$[\alpha]_D^{20}=+25.0$($c=0.2$,$CHCl_3$),$R_f=0.40$(乙酸乙酯/正己烷=1∶1)。

^{1}H NMR (600 MHz, $CDCl_3$): δ (ppm) = 7.55–7.00 (m, 10H, Ph–H), 7.25 (d, J = 8.0 Hz, 2H, Ar), 6.88 (d, J = 8.0 Hz, 2H, Ar), 4.30 (d, J = 5.5 Hz, 1H, CH–$NHSO_2$), 4.05 (d, J = 5.5 Hz, 1H, CH–NH_2), 2.25 (s, 3H, CH_3).
^{13}C NMR (50 MHz, $CDCl_3$): δ (ppm) = 142.4, 141.4, 139.3, 137.1, 129.1, 128.3, 326
128.2, 127.3, 127.2, 126.9, 126.8, 126.5 (18 × Ar–C), 63.3, 60.4 (CH_2), 21.4 (CH_3).
MS (DCI): m/z (%) = 367 $[M+H]^+$, 384 $[M+NH_4]^+$.

3.3.2.2*** *S*,*S*-钌催化剂[13]

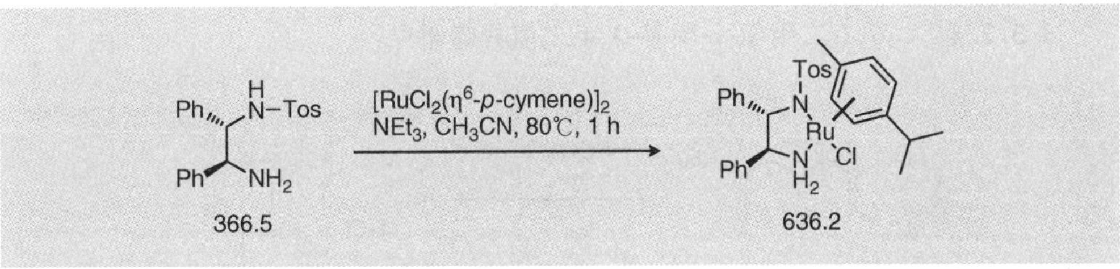

在氩气保护下,将 $[RuCl_2(\eta^6\text{-}p\text{-cymene})]_2$ (202 mg,330 μmol)、单磺酰胺 **3.3.2.1**(290 mg,792 μmol)和三乙胺(0.18 mL)加入 3.3 mL 乙腈溶液中,加热至 80℃,反应 1 h。热的橙色溶液立即进行二氢异喹啉 **3.3.2.4** 的转移氢化反应。

3.3.2.3* *N*-乙酰基-2-(3,4-二甲氧苯基)乙胺[10]

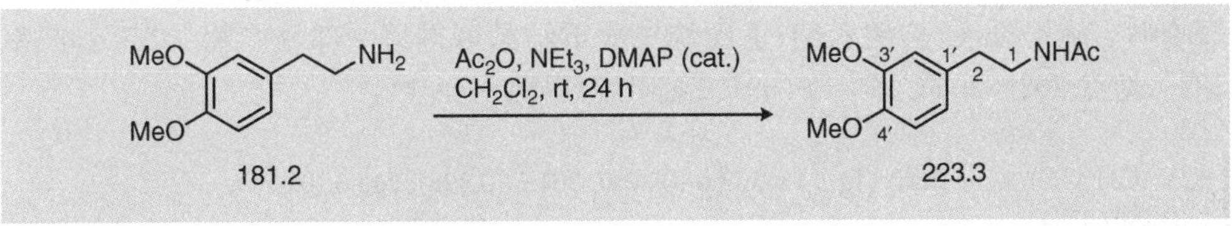

将 2-(3,4-二甲氧苯基)乙胺(4.50 g,24.8 mmol)和 4-DMAP (303 mg,2.48 mmol)加入到 25 mL 无水二氯甲烷中,搅拌;在 0℃下,向该混合液中加入 12.5 mL 三乙胺。然后逐滴加入乙酐(2.50 mL,26.4 mmol),滴加完毕,室温搅拌 24 h。

然后混合液分别用水(200 mL),HCl (2 mol/L,100 mL)水溶液,饱和 $NaHCO_3$ 水溶液(2×200 mL)和卤水(200 mL)洗涤,用无水 $MgSO_4$ 干燥,过滤,真空移除溶剂。得到的粗产物用乙酸乙酯和正戊烷重结晶得到无色针状晶体 *N*-乙酰胺。蒸发溶剂可得到另一部分的产品,再用乙酸乙酯和正戊烷二次重结晶得纯品 4.74 g,产率 86%,熔点 94~95℃,R_f=0.71(二氯甲烷/甲醇=7∶1)。

UV (CH_3CN): λ_{max} (nm) (lg ε) = 280.0 (0.164), 230.0 (0.468), 201.5 (2.611).
IR (KBr): $\tilde{\nu}$ (cm^{-1}) = 3254, 1634, 1518, 1263, 1156, 1139, 1020, 815, 767, 611.
327 **^{1}H NMR** (300 MHz, $CDCl_3$): δ (ppm) = 6.82–6.71 (m, 3H, 3×Ar–H), 5.93 (s_{br}, 1H, NH), 3.86, 3.85 (2×s, 2×3H, 2×OCH_3), 3.48 (dt, *J* = 7.0, 6.0 Hz, 2H, 2-H_2), 2.76 (t, *J* = 7.0 Hz, 2H, 1-H_2), 1.90 (s, 3H, CH_3).
^{13}C NMR (50.3 MHz, $CDCl_3$): δ (ppm) = 170.0 (C=O), 148.8 (C-3′), 147.4 (C-4′), 131.2 (C-1′), 120.4, 111.7, 111.2 (C-2′, C-5′, C-6′), 55.71, 55.65 (2×OCH_3), 40.64 (C-2), 35.01 (C-1), 23.08 (CH_3).
MS (DCI, NH_3, 200 eV): *m*/*z* (%) = 241 (100) [M+18]$^+$, 447 (11) [2M+1]$^+$, 464 (11) [2M+18]$^+$.

3.3.2.4** 6,7-二甲氧-1-甲基-3,4-二氢异喹啉[11]

POCl3, toluene
reflux, 2 h

223.3 205.3

将 *N*-乙酰胺 **3.3.2.3**(6.00 g,26.9 mmol)加入 30 mL 无水甲苯中,搅拌,逐滴滴加 6 mL $POCl_3$,约 15 min 滴加完毕。所得溶液回流反应 2 h,然后在 4℃下放置 12 h 得到黄色沉淀物。

抽滤,并用冷的甲醇和乙酸乙酯洗。甲醇/乙酸乙酯重结晶得到白色粉末状二氢异喹啉。旋干母液,乙酸乙酯/正戊烷二次重结晶可得另一部分产物 4.55 g,产率 83%,熔点 202~203℃,R_f=0.69(二氯甲烷/甲醇=7∶1)。

UV (CH_3CN): λ_{max} (nm) (lg ε) = 352.0 (0.309), 301.5 (0.398), 243.5 (0.671), 231.0 (0.551).
IR (KBr): $\tilde{\nu}$ (cm^{-1}) = 2611, 1656, 1565, 1335, 1278, 1167, 1069.
^{1}H NMR (300 MHz, $CDCl_3$): δ (ppm) = 6.98 (s, 1H, 8-H), 6.68 (s, 1H, 5-H), 3.92, 3.88 (2×s, 2×3H, 2×OCH_3), 3.63 (td, *J* = 7.0, 1.5 Hz, 2H, 3-H_2), 2.64 (t, *J* = 7.0 Hz, 2H, 4-H_2), 2.36 (s, 3H, 1-CH_3).
^{13}C NMR (50.3 MHz, $CDCl_3$): δ (ppm) = 173.5 (C-1), 156.1 (C-6), 148.5 (C-

7), 132.7 (C-10), 117.7 (C-), 111.0 (C-5), 110.6 (C-8), 56.38, 56.24 (2×OCH_3), 40.43 (C-3), 24.89 (C-4), 19.38 (CH_3).
MS (EI, 70 eV): *m/z* (%) = 205 (100) $[M]^+$, 190 (48) $[M-CH_3]^+$, 174 (9) $[M-OCH_3]^+$.

3.3.2.5*** (*R*)-6,7-二甲氧-1-甲基-1,2,3,4-四氢异喹啉[(*R*)-猪毛菜定碱][7a] 328

HCO_2H/NEt_3 = 5 : 2
(*S,S*)-Ru-cat. **3.3.2.2**, 10 mol%
CH_3CN, rt, 17 h

205.3 → 207.3

将二氢异喹啉 **3.3.2.4**（1.35 g，6.60 mmol）和预先制备的 *S*,*S*-钌催化剂 **3.3.2.2**(430 mg,0.66 mmol,10.0%)加入 13 mL 乙腈溶液中，搅拌，加入 3.3 mL 甲酸和三乙胺(5∶2)的混合液，室温搅拌 17 h。

加入饱和的 Na_2CO_3 水溶液调节反应混合液的 pH 至 8～9，乙酸乙酯萃取(3×20 mL)，合并有机相，并用卤水洗(1×20 mL)，用无水 $MgSO_4$ 干燥，过滤，真空移除溶剂。粗产物通过快速硅胶柱色谱提纯(乙酸乙酯/甲醇/三乙胺，92∶5∶3)得到棕色油状物 *R*-猪毛菜定碱 1.11 g，产率 81%，$[\alpha]_D^{20}=+51.1$(c＝2.70，乙醇)，R_f＝0.38(二氯甲烷/甲醇＝7∶1)。测得 95% ee 值。

UV (CH_3CN): λ_{max} (nm) (lg ε) = 282.5 (0.186), 201.0 (1.759).
IR (KBr): $\tilde{\nu}$ (cm^{-1}) = 2932, 1610, 1512, 1464, 1372, 1256, 1126, 1030, 857, 790.
^{1}H NMR (300 MHz, $CDCl_3$): δ (ppm) = 6.62, 6.57 (2×s, 2H, 5-H, 8-H), 4.04 (q, *J* = 6.7 Hz, 1H, 1-H), 3.86, 3.85 (2×s, 2×3H, 2×OCH_3), 3.25 (dt, *J* = 12.0, 4.5 Hz, 1H, 3-H_b), 2.99 (m_c, 1H, 3-H_a), 2.88–2.55 (m, 2H, 4-H_2), 1.66 (s_{br}, 1H, NH), 1.42 (d, *J* = 6.7 Hz, 3H, CH_3).
^{13}C NMR (75.5 MHz, $CDCl_3$): δ (ppm) = 147.2 (C-7), 147.1 (C-6), 132.4 (C-8a), 126.7 (C-4a), 111.6 (C-5), 108.9 (C-8), 55.86, 55.73 (2×OCH_3), 51.13 (C-1), 41.77 (C-3), 29.48 (C-4), 22.78 (CH_3).
MS (EI, 70 eV): *m/z* (%) = 192 (100) $[M-CH_3]^+$, 207 (10) $[M]^+$.

参考文献

[1] Steglich, W., Fugmann, B., and Lang-Fugmann, S. (eds) (1997) *Römpp Lexikon, Naturstoffe*, Georg Thieme Verlag, Stuttgart, p. 38.

[2] Hesse, M. (2000) *Alkaloide*, Wiley-VCH Verlag GmbH, Weinheim, p. 36.

[3] Eicher, Th., Hauptmann, S., and Speicher, A. (2012) *The Chemistry of Heterocycles*, 3rd edn, Wiley-VCH Verlag GmbH, Weinheim, p. 415.

[4] The Pictet–Spengler reaction is verified by nature in the biogenesis of 1,2,3,4-tetrahydroisoquinoline alkaloids, cf. Refs. [2, 3], and Gremmen, C., Wanner, M.J., and Koomen, G.-J. (2001), *Tetrahedron Lett.*, **42**, 8885–8888.

[5] In fact, *rac*-salsolidine has been obtained by Pictet–Spengler cyclization of the β-arylethylamine **5** with acetaldehyde or acetaldehyde equivalents: Singh, H. and Singh, K. (1989) *Indian J. Chem., Sect. B*, **28**, 802–805, and literature cited therein.

329 [6] Eicher, Th., Hauptmann, S., and Speicher, A. (2012) *The Chemistry of Heterocycles*, 3rd edn, Wiley-VCH Verlag GmbH, Weinheim, p. 413.

[7] (a) Uematsu, N., Fuji, A., Hashiguchi, S., Ikariya, T., and Noyori, R. (1996) *J. Am. Chem. Soc.*, **118**, 4916–4917; review on asymmetric transfer hydrogenation: (b) Gladiali, S. and Alberico, E. (2006) *Chem. Soc. Rev.*, **35**, 226–236; alternative asymmetric synthesis of (*R*)-salsolidine: (c) Taniyama, D., Hasegawa, M., and Tomioka, K. (2000) *Tetrahedron Lett.*, **41**, 5533–5536; for an alternative asymmetric synthesis of (*S*)-salsolidine, see (d) Wu, J., Wang, F., Ma, Y., Cui, X., Cun, L., Zhu, J., Deng, J., and Yu, B. (2006) *Chem. Commun.*, 1766–1768.

[8] Itoh, K., Akashi, S., Saito, B., and Katsuki, T. (2006) *Synlett*, 1595–1597.

[9] Smith, M.B. (2013) *March's Advanced Organic Chemistry*, 7th edn, John Wiley & Sons, Inc., New York, p. 1182.

[10] Garratt, P.J., Travard, S., Vonhoff, S., Tsotinis, A., and Sugden, D. (1996) *J. Med. Chem.*, **39**, 1796–1805.

[11] Zhang, F. and Dryhurst, G. (1993) *J. Med. Chem.*, **36**, 11–20.

[12] Smith, M.B. (2013) *March's Advanced Organic Chemistry*, 7th edn, John Wiley & Sons, Inc., New York, p. 625.

[13] Rackelmann, N. (2004) PhD thesis. Katalysator-kontrollierte stereochemische Kombinatorik zum Aufbau von Alkaloiden. University of Göttingen.

3.3.3　甲嘧啶唑

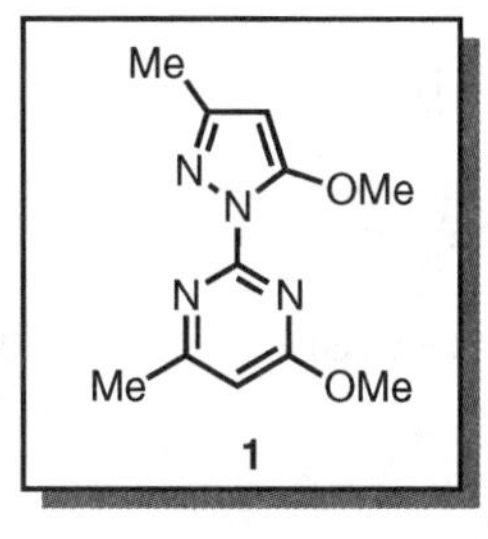

专题
- 药物合成
- 嘧啶的 Pinner 合成
- 吡唑啉酮的 Knorr 合成
- 嘧啶酮和吡唑啉酮体系的氧甲基化

(a) 概述

甲嘧啶唑(**1**),(2-嘧啶基)-取代的甲氧吡唑属于吡唑啉酮衍生物的大家族。20 世纪,甲嘧啶唑在医学上广泛应用于退热药和抗风湿症中。甲嘧啶唑表现出镇痛和抗炎的特性[1]。这个家族的其他例子如安替比林(**2**),氨基比林(**3**)和安乃近(**4**):

3: R = CH_3
4: R = $CH_2\text{-}SO_3^- Na^+$

1 的逆合成始于 *O*-去甲基化(FGI),转化成嘧啶酮-吡唑啉酮 **5**。进一步断开可以 330
在 **5** 的嘧啶(A)片段和吡唑啉酮(B)片段进行,该制备可用逆 Pinner 和逆 Knorr 合成法。Pinner 和 Knorr 合成法是非常有价值且分别应用于嘧啶和吡唑啉酮的合成方法。

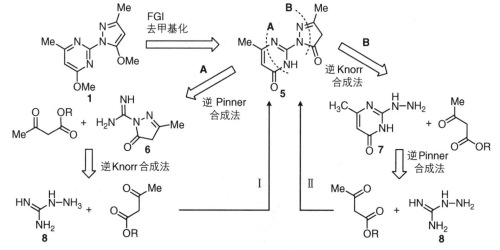

在 Pinner 合成中[2],1,3-二酮与 N—C—N 基块例如脲、硫脲、脒和胍成环生成 **9** 或 **10** 的嘧啶衍生物。β-酮酯也有类似的反应,因此,与脒反应生成嘧啶-4(3H)-酮 **11**,表明在甲嘧啶唑合成中,重要中间体 **5** 的嘧啶片段起到 2,4,6-取代模式的作用。

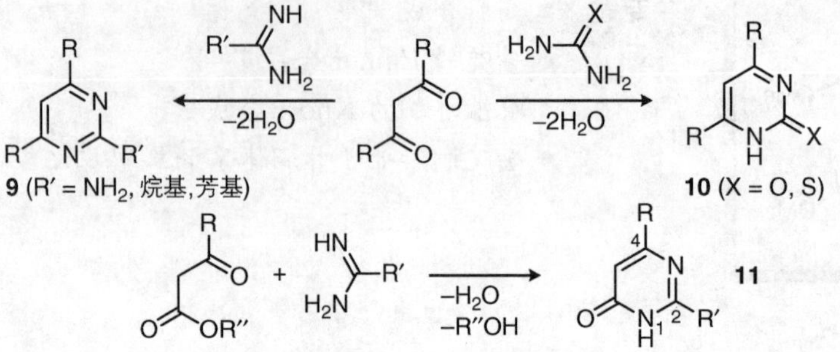

9 (R′ = NH_2, 烷基, 芳基)　　**10** (X = O, S)　　**11**

在 Knorr 合成中[3],β 酮酯与肼或者单取代的肼进行环化反应生成 2,4-二氢-3H-吡唑-3-酮 **12**(通过腙或者它们的烯肼互变异构体中间体)。很明显,**12** 在结构上对应于重要化合物 **5** 的吡唑啉酮片段。

331

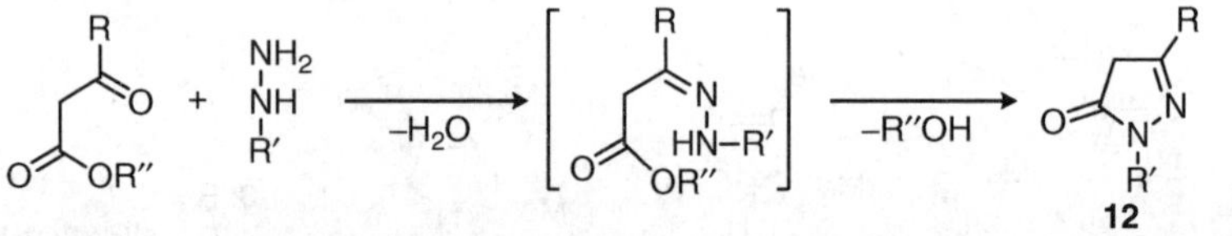

12

结果,为了合成甲嘧啶唑,必须考虑使用 Pinner 和 Knorr 环化的两种路径(Ⅰ/Ⅱ)。在路径Ⅰ中,首先构建 **1** 的吡唑啉酮片段,再构建嘧啶片段;在路径Ⅱ中,先构建嘧啶片段,随之再构建吡唑啉酮片段;在这两种方法中,O-甲基化反应都是关键步骤。然而,只有路径Ⅰ能够实现,根据逆合成分析,以氨基胍(**8**)和取代的乙酰乙酸为原料用于路径Ⅰ/Ⅱ的合成,通过 **8** 的肼功能团的参与只形成了吡唑啉酮(**6**),没有通过脒功能团形成嘧啶酮(**7**)[4]。

或者,甲嘧啶唑也可以通过不同于Ⅰ/Ⅱ的方法合成[1,4],它是从一个合适的嘧啶基块开始的:

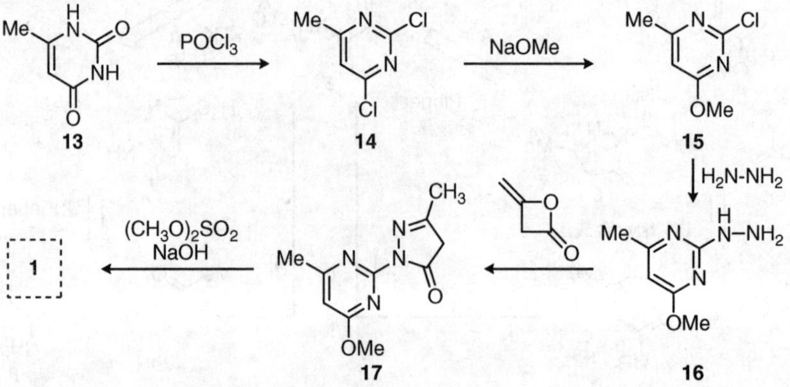

13 —$POCl_3$→ **14** —NaOMe→ **15** —H_2N-NH_2→ **16** → **17** —$(CH_3O)_2SO_2$, NaOH→ **1**

因此，6-甲基尿嘧啶 **13** 很容易由乙酰乙酸乙酯与脲的 Pinner 缩合得到，其与 $POCl_3$ 反应转化成 2，4-二氯嘧啶 **14**。与甲醇盐通过 S_NAr 反应，比 2-Cl 取代基更活泼的 4-Cl(**14**)取代基被化学选择性地取代生成 **15**[5]。随后，2-Cl 被肼取代得到 **16**，**16** 与双烯酮(作为乙酰乙酸乙酯等价物)发生 Knorr 环化反应产生中间体 **17** 嘧啶片段。最后，**17** 与硫酸二甲酯发生 *O*-甲基化反应生成甲嘧啶唑(**1**)。

(b) 1 的合成

下面给出的甲嘧啶唑(**1**)[4]的实验室合成主要基于逆合成(**A**)通过路径Ⅰ实现。第一步，乙酰基乙酰胺(**19**)和氨基胍(作为碳酸氢盐 **18**)通过 Knorr 环缩合反应得到 1-胍基取代的吡唑啉酮 **6**。

332

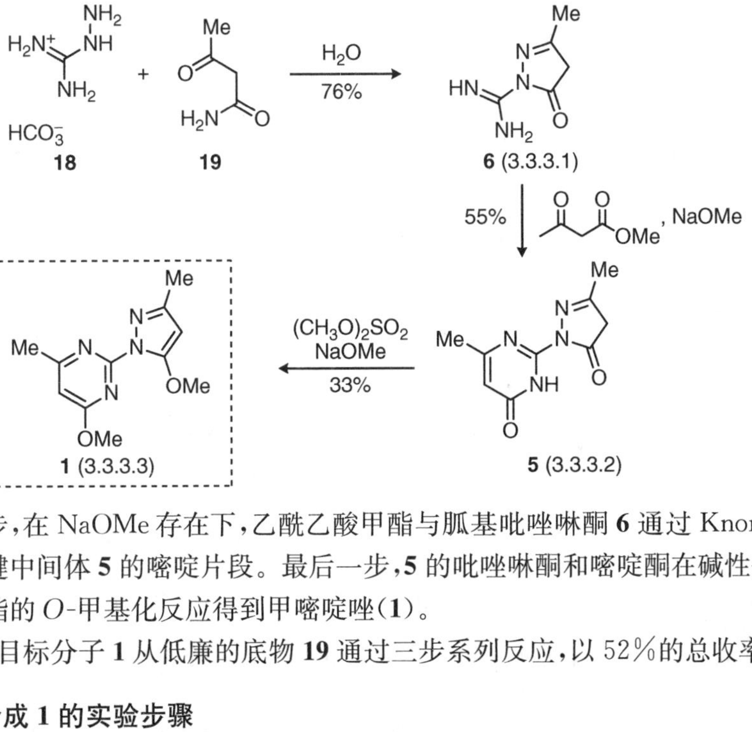

第二步，在 NaOMe 存在下，乙酰乙酸甲酯与胍基吡唑啉酮 **6** 通过 Knorr 环化反应形成关键中间体 **5** 的嘧啶片段。最后一步，**5** 的吡唑啉酮和嘧啶酮在碱性介质中与硫酸二甲酯的 *O*-甲基化反应得到甲嘧啶唑(**1**)。

因此，目标分子 **1** 从低廉的底物 **19** 通过三步系列反应，以 52％的总收率制备。

(c) 合成 1 的实验步骤

3.3.3.1** 2-亚胺甲基氨基-5-甲基-2，4-二氢-3*H*-吡唑-3-酮[4]

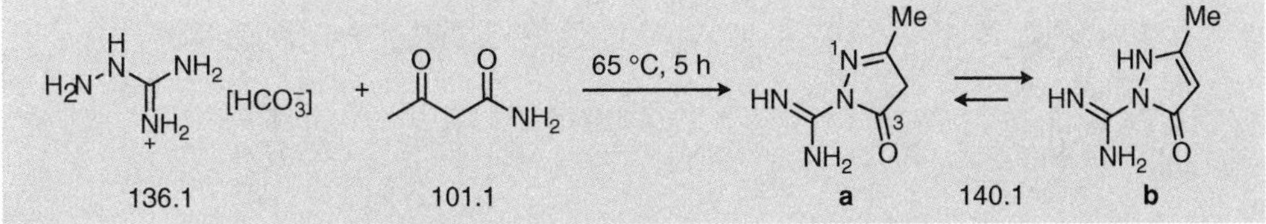

将氨基胍碳酸氢盐(5.00 g,36.8 mmol)加入乙酰基乙酰胺(3.08 g,30.6 mmol)的 70 mL 水溶液中,反应混合液加热至 60～70℃,约 5 h。

反应液冷却至室温,滤出沉淀,水洗,干燥,得到无色固体 3.26 g,产率 76%,熔点 180～181℃。

333 **^{1}H NMR** (300 MHz, [D$_6$]DMSO): δ (ppm) = 8.31 (s_{br}, 3H, NH, NH_2), 4.41 (s, 1H, 4-H), 1.96 (s, 3H, CH_3) [6].
^{13}C NMR (76 MHz, [D$_6$]DMSO): δ (ppm) = 167.5 (C-3), 155.9 ($NH_2C(NH)N$), 153.0 (C-5), 82.1 (C-4), 14.9 (CH_3).
MS (EI, 70 eV): m/z = 140 $[M]^+$.

3.3.3.2** 2-(5-甲基-2,4-二氢-3*H*-吡唑-3-酮-2-基)-6-甲基嘧啶-4(3*H*)-酮[4]

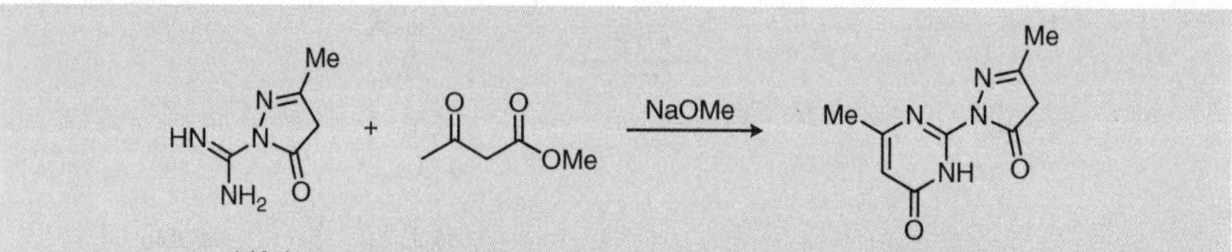

甲醇钠溶液由无水甲醇(12.5 mL)和钠(0.44 g,19.0 mmol)制得。然后,将吡唑啉酮 **3.3.3.1**(2.61 g,19.2 mmol)和乙酰乙酸甲酯(2.17 g,18.7 mmol)加入溶液中,所得溶液加热回流 4 h。

蒸除溶剂,残留物溶于 40 mL 水,加入 10% HCl 水溶液调节 pH 至 3 左右。过滤出沉淀,水洗,干燥,得到无色固体 2.16 g,产率 55%,熔点 165～166℃。

^{1}H NMR (300 MHz, [D$_6$]DMSO): δ (ppm) = 6.09 (s, 1H, 3′-H), 5.25 (s, 1H, 3-H), 2.22 (s, 3H, CH_3), 2.19 (s, 3H, CH_3) [6].
^{13}C NMR (76 MHz, [D$_6$]DMSO): δ (ppm) = 107.4 (C-3′), 90.9 (C-3), 12.3 (CH_3), 3.0 (CH_3).
MS (ESI): m/z = 435 $[2M+Na]^+$, 229 $[M+Na]^+$, 207 $[M+H]^+$, 205 $[M-H]^+$.

3.3.3.3** 4-甲氧基-2-(5-甲氧-3-甲基-1*H*-吡唑-1-基)-6-甲基嘧啶(甲嘧啶唑)[4]

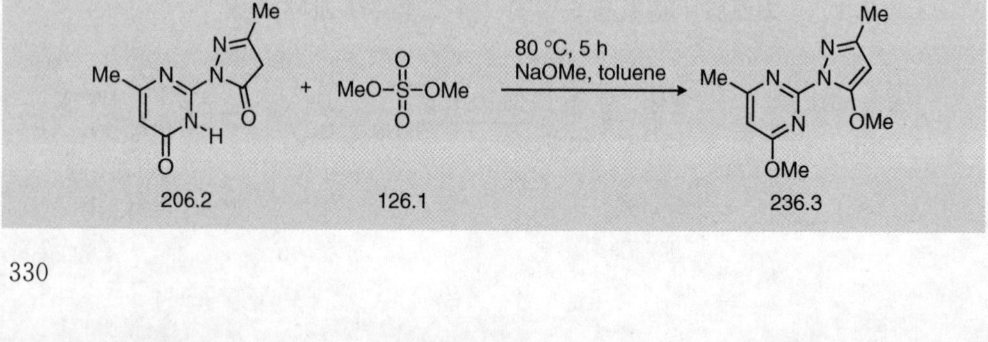

嘧啶酮 **3.3.3.2**(500 mg,2.43 mmol)溶于 25 mL 无水甲苯中,加入 NaOMe 334
(9.72 mmol,制备见 **3.3.3.2**),混合液加热到 80℃。然后,逐滴加入硫酸二甲酯(1.82 g,14.4 mmol,注意:致癌)约 10 min 滴加完毕。反应液加热至回流,反应 5 h。

真空旋除溶剂,残留物通过快速柱色谱提纯(乙酸乙酯/甲醇=4∶1),得到黄色固体甲嘧啶唑 192 mg,产率 33%,熔点 217~218℃。

^{1}H NMR (300 MHz, [D_6]DMSO): δ (ppm) = 6.85 (1H, 3′-H), 5.41 (1H, 3-H), 3.98 (3H, OCH_3), 3.30 (3H, OCH_3), 2.45 (3H, CH_3), 2.28 (3H, CH_3).
^{13}C NMR (76 MHz, [D_6]DMSO): δ (ppm) = 104.1 (C-3′), 94.1 (C-3), 54.5 (OCH_3), 52.7 (OCH_3), 22.4 (CH_3), 12.4 (CH_3).
MS (ESI): *m*/*z* = 491 [2M+Na^+], 235 [M+H^+].

参考文献

[1] Kleemann, A. and Engel, J. (1999) *Pharmaceutical Substances*, 3rd edn, Georg Thieme Verlag, Stuttgart, p. 709.

[2] Eicher, Th., Hauptmann, S., and Speicher, A. (2012) *The Chemistry of Heterocycles*, 3rd edn, Wiley-VCH Verlag GmbH, Weinheim, p. 467.

[3] Eicher, Th., Hauptmann, S., and Speicher, A. (2012) *The Chemistry of Heterocycles*, 3rd edn, Wiley-VCH Verlag GmbH, Weinheim, p. 249.

[4] Daiichi Seiyaku Co., Ltd., Tokio (1973) German Patent DE2237632.

[5] For selectivities in S_NAr displacement reactions of halogenopyrimidines, see Eicher, Th., Hauptmann, S., and Speicher, A. (2012) *The Chemistry of Heterocycles*, 3rd edn, Wiley-VCH Verlag GmbH, Weinheim, p. 464.

[6] According to NMR, pyrazolones **3.3.3.1** and **3.3.3.2** predominantly exist in the tautomeric form **b** in DMSO solution. For the issue of pyrazolone tautomerism and the systematic nomenclature of pyrazolones, see Eicher, Th., Hauptmann, S., and Speicher, A. (2012) *The Chemistry of Heterocycles*, 3rd edn, Wiley-VCH Verlag GmbH, Weinheim, p. 247.

3.3.4 Ras 法尼基转移酶抑制剂

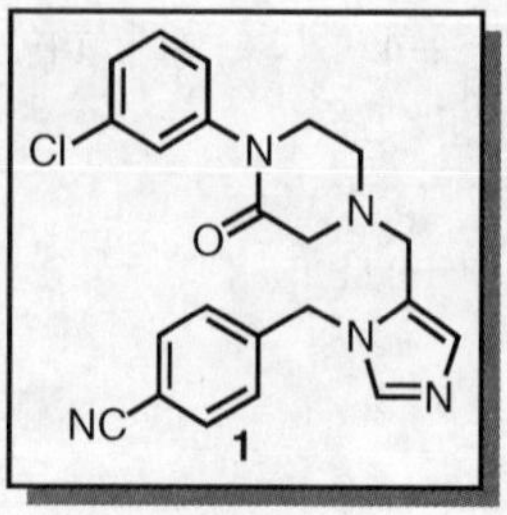

专题
- 咪唑-哌嗪酮型临床研究药物的合成
- Marckwald 咪唑合成
- 哌嗪酮的形成
- Delepine 反应
- 巯基杂环的氧化脱硫
- Mitsunobu 反应

335 **(a) 概述**

突变的 ras 蛋白质,ras 癌基因的产物,在人类癌症中占有显著的比例。法尼基蛋白转移酶(FPTase)的酶催化 ras 蛋白法尼基化,从而激活它。因此,目前 FPTase 抑制剂作为一种新的和改进的抗癌试剂已引起人们的强烈兴趣[1]。基于咪唑/哌嗪酮的化合物 **1**(作为它的盐酸盐)已经被确定作为 FPTase 抑制剂并在动物模型的治疗中表现出较高的治疗指数,已经进行临床一期和二期的研究。

1 可能的逆合成路径是在非酰胺哌嗪酮氮原子处断成两个杂环片段,也就是 1-苄基-5-卤代甲基咪唑 **2** 和 *N*-芳基哌嗪酮 **3**。合成步骤是简单的 *N*-烷基化。

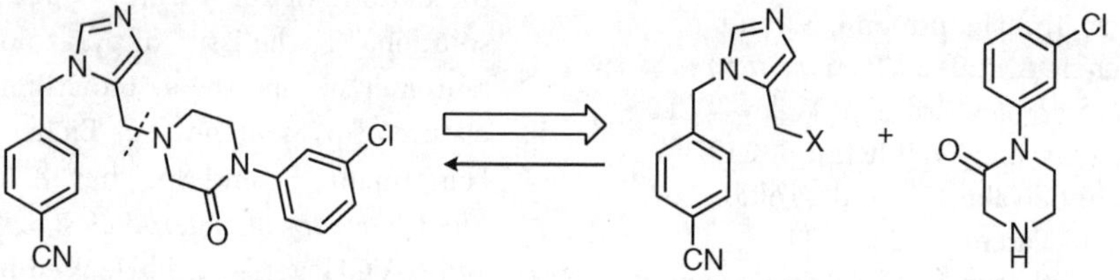

片段 **2** 的逆合成分析提供对氰基苄胺,二羟基丙酮和硫氰酸盐。因此,为了合成 1,5-二取代咪唑,改进的 Marckwald 法[2] 是最适合的。

对于片段 **3**,通过一系列的功能团转换和切断得到间氯苯胺、氯乙酰氯和乙醇胺作为适合的底物用于 *N*-芳基哌嗪酮的合成。

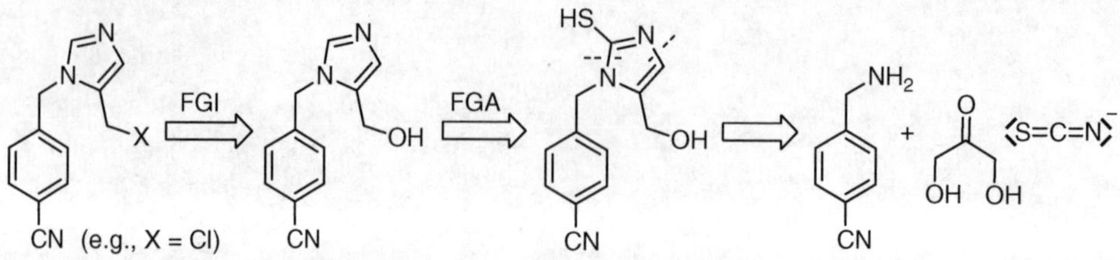

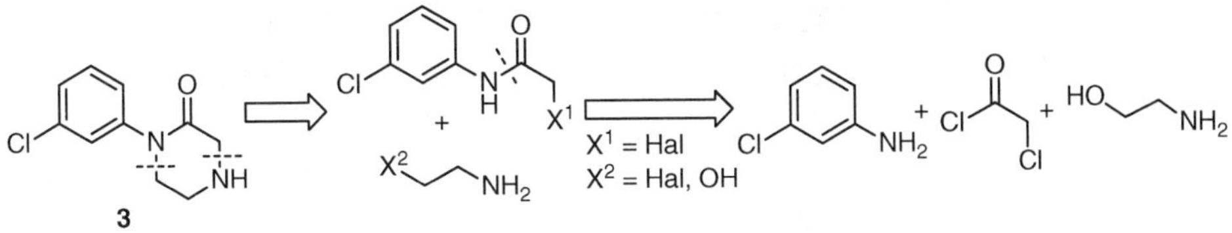

见(b)部分，**1**～**3**[1]的合成是基于这些逆合成分析的考虑。

(b) 1 的合成 336

(1) 片段 **2** 是由 4-氰基苄溴(**4**)经过多步合成的。4-氰基苄胺(**5**)由 4-氰基苄溴(**4**)通过 Delepine 反应[3]用六亚甲基四胺和 H_3PO_4 反应得到：

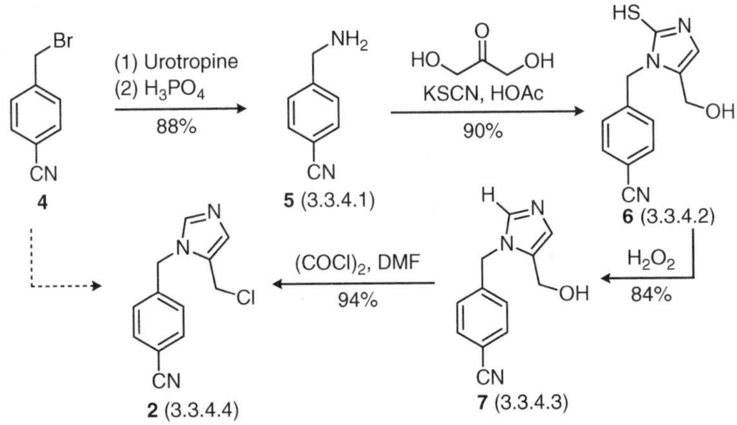

然后，在乙酸存在下，4-氰基苄胺 **5**(以它的磷酸盐形式)与 1，3-二羟基丙酮，硫氰酸钾通过 Marckwald 成环反应得到 5-羟甲基-2-巯基咪唑 **6**。

一种合理的 **5→6** 反应机理的解释(参见文献[1])始于 **5** 与 1，3-二羟基丙酮形成亚胺 **8**，作为 Marckwald 反应过程的重要中间体，与 α-氨基羰基化合物 **9** 存在互变异构平衡。随后加入硫氰酸盐伴随着闭环过程生成了咪唑 **6**。可以假设杂合累积多烯充当中间体。

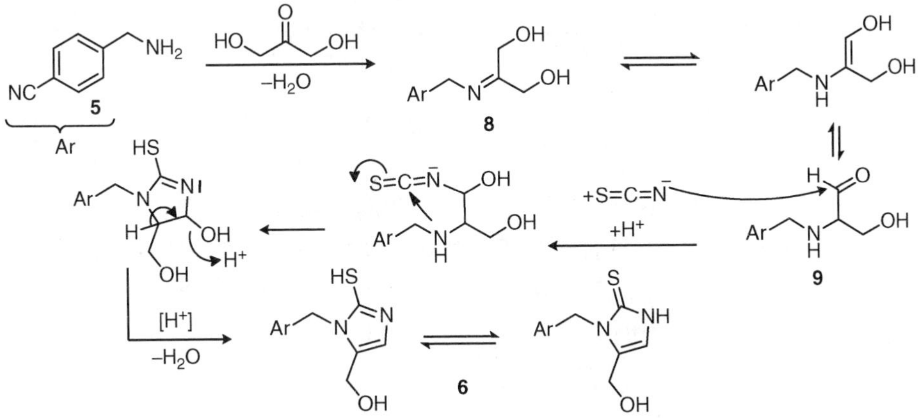

337 为了从 **6** 得到期望的产物 **2**,**6** 的巯基要被氢原子取代。这步可以将巯基氧化成亚磺酸基,再热力学消除 SO_2 制得;对这种氧化脱硫(**6→7**),过氧化氢的醋酸水溶液是首选试剂:

$$\text{Het-SH} \xrightarrow{H_2O_2} \text{Het-SO}_2\text{H} \xrightarrow[-SO_2]{\Delta} \text{Het-H}$$

最后,化合物 **7** 侧链的羟基被溶于 DMF 的草酰氯中的氯原子取代。可以看出[1]氯代试剂是来源于$(COCl)_2$ 和 DMF 的 Vilsmeier 试剂 **10**,**10** 将 **7** 转变成中间体亚铵离子 **11**。接着氯离子进攻杂苄位脱烷基化生成 **2**:

7 + **10** → **11** → **2** + DMF

(2) 片段 **3** 由两步合成。首先,在 Schotten-Baumann 条件下,间氯苯胺与氯乙酰氯在醋酸异丙酯/$KHCO_3$ 水溶液的两相体系中酰化可定量得到氯乙酰胺 **12**。无需分离可直接加入乙醇胺通过 S_N 过程得到羟胺 **13**。其次,在 Mitsunobu 条件下[5,6],**13** 与二异丙基偶氮二甲酸二乙酯(DIAD)、三正丁基磷发生环化脱氢反应得哌嗪酮 **3**(以其盐酸盐分离)。

ClCH₂COCl, $KHCO_3$ → [**12**] → H_2NCH₂CH₂OH, 83% (2 步) → **13** (3.3.4.5) → (1) DIAD, P(*n*-Bu)$_3$; (2) HCl, 77% → **3** (HCl 盐) (3.3.4.6)

通常接受的 Mitsunobu 反应的机理如下:叔膦和偶氮二甲酸二乙酯(ADE)反应生成甜菜碱 **14**,**14** 与醇 ROH 反应生成烷氧鏻盐 **15**。然后,**15** 与亲核试剂 H-Nu 发生歧化反应,得到取代产物 *R*-Nu(**16**)、氧化膦和肼的二元羧酸盐。

338 总之,在醇的碳原子上的 OH 上发生亲核取代,如果这个碳原子是手性碳原子,Mitsunobu 反应将使其构型反转。

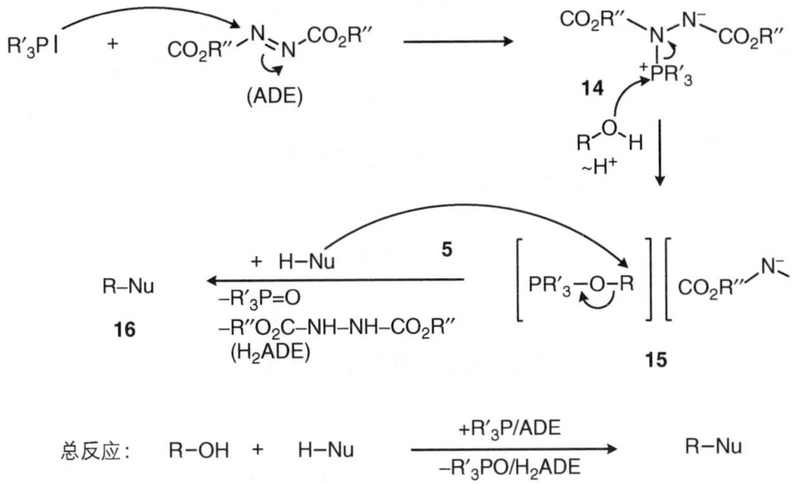

总反应: R−OH + H−Nu $\xrightarrow[-R'_3PO/H_2ADE]{+R'_3P/ADE}$ R−Nu

(3) 最后,在二异丙基乙基胺(Hünig base)存在下,哌嗪酮 **3** 与氯甲基咪唑 **2** 在乙腈溶液中在二级胺基团上发生烷基化反应得到产物 **1**,产率 83%。

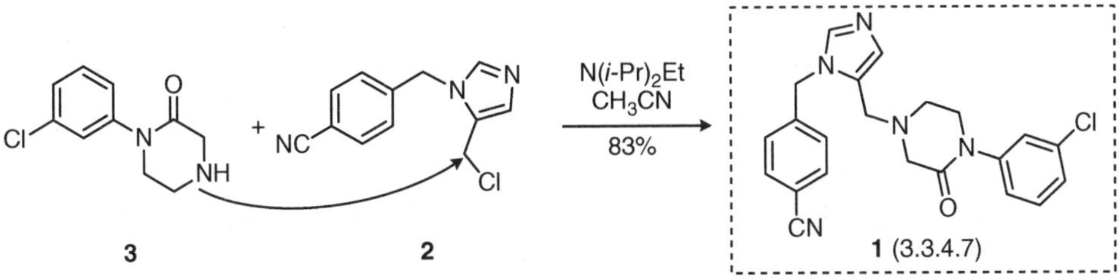

依照合成目标分子 **1** 的路线,需要进行了六步反应。片段 **2** 通过四步反应以 63%的产率制得(从 **4** 开始),片段 **3** 通过两步反应以 77%的产率制得(从间氯苯胺开始)。

(c) 合成 1 的实验步骤

3.3.4.1** 4-氰基苄胺[1]

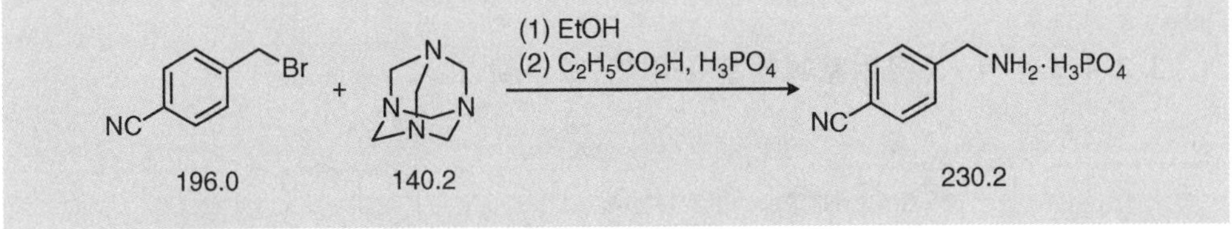

将泥浆状的乌洛托品(HMTA)(3.65 g,26.0 mmol)的 25 mL 乙醇溶液加入搅拌的浆状 4-氰基苄溴(5.00 g,25.5 mmol)的 25 mL 乙醇溶液中,在 50℃保持 10 min。 339

然后，加入乙醇(2×10 mL)，反应混合液加热到 70℃，反应 1.5 h。

反应混合液冷却至 55℃，加入 20.6 mL 丙酸。逐渐加入 6.5 mL 浓磷酸，保持温度不超过 65℃。然后，混合液加热至 70℃，保持 30 min，冷至室温，约 1 h，搅拌 1 h。抽滤浆状反应液，滤饼分别用乙醇(4×15 mL)，H_2O(5×8 mL)和 CH_3CN(2×3 mL)洗涤，真空干燥，得到无色固态晶体 4.66 g，产率 79%。

IR (FT-IR, solid): $\tilde{\nu}$ (cm^{-1}) = 2642, 2359, 2233, 1653, 1496, 1332, 1233, 1109, 960, 922, 889, 844, 584.

3.3.4.2* 4-(5-羟甲基-2-巯基咪唑基-1-甲基)苯甲腈[1]

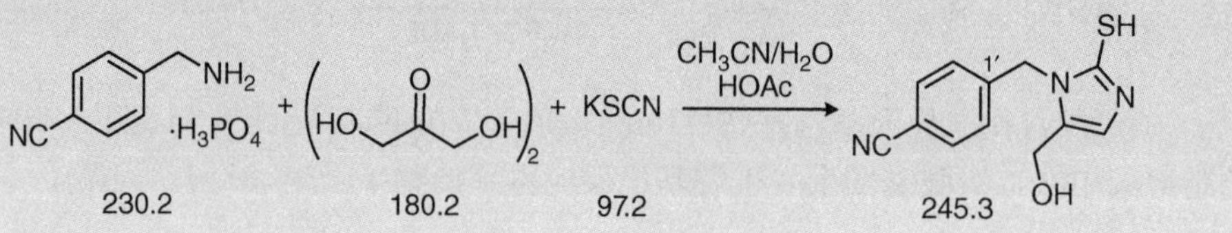

将浆状铵盐 **3.3.4.1**(4.07 g，17.7 mmol)、硫氰酸钾(2.58 g，26.6 mmol)和二羟基丙酮二聚体(1.75 g，9.7 mmol)加入 CH_3CN/H_2O(93：7，18 mL)和 2.0 mL 乙酸中，搅拌，加热至 55℃，反应 18 h。

然后，将反应混合液冷却至室温，过滤出沉淀，分别用 17 mL CH_3CN，35 mL H_2O 和 17 mL 乙酸乙酯洗涤，真空干燥，得到浅棕色固体 3.31 g，产率 76%。

IR (FT-IR, solid): $\tilde{\nu}$ (cm^{-1}) = 3042, 2925, 2360, 2222, 1606, 1488, 1292, 1024, 815, 631, 521.
^{1}H NMR (300 MHz, [D_6]DMSO): δ (ppm) = 12.24 (s, 1H, SH), 7.79 (d, J = 8.5 Hz, 2H, Ar–H), 7.36 (d, J = 8.5 Hz, 2H, Ar–H), 6.90 (s, 1H, 4-H), 5.37 (s, 2H, CH_2–Ar), 5.23 (s_{br}, 1H, OH), 4.15 (s, 2H, CH_2–OH).
^{13}C NMR (75 MHz, [D_6]DMSO): δ (ppm) = 162.7 (C-2), 142.8 (C-1′), 132.3, 130.2, 127.7, 118.7 (C-4, C-5, C-2′, C-3′, C-5′, C-6′), 113.1 (CN), 109.9 (C-4′), 53.1, 46.3 (2×CH_2).

340 ### 3.3.4.3* 4-(5-羟甲基咪唑基-1-甲基)苯甲腈[1]

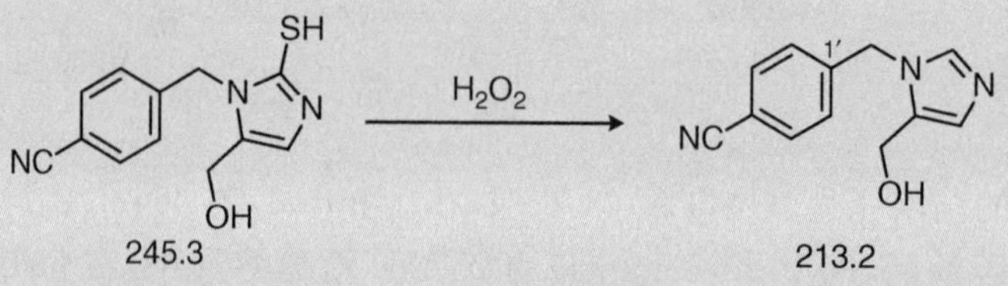

将 35%的 H_2O_2（3.72 g，38.3 mmol）水溶液逐滴加入巯基化合物 **3.3.4.2**（2.85 g，11.6 mmol）的 5.5 mL 乙酸和 2.5 mL H_2O 的混合液中，反应温度保持在 30～40℃（用冰浴冷却）。橙黄色的反应液在 40℃下搅拌 30 min，然后冷至室温。

加入 2 mL 10%的亚硫酸钠水溶液猝灭反应，加入 0.2 g 活性炭搅拌 30 min。抽滤，在 20℃下，用 25%的氨水（约 11 mL）溶液调节滤液的 pH 至 9 左右。搅拌 30 min，抽滤。滤饼分别用 H_2O（2×15 mL）和 H_2O/甲醇（2∶1，15 mL）洗涤，真空干燥，得棕色固体 1.75 g，产率 71%，熔点 163～164℃。

IR (FT-IR, solid): $\tilde{\nu}$ (cm^{-1}) = 3122, 3057, 2836, 2745, 2359, 2232, 1698, 1495, 1326, 1247, 1105, 1027, 831, 780, 660, 556.
^{1}H NMR (300 MHz, [D_6]DMSO): δ (ppm) = 7.81 (s, 1H, 2-H), 7.71 (d, *J* = 8.5 Hz, 2H, Ar–H), 7.29 (d, *J* = 8.5 Hz, 2H, Ar–H), 6.85 (s, 1H, 4-H), 5.34 (s, 2H, Ar–CH_2), 5.11 (s_{br}, 1H, OH), 4.29 (s, 2H, CH_2–OH).
^{13}C NMR (75 MHz, [D_6]DMSO): δ (ppm) = 143.4 (C-1′), 138.6, 132.5 (C-2, C-5), 131.6, 127.7, 127.6 (C-4, C-2′, C-3′, C-5′, C-6′), 118.6 (*C*N), 110.3 (C-4′), 52.7, 47.1 (2×CH_2).

3.3.4.4** 4-(5-氯甲基咪唑基-1-甲基)苯甲腈盐酸盐[1]

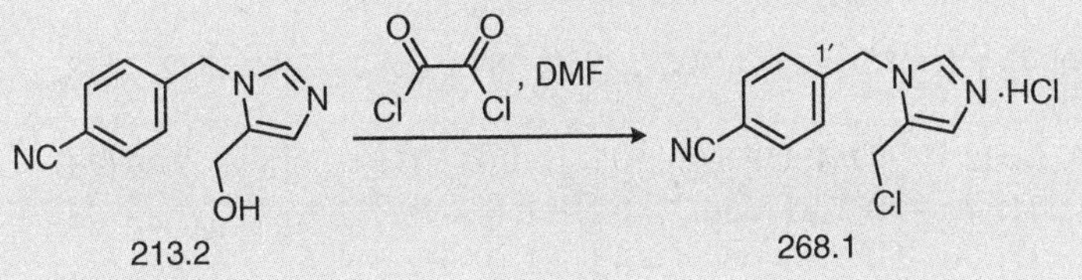

将草酰氯（1.52 g，12.0 mmol）缓慢加入 DMF（1.75 g，24.0 mmol）的 20 mL CH_3CN 溶液中，保持反应温度在 10℃以下（用冰浴冷却）。含有"Vilsmeier 试剂"的白色浆状液缓慢滴加到羟甲基化合物 **3.3.4.3**（2.02 g，9.47 mmol）的 15 mL CH_3CN 溶液中，保持反应温度在 6℃以下（用冰浴冷却）。

最后，补加 5 mL CH_3CN 溶液，反应混合液升至室温，搅拌 3 h。 341

浆状物冷至 0℃，搅拌 1 h。抽滤，滤饼用冰冷的 CH_3CN（8 mL）溶液洗，真空干燥，得浅棕色固体 2.20 g，产率 80%，熔点 204～206℃。

IR (FT-IR, solid): $\tilde{\nu}$ (cm^{-1}) = 3004, 2814, 2231, 1459, 1319, 820, 765, 684, 548.
^{1}H NMR (300 MHz, [D_6]DMSO): δ (ppm) = 9.41 (d, *J* = 1.2 Hz, 1H, 2-H), 7.88 (d, *J* = 8.5 Hz, 2H, Ar–H), 7.88 (s, 1H, 4-H), 7.54 (d, *J* = 8.5 Hz, 2H, Ar–H), 5.68 (s, 2H, Ar–CH_2), 4.92 (s, 2H, CH_2–Cl).
^{13}C NMR (75 MHz, [D_6]DMSO): δ (ppm) = 139.7, 137.7, 132.8 (C-2, C-5, C-

1′), 130.1, 128.8 (C-2′, C-3′, C-5′, C-6′), 120.8 (C-4), 118.5 (CN), 111.3 (C-4′), 49.0, 33.1 (2×CH_2).

3.3.4.5** *N*-(3-氯苯基)-2-(2-羟乙胺)乙酰胺[1]

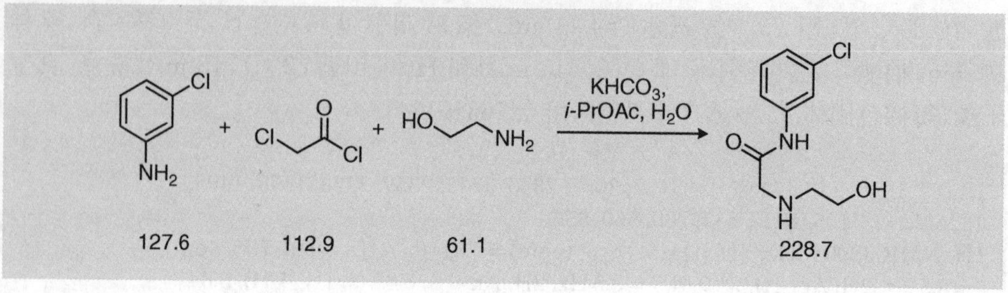

在温度低于 10℃ 时，将氯乙酰氯(3.58 g，31.7 mmol)逐滴加入 3-氯苯胺(3.00 g，23.5 mmol)的 23 mL 乙酸异丙酯和 $KHCO_3$(3.91 g)的 16 mL 水溶液的双相混合物中。分出有机相，加入乙醇胺(4.7 mL，31.7 mmol)，反应混合液加热至 60℃，反应 1 h。

加入 7 mL 水，分出有机相，冷至 5℃(约 1 h)。析出晶体，抽滤，滤饼用乙酸异丙酯(2×5 mL)洗涤，真空干燥，得无色晶体 3.69 g，产率 69%，熔点 99～101℃。

IR (FT-IR, solid): $\widetilde{\nu}$ (cm^{-1}) = 3310, 3057, 2930, 2873, 1683, 1593, 1542, 1418, 1056, 770, 679.
^{1}H NMR (300 MHz, [D_6]DMSO): δ (ppm) = 10.1 (s_{br}, 1H, C(O)NH), 7.84 (dd, *J* = 2.1, 2.1 Hz, 1H, Ar–H), 7.51 (ddd, *J* = 8.1, 2.1, 0.9 Hz, 1H, Ar–H), 7.32 (dd, *J* = 8.1, 8.1 Hz, 1H, Ar–H), 7.10 (ddd, *J* = 8.1, 2.1, 0.9 Hz, 1H, Ar–H), 4.62 (s_{br},
342 1H, OH), 3.46 (t, *J* = 5.5 Hz, 2H, CH_2CH_2OH), 3.29 (s, 2H, C(O)CH_2), 2.60 (t, *J* = 5.5 Hz, 2H, CH_2CH_2OH).
^{13}C NMR (75 MHz, [D_6]DMSO): δ (ppm) = 171.0 (C=O), 140.2, 133.1, 130.4, 123.0, 118.7, 117.6 (6×Ar–C), 60.4, 52.8, 51.6 (3×CH_2).

3.3.4.6** 1-(3-氯苯基)哌嗪-2-酮盐酸盐[1]

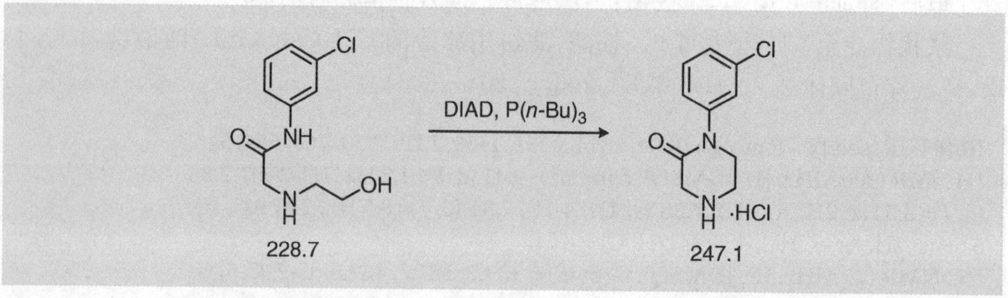

DIAD(7.20 g,35.6 mmol)逐滴加入搅拌的三正丁基磷(90%)(8.00 g,35.6 mmol)的 15 mL 乙酸乙酯溶液中,保持温度在 0℃以下(用冰/盐浴冷却),继续搅拌 30 min,然后,黄色的反应液逐滴加入浆状的酰胺 **3.3.4.5**(6.00 g,26.2 mmol)的 35 mL 乙酸乙酯溶液中,保持温度在 5℃以下。反应液升至室温(约 1 h),然后,再升至 40℃,此时加入 3.55 mol/L HCl(7.3 mL,26.2 mmol,HCl 的乙醇溶液是在冰浴下将气体氯化氢(16.6 g,455 mmol,气阀瓶)通入搅拌的无水乙醇溶液(128.1 mL)中制得的)的无水乙醇溶液,约 1 h 滴加完毕。

反应浆状液在 1 h 内冷至 0℃;析出盐酸盐,抽滤,并用冰的乙酸乙酯(2×10 mL)洗涤,真空干燥,得无色晶态固体 4.40 g,产率 68%,熔点 230~232℃。

IR (FT-IR, solid): $\tilde{\nu}$ (cm^{-1}) = 3052, 2646, 1655, 1590, 1494, 1406, 1333, 889, 785, 695, 513.
^{1}H NMR (300 MHz, [D_6]DMSO): δ (ppm) = 10.1 (s_{br}, 2H, NH_2^+), 7.47 (dd, J = 2.1, 2.1 Hz, 1H, Ar–H), 7.44 (m_c, 1H, Ar–H), 7.38 (ddd, J = 8.1, 2.1, 0.9 Hz, 1H, Ar–H), 7.31 (ddd, J = 8.1, 2.1, 0.9 Hz, 1H, Ar–H), 3.91 (t, J = 5.7 Hz, 2H, CH_2), 3.83 (s, 2H, C(O)CH_2), 3.50 (t, J = 5.7 Hz, 2H, CH_2).
^{13}C NMR (75 MHz, [D_6]DMSO): δ (ppm) = 162.1 (C=O), 142.7, 132.9, 130.7, 127.0, 126.0 (6×Ar–C), 46.1, 44.9, 39.9 (3×CH_2).

3.3.4.7* 4{5-[4-(3-氯苯基)-3-氧代-哌嗪基-1-甲基]咪唑基-1-甲基}苯甲腈[1] 343

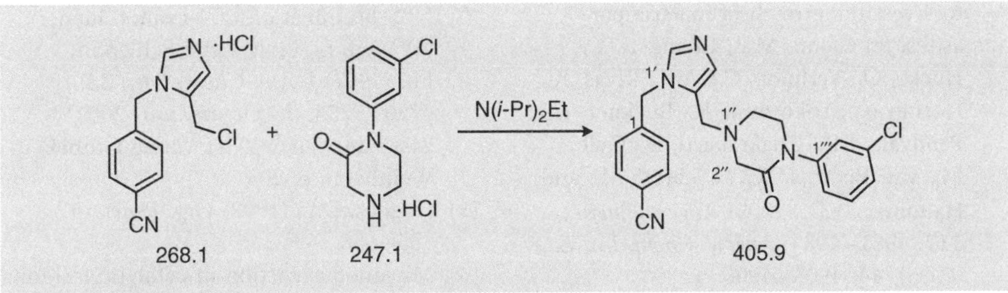

将盐 **3.3.4.4**(990 mg,3.70 mmol)和盐 **3.3.4.6**(890 mg,3.60 mmol)加入 5 mL CH_3CN 和 1.85 mL 乙基二异丙基胺混合液中,0℃下,搅拌 30 h。

然后,加入 15 mL 水,析出浅棕色沉淀物,抽滤[如果没有沉淀,可以用二氯甲烷萃取,旋干溶剂,用柱色谱提纯(SiO_2;二氯甲烷/甲醇=95∶5,R_f=0.33)],分别用 CH_3CN/H_2O(1∶5,6 mL)和 CH_3CN/H_2O(1∶9,2×5 mL)洗涤,真空干燥,得到目标产物 1.06 g,产率 73%,熔点 140~141℃。

IR (solid): $\tilde{\nu}$ (cm^{-1}) = 2812, 2230, 1651, 1423, 1338, 1320, 1105, 1077, 820, 783, 698, 663, 550.

^{1}H NMR (300 MHz, [D_6]DMSO): δ (ppm) = 7.83 (s, 1H, 2″-H), 7.79 (d, J = 8.2 Hz, 2H, Ar–H), 7.40 (dd, J = 8.1, 8.1 Hz, 1H, Ar–H), 7.35 (dd, J = 1.9 Hz, 1H, Ar–H), 7.30 (ddd, J = 8.1, 1.9, 1.0 Hz, 1H, Ar–H), 7.28 (d, J = 8.2 Hz, 2H, Ar–H), 7.20 (ddd, J = 8.1, 1.9, 1.0 Hz, 1H, Ar–H), 6.92 (s, 1H, C-4′), 5.39 (s, 2H, Ar–CH_2), 3.44 (s, 2H, C-5′-CH_2N), 3.32 (t, J = 5.4 Hz, 2H, 5″-H), 3.02 (s, 2H, 2″-H_2), 2.60 (t, J = 5.4 Hz, 2H, 6″-H).

^{13}C NMR (75 MHz, [D_6]DMSO): δ (ppm) = 165.7 (C(O)N), 144.0, 142.3, 139.5, 132.8, 132.3, 130.3, 129.4, 127.5, 126.8, 126.2, 125.6, 124.0 (14 × Ar–C), 118.6 (CN), 110.0 (C-4), 56.7, 49.2, 48.8, 48.1, 47.3 (5 × CH_2).

参考文献

344 [1] (a) Maligres, P.E., Waters, M.S., Weissman, S.A., McWilliams, J.C., Lewis, S., Cowen, J., Reamer, R.A., Volante, R.P., Reider, P.J., and Askin, D. (2003) *J. Heterocycl. Chem.*, **40**, 229–241; For an overview on farnesyltransferase inhibitors, see: (b) Bell, I.M. (2004) *J. Med. Chem.*, **47**, 1869–1878; Recently, structurally simple FTPase inhibitors have been shown to arrest the growth of malaria parasites: (c) Glenn, M.P., Chang, S.-Y., Hucke, O., Verlinde, C.L.M.J., Rivas, K., Horney, C., Yokoyama, K., Buckner, F.S., Pendyala, P.R., Chakrabarti, D., Gelb, M., Van Voorhis, W.C., Sebti, S.M., and Hamilton, A.D. (2005) *Angew. Chem.*, **117**, 4981–4984; *Angew. Chem. Int. Ed.*, (2005), **44**, 4903–4906.

[2] Eicher, Th., Hauptmann, S., and Speicher, A. (2012) *The Chemistry of Heterocycles*, 3rd edn, Wiley-VCH Verlag GmbH, Weinheim, p. 224.

[3] The Delepine reaction is useful for the preparation of benzylamines from benzyl halides, cf. Smith, M.B. (2013) *March's Advanced Organic Chemistry*, 7th edn, John Wiley & Sons, Inc., New York, p. 483.

[4] 4-Cyanobenzyl bromide (**4**) is available commercially or can be prepared by NBS bromination of 4-cyanotoluene: (a) Wen, L., Li, M., and Schlenoff, J.B. (1997) *J. Am. Chem. Soc.*, **33**, 7726–7733; (b) *Organikum* (2001) 21st edn, Wiley-VCH Verlag GmbH, Weinheim, p. 205.

[5] Hughes, D.L. (1992) *Org. React.*, **42**, 335–656.

[6] Mitsunobu reaction in catalytic fashion: But, T.Y.S. and Toy, P.H. (2006) *J. Am. Chem. Soc.*, **128**, 9636–9637.

3.3.5 ±-二受体激动剂

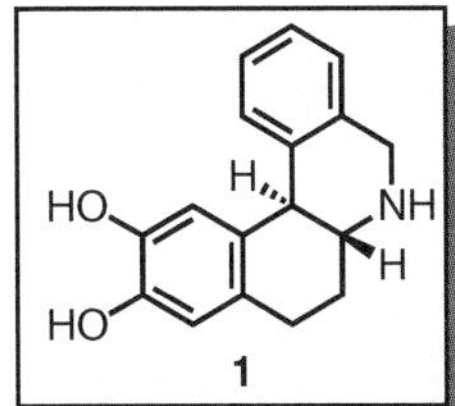

专题

- 一种多巴胺兴奋剂的合成
- 碘化作用(S_EAr)
- 酯化，催化加氢
- Heck 反应
- Dieckmann 环化反应
- 酯水解，β-酮酯的 Krapcho 断裂
- 伯胺形成烯胺以及随后的 N-酰化
- 烯胺的光环化
- 酰胺的乙硼烷还原 $R—CO—NH_2 \rightarrow R—CH_2—NH_2$
- 催化脱苄基，HBr 脱甲基化

(a) 概述

消旋-二受体激动剂(**1**，*trans*-10，11-二羟基-5，6，6a，7，8，12b-六氢苯并[*a*]菲啶)是多巴胺 D_1 受体的高效的和选择性兴奋剂[1,2]。它可以通过好几种方法合成[1]，6，7-二羟基-2-四氢萘酮(**3**)是一个合适的底物。广泛使用的步骤是 3，4-二甲氧苯基乙酸(**2**)与乙烯在 $AlCl_3$ 存在下通过 Friedel-Crafts 反应，再进行环化：

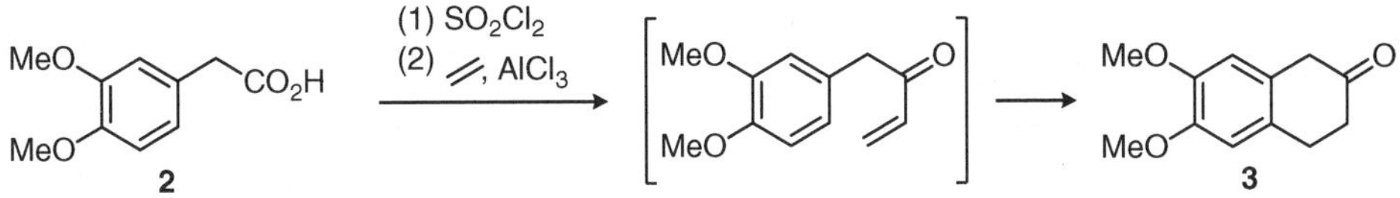

然而，这个方法制备困难，中等收率。在此，已经提出了一种新的由 **2** 合成 β-四氢萘酮 **3** 的方法[4]，将整体产率提高到 35%。

(b) 1 的合成 345

在合成的第一部分，3，4-二甲氧苯基乙酸(**2**)与氯化碘发生化学选择性的碘化反应生成碘酸 **4**，**4** 在甲醇中与 $SOCl_2$ 发生酯化反应生成甲酯 **5**[4]。**5** 与甲基丙烯酸酯在 NEt_3 和 $Pd(Ph_3P)_2Cl_2$[高稳定和低价的 Pd(Ⅱ)催化剂，在原位形成反应需要的 Pd(0)催化剂 $Pd(Ph_3P)_2$]存在下通过 Heck 反应(见 1.6.1 节)以 86%的收率得到肉桂酸 **6**。**6** 通过 Pd/C 催化氢化得到丙酸酯 **7**；从 **2** 经过四步反应以 62%的总收率得到 **7**。随后，由于苄亚甲基($CH_2—CO_2R$)有较高的酸性，在 KO*t*-Bu 化学选择性地作用下，二酯 **7** 发生 Dieckmann 环化反应生成 β-酮酯 **8**。按照 Krapcho 法[5]，用 H_2O/DMSO/LiCl 脱去 **8** 的酯基即可得到想要的萘满酮 **3**。**3** 可以通过柱色谱用聚酰胺或其重亚硫酸盐加合物提纯[4]。

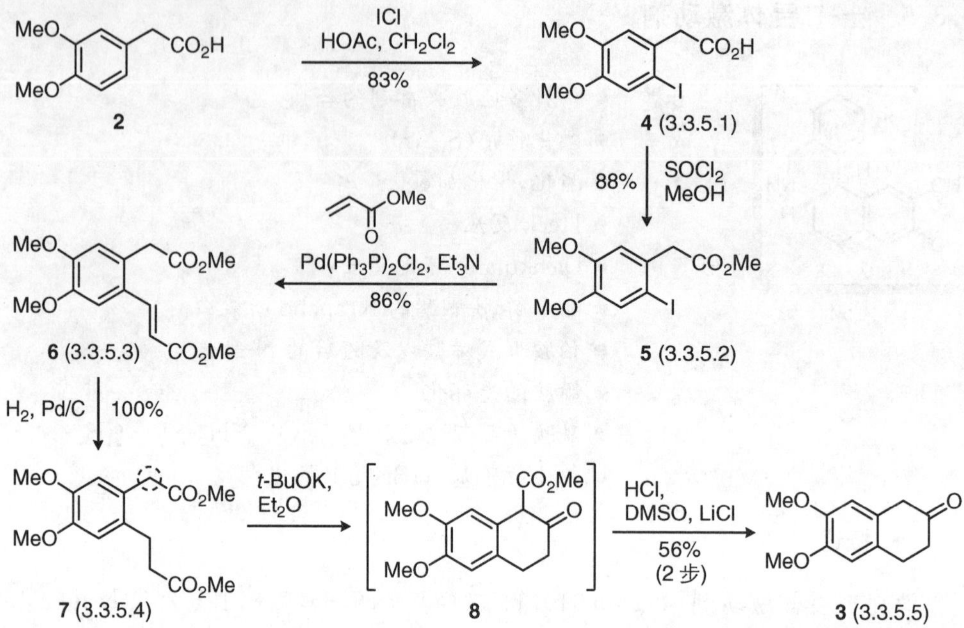

在合成的第二部分,β-四氢萘酮 **3** 与苄胺反应得到烯胺 **9**,**9** 与苯甲酰氯发生 N-酰化反应。无需提纯,生成的烯胺 **10** 在 THF 溶液中光照得到光环化产物四环内酰胺 **11**(见 1.8.2)。

346

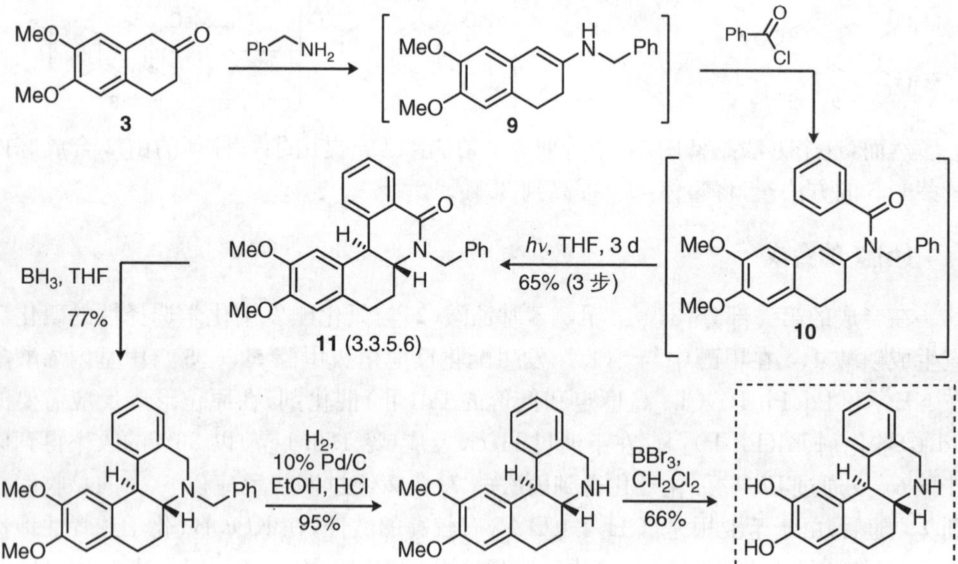

由于在环化产物 **11** 中，在 B/C 环连接处的 H 原子的相对立体化学构型是反式的[1]，形成 **11** 的一个合理的解释可能是 **10** 的 6π-电环化光照顺旋生成 **14**，随后发生热力学同面的 1,5-σ H 迁移得到 **11**[6]。

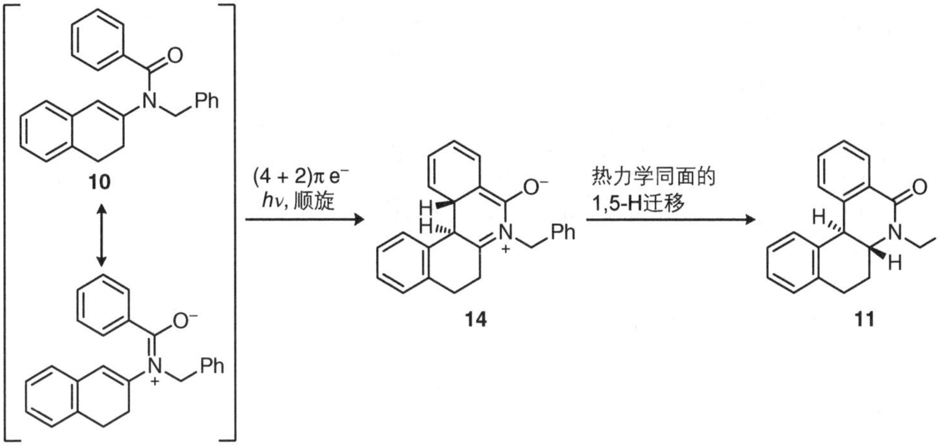

10

(4 + 2)π e⁻
hν, 顺旋

14

热力学同面的
1,5-H迁移

11

最后，内酰胺 **11** 在 THF 溶液中与二硼烷发生还原反应得到叔胺 **12**，**12** 在乙醇/HCl 溶液中与 Pd/C 和 H_2 反应脱苄基，再与 BBr_3 在二氯甲烷中脱甲基得到 **1**。由于 **1** 结晶，最终产物 *trans*-**1** 以其氢溴酸盐的形式分出。

结果，从 **3** 出发经过五步以总收率 31%得到目标分子 **1**，或者从 **2** 出发经过十一 347
步以总收率 11%得到目标分子 **1**。

需要说明的是最初描述的 **13** 与 HBr 的脱甲基化只有很低的产率。

(c) 合成 1 的实验步骤

3.3.5.1** (2-碘-4,5-二甲氧苯基)乙酸[4]

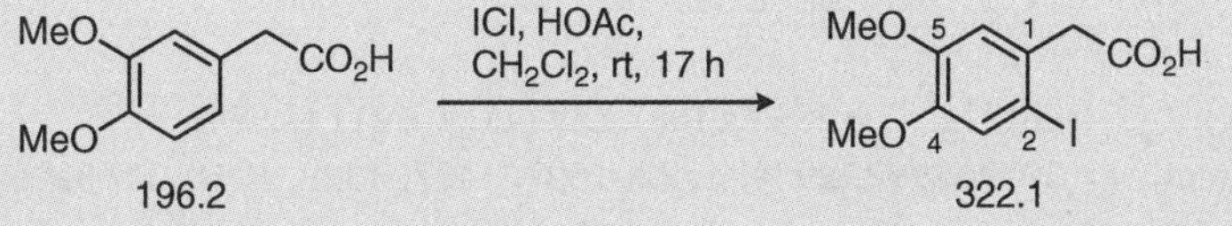

ICl, HOAc,
CH_2Cl_2, rt, 17 h

196.2 → 322.1

在氩气氛围中，将 3,4-二甲氧苯基乙酸(100 g，510 mmol)加入 850 mL 无水二氯甲烷和 100 mL 冰醋酸溶液中，搅拌溶液，逐滴滴加氯化碘(87.8 g，540 mmol)溶液，约 3 h 滴加完毕，室温搅拌反应 17 h。

然后，加入 400 mL 饱和硫代硫酸钠水溶液猝灭反应。分出有机相，分别用饱和硫代硫酸钠(2×400 mL)水溶液和 HCl(2 mol/L，1×400 mL)水溶液洗涤，

$MgSO_4$ 干燥，过滤。加入二氯甲烷溶解析出产物。真空旋除溶剂，残留物悬浮于 500 mL乙醚，搅拌 30 min，抽滤，得白色固体碘酸 137 g，产率 83%，熔点 165～166℃，R_f=0.44(正戊烷/乙酸乙酯=1∶1)。

UV (CH_3CN): λ_{max} (nm) (lg ε) = 285 (3.462), 239 (4.082), 211 (4.579).
IR (KBr): $\tilde{\nu}$ (cm^{-1}) = 3546, 3334, 3006, 2938, 2592, 1708, 1507, 1463, 1384, 1325, 1166, 1019, 860.
^{1}H NMR (300 MHz, [D_6]acetone): δ (ppm) = 7.33 (s, 1H, 3-H), 7.08 (s, 1H, 6-H), 3.85 (s, 3H, OCH_3), 3.83 (s, 3H, OCH_3), 3.77 (s, 2H, CH_2).
^{13}C NMR (76 MHz, [D_6]acetone): δ (ppm) = 171.2 (CO_2H), 150.0 (C-5), 149.3 (C-4), 131.1 (C-2), 122.0 (C-6), 114.6 (C-3), 88.80 (C-1), 55.79 (C-5–OCH_3), 55.54 (C-4–OCH_3), 45.03 (CH_2).
MS (EI, 70 eV): *m/z* (%) = 322 (100) $[M]^+$, 277 (72) $[M-CO_2H]^+$, 195 (44) $[M-I]^+$, 150 (11) $[M-CO_2H-I]^+$.

348 **3.3.5.2*　(2-碘-4,5-二甲氧苯基)乙酸甲酯[4]**

MeOH, $SOCl_2$, rt, 15 h
322.1 → 336.1

在氩气氛围中，将碘酸 **3.3.5.1**(110 g，342 mmol)加入 800 mL 无水甲醇溶液中，搅拌溶液，逐滴滴加 60 mL 二氯亚砜溶液，约 3 h 滴加完毕，室温反应 15 h。

此后，真空旋除溶剂，残留物溶于 400 mL 二氯甲烷，加入 100 mL 饱和 $NaHCO_3$ 水溶液。室温搅拌 15 min，分出有机相，分别用饱和 $NaHCO_3$(2×200 mL)水溶液，H_2O(200 mL)和卤水(200 mL)洗涤，用 $MgSO_4$ 干燥，过滤。真空旋除溶剂，粗产物用乙酸乙酯/正戊烷重结晶，得白色针状晶体甲酯 101 g，产率 88%，熔点 77～78℃，R_f=0.27(正戊烷/乙醚=2∶1)。

UV (CH_3CN): λ_{max} (nm) (lg ε) = 285 (3.468), 239 (4.090), 211 (4.574).
IR (KBr): $\tilde{\nu}$ (cm^{-1}) = 3079, 2992, 2934, 1722, 1507, 1437, 1329, 1218, 1165, 1029.
^{1}H NMR (300 MHz, $CDCl_3$): δ (ppm) = 7.21 (s, 1H, 3-H), 6.79 (s, 1H, 6-H), 3.83 (s, 6H, 2×OCH_3), 3.72 (s, 2H, CH_2), 3.70 (s, 3H, CO_2CH_3).
^{13}C NMR (76 MHz, $CDCl_3$): δ (ppm) = 171.1 (*C*O_2CH_3), 149.2 (C-5), 148.5 (C-4), 129.8 (C-2), 121.4 (C-6), 113.1 (C-3), 88.73 (C-1), 56.03 (C-5–OCH_3), 55.82 (C-4–OCH_3), 52.06 (CO_2CH_3), 45.43 (CH_2).
MS (EI, 70 eV): *m/z* (%) = 336 (100) $[M]^+$, 277 (92) $[M-CO_2CH_3]^+$, 209 (83) $[M-I]^+$, 150 (10) $[M-CO_2CH_3-I]^+$.

3.3.5.3** (*E*)-3-(4,5-二甲氧基-2-甲氧羰甲基-苯基)丙烯酸甲酯[4]

CO_2Me, $Pd(PPh_3)_2Cl_2$, NEt_3, CH_3CN, 回流, 5 h

336.1 → 294.3

将甲酯 **3.3.5.2**(80.0 g,248 mmol),丙烯酸甲酯(86.0 mL,82.0 g,953 mmol)和 NEt_3(100 mL,72.6 g,718 mmol)加入 300 mL 无水 CH_3CN 溶液中,氩气鼓泡 45 min除尽溶液中的氧气,然后,加入 $Pd(PPh_3)_2Cl_2$(1.00 g,1.42 mmol,0.6%)。混合液加热至回流,反应 5 h。

然后,真空旋除溶剂,残留物用 1 000 mL 乙酸乙酯处理。溶液分别用 H_2O 349
(400 mL),HCl 水溶液(2 mol/L,2×400 mL)和 H_2O(400 mL)洗涤。用 $MgSO_4$ 干燥,过滤。真空旋除溶剂至 300 mL,加入活性炭(1.0 g),溶液加热至沸腾脱色。抽滤,真空旋除溶剂,粗产物用乙醇(200 mL)重结晶,得无色针状晶体丙烯酸酯 62.7 g,产率 86%,熔点 96~97℃,R_f=0.45(正戊烷/乙酸乙酯=7∶3)。

UV (CH_3CN): λ_{max} (nm) (lg ε) = 327 (4.187), 296 (4.158), 238 (4.066), 219 (4.160).
IR (KBr): $\tilde{\nu}$ (cm^{-1}) = 3082, 2998, 2953, 1730, 1603, 1516, 1428, 1272, 1095, 1001, 860.
^{1}H NMR (300 MHz, $CDCl_3$): δ (ppm) = 7.87 (d, *J* = 15.8 Hz, 1H, 3-H), 7.07 (s, 1H, 6′-H), 6.73 (s, 1H, 3′-H), 6.28 (d, *J* = 15.8 Hz, 1H, 2-H), 3.88 (s, 6H, 2×OCH_3), 3.78 (s, 3H, 2-CO_2CH_3), 3.72 (s, 2H, 1″-H_2), 3.68 (s, 3H, 1″-CO_2CH_3).
^{13}C NMR (76 MHz, $CDCl_3$): δ (ppm) = 171.4 (C-1), 167.3 (C-2″), 150.7 (C-5′), 148.4 (C-4′), 141.3 (C-3′), 127.2 (C-2′), 125.9 (C-1′), 117.4 (C-2), 113.4 (C-3), 108.8 (C-6′), 55.89 (C-4′–OCH_3), 55.84 (C-5′–OCH_3), 52.14 (C-2–CO_2CH_3), 51.59 (C-1″–CO_2CH_3), 37.93 (C-1″).
MS (EI, 70 eV): *m/z* (%) = 294 (100) $[M]^+$, 262 (21) $[M-OCH_3-H]^+$, 234 (30) $[M-CO_2CH_3-H]^+$, 221 (22) $[M-CHCO_2CH_3-H]^+$, 203 (50) $[M-CO_2CH_3-OCH_3-H]^+$, 175 (51) $[M-CO_2CH_3-CO_2CH_3-H]^+$, 161 (17) $[M-CO_2CH_3-CO_2CH_3-CH_3]^+$, 59 (18) $[CO_2CH_3]^+$.

3.3.5.4** 3-(4,5-二甲氧基-2-甲氧羰甲基-苯基)丙酸甲酯[4]

将丙烯酸酯 **3.3.5.3**(50.0 g,170 mmol)溶于 1 000 mL 热的乙醇溶液中,加入 10% Pd/C(5.00 g)。迅速往反应瓶中通入氢气,约 30 min,氢化反应在环境压力下

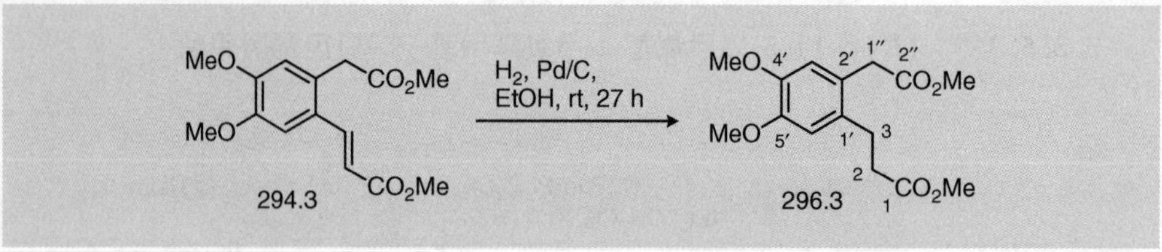

进行,直到氢气停止吸收(约 27 h)。

350 然后,悬浮液通过硅藻土过滤(厚约 1 cm),再用 1 000 mL 乙醚洗涤。真空移除溶剂,定量得到无色油状产物 50.3 g,产率 100%,R_f=0.45(正戊烷/乙酸乙酯=7∶3)。

UV (CH_3CN): λ_{max} (nm) (lg ε) = 284 (3.527), 233 (3.957), 203 (4.671).
IR (KBr): $\tilde{\nu}$ (cm^{-1}) = 3449, 2998, 2953, 2849, 1736, 1610, 1521, 1437, 1276, 1162, 1099, 1013.
^{1}H NMR (300 MHz, $CDCl_3$): δ (ppm) = 6.71 (s, 1H, 3′-H), 6.69 (s, 1H, 6′-H), 3.84 (s, 6H, 2 × OCH_3), 3.68 (s, 3H, 1″-CO_2CH_3), 3.66 (s, 3H, 2-CO_2CH_3), 3.60 (s, 2H, 1″-H_2), 2.90 (t, J = 7.9 Hz, 2H, 3-H_2), 2.57 (t, J = 7.9 Hz, 2H, 2-H_2).
^{13}C NMR (76 MHz, $CDCl_3$): δ (ppm) = 173.3 (C-1), 172.2 (C-2″), 148.2 (C-5′), 147.4 (C-4′), 131.3 (C-1′), 124.0 (C-2′), 113.5 (C-6′), 112.3 (C-3′), 55.86 (C-4′−OCH_3), 55.82 (C-5′−OCH_3), 52.03 (C-1″−CO_2CH_3), 51.61 (C-2−CO_2CH_3), 37.87 (C-1″), 35.34 (C-2), 27.68 (C-3).
MS (EI, 70 eV): m/z (%) = 296 (100) $[M]^+$, 264 (56) $[M-OCH_3-H]^+$, 237 (47) $[M-CO_2CH_3]^+$, 223 (27) $[M-CH_2CO_2CH_3]^+$, 165 (51) $[M-CO_2CH_3-CH_2CO_2CH_3+H]^+$.

3.3.5.5** 6,7-二甲氧基-3,4-二氢-1*H*-萘-2-酮(6,7-二甲氧基-β-四氢萘酮)[4]

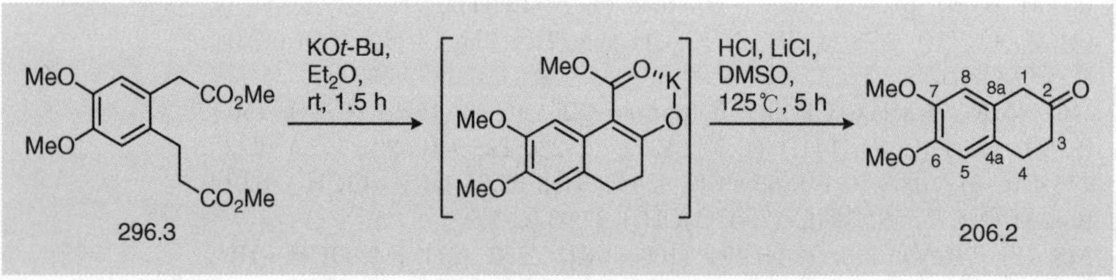

在氩气氛围中,将 KO*t*-Bu(19.0 g,170 mmol)加入 1 000 mL 乙醚中,充分搅拌,逐滴加入丙酸酯 **3.3.5.4**(45.7 g,154 mmol)的 500 mL 乙醚溶液,约 1.5 h 滴加完毕,室温继续搅拌 1 h。然后,抽滤反应悬浮液,滤饼用乙醚(500 mL)洗涤。收集的烯醇钾在高真空环境下干燥,得到定量产率的产物。

将钾盐(10.0 g,33.1 mmol)和无水 LiCl(1.68 g,39.7 mmol)加入 23 mL DMSO 中,氩气鼓泡 15 min 除尽溶液中的氧气,然后,快速加入浓 HCl(3.3 mL,40.0 mmol),边

加边搅拌。油浴加热至 125℃，反应 5 h。

冷至室温，反应混合物用乙酸乙酯(500 mL)稀释，有机相用 H_2O(3×200 mL)洗涤，用 $MgSO_4$ 干燥，过滤。真空旋除溶剂，粗产物用聚酰胺柱色谱提纯(15% 乙酸乙酯/正戊烷)，然后用乙酸乙酯/正己烷重结晶，得白色固体 β-四氢萘酮 3.81 g，产率 56%，熔点 85～86℃，R_f=0.45(正戊烷/乙酸乙酯=7∶3)。

UV (CH_3CN): λ_{max} (nm) (lg ε) = 285 (3.571), 202 (4.597). 351
IR (KBr): $\tilde{\nu}$ (cm^{-1}) = 3014, 2998, 2958, 2851, 1717, 1515, 1462, 1346, 1248, 1113, 880.
^{1}H NMR (300 MHz, $CDCl_3$): δ (ppm) = 6.74 (s, 1H, 8-H), 6.62 (s, 1H, 5-H), 3.88 (s, 3H, OCH_3), 3.86 (s, 3H, OCH_3), 3.51 (s, 2H, 1-H_2), 3.00 (t, J = 6.7 Hz, 2H, 4-H_2), 2.55 (t, J = 6.7 Hz, 2H, 3-H_2).
^{13}C NMR (76 MHz, $CDCl_3$): δ (ppm) = 210.8 (C-2), 147.9 (C-7), 147.7 (C-6), 128.4 (C-4a), 125.0 (C-8a), 111.3 (C-8), 111.1 (C-5), 56.03 (2 × OCH_3), 44.20 (C-1), 38.58 (C-3), 28.11 (C-4).
MS (EI, 70 eV): m/z (%) = 206 (100) $[M]^+$, 164 (40) $[M-C_2H_2O]^+$.

3.3.5.6** *trans*-6-苄基-10,11-二甲氧基-5,6,6a,7,8,12b-六氢苯并[*a*]-菲啶-5-酮[1]

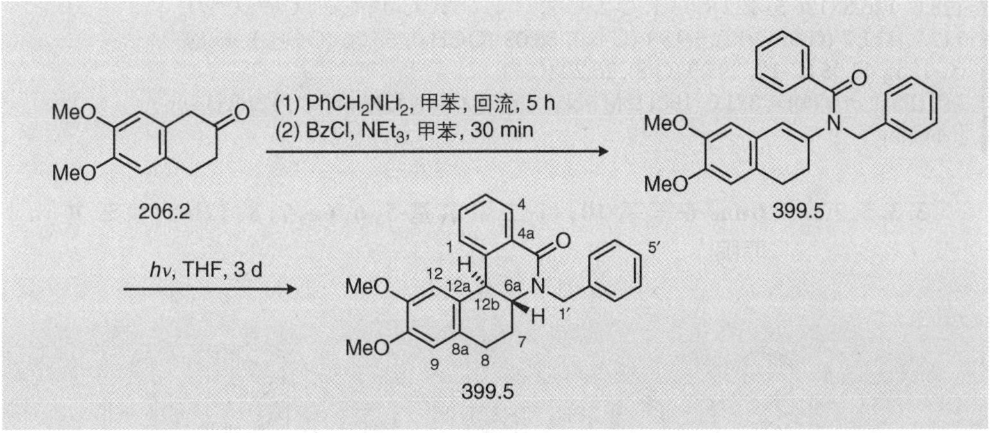

在氩气氛围中，将四氢萘酮 **3.3.5.5**(1.03 g，5.00 mmol)和苄胺(0.56 g，5.23 mmol)加到 20 mL 甲苯溶液中，加热回流，反应 5 h，并用 Dean-Stark 分水器除去 H_2O，反应液冷至 80℃，逐滴加入苯甲酰氯(0.77 g，5.48 mmol)和三乙胺(0.56 g，5.53 mmol)。室温反应 2 h。

然后，真空移除溶剂，残留物溶于二氯甲烷(100 mL)，并用 H_2O(50 mL)洗。水相用二氯甲烷(50 mL)萃取，合并有机相，用 Na_2SO_4 干燥，过滤，真空移除溶剂。硅胶柱色谱提纯，定量得到黄色固体粗产物烯胺(2.01 g)。虽然产物中含有少量 6,7-二甲氧基 β-四氢萘酮，但不影响下步反应。

352 为了除去 6,7-二甲氧基 β-四氢萘酮，硼氢化钠(50 mg)加入粗产物的 50 mL 乙醇溶液中，混合物在 50℃搅拌 30 min，真空移除乙醇，加入二氯甲烷(100 mL)和 H_2O(30 mL)。分出有机相，用 Na_2SO_4 干燥，过滤，真空移除溶剂。残留物溶于 THF(60 mL)溶液，用 300 W 的高压汞灯光照 3 天。

硅胶柱色谱提纯(正戊烷/乙酸乙酯=3∶1)，乙醚/正戊烷重结晶，得无色针状晶体菲啶-5-酮 1.29 g，产率 65%(三步)，熔点 191～195℃，R_f=0.16(正戊烷/乙酸乙酯=3∶1)。

UV (CH_3CN): λ_{max} (nm) (lg ε) = 282.0 (3.76), 200.0 (4.88).
IR (KBr): $\tilde{\nu}$ (cm^{-1}) = 2934, 1655, 1514, 1460, 1403, 1261, 1115, 1023, 742.
^{1}H NMR (300 MHz, $CDCl_3$): δ (ppm) = 8.20 (m, 1H, Ar–H), 7.53 (m, 1H, Ar–H), 7.49–7.39 (m, 2H, 2 × Ar–H), 7.32–7.19 (m, 5H, 5 × Ar–H), 6.92 (s, 1H, Ar–H), 6.63 (s, 1H, Ar–H), 5.34 (d, J = 15.9 Hz, 1H, 1′-H_b), 4.78 (d, J = 15.9 Hz, 1H, 1′-H_a), 4.36 (d, J = 11.4 Hz, 1H, 12b-H), 3.89, 3.87 (2s, 6H, OCH_3), 3.78 (m_c, 1H, 6a-H), 2.67 (m_c, 2H, 8-H_2), 2.26 (m_c, 1H, 7-H_b), 1.75 (m_c, 1H, 7-H_a).
^{13}C NMR (76 MHz, $CDCl_3$): δ (ppm) = 166.2 (C-5), 147.6, 146.8, 141.5, 138.5, 131.2, 129.4, 123.6 (C-4a, C-2′, C-8a, C-10, C-11, C-12a, C-12c), 130.9, 129.1, 128.6, 126.8, 126.5, 122.8 (C-1, C-2, C-3, C-4, C-3′, C-4′, C-5′, C-6′, C-7′), 112.7, 111.7 (C-9, C-12), 59.99 (C-6a), 56.03 (OCH_3), 55.76 (OCH_3), 45.84 (C-12b), 45.06 (C-1′), 29.09 (C-8), 26.20 (C-7).
MS (ESI): m/z (%) = 821.0 (100) [2M+Na]$^+$, 1219.6 (74) [3M+Na]$^+$, 422.2 (15) [M+Na]$^+$.

3.3.5.7** *trans*-6-苄基-10,11-二甲氧基-5,6,6a,7,8,12b-六氢苯并[*a*]-菲啶[1]

BH$_3$ · THF, THF, 回流, 16 h

399.5 → 385.5

将菲啶-5-酮 **3.3.5.6**(734 mg，1.84 mmol)加入 60 mL THF 溶液中，冰浴至 0℃，缓慢加入硼烷 THF 配合物(1 mol/L，5.5 mL，5.5 mmol)的 THF 溶液，加热回流，反应 16 h。

反应液冷至室温,缓慢加入 6 mL H_2O,减压蒸出溶剂。残留物溶于甲苯(30 mL), 353
加入甲磺酸(0.6 mL),反应液加热至 70℃,反应 1 h。混合液加入 25 mL H_2O,分出水相。有机相用 HCl 水溶液(6 mol/L,4×30 mL)萃取,合并水相并用冰浴降温,用浓 NH_4OH(120 mL)缓慢碱化。游离的碱用二氯甲烷(3×50 mL)萃取,合并有机相,用 $MgSO_4$ 干燥,过滤,真空旋除溶剂,得黄色固体 *N*-苄基菲啶 545 mg,产率 77%,熔点(HCl 盐)230~232℃,R_f=0.43(正戊烷/乙酸乙酯=2∶1)。

UV (CH_3CN): λ_{max} (nm) (lg ε) = 286.5 (3.614), 194.5 (4.890), 192.5 (4.898).
IR (KBr): $\tilde{\nu}$ (cm^{-1}) = 3442, 3006, 2944, 2854, 1608, 1514, 1463, 1347, 1257, 1236, 1195, 1125, 1087, 1014, 874, 765, 701.
^{1}H NMR (300 MHz, $CDCl_3$): δ (ppm) = 7.44–7.08 (m, 9H, 1-H, 2-H, 3-H, 4-H, 3′-H, 4′-H, 5′-H, 6′-H, 7′-H), 6.89 (s, 1H, 12-H), 6.73 (s, 1H, 9-H), 4.06 (d, J = 10.6 Hz, 1H, 12b-H), 3.89 (s, 3H, OCH_3), 3.95–3.82 (m, 2H, 5-H_b, 1′-H_b), 3.78 (s, 3H, OCH_3), 3.52 (d, J = 15.2 Hz, 1H, 1′-H_a), 3.29 (d, J = 13.3 Hz, 1H, 5-H_a), 2.86 (m_c, 2H, 8-H_2), 2.35 (m_c, 1H, 6a-H), 2.22 (m_c, 1H, 7-H_b), 2.03 to 1.86 (m, 1H, 7-H_a).
^{13}C NMR (76 MHz, $CDCl_3$): δ (ppm) = 147.2, 146.7, 139.5, 137.6, 136.0, 130.5, 129.7 (C-4a, C-8a, C-10, C-11, C-12a, C-12c, C-2′), 129.0 (C-3′, C-7′), 128.3 (C-4′, C-6′), 127.2, 127.0, 126.6, 126.3, 126.0 (C-1, C-2, C-3, C-4, C-5′), 111.7, 110.9 (C-9, C-12), 65.30 (C-6a), 57.70 (C-5), 56.03 (OCH_3), 55.93 (OCH_3), 53.37 (C-1′), 43.43 (C-12b), 28.11 (C-8), 27.59 (C-7).
MS (ESI): m/z (%) = 386 (100) $[M+H]^+$.

3.3.5.8** *trans*-10,11-二甲氧基-5,6,6a,7,8,12b-六氢苯并[*a*]-菲啶盐酸盐[1]

(1) 浓 HCl, EtOH
(2) H_2, 10% Pd/C, EtOH, rt, 8 h

385.5 → 331.8

将 *N*-苄基菲啶 **3.3.5.7**(392 mg,1.02 mmol)加入 100 mL 乙醇溶液中,小心地加入浓 HCl(0.40 mL)酸化,然后,真空移除溶剂。残留物溶于乙醇(80 mL)溶液中,加入 10% Pd/C 催化剂(100 mg),在氢气中(3.5 bar,1 bar=10^5 Pa),混合液在室温下摇动 8 h。

抽滤除去过量的催化剂,真空移除溶剂。残留物用 CH_3CN/甲醇重结晶,得亮黄 354
色固态晶体盐酸盐 320 mg,产率 95%,熔点 238~239℃,R_f=0.62(二氯甲烷/甲醇=4∶1)。

UV (MeOH): λ_{max} (nm) (lg ε) = 285.0 (3.585), 204.5 (4.687).
IR (KBr): $\tilde{\nu}$ (cm^{-1}) = 3420, 2937, 2775, 1607, 1515, 1446, 1205, 1128, 1092, 1038, 871, 750.
^{1}H NMR (300 MHz, [D_6]DMSO): δ (ppm) = 10.0 (s_{br}, 2H, NH_2), 7.45–7.25 (m, 4H, 1-H, 2-H, 3-H, 4-H), 6.87, 6.84 (2s, 2H, 9-H, 12-H), 4.36 (s, 2H, 5-H_2), 4.26 (d, J = 10.9 Hz, 1H, 12b-H), 3.75 (s, 3H, OCH_3), 3.68 (s, 3H, OCH_3), 2.95 (m_c, 1H, 6a-H), 2.88–2.69 (m, 2H, 8-H_2), 2.28–2.14 (m, 1H, 7-H_b), 2.08–1.90 (m, 1H, 7-H_a).
^{13}C NMR (76 MHz, [D_6]DMSO): δ (ppm) = 147.6, 146.7, 137.2, 130.5, 129.5 (C-8a, C-10, C-11, C-12a, C-12c), 127.8, 127.6, 126.8, 125.2 (C-1, C-2, C-3, C-4), 124.9 (C-4a), 112.6, 112.0 (C-9, C-12), 56.55 (C-6a), 55.63 (OCH_3), 55.52 (OCH_3), 43.47 (C-5), 40.60 (C-12b), 26.89 (C-8), 25.20 (C-7).
MS (ESI): m/z (%) = 296 (100) [M–Cl]$^+$.

3.3.5.9** *trans*-10,11-二羟基-5,6,6a,7,8,12b-六氢苯并[*a*]-菲啶氢溴酸盐[1]

BBr$_3$, CH$_2$Cl$_2$, –35℃, rt, 1 h

331.8 → 348.2

菲啶盐酸盐 **3.3.5.8**(83.0 mg,0.25 mmol)加入饱和的 $NaHCO_3$ 水溶液(10 mL)中,用二氯甲烷(3×10 mL)萃取释放的游离胺。合并有机相,并用卤水洗涤,Na_2SO_4 干燥,过滤,真空移除溶剂。

在−35℃,将 BBr_3(1 mol/L,二氯甲烷,0.75 mL,0.75 mmol)逐滴加入残留物(73.8 mg,0.25 mmol)的 5 mL 二氯甲烷溶液中。室温搅拌 1 h。

然后,加入乙醚(4 mL)和甲醇(0.1 mL),真空移除溶剂,加入乙醚使粗产物沉淀析出。乙腈重结晶,得到黄色外消旋二受体激动剂氢溴酸盐针状晶体 57 mg,产率 66%,熔点 185~186℃,R_f=0.10(二氯甲烷/甲醇=10∶1)。

355 **UV** (CH_3OH): λ_{max} (nm) (lg ε) = 288.5 (3.55), 202.5 (4.63).
IR (KBr): $\tilde{\nu}$ (cm^{-1}) = 3224, 2937, 1521, 1276, 750.
^{1}H NMR (300 MHz, [D_6]DMSO): δ (ppm) = 9.59 (s_{br}, 2H, NH_2), 9.38 (s_{br}, 2H, OH), 7.37 (m, 4H, Ar–H), 6.74 (s, 1H, Ar–H), 6.64 (s, 1H, Ar–H), 4.40 (s, 2H, 5-H_2), 4.19 (d, J = 10.8 Hz, 1H, 12b-H), 2.99 (m, 1H, 6a-H), 2.73 (m, 2H, 8-H_2), 2.19 (m, 1H, 7-H_b), 1.94 (m, 1H, 7-H_a).

^{13}C NMR (76 MHz, $[D_6]$DMSO): δ (ppm) = 144.0, 143.1, 136.3, 130.3, 127.7, 124.3 (C-4a, C-8a, C-10, C-11, C-12a, C-12c), 127.7, 127.5, 126.8, 126.2 (C-1, C-2, C-3, C-4), 115.9, 114.6 (C-9, C-12), 56.74 (C-6a), 43.99 (C-5), 40.30 (C-12b), 26.29 (C-8), 25.31 (C-7).
MS (ESI): *m/z* (%) = 268.1 (100) $[M+H]^+$.

参考文献

[1] Brewster, W.K., Nichols, D.E., Riggs, R.M., Mottola, D.M., Lovenberg, T.W., Lewis, M.H., and Mailman, R.B. (1990) *J. Med. Chem.*, **33**, 1756–1764.

[2] Knoerzer, T.A., Watts, V.J., Nichols, D.E., and Mailman, R.B. (1995) *J. Med. Chem.*, **38**, 3062–3070.

[3] (a) Cordi, A.A., Lacoste, J.-M., Descombes, J.-J., Courchay, C., Vanhoutte, P.M., Laubie, M., and Verbeuren, T.J. (1995) *J. Med. Chem.*, **38**, 4056–4069; compare: (b) Tietze, L.F. and Eicher, Th. (1991) *Reaktionen und Synthesen im organisch-chemischen Praktikum und Forschungslaboratorium*, 2nd edn, Georg Thieme Verlag, Stuttgart, p. 279; for a review on approaches to 2-tetralones, see: (c) Silveira, C.C., Braga, A.L., Kaufman, T.S., and Lenardão, E.J. (2004) *Tetrahedron*, **38**, 8295–8328.

[4] Qandil, A.M., Miller, D.W., and Nichols, D.E. (1999) *Synthesis*, 2033–2035.

[5] Kouvarakis, A. and Katerinopoulos, H.E. (1995) *Synth. Commun.*, **25**, 3035–3044; Krapcho cleavage leads to (formal) decarboxylation of β-keto esters, malonates, and cyanoacetates.

[6] Smith, M.B. (2013) *March's Advanced Organic Chemistry*, 7th edn, John Wiley & Sons, Inc., New York, p. 1391ff.

3.4 稠杂环化合物

3.4.1 6-乙氧羰基萘并[2,3-*a*]吲哚嗪-7,12-醌

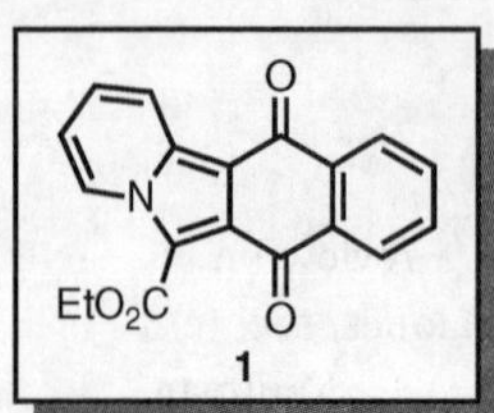

专题
- 吲哚嗪的合成
- N—CH—EWG 取代的吡啶盐甜菜碱作为 1,3-偶极子进行 1,3-偶极环加成
- 叔丁酯的化学选择性断裂
- 环二酸酐的形成
- Grignard 化合物对酸酐的区域选择性开环
- 分子内 Friedel-Crafts 酰基化形成醌

356 **(a) 概述**

吲哚嗪 **2**,三种苯并吡咯 **2**～**4** 中的一种,构成许多天然存在的生物碱的核心结构。由于吲哚嗪的化学性质与我们所知的吲哚 **3** 不同,在近几十年来已经引起了人们的兴趣[1,2]。另一方面,异吲哚 **4** 由于其邻醌型的结构,虽然可以在低温下分离出无色的针状晶体,但其通常是不稳定的。

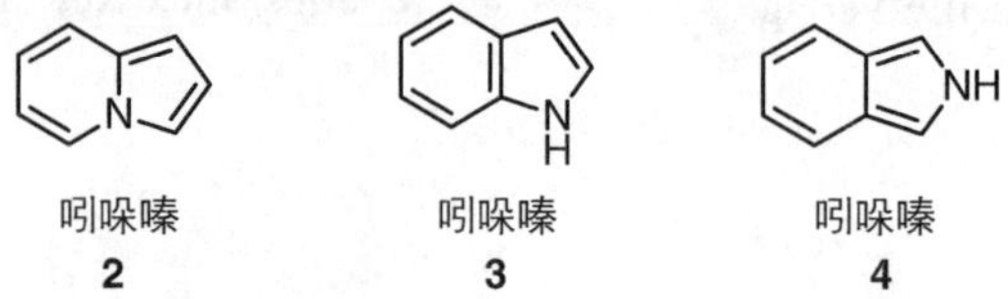

有三种主要的合成吲哚嗪的方法:

1) 2-甲基-*N*-苯甲酰甲基吡啶盐 **5**,很容易从 2-甲基吡啶烷基化,碱作用下环化得到 2-苯基吲哚嗪 **7**。显然地,**5** 的两个 CH-酸性中心,2 位的甲基选择性地去质子化形成中间体烯胺 **6**,**6** 通过分子内羟醛缩合生成吲哚嗪 **7**。

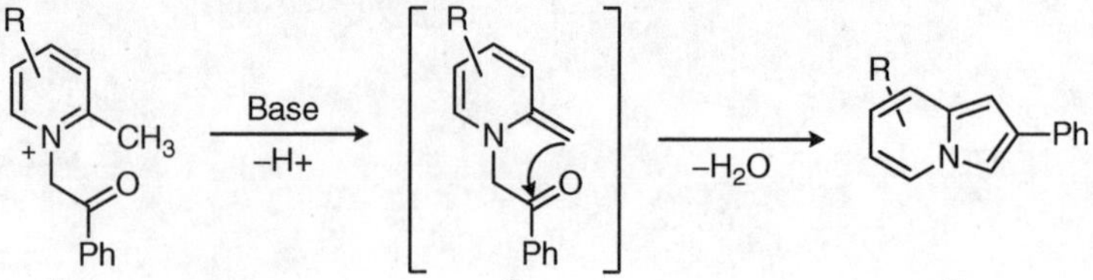

2) 吡啶-2-甲醛 **8** 与吸电子取代的烯烃通过 Baylis-Hillman 反应生成加合物 **9a**;

相应的乙酸衍生物 **9b** 通过热力学分子内环加成反应得到 2-吸电子取代的吲哚嗪 **10**[4]。

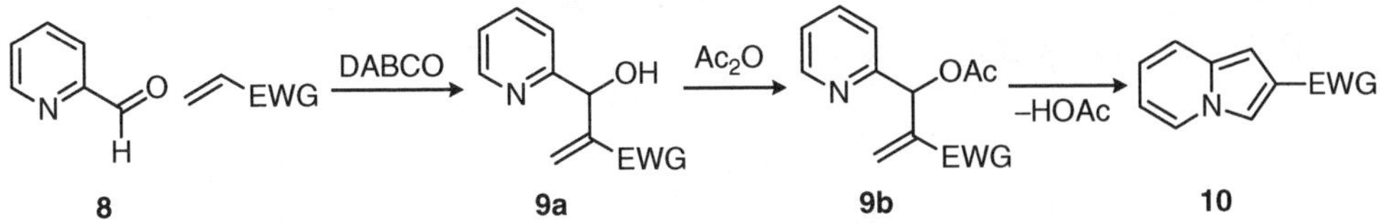
DABCO
EWG
OH
Ac2O
OAc
–HOAc
H
8
9a
9b
10

只有少数例外，方法 1)和 2)在生成 2 位取代的吲哚嗪是受限的，因此限制了其适用性和应用范围。

3) 带有吸电子基的(EWG)-CH 取代吡啶盐-*N*-甜菜碱 **12** 与亲偶极的乙炔二羧 357
酸、丙炔酸、马来酸酯，或者亲偶极的缺电子烯烃发生 1，3-偶极环加成反应。与炔烃反应，环加合物(**13**/**14**)自发进行脱氢化生成 1，2，3-三取代的吲哚嗪 **16**(表明是区域选择性的环加成)或 1，3-二取代的吲哚嗪 **17**[5-9]。与烯烃类底物反应，其初期的环加合物的脱氢反应(**15**→**16**)需要氧化剂[10]。

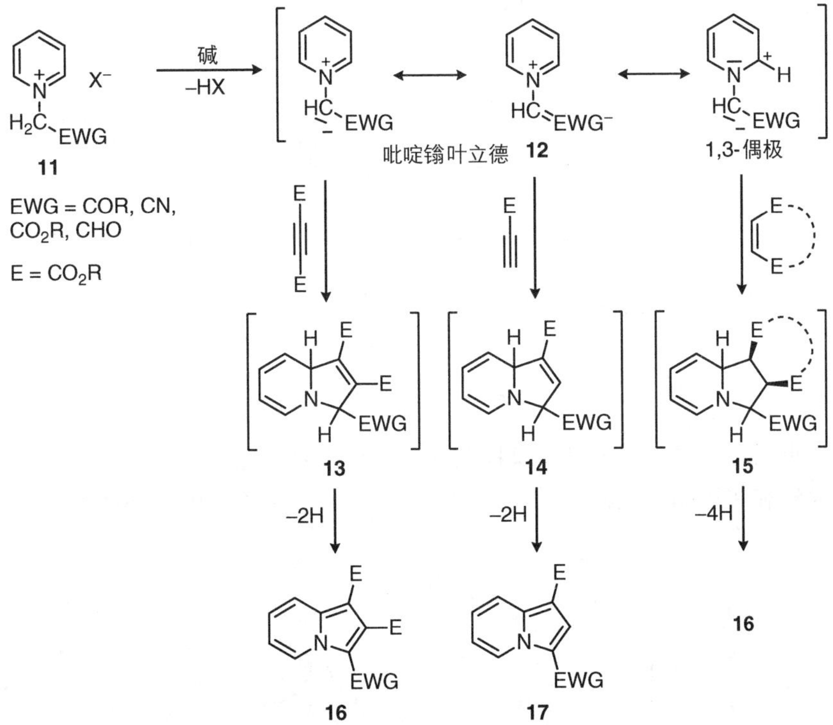
碱
–HX
X–
11
EWG = COR, CN, CO2R, CHO
E = CO2R
吡啶鎓叶立德
12
1,3-偶极
13
14
15
–2H
–2H
–4H
16
17
16

由于 *N*-烷基吡啶盐离子 **11** 的去质子化生成了吡啶盐 **12**，**11** 与亲偶极体、碱、相转移催化剂(PTC)[5,6]或微波辅助[9]等多组分反应(MCR)很容易实现环加成。

在此，选择方法 3)合成吲哚嗪 **1**。

358

1,3-偶极环加成是非常灵活有效地用于合成五元杂环的方法[11]。一般而言，1,3-偶极环加成是协同的 6π 过程，1,3-偶极子 **19**(通常包含一个或两个 N 原子)与带有吸电子基的炔烃(a)或烯烃(b)反应。

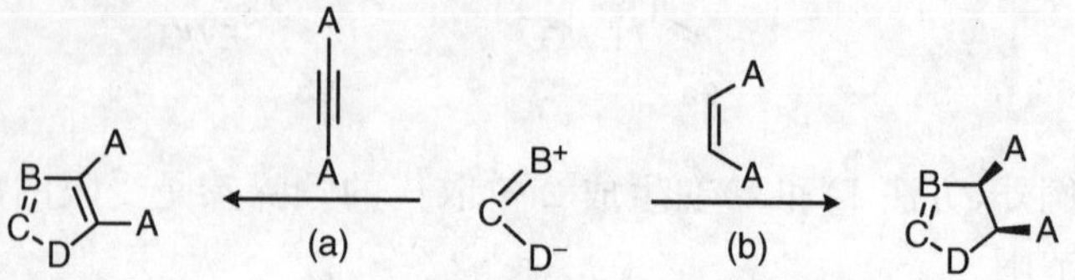

(a) (b)

18 **19** **20**

也可以用带有供电子基的亲偶极体，但它们的反应产率一般都很低。第一种情况(a)，芳香唑类 **18** 是产物；第二种情况(b)，生成的二氢唑类 **20** 的烯烃中心原子的构型变成 sp^3 杂化，表明环加成是以区域选择性的方式进行的。

1,3-偶极环加成反应的经典例子是炔烃与重氮烷、氧化腈、叠氮化物反应生成吡唑、1,2-噁唑和 1,2,3-三唑(**21**～**23**)：

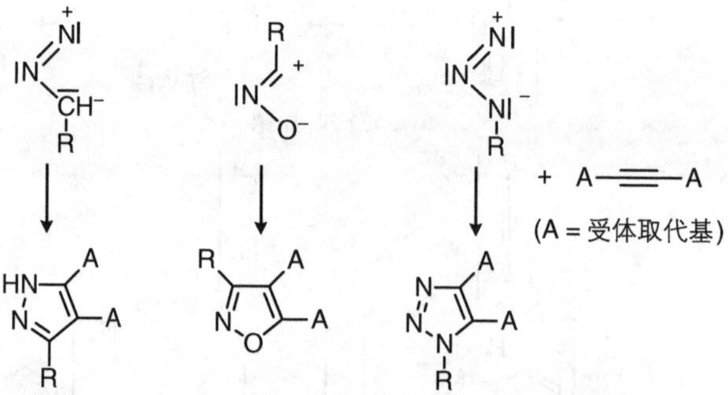

+ A—≡—A

(A = 受体取代基)

21 **22** **23**

其他类的 1,3-偶极子是硝酮 **24**，甲亚胺叶立德 **25** 和中性离子化合物 **26**，它们也可以与烯烃和炔烃的亲偶极体发生环加成反应生成许多不同的杂环体系[12]。

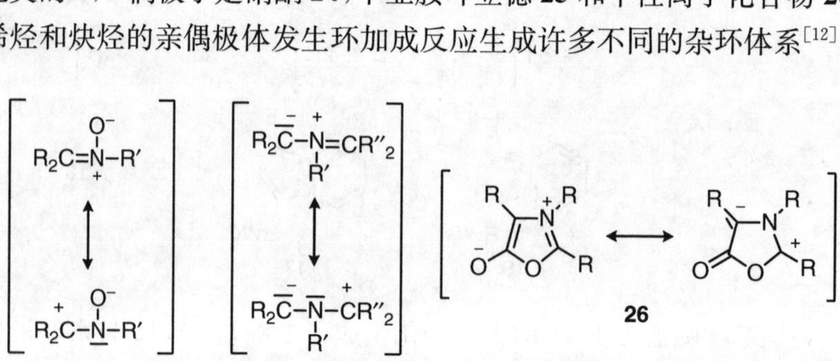

24 **25** **26**

本节中，形成吲哚嗪 **12→16/17** 的反应可以归为与甲亚胺叶立德类偶极子的 1,3-偶极环加成。

(b) 1 的合成 359

为了合成含有醌的 **1**，吲哚嗪-1,2,3-三羧酸单酯 **30** 是重要的中间体。与从邻苯二甲酸酐通过邻苯甲酰苯甲酸制备蒽醌相似，我们计划用这种方法合成醌[13]。

从原料溴化 *N*-乙氧羰基甲基吡啶盐(**27**)出发合成 **1**[14]，**27** 通过吡啶和溴代乙酸乙酯反应很容易地得到[15]。**27** 在 K_2CO_3 作用下先形成吡啶盐叶立德中间体 **28**。在同样条件下，其与丁炔二酸二叔丁酯通过 1,3-偶极环加成反应得到吲哚嗪-1,2,3-三酯 **29**。

27 (3.4.1.1)　**28**　**29** (3.4.1.2)

31 (3.4.1.4)　**30** (3.4.1.3)

然后，用 CF_3CO_2H 化学选择性地断开 **29** 的叔丁酯基生成二羧酸 **30**，**30** 在三氟乙酐条件下生成酸酐 **31**。

−78℃下酸酐 **31** 在 THF 中与苯基溴化镁反应生成了唯一的产物 2-苯甲酰基吲哚嗪-1-羧酸 **32**；没有生成区域异构的酸 **33**。酸酐开环这种独特的区域选择性的原因仍不清楚(见 1.1.4 节)。然而，一种猜想是 Grignard 试剂与邻近的不活泼 CO_2Et 基团配合更倾向于进攻 2 位的羰基。

31　**32** (3.4.1.5)　**33**

1 (3.4.1.6)

最后，羧酸 **32** 先与 PCl_5 反应，生成中间体酰氯，接着再加入 $AlCl_3$ 发生 Friedel- 360

Crafts 酰基化反应得到醌 **1**。

因此，从吡啶盐 **27** 出发，经过六步连续反应以总收率 16%得到目标分子 **1**。

(c) 合成 1 的实验步骤

3.4.1.1* *N*-(乙氧羰基甲基)吡啶溴化盐[15]

将溴乙酸乙酯(6.68 g，45.0 mmol)逐滴加入无水吡啶(3.56 g，45.0 mmol)和无水 THF(200 mL)溶液中，混合液在 25℃搅拌 12 h。蒸出溶剂，得到米色固体粗产物 8.65 g，产率 88%，熔点 125～127℃。

FT-IR: $\tilde{\nu}$ (cm^{-1}) = 1737.
^{1}H NMR (500 MHz, [D_6]DMSO): δ (ppm) = 9.09 (d, *J* = 6.6 Hz, 2H, Ar–H), 8.72 (t, *J* = 7.9 Hz, 1H, Ar–H), 8.25 (t, *J* = 7.9 Hz, 2H, Ar–H), 5.71 (s, 2H, N–CH_2), 4.24 (q, *J* = 7.3 Hz, 2H, CH_2CH_3), 1.25 (t, *J* = 7.3 Hz, 3H, CH_2CH_3).
^{13}C NMR (126 MHz, [D_6]DMSO): δ (ppm) = 166.4 (C=O), 146.8, 146.2, 127.8 (5×Ar–C), 62.3 (N–CH_2), 60.3 (CH_2CH_3), 13.9 (CH_2CH_3).

3.4.1.2** 3-乙氧羰基吲哚嗪-1,2-二甲酸二叔丁酯[14]

将无水 K_2CO_3(7.28 g，52.7 mmol)和丁炔二酸二叔丁酯(7.91 g，35.0 mmol)加入吡啶溴化盐 **3.4.1.1**(8.61 g，35.0 mmol)的 340 mL 无水 THF 悬浊液中，室温搅拌，反应 4 天。

361 然后，过滤，真空旋干滤液，得油状残留物，硅胶柱色谱提纯(正己烷/乙醚=10∶1)，得黄色固体吲哚嗪三羧酸酯 9.13 g，产率 67%，R_f=0.36(正己烷/乙醚=10∶1)，熔点 124～126℃。

FT-IR: $\tilde{\nu}$ (cm^{-1}) = 1734, 1677.
^{1}H NMR (500 MHz, $CDCl_3$): δ (ppm) = 9.55 (dt, J = 7.3, 1.0 Hz, 1H, Ar–H), 8.19 (dt, J = 9.1, 1.0 Hz, 1H, Ar–H), 7.28 (ddd, J = 9.1, 7.0, 1.2 Hz, 1H, Ar–H), 6.96 (dt, J = 7.0, 1.2 Hz, 1H, Ar–H), 4.42 (q, J = 7.0 Hz, 2H, OCH_2), 1.65 (s, 9H, $CO_2C(CH_3)_3$), 1.63 (s, 9H, $CO_2C(CH_3)_3$), 1.39 (t, J = 7.0 Hz, 3H, CH_3).
^{13}C NMR (126 MHz, [D_6]DMSO): δ (ppm) = 164.4, 162.1, 160.6 (3 × C=O), 137.0, 132.2, 127.9, 125.8, 120.1, 114.7, 111.7, 105.3 (8 × Ar–C), 82.4, 81.1 (2 × $CO_2C(CH_3)_3$), 60.7 (CH_2CH_3), 28.6, 28.3 (2 × $CO_2C(CH_3)_3$), 14.7 (CH_2CH_3).

3.4.1.3* 3-乙氧羰基吲哚嗪-1,2-二甲酸[14]

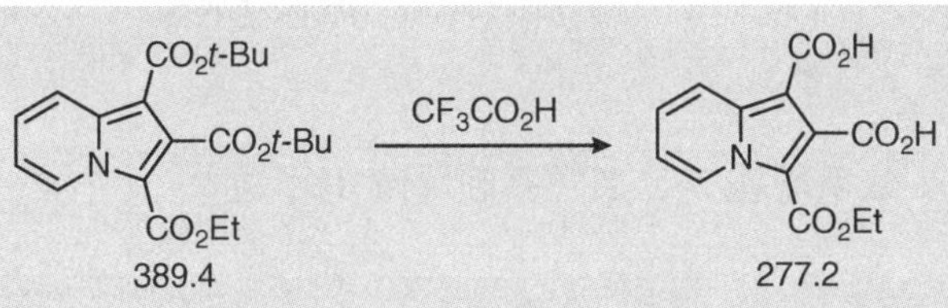

将 CF_3CO_2H（15.7 g，137 mmol）加入吲哚嗪三羧酸酯 **3.4.1.2**（5.35 g，13.7 mmol）的 55 mL 二氯甲烷溶液中，室温搅拌过夜。

过滤收集橙棕色固体，正己烷（40 mL）洗涤，真空干燥，得黄色固体单羧酸酯 2.35 g，产率 62%，熔点 207～208℃。

FT-IR: $\tilde{\nu}$ (cm^{-1}) = 1701, 1658.
^{1}H NMR (500 MHz, [D_6]DMSO): δ (ppm) = 12.86 (s, 2H, 2 × CO_2H), 9.41 (dt, J = 7.0, 1.0 Hz, 1H, Ar–H), 8.28 (dt, J = 8.8, 1.2 Hz, 1H, Ar–H), 7.51 (ddd, J = 8.8, 6.7, 0.9 Hz, 1H, Ar–H), 7.23 (td, J = 7.0, 1.2 Hz, 1H, Ar–H), 4.31 (q, J = 7.0 Hz, 2H, CH_2CH_3), 1.28 (t, J = 7.0 Hz, 3H, CH_2CH_3).
^{13}C NMR (126 MHz, [D_6]DMSO): δ (ppm) = 166.0, 163.8, 159.7 (3 × C=O), 137.2, 132.2, 127.6, 127.1, 119.3, 115.7, 110.6, 102.5 (8 × Ar–C), 60.5 (CH_2CH_3), 13.9 (CH_2CH_3).

3.4.1.4* 3-乙氧羰基吲哚嗪-1,2-二酸酐[14] 362

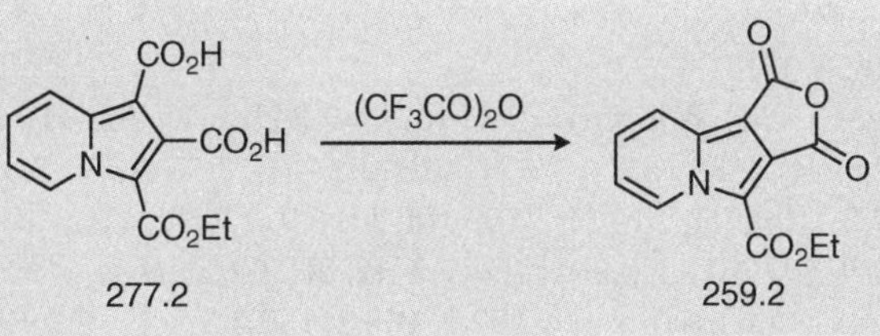

将1,2-二羧酸**3.4.1.3**(2.08 g,7.50 mmol)和三氟乙酐(4.73 g,22.5 mmol)加入25 mL二氯甲烷中,形成悬浊液,加热回流,反应2 h。

蒸出溶剂,黄绿色残留物加入正己烷/乙醚(1∶1)中。过滤,滤饼真空干燥,得黄色固体酸酐1.91 g,产率98%,熔点167～168℃。

FT-IR: $\tilde{\nu}$ (cm^{-1}) = 1828, 1764, 1693.
^{1}H NMR (500 MHz, [D$_6$]DMSO): δ (ppm) = 9.70 (d, J = 7.3 Hz, 1H, Ar–H), 7.98 (d, J = 9.1 Hz, 1H, Ar–H), 7.57 (t, J = 8.9 Hz, 1H, Ar–H), 7.26 (td, J = 8.0, 1.2 Hz, 1H, Ar–H), 4.50 (q, J = 7.0 Hz, 2H, CH_2CH_3), 1.50 (t, J = 7.0 Hz, 3H, CH_2CH_3).
^{13}C NMR (126 MHz, [D$_6$]DMSO): δ (ppm) = 159.3, 158.0, 157.4 (3×C=O), 132.1, 129.6, 129.2, 128.4, 119.1, 117.5, 110.9, 109.5 (8×Ar–C), 61.8 (CH_2CH_3), 14.2 (CH_2CH_3).

3.4.1.5** 2-苯甲酰基-3-乙氧羰基吲哚嗪-1-甲酸[14]

(1) PhMgBr
(2) H_2O
CO_2Et 259.2 → CO_2H, CO_2Et 337.3

－78℃下,将苯基溴化镁(15 mL,15.0 mmol,1.0 mol/L的THF溶液,可用标准的制备方法由溴苯和镁屑在THF中制得)缓慢加入吲哚嗪-1,2-二酸酐**3.4.1.4**(1.95 g,7.50 mmol)的40 mL无水THF溶液中,棕色混合物搅拌15 min,温度升至0℃,继续搅拌30 min。

反应混合液用二氯甲烷(100 mL)稀释,接着用10%的HCl水溶液酸化,分出有机相,水相用二氯甲烷(3×150 mL)萃取。滤出不溶物。有机相用H_2O(2×50 mL)洗涤,用Na_2SO_4干燥,过滤,真空旋除溶剂。硅胶柱色谱提纯($CHCl_3$/甲醇＝50∶1),得黄色固体苯甲酰吲哚嗪1.85 g,产率73%,R_f＝0.17($CHCl_3$/甲醇＝50∶1),熔点203～204℃。

363 **FT-IR**: $\tilde{\nu}$ (cm^{-1}) = 1654, 1597.
^{1}H NMR (500 MHz, $CDCl_3$): δ (ppm) = 9.61 (d, J = 7.3 Hz, 1H, Ar–H), 8.40 (d, J = 9.1 Hz, 1H, Ar–H), 7.85 (d, J = 7.3 Hz, 2H, Ar–H), 7.55 (t, J = 7.3 Hz, 1H, Ar–H), 7.45–7.39 (m, 3H, Ar–H), 7.09 (td, J = 6.9, 1.2 Hz, 1H, Ar–H), 4.08 (q, J = 7.3 Hz, 2H, CH_2CH_3), 0.86 (t, J = 7.3 Hz, 3H, CH_2CH_3).
^{13}C NMR (126 MHz, $CDCl_3$): δ (ppm) = 192.2, 168.2, 160.2 (3×C=O), 139.0,

137.5, 137.4, 133.1, 129.3, 128.3, 128.2, 128.1, 127.3, 120.1, 115.5, 112.9 (14×Ar), 60.8 (CH_2CH_3), 13.4 (CH_2CH_3).

注意：在 THF 中，溴苯和镁屑反应生成苯基溴化镁。

3.4.1.6** 6-乙氧羰基萘并[2,3-a]吲哚嗪-7,12-醌[14]

CO_2H CO_2Et 337.3 (1) PCl_5 (2) $AlCl_3$ EtO_2C 319.3

将羧酸 **3.4.1.5**(0.41 g，1.23 mmol)和 PCl_5(1.29 g，6.19 mmol)加入 10 mL 1,2-二氯乙烷中形成悬浊液，室温搅拌过夜(溶液颜色变红)。然后，加入 $AlCl_3$(0.83 g，6.22 mmol)，混合液加热至 50℃，反应 2 h(溶液颜色变为绿色)。再加入 $AlCl_3$(0.33 g，2.47 mmol)，混合液加热至 50℃，再反应 2 h。

混合液用 15 mL H_2O 稀释，二氯甲烷(3×75 mL)萃取。合并有机相，并用 H_2O 洗涤，用 Na_2SO_4 干燥，过滤，真空旋除溶剂。硅胶柱色谱提纯(正己烷/乙酸乙酯＝5∶1)，得橙色固体吲哚嗪醌 0.21 g，产率 55%，R_f＝0.29(正己烷/乙酸乙酯＝5∶1)，熔点 151～152℃。

FT-IR: $\tilde{\nu}$ (cm^{-1}) = 1691, 1670, 1640.
^{1}H NMR (500 MHz, [D_6]DMSO): δ (ppm) = 9.29 (dt, J = 7.3, 1.0 Hz, 1H, Ar–H), 8.63 (dt, J = 8.8, 1.1 Hz, 1H, Ar–H), 8.22 (m_c, 2H, Ar–H, Ar–H), 7.71 (m_c, 2H, Ar–H), 7.44 (ddd, J = 8.8, 6.9, 1.0 Hz, 1H, Ar–H), 7.10 (td, J = 6.9, 1.3 Hz, 1H, Ar–H), 4.56 (q, J = 6.9 Hz, 2H, CH_2CH_3), 1.54 (t, J = 7.0 Hz, 3H, 364
CH_2CH_3).
^{13}C NMR (126 MHz, [D_6]DMSO): δ (ppm) = 180.2, 179.6, 161.3 (3×C=O), 136.4, 135.5, 134.9, 133.4, 132.9, 128.0, 127.4, 127.5, 127.4, 126.1, 121.2, 117.1, 115.0, 112.3 (14×Ar–C), 61.8 (CH_2CH_3), 14.2 (CH_2CH_3).

参考文献

[1] Shipman, M. (2001) *Sci. Synth.*, **10**, 745–787.

[2] Katritzky, A.R., Rees, C.W., and Scriven, E.F.V. (eds) (1996) *Comprehensive Heterocyclic Chemistry II*, vol. 8, Elsevier, Oxford, p. 237.

[3] (a) Kröhnke, F. (1933) *Ber. Dtsch. Chem. Ges.*, **66**, 604–610; (b) Kröhnke, F. (1953) *Angew. Chem.*, **65**, 605–606; (c) Tschitschibabin, A.E. (1927) *Ber. Dtsch. Chem. Ges.*, **60**, 1607–1617.

[4] (a) Bode, M.L. and Kaye, P.T. (1809–1813) *J. Chem. Soc., Perkin Trans. 1*, **1993**; (b) Basavaiah, D. and Rao, A.J. (2003) *Chem. Commun.*, 604–605.

[5] Alvarez-Builla, J., Quintanilla, M.G., Abril, C., and Gandasegui, M.T. (1986) *J. Chem. Res. (S)*, 202–203.

[6] Gandasegui, M.T. and Alvarez-Builla, J. (1986) *J. Chem. Res. (S)*, 74–75.

[7] Zhang, L., Liang, F., Sun, L., Hu, Y., and Hu, H. (2000) *Synthesis*, 1733–1737; when **11** (EWG = CO_2H) is reacted with ADE, additional decarboxylation occurs and 2,3-disubstituted indolizines (EWG = H) are obtained.

[8] Minguez, J.M., Vaquero, J.J., Alvarez-Builla, J., and Castano, O. (1999) *J. Org. Chem.*, **64**, 7788–7801.

[9] Bora, U., Saikia, A., and Boruah, R.C. (2003) *Org. Lett.*, **5**, 435–438.

[10] Wei, X., Hu, Y., Li, T., and Hu, H. (1993) *J. Chem. Soc., Perkin Trans. 1*, 2487–2489.

[11] Padwa, A. and Pearson, W.H. (eds) (2002) *Synthetic Applications of 1,3-Dipolar Cycloaddition Chemistry Toward Heterocycles and Natural Products*, John Wiley & Sons, Inc., New York.

[12] For details, see textbooks on heterocyclic chemistry, e.g.Eicher, Th., Hauptmann, S., and Speicher, A. (2012) *The Chemistry of Heterocycles*, 3rd edn, Wiley-VCH Verlag GmbH, Weinheim, p. 175/195/198/241/262; cf. also Smith, M.B. (2013) *March's Advanced Organic Chemistry*, 7th edn, John Wiley & Sons, Inc., New York, p. 1014.

[13] Fieser, L.F. (1941) *Org. Synth., Coll.*, **1**, 517; **4**, 73.

[14] Miki, Y., Nakamura, N., Yamakawa, R., Hachiken, H., and Matsushita, K. (2000) *Heterocycles*, **53**, 2143–2149.

[15] (a) Praveen Rao, P.N., Mini, M., Li, H., Habeeb, A.G., and Knaus, E.E. (2003) *J. Med. Chem.*, **46**, 4872–4882; (b) Dega-Szafran, Z., Schroeder, G., and Szafran, M. (1999) *J. Phys. Org. Chem.*, **12**, 39–46.

3.4.2 EGF-R-吡咯[2,3-*d*]嘧啶

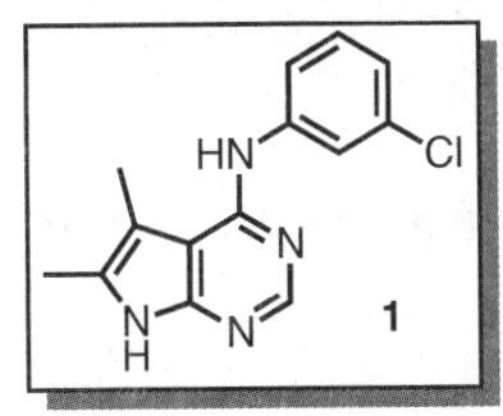

专题
- 使用多米诺和MCR过程的杂环合成技术
- 丙氨酸的Dakin-West反应以及与丙二腈的环缩合反应合成2-氨基-3-氰基吡咯
- 嘧啶的Remfry-Hull(改进)合成
- Dimroth重排

(a) 概述 365

吡咯[2,3-*d*]嘧啶衍生物已经表现出结合表皮生长因子受体(EGF-R),抑制酪氨酸激酶的作用。利用取代基的不同模式,优化选择性和生物概况可制备目标分子**1**。该分子已经在抗肿瘤试剂方面取得了进展[1]。

为了进一步支持生物概况和供应用于最初的临床试验的药物,首例实验室合成的药物必须能够在技术上实现大规模的生产。

合成路径如下:

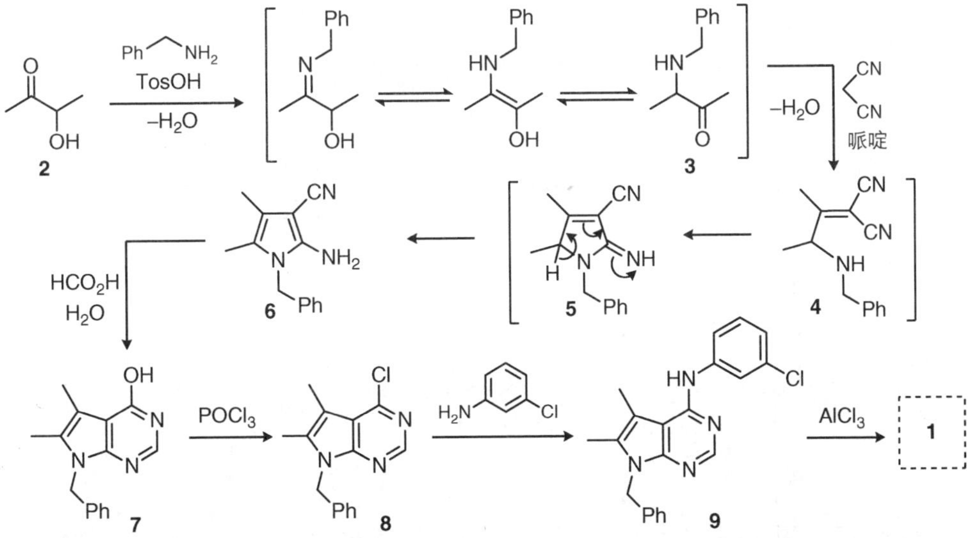

α-羟基酮**2**在对甲苯磺酸存在下,首先与苯甲胺缩合,然后,在哌啶存在下,与丙二腈反应生成*N*-苄基保护的2-氨基-3-氰基吡咯**6**(通过α-氨基酮**3**和**4**,**3**与丙二腈通过Knoevenagel缩合,再环化得到**5**)。然后,吡啶环通过改进的Remfry-Hull环缩合[2]同甲酸水溶液反应并到吡咯环上(→**7**)。接着,**7**的羟基被氯原子取代(**7**→**8**),**8**与间氯苯胺通过S_NAr反应生成吡咯吡啶**9**,用$AlCl_3$脱苄基得到**1**。

然而，放大合成时出现了一些问题。特别是以下问题急需解决：

1）上述合成 **1** 的步骤中使用了 *N*-苄基保护吡咯的部分基团。然而，苄基的脱保护在技术上是非常困难的，因为需要使用大大过量的 $AlCl_3$。

366 2）在沸腾的甲酸中制备吡啶增加了安全隐患并导致产物的颜色变暗，需要烦琐的纯化。

3）羟基吡啶和氯吡啶中间体较差的溶解性使得其必须在稀溶液中反应，要使用大大过量的 $POCl_3$。

因此，为了更好地合成 **1**，稍加改进了合成步骤：

1）依旧以 2-氨基-3-氰基吡咯为重要中间体，但不保护吡咯的 N 原子(**11**)

2）使用已知的简单的一锅法[3]；而且，**11** 在室温下足够稳定。

3）为了合成 **1** 的吡啶片段，用甲酸衍生物原甲酸乙酯替代甲酸。

改进的合成步骤[1]如(b)所示。

(b) 1 的合成

重要中间体 2-氨基-3-氰基-4,5-二甲基吡咯(**11**)通过 3-氨基-2-丁酮(**10**)与丙二腈在碱存在下的环缩合得到。

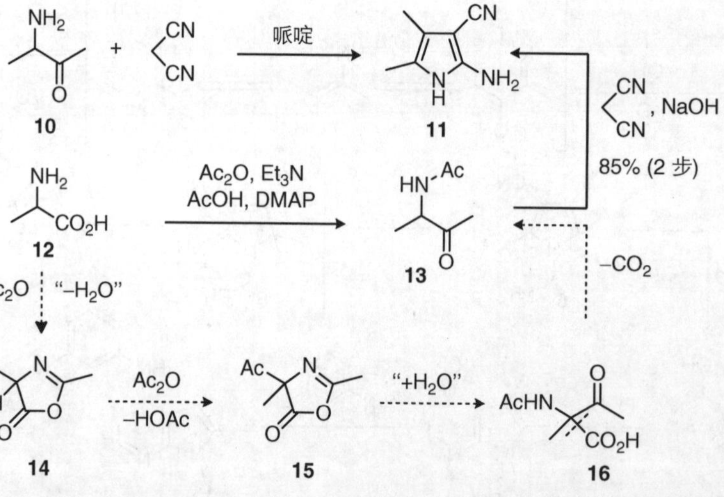

然而，氨基酮 **10** 是不稳定的，因此，用 *N*-乙酰胺衍生物 **13** 替代 **10**。**13** 通过 *rac*-丙氨酸(**12**)的 Dakin-West 反应得到，再与丙二腈通过一锅多组分过程(MCR[5])高产率地得到吡咯 **11**。

在 Dakin-West 反应中，α-乙酰氨基酮(如 **13**)由 α-氨基酸和酸酐制得。机理的研究[6]如上图，首先生成吖内酯(如 **14**)，接着在 C-5 位发生 C-乙酰化反应(**14→15**)，水解开环生成 β-酮酸(**15→16**)，脱羧(**16→13**)。

为了将吡啶环并到吡咯 **11** 上，**11** 与原甲酸乙酯、间氯苯胺发生了一锅三组分环 367
缩合反应，得到了亚胺吡咯吡啶 **17**：

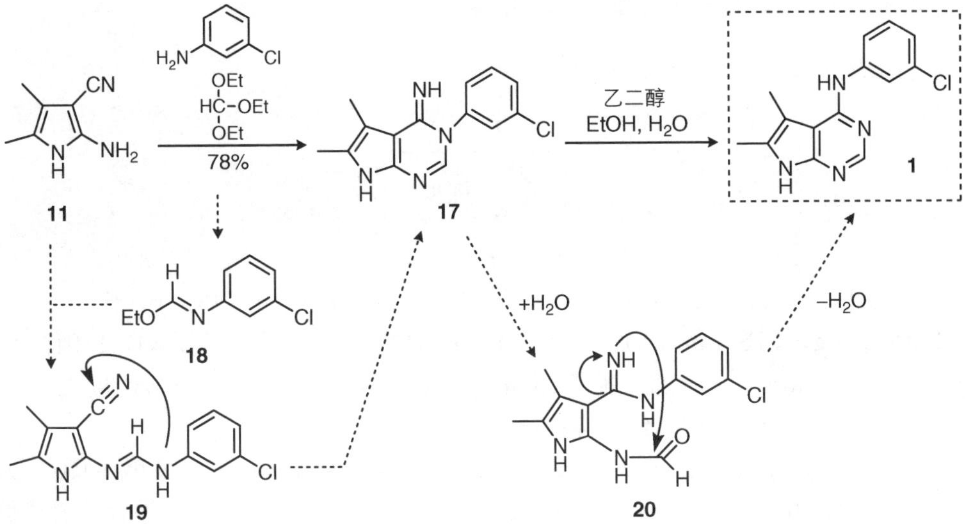

17 的合成可以通过多米诺过程合理解释[7]。原甲酸乙酯与间氯苯胺首先合成亚氨酸酯 **18**；**18** 再与吡咯 **11** 的氨基官能团反应，并发生质子转移，亚氨酸酯 **18** 转变成脒 **19**，再通过 NH 基团与氰基的分子内加成环化得到3)。最后，4-亚胺-3-芳基吡啶在乙二醇/H_2O 的混合液中加热异构化得到含 4-氨基芳基的 **1**。**17→1** 的异构化可以看作 Dimroth 类重排，不是真正意义上的重排，但确切地说是通过水解-加成和开环过程得到脒 **20**，**20** 发生亚胺与醛基的加成环化并消除一分子水得到 **1**。

注 3)：上述描述的形成吡啶的机理是简化的。实际上更复杂[1]，涉及 H^+ 催化原甲酸酯-亚胺酸酯-脒的平衡。在此过程中对称的脒 Ar—NH—CH═N—Ar 可能扮演了中心的角色。由于 **1** 的低溶解性和非热力学因素的影响，通过从溶液中移除 **1** 使平衡向生成产物方向移动。

一般而言，在 Dimroth 重排反应中[8]，杂环的异构化转换过程通过开环和再环 368
化，导致杂环“内”和“外”杂原子的交换。另一个指导性的例子是 5-氨基-1-苯基-1，2，3-三唑(**21**)热力学重排为 5-苯氨基-1，2，3-三唑(**22**)：

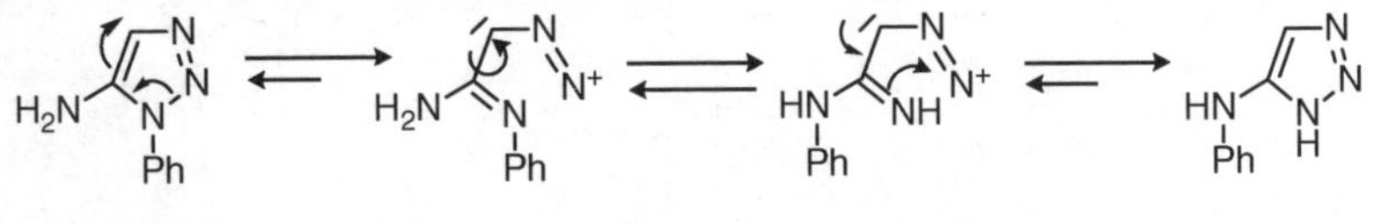

由于使用新的合成步骤，从最初的五步实验合成改进为多组分多米诺过程的三步以 61%的总收率得到 **1**(以 *rac*-丙氨酸 **12** 为原料)。更重要的是，新的合成方法能用于放大生产。

(c) 合成 1 的实验步骤

3.4.2.1** 2-氨基-3-氰基-4,5-二甲基吡咯[1]

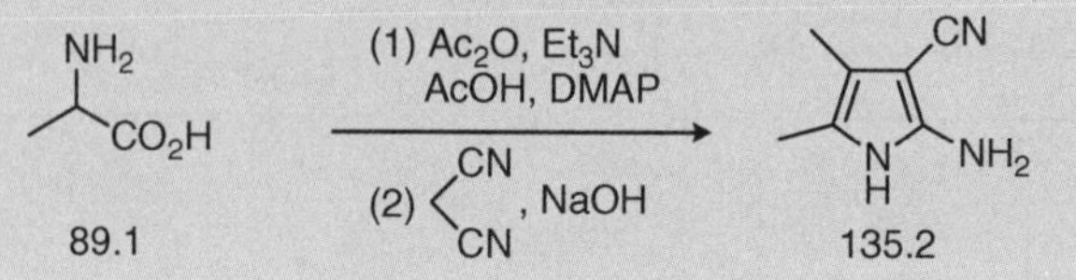

将乙酐(16.9 g,165 mmol)、乙酸(2.26 g,37.6 mmol)、三乙胺(19.0 g,188 mmol)和 DMAP(0.1 g,0.75 mmol)加入反应瓶中,加热至 50℃。然后将 D,L-丙氨酸(6.79 g,76.2 mmol)分批加入瓶中(少量多次),约 4 h 加完,保持反应温度在 45～55℃,反应混合液变成红色,继续搅拌,50℃反应 8 h。

然后,蒸出乙酐、乙酸和三乙胺(15～20 mbar),逐渐升高油浴温度至 100℃。残留物冷至室温,用水稀释(40 mL)。加入丙二腈(4.71 g,71.3 mmol),混合液缓慢倒入 30% NaOH 水溶液(25 mL)中,保持在温度 60℃以下。

混合液冷至 0℃,过滤得橙色沉淀,H_2O(45 mL)洗涤,真空干燥,得米黄色固体吡咯 6.65 g,产率 66%,熔点 162～164℃。

FT-IR (solid): $\tilde{\nu}$ (cm^{-1}) = 3408, 3279, 2188, 1636, 1581, 1498, 1440.
^{1}H NMR (300 MHz, [D_6]DMSO): δ (ppm) = 9.78 (s, 1H, NH), 5.30 (s, 2H, NH_2), 1.90 (s, 3H, CH_3), 1.81 (s, 3H, CH_3).
^{13}C NMR (75 MHz, [D_6]DMSO): δ (ppm) = 146.3 (C-2), 118.7, 115.0 (C-4, C-5), 111.0 (CN), 71.1 (C-3), 10.1, 9.4 (2×CH_3).

369
3.4.2.2** 3-(氯苯基)-5,6-二甲基-4*H*-吡咯[2,3-*d*]吡啶-4-亚胺[1]

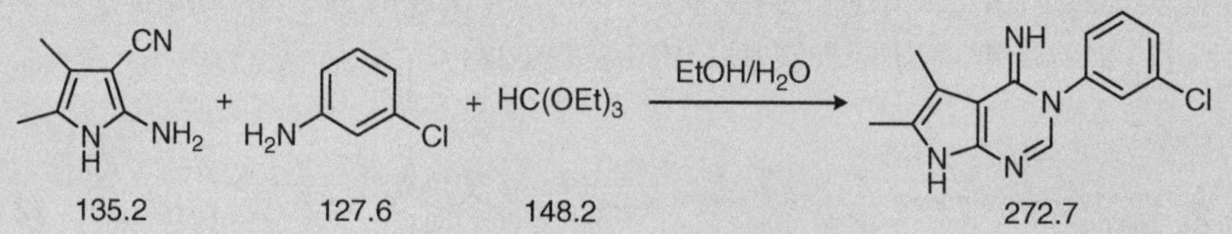

将原甲酸三乙酯(2.34 g,16.5 mmol)和 3-氯苯胺(2.68 g,21.0 mmol)加入 15 mL 无水乙醇中,加入 2～3 滴乙酸调节 pH 至 5～5.5。加热至 50℃,分批加入氨基氰基吡咯 **3.4.2.1**(2.03 g,15.0 mmol)(少量多次),约 4 h 加完,保持反应温度在

45～50℃，并在 50℃反应 4 h，室温反应 8 h。

然后，加入 H_2O(1.5 mL)，混合液冷至 0℃，保持 30 min。过滤得沉淀，乙醇/H_2O(4∶1，150 mL)洗涤，真空干燥，得黄色固体吡啶亚胺 2.32 g，产率 57%，熔点 150～152℃。

FT-IR (solid): $\tilde{\nu}$ (cm^{-1}) = 3259, 2201, 1664, 1594, 1523, 1499, 1328, 1285.
^{1}H NMR (300 MHz, [D_6]DMSO): δ (ppm) = 10.92 (s, 1H, NH), 10.21 (s, 1H, NH), 8.53 (s, 1H, 2-H), 7.33 to 7.02 (m, 4H, Ar–H), 2.05 (s, 3H, CH_3), 1.93 (s, 3H, CH_3).
^{13}C NMR (75 MHz, [D_6]DMSO): δ (ppm) = 147.8, 145.0, 141.7, 133.7, 130.8, 121.7, 120.2, 118.0, 113.8 (12 × Ar–C), 10.3, 9.4 (2 × CH_3).

3.4.2.3* 4-(3-氯苯基)-5,6-二甲基-7*H*-吡咯[2,3-*d*]吡啶(EGF-R-吡咯[2,3-*d*]吡啶)[1]

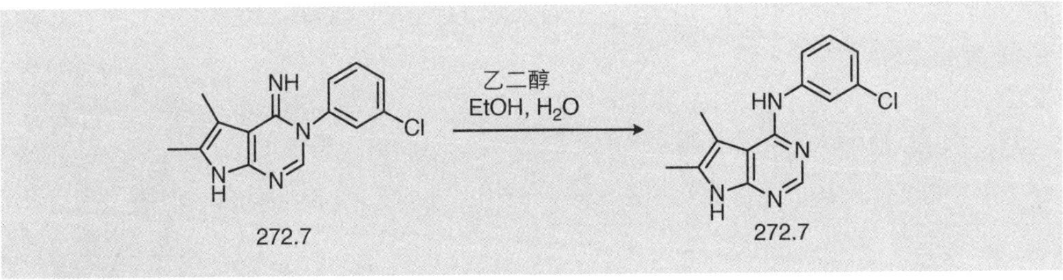

将吡咯吡啶亚胺 **3.4.2.2**(1.91 g，7.00 mmol)的 H_2O(5 mL)，乙醇(10 mL)和乙二醇(10 mL)的悬浊液加热至 95℃，反应 4 h。

反应液冷至室温，约 1 h，过滤得沉淀，H_2O(40 mL)洗涤，在 50℃真空干燥，得黄色固体吡咯 1.57 g，产率 83%，熔点 240～242℃。

FT-IR (solid): $\tilde{\nu}$ (cm^{-1}) = 3445, 1607, 1595, 1447. 370
^{1}H NMR (300 MHz, [D_6]DMSO): δ (ppm) = 11.48 (s, 1H, NH), 8.18 (s, 1H, NH), 8.11 (s, 1H), 7.93 (s, 1H), 7.67 (d, *J* = 8.2 Hz, 1H, Ar–H), 7.30 (t, *J* = 8.2 Hz, 1H, Ar–H), 7.01 (d, *J* = 8.2 Hz, 1H, Ar–H), 2.39 (s, 3H, CH_3), 2.26 (s, 3H, CH_3).
^{13}C NMR (75 MHz, [D_6]DMSO): δ (ppm) = 152.6, 150.7, 149.3, 142.1, 132.7, 129.8, 129.3, 121.2, 119.6, 118.8, 104.8, 103.5 (12 × Ar–C), 10.7, 10.3 (2 × CH_3).

参考文献

[1] Fischer, R.W. and Misun, M. (2001) *Org. Process Res. Dev.*, **5**, 581–586.

[2] Eicher, Th., Hauptmann, S., and Speicher, A. (2012) *The Chemistry of Heterocycles*, 3rd edn, Wiley-VCH Verlag GmbH, Weinheim, p. 468.

[3] Gewald, K. (1961) *Z. Chem.*, **1**, 349.

[4] Buchanan, G.L. (1988) *Chem. Soc. Rev.*, **17**, 91–109.

[5] See: Zhu, J. and Bienayme, H. (2004) *Multicomponent Reactions*, Wiley-VCH Verlag GmbH, Weinheim.

[6] (a) Steglich, W., Höfle, G., and Prox, A. (1972) *Chem. Ber.*, **105**, 1718–1725; (b) Steglich, W. and Höfle, G. (1969) *Angew. Chem.*, **81**, 1001; *Angew. Chem., Int. Ed. Engl.*, (1969), **8**, 981.

[7] (a) Tietze, L.F. (1996) *Chem. Rev.*, **96**, 115–136; (b) Tietze, L.F., Brasche, G., and Gericke, K. (2006) *Domino Reactions in Organic Synthesis*, Wiley-VCH Verlag GmbH, Weinheim; (c) Tietze, L.F. (ed.) (2014) *Domino Reactions – Concepts for Efficient Organic Synthesis*, Wiley-VCH Verlag GmbH, Weinheim.

[8] Eicher, Th., Hauptmann, S., and Speicher, A. (2012) *The Chemistry of Heterocycles*, 3rd edn, Wiley-VCH Verlag GmbH, Weinheim, p. 261 and 476.

3.4.3 7-苯基-1,6-奈啶

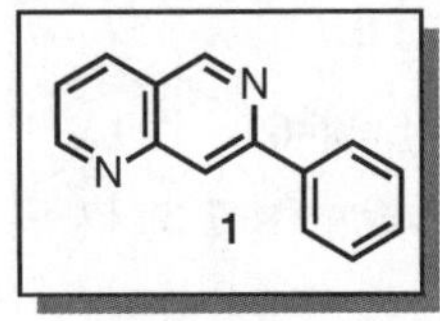

专题 ● 2-溴吡啶的金属化
● 吡啶锂的甲酰化
● Sonogashira 偶联
● Larock 异喹啉合成法,合成奈啶的应用

(a) 概述

奈啶(吡啶并吡啶)可以看作两个吡啶 C—C 键缩合的产物。在六种可能的奈啶中,四个拓扑地关联到异喹啉的苯并部分的 CH 单元被 N 原子取代: 371

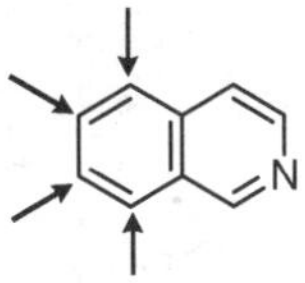

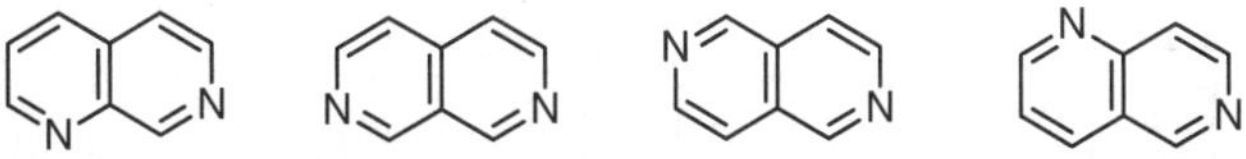

1,7- 2,7- 2,6- 1,6- 奈啶

原则上,奈啶可以由喹啉或异喹啉的合成法以吡啶衍生物为原料合成。然而,这些合成步骤(例如 Doebner-Miller 和 Bischler-Napieralski 合成,见 3.5.3 节和 3.3.2 节)大部分经过 S_EAr 环化反应,而对于缺电子吡啶体系是不太适用的[1]。

在一个新的合成异喹啉的方法中[2],通过 2-乙炔基苯甲亚胺 **2** 的过渡金属介导的环化反应合成各种 2-取代的异喹啉 **3**,**2** 很容易地通过 2-卤代苯甲醛的 Sonogashira 偶联反应得到(Larock 异喹啉合成):

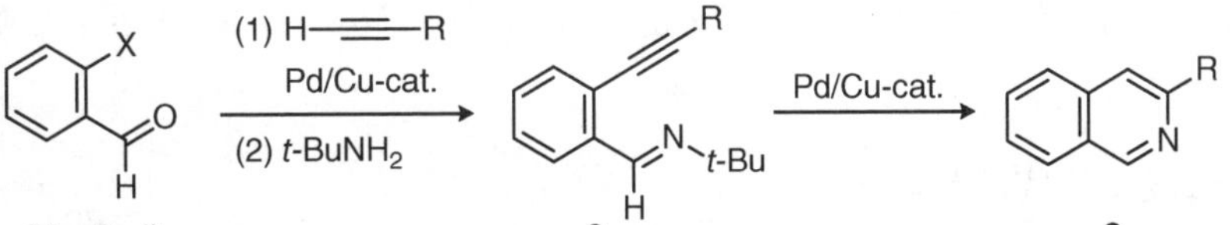

(X = Br, I) **2** **3**

这个灵活的方法(一个改进的适合 **4** 的步骤[4],R′═H)已经成功地通过亚胺与乙炔基吡啶甲醛 **4** 的环化反应用于构建 1,6-,1,7-,2,6-和 2,7-奈啶 **5**。

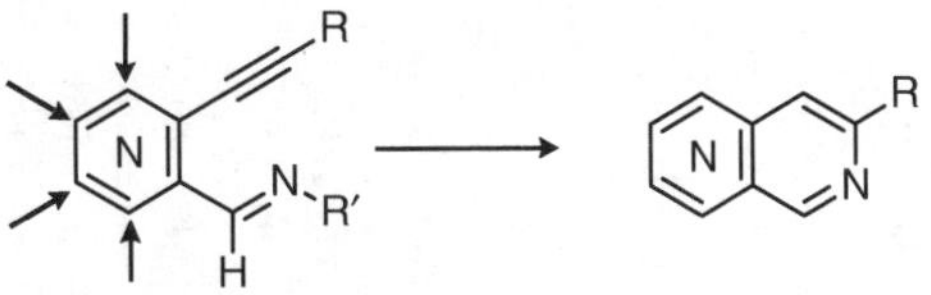

4 (R′ = H, *t*-Bu) **5**

由于目标分子 **1** 中 7-取代的 1,6-奈啶的结构与 **5** 的相对应,**1** 的合成在(b)部分遵循下述原则[2b]。

(b) 1 的合成

使用 2-溴吡啶-3-甲醛(**7**)作为合成 **1** 的重要中间体,**7** 通过 2-溴吡啶 **6** 与 LDA[6] 在 3 位的金属化得到 3-锂-2-溴吡啶(**6a**),用 DMF 截获[4,5]。这样形成的醛 **7** 与叔丁基胺缩合得到亚胺 **8**:

372

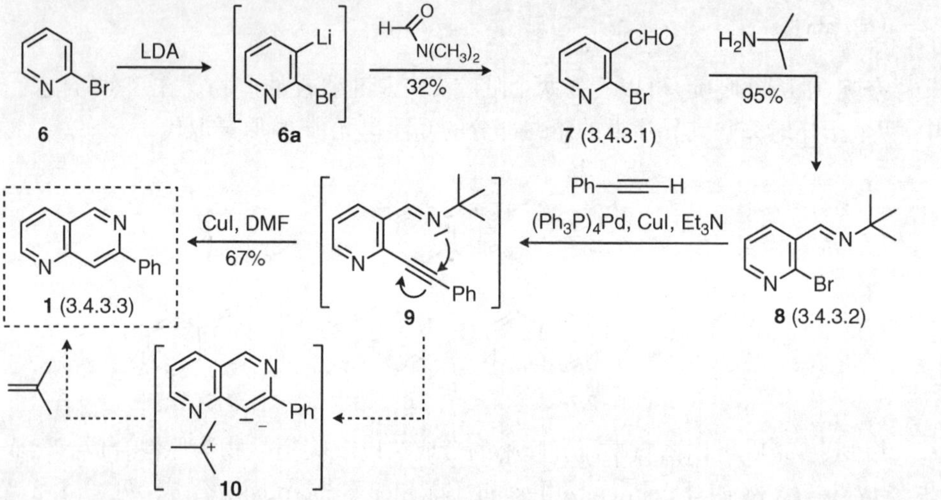

在 CuI 和三乙胺存在下,Pd(Ph_3P)$_4$ 为催化剂,**8** 与苯乙炔发生 Sonogashira 交叉偶联(见 **1.7.3** 节)反应生成(2-苯基乙炔基)吡啶-3-亚胺 **9**,不需分离,在 DMF 和 CuI 中,通过热力学环化反应得到 7-苯基奈啶 **1**。可以认为这个反应过程通过亚胺官能团与 C≡C 三键(→**10**)的分子内亲核加成反应,伴随叔丁基变成异丁烯离去(**10**→**1**)。

因此,通过三步连续的反应以 20%的总收率得到目标分子 **1**(以 2-溴吡啶 **6** 为起始原料)。

(c) 合成 1 的实验步骤

3.4.3.1** 2-溴吡啶-3-甲醛[4,5]

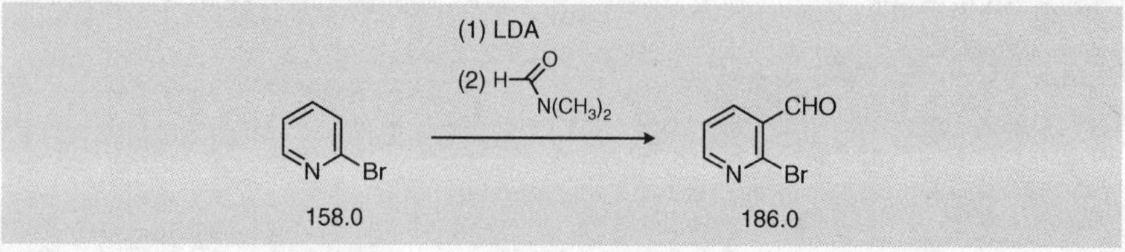

在氩气氛围中，−78℃下将正丁基锂(4.30 mL，1.6 mol/L 的正己烷溶液，6.88 mmol)通过注射器加入二异丙基胺(810 mg，8.00 mmol)的 20 mL 无水 THF 中，持续搅拌 60 min。然后，逐滴加入 2-溴吡啶(950 mg，6.00 mmol)的 5 mL THF 溶液，继续搅拌 4 h。最后，加入 DMF(2.0 mL，26.0 mmol)，反应 30 min，混合液温度升至室温，再搅拌 2 h。 373

加入饱和 NH_4Cl(50 mL)水溶液和乙醚(50 mL)，分出有机相，水相用乙醚(2×40 mL)萃取。有机相用卤水(50 mL)洗涤，用 $MgSO_4$ 干燥，过滤，真空旋除溶剂得棕色油状粗产物，硅胶柱色谱提纯(乙酸乙酯/正己烷＝1∶10)，得无色针状晶体 360 mg，产率 32%，熔点 70～71℃。

^{1}H NMR (400 MHz, $CDCl_3$): δ (ppm) = 10.36 (d, *J* = 0.8 Hz, 1H, CHO), 8.58 (dd, *J* = 4.6, 2.1 Hz, 1H, 6-H), 8.18 (dd, *J* = 7.6, 2.1 Hz, 1H, 4-H), 7.44 (ddd, *J* = 7.6, 4.6, 0.8 Hz, 1H, 5-H).
^{13}C NMR (101 MHz, $CDCl_3$): δ (ppm) = 191.1 (CHO), 154.5, 145.4, 138.0, 130.6, 123.5 (5 × Ar–C).

3.4.3.2* *N*-(2-溴吡啶-3-亚甲基)-叔丁胺[2b]

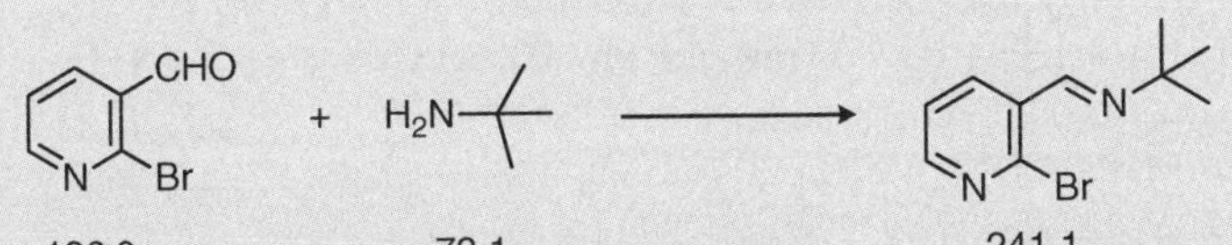

将醛 **3.4.3.1**(200 mg，1.08 mmol)和叔丁胺(236 mg，3.22 mmol)加入反应瓶中，室温下搅拌 15 h。

真空除去过量的胺，加入 3 mL H_2O，混合液用乙醚(3×5 mL)萃取。有机相用 Na_2SO_4 干燥，过滤，真空移除溶剂，得淡黄色油状亚胺 248 mg，产率 95%。

^{1}H NMR (400 MHz, $CDCl_3$): δ (ppm) = 8.52 (d, *J* = 0.8 Hz, 1H, CH = N), 8.38 (dd, *J* = 4.5, 2.0 Hz, 1H, 6-H), 8.30 (dd, *J* = 7.5, 2.0 Hz, 1H, 4-H), 7.30 (ddd, *J* = 7.5, 4.5, 0.8 Hz, 1H, 5-H), 1.32 (s, 9H, $CO_2C(CH_3)_3$).
^{13}C NMR (101 MHz, $CDCl_3$): δ (ppm) = 153.2 (CH=N), 151.1, 143.9, 136.9, 132.9, 123.2 (5 × Ar–C), 58.44 ($CO_2C(CH_3)_3$), 29.56 ($CO_2C(CH_3)_3$).

3.4.3.3* 7-苯基-1,6-萘啶[2b] 374

在氩气氛围中，将三乙胺(2 mL)、$Pd(PPh_3)_4$(11.5 mg，0.01 mmol，在原始文献中[2b]，$Pd(PPh_3)_2Cl_2$ 也可用作 Pd 催化剂)、亚胺 **3.4.3.2**(121 mg，0.5 mmol)、苯乙

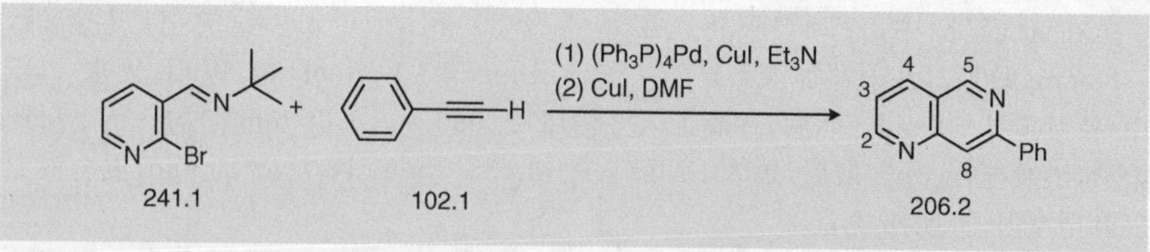

(1) $(Ph_3P)_4Pd$, CuI, Et_3N
(2) CuI, DMF

241.1 + 102.1 → 206.2

炔(62.0 mg,0.60 mmol)和CuI(2 mg,0.01 mmol)加入反应瓶中,加热至55℃,反应3 h。TLC检测反应(SiO_2;正己烷/乙酸乙酯,需要注意的是在Sonogashira反应中,在一定程度上已经发生了环化反应)。

反应混合液冷至室温,加入乙醚(5 mL)稀释。过滤,滤饼用乙醚(5 mL)洗涤,合并滤液,减压浓缩。残留物溶于DMF(5 mL),加入CuI(10 mg,0.05 mmol)。在氩气氛围下,混合液加热至100℃,反应15 h。

反应混合液冷却,加入乙醚(5 mL)稀释,用饱和NH_4Cl(30 mL)水溶液洗涤,用Na_2SO_4干燥,过滤。真空移除溶剂,残留物通过硅胶柱色谱提纯(正己烷/乙酸乙酯=1∶1),得无色固体奈啶70 mg,产率67%,R_f=0.21(正己烷/乙酸乙酯=1∶1),熔点135~136℃。

^{1}H NMR (400 MHz, $CDCl_3$): δ (ppm) = 9.35 (d, J = 0.7 Hz, 1H, 5-H), 9.10 (dd, J = 4.3, 1.8 Hz, 1H, 2-H), 8.35 (s_{br}, 1H, 8-H), 8.30 (ddd, J = 8.3, 1.8, 0.7 Hz, 1H, 4-H), 8.22–8.15 (m, 2H, Ph–H), 7.53 (m_c, 2H, Ph–H), 7.48 (dd, J = 8.3, 4.3 Hz, 1H, 3-H), 7.45 (m_c, 1H, Ph–H).
^{13}C NMR (101 MHz, $CDCl_3$): δ (ppm) = 155.3, 155.1, 152.7, 151.4, 138.9, 135.6, 129.2, 128.9, 127.2, 122.7, 122.2, 117.8 (14 × Ar–C).

参考文献

[1] (a) Stanforth, J.P. (1996) in *Comprehensive Heterocyclic Chemistry*, (eds A.R. Katritzky, C.W. Rees, and E.F.V. Scriven), vol. 7, Pergamon, Oxford, p. 527; for a review on advances in the chemistry of naphthyridines, see: (b) Litvinov, V.P. (2006) *Adv. Heterocycl. Chem.*, **91**, 189–300.

[2] (a) Roesch, K.R. and Larock, R.C. (1998) *J. Org. Chem.*, **63**, 5306–5307; (b) Roesch, K.R. and Larock, R.C. (2002) *J. Org. Chem.*, **67**, 86–94.

375 [3] It should be mentioned that reaction of *o*-halogenobenzaldehydes and *di*substitutec alkynes in the presence of a Pd(0) catalyst leads to 2,3-disubstituted indenones: Larock, R.C. and Doty, M.J. (1993) *J. Org Chem.*, **58**, 4579–4583.

[4] Numata, A., Kondo, Y., and Sakamoto, T (1999) *Synthesis*, 306–311.

[5] Bracher, F. (1993) *J. Heterocycl. Chem.*, 3 157–159.

[6] For the relative acidities of pyridines, see Eicher, Th., Hauptmann, S., and Speicher A. (2012) *The Chemistry of Heterocycles*, 3rd edn, Wiley-VCH Verlag GmbH, Weinheim, p. 353.

3.4.4 咖啡因

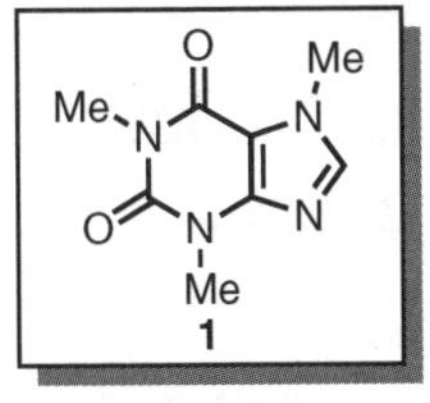

专题 ● 脲衍生物的氰基乙酰化作用
● *N*-氰基乙酰脲到 4-氨基尿嘧啶的闭环反应
● 根据 Bredereck 改进的嘌呤衍生物的
● Traube 合成法

(a) 概述

咖啡因(**1**,1,3,7-三甲基黄嘌呤)是黄嘌呤(**2**)的衍生物,亚胺 **2a** 和内酰亚胺 **2b** 存在一个平衡态。它们基本的杂环都是嘌呤(**3**)。

其他的黄嘌呤类生物碱是茶碱(**4**)和可可碱(**5**):

咖啡因存在于咖啡豆和茶叶中;对中心神经系统有刺激作用并作为兴奋剂应用在疾病的治疗上[1]。

嘌呤 **3** 的两个不同的逆合成路径 **A** 和 **B**,如下,以杂环底物 **6** 和 **7** 为原料。

376

应该强调的是嘌呤(**3**)上 C-2 和 C-8 原子是甲酸的氧化态。因此,嘌呤合成的标准方法是经典的 Traube 合成法[2],按照方法Ⅰ,4,5-二氨基吡啶 **6** 与甲酸或甲酸衍生物(甲酰胺、甲酰亚胺、原甲酸酯等)发生环缩合反应。**6** 由 4-氨基吡啶 **8** 通过亚硝化形成的 5-亚硝基化合物 **9** 还原制得:

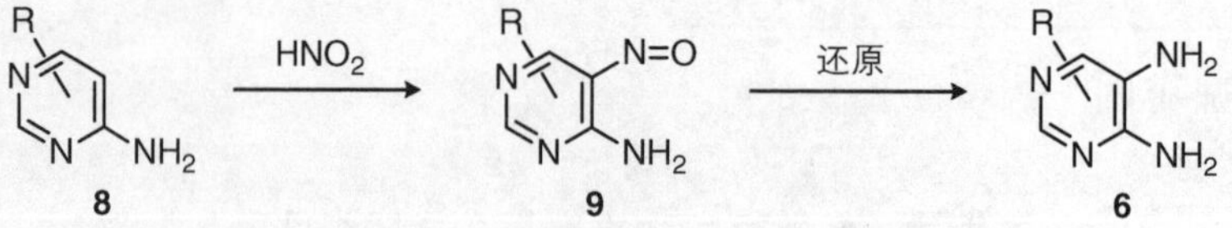

另一方面,根据方法Ⅱ,4,5-二取代咪唑类(**7**)也可用作底物。然而,此方法适用范围有限。最近,使用方法Ⅱ的有益的例子是9-苄基腺嘌呤(**13**)的合成[3]:

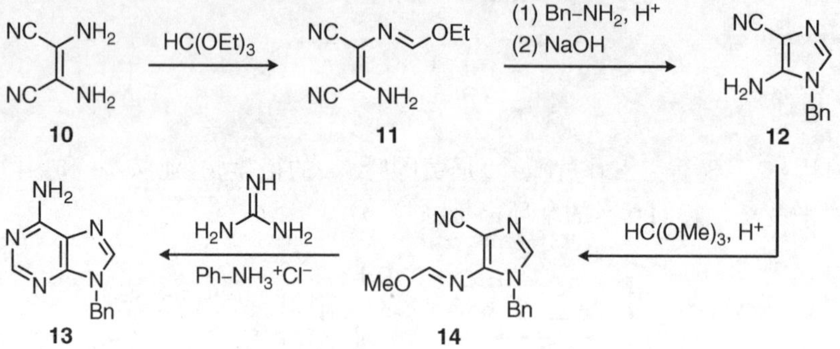

5-氨基-1-苄基-4-氰基咪唑(**12**)很容易地由二氨基丁烯二腈(**10**)通过亚胺**11**与苄胺的环化反应得到。再与原甲酸三甲酯反应得到甲酰亚胺**14**;**14**与胍发生环缩合反应生成腺嘌呤衍生物**13**。

然而,咖啡因的合成通过Traube法(Ⅰ),需要以4,5-二氨基尿嘧啶**15**为中间体,其详细的合成方法见(b)部分。

377

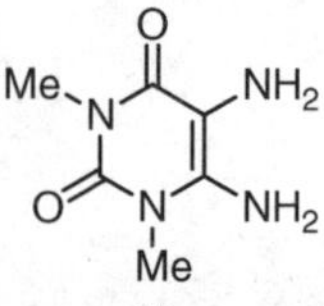

(b) 1 的合成

N,*N'*-二甲基脲(**16**)在乙酐存在下与氰基乙酸发生乙酰化反应,可能经过与乙酸形成混合酐的过程。生成的*N*-(氰基乙酸)脲**17**在醋酸钾水溶液中很容易发生环化反应生成4-氨基尿嘧啶**19**:

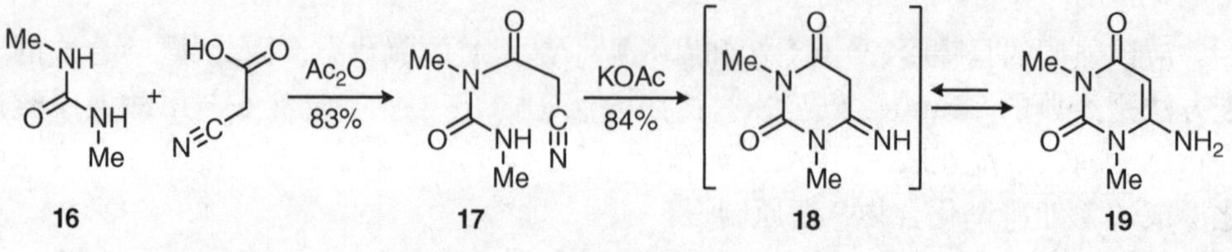

这个两步过程在形式上代表了吡啶衍生物 Pinner 合成的基本原则，包括 1,3-双-亲电试剂(此处为氰基乙酸)与 N-C-N 体系(此处为脲)的环缩合反应(见 3.3.3 节)。

在环化过程中，脲的 N 原子与腈官能团发生亲核加成反应生成亚胺中间体 **18**，再发生互变异构化生成含一个更稳定的烯酰胺官能团的化合物 **19**。

为了把咪唑环并到尿嘧啶体系上，首先，**19** 在 5-位亚硝化。然后，亚硝基化合物还原成 4,5-二氨基尿嘧啶 **15**，**15** 与甲酸发生环缩合反应得到 **4**。这一系列反应可以逐步地进行[4]，但是从易于制备的观点出发，用一锅法合成更为便利(Bredereck 方案[5])，用甲酰胺为溶剂，**19** 与 HNO_2 发生亚硝化反应(→**20**)，再用 $Na_2S_2O_4$ 还原(→**15**)。然后，以甲酰胺为溶剂与 **15** 反应生成黄嘌呤衍生物茶碱(**4**)。

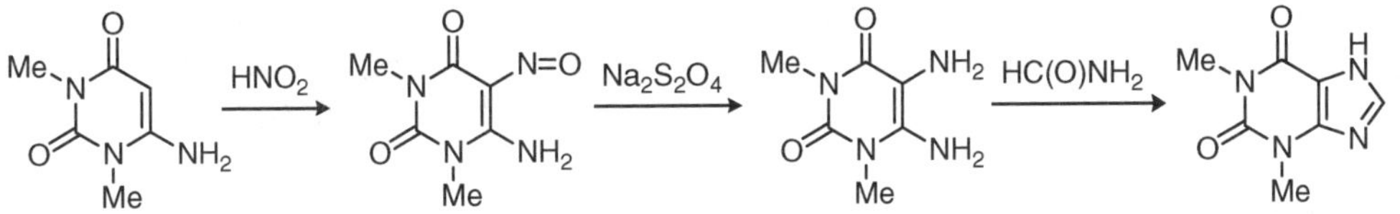

使用此方法，以 55% 的收率得到 **4**(经过 3 步)。对于咖啡因(**1**)的合成，茶碱(**4**)在乙醇钠存在下与碘甲烷在 N-7 位发生甲酰化反应。

378

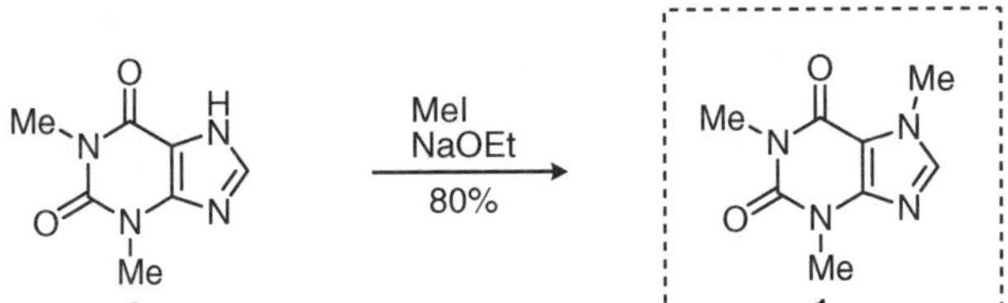

以这种方式可经过四步反应以 30% 总收率得到目标分子 **1**(以 **16** 为原料)[6]。

(c) 合成 1 的实验步骤

3.4.4.1* ***N*-氰基乙酰-*N*,*N*′-二甲基脲**[7]

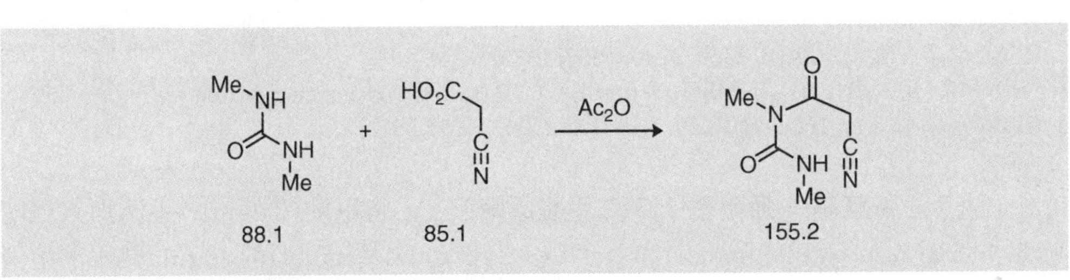

将 N,N'-二甲基脲(30.0 g,0.34 mol)和氰基乙酸(30.0 g,0.35 mol)加入乙酐(60 mL,在使用前必须是新蒸的,bp_{760} 139～140℃)溶液中,加热溶液至 100～110℃(外部温度),反应 1.5 h。

真空蒸出过量的乙酐(～100 mbar),暗棕色油状残留物溶于乙醇/乙醚(60 mL/20 mL)混合液中。保持溶液温度在 5℃,2 h(冰箱中),析出黄色晶体(如果没有晶体析出,可用玻璃棒摩擦),过滤,并用乙醚(2×5 mL)洗涤。浓缩母液至 40 mL 左右,加入乙醚(40 mL),溶液在冰箱中放置 12 h,再次析出另一种晶体,得产物 44.0 g,总产率 83%,熔点 77～79℃。丙酮/乙醚(1∶2)重结晶,得黄色立方体,熔点 82～83℃,R_f=0.60(乙酸乙酯)。

IR (film): $\tilde{\nu}$ (cm^{-1}) = 3300, 2260, 1700, 1670.
^{1}H NMR (300 MHz, $CDCl_3$): δ (ppm) = 8.20 (s_{br}, 1H, NH; exchangeable with D_2O), 3.77 (s, 2H, CH_2), 3.25 (s, 3H, NCH_3), 2.77 (d, J = 4.5 Hz, 3H, $NHCH_3$).

379 **3.4.4.2*　4-氨基-1,3-二甲基尿嘧啶**[8]

室温下,将氰基乙酰脲 **3.4.4.1**(31.0 g,0.20 mol)分批加入搅拌着的 KOAc(7.50 g,76.4 mmol)的 250 mL H_2O 溶液中。加热混合液至回流。固体溶解,然后,产物结晶析出;持续加热 30 min。

反应液冷至室温,放置到冰箱中 12 h。过滤,收集析出的晶体,并用冷水洗。母液浓缩至总体积的 1/3,又有部分晶体析出,过滤,合并晶体,得到淡黄色针状晶体粗产物 26.0 g,产率 84%,熔点 296～297℃。H_2O 重结晶,并加入活性炭脱色,得无色针状晶体;熔点 299～300℃,R_f=0.70(乙醇)。

IR (film): $\tilde{\nu}$ (cm^{-1}) = 3410, 3360, 3240, 1650, 1575.
^{1}H NMR (300 MHz, [D_6]DMSO): δ (ppm) = 6.79 (s, 2H, NH_2; exchangeable with D_2O), 4.73 (s, 1H, 5-H), 3.29, 3.12 (s, 2×3H, 2×NCH_3).

衍生物:**4-氨基-5-亚硝基-1,3-二甲基尿嘧啶**[4]:将甲酸(2.0 mL)逐滴加入尿嘧啶 **3.4.4.2**(2.00 g,12.9 mmol)和 $NaNO_2$(0.89 g,12.9 mmol)的 40 mL 热水的溶液

中。立即析出亚硝基化合物晶体。混合液在0℃反应4 h，然后，过滤，收集晶体，用冰冷的水洗涤，置 P_4O_{10} 上真空干燥。得紫红色晶体2.37 g，产率100%，熔点260～261℃(dec)，R_f=0.70(乙醇)。

3.4.4.3** 茶碱(1,3-二甲基黄嘌呤)[5]

(1) $NaNO_2/HCO_2H$
(2) $Na_2S_2O_4$
(3) $HC(O)NH_2$

155.2　　　　单水合物: 198.2

将氨基尿嘧啶 **3.4.4.2**(23.3 g，0.15 mol)和 $NaNO_2$(14.7 g，0.15 mol)加入 380
120 mL甲酰胺搅拌液中，加热溶液至60℃(内部温度)。剧烈搅拌，逐滴加入甲酸(24.0 mL)，约10 min滴加完毕；析出紫红色5-亚硝基化合物沉淀(见 **3.4.4.2** 节，衍生物)。

然后，将悬浮液加热至100℃，分批加入 $Na_2S_2O_4$(4.66 g，26.8 mmol)，约10 min加完；继续升高内部温度至130～140℃，溶液的颜色变黄。加完还原剂，将反应温度升至180～200℃，反应30 min。

冷却至室温，析出部分沉淀；过滤，滤饼用水(3×20 mL)洗涤。合并母液，加入约300 mL H_2O 稀释洗涤，$CHCl_3$(3×100 mL)萃取。合并有机相，用 Na_2SO_4 干燥，过滤，真空浓缩，再析出部分产物，合并粗产物，乙醇/H_2O(1∶1)重结晶，得到淡黄色微晶粉末状茶碱单水合物16.2 g，产率55%，熔点272～273℃，R_f=0.60(乙醇)。

IR (KBr): $\tilde{\nu}$ (cm^{-1}) = 3140, 1710, 1665.
^{1}H NMR (300 MHz, [D_6]DMSO): δ (ppm) = 13.35 (s_{br}, 1H, NH; exchangeable with D_2O), 7.73 (s, 1H, 8-H), 3.54, 3.34 (2×s, 2×3H, 2×NCH_3).

3.4.4.4** 咖啡因(1,3,7-三甲基黄嘌呤)[4]

(1) NaOEt
(2) MeI

单水合物: 198.2　　　　194.2

将金属 Na(0.60 g,26.0 mmol)切成小片加入 40 mL 无水乙醇中。茶碱单水合物 **3.4.4.3**(3.60 g,18.2 mmol)加入上述得到的 NaOEt 溶液中。然后,将该悬浮液加热至回流,反应 1.5 h;反应液冷至室温,搅拌下逐滴加入 MeI(1.9 mL,30.0 mmol;注意:致癌!)的 10 mL 无水乙醇溶液,在滴加过程中,保持外部反应温度在 50～55℃,约 30 min 滴加完毕,反应 3～4 h。

381 然后,真空移除溶剂;无色残留物用水(50 mL)处理,二氯甲烷(10×50 mL)萃取。合并有机相,用 $MgSO_4$ 干燥,过滤,真空移除溶剂,得到淡黄褐色微晶粉末咖啡因粗产物(不含结晶水)2.82 g,产率 80%,熔点 227～228℃。乙醇/H_2O(1∶1)重结晶,得目标产物,熔点 234～235℃(一水合物);TLC(SiO_2;乙酸乙酯):R_f=0.30。

IR (KBr): $\tilde{\nu}$ (cm^{-1}) = 1695, 1655.
^{1}H NMR (300 MHz, $CDCl_3$): δ (ppm) = 7.50 (s, 1H, 8-H), 3.99 (s, 3H, N-7-CH_3), 3.58, 3.40 (s, 3H, N-1/N-3-CH_3)

参考文献

[1] Steglich, W., Fugmann, B., and Lang-Fugmann, S. (eds) (1997) *Römpp, Lexikon Naturstoffe*, Georg Thieme Verlag, Stuttgart, p. 144.

[2] (a) Joule, J.A. and Mills, K. (2000) *Heterocyclic Chemistry*, 4th edn, Blackwell Science, Oxford, p. 461; (b) Eicher, Th., Hauptmann, S., and Speicher, A. (2012) *The Chemistry of Heterocycles*, 3rd edn, Wiley-VCH Verlag GmbH, Weinheim, p. 476.

[3] Sun, Z. and Hosmane, R.S. (2001) *Synth. Commun.*, **31**, 549.

[4] Traube, W. (1900) *Ber. Dtsch. Chem. Ges.*, **33**, 3035.

[5] Bredereck, H., Gompper, R., Schuh, H.G.V., and Theilig, G. (1959) *Angew. Chem.*, **71**, 753.

[6] It should be noted that caffeine has been prepared in a novel six-step sequence starting from uracil: Zajac, M.A., Zakrzewski, A.G., Kowal, M.G., and Narayan, S. (2003) *Synth. Commun.*, **33**, 3291.

[7] Baum, F. (1908) *Ber. Dtsch. Chem. Ges.*, **41**, 525.

[8] Baum, F. (1908) *Ber. Dtsch. Chem. Ges.*, **41**, 532.

3.4.5　奈多罗米类似物

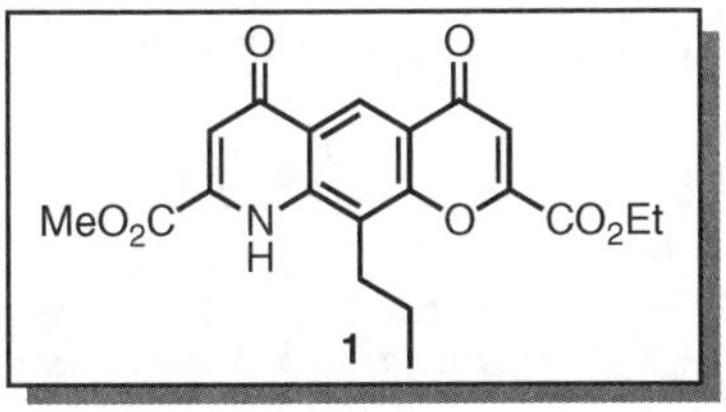

专题
- 色酮衍生物的合成
- 4-喹啉衍生物的合成
- 芳基烯丙基醚的 Claisen 重排
- 乙炔二羧酸二甲酯的 Michael 加成
- C═C 键的催化氢化反应
- *N*-乙酰化和脱乙酰化反应
- 酯水解

(a) 概述 382

许多**2**/**3**型的吡喃喹啉二羧酸在有关的制药领域中作为抗过敏试剂用于哮喘的局部治疗。在它们中，奈多罗米(**3**，常用其钠盐)表现出最强的治疗效果[1]：

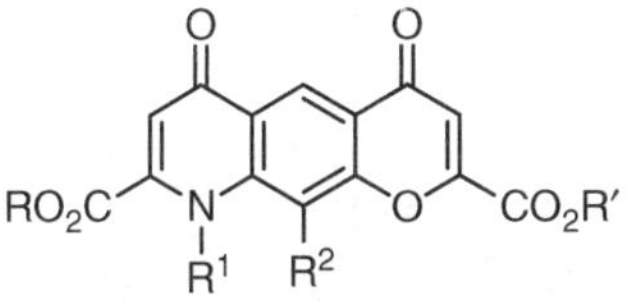

1: R^1 = H, R^2 = Pr, R = Me, R′ = Et
2: R^1 = H, R^2 = Pr, R = R′ = H
3: R^1 = Et, R^2 = Pr, R = R′ = H

线性稠杂环化合物 **1**～**3** 的逆合成可以归纳为在喹啉侧的断开方式 **A** 和在色酮侧的断开方式 **B** 两种，因此，处理过程要么通过色酮 **4**，要么通过喹啉 **5**：

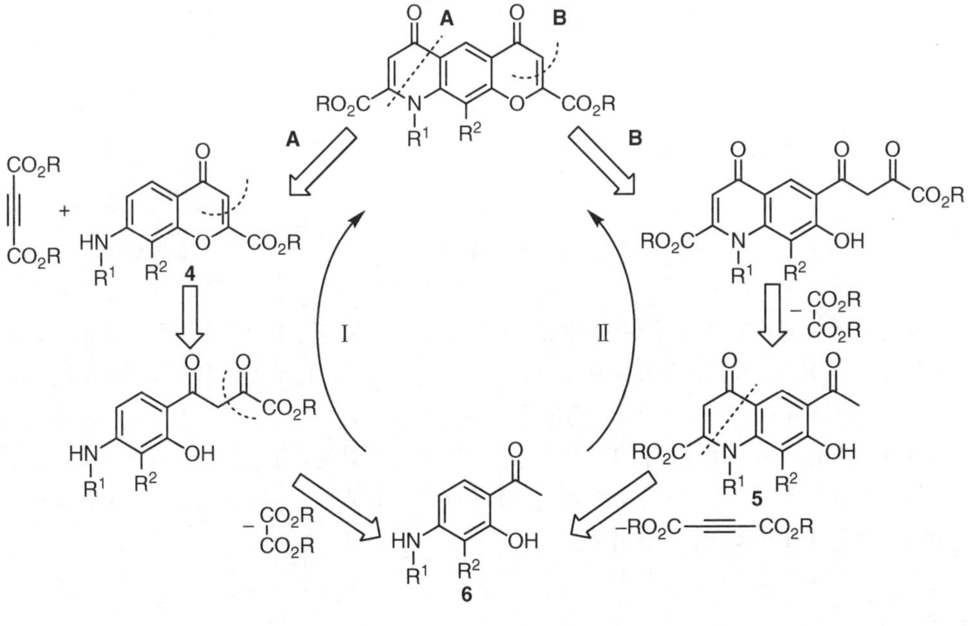

两种逆分析路径都通向底物**6**。

合成**1**或**2**需要的底物**6**(R^1=H,R^2=Pr)。相对于底物**6**,合成**3**需要的底物较**6**(R^1=Et,R^2=Pr)容易从廉价的原料制得。因此,制备奈多罗米类似物**1**的步骤如(b)所述。根据逆合成分析的方法Ⅰ,首先生成**1**的色酮片段,随后再并上4-喹啉基团。这样做的好处是可以使用最少的保护/脱保护步骤。

383 **(b) 化合物1的合成路线**

对于色酮和黄酮的合成,以2-羟基苯乙酮作为起始原料是最合适的[3]。因此,对于化合物**1**的合成,采用2-羟基苯乙酮类的**6**,它的3-位上带有一个丙基,4-位上接上一个被保护的氨基;这可以从间甲氧基苯胺为起始原料来制备。先用乙酸酐乙酰化甲氧基苯胺来制备*N*-乙酰化产物**7**[4],再以$AlCl_3$为催化剂,用乙酰氯进行傅-克酰基化反应,同时断裂甲醚得到4-乙酰氨基-2-羟基苯乙酮(**8**)[5]。化合物**8**中的酚羟基转变为邻烯丙基醚**9**,在加热条件下,化合物**9**通过[3,3]-δ迁移(Claisen重排)而异构化为C-3-烯丙基苯酚**10**[6]。最后,3-烯丙基经氢化催化得到期望的产物4-乙酰氨基-2-羟基-3-丙基苯乙酮(**11**)。

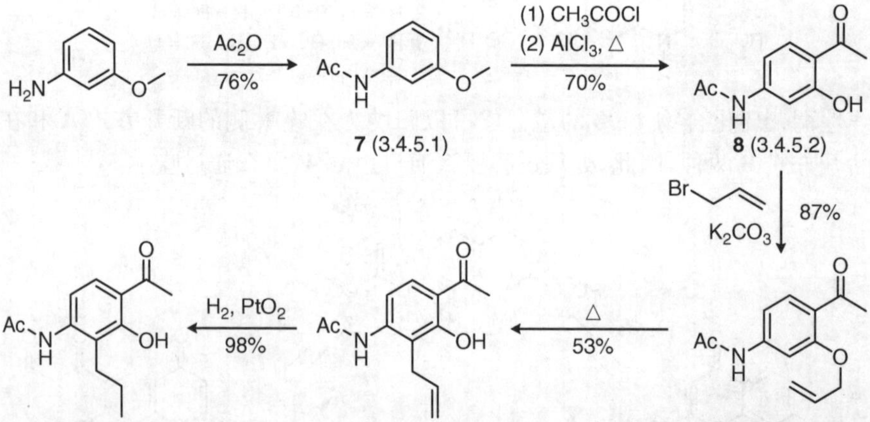

对于色酮部分的合成,2-羟基苯乙酮**11**在乙醇钠的存在下和草酸二乙酯反应,最初合成的Claisen缩合产物β-酮酯**12**,无须分离,直接加酸使之环化而生成色酮羧酸酯**13**。另外,在这个条件下*N*-乙酰基保护基被脱去。

384 色酮**13**的4-喹诺酮部分的增环反应由两步反应得到。首先,β-烯氨酯**14**是由化合物**13**中氨基和丁炔二酸二甲酯通过Michael加成制得。然后,在二苯醚中加热化合物**14**使之环化而得到4-喹诺酮酯**1**。

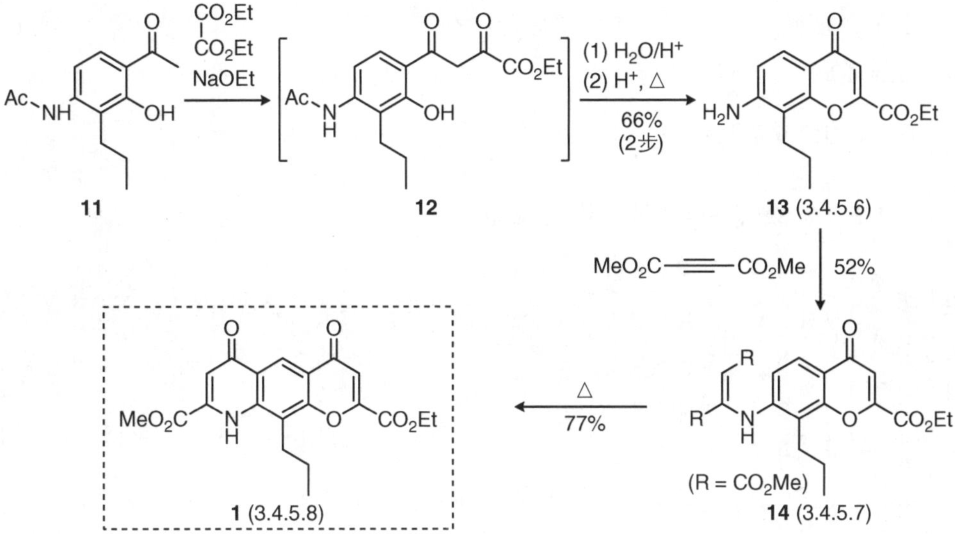

β-苯氨基丙烯酸酯的热环化（如 **14**）来制备 4-喹诺酮，即是所谓的 Conrad-Limpach 合成方法[7]；作为一个非催化的热过程，很有可能是由一个 6π 电环化的顺旋进行的，下图描述了从 **14** 到 **1** 的转化过程。

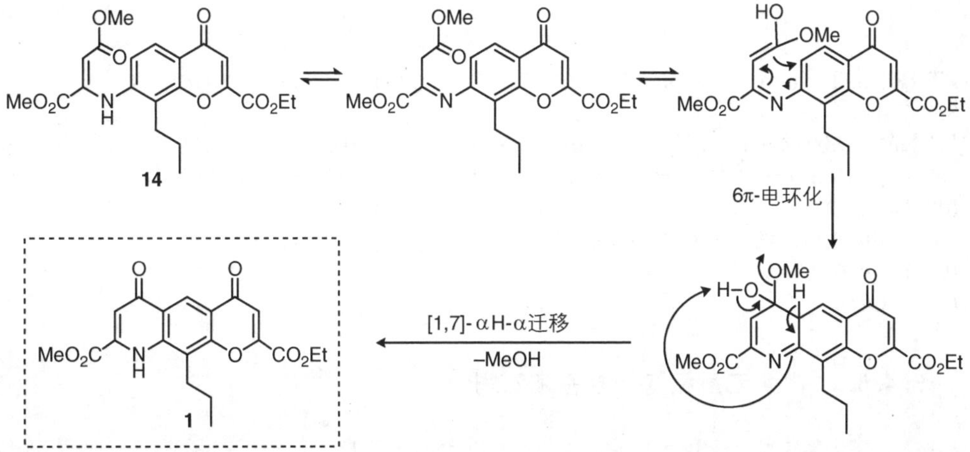

与此相反，通过 β-酮-*N*-酰基苯胺环化合成 2-喹诺酮的反应是需要在强酸的催化 385
（诺尔合成法[7]）下进行的，这是一个 S_EAr 过程，如下面的例子所示：

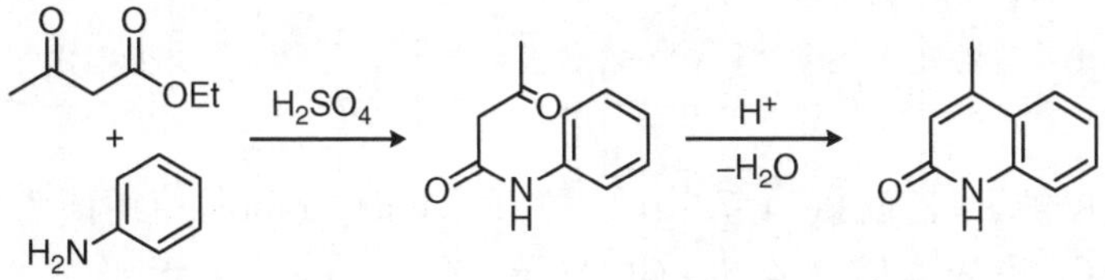

如上述步骤所示,目标分子 **1** 可通过一个线性的九步反应获得,总产率为 6%(以间甲氧基苯胺为原料)。

(c) 1 的合成实验步骤

3.4.5.1* *N*-(3-甲氧基苯基)乙酰胺[4]

H_2N … OMe —— Ac_2O, HOAc ——→ … OMe

123.2　　　165.2

0℃下,乙酐(30.0 mL,0.32 mol,使用前需要蒸馏,bp_{760} 140~141℃)滴加到间甲氧基苯胺(30.0 g,0.24 mol)的冰乙酸(30 mL)搅拌液中。混合物室温下搅拌反应 15 h,然后将反应液倒入碎冰(150 g)的水(150 mL)溶液中。

过滤收集析出的沉淀,水洗,置 $CaCl_2$ 中真空干燥(50℃/20~30 mbar),得到无色固体产物 30.7 g(70%),mp 78~79℃,TLC(SiO_2;甲醇/CH_2Cl_2=5∶95):R_f=0.36。

FT-IR (solid): $\tilde{\nu}$ (cm^{-1}) = 3255, 2843, 1662, 1601, 1482, 1415, 1280, 1152, 1048, 858, 761.
^{1}H NMR (500 MHz, $CDCl_3$): δ (ppm) = 7.63 (s_{br}, 1H, NH), 7.27 (m_c, 1H, Ar–H), 7.19 (t, *J* = 8.0 Hz, 1H, Ar–H), 6.98 (dd, *J* = 7.9 Hz, 1H, Ar–H), 6.65 (dd, *J* = 8.2, 2.0 Hz, 1H, Ar–H), 3.77 (s, 3H, OCH_3), 2.15 (s, 3H, CH_3CO).
^{13}C NMR (126 MHz, $CDCl_3$): δ (ppm) = 168.6 (CH_3CO), 160.1 (C-3), 139.2 (C-1), 129.6 (C-5), 112.1, 110.0, 105.8 (C-2, C-4, C-6), 55.3 (OCH_3), 24.6 (CH_3CON).

386 **3.4.5.2**** **4-乙酰氨基-2-羟基苯乙酮**[5]

AcNH … OMe + CH_3COCl —— $AlCl_3$ ——→ AcNH … OH

165.2　　　78.5　　　193.2

在 Ar 气保护下,乙酰氯(4.72 g,4.30 mL,60.0 mmol,使用前需要蒸馏干燥,bp_{760} 51~52℃)滴入酰胺 **3.4.5.1**(4.00 g,24.2 mmol)的无水 1,2-二氯乙烷的

(20 mL)搅拌液中。滴加完后，将反应液冷却到 0℃，剧烈搅拌下加入无水 $AlCl_3$ (10.2 g，76.0 mmol，建议加料在稳定的惰性气体流中进行)，注意控制加入速度以保证反应液温度保持在 15℃以下。加完后生成的黑色反应混合物加热回流 2 h(放出 HCl 气体)，然后冷却到室温。

获得的黏稠的褐色油状物质倒入碎冰(～100 g)中，再搅拌 30 min。过滤得到黄色沉淀，水洗，真空下干燥(50℃/20～30 mbar)，然后用环己烷/乙酸乙酯(2∶1，140 mL)重结晶。在热的悬浮液中过滤出不溶固体，得到淡黄色透明固体 3.30 g (70%)，mp 138～140℃。

FT-IR (solid): $\tilde{\nu}$ (cm^{-1}) = 3179, 3105, 3045, 1602, 1407, 1362, 1250, 788.
^{1}H NMR (500 MHz, $CDCl_3$): δ (ppm) = 12.47 (s, 1H, OH), 7.67 (d, *J* = 8.5 Hz, 1H, Ar–H), 7.57 (s_{br}, 1H, NH), 7.17 (dd, *J* = 8.5, 1.6 Hz, 1H, Ar–H), 7.08 (d, *J* = 1.6 Hz, 1H, Ar–H), 2.58 (s, 3H, CH_3COAr), 2.21 (s, 3H, CH_3CON).
^{13}C NMR (126 MHz, $CDCl_3$): δ (ppm) = 203.0 (CH_3*C*OAr), 168.7 (CH_3*C*ON), 163.8 (C-3), 145.0 (C-1), 132.1 (C-5), 116.2, 110.3, 107.2 (C-2, C-4, C-6), 26.4 (*C*H_3COAr), 24.9 (*C*H_3CON).

3.4.5.3* *N*-[4-乙酰基-3-(2-烯丙氧基)苯基]乙酰胺[2]

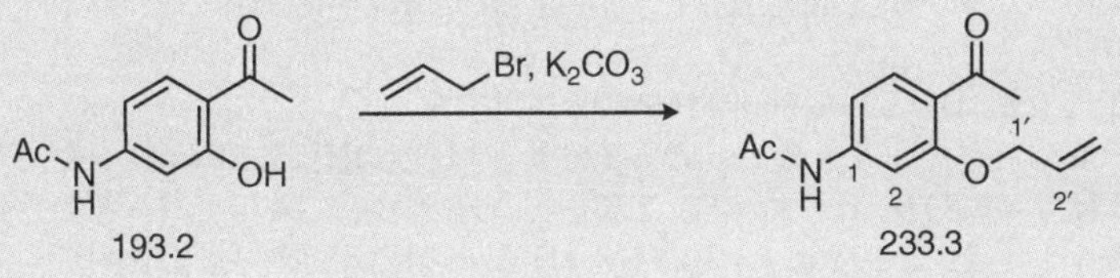

将烯丙基溴(2.14 g，1.53 mL，17.7 mmol)滴入羟基苯乙酮 **3.4.5.2**(2.44 g，12.6 mmol)以及 K_2CO_3(使用前在 80℃下干燥 24 h)(2.70 g，19.5 mmol)的无水 DMF(25 mL)搅拌液中。生成的黄色反应混合物在室温下搅拌 5 h。 387

然后将反应液倒入水(100 mL)中，水相用乙酸乙酯(5×30 mL)萃取。合并有机层，用 10% NaOH 溶液(3×30 mL)和水(3×30 mL)洗涤。用无水硫酸镁干燥，过滤，真空浓缩。将所得黄色残余物真空干燥(50℃/20～30 mbar)得产物 2.56 g (87%)(可以直接用于下一步反应中而不需要进一步提纯)，mp 107～108℃，TLC (SiO_2；乙酸乙酯/己烷=4∶1)：R_f=0.50。

FT-IR (solid): $\tilde{\nu}$ (cm^{-1}) = 3319, 1697, 1586, 1263, 1187, 931, 830.
^{1}H NMR (500 MHz, $CDCl_3$): δ (ppm) = 7.98 (s_{br}, 1H, NH), 7.74–7.75 (m, 2H, 2×Ar–H), 6.77 (dd, *J* = 8.5, 1.9 Hz, 1H, Ar–H), 6.06 (m_c, 1H, 2′-H), 5.43 (dt, *J* = 17.3, 1.6 Hz, 1H, 3′-H_A), 5.32 (dt, *J* = 10.4, 1.6 Hz, 1H, 3′-H_B), 4.63 (ddd,

$J=5.7, 1.3, 1.6$ Hz, 2H, 1′-H_2), 2.63 (s, 3H, CH_3COAr), 2.20 (s, 3H, CH_3CON).
^{13}C NMR (126 MHz, $CDCl_3$): δ (ppm) = 198.5 (CH_3COAr), 169.0 (CH_3CON), 159.5 (C-3), 143.4 (C-1), 132.4 (C-5), 131.4 (C-2′), 123.5 (C-4), 118.6 (C-3′), 111.0, 103.8 (C-2, C-6), 69.6 (C-1′), 32.1 (CH_3COAr), 24.8 (CH_3CON).

3.4.5.4* *N*-[4-乙酰基-3-羟基-2-(2-烯丙基)苯基]乙酰胺[2]

233.3 → (△) → 233.3

将芳基烯丙基醚 **3.4.5.3**(12.2 g, 52.3 mmol)的 *N*,*N*-二甲基苯胺(60 mL)溶液加热(230℃,外部温度)回流 4 h。

将溶液慢慢冷却至室温,过滤收集析出的固体,用石油醚(bp 40～60℃,～250 mL)
388 洗涤,真空干燥(50℃/20～30 mbar)得到透明的灰色晶状固体 6.49 g(53%),mp 177～179℃,TLC(SiO_2;乙酸乙酯/己烷=4∶1):R_f=0.66。

FT-IR (solid): $\tilde{\nu}$ (cm^{-1}) = 3256, 3002, 1659, 1625, 1515, 1355, 1276, 810, 668.
^{1}H NMR (500 MHz, $CDCl_3$): δ (ppm) = 12.91 (s, 1H, OH), 7.73 (s_{br}, 1H, Ar–H), 7.65 (d, $J=8.8$ Hz, 1H, Ar–H), 7.50 (s_{br}, 1H, NH), 5.94 (ddt, $J=6.0$, 17.3, 10.1 Hz, 1H, 2′-H), 5.19 (dt, $J=10.1$ Hz, 1H, 3′-H_A), 5.13 (dt, $J=17.3$ Hz, 1H, 3′-H_B), 3.51 (ddd, $J=6.0$, 1.6 Hz, 2H, 1′-H_2), 2.60 (s, 3H, CH_3COAr), 2.17 (s, 3H, CH_3CON).
^{13}C NMR (126 MHz, $CDCl_3$): δ (ppm) = 203.6 (CH_3COAr), 168.4 (CH_3CON), 161.0 (C-3), 143.7 (C-1), 135.5 (C-5), 130.0 (C-2′), 116.2, 116.1 (C-2, C-4, C-3′), 112.1 (C-6), 27.8 (C-1′), 26.5 (CH_3COAr), 24.8 (CH_3CON).

3.4.5.5* *N*-[4-乙酰基-3-羟基-2-丙基苯基]乙酰胺[2]

233.3 → (H_2, $PtO_2\cdot H_2O$) → 235.3

将苯乙酮 **3.4.5.4**(7.32 g,32.4 mmol)溶解在乙酸(200 mL)中,并且在室温下,以 $PtO_2 \cdot H_2O$(～50 mg)为催化剂,在 3 bar 的 H_2 压力下,进行加氢还原反应。约需 14 h 后完成 H_2 的摄取。

反应混合物适当加热以溶解悬浮产物,热过滤以除去催化剂。浓缩滤液,残余物在 $CaCl_2$ 中真空干燥(50℃/20～30 mbar),得到产物 7.23 g(98%),mp 190～191℃,TLC(SiO_2;乙酸乙酯/己烷=4∶1):R_f=0.40。

FT-IR (solid): $\tilde{\nu}$ (cm^{-1}) = 3294, 2958, 2871, 1659, 1625, 1512, 1362, 1278, 1110, 807, 666.

^{1}H NMR (500 MHz, $CDCl_3$): δ (ppm) = 12.8 (s_{br}, 1H, OH), 7.68 (s_{br}, 1H, Ar–H), 7.59 (d, J = 8.8 Hz, 1H, Ar–H), 7.30 (s_{br}, 1H, NH), 2.62 (t, J = 7.5 Hz, 2H, 1′-H_2), 2.59 (s, 3H, CH_3COAr), 2.23 (s, 3H, CH_3CON), 1.56 (sextet, J = 7.5 Hz, 2H, 2′-H_2), 0.99 (t, J = 7.5 Hz, 3H, 3′-H_3).

^{13}C NMR (126 MHz, $CDCl_3$): δ (ppm) = 203.7 (CH_3*C*OAr), 168.5 389
(CH_3*C*ON), 161.4 (C-3), 142.4 C-1), 129.2, 119.4, 116.1, 112.4 (C-2, C-4, C-5, C-6), 26.5 (*C*H_3COAr), 25.5 (*C*H_3CON), 24.9 (C-1′), 21.8 (C-2′), 14.2 (C-3′).

3.4.5.6** 乙基 7-氨基-4-氧代-8-丙基-4*H*-1-苯并吡喃-2-甲酸乙酯[2]

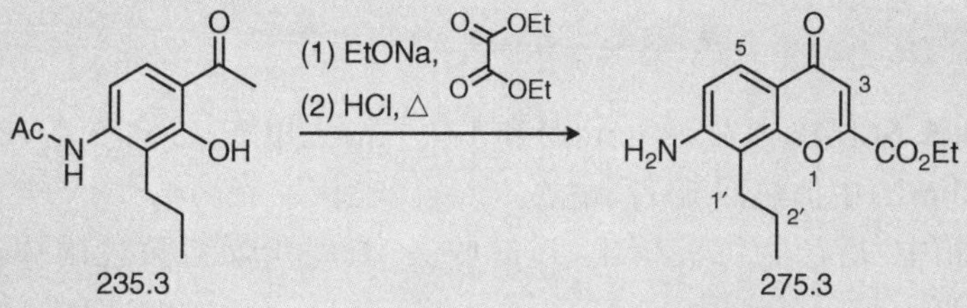

在惰性气体氛围下,每次将小片的金属钠(1.00 g,4.25 mmol)加入无水乙醇(25 mL)中使之完全反应。剧烈搅拌下将苯乙酮 **3.4.5.5**(2.00 g,8.50 mmol)和草酸二乙酯(3.05 g,20.8 mmol)的无水乙醇悬浊液加入上述乙醇钠溶液中。形成的黄色溶液加热回流 2 h,然后在室温下搅拌 1 h。

将混合物倒入水(100 mL)中,用 7%的 HCl 溶液酸化至出现黄色沉淀。混合物用 CH_2Cl_2(5×50 mL)萃取,合并有机相,用盐水(3×50 mL)洗涤,无水硫酸镁干燥,过滤,真空浓缩。残余物悬浮于混有浓 HCl(0.3 mL)的无水乙醇(30 mL)中,后加热回流 15 h。

然后将反应液倒入水(100 mL)中,所得混合物用乙酸乙酯(5×80 mL)萃取。合并有机层,用水(4×80 mL)洗涤,无水硫酸镁干燥,过滤,真空浓缩,得到一黑色黏浆物。用少量石油醚(bp 40～60℃)研磨,获得黄黑色固体产物 1.54 g(66%),mp 86～89℃。

^{1}H NMR (500 MHz, $CDCl_3$): δ (ppm) = 7.90 (d, *J* = 8.6 Hz, 1H, Ar–H), 7.04 (s, 1H, Ar–H), 6.87 (d, *J* = 8.6 Hz, 1H, Ar–H), 4.43 (q, *J* = 7.3 Hz, 2H, OCH_2), 2.82 (t, *J* = 7.5 Hz, 2H, 1′-H_2), 1.68 (sextet, *J* = 7.4 Hz, 2H, 2′-H_2), 1.43 (t, *J* = 7.4 Hz, 3H, OCH_2CH_3), 1.03 (t, *J* = 7.4 Hz, 3H, 3′-H_3).
^{13}C NMR (126 MHz, $CDCl_3$): δ (ppm) = 178.0 (C-4), 160.8 (CO_2Et), 155.7 (C-2), 151.6, 148.4 (C-7, C-8a), 124.5, 117.4, 115.4, 114.3 (C-3, C-4a, C-5, C-6, C-8), 62.6 (OCH_2CH_3), 25.9 (C-3′), 21.4 (C-2′), 14.2, 14.1 (C-3′, OCH_2CH_3).

3.4.5.7* (*Z*)-二甲基 *N*-[(乙氧羰基)-4-氧代-8-丙基-4*H*-1-苯并吡喃-7-基]-2-
390 氨基-2-丁烯-1,4-二酸酯[2]

将胺 **3.4.5.6**(1.10 g,4.00 mmol)和丁炔二酸二甲酯(0.66 g,4.70 mmol)溶解在无水乙醇(5 mL)中加热回流 17 h。

冷却(冰箱中)后产物沉淀析出,过滤收集,真空干燥得黄色固体产物 860 mg(52%),mp 138～139℃。

FT-IR (solid): $\tilde{\nu}$ (cm^{-1}) = 3438, 3387, 3095, 2960, 1725, 1660, 1642, 1593, 1338.
^{1}H NMR (500 MHz, $CDCl_3$): δ (ppm) = 9.86 (s_{br}, 1H, NH), 7.93 (d, *J* = 8.5 Hz, 1H, Ar–H), 7.07 (s, 1H, Ar–H), 6.75 (d, *J* = 8.5 Hz, 1H, Ar–H), 5.67 (s, 1H, 2″-H), 4.43 (q, *J* = 6.9 Hz, 2H, OCH_2CH_3), 3.79, 3.71 (2×s, 2×3H, 2×CO_2CH_3), 3.00 (t, *J* = 7.3 Hz, 2H, 1′–H_2), 1.77 (sextet, *J* = 7.3 Hz, 2H, 2′–H_2), 1.44 (t, *J* = 6.9 Hz, 3H, OCH_2CH_3). 1.07 (t, *J* = 7.3 Hz, 3H, 3′–H_3).
^{13}C NMR (126 MHz, $CDCl_3$): δ (ppm) = 178.2 (C-4), 169.7, 164.2, 160.6 (2×CO_2CH_3, $CO_2CH_2CH_3$), 155.0, 152.2 (C-2, C-8a), 146.6, 144.4 (C-7, C-1″), 123.6, 122.3, 120.7, 118.5, 114.4 (C-3, C-4a, C-5, C-6, C-8), 97.8 (C-2″), 62.8 ($CO_2CH_2CH_3$) (OCH_2CH_3), 53.0, 51.6 (2×CO_2CH_3), 26.5 (C-1′), 22.1 (C-2′), 14.1, 14.0 (C-3′, OCH_2CH_3).

3.4.5.8* 6,9-二氢-4,6-二氧代-10-丙基-4*H*-吡喃并[3,2-*g*]喹啉-2,8-二甲酸-2-乙酯-8-甲酯[2]

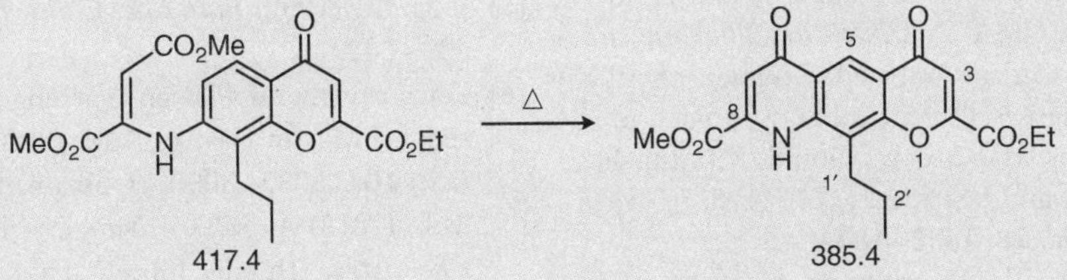

将三酯 **3.4.5.7**(500 mg,1.20 mmol)一次性加入到回流的二苯醚(12.5 mL)搅拌液中,所得反应物加热 10 min。

冷却溶液,倒入石油醚(bp 60~80℃,50 mL)中,收集析出的固体,置 P_2O_5 上真空干 391
燥,用乙酸乙酯进行重结晶得黄色固体二酯产物 355 mg(77%),mp 177~178℃。

FT-IR (solid): $\tilde{\nu}$ (cm^{-1}) = 3370, 3094, 2870, 2577, 2465, 1740, 1731, 1637, 1614.
^{1}H NMR (500 MHz, $CDCl_3$): δ (ppm) = 9.00 (s, 1H, Ar–H), 8.95 (s_{br}, 1H, NH), 7.05 (s, 1H, Ar–H), 6.87 (s, 1H, Ar–H), 4.49 (q, J = 7.3 Hz, 2H, $CO_2CH_2CH_3$), 4.08 (s, 3H, CO_2CH_3), 3.13 (t, J = 7.6 Hz, 2H, 1′-H_2), 1.81 (sextet, J = 7.6 Hz, 2H, 2′-H_2), 1.47 (t, J = 7.3 Hz, 3H, $CO_2CH_2CH_3$), 1.0 (t, J = 7.6 Hz, 3H, 3′-H_3).
^{13}C NMR (126 MHz, $CDCl_3$): δ (ppm) = 179.5, 178.0 (C-4, C-6), 163.3, 163.3, 155.0, 152.3, 140.6, 136.9 (C-2, C-8, C-9a, C-10a, CO_2Et, CO_2Me), 124.4, 123.6, 120.7, 118.4, 114.0, 111.4 (C-3, C-4a, C-5, C-5a, C-7, C-10), 63.0 ($CO_2CH_2CH_3$), 54.2 (CO_2CH_3), 25.7 (C-3′), 22.1 (C-2′), 14.1 ($CO_2CH_2CH_3$, C-3′).

参考文献

[1] (a) Kleemann, A. and Engel, J. (1999) *Pharmaceutical Substances*, 3rd edn, Georg Thieme Verlag, Stuttgart, p. 1313; (b) Auterhoff, H., Knabe, J., and Höltje, H.-D. (1994) *Lehrbuch der Pharmazeutischen Chemie*, 13th edn, Wissenschaftliche Verlagsgesellschaft mbH, Stuttgart, p. 586.

[2] Cairns, H., Cox, D., Gould, K.J., Ingall, A.H., and Suschitzky, J.L. (1985) *J. Med. Chem.*, **28**, 1832–1842.

[3] Eicher, Th., Hauptmann, S., and Speicher, A. (2012) *The Chemistry of Heterocycles*, 3rd edn, Wiley-VCH Verlag GmbH, Weinheim, p. 338.

[4] (a) Akhavan-Tafti, H., DeSilva, R., and Arghavani, Z. (1998) *J. Org. Chem.*, **63**, 930–937; (b) Zhang, Z., Tillekeratne, L.M.V., and Hudson, R.A. (1996) *Synthesis*, 377–382.

[5] Julia, M. (1952) *Bull. Soc. Chim. Fr.*, 639–642.

[6] For a review on Claisen rearrangement, see: (a) Martin Castro, A.M. (2004) *Chem. Rev.*, **104**, 3037–3058; cf. also(b) Smith, M.B. (2013) *March's Advanced Organic Chemistry*, 7th edn, John Wiley & Sons, Inc., New York, p. 1407ff.

[7] Eicher, Th., Hauptmann, S., and Speicher, A. (2012) *The Chemistry of Heterocycles*, 3rd edn, Wiley-VCH Verlag GmbH, Weinheim, p. 399.

3.4.6 高压反应

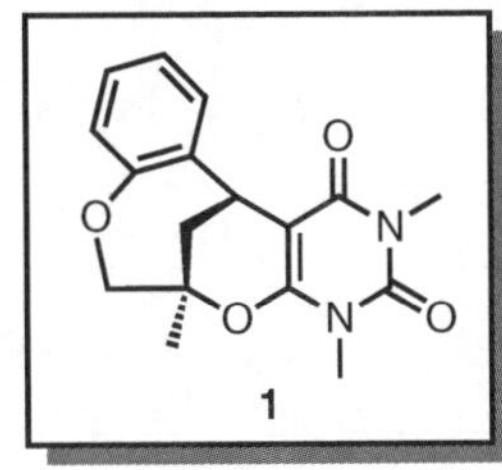

专题
- 高烯丙基伯醇的甲磺酰化
- 亲核取代(威廉森醚合成法)
- Knoevenagel 缩合
- 高压下分子内的杂-Diels-Alder 反应

(a) 概述 392

许多化学转化的反应速率和平衡位置受高压影响很强烈,压力通常可达 1.5 GPa (15 kbar,1 kbar=100 MPa=0.1 GPa=14 503.8 psi=986.92 atm)[1]。化学转化中有较大的负活化体积($\Delta V^{\ddagger}$)时使用高压在合成上是有价值的。因为这可以加快反应速率,并可以使反应在较低的温度下进行。例如:Diels-Alder 反应,1,3-偶极环加成反应,[2+2]-环加成反应,σ-迁移重排反应和自由基聚合反应(表 3.1)。

表 3.1 几个典型有机反应的 $\Delta V^{\ddagger}$ 值

	$\Delta V^{\ddagger}$($cm^3 \cdot mol^{-1}$)		$\Delta V^{\ddagger}$($cm^3 \cdot mol^{-1}$)
自由基均裂断键	0～13	自由基聚合反应	−10～−25
S_N2	0～−20	Diels-Alder 反应	−25～−50
缩酮的形成	−5～−10	[2+2]-环加成	−35～−50
Claisen, Cope 重排	−8～−15		

对各种不同的活化体积变化所施加的压力和反应速率之间的数学相关性如表 3.2 所示。

理论上,与正常大气压相比较,在 1.5 GPa 压力下,一个转化的活化体积 $\Delta V^{\ddagger}$ 为 $-30\ cm^3 \cdot mol^{-1}$ 的反应的速率因子可快 2.0×10^6 倍;然而,计算所得结果一般只对在 0.2 GPa 下的反应是比较可靠的。高压下,逐渐增加的黏度对反应动力学是必须要考虑的。这将导致任何延迟反应过程的发生[2,3]。

运用高压反应的第一个成功例子是由 Dauben 及其同事[4]在全合成斑蝥素(±)-cantharidin(**5**,一种西班牙蝇的分泌物)中用到的从 **2** 和 **3** 生成 **4** 的 Diels-Alder 反应。

反应在常压下不能进行,化合物 **4** 在 Raney-Ni 催化下氢解得到化合物(±)-斑 393
蝥素。

表 3.2　25℃下压力对反应速率的影响

$k(p)/k(0.1\ \text{MPa})=\exp[-\Delta V^{\ddagger}/RT(p-1)]$				
压力/MPa	$\Delta\Delta V^{\ddagger}(\text{cm}^3\cdot\text{mol}^{-1})$			
	+10	−10	−20	−30
100	0.67	1.5	2.2	3.4
300	0.30	3.4	11	38
500	0.13	7.5	56	420
700	0.06	17	280	4 800
1 000	0.02	56	3 200	180 000

15 kbar, 6 h　85%　Raney-Ni　Quant.

2　3　4　5

除了加快反应速率外，高压也被应用于改变一个化学转化的化学选择性、位置选择性、非对映异构选择性和/或对映异构选择性[5,6]。这可归之于温度效应，因转化中导致不同异构体所需途径的反应焓变有很大的不同，故可在低温下反应以实现更好的选择性。另一方面，纯粹由压力产生的选择性效应也是众所周知的。有明显的$\Delta\Delta V^{\ddagger}$值的反应在不同的反应通道之间会导致不同异构体的产生。在 1 000 MPa 下，一个 10 $\text{cm}^3\cdot\text{mol}^{-1}$的$\Delta\Delta V^{\ddagger}$值导致混合产物中 C_1/C_2 异构体之比为 1∶56.6。

应用高压导致化学选择性发生变化的反应实例有亚苄基-1,3-二羰基化合物 **6** 经分子内杂-Diels-Alder 反应转化为 **1** 和分子内烯反应到 **7** 的这个反应(L.F. Tietze, C.Ott, unpublished results)。在 110℃和 100 MPa 下，在 CH_2Cl_2 中反应，产物 **1** 和 **7** 的比例为 11∶1，而在 90℃和 550 MPa 下反应时，产物 **1** 和 **7** 的比例变为 76.3∶1，故

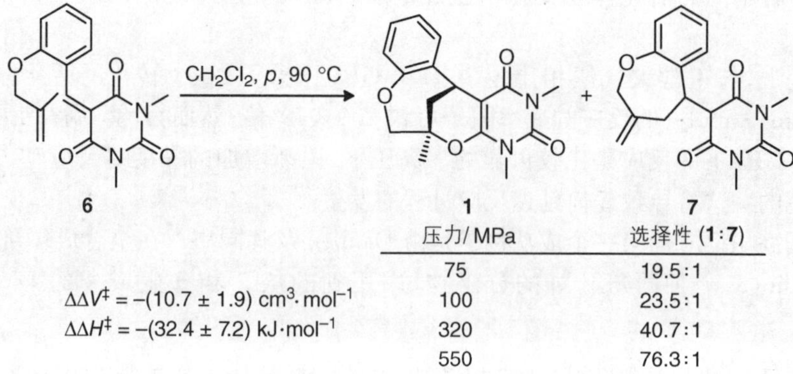

CH₂Cl₂, p, 90 °C
6
1
7
压力/MPa　选择性 (1:7)
75　19.5:1
100　23.5:1
320　40.7:1
550　76.3:1
ΔΔV‡ = −(10.7 ± 1.9) cm³·mol⁻¹
ΔΔH‡ = −(32.4 ± 7.2) kJ·mol⁻¹

90℃下，CH_2Cl_2 反应液中，**6** 在不同压力条件下反应的化学选择性

高压和低温有利于环加成产物 **1** 的形成。反应的 $\Delta\Delta V^{\ddagger}$ 为 $-(10.7\pm1.9)\,cm^3\cdot mol^{-1}$，$\Delta\Delta H^{\ddagger}$ 为 $-(32.4\pm7.2)\,kJ\cdot mol^{-1}$。

两个不同反应路径的活化体积差异与固有的形成共价键的 $\Delta V^{\ddagger}$ 相关。合成 **1** 的 394
Diels-Alder 反应将形成两根单键，而在合成 **7** 的烯反应中只有一根单键形成（另一根 C—H 键未记）。需要指出的是，$\Delta\Delta V^{\ddagger}$ 值与反应溶剂是密切相关的。

(b) 1 的合成

用于杂-Dies-Alder 反应的前体 **13** 可以从商业上易得的高烯丙基醇 **8** 经三步反应得到。

8 经甲磺酰化生成磺酸酯 **9**，**9** 与水杨醛（**10**）发生 S_N 过程的 O-烷基化得到酯 **11**，**11** 和 *N*，*N*-二甲基巴比妥酸（**12**）在催化量乙二胺二乙酸（EDDA）存在下发生 Knoevenagel 缩合得到亚苄基化合物 **13**。**13** 在 9 kbar 压力下发生分子内杂-Diels-Alder 反应得到主要产物 **1**。

CH_3SO_2Cl, NEt_3, DMAP (cat.), CH_2Cl_2, 96%

10, K_2CO_3, EtOH, 54%

12, EDDA (cat), CH_2Cl_2, 93%

CH_2Cl_2, 高压, 81%

8　**9** (3.4.6.1)　**11** (3.4.6.2)　**13** (3.4.6.3)　**1** (3.4.6.4)

(c) 1 的合成的实验操作

3.4.6.1** 3-甲基-3-丁烯基甲磺酸酯[7]

CH_3SO_2Cl, NEt_3, DMAP (cat)

86.1　164.2

0℃下，将 Et_3N（7.08 g，70.0 mmol）和催化量的 DMAP 加到搅拌着的 3-甲基-3- 395

丁烯醇(5.17 g,60.0 mmol)的 CH_2Cl_2(120 mL)溶液中。继续搅拌 15 min,然后逐滴加入甲磺酰氯(7.56 g,66.0 mmol),再继续在 0℃下搅拌 2 h。

加入水(150 mL)猝灭反应;分离有机层,水相用 CH_2Cl_2(3×50 mL)萃取。合并有机层,先后用饱和 NH_4Cl 溶液(100 mL),饱和 $NaHCO_3$ 溶液(100 mL),和食盐水(100 mL)洗涤,再用 Na_2SO_4 干燥。然后真空干燥,残余物用柱色谱(t-BuOMe/PE=1∶3)提纯得到产物磺酸酯 9.45 g(96%)(注意:产物**必须**储存在冰箱中并且在一周内使用),R_f=0.25(t-BuOMe/PE=1∶1)。

IR (KBr): $\tilde{\nu}$ (cm^{-1}) = 2972, 2942, 2920, 1652, 1354, 1174.
^{1}H NMR (300 MHz, $CDCl_3$): δ (ppm) = 4.85 (m_c, 1H, 4-H), 4.77 (m_c, 1H, 4-H), 4.30 (t, J = 7.0 Hz, 2H, 1-H_2), 2.99 (s, 3H, S–CH_3), 2.44 (t, J = 7.0 Hz, 2H, 2-H_2), 1.75 (s, 3H, 3-CH_3).

3.4.6.2** 2-(3-甲基-3-丁烯氧基)苯甲醛[7]

K_2CO_3, EtOH

164.2 122.1 190.2

将水杨醛(2.50 g,20.5 mmol),无水碳酸钾(3.11 g,22.5 mmol)和甲磺酸酯 **3.4.6.1**(3.03 g,18.4 mmol)的无水乙醇(40 mL)溶液加热回流搅拌 6 h。

深黄色的反应混合物真空浓缩后加入水(60 mL),水相用乙醚(3×50 mL)萃取,合并有机相,用 NaOH 溶液(2 mol/L,50 mL)和食盐水(50 mL)洗涤,无水硫酸钠干燥,过滤,真空蒸去溶剂,得黄色油状物,柱色谱(t-BuOMe/石油醚=1∶20)纯化后得到产物 O-烷基化水杨醛 1.88 g(54%),R_f=0.41(t-BuOMe/石油醚=1∶10)。

UV (CH_3CN): λ_{max} (nm) (lg ε) = 318 (3.6752), 251 (3.9983), 215 (4.3349).
IR (KBr): $\tilde{\nu}$ (cm^{-1}) = 3042, 2970, 2940, 2882, 1690, 1600, 1458.
396 **^{1}H NMR** (300 MHz, $CDCl_3$): δ (ppm) = 10.47 (d, J = 0.8 Hz, 1H, CHO), 7.81 (dd, J = 7.7, 1.5 Hz, 1H, 6-H), 7.55–7.48 (m, 1H, 4-H), 7.03–6.93 (m, 2H, 3-H, 5-H), 4.87–4.77 (m, 2H, 4′-H_2), 4.18 (t, J = 6.6 Hz, 2H, 1′-H_2), 2.54 (t, J = 6.6 Hz, 2H, 2′-H_2), 1.79 (s, 3H, 3′-CH_3).
MS (EI, 70 eV): m/z (%) = 190 (11) $[M]^+$, 122 (100) $[M-C_5H_8]^+$, 69 (68) $[C_5H_9]^+$, 41 (89) $[C_3H_5]^+$.

3.4.6.3* 5-[2-(3-甲基-3-丁烯氧基)-亚苄基]-1,3-二甲基-嘧啶-2,4,6-三酮[7]

CHO
N,N′-二甲基巴比妥酸,
EDDA (cat)
2′ 5 1 3″
190.2 328.4

将醛 **3.4.6.2**(1.00 g,5.27 mmol)加到 N,N-二甲基巴比妥酸(0.78 g,5.00 mmol)和 EDDA(10.0 mg,0.056 mmol)的无水 CH_2Cl_2(40 mL)溶液中,反应混合物在室温下搅拌 4 h。

减压蒸去溶剂,残余黄色油状物于－20℃下结晶。用甲醇重结晶后得到黄色晶体,即产物嘧啶-2,4,6-三酮 1.53 g(93%),mp 128～129℃,R_f＝0.28(*t*-BuOMe/石油醚＝1∶3)。

UV (CH_3CN): λ_{max} (nm) (lg ε) = 373 (4.0078), 315 (3.8353), 245 (4.0054), 221 (4.0440).
IR (KBr): $\tilde{\nu}$ (cm^{-1}) = 3046, 2966, 2942, 1666, 1574, 1462.
^{1}H NMR (300 MHz, $CDCl_3$): δ (ppm) = 8.92 (s, 1H, α-H), 8.05 (dd, *J* = 7.9, 1.6 Hz, 1H, 6′-H), 7.48 (m_c, 1H, 4′-H), 7.07–6.91 (m, 2H, 3′-, 5′-H), 4.84 (dd, *J* = 12.0, 1.6 Hz, 2H, 4″-H_2), 4.18 (t, *J* = 6.7 Hz, 2H, 1″-H), 3.43, 3.36 (2 × s, 2 × 3H, 2 × N–CH_3), 2.55 (t, *J* = 6.7 Hz, 2H, 2″-H_2), 1.82 (s, 3H, 3″-CH_3).
^{13}C NMR (76 MHz, $CDCl_3$): δ (ppm) = 162.5 (C=O), 160.4 (C=O), 122.3 (C-2′), 119.7 (C-5′), 117.2 (C-5), 112.5 (C-4″), 111.3 (C-3′), 67.1 (C-1″), 37.1 (C-2″), 28.9, 28.3 (2 × N–CH_3), 22.7 (C-3″).
MS (70 eV): *m*/*z* (%) = 328 (10) $[M]^+$, 243 (100) $[M-OC_5H_9]^+$, 41 (43) $[C_3H_5]^+$.

3.4.6.4** (6*R*,14*S*)-(±)-6,14-亚甲桥-2,4,6-三甲基-6,7,8,14-四氢-4*H*-5,9-二氧杂-2,4-二氮杂-双苯并[*a*,*d*]环癸烯-1,3-二酮[7] 397

CH_2Cl_2, 9 kbar
14 1 6 4
328.4 328.4

将亚苄基化合物**3. 4. 6. 3**(55. 0 mg,0. 17 mmol)的 CH_2Cl_2(4 mL)溶液置于一头封闭的聚四氟乙烯管中,管内充入氩气(加热钳)并放入高压装置中,在 9 kbar 压力和 70℃下保持 20 h。

打开反应管,真空蒸去溶剂,残余橙黄色油状物经快速柱色谱(乙酸乙酯)层析给出目标产物 44. 6 mg(81%),mp 160~161℃,R_f=0. 49(乙酸乙酯)。

UV (CH_3CN): λ_{max} (nm) (lg ε) = 226 (3.9800).
IR (KBr): $\tilde{\nu}$ (cm^{-1}) = 3016, 2966, 2930, 1700, 1646, 1634, 1612, 1456.
^{1}H NMR (300 MHz, $CDCl_3$): δ (ppm) = 7.51 (d_{br}, J = 8.0 Hz, 1H, 13-H), 7.22–7.08 (m, 2H, 11-H, 12-H), 6.90 (dd, J = 8.0, 1.5 Hz, 1H, 10-H), 4.25–4.08 (m, 2H, 8-H_{eq}, 14-H), 4.00 (dt, J = 12.0, 4.5 Hz, 1H, 8-H_{ax}), 3.41 (s, 3H, N–CH_3), 3.29 (s, 3H, N–CH_3), 2.39 (s_{br}, 1H, 7-H_{eq}), 2.13 (dd, J = 15.0, 6.0 Hz, 1H, 15-H), 1.97 (dd, J = 10.0, 4.5 Hz, 1H, 7-H_{ax}), 1.88 (dt, J = 15.0, 4.5 Hz, 1H, 15-H), 1.56 (s, 3H, 6-CH_3).
^{13}C NMR (50 MHz, $CDCl_3$): δ (ppm) = 162.6 (C-1), 156.5 (C-9a), 154.4 (C-4a), 151.1 (C-3), 136.7 (C-13a), 130.9 (C-13), 128.6 (C-11), 125.2 (C-12), 122.8 (C-10), 89.9 (C-14a), 82.2 (C-6), 69.4 (C-8), 41.2 (C-7), 37.7 (C-15), 32.8 (6-CH_3), 31.8 (C-14), 28.6 (N–CH_3), 27.9 (N–CH_3).
MS (70 eV): m/z (%) = 328 (100) $[M]^+$, 243 (51) $[M–OC_5H_9]^+$, 69 (8) $[C_5H_9]^+$, 41 (10) $[C_3H_5]^+$.

参考文献

[1] (a) van Eldik, R. and Klärner, F.-G. (eds) (2002) *High-Pressure Chemistry*, Wiley-VCH Verlag GmbH, Weinheim; (b) Yamanaka, S. (2010) *Dalton Trans.*, **39**, 1901–1915; (c) Yamanaka, S. (2010) *Dalton Trans.*, **39**, 1901–1915.

[2] Nikowa, L., Schwarzer, D., Troe, J., and Schroeder, J. (1992) *J. Chem. Phys.*, **97**, 4827–4835.

[3] Asano, T., Cosstick, K., Furuta, H., Matsuo, K., and Sumi, H. (1996) *Bull. Chem. Soc. Jpn.*, **69**, 551–560.

[4] Dauben, W.G., Kessel, C.R., and Takemura, K.H. (1980) *J. Am. Chem. Soc.*, **102**, 6893–6894.

[5] (a) Tietze, L.F. and Steck, P.L. (2002) in *High-Pressure Chemistry* (eds R. van Eldik and F.-G. Klärner), Wiley-VCH Verlag GmbH, Weinheim, p. 239; (b) Klärner, F.-G. and Wurche, F. (2000) *J. Prakt. Chem.*, **342**, 609–636; (c) Drljaca, A., Hubbard, C.D., van Eldik, R., Asano, T., Basilevski, M.V., and le Noble, W.J. (1998) *Chem. Rev.*, **98**, 398
2167–2284; (d) Matsumoto, K., Kaneko, M., Katsura, H., Hayashi, N., Uchida, T., and Acheson, R.M. (1998) *Heterocycles*, **47**, 1135–1177; (e) Jenner, G. (1997) *Tetrahedron*, **53**, 2669–2695.

[6] Monographs: (a) Isaacs, N.S. (1991) *Liquid High-Pressure Chemistry*, John Wiley & Sons, Inc., New York; (b) le Noble, W.J. (ed.) (1988) *Organic High-Pressure Chemistry*, Elsevier, Amsterdam; (c) Acheson, R.M. and Matsumoto, E.K. (1991) *Organic Synthesis at High Pressure*, John Wiley & Sons, Inc., New York; (d) van Eldik, R. and Hubbard, C.D. (1997) *Chemistry under Extreme and Non-Classic Conditions*, John Wiley & Sons, Inc., New York.

[7] Ott, C. (1994) PhD thesis. Selektivität in Diels-Alder-Reaktionen unter Einbeziehung von hohem Druck, Solvenseffekten und chiralen Lewis-Säuren. University of Göttingen.

3.5 其他杂环体系,杂环染料

3.5.1 二苯并吡啶并-18-冠-6

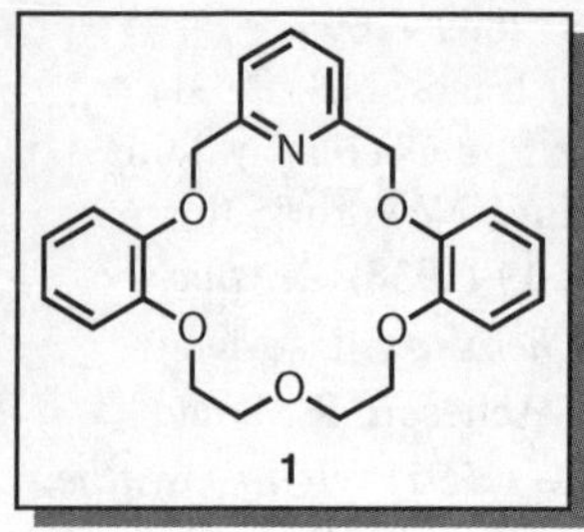

专题
- 冠醚合成
- 从醇和 $SOCl_2$ 合成烷基氯
- 双酚的单烷基化
- 酰氯醇解成酯
- 酯还原成伯醇
- 双酚和双卤代烃环烷基化生成大环
- Ziegler-Ruggli 高稀释反应原理的应用

(a) 概述

Podands,coronands 以及 cryptands 分别是开链、环状和笼状受体分子(例如:**2**~**4**)。从超分子化学的基本特征来分析,它们通过静电引力、范德瓦尔斯力、配位或供体-受体相互作用力与其他分子或离子联系形成“主-客关系”[1]:

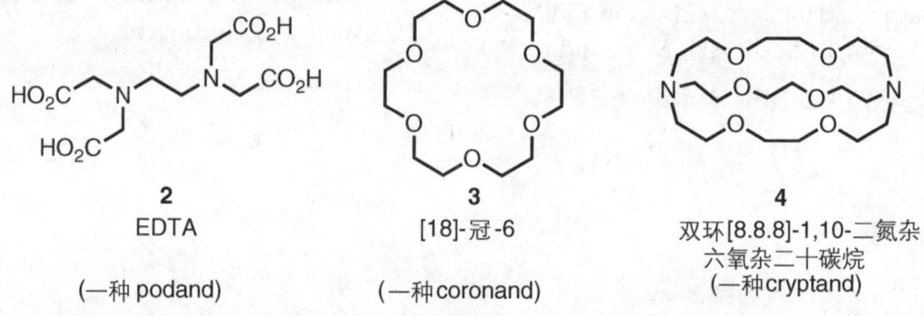

2 EDTA (一种 podand)　**3** [18]-冠-6 (一种coronand)　**4** 双环[8.8.8]-1,10-二氮杂六氧杂二十碳烷 (一种cryptand)

399 **3** 类型的这种大环多醚化合物称为冠醚[2],和由 S 或 N 原子取代 O 原子所得的类似物一起通过离子-偶极相互作用而在与正离子的配位中表现出不同寻常的能力和专一性。例如:在冠醚 **3** 的存在下,$KMnO_4$ 因和 **3** 形成稳定的 **3**·$[K^+]$复合物而可溶于苯,使 $KMnO_4$ 在有机溶剂中也能发挥本不可能产生的氧化作用。冠醚和正离子的配位作用在制备化学上还有其他许多应用,如:用作相转移催化剂,促进亲核取代反应,加快 S_N 反应和促进酯的水解等[2]。

目标分子 **1** 是一个冠醚,分子中有一个氮原子取代氧。此化合物可回溯到 18-冠-6(**3**),用吡啶取代掉 $CH_2—O—CH_2$,用邻苯二酚取代掉两个侧面的 $O—CH_2—CH_2—O$ 基团。利用典型的冠醚合成方法可以得到 **1**,在(b)中将对此进行详细讨论。

(b) 1 的合成

对于 **1** 的合成，要用到会聚方法[3]（F. Vögtle，private communication，1981）。首先分开合成两个合成砌块 **7** 和 **10**。然后应用 Ziegler-Ruggli 高稀释反应原理，在杂芳苄基二卤化物 **10** 和双酚 **7** 之间发生分子内双烷基化反应而得到 **1**[4]。

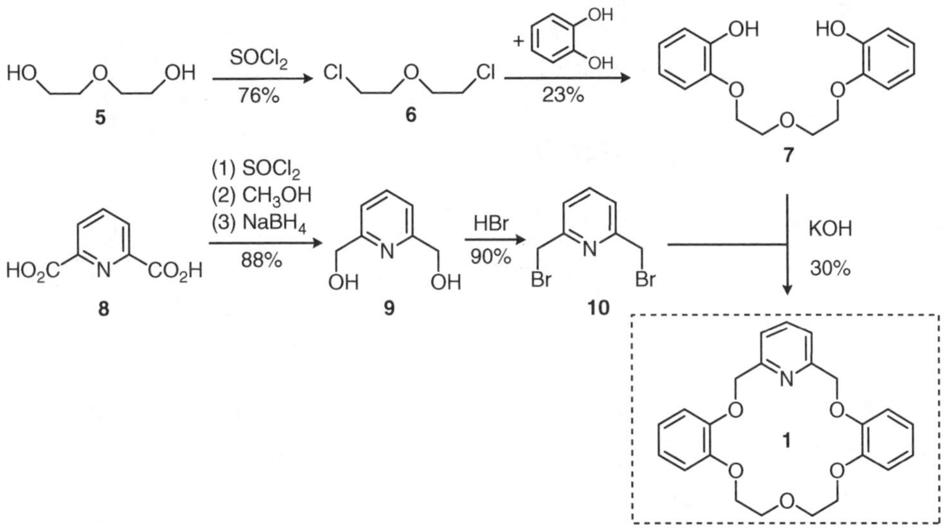

合成砌块 **7** 可由二缩乙二醇(**5**)经两步反应获得。**5** 与二氯亚砜反应后，羟基基团被氯取代生成 1，5-二氯-3-氧杂戊烷 **6**。

6 两端的亲电部分和两分子邻苯二酚发生 S_N 反应生成双酚 **7**。烷基化 **6**→**7** 的 400
产率较低，但生成 **7** 的反应底物价格便宜，产物也容易分离。采用单保护的邻二酚为原料可能会提高反应产率，但这会增加反应步骤，通过四步合成产物 **7**[5]。

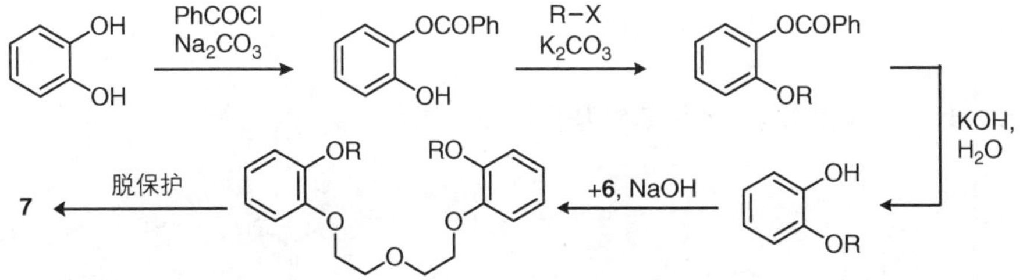

合成砌块 **10**(2，6-双溴甲基吡啶)是从吡啶-2，6-二羧酸(**8**)与酰氯反应后酯化(**8** 在酸性氯化物下醇解)，再经 $NaBH_4$ 酯还原为 2，6-二羟甲基吡啶(**9**)，**9** 和 HBr 反应后制得。

最后一步为合成砌块 **7** 和 **10** 之间的以 KOH 为碱，苯/DMF/乙醇/H_2O 为反应溶剂发生反应生成大环 **1** 的环烷基化反应，经柱色谱纯化，产率为 30%。产物和 KSCN 形成晶形很漂亮的 1∶1 配合物，与冠醚类似物 **3** 一样，**1** 显示出对 K^+ 所具有的专一性。

因此，目标分子 **1** 的合成可以通过六步反应制得，而合成砌块 **7** 通过两步反应以 17%的产率，合成砌块 **10** 通过三步反应以 72%的产率分别得到。**7** 和 **10** 的组合反应有 30%的产率。

(c) 1 的合成实验操作[4)]

3.5.1.1* 1.5-二氯-3-氧杂戊烷[3]

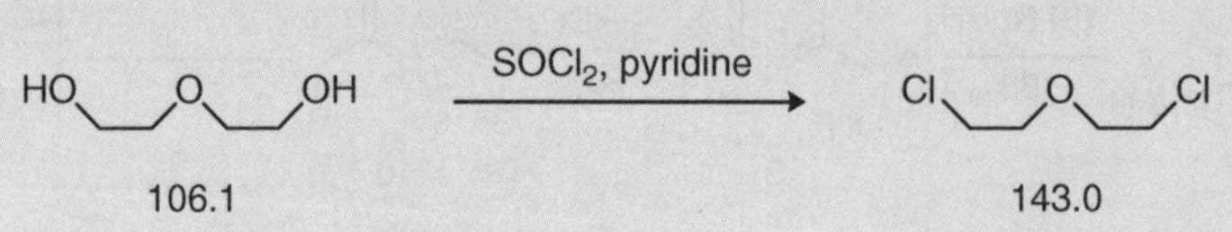
HO
O
OH
SOCl2, pyridine
Cl
O
Cl
106.1
143.0

二缩乙二醇(106 g，1.00 mol)，苯(900 mL；小心：苯有致癌性！)和吡啶(180 mL)的混合溶液在 86℃下加热搅拌，然后逐滴加入氯化亚砜(264 g，1.40 mol，约 162 mL)，反应混合液在 86℃下继续搅拌 16 h。

注 4)：F. Vögtle, private communication, 1981.

401 将反应液冷却到室温，在 15 min 内滴入浓盐酸(50 mL)的水(200 mL)溶液中。相分离，水相用苯萃取几次，合并有机相，用冰冷盐水洗涤，无水硫酸钠干燥，过滤。真空蒸去溶剂，残余物真空蒸馏得到无色油状产物 100 g(70%)，bp_{11} 60～62℃，n_D^{20} = 1.457 0。

^{1}H NMR (300 MHz, $CDCl_3$): δ (ppm) = 3.81 (dt, *J* = 6.0, 0.9 Hz, 4H, 2 × 2-H_2), 3.66 (dt, *J* = 6.0, 0.9 Hz, 4H, 2 × 1-H_2).

3.5.1.2* 1,5-二(2-羟基苯氧基)-3-氧杂戊烷[3]

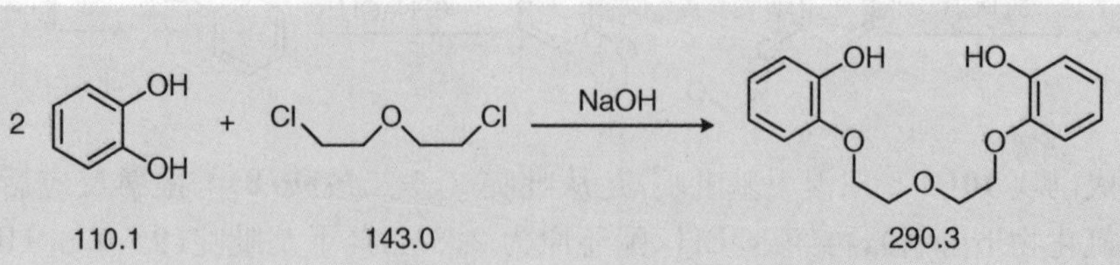
2
OH
OH
+
Cl
O
Cl
NaOH
OH
HO
O
O
O
110.1
143.0
290.3

在 N_2 氛围下，1,5-二氯-3-氧杂戊烷 **3.5.2.1**(32.8 g，229 mmol)一次性加入邻

苯二酚(55.0 g,500 mol)的 NaOH(20.0 g,500 mol)水(500 mL)溶液中。二相反应体系剧烈搅拌下形成乳浊液,加热回流搅拌 24 h。

反应液用浓盐酸酸化并真空浓缩,所得的深棕色焦油状残余物用热甲醇(500 mL)研磨。过滤除去盐,甲醇滤液浓缩到约 1/4 体积,得到一个带有棕色粒状物的不纯沉淀物,粗产物经二次重结晶得到无色晶体产物 32.0 g(48%),mp 86~88℃。

^{1}H NMR (300 MHz, $CDCl_3$): δ (ppm) = 7.54 (s, 2H, OH), 7.12 to 6.72 (m, 8H, Ar–H), 4.32 to 4.09 (m, 4H, 2×CH_2), 4.02 to 3.79 (m, 4H, 2×CH_2).

3.5.1.3* 2,6-二(羟甲基)吡啶[3]

(1) $SOCl_2$
(2) CH_3OH
NaBH$_4$
167.1　195.2　139.2

a) 将吡啶-2,6-二甲酸(31.0 g,186 mmol)的氯化亚砜(200 mL)溶液加热回流 402
10 h。除去过量的氯化亚砜,残余物(酰氯)于冰浴中冷却,搅拌下滴入无水甲醇(250 mL),反应混合物加热回流 30 min。

反应液蒸去部分甲醇(150 mL)后置于冰浴中冷却,析出吡啶-2,6-二甲酸二甲酯的沉淀晶体,过滤收集晶体,用冰冷的甲醇洗涤,得到产物 34.6 g(95%),mp 115~120℃。该产物已足够纯,可用于下一步反应;纯的产品的熔点为 mp 120~121℃(从甲醇中重结晶)。

b) 冰浴下,硼氢化钠(26.0 g,688 mmol)于 15 min 内分批加入到 a)所制得的冰冷的二酯(29.0 g,149 mmol)的无水乙醇(400 mL)溶液中,反应混合液在 0℃下搅拌 1 h,移去冰浴后发生一个放热反应,并导致溶液回流。反应液再在室温下搅拌 3 h,再加热回流 10 h。

真空蒸去溶剂,残余物溶于丙酮(100 mL)中,过滤。溶液真空浓缩,残余物用饱和 K_2CO_3 溶液(100 mL)处理。混合物用蒸汽浴加热 1 h,用氯仿连续提取 10 h,真空蒸去溶剂后得到固体产物二醇 19.3 g(93%),mp 112~114℃(纯样品 mp 114~115℃)。

^{1}H NMR (300 MHz, $CDCl_3$): δ (ppm) = 7.71 (t, J = 7.6 Hz, 4-H), 7.22 (d, J = 6.0 Hz, 2H, 3-H, 5-H), 4.79 (s, 4H, 2×CH_2), 3.22 (s, 2H, OH).

3.5.1.4* 2,6-二(溴甲基)吡啶[3]

搅拌下,将 2,6-二(羟甲基)吡啶 **3.5.2.3**(30.0 g,216 mmol)溶于 48%的氢溴酸(300 mL)中,该溶液加热回流 2 h。

反应液用浓氢氧化钠水溶液中和,保持温度为 0℃(用干冰浴冷却),冷却过程中产生白色沉淀层。过滤收集无定型固体,水洗,置于 P_4O_{10} 上真空干燥,用石油醚(50-
403 70℃,约 750 mL)重结晶得到无色针状产物二溴化物 46.6 g(82%),R_f=0.37(乙酸乙酯),mp 86~89℃(小心,该化合物有催泪性)。

^{1}H NMR (300 MHz, $CDCl_3$): δ (ppm) = 7.73 (t, J = 7.8 Hz, 1H, 4-H), 7.40 (d, J = 7.8 Hz, 2H, 3-H, 5-H), 4.56 (s, 4H, 2 × CH_2).

3.5.1.5* 二苯并吡啶-18-冠-6[3]

将二溴化物 **3.5.2.4**(4.3 g,20.0 mmol)的苯(250 mL,小心:苯有致癌性)溶液,双酚 **3.5.2.2**(5.81 g,20.0 mmol)的 DMF(250 mL)溶液和 KOH(3.24 g,40.0 mmol)的水/乙醇(50∶1,250 mL)溶液于 8~10 h 内同时滴加入回流的正丁醇(1 000 mL)搅拌溶液中,加完后所得的溶液继续加热回流 2 h。

真空蒸去溶剂,残余油状物用水研磨以除去 DMF。固化的初产物用热的氯仿处理。然后过滤,滤液用无水硫酸镁干燥,过滤,真空除去溶剂,残余物用碱性氧化铝柱色谱(CH_2Cl_2;产物出现在一个黄色成分带之前的流分中)层析纯化,真空除去溶剂,残余物用乙酸乙酯/n-C_5H_{12} 重结晶得到无色晶体产物冠醚 2.28 g(30%),mp 131~

132℃(分解)。注意：该冠醚产物可与 KSCN 形成 1∶1 无色片状晶体配合物[3]，mp 212～213℃。

IR (KBr): $\tilde{\nu}$ (cm^{-1}) = 1600, 1510, 1255, 1130, 1055, 1010.
^{1}H NMR (300 MHz, $CDCl_3$): δ (ppm) = 7.76 (t, J = 7.8 Hz, 1H, 4-H), 7.45 (d, J = 7.8 Hz, 2H, 3-H, 5-H), 7.40–6.89 (m, 8H, 2′-H, 3′-H, 4′-H, 5′-H), 5.18 (s, 4H, 2 × CH_2), 4.21–4.03 (m, 4H, 1″-H), 3.86 (t, J = 4.5 Hz, 4H, 2″-H).

参考文献 404

[1] (a) Lehn, J.-M. (1997) *Naturwiss. Rundschau*, **50**, 421; (b) Lehn, J.-M. (1995) *Supramolecular Chemistry*, Wiley-VCH Verlag GmbH, Weinheim; (c) Stoddart, J.F. (1997) *Acc. Chem. Res.*, **30**, 393–401; (d) Vögtle, F. (1989) *Supramolekulare Chemie*, Teubner, Stuttgart; (e) Atwood, J.L., MacNicol, D.D., and Davies, J.E.D. (1996) *Comprehensive Supramolecular Chemistry*, vol. 1–11, Pergamon, Oxford.

[2] Pedersen, C.J. (1988) *Angew. Chem.*, **100**, 1053–1059; *Angew. Chem., Int. Ed. Engl.*, (1988), **27**, 1021–1027.

[3] (a) Weber, E. and Vögtle, F. (1976) *Chem. Ber.*, **10**, 1803–1831; (b) Weber, E. and Vögtle, F. (1980) *Angew. Chem.*, **92**, 1067–1068; *Angew. Chem., Int. Ed. Engl.*, (1980), **19**, 1030–1031.

[4] (a) Vögtle, F. (1972) *Chem. Ztg.*, **96**, 396–403; (b) Rossa, L. and Vögtle, F. (1983) *Top. Curr. Chem.*, **113**, 1–86.

[5] In analogy to the synthesis of guaiacol: Tietze, L.F. and Eicher, Th. (1991) *Reaktionen und Synthesen im Organisch-chemischen Praktikum und Forschungslaboratorium*, 2nd edn, Georg Thieme Verlag, Stuttgart, p. 409.

3.5.2 靛蓝

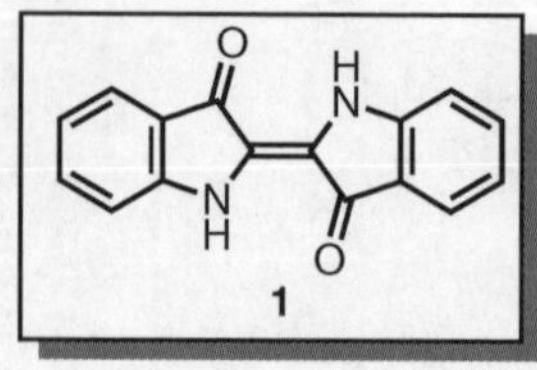

专题 ● 硝基化羟醛加成(Henry 反应)

● 靛蓝前体化物 3*H*-茚-3-酮的氧化二聚反应

(a) 概述

靛蓝(**1**)和其他靛菁类还原染料,如硫靛蓝(**3**),以一个两重交叉共轭的,两份供体-受体取代的烯基双键 **2**(***X***=NH,S)作为发色体系:

O—β-D-葡萄糖

2 **3** **4**

在古时候,靛蓝是由尿蓝母(**4**)通过酶水解得到氧代吲哚(**7**)后经过氧化二聚而生成的(**7**→**1**)。尿蓝母(**4**)是氧代吲哚 **7** 的 β-葡萄苷,存在于热带靛类植物(*Indigofera tinctoria*)和欧洲菘蓝(*Isatis tinctoria*;*dyer's woad*)中。然而,到 20 世纪初,天然来源的靛蓝已完全被工业合成所取代了[1-3]:

405

NH_2 — $ClCH_2CO_2H$ → **5**;(1) CH_2O, $NaHSO_3$ (2) NaCN → **6**;**6** —H_2O→ **5**

5 —NaOH/$NaNH_2$(熔融的)→ **7**

CO_2H / NH_2 — $ClCH_2CO_2H$ → **8**

8 —(1) NaOH (熔融的) (2) H_2O/H^+→ [**9**] —△, $-CO_2$→ **7**

7 —2 x **7**, [O] −4H→ **1**

靛蓝在技术上的相关合成[1]可以从苯胺或邻氨基苯甲酸开始。在第一条Heumann合成路线中，苯胺与氯乙酸发生 *N*-烷基化反应而生成 *N*-苯基甘氨酸(**5**)，**5** 在熔融的 $NaOH/NaNH_2$ 中环化合成吲哚酮(**7**)。或者(产率更高)，*N*-苯基甘氨酸也可以通过 *N*-苯基氨基乙腈(**6**)的碱性水解来合成，**6** 由苯胺和甲醛/$NaHSO_3$ 先反应，再与 NaCN 作用而制备。

在第二条 Heumann 合成路线中，从邻氨基苯甲酸和氯乙酸而来的 *N*-邻羧基苯基甘氨酸(**8**)在熔融的碱中环化合成吲哚-3-酮-2-羧酸(**9**)，**9** 在高温下脱羧后也生成吲哚酮 **7**。在这些合成的最后一步中，吲哚酮用空气氧化而生成靛蓝(**1**)。

对于靛蓝的实验室合成，避免高温碱熔形成吲哚的更方便的方法[4]将在(b)部分讨论。

(b) 1 的合成

合成 **1**[4]的底物是邻硝基苯甲醛，它在 $NaOCH_3$ 存在下与硝基甲烷发生 aldol 加成反应(Henry 反应)得到以盐形式出现的硝基醇醛化物 **10**。该硝基化物在 NaOH 水溶液中被二硫酸钠还原，并接着用空气氧化，以高产率得到蓝色结晶粉末产物靛蓝(**1**)： 406

CH_3NO_2, $NaOCH_3$, 90%; (1) $Na_2S_2O_4$, NaOH (2) O_2, 82%; **1** (3.5.2.2)

10 (3.5.2.1)

10→1 的反应机理仍在探索中。

10 ⇌ (+H⁺ / −H⁺); 分子内氧化还原歧化 −2H, +2H, $-H_2O$; 互变异构; 还原; $-NH_2OH$; **11**; $+1e^-$; **12**; $+H^+$; **13**; $2\times$**13**; **14**; **14**; [O] −2H; **1**

已经有人提出[5]难以捉摸的 $3H$-吲哚-3-酮(**11**)是第一个中间体,它通过一个SET过程得到自由基负离子**12**和自由基**13**,接着二聚化可制得靛蓝的无色形态**14**,**14**再被空气氧化脱氢而得到靛蓝(**1**)。**13→14→1**的过程相当于从吲哚酮(**7**)到靛蓝的生成[6]。

所提出的 $3H$-吲哚-3-酮(**11**)这个中间体也许可以通过一个可操作的假设来解释,它包括氮酸酯**10**(或者其质子化后生成的产物)的分子内氧化还原歧化[7],所得到的 α-亚硝基酮互变异构化为 α-肟酮,再硝基还原为氨基后,消除环化为吲哚酮体系。

按照所描述的过程,目标分子通过两步反应以总产率73%(以邻硝基苯甲醛计)得到。

407 **(c) 1 的合成实验操作**5)

3.5.2.1* 1-邻硝基苯基-2-硝基乙醇,钠盐

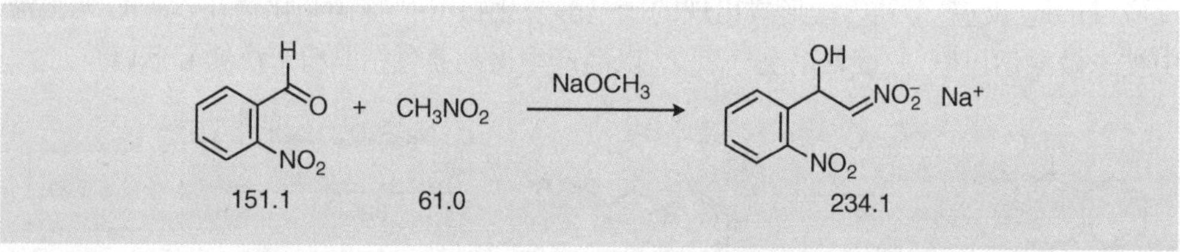

$$\text{2-}O_2N\text{-}C_6H_4\text{-CHO} + CH_3NO_2 \xrightarrow{NaOCH_3} \text{2-}O_2N\text{-}C_6H_4\text{-CH(OH)-CH=}NO_2^-\ Na^+$$

151.1　61.0　234.1

分批将金属钠(1.80 g,78.3 mmol)加入无水甲醇(30 mL)中来制备甲醇钠溶液,得到的甲醇钠/甲醇溶液于0～5℃下在20 min内滴加到邻硝基苯甲醛(10.0 g,66.2 mmol)和无水硝基甲烷(4.60 g,75.4 mmol)的甲醇(50 mL)的搅拌溶液中。加成反应快完成时开始有黄色产物沉淀出来。混合物在0℃反应15 h后可直接用于下步反应。

通过过滤分离得到硝基化钠盐,先后用甲醇(2×10 mL)和乙醚(3×1 mL)洗涤。置 P_4O_{10} 上真空干燥,得到对空气敏感的黄色粉末状产物14.0 g(90%)。

IR (KBr): $\tilde{\nu}$ (cm^{-1}) = 3120, 1570, 1530, 1345.

3.5.2.2* 靛蓝

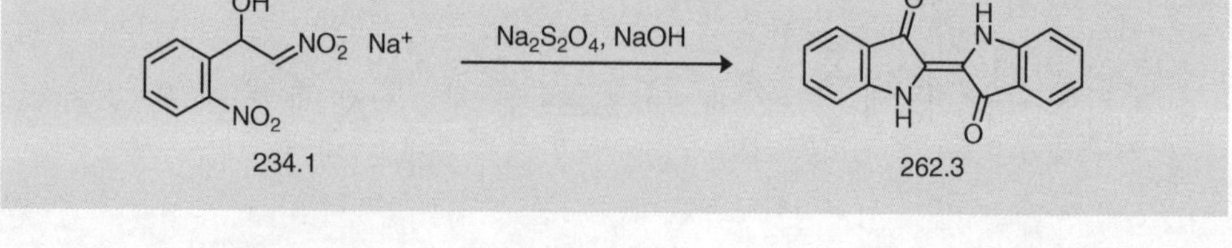

$$\text{2-}O_2N\text{-}C_6H_4\text{-CH(OH)-CH=}NO_2^-\ Na^+ \xrightarrow{Na_2S_2O_4,\ NaOH} \text{indigo}$$

234.1　262.3

将从 **3.5.2.1**[若 **3.5.3.1** 的反应混合产物被直接用时，需将甲醇在 25℃下真空除去。残渣再溶于水（200 mL）中]所得产物溶于水（200 mL）中，加入 NaOH（2 mol/L，60 mL），生成的黄色溶液冷却至 6℃，剧烈搅拌下，连二硫酸钠（33.6 g，193 mmol）每次小份加入，加入速率注意控制温度不超过 15℃，加料时间约需 15 min，溶液很快变黑，开始有蓝黑色靛蓝固体析出。当连二硫酸钠加完后在反应混合物中快速通入空气约 30 min。

过滤收集固体，水洗至无碱性后再用乙醇（3×20 mL）和乙醚（3×20 mL）洗涤。产物在 120℃下干燥 3 h，得到一个蓝黑色带金属光泽的晶状粉末靛蓝 7.13 g（82%），mp 390～393℃（分解）。

注 5)：改进的方法在参考文献 4 中有报道。

UV/Vis (DMSO): λ_{max} (nm)/(lg ε) = 619 (4.20), 287 (4.41) [8]. 408

参考文献

[1] Beyer-Walter (1998) *Lehrbuch der Organischen Chemie*, 23rd edn, S. Hirzel Verlag, Stuttgart, p. 779.

[2] Steglich, W., Fugmann, B., and Lang-Fugmann, S. (eds) (1997) *Römpp Lexikon Naturstoffe*, Thieme Verlag, Stuttgart, p. 313.

[3] Eicher, Th., Hauptmann, S., and Speicher, A. (2012) *The Chemistry of Heterocycles*, 3rd edn, Wiley-VCH Verlag GmbH, Weinheim, p. 144.

[4] Harley-Mason, J. (1950) *J. Chem. Soc.*, 2907.

[5] (a) Gosteli, J. (1977) *Helv. Chim. Acta*, **60**, 1980–1983; (b) Hiremath, S.P. and Hooper, M. (1978) *Adv. Heterocycl. Chem.*, **22**, 123–181.

[6] Eicher, Th., Hauptmann, S., and Speicher, A. (2012) *The Chemistry of Heterocycles*, 3rd edn, Wiley-VCH Verlag GmbH, Weinheim, p. 146.

[7] A long-known example of such an intramolecular redox reaction is the formation of anthranilic acid from *o*-nitrotoluene in NaOH/EtOH: Hauptmann, S. (1988) *Organische Chemie*, 2nd edn, VEB Verlag, Leipzig, p. 510.

[8] Lüttke, W. and Klessinger, M. (1964) *Chem. Ber.*, **9**, 2342–2357.

3.5.3 扑蛲灵磺(碘化吡维铵)

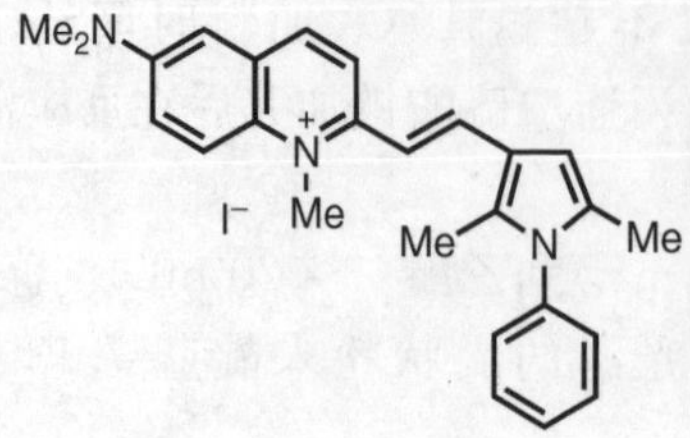

专题
- 合成一个不对称的菁染料
- Paal-Knorr 法合成吡咯衍生物
- Doebner-Miller 法合成醌衍生物
- 带有 C—H 酸性取代基杂环上的 aldol 缩合反应
- 带杂芳烃的 Villsmeler 反应

(a) 概述

碘化吡维铵盐 **1**(6-二甲氨基-2-[2-(2,5-二甲基-1-苯基-3-吡咯基)乙烯基]-1-甲基-喹啉鎓碘)在药物上以双羟萘酸盐(也叫恩波盐)的形式作驱蛲虫使用[1]。结构上它与菁染料相关,菁染料是一类重要的染料和彩色感光材料敏化剂[2]。

菁染料有一个奇数次甲基 CH 基相连的聚次甲基链为发色团,终端位置上有一
409 个(不带电性)氨基氮原子和一个(带电性)亚氨基氮原子,这使电性可均衡地离域到整个链上,如五次甲基菁体系 **2** 所示:

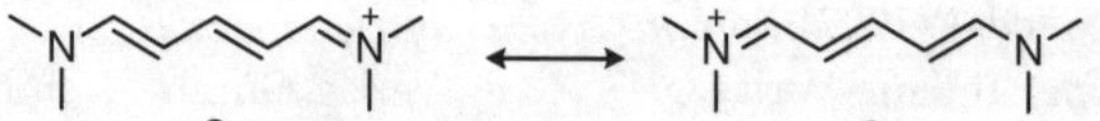

终端氮原子也可以结合在杂环上,给出一个带有杂环终端的菁染料,它们可以是对称(如 **3**)或不对称组合(如 **1**)。两种菁染料 **1** 和 **3** 都有一个五次甲基单元结构。

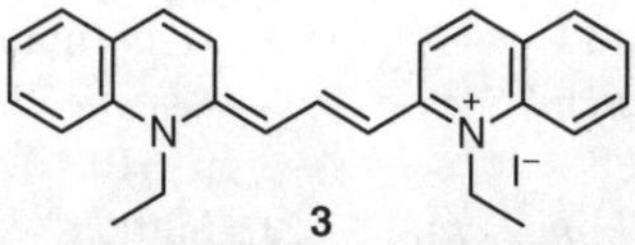

对目标分子 **1** 的逆合成分析发现,连到两个杂环上的 CH ═CH 基团是关键点,它的切断方法可由逆 aldol 反应推导出 **4** 和 **5** 两个合成砌块。这样,**1** 就很容易通过 **4** 和 **5** 的羟醛缩合得到。

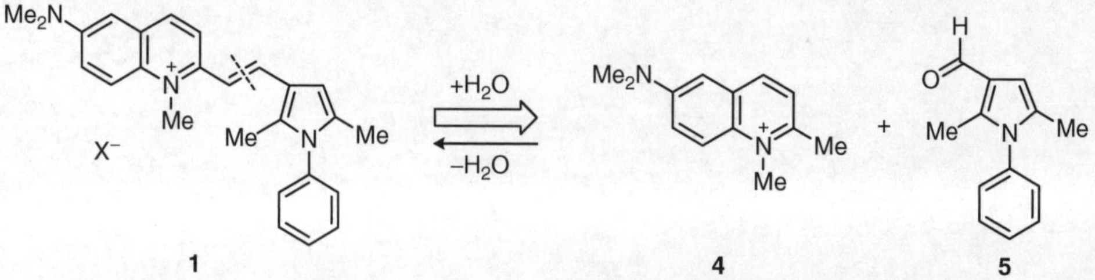

人们所熟知的杂环苄位 C—H 键，特别是 CH_3 基团的 CH 酸性是实现逆合成分析的基础。CH 酸性进一步受到季氮原子的增强。因此，吖嗪和苯并吖嗪[3]的 2-位和/或 4-位用碱可以去质子化给出一个碳负离子，它就能进行烷基化，酰基化或 aldol 反应之类的 C—C 成键转化反应了，例如：

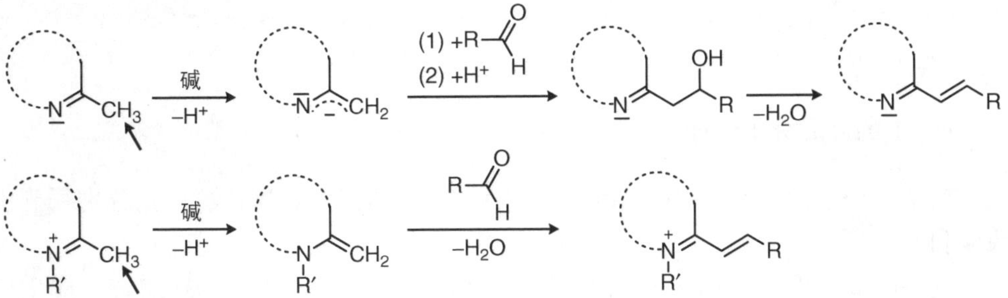

对于合成砌块 **4** 和 **5** 的合成，有两个广泛用于杂环合成的方法可以采用，它们分 410
别是 Paal-Knorr 吡咯合成和 Doebner-Miller 喹啉合成[4]。

Paal-Knorr 合成中，1，4-二羟基化合物 **6** 和氨或伯氨环缩合给出 2，5-二取代吡咯 **7**：

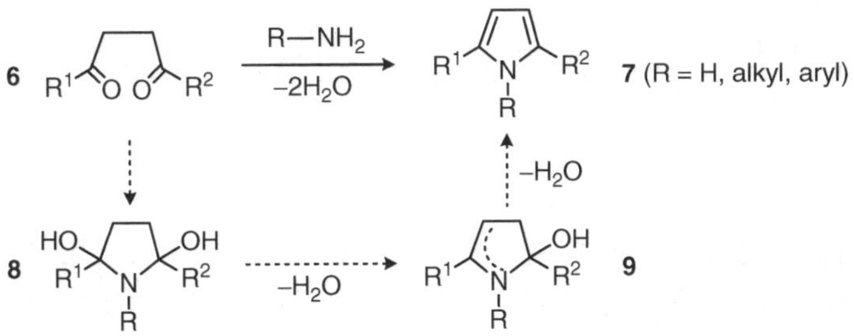

反应的第一步生成双份半缩醛胺化合物 **8**，它再经过亚胺（R ═H）或烯胺（R≠H）中间体 **9** 分步脱水得到吡咯 **7**[5]。

Doebner-Miller 合成法是用邻位未取代的芳香族伯胺和 α，β-不饱和羰基化合物在质子酸和氧化剂（硝基芳烃，As_2O_5 等）6) 存在下反应生成喹啉衍生物 **11** 的。

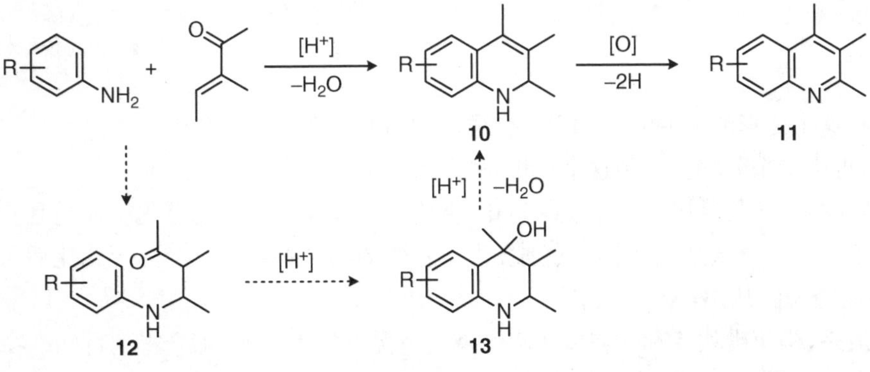

对于这个合成,要用到一个复杂的多步反应过程,它包括芳胺对烯酮的 Michael 加成(→**12**),中间体 **12** 在 H^+ 催化下发生分子内环缩合羟烷基化反应(→**13**),脱水给出 1,2-二氢喹啉 **10**,**10** 再氧化脱氢生成喹啉 **11**。

注 6):起初,苯胺和丙烯醛反应得到 2,3,4-未取代的喹啉的反应命名为"斯克劳普合成法",苯胺和巴豆醛反应得到喹哪啶的反应命名为"Doebner-Miller 合成法",今天,一般烯酮和芳胺的反应也被列为"Doebner-Miller 合成法"。

411 **(b) 1 的合成分析设计**

根据(a)中的逆合成分析基础,要想得到合成 **1** 的会聚式路线,可先分别得到砌块 **4** 和 **5**。

吡咯醛 **5** 的合成可由 2,5-己二酮(**14**)和苯胺发生 Paal-Knorr 环缩合反应生成吡咯 **15** 开始,再经 Vilsmeler 甲酰化反应在活化杂环的 3-位引入一个醛基官能团(→**5**):

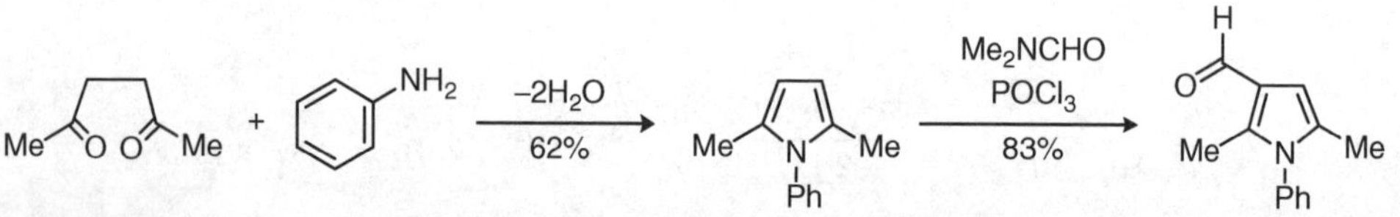

喹哪啶鎓盐 **4** 的合成可以采用 Doebner-Miller 合成法。在 $ZnCl_2$ 存在下,对二甲氨基苯胺(**16**)与巴豆醛在 6 mol/L 的 HCl 溶液中发生环缩合反应得到 2-甲基喹啉 **17**:

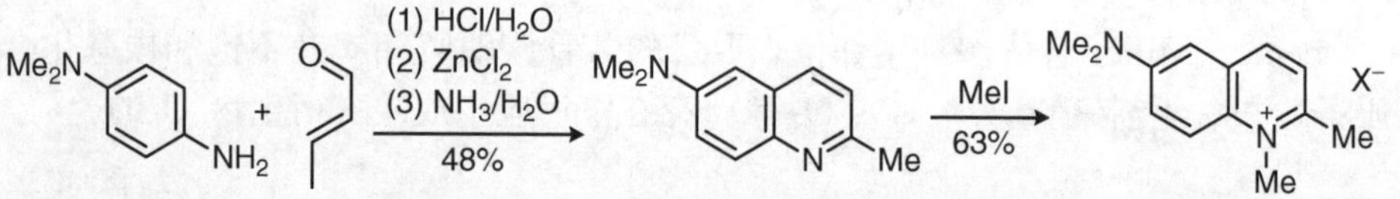

在这个变形的 Doebner-Miller 合成法中,也可以先分离出环化产物 **17** 的 Zn 配合物,再用氨来分解。利用这个过程,可以大大抑制通常会有的副反应。

喹哪啶 **17** 与碘甲烷发生烷基转化,生成季铵盐 **4**(X=1)。首先生成的是在嗪的氮原子上和二甲氨基氮原子上分别发生甲基化的混合物,但是,经热异构化后可成为 *N*-甲基喹哪啶盐(**4**,X=I)[6]。

最终,构筑砌块 **4** 和 **5** 在以哌啶为碱的情况下发生 aldol 缩合得到目标产物 **1**:

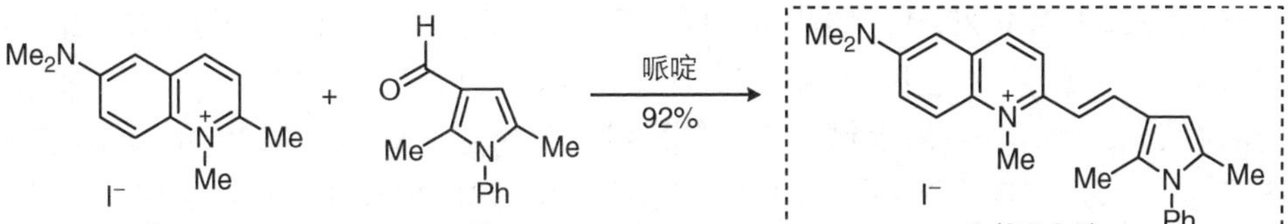

Me_2N I^- Me 4 + H O Me N Me Ph 5 哌啶 92% Me_2N I^- Me Me N Me Ph 1 (3.5.3.5)

因此，目标分子 **1** 通过一步从 **4** 和 **5** 的会聚式合成以 92%产率得到。合成砌块 412
4 和 **5** 则各通过两步反应分别有 51%和 30%的产率得到。

(c) 1 的合成实验操作

3.5.3.1* 2,5-二甲基-1-苯基-吡咯[7]

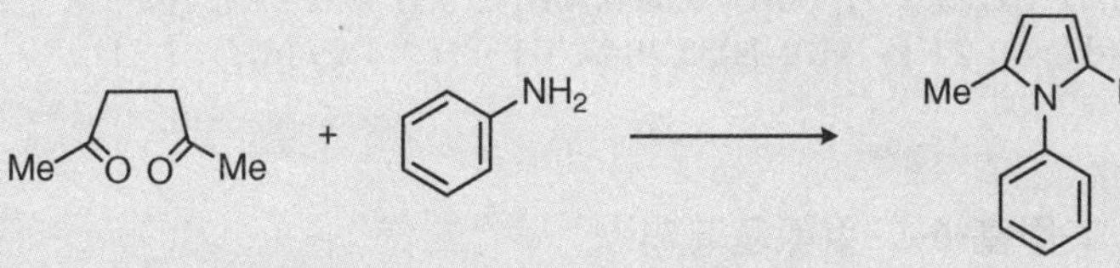

Me O O Me + NH_2 → Me N Me

114.1 93.1 171.2

将苯胺(27.9 g，0.30 mol，bp_{20} 85～85℃，在使用之前需要蒸馏)和 2,5-己二酮(34.2 g，0.30 mol)加热回流搅拌 1 h。

反应混合物冷却到室温，倒入水(100 mL)和浓盐酸(10 mL)的溶液中，抽滤收集固体，用冰水洗涤，用甲醇(150 mL)和 H_2O(15 mL)的混合液进行重结晶，若产物在冷却时以油状物出现时，可加入少量甲醇(约 3 mL)使之溶解。得到无色晶体 31.8 g (62%)，mp 50～51℃，TLC(环己烷)：R_f=0.75。

IR (KBr): $\tilde{\nu}$ (cm^{-1}) = 1595, 1490, 1400, 1315.
^{1}H NMR (300 MHz, $CDCl_3$): δ (ppm) = 7.62–7.11 (m, 5H, phenyl-H), 5.93 (s, 2H, 3-H, 4-H), 1.98 (s, 6H, 2 × CH_3).

3.5.3.2* 2,5-二甲基-1-苯基吡咯-3-甲醛[8]

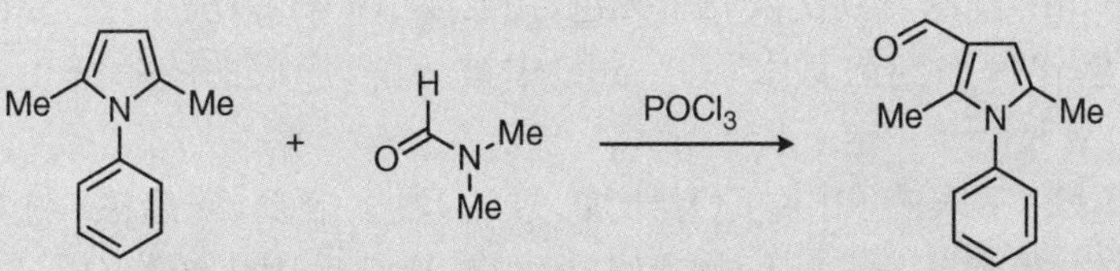

Me N Me + H O N Me Me $POCl_3$ → O Me N Me

171.2 73.1 199.2

413 将吡咯 **3.5.3.1**(25.0 g,146 mmol)和无水 DMF(16.0 g,219 mmol)溶于无水甲苯(100 mL)中,剧烈搅拌下,在 30 min 内滴入,$POCl_3$(27.0 g,219 mmol),有催泪性质,需在通风橱内操作,使用前需要新鲜蒸馏所得(bp_{760} 105~106℃)。溶液温度升到约 80℃ 并成为一黑色溶液。$POCl_3$ 加完后,反应液搅拌下升温至 100℃,继续搅拌 6 h。

反应混合物冷却至室温,倒入饱和 NaOAc 溶液(300 mL)中,所得混合物再剧烈搅拌 30 min,分离有机相,水相用甲苯(2×200 mL)萃取,合并有机相,用 10% Na_2CO_3 水溶液(200 mL)和水(200 mL)洗涤。真空蒸去甲苯,残余物真空蒸馏,得到黄色油状产物吡咯醛,冷却后固化得产物 24.0 g(83%),bp_{12} 190~191℃,mp 90~91℃,TLC(乙醚):R_f=0.70。

IR (KBr): $\tilde{\nu}$ (cm^{-1}) = 1650, 1600, 1540.
^{1}H NMR (300 MHz, $CDCl_3$): δ (ppm) = 9.88 (s, 1H, CHO), 7.62–7.10 (m, 5H, phenyl-H), 6.39 (d, J = 1.2 Hz, 1H, 4-H), 2.28 (s, 3H, CH_3), 1.99 (d, J = 1.2 Hz, 3H, CH_3).

3.5.3.3* 2-甲基-6-二甲氨基喹啉[7]

Me_2N–C₆H₄–NH_2 (136.1) + 巴豆醛 (70.1) —(1) HCl/H_2O (2) $ZnCl_2$→ [Zn-配合物] —NH_3/H_2O→ 2-甲基-6-二甲氨基喹啉 (186.1)

将对二甲氨基苯胺(35.0 g,257 mmol)的盐酸(6 mol/L,130 mL)溶液加热回流,剧烈搅拌下 30 min 内滴入巴豆醛(25.0 g,357 mmol)。加完后所得黑色溶液再加热回流 1 h。

反应混合液冷却到室温,用乙醚(100 mL)萃取,除去不溶的黑色杂质,无水 $ZnCl_2$(35.4 g,0.26 mol)加到棕红色澄清溶液中,搅拌下加入浓氨水直到 pH 为 5~5.5,形成一可结晶的橙红色产物 Zn 配合物(含有两分子喹啉和一分子 $ZnCl_2$)。抽滤收集晶体,悬浮于异丙醇(200 mL)中,悬浮液搅拌 5 min,过滤收集 Zn 配合物,用异丙醇(每次 50 mL)洗涤直到洗液几乎无色,用乙醚(100 mL)洗涤,空气干燥。

Zn 配合物逐份加到浓氨水(150 mL)中被分解,形成的喹啉衍生物用 CH_2Cl_2(4×200 mL)萃取。

414 合并 CH_2Cl_2 萃取液,用 K_2CO_3 干燥,过滤,蒸去溶剂,残余液(约 28 g)真空分馏,冷却后固化,得到黄色油状产物喹啉衍生物,冷却后固化产物对空气敏感,Zn 配合物的分解要快速进行,蒸馏要在 N_2 保护下操作,产物于 N_2 气氛围下置于冰箱中。

由于其敏感性，最好马上进行下一步烷基化反应。得产物 23.0 g(48%)，$bp_{0.01}$ 120～121℃，mp 92～93℃；TLC(乙醚)：R_f=0.50。

IR (KBr): $\tilde{\nu}$ (cm^{-1}) = 1630, 1605, 1515.
^{1}H NMR (300 MHz, $CDCl_3$): δ (ppm) = 7.91 (d, *J* = 3.0 Hz, 1H, 3-H), 7.81 (d, *J* = 3.0Hz, 1H, 4-H), 7.31 (dd, *J* = 8.5, 3.0 Hz, 1H, 7-H), 7.13 (d, *J* = 8.5 Hz, 1H, 8-H), 6.78 (d, *J* = 3.0 Hz, 1H, 5-H), 3.03 (s, 6H, $N(CH_3)_2$), 2.66 (s, 3H, CH_3).

3.5.3.4* 1,2-二甲基-6-二甲氨基喹啉鎓碘[7]

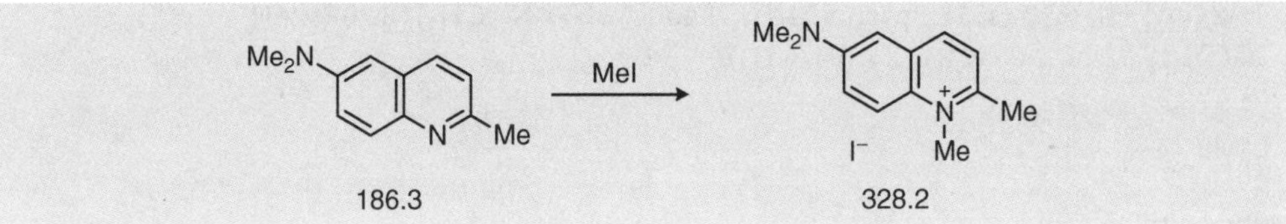

将喹啉衍生物 **3.5.3.3**(22.0 g，118 mmol)和碘甲烷(33.5 g，236 mmol；小心：碘甲烷有致癌性！)的无水异丙醇溶液(130 mL)加热回流搅拌 2 h，生成橙红色的喹啉鎓碘盐晶体。

将反应液冷却至室温，过滤收集冷却的晶体，用冰冷的异丙醇洗涤，空气干燥得产物 34.4 g(89%)，mp 253～258℃，要纯化产物，可将粗产物在 200～210℃(外温)加热 10～15 min，产物会变成黑色，冷却至室温，晶体溶于沸水(约 220 mL)中，热溶液过滤。冷却至室温，析出棕红色甲基化碘盐，抽滤，水洗，置于 P_4O_{10} 上真空干燥，得到产物 24.5 g(63%)，mp 265～267℃。

IR (KBr): $\tilde{\nu}$ (cm^{-1}) = 3050, 2940, 1625, 1610, 1525. 415
^{1}H NMR (300 MHz, [D$_6$]DMSO): δ (ppm) = 8.73 (d, *J* = 8.1 Hz, 1H, 3-H), 8.30 (d, *J* = 8.1 Hz, 1H, 4-H), 7.85 (d, *J* = 8.0 Hz, 1H, 8-H), 7.68 (dd, *J* = 8.0, 2.9 Hz, 1H, 7-H), 7.23 (d, *J* = 2.9 Hz, 1H, 5-H), 4.40 (s, 3H, $^+N-CH_3$), 3.14 (s, 6H, $N(CH_3)_2$), 3.03 (s, 3H, CH_3).

3.5.3.5* 碘化吡维铵[6]

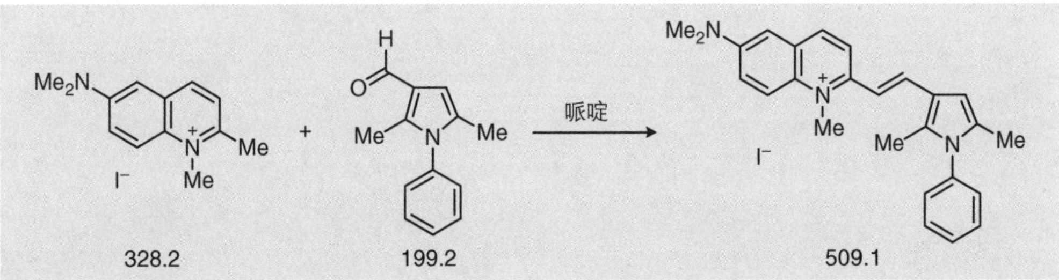

将新鲜蒸馏的哌啶(2. 20 g,bp_{760} 105～106℃)加到甲基化碘盐 **3. 5. 3. 4**(8. 80 g,26. 8 mmol)和吡咯醛 **3. 5. 3. 2**(5. 34 g,26. 8 mmol)的无水甲醇(100 mL)的搅拌溶液中,反应液加热回流后溶液呈酱红色,再过几分钟有红色晶体产物析出,再继续回流加热 30 min。

反应混合物冷却到室温,抽滤收集产物,甲醇洗涤,置于 P_4O_{10} 上真空干燥,得红棕色晶状粉末产物 12. 5 g(92%),mp 286～287℃。

IR (KBr): $\tilde{\nu}$ (cm^{-1}) = 1620, 1575, 1530.
^{1}H NMR (300 MHz, [D_6]DMSO): δ (ppm) = 8.45–6.90 (m, 12H, arom. H + vinyl H), 6.50 (s, 1H, pyrrole 4-H), 4.40 (s, 3H, $^+N-CH_3$), 3.20 (s, 6H, $N(CH_3)_2$), 2.25, 2.08 (2 × s, 2 × 3H, CH_3).

参考文献

[1] Kleemann, A. and Engel, J. (1999) *Pharmaceutical Substances*, 3rd edn, Thieme Verlag, Stuttgart, p. 1641.

[2] See textbooks on organic chemistry, e.g. Beyer-Walter (1998) *Lehrbuch der Organischen Chemie*, 23rd edn, S. Hirzel Verlag, Stuttgart, p. 806.

[3] Eicher, Th., Hauptmann, S., and Speicher, A. (2012) *The Chemistry of Heterocycles*, 3rd edn, Wiley-VCH Verlag GmbH, Weinheim, pp. 358–392.

[4] Ref. [3], p. 117 (pyrrole), p. 400 (quino-
416 line); see also: (a) Kreher, R. (ed.) (1994) *Methoden der Organischen Chemie (Houben-Weyl)*, vol. E 6a/E 7 , Georg Thieme Verlag Stuttgart; a related reaction principle operates in the MCR synthesis of quinaldates from aromatic amines, aliphatic aldehydes, and glyoxylate: (b) Inada, T., Nakajima, T., and Shimizu, I. (2005) *Heterocycles*, **66**, 611–619.

[5] Ferreira, V.F., De Souza, M.C.B.V., Cunha, A.C., Pereira, L.O.R., and Ferreira, M.L.G. (2001) *Org. Prep. Proced. Int.*, **33**, 411–454.

[6] (a) Cocker, W. and Turner, D.G. (1941) *J. Chem. Soc.*, 143–145; (b) see also Leir, C. (1977) *J. Org. Chem.*, **42**, 911–913.

[7] Wolthuis, E. (1979) *J. Chem. Educ.*, **56**, 343–344.

[8] Rips, R. and Buu-Hoi, N.P. (1959) *J. Org. Chem.*, **24**, 372–373.

3.5.4 2,3,7,8,12,13,17,18-八甲基卟啉

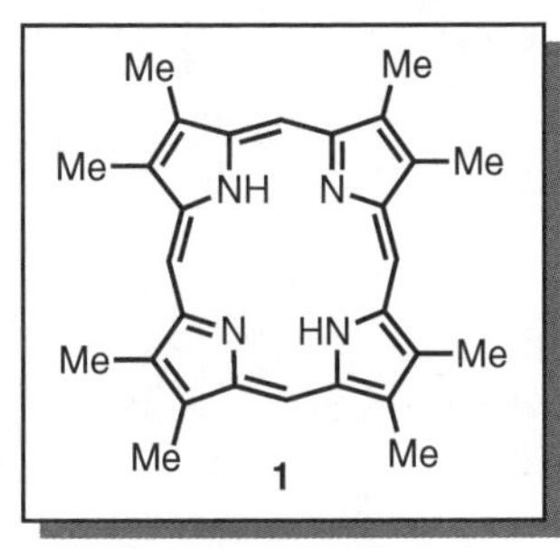

专题 ● 经吡咯和醛的氧化环化四聚反应合成成对称取代的卟啉

(a) 概述

卟啉(**2**)是天然四吡咯家族(例如：氯高铁原卟啉，叶绿素)的母体组分。在卟啉分子中，四个吡咯衍生的单元在它们的两个 α-位上通过四个次甲基(sp^2-C)桥结合在一起。它们形成一个中间带有共轭离域的芳香 18π 电子($4n+2, n=4$，一共是 22 个 π 电子)体系的共面 C_{20} 大环杂环[1]。

在众多卟啉合成路线中[2]，最简单、最直接的策略源于下面的逆合成分析：(ⅰ) 在还原 FGI 中，将 **2** 上的四个 sp^2 次甲基桥转为 **3**(还原卟啉)那样的四个 sp^3 亚甲基桥；(ⅱ) 接下来切断亚甲基桥推出四个吡咯分子和四个甲醛分子。

逆合成分析步骤(ⅱ)是基于我们所熟知的吡咯和羰基化合物的自由的 α-位之间在 H^+ 催化下发生的羟烷基化/烷基化而形成二吡咯甲烷 **4** 的逆过程，这也是吡咯的一个最重要的亲电反应[3]：

417

因此，如(b)部分中所讨论的，吡咯或是在 C-3 和 C-4 上带有同样取代的吡咯，与醛在质子酸或 Lewis 酸存在下环化四聚后脱氢的过程得到了一个合成像 **1** 那样的对

称取代的卟啉化合物的方法;吡咯与芳香醛[4]以及3,4-二烷基吡咯与甲醛或芳香醛制备卟啉的反应也已实现[5-7]。

这个反应的过程很好地再现了天然四吡咯由吡咯衍生物胆色素原(**5**)而来的生物合成途径[8]。在一个酶促的线性缩合过程中,非环的羟甲基胆色烷四聚体**6**先生成,再环化为尿卟啉原Ⅲ(**7**),同时D环反转[9]。化合物**7**是其他生命物质的色素原,如:血红素、叶绿素、柯啉和43因子[10]。

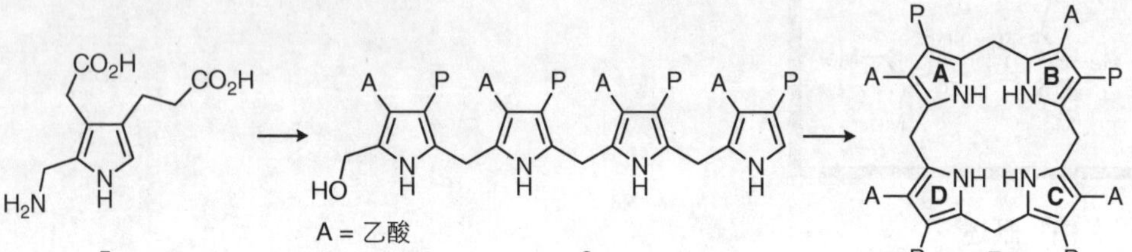

A = 乙酸
P = 丙酸

(b) 1 的合成

在一锅煮反应过程中,在以对甲基苯磺酸为催化剂的条件下,3,4-二甲基吡咯(**8**,参见**3.2.2**节)于苯溶液中和甲醛发生环化四聚反应,通过共沸除去水而首先生成的八甲基氢卟啉**9**无须分离,而是原位与氧气发生脱氢反应得到八甲基卟啉**1**[7]:

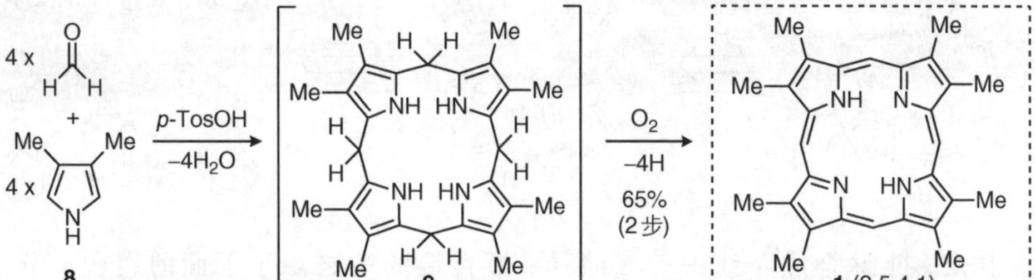

p-TosOH, $-4H_2O$; O_2, $-4H$, 65% (2步)

1 (3.5.4.1)

418 **(c) 1 的合成实验步骤**

3.5.4.1** 2,3,7,8,12,13,17,18-八甲基卟啉[7,8]

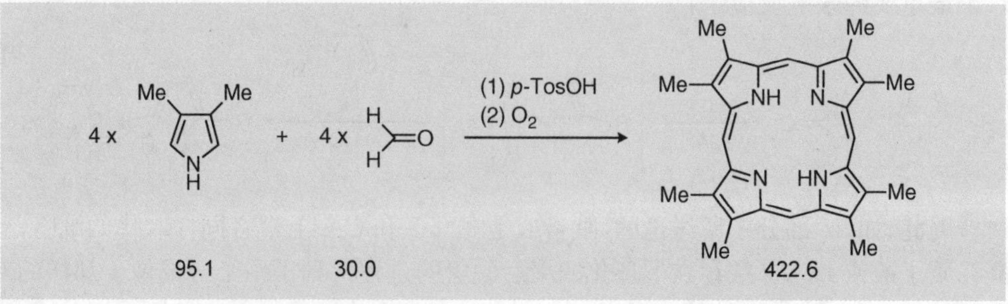

(1) p-TosOH
(2) O_2

95.1 30.0 422.6

在 N_2 保护下，一个外包有铝箔（避光用）并带有一个 Dean-Stark 阱和回流冷凝管的 500 mL 圆底烧瓶中加入 3,4-二甲基吡咯（参见 3.2.2 节；0.77 g，8.10 mmol），苯（300 mL；小心：苯有致癌性！），甲醛水溶液（37%，0.73 mL，8.9 mmol，小心处理！）和对甲基苯磺酸（0.03 g，1.7 mmol）。混合物加热回流搅拌去水反应 8 h。

棕色反应混合物冷却至室温，在室温且搅拌条件下往体系中鼓入 O_2 12 h 得到黑色悬浮液。

然后真空除去溶剂，残余物用 $CHCl_3$（5 mL）和甲醇（5 mL）洗涤，真空干燥后得到无定型紫黑色粉末产物 0.52 g（61%）。产物不溶于大部分常见溶剂，但可以用硝基苯重结晶[7]。它也可以溶于有少量三氟乙酸存在的 $CHCl_3$ 中，生成深紫红色的卟啉双正离子[2]。7 mg 上述产物溶于 1 mL 氘仿和两滴三氟乙酸溶液后做 NMR 测试，从 ^1H NMR 看，产物纯度>98%。

^{1}H NMR ($CDCl_3/CF_3CO_2H$, 400 MHz): δ (ppm) = 10.57 (s, 4H, methine-CH), 3.55 (s, 24H, 8 × CH_3) (note).
^{13}C NMR ($CDCl_3/CF_3CO_2H$, 400 MHz): δ (ppm) = 142.1 (pyrrole-C_α), 138.7 (pyrrole-C_β), 98.3 (methine-CH), 11.9 (CH_3).

注 7)：参考文献 7 所描述的通过 3,4 二甲基吡咯和甲醛的环四聚合成 **1** 的方法，经改进可用于参考文献 6 来制备相应的八乙基卟啉。

419 参考文献

[1] Cyrański, M.K., Krygowski, T.M., Wisiorowski, M., van Eikema Hommes, N.J.R., Cyrański, M.K., Krygowski, T.M., Wisiorowski, M., van Eikema Hommes, N.J.R., and von Ragué Schleyer, P. (1998) *Angew. Chem.*, **110**, 187–190; *Angew. Chem., Int. Ed.*, (1998), **37**, 177–180.

[2] Eicher, Th., Hauptmann, S., and Speicher, A. (2012) *The Chemistry of Heterocycles*, 3rd edn, Wiley-VCH Verlag GmbH, Weinheim, p. 551.

[3] Eicher, Th., Hauptmann, S., and Speicher, A. (2012) *The Chemistry of Heterocycles*, 3rd edn, Wiley-VCH Verlag GmbH, Weinheim, p. 553.

[4] Johnstone, R.A.W., Nunes, M.L.P.G., Pereira, M.M., d'A Gonsalves, A.M., and Serra, A.C. (1996) *Heterocycles*, **43**, 1423–1437.

[5] Barkigia, K.M., Berber, M.D., Fajer, J., Medforth, C.J., Renner, M.W., and Smith, K.M. (1990) *J. Am. Chem. Soc.*, **112**, 8851–8857.

[6] Sessler, J.L., Mozaffari, A., and Johnson, M.R. (1992) *Org. Synth.*, **70**, 68–78.

[7] Boger, D.L., Coleman, R.S., Panek, J.S., and Yohannes, D. (1984) *J. Org. Chem.*, **49**, 4405–4409.

[8] Montforts, F.P. and Glasenapp-Breiling, M. (2002) *Fortschr. Chem. Org. Naturst.*, **84**, 1–51.

[9] (a) Tietze, L.F. and Geissler, H. (1993) *Angew. Chem.*, **105**, 1087–1089; *Angew. Chem., Int. Ed. Engl.*, (1993), **32**, 1038–1040; (b) Tietze, L.F. and Geissler, H. (1993) *Angew. Chem.*, **105**, 1090–1091; *Angew. Chem., Int. Ed. Engl.*, (1993), **32**, 1040–1042; (c) Tietze, L.F., Geissler, H., and Schulz, G. (1994) *Pure Appl. Chem.*, **66**, 2303–2306; (d) Tietze, L.F. and Schulz, G. (1997) *Chem. Eur. J.*, **3**, 523–529.

[10] Battersby, A.R. (2000) 507–526. *Nat. Prod. Rep.*, 17.

3.5.5 轮烷的合成

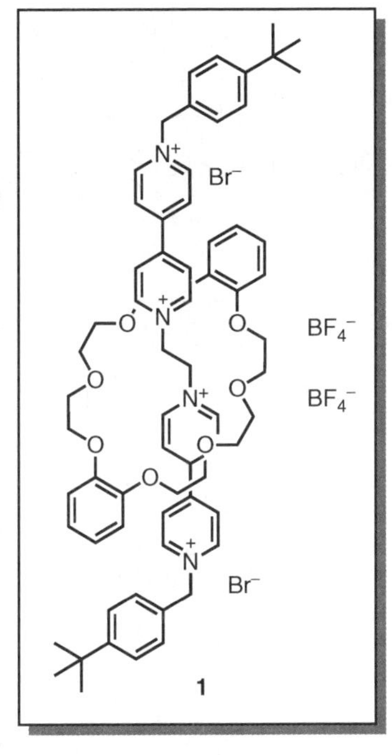

专题
- 制备一个带有冠醚和阻塞的线性双(4,4′-二吡啶基)乙烷单元的轮烷
- 冠醚
- 二吡啶盐
- 静电相互作用
- π-π 堆积

(a) 概述 420

由两个连锁环组成的索烃[1]和由一个环和一个哑铃结构组装成的轮烷[2]是两类很不寻常的化合物。它们的一个明显特征是分子中的两个部分并不是通过共价键而是由一种被称为机械键,在索烃中又被称为拓扑键而结合的。索烃的裂解需断裂两个环中的一个环,而在轮烷中,两个组分中的一个要变形才能使环从哑铃结构中解离出来,哑铃的两个端点通常有大的阻塞基以防止环松脱出去。

索烃(左)和轮烷(右)的基本结构

近年来,此类化合物,尤其是轮烷,因它们独特的光物理和电子性能以及动力学行为而引起人们很大的兴趣[3]。因此,轮烷也可以作为轮舵来考虑,为此可设计一个具有在一个定子内旋转竖轴的分子马达[4];长期以来,轮舵和分子马达一直被认为是由人类发明的,但是近来发现自然界在 ATP 合成中也有这种能力[5]。这些酶从

ADP 产生 ATP 的过程为所有的生物体提供化学能。

在该领域的早期工作中,轮烷和索烃的合成完全依赖于统计方法,这导致通常所需的化合物只有非常低的收益率[6]。现在则采用直接法和模板法。在轮烷合成中,直接法是先制备一个预轮烷,预轮烷中环的部分和哑铃状结构结合在一起,将两部分连接点切断就给出了轮烷。更有效的方法是模板法,下面要举一个实例对该做法作出注解。这是一个利用非共价的相互作用(离子,范德瓦尔斯力,氢键,π-π 堆积,金属-配体相互作用)先组装预轮烷,再将线性竖轴的一端阻塞以防止其松脱从而完成轮烷的转化。

421 **(b) 1 的合成**

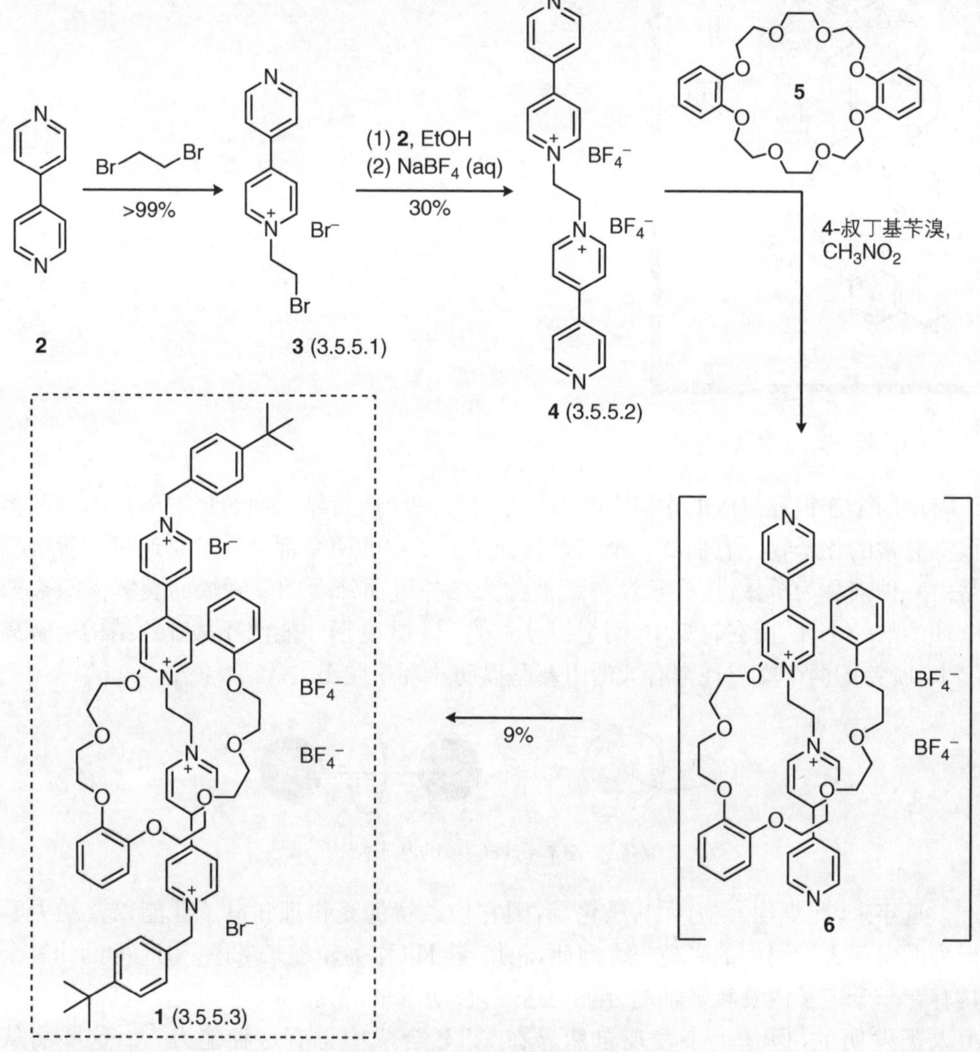

Stoddart 及其同事发现,有适当尺寸的邻位和间位取代的冠醚是优秀的联吡啶双正离子的受体[7]。作为一种非共价键力,静电相互作用和 π-π 堆积是可以考虑的。基于这种想法,Wisner[8]利用双吡啶盐 **4** 和冠醚 **5** 制得了轮烷 **1**。首先,将 **4** 插入冠醚 **5** 中制得预轮烷 **6**,其次 **6** 通过与 4-叔丁基苄溴发生烷基化反应阻塞双联吡啶体系的端基而达到稳定。反应的实现可以将化合物 **1** 与 **4** 相比,具有强烈的红移 UV/Vis 效应上得以证实。产率中等,但过程简单而直接。

(c) 1 的合成实验操作 422

3.5.5.1* 1-(2-溴乙基)-4,4′-联吡啶基溴化盐[8]

Br/\/Br
回流,1 h
156.2
344.1

将 4,4′-联吡啶(5.00 g,32.0 mmol)的 1,2-二溴乙烷(86.9 g,463 mmol,40.0 mL)混合液加热回流搅拌 1 h。

冷却至室温,过滤收集析出的盐,用乙醚洗涤,真空干燥后给出米色固体溴化物 10.9 g(99%)。

UV (MeOH): λ_{max} (nm) (lg ε) = 267.5 (4.27), 201.0 (4.40).
IR (KBr): $\tilde{\nu}$ (cm^{-1}) = 2999, 1643, 1599, 1548, 1531, 1494, 1469, 1409, 1366, 1225, 1175, 1071, 995, 889, 814, 748, 714, 661, 477.
^{1}H NMR (300 MHz, D_2O): δ (ppm) = 9.09 (d, *J* = 1.9, 5.2 Hz, 2H, 2-H), 8.84 (dd, *J* = 1.9, 4.7 Hz, 2H, 2′-H), 8.51 (dd, *J* = 1.9, 5.2 Hz, 2H, 3-H), 7.98 (dd, *J* = 1.9, 4.7 Hz, 2H, 3′-H), 5.17 (t, *J* = 5.6 Hz, 2H, 2″-H), 4.11 (t, *J* = 5.6 Hz, 2H, 1″-H).
^{13}C NMR (50 MHz, D_2O/MeOH): δ (ppm) = 155.7 (C-4), 151.0 (C-2), 146.1 (C-2′), 143.5 (C-4′), 127.1 (C-3), 123.5 (C-3′), 62.7 (C-2″), 31.2 (C-1″).
MS (ESI): *m*/*z* (%) = 265.1 (53) $[(M-Br)]^+$, 263.0 (52) $[(M-Br)]^+$, 184.3 (13) $[(M-2Br)]^+$, 183.2 (100) $[(M-2Br)]^+$.

3.5.5.2** 1,2-二(4,4′-联吡啶四氟化硼盐)乙烷[8]

将溴化物 **3.5.5.1**(640 mg,1.86 mmol)和 4,4′-联吡啶(1.30 g,8.32 mmol)的 423

344.1　156.2　514.0

(1) EtOH, 回流, 3 d
(2) $NaBF_4$ (aq.), r.t., 12 h

无水乙醇(50 mL)溶液加热回流 3 天。

冷却至室温,收集析出的沉淀。真空干燥后溶于沸水(3 mL)后滴入饱和的四氟硼酸钠溶液。混合物置于室温 12 h,出现米色固体产物联吡啶盐,过滤收集得产物 287 mg(30%)。

^{1}H NMR (300 MHz, D_2O): δ (ppm) = 9.20 (d, J = 7.2 Hz, 4H, 2-H), 9.01 (dd, J = 1.5, 5.3 Hz, 4H, 2′-H), 8.65 (d, J = 7.2 Hz, 4H, 3-H), 8.36 (dd, J = 1.5, 4.9 Hz, 4H, 3′-H), 5.56 (s, 4H, 2×CH_2).

3.5.5.3*** 轮烷[8)]

4-叔丁基苄溴, CH_3NO_2, r.t., 24 h

514.0　1416.8

将联吡啶盐 **3.5.5.2**(50 mg,97 μmol)和二苯并-24-冠-8(131 mg,0.292 mmol)的硝基甲烷(5.00 mL)溶液在室温搅拌反应 30 min,4-叔丁基苄溴(133 mg,0.58 mmol)在 10 min内滴入,反应液继续搅拌 24 h。

注 8):改进的方法参见文献 8。

将所得到的反应混合物过滤,滤液真空浓缩,残余物用 CH_2Cl_2/Et_2O 重结晶,得 424
到深红色固体产物轮烷 12.8 mg(9%)。

^{1}H NMR (300 MHz, [D$_6$]DMSO): δ (ppm) = 9.45 (d, *J* = 6.8 Hz, 4H, h), 9.20 (d, *J* = 6.8 Hz, 4H, e), 8.59 (d, *J* = 6.8 Hz, 4H, g), 8.48 (d, *J* = 6.8 Hz, 4H, f), 7.60 (m$_c$, 8H, b, c), 6.63 (dd, *J* = 3.4, 5.7 Hz, 4H, k), 6.21 (dd, *J* = 3.4, 6.2 Hz, 4H, j), 5.93 (s, 4H, d), 5.48 (s, 4H, i), 4.01–3.90 (m, 24H, l, m, n), 1.28 (s, 18H, *t*Bu).
^{13}C NMR (126 MHz, [D$_6$]DMSO): δ (ppm) = 146.2 (e), 145.4 (h), 126.5 (f), 128.6, 125.8 (b, c), 125.5 (g), 120.7 (j), 112.2 (k), 70.3, 69.9, 67.4 (l, m, n), 63.3 (d), 57.9 (i), 30.9 (a).
MS (ESI-HRMS): calcd.: 628.30900 [$(M+2BF_4)^{2+}$]; found: 628.30919 [$(M+2BF_4)^{2+}$].

参考文献

[1] (a) Chambron, J.-C., Collin, J.-P., Heitz, V., Jouvenot, D., Kern, J.-M., Mobian, P., Pomeranc, D., and Sauvage, J.-P. (2004) *Eur. J. Org. Chem.*, 1627–1638; (b) Mateo-Alonso, A. (2012) in *Supramolecular Chemistry of Fullerenes and Carbon Nanotubes* (eds N. Martin and J.-F. Nierengarten), Wiley-VCH Verlag GmbH, Weinheim, pp. 107–126; (c) Lanari, D., Bonollo, S., and Vaccaro, L. (2012) *Curr. Org. Synth.*, **9**, 188–198; (d) Took, C., Frey, J., and Sauvage, J.P. (2011) in *Molecular Switches*, vol. 1 (2nd, Completely Revised and Enlarged Edition) (eds B.L. Feringa, W.R. Browne, and R. Wesley), Wiley-VCH Verlag GmbH, Weinheim, pp. 97–119.

[2] (a) Wenz, G., Han, B.-H., and Müller, A. (2006) *Chem. Rev.*, **106**, 782–817; (b) Chambron, J.-C. and Sauvage, J.-P. (1998) *Chem. Eur. J.*, **4**, 1362–1366; for a review on molecular knots, see: (c) Dietrich-Buchecker, C., Colasson, B.X., and Sauvage, J.-P. (2005) *Top. Curr. Chem.*, **249**, 261–283; (d) Deska, M., Kozlowska, J., and Sliwa, W. (2013) *ARKIVOC*, 66–100; (e) Girek, T. (2012) *J. Inclusion Phenom. Macrocyclic Chem.*, **74**, 1–21; (f) Saha, S. and Ghosh, P. (2012) *J. Chem. Sci.*, **124**, 1229–1237; (g) Suzaki, Y., Abe, T., Chihara, E., Murata, S., Horie, M., and Osakada, K. (2012) in *Supramolecular Polymer Chemistry* (ed. A. Harada), Wiley-VCH Verlag GmbH, Weinheim, pp. 305–329.

[3] (a) Gunter, M.J. (2004) *Eur. J. Org. Chem.*, 1655–1673; (b) Blanco, M.-J., Consuelo Jiménez, M., Chambron, J.-C., Heitz, V., Linke, M., and Sauvage, J.-P. (1999) *Chem. Soc. Rev.*, **28**, 293–305.

[4] Balzani, V., Credi, A., Raymo, F.M., and Stoddart, J.F. (2000) *Angew. Chem.*, **112**, 3484–3530; *Angew. Chem. Int. Ed.*, (2000), **39**, 3348–3391.

[5] Schalley, C.A., Beizai, K., and Vögtle, F. (2001) *Acc. Chem. Res.*, **34**, 465–476.

[6] (a) Siegel, J.S. (2004) *Science*, **304**, 1256–1258; (b) Dünnwald, T., Schmidt, T., and Vögtle, F. (1996) *Acc. Chem. Res.*, **29**, 451–460.

[7] (a) Allwood, B.L., Kohnke, F.H., Stoddart, J.F., and Williams, D.J. (1985) *Angew. Chem.*, **97**, 584–587; *Angew. Chem., Int. Ed. Engl.*, (1985), **24**, 581–584; (b) Allwood, B.L., Shahriari-Zarvareh, H., Stoddart, J.F., and Williams, D.J. (1987) *J. Chem. Soc., Chem Commun.*, 1058–1061.

[8] Loeb, S.J., and Wisner, J.A. (1998) *Chem. Commun.*, 2757–2758.

4 天然产物选例

4.1 类异戊二烯 425

萜类是一大类分子式可以从碳氢化合物异戊二烯(**1**)推出的天然产物。根据分子中碳原子的数值,以五的倍数(=异戊二烯)为基础来对萜分类:计有单萜(C_{10})、倍半萜(C_{15})、二萜(C_{20})、二半萜(C_{25})、三萜(C_{30})、四萜(C_{40})和多萜等[1]。在本书中讨论了以下几个单萜的合成:α-萜烯醇(**2**)(参见 1.7.5 节),*trans*-菊酸(**4**)(参见 5.3.1 节),橙花醇(**5**)(参见 4.1.1 节),(—)-薄荷醇(**6**)(参见 4.1.2 节)和蒿酮(**7**)(参见 4.1.3 节)。另外还包括倍半萜 veticadinol(**8**)(参见 4.1.4 节)和二萜化合物全反式维生素 A 乙酸酯(**9**)(参见 4.1.5 节)。

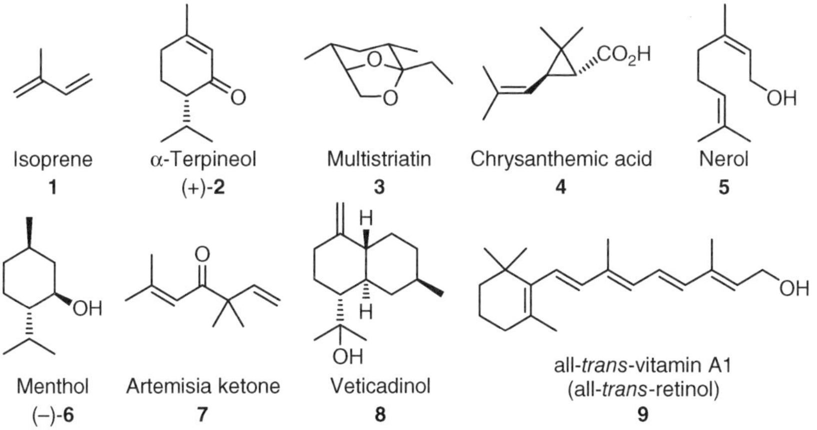

Isoprene **1**　α-Terpineol (+)-**2**　Multistriatin **3**　Chrysanthemic acid **4**　Nerol **5**

Menthol (–)-**6**　Artemisia ketone **7**　Veticadinol **8**　all-*trans*-vitamin A1 (all-*trans*-retinol) **9**

时至今日,近 50 000 种不同的萜类化合物已从自然界中分离得到,它们是各种不同类型的鲜花或植物精油的主要成分。也有一些萜类在动物体内发现,比如 multistriatin
(**3**)是作为信息素存在于动物体中的,海洋生物体中则存在卤代萜类化合物。每年有大 426
量(超过 10 亿吨)的萜类化合物从针叶树植物中释放出来,它们有时候导致夏季有烟雾弥漫,如在美国的烟谷(Smoky Moutains)所看到的那样。萜类化合物可以是长链的也可以环状的、桥状的,分子链有大有小。1910 年,Göttingen 的 Georg-August-University 的 Otto Wallach 教授因在萜类领域取得杰出成就而荣获诺贝尔化学奖。

单萜和倍半萜常用作化妆品中的香精成分[2]。一些重要的二萜,如植物生长激素赤霉酸(**10**)、抗癌剂紫杉醇(**11**)[3]和视紫素(**9**,CHO 替代 CH_2OH)。四环化合物羊毛甾烯醇(**12**)也是一个值得注意的三萜,它是动物体类固醇的前体[4-7]。

非环的番茄红素是重要的四萜,它也是番茄和胡萝卜的色素。最为熟知的多萜是天然橡胶,分子中所有的双键都是(*Z*)-构型,此外,许多天然产物是萜类的降解产物,比如β-紫罗兰酮(**13**)(参见1.5.3节),它是由四萜氧化裂解而形成的。

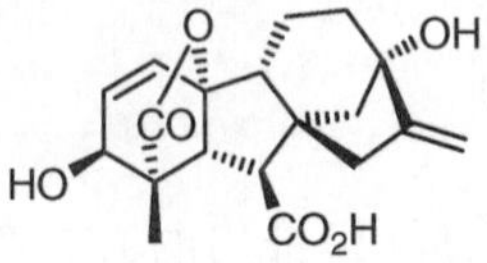

赤霉酸 GA_3
10

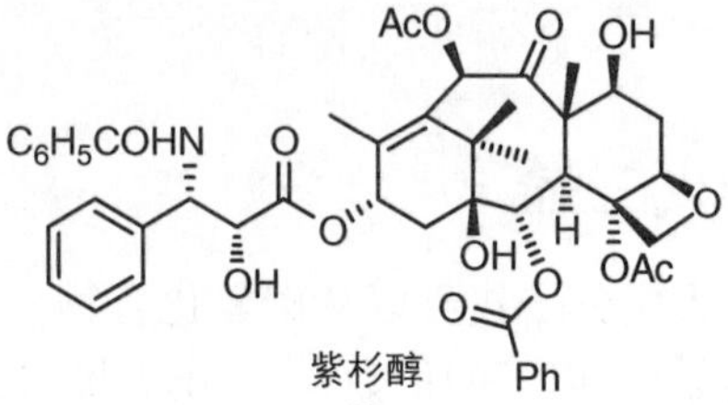

紫杉醇
11

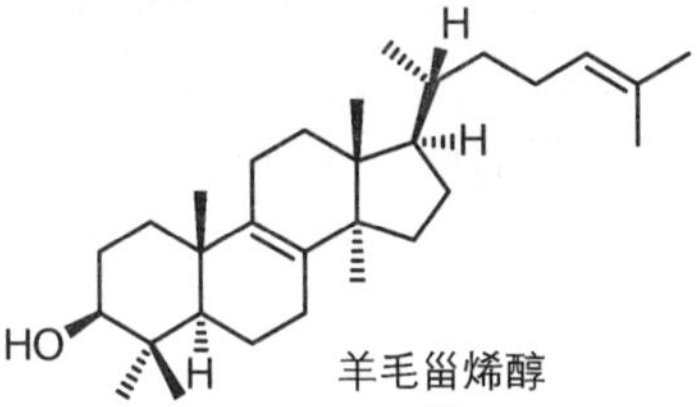

羊毛甾烯醇
12

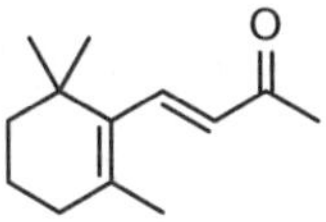

β-紫罗兰酮
13

萜类在生物合成上是来自乙酰辅酶A经3-羟基-3-甲基戊二酰辅酶A(**14**)(HMG-CoA)和甲瓦龙酸(**15**)(MVA)给出二磷酸异戊二烯酯(**16**)(IDP)和二甲基烯丙基二磷酸酯(**17**)(DMADP),发生头-尾缩合后得到单萜二磷酸牻牛儿酯(**18**),这是一个甲羟戊酸路径[7]。化合物**18**是几乎所有的天然萜类化合物的天然底物。但是,在少数几个场合下有头-头结合的形式出现,如在菊酸(**4**)(参见5.3.1节)[8]和蒿酮(**7**)(参见4.1.3节)的生物合成上就有发生。

427 最近,发现在某些细菌和植物的质粒体中还有另外的生物合成方式(2-甲基-D-赤藓醇-4-磷酸酯(MEP)路径),它们从 C_4-糖、MEP中也得到了IDP和DMADP[9]。

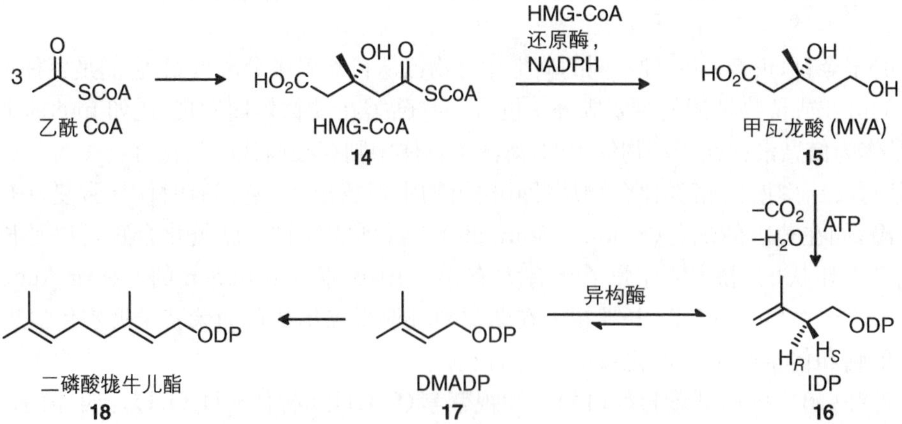

3 乙酰 CoA → HMG-CoA **14** —(HMG-CoA 还原酶, NADPH)→ 甲瓦龙酸 (MVA) **15** —($-CO_2$, $-H_2O$, ATP)→ IDP **16** ⇌(异构酶) DMADP **17** → 二磷酸牻牛儿酯 **18**

与萜类密切相关的是类固醇，它们存在于动物体和菌中，是从羊毛甾醇(**12**)开始生物合成的，在植物和藻类中则是从环阿屯醇(**24**)开始生物合成的。它们的分子中都有一个全氢环戊[*c*]-菲碳骨架 **19**。

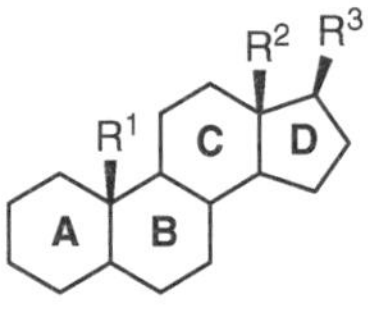

19

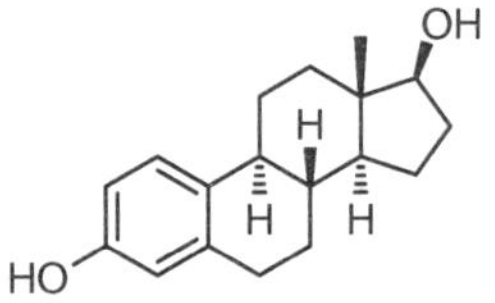

雌二醇
20

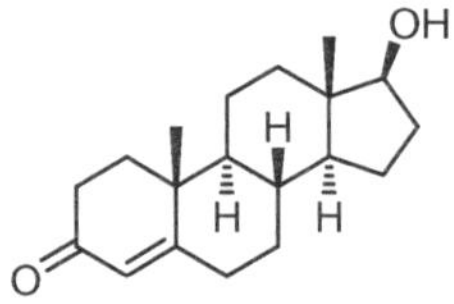

睾酮
21

Fundamental skeleton	R^1	R^2	R^3
甾烷	H	H	H
雌(甾)烷	H	CH_3	H
雄(甾)烷	CH_3	CH_3	H
孕(甾)烷	CH_3	CH_3	CH_3

甾类，如雌二醇(**20**)和睾酮(**21**)，因其作为激素而有强烈的生理作用，是迄今为止最好的调查过的天然产物。自然界里它们是经非环的三萜角鲨烯转化为环氧化物 **22** 后经碳正离子中间体 **23** 得到羊毛甾烯醇(**12**)或环阿屯醇(**24**)而形成的[4]。

在动物体内，羊毛甾烯醇(**12**)转化为胆固醇(**25**)。化合物 **25** 是最主要的动物类固醇，存在于所有动物的细胞膜中，也是其他甾体激素的生物源合成前体。

428

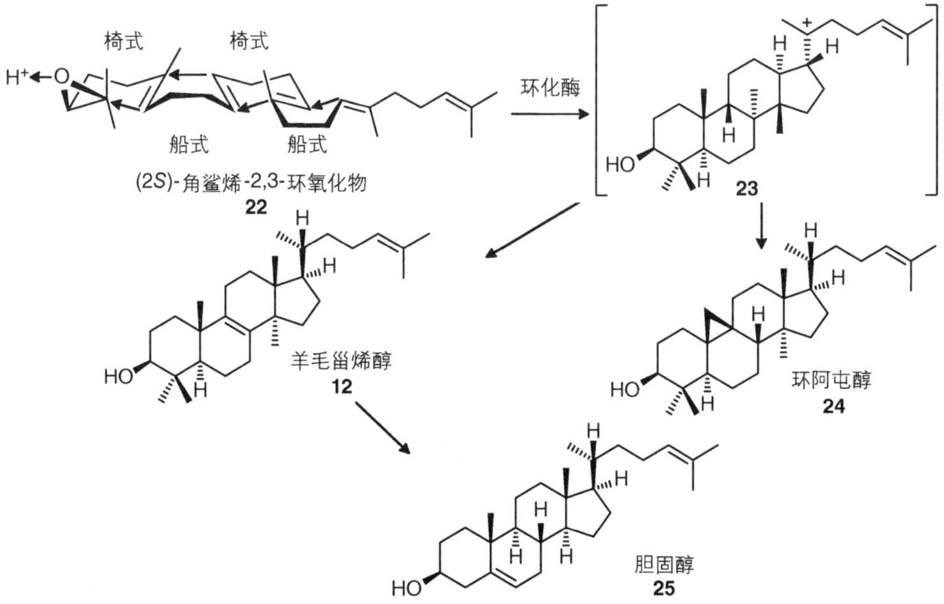

(2*S*)-角鲨烯-2,3-环氧化物
22

23

羊毛甾烯醇
12

环阿屯醇
24

胆固醇
25

维生素 D(**27**)也是一个甾体衍生物,它是由甾体化合物 **26** 经一个很有趣的分子内环己二烯的光化学开环,接着是热的 1,7-σ 氢重排反应转化而来[5]。1928 年,在 Göttingen 的 Georg-August-Unibersity 的 A. Windaus 教授因在维生素 D 上的杰出研究成果荣获诺贝尔化学奖。

$h\nu$, Δ

Provitamin D_3
26

Cholecaliferol (Vitamin D_3)
27

参考文献

[1] (a) For monoterpenes: Grayson, D.H. (2000) *Nat. Prod. Rep.*, **17**, 385–419; (b) for natural sesquiterpenes: Fraga, B.M. (2005) *Nat. Prod. Rep.*, **22**, 465–486; (c) for diterpenes: Hanson, J.R. 429 (2005) *Nat. Prod. Rep.*, **22**, 594–602; (d) for sesterterpenes: Hanson, J.R. (1996) *Nat. Prod. Rep.*, **13**, 529–535; (e) for triterpenes: Connolly, J.D. and Hill, R.A. (2007) *Nat. Prod. Rep.*, **24**, 465–486.

[2] de Cavalho, C.C.C.R. and da Fonseca, M.M.R. (2006) *Biotech. Adv.*, **24**, 134–142.

[3] Nicolaou, K.C., Dai, W.-M., and Guy, R.K. (1994) *Angew. Chem.*, **106**, 38–69; *Angew. Chem. Int. Ed. Engl.*, (1994), **33**, 15–44.

[4] Crowley, M.P., Godin, P.J., Inglis, H.S., Snarey, M., and Thain, E.M. (1962) *Biochim. Biophys. Acta*, **60**, 312–319.

[5] Eisenreich, W., Bacher, A., Arigoni, D., and Rohdich, F. (2004) *Cell. Mol. Life Sci.*, **61**, 1401–1426.

[6] Wendt, K.U., Schulz, G.E., Corey, E.J., and Liu, D.R. (2000) *Angew. Chem.*, **112**, 2930–2952; *Angew. Chem. Int. Ed.*, (2000), **39**, 2812–2833.

[7] (a) Harrison, D.M. (1985) *Nat. Prod. Rep.*, **2**, 525–560; (b) Johnson, W.S. (1976) *Angew. Chem.*, **88**, 33–41; *Angew. Chem. Int. Ed. Engl.*, (1976), **15**, 9–17.

[8] Zhu, G.-D. and Okamura, W.H. (1995) *Chem. Rev.*, **95**, 1877–1952.

[9] Dewick, P.M. (2002) *Nat. Prod. Rep.*, **19**, 181–222.

4.1.1 橙花醇

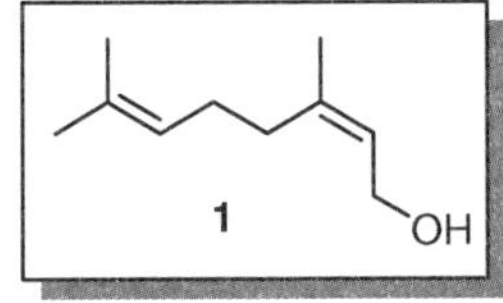

专题
- 合成一个单萜醇
- 异戊二烯由 LDA 诱导的立体选择性二聚(调聚)反应
- 烯丙基叔氨到烯丙基氯的转化
- 冠醚催化的亲核取代反应
- 酯的皂化

(a) 概述

橙花醇,(2*Z*)-3,7-二甲基-辛-2,6-二烯醇(**1**)及其(2*E*)-立体异构体香叶醇(**2**)属于自然界分布最为广泛的不饱和非环单萜醇一属。橙花醇(**1**)和香叶醇(**2**)以游离醇形态出现,或在玫瑰草油和香叶油中以酯的形态出现,橙花醇(**1**)还出现在稻草花 *Helichrysum italicum*(*Helichrysun angustifolium*,*Asteraceae*)的醚提取油中。与烯丙基异构的芳樟醇(**3**)一起,香叶醇(**2**)和橙花醇(**1**)可以用于香精和化妆品[1]。橙花醇(**1**)、香叶醇(**2**)和芳樟醇(**3**)在工业生产上都可以由 β-蒎烯经月桂烯(**4**)而制得[2]。

(Z) OH OH OH

1 **2** **3** **4**

香叶基和橙花基的二磷酸酯在甲羟戊酸路径的生物合成中是非环和环状单萜的重要中间体[3]。

对于橙花醇(**1**)的化学合成,有几种可行的逆合成路线:

430

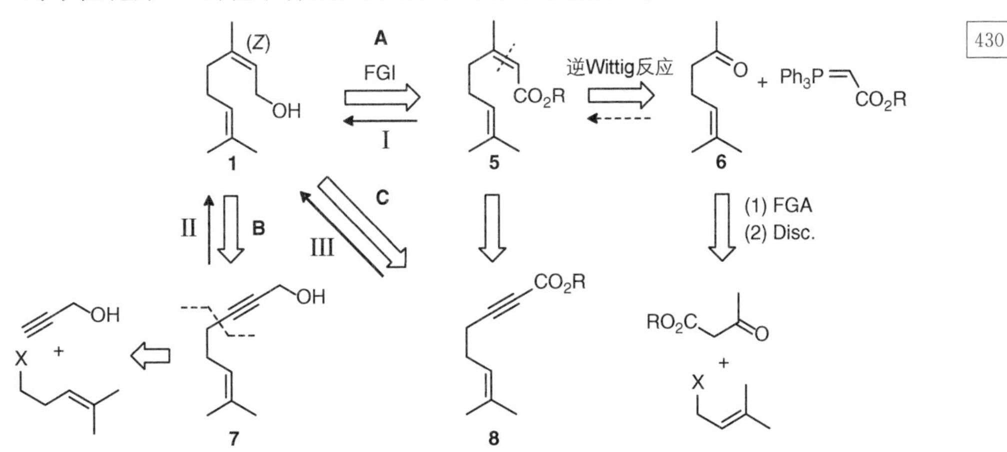

从策略 **A** 出发，对醇部分的官能团转化(FGI)得到 α,β-不饱和酯 **5**，它在 C-2/C-3 双键处断裂可得到逆-Wittig 反应所需的甲基庚烯酮 **6** 和一个磷叶立德。酮 **6** 进一步断裂给出乙酰乙酸酯和异戊烯基卤代物。用乙酰乙酸酯烷基化后再 β-酮酯烷基化后酮式断裂合成酮 **6** 是一条很直接的路线[4]。但是 **6** 的羰基化反应例如 Wittig-Horne 合成路线[5]给出不饱和酯 **5** 的 E/Z 混合产物，这对简捷合成 **1** 而言是缺少立体选择性的一条路线。

从策略 **B** 出发，炔烃 **7** 可能是 **1** 的合适前体，**7** 与有机金属化合物 M—CH_3(M=金属)加成可以立体选择性地构筑(Z)-构型选择性的橙花醇 **1**。相似的考虑(**C**)可能导致炔基酯 **8**，其通过与 M—CH_3(如烷基酮)顺式加成可转化生成 **5**，**5** 中的(Z)-α,β-不饱和酯部分用酮酸还原可得到 **1**。事实上，如下所描述的，策略 **B** 也是几条立体选择性合成 **1** 的基础[7]。

炔丙醇 **7** 和异丁基氯化镁在 Cp_2TiCl_2 催化下在三键上发生氢镁化反应，这是一个 *syn*-加成模式并位置选择性地生成烯基格氏试剂 **9**，用 CH_3I 进行保留构型的 C-烷基化再水解后就以高产率给出 **1**[8]。

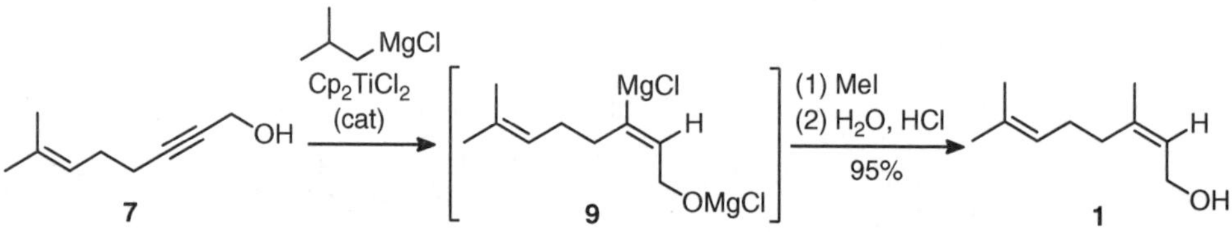

同样，带烯基的烷基酮试剂 **10** 与丙炔在低温下以完全 *syn*-选择性得到乙烯基酮中间体 **11**，它与 I_2 反应转化为碘化物 **12** 再与 n-BuLi 经卤素-金属交换而生成乙烯基
431 锂化物 **13**，双键构型在转金属步骤(**11**→**12**→**13**)中是保留的，**13** 与甲醛加成反应后水解也能得到橙花醇(**1**)[9]。

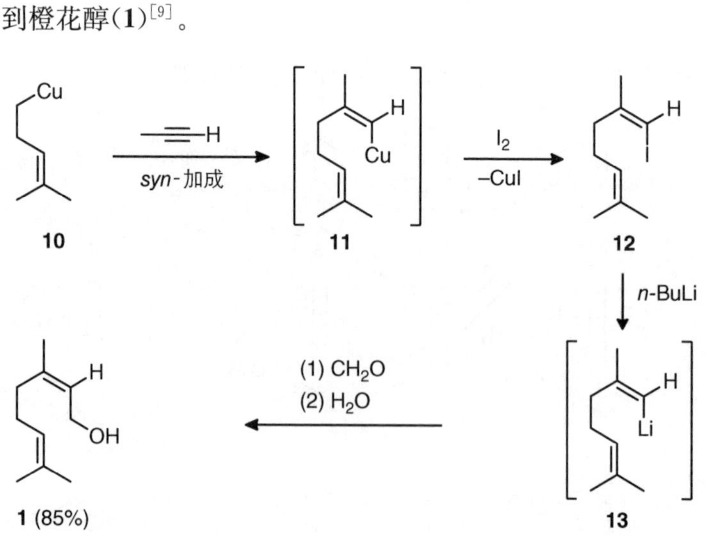

虽然烷基酮试剂和化合物 **8** 这类炔基酯的 *syn*-加成模式在许多实例中都出现过[10]，但从 **8** 到 **5** 再还原为橙花醇(**1**)却未曾报道过。这可能是由于 **5** 的不稳定性，因为(*Z*)-α,β-不饱和酯很容易异构化为相应的(*E*)-式化合物。

从制备实用性考虑，此处所描述的橙花醇(**1**)的合成利用了由二乙氨基锂(LDA)诱导的异戊二烯的立体选择性调聚反应过程。

(b) (1)的合成

异戊二烯和 LDA 在无水苯中反应并经过水解处理后以 65%产率得到 *N*,*N*-二乙基橙花基胺 **20**[11]。很明显，LDA 促进了两个异戊二烯单元的头尾偶联，这与类异戊二烯的生物合成过程相似[2]，但此处的这个过程导致产物 **20** 中 C-2/C-3 之间的双键是立体选择性的(*Z*)-式：

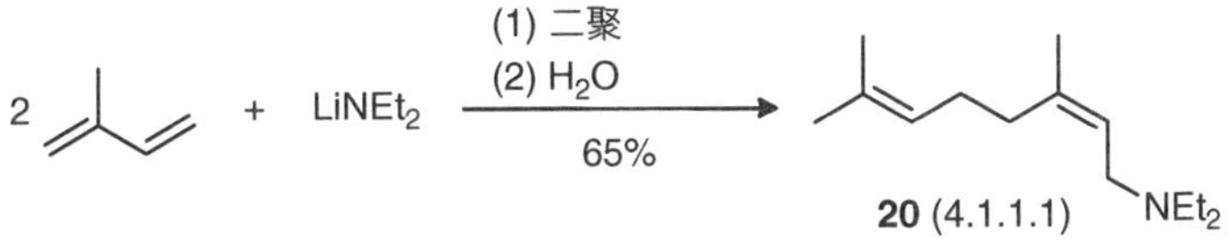

这一显著的二聚作用(调聚，参见 **1.8.1** 节)更倾向于预期的 1,3-二烯类的阴离子聚合反应(异戊二烯→聚合物 **18**)。反应可以从下面的机理得到合理解释[11]：

 432

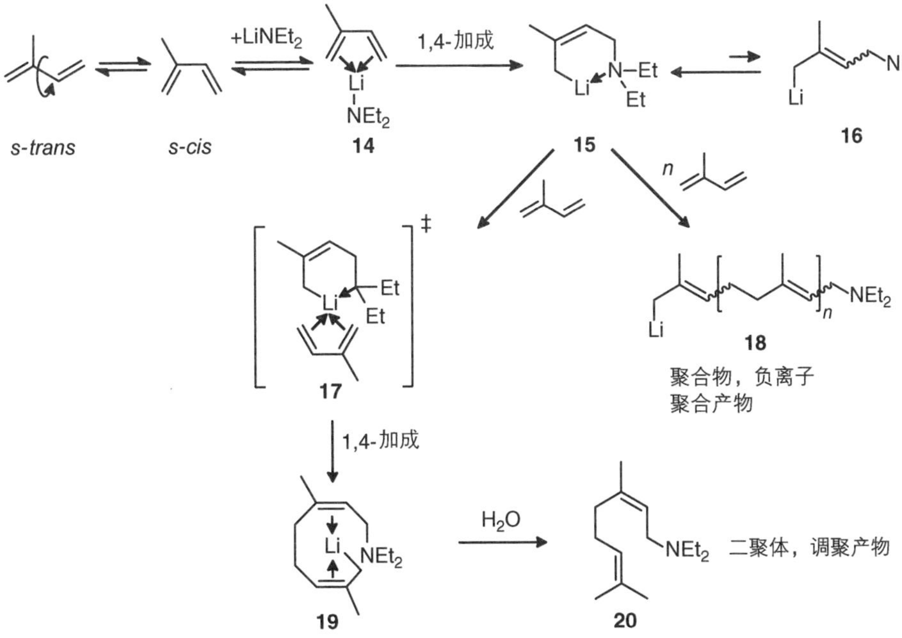

首先是异戊二烯和 LDA 进行 1,4-加成，它们是先由 *s-cis* 构型的共轭二烯和锂

经 π-缔合生成一个预定向的金属配合物 **14**。1,4-加成给出一个烯丙基键合中间体 **15**,非极性的反应介质(苯)有利于 Li 在分子内和像 **15** 那样带有一个在 C-2/C-3(*Z*)-式双键的胺供体之间的缔合。结果是第二份异戊二烯单元通过与 **15** 的 Li 中心以 π-缔合过程形成高度有序的过渡态 **17**。这第二个 1,4-加成产物 **19** 因内在的 *N*-和 π-缔合得到稳定,水解后生成橙花胺(**20**)。

橙花胺(**20**)转化为橙花醇(**1**),首先,**20** 和氯甲酸乙酯反应生成烯丙基氯化物 **22**,是氨基被氯所取代的结果。这个取代过程通常应用于烯丙基叔胺[12],估计是经 N-酰基化(**20**→**21**)后氨基甲酸酯中的烯丙基胺被氯进攻而给出氯代物 **22** 的。

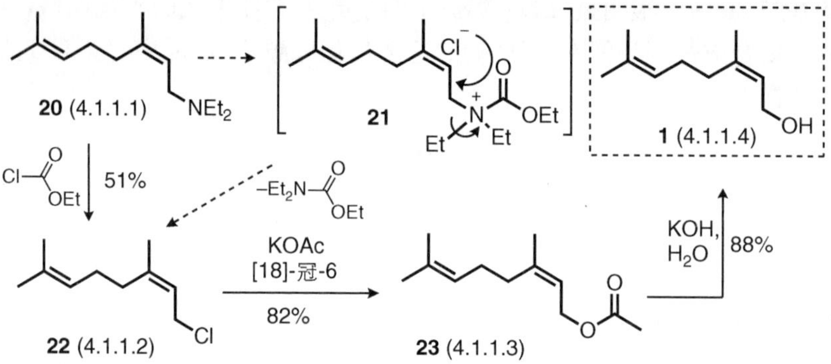

433 最后,氯化物 **22** 用 KOAc 在冠醚促进负离子(参见 3.5.3 节)亲核性的作用下发生 S_N 亲核取代反应,得到烯丙基并未翻转的乙酸烯丙酯 **23**,用 KOH 水溶液皂化而得到橙花醇(**1**)。

如此,以异戊二烯计,目标分子 **1** 通过四步反应过程以 24%的总收率得到。

(c) 1 的合成实验操作

4.1.1.1*** *N*,*N*-二乙基橙花胺[11]

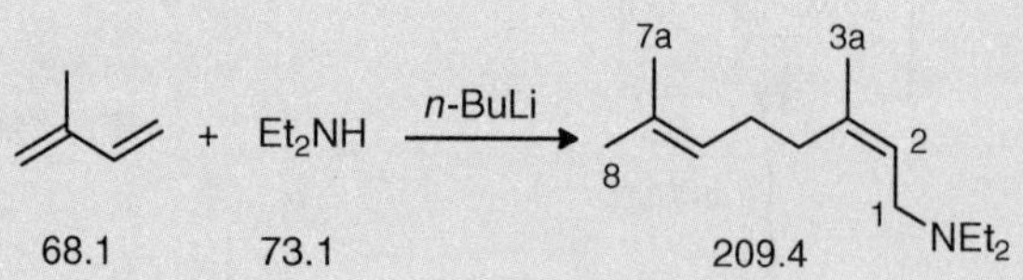

在 Ar 气保护下,一个配有回流冷凝管和惰性气体入口管的 250 mL 三颈圆底烧瓶内装入异戊二烯(34.1 g,500 mmol)和二乙胺(7.31 g,100 mmol)的无水苯(40 mL)(小心:苯有致癌性!)搅拌溶液,逐滴加入 *n*-BuLi(0.75 mol/L 的正己烷液,27.0 mL,20 mmol)溶液。异戊二烯(bp 34~35℃)和二乙胺(bp 56~57℃,用 KOH

干燥)在使用前需蒸馏。在 51℃加热回流 30 h。在此期间,有沉淀出现并在搅拌数小时后溶解消失,在反应瓶内部温度上升到 67℃时溶液变黄。

冷却反应液,滴加乙醇(20 mL),再用水(70 mL)洗涤所得反应液。水相加 NaCl 至饱和后用苯(3×50 mL)萃取。合并有机相并用盐水(50 mL)洗涤。用 Na_2SO_4 干燥、过滤后减压除去溶剂。残余物蒸馏得到无色油状产物 13.5 g(65%)。bp_{19} 135~138℃,n_D^{20}=1.466 9。

IR (NaCl): $\tilde{\nu}$ (cm^{-1}) = 2960, 2920, 2865, 2800, 1670.
^{1}H NMR (300 MHz, $CDCl_3$): δ (ppm) = 5.25 (t, J = 6.8 Hz, 1H, 6-H), 5.06–5.15 (m, 1H, 2-H), 3.04 (dd, J = 6.8, 1.2 Hz, 2H, 1-H_2), 2.49 (q, J = 7.2 Hz, 4H, 2×N$\underline{CH_2}CH_3$), 2.05 (d, J = 3.2 Hz, 4H, 4-H_2, 5-H_2), 1.70–1.73 (m, 3H, 3a-H_3), 1.67 (s, 3H, 8-H_3), 1.60 (s, 3H, 7a-H_3), 0.99 (t, J = 7.2 Hz, 6H, 2×N$CH_2\underline{CH_3}$).
^{13}C NMR (76 MHz, $CDCl_3$): δ (ppm) = 137.7 (C-3), 131.7 (C-7), 124.1 (C-2), 122.7 (C-6), 50.4 (C-1), 46.6 (2×$\underline{C}H_2CH_3$), 32.2 (C-4), 26.5 (C-5), 25.7 (C-8), 23.5 (C-3a), 17.6 (C-7a), 11.8 (2×$CH_2\underline{C}H_3$).

4.1.1.2* 橙花基氯[13] 434

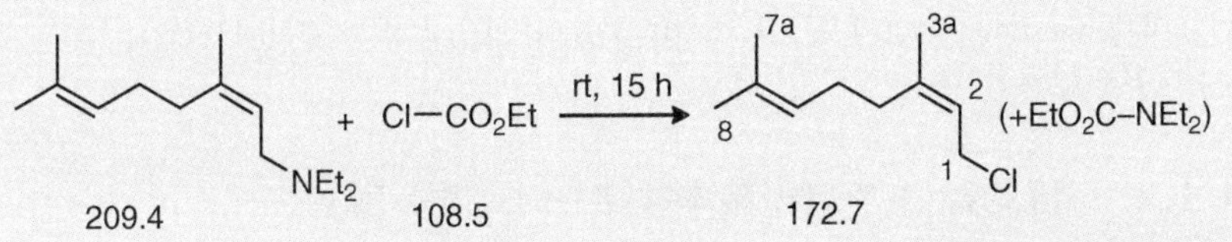

0℃(反应瓶内温)下,*N*,*N*-二乙基橙花胺(参见 **4.1.1.1** 节)(11.5 g,55.2 mmol)在 15 min 内滴入氯甲酸乙酯(11.9 g,110 mmol,使用前蒸馏,bp 94~95℃)的搅拌液中,反应混合物在室温搅拌 15 h,反应液中原有的胺味转为果香气味。

反应混合液中的产品通过减压蒸馏获得,室温下先除去过量的氯甲酸乙酯(小心,发泡!),接着是 *N*,*N*-二乙基乙氧基甲酰胺(bp_{15} 67~73℃,7.50 g)和无色油状物橙花基氯 5.37 g(从^{1}H NMR 分析,橙花基氯产物纯度 90%,产率 51%,污染物 Et_2N-CO_2Et 不会影响下步反应,但可以通过旋带蒸馏器除去。),bp_{15} 98~99℃,n_D^{20}=1.472 8。

IR (film): $\tilde{\nu}$ (cm^{-1}) = 1665, 675.
^{1}H NMR (300 MHz, $CDCl_3$): δ (ppm) = 5.43 (t, J = 8.1 Hz, 1H, 2-H), 5.04–5.14 (m, 1H, 6-H), 4.06 (dd, J = 8.1, 0.7 Hz, 2H, 1-H_2), 2.07–2.12 (m, 4H, 4-H_2, 5-H_2), 1.78–1.80 (m, 3H, 3a-H_3), 1.67 (s, 3H, 8-H_3), 1.59 (s, 3H, 7a-H_3).

4.1.1.3* 乙酸橙花酯[13]

KOAc, [18]-冠-6, CH_3CN, 60 °C, 4 h

172.7 → 196.3

将乙酸钾真空下(用 P_4O_{10} 干燥;2.93 g,30.0 mmol)加到橙花基氯(参见 **4.1.1.2** 节)(4.41 g,32.2 mmol)和 18-冠-6(0.53 g,2.00 mmol)的无水乙腈(25 mL)溶液中去,所得反应混合液在 60℃下搅拌 4 h。

435 反应液冷却至室温,过滤,真空浓缩滤液。棕色残余物在微量蒸馏器上真空蒸馏,产物纯度 90%,污染物为 Et_2N-CO_2Et (^1H NMR)。得产物 4.15 g(82%)。bp_{15} 119~122℃,n_D^{20}=1.460 2。

IR (film): $\tilde{\nu}$ (cm^{-1}) = 1740, 1230, 1020.
^{1}H NMR (300 MHz, $CDCl_3$): δ (ppm) = 5.34–5.39 (m, 1H, 5-H), 5.08–5.12 (m, 1H, 9-H), 4.55–4.58 (dd, J = 7.3, 0.8 Hz, 2H, 4-H_2), 2.09–2.11 (m, 4H, 7-H_2, 8-H_2), 2.05 (s, 3H, 1-H_3), 1.77–1.78 (m, 3H, 6a-H_3), 1.69 (s, 3H, 11-H_3), 1.61 (s, 3H, 10a-H_3).

4.1.1.4* 橙花醇(3,7-二甲基辛-2(Z)-6-二烯-1-醇)[13]

KOH, H_2O, rt, 19 h

196.3 → 154.3

将乙酸橙花酯(参见 **4.1.1.3** 节)(3.55 g,16.0 mmol)溶于 KOH(1.50 g,27.0 mmol)的甲醇(10.7 mL)溶液中,所得反应混合物在室温下搅拌 19 h,随之出现乙酸钾沉淀。

反应液中加入水(40 mL),用 $CHCl_3$ (1×40 mL,然后 3×25 mL)萃取。合并有机相,水(30 mL)洗,用无水 Na_2SO_4 干燥后过滤,常压蒸馏,黄色油状残余物真空分馏得到无色油状产物橙花醇 2.28 g,bp_{15} 111~113℃,n_D^{20}=1.473 0。

产物纯度为 95% (^1H NMR)(污染物仍为 Et_2N-CO_2Et),相应产率 88%。Z/E=99.5/0.5。由薄层色谱表明(TLC)(SiO_2,CH_2Cl_2)检测为纯品:R_f=0.9(香

叶醇的 R_f=0.65)。橙花醇的四溴化物和二苯基氨基甲酸酯衍生物晶体的熔点分别为 118～119℃和 52～53℃；相应的香叶醇四溴化物及其二苯基氨基甲酸酯衍生物的熔点各为 70～71℃和 81～82℃。

IR (NaCl): $\tilde{\nu}$ (cm^{-1}) = 3320, 1675, 1000.
^{1}H NMR (300 MHz, $CDCl_3$): δ (ppm) = 5.38–5.51 (m, 1H, 2-H), 5.06–5.17 (m, 1H, 6-H), 4.10 (dd, J = 7.2, 0.9 Hz, 2H, 1-H_2), 2.01–2.18 (m, 4H, 4-H_2, 5-H_2), 1.74–1.79 (m, 3H, 3a-H_3), 1.70 (s, 3H, 8-H_3), 1.62 (s, 3H, 7a-H_3), 1.38 (s_{br}, 1H, OH).

参考文献 436

[1] Steglich, W., Fugmann, B., and Lang-Fugmann, S. (eds) (1997) *Römpp Lexikon Naturstoffe*, Georg Thieme Verlag, Stuttgart, p. 255.

[2] *Ullmann's Encyclopedia of Industrial Chemistry* (2003), 6th edn, vol. 14, Wiley-VCH Verlag GmbH, Weinheim, p. 85.

[3] Nuhn, P. (1997) *Naturstoffchemie*, 3rd edn, S. Hirzel Verlag, Stuttgart, p. 513.

[4] Tietze, L.F. and Eicher, T. (1991) *Reaktionen und Synthesen im organisch-chemischen Praktikum und Forschungslaboratorium*, 2nd edn, Georg Thieme Verlag, Stuttgart, p. 497.

[5] Tanaka, K., Yamagishi, N., Tanikaga, R., and Kaji, A. (1979) *Bull. Chem. Soc. Jpn.*, **51**, 3619–3625.

[6] Krause, N. (1996) *Metallorganische Chemie*, Spektrum Akademischer Verlag, Heidelberg, p. 183.

[7] For a summary on the earlier syntheses of geraniol and nerol, see: Thomas, A.F. (1973) in *The Total Synthesis of Natural Products* (ed. J. ApSimon), John Wiley & Sons, Inc., New York, p. 1.

[8] Inoue, S., Takaya, H., Tani, K., Otsuka, S., Sato, T., and Noyori, R. (1990) *J. Am. Chem. Soc.*, **112**, 4897–4905.

[9] Cahiez, G., Bernard, D., and Normant, J.F. (1976) *Synthesis*, **1976**, 245–248.

[10] For a summary, see: Larock, R.C. (1999) *Comprehensive Organic Transformations*, 2nd edn, Wiley-VCH Verlag GmbH, New York, p. 452.

[11] Takabe, K., Katagiri, T., and Tanaka, J. (1972) *Tetrahedron Lett.*, **13**, 4009–4012.

[12] Cooley, J.H. and Evain, E.J. (1989) *Synthesis*, 1–7.

[13] Takabe, K., Katagiri, T., and Tanaka, J. (1977) *Chem. Lett.*, 1025–1026.

4.1.2 (−)-薄荷醇

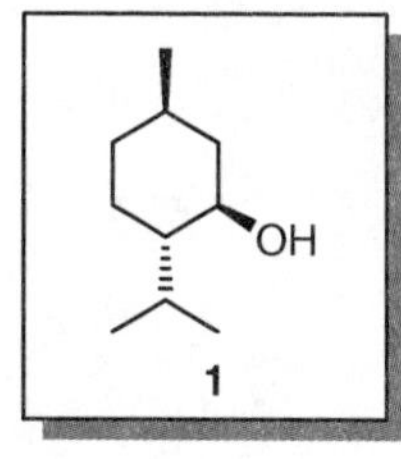

专题 ● Lewis 酸媒介的烯反应
● 烯基双键的催化氢化

(a) 概述

(−)-薄荷醇((1*R*,3*R*,4*S*)-4-异丙基-1-甲基环己基-3-醇或(1*R*,3*R*,4*S*)-*p*-3-薄荷醇)(**1**)在环己烷核上有 3 个构型确立的立体源中心。它是八个可以有此类骨架的立体异构体之一,其中四个是天然的,它们是:(−)-薄荷醇(**1**),(+)-新薄荷醇(**2**),(+)-异薄荷醇(**3**)和(+)-新异薄荷醇(**4**)[1]:

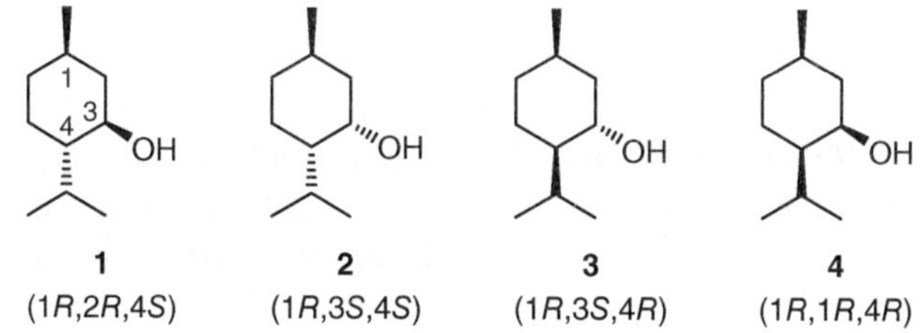

437 (−)-薄荷醇(**1**)是薄荷油和亚洲薄荷油的主要组分,可以从 *Metha piperita* 和 *Mentha arvensis* 属中获得,且其以游离态或酯(如乙酸酯、异戊酸酯)的形态在自然界广泛存在。(−)-薄荷醇(**1**)在烟草、化妆品、牙膏、糖果和药品中作为清凉剂和清新剂使用[2]。

在(−)-薄荷醇(**1**)的工业生产中,有从自然界提取分离和半合成、全合成等方式。在众多合成方案中有两个是值得介绍的[3]。

1) 通过百里香酚(**5**)的催化氢化合成(−)-薄荷醇[2]:

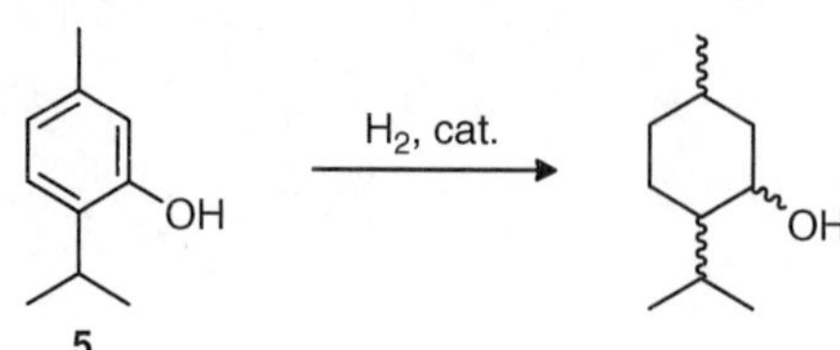

这个过程产生四个可能的非对映异构体的各种比例的混合物,分馏给出 *rac*-薄

荷醇,选择性重结晶,其中苯甲酸酯可拆分出对映异构体。

2) (−)-薄荷醇的工业规模的生产路线(高沙路线)[4]是由 *N*,*N*-二乙基香叶基胺(**6**)为底物,在手性 Rh(Ⅰ)-(*S*)-BINAP 配合物催化下的对映选择性不对称氢迁移得到(*R*)-香茅醛的(*E*)-烯胺 **7** 开始的:

NEt_2 **6** —(*S*)-BINAP-Rh- 配合物→ NEt_2 **7**

(*R*)-BINAP-Rh-配合物

NEt_2 **8** —(*S*)-BINAP-Rh- 配合物; 手性配合物, e.g., [Rh(COD)(*S*)-BINAP]ClO_4→ NEt_2 **9**

有趣的是,若用 Rh(Ⅰ)-(*R*)-BINAP 配合物为催化剂,*N*,*N*-二乙基橙花基胺(**8**)(参见 **4.2.2.1** 节)也可以作为合成 **7** 的反应底物。当 **6** 用 Rh(Ⅰ)-(*R*)-BINAP 催化则得到 **7** 的对映异构体 **9**,而 **8** 在 Rh(Ⅰ)-(*S*)-BINAP 催化下也生成 **9**。对映选择性的起源可以从由手性的 Rh-BINAP 配合物的环境效应产生的手性识别来讨论[3-5]。

手性烯胺 **7** 在酸性介质(乙酸/H_2O)中水解获得(*R*)-香茅醛(**10**)。**10** 在 Lewis 酸催化下发生分子内羰基烯反应[见(b)]可立体性地生成(−)-长叶异薄荷醇(**11**)。

11 氢化后给出所需的 ee>98%的(−)-薄荷醇。因此,从醛 **10** 经氢化催化也可 438
得到(*R*)-香茅醛(**12**)[4]。

7 (ee > 98%) —AcOH, H_2O; $-HNEt_2$; 95%→ **10** (ee > 98%)

10 —$ZnBr_2$→ **11** (ee > 98%); **10** —H_2, Pd/C→ **12** (ee > 98%)

11 —H_2, Raney-Ni; >95%→ **1** (ee > 98%)

在高沙路线中,每一步反应都有很高的化学产率(95%~100%)和优秀的对映选择性(ee>98%)。

用于 **6** 到 **7** 的对映选择性氢迁移的手性 Rh 配合物非常贵,故在(b)中只给出了工业生产(−)-薄荷醇的最后一步转化。

(b) 1 的合成

第一步,(*R*)-香茅醛(**10**)于 5～10℃的苯溶液中在 $ZnBr_2$ 存在下环化为(－)-长叶异薄荷醇(**11**)。

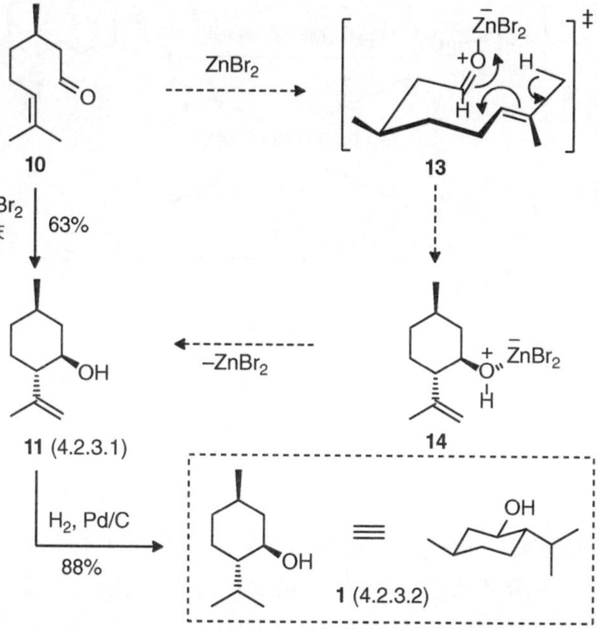

10
ZnBr2
苯
63%
ZnBr2
13
11 (4.2.3.1)
−ZnBr2
14
H2, Pd/C
88%
1 (4.2.3.2)

439 可以认为,反应是从 Lewis 酸对羰基化合物缔合形成氧鎓离子开始的,然后通过类椅式过渡态 **13** 进行羰基的烯反应,过渡态中甲基位于 e 键相位,从而立体选择性地控制了 **11** 中新形成的手性中心的构型。

烯反应通常发生在两个烯基底物之间,其中一个烯烃带一个烯丙基氢,另一个带一个或两个作为亲电组分的吸电子基团或羰基。全碳的烯反应通常遵循周环反应的协同机理,然而羰基烯反应是一个经过碳正离子的两步过程[6]。若有高度有序的反应过渡态,则在产物中可以看到高度立体选择性的手性转移。

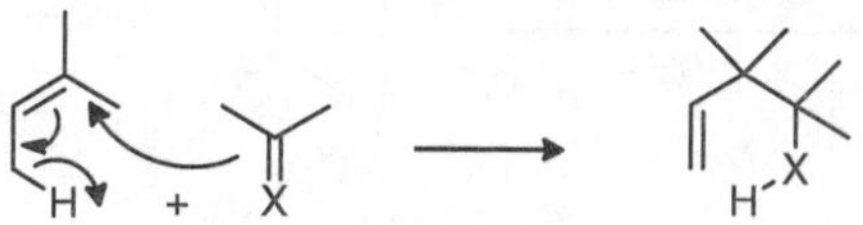

X = CR_2 : 烯反应
X = O : 羰基烯反应

第二步,(－)-长叶异薄荷醇(**11**,参见 **4.1.2.1** 节)经催化氢化生成(－)-薄荷醇 **1**,产率高(88%),对映纯度也高(ee>98%)。

(c) 1 的合成实验操作

4.1.2.1* 长叶异薄荷醇[7]

CHO

$ZnBr_2$, 苯, 5~10 °C, 60 min

5 2 1 OH 2′ 1′

154.3 154.3

在 5℃下和 Ar 气保护下，将 $ZnBr_2$(219 mg，972 μmol)一份份加入(*R*)-香茅醛(150 mg，972 μmol)的无水苯(2 mL)(小心：苯有致癌性)的搅拌溶液中，所得反应混合物在 5～10℃继续搅拌 60 min。

过滤，用乙醚(10 mL)淋洗掉 $ZnBr_2$，滤液用 H_2O(10 mL)、饱和 $NaHCO_3$ 溶液(10 mL)洗涤，用 Na_2SO_4 干燥，过滤，真空除去溶剂，残余物过快速柱色谱(n-C_5H_{12}/乙醚＝10∶1)层析给出无色油状产物(－)-长叶异薄荷醇 94.5 g(63%)，$bp_{2.6}$ 50～60℃，n_D^{20}＝1.469 5，$[\alpha]_D^{20}$＝－18.8(c＝1.0，$CHCl_3$)；R_f＝0.51(乙醚/n-C_5H_{12}＝1∶1)。

IR (NaCl): $\tilde{\nu}$ (cm^{-1}) = 2923, 1645, 1455, 1095, 1027, 886, 846. 440
^{1}H NMR (300 MHz, $CDCl_3$): δ (ppm) = 4.90 (s, 1H, 1′-H_a), 4.86 (s, 1H, 1′-H_b), 3.47 (td, J = 10.4, 4.3 Hz, 1H, 1-H), 2.04 (m_c, 1H, 2-H), 1.94–1.84 (m, 2H, alkyl-CH_2), 1.71 (s, 3H, 2′-CH_3), 1.70–1.63 (m, 2H, alkyl-CH_2), 1.59–1.42 (m, 1H, 5-H), 1.40–1.24 (m, 2H, alkyl-CH_2), 0.95 (d, J = 6.6 Hz, 3H, 5-CH_3).
^{13}C NMR (76 MHz, $CDCl_3$): δ (ppm) = 146.6 (C-2′), 112.9 (C-1′), 70.3 (C-1), 54.1 (C-2), 42.6 (C-6), 34.3 (C-4), 31.4 (C-5), 29.6 (C-3), 22.2 (5-CH_3), 19.2 (C-3′).
MS (EI, 200 eV): m/z (%) = 154.2 (40) $[M]^+$.

4.1.2.2** (－)-薄荷醇[7]

OH

4 bar H_2, Pd/C, EtOH, 18 h

5 2 1 OH

154.3 156.3

将长叶异薄荷醇(参见 **4.1.2.1** 节)(702 mg,4.55 mmol)和 10% Pd/C(200 mg)的乙醇(45 mL)溶液在 20℃、H_2(4 bar)(小心!)保护下振摇 18 h。

用硅藻土过滤除去催化剂,用乙醇(50 mL)洗涤,真空除去溶剂,残余物过快速柱色谱(n-C_5H_{12}/乙醇=9∶1)纯化给出无色固体产物(−)-薄荷醇 627 mg(88%),mp 40~41℃,$[\alpha]_D^{20}$=−37.1(c=2.7,乙醇),R_f=0.51(乙醚/n-C_5H_{12}=1/1)。

IR (NaCl): $\tilde{\nu}$ (cm^{-1}) = 2954, 1455, 1045, 1025.
^{1}H NMR (300 MHz, $CDCl_3$): δ (ppm) = 3.41 (td, J = 10.6, 4.4 Hz, 1H, 1-H), 2.17 (sept of d, J = 7.2, 2.8 Hz, 1H, $\underline{CH}(CH_3)_2$), 1.96 (m_c, 1H, 5-H), 1.71–1.57 (m, 2H), 1.51–1.34 (m, 2H), 1.16–1.06 (m, 1H), 1.05–0.95 (m, 1H), 0.93 (d, J = 4.7 Hz, 3H, $CH(C\underline{H_3})_2$), 0.90 (s, 3H, 5-CH_3), 0.81 (d, J = 4.4 Hz, 3H, $CH(C\underline{H_3})_2$).
^{13}C NMR (76 MHz, $CDCl_3$): δ (ppm) = 71.5 (C-1), 50.1 (C-2), 45.0 (C-6), 34.5 (C-4), 31.6 (C-5), 25.8 ($\underline{C}H(CH_3)_2$), 23.1 (C-3), 22.2 (5-CH_3), 21.0, 16.1 ($CH(\underline{C}H_3)_2$).
MS (EI, 200 eV): m/z (%) = 156.2 (2) $[M]^+$.

441 ## 参考文献

[1] Steglich, W., Fugmann, B., and Lang-Fugmann, S. (eds) (1997) *Römpp Lexikon Naturstoffe*, Georg Thieme Verlag, Stuttgart, p. 392.

[2] *Ullmann's Encyclopedia of Industrial Chemistry* (2003) 6th edn, vol. 14, Wiley-VCH Verlag GmbH, Weinheim, p. 100.

[3] For an instructive overview on menthol synthesis, see: Nicolaou, K.C. and Sorensen, E.J. (eds) (1996) in *Classics in Total Synthesis*, Wiley-VCH Verlag GmbH, Weinheim, p. 343; see also: Schäfer, B. (2013) *Chem. Unserer Zeit*, **47**, 174–182.

[4] Otsuka, S. and Tani, K. (1991) *Synthesis*, **1919**, 665–680.

[5] Inoue, S., Takaya, H., Tani, K., Otsuka, S., Sato, T., and Noyori, R. (1990) *J. Am. Chem. Soc.*, **112**, 4897–4905.

[6] Smith, M.B. (2013) *March's Advanced Organic Chemistry*, 7th edn, John Wiley & Sons, Inc, New York, p. 941.

[7] (a) Tani, K., Yamagata, T., Akutagawa, S., Kumobayashi, H., Taketomi, T., Takaya, H., Miyashita, A., Noyori, R., and Otsuka, S. (1984) *J. Am. Chem. Soc.*, **106**, 5208–5217; (b) Nakatani, Y. and Kawashima, K. (1978) *Synthesis*, **2**, 147–148.

4.1.3 蒿酮

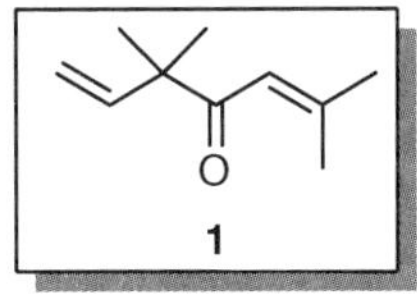

专题
- 单萜酮的合成
- 从羧酸制备酰氯
- 从烯丙基格氏试剂和三甲基氯硅烷制备烯丙基硅烷
- 伴随 C—Si 键断裂和烯丙基翻转的烯丙基硅烷的酰基化

(a) 概述

蒿酮(**1**,3,3,6-三甲基-1,5-庚二烯-4-酮)是从混有 **1** 及其异构体 **2**(异蒿酮)的黄花蒿(艾蒿)和薰衣草棉(檀香艾)中的以太油中分离来的。在 **1** 的生物活性方面,至今没有实际应用的报道[1]。

作为一个 C_{10} 单萜酮,**1** 可以由两个异戊二烯 C_5 单元推测出来。与通常所见的萜类甲羟戊酸路线(参见 4.2.2 节)中的头尾(C-1 到 C-4)定向相接不同,**1** 的两个合成砌块是 C-2 对 C-4 的直线相接。

1 的逆合成分析可在羰基旁的 sp^3 位上切断而给出合成子 **3** 和 **4**,它们又分别推 442
导出 β,β-二甲基烯丙基有机金属和 β,β-二甲基丙烯酸(**5**/**6**)。

根据有机金属化合物 **5** 和酸 **6** 之间发生位置选择性酰基化反应的逆合成路线,**1** 的合成是有问题的,因为亲电进攻必须要在一个可能的烯丙基有机金属化合物 **5** 中有更多立体阻碍的位置上发生反应。如在(b)中所讨论的,应用烯丙基硅烷[2]可以很好地解决此问题,所需的酰基化过程完全实现了烯丙基翻转。

(b) 1 的合成

第一步,从异戊烯基溴(**7**)所得的格氏试剂 **8** 同三甲基氯硅烷反应得到需要的 β,

β-二甲基烯丙基硅烷 **9**[3]。值得注意的是三甲基氯硅烷的亲电进攻是在带有 C—Mg 键的烯丙基格氏试剂 **8** 的 CH_2 一侧发生的。

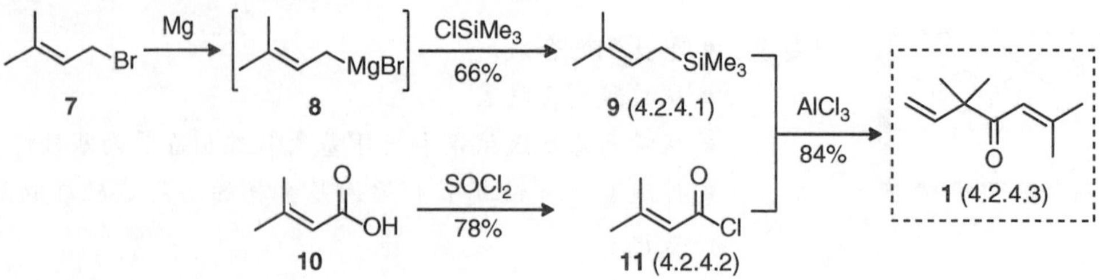

酰氯 **11** 的制备是由千里光酸(**10**)与 $SOCl_2$ 反应得到的。

最后一步,烯丙基硅烷 **9** 和酰氯 **11** 在 $AlCl_3$ 存在下反应。从产物 **1** 的结构可以看出,**9** 的亲电酰基化和 **8→9** 的反应模式不同,即在 C—Si 键断裂的同时发生了烯丙基翻转。可以认为,酰化过程(**9→1**)包括一个环状过渡态 **12**,**12** 经由 $AlCl_3$ 对酰氯 **11** 中的羰基配合,再有可能在 C—Si 断裂后形成能量较大的 Si—Cl 键这一复杂过程。

443 因此,通过三步会聚反应以总收率 55%[以千里光酸(**10**)计]得到了目标分子 **1**。

(c) 1 的合成实验操作

4.1.3.1* 1-三甲硅基-3-甲基-2-丁烯[4]

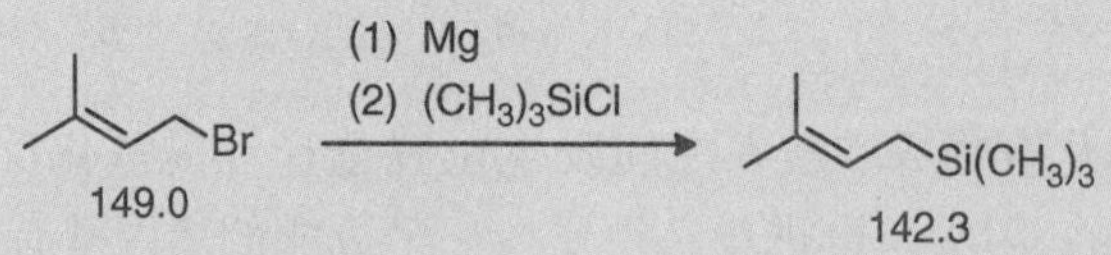

将镁屑(14.6 g,0.60 mol)置于无水 THF(160 mL)内加入一粒晶体碘和 1-溴-3-甲基-丁-2-烯(1 g),格氏反应很快发生(碘的颜色消失)。搅拌反应液,置冰浴中于 40 min 内再滴加 1-溴-3-甲基-丁-2-烯(29.8 g,0.20 mol,总量包括之前的 1 g)和三甲基氯硅烷(20.6 g,0.19 mol)的无水 THF(60 mL)溶液。滴加完毕后反应液在 0℃下搅拌 30 min 后升到室温再搅拌反应 15 h。

过滤除去过量的镁，滤液冷却到－20℃，在搅拌下慢慢滴加饱和的 NH_4Cl 溶液(150 mL)。相分离，水相用乙醚(50 mL)萃取。合并有机相，置 Na_2SO_4 干燥后，过滤，蒸去溶剂，残余物分馏给出无色油状产物 17.7 g(66%)，bp_{300} 100～101℃，n_D^{20} = 1.430 8。

IR (film): $\tilde{\nu}$ (cm^{-1}) = 1675 (弱, C=C), 1250, 865.
^{1}H NMR (300 MHz, $CDCl_3$): δ (ppm) = 5.09 (t_{br}, J = 8.5 Hz, 1H, =CH), 1.67, 1.53 (2 × s_{br}, 2 × 3H, 2 × =C–CH_3), 1.36 (d, J = 8.5 Hz, 2H, =C–CH_2), 0.05 (s, 9H, Si(CH_3)$_3$).

4.1.3.2* 3,3-二甲基丙烯酰氯(千里光酰氯)[5]

SOCl$_2$
100.1 118.6

将异戊烯酸(3,3-二甲基丙烯酸，50.0 g，0.50 mol)和氯化亚砜(89.2 g，0.75 mol)的无水 N,N-二甲基甲酰胺(DMF)(1 滴)溶液加热回流直到初始剧烈的放气(注意：产生 SO_2 和 HCl 气体)现象消失(约需 2 h)。

过量的氯化亚砜蒸馏除去(在通风橱中操作!)，残余物真空蒸馏给出无色油状产 444
物酰氯 64.1 g(78%)，bp_{13} 52～53℃。

IR (film): $\tilde{\nu}$ (cm^{-1}) = 1765, 1730, 1600.
^{1}H NMR (300 MHz, $CDCl_3$): δ (ppm) = 6.05 (sept, J = 1.5 Hz, 1H, =C–H), 2.14, 1.97 (2 × d, J = 1.5 Hz, 2 × 3H, 2 × =C–CH_3).

4.1.3.3** 蒿酮(3,3,6-三甲基-1,5-庚二烯-4-酮)[3]

AlCl$_3$
142.3 118.6 152.2

0℃下，将 3,3-二甲基丙烯酰氯(参见 **4.1.3.2** 节)(5.93 g，50.0 mmol)加到无水 $AlCl_3$(6.67 g，50.0 mmol)的无水 CH_2Cl_2(25 mL)溶液中。将所得溶液在－65℃下，在 30 min 内滴加到烯丙基硅烷(参见 **4.1.3.1** 节)(7.83 g，55.0 mmol)的 CH_2Cl_2

(50 mL)搅拌液中,滴加完后继续搅拌反应 10 min。

反应混合物倒入剧烈搅拌的 NH_4Cl(30 g)和碎冰(100 g)中,相分离,水相用 CH_2Cl_2(2×50 mL)萃取。合并有机相,置 Na_2SO_4 干燥后过滤,蒸馏除去溶剂,残余物真空分馏给出带有芳香味的无色油状产物 6.35 g(84%),bp_{20} 80～81℃;n_D^{20} = 1.467 0。

IR (film): $\tilde{\nu}$ (cm^{-1}) = 3090, 1670, 1635.
^{1}H NMR (300 MHz, $CDCl_3$): δ (ppm) = 6.18 (s_{br}, 1H, 5-H), 5.94–4.91 (m, 3H, 1-H_2, 2-H), 2.10, 1.89 (2 × s, 2 × 3H, 2 × 6-CH_3), 1.18 (2 × 3H, 2 × 3-CH_3).

注意:可以制备下列衍生物:

1) 2,4-二硝基苯肼,mp 66～67℃;2) 缩氨基脲,mp 71～72℃。

参考文献

[1] Steglich, W., Fugmann, B., and Lang-Fugmann, S. (eds) (1997) *Römpp Lexikon Naturstoffe*, Georg Thieme Verlag, Stuttgart, p. 58.

[2] (a) Hosomi, A. (1988) *Acc. Chem. Res.*, **21**, 200–206; (b) Mayr, H. and Patz, M. (1994) *Angew. Chem.*, **106**, 990–1010; *Angew. Chem. Int. Ed. Engl.*, (1994), **33**, 938–957.

[3] Pillot, J.P., Dunogues, J., and Calas, R. (1976) *Tetrahedron Lett.*, **17**, 1871–1872.

[4] Hosomi, A. and Sakurai, H. (1978) *Tetrahedron Lett.*, **19**, 2589–2592.

[5] Staudinger, H. and Ott, E. (1911) *Ber. Dtsch. Chem. Ges.*, **44**, 1633–1637.

4.1.4 Veticadinol 445

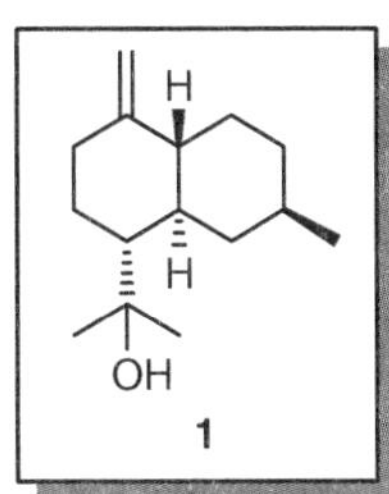

专题
- 倍半萜 Veticadinol 的合成
- 克脑文格缩合
- Lewis 酸促进的分子内烯反应
- Krapcho 脱羧反应
- Prins 反应(氧杂烯反应)
- 甲磺酰化和亲核取代
- 分子内烷基化
- 格氏反应

(a) 绪论

Veticadinol(**1**)是一种倍半萜天然产物[1],它在自然界中来自甲羟戊酸。它最先是和其他几个萜类化合物一起于 1961 年从岩兰草根通过水蒸气蒸馏而得到的岩兰草油中提取获得的[2]。尽管发表了几条合成路线,但是它们仅仅得到产品的混合物。第一条立体选择性合成 Veticadinol 的路线是以(*R*)-香茅醛(**7**)和丙二酸二甲酯(**6**)为原料,经过 8 步反应,总产率为 33%,这条路线是由 Tietze 及其同事于 1988 年发现的[3]。

1 经过逆合成分析推导出酯 **2**,化合物 **2** 与 CH_3MgI 反应即可得到叔醇 **1**[4]。十氢化萘骨架断裂推出醇 **3**,**3** 活化后作为碘负离子可以在合成中用于与酯烯醇烷基化。核心逆合成步骤是逆 Prins 反应(**3**→**4**),再经过逆-烯反应推导出 **5**。**5** 可以很容易由醛 **7** 和丙二酸二甲酯 **6** 经过 Knoevenagel 缩合而得到。

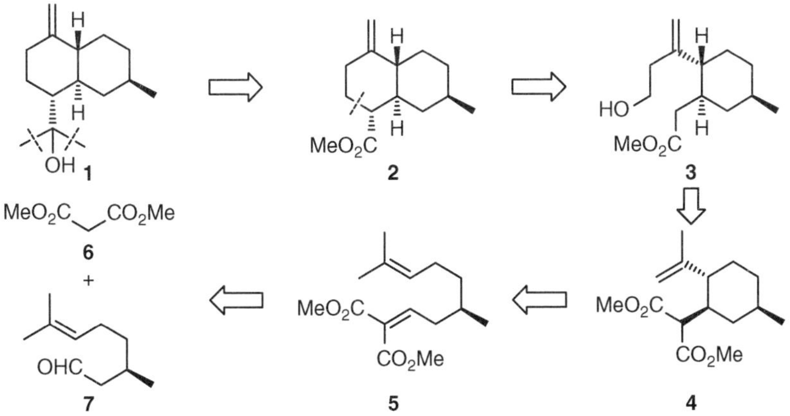

(b) 1 的合成 446

香茅醛(**7**)(ee = 97%)和丙二酸二甲酯(**6**)在乙酸哌啶盐存在下发生

Knoevenagel 缩合反应[5]，以 82%的产率得到亚烷基-1，3-二酸酯 **5**。合成化合物 Veticadinol(**1**)的关键步骤是随后的 **5** 进行 Lewis 酸促进的分子内烯反应[6]。以 86%的产率得到具有很好的选择性(高纯的和诱导的非对映选择性)的 *trans*-1，2-二取代环己烷 **4**。然后，**4** 中酯的羰基部分用 NaCl 在二甲基亚砜(DMSO)中于 150℃除去(Krapcho 反应)[7]。在该一锅法转化中，甲酯首先通过对甲基部分的亲核取代而给出相应的酸，然后脱羧生成产物 **8**。酯基在通常情况下是通过水解断裂的，但是在本例中，产率很低。

接下来合成目标产物 **1** 的一步是用甲醛和二甲基氯化铝的氧杂烯反应(Prins 反应)[8]。这个反应不像普通的烯反应一样协同转化，而是经过一个碳正离子中间体逐步进行。通过关环生成十氢化萘 **2**，**3** 中的醇组分先和对甲苯磺酰氯反应转化成相应的甲苯磺酸盐 **9**；**9** 然后和碘甲烷在丙酮中发生亲核取代反应以两步总产率 87%生成碘代物 **10**。

447 **10** 和 LDA 形成酯的烯醇化物后发生分子内烷基化反应以 92%产率生成化合物 **2**。最后一步是在 **2** 的酯组分上与甲基格氏试剂发生双重的格氏反应生成目标化合物 **1**，产率 77%。因此，从丙二酸酯和几乎纯的对映异构体香茅醛出发，经过 8 步反应,得到总产率为 33%的化合物 Veticadinol(**1**)。

如前所述,**5** 到 **4** 的烯反应有着高纯的和诱导的非对映选择性。在这个转化过程中,存在一个甲基位于 e 键相位的类椅式过渡态 K-1。这个椅式构象受到两个三重取代烯基上 1,3-烯丙基张力所控制[9],这可以解释产物的选择性为 1,2-取代的反式关系。

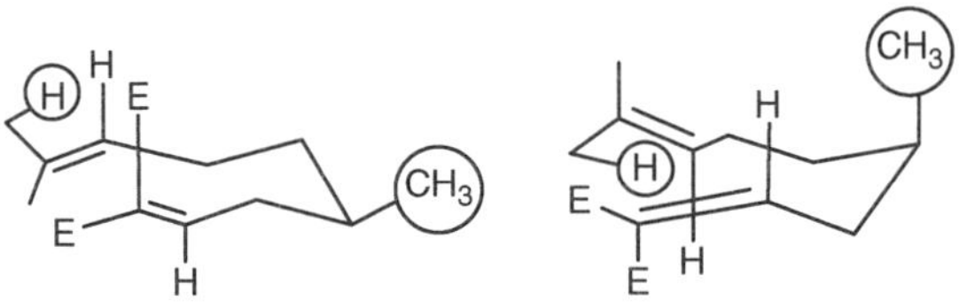

K-1　　K-2

E = CO_2Me

由于在亲烯醇体上的两个吸电子基团,它的最低空轨道(LUMO)的能量是较低的,导致反应活化能降低[10]。在等当量 Lewis 酸 $ZnBr_2$ 的存在下,酯中羰基配位而使亲烯醇体的 LUMO 轨道能量进一步降低,从而使反应在室温下就能进行。烯化反应是一种没有任何中间体以协同方式进行的环转化反应。它和 Diels-Alder 反应相似,但是,该反应的活化能因涉及碳氢键的断裂通常比 D-A 反应高。

trans-1,2-二取代环己烷部分生成时的(简单的非对映选择性)$d_r > 99.1:0.9$,而甲基对两个新形成的立体中心相对相位选择性是 96.6∶3.4(诱导的非对映选择性)。这一点与环己烷上甲基的 A 值为 12.1 kJ·mol^{-1}是一致的。因此,反应通过甲基位于 a 键相位的 K-2 过渡态进行是不利的。利用催化量的负载于 Al_2O_3 上的 $FeCl_3$(10%),**5** 在−78℃的烯反应的选择性和产率还可以进一步提高,获得产物 **4**,诱导 $d_r = 98.82:1.18$,产率 94%。[11]

有意思的是烯反应可以在只带有一个酯基的亲烯醇体上进行。在这种情况下,反应温度必须要提高,从而得到等量的低产率的 *cis*/*trans*-1,2-二取代环己烷的混合物。

(c) 1 的合成实验操作 448

4.1.4.1　(3*R*)-2-(3,7-二甲基辛-6-亚乙烯基)-丙二酸二甲酯[3]

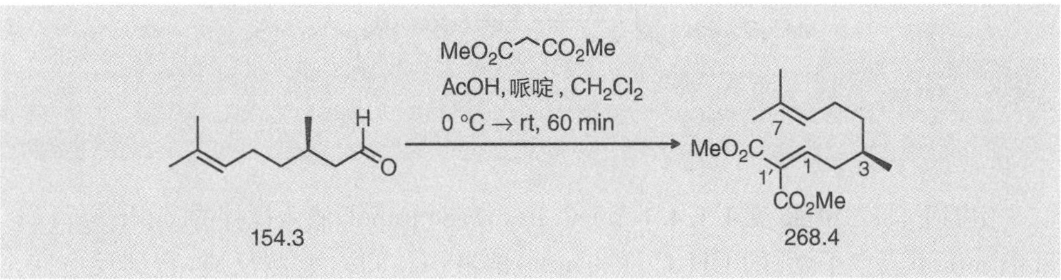

$MeO_2C\frown CO_2Me$
AcOH, 哌啶, CH_2Cl_2
0 °C → rt, 60 min

154.3　　268.4

在 0℃下,将乙酸(60. 1 mg,1. 00 mmol)和哌啶(85. 2 mg,1. 00 mmol)滴入搅拌的(*R*)-香茅醛(1. 54 g,10. 0 mmol)和丙二酸二甲酯(1. 45 g,11. 0 mmol)的二氯甲烷(5. 00 mL)溶液中。反应液室温反应 45 min 后,进一步加入等分量的乙酸(60. 1 mg,1. 00 mmol)和哌啶(85. 2 mg,1. 00 mmol),反应继续在室温搅拌 15 min。

真空下旋除溶剂,残留物溶于乙醚(50 mL)中,得到溶液水洗(2×10 mL)。水相合并后再用乙醚萃取(2×10 mL)。合并有机相,有机相先后用饱和 $NaHCO_3$(10 mL)、水(10 mL)和盐水(10 mL)洗涤,无水硫酸钠干燥,过滤,真空下旋除溶剂。残留物过硅胶柱色谱纯化,洗脱液石油醚/丙酮(8∶2),得到无色油状对空气敏感的产物 2. 20 g(82%),$[\alpha]_D^{20}=-8.2$(c=1,CH_3CN),R_f=0. 51(乙醚/正己烷=1∶1)。

UV (CH_3CN): λ_{max} (nm) (lg ε) = 210 (4.13).
IR (NaCl): $\tilde{\nu}$ (cm^{-1}) = 2960, 2920, 2860, 1730, 1645, 1435, 1375, 1260, 1225, 1060.
^{1}H NMR (300 MHz, $CDCl_3$): δ (ppm) = 7.03 (t, J = 8.0 Hz, 1H, 1-H), 5.04 (tsept, J = 7.0, 1.4 Hz, 1H, 6-H), 3.79 (s, 3H, CO_2CH_3), 3.75 (s, 3H, CO_2CH_3), 2.28 (ddd, J = 14.8, 7.6, 5.7 Hz, 1H, 2-H_A), 2.12 (dt, J = 15.7, 7.9 Hz, 1H, 2-H_B), 2.03–1.84 (m, 2H, 5-H_2), 1.65 (s, 3H, 7-CH_3), 1.64 (t, J = 6.8 Hz, 1H, 3-H), 1.56 (s, 3H, 7-CH_3), 1.39–1.25 (m, 1H, 4-H_A), 1.25–1.09 (m, 1H, 4-H_B), 0.89 (d, J = 6.6 Hz, 3H, 3-CH_3).
^{13}C NMR (126 MHz, $CDCl_3$): δ (ppm) = 166.1, 164.5 (2 × $\underline{C}O_2CH_3$), 149.6 (C-1), 131.7 (C-7), 128.7 (C-1′), 124.4 (C-6), 52.4, 52.3 (2 × $CO_2\underline{C}H_3$), 37.0 (C-2), 36.9 (C-4), 32.6 (C-3), 25.8 (C-5), 25.6 (7-CH_3), 19.7 (3-CH_3), 17.8 (C-8).
MS (EI, 70 eV): m/z (%) = 268 (1) $[M]^+$, 237 (2) $[M-CH_3O]^+$, 236 (3) $[M-CH_3OH]^+$, 209 (2) $[M-C_2H_3O_2]^+$, 208 (5) $[M-C_2H_4O_2]^+$, 204 (16)
449 $[M-2CH_3OH]^+$, 136 (47) $[C_{10}H_{16}]^+$, 121 (24) $[136-CH_3]^+$, 109 (23) $[C_8H_{13}]^+$, 69 (57) $[C_5H_9]^+$, 67 (19) $[C_5H_7]^+$, 59 (17) $[C_2H_3O_2]^+$, 55 (29) $[C_4H_7]^+$, 41 (100) $[C_3H_5]^+$.

4. 1. 4. 2 (1*R*,2*R*,5*R*)-2-[(2-异丙基-5-甲基)-环己基-1-基]丙二酸二甲酯[3]

MeO_2C ... CO_2Me 268.4 —— $ZnBr_2$, CH_2Cl_2, rt,15~30 min ——> MeO_2C ... CO_2Me 268.4

室温下,将二甲酯(见 **4. 1. 4. 1** 节)(2. 10 g,7. 84 mmol)滴入搅拌的 $ZnBr_2$(1. 17 g,8. 04 mmol,真空干燥)的 CH_2Cl_2(20 mL)溶液中。TLC 监测反应,直到反应完全

(15～30 min)。

真空下旋除溶剂，残留物溶于乙醚(40 mL)中，水洗(2×10 mL)，合并水相后再用乙醚萃取(3×10 mL)。合并有机相，有机相先后用饱和 $NaHCO_3$ (10 mL)和盐水(10 mL)洗涤，再用无水硫酸钠干燥，过滤，真空下浓缩。残留物过硅胶柱色谱纯化，洗脱液乙醚/石油醚(1∶4)，得到 1.72 g 产物(86%)，$bp_{0.5}$ 128～129℃，$[\alpha]_D^{20}=-31.5$ ($c=1$, CH_3CN)，$R_f=0.56$(乙醚/正己烷=1∶1)。

IR (NaCl): $\tilde{\nu}$ (cm^{-1}) = 3065, 2950, 2920, 2860, 1750, 1735, 1645, 1435, 1155, 1035, 1020, 895.
^{1}H NMR (300 MHz, $CDCl_3$): δ (ppm) = 4.76–4.73 (m, 1H, 1″-H_A), 4.70–4.67 (m, 1H, 1″-H_B), 3.67 (s, 6H, 2×CO_2CH_3), 3.56 (d, J = 3.4 Hz, 1H, 2-H), 2.08 (tt, J = 11.5, 3.4 Hz, 1H, 1′-H), 2.01 (td, J = 11.1, 3.5 Hz, 1H, 2′-H), 1.61 (s, 3H, 2″-CH_3), 1.76–1.58 (m, 3H), 1.46–1.26 (m, 2H), 1.14–0.86 (m, 2H) (3′-H_2, 4′-H_2, 5′-H, 6′-H_2) 0.91 (d, J = 6.5 Hz, 3H, 5′-CH_3).
^{13}C NMR (126 MHz, $CDCl_3$): δ (ppm) = 170.1, 169.0 (C-1, C-3), 147.5 (C-2″), 112.3 (C-1″), 53.21 (C-2), 52.19, 51.80 (2×$CO_2\underline{C}H_3$), 48.6 (C-2′), 39.88 (C-1′), 36.5 (C-6′), 34.6 (C-4′), 32.7 (C-5′), 32.3 (C-3′), 22.5 (5′-CH_3), 18.9 (C-3″).
MS (EI, 70 eV): m/z (%) = 268 (4) $[M]^+$, 250 (1) $[M-H_2O]^+$, 237 (3) $[M-CH_3O]^+$, 236 (3) $[M-CH_3OH]^+$, 209 (3) $[M-C_2H_3O_2]^+$, 208 (7) $[M-C_2H_4O_2]^+$, 137 (19) $[C_{10}H_{17}]^+$, 136 (100) $[C_{10}H_{16}]^+$, 132 (16) $[C_5H_8O_4]^+$, 121 (35) $[C_9H_{13}]^+$, 107 (41) $[C_8H_{11}]^+$, 94 (14) $[C_7H_{10}]^+$, 93 (34) $[C_7H_9]^+$, 79 450
(21) $[C_6H_7]^+$, 59 (10) $[C_2H_3O_2]^+$.

4.1.4.3　(1*R*,2*R*,5*R*)-[(2-异丙基-5-甲基)环己基-1-基]乙酸甲酯[3]

NaCl, DMSO/H_2O
150 °C, 4 h
268.4　　210.3

将 NaCl(454 mg, 7.77 mmol)和 H_2O(430 mg, 23.9 mmol)加入丙二酸二甲酯(见 **4.1.4.2** 节)(1.60 g, 5.97 mmol)的 DMSO(9 mL)溶液中。混合液加热到 150℃并在此温度下反应 4 h。

反应液冷却至室温，混合液加水(30 mL)稀释，然后用石油醚(6×15 mL)萃取。合并有机相并用盐水洗，无水硫酸钠干燥，过滤，真空下旋除溶剂。残留物过硅胶柱色谱纯化，洗脱液为乙醚/石油醚(1∶9)，得到产物 1.15 g(92%)，$[\alpha]_D^{20}=-24.3$(c=

1,CH_3CN),R_f=0.56(乙醚/正己烷=1∶1)。

IR (NaCl): $\tilde{\nu}$ (cm^{-1}) = 3070, 2950, 2920, 2860, 1740, 1645, 1435, 1375, 1160, 890.
^{1}H NMR (300 MHz, $CDCl_3$): δ (ppm) = 4.72–4.67 (m, 2H, 1″-H_2), 3.61 (s, 3H, OCH_3), 2.47–2.33 (m, 1H, 2-H_A), 1.66 (s, 3H, 3″-H_3), 1.91–1.54 (m, 5H), 1.46–1.28 (m, 3H), 1.00–0.86 (m, 1H) (2-H_B, 1′-H, 2′-H, 3′-H_2, 4′-H_2, 5′-H, 6′-H_{eq}), 0.84 (d, J = 6.5 Hz, 3H, 5′-CH_3), 0.72–0.58 (m, 1H, 6′-H_{ax}).
^{13}C NMR (126 MHz, $CDCl_3$): δ (ppm) = 174.1 (C-1), 148.3 (C-2″), 111.8 (C-1″), 51.6, 51.4 (C-2′, OCH_3), 41.3 (C-2), 39.5 (C-6′), 36.5 (C-1′), 35.0 (C-4′), 32.5 (C-5′), 32.2 (C-3′), 22.7 (5′-CH_3), 19.0 (C-3″).
MS (EI, 70 eV): m/z (%) = 210 (19) $[M]^+$, 195 (3) $[M-CH_3]^+$, 179 (13) $[M-CH_3O]^+$, 178 (19) $[M-CH_3OH]^+$, 137 (57) $[C_{10}H_{17}]^+$, 136 (100) $[C_{10}H_{16}]^+$, 121 (41) $[136-CH_3]^+$, 107 (54) $[C_8H_{11}]^+$, 95 (53) $[C_7H_{11}]^+$, 81 (68) $[C_6H_9]^+$, 67 (45), $[C_5H_7]^+$, 55 (45), $[C_4H_7]^+$, 43 (30) $[C_3H_7]^+$, 41 (95) $[C_3H_5]^+$.

451

4.1.4.4 (1*R*,2*R*,5*R*)-2-{[(2-(4-羟基-1-丁烯-2-基)-5-甲基]环己基-1-基}乙酸甲酯[3]

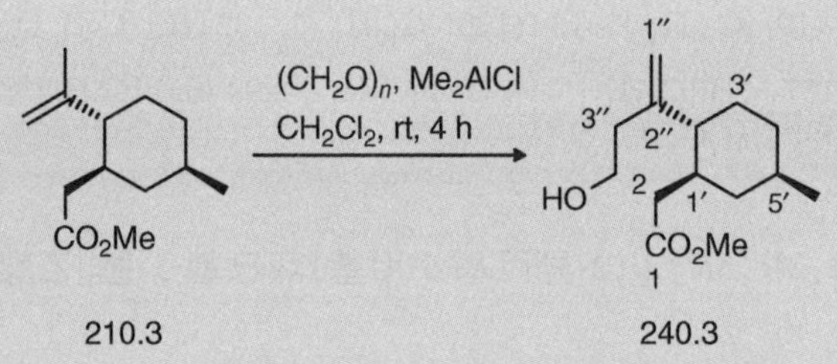

在 0℃下,将 1 mol/L 的二甲基氯化铝的正己烷溶液(6.67 mL,6.67 mmol)滴入甲酯(见 **4.1.4.3** 节)(1.00 g,4.76 mmol)和多聚甲醛(129 mg,4.29 mmol)的 CH_2Cl_2(14 mL)搅拌液中。室温搅拌 2 h 后,再缓慢滴加多聚甲醛(129 mg,4.29 mmol),反应液在室温下再反应 2 h。

将乙醚(10 mL)和饱和 NaH_2PO_4 溶液(5 mL)加入反应液中,滴加 10%的 HCl 溶液使生成的白色沉淀溶解,分出有机相,水相用乙醚萃取(3×10 mL)。合并有机相并用盐水洗,无水硫酸钠干燥,过滤,真空下旋除溶剂,残留物过硅胶柱色谱纯化,洗脱液乙醚/石油醚(1∶1),得到无色油状羟基酯 929 mg(81%),$[\alpha]_D^{20}$ = −38.4 (c = 1.0,CH_3CN),R_f=0.19(乙醚/正己烷=1∶1)。

IR (NaCl): $\tilde{\nu}$ (cm^{-1}) = 3390, 3060, 2940, 2910, 2850, 1735, 1635, 1435, 1360, 1155, 1030, 885.

^{1}**H NMR** (300 MHz, $CDCl_3$): δ (ppm) = 4.90–4.87 (m, 1H, 1″-H_A), 4.86–4.83 (m, 1H, 1″-H_B), 3.73 (t, J = 6.2 Hz, 2H, 4″-H_2), 3.63 (s, 3H, OCH_3), 2.49–2.39 (m, 1H), 2.24 (t, J = 6.2 Hz, 2H, 3″-H_2), 2.00–1.20 (m, 9H), 1.00–0.83 (m, 1H) (2-H_2, 1′-H, 2′-H, 3′-H_2, 4′-H_2, 5′-H, 6′-H_{eq}, OH), 0.87 (d, J = 6.5 Hz, 3H, 5′-CH_3), 0.70 (q, J = 12.0, 1H, 6′-H_{ax}).
^{13}**C NMR** (126 MHz, $CDCl_3$): δ (ppm) = 174.1 (C-1), 149.1 (C-2″), 111.7 (C-1″), 60.9 (C-4″), 51.5, 50.6 (C-2′, OCH_3) 41.5 (C-2), 39.5 (C-6′), 37.3 (C-1′,C-3″), 35.1 (C-4′), 33.4 (C-3′), 32.5 (C-5′), 22.6 (5′-CH_3).
MS (EI, 70 eV): m/z (%) = 240 (0.1) $[M]^+$, 222 (20) $[M-H_2O]^+$, 210 (100) $[M-CH_2O]^+$, 178 (33) $[210-CH_3OH]^+$, 167 (36) $[M-C_3H_5O_2]^+$, 137 (49) $[C_{10}H_{17}]^+$, 136 (90) $[C_{10}H_{16}]^+$, 121 (53) $[136-CH_3]^+$, 41 (61) $[C_3H_5]^+$.

4.1.4.5 (1*R*,2*R*,5*R*)-2-{[2-(4-对甲苯磺酰氧基-1-丁烯-2-基)-5-甲基]-环己基-1-基}-乙酸甲酯[3] 452

TosCl, pyridine
0 °C → 4 °C, 12 h
HO
CO_2Me
240.3
TosO
CO_2Me
394.5

将羟基酯(见**4.1.4.4**节)(800 mg,3.33 mmol)的吡啶(1.05 g,13.3 mmol)的溶液冷却到0℃,加入对甲苯磺酰氯(630 mg,3.33 mmol)。所得混合液在0℃搅拌1 h后在4℃过夜反应。

然后在冰冷的HCl(2 mol/L,50 mL)和冰冷的乙醚(20 mL)中分层。水相用乙醚(3×20 mL)萃取。合并有机相,用HCl(2 mol/L)洗涤除去吡啶,然后用饱和$NaHCO_3$溶液(10 mL)和盐水(10 mL)洗涤,无水硫酸钠干燥,过滤,真空下浓缩。残留物无须纯化可以直接用于下一步反应。通过硅胶柱色谱,洗脱液用乙醚/石油醚(1∶4)得到分析纯样品1.22 g(93%),$[\alpha]_D^{20}=-19.6$(c=1,CH_3CN),R_f=0.44(乙醚/正己烷=1∶1)。

UV (CH_3CN): λ_{max} (nm) (lg ε) = 273 (2.76), 267 (2.81), 262 (2.81), 255 (2.76), 225 (4.11).
IR (NaCl): $\tilde{\nu}$ (cm^{-1}) = 3060, 3020, 2940, 2920, 2850, 1735, 1640, 1595, 1360, 1190, 1175, 965, 905, 815, 770, 660.
^{1}**H NMR** (200 MHz, $CDCl_3$): δ (ppm) = 7.88–7.32 (m, 4H, Ar–H), 4.87 (s, 1H, 1″-H), 4.74 (m_c, 1H, 1″-H), 4.13 (t, J = 7.0 Hz, 2H, 4″-H), 3.64 (s, 3H,

OCH_3), 2.46 (s, 3H, Ar–H), 2.38 (m_c, 1H), 2.32 (tm, J = 7.0 Hz, 2H, 3″-H), 1.94–1.27 (m, 7H), 1.20 (dqm, J = 13.0, 3.0 Hz, 1H), 0.98–0.78 (m, 1H), 0.86 (d, J = 6.5 Hz, 3H, 5′-CH_3), 0.66 (dt, J = 13.0, 11.5 Hz, 1H, 6′-H_{ax}).

^{13}C NMR (50 MHz, $CDCl_3$): δ (ppm) = 173.5 (C-1), 146.9 (C-2″), 144.8, 133.2 (Ar–C), 129.9, 127.9, 112.3 (C-1″), 68.83 (C-4″), 51.26, 50.50 (C-2′, OCH_3), 41.13 (C-2), 39.12 (C-6′), 36.89 (C-1′), 34.87 (C-4′), 32.80, 32.59 (C-3′, C-3″), 32.23 (C-5′), 22.43 (5′-CH_3), 21.57 (Ar–CH_3).

MS (EI, 70 eV): m/z (%) = 394 $[M]^+$, 363 (3) $[M-CH_3O]^+$, 362 (3) $[M-CH_3OH]^+$, 334 (3) $[M-CH_3OH+CO]^+$, 222 (47) $[C_{14}H_{22}O_2]^+$, 193 (35) $[222-CH_3O]^+$, 148 (84) $[222-C_3H_6O_2]^+$, 91 (61) $[C_7H_7]^+$, 74 (100) $[C_3H_6O_2]^+$, 41 (37) $[C_3H_5]^+$.

453 4.1.4.6 (1*R*,2*R*,5*R*)-2-{[2-(4-碘-1-丁烯-2-基)-5-甲基]-环己基-1-基}-乙酸甲酯[3]

NaI,丙酮
rt, 12 h

394.5 350.2

室温下将碘化钠(2.09 g,13.9 mmol)加入到甲苯磺酸酯(见 **4.1.4.5** 节)(1.10 g,2.78 mmol)的丙酮(11.0 mL)溶液中。混合液室温下反应 12 h。

过滤除去对甲苯磺酸钠,滤液中加入石油醚(20 mL)和水(10 mL)分层分液。有机相用无水硫酸钠干燥,过滤,真空下旋除溶剂(浴温 20℃)。残留物无须纯化可以直接用于下一步反应。通过硅胶柱色谱纯化,洗脱液用乙醚/石油醚(1∶7)得到容易分解而带有红色的分析纯样品 919 mg(94%),$[\alpha]_D^{20} = -30.7$(c = 1,CH_3CN),R_f = 0.55(乙醚/正己烷=1∶1)。

UV (CH_3CN): λ_{max} (nm) (lg ε) = 252 (2.83).

IR (NaCl): $\tilde{\nu}$ (cm^{-1}) = 3060, 2940, 2910, 2850, 1735, 1640, 1430, 1360, 1155, 895.

^{1}H NMR (200 MHz, $CDCl_3$): δ (ppm) = 4.92 (s, 1H, 1″-H), 4.84 (m_c, 1H, 1″-H), 3.65 (s, 3H, OCH_3), 3.24 (tm, J = 7.5 Hz, 2H, 4″-H), 2.54 (tm, J = 7.5 Hz, 2H, 3″-H), 2.50 (m_c, 1H), 2.00–1.16 (m, 8H), 0.88 (d, J = 6.5 Hz, 3H, 5′-CH_3), 1.04–0.80 (m, 1H), 0.70 (dt, J = 13.0, 11.5 Hz, 1H, 6′-H_{ax}).

^{13}C NMR (50 MHz, $CDCl_3$): δ (ppm) = 173.6 (C-1), 151.0 (C-2″), 111.5 (C-1″), 51.32, 50.07 (C-2′, OCH_3), 41.18 (C-2), 39.23 (C-6′), 38.53 (C-3″),

37.13 (C-1′), 34.99 (C-4′), 33.28 (C-3′), 32.22 (C-5′), 22.45 (5′-CH_3), 3.07 (C-4″).

MS (EI, 70 eV): *m*/*z* (%) = 319 (5) $[M-CH_3O]^+$, 276 (2) $[M-C_3H_6O_2]^+$, 223 (61) $[M-I]^+$, 149 (80) $[M-C_3H_6IO_2]^+$, 93 (100), 81 (61) $[C_6H_9]^+$, 74 (67) $[C_3H_6O_2]^+$, 67 (41) $[C_5H_7]^+$, 55 (68) $[C_4H_7]^+$, 41 (80) $[C_3H_5]^+$.

4.1.4.7 (1*R*,5*R*,6*R*,8*R*)-8-甲基-2-亚甲基-双环[4.4.0]葵烷-5-甲酸甲酯[3] 454

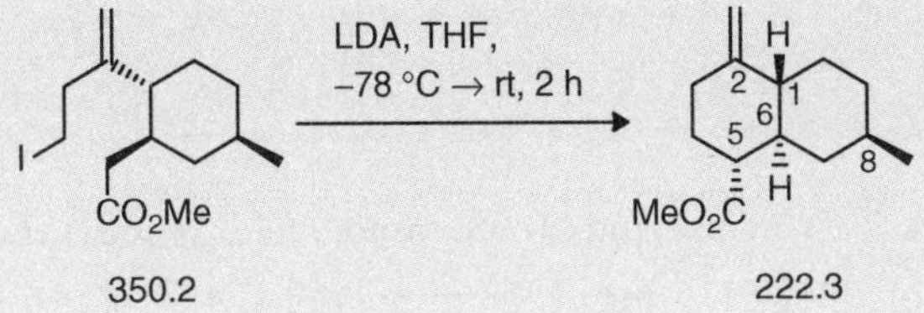

在0℃下，将 *n*-BuLi 的正己烷溶液（1.6 mol/L，2.15 mL，3.43 mmol）加入 $^i Pr_2NH$（389 mg，3.84 mmol）的 THF（29 mL）溶液中。搅拌 5 min 后，将反应液冷却至－78℃。将碘化酯（见 **4.1.4.6** 节）（800 mg，2.29 mmol）的 THF（2.0 mL）溶液在 15 min 内逐滴滴加到反应液中。所得混合物在 2 h 内升至室温。

往反应液中加入饱和 NH_4Cl（2.5 mL）溶液，然后用石油醚（60 mL）稀释。有机相用水（20 mL）和盐水（20 mL）洗涤，无水硫酸钠干燥，过滤，真空下浓缩。过硅胶柱色谱纯化，洗脱液乙醚/石油醚（1∶1），得到产品 466 mg（92%），$[\alpha]_D^{20} = -10.4$（c = 1，CH_3CN），R_f = 0.57（乙醚/正己烷 = 1∶1）。

IR (NaCl): $\tilde{\nu}$ (cm^{-1}) = 3090, 3000, 2930, 2875, 2850, 1740, 1650, 1435, 1370, 1160, 895.

^{1}H NMR (200 MHz, $CDCl_3$): δ (ppm) = 4.71 (m_c, 1H, C=CH_2), 4.61 (m_c, 1H, C=CH_2), 3.69 (s, 3H, OCH_3), 2.47–2.33 (m, 1H), 2.24 (ddd, *J* = 12.3, 11.0, 3.5 Hz, 1H, 5-H_{ax}), 2.10 (dddm, *J* = 14.0, 4.5, 3.0 Hz, 1H, 3-H_{eq}), 2.03–1.19 (m, 9H), 1.09–0.84 (m, 1H), 0.87 (d, *J* = 6.5 Hz, 3H, 8-CH_3), 0.74 (q, *J* = 12.0 Hz, 1H, 7-H_{ax}).

^{13}C NMR (50 MHz, $CDCl_3$): δ (ppm) = 175.8 (5 C-α), 150.6 (C-2), 105.2 (2 C-α), 51.3 (OCH_3), 50.5 (C-5), 45.2, 45.0 (C-1, C-6), 40.7 (C-7), 35.5 (C-3), 34.7 (C-9), 32.1 (C-8), 31.4 (C-4), 28.7 (C-10), 22.5 (8-CH_3).

MS (EI, 70 eV): *m*/*z* (%) = 222 (17) $[M]^+$, 207 (2) $[M-CH_3]^+$, 193 (7) $[M-C_2H_5]^+$, 191 (7) $[M-CH_3O]^+$, 190 (9) $[M-CH_3OH]^+$, 163 (70) $[M-C_2H_3O_2]^+$, 162 (100) $[M-CH_3OH+CO]^+$, 148 (13) $[163-CH_3]^+$, 147 (20) $[162-CH_3]^+$, 107 (35) $[C_8H_{11}]^+$, 95 (46) $[C_7H_{11}]^+$, 93 (34) $[C_7H_9]^+$, 81 (46) $[C_6H_9]^+$, 79 (38) $[C_6H_7]^+$.

455 4.1.4.8 (1*R*,5*R*,6*R*,8*R*)-5-(2-羟基异丙基)-8-甲基-2-亚甲基双环[4.4.0]葵烷(veticadinol)[3]

MeMgI, Et_2O
12 h, rt,回流, 24 h

222.3 222.4

将酯(见 **4.1.4.7** 节)(350 mg,1.58 mmol)的乙醚(8 mL)溶液滴入由 MeI(741 mg,5.22 mmol)和镁(115 mg,4.73 mmol)的无水乙醚(16 mL)反应制成的甲基格氏试剂中去,所得反应液在室温下搅拌 12 h 后再加热回流 12 h。

降温后,将混合物小心地倒入饱和 NH_4Cl 溶液(10 mL)中,水相用乙醚(5×5 mL)萃取。合并有机相,用水(10 mL)和盐水(10 mL)洗涤。用无水硫酸钠干燥,过滤,真空下浓缩。过硅胶柱色谱纯化,洗脱液乙醚/石油醚(1∶4),得到产品 270 mg(77%),mp 84~85℃,$[\alpha]_D^{20}=+11.8$($c=1.0$,CH_3CN),$R_f=0.10$(乙醚/正己烷=1∶1)。

IR (KBr): $\tilde{\nu}$ (cm^{-1}) = 3330, 3100, 3000, 2980, 2960, 2940, 2880, 1650, 1460, 1382, 1372, 1160, 1140, 892, 885.

^{1}H NMR (200 MHz, C_6D_6): δ (ppm) = 4.78 (m_c, 1H, C=CH_2), 4.71 (m_c, 1H, C=CH_2), 2.57 (dddm, J = 13.0, 6.0, 3.0 Hz, 1H, 7-H_{eq}), 2.32 (dtm, J = 13.0, 3.5 Hz, 1H, 3-H_{eq}), 2.01 (dm, J = 12.5 Hz, 1H, 3-H_{ax}), 1.92 (dq, J = 12.5, 3.0 Hz, 1H, 10-H_{eq}), 1.78–1.60 (m, 2H, 4-H_{eq}, 9-H_{eq}), 1.52 (tm, J = 11.0 Hz, 1H, 1-H_{ax}), 1.33 (dq, J = 12.0, 3.5 Hz, 1H, 10-H_{ax}), 1.00 (s, 3H, 5-C-α-CH_3), 0.96 (s, 3H, 5 C-α-CH_3), 0.94 (d, 3H, 8-CH_3), 1.40–0.84 (m, 5H, 4-H_{ax}, 5-H_{ax}, 6-H_{ax}, 8-H_{ax}, 9-H_{ax}), 0.74 (dt, J = 13.0, 11.0 Hz, 1H, 7 H_{ax}), 0.70 (s, 1H, OH).

^{13}C NMR (50 MHz, C_6D_6): δ (ppm) = 152.7 (C-2), 103.9 (2 C-α), 73.6 (5 C-α), 53.4 (C-5), 46.8 (C-6), 46.0 (C-1), 42.4 (C-7), 37.0 (C-3), 34.9 (C-9), 33.0 (C-8), 31.8 (5 C-β), 31.3 (C-4), 29.8 (C-10), 24.6 (5 C-β), 23.3 (8-CH_3).

MS (EI, 70 eV): m/z (%) = 222 (0.04) $[M]^+$, 204 (28) $[M-H_2O]^+$, 164 (33) $[M-C_3H_6O]^+$, 149 (43) $[164-CH_3]^+$, 135 (21) $[C_{10}H_{15}]^+$, 121 (23) $[C_9H_{13}]^+$, 93 (21) $[C_7H_9]^+$, 81 (22) $[C_6H_9]^+$, 59 (100) $[C_3H_7O]^+$.

参考文献

456

[1] Breitmaier, E. (2006) *Terpenes*, Wiley-VCH Verlag GmbH, Weinheim.

[2] Chiurdoglu, G. and Delsemme, A. (1961) *Bull. Soc. Chim. Belg.*, **70**, 5.

[3] Tietze, L.F., Beifuss, U., Antel, J., and Sheldrick, G.M. (1988) *Angew. Chem.*, **100**, 739–741; *Angew. Chem. Int. Ed. Engl.*, (1988), **27**, 703–705.

[4] For a discussion of the synthesis, see: Gewert, J.A., Görlitzer, J., Götze, S., Looft, J., Menningen, P., Nöbel, T., Schirok, H., and Wulff, C. (2000) *Organic Synthesis Workbook*, Wiley-VCH Verlag GmbH, Weinheim.

[5] Tietze, L.F. and Beifuss, U. (1991) in *Comprehensive Organic Synthesis*, (ed. B.M. Trost), vol. 2, Pergamon Press, Oxford, p. 341.

[6] (a) Tietze, L.F. and Beifuss, U. (1985) *Angew. Chem.*, **97**, 1067–1068; *Angew. Chem. Int. Ed. Engl.*, (1985), **24**, 1042–1043; (b) Tietze, L.F. and Beifuss, U. (1986) *Tetrahedron Lett.*, **27**, 1767–1770; (c) Tietze, L.F., Beifuss, U., Ruther, M., Rühlmann, A., Antel, J., and Sheldrick, G.M. (1988) *Angew. Chem.*, **100**, 1200–1201; *Angew. Chem. Int. Ed. Engl.*, (1988), **27**, 1186–1187; (d) Tietze, L.F. and Beifuss, U. (1988) *Liebigs Ann. Chem.*, 321–329; (e) Tietze, L.F., Beifuss, U., and Ruther, M. (1989) *J. Org. Chem.*, **54**, 3120–3129; (f) Tietze, L.F. and Schünke, C. (1995) *Angew. Chem.*, **107**, 1901–1903; *Angew. Chem. Int. Ed. Engl.*, (1995), **34**, 1731–1733.

[7] Krapcho, A.P. (1982) *Synthesis*, 805–822.

[8] Snider, B.B., Rodini, D.J., Kirk, T.C., and Cordova, R. (1982) *J. Am. Chem. Soc.*, **104**, 555–563.

[9] (a) Hoffmann, R.W. (1989) *Chem. Rev.*, **89**, 1841–1860; (b) Tietze, L.F. and Schulz, G. (1996) *Liebigs Ann. Chem.*, 1575–1579.

[10] Fleming, I. (1976) *Frontier Orbitals and Organic Chemical Reactions*, Wiley-VCH Verlag GmbH, Weinheim, p. 161.

[11] Tietze, L.F. and Beifuss, U. (1988) *Synthesis*, 359–362.

4.1.5 全反式维生素 A 乙酸酯

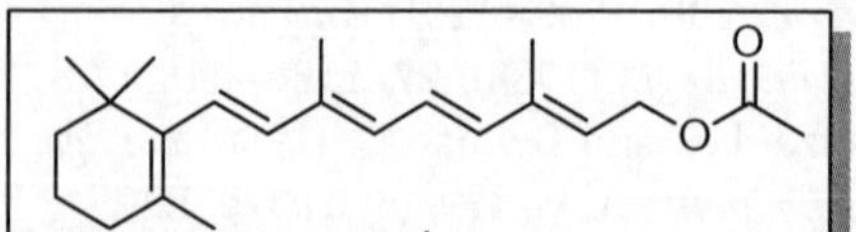

1

专题
- 二萜衍生的多烯酯的合成
- Wittig 和 Horner 反应下的羰基烯基化反应
- 磷盐的生成
- 酯还原为伯醇

(a) 绪论

维生素 A 这一名称是指一类单环 C_{20} 二萜(类维生素 A),分子中一个三甲基环己烯单元和一个终端官能化的多烯侧链相连。其最重要的一员,即多烯醇-视黄醇(维生素 A_1),是唯一存在且存储于动物组织中的,如以高级脂肪酸(十六碳酸)酯的形式存在于肝脏。视黄醇在生物体中发挥很多作用,尤其在促进生长、发育、上皮组织分化和再生、视觉等功能上发挥着重要的作用[1]。

457 视黄醇几乎都是由很稳定的酯制备的,主要是乙酸酯 **1**,但是也会有丙酸酯和软脂酸。维生素 A 可以从天然资源中提取,也可以由工业规模生产来得到。大部分合成的目标分子是乙酸视黄醇酯(**1**)。

对于 **1** 的逆合成分析,有两个限制条件证明是很有用的。第一,β-紫罗兰酮(**8**,见 **1.5.3.5** 节)在所有的合成方案中都是一个关键的中间体。第二,对余下的多烯侧链的切断应从碳碳双键处着手,因此,羰基烯基化和/或羟醛缩合类酯缩合可以采用逆转化过程。

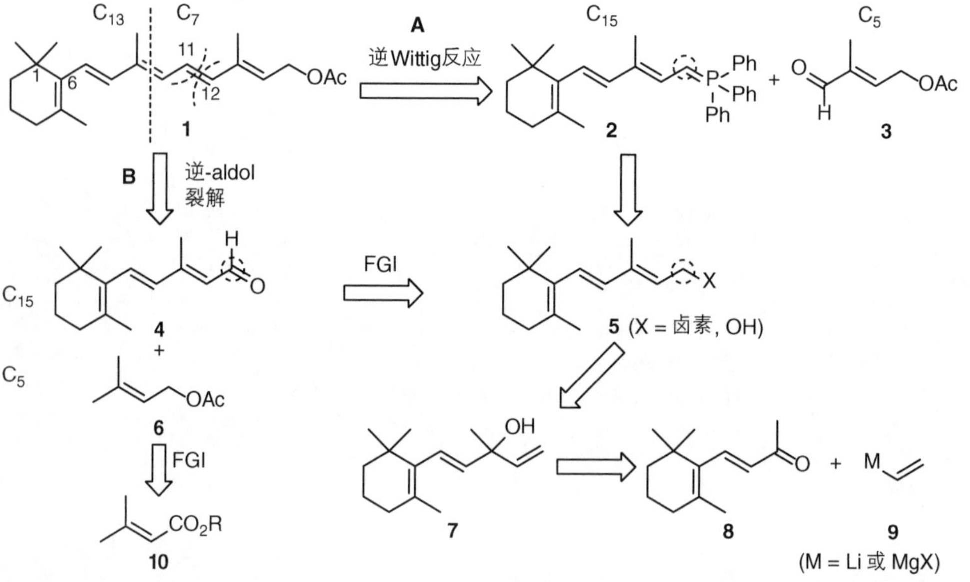

C_{13} C_7 11 12 1 6 OAc **1**　A 逆Wittig反应　C_{15} Ph P Ph Ph **2**　C_5 O H OAc **3**

B 逆-aldol 裂解

C_{15} H O **4**　FGI　X **5** (X = 卤素, OH)

C_5 + OAc **6**　FGI　CO_2R **10**

OH **7**　O **8**　+ M **9** (M = Li 或 MgX)

在β-紫罗兰酮的C_{13}单元的羰基单元上增长一个C_2单元是很简单的(**8**→**7**),在**1**的C-11和C-12的双键处切断是最有吸引力的(C20→C15+C5)并且给出一个逆Wittig模式**A**(烯基叶立德**2**和醛**3**)和一个逆羟醛缩合模式**B**,即由醛**4**和可从**10**而来的乙酸酯**6**缩合。叶立德**2**和醛**4**可以来自同一个前体**5**,**5**发生烯丙基重排给出异构体C_{15}醇**7**,这是一个乙烯基格氏试剂**9**和β-紫罗兰酮**8**的加成产物。离析物**10**是异戊烯酸的酯,醛**3**在先前已被合成过(见**1.1.1.3**节)。

已经有文献报道了从以上这些逆合成分析出发而给出的两条工业化生产路线[1,2]。

在Sumitomo合成方案中[3],醛**4**和3-甲基-2-丁烯酸酯**10**在KNH_2/NH_3中发生羟醛缩合反应生成全反式的视黄酯**11**,然后用$LiAlH_4$还原,随后乙酰化得到**1**:

458

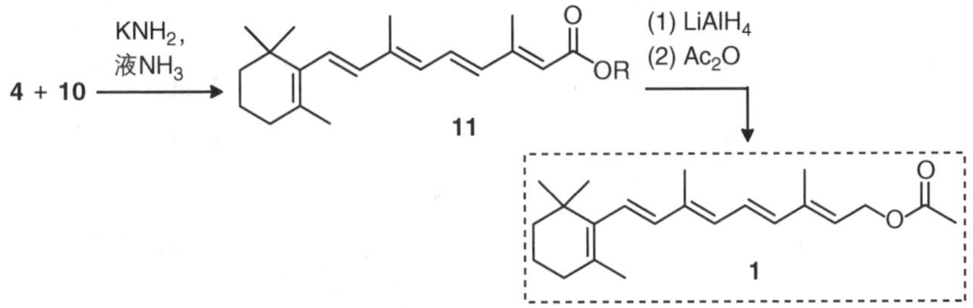

在BASF合成路线中[4],β-紫罗兰酮(**8**)通过乙炔基化再不完全氢化而转化为乙烯基-β-紫罗兰醇(**7**)。**7**用Ph_3P/HX处理得到C_{15}鏻盐**12**,一个合成视黄醇所需的关键砌块中间体[4]。它与醛**3**发生Wittig反应给出一个70∶30的(*E*)/(*Z*)-C-**11**的异构体混合物,再用I_2处理可得全反式乙酸酯**1**。

在Rhône-Poulenc合成路线中[5],**7**和苯亚磺酸钠反应得到的烯丙基苯基砜**13**作为起始底物。砜**13**在α-位上脱质子后和烯丙基卤代物**14**(醛**3**的前体化合物,见**1.1.1.2**节)发生烷基化生成**15**。最后,通过碱诱导的脱亚磺酸盐而得到**1**或者游离的视黄醇:

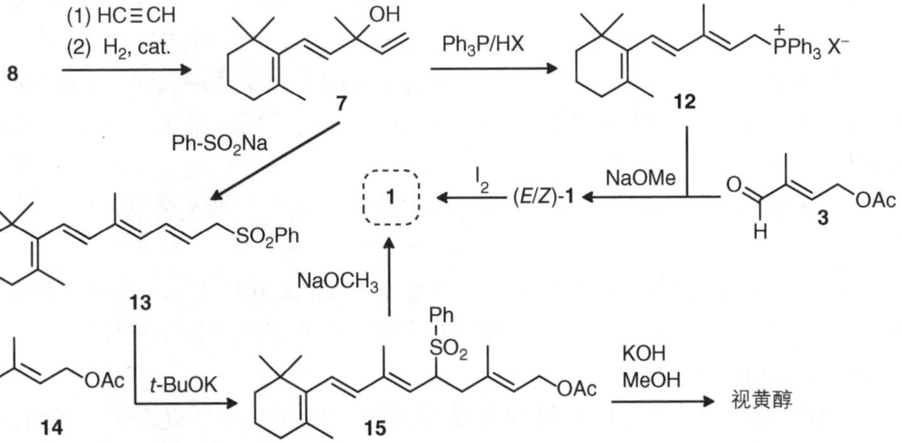

在概念上有所不同的 Hoffmann-La Roche[6] 合成路线中，以 β-紫罗兰酮(**8**)通过 Darzens 反应得到 **16** 进而得到 C_{14} 砌块 **17**，**17** 为起始原料。醛 **17** 与 3-甲基-戊-2-烯-4-炔醇(来自甲基乙烯基酮乙炔化后在 H^+ 催化下发生烯丙基重排)的双 MgBr 格氏试剂衍生物 **19** 反应转化为 C_{20} 炔基二醇 **21**。用 Lindlar 催化剂进行顺式立体选择性氢化反应而产生(*E*)/(*Z*)-二醇 **18**，伯羟基酰基化(→**20**)，然后在酸的诱导下脱水并且伴随着双键异构化而得到产物 **1**：

459 Cl, OMe, NaOMe, **8** → **16**; (1) NaOH (2) H^+ → **17**

(1) BrMg, OMgBr, **19** (2) H_2O → **21** (OH, OH)

H_2 Lindlar 催化剂 → **18** (HO, OH)

Ac_2O → **20** (HO, OAc)

H^+ / $-H_2O$ → **1**

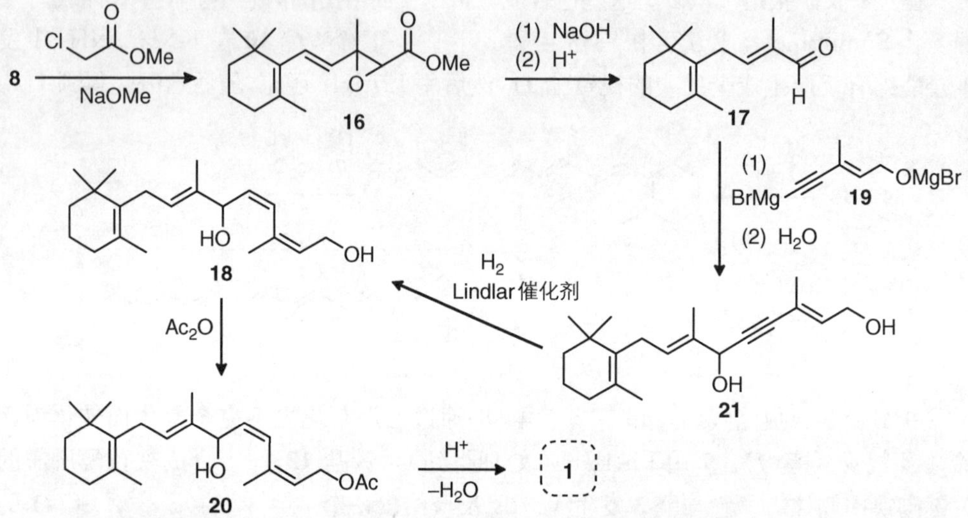

应该注意到，通过 Heck 反应以形成 $C(sp^2)$-$C(sp^2)$ 单键的形式合成多烯侧链也是可行的[7]。

(b) 1 的合成

合成维生素 A 乙酸盐 **1** 的实验室程序是基于逆合成路线 **A** 而来的，这包含在由 BASF 发展的工业合成路线的要素之中[4]，为此，β-紫罗兰酮(**8**)与二乙基(乙氧羰基)甲基磷酸二乙酯(**22**)在 $NaOCH_3$ 存在下进行 Horner 反应(P—O 活化羰基烯基化，见 **1.1.7** 节)而实施羰基烯基化，并且伴随着酯交换反应给出 β-紫罗兰叉乙酸甲酯(**23**)。

酯 **23** 被 $LiAlH_4$ 还原生成 β-紫罗兰叉乙醇 **25**，它与三苯基膦氢溴酸盐反应生成 C_{15}-鏻盐 **24**。

随后，鏻盐 **24** 脱质子(原位)生成叶立德 **2**，它和醛 **3**(见 **1.1.1.3** 节)经过 Wittig 反应生成(*E*)-和(*Z*)-视黄醇的混合物，同时脱去三苯基氧膦。用碘异构化就给出全反式构型的乙酸视黄醇 **1** 了。

有两种特殊的方法可以实现 **24** 的去质子化，(1) 用一个环氧乙烷(丁烯的环氧化物)为 HX 受体而生成无碱的叶立德;(2) 在 NaOH 水溶液/CH_2Cl_2 两相体系下形成叶立德。

以β-紫罗兰酮 **8**(见 **1.5.3.5** 节)的合成作为起始原料来制备 C_{15}-盐 **24** 的话,从乙酰乙酸乙酯出发需要五步(总收率 29%)。从 **8** 到 **24** 又需要额外的三步反应(总收率 55%)。合成醛 **3** 需要三步,产率 48%,因此,合成全反式维生素 **A** 乙酸酯需要 12 步,总收率 8%。

460

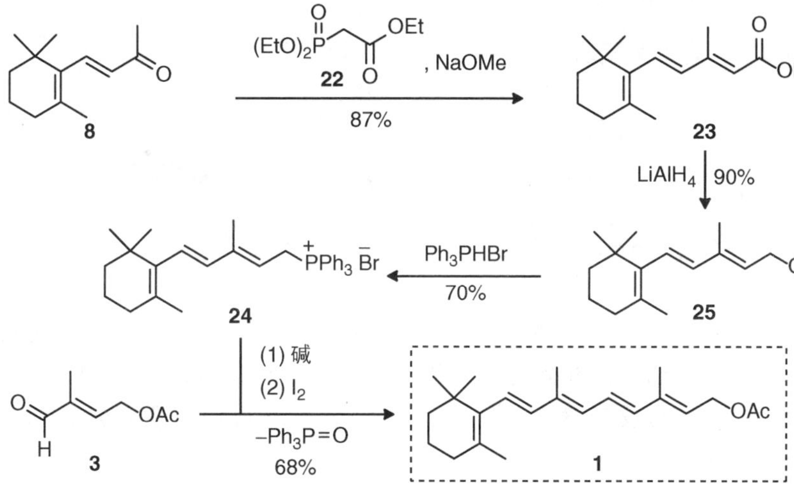

(EtO)₂P(O)CH₂C(O)OEt **22**, NaOMe; 87%; **8** → **23**

LiAlH₄ 90%; **23** → **25**

Ph₃PHBr 70%; **25** → **24**

(1) 碱 (2) I₂; −Ph₃P=O 68%; **24** + **3** → **1**

(c) 1 的合成实验步骤

4.1.5.1 甲基 β-紫罗兰叉甲酯[8]

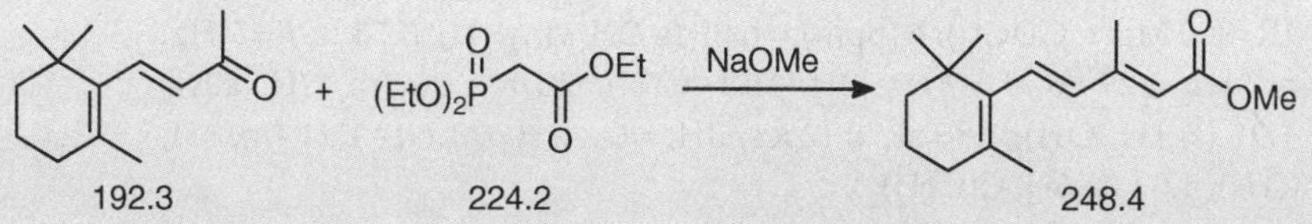

192.3 + 224.2 —NaOMe→ 248.4

在室温下,将 NaOMe[Na(3.68 g,160 mmol)和无水甲醇(80 mL)制得的]溶液缓慢滴加到β-紫罗兰酮(1.5.3 节)(30.0 g,156 mmol)和二乙基(乙氧羰基)甲基磷酸二乙酯(36.0 g,160 mmol)的无水苯(80 mL,注意:致癌!)的搅拌溶液中。反应液在 40℃反应 15 min。

将反应液倒入冰(300 g)中,乙醚(3×100 mL)萃取。合并有机相并用水(2×200 mL)洗,用无水硫酸钠干燥,过滤。真空下旋除溶剂,残余物蒸馏得到 34.6 g 淡黄色油状产物(89%),$bp_{0.3}$ 118~120℃。

IR (film): $\tilde{\nu}$ (cm^{-1}) = 1715, 1610, 1235, 1135.
^{1}**H NMR** (300 MHz, $CDCl_3$): δ (ppm) = 6.52, 6.08 (2×d, J = 16.1 Hz, 1H, CH=CH), 5.77 (m, 1H, 2-H), 3.72 (s, 3H, OCH_3), 2.35 (s, 3H, =C−CH_3), 2.21−1.83 (m, 2H, allyl-CH_2), 1.70 (s, 3H, =C−CH_3), 1.62−1.14 (m, 4H, CH_2−CH_2), 1.02 (s, 6H, C($\underline{CH_3}$)$_2$).

461 注意：β-紫罗兰叉乙酸作为衍生物，可方便地由皂化反应制得（KOH/CH_3OH，24 h，室温），mp 124～125℃。

4.1.5.2 β-紫罗兰叉乙醇[8]

$LiAlH_4$

OMe　　OH

248.4　　220.4

在 0℃下，将β-紫罗兰叉乙酸酯（见 **4.1.5.1** 节）(20.0 g，80.0 mmol)的无水乙醚(80 mL)溶液在 30 min 之内滴入搅拌的 $LiAlH_4$ (3.40 g，90.0 mmol)的无水乙醚(60 mL)的悬浮液中，反应液在 0℃下继续反应 1 h[反应进程可通过 TLC 跟踪(SiO_2；CH_2Cl_2)]。

将甲醇/H_2O(9∶1，20 mL)的混合液缓慢滴加到搅拌的反应液中，随后滴入 NH_4Cl 溶液(10%)。滴加要在冰浴条件下进行。相分离，水相用乙醚(3×100 mL)萃取。合并有机相并用水(50 mL)洗涤，用无水硫酸钠干燥，过滤。真空下旋除溶剂，残余物蒸馏得到近乎无色的油状产物 17.0 g(90%)，$bp_{0.3}$ 140～145℃，n_D^{20} = 1.5390。

IR (film): $\tilde{\nu}$ (cm^{-1}) = 3320 (br, OH), 1460, 1010, 980.
^{1}**H NMR** (300 MHz, $CDCl_3$): δ (ppm) = 6.09 (s, 2H, vinyl-H), 5.73 (t, J = 7 Hz, 1H, vinyl-H), 4.29 (d, J = 7 Hz, 2H, HO−$\underline{CH_2}$), 2.10−1.85 (m, 2H, allyl-CH_2), 1.91 (s, 1H, OH), 1.86, 1.70 (2×s, 3H, =C−CH_3), 1.60−1.21 (m, 4H, CH_2−CH_2), 1.02 (s, 6H, C(CH_3)$_2$).

4.1.5.3 (β-紫罗兰叉乙基)三苯基膦氢溴酸盐[9]

Ph_3PHBr

OH　　$\overset{+}{P}Ph_3\ \overset{-}{Br}$

220.4　　545.5

β-紫罗兰叉乙醇(参见 4.1.5.2 节)(11.0 g，50.0 mmol)和三苯基膦氢溴酸盐(17.1 g，

50.0 mmol)的甲醇(200 mL)溶液在室温下搅拌 48 h。在此期间，鏻盐溶解并且溶液变黄。

真空旋除溶剂，黄色的晶体残余物溶于最小体积的丙酮中。加乙醚，并且用玻璃 462
棒刮擦使 C_{15}-盐固化为黄色片状晶体 18.2～18.5 g(67%～69%)，mp 151～153℃。

IR (film): $\tilde{\nu}$ (cm^{-1}) = 1435, 1110, 745, 720, 685.
^{1}H NMR (300 MHz, $CDCl_3$): δ (ppm) = 7.80 (m, 15H, Ar), 6.00 (s, 2H, vinyl-H), 5.52–5.10 (m, 1H, vinyl-H), 4.75 (dd, J_{HP} = 15 Hz, J = 8 Hz, 2H, P–CH_2), 2.23–1.79 (m, 2H, allyl-CH_2), 1.63, 1.47 (2 × s, 3H, =C–CH_3), 1.58–1.14 (m, 4H, CH_2–CH_2), 0.97 (s, 6H, C(CH_3)$_2$).

4.1.5.4 全反式维生素 A 乙酸酯[9,10]1)

(1) "碱"
(2) $-Ph_3PO$

545.5　　142.2　　328.5

方法 1　在氮气氛围下，将 C_{15}-盐(见 **4.1.5.3** 节)(12.5 g，23.0 mmol)溶于无水 DMF(50 mL)中，然后将溶液冷却到 0℃。在搅拌的情况下加入 C_5-醛(见 **1.1.1.3** 节)(4.00 g，28.0 mmol)，然后，加入 1,2-丁烯氧化物(4.18 g，58.0 mmol)。所得反应混合物在室温下搅拌 16 h，然后在 60℃下搅拌 4 h。

将石油醚(100 mL，40～60℃馏分)加入反应液，然后将反应液倒入含冰冷的 20% 无水 H_2SO_4(150 mL)溶液中。有机相分离，水相用石油醚(2×100 mL)萃取，合并有机相。无水硫酸钠干燥，过滤，真空下浓缩，得到黄色油状粗产物酯 5.52 g(73%)。

紫外光谱[UV(乙醇)：λ_{max}(lg ε) = 327 nm(4.54)]表明该粗产品是 **11**(E)/**11**(Z)为 68∶32 同分异构体混合物，纯的 **11**(Z)-同分异构体的 UV 谱表明 λ_{max} = 327 nm(4.70)。

异构化

将粗产品(5.00 g)溶于正戊烷(10 mL)，加入 I_2(2.5 mg)，所得反应物于室温下置暗处 2 h。

然后加入正戊烷(100 mL)将反应液稀释，先后用稀 $Na_2S_2O_3$ 溶液和水洗涤，无水硫酸钠干燥，真空下浓缩。

残渣仅包含全反式产物酯[UV(乙醇)：λ_{max}(lg ε) = 327 nm(4.67)]，0.98 g (93%)。产物可以通过正己烷(−20～−30℃)或者甲醇/乙酸乙酯(2∶1)(−20℃)结晶得到黄色片状晶体，mp 58～59℃。

463 注 1)：H. Pommer，A. Nrrenbach (1981) private communication.

方法 2　在 C_5-醛(见 **1.1.1.3** 节)(0.52 g,3.60 mmol)的 CH_2Cl_2(200 mL)溶液中加入 NaOH 水溶液(2 mol/L,200 mL)。在剧烈搅拌下滴加 C_{15}-盐(见 **4.1.5.3** 节)(1.96 g,3.60 mmol)的 CH_2Cl_2(200 mL)溶液。有机相为红色,混合液在室温下搅拌 30 min。

分离有机相并用水洗直至水相呈中性。CH_2Cl_2 相用无水硫酸钠干燥,过滤,真空下浓缩。在−20～−30℃下,将油状产物(0.82 g,69%)通过正己烷研磨结晶得到黄色柱状产物,mp 57～59℃。根据紫外光谱[UV(乙醇)：λ_{max}(lg ε)＝327 nm (4.67)]分析,产物中包含 94%全反式维生素 A 乙酸酯。

UV (EtOH): λ_{max} (lg ε) = 327 nm (4.69); 98% all-*trans* retinol acetate.
IR (KBr): $\tilde{\nu}$ (cm^{-1}) = 1730 (C=O), 1220, 1020, 980, 950.
^{1}H NMR (300 MHz, $CDCl_3$): δ (ppm) = 6.65 (dd, *J* = 15, 11 Hz, H, 11-H), 6.27 (d, *J* = 15 Hz, 1H, 12-H), 6.12 (d, *J* = 16 Hz, 2H, 7-H, 8-H), 6.09 (d, *J* = 11 Hz, 1H, 10-H), 5.61 (t, *J* = 7 Hz, 1H, vinyl-H), 4.70 (d, *J* = 7 Hz, 2H, allyl–CH_2), 2.07–1.82 (m, 2H, allyl–CH_2), 1.95, 1.89, 1.70 (3 × s, 3 × 3H, 9-CH_3, 13-CH_3, 5-CH_3), 1.64–1.12 (4H, CH_2–CH_2), 1.03 (s, 6H, $C(CH_3)_2$).

参考文献

[1] *Ullmann's Encyclopedia of Industrial Chemistry* (2003) 6th edn, vol. A 38, Wiley-VCH Verlag GmbH, Weinheim, p. 119.

[2] Kleemann, A. and Engel, J. (1999) *Pharmaceutical Substances*, 3rd edn, Thieme Verlag, Stuttgart, p. 1669.

[3] (a) Masui, M. (1960) Sumitomo chemistry. US Patent 2 951 853; (b) Masui, M. (1958) *J. Vitaminol.*, **4**, 178–179.

[4] (a) Reif, W. and Grassner, H. (1973) *Chem. Ing. Tech.*, **45**, 646–652; (b) Pommer, H. and Nürrenbach, A. (1975) *Pure. Appl. Chem.*, **43**, 527–551; (c) Pommer, H. (1977) *Angew. Chem.*, **89**, 437–443; *Angew. Chem. Int. Ed. Engl.*, (1977), **16**, 423–429; (d) Ishikawa, Y. (1964) *Bull. Soc. Chem. Jpn.*, **37**, 207–209.

[5] Julia, M. (1972) Rhône-Poulenc. DE Patent OS 2 202 689.

[6] (a) Isler, O., Huber, W., Ronco, A., and Kofler, M. (1947) *Helv. Chim. Acta*, **30**, 1911–1927; (b) Isler, O., Ronco, A., Guex, W., Hindley, N.C., Huber, W., Dialer, K., and Kofler, M. (1949) *Helv. Chim. Acta*, **32**, 489–505; (c) Schwieter, U., Saucy, G., Montavon, M., Planta, C.v., Rüegg, R., and Isler, O. (1962) *Helv. Chim. Acta*, **45**, 517, 528, 541–548.

[7] See Ref. [1]; compare: (a) Negishi, E., Takahashi, T., Baba, S., Van Horn, D.E., and Okukado, N. (1987) *J. Am. Chem. Soc.*, **109**, 2393–2401; (b) Miyaura, N., Yamada, K., Suginome, H., and Suzuki, A. (1985) *J. Am. Chem. Soc.*, **107**, 972–980.

[8] Andrewes, A.G. and Liaaen-Jensen, S. (1973) *Acta Chem. Scand.*, **27**, 1401–1409.

[9] Pfander, H., Lachenmeier, A., and Hadorn, M. (1980) 1377–1382. *Helv. Chim. Acta*, 63.

[10] Buddrus, J. (1974) *Chem. Ber.*, **100**, 2050–2061.

4.2 碳水化合物 464

糖是最为普遍的天然产物，每年再生生物质中有三分之二是糖[1]。大部分糖是以寡聚或者多聚的形式存在于植物组织、生物细胞壁和膜、昆虫和虾的外壳中。糖在许多生物过程中发挥着作用，比如细胞识别[2]、信号传递[3]、癌基因表达[4]、细菌感染甚至于在阿尔兹海默症[5]中都有糖的作用。此外，糖在有机合成中也是有价值的原料底物。

单糖、寡糖和多糖的构建砌块和苷都是在立体源中心有确定立体构型的具有各种不同碳链长度的多羟基醛（醛糖）和多羰基酮（酮糖）。羟基被氨基官能团（氨基糖）、氢原子（脱氧糖）和其他官能团取代而使糖的多样性进一步增加。戊醛糖（如 2-脱氧核糖）和戊酮糖（如果糖），通常以四氢呋喃的形式表现出来。但是六碳糖，如葡萄糖，通常包含四氢呋喃的结构，它们都有半缩醛官能团。单糖衍生物中最重要的有糖醛酸（如葡萄糖醛酸和非环的葡萄糖二酸），糖醇（如山梨醇）。

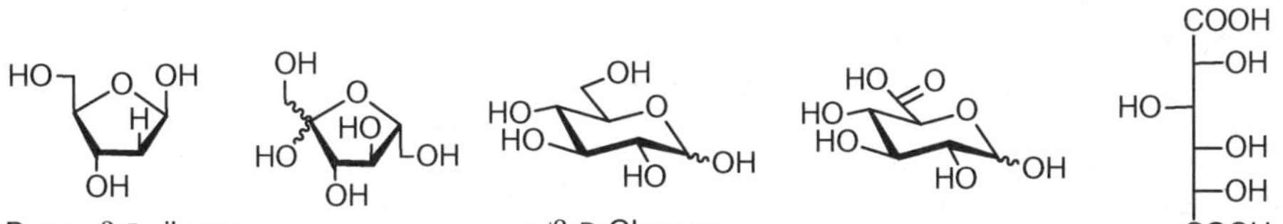

2-Deoxy-β-D-ribose
2-Deoxy-β-D-ribofuranose
Aldopentoses

α/β–D-Fructose
α/β-D-Fructofuranose
Ketohexoses

α/β-D-Glucose
α/β-D-Glucopyranose
Aldohexoses

α/β-D-Glucuronic acid
α/β-D-Glucopyranuronic acid
Alduronic acids

D-Glucaric acid
Aldaric acids

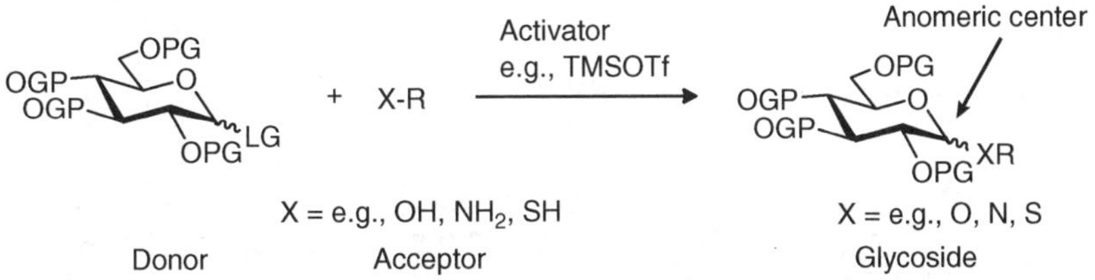

Donor + X-R (Acceptor) —Activator e.g., TMSOTf→ Glycoside (Anomeric center)

X = e.g., OH, NH_2, SH　　X = e.g., O, N, S

在糖的反应中，有两类转化是很常见的，即羟基上保护基的引入和半缩醛上的立体选择性缩醛化（糖苷化）。对于糖苷化，需要两个砌块：糖基给体和糖基受体。在激活下[例如，三甲基硅烷基三氟甲基磺酸酯（TMSOTf），$BF_3 \cdot OEt_2$]，这两个砌块反应生成糖配体。

记住保护基不但对苷化步骤的反应性有很大影响，而且对反应的立体选择性（α 465
和 β）有很大影响是很重要的。现在已经发现了很多糖基化方法在供体糖的端基立体选择性的缩醛化。它们和醇、酚或者另一个带有游离羟基的糖或者其他受体分子反应[例如，胺（葡基胺），硫醇（硫苷），或者亲核性碳（C-苷类）]。

第一个苷化反应是 Arthur Michael 在 1879 年报道的，接着 Emil Fischer(1893)、Wilhelm Koenigs 和 Eduard Knorr(1901)在 *O*-苷类领域也做了这类反应。

Fischer 型苷化反应，一个单糖和一个醇在催化量的强酸存在下的反应并不需要在糖组分上有任何保护基。然而，这个方法局限性很大，它需要大大过量的醇(常作为溶剂)，而且没有立体选择性。这个方法目前仍用于工业生产数吨级别的十二碳醇的葡萄糖苷化反应，产物是一个重要的可生物相容的表面活性剂。

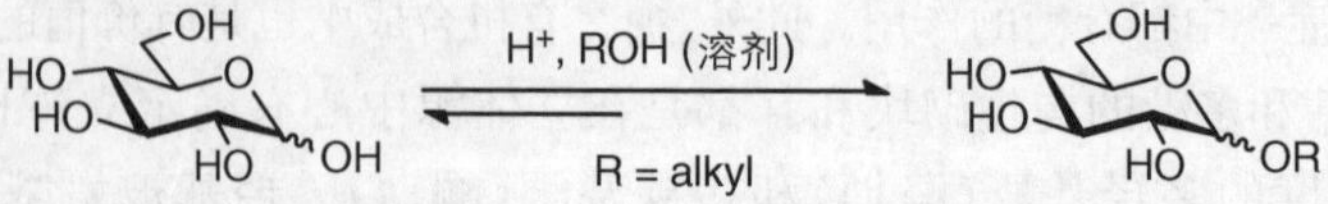

H^+, ROH (溶剂)

R = alkyl

现如今最重要的立体选择性苷化方法是用酰基保护的糖基卤代物，主要是溴化物的 Koenigs-Knorr 反应[6]和在糖供体端基上应用三氯酰亚胺的 Schmidt 反应。并且，硫苷，*N*-烯丙基硫化氨基甲酸酯[7a]、亚磷酸酯[7b]、1,2-脱水糖[7c,d]、TMS-苷[7e]和某些其他的糖衍生物也都被用作供体[7f]。此外，酶也被用于苷化反应[8]。

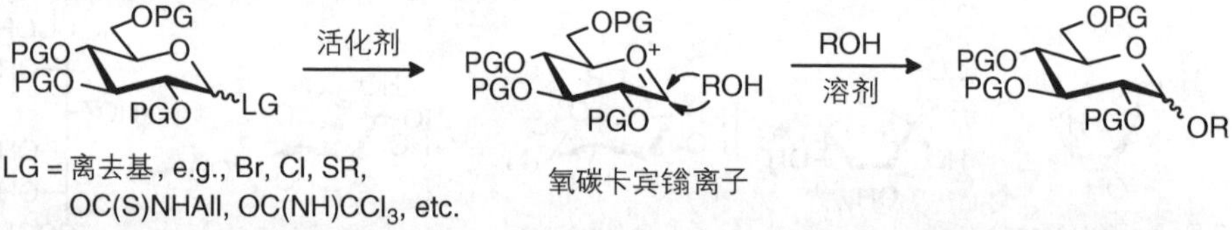

活化剂 → 氧碳卡宾鎓离子 → ROH, 溶剂

LG = 离去基, e.g., Br, Cl, SR, OC(S)NHAll, OC(NH)CCl_3, etc.

在 Koenigs-Knorr 反应中，2,3,4,6-四-*O*-乙酰基-α-D-葡萄糖吡喃溴(**1**)在银盐或者汞盐活化下脱卤生成一个氧碳卡宾鎓离子 **2**。它受邻位乙酰基进攻生成一个新的碳正离子 **3**，再从 β-向位与醇反应以 1,2-*trans* 模式生成 β-葡糖苷 **4**。相应的甘露糖衍生物生成 α-甘露糖苷。作为一个副产物，如原酸酯 **5**，可能是醇进攻 **3** 的 1,3-二氧六环上的碳正离子中心生成的产物。原酸酯本身也用作苷化反应的供体。

466

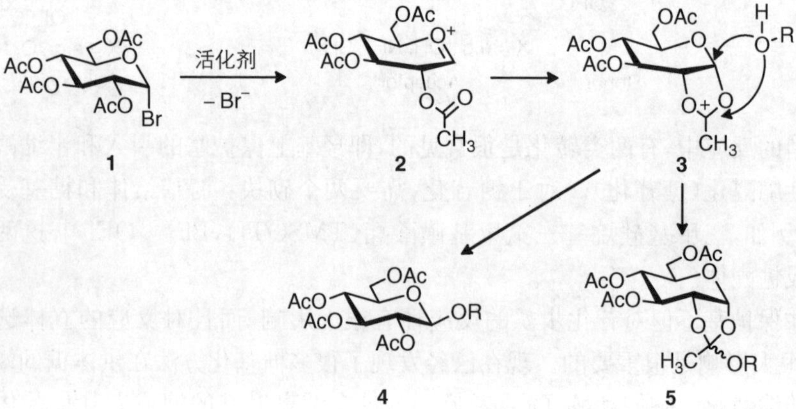

活化剂, $-Br^-$

要立体选择性地糖基化应用 Koenigs-Knorr 反应时，必须在 C-2 位上有一个酰

基保护基。然而，和烷基化和苄基化糖相比，酰基化的糖的反应活性有所降低。以 C-2 上带有各种取代基的硫代半乳糖苷为底物的研究工作表明，不同取代基增加反应活性大小顺序如下：—N_3<—$OCOCH_2Cl$<—NPHth<—OBz<—OAc<—OBn。

在糖基化中，全乙酰基化的供体反应比相应的全苄基化的化合物小 1 189 倍。但是，由于后者缺少邻基效应，生成的是 α-和 β-葡糖苷的混合物。比较不同类型的糖，各类糖的反应活性顺序为：岩藻糖>半乳糖>葡萄糖>甘露糖[8]。

Schmidt 糖基化用带有在 C-2 位上有一个乙酰氧基的 α-或者 β-糖基三氯酰亚胺（**6**）[9]，其反应过程与前边所描述的 Koenigs-Knorr 反应相似。在催化量的路易斯酸 $BF_3 \cdot Et_2O$ 活化下，生成的中间体 **7** 反应给出碳正离子 **3**，它再从 β-向位接受醇的进攻。若应用苄基保护的 α-或者 β-葡萄糖基三氯酰亚胺，反应则有另外不同的路径。在温和的 Lewis 酸，如 $BF_3 \cdot Et_2O$ 的催化下，β-亚氨酸酯给出 α-苷，而 α-亚氨酸酯给出 β-苷，它们都通过 S_N2 反应。与之相反，在强 Lewis 酸，如 TMSOTf 催化下，通常都得到 α-苷。在其他单糖上也有相似的结果。一个例外是 C-2 位上有一个 α-羟基键连的 D-甘露糖总是选择性地得到 α-甘露糖苷，然而，由于端基异构效应，想选择性得到 β-甘露糖苷是比较困难的。

糖基化化学中有一个特殊的现象是腈效应。因此，当糖基化在腈（如乙腈）存在下，C-2 上无专门的保护基的 β-葡萄糖基三氯酰亚胺的糖基化有 β-选择性。

有可能在这一反应条件下形成了 α-葡萄糖吡喃氰离子，它受到醇的进攻而反转 467
构型。与卤化物相比，葡糖基三氯酰亚胺的优点是稳定性要好得多，通过审慎选择碱和控制反应时间，α-或者 β-葡糖基三氯乙酰亚胺都是可以选择性得到的（见 **4.2.1.4** 节）。

6 (4.3.1.4) —$BF_3 \cdot Et_2O$, CH_2Cl_2→ [**7**] —给出 **3**, $-CCl_3CONH_2$, $-BF_3 \cdot Et_2O$→ β-葡糖苷 **8**

在糖化学中，并没有通用的方法来处理所有种类的苷化问题。寻找一种正确的方法来处理专门的合成问题并不是一件容易的任务，因为需要尝试各种反应条件。德国糖化学家 Paulsen 于 1982 年在应用化学上报道关于寡糖化学合成的艺术时说：

"虽然我们已经学会了合成寡糖，但是必须要强调的是，每个寡糖的合成都存在自己的问题，解决这些问题需要系统地研究内在奥妙。对寡糖而言，尚未有一个通用的反应条件。"

尽管在过去的 20 多年里已有不少成果，但 Paulsen 的话时至今日还是很正确的。

4.2.1 葡萄糖基供体的合成

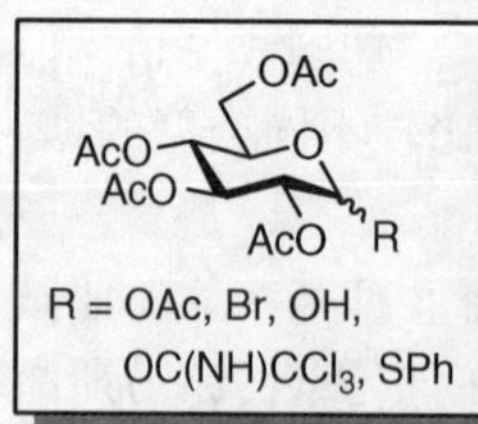

专题
- 游离糖的乙酰基化
- 1-*O*-乙酰基被硫醇或溴取代
- 端基去保护
- 引入三氯乙酰亚胺组分

(a) D-葡萄糖的乙酰基化

有不少方法可以用来合成全乙酰基化糖。将糖在 NaOAc 存在下与乙酐反应[13]是最常用的。也可以用吡啶代替 NaOAc,或者用乙酐、乙酰氯和小量的二甲基氨基吡啶(DMAP)的混合物作为溶剂。也可以采用酸性条件,如在高氯酸的存在下和乙酐反应[14]。

468 利用不同的方法和反应温度,人们可以部分控制所得全乙酰基化的 α/β-吡喃糖和 α/β-呋喃糖的比例。

4.2.1.1 1,2,3,4,6-五-*O*-乙酰基-α/β-D-吡喃葡萄糖

Ac_2O, NaOAc, reflux, 20 h

180.2 → 390.3

D-葡萄糖(5.00 g,27.8 mmol)和新熔化粉状 NaOAc(0.46 g,5.55 mmol)在乙酐(20 mL,21.7 g,213 mmol)的混合悬浮液在室温下剧烈搅拌回流 1.5 h。然后加入乙醇(4.5 mL)后继续搅拌 30 min。

将反应液倒入冰水(~50 mL)中,用正戊烷/二氯甲烷(2∶1,150 mL)稀释,然后相分离。有机相分别用冰水(50 mL),饱和 $NaHCO_3$ 溶液(4×50 mL)和冰冷盐水(50 mL)洗涤,无水硫酸钠干燥,真空下旋干溶剂。用乙醇重结晶得到纯 β-产物 10.7 g(99%),α-产物:R_f=0.58(乙酸乙酯/正己烷=1∶1);β-产物:mp 130~131℃,$[\alpha]_D^{20}$=+4.2(c=1.0 C,HCl_3),R_f=0.58(乙酸乙酯/正己烷=1∶1)。

α体

IR (KBr) (α/β): $\tilde{\nu}$ (cm^{-1}) = 2968, 1746, 1370, 1224, 1038, 912.

^{1}H NMR (300 MHz, $CDCl_3$) (由α/β混合物): δ (ppm) = 6.33 (d, J = 3.7 Hz, 1H, 1-H), 5.46 (dd, J = 9.9, 9.8 Hz, 1H, 3-H), 5.11, 5.12 (2 × m_c, 2H, 2-H, 4-H), 4.27 (dd, J = 11.0, 4.2 Hz, 1H, 6_b-H), 4.13, 4.10 (m, 2H, 5-H, 6_a-H), 2.17, 2.08, 2.03, 2.01, 2.00 (5 × s, 5 × 3H, 5 × OC(O)CH_3).
^{13}C NMR (76 MHz, $CDCl_3$): δ (ppm) = 170.5, 170.2, 169.3, 169.6, 168.7 (5 × O$\underline{C}$(O)CH_3), 89.0 (C-1), 69.8, 69.1, 67.8 (C-2, C-3, C-4, C-5), 61.4 (C-6), 20.8, 20.8, 20.7, 20.5, 20.4 (5 × OC(O)$\underline{C}H_3$).
MS (ESI): m/z (%) = 802.6 (10) $[2M + Na]^+$, 413.0 (100) $[M+Na]^+$.
β体
^{1}H NMR (300 MHz, $CDCl_3$): δ (ppm) = 5.72 (d, J = 8.2 Hz, 1H, 1-H), 5.48, 5.26 (2 × m_c, 2H, 3-H, 4-H), 5.12 (dd, J = 9.2, 8.2 Hz, 1H, 2-H), 4.30 (dd, J = 12.5, 4.5 Hz, 1H, 6_b-H), 4.11 (dd, J = 12.5, 2.2 Hz, 1H, 6_a-H), 3.85 (ddd, J = 9.9, 4.4, 2.2 Hz, 1H, 5-H), 2.12, 2.09, 2.04, 2.02 (5 × s, 5 × 3H, OC(O)CH_3).
^{13}C NMR (76 MHz, $CDCl_3$): δ (ppm) = 170.5, 170.0, 169.3, 169.2, 168.9 (5 × O$\underline{C}$(O)CH_3), 91.7 (C-1), 72.7 (C-5), 72.7 (C-3), 70.2 (C-2), 67.7 (C-4), 61.4 (C-6), 20.8, 20.7, 20.6, 20.5 (5 × OC(O)$\underline{C}H_3$).
MS (ESI): m/z (%) = 802.6 (10) $[2M + Na]^+$, 413.0 (100) $[M+Na]^+$.

(b) D-葡萄糖的溴化 469

标准葡萄糖基溴是用1-O-酰基糖苷在 HAc/CH_2Cl_2 溶剂中与30%HBr反应来制备的。其他方法还有从1-羟基衍生物出发，在 CH_2Cl_2 中用草酰溴或者溴代三甲基甲硅烷(TMSBr)来反应。此处描述的二步法是一锅完成的，游离糖先全乙酰基化后与原位由 PBr_3 和 H_2O 产生的HBr在C-1位反应而实现溴化。由于常见的端基异构效应，只有α-溴化物生成[15]。

$$2\,P + 3\,Br_2 \longrightarrow 2\,PBr_3 \xrightarrow{H_2O,\ 0\ ℃} 2\,P(OH)_3 + 6\,HBr$$

4.2.1.2　2,3,4,6-四-O-乙酰基-α-D-吡喃葡糖溴[13]

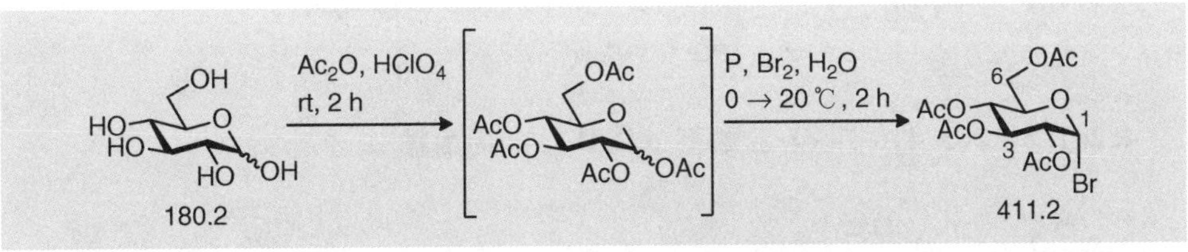

将D-葡萄糖(10.0 g,55.4 mmol)于30 min内分批加入乙酐(40 mL,43.5 g,426 mmol)和高氯酸(0.24 mL)的搅拌混合液中，控制加入速率以使温度不超过40℃。2 h后，将无定型红磷(3.00 g,96.9 mmol)加入反应液中，然后反应物冷却至0℃。在此温度下，将溴(18.0 g,5.80 mL,113 mmol)缓慢滴加到反应液中，然后在15 min内滴入水(3.62 mL,200 mmol)。避免内部温度上升；室温搅拌2.5 h。

加入 CH_2Cl_2/正戊烷(1∶2,100 mL)稀释,然后将反应液倒入冰水(150 mL)中。混合物用 CH_2Cl_2/正戊烷(1∶2,2×50 mL)萃取。合并有机相过滤(除磷),饱和冰冷的 $NaHCO_3$ 溶液(2×80 mL)洗(注意:有 CO_2 放出,反应剧烈),冰水(80 mL)和冰冷盐水(80 mL)洗涤,无水硫酸钠干燥,过滤。加入活性炭(500 mg)和 $NaHCO_3$(25 mg),混合物室温下反应 1 h。硅藻土过滤,真空下旋除溶剂,得到黄色油状物,无水乙醚重结晶得到白色针状晶体产物溴化物 18.8 g(83%),mp 88~89℃,$[\alpha]_D^{20}$=+195(c=3.0,$CHCl_3$),R_f=0.69(乙酸乙酯/正己烷=1∶1)。

IR (KBr): $\tilde{\nu}$ (cm^{-1}) = 2964, 1745, 1384, 1229, 1112, 1041, 923, 555, 486.
^{1}H NMR (300 MHz, $CDCl_3$): δ (ppm) = 6.62 (d, J = 4.0 Hz, 1H, 1-H), 5.56 (t, J = 9.8 Hz, 1H, 4-H), 5.17 (dd, J = 10.1, 9.6 Hz, 1H, 3-H), 4.84 (dd, J = 10.0,
470 4.0 Hz, 1H, 2-H), 4.34 (dd, J = 13.1, 3.2 Hz, 1H, 6_b-H), 4.30 (ddd, J = 9.8, 3.9, 1.4 Hz, 1H, 5-H), 4.13 (m, 1H, 6_a-H), 2.11, 2.10, 2.06, 2.04 (4×s, 4×3H, 4×OC(O)CH_3).
^{13}C NMR (76 MHz, $CDCl_3$): δ (ppm) = 170.5, 169.8, 169.7, 169.4 (4×O$\underline{C}$(O)CH_3), 86.5 (C-1), 72.1 (C-2), 70.6 (C-3), 70.1 (C-5), 67.1 (C-4), 60.9 (C-6), 20.6, 20.6, 20.6, 20.5 (4×OC(O)$\underline{C}H_3$).
MS (ESI): m/z (%) = 434.9 (57) $[M+Na]^+$.

(c) 端基去保护

糖化学中一个常见的问题是在有其他类似羟基保护基的情况下进行选择性端基去保护。一般而言,端基中心活性较大,因为端基中心相当于一个半缩醛。在酰基保护基的存在下,通常用的去保护基是乙酰肼,而断裂 1-O-甲基用的是强酸,如 H_2SO_4。

肼进攻 1-O-乙酰基保护的糖 **9** 给出相应的端基中心是游离的糖 **10**。

PG: 保护基

9 **10** **11**

4.2.1.3 2,3,4,6-四-*O*-乙酰基-α/β-D-吡喃葡萄糖[14]

$N_2H_4\cdot HOAc$, DMF, rt, 1 h

390.3 348.3

五乙酰基糖(见 **4.2.1.1** 节)(5.00 g,12.8 mmol)和乙酸肼(1.47 g,16.0 mmol)(小心,致癌!)的 DMF(55 mL)溶液在室温下搅拌 60 min。

反应混合物用乙酸乙酯（340 mL）稀释，然后用冰水（120 mL），冰冷盐水（120 mL）和冰冷的饱和 $NaHCO_3$ 溶液（2×120 mL）洗涤，再用冰水（120 mL）洗涤。无水硫酸钠干燥，过滤，真空下旋干溶剂得到白色泡沫 D-吡喃葡萄糖，高真空下固化，3.92 g（88%），R_f=0.19（乙酸乙酯/正戊烷=1∶2）。

^{1}H NMR (300 MHz, $CDCl_3$) (from α/β 混合物，2∶3): δ (ppm) = 5.54 (dd, J = 10.0, 9.7 Hz, 1H, 3_α-H), 5.47 (d, J = 3.4 Hz, 1H, 1_α-H), 5.26 (t, J = 9.5 Hz, 1H, 3_β-H), 5.10, 5.09 (2×t, J = 9.7 Hz, 2H, $4_{\alpha+\beta}$-H), 4.92 (dd, J = 9.9, 3.5 Hz, 1H, 2_α-H), 4.91 (dd, J = 9.6, 8.0 Hz, 1H, 2_β-H), 4.76 (d, J = 8.0 Hz, 1H, 1_β-H), 4.27, 4.16 (m, 5H, 5_α-H, $6_{\alpha+\beta}$-H_2), 4.07 (s_{br}, 1H, OH_β), 3.80 (s_{br}, 1H, OH_α), 3.77 (ddd, J = 10.1, 4.8, 2.4 Hz, 1H, 5_β-H), 2.11, 2.10, 2.05, 2.04, 2.03 (4×s, 4×6H, $OC(O)CH_3$). 471

α体
^{13}C NMR (76 MHz, $CDCl_3$): δ (ppm) = 170.8, 170.2, 170.1, 169.6 (4×O$\underline{C}$(O)CH_3), 90.0 (C-1), 71.0 (C-2), 69.8 (C-3), 68.4 (C-4), 67.1 (C-5), 61.9 (C-6), 20.7, 20.6, 20.6, 20.5 (4×OC(O)$\underline{C}H_3$).

β体
^{13}C NMR (76 MHz, $CDCl_3$): δ (ppm) = 170.8, 170.2, 169.5 (4×O$\underline{C}$(O)CH_3), 95.4 (C-1), 73.1 (C-2), 72.2 (C-3), 71.9 (C-5), 68.3 (C-4), 61.9 (C-6), 20.7, 20.7, 20.5 (4×OC(O)$\underline{C}H_3$).
MS (ESI): m/z (%) = 1088.4 (51) $[3M+2Na]^+$, 718.7 (100) $[2M+Na]^+$, 371.1 (70) $[M+Na]^+$.

(d) 葡萄糖基三氯乙酰亚胺酯的合成

葡萄糖基三氯乙酰亚胺酯用于糖基化反应中的供体。该合成从相应的 1-羟基衍生物（**12**）开始，它在与三氯乙腈反应给出所需产物前先要用碱处理去质子化。不同的碱和反应时间对形成 α-或者 β-异头体有很大影响。在动力学控制条件下，弱碱有利于生成 β-异头物（**15**），延长反应时间和应用 NaH 之类强碱有利于热力学更稳定的 α-异头物（**6**）的生成，此时，不够稳定的 β-异头物 **15** 易于再正位异头化[10b]。

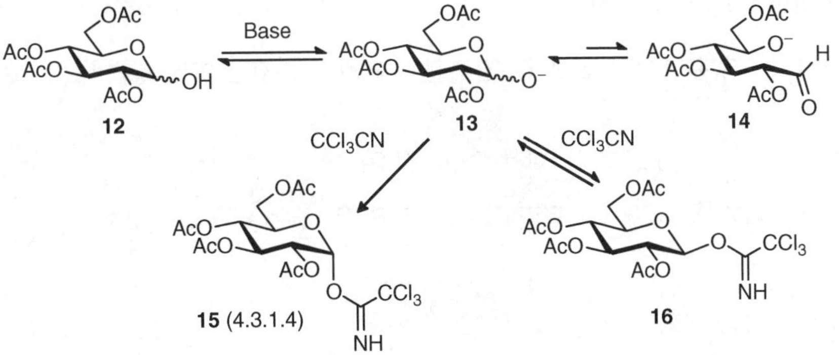

472 4.2.1.4 2,3,4,6-四-*O*-乙酰基-α-D-葡萄糖吡喃基三氯乙酰亚胺酯[16]

Cl_3CCN, DBU
CH_2Cl_2, rt, 3 h
348.3
492.7

将四乙酰基-D-葡萄糖吡喃(见 **4.2.1.3** 节)(1.74 g,5.00 mmol),三氯乙腈(14.4 g,10.2 mL,100 mmol)和 1,8-二氮杂二环[5.4.0]十一碳-7-烯(DBU)(0.38 g,0.38 mL,2.50 mmol)的 CH_2Cl_2(30 mL)溶液在室温下搅拌 3 h。

低于 30℃条件下将反应液减压浓缩,残余物过柱色谱纯化,洗脱液正戊烷/乙酸乙酯(3∶1;2.5%三乙胺),得到无色(或淡黄色)油状产物。通过进一步纯化,乙醚/正戊烷重结晶得到无色固体 1.70 g(69%),mp 153~154℃,$[\alpha]_D^{20}=+8.1$(c=1.0, $CHCl_3$),R_f=0.73(乙酸乙酯/正戊烷=1∶1)。

^{1}H NMR (300 MHz, $CDCl_3$): δ (ppm) = 8.70 (s_{br}, 1H, NH), 6.57 (d, J = 3.7 Hz, 1H, 1-H), 5.57 (t, J = 9.8 Hz, 1H, 4-H), 5.19 (dd, J = 10.0, 9.8 Hz, 1H, 3-H), 5.14 (dd, J = 10.2, 3.7 Hz, 1H, 2-H), 4.28 (dd, J = 12.1, 4.0 Hz, 1H, 6_b-H), 4.22 (ddd, J = 10.2, 4.1, 1.8 Hz, 1H, 5-H), 4.13 (dd, J = 12.1, 2.0 Hz, 1H, 6_a-H), 2.08, 2.06, 2.04, 2.02 (4×s, 12H, 4×OC(O)CH_3).
^{13}C NMR (76 MHz, $CDCl_3$): δ (ppm) = 170.6, 170.0, 169.9, 169.5 (4×O$\underline{C}$(O)CH_3), 160.8 (CCl_3), 92.9 (C-1), 69.9, 69.7, 69.6, 67.7 (C-2, C-3, C-4, C-5), 61.3 (C-6), 20.6, 20.6, 20.4 (4×OC(O)$\underline{C}H_3$).

(e) 硫苷的合成

制备硫苷最常用的方法是用 1-*O*-酰基保护的糖和硫醇在 Lewis 酸催化下缩合反应,通常用 $BF_3 \cdot Et_2$、$SnCl_4$ 或者 $ZnCl_2$。Lewis 酸和 C-1 酰基上的羰基氧缔合后,加入硫醇(如硫酚)发生取代反应。

473 4.2.1.5 苯基 2,3,4,6-四-*O*-乙酰基-1-硫化-β-D-葡萄糖吡喃苷[17]

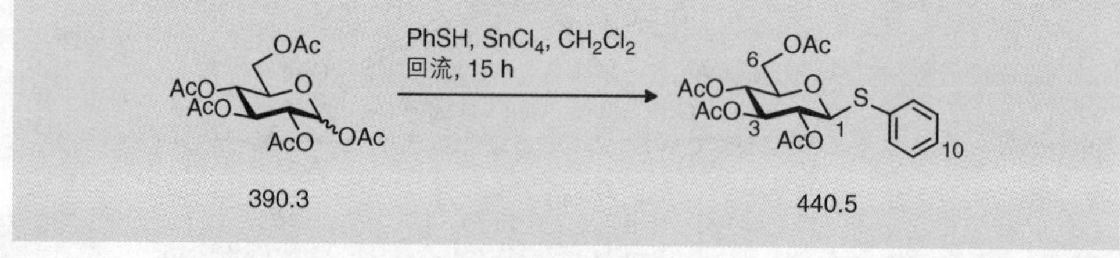

在室温下，将硫酚(6.72 g，6.26 mL，61.0 mmol)和 $SnCl_4$(9.25 g，4.15 mL，35.5 mmol)缓慢加入五乙酰基-D-葡萄糖 **4.2.1.1**(19.8 g，50.8 mmol)的 CH_2Cl_2(100 mL)溶液中，所得混合物加热回流 16 h。

将反应液冷却至室温，用饱和 $NaHCO_3$ 溶液(250 mL)猝灭(注意：气味很重，有 CO_2 放出)，然后加入 CH_2Cl_2(75 mL)和正戊烷(350 mL)。水相分离并用正戊烷/CH_2Cl_2(2∶1，2×150 mL)萃取。合并有机相并用盐水洗，无水硫酸钠干燥，过滤，真空下旋干溶剂得到白色固体。粗产物用乙酸乙酯/正戊烷重结晶得到白色针状晶体 16.1 g(72%)，mp 122～123℃，$[\alpha]_D^{20}=+17.1$($c=1.0$，$CHCl_3$)，$R_f=0.57$(乙酸乙酯/正戊烷=1∶1)。

UV (CH_3CN): λ_{max} (nm) (lg ε) = 246 (0.193).
IR (KBr): $\tilde{\nu}$ (cm^{-1}) = 2949, 1746, 1226, 1089, 1043, 913, 745.
^{1}H NMR (300 MHz, $CDCl_3$): δ (ppm) = 7.18–7.54 (m, 5H, Ar), 5.23 (t, J = 9.3 Hz, 1H, 3-H), 5.05 (m, 1H, 4-H), 4.98 (dd, J = 10.0, 9.4 Hz, 1H, 2-H), 4.72 (d, J = 10.1 Hz, 1H, 1-H), 4.24 (dd, J = 12.5, 5.1 Hz, 1H, 6_b-H), 4.18 (dd, J = 12.4, 2.9 Hz, 1H, 6_a-H), 3.74 (ddd, J = 10.1, 4.8, 2.8 Hz, 1H, 5-H), 2.10, 2.09, 2.03, 2.00 (4 × s, 4 × 3H, 4 × $OC(O)CH_3$).
^{13}C NMR (76 MHz, $CDCl_3$): δ (ppm) = 170.5, 170.1, 169.4, 169.2 (4 × O$\underline{C}$(O)CH_3), 133.1 (C-8, C-12), 131.6 (C-7), 128.9 (C-9, C-11), 128.4 (C-10), 85.7 (C-1), 75.7 (C-5), 73.9 (C-3), 69.9 (C-2), 68.1 (C-4), 62.1 (C-6), 20.7, 20.6 (4 × OC(O)$\underline{C}H_3$).
MS (ESI): m/z (%) = 902.7 (50) $[2M+Na]^+$, 463.1 (100) $[M+Na]^+$.

474 4.2.2 环戊醇葡糖基糖基供体

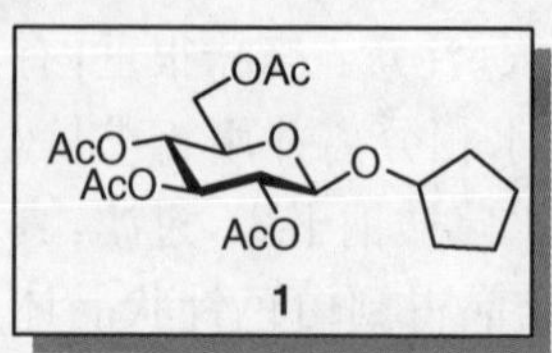

专题
- 三氯乙酰亚胺酯的葡萄糖基化
- Koenigs-Knorr 糖基化
- 硫苷的糖基化

本节主要讨论以环戊醇为醇组分和几个 *O*-乙酰基保护的葡萄糖基供体，如三氯乙酰亚胺酯 **2**、溴代物 **3** 和硫苷 **4**。

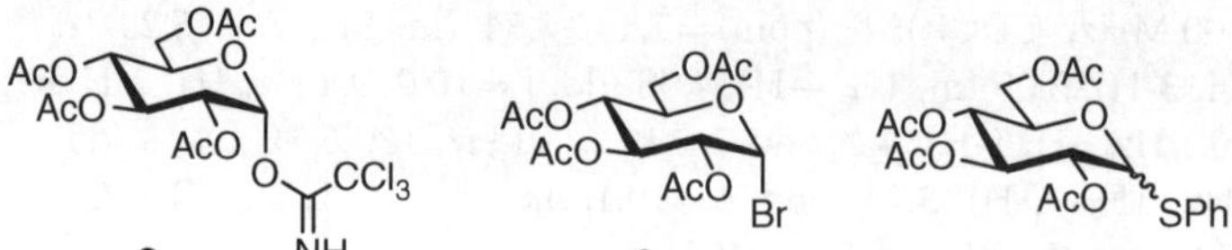

2 **3** **4**

2 和 **3** 的糖基化已在本章的绪论中有所论述，下面讨论 1-硫化-β-D-吡喃葡萄糖苷 **4** 的缩合反应。

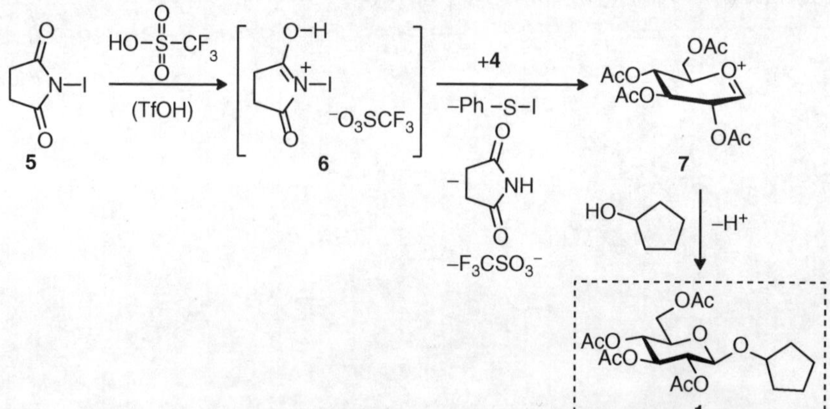

(4.2.2.1-3)

硫苷通常用卤鎓离子或者甲基正离子来活化。除了用碘代均三甲基吡啶鎓高氯酸盐[18a](ICDP)，碘甲烷和二甲基甲硫基三氟甲磺酸硫鎓盐(DMTST)[19b]外，*N*-碘代琥珀酰亚胺(NIS)[19C]和三氟甲磺酸(TfOH)的混合物是应用最多的试剂。酸用来产生碘鎓离子 **6**，它进攻硫苷上的硫原子生成氧鎓碳正离子 **7** 和碘硫苯(I-S-PH)。接下来相当于是相应的 Koenigs-Knorr 反应的醇亲核进攻，反应的立体化学再次受到 C-2 上保护基的影响。 475

4.2.2.1 环戊基-2,3,4,6-四乙酰基-β-D-吡喃葡萄糖苷 Ⅰ[19]

$BF_3 \cdot Et_2O$, MS 4 Å, CH_2Cl_2, −10 °C, 1 h

492.7 86.1 416.4

将三氯乙酰亚胺酯（见 **4.2.1.4** 节）(160 mg, 0.32 mmol)、环戊醇(32 μL, 30.0 mg, 0.36 mmol)和 4Å 分子筛(200 mg)的 CH_2Cl_2 溶液在室温下搅拌 30 min 后冷却至 −10℃，滴入 BF_3·乙醚(10.3 μL, 11.5 mg, 0.08 mmol)的 CH_2Cl_2 (0.5 mL)溶液，继续搅拌 1 h。

然后，加入 NEt_3 猝灭反应，减压除去溶剂，残余物过硅胶柱色谱纯化(7 g)，洗脱液正戊烷/乙酸乙酯(3∶1)，得到白色固体产物 β-葡萄糖苷 98 mg(73%)，mp 118～120℃，$[\alpha]_D^{20} = -34.2$(c=1.0, $CHCl_3$)，R_f=0.71(乙酸乙酯/正戊烷=1∶1)。

^{1}H NMR (300 MHz, $CDCl_3$): δ (ppm) = 5.21 (t, J = 9.6 Hz, 1H, 3-H), 5.07 (t, J = 9.6 Hz, 1H, 4-H), 4.94 (dd, J = 9.6, 8.0 Hz, 1H, 2-H), 4.53 (d, J = 8.0 Hz, 1H, 1-H), 4.28 (m, 1H, 7-H), 4.27 (dd, J = 12.2, 4.9 Hz, 1H, 6_b-H), 4.13 (dd, J = 12.2, 2.5 Hz, 1H, 6_a-H), 3.69 (ddd, J = 9.9, 4.9, 2.5 Hz, 1H, 5-H), 2.09, 2.04, 2.03, 2.01 (4×s, 4×3H, 4×OC(O)CH_3), 1.45–1.83 (m, 8H, 环戊基-H).
^{13}C NMR (76 MHz, $CDCl_3$): δ (ppm) = 170.7, 170.3, 169.4, 169.2 (4×O$\underline{C}$(O)CH_3), 99.5 (C-1), 81.5 (C-7), 72.8 (C-3), 71.7 (C-5), 71.4 (C-2), 68.5 (C-4), 62.1 (C-6), 33.1, 32.1 (C-8, C-11), 23.3, 23.0 (C-9, C-10), 20.7, 20.6, 20.6 (4×OC(O)$\underline{C}H_3$).
MS (ESI): m/z (%) = 854.8 (39) $[2M+Na]^+$, 439.2 (100) $[M+Na]^+$.

4.2.2.2 环戊基-2,3,4,6-四乙酰基-β-D-吡喃葡萄糖苷 Ⅱ[19]

Ag_2CO_3, Ag_2O,干燥石膏, CH_2Cl_2, rt, 15 h

411.2 86.1 416.4

476 避光下，将 Ag_2O(295 mg，1.27 mmol)和 Ag_2CO_3(68 mg，0.25 mmol)加入D-葡萄糖基溴(见 **4.2.1.2** 节)(133 mg，0.32 mmol)和环戊醇(32 μL，30.0 mg，0.36 mmol)的含有干燥石膏(540 mg)的 CH_2Cl_2(10 mL)搅拌液中，所得混合物室温搅拌 15 h。

硅藻土过滤后，减压除去溶剂并过硅胶柱色谱，洗脱液正戊烷/乙酸乙酯(3∶1)，得到所需 β-葡萄糖苷 77 mg(57%)，同时带有 α-葡萄糖苷异构体(<2 mg，1%)；mp 118～120℃，$[\alpha]_D^{20}=-34.2$($c=1.0$，$CHCl_3$)，$R_f=0.71$(乙酸乙酯/正戊烷=1∶1)。

β-葡萄糖苷谱图数据参见 **4.3.2.1** 节

α-葡萄糖苷(第二产物)：

^{1}H NMR (300 MHz, $CDCl_3$): δ (ppm) = 5.46 (t, J = 10.0 Hz, 1H, 3-H), 5.16 (d, J = 3.8 Hz, 1H, 1-H), 5.04 (t, J = 9.9 Hz, 1H, 4-H), 4.81 (dd, J = 10.2, 3.8 Hz, 1H, 2-H), 4.27 (dd, J = 12.3, 4.7 Hz, 1H, 6_b-H), 4.18 (m, 1H, 7-H), 4.10 (dd, J = 12.2, 2.0 Hz, 1H, 6_a-H), 2.02, 2.04, 2.05, 2.10 (4 × s, 4 × 3H, 4 × OC(O)CH_3), 1.49 – 1.81 (m, 8H, cyclopentyl-H).

^{13}C NMR (151 MHz, $CDCl_3$): δ (ppm) = 170.7, 170.2, 169.6 (4 × O$\underline{C}$(O)CH_3), 94.3 (C-1), 80.2 (C-7), 71.0, 70.3, 68.7, 67.2 (C-2, C-3, C-4, C-5), 62.0 (C-6), 32.9, 31.8 (C-8, C-11), 23.3, 23.0 (C-9, C-10), 20.7, 20.7, 20.6 (4 × OC(O)$\underline{C}H_3$).

4.2.2.3 环戊基-2,3,4,6-四乙酰基-β-D-吡喃葡萄糖苷Ⅲ[19]

NIS, TfOH, MS 4 Å, CH_2Cl_2, rt, 1 h

440.1　　86.1　　416.4

将硫代-β-D-吡喃葡萄糖苷(见 **4.2.1.5** 节)(143 mg，0.32 mmol)，环戊醇(32 μL，30 mg，0.36 mmol)和 NIS(77 mg，0.34 mmol)溶于有 4Å 分子筛(200 mg)的 CH_2Cl_2(2.5 mL)溶液中，所得混合物室温搅拌 1 h。然后将三氟甲磺酸(6 μL，10 mg，70 μmol)的 CH_2Cl_2(0.5 mL)滴入混合液中，反应混合液继续搅拌 30 min。

将正戊烷/CH_2Cl_2(3∶1；20 mL)的混合溶液加入反应液中并将反应液转移到分液漏斗中。溶液先后用冰水(5 mL)，10%无水 $Na_2S_2O_4$(5 mL)，饱和 $NaHCO_3$(5 mL)和冷盐水(5 mL)洗。有机相用无水硫酸钠干燥，过滤，真空下旋干溶剂。残余物过柱色谱，洗脱液正戊烷/乙酸乙酯(3∶1)，得到所需 β-葡萄糖苷(66 mg，49%)，
477 带有少量 α-苷异构体(～2%)；β-葡萄糖苷：mp 118～120℃，$[\alpha]_D^{20}=-34.2$($c=1.0$，$CHCl_3$)，$R_f=0.71$(乙酸乙酯/正戊烷=1∶1)。

光谱数据见 **4.2.2.1** 节和 **4.2.2.2** 节。

参考文献

[1] Lichtenthaler, F.W. (2002) *Acc. Chem. Res.*, **35**, 728–737.

[2] (a) Seiffert, H. and Uhlenbruck, G. (1965) *Die Naturwissenschaften*, **52**, 190–191; (b) Bremer, E.G., Levery, S.B., Sonnino, S., Ghidoni, R., Canvari, S., and Hakomori, S. (1984) *J. Biol. Chem.*, **259**, 14773–14777.

[3] (a) Quiocho, F.A. (1986) *Annu. Rev. Biochem.*, **55**, 287–315; (b) Muraki, M. and Harata, K. (1996) *Biochemistry*, **35**, 13562–13567.

[4] Chen, C.-C., Tseng, T.-H., Hsu, J.-D., and Wang, C.-J. (2001) *J. Agric. Food Chem.*, **49**, 6063–6067.

[5] (a) Vitek, M.P., Bhattacharya, K., Glendening, J.M., Stopa, E., Vlassara, H., Bucala, R., Manogue, K., and Cerami, A. (1994) *Proc. Natl. Acad. Sci. U.S.A.*, **91**, 4766–4770; (b) Harrington, C.R. and Colaco, C.A. (1994) *Nature*, **370**, 247–248.

[6] Koenigs, W. and Knorr, E. (1901) *Chem. Ber.*, **34**, 957–981.

[7] (a) Kasprzycka, A., Pastuch, G., Cyganek, A., and Szeja, W. (2003) *Polish J. Chem.*, **77**, 197–201; (b) Sim, M.M., Kondo, H., and Wong, C.-H. (1993) *J. Am. Chem. Soc.*, **115**, 2260–2267; (c) Tietze, L.F. and Marx, P. (1978) *Chem. Ber.*, **111**, 2441–2444; (d) Halcomb, R.L. and Danishefsky, S.J. (1989) *J. Am. Chem. Soc.*, **111**, 6661–6666; (e) Tietze, L.F., Fischer, R., and Guder, H.-J. (1982) *Tetrahedron Lett.*, **23**, 4661–4664; (f) Review: Toshima, K. and Tatsuta, K. (1993) *Chem. Rev.*, **93**, 1503–1531.

[8] Takayama, S., McGarvey, G.J., and Wong, C.-H. (1997) *Chem. Rev.*, **26**, 407–415.

[9] Zhang, Z., Ollmann, I.R., Ye, X.-S., Wischnat, R., Baasov, T., and Wong, C.-H. (1999) *J. Am. Chem. Soc.*, **121**, 734–753.

[10] (a) Schmidt, R.R. (1986) *Angew. Chem.* **98**, 213–236; *Angew. Chem. Int. Ed. Engl.*, (1986), **25**, 212–235; (b) Schmidt, R.R. and Kinzy, W. (1994) *Adv. Carbohydr. Chem. Biochem.*, **50**, 21–123.

[11] Doores, K.J. and Davis, B.G. (2008) *Org. Biomol. Chem.*, **6**, 2692–2696.

[12] Paulsen, H. (1982) *Angew. Chem.*, **94**, 184–201; *Angew. Chem. Int. Ed. Engl.*, (1982), **21**, 155–173.

[13] (a) Ichikawa, Y., Sim, M.M., and Wong, C.-H. (1992) *J. Org. Chem.*, **57**, 2943–2946; (b) Prihar, H.S., Tsai, J.-H., Wanamaker, S.R., Duber, S.J., and Behrman, E.J. (1977) *Carbohydr. Res.*, **56**, 315–324; (c) Höfle, G., Steglich, W., and Vorbrüggen, H. (1978) *Angew. Chem.*, **90**, 602–615; *Angew. Chem. Int. Ed. Engl.*, (1978), **17**, 569–583.

[14] Bárczai-Martos, M. and Korösy, F. (1950) *Nature*, **165**, 369–369.

[15] Lindhorst, T. (2003) *Essentials in Carbohydrate Chemistry and Biochemistry*, Wiley-VCH Verlag GmbH, Weinheim.

[16] Dullenkopf, W., Castro-Palomino, J.C., Manzoni, L., and Schmidt, R.R. (1996) *Carbohydr. Res.*, **296**, 135–147.

[17] Benakli, K., Zha, C., and Kerns, R.J. (2001) *J. Am. Chem. Soc.*, **123**, 9461–9462.

[18] (a) Zuurmond, H.M., van der Laan, S.C., van der Marel, G.A., and van Boom, J.H. (1991) *Carbohydr. Res.*, **215**, C1–C3; (b) Fügedi, P. and Garegg, P.J. (1986) *Carbohydr. Res.*, **149**, C9–C12; (c) Vermeer, H.J., van Dijk, C.M., Kamerling, J.P., and Vliegenthart, J.F.G. (2001) *Eur. J. Org. Chem.*, **2001**, 193–203.

[19] Ferse, F.-T., Floeder, K., Henning, L., Findeisen, L., and Welzel, P. (1999) *Tetrahedron*, **55**, 3749–3766.

478

[20] (a) Konradsson, P., Udodong, U.E., and Fraser-Reid, B. (1990) *Tetrahedron*, **31**, 4313–4316; (b) Veeneman, G.H., van Leeuwen, S.H., and van Boom, J.H. (1990) *Tetrahedron*, **31**, 1331–1334.

4.3 氨基酸和肽

氨基酸是包含氨基和羧酸功能的一类经典有机化合物。氨基酸结构的多样性主要源于两个方面。一方面,两个官能团可以通过单个 sp^3 杂化的碳原子(如在 α-氨基酸中)或者通过更大数目的碳原子(如在 β-氨基酸中的两个碳原子)加以区分。另一方面,大量的不同侧链官能团(如在下面列举的 α-氨基酸中)提供不同的功能和性质(分类如疏水、极性或者带电性氨基酸)。

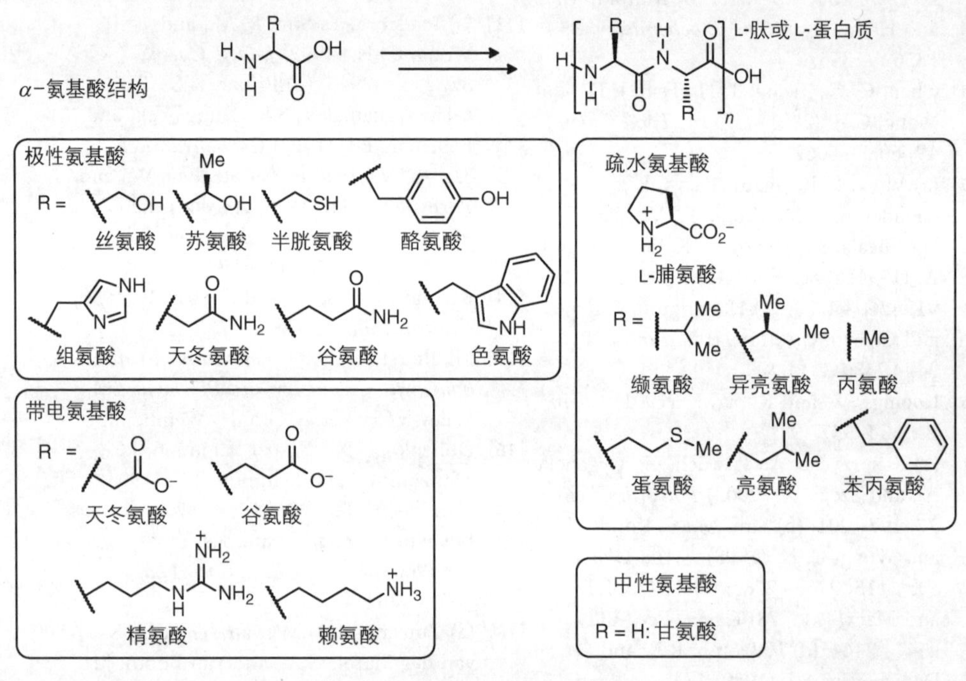

氨基酸是自然界中最重要的构建砌块之一——它们构建了多肽和蛋白质的大分子结构——因此在生物过程中发挥着中心功能分子的作用。

479 肽是由两个或者多个氨基酸通过酰胺键连接的总长度可达 50 个单体的线性低聚物。它们参与基础生物化学和生理学过程,如,作为激素,作为神经递质在受体中促进信息转达[1-3]。

此外,肽还参与免疫过程、细胞与细胞之间的通信、生物化学过程的调节、免疫反应,仅仅一些有命名。肽在生物过程中的核心作用促使药学家和化学家们大大增加了对合成肽的兴趣。蛋白质与肽在一级结构上的差异仅仅是长度不同而已(>50 氨基酸)。较长的聚酰胺链会卷曲成二级结构,如 α-螺旋、β-折叠等。这些二级结构在三维空间上进一步构建[4]。卷曲使蛋白质以多种形式发挥功能。它们可以用作生物用的脚手架平台，就像在胶原、角蛋白或者纤维中所起作用那样。此外，它们也是各种数量巨大的酶的基础，可以作为调节、促进传输、机械运动和存储功能。蛋白质还可以获得和处理感觉冲动，在免疫体系及其基因表达中是必需的。肽和蛋白质在生物系统中功能的不同主要源于 20 个蛋白质氨基酸（专称为基因码）。氨基酸的排列顺序、低聚物的长度和卷曲成三维空间的结构都是不同功能的原因。天然的肽和蛋白质都包含 L-构型的 α-氨基酸。氨基酸可以根据它们侧链的极性和识别潜能来区分。疏水氨基酸有一个脂肪侧链（丙氨酸、缬氨酸、亮氨酸、异亮氨酸、蛋氨酸）和芳香侧链（苯丙氨酸）。它们主要存在于极性环境中，如蛋白质的内部区域或者跨膜蛋白区域，并且经常提供范德瓦尔斯力。

在所有的蛋白氨基酸中，脯氨酸是仅有的一个有两个氨基结构而不是一个氨基结构引起独特结构性质（如下）的蛋白氨基酸。氨基酸：丝氨酸、苏氨酸、半胱氨酸、天冬氨酸、谷氨酸、酪氨酸、组氨酸和色氨酸带有一个极性侧链并且具有形成氢键的能力。芳香侧链还有 π-π 堆积作用。最后，还带有正电荷（赖氨酸、精氨酸）和负电荷（天冬氨酸、谷氨酸），有形成氢键和产生库仑力的作用。带电氨基酸通常存在于有水环境中。

480

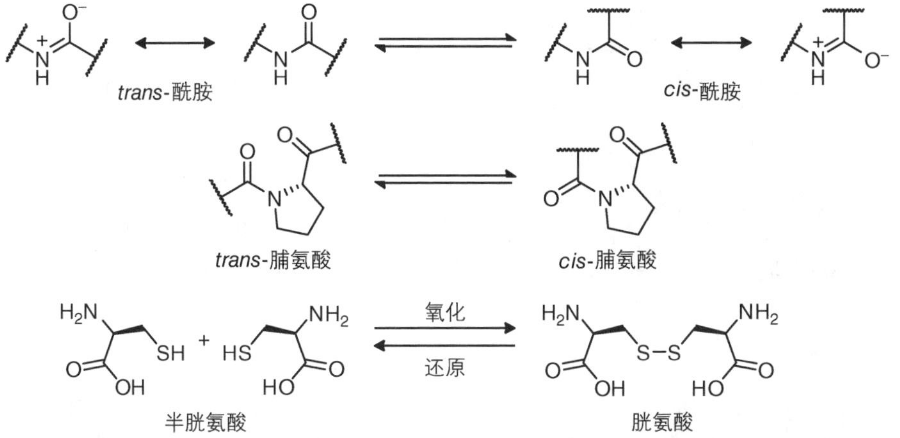

trans-酰胺　　*cis*-酰胺

trans-脯氨酸　　*cis*-脯氨酸

氧化　还原

半胱氨酸　　胱氨酸

多肽和蛋白质的一般结构特别是其灵活性主要是由肽键引起的，肽键提供局部双键特征。这种现象可以通过两个典型的共振形式加以解释，这表明大约两倍键贡献的 40%导致氨基重要的平面，剩余的连在 N 原子上。既然反式比相应的顺式更容易由一级胺衍生为氨基化合物，大部分肽键专一地导致反式同分异构体。

有两个氨基酸在卷曲和三维结构的动力学过程中所起的作用特别重要。第一个，脯氨酸是仅有的一个以仲胺形成肽键的环状蛋白质氨基酸。环状侧链对肽骨架的构象形成很大影响，使这个氨基酸转折结构生成 α-螺旋的起点，但是，它还会干扰其他二级结构。由于侧连环带有酰胺键，氢键不能形成，促进了酰胺键的 *cis*/*trans* 异构化。而大部分肽键几乎都是以 *trans*-异构体形式存在的，含有脯氨酸和 *N*-烷基化的氨基酸(见 4.3.1 节和 4.3.2 节)却有相当数量的 *cis*-异构体。例如,含有重复甘氨酸-脯氨酸-羟基脯氨酸单元组成的聚合物拥有胶原三重螺旋盘绕结构,这是最重要的纤维结构蛋白之一。第二个,两个半胱氨酸可以氧化成带有二硫醚桥的胱氨酸。蛋白质链中通过形成胱氨酸,使连接次序上有距离的位置间发生共价键连。并且,形成的二硫桥使得蛋白质构象的灵活性受到极大限制。

除了 20 个标准蛋白质氨基酸外,自然界中还有许多其他氨基酸[5]。硒半胱氨酸和吡咯赖氨酸组成 22 个蛋白质氨基酸,但是这两个是非标准的蛋白质氨基酸。这是
481 因为它们和一些特殊的 mRNA 一起编码,UGA 和 UAG 密码子通常适用于 *apal* 和 *amber* 终止密码子。此外,D-氨基酸也可以由所有天然 L-氨基酸通过异构化而得到。酶化的蛋白质在修饰翻译后也会形成非蛋白质氨基酸。熟知的翻译后修饰也是如糖、膜等带有可识别元素的功能化。例如,丝氨酸磷酰化后通过交换酶的“开”或“关”的活性或者影响受体的可适性来调整酶。精氨酸或者赖氨酸的甲基化也类似地可用于调节生化过程。翻译后的官能团的转化也能形成一些氨基酸,如瓜氨酸形成精氨酸。

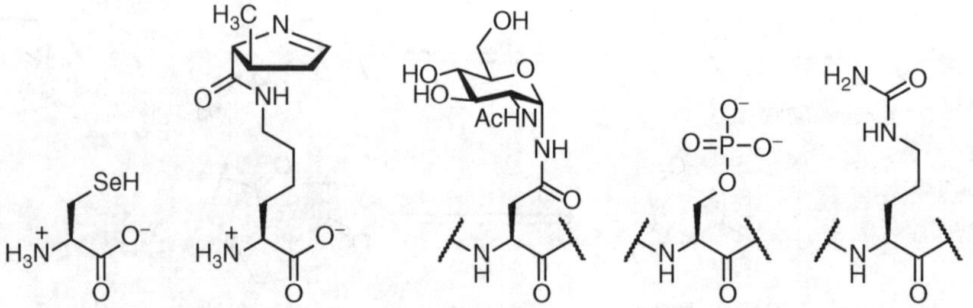

硒半胱氨酸　吡咯赖氨酸　N-乙酰基葡糖胺与天冬酰胺相连　磷酰化的丝氨酸　瓜氨酸

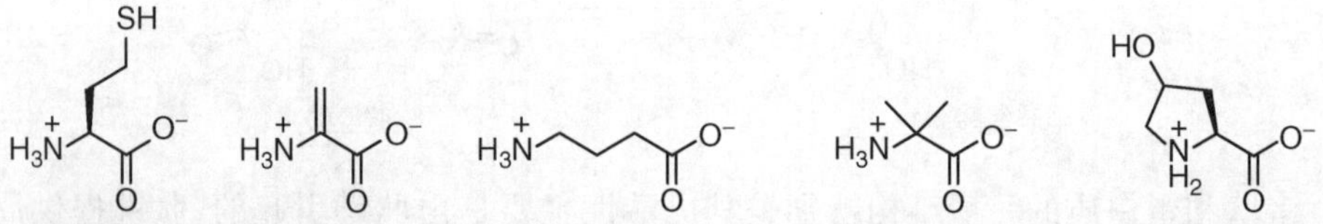

高半胱氨酸　脱氢丙氨酸　γ-氨基丁酸　α-氨基异丁酸　羟基脯氨酸

另加的翻译后在蛋白质水平上修饰是形成二硫桥键和肽链的切割、缩短(如胰岛素的生物合成路线)。此外,在自然界发现的其他非蛋白质氨基酸,直接由新陈代谢和降解代谢产生,如鸟氨酸、高半胱氨酸、脱氢丙氨酸、神经传导抑制剂 γ-氨基酸、α-氨基异丁酸和羟基脯氨酸。

非手性的 β-氨基酸,如 β-丙氨酸也存在于自然界中。因此,已经开展了大量关于经人工模拟侧链的 α-氨基酸或者 β-氨基酸同系化生成 β-氨基酸衍生物的合成研究[6]。人们对由 β-氨基酸(参见 4.4.8 节)形成肽特别感兴趣,因为它可以模拟与大

量新陈代谢相结合的 α-肽的二级结构且具有构象稳定性。

各种螺旋和卷曲结构在一个短的序列中也可以基于取代基模式在 α-或者 β-位上 482
侧链构型加以设计。作为另一个优势，β-肽系列可以精准调控结构特性，如整个螺旋偶极的导向和大小。

带有辅因子侧链、官能团或者识别元素的人造氨基酸合成与药理学相关（见 **4.4.1** 节）。此外，肽链的修饰，所谓的骨架，有利于新功能的产生，增强识别生物活性，获得代谢稳定性。在众多的可能性中，肽键被同形的乙烯基氟化物所取代、逆转化肽、侧链连到酰胺 N-原子上的类肽，应该被提及。对于逆转化肽，所有氨基酸的链指向和构型同时反转并保留侧链的空间指向[7]。

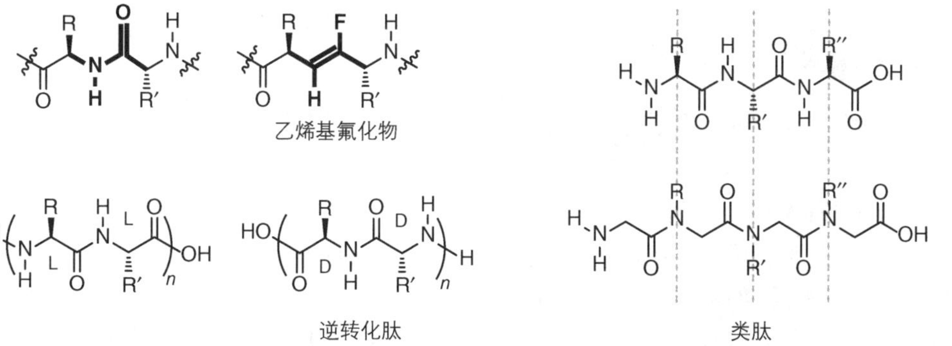

乙烯基氟化物

逆转化肽

类肽

下面的章节将处理光学纯的氨基酸的制备和在固相态上的肽合成。

参考文献

[1] Jakubke, H.-D. (1996) *Peptide*, Spektrum Verlag, Heidelberg.

[2] Hecht, S.M. (ed.) (1998) *Bioorganic Chemistry, Peptides and Proteins*, Oxford University Press, Oxford.

[3] Schulz, G.E. and Schirmer, R.H. (1979) *Principles of Protein Structure*, Springer, New York.

[4] Branden, C. and Tooze, J. (1998) *Introduction to Protein Structure*, Garland Publishing, New York.

[5] (a) Driscoll, D.M. and Copeland, P.R. (2003) *Annu. Rev. Nutr.*, **23**, 17–40. (b) Krzycki, J.A. (2005) *Curr. Opin. Microbiol.*, **8**, 706–712.

[6] Seebach, D., Beck, A.K., and Bierbaum, D.J. (2004) *Chem. Biodivers.*, **1**, 1111–1239.

[7] Gante, J. (1994) *Angew. Chem.*, **106**, 1780–1802; *Angew. Chem. Int. Ed. Engl.*, (1994), **33**, 1699–1720.

[8] Jones, J. (1992) *Amino Acid and Peptide Synthesis*, Oxford University Press, Oxford.

[9] Bodanzki, M. (1993) *Principles of Peptide Synthesis*, Springer, Heidelberg.

483 4.3.1 *N*-Boc-*N*-甲基-(*S*)-丙氨酰核苷碱基氨基酸

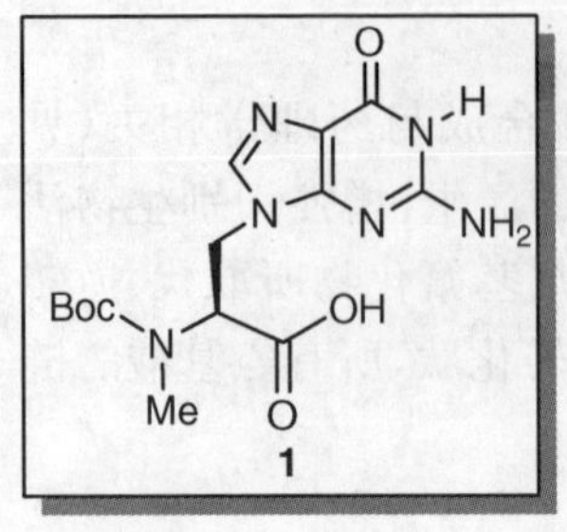

专题
- Mitsunobu 内酯化反应
- α-氨基酸的 N-甲基化
- 丝氨酸内酯的亲核开环
- 亲核芳香取代
- *N*-叔丁氧羰基保护

(a) 概论

N-甲基-α-氨基酸是普通天然产物的常见组分，如具有广谱生理活性的环孢霉素、多拉司他汀和膜海鞘素等[1]。因此，*N*-甲基化的肽和蛋白质所具有的抗菌、抗癌、抗病毒性及免疫抑制活性都已有报道[2]。氨基酸、肽或者蛋白质的 *N*-甲基化对亲油性、生物可利用率、蛋白质水解稳定性和构象刚性等药理参数有很大影响。因为，它会和其他性质，如氢键的失去，酰胺键更易发生 *cis*/*trans* 异构化[3]等有关。所有的这些参数都强烈影响到含有 *N*-甲基化氨基酸的肽和蛋白质的整个主链骨架的构象。

长期以来，*N*-甲基氨基酸的合成受到制备过程中的苛刻反应条件影响，而使构型异构化易于发生且受到很大限制[4]。并且，这些制备程序还不适用于氨基酸上带有亲核活性的其他官能团存在。但是，最近已经发展出新的通用方法来制备 *N*-甲基α-氨基酸[5-9]。下面所示为一般战略：

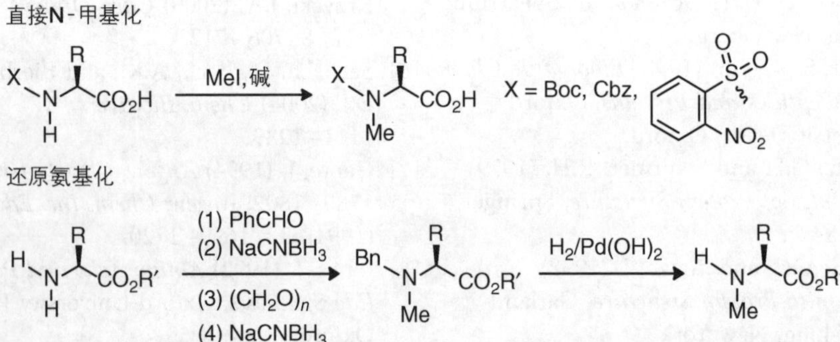

484 通过 N-保护的 α-氨基酸和 α-氨基酸酯与碘甲烷[4]发生亲核取代或者用重氮甲烷来处理而直接进行 N-甲基化已经可以实现了[5]。为了避免强碱性条件，N-保护可以和 N-活化结合起来，利用邻硝基苯磺酰基(*o*-NBS)也可以使带酸性或者碱性侧链

的 N-甲基氨基酸的制备用到芴基-9-甲酯基(Fmoc)固相肽合成(spps)上去[6]。无须侧链保护,碱性的 N-甲基氨基酸可以先用苯甲醛/氰硼氢再用聚甲醛/氰硼氢对氨基酸进行还原胺化反应来制备[7]。

5-噁唑烷酮战略

$(CH_2O)_n$, CSA,甲苯; TFA, Et_3SiH, $CHCl_3$

丝氨酸内酯战略

Ph_3P, DEAD, CH_3CN; Nucleophile, DBU, DMSO

第三个策略是基于在酸性条件下用聚甲醛将 Fmoc-保护的氨基酸转化为 5-噁唑烷酮[8],再用三乙基硅烷和三氟乙酸(TFA)对其还原开环而得到 N-甲基氨基酸。另一个方法是基于丝氨酸内酯,该酯在 Mitsunobu 条件下很容易与叔丁氧基羰基(Boc)-保护的 N-甲基丝氨酸[9]反应而得到。各种 N-甲基氨基酸可以通过内酯环组分被亲核开环而引入各种侧链来合成。这种方法对制备如丙氨基核苷碱基氨基酸之类的非蛋白质氨基酸特别有效,这类分子中具有的核苷碱在 β-位上以共价键连接。

上面所提到的这些甲基化的战略可以应用在固相载体上的 N-甲基肽或者甲基蛋白质的合成上[6,13]。

(b) 1 的合成

从商业上可得到的 N-Boc-N-甲基丝氨酸(**2**)出发,依据 Vederas 所描述的生成 Boc-丝氨酸的方法,通过 Mitsunobu 反应得到丝氨酸内酯 **3**[11]。

众所周知,丝氨酸内酯,N-甲基衍生物 **3** 也可以被各种亲核试剂开环生成在 β-位有共价键亲核物种的氨基酸。亲核试剂的引入带来的识别功能是非常有意义的[12]。然而,嘌呤很难作为亲核试剂,因为在 N-7 和 N-9 位上的亲核性都很弱,溶解度低,而
且有聚集行为。为了得到鸟嘌呤核苷氨基酸 **1**,鸟嘌呤本身是不能直接被用作亲核试 485
剂的;反而 6-氯-2-氨基嘌呤 **4** 因其良好的亲核性和位置选择性可以被用作亲核试剂。如此得到的化合物 **5** 再经过 TFA 处理发生亲核取代反应,氯被取代而得到化合物 **6**。然而,在强酸下,也会失去 Boc 保护基,需要与二羧酸二叔丁酯反应再次形成 Boc 保护基而得到目标核苷氨基酸 **1**。利用上述讨论的反应程序,核苷氨基酸 **1** 可以从 N-Boc-N-甲基丝氨酸 **2** 出发,经过三步反应得到,产率 45%。其他类似的反应从 N-Boc-丝氨酸出发的反应产率只有 21%,因此,N-甲基化取代 **3** 可以很明显地提高反应的产率。运用 **3** 取得较好的结果主要是因其较低的极性。

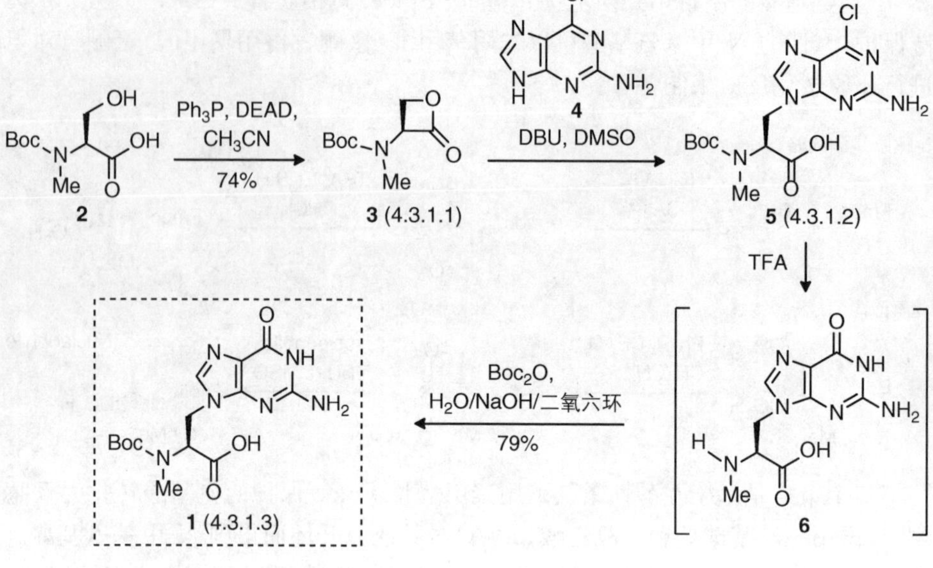

Ph$_3$P, DEAD, CH$_3$CN 74%

2 **3** (4.3.1.1)

4 DBU, DMSO

5 (4.3.1.2)

TFA

6

Boc$_2$O, H$_2$O/NaOH/二氧六环 79%

1 (4.3.1.3)

(c) 1的合成实验步骤

4.3.1.1 (S)-*N*-叔丁氧羰基-*N*-甲基-L-丝氨酸内酯[9]

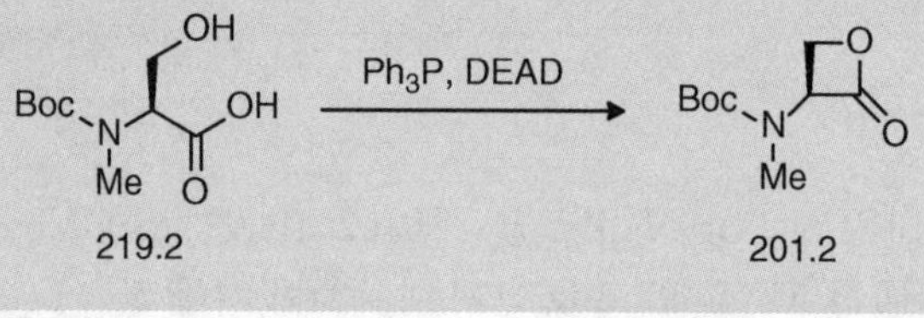

Ph$_3$P, DEAD

219.2 201.2

在−40℃下，将偶氮二乙基二乙酯(DEAD)(3.58 mL，23.0 mmol)在15 min内加到三苯基膦(6.04 g，23.0 mmol)的无水乙腈(100 mL)溶液中去。反应混合液在此
486 温度下反应20 min。将*N*-Boc-*N*-甲基-L-丝氨酸(5.00 g，22.8 mmol)的无水乙腈(50 mL)悬浮液加入反应液中，反应液在−35℃下继续搅拌2 h，然后在室温反应5 h。

过快速柱色谱纯化(180 g硅胶；乙酸乙酯/正己烷=1∶3)得到白色固体产物3.37 g(74%)，mp 30～35℃，ee>98%；R_f(正己烷/乙酸乙酯=3∶1)=0.37；$[\alpha]_D^{20}=-44$(c=0.75，甲醇)。

IR (film): $\tilde{\nu}$ (cm^{-1}) = 2980, 2935, 1833, 1762, 1697, 1482, 1455, 1401, 1370, 1352, 1329, 1302, 1254, 1111, 1051, 968, 941.
^{1}H NMR (300 MHz, CDCl$_3$): δ (ppm) = 4.43 (d, 2H, C$\underline{H_2}$), 2.98 (s, 3H, C$\underline{H_3}$),

1.47 (s, 9H, *t*-Bu).
^{13}C NMR (76 MHz, [D$_6$]DMSO): δ (ppm) = 77.2 (CO lactone), 77.0 (CO), 76.7 ($\underline{C}(CH_3)_3$), 64.4 (C-2), 58.7 (C-3), 30.3 (NCH_3), 27.8 ($C(\underline{C}H_3)_3$).
MS HRS: m/z = 224 [M+Na]$^+$.

4.3.1.2 (S)-*N*-叔丁氧羰基-*N*-甲基-β-(2-氨基-6-氯-9-嘌呤)-丙氨酸[9]

2-氨基-6-氯嘌呤

201.2　　370.8

氩气下，将 DBU(513 μL，3.43 mmol)加入 2-氨基-6-氯嘌呤(688 mg，4.06 mmol)的无水 DMSO(2.0 mL)悬浮液中，所得混合液搅拌 15 min。将(*S*)-*N*-叔丁氧羰基-*N*-甲基-L-丝氨酸内酯(见 **4.3.1.1** 节)(628 mg，3.12 mmol)的无水 DMSO(2 mL)溶液在 15 min 内加入反应液中，反应液室温搅拌 210 min。

用乙酸(127 μL，2.22 mmol)将反应猝灭，真空下旋除溶剂。通过快速柱色谱(SiO_2，乙酸乙酯/甲醇＝8∶2，＋0.2%～1%乙酸)纯化得到无色固体 889 mg (77%)，R_f(异丙醇/H_2O/乙酸＝5∶2∶1，饱和氯化钠)＝0.52；$[\alpha]_D^{20}$＝－109.3(c＝0.30，DMSO)。

IR (KBr): $\tilde{\nu}$ (cm^{-1}) = 3347, 2977, 1693, 1616, 1565, 1520, 1469, 1393, 1368, 487
1155, 916, 785, 643.
^{1}H NMR (300 MHz, [D$_6$]DMSO): δ (ppm) = 8.01 (s, 1H, 8-H), 6.85 (s, 2H, NH_2), 4.89 (m, 2H, α-H, β-H), 4.45 (m, 1H, β-H), 2.74 (s, 0.5H, N–CH_3), 2.70 (s, 2.5H, N–CH_3), 1.20 (s, 1.5H, *t*-Bu), 1.06 (s, 7.5H, *t*-Bu).
^{13}C NMR (76 MHz, [D$_6$]DMSO): δ (ppm) = 170.2 (CO_2H), 160.0 (C-4), 155.0 (CONH), 154.2 (C-2), 149.5 (C-6), 142.3 (C-8), 123.2 (C-5), 78.8 ($\underline{C}(CH_3)$), 57.4 (α-C), 41.6 (NCH_3), 39.9 (β-C), 27.3 ($C(\underline{C}H_3)_3$).
MS HRS: m/z (%): 371.12 [M+H]$^+$.

4.3.1.3 (*S*)-*N*-叔丁氧羰基-*N*-甲基-β-(9-嘌呤)丙氨酸[9]

将氨基酸 **4.3.1.2**(869 mg，234 mmol)的 TFA/H_2O(3∶1；12 mL)溶液在室温下搅拌过夜。加入甲苯并且将混合液浓缩至干。将生成的嘌呤氨基酸溶于 H_2O/NaOH (1 mol/L)/二氧六环(1∶1∶2；10 mL)的混合液中，再加入 NaOH(1 mol/L)的溶液

(1) TFA
(2) Boc_2O,
H_2O/NaOH/二氧六环

370.8 → 352.3

调节 pH 为 9.5。将反应液冷却至 0℃,用乙二酸二叔丁酯(563 mg,2.58 mmol)处理,在 0℃保持 45 min,室温下反应 60 h。然后通过加入冰冷的 HCl(1 mol/L)将反应液 pH 调至 6。真空下旋除溶剂,残余物用反相柱色谱(RP)-柱层析甲醇(8%)/H_2O 得到白色固体 522.6 mg(79%);mp>198℃(分解)(93% ee);R_f(乙酸乙酯/甲醇/H_2O/乙酸=6∶2∶2∶1,饱和氯化钠)=0.69;$[\alpha]_D^{20}=-73.4$(c=0.50,DMSO)。

^{1}H NMR (300 MHz, [D_6]DMSO): δ (ppm) = 1.11 (s, 9H, *t*-Bu), 2.71 (s, 3H, CH_3N), 4.95 (m, 1H, β-H), 4.42 (dd, *J* = 14.5, 3.5 Hz, 1H, β-H), 4.59 (dd, *J* = 11.3, 3.9 Hz, 1H, α-H), 6.47 (s_{br}, 1H, N*H*Boc), 7.38 (s, 1H, 6-H).
^{13}C NMR (76 MHz, [D_6]DMSO): δ (ppm) = 171.2 (CO_2H), 155.2 (C-2), 154.2 (CONH), 151.2 (C-2), 137.2 (C-6), 116.5 (C-5), 77.8 ($\underline{C}(CH_3)_3$), 60.4 (α-C), 42.7 (β-C), 27.5 ($C\underline{C}H_3$), 27.9 ($C(\underline{C}H_3)_3$).
ESI MS: *m/z* (%): 704.8 $[2M+H]^+$ (20), 353.1 $[M+H]^+$ (100).

参考文献

488

[1] (a) Humphrey, J.M. and Chamberlin, R.A. (1997) *Chem. Rev.*, **97**, 2243–2266; (b) Chatterjee, J., Mierke, D., and Kessler, H. (2006) *J. Am. Chem. Soc.*, **128**, 15164–15172.

[2] (a) Ebata, M., Takahashi, Y., and Otsuka, H. (1996) *Bull. Chem. Soc. Jpn.*, **39**, 2535–2538; (b) Jouin, P., Poncet, J., Difour, M.-L., Pantaloni, A., and Castro, B. (1989) *J. Org. Chem.*, **54**, 617–627; (c) Pettit, G.R., Kamano, Y., Herald, C.L., Fujii, Y., Kizu, H., Boyd, M.R., Boettner, F.E., Doubek, D.L., Schmidt, J.M., Chapuis, J.C., and Michel, C. (1993) *Tetrahedron*, **49**, 9151–9170; (d) Wenger, R.M. (1984) *Helv. Chim. Acta*, **67**, 502–525.

[3] Fairlie, D.P., Abbenante, G., and March, D.R. (1995) *Curr. Med. Chem.*, **2**, 654–686.

[4] Aurelio, L., Brownlee, R.T.C., and Hughes, A.B. (2004) *Chem. Rev.*, **104**, 5823–5846.

[5] Di Gioia, M.L., Leggio, A., Le Pera, A., Liguori, A., Napoli, A., Siciliano, C., and Sindona, G. (2003) *J. Org. Chem.*, **68**, 7416–7421.

[6] (a) Biron, E. and Kessler, H. (2005) *J. Org. Chem.*, **70**, 5183–5189; (b) Biron, E., Chatterjee, J., and Kessler, H. (2006) *J. Peptide Sci.*, **12**, 213–219.

[7] White, K.N. and Konopelski, J.P. (2005) *Org. Lett.*, **7**, 4111–4112.

[8] Zhang, S., Govender, T., Norström, T., and Arvidsson, P.I. (2005) *J. Org. Chem.*, **70**, 6918–6920.

[9] Ranevski, R. (2006) Ph.D. thesis. Synthese und Untersuchung von Alanyl-PNA Oligomeren und deren Einfluß auf β-Faltblatt Strukturen. Universität Göttingen.

[10] Fukuyama, T., Jow, C.-K., and Cheung, M. (1995) *Tetrahedron Lett.*, **36**, 6373–6374.

[11] (a) Arnold, L.D., Kalantar, T.H., and Vederas, J.C. (1985) *J. Am. Chem. Soc.*, **107**, 7105–7109; (b) Arnold, L.D., May, R.G., and Vederas, J.C. (1988) *J. Am. Chem. Soc.*, **110**, 2237–2241.

[12] Diederichsen, U., Weicherding, D., and Diezemann, N. (2005) *Org. Biomol. Chem.*, **3**, 1058–1066.

[13] Teixido, M., Albericio, F., and Giralt, E. (2005) *J. Peptide Res.*, **65**, 153–166.

4.3.2 氨基酰化转移酶拆分氨基酸

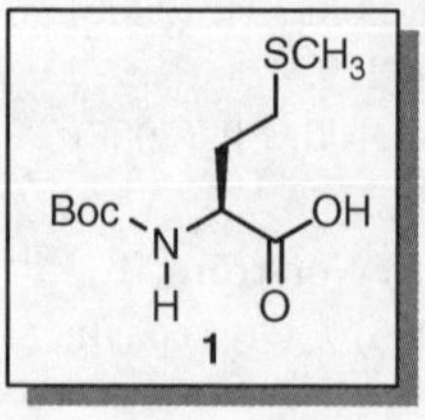

SCH_3 Boc N H OH O **1**

专题
- 外消旋氨基酸的合成
- 酶的反应
- 动力学拆分
- Boc 保护氨基酸
- 离子交换色谱

(a) 概述

鉴于工业生产和药物应用上的需求,合成光学纯的氨基酸有大量需求。蛋白质氨基酸被需求,比如,作为甜味剂或者食品添加剂,分子调节剂和药物化学中的抑制剂[1]。此外,对于作为标记化合物用于修饰和非天然的氨基酸都有需求。

489 氨基酸及其衍生物的不对称合成已经被建立起来[2],此外,利用外消旋体的拆分得到对映纯的氨基酸也是一条便宜并且具有竞争力的路线。手性非消旋的胺或者酸常作为产物晶体中的成分而用于拆分。但是,酶的拆分也已经达到工业级规模了[3]。对于动力学拆分来说,两个对映异构体的反应速率一定要有较大的差别,以便酶的选择性识别,如 L-氨基酸反应而留下的 D-对映体不变。特别适用于这一目的的酶有酰基转化酶、脂肪酶、酯酶和脱氨酶。L-氨基酸完成转化后,需要将其余留的 D-氨基酸分离,这通常可以通过沉淀分离法或者色谱方法来实现。如果两个对映体都需要的话,动力学拆分是很有用的方法。否则,动态动力学拆分可能也是值得考虑的方法,它促进氨基酸衍生物的转化并同时发生外消旋[4]。

相比于之前的动力学拆分,需要一种更加有效地合成目标氨基酸外消旋混合物的方法。在当代众多的合成方法中,下面的步骤可能是最常用的[5]。Strecker 合成:(**1**)利用各种醛转变为亚铵离子,然后与氰化物反应可在分子中引入各类侧链。生成的 α-氨基腈水解后就给出氨基酸;第二种方法是基于 α-卤代酸(**2**)和 NH_3 的取代反应。Erlenmeyer 二氢唑酮合成(**3**),*N*-苯甲酰基苷氨酸经过乙酐活化后自身缩合生成噁唑酮。然后进一步和醛缩合再水合水解生成各类氨基酸;最后,酰氨基丙基酸酯(**4**)很容易烷基化,产物可以被皂化脱羧。

(1) RCHO + NH_3 + HCN ⟶ $RCH(NH_2)CN$ ⟶ $RCH(NH_2)CO_2H$

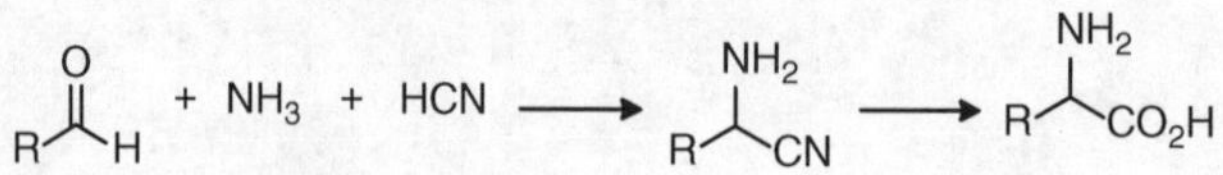

(2) RCH_2CO_2H —(Br_2, PCl_3)⟶ $RCH(Br)CO_2H$ —(NH_3)⟶ $RCH(NH_2)CO_2H$

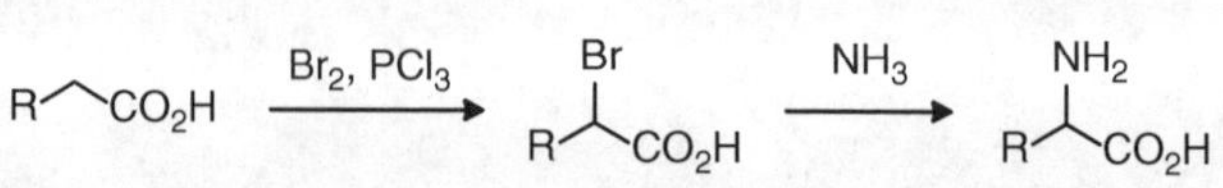

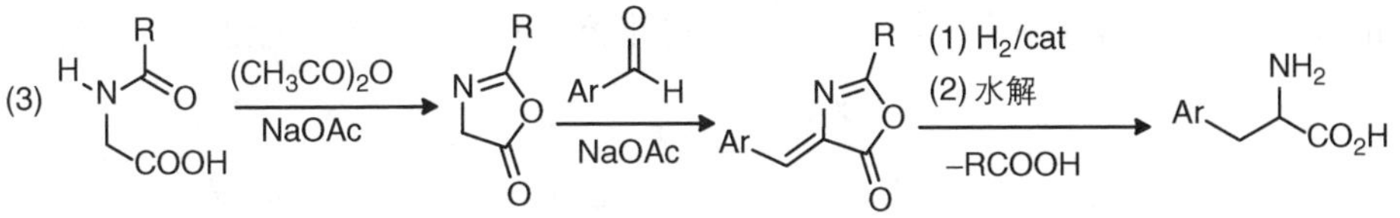

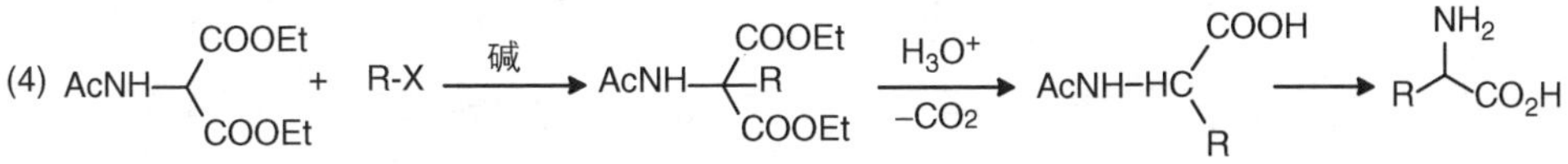

下面的酶促转移反应适于氨基酸的动力学拆分：(1) 酶基转化酶用于裂解 N-酰 490
基化的氨基酸上的酰胺键。(2) 氨基酸酯被氨基酸酶或者酯酶作用皂化。在这两种情况下，只有 L-氨基酸是酶可识别的。将其与剩下的 D-氨基酸衍生物分离得到 50% 的转化。(3) 乙内酰脲酶、氨基甲酰酶和消旋酶可用于氨基酸的动态动力学拆分。乙内酰脲是很容易得到的，比如，将无保护的氨基酸和氰甲酸反应即可。各种乙内酰脲酶用来生产光学纯的 *N*-氨基甲酰化的氨基酸，它再由氨基甲酰酶转化为氨基酸。利用消旋酶对乙内酰脲异构化，可以完全转化为一个单一的对映体。

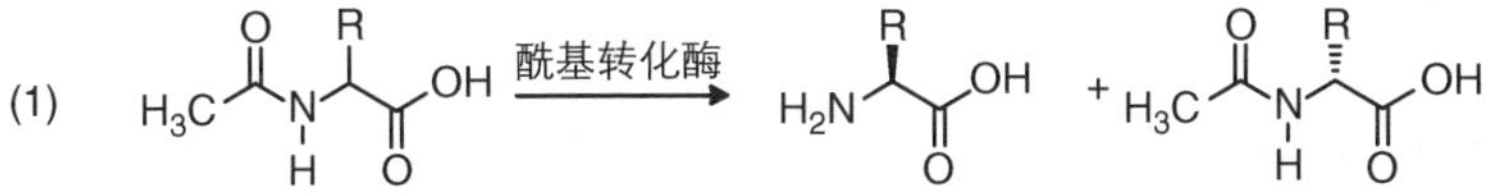

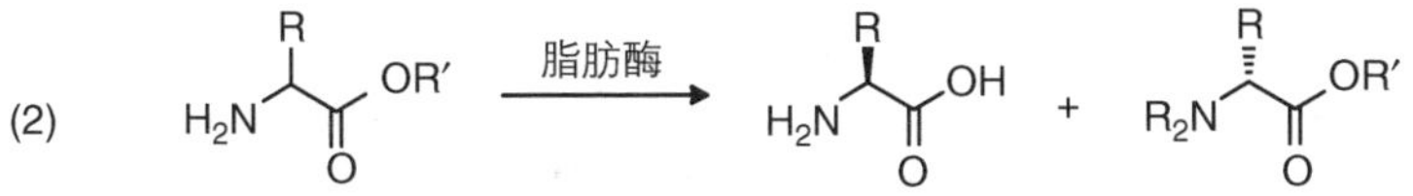

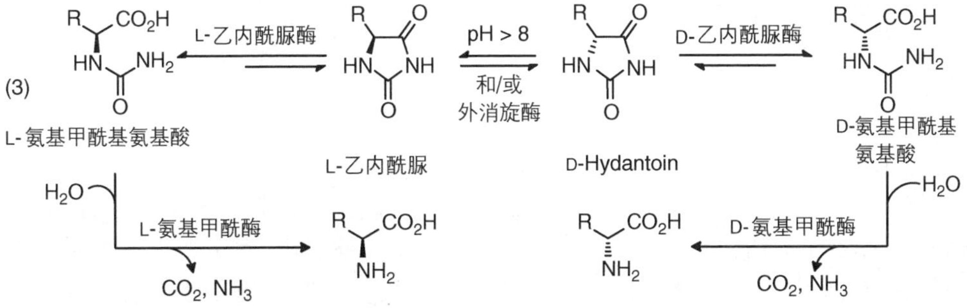

(b) 通过动力学拆分合成 Boc-保护的 L-蛋氨酸

作为酶促拆分氨基酸的一个实例，讨论一下 Boc-保护的 L-蛋氨酸(L-**1**)。外消旋蛋氨酸 *rac*-**2** 在碱性条件下与乙酐发生酰基化得到 *rac*-**3**。**3** 在中性水相中用酰化酶(来自猪肝)进行酶促反应 2 天，将 L-**3** 转化为 L-蛋氨酸(L-**2**)，而 D-**3** 不受影响。用正离子交换剂提取得到 L-**2**。最终，为了满足固相肽合成中需 Boc-保护氨基酸的要求，按照通用的一般方法，用叔丁氧基酐在碱性条件下反应去除保护氨基。因为 L-带有游离的羧酸官能团而有一定极性，故采用反相硅胶(C18)柱来进行纯化较为合适。

491

rac-**2** → (Ac_2O, KOH, 85%) → rac-**3** (4.3.2.1) → (酰化酶 I, pH 7, 55%) → L-**2** (4.3.2.2) + D-**3**

L-**2** → (Boc_2O, H_2O/NaOH/二氧六环, 93%) → L-**1** (4.3.2.3)

(c) 合成 L-1 实验步骤

4.3.2.1 *N*-乙酰基-*rac*-蛋氨酸

149.2 → (Ac_2O, KOH) → 191.2

将乙酐(50.0 mL，54.0 g，530 mmol)在 10 min 内加入 *rac*-蛋氨酸(20.0 g，134 mmol)的 KOH(2 mol/L，70 mL)的搅拌液中。室温下搅拌反应 10 min 后，将硫酸(2 mol/L，70 mL)加入反应液中，反应液在真空下浓缩至干，残余物用沸腾的乙酸乙酯萃取，有机相用无水硫酸钠干燥，过滤，真空下旋除溶剂。用乙酸乙酯重结晶得到无色产物 21.9 g(85%)；mp 114～115℃；R_f(乙酸乙酯/甲醇/H_2O/乙酸＝10∶1∶1∶0.5)＝0.53。

IR (KBr): $\tilde{\nu}$ (cm^{-1}) = 3343, 2967, 2918, 2594, 2461, 1694, 1621, 1561, 1446, 1423, 1377, 1339, 1322, 1256, 1235, 1190, 1117, 961, 799, 661, 593, 547.
^{1}H NMR (CD_3OD, 300 MHz): δ (ppm) = 4.52 (dd, *J* = 4.7, 9.6 Hz, 1H, α-CH), 2.63–2.45 (m, 2H, γ-CH_2), 2.08 (s, 3H, CH_3CO), 2.19–1.85 (m, 2H, β-CH_2), 1.98 (s, 3H, SCH_3).

^{13}C NMR (CD_3OD, 76 MHz): δ (ppm) = 175.2 (COOH), 173.5 (CONH), 492
157.2, 52.8 (α-C), 52.7, 32.1 (β-CH_2), 31.2 (γ-CH_2), 22.4 (CH_3CO), 15.2 (CH_3S).
EI HRMS: calcd. for $[M+H]^+$: 192.068 88; found: 192.06889.

4.3.2.2 L-蛋氨酸[6]

酰化酶 I, pH 7
30~35 ℃, 2 d

191.2 → 191.2 + 149.2

在一个锥形烧瓶中，将 NaOH(1 mol/L，19 mL)加入酰基蛋氨酸(见 **4.3.2.1** 节)(3.82 g，20 mmol)的蒸馏水(100 mL)溶液中。再加入 NaOH 或者 HAc 来调节溶液 pH 为 7.2～7.5。用蒸馏水调节总体积为 200 mL。加入酰基转化酶 1(20～30 mg，来自猪肝，Sigma，Ⅱ级，500～1 000 单位/mg)，混合物在 30～35℃反应 2 天。

加入 H_2SO_4(2 mol/L，8 mL)猝灭反应，混合物用硅藻土过滤。加入正离子交换树脂(Amberlyst 15，H^+型，Fluka，30 mL 水悬浮液)后振摇 2 min。用茚三酮测试溶液中有无蛋氨酸，如果有必要，可再加入正离子交换树脂，过滤，树脂用水洗。将氨水(1∶9，20～30 mL)加到树脂中去调节 pH 为 8～9。将离子交换剂分离并用水洗。然后滤液用乙酸调节 pH 为 6～7，真空下浓缩约为 10 mL。加入乙醇直至氨基酸沉淀。将产物过滤并且干燥。得到无色氨基酸固体 820 mg(55%)，mp 280℃(dec.)；$[\alpha]_D^{20} = +23.4$($c = 4.11$，5 mol/L HCl)。

UV (MeOH): λ_{max} (nm) = 287, 244, 204, 202.
IR (KBr, pellet): $\tilde{\nu}$ (cm^{-1}) = 2945, 2915, 2724, 2615, 2319, 1656, 1609, 1580, 1515, 1445, 1414, 1340, 1315, 1276, 1220, 1161, 1080, 1046, 930, 878, 780, 719, 685, 553, 439.
^{1}H NMR (D_2O, 300 MHz): δ (ppm) = 3.93 (t, J = 6.55 Hz, 1H, α-CH), 2.72 (t, J = 7.71 Hz, 2H, γ-CH_2), 2.34–2.14 (m, 2H, β-CH_2), 2.21 (s, 3H, SCH_3).
^{13}C NMR (D_2O, 126 MHz): δ (ppm) = 175.1 (CO), 54.96 (CH), 30.7 (β-CH_2), 29.9 (γ-CH_2).
EI HRMS: calcd. for $C_5H_{11}NO_2S$: 149.0510; found: 149.0509.

4.3.2.3 *N*-Boc-L-蛋氨酸[7] 493

将 L-蛋氨酸(见 **4.3.2.2** 节)(500 mg，3.35 mmol)溶于 H_2O/NaOH(1 mol/L)/

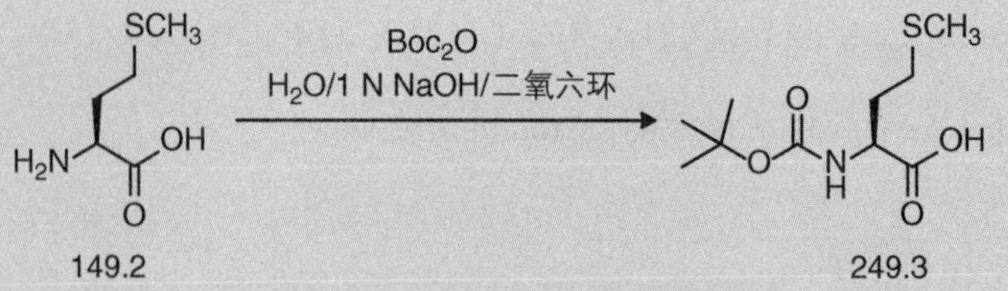

二氧六环(1∶1∶2;24 mL)的混合液中,将混合液冷却至0℃。加入 Boc_2O(875 mg,4.02 mmol),反应液在0℃反应45 min,然后室温反应24 h。反应期间,通过加入NaOH(1 mol/L)溶液调节pH为9~9.5。

加入HCl(1 mol/L)猝灭反应,调节溶液pH为6.5,真空下浓缩。残余物在反相柱色谱RP-18[高效液相色谱(HPLC),H_2O,梯度甲醇0~30%;150 mL]层析冻干后得到无色固体产物775 mg(93%);R_f=0.59(乙酸乙酯/甲醇=9∶1,+0.5%乙酸);mp 46~48℃;$[\alpha]_D^{20}=-22.5°$(c=0.5,甲醇)。

UV (CH_3CN): λ_{max} (nm) = 212.
IR (KBr, pellet): $\tilde{\nu}$ (cm^{-1}) = 3400, 2977, 2919, 1688, 1592, 1519, 1394, 1367, 1252, 1170, 1050, 1027, 860, 779.
^{1}H NMR ($CDCl_3$, 300 MHz): δ (ppm) = 6.14 (d, J = 7.8 Hz, 1H, NH), 3.99 (m, 1H, α-CH), 2.52 (t, J = 7.4 Hz, 2H, γ-CH_2), 2.06 (s, 1H, CH_3S), 1.86 (m, 2H, β-CH_2), 1.42 (s, 9H, H_{Boc}).
^{13}C NMR ($CDCl_3$, 76 MHz): δ (ppm) = 179.3 (CO_2H), 156.7 (CONH), 79.6 ($\underline{C}(CH_3)_3$), 55.6 (CH), 32.2 (CH_2), 30.7 (CH_2), 28.5 ($C(\mathit{CH_3})_3$), 15.4 (CH_3S).
EI HRMS: calcd. for $C_{10}H_{19}NO_4S$ [M+Na$^+$]: 272.09270; found: 272.09285.

参考文献

[1] Barrett, G.C. (ed.) (1985) *Chemistry and Biochemistry of the Amino Acids*, Chapman & Hall, London.

[2] Dugas, H. (1989) *Bioorganic Chemistry, A Chemical Approach to Enzyme Action*, Springer, New York, pp. 52–77.

[3] Gröger, H. and Drauz, K. (2004) in *Asymmetric Catalysis on Industrial Scales* (eds H.-U. Blaser and E. Schmidt), Wiley-VCH Verlag GmbH, Weinheim, pp. 131–145.

[4] Schnell, B., Faber, K., and Kroutil, W. (2003) *Adv. Synth. Catal.*, **345**, 653–666.

[5] Jones, J. (1992) *Amino Acid and Peptide Synthesis*, Oxford University Press, New York, pp. 8–12.

[6] Moore, J.A. and Dalrymple, D.L. (1976) *Experimental Methods in Organic Chemistry*, 2nd edn, Saunders Company, Philadelphia, PA, pp. 253–258.

[7] Bodanszky, M. and Bodanszky, A. (1995) *The Practice of Peptide Synthesis*, Springer, Berlin, pp. 15–18.

4.3.3 γ,δ-不饱和 α-氨基酸 494

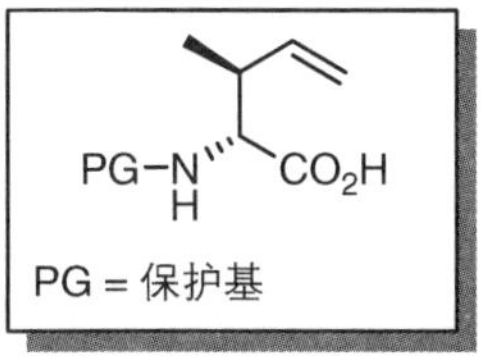

专题
- N-保护的 γ,δ-不饱和的 α-氨基酸的合成
- 通过螯合桥甘氨酸酯烯醇化物的[3,3]-σ 单键重排
- 通过不对称甘氨酸酯烯醇化物的 Claisen 重排
- Z-和 TFA-保护的甘氨酸的酯化
- Z-和 TFA-保护的甘氨酸

(a) 概述

γ,δ-不饱和 α-氨基酸已经引起了人们相当的重视。某些天然的不饱和的氨基酸,呈现出明显的活性,例如,抗菌性和酶抑制性,对于通过双键的功能化合成更复杂的化合物证明很有用[1]。

合成 γ,δ-不饱和 α-氨基酸的一个可行的方法是通过螯合金属盐,常用 $ZnCl_2$,通过 N-保护的甘氨酸酯 **1** 烯醇化物的[3,3]-σ 单键迁移重排,得到非对映异构体 C-烯丙基-α-氨基酸 **2**[1-3]:

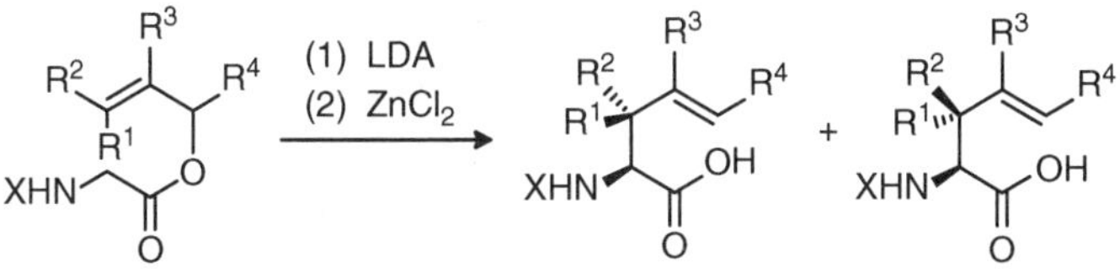

烯丙基酯 **1** 在重排中显示出高度的非对映选择性(de=93%~96%),从 *trans*-取代的烯丙酯有利于 *syn*-产物的生成,从 *cis*-取代的烯丙酯有利于 *anti*-产物的生成。这正像对 Z-保护的甘氨酸巴豆酯 **3**[如在(b)中呈现]的反应所做的说明中看到的那样,**3** 重排为非对映异构体酸 **4a**/**4b**,比例为 95∶5,对 *syn*-产物 **4a** 的生成有利。

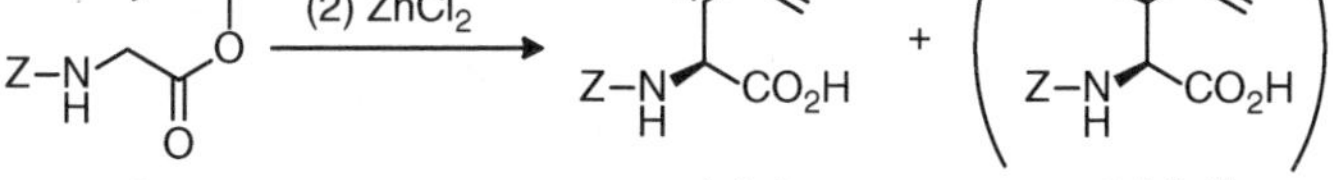

如同 **3**→**4** 重排机理解释那样,一个机理被提出来[1],一个 Zn-螯合的烯醇酯 **6**(来自 **3** 和 LDA 发生脱质子后生成的烯醇锂 **5**)是关键中间体。

Zn-螯合的 **6** 经过克莱森[3,3]-σ 单键重排反应,经过一个类椅式过渡态 **8** 生成 495
一个螯合桥稳定的羧酸盐 **7**,**8** 的高度有序性可能导致了高度的 *syn*-非对映选择性。

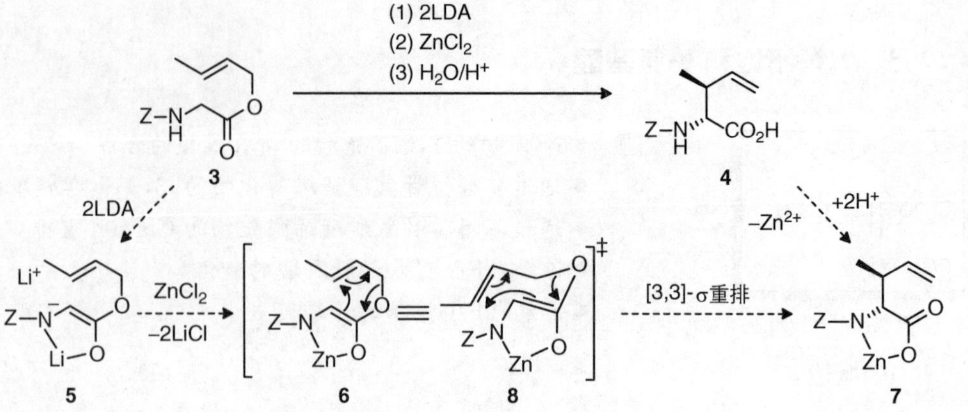

当这个甘氨酸烯丙酯烯醇化物的重排在手性配体下进行时,[3,3]-σ 重排反应过程会伴随着高非对映和对映选择性的对称模式[4,5]。像在(b)中所举的实例,带吸电子基团的 N-保护基(如,三氟乙酰基)有最好的结果,Mg 和 Al 的异丙醇盐为金属组分,金鸡纳生物碱为手性配体。有趣的是,从 TFA 保护的甘氨酸酯 **9** 出发应用奎宁可以提高生成(2*R*)-构型的氨基酸 **10**,而应用奎尼丁则主要生成相反的对映异构体(**11**)。

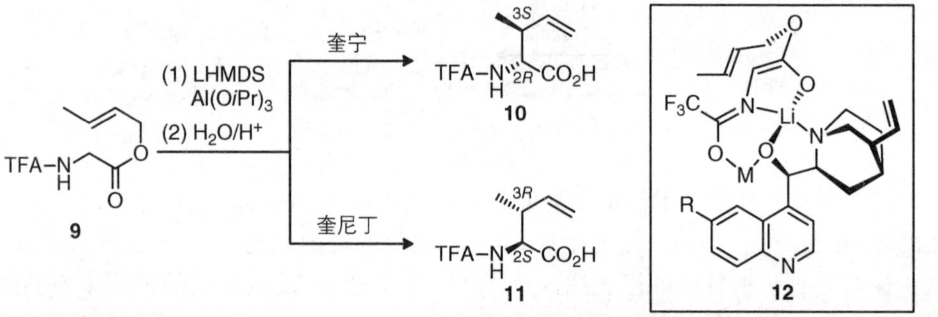

正如机理认为,双齿配体奎宁(或者奎宁丁)和烯醇化锂偶合生成一个双金属配合物 **12**。引入第二个金属离子(Li^+,Al^{3+},Mg^{2+})促进刚性结构的生成而形成配位稳定的配合物 **12**,**12** 中烯醇化物中有一面会受到金鸡纳碱的双环子结构的屏蔽,因此可以解释获得高立体选择性的原因。

496 **(b) *Syn*-(±)-4a 和(2*R*,3*S*)-10 的合成**

1) *syn*-(±)-4a 的合成[1]

甘氨酸和苄氧酰氯(Z-氯代物)在碱,如 NaOH[6],存在下发生酰基化而生成 *N*-(苄氧羰基)甘氨酸(**13**)。Z-保护下的甘氨酸 **13** 和巴豆基醇用 DCC(*N*,*N*′-双环己基碳化二亚胺)/DMAP 方法酯化生成 Z-保护的酯 **3**。

在-78℃下,巴豆醇酯 **3** 在 THF 溶液中用 LDA 处理后再与 $ZnCl_2$ 作用。之后用 HCl 水溶液水解,得到酸 **4**,产率 90%,*syn/anti* 为 95/5,(用 HPLC 分析易制备的甲酯 **15** 来测得)。用乙醚/石油醚重结晶得到纯的 *syn*-非对映异构体(±)-**4a**,产率 78%。

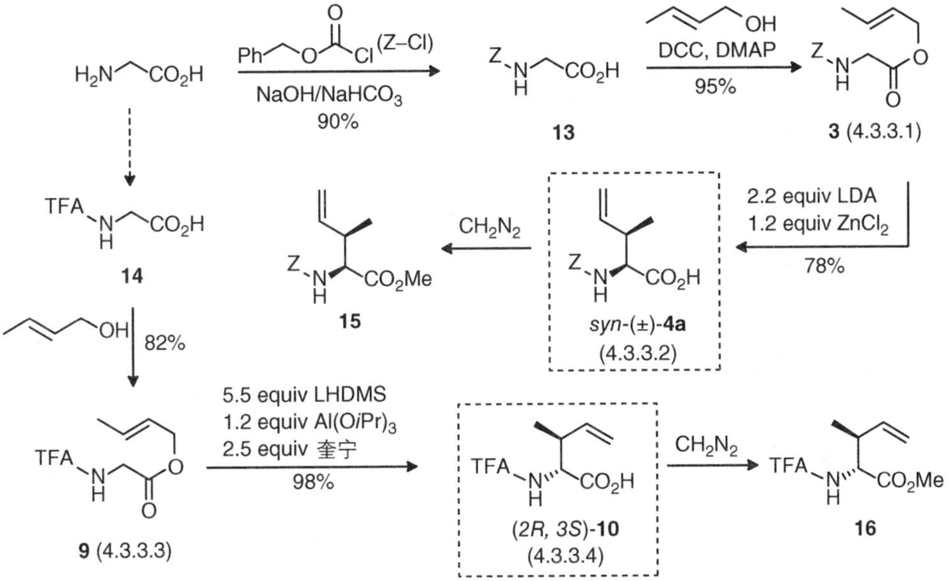

2) (2*R*,3*S*)-10 的合成[4,5]

甘氨酸用三氟乙酸酐三氟乙酰基化得到 *N*-(三氟乙酰基)甘氨酸(**14**)[7]。三氟乙酰基保护的甘氨酸 **14** 如 1)中所述方法与巴豆基醇酯化得酯 **9**。在-78℃下,巴豆基酯 **9** 与过量的 Li-HMDS 的 THF 溶液反应再用 $Al(O^iPr)_3$ 和奎宁处理。水解后,以定量产率得到酸 **10**。为了测定非对映和对映异构体的比例,**10** 和重氮甲烷反应得到甲酯,得到(2*R*,3*S*)酯 **16**,产率 98%,de=98%,ee=87%。

(c) *Syn*-(±)-4a 和(2*R*,3*S*)-10 的合成实验步骤 497

4.3.3.1 *N*-(苄基羰基)甘氨酸巴豆酯[4]

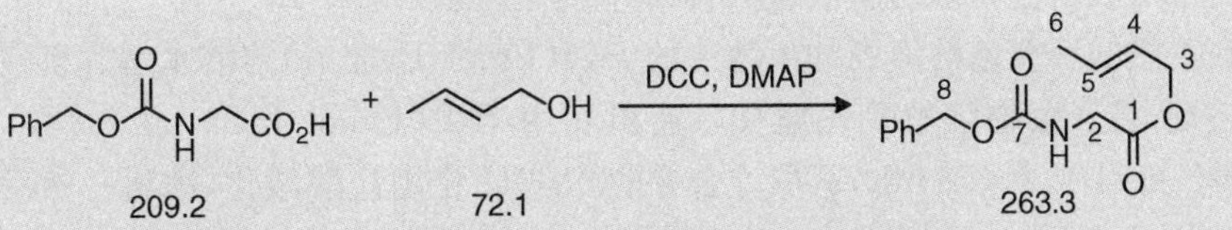

a) N-(苄基羰基)甘氨酸：Z-苷氨酸是商业上可得到的，或者参照参考文献 7 以甘氨酸和 Z-氯甲酸苄酯反应得到；无色柱状晶体，mp 120～121℃($CHCl_3$)。

b) 在 0℃下，将 DCC(5.88 g，28.5 mmol)和 DMAP(375 mg，3.0 mmol)加入(Z)-巴豆醇(3.07 g，28.5 mmol)的 CH_2Cl_2(90 mL)溶液中。将澄清的反应液冷却至−20℃。5 min 后，将 Z-甘氨酸(5.53 g，28.5 mmol)加入搅拌的反应液中，搅拌反应 12 h，在此期间混合物升至室温。

二环己基脲沉淀通过过滤除去，滤液先后用饱和 $KHSO_4$(1 mol/L)、饱和 $NaHCO_3$ 溶液和盐水(分别 50 mL)洗涤。有机相用无水硫酸钠干燥，过滤，真空下旋除溶剂。粗产物酯过快速硅胶柱色谱(石油醚∶乙酸乙酯=7∶3)纯化，得到无色油状产物 6.82 g(97%)，R_f=0.40(石油醚∶乙酸乙酯=7∶3)。

^{1}H NMR ($CDCl_3$, 300 MHz): δ (ppm) = 7.30–7.35 (m, 5H, 5×Ar–H), 5.80 (dq, J = 15.1, 5.7 Hz, 1H, 5-H), 5.55 (dt, J = 15.1, 6.9 Hz, 1H, 4-H), 5.36 (s_{br}, 1H, NH), 5.11 (s, 2H, 8-H), 4.56 (d, J = 5.7 Hz, 2H, 3-H), 3.96 (d, J = 5.5 Hz, 2H, 2-H), 1.72 (d, J = 6.9 Hz, 3H, 6-H).
^{13}C NMR ($CDCl_3$, 76 MHz): δ (ppm) = 169.8 (C-1), 156.2 (C-7), 136.3 (phenyl-C-1), 132.6 (C-5), 128.5 (phenyl-C), 128.1, 124.4 (C-4), 67.0 (C-8), 66.1 (C-3), 42.8 (C-2), 17.7 (C-6).

4.3.3.2 *syn*-(±)-*N*-苄氧羰基-2-氨基-3-甲基-4-戊烯酸[1]

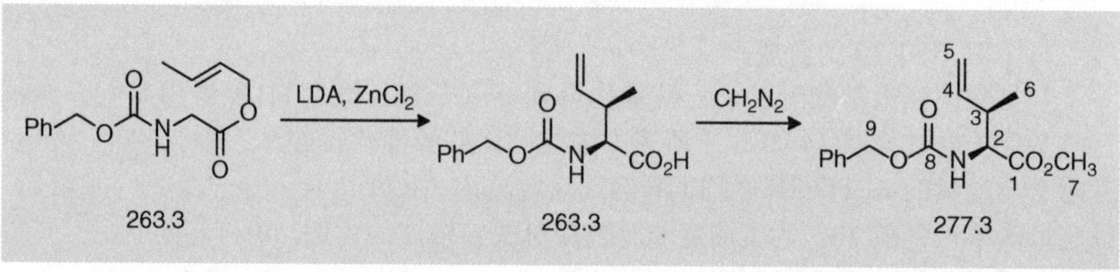

498 在−20℃，氩气保护下，将 n-BuLi(1.65 mol/L)的正己烷溶液(20 mL，33.0 mmol)滴入二异丙胺(5.60 g，40 mmol)的无水 THF(30 mL)溶液。在此温度下反应20 min后，将反应液温度降至−78℃，逐滴加入酯 **4.3.3.1**(3.95 g，15.0 mmol)的 THF(15 mL)溶液。再加入 $ZnCl_2$(2.32 g，17.0 mmol，使用前必须在真空下用热风枪加热直到干燥成白色粉末)，将反应混合物升温到室温反应 12 h。

在清澈的淡黄色溶液内加入冰冷的 HCl(1 mol/L，冰浴)溶液水解。真空下旋除有机溶剂，将残余物溶解到乙醚中。有机相用 HCl(1 mol/L 25 mL)洗涤，然后用 NaOH(1 mol/L 2×50 mL)萃取。合并的 NaOH 相用盐酸酸化(冰浴)，然后用乙醚(2×100 mL)萃取。醚相用无水硫酸钠干燥，过滤，真空下旋除溶剂。残余物[3.55 g

(90%)，非对映异构体比例 95∶5]用乙醚/石油醚重结晶得到无色针状晶体 3.08 g (78%)，mp 81～82℃；非对映异构体纯的 *syn*-(±)-酸。

为了测定非对映异构体比例和对映异构体的纯度，少量酸用乙醚的重氮甲烷溶液处理[8]，生成的甲酯经快速硅胶柱色谱层析化（产量定量）后用 HPLC（Chiralcel OD-H，正己烷/异丙醇=85∶15，2 mL/min）测定。

^{1}H NMR ($CDCl_3$, 300 MHz): δ (ppm) = 7.28–7.40 (m, 5H, 5×Ar–H), 5.68 (ddd, *J* = 17.1, 9.8, 1.4 Hz, 1H, 4-H), 5.28 (d, *J* = 8.4 Hz, 1H, NH), 5.08 (s, 2H, 9-H_2), 5.06 (dd, *J* = 9.8, 1.4 Hz, 1H, 5-H_A), 5.05 (dd, *J* = 17.1, 1.4 Hz, 1H, 5-H_B), 4.35 (dd, *J* = 9.0, 5.2 Hz, 1H, 2-H), 3.71 (s, 3H, 7-H_3), 2.64 (dd, *J* = 12.8, 6.7 Hz, 1H, 3-H), 1.03 (d, *J* = 7.0 Hz, 3H, 6-H_3).
^{13}C NMR ($CDCl_3$, 76 MHz): δ (ppm) = 171.8 (C-1), 155.9 (C-8), 138.4 (C-4), 136.2 (Ar–C-1), 128.5 (Ar–C), 128.1, 116.3 (C-5), 67.0 (C-7), 57.9 (C-9), 52.0 (C-2), 40.8 (C-3), 16.4 (C-6).

4.3.3.3 *N*-(三氟乙酰基)甘氨酸巴豆酯

DCC, DMAP
171.1
72.1
225.2

a) *N*-(三氟乙酰基)甘氨酸：*N*-三氟乙酰基-甘氨酸是商业上可得的或者可通过甘氨酸和三氟乙酸酐反应制得[7]；无色晶体，mp 118～119℃(乙醚/石油醚)。

b) 酯化是依据 **4.3.3.1**b)的步骤，将 *N*-(三氟乙酰基)甘氨酸(7.58 g，44.4 mmol)、 499
(*Z*)-巴豆醇(3.85 g，53.3 mmol)、DCC(10.1 g，48.8 mmol)和 DMAP(4.9 mmol)反应制得。粗产物经过快速柱色谱(SiO_2，石油醚/乙醚=4∶1)层析纯化，然后用二氯甲烷/石油醚重结晶得到产物 9.80 g(82%)，无色针状晶体，mp 48～49℃；R_f = 0.55(石油醚/乙醚=4∶1)。

^{1}H NMR ($CDCl_3$, 300 MHz): δ (ppm) = 6.96 (s_{br}, 1H, NH), 5.84 (dt, *J* = 17.4, 6.9 Hz, 1H, 4-H), 5.58 (dq, *J* = 17.4, 6.8 Hz, 1H, 5-H), 4.61 (d, *J* = 6.9 Hz, 2H, 3-H_2), 4.11 (d, *J* = 5.1 Hz, 2H, 2-H_2), 1.72 (d, *J* = 6.8 Hz, 3H, 6-H_3).
^{13}C NMR ($CDCl_3$, 76 MHz): δ (ppm) = 168.0 (C-1), 157.2 (q, *J* = 38.0 Hz, C-7), 133.0 (C-5), 124.0 (C-4), 115.6 (q, *J* = 286.5 Hz, C-8), 66.8 (C-3), 41.4 (C-2), 17.7 (C-6).

4.3.3.4 (2*R*,3*S*)-3-甲基-2-(三氟乙酰氨基)-4-戊烯酸[4]

在−20℃，氩气保护下，将 *n*-BuLi(1.55 mol/L)的正己烷溶液(1.6 mL，

LiHMDS, Al(O*i*Pr)$_3$ 奎宁 → CH_2N_2 →

225.2　225.2　239.2

2.5 mmol)滴入六甲基二硅胺(470 mg,2.9 mmol)的无水 THF(1.5 mL)溶液中制备六甲基二硅锂。搅拌 20 min 后,在 −78℃下将新制的 LiHMDS 溶液逐滴滴入酯 **4.3.3.3**(124 mg,0.55 mmol)、Al(O*i*Pr)$_3$(114 mg,0.55 mmol)和奎宁(405 mg,1.25 mmol)的无水 THF 溶液中,反应液升至室温反应 12 h。

加入乙醚(50 mL)稀释,再加入 $KHSO_4$(1 mol/L,25 mL)水解反应混合物。有机相用 $KHSO_4$(1 mol/L)洗涤,再用 $NaHCO_3$(3×25 mL)萃取产物。合并的萃取液通过小心地加入 $KHSO_4$ 调节溶液 pH=1 后再用乙醚(3×25 mL)萃取。合并的醚层用无水硫酸钠干燥,过滤,真空下旋除溶剂。

为了测定对映异构体比例和非对映异构体的比例,将残余物[121 mg(98%)]与重氮甲烷反应[8];得无色油状物,125 mg(98%),$[\alpha]_D^{20} = -55.4°$(c=2.0,$CHCl_3$),ee=87%,de=98%(GC 固定相-Val,80℃,等温线)。

^{1}H NMR ($CDCl_3$, 300 MHz): δ (ppm) = 6.84 (s_{br}, 1H, NH), 5.65 (ddd, J = 17.1, 10.5, 6.9 Hz, 1H, C<u>H</u>=CH_2), 5.14 (dd, J = 10.5, 1.1 Hz, 1H, CH=C<u>H_2</u>), 5.09
500 (dd, J = 17.1, 1.1 Hz, 1H, CH=C<u>H_2</u>), 4.63 (dd, J = 8.5, 5.0 Hz, 1H, NCH), 3.77 (s, 3H, OCH_3), 2.73 (ddq, J = 8.5, 7.0, 6.9 Hz, C<u>H</u>CH_3), 1.09 (d, J = 7.0 Hz, 3H, CHC<u>H_3</u>).

^{13}C NMR ($CDCl_3$, 76 MHz): δ (ppm) = 170.3 (<u>C</u>O_2R), 156.6 (q, J = 38 Hz, CON), 137.3 (<u>C</u>HCH_2), 117.3 (CH<u>C</u>H_2), 115.6 (q, J = 287 Hz, CF_3), 52.6, 56.6 (2×OCH_3), 40.6 (<u>C</u>HCH_3), 15.4 (CH<u>C</u>H_3).

反式非对映异构体的光谱数据见参考文献[5]。

参考文献

[1] Kazmaier, U. (1994) *Angew. Chem.*, **106**, 1046–1047; *Angew. Chem. Int. Ed. Engl.*, (1994), **33**, 998–999, and literature cited therein.

[2] For the transformation **1** → **2**, the Claisen–Ireland protocol via silyl ketene acetals Ireland, R.E., Mueller, R.H., and Willard, A.K. (1976) *J. Am. Chem. Soc.*, **98**, 2868–2877 has alternatively been used. The Kazmaier methodology [1] shows clear advantages in terms of reactivity and selectivity.

[3] For applications of amino acid ester enolates in synthesis, see: (a) Kazmaier, U. and Zumpe, F.L. (2001) *Eur. J. Org. Chem.*, **2001**, 4067–4076; (b) Pohlmann, M., Kazmaier, U., and Lindner, T. (2004) *J. Org. Chem.*, **69**, 6909–6912.

[4] Kazmaier, U. and Krebs, A. (1995) *Angew. Chem.*, **107**, 2213–2214; *Angew. Chem. Int. Ed. Engl.*, (1995) **34**, 2012–2013.

[5] Kazmaier, U., Mues, H., and Krebs, A. (2002) *Chem. Eur. J.*, **8**, 1850–1855.

[6] (a) Bergmann, M. and Zervas, L. (1932) *Chem. Ber.*, **65**, 1192; (b) for Z-protection of α-amino acids, see also: *Methoden der Organischen Chemie (Houben-Weyl)*, vol. 15/1, p. 47.

[7] (a) Weygand, F. and Röpsch, A. (1959) *Chem. Ber.*, **92**, 2095; For alternative methods for trifluoroacetylation of α-amino acids, see: (b) *Methoden der Organischen Chemie (Houben-Weyl)*, vol. 15/1, p. 171.

[8] Prepared according to *Organikum* (2001) 21st edn, Wiley-VCH Verlag GmbH, Weinheim, p. 647.

4.3.4 Passerini 羟基酰胺

1

专题
- 氨基酸进行化学选择性 N-甲酰化
- 通过形成 THP 醚保护 OH
- 伯甲酰胺制备异腈
- Passerini 反应

(a) 概述

异腈,如同 **2**,因为 N═C 基团而有两种基本反应模式。第一,在 N═C 的 α 位有明显的 C—H 酸性,使它们用碱脱质子后有可能生成接受亲电试剂进攻的 α-碳负
501 离子 **3**(或者用金属锂化物给出 α-异腈锂化物)。这开启了通过亲电试剂进攻的可能性,这就相当于一个 α-取代反应(→**5**)。第二,异腈 N═C 官能团的终端 C 上可以分步接受亲核和亲电试剂的进攻,生成一个偕二取代物;如果亲电试剂先进攻,腈鎓离子 **4** 则生成一个氰基离子中间体(→**6**)[1]。

$$[\mathrm{R{-}CH_2{-}\bar{N}{=}\bar{C}} \longleftrightarrow \mathrm{R{-}CH_2{-}\overset{+}{N}{\equiv}C^{\ominus}}]\ \mathbf{2}$$

碱, $-H^+$ → $\mathrm{R{-}\overset{\ominus}{C}H{-}\bar{N}{=}\bar{C}}$ **3** → $+E^+$ → $\mathrm{R{-}CH(E){-}\bar{N}{=}\bar{C}}$ **5**

$+E^+$ (A_E) → $[\mathrm{R{-}CH_2{-}\overset{+}{N}{\equiv}C{-}E} \longleftrightarrow \mathrm{R{-}CH_2{-}\bar{N}{=}\overset{+}{C}{-}E}]$ **4** → $+Nu^-$ (A_N) → $\mathrm{R{-}CH_2{-}\bar{N}{=}C(E)(Nu)}$ **6**

这些是异腈的一系列有用合成的基本原则,如下边的例子所阐述。

1) 在 Van Leusen 1,3-噁唑酮合成反应中,对甲苯磺酰基取代的异腈 **2**(R=Tos)(TosMIC)和一个醛在碱的存在下缩合生成 5-取代-1,3-噁唑 **8**。在噁唑合成过程中,异腈基 N═C 有三重功能:它促进 α-去质子化生成 **3**,**3** 加到醛基的羰基上生成中间体 **9**,然后,发生分子内亲核进攻(A_N),在 **9**→**10** 的环缩合中生成的 2-阴离子质子化生成噁唑啉 **7**。在最后一步碱诱导的消除反应,噁唑啉 **7** 发生芳构化失去磺酸生成噁唑 **8**。

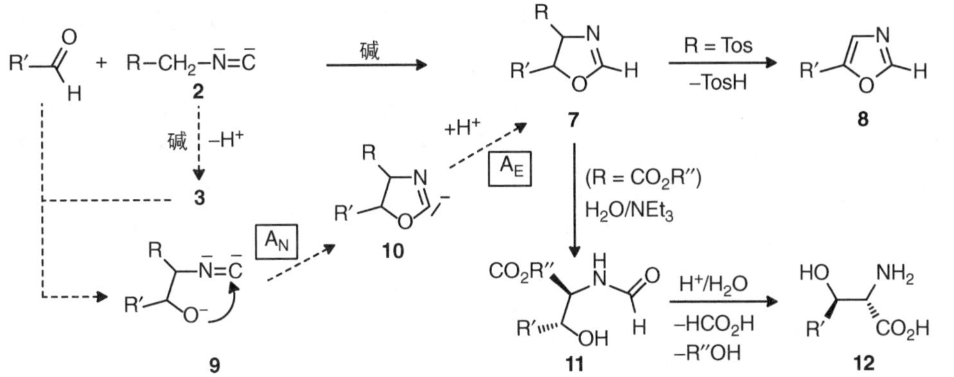

相似的反应也可以在酯取代的异腈 **2** 上($R=CO_2R''$)看到[3]，噁唑 **7**(R 和 R″为 *trans* 关系)可以被分离、水解后转化为 β-羟基-α-氨基酸 **11/12**。 502

2) 在 Passerini 反应中[1]，异腈、醛和羧酸发生三组分反应(MCR[4])生成 *O*-酰基的 α-羟基酰胺 **13**。

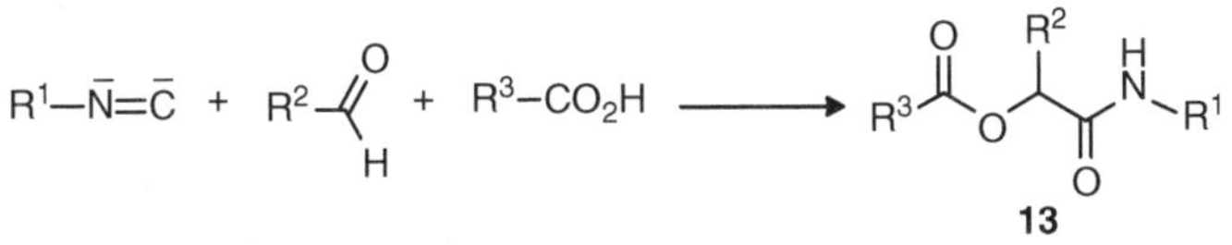

Passerini 反应合理的机理如下[1]：

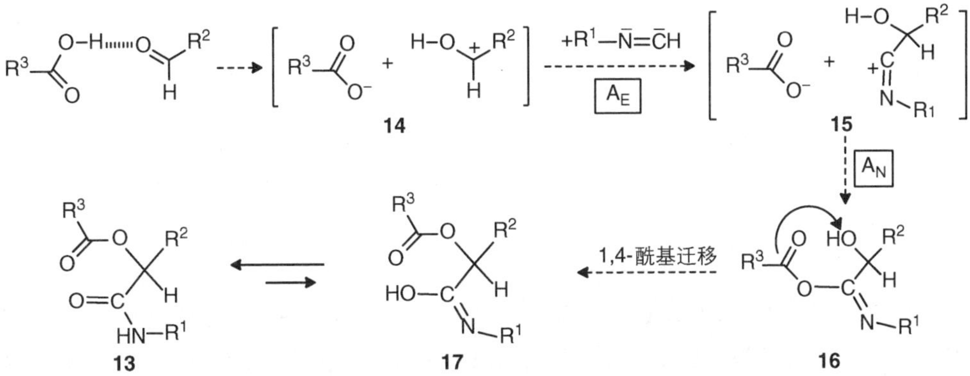

首先，醛羰基被羧酸通过质子转移活化。质子化后的羰基发生亲电加成(A_E)加成到异腈碳上(**14→15**)，接着羧酸负离子对 **15** 中的异腈正离子进行亲核加成(A_N)，*O*-酰基亚氨酸酯 **16** 再发生 1,4-酰基迁移(**16→17**)互变异构化后生成产物 **13**。

Passerini 反应体系中再加入胺或者伯胺可延伸到四组分反应(Ugi 反应，见 **4.4.7** 节)。

3) 从 2)的 Passerini 反应机理可以发现，β-羟基-异腈 **18** 和醛用一些弱酸，如吡啶对甲苯磺酸(PPTS)亲核酸处理可以得到 2-羟基烷基噁唑啉 **19**[5]：很清楚，腈基𬭩离子 **20**，是由质子化的醛对 N=C 官能团加成所得到的，然后再被 β-羟基官能团捕捉环化得到噁唑啉 **19**。手性噁唑啉 **19** 可作为不对称合成的配体[5]；所需的手性 β-羟基
503 异腈化物 **18** 可以很容易地从对映纯的 α-氨基酸制得。因此，在 b) 中对一个潜在的前体及其在 Passerini 反应中的应用做了讨论。

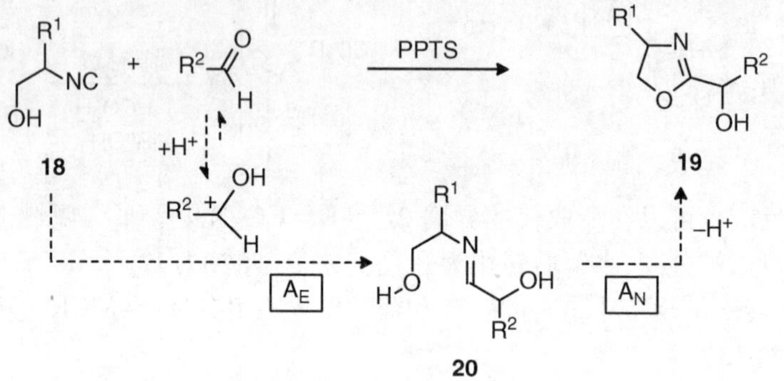

(b) 1 的合成

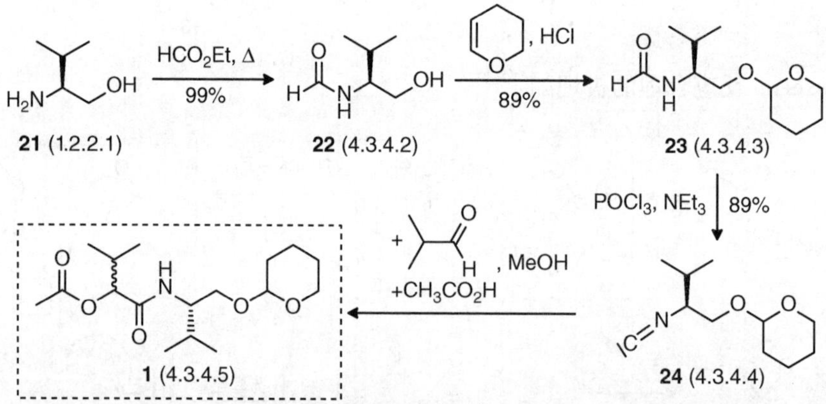

(*S*)-缬氨酸(**21**，**1.2.2.1**)和甲酸乙酯发生化学选择性的 N-甲酰化生成(*S*)-*N*-(甲酰基)-缬氨酸(**22**)。由于在下一步的异腈生成反应所用到的甲酰胺脱水反应条件下 **22** 中的羟基会有影响，故要用质子催化的二氢吡喃(DHP)来保护得到四氢吡喃(THP)醚 **23**。

作为环状缩醛树脂，四氢吡喃醚对碱是稳定的，但是对哪怕是稀酸都是敏感的，以至发生水解。因此，醇或者酚中的羟基可以用 THP 保护来可逆地阻断[6]。

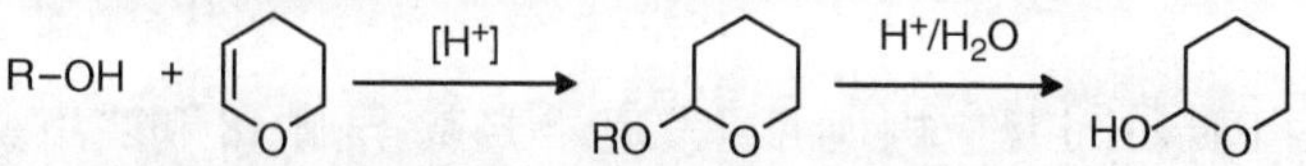

相应的,THP 醚 **23** 在三乙胺存在下用 $POCl_3$ 处理生成 β-羟基保护的手性异腈 **24**。

最后一步,异腈 **24**、异丁醛和乙酸发生三组分多米诺进程的 Passerini 反应生成 504
非对映异构体混合物二羟基酰胺 **1**(见实验部分),分子中的羟基可分别成乙酸酯和 THP 醚而保护起来。结果,通过五步反应以 66%的产率得到 Passerini 产物 **1**。

(c) 1 的合成实验步骤[2)]

4.3.4.1 (2*S*)-(−)-(2-甲酰氨基)-3-甲基-1-丁醇

H_2N OH + H CO_2Et △ → H O N H OH 5 1

103.2 102.1 131.2

将 L-缬氨醇(见 **1.2.2.1** 节)(10.3 g,0.10 mmol)溶于甲酸乙酯(9.66 g,120 mmol),反应液加热回流 2 h。

过量的甲酸在真空下旋除,得到无色油状产物,通过冷却或者用乙醚处理后重结晶得到产物 13.0 g(99%),mp 78~80℃;$[\alpha]_D^{20}=-36.0$($c=1.00$,$CHCl_3$),TLC(SiO_2;乙酸乙酯/乙醇=4∶1);$R_f=0.49$。

根据^{1}H 和^{13}C NMR,产物组成为(*Z*)/(*E*),比例为 2∶1 的异构体混合物。

(*Z*)式

^{1}H NMR ($CDCl_3$, 500 MHz): δ (ppm) = 8.19 (d, *J* = 1.9 Hz, 1H, 5-H), 6.53 (d, *J* = 6.3 Hz, 1H, NH), 3.78 (dddd, *J* = 9.9, 6.3, 6.3, 3.6 Hz, 1H, 2-H), 3.74 (t, *J* = 5.0 Hz, 1H, OH), 3.68 – 3.53 (m, 2H, 1-H), 1.85 (m, 1H, 3-H), 0.94, 0.91 (2 × d, *J* = 6.8 Hz, 6H, 4-H).
^{13}C NMR ($CDCl_3$, 126 MHz): δ (ppm) = 162.3 (d, C-5), 62.9 (t, C-1), 55.8 (d, C-2), 28.9 (d, C-3), 19.4 (2q, C-4), 18.6.

(*E*)式

^{1}H NMR ($CDCl_3$, 500 MHz): δ (ppm) = 7.95 (d, *J* = 11.8 Hz, 1H, 5-H), 6.85 (dd, *J* = 11.8, 7.8 Hz, 1H, NH), 4.04 (t, *J* = 5.6 Hz, 1H, OH), 3.68 – 3.53 (m, 2H, 1-H), 1.77 (m, 1H, 3-H), 3.10 (dddd, *J* = 10.1, 7.8, 6.6 Hz, 3.6 Hz, 1H, 2-H), 0.93, 0.89 (2 × d, *J* = 6.8 Hz, 6H, 4-H).
^{13}C NMR ($CDCl_3$, 126 MHz): δ (ppm) = 165.8 (d, C-5), 63.2 (t, C-1), 60.8 (d, C-2), 29.3 (d, C-3), 19.6 (2 × q, C-4), 18.3.

注 2):U. Kazmaier,M. Bauer,personal communication.

505

4.3.4.2 (2*S*)-(2-甲酰氨基)-3-甲基-1-四氢吡喃氧基丁烷

在0℃下，将2滴浓盐酸加到醇 **4.3.4.1**(5.91 g，45.0 mmol)的二氢吡喃(6.15 g，67.5 mmol)的搅拌液中。反应混合物在12 h内慢慢升到室温，形成一个清澈溶液。

混合液加入 CH_2Cl_2(50 mL)稀释，用无水 $NaHCO_3$ 和盐水洗涤，无水 Na_2SO_4 干燥，过滤，真空下旋除溶剂。残余物过柱色谱(乙酸乙酯)纯化得到无色油状 THP 醚；8.58 g(89%)，顺/反比例为7∶3的异构体混合物。

(*Z*)式

^{1}H NMR ($CDCl_3$, 500 MHz): δ (ppm) = 8.20, 8.19 (2×d, *J* = 1.4 Hz, 1H, 5-H), 5.94 (m, 1H, NH), 4.53, 4.49 (2×m, 1H, 6-H), 3.94, 3.89 (2×m, 1H, 2-H), 3.83 (dd, *J* = 10.2, 4.4 Hz, 1H, 1-H_a), 3.79 (m, 1H, 10-H_{eq}), 3.48 (m, 1H, 10-H_{ax}), 3.38 (2×dd, *J* = 10.2, 3.8 Hz, 1H, 1-H_b), 1.90 (m, 1H, 3-H), 1.76 (m, 1H, 7-H_a), 1.67 (m, 1H, 7-H_b), 1.59–1.47 (m, 4H, 8-H, 9-H), 0.95, 0.93, 0.92, 0.91 (4×d, *J* = 6.8 Hz, 6H, 4-H).
^{13}C NMR ($CDCl_3$, 126 MHz): δ (ppm) = 160.85, 160.80 (2×d, C-5), 99.8, 98.9 (2×d, C-6), 68.1, 67.3 (2×t, C-1), 62.9, 62.3 (2×t, C-10), 52.9, 52.6 (2×d, C-2), 30.6, 30.4 (2×t, C-7), 29.4, 29.2 (2×d, C-3), 25.3, 25.2 (2×t, C-9), 19.4, 19.3 (2×t, C-8), 19.8, 19.4, 18.9, 18.8 (4×q, C-4).

(*E*)式

^{1}H NMR ($CDCl_3$, 500 MHz): δ (ppm) = 8.03, 8.01 (2×d, *J* = 11.9 Hz, 1H, 5-H), 6.11 (m, 1H, NH), 4.58, 4.53 (2×m, 1H, 6-H), 3.79 (m, 1H, 10-H_{eq}), 3.69 (dd, *J* = 10.4, 4.0 Hz, 1H, 1-H_a), 3.57 (dd, *J* = 10.4, 3.8 Hz, 1H, 1-H_b), 3.48 (m, 1H, 10-H_{ax}), 3.23 (m, 1H, 2-H), 1.86 (m, 1H, 3-H), 1.76 (m, 1H, 7-H_a), 1.67 (m, 1H, 7-H_b), 1.59–1.46 (m, 4H, 8-H, 9-H), 0.96–0.90 (m, 6H, 4-H).
^{13}C NMR ($CDCl_3$, 126 MHz): δ (ppm) = 164.8, 164.6 (2×d, C-5), 99.5, 98.4 (2×d, C-6), 68.9, 68.2 (2×t, C-1), 62.4, 61.8 (2×t, C-10), 58.0, 57.8 (2×d, C-2), 30.4, 30.3 (2×t, C-7), 29.6, 29.5 (2×d, C-3), 25.3, 25.2 (2×t, C-9), 19.58, 19.55 (2×t, C-8), 19.4, 18.9, 18.3, 18.1 (4×q, C-4).

4.3.4.3 (2*S*)-2-异氰基-3-甲基-1-四氢吡喃氧基丁烷(U. Kazmaier, M. Bauer, personal communication) 506

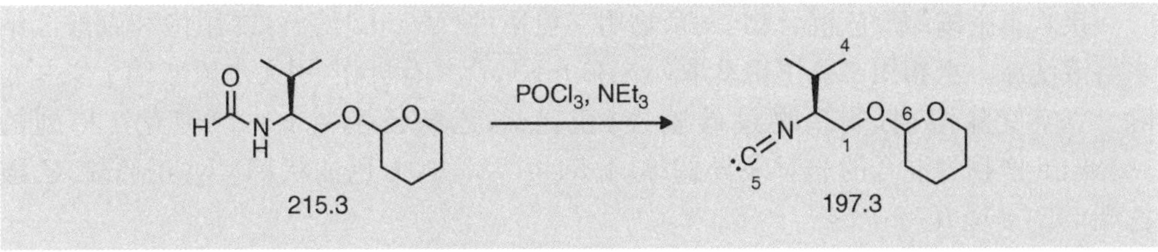

在0℃,N_2氛围下,将三乙胺(10.5 mL,75.0 mmol)加到甲酰胺**4.3.4.2**(6.45 g,30.0 mmol)的无水CH_2Cl_2(30 mL)搅拌液中,加入三氯氧磷(2.74 mL,30.0 mmol)并且滴加速度控制在反应液内温度不超过5℃。加完后反应液继续在0℃反应1 h。

滴入Na_2CO_3(6 g)的水(24 mL)溶液将反应猝灭,保证反应液温度在26~28℃(如果有需要用冰浴降温)。然后反应液在室温下搅拌30 min。

反应完毕,加入水(60 mL),有机相分液,水相用CH_2Cl_2(3×800 mL)萃取。合并有机相并用盐水洗涤,无水K_2CO_3干燥,过滤。真空下旋除溶剂,过柱色谱(乙酸乙酯)层析纯化得到淡黄色液体4.86 g(82%),TLC(乙醚):R_f=0.74。

^{1}H NMR ($CDCl_3$, 500 MHz): δ (ppm) = 4.64 (t, J = 3.3 Hz, 1H, 6-H), 3.85 (m, 1H, 2-H), 3.85, 3.79 (2×m, 1H, 10-H_{eq}), 3.60 (m, 1H, 1-H_a), 3.52 (m, 1H, 1-H_b), 3.52, 3.46 (2×m, 1H, 10-H_{ax}), 1.96 (m, 1H, 3-H), 1.81 (m, 1H, 7-H_a), 1.71, (m, 1H, 7-H_b), 1.64–1.49 (m, 4H, 8-H, 9-H), 1.03, 1.03, 1.00, 1.00 (4×d, J = 6.8 Hz, 6H, 4-H).
^{13}C NMR ($CDCl_3$, 126 MHz): δ (ppm) = 156.5, 156.5 (2×t, J_{C-N} = 4.7 Hz, C-5), 99.4, 98.5 (2×d, C-6), 67.9, 67.2 (2×t, C-1), 62.3, 61.9 (2×t, C-10), 61.0, 60.7 (2×td, J_{C-N} = 5.9 Hz, C-2), 30.4, 30.3 (2×t, C-7), 28.9, 28.9 (2×d, C-3), 25.3 (t, C-9), 19.6 (t, C-8), 19.2, 18.9, 17.0, 16.8 (4×q, C-4).

4.3.4.4 (2*S*)-2-[(3-甲基-2-乙酰氧基丁酰基)-氨基]-3-甲基-1-四氢吡喃氧基-丁烷

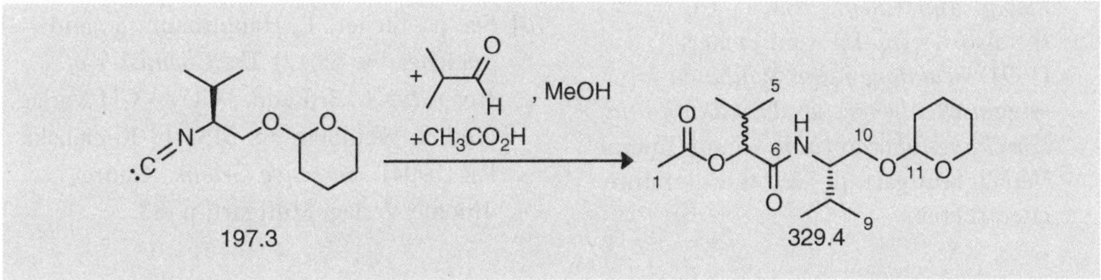

507 将乙酸(693 μL,12.0 mmol)加入异腈 **4.3.4.3**(1.19 g,6.00 mmol)的甲醇(1.5 mL)溶液中并搅拌。然后加入异丁醛(1.10 mL,75.0 mmol)后,导致反应混合液温度上升。全部加完之后,继续在室温下搅拌反应 30 min。

接着真空浓缩反应混合物,剩余物用二氯甲烷(45 mL)溶解,并用饱和碳酸氢钠水溶液洗涤。水相用二氯甲烷萃取(3×30 mL),合并有机相,用无水硫酸钠干燥并滤除。真空旋除溶剂,剩余物过硅胶柱(正己烷/乙酸乙酯=1∶1)纯化。得到的 passerini 产物为混合的非对映异构体,1.54 g(78%),无色油状,TCL(正己烷/乙酸乙酯=1∶1):R_f=0.54。

^{1}H NMR ($CDCl_3$, 500 MHz): δ (ppm) = 6.49, 6.39, 6.16, 6.11 (4 × d, J = 9.0, 9.3 Hz, 1H, NH), 4.97, 4.96, 4.96, 4.93 (4 × d, J = 4.6 Hz, 1H, 3-H), 4.46 (m, 1H, 11-H), 3.84–3.69 (m, 2H, 7-H, 15-H_{eq}), 3.44 (m, 1H, 15-H_{ax}), 3.76, 3.57, 3.52, 3.33, 3.27 (5 × m, 2H, 10-H), 2.22 (m, 1H, 4-H), 2.09, 2.09, 2.09, 2.08 (4 × s, 3H, 1-H), 1.85 (m, 1H, 8-H), 1.72 (m, 1H, 12-H_a), 1.63 (m, 1H, 12-H_b), 1.54–1.43 (m, 4H, 13-H, 14-H), 0.91–0.81 (m, 12H, 5-H, 9-H).
^{13}C NMR ($CDCl_3$, 126 MHz): δ (ppm) = 169.6, 169.5, 169.5, 168.8, 168.7, 168.7 (6 × s, C-6, C-12), 99.6, 99.3, 98.9, 98.8 (4 × d, C-11), 78.4, 78.3 (2 × d, C-3), 68.5, 68.0, 67.2 (3 × t, C-10), 62.5, 62.2, 62.2, 62.2 (4 × d, C-15), 54.0, 53.8, 53.6, 53.4 (4 × d, C-7), 30.6, 30.5, 30.4, 30.4 (4 × t, C-12), 30.3, 30.2, 30.2, 30.2 (4 × d, C-4), 29.4, 29.4, 29.3, 29.2 (4 × d, C-8), 25.2, 25.2 (2 × t, C-14), 20.6 (q, C-1), 19.6–16.7 (m, C-5, C-9, C-13).

参考文献

[1] Smith, M.B. (2013) *March's Advanced Organic Chemistry*, 7th edn, John Wiley & Sons, Inc., New York, p. 1246, and literature cited therein.

[2] Eicher, T., Hauptmann, S., and Speicher, A. (2012) *The Chemistry of Heterocycles*, 3rd edn, Wiley-VCH Verlag GmbH, Weinheim, p. 173.

[3] Hoppe, D. and Schöllkopf, U. (1972) *Liebigs Ann. Chem.*, **763**, 1–16; see also: Tietze, L.F. and Eicher, T. (1991) *Reaktionen und Synthesen im Organisch-Chemischen Praktikum und Forschungslaboratorium*, Georg Thieme Verlag, Stuttgart, p. 525, and literature cited therein.

[4] Zhu, J. and Bienayme, H. (eds) (2004) *Multicomponent Reactions*, Wiley-VCH Verlag GmbH, Weinheim.

[5] (a) Kazmaier, U. and Bauer, M. (2006) *J. Organomet. Chem.*, **691**, 2155–2158; (b)chiral bis(oxazoline) ligands in asymmetric catalysis: Desimoni, G., Faita, G., and Jørgensen, K.A. (2006) *Chem. Rev.*, **106**, 3561–3651.

[6] See (a) Eicher, T., Hauptmann, S., and Speicher, A. (2012) *The Chemistry of Heterocycles*, 3rd edn, Wiley-VCH Verlag GmbH, Weinheim, p. 315; (b) Kocienski, P.J. (1994) *Protective Groups*, Georg Thieme Verlag, Stuttgart, p. 83.

4.3.5 天冬甜素(阿斯巴甜) 508

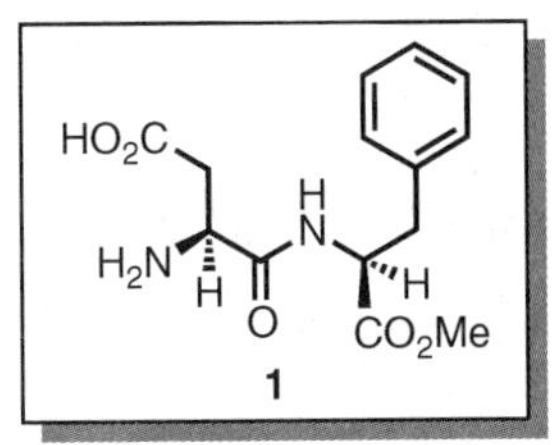

专题
- 一种肽酯的合成
- α-氨基酸的 *N*-羧基苄基化反应
- α-氨基酸的酯化反应
- 天冬氨酸二酯的部分水解
- 用 DCC 方法合成缩氨酸
- 催化脱苄基反应

(a) 概述

阿斯巴甜(**1**, *N*-L-α-天冬氨酰基-L-苯基丙氨酸甲基酯,简称:H-Asp-Phe-OMe)是 L-苯丙氨酸甲基酯通过 NH_2 基与 L-天冬氨酸的 α-羧基脱水连接的二肽酯:

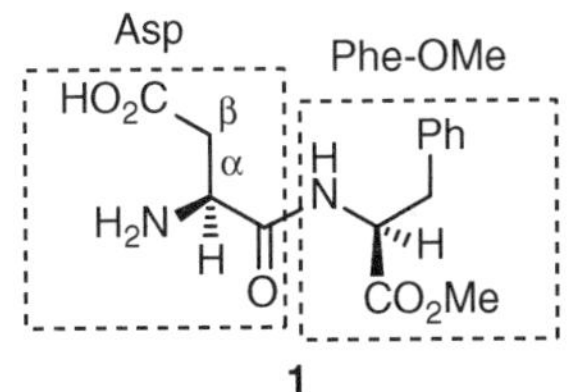

阿斯巴甜 **1** 在商业上用作甜味剂[1],它的营养价值很低,甜度比蔗糖高 180~200 倍。阿斯巴甜(**1**)不会致癌、慢性中毒或致畸性[2]。

阿斯巴甜的合成是根据多肽的合成基本原则进行的[3]。它的主要特征是有定向(化学选择)形成 CO—NH 酰胺键("肽键"),通过有二个和三个官能团的 α-氨基酸(这里是 **2**/**3**)聚合而成。这些过程依据以下原则:

HO2C β α OH + H2N Ph H CO2H → **1**

L-天冬氨酸 **2**　L-苯丙氨酸 **3**

→ 要生成CO—NH键
-//→ 需保护

1) 形成定向的肽键需要对不参与形成肽键的 NH_2 和 CO_2H 官能团进行保护(还有其他官能团)。通常用 Boc,Cbz(苄氧羰基)和 Fmoc 保护 NH_2;对于 CO_2H,可以形成很多酯来保护,常用苄基保护。

2) 为了促使 CO_2H 基团与 NH_2 基团形成酰胺,其反应通常需要剧烈的条件, 509
CO_2H 基团需要活化,一般通过引入好的离去基团形成活性酯,为了能更好地亲核进攻氨基。大多数情况下用 DCC，HOBt(1-羟基苯并三唑)和酸酐的方法形成酯。

3) 形成肽键之后，被保护的基团需要被移除(脱保护)，并且在脱保护的条件下不能影响酰氨基，也不能导致立体中心的异构化。

4) 在肽键的形成中使用特定的酶(蛋白酶)可以有效地简化上述的(1)～(3)步骤。因为酶有高的选择性和效率，从而不需要保护基团[4]。

用第一种方法 1～3 合成阿斯巴甜，L-天冬氨酸的 NH_2 基和 β-羧基先被保护，然后这个双保护的 L-天冬氨酸 **4** 与 L-苯丙氨酸的 CO_2H 先被保护成甲基酯的 **5** 发生缩合反应。二肽酯 **6** 脱保护基 P^1 和 P^2 后，即得到阿斯巴甜 **1**：

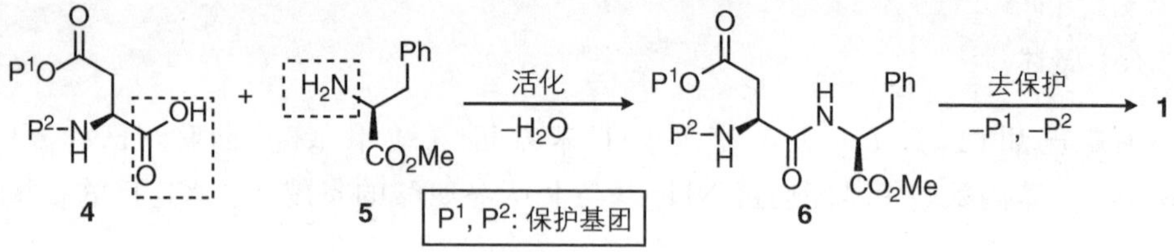

接下来的一种合成 **1** 的方法[5,6]详见(b)部分。

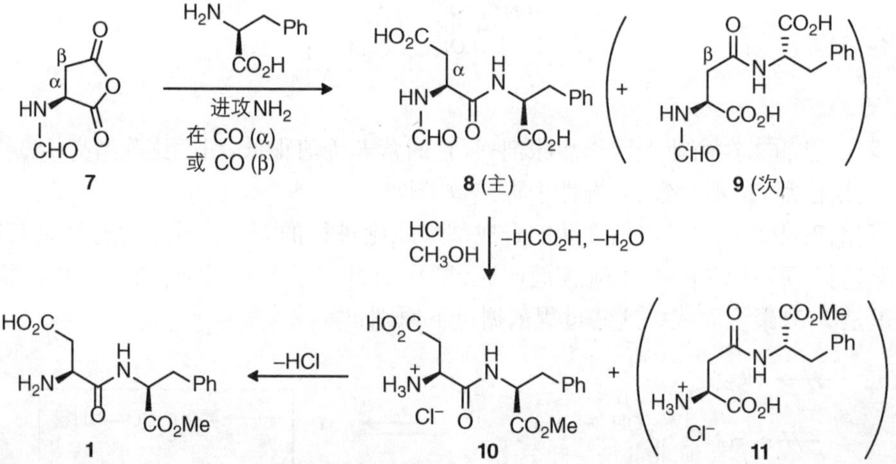

对于工业合成阿斯巴甜 **1**[7]，酸酐 **7** 是一种很好的起始原料，因为它是一个 N-保护和 COOH 活化形式的 L-天冬氨酸。但是，**7** 包含两个 C═O 基团，在 L-苯丙氨酸
510 进行亲核进攻发生开环反应时，会生成 *N*-甲酰基-α-和-β-天冬氨酰苯丙氨酸 **8** 与 **9** 的混合物。幸运的是，使用合适的溶剂，这个反应可以定向地生成所需的 α-二肽。用 HCl/甲醇处理除去 *N*-甲酰基保护基的同时羧基发生甲酯化而生成阿斯巴甜的甲酯盐酸盐 **10**，**10** 用碱处理得到游离的阿斯巴甜 **1**。同时生成的 β-异构 **11** 可以通过分步结晶法从混合物 **10** 和 **11** 中有效地分离出来。

值得注意的是，在酶催化下阿斯巴甜的合成[1,2]、保护或未保护的 L-天冬氨酸酐或 L-天冬氨酸自身直接与 L-苯丙氨酸或 L-苯丙氨酸甲基酯连接形成。

(b) 1 的合成

L-天冬氨酸用苄氧羰基氯在 NaOH/$NaHCO_3$ 存在下使 NH_2 基酰化(→**13**)。形成 N-保护的天冬氨酸 **13** 在催化量的 TosOH 作用下与苄醇反应共沸去水，生成二苄 *N*-苄氧羰基-L-天冬氨酸酯(**14**)：

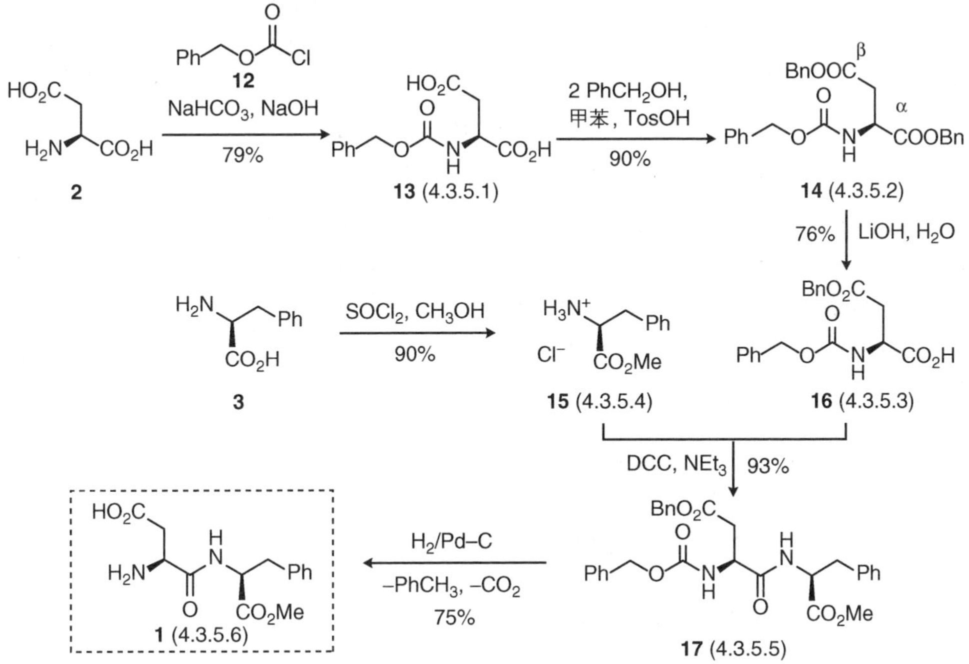

12
$NaHCO_3$, NaOH
79%
2
13 (4.3.5.1)
2 $PhCH_2OH$, 甲苯, TosOH
90%
14 (4.3.5.2)
76% LiOH, H_2O
3
$SOCl_2$, CH_3OH
90%
15 (4.3.5.4)
16 (4.3.5.3)
DCC, NEt_3 93%
1 (4.3.5.6)
H_2/Pd–C
$-PhCH_3$, $-CO_2$
75%
17 (4.3.5.5)

二苄基酯 **14** 的 α-酯在碱性条件下($LiOH/H_2O$)部分水解得到 N-保护 L-天冬氨酸 β-苄酯 **16**；具有化学选择性的皂化反应 **14**→**16**(α-酯比 β-酯反应快)可能是因为酰胺基的诱导效应。

对于第二种底物，L-苯丙氨酸甲基酯的盐酸盐 **15** 的合成是通过 L-苯丙氨酸 **3** 和 511
氯化亚砜在甲醇中反应(这是制备氨基酸酯的通用方法)[8]。

二肽形成是用被保护的天冬氨酸衍生物 **16** 和 L-苯丙氨酸甲基酯盐酸盐 **15** 在 DCC 和三乙胺存在下反应的条件下以几乎定量的产率得到全保护二肽酯 **17**。

化合物 **17** 中的肽键形成是一个复杂的过程。首先，L-苯丙氨酸甲基酯(**5**)的 NH_2 是通过对盐酸盐 **15** 加三乙胺去质子化解离得到的。第二步，前体 **16** 的游离的 α-CO_2H 基的活化是通过加入由 DCC 而来的杂多烯从而得到 *O*-酰基异脲素 **18** 这个

“活性酯”。第三步,将 **15** 的氨基加入“活性酯”**18** 中,酰基发生 $S_N t$ 过程(得到 **20**)接着环乙脲 **19** 作为离去基团发生消除反应,从而在两个氨基酸衍生物之间形成了一个 CO—NH 酰胺键。

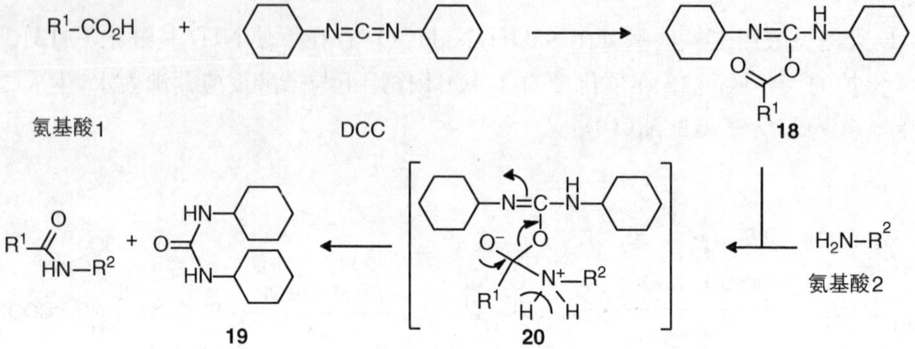

最后,在氨基和β-羧基部分形成保护基的二肽酯 **17** 必须要去保护。对 **17** 进行催化氢化反应可以同时使 NH_2 和 CO_2H 去保护。使用钯碳作催化剂,两个官能团经过脱苄基反应形成甲苯;CO_2 从苄基羰基上消除,最后得到阿斯巴甜(**1**)。

因此,目标化合物 **1** 通过 6 步汇聚合成,其中 5 步线性步骤的全部产率为 37%(基于 L-天冬氨酸(**2**))。

(c) 化合物 1 合成的实验步骤

4.3.5.1** *N*-苄氧基羰基-L-天冬氨酸[9]

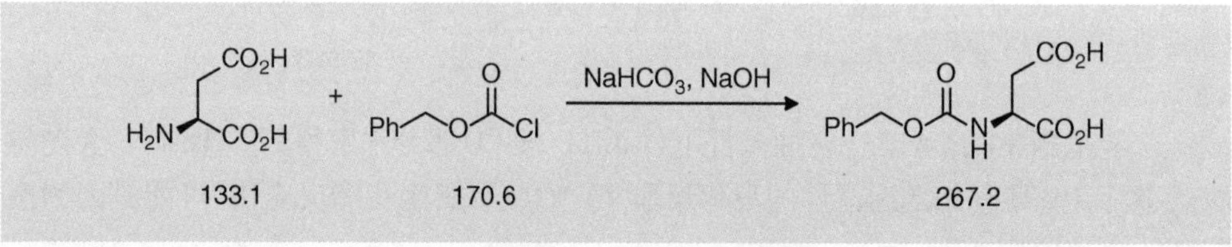

512 将碳酸氢钠(67.2 g,0.80 mol)缓慢加到 L-天冬氨酸(53.2 g,0.40 mol)的水(250 mL)溶液中,氨基酸大约搅拌 15 min 后完全溶解。接着,将苄氧羰基氯(75.0 g,0.44 mol)和 NaOH(2 mol/L,240 mL)同时加入溶液中并不断搅拌,其比例使反应混合液维持 pH 为 8~9(以试纸检测)。完全加完料之后(大约 4 h),反应液继续搅拌 1 h。

然后反应混合液用浓盐酸酸化到 pH 2。产物(部分沉淀物)用乙酸乙酯(3×200 mL)萃取,合并有机相用 Na_2SO_4 干燥并滤除,真空旋除溶剂。得到的油状残渣用乙酸乙酯(150 mL)溶解,将溶液冷却至0℃,然后在搅拌下缓慢加入正己烷直到浑浊出现。继续搅拌15 min并加入正己烷(250 mL)。在搅拌中沉淀物(部分油状)完全结晶析出;通过抽滤收集产物,用预冷的正己烷洗涤并真空干燥。产率为84.0 g(79%),得无色晶体,mp 105～107℃;产物可以用乙酸乙酯/正己烷重结晶,mp 109～110℃,TLC(SiO_2;乙醚):R_f=0.35,$[\alpha]_D^{20}$=+9.25(c=2.0,乙酸)。

IR (KBr): $\tilde{\nu}$ (cm^{-1}) = 3340, 1710, 1540, 1420, 1280, 1200.
^{1}H NMR (300 MHz, [D$_6$]DMSO): δ (ppm) = 10.1 (s_{br}, 2H, CO_2H, exchangeable with D_2O), 7.35 (s, 5H, Ph–H), 6.43 (d, J = 9.1 Hz, 1H, NH, exchangeable with D_2O), 5.11 (s, 2H, Bn–CH_2), 4.62–4.43 (m, 1H, N–CH), 2.85 (d, J = 6.0 Hz, 2H, β-CH_2).

4.3.5.2* 二苯甲基 *N*-苄氧基羰基-L-天冬氨酸酯[5]

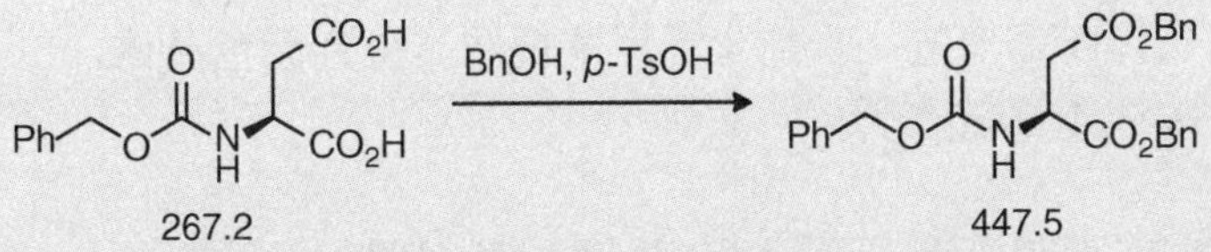

将N-保护的天冬氨酸(Z-Asp-OH)(见**4.3.5.1**节)(80.0 g,0.30 mol),苄醇(360 mL;使用之前必须重蒸,bp_{1013} 204～205℃)和对甲基磺酸(4.5 g)在无水甲苯(360 mL)的溶液于带有分水器的装置中加热搅拌回流。水的共沸蒸馏物需要1 h后才可完全蒸出(理论上会生成10.8 mL水)。

甲苯在20 mbar下从反应混合液中蒸馏除去。过量的苄醇在0.5 mbar下蒸出。将油状剩余物溶解在乙醚(150 mL)中并将溶液冷却到−30℃。在剧烈搅拌下,缓慢加入正己烷,于是二苯甲酯形成晶体析出来。产物通过过滤收集,用过冷正己烷洗涤,真空干燥得无色晶体,120 g(90%),mp 73～75℃,TLC(CH_2Cl_2):R_f=0.45(这样得到的产物用TLC检测是足够纯的,并且它可以直接用于下步反应不需要进一步纯化)。

IR (KBr): $\tilde{\nu}$ (cm^{-1}) = 3360, 1745, 1705, 1420, 1355, 1220, 1195. 513
^{1}H NMR (300 MHz, $CDCl_3$): δ (ppm) = 7.30 (s, 15H, Ph–H), 5.82 (s_{br}, 1H, NH, exchangeable with D_2O), 5.12, 5.10, 5.05 (s, 2H, Bn–CH_2), 4.80–4.50 (m, 1H, α-CH), 2.98 (t, J = 5. Hz, 2H, β-CH_2).

4.3.5.3* *N*-苄氧羰基-L-天冬氨酸-β-苄基酯[5]

将氢氧化锂(2.55 g,106 mmol)的水(100 mL)溶液逐滴加入二酯**4.3.5.2**

LiOH, H_2O

447.5 357.4

(45.0 g，100 mmol)的丙酮(1.90 L)和水(600 mL)的混合液中，在室温下边搅拌边滴加超过 30 min。滴加完毕后反应液继续搅拌 15 min。

在减压旋蒸除去丙酮之后(水浴温度<40℃)，剩余的水相用乙醚萃取(3×
514 100 mL)(上层萃取液还包括了未反应的二苄酯，分离得到 17.0 g 二苄酯，mp 72～75℃)。然后将水相冷却至 0℃，再加入 6 mol/L HCl 水溶液酸化水相并不断搅拌直到 pH=1。产物的油状沉淀物在冰浴中继续搅拌使结晶。产物被过滤出，用冰水洗涤，用 P_4O_{10} 真空干燥得到 17.0 g 的单酯(参比二苄酯有 76%的转化率)，无色晶体，mp 97～99℃，TLC(乙醇)：R_f=0.65[通过 TLC 检测可以确定产物是纯的，并且可以用于下步反应不需要进一步纯化。用苯重结晶得到无色晶体，mp 106～108℃，$[\alpha]_D^{20}$=−13.1(c=1.0，乙酸)]。

IR (KBr): $\tilde{\nu}$ (cm^{-1}) 3330, 1740, 1710, 1650, 1540, 1290, 1190.
^{1}H NMR (300 MHz, $CDCl_3$): δ (ppm) = 7.90 (s_{br}, H, CO_2H, exchangeable with D_2O), 7.35 (s, 10H, Ph–H), 5.87 (d, J 8.3 Hz, 1H, NH, exchangeable with D_2O), 5.15 (s, 4H, Bn–CH_2), 4.75 (q, J = 4.9 Hz, 1H, α-CH), 3.02 (t, J = 4.9 Hz, 2H, β-CH_2).

4.3.5.4* **L-苯丙氨酸甲酯盐酸盐**[8]

$SOCl_2$, MeOH

165.2 215.7

在−10℃，N_2 气保护下，将氯化亚砜(19.6 g，0.27 mol，必须先蒸馏才能使用，bp_{1013} 78～79℃)加入−10℃无水甲醇(175 mL)中并剧烈搅拌。再在搅拌下分批加入 **L-**苯丙氨酸(36.3 g，0.22 mol)。当反应物全部加入后，混合液加热并回流 2 h。

过量的甲醇用真空泵旋除，剩余的固体用少量已经煮沸的甲醇溶解，然后将溶液冷却至−10℃。之后缓慢加入乙醚并搅拌，产物的盐酸盐就沉淀出来了。通过抽滤来收集盐，用乙醚洗涤，用 P_4O_{10} 真空干燥；42.5 g(90%)，得无色晶体，mp 158～159℃(盐酸盐可以直接用于下一步反应不需要进一步纯化)。

IR (KBr): $\tilde{\nu}$ (cm^{-1}) = 1750, 1590, 1500, 1455, 1245.
^{1}H NMR (300 MHz, $CDCl_3$/[D_6]DMSO 1 : 1): δ (ppm) = 8.90 (s_{br}, 2H, NH_2, exchangeable with D_2O), 7.26 (s, 5H, Ph–H), 4.41–4.21 (m, 1H, CH), 3.69 (s, 3H, CO_2CH_3), 3.49–3.32 (m, 2H, CH_2).

4.3.5.5** [N-苄氧羰基-α-L-天冬氨基(β-苄酯)]-L-苯丙氨酸甲酯[6]

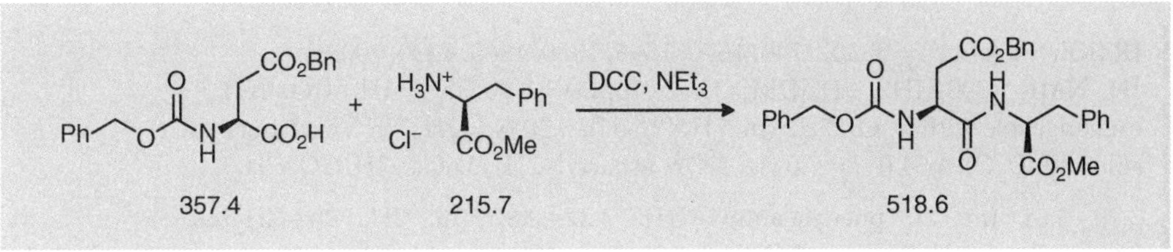

将单酯 **4.3.5.3**(13.9 g,39.0 mmol)和盐酸盐 **4.3.5.4**(8.40 g,0.39 mmol)悬 515
浮于无水 CH_2Cl_2(45 mL)溶液中并冷却到 0℃。在搅拌下加入无水三乙胺(3.96 g,39.0 mmol),过 10 min 后再加入 DCC(8.82 g,42.9 mmol)。反应混合液在 0℃下搅拌 1 h 后于室温搅拌 12 h。

过滤除去沉淀出的二环己基脲,CH_2Cl_2 溶液洗涤,合并滤液和洗涤液,先后用 HCl(2 mol/L,60 mL)、H_2O(60 mL)、$NaHCO_3$ 水溶液(60 mL)和 H_2O(60 mL)洗涤。有机相用 $MgSO_4$ 干燥并滤除,溶剂真空旋除。剩余物用乙酸乙酯/石油醚(40~65℃)重结晶得到无色晶体,保护的二肽 18.9 g(93%),mp 112~113℃,TCL(乙酸乙酯),R_f=0.75。

IR (KBr): $\tilde{\nu}$ (cm^{-1}) = 3310, 1740, 1720, 1650, 1535, 1265.
^{1}H NMR (300 MHz, $CDCl_3$): δ (ppm) = 7.40–6.80 (m, 15H, Ph–H), 5.11 (s, 4H, 2 × Bn–CH_2), 5.00–4.50 (m, 2H, Bn–CH_2), 3.68 (s, 3H, CO_2CH_3), 3.20–2.60 (m, 4H, β-CH_2).

4.3.5.6** L-α-天冬氨酰基-L-苯丙氨酸甲酯(阿斯巴甜)[5]

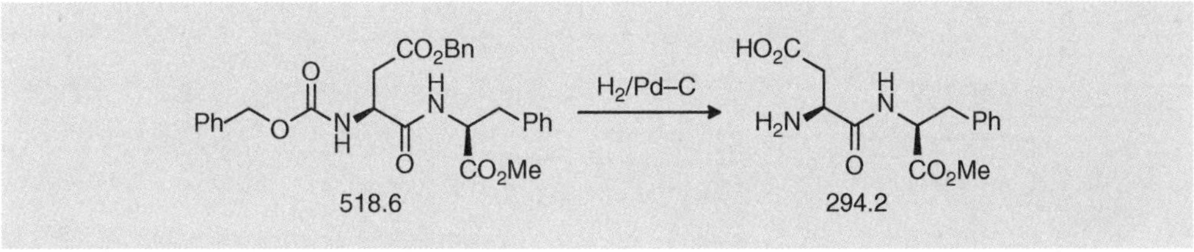

保护的二肽 **4.3.5.5**(20.0 g,38.6 mmol),冰醋酸(200 mL),水(10 mL)和 10%

Pd/C(1.00 g)的混合液于室温，氢气压为 3～4 bar 下氢解反应 4 h。

过滤除去催化剂(小心：着火!)，滤液真空浓缩至干。加入甲苯(10 mL)，真空下共沸除去水和乙酸，该操作重复 3 次，再将残余物溶于沸腾的乙醇(大约 80 mL)，过滤，滤液于 0℃下结晶析出，过滤收集固体，用少量冷的乙醇洗涤，真空干燥后得 8.5 g (75%)；带甜味的精细无色针状物，mp 253～255℃，TCL(甲醇)：$R_f = 0.55$；$[\alpha]_D^{20} = -2.3$($c=1.0$，1 mol/L HCl)。

IR (KBr): $\tilde{\nu}$ (cm^{-1}) = 3330, 1740, 1670, 1545, 1380, 1365, 1230, 700.
^{1}H NMR (300 MHz, [D_6]DMSO): δ (ppm) = 8.80 (s_{br}, 1H, CO–NH, exchangeable with D_2O), 7.22 (m, 5H, Ph–H), 5.30 (s_{br}, 2H, NH_2, exchangeable with D_2O), 4.54 (t, J = 7.0 Hz, 1H, α-aspartyl-CH), 3.60 (s, 3H, CO_2CH_3), 3.70–3.61 (m, H, phenylalaninyl-CH), 3.22–2.87 (m, 2H, Ph–CH_2), 2.60–2.23 (m, 2H, β-aspartyl-CH_2).

516 **参考文献**

[1] Kleemann, A. and Engel, J. (1999) *Pharmaceutical Substances*, 3rd edn, Thieme Verlag, Stuttgart, p. 126.

[2] (2003) *Ullmann's Encyclopedia of Industrial Chemistry*, 6th edn, vol. 35, Wiley-VCH Verlag GmbH, Weinheim, p. 417.

[3] *Methoden der Organischen Chemie (Houben-Weyl)*, vol. 15/1 and 15/2; protective groups in peptide synthesis: *Methoden der Organischen Chemie (Houben-Weyl)*, Vol. 15/1, p. 46.

[4] Compare the difficulties of aspartame synthesis from **2** and **5** without the use of protective groups and enzyme catalysis: Ariyoshi, Y., Yamatani, T., Uchiyama, N., Adachi, Y., and Sato, N. (1973) *Bull. Chem. Soc. Jpn.*, **46**, 1893.

[5] Davey, J.M., Laird, A.H., and Morley, J.S. (1966) *J. Chem. Soc. (C)*, 555–566.

[6] Anderson, J.C., Barton, M.A., Hardy, P.M., Kenner, G.W., Preston, J., and Sheppard, R.C. (1967) *J. Chem. Soc. (C)*, 108–113.

[7] See ref. [1] and Kuhl, P. and Schaaf, R. (1990) *Z. Chem.*, **30**, 212–213.

[8] Biossonas, R.A., Guttmann, S., Jaquenoud, P.-A., and Waller, J.-P. (1956) *Helv. Chim. Acta*, **39**, 1421–1427.

[9] *Methoden der Organischen Chemie (Houben-Weyl)*, vol. 15/1, p. 321 and 349.

4.3.6 Ugi 二肽酯

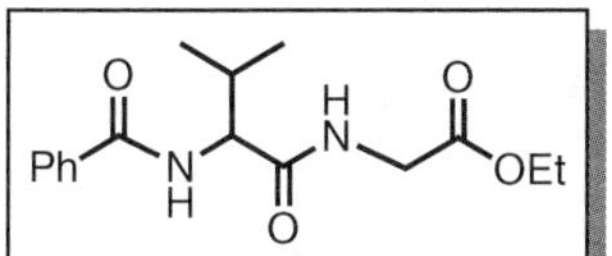

专题
- 一锅煮法合成肽
- 伴随氨基缩羰基酯水解的四组分和六组分 Ugi 反应的竞争

(a) 简论

链状、环状、杂环体系等许多合成可以由一种称为“多组分串联反应”(MCRs)[1]方式来完成，这样可以从几个简单的底物有效地在一步过程中迅速创造出复杂分子来。重要的 MCRs 反应有 Passerini 反应和 Ugi 反应[2]。

三组分的 Passerini 反应中，异腈 **2** 和一个羧酸及一个醛(或酮)组合给出 α-酰氧基酰 **3**(见 4.3.3 节)。

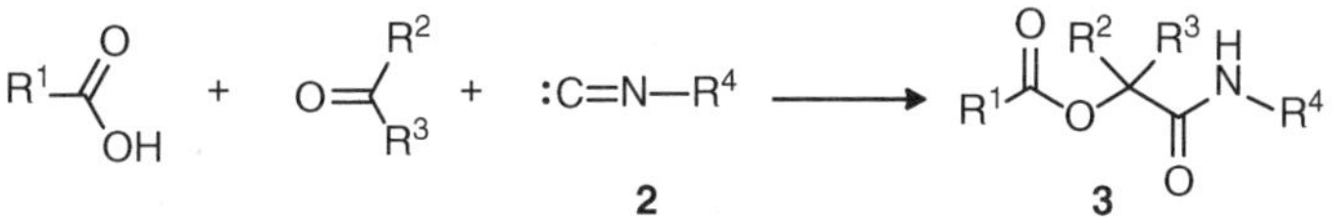

一个非常相似的转化是 Ugi 四组分反应，它是一个异腈，一个羧酸，一个醛(或 517
酮)和一个伯胺(或氨)一起反应。产物是 **4** 这类 α-(N-酰氨基)酰胺：

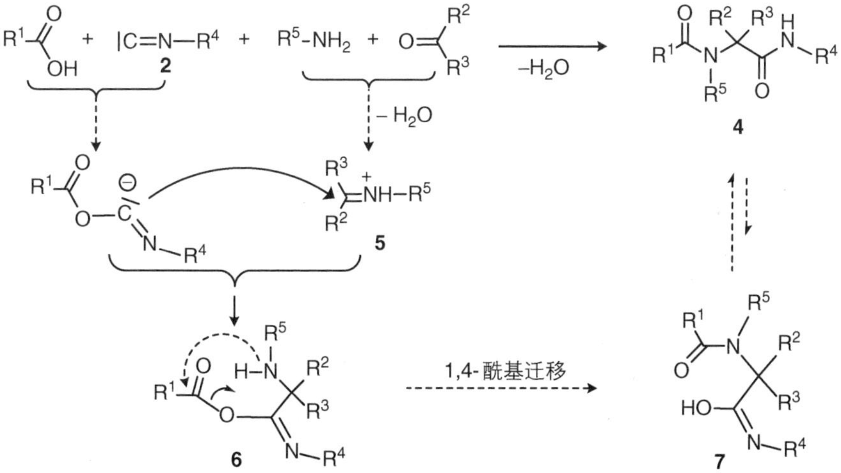

对于 Ugi 反应，它的反应机理与 Passerini 反应相似。在关键步骤中，来自羰基化合物，胺(或氨)和羧酸的质子一起形成一个质子化的亚胺 **5** 作为亲电组分反应(**5→6→7→4**)。四组分的 Ugi 反应在肽的合成中有很重要的应用价值[3]。特别是用

N-保护的氨基酸作为酸,异氰基乙酸作为异腈组分,可以得到各类二肽、三肽碎片结构 **8/9/10**[4]:

8 (二肽)

9 (二肽)

10 (三肽)

518 由于伯烷基胺是较为优先使用的胺底物,所生产的产物 **8**～**10** 也会具有一个非天然的 N-烷基化肽键,—CO—NR—。

通过 Ugi 法则合成一个 NH 肽,必须要使用氨。但是,近来的研究表明[5],NH_3 参与的 Ugi 反应路径,尽管小心控制反应条件,它也可以直接导致像 **1** 那样的 N-保护的二肽体系,(b)中将对此进行讨论。

(b) 1 的合成

11 $Ph-CO_2^- \ NH_4^+$ + **12** + **13** → MeOH → **1** + **14** + **15**

14 → $-MeOH$, $-$ 异丁醛 (CHO) → HCl/H_2O → **1**

15 → $-PhCO_2H$, $-$ 异丁醛 (CHO) → **1**

苯甲酸铵(**11**,作为 $PhCO_2H$ 和 NH_3 的来源),异丁醛(**12**)和异氰基乙酸乙酯(**13**,见 **3.2.2.4** 节)在甲醇中反应得到二肽酯 **1**,产率较低。主要产物是半缩醛胺 **14** 和 **15**,这表明再结合另外的醛和 CH_3OH(生成 **14**)或 PhCOOH(生成 **15**)的六组分 Ugi 反应在这一条件下是有利发生的[3)]。增加醛或苯甲酸盐的用量可以增加 **14** 和 **15** 的产率。另一方面,用较少亲核性的 CF_3CH_2OH 之类溶剂则可抑制 **14** 的形成。在最优化的反应条件下,(**11**∶**12**∶**13**=4.4∶2∶1,甲醇为溶剂),除了四组分 Ugi 反应产物 **1** 外,氨基缩羧基酯 **15** 是唯一的六组分缩合产物(产率 **15**∶**1**=3∶4)。

注 3):六组分产物 **16** 和 **17** 有很好的立体化学特征,见参考文献 5。

用 HCl/H_2O 在室温下处理 **15**,其中的氨基缩羰基酯发生选择性水解,定量地得到二肽酯 **1**。在多组分反应后直接酸性水解(即无须分离 **1** 和 **15**)就可以方便地得到 **1**,其总产率为 85%。 519

下面的机理可以用来说明六组分偶联反应[5]。第一步,亚胺 **17** 的形成,它明显未直接和异腈反应[与(a)中讨论过的 Ugi 反应不同],而是和另外的亲核试剂反应,如甲醇或苯甲酸盐。

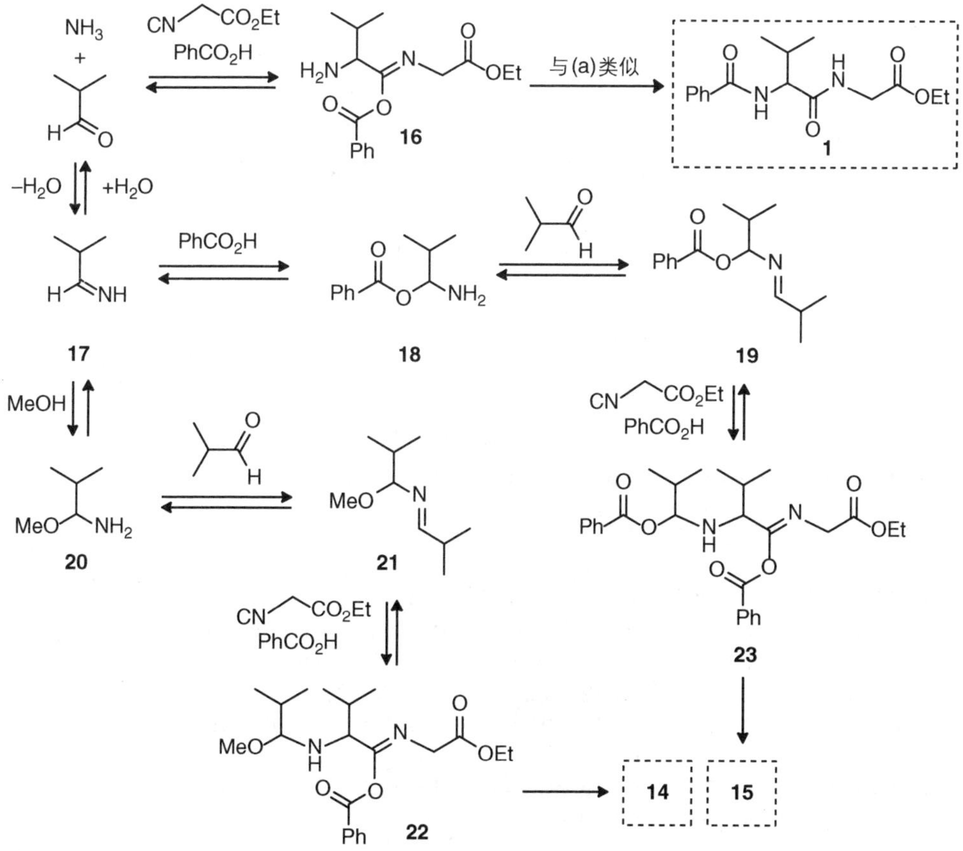

所生成的半缩醛胺类中间体 **18** 和 **20** 可以和另外的醛结合形成亚胺 **19** 和 **21**。再加入异腈和羧基产生酰亚胺酸酯 **22** 和 **23**,然后它们发生重排得到酰胺 **14** 和 **15**。

因此,可以通过四组分多米诺过程以高产率(85%)得到多官能团(外消旋)目标分子。

520 根据 4.3.2 节中所描述过的经典的线性合成策略合成 **1**(外消旋或光学活性),合成先从相应的氨基酸制备 N-保护的缬氨酸和甘氨酸乙酯,游离的羧基和氨基形成肽键,再去保护基,这样至少要四步反应才能完成。

(c) 合成 1 的实验过程

4.3.6.1** ***rac-N*-(*N*-苯甲酰基缬氨酰基)甘氨酸乙酯(*N*-Bz-Val-Gly-OEt)**[5]

$Ph{-}CO_2^-\ \overset{+}{N}H_4$ + (CH₃)₂CHCHO + CN$\diagdown$CO$_2$Et $\xrightarrow{MeOH}$ Ph-CO-NH-CH(CH(CH$_3$)$_2$)-CO-NH-CH$_2$-CO-OEt

139.2　　72.1　　113.1　　306.4

在 0℃下,将异丁醛(8.03 mL,88.0 mmol)加入苯甲酸铵(5.56 g,40.0 mmol)的甲醇(40 mL)溶液中。搅拌 30 min 之后,将异氰基乙酸乙酯(2.16 g,20.0 mmol,见 3.2.2 节)加入反应混合液中,允许在 12 h 内升到室温。

真空旋除溶剂之后,剩余物悬浮于 H_2O 和 CH_3CN(各 30 mL),并在其中加入浓盐酸酸化至 pH 2,再在室温下搅拌 12 h。

真空旋除 CH_3CN 后所剩的水相悬浮液用 H_2O 和 CH_2Cl_2(大约各 50 mL)处理,直到形成澄清的两相。有机层分离,用饱和 $NaHCO_3$ 水溶液洗涤,Na_2SO_4 干燥并滤除,溶剂用真空泵旋除。固体剩余物加乙醚(50 mL)研磨,抽滤收集产物,用乙醚和正己烷(各 10 mL)洗涤,真空干燥,得到白色粉末,5.2 g(85%),mp 163～164℃;分析纯,TLC(SiO_2;乙醚):R_f=0.31。

^{1}H NMR (400 MHz, $CDCl_3$): δ (ppm) = 8.48 (d, J = 8.0 Hz, 2H, Ph–H), 7.49 (d, J = 8.0 Hz, 1H, Ph–H), 7.40 (t, J = 8.0 Hz, 2H, Ph–H), 7.18 (m_c, 1H, NH), 7.08 (d, J = 8.8 Hz, 1H, NH), 4.61 (dd, J = 8.8, 7.2 Hz, 1H, NC$\underline{H}$CO), 4.17 (q, J = 7.1 Hz, 2H, OCH_2), 4.12, 3.90 (2 × dd, J = 18.0, 5.2 Hz, 2 × 1H, N–CH_2), 2.23 (m_c, 1H, CH), 1.24 (t, J = 7.1 Hz, 3H, CH_3), 1.03, 1.01 (2 × d, J = 7.1 Hz, 6H, $(CH_3)_2$).

^{13}C NMR (101 MHz, $CDCl_3$): δ (ppm) = 171.7, 169.5, 167.5, 134.0, 131.7, 128.5, 127.1, 61.4, 58.7, 41.3, 31.3, 19.2, 18.4, 14.1.

参考文献

521

[1] Zhu, J. and Bienayme, H. (eds) (2004) *Multicomponent Reactions*, Wiley-VCH Verlag GmbH, Weinheim.

[2] Smith, M.B. (2013) *March's Advanced Organic Chemistry*, 7th edn, John Wiley & Sons, Inc., New York, p. 1247, and literature cited therein.

[3] Dömling, A. and Ugi, I. (2000) *Angew. Chem.*, **112**, 3300–3344; *Angew. Chem. Int. Ed.*, (2000), **39**, 3168–3210.

[4] (a) Ugi, I. (1977) *Angew. Chem.*, **89**, 267–268; *Angew. Chem. Int. Ed. Engl.*, (1977), **16**, 259–260; (b) Yamada, T. (1990) *J. Chem. Soc., Chem. Commun.*, 1640–1641.

[5] Pick, R., Bauer, M., Kazmaier, U., and Hebach, C. (2005) *Synlett*, 757–760.

4.3.7 β-肽的固相合成

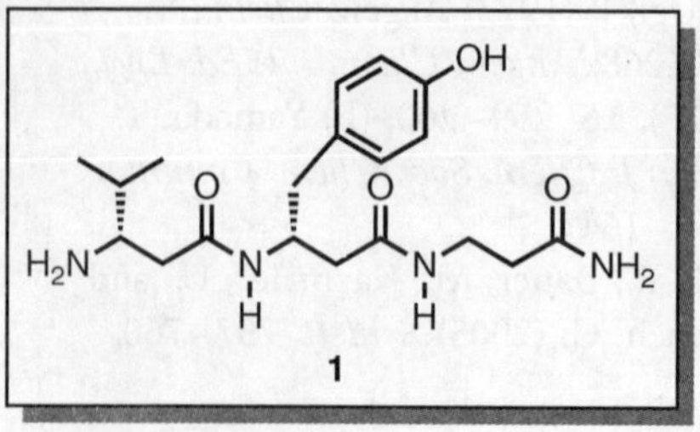

专题
- 固相肽的合成(SPPS)
- Boc 和 Fmoc 策略
- 保护基
- 肽偶联试剂
- 固相载体
- β-氨基酸

(a) 简论

各种各样的小肽和由 50～100 氨基酸组成的蛋白质都可以用化学合成来制备。对于那些难以从生物体系中提取的蛋白质来说,化学合成是唯一可行的方法。此外,当肽和蛋白质中含有非天然氨基酸或对它们的主链骨架进行修饰改造时也是用化学合成方法解决的。首先由 Merrifield 提出的,溶液中的肽合成仅用于特殊的场合或小肽,SPPS 已经有成熟的自动化程序,产率高达 99.9%[2-4]。合成是在树脂上进行的,可以使用过量试剂,给出高的偶联产率并能快速纯化。一个完美的策略对于保护个别氨基酸侧链的官能团(永久性保护基团)是必需的。对于从 C-端到 N-端的链延长过程中,N-端(Boc 和 Fmoc 策略)需要临时保护,相当于侧链保护。这个过程结合了氨基酸上原位上的 C-端活化并连接在一起。SPPS 方法在文献中的差别主要在所用树脂类别,永久和临时保护基对策及偶联试剂上。一个典型的 SPPS 循环可以用叔丁基羰基(Boc)策略来说明:

522

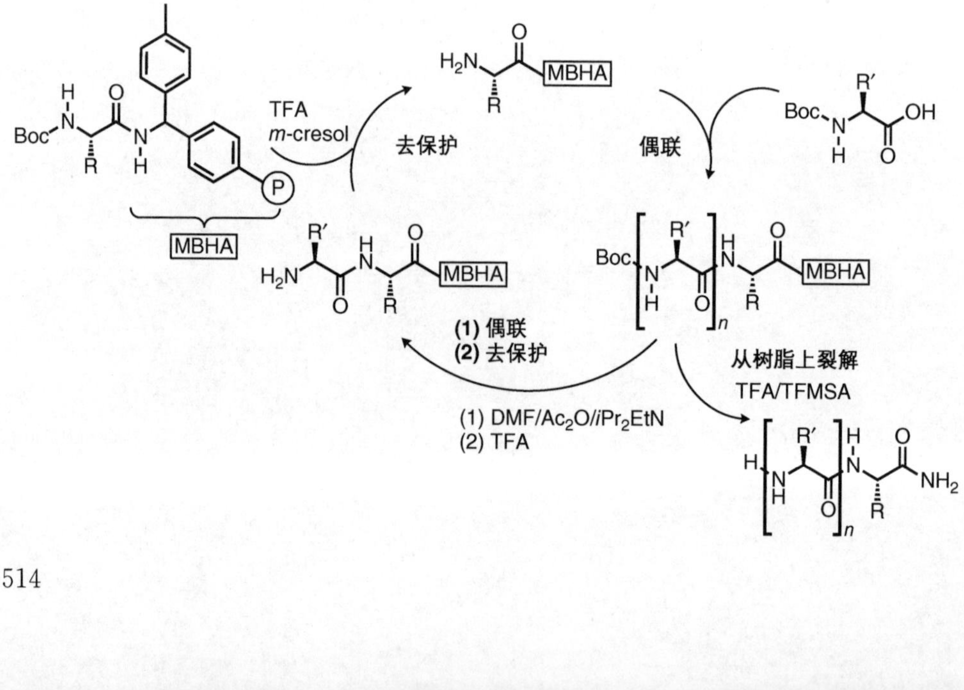

TFA
m-cresol
去保护
偶联
(1) 偶联
(2) 去保护
从树脂上裂解
TFA/TFMSA
(1) DMF/Ac_2O/*i*Pr_2EtN
(2) TFA

酸性条件下树脂先负载第一个 Boc 保护的氨基酸。通过偶联试剂,Boc 保护的氨基酸与偶合试剂发生原位活化。未反应的低聚物用乙酸酐覆盖促进下一阶段低聚物的分离。通过 Boc 脱保护,合成环反复进行直到达到所需的肽或蛋白质链长。使用 HF(需要小心操作)使树脂脱保护,或者更方便的是在强酸条件下[TFA 和三氟甲磺酸(TfOH)混合物],同时消除所有的或大部分永久性侧链上的保护基。

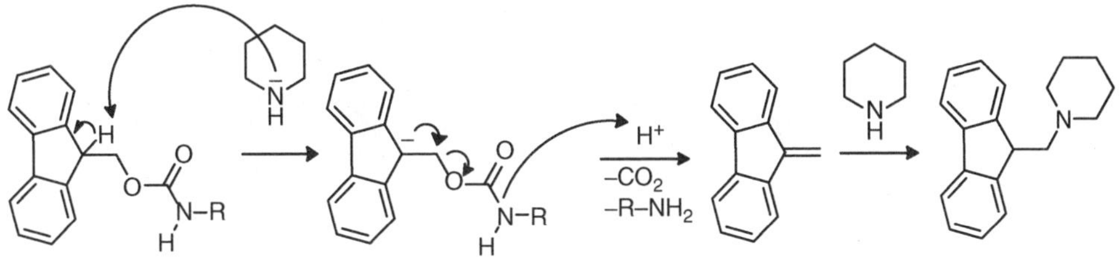

Fmoc-NHR

H^+, $-CO_2$, $-R-NH_2$

Fmoc 策略在 SPPS 循环里基本上和 Boc 策略一样。不过,由 Carpino 提出的 N-端上的 Fmoc 临时保护基要在碱性条件下(20%哌啶的 DMF 溶液)去保护。侧链去保护和从树脂脱离仍用三氟乙酸。因此,应用 Fmoc 策略合成胺的反应条件稍微温和些。此外,Fmoc 基团有一个发色团,故可以用来监控反应进程。

固相合成肽所需的树脂最常用的是官能团化的聚苯乙烯,它有很好的膨胀性、负 523
载性和耐久性等物理特性。它们对于不同的连接器,可容纳各种裂解机制和在 C-端上的官能团化过程。Merrifield 树脂,Wang 树脂和 2-氯三苯甲基树脂提供羧酸部分,而 4-甲基苯羟基胺(MBHA)树脂上的去保护可形成一个酰胺。还有其他一些树脂,像 3-硝基-4-羟甲基苯甲酰连接物,水解得到硫酯或酯。

酸性裂解给出C-终端羧酸

Wang 树脂

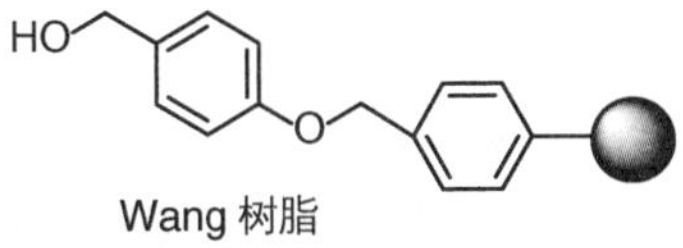

温和的酸性裂解给出C-终端羧酸

2-氯三苯甲基树脂

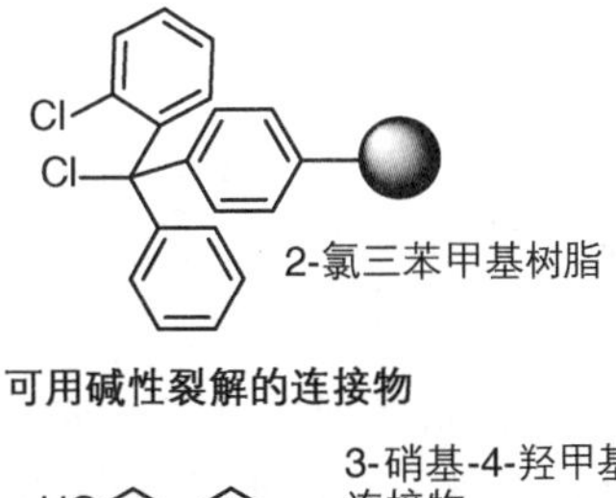

酸性裂解给出C-终端酰胺

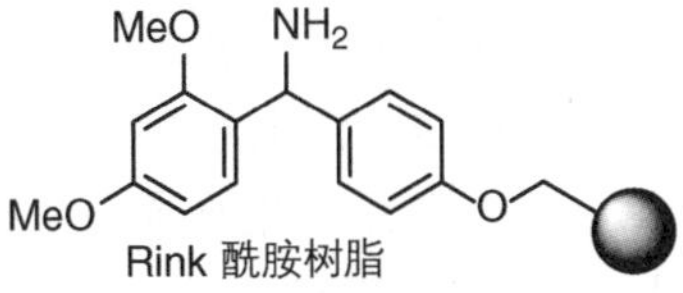

Rink 酰胺树脂

可用碱性裂解的连接物

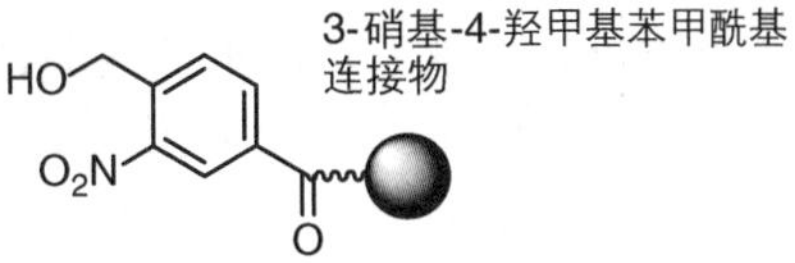

3-硝基-4-羟甲基苯甲酰基连接物

SPPS 的最关键一点是在氨基酸侧链上的固定保护基问题。它们在链增长上需要用临时的 Boc 或 Fmoc 保护基,并互不相干,而且要在肽从树脂上脱离时能同时实现去保护。另一方面,某些场合下需要从树脂上脱掉全部保护的低聚物。还有,对全部的亲核试剂来说,侧链保护是需要的,否则它对链增长过程有所干扰。各种氨基酸侧链有关的保护策略及它们的优势、缺陷等都已有很好的文献总结和经验交流[3]。

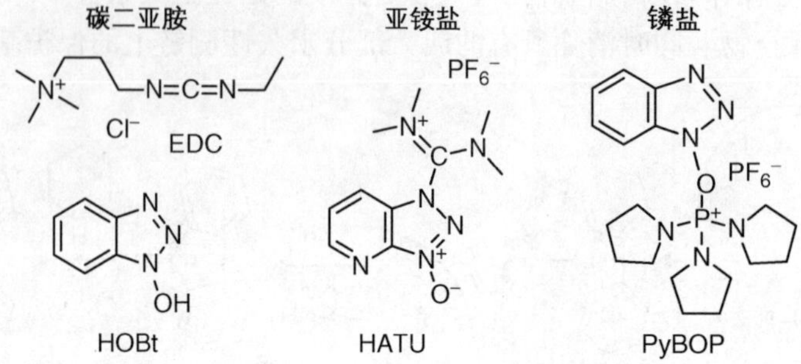

碳二亚胺 亚铵盐 鏻盐

EDC HOBt HATU PyBOP

524 酰胺键的形成需要羧酸部分的活化。难以偶联时,可用酰氟或生成像五氟苯酯(OPfp)那样的活化酯来解决。大部分合成中,羧酸首先活化,如用碳二亚胺(DIC,*N*,*N*′-二异丙基碳二亚胺)活化后再用 HOBt 处理得到活化酯。应用高度活性的偶联剂,如脲鎓盐 *O*-(7-氮杂苯并三氮唑-1-基)-*N*,*N*,*N*′,*N*′-四甲基脲六氟磷酸(HATU)和 PyBOP,只要短的偶联反应时间。对所有的偶联反应,一个主要考虑是避免 Cα 位上在生成活性酯时发生消旋化过程。

β-氨基酸应用 SPPS 时形成 β-肽[5],它可以模拟 α-肽的二级结构,即使在只有六个氨基酸单元组成的低聚物中也有高的构象稳定性,对酶促降解也是稳定的。在 α-或 β-位上适当选择侧链取代基并结合所要的构型可对肽的二级结构专门予以设计。人工的和全自动的合成 α-肽已有文献作了详尽报道,故此处介绍下 SPPS 对 β-肽的完美应用。

(b) β-肽 1 的合成

β-肽可以应用 Fmoc 或 Boc 策略[7]。通常 Boc 保护的氨基酸是负载在 MBHA 固体树脂上的,和 SPPS 用于 α-肽非常相似。然而,有一个主要的差别是 β-肽更容易在固相载体上成为聚集体和形成二级结构。为此,要用上二重偶联,较高的反应温度和 HATU 等活性偶联试剂。不像 α-肽上所见的那样,对 β-取代的 β-氨基酸而言,活性酯的消旋化并不是一个严重的问题,因为其立体源中心上的质子酸性较小。

下面的 β-肽 **1** 的合成中,β-高甘氨酸(**2**)负载在 MBHA 固相载体上,它能较好地用于 C-端来防止消旋化。树脂键连的氨基酸用三氟乙酸诱导去保护生成胺 **3**。Boc 保护的 β-高酪氨酸(**4**)用 *N*,*N*-二异丙基乙基胺(DIPEA)脱质子得到活化并与偶联剂 HATU(**5**)结合而引发偶联反应。看来,反应中形成了一个脒盐中间体,它立刻和苯并三唑衍生物反应得到活性酯 **6**。亲核的胺可能由于氢键的缔合进一步促进酰胺键的生成。就氨基酸需要空间位阻来说，偶联反应被重复得到更高的偶联产率。β-二肽 **7** 经连续地脱保护和偶联环得以链增长。所需的β-三肽在强酸条件下从树脂上脱离。由四或更多氨基酸单元组成的低聚物可以在冷的乙醚溶液中沉淀而分离。因为三肽太短而难以沉淀，裂解下来的溶液真空浓缩，残余物直接用 HPLC 得到 N-终端酰胺的 β-肽 **1**。

525

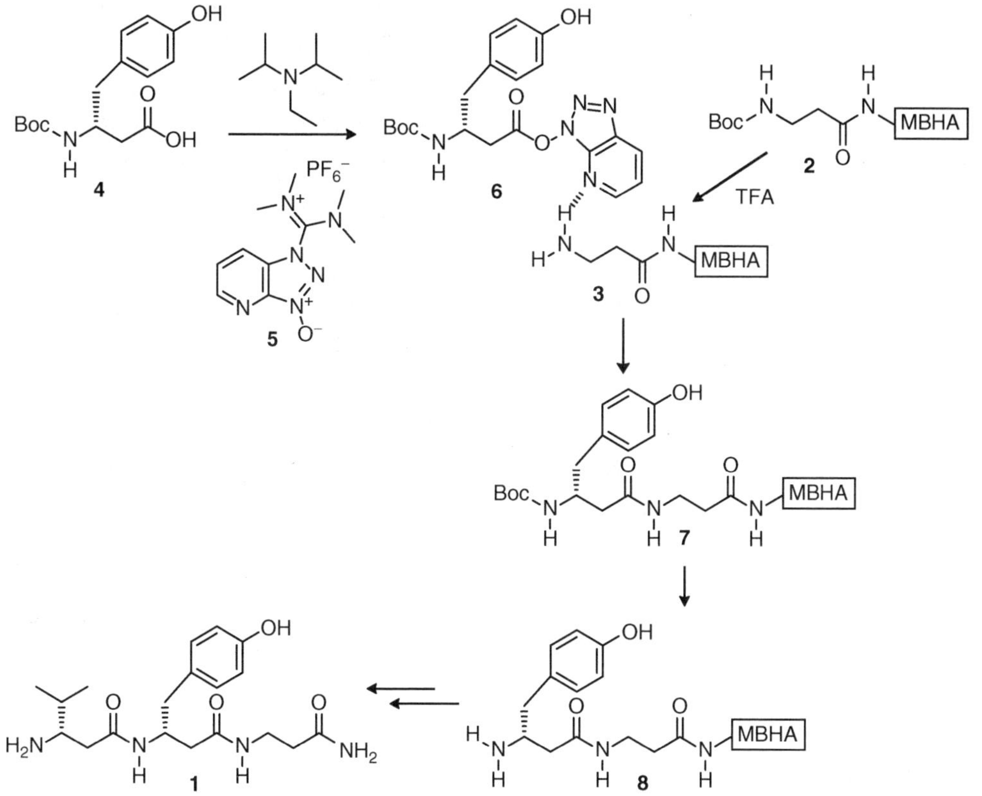

(c) 1 合成的实验过程

4.3.7.1*** 手工的固相合成 β-肽[8]

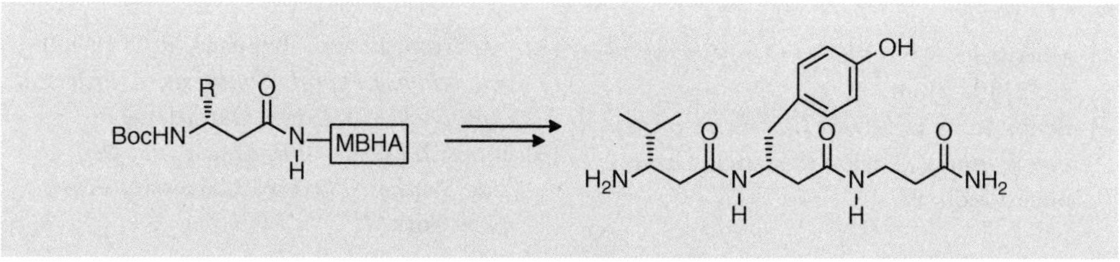

在一个小的釉质玻璃柱(10 mL)中负载率为 0.62 mmol/g 的 MBHA-聚乙烯树脂上进行 β-三肽 **1** 的制备。预先负载有 *N*-Boc-β-高甘氨酸 **2**(19.4 μmol 高甘氨酸酰胺)的树脂(48.5 mg)先用 CH_2Cl_2(2 mL)转化膨胀 2 h。再用 N_2 流除去溶剂,开始每个偶联循环所需的去保护、偶联、帽化覆盖程序需要被重复:

526 1) 去保护:树脂用 TFA/间甲酚(95∶5,2 mL)溶液处理 3 min。重复进行该步骤,然后树脂用 CH_2Cl_2/DMF(1∶1,2 mL)洗涤 3 次,用吡啶(2 mL)洗涤 5 次。

2) 偶联:β-氨基酸的偶联在 50℃下的烘箱内进行。首先,树脂用过量的 Boc-保护的氨基酸(合成 **1** 时,第一个试剂是 37.3 mg β-高酪氨酸,第二个试剂是 22.4 mg,97.0 μmol,5 当量的 β-高缬氨酸)处理,它们被 HATU(33.2 mg,87.3 μmol,4.5 当量),1-羟基-7-氮杂苯并三氮唑(HOAt)(194 μL,97.0 μmol,5 当量的 0.5 mol/L 的 DMF 溶液)和 DIPEA(46.6 μL,272 μmol,14 当量)的 DMF(400 μL)活化。温和地搅动树脂 1 h,将反应混合物排放沥干。

3) 帽化:未反应的胺用 DMF/Ac_2O/DIEA(8∶1∶1,2 mL)处理酰化 3 min。再重复一次此帽化反应后用 CH_2Cl_2/DMF(1∶1,2 mL)洗涤树脂。根据所要的肽可反复进行去保护、偶联和帽化。合成 **1** 时,在接上 β-高缬氨酸后,最后一步去保护反应用 TFA 处理(3×2 mL),再用 CH_2Cl_2(5×2 mL)洗涤后真空干燥树脂。

4) 树脂去保护:将树脂转移到小的玻璃器皿中,悬浮于间甲酚/苯硫基甲烷/乙二硫醇(2∶2∶1,500 μL)溶液中,室温搅拌 30 min 后加入 TFA(2 mL),反应混合液冷却到−20℃,搅拌下滴入三氟甲磺酸(TfOH)(200 μL)。反应混合液在 1.5 h 内升到室温继续搅拌 2 h。用玻璃漏斗过滤,真空除去 TFA。

5) 纯化:粗产物真空浓缩,剩余物溶于 H_2O/乙腈,通过 HPLC 用 RP C18 柱(150×10 nm,4 μm,80Å,流速 3 mL/min)纯化,洗脱剂用(A)H_2O+0.1%TFA 和(B)CH_3CN/H_2O,8∶2,+0.1% TFA。

β-肽 **1** 经过 HPLC 用 5%~40% B 经 30 分钟梯度洗涤得到,t_R=15.26 min。

EI HRMS: $C_{19}H_{30}N_4O_4$: calcd. for [M+H$^+$]: 379.233 98; found: 379.23408.

参考文献

[1] Merrifield, R.B. (1963) *J. Am. Chem. Soc.*, **85**, 2149–2154.

[2] Benoiton, N.L. (2006) *Chemistry of Peptide Synthesis*, Taylor & Francis Group, Boca Raton, FL.

[3] Atherton, E. and Sheppard, R.C. (1989) *Solid-Phase Peptide Synthesis, A Practical Approach*, IRL Press, Oxford.

[4] Jones, J. (1992) *Amino Acid and Peptide Synthesis*, Oxford University Press, New York.

[5] Seebach, D., Beck, A.K., and Bierbaum, D.J. (2004) *Chemistry Biodiveristy*, **1**, 1111–1239.
[6] Chan, W.C. and White, P.D. (eds) (2000) *Fmoc Solid-Phase Peptide Synthesis, A Practical Approach*, Oxford University Press, Oxford.
[7] Bodanszky, M. and Bodanszky, A. (1994) *The Practice of Peptide Synthesis*, 2nd edn, Springer, Heidelberg.
[8] (a) Chakraborty, P. and Diederichsen, U. (2005) *Chem. Eur. J.*, **11**, 3207–3216; (b) Brückner, A.M., Chakraborty, P., Gellman, S.H., and Diederichsen, U. (2003) *Angew. Chem.*, **115**, 4532–4536; *Angew. Chem. Int. Ed.*, (2003), **42**, 4395–4399.

527

4.4 核苷酸和低聚核苷酸

脱氧核糖核酸(DNA)最重要的功能是信息的储存和复制[1]。构筑细胞和机体组织指令的实施是基因中的编码。除了编制信息外 DNA 还有结构和调节功能。基因信息按腺嘌呤、鸟嘌呤、胞嘧啶[在 DNA 和 RNA(核糖核酸)]、胸腺嘧啶(在 DNA 中)或尿嘧啶(在 RNA 中)这四个核碱在一个由磷酸二酯与 2-脱氧核糖(在 DNA 中)或核糖(在 RNA 中)相连的线性聚合物骨架上的顺序而编码。这些核碱可以分为 2 小类嘌呤(腺嘌呤、鸟嘌呤)和嘧啶(胞嘧啶、胸腺嘧啶、尿嘧啶)核碱。核苷酸的结构骨架包括核碱键合脱氧核糖和核糖的异头中心 C(1′),由 β-*N*-糖苷连有脱氧核糖核苷酸(在 DNA 中)或核糖核苷酸(在 RNA 中)。它们叫作腺苷、鸟苷、胞苷(在 DNA 和 RNA 中)、胸苷(在 DNA 中)和脲苷(在 RNA 中)。核苷酸是 DNA 或 RNA 聚合物的复制单元,该聚合物包括脱氧核糖和核糖,在其 5′-伯羟基上有磷酸酯、嘌呤和嘧啶碱连接糖的部分(见上)。因此,核苷酸也可以叫作核苷磷酸[2]。由核苷酸聚合而成的 DNA 聚合物有足够长度,例如,最大的人类染色体有 2.2 亿多个核苷酸。

核碱的互补识别是信息复制的关键所在。鸟嘌呤是专门和胞嘧啶(在 DNA 和 RNA 中)形成三根氢键得到识别的,而腺嘌呤和胸腺嘧啶(在 DNA 中)或腺嘌呤和尿嘧啶(在 RNA 中)是第二个由两根氢键形成的碱基对。无论嘌呤-嘧啶或嘧啶-嘌呤如何找准调节,这两个碱基对都要求脱氧核糖的连接有一定的大小和方向。从 Watson-Crick 碱基对的假对称性可以看到所有的 DNA 顺序都不会干扰整个螺旋状结构[3]。

528

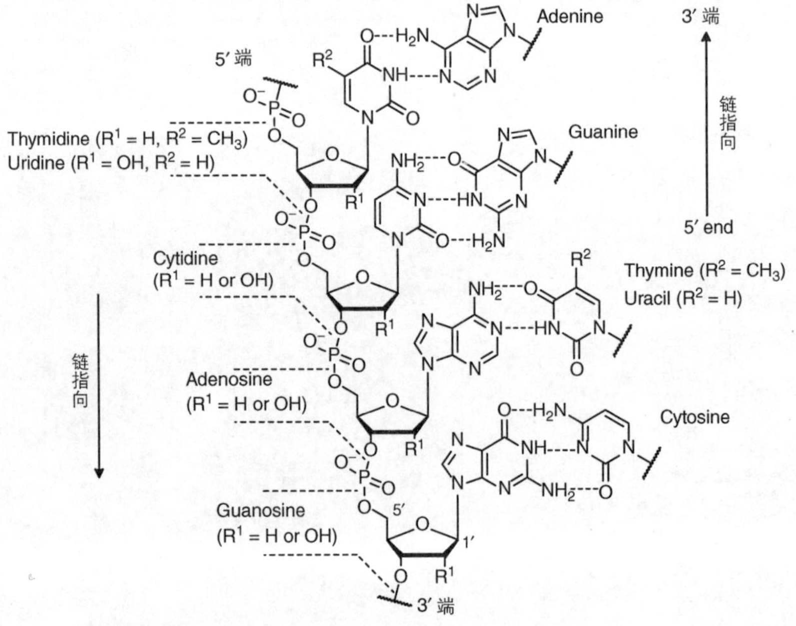

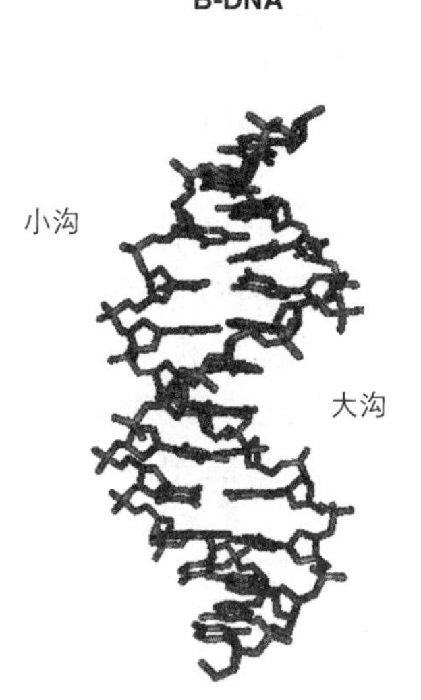

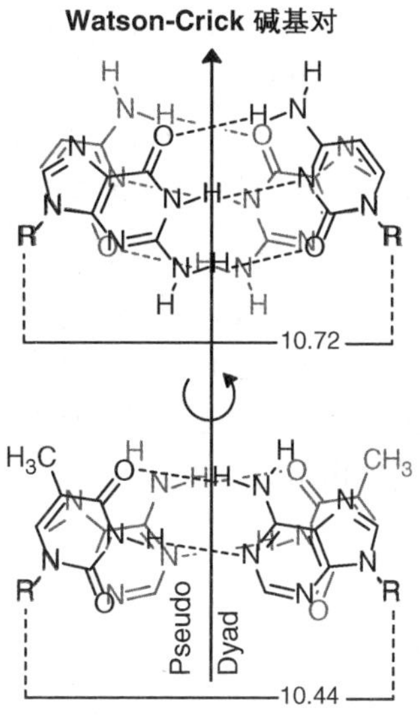

另一方面，所形成的螺旋布局又规定了DNA中碱基对之间的空间和取向只能是嘌呤-嘧啶的组合和Watson-Crick成对模式。在核碱间由氢键识别的其他许多可能性中，DNA螺旋状布局是导致Watson-Crick模式中碱基对互补和专一性重现的决定性因素。

两条互补DNA链的反平行的识别导致一个右手螺旋[4]。除了核碱间的专一性 529
氢键外，芳香性堆积的互相作用和溶剂效应对DNA双股的稳定性也有等量的影响。核碱的堆积最好有0.34 nm的距离，它决定了整个螺旋状结构。DNA双螺旋结构中有大沟和小沟。小分子和蛋白质通过专一性识别小沟中碱基对之间的各种氢键，插入碱基对中，或者非专一性地与带负电荷的主链骨架作用。DNA螺旋因环境影响有各种不同的构象。最重要的二级结构是B-型DNA双螺旋模式。然而，也有其他右手螺旋，如A-，C-和D-DNA模式，它们在螺旋厚度，碱基对的堆积和沟的大小及深度等方面均有差异。另外，还有Z-DNA这一右手螺旋模式。除了碱基对识别外，各种不同的螺旋构象提供了另外的识别行为，有的蛋白质要求特殊的DNA螺旋二级结构才能识别和互相作用。DNA双股还是高度动态的结构，如其中部分是松开的，特别是在终端部分中氢键相连的碱基对可以打开和再次形成。DNA与小分子反应后可以看到解卷、弯曲、碱基翻转或其他构象变化。整个链上的双螺旋结构因磷酸二酯之间的排斥而受到扩展。由正离子或如赖氨酸或精氨酸这类正离子氨基酸在某一位置上的选择性电荷中和作用使DNA双螺旋弯曲，这种弯曲是DNA能在细胞或病毒中有效堆积的重要过程。

除了DNA外，另一类核酸称为核糖核酸，它与DNA的区别在于糖组分中用核糖代替了2-脱氧核糖，碱基部分中用尿嘧啶代替了胸腺嘧啶，见上[5]。RNA在将基因信息从 DNA 传达给蛋白质中发挥了重要的作用。信息从 DNA 到信使 RNA 的转录是将信息传递出来后作为 RNA 复制品而用于以后的过程,在转运 RNA 帮助下翻译成蛋白质是最后一步。此时,基因密码被翻译为在染色体中合成蛋白质所需氨基酸的排列顺序。从二级结构来看,RNA 寡聚糖像 DNA 一样形成双股,但 RNA 还有更多的结构模式。这使得 RNA 能发挥多种生物功能和作为模拟的以 RNA 为基础
530 的酶和核酶来作用。糖部分中 2′-羟基对核糖的构象有重要作用,又影响到折叠过程的发生,同时也是引起 RNA 寡聚体的稳定性较差的一个原因,邻位磷对 2′-羟基的进攻形成磷酸三酯,它由可逆反应而打开,重排而形成 2′-相连的 RNA 或股断裂生成环磷酸酯。从生物角度来看一个 RNA 的生命期不长是很重要的,因为 RNA 是信息和功能转录的中间体。

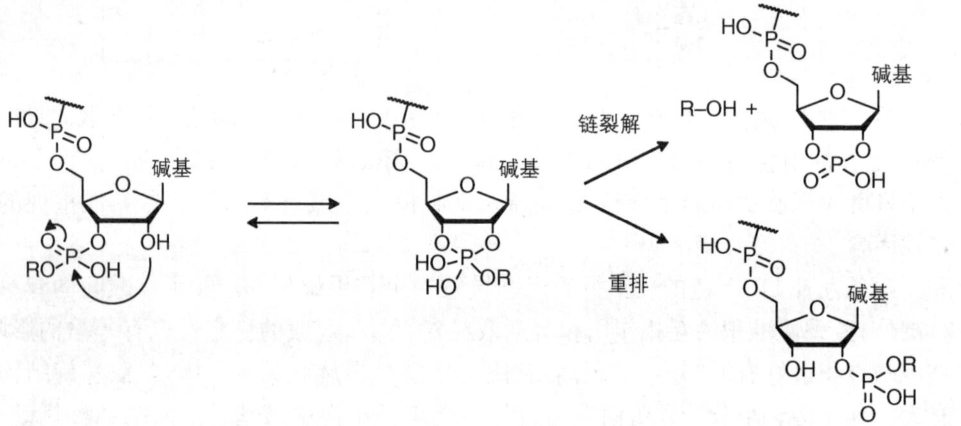

用有机合成来得到 DNA 和 RNA 时,对低聚核苷酸加以修饰的关注正不断增大。修饰的带有阻抗核酸酶的低聚核苷酸对一个给出的低聚核苷酸顺序有抵抗和互补,使鉴别目的及在抗原(与 DNA 双股互相作用)或反义(与 RNA 单股互相作用)治疗、互补低聚核苷酸顺序的阻塞和将基因紊乱翻译得到蛋白质都得以实现[6]。已知由第三股低聚核苷酸对 DNA 双股进行识别是在大股中发生的,特别是与多嘌呤所在的中心股上通过在嘌呤上称为 Hoogsteen 面上形成专一性的氢键而产生作用[7]。基于有所期望的反基因/反义设想,已经通过改变磷酸酯、核糖成分或核酸成分对 DNA 和 RNA 进行不小的修饰工作。作为第一个反基因/反义治疗,磷酸酯已用于临床试验[8]。这些化合物中的一个氧被硫所取代。己糖 DNA 也用来看看在糖组分中多一个亚甲基形成的 DNA 修饰效果[9]。这个六碳糖在整个低聚核苷酸的布局都以椅式构象为主。从 DNA 和 RNA 的特殊识别考虑,对于许多构象受到限制的核糖衍生物也进行了研究。

531

进一步对 DNA 的修饰包括 α-核糖 DNA，天然 DNA 的对映异构体和氨基乙基甘氨酸肽核酸（PNA），该分子中 DNA 的脱氧核糖-磷酸二酯主链骨架完全被无电荷负载的无手性的聚酰胺所取代[10]。PNA 低聚物很适合模拟 DNA 股。DNA-PNA，RNA-PNA 或 PNA-PNA 双股显示出高度稳定性，结构上和 DNA-DNA 或 RNA-DNA 双股类似。

参考文献

[1] Blackburn, G.M. and Gait, M.J. (eds) (1996) *Nucleic Acids in Chemistry and Biology*, Oxford University Press, New York.

[2] Hecht, S.M. (ed.) (1996) *Bioorganic Chemistry, Nucleic Acids*, Oxford University Press, New York.

[3] Saenger, W. (1984) *Principles of Nucleic Acid Structure*, Springer-Verlag, New York.

[4] Neidle, S. (ed.) (1999) *Nucleic Acid Structure*, Oxford University Press, New York.

[5] Gesteland, R.F., Cech, T.R., and Atkins, J.F. (1999) *The RNA World*, Cold Spring Harbor, New York.

[6] Hunziker, J. and Leumann, C. (1995) Nucleic acid analogues, synthesis and properties, in *Modern Synthetic Methods* 1995 (eds B. Ernst and C. Leumann), Verlag Chimica Acta, Basel.

[7] Soyfer, V.N. and Potaman, V.N. (1995) *Triple-Helical Nucleic Acids*, Springer, New York.

[8] Eckstein, F. and Gish, G. (1989) *Trends Biol. Sci.*, **14**, 97–100.

[9] Eschenmoser, A. and Dobler, M. (1992) 218–259. *Helv. Chim. Acta*, 75.

[10] Nielsen, P.E. and Egholm, M. (eds) (1999) *Peptide Nucleic Acids, Protocols and Applications*, Horizon Scientific Press, Wymondham.

4.4.1 2′,3′-二苯甲酰基-6′-*O*-DMTr-β-D-吡喃葡萄糖基尿嘧啶 4′-*O*-亚磷酰胺

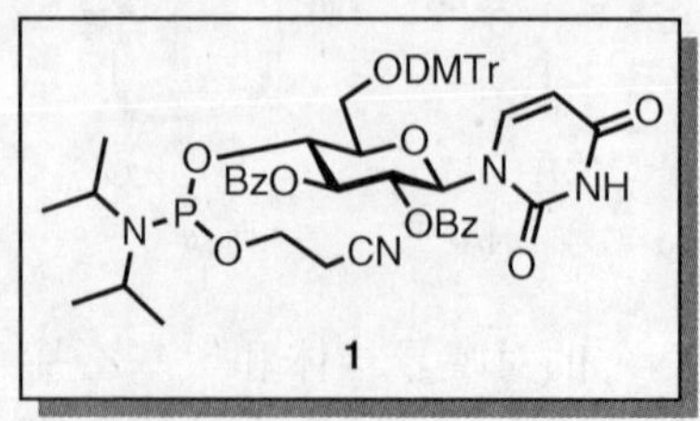

专题
- Vorbrüggen 和 Hilbert-Johnson 核苷化反应
- 氨基磷酸酯的合成
- 核苷的固相连接
- 吡喃葡萄糖基的保护

532 **(a) 简论**

带有标准核碱,鸟嘌呤、腺嘌呤、胞嘧啶、胸腺嘧啶和尿嘧啶的脱氧核苷酸和核糖核苷酸可利用亚磷酰胺策略,由固相法合成,此方法在商业上也是可行的[1]。但是,亚磷酰胺砌块的制备,特别是对合成带有核酸和糖组分修饰的低聚核苷酸来说,还是有一些因素要予以关注的[2]。形成核苷和核苷酸的关键一步是连接核碱到糖部分中异头中心上去的核苷化反应[3]。除核苷化反应外,在糖部分上构筑一个杂环也是另一个得到核苷的方法。

核苷化反应常见的一个障碍是立体选择性和位置选择性问题。核碱和糖砌块的亲核性和溶解性较差,糖供体稳定性较差也要设法解决。嘧啶的亲核加成在 N-1 和 N-3 上的位置选择性很低,嘌呤核苷则在 N-7 和 N-9 上生成差不多数量的位置异构体产物。而在异头碳原子上的立体化学又很难控制。酯基对 C-2 上羟基的邻基参与效应可用于引导亲核进攻,主要是生成 β-异构体。若无邻基效应,异头效应不是以能影响 α-异头产物的选择性而能生成的。故常常需要分离生成的 α-/β-异头混合物,而这并不是一件容易的事。

文献报道核苷化反应有 4 种一般通用的方法:(ⅰ)Fischer-Helferich 反应和 Koenigs-Knorr 反应,这是基于核酸的 Ag^+ 或 Hg^{2+} 等重金属盐取代核糖异头中心上的卤原子。核碱盐的低溶解性,核糖基卤代物的易于水解性质和苛刻的反应条件使该法有很大的局限性[4]。(ⅱ)Hilbert-Johnson 反应是应用对溴代糖有足够亲核性的烷基化的核碱[5],形成的季铵盐可以提供一般的引入核碱的方法。(ⅲ)硅基化修饰的 Hilbert-Johnson 反应称为 Vorbrüggen 核苷化反应[6]。硅基化的核碱增加了溶解性。它们可以和全酰基化的糖在 $SnCl_4$ 或 $TfOSiMe_3$ 等强 Lewis 酸存在下反应。中间生成的糖卤化物或三氟甲磺酸酯是真正的亲电试剂,尽管也有由于形成氧碳正离子而引发 S_N1 的反应的可能。核碱上的硅基在偶联反应中裂解,核碱的硅基化常常是由六甲基二硅胺和 Me_3SiCl 或 *N*,*O*-双二甲基硅基乙酰胺(BSA)反应在原位发

生的。(ⅳ)最后是 Kazimierczuk 所报道的用 NaH 在碱性条件下去质子化而引发的核苷化[7]。

Fischer–Helferich 和 Koenigs–Knorr 核苷化反应 533

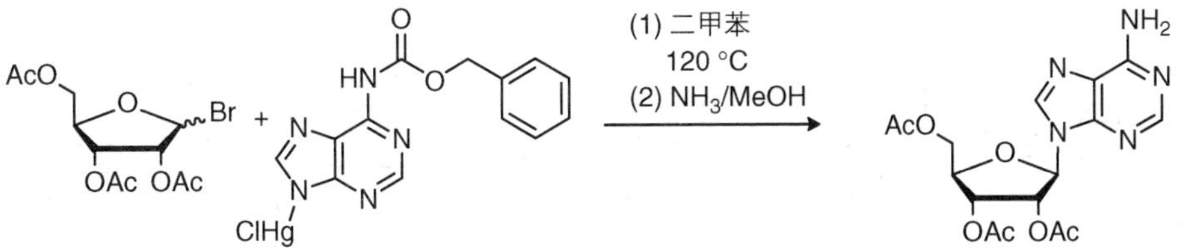

(1) 二甲苯
120 °C
(2) NH_3/MeOH

Hilbert–Johnson 核苷化反应

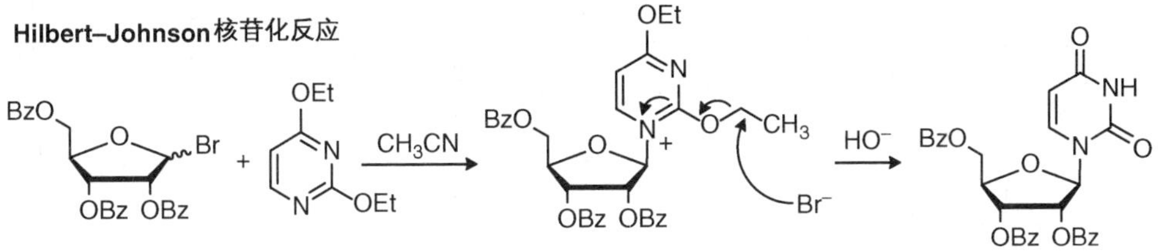

CH_3CN

HO^-

Vorbrüggen 核苷化反应

$TfOSiMe_3$,
CH_3CN

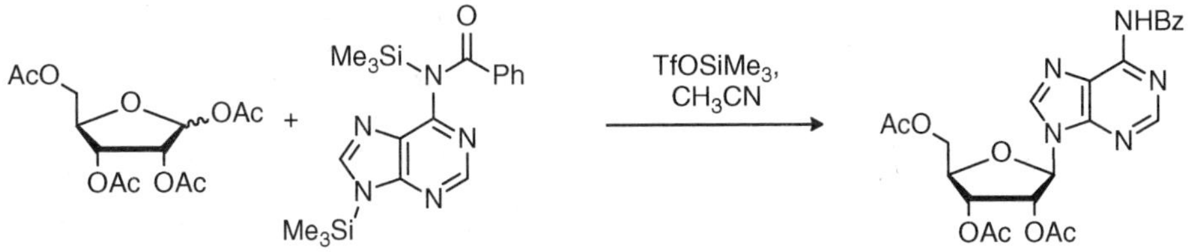

碱性条件下的核苷化反应

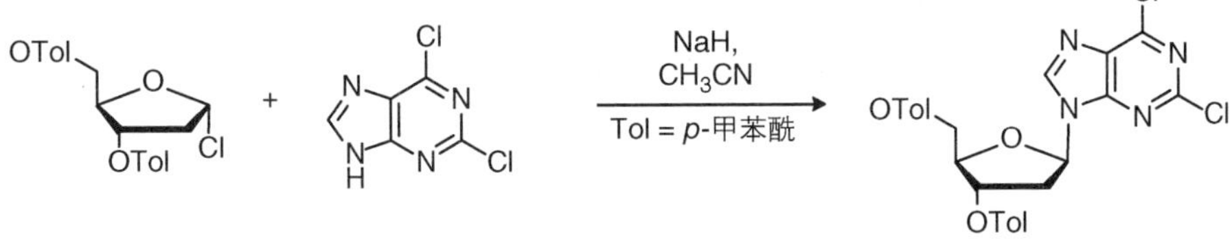

NaH,
CH_3CN
Tol = *p*-甲苯酰

(b) 1 的合成

以人工模拟 DNA 的合成为例子,讨论吡喃葡萄糖基亚磷酰胺 **1** 的合成,用单体合成低聚核苷酸是在固相载体上完成的(见 **4.4.1.2** 节)。此外,还给出了连接在可控孔玻璃(CPG)载体吡喃葡萄糖基核苷酸 **2** 的制备方法。一般而言,应用苛刻的反应条件,已有许多文献报道了核糖基或脱氧核糖基亚磷酰胺的制备[8]。从 D-葡萄糖(**3**)出发,位置专一性进行缩醛化保护得到 **4** 后再苄基化得到 **5**。**5** 在 $TfOSiMe_3$ 存在下和二(三甲基硅基)乙酰胺(BSA)在原位进行硅基化后和尿嘧啶进行 Vorbrüggen 核苷化反应而生成核苷 **6**。强酸条件同时也导致缩醛基团的去保护,得

到核苷 **6**。其中 N-1 上的 β-异头物是主要的异构体产物。**6** 上的伯羟基可选择性地被保护为 4,4′-二甲氧基三苯甲基醚(DMTr),而后得到 **7**,然后亲核取代后生成亚磷酰胺 **1**。

534

p-TsOH

3

4 (4.4.1.1)

吡啶

5 (4.4.1.2)

BSA, $TfOSiMe_3$, CH_3CN

6 (4.4.1.3)

DMTrCl, 吡啶, t-Bu_4NClO_4

7 (4.4.1.4)

DMAP, 吡啶

8 (4.4.1.6)

DIPEA, THF

1 (4.4.1.5)

DCC, 吡啶

9 (4.4.1.7)

(1) CPG-NH_2,二氧六环, DMF
(2) Ac_2O, DMAP

CPG = controlled pore glass resin

2 (4.4.1.8)

CPG-键合的核苷 **2** 可以从 **7** 得到,首先是通过 DMAP 活化用丁二酸酐建立一个连接。生成的酸 **8** 被转化为对硝基苯酯 **9** 而得到活化,并作为酰胺化物键连到 CPG 树脂上。最后,作为帽化要求,树脂上所有残余的氨基都用乙酐和 DMAP 进行乙酰化。核苷酸负载的 CPG 载体 **2** 被用于固相合成(见 **4.4.2.1** 节)。

(c) 合成 1 的实验步骤 535

4.4.1.1* D-(4,6-亚苄基)葡萄糖[9]

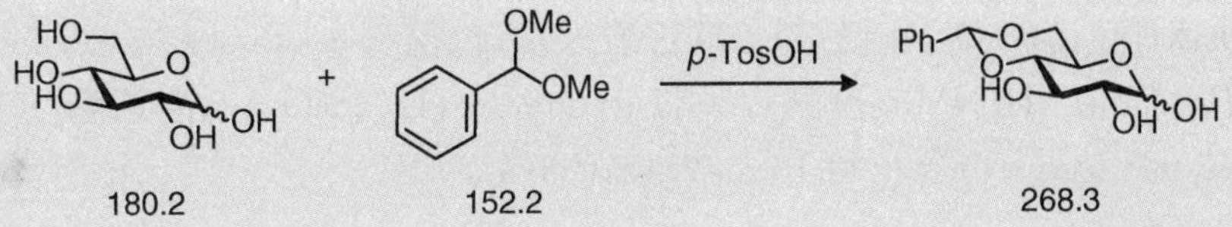

180.2　152.2　p-TosOH　268.3

在氩气下，将二甲基苯甲醛缩醛化物(3.31 mL，22.2 mmol)加到 D-葡萄糖(2.00 g，11.1 mmol)和对甲基苯磺酸(422 mg，2.22 mmol，高真空干燥过)的无水 DMF(32.0 mL)溶液中。加热反应混合液直到得到一个溶液，在室温下搅拌 2 h 后加入 Na_2CO_3(5.00 g)。继续搅拌 30 min 后，过滤并用 DMF 洗涤，合并滤液和洗涤液。浓缩后过快速柱色谱(SiO_2，乙酸乙酯)。得到亮黄色油状溶于 $CHCl_3$(4.00 mL)，加入冰冷的正己烷(20.0 mL)使其出现沉淀。沉淀重结晶(丙酮/甲醇=10∶1)得到白色固体产物；1.82 g(61%)；^{1}H NMR 显示有 α∶β=3∶2；TLC(SiO_2；乙酸乙酯/甲醇=9∶1)：R_f=0.58；$[\alpha]_D^{20}=-4.8$(c=1.83，乙醇)。

^{1}H NMR (300 MHz, CD_3OD): δ (ppm) = 7.43–7.56 (m, 2H, Ph), 7.25–7.38 (m, 3H, Ph), 5.56 (s, 1H, 7-H), 5.13 (d, 0.6H, J = 3.6 Hz, 1-H_α), 4.60 (d, 0.4H, J = 7.7 Hz, 1-H_β), 4.23 (dd, 0.4H, J = 11.3, 4.5 Hz, 6-H_β), 4.18 (dd, 0.6H, J = 9.9, 4.8 Hz, 6-H_α), 3.97 (dt, 0.6H, J = 11.8, 4.9 Hz, 5-H_α), 3.87 (t, 0.6H, J = 9.3 Hz), 3.58–3.81 (m, 1.4 H), 3.39–3.50 (m, 2H), 3.24 (dd, 0.4H, J = 8.8, 7.7 Hz, 2-H_β).
^{13}C NMR (50 MHz, CD_3OD): δ (ppm) = 139.6 (Ph), 139.5, 130.2 (Ph), 129.4, 127.9, 103.3 (C-7), 103.2, 99.2, 95.0, 83.4, 82.7, 77.5, 75.0, 74.7, 72.1, 70.5 (C-6), 70.0, 68.0, 63.8.
MS (FAB^+, 3-NOBA): m/z = 269 (100) $[M+H]^+$.

4.4.1.2* D-(4,6-亚苄基-1,2,3-三苯甲酰基)葡萄糖[9]

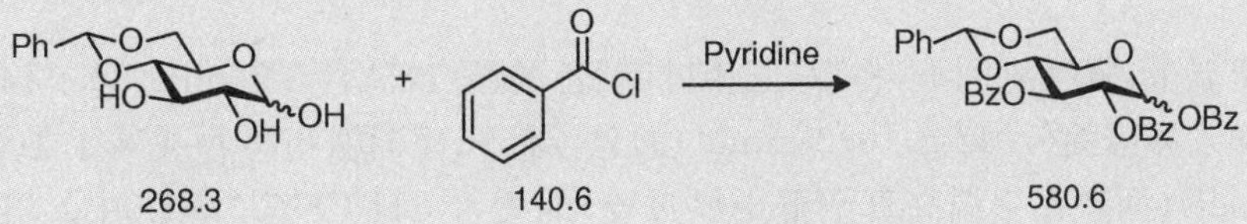

268.3　140.6　Pyridine　580.6

在 0℃氩气氛围下，苯甲酰氯(4.28 g，30.5 mmol)用多于 5 min 的时间加入亚苄 536

基葡萄糖(见 **4.4.1.1** 节)(1.82 g,6.77 mmol)的无水吡啶中(25.0 mL)并搅拌。混合液在室温下搅拌 2 h 后,冷却到 0℃,加入甲醇(2 mL)猝灭反应。真空除去几乎所有的溶剂,残余物用乙酸乙酯(200 mL)处理,所得的溶液用饱和 $NaHCO_3$ 溶液(100 mL)和食盐水(100 mL)洗涤。水相再用乙酸乙酯(100 mL)萃取,合并有机层,用 Na_2SO_4 干燥并滤除。残余物中微量的吡啶加入甲苯(2×10 mL)共挥发除去。残余物过快速柱色谱(SiO_2,正己烷/乙酸乙酯=4∶1)得到 α∶β=0.56∶0.44 非对映异构体混合物(由 ^1H NMR 检测);3.39 g(86%);TLC(SiO_2;乙酸乙酯/正己烷=2∶1):R_f=0.64;$[\alpha]_D^{20}=-99.6$(c=2.15,$CHCl_3$)。

UV (EtOH): λ_{max} (lg ε) = 230 nm (4.46).
^{1}H NMR (300 MHz, $CDCl_3$): δ (ppm) = 8.14 (m, 1H, Ar–H), 8.00 (m, 3H, Ar–H), 7.93 (m, 2H, Ar–H), 7.61 (m, 1H, Ar–H), 7.23–7.59 (m, 13H, Ar–H), 6.77 (d, 0.56H, J = 3.8 Hz, 1-H_α), 6.23 (d, 0.44H, J = 7.9 Hz, 1-H_β), 6.20 (t, 0.56H, J = 10.0 Hz, 3-H_α), 5.92 (t, 0.44H, J = 9.2 Hz, 2-H_β, 3-H_β), 5.80 (t, 0.44H, J = 7.9 Hz, 2-H_β, 3-H_β), 5.62 (dd, 0.56H, J = 10.0, 3.8 Hz, 2-H_α), 5.61 (s, 0.56H, 7-H_α), 5.58 (s, 0.44H, 7-H_β), 4.49 (dd, 0.44H, J = 9.4, 3.8 Hz, 6-H_β), 4.40 (dd, 0.56H, J = 10.3, 4.9 Hz, 6-Hα), 4.28 (dt, 0.56H, J = 9.9, 4.9 Hz, 5-H_α), 4.06 (t, 1H, J = 9.7 Hz, 4-H, 6-H), 4.95 (dt, 0.44H, J = 9.6, 4.3 Hz, 5-H_β), 3.88 (t, 1H, J = 10.1 Hz, 4-H, 6-H).
^{13}C NMR (76 MHz, $CDCl_3$): δ (ppm) = 165.7, 165.5, 165.3, 164.6, 136.7, 133.9, 133.6, 133.5, 130.2, 130.1, 129.8, 129.6, 129.4, 129.3, 129.1, 128.9, 128.7, 128.6, 128.4, 128.2, 126.1, 101.7, 93.1, 90.5, 78.9, 78.6, 72.0, 71.5, 70.9, 69.6, 68.6 (C-6), 68.5, 67.4, 65.4.
MS (FAB$^+$, 3-NOBA): m/z = 581 (3) $[M+H]^+$, 580 (4) $[M]^+$, 579 (9) $[M-H]^+$, 475 (3) $[M-Bz]^+$.

4.4.1.3*** 2,3-二苯甲酰基-β-D-吡喃葡萄糖基尿嘧啶[9]

BSA, CH_3CN
$TfOSiMe_3$

112.1　580.6　482.4

537 在室温下,氩气氛围下,将双(三甲硅基)乙酰胺(BSA)(7.34 mL,30.0 mmol)在搅拌下加入尿嘧啶(1.12 g,10.0 mmol)的悬浮液和葡萄糖衍生物 **4.4.1.2**(6.39 g,11.1 mmol)(两者在室温高真空下干燥过夜)的无水 CH_3CN(30 mL)中。溶液继续在 100℃ 下搅拌 30 min 直到生成一个均相溶液。加入 TMSOTf(3.63 mL,20.0 mmol),反应混合物在 100℃ 搅拌 4.5 h 后,加入等量的 TMSOTf(3.63 mL,

20.0 mmol)，反应混合液再在100℃搅拌1 h。此后，溶剂用真空泵旋除溶剂，得到黄色油状物溶于乙酸乙酯(100 mL)，先后用饱和 $NaHCO_3$ 溶液(100 mL)和食盐水(100 mL)洗涤两次。水相再用乙酸乙酯(100 mL)萃取，合并有机层，用 Na_2SO_4 干燥并滤除。旋除溶剂，残余物过快速柱色谱(SiO_2，乙酸乙酯/正己烷＝2∶1)得到核苷后用丙酮重结晶得3.03 g(63%)；TLC(SiO_2；乙酸乙酯)：R_f＝0.40；mp 158℃；$[\alpha]_D^{20}$＝100.0(c＝0.60，乙醇)。

¹H NMR (300 MHz, [D$_6$]DMSO): δ (ppm) = 11.33 (s$_{br}$, 1H, NH), 7.97 (d, 1H, J = 8.2 Hz, 6-H), 7.88 (d, 2H, J = 7.1 Hz, Ar–H), 7.76 (d, 2H, J = 7.1 Hz, Ar–H), 7.58–7.63 (m, 2H, Ar–H), 7.42–7.50 (m, 4H, Ar–H), 6.10 (d, 1H, J = 9.0 Hz, 1′-H), 5.74 (m, 2H, 5-H, 4′-OH), 5.65 (t, 1H, J = 9.2 Hz, 3′-H), 5.53 (t, 1H, J = 9.3 Hz, 2′-H), 4.77 (t, 1H, J = 5.6 Hz, 6′-OH), 3.78–3.90 (m, 3H, 4′-H, 5′-H, 6′-H), 3.58 (m, 1H, 6′-H).
¹³C NMR (100 MHz, [D$_6$]DMSO): δ (ppm) = 165.1, 164.6, 162.6 (C-4), 150.3 (C-2), 141.1 (C-6), 133.8 (Bz), 133.3, 129.4 (Bz), 129.1 (Bz), 129.0, 128.7, 128.5, 128.2 (Bz), 102.3 (C-5), 79.6 (C-1′), 79.3 (C-5′), 75.7 (C-3′), 71.2 (C-2′), 67.0 (C-4′), 60.5 (C-6′).
MS (FAB⁺, 3-NOBA): m/z = 483 (17) [M+H]⁺.

4.4.1.4** 2,3-二苯甲酰基-6-*O*-(二甲氧基三苯甲基)-β-D-吡喃葡萄糖基尿嘧啶[9]

将核苷**4.4.1.3**(2.00 g，4.15 mmol)，四丁基高氯酸铵盐(1.70 g，4.98 mmol)和4,4′-二甲氧基三苯甲基氯(1.69 g，4.98 mmol)的混合液在室温下真空干燥后在氩气的氛围下加到无水吡啶(15.0 mL)中。在室温下搅拌90 min由最初的深橘色随后变成暗黄色溶液。加入甲醇(2 mL)猝灭反应，反应液继续搅拌10 min。混合液真空浓缩，残余物溶于乙酸乙酯(50 mL)，先后用饱和 $NaHCO_3$ 溶液和食盐水(各2×50 mL)洗涤。合并水相再用乙酸乙酯(50 mL)萃取，用 Na_2SO_4 干燥并滤除。真空泵旋除溶剂。残余物过快速硅胶柱色谱(乙酸乙酯/正己烷＝2∶3)得到亮黄色泡沫状核苷产物2.81 g(86%)；TLC(SiO_2；乙酸乙酯/正己烷＝1∶1)：R_f＝0.30；mp 142℃；$[\alpha]_D^{20}$＝50.3(c＝1.55，$CHCl_3$)。

538 **^{1}H NMR** (300 MHz, $CDCl_3$): δ (ppm) = 8.85 (s_{br}, 1H, NH), 7.93 (dd, J = 8.4, 1.3 Hz, 2H, Bz), 7.85 (dd, J = 8.4, 1.3 Hz, 2H, Bz), 7.39–7.60 (m, 5H, Bz, DMTr, 6-H), 7.21–7.37 (m, 11H, Bz, DMT), 6.82 (dd, J = 9.0, 1.2 Hz, 4H, DMTr), 6.07 (d, J = 9.3 Hz, 1H, 1′-H), 5.80 (d, J = 9.3 Hz, 1H, 5-H), 5.66 (t, J = 9.4 Hz, 1H, 3′-H), 5.50 (t, J = 9.5 Hz, 1H, 2′-H), 4.09 (t, J = 9.4 Hz, 1H, 4′-H), 3.85 (m, 1H, 5′-H), 3.77 (s, 6H, 2 × OCH_3), 3.49 (m, 2H, 6′-H), 3.22 (s_{br}, 1H, 4′-OH).

^{13}C NMR (76 MHz, $CDCl_3$): δ (ppm) = 166.6, 165.5, 162.4, 158.7 (DMTr), 150.1 (C-2), 144.4 (DMT), 139.2 (C-6), 135.5, 133.8 (Bz), 133.6, 130.0, 129.9, 129.6, 129.2, 128.9, 128.4, 128.1, 128.0, 127.1, 113.3, 86.8 (DMTr), 80.6 (C-1′), 77.8, 76.0, 70.5, 70.1, 63.1 (C-6′), 55.2 (OCH_3).

MS (FAB^+, 3-NOBA): m/z = 785 (1) $[M+H]^+$, 784 (2) $[M]^+$.

4.4.1.5*** 2,3-二苯甲酰基-6-*O*-(二甲氧基三苯甲基)-β-D-吡喃葡萄糖基尿嘧啶 4-*O*-(2-氰基乙基)-*N*,*N*-二异丙基胺亚磷酰胺[9]

CN
O
Cl—P
N
ODMTr
HO
BzO
OBz
N
O
NH
O
784.8
THF, DIPEA
ODMTr
O
BzO
OBz
N
O
NH
O
N
P
O
CN
985.0

在氩气氛围下，将 DIPEA(663 μL，3.82 mmol)和 2-氰基-*N*，*N*′-二异丙氨基氯代亚磷酰胺(452 μL，1.91 mmol)先后加入核苷 **4.4.1.4**(1.00 g，1.27 mmol)的无水 THF(9 mL)溶液中。溶液继续在室温下搅拌 2.5 h。然后加入乙酸乙酯(50 mL)，先后用饱和 $NaHCO_3$ 溶液和食盐水(各 2 × 50 mL)洗涤。水相再用乙酸乙酯(50 mL)萃取，合并有机相，用 Na_2SO_4 干燥并滤除，真空泵旋除溶剂。残余物过快速硅胶柱色谱(乙酸乙酯/正己烷＝2∶3)。旋除溶剂后，得到油状产物溶解于 CH_2Cl_2，旋除溶剂得到白色泡沫状亚磷酰胺(1∶1 非对映异构体混合物)；1.09 g(87%)；TLC(SiO_2；乙酸乙酯/正己烷)：$R_{f(1)}$ = 0.22，$R_{f(2)}$ = 0.28；$[\alpha]_D^{20}$ = 73.7 (c = 1.90，$CHCl_3$)。

539 **^{1}H NMR** (400 MHz, $CDCl_3$): δ (ppm) = 8.42 (s_{br}, 1H, NH), 7.99 (d, J = 8.5 Hz, 1H, Bz), 7.91 (d, J = 8.5 Hz, 1H, Bz), 7.89 (d, J = 8.5 Hz, 1H, Bz), 7.86 (d, J = 8.5 Hz, 1H, Bz), 7.62 (d, J = 8.2 Hz, 0.5H, 6-H), 7.56 (d, J = 8.2 Hz, 0.5H, 6-H), 7.45–7.54 (m, 3H, Bz), 7.41 (m, 1H, Bz), 6.78–6.85 (m, 4H, DMTr), 6.11

(d, $J = 9.3$ Hz, 0.5H, 1′-H), 6.09 (d, $J = 9.3$ Hz, 0.5H, 1′-H), 5.88 (d, $J = 8.3$ Hz, 0.5H, 5-H), 5.86 (d, $J = 8.3$ Hz, 0.5H, 5-H), 5.86 (t, $J = 9.3$ Hz, 0.5H, 3′-H), 5.81 (t, $J = 9.3$ Hz, 0.5H, 3′-H), 5.54 (t, $J = 9.5$ Hz, 0.5H, 2′-H), 5.42 (t, $J = 9.5$ Hz, 0.5H, 2′-H), 4.38 (q, $J = 9.8$ Hz, 0.5H, 4′-H), 4.18 (q, $J = 9.8$ Hz, 0.5H, 4′-H), 3.98 (dd, $J = 9.7$, 4.0 Hz, 0.5H, 5′-H), 3.87 (dd, $J = 9.7$, 2.0 Hz, 0.5H, 5′-H), 3.79 (s, 3H, OCH_3), 3.78 (s, 3H, OCH_3), 3.64 (t, $J = 9.7$ Hz, 1H, 6′-H), 3.49 (m, 0.5H, 6′-H), 3.41 (m, 0.5H, 6′-H), 3.35 (m, 2H, CH_2O), 3.29 (m, 1H, CH*i*-Pr), 3.20 (m, 1H, CH*i*-Pr), 2.25 (m, 1H, CH_2CN), 2.08 (m, 0.5H, CH_2CN), 2.02 (m, 0.5H, CH_2CN), 0.86–0.92 (m, 12H, CH_3*i*-Pr).

^{13}C NMR (101 MHz, $CDCl_3$): δ (ppm) = 165.5, 165.4, 162.2 (C-4), 158.6 (DMTr), 158.5, 150.0 (C-2), 144.8 (DMTr), 144.7, 139.5 (C-6), 139.4, 136.1, 135.9, 135.6, 133.7 (Bz), 133.2, 130.4, 130.3, 130.2, 130.0, 129.8, 129.7, 128.5, 128.4, 128.3, 128.2, 128.1, 128.0, 127.8, 126.9, 117.3 (CN), 113.1 (DMTr), 103.4 (C5), 103.3, 86.3 (DMTr), 86.1, 80.7 (C-1′), 80.6, 78.8 (C-5′), 78.7, 75.2 (C-3′), 74.4, 70.9 (C-2′), 70.6, 70.5 ($J_{CP} = 4.7$ Hz, C-4′), 70.0 ($J_{CP} = 6.6$ Hz, C-4′), 63.2 (C-6′), 62.3 (C-6′), 57.7 ($J_{CP} = 19.6$ Hz, CH_2O), 57.6 ($J_{CP} = 19.6$ Hz, CH_2O), 55.2 (OCH_3), 43.0 ($J_{CP} = 8.9$ Hz, CH*i*-Pr), 42.9 ($J_{CP} = 8.9$ Hz, CH*i*-Pr), 24.4 (CH_3*i*-Pr), 24.3 (CH_3*i*-Pr), 24.2 (CH_3*i*-Pr), 19.9 ($J_{CP} = 7.2$ Hz, CH_2CN), 19.6 ($J_{CP} = 7.6$ Hz, CH_2CN).

^{31}P NMR (162 MHz, $CDCl_3$): δ (ppm) = 151.3, 150.0.

MS (FAB^+, 3-NOBA): 985 (0.4) $[M+H]^+$.

4.4.1.6* 2,3-二苯甲酰基-6-*O*-(二甲氧基三苯甲基)-β-D-吡喃葡萄糖基尿嘧啶 4-*O*-丁二酰酸酯[9]

核苷 **4.4.1.5**(392 mg,500 μmol),DMAP(73 mg,0.60 mmol)和丁二酸酐(55 mg,0.55 mmol)在无水吡啶(4 mL)溶液中在60℃下搅拌6 h。真空除去吡啶,残余物中残留的少量的吡啶用甲苯(2×10 mL)共蒸馏除去。所得的白色泡沫溶于CH_2Cl_2(20 mL),此溶液用冷的柠檬酸(10%)溶液(20 mL)和水(20 mL)洗涤。水相再用CH_2Cl_2(10 mL)萃取,合并有机相,用$MgSO_4$干燥并滤除,真空泵旋除溶剂得到白色泡沫状产物;442 mg(99%);TLC(SiO_2;乙酸乙酯/正己烷=2∶1):R_f=0.31;mp 136℃;$[\alpha]_D^{20}$=97.2(c=1.82,$CHCl_3$)。

540 **^{1}H NMR** (400 MHz, $CDCl_3$): δ (ppm) = 8.96 (s_{br}, 1H, NH), 7.84 (m, 4H, Bz), 7.57 (d, *J* = 8.3 Hz, 1H, 6-H), 7.42 (m, 4H, Bz, DMTr), 7.28 (m, 10H, Bz, DMTr), 7.19 (m, 1H, Bz, DMTr), 6.80 (dd, *J* = 9.0, 1.7 Hz, 4H, DMTr), 6.13 (d, *J* = 9.2 Hz, 1H, 1′-H), 5.86 (d, *J* = 8.2 Hz, 1H, 5-H), 5.82 (t, *J* = 9.7 Hz, 1H, 4′-H), 5.60 (t, *J* = 9.8 Hz, 1H, 2′-H, 3′-H), 5.55 (t, *J* = 9.5 Hz, 1H, 2′-H, 3′-H), 4.01 (d, *J* = 8.9 Hz, 1H, 5′-H), 3.75 (s, 3H, OCH_3), 3.75 (s, 3H, OCH_3), 3.40 (d, *J* = 9.3 Hz, 1H, 6′-H), 3.17 (dd, *J* = 10.9, 3.9 Hz, 1H, 6′-H), 2.28 (m, 4H, succinyl).

^{13}C NMR (101 MHz, $CDCl_3$): δ (ppm) = 175.6 (CO_2H), 170.4 (CO succinyl), 165.7 (CO), 165.3, 162.6 (C-4), 158.6 (DMTr), 150.1 (C-2), 144.2 (DMTr), 139.3 (C-6), 135.5, 135.4, 133.8 (Bz), 133.5, 130.1, 130.0, 129.8, 129.6, 128.6, 128.5, 128.4, 128.2, 128.0, 127.9, 127.0, 113.2 (DMTr), 103.6 (C-5), 86.3 (DMTr), 80.6 (C-1′), 76.5 (C-5′), 73.3 (C-3′), 70.6 (C-2′), 68.3 (C-4′), 63.5, 61.5 (C-6′), 55.2 (OCH_3), 28.8 (succinyl), 28.7.

MS (FAB^-, 3-NOBA): *m*/*z* = 884 (15) $[M]^-$, 883 (30) $[M-H]^-$.

4.4.1.7* 2,3-二苯甲酰基-6-*O*-(二甲氧基三苯甲基)-β-D-吡喃葡萄糖基尿嘧啶 4-*O*-(丁二酸-4-硝基苯酯)-酯[9]

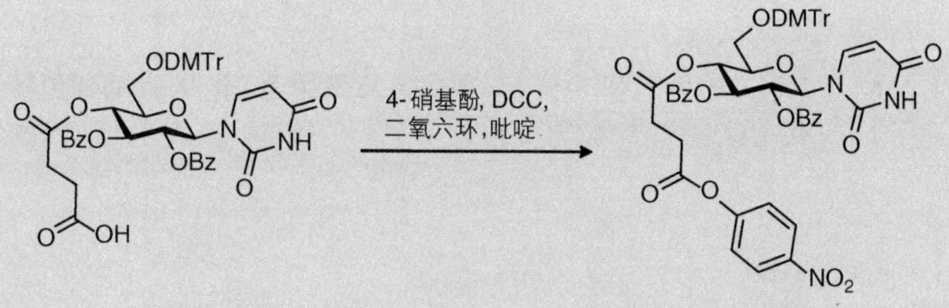

4-硝基酚, DCC, 二氧六环, 吡啶

884.9 → 1006.0

在室温下，氩气氛围下，二环己基碳化二亚胺(DCC)(231 mg，1.12 mol)的无水二氧六环(3.9 mL)溶液在搅拌下加入核苷 **4.4.1.6**(382 mg，432 μmol)和 4-硝基酚(60 mg，430 μmol)(使用之前在室温下高真空干燥过)的无水二氧六环(2.5 mL)和无水吡啶(178 μL)混合液中。搅拌 2 h 后，混合液真空浓缩，残余物过快速硅胶柱色谱(乙酸乙酯/正己烷=1∶1)。产物馏分挥发除溶剂，高真空干燥后得到白色固体活性酯，可以直接用于下一步反应；355 mg(82%)；TLC(SiO_2；乙酸乙酯/正己烷=1∶1)：R_f=0.33；mp 126℃。

541 **^{1}H NMR** (400 MHz, $CDCl_3$): δ (ppm) = 8.18 (s_{br}, 1H, NH), 8.13 (d, *J* = 9.2 Hz, 1H, NO_2Ph), 7.83–7.88 (m, 4H, Bz, DMTr), 7.52 (m, 1H, 6-H), 7.41–7.51 (m, 4H, Bz, DMTr), 7.20–7.36 (m, 13H, Bz, DMTr, NO_2Ph), 7.05 (d, *J* = 9.3 Hz,

1H, NO_2Ph), 6.80–6.84 (m, 4H, Bz, DMTr), 6.09 (dd, J = 11.7, 9.4 Hz, 1H, 1′-H), 5.87 (dd, J = 8.1, 5.4 Hz, 1H, 5-H), 5.79 (q, 1H, J = 9.7 Hz, 2′-H, 3′-H, 4′-H), 5.66 (dt, J = 9.9, 1.3 Hz, 1H, 2′-H, 3′-H, 4′-H), 5.57 (dq, J = 9.1, 3.2 Hz, 1H, 2′-H, 3′-H, 4′-H), 3.98 (m, 1H, 6′-H), 3.78 (s, 3H, OCH_3), 3.77 (s, 3H, OCH_3), 3.45 (dt, J = 10.9, 2.1 Hz, 1H, 6′-H), 3.20 (dt, 1H, J = 11.3, 4.0 Hz, 5′-H), 2.26–2.65 (m, 4H, succinyl).

^{13}C NMR (101 MHz, $CDCl_3$): δ (ppm) = 171.4 (succinyl CO), 170.1, 165.6 (CO), 165.3, 161.9 (C-4), 158.6, 155.1, 153.8, 149.9 (C-2), 145.3 (DMTr), 144.4, 144.2, 139.1 (C-6), 139.0, 135.7, 135.6, 135.5, 135.3, 133.9, 133.4, 130.1, 130.0, 129.9, 129.8, 128.8, 128.7, 128.5, 128.4, 128.2, 128.0, 127.9, 127.0, 125.1, 122.2, 113.2 (DMTr), 103.6 (C-5), 86.4 (DMTr), 80.7 (C-1′), 76.5 (C-5′), 73.3 (C-3′), 70.5 (C-2′), 70.4, 68.6 (C-4′), 68.3, 61.5 (C-6′), 61.4, 55.2 (OCH_3), 32.6 (succinyl), 32.5, 30.7, 30.6.

MS (FAB$^+$, 3-NOBA): m/z = 1006 (0.2) $[M+H]^+$, 1005 (0.3) $[M]^+$.

4.4.1.8** 2′,3′-二苯甲酰基-6′-*O*-(二甲氧基三苯甲基)-β-D-吡喃葡萄糖基尿嘧啶 4′-*O*-(丁二酸-CPG-酰胺)-酯[9]

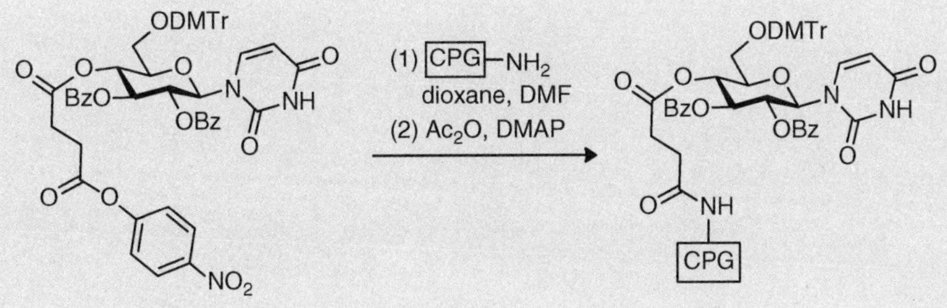

将三乙胺(0.1 mL)和活性酯 **4.4.1.7**(101 mg,10 μmol)的无水二氧六环(0.5 mL)溶液加入一个长链脂肪胺 CPG 树脂(500 mg)的无水 DMF(1.0 mL)溶液中。在室温下反应混合液不断振摇 20 h。反应混合液过滤后,树脂用 DMF,甲醇和乙醚洗涤。对未反应的氨基官能团封端操作,将树脂悬浮于无水吡啶(2.5 mL), 542
DMAP(12.5 mg)和乙酸酐(0.25 mL,2.6 mmol)的混合液中,室温下不断振摇 30 min。混合液过滤,然后树脂用甲醇和乙醚洗涤。在高真空干燥后,得到 CGP 键合的核苷 **4.4.1.8**(540 mg)。树脂的负载量可由产物 **4.4.1.8**(1.7 mg)和二氯乙酸(5 mL,2%,CH_2Cl_2 溶液)反应去保护来测定。在 λ=503 nm 处吸收为 0.576,相当于负载量为 24.2 μmol/g。

参考文献

[1] Gait, M.J. (1984) *Oligonucleotide Synthesis, A Practical Approach*, IRL Press, Oxford.

[2] Hunziker, J. and Leumann, C. (1995) Nucleic acid analogues, synthesis and properties, in *Modern Synthetic Methods 1995* (eds B. Ernst and C. Leumann), Verlag Helvetica Chimica Acta, Basel.

[3] Kisakürek, M.V. and Rosemeyer, H. (2000) *Perspectives in Nucleoside and Nucleic Acid Chemistry*, Verlag Helvetica Chimica Acta, Zürich.

[4] Koenigs, W. and Knorr, E. (1901) *Ber. Dtsch. Chem. Ges.*, **34**, 957–981.

[5] Fischer, E. and Helferich, B. (1914) *Ber. Dtsch. Chem. Ges.*, **47**, 210–235.

[6] Hilbert, G.E. and Johnson, T.B. (1930) *J. Am. Chem. Soc.*, **52**, 2001–2007.

[7] Kazimierczuk, Z., Cottam, H.B., Revankar, G.R., and Robins, R.K. (1984) *J. Am. Chem. Soc.*, **106**, 6379–6382.

[8] (a) Niedballa, U. and Vorbrüggen, H. (1974) *J. Org. Chem.*, **39**, 3654–3660; (b) Niedballa, U. and Vorbrüggen, H. (1974) *J. Org. Chem.*, **39**, 3660–3663; (c) Niedballa, U. and Vorbrüggen, H. (1974) *J. Org. Chem.*, **39**, 3664–3667.

[9] Diederichsen, U. (1993) A. *Hypoxanthin-Basenpaarungen in HOMO-DNA Oligonucleotiden*; B. *Zur Frage des Paarungsverhaltens von Glucopyranosyl-Oligonucleotiden*. Ph.D. thesis ETH Nr. 10122, ETH Zürich.

4.4.2 核酸的固相合成

专题
- 固相合成 DNA
- 可控孔玻璃树脂(CPG)
- 亚磷酰胺方法
- 保护基
- RNA 合成
- 葡萄糖吡喃基
- 低聚核苷酸

(a) 绪论

低聚核苷酸的化学合成工作在早期是由 Khorana 开创的[1]，至今 SPPS 已经建立起自动化程序[2]。产率和过程都已最优化，可自动合成由 150～200 个核苷酸组成的 DNA。合成所得的 DNA 低聚物可用于生物研究领域，如作为 DNA 放大或序列测定的起点；作为鉴别反义或反基因寻靶互补顺序的工具；提供分子构筑，观察低聚核苷酸的识别、处理和在分子水平上的互相作用等。

低聚核苷酸是在惰性树脂 CPG 上进行合成的，它带有氨基官能团接到脱氧核糖 543
单元的 3′-OH 上来固定第一个核苷。合成从 3′-终端上沿 5′-方向进行。固相合成法具有通过应用过量试剂达到高产率，易于除去试剂和溶剂以及可用于低聚核苷酸的合成等优点。

树脂键合的核苷在 5′-OH 上去质子化再与下一个核苷中的磷偶联。对于偶联过程，有四种不同的偶联方法，它们的不同在于在核苷酸 3′-位上的磷基团：

(ⅰ) 在磷酸二酯的方法中，通过 DCC 将 5′-OH 基团活化与磷单酯偶联[1]。这个方法需要较长的反应时间且有副反应。

(ⅱ) 磷酸三酯的方法是基于在磷酸(Ⅴ)二酯负离子[3]上取代并在偶联后生成芳基保护，因为磷酸三酯的溶解性较差，该法难用于长链的低聚核苷酸的合成。

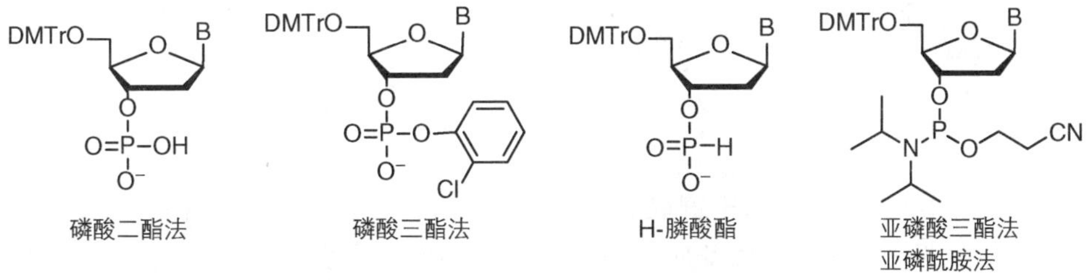

磷酸二酯法　　磷酸三酯法　　H-膦酸酯　　亚磷酸三酯法 亚磷酰胺法

(ⅲ)在磷酸酯的方法中,应用磷(Ⅲ)H-磷酸酯[4]。这个方法特别适用于在溶液中合成DNA和制备在磷酸二酯上有所修饰的低聚核苷酸。反应中外加的氧化步骤不但可以引入氧,还可以引入硫以制备硫代磷酸酯DNA。又由于起始原料H-磷酸酯是不易水解的,使制备和操作都较简单。

(ⅳ)亚磷酸酰胺方法(又叫亚磷酸三酯法),由Caruthers[5]提出,利用磷(Ⅲ)酰胺。现在流行的基于这个亚磷酸酰胺砌块的DNA自动合成程序相当有效[6],且其偶联过程有极其高的产率,超过99.8%而且反应时间短。2-氰乙基-二异丙基氨基亚磷
544 酸是应用广泛的单体单元[7]。磷(Ⅲ)提供一个有效的亲电试剂,二异丙基胺作为离去基团,氰乙基是一个很好的保护基,在碱性条件下容易消除,同时在最后一步低聚物合成中从固体载体上断裂下来。

一个低聚核苷酸的有效合成取决于能否找到合适的保护基。脱氧核糖中5′-OH是需要临时保护的。对它来说,DMTr基团是适宜的,它在温和酸性条件下用2%二氯乙酸就可除去,更高的酸性则导致异头中心上核酸的裂解。所有的永久保护基要在碱性条件下用氨水来除去,同时从固相载体上放出低聚物。永久保护于核碱上,通常由乙酰化保护环外氨基。亚磷酸酰胺和磷酸二酯则用氰乙基保护。

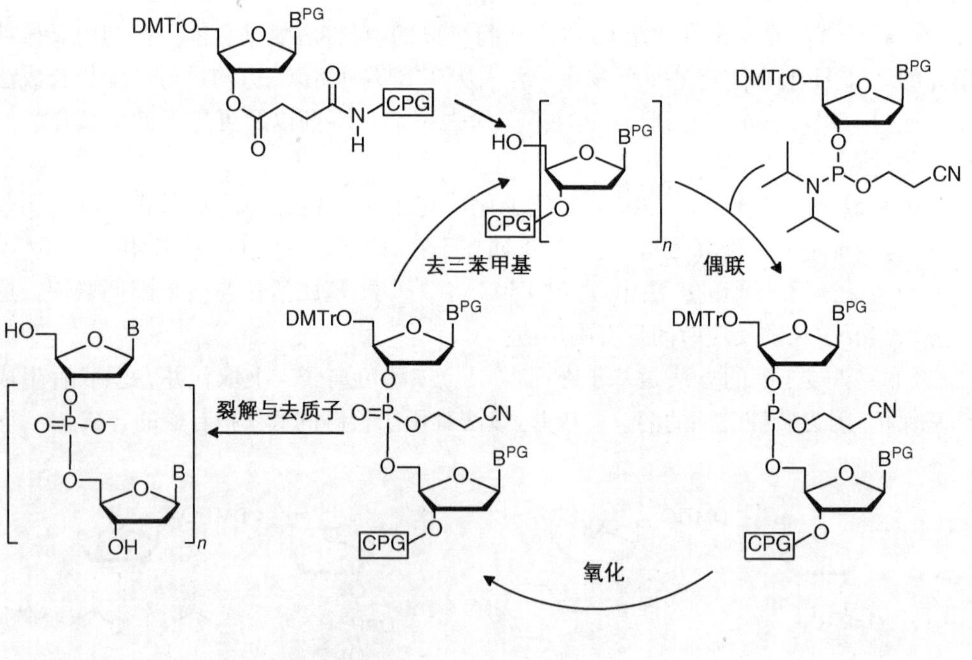

磷酸三酯反应循环起始于键联到CGP树脂上的一个核苷。去保护得到一个亲核基,它和由四唑活化的亚磷酰胺反应。在反应环能够再次由DMTr去质子化引发

而进行前,亚磷酸酯用水相碘氧化为磷酸酯得以稳定。所需一定长度的低聚物就得以生成,使用氨水将其从 CGP 树脂上脱离,氨水还使核酸和磷酸二酯的去保护得以完成。低聚物通常是在 DMTr 去质子化后再从树脂上脱离下来的。但有时保留终端 DMTr 来进行纯化是较为有利的,为此要再进行一次去保护过程。大部分场合下,反向或离子交换 HPLC 用于纯化,再在短的反相柱上将其和盐分离。

除了经典的 DNA 低聚物合成法外,现在还有很好的 RNA 和修饰的低聚核苷酸 545
制备方案[2,6]。在 RNA 合成中 2′-OH 上要有一个永久保护基。因此可用二甲基叔丁基硅基(TBDMS),但在产物的纯度和链的长度上有一定局限性。而应用三异丙基硅氧基甲醚(TOM)在标准的 DNA 偶联反应条件下的偶联有效性可超过 99%[8]。通过酰氧乙基原酸酯(ACE)保护 2′-OH 使偶联反应环效率能进一步得到提高,尽管这个应用程序还需在 5′-OH 上有硅保护基[9]。

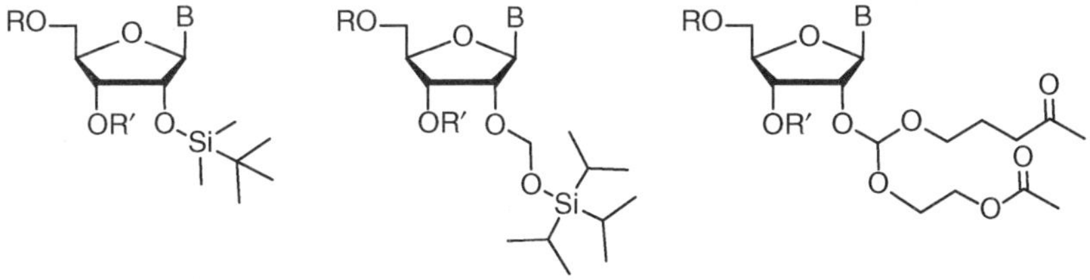

2′-TBDMS　　2′-TOM　　2′-ACE

(b) 1 的合成

有关 DNA 低聚核苷酸的固相合成已有大量文献作了详尽报道[2,6]。因此,以非天然低聚核苷酸的合成作为例子,介绍一下人工操作吡喃葡萄糖基 DNA **1** 的固相合成。这个糖修饰过的低聚核苷酸可以通过将核苷 **2**(见 **4.4.1.5** 节)重复偶联到 CPG-键联的核苷(见 **4.4.1.8** 节开始的制备)来合成,得到具有八个尿嘧啶核苷酸的葡萄糖基低聚物。尿嘧啶不像其他有较高亲核活性官能团的核碱那样需要保护。

亚磷酰胺 **2** 用对硝基苯基四唑 **3** 来活化,后者取代磷(Ⅲ)上的二异丙胺。生成的活性亚磷酸酰胺 **4** 和与固相连接的经由核苷 **4.4.1.8** 酸性去除 DMTr 保护后生成的核苷 **5** 反应。5-(对硝基苯基)四唑(**3**)[10]是具有高度活性的四唑等价物,使每步偶联步骤的产率都超过 96%,而四唑只能给出 75%产率。偶联以后用水相碘来氧化磷,未反应的羟基用乙酰化帽化以有利于后续步骤中的纯化。DTMr 去保护后,就开始下一个循环与亚磷酰胺 **2** 偶联反应,这个过程反复进行直到八聚体生成。最终,最后一步除去三苯甲基后产物从树脂上脱离,同时核碱去保护,磷酸二酯上的氰乙基用氨水在高温处理后也去保护。

546

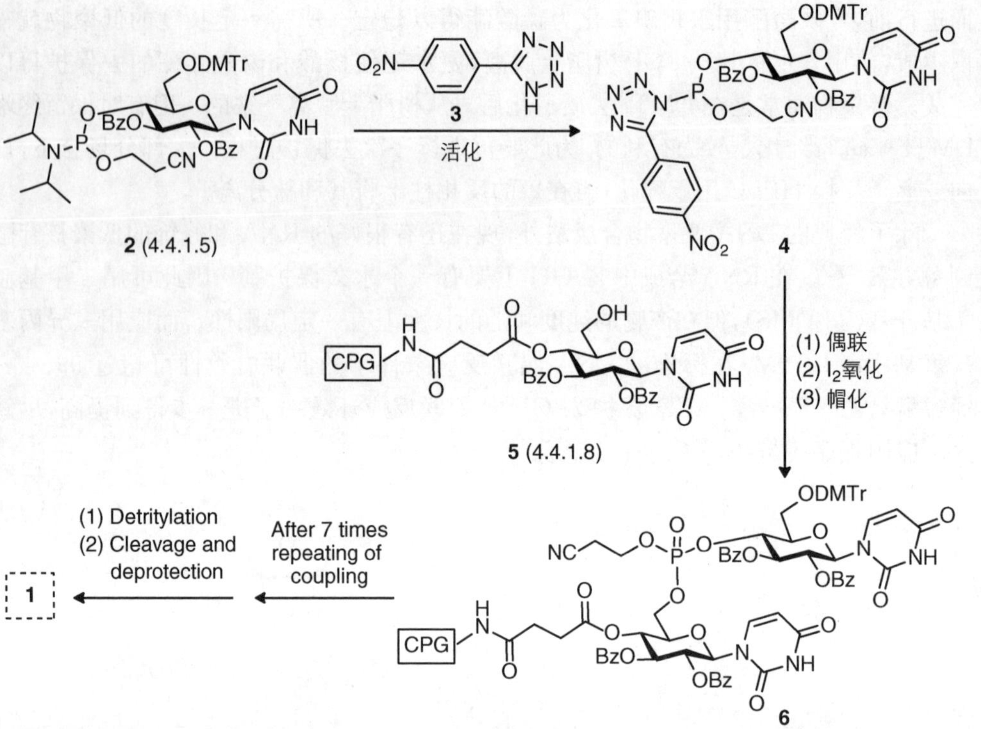

(c) 合成 1 的实验过程

4.4.2.1*** 人工固相合成吡喃葡萄糖基-DNA[11]

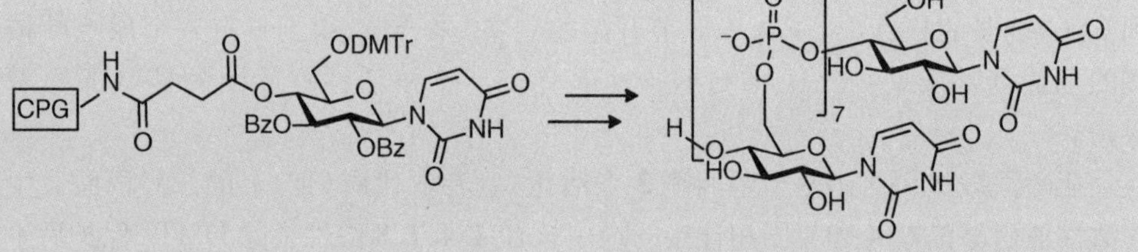

吡喃葡萄糖基八聚体 DNA **1** 是在一个应用 CGP 树脂的釉质短玻璃柱中进行合成的，树脂(25 mg)上连有尿嘧啶核苷酸 **4.4.1.8**(25 μmol/g)。以下是偶联环的各步操作：

(1) 脱三苯甲基：二氯乙酸(2%，5 mL)加到 CGP-键合核苷酸或核酸上。5 min 后，用氮气压将试剂去除，树脂再用 CH_2Cl_2(5 mL)和乙醚(5 mL)洗涤。固相载体在氮气流下干燥。去保护所得的用液相收集通过 $DMTr^+$ 浓度的检测，鉴定得产率(>96%)，与后述的偶联环比较。 547

(2) 偶联：亚磷酸胺 **4.4.1.5**(5.0 当量)和对硝基苯基四唑(20 当量)加到树脂上，高真空干燥 1 h。玻璃柱在氩气流下加入 CH_3CN(150 μL)，混合液轻轻振荡 1 h。悬浮物过滤，树脂用 CH_3CN(5.0 mL)和 THF(5.0 mL)洗涤并在氮气流下干燥。

(3) 氧化：固相载体用碘(0.1 mol)的 THF/H_2O/2,6-二甲基吡啶 2∶2∶1(5 mL)溶液处理 2 min。悬浮物过滤，树脂先后用 THF/H_2O/2,6-二甲基吡啶 2∶2∶1(5 mL)溶液，THF(5 mL)，甲醇(5 mL)和乙醚(5 mL)洗涤。

(4) 帽化：氩气氛围下，树脂用 DMAP(5.4%)的 THF/2,6-二甲基吡啶/Ac_2O(10∶1∶1,6 mL)处理 5 min。悬浮物过滤，树脂用 THF(5 mL)，甲醇(5 mL)和乙醚(5 mL)洗涤并真空干燥。

上述步骤(1)～(4)重复 7 次，得到所需低聚物长度，在碱性裂解前再操作一次去三苯甲基化反应步骤(1)。

(5) 去保护和裂解：树脂键连的低聚物于 55℃下悬浮于浓氨水(10 mL)中反应 16 h。过滤，树脂用水洗涤。水相合并后真空浓缩，残余物再溶于水(10 mL)中并真空冻干。

粗产物用制备 HPLC 在一个离子交换柱(Nucleogene DEAE 60-7)上提纯。洗脱液：A：20 mmol/L K_2HPO_4/KH_2PO_4，pH 6，20% CH_3CN，80% H_2O 和 1 mol/L KCl。B：20 mmol/L K_2HPO_4/KH_2PO_4，pH 6，20% CH_3CN，80% H_2O，30 min 里 B 的梯度淋洗从 10%到 50%，t_R=18.6 min。或在 RP C-8(Aquapore RP-300)柱上用洗脱液 A：0.1 mol/L $Et_4^+OH^-$，0.1 mol/L HOAc 的水溶液，pH 7，30 min 里 B 的梯度淋洗从 5%到 20%，t_R=15.1 min。

参考文献

[1] Khorana, H.G., Agarwal, K.L., Büchi, H., Caruthers, M.H., Gupta, N.K., Kleppe, K., Kumar, A., Ohtsuka, E., Raj Bhandary, U.L., Van de Sande, J.H., Sgaramella, V., Terao, T., Weber, H., and Yamada, T. (1972) *J. Mol. Biol.*, **72**, 209–217.

[2] Gait, M.J. (1984) *Oligonucleotide Synthesis, A Practical Approach*, IRL Press, Oxford.

[3] Letsinger, R.L., Finnan, J.L., Heavner, G.A., and Lunsford, W.B. (1975) *J. Am. Chem. Soc.*, **97**, 3278–3279.

[4] Froehler, B.C. and Matteucci, M.D. (1986) *Tetrahedron Lett.*, **27**, 469–472.

[5] Matteucci, M.D. and Caruthers, M.H. (1981) *J. Am. Chem. Soc.*, **103**, 3185–3191.

[6] Herdewijn, P. (2004) *Oligonucleotide Synthesis, Methods and Applications*, Totowa, NJ, Humanabreak Press.

548 [7] Sinha, N.D., Biernat, J., MacManus, J., and Köster, H. (1984) *Nucleic Acids Res.*, **12**, 4539–4557.

[8] Wu, X. and Pitsch, S. (1998) *Nucleic Acid Res.*, **26**, 4315–4323.

[9] Scaringe, S.A. (2000) *Methods Enzymol.*, **317**, 3–18.

[10] For the synthesis of 5-(*p*-nitrophenyl) tetrazole, see: Finnegan, W.G., Henry, R.E., and Lofquist, R. (1958) *J. Am. Chem. Soc.*, **80**, 3908–3911.

[11] Diederichsen, U. (1993) A. *Hypoxanthin-Basenpaarungen in HOMO-DNA Oligonucleotiden*; B. *Zur Frage des Paarungsverhaltens von Glucopyranosyl-Oligonucleotiden*. Ph.D. thesis ETH Nr. 10122, ETH Zürich.

5 多米诺反应 549

天然产物,农用化学品、药品、消耗品和材料的合成不仅在学术上而且在工业上都非常重要。在 20 世纪对于有机分子的合成的常规方法是在每步转化之后通过分离纯化逐步地形成目标分子中个别的键。相比之下,现在的合成手段必须寻找方法使得多个键的形成,不管是 C—C、C—O,或是 C—N,不需要添加任何另外的试剂或催化剂并通过一步就可以得到。

为了满足这些需求,Tietze 等[1]提出了多米诺概念并定义了多米诺反应,它是两个或更多成键反应发生在相同反应条件的一个过程,后一步转化的发生建立在前一步成键反应得到的官能团上。从生态学和经济学的角度来看这个方法有很多优点,因为它节约时间,减少了废物形成的数量,并且有利于节约我们的资源和保护环境。此外,使用混合组分进行多米诺过程,可以得到多种不同的产物。这有利于生物活性化合物和有价值的材料的发展。多米诺反应接近于完美的合成,因为它们在得到最终产物中可以有效地减少反应步骤,并且通常比逐步反应有更高的产率。还有,它们有好的立体控制和原子经济性。因此,它们可以从简单的底物通过一个快速和高效的方法得到复杂的化合物。一个多米诺反应的品质的有价值的标准是增加每一步过程中产物的复杂性。另外,自然也使用了这种转化方法。一个很好的例子是,羊毛甾醇的生物合成[2],由(S)-2,3-氧鲨烯形成 4 个环和 5 种新的立体中心。

酶

(*S*)-2,3-氧鲨烯　　　　羊毛甾醇

在 1912 年,化学家发现的第一个多米诺反应是 Mannich 反应[3],托品酮的合成 550
是一个过程中发生 2 个 Mannich 反应。

CHO / CHO + H_2N–Me + HO_2C–CH_2–CO–CH_2–CO_2H ⟶ 莨菪酮 (NMe, O)

这些反应是多组分的多米诺过程;在第 3 章描述的一些杂环化合物的合成也属于此类反应。对于多米诺反应的分类,组成该进程的各步特有的成键机理需要思考。为此,阳离子、阴离子、自由基、周环、光化学、过渡态金属催化、氧化和还原反应,或者酶转化都可以区分。按照这个命名法分类,亲核取代被认为是阴离子过程,不管是否形成碳正离子中间体,当亲核试剂加入羰基并带有金属有机化合物像甲基锂、烯醇硅醚或硼烯醇也都被认为是阴离子转化物。根据这个分类,我们总结了这些反应可能的组合:

Ⅰ转化	Ⅱ转化	Ⅲ转化
阳离子	阳离子	阳离子
阴离子	阴离子	阴离子
自由基	自由基	自由基
周环	周环	周环
光化学	光化学	光化学
过渡态金属	过渡态金属	过渡态金属
氧化和还原	氧化和还原	氧化和还原
酶促	酶促	酶促

这个表格展现出 512(8^3)种不同类型的多米诺过程,但是大多数还未完成。最常见的多米诺反应是阳离子转化。

除了 Tietze 的工作,多米诺反应现在非常流行,通过大量的出版[5]就可以看得出来。

551 **参考文献**

[1] (a) Tietze, L.F. (ed.) (2014) *Domino Reactions – Concepts for Efficient Organic Synthesis*, Wiley-VCH Verlag GmbH, Weinheim; (b) Tietze, L.F., Düfert, M.A., and Schild, S.C. (2012) in *General Principles of Diastereoselective Reactions: Diastereoselective Domino Reactions in Comprehensive Chirality*, (eds E.M. Anderson, E.A. (2011) *Org. Biomol. Chem.*, **9**, 3997–4006.

[2] Corey, E.J., Virgil, S.C., Cheng, H., Baker, C.H., Matsuda, S.P.T., Singh, V., and Sarshar, S. (1995) *J. Am. Chem. Soc.*, **117**, 11819–11820.

[3] Mannich, C. and Krösche, W. (1912) *Arch. Pharm.*, **1912** (250), 647–667.

Carreira and H. Yamamoto), vol. 2 , Elsevier, Amsterdam, pp. 97–121; (c) Tietze, L.F., Stewart, S., and Düfert, M.A. (2012) in *Domino Reactions in the Enantioselective Synthesis of Bioactive Natural Products in Modern Tools for the Synthesis of Complex Bioactive Molecules* (eds J. Cossy and S. Arseniyades), John Wiley & Sons, Inc, Hoboken, NJ; (d) Pellissier, H. (2012) *Adv. Synth Catal.*, **354**, 237–294; (e) Giboulot, S., Liron, F., Prestat, G., Wahl, B., Sauthier, M., Castanet, Y., Montreux, A., and Poli, G. (2012) *Chem. Commun.*, **48**, 5889–5891; (f) Platon, M., Amardeil, R., Djakovitch, L., and Hierso, J.-C. (2012) *Chem. Soc. Rev.*, **41**, 3929–3968; (g) Tietze, L.F. and Düfert, A. (2010) *Pure Appl. Chem.*, **82**, 1375–1392; (h) Tietze, L.F. and Düfert, A. (2010) in *Domino Reactions Involving Catalytic Enantioselective Conjugate Additions in Catalytic Asymmetric Conjugate Reactions* (ed. A. Cordova), Wiley-VCH Verlag GmbH, Weinheim, pp. 321–350; (i) Grondall, C., Jeanty, M., and Enders, D. (2010) *Nat. Chem.*, **2**, 167–178; (j) Tietze, L.F. and Levy, L. (2008) The mizoroki-heck reaction in domino processes, in *The Mizoroki-Heck Reaction* (ed. M. Oestreich), Wiley-VCH Verlag GmbH, Chichester, pp. 281–344; (k) Tietze, L.F., Brasche, G., and Gericke, K.M. (2006) *Domino Reactions in Organic Synthesis*, Wiley-VCH Verlag GmbH, Weinheim; (l) Nicolaou, K.C., Edmonds, D.J., and Bulger, P.G. (2006) *Angew. Chem. Int. Ed.*, **45**, 7134–7186; (m) Tietze, L.F. (1996) *Chem. Rev.*, **96**, 115–136; (n) Tietze, L.F. and Beifuss, U. (1993) *Angew. Chem., Int. Ed. Engl.*, **32**, 131–163; (o)

[4] (a) Robinson, R. (1917) *J. Chem. Soc.*, **111**, 762–768; *J. Chem. Soc.*, (1917) **111**, 876–899; (b) Schöpf, C., Lehmann, G., and Arnold, W. (1937) *Angew. Chem.*, **50**, 779–787.

[5] (a) Pellissier, H. (2013) *Chem. Rev.*, **113**, 442–524; (b) Tejedor, D., Mendez-Abt, G., Cotos, L., and Garcia-Tellado, F. (2013) *Chem. Soc. Rev.*, **42**, 458–471; (c) Hussain, M., Van Sung, T., and Langer, P. (2012) *Synlett*, **23**, 2735–2744; (d) Aversa, M.C., Bonaccorsi, P., Madec, D., Prestat, G., and Poli, G. (2012) in *Innovative Catalysis in Organic Synthesis* (ed. P.G. Andersson), Wiley-VCH Verlag GmbH, Weinheim, pp. 47–76; (e) Galestokova, Z. and Sebesta, R. (2012) *Eur. J. Org. Chem.*, **2012**, 6688–6695; (f) Rousseaux, S., Vrancken, E., and Campagne, J.-M. (2012) *Angew. Chem. Int. Ed.*, **51**, 10934–10935; (g) Majumdar, K.C., Taher, A., and Nandi, R.K. (2012) *Tetrahedron*, **68**, 5693–5718; (h) Mueller, T.J.J. (2012) *Synthesis*, **44**, 159–174; (i) Wende, R.C. and Schreiner, P.R. (2012) *Green Chem.*, **14**, 1821–1849; (j) Grossmann, A. and Enders, D. (2012) *Angew. Chem. Int. Ed.*, **51**, 314–325; (k) Perumal, S. and Menendez, J.C. (2011) in *Targets in Heterocyclic Systems*, (eds O.A. Attanasi and D. Spinelli), vol. 15 , Royal Society of Chemistry, pp. 402–422; (l) Hummel, S. and Kirsch, S.F. (2011) *Beilstein J. Org. Chem.*, **7**, 847–859; (m) Ruiz, M., Lopez-Alvarado, P., Giorgi, G., and Menendez, J.C. (2011) *Chem. Soc. Rev.*, **40**, 3445–3454; (n) Nicolaou, K.C., Edmonds, D.J., and Bulger, P.G. (2006) *Angew. Chem. Int. Ed.*, **45**, 7134–7186.

552 5.1 多米诺反应的合成方法学

5.1.1 (*R*)-甲基-4-[(*R*)-1,2-二苯乙氧基]-4-甲基庚烷-6-烯醇

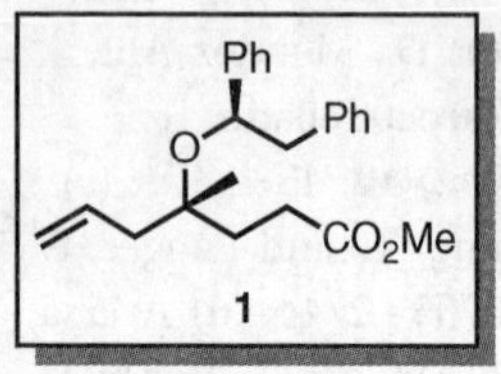

专题 ● 酮的立体选择性烯丙基化
● 对映异构体叔烯丙醇的合成
● 多米诺反应

(a) 概述

对于高烯丙基的合成,用烯丙基硅烷、烯丙基锡烷或烯丙基硼烷将醛和酮烯丙基化,是很常用的方法[1]。如果用醛作为底物,这些反应将以对映选择性的方式倾向生成不对称的产物,然而,酮的立体选择性烯丙基化,比如烷基甲基酮,则比较难,迄今只有一个方法可以使脂肪族体系转化,该方法是由 Tietze 和他的合作者们研发的[2,3]。

以下的例子烷基甲基酮的不对称烯丙基化可以被视为是三个组分的多米诺反应,是由酮(**1**),烯丙基三甲基硅烷(**2**)作为烯丙基化试剂和手性的甲硅烷基醚(**3**)作为 O-烷基化组分反应得到高烯丙基醚(**5**)。在这个多组分反应过程的开始需要加入催化量的三氟甲磺酸。

烯丙基化的过程是通过烯丙基硅烷(**2**)进攻中间体羰基离子 **4**。如果用苄基三甲基硅烷(TMS)乙醚(**3**),形成产物 **5** 后通过还原裂解可以得到相应的高烯丙基三级醇(**6**)。

553 手性的硅烷基醚(像 **3a**[4,5]和 **3b**[6])选择性很低,只有 1.8∶1,然而去甲基伪麻黄碱衍生物 **3c**[2],扁桃酸衍生物 **3d**[3] 和苯基苄基甲醇衍生物 **3e**[7] 可以很好地被区分出来。

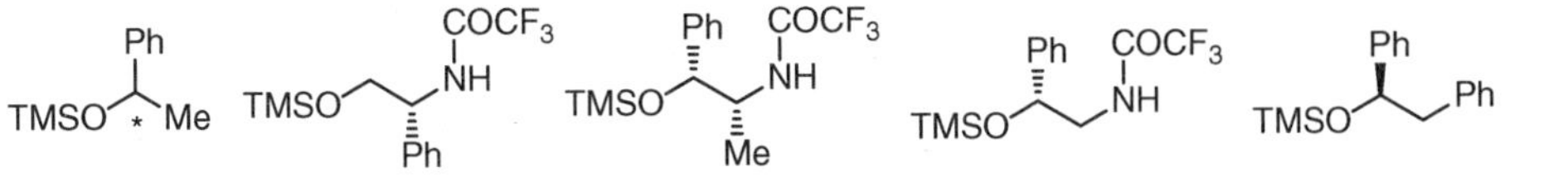

TMSO—CH(Ph)—Me　TMSO—CH₂—CH(Ph)—NH—COCF₃　TMSO—CH(Ph)—CH(Me)—NH—COCF₃　TMSO—CH(Ph)—CH₂—NH—COCF₃　TMSO—CH(Ph)—CH₂—Ph

3a　**3b**　**3c**　**3d**　**3e**

(b) 1 的合成

首先，从 1，2-二苯乙酮 **7** 合成手性助剂 **10**（＝**3e**）。用催化量的手性二苯脯氨醇和 $BH_3 \cdot SMe_2$（**2.4.2.3**），酮 **7** 的对映选择性产率减少，只能得到 84％的 ee 值。醇 **8** 转化为二硝基苯甲醇酯 **9** 有 72％的 ee 值，然后通过重结晶有＞99％ ee 值。醇 **8** 转化为 TMS-醚 **10**[7]，进而用作 **11** 的非对称烯丙基反应。

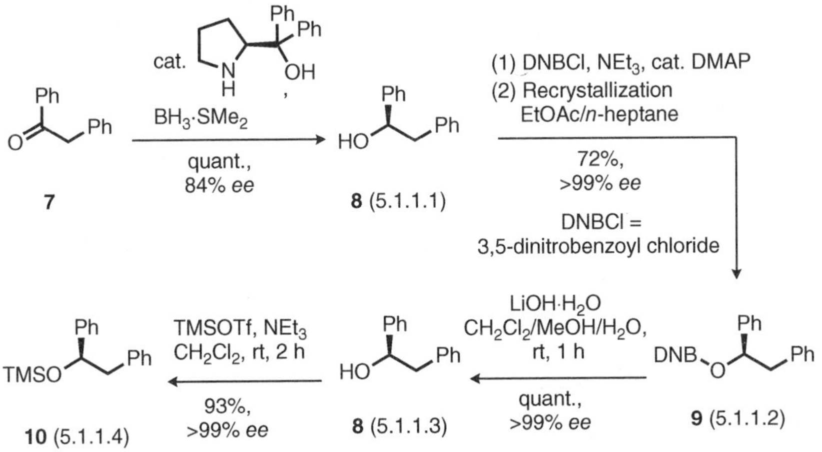

cat. (diphenylprolinol), $BH_3 \cdot SMe_2$; quant., 84% *ee*

7 → **8** (5.1.1.1)

(1) DNBCl, NEt_3, cat. DMAP
(2) Recrystallization EtOAc/*n*-heptane
72%, >99% *ee*
DNBCl = 3,5-dinitrobenzoyl chloride

→ **9** (5.1.1.2)

$LiOH \cdot H_2O$, CH_2Cl_2/MeOH/H_2O, rt, 1 h; quant., >99% *ee*

→ **8** (5.1.1.3)

TMSOTf, NEt_3, CH_2Cl_2, rt, 2 h; 93%, >99% *ee*

→ **10** (5.1.1.4)

－78℃下，在催化量的三氟甲磺酸的存在下，乙酰丙酸甲酯（**11**）、烯丙基三甲基硅烷（**2**）和 **10** 在二氯甲烷中被烯丙基化得到高烯丙基醚（*R*，*R*）-**12**，产率为 91％，非对映异构体的比例为 94∶6。

554

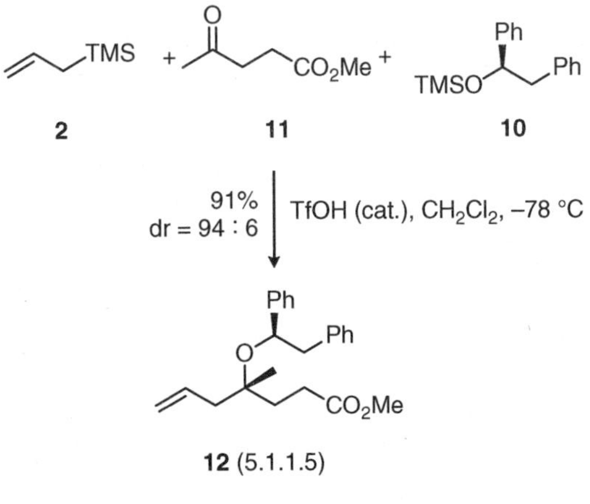

2 + **11** + **10**

TfOH (cat.), CH_2Cl_2, –78 °C; 91%, dr = 94∶6

→ **12** (5.1.1.5)

(c) 5 的合成实验步骤

5.1.1.1** (*R*)-1,2-二苯乙醇(84% ee)[7]

kat. (Ph, Ph, N H, OH), $BH_3 \cdot SMe_2$

甲苯/THF, 45 °C, 2 h

196.24 → 198.26

室温下将 $BH_3 \cdot SMe_2$(12 mL 的 1 mol/L 的二氯甲烷溶液,12 mmol)加入二苯-L-脯氨醇 **2.4.2.3**(265 mg,1.00 mmol)的甲苯(30 mL)溶液中。在得到的混合溶液中,在45℃时逐渐加入苄基苯基甲酮(2.0 g,10 mmol)的 THF(四氢呋喃)(10 mL)溶液,此过程持续 1.5 h。在 45℃下搅拌超过 30 min 后,通过加入甲醇(2 mL)猝灭反应混合液。

溶液用饱和 NH_4Cl 的水溶液(20 mL)洗涤,水层用二氯甲烷(3×50 mL)萃取,合并的有机层用食盐水(20 mL)洗涤,Na_2SO_4 干燥并滤除。溶剂用真空泵旋除得到粗醇为无色固体;2.1 g(定量,84% ee 值),R_f=0.20(乙酸乙酯/正戊烷=1∶20)。

UV (CH_3CN): λ_{max} (nm) (lg ε) = 253 (2.5516), 258 (2.6105), 264 (2.5050).
IR (film): $\tilde{\nu}$ (cm^{-1}) = 3294, 3026, 1495, 1453, 1316, 1273, 1071, 1039, 1026, 760, 742.

555 **¹H NMR** (300 MHz, $CDCl_3$): δ (ppm) = 7.18–7.40 (m, 10 × Ph–H), 4.92 (m_c, 1H, 1-H), 3.07 (dd, J = 13.5, 5.1 Hz, 1H, 2-H_a), 3.00 (dd, J = 13.5, 8.2 Hz, 1H, 2-H_b), 1.99 (d, J = 2.7 Hz, 1H, OH).
¹³C NMR (76 MHz, $CDCl_3$): δ (ppm) = 143.8 (Ph–C_i), 138.0 (Ph–C_i), 129.5 (2 × Ph–C), 128.5 (2 × Ph–C), 128.4 (2 × Ph–C), 127.6 (Ph–C), 126.6 (Ph–C), 125.9 (2 × Ph–C), 75.3 (C-1), 46.1 (C-2).
MS (EI, 70 eV): m/z (%) = 198 (3) $[M]^{+\bullet}$, 180 (23) $[M-H_2O]^{+\bullet}$, 107 (74) $[M-Bn]^+$, 92 (100) $[PhCH_3]^{+\bullet}$, 91 (29) $[Bn]^+$, 77 (24) $[Ph]^+$.

5.1.1.2** (*R*)-1,2-二苯乙基烷-3,5-二硝基苯甲酸酯[7]

DNBCl, NEt_3
DMAP (cat.)
CH_2Cl_2, rt, 3 h

198.26 → 392.36

将粗产物醇 **5.1.1.1**(2.1 g,10 mmol,84% ee),3,5-二硝基苯甲酸酰氯(3.0 g,13 mmol)和 DMAP(二甲基氨基吡啶)(210 mg,1.0 mmol)置于二氯甲烷(40 mL)中搅拌,在 0℃逐渐加入 NEt_3(2.4 mL,17 mmol),然后反应液继续在室温下搅拌 3 h。

溶液用二氯甲烷(100 mL)稀释并用饱和 $NaHCO_3$(50 mL)洗涤。水层用二氯甲烷萃取,合并的有机层用食盐水(10 mL)洗涤,用 Na_2SO_4 干燥并滤除。溶剂用真空泵旋除,粗产物立即用硅胶(9 g)吸附。通过色谱柱纯化(石油醚/二氯甲烷=2∶1→1∶2)得到无色固体二硝基苯甲酸酯;3.8 g(95%,84% ee 值),R_f=0.40(乙酸乙酯/正戊烷=1∶20)。

用乙酸乙酯/正庚烷重结晶得到的基本上都是一种二硝基苯甲酸酯的光学纯异构体(mp 107℃);2.9 g(72%,>99% ee 值),$[\alpha]_D^{20}$=+21.0(c=0.1,氯仿)。

UV (CH_3CN): λ_{max} (nm) (lg ε) = 208 (4.5501).
IR (ATR): $\tilde{\nu}$ (cm^{-1}) = 3087, 1729, 1628, 1543, 1455, 1341, 1272, 1164, 1074, 947.
^{1}H NMR (300 MHz, $CDCl_3$): δ (ppm) = 9.18 (t, J = 2.1 Hz, 1H, 4-H), 9.07 (d, J = 2.1 Hz, 2H, 2-H, 6-H), 7.15–7.42 (m, 10 × Ph–H), 6.22 (dd, J = 8.4, 5.7 Hz, 1H, 1′-H), 3.40 (dd, J = 14.0, 8.4 Hz, 1H, 2′-H_a), 3.00 (dd, J = 14.0, 5.7 Hz, 1H, 2′-H_b).
^{13}C NMR (126 MHz, $CDCl_3$): δ (ppm) = 161.6 (C=O), 148.6 (C-4), 138.7 556
(Ph–C_i), 136.3 (C-1), 134.0 (Ph–C_i), 129.4 (C-3, C-5), 129.3 (C-2, C-6), 129.3 (2 × Ph–C), 128.7 (2 × Ph–C), 128.5 (2 × Ph–C), 127.0 (Ph–C), 126.7 (2 × Ph–C), 122.3 (Ph–C), 75.3 (C-1′), 42.8 (C-2′).
MS (ESI, CH_3CN): m/z (%) = 410.1 (20) $[M+NH_4]^+$, 415.1 (17) $[M+Na]^+$, 431.0 (10) $[M+K]^+$, 807.2 (100) $[2M+Na]^+$.

5.1.1.3* (R)-1,2-二苯乙醇(>99% ee)[7]

$LiOH \cdot H_2O$
$CH_2Cl_2/MeOH/H_2O$, rt, 1 h

392.36　　198.26

在室温下,将 $LiOH \cdot H_2O$(0.8 g,19 mmol)加入二硝基苯甲酸酯 **5.1.1.2**(2.9 g,7.4 mmol,>99% ee)的二氯甲烷/甲醇/水 30∶10∶1(8.2 mL)溶液中,然后反应混合液搅拌 1 h。

溶液用二氯甲烷(20 mL)稀释,并用饱和 $NaHCO_3$(2×10 mL)和食盐水(5 mL)洗涤,Na_2SO_4 干燥并滤除。溶剂用真空泵旋除,剩余物通过硅胶色谱柱纯化(石油醚/二氯甲烷=20∶1)得到醇为无色固体(mp 66℃);1.5 g(定量,>99% ee值),$[\alpha]_D^{20}=-50.3$(c=1,乙醇)。

光谱数据和**5.1.1.1**完全相同。

5.1.1.4** (*R*)-(1,2-二苯乙氧基)三甲基硅烷[7]

TMSOTf, NEt_3
CH_2Cl_2, rt, 2 h
198.26 → 270.44

将TMSOTf(三甲基硅烷基三氟甲磺酸酯)(3.0 mL,16.5 mmol)在搅拌下逐渐加入醇**5.1.1.3**(1.5 g,7.4 mmol,>99% ee)中,然后在0℃下加入NEt_3(5.7 mL,39.0 mmol)的二氯甲烷(80 mL)溶液。在室温下搅拌2 h后,向反应液中加入饱和$NaHCO_3$溶液(40 mL)猝灭反应。

水层用二氯甲烷(2×30 mL)萃取。合并的有机层用食盐水(10 mL)洗涤,Na_2SO_4干燥并滤除。溶剂用真空泵旋除,剩余物通过硅胶色谱柱纯化[石油醚/MTBE(甲基丁基醚)=80∶1]得到甲硅烷基醚为无色油状物;1.9 g(93%,>99% ee值),R_f=0.70(乙酸乙酯/正戊烷=1∶15),$[\alpha]_D^{20}=+27.0$(c=1.0,氯仿)。

557 **UV** (CH_3CN): λ_{max} (nm) (lg ε) = 252 (2.5678), 258.0 (2.6450), 264.0 (2.5313).
IR (ATR): $\tilde{\nu}$ (cm^{-1}) = 3028, 2954, 1495, 1453, 1250, 1088, 1066, 942, 835.
^{1}H NMR (300 MHz, $CDCl_3$): δ (ppm) = 7.09–7.31 (m, 10×Ph–H), 4.74 (t, J = 6.5 Hz, 1H, 1-H), 2.89 (d, J = 6.5 Hz, 2H, 2-H), −0.16 (s, 9H, $SiMe_3$).
^{13}C NMR (75 MHz, $CDCl_3$): δ (ppm) = 144.9 (Ph–C_i), 139.0 (Ph–C_i), 129.8 (2×Ph–C), 128.0 (2×Ph–C), 127.9 (2×Ph–C), 127.0 (Ph–C), 126.1 (Ph–C), 125.8 (2×Ph–C), 76.4 (C-1), 47.5 (C-2), −0.3 ($SiMe_3$).
MS (EI, 70 eV): m/z (%) = 269.3 (2) $[M-H]^+$, 179.2 (100) $[M-TMS-H_2O]^+$, 73.1 (91) $[TMS]^+$.

5.1.1.5*** (*R*,*R*)-4-(1,2-二苯乙氧基)-4-甲基-6庚烯酸甲酯[7]

TfOH (cat.)
CH_2Cl_2, −78 °C
130.1 + 114.3 + 270.4 → 352.5

在惰性气体保护下，在－78℃下，将 TfOH(60 μL，0.3 mmol)加入甲基乙酰丙酸(390 mg，3.0 mmol)、烯丙基三甲基硅烷(**2**)(410 mg，3.6 mmol)和附加的**5.1.1.4**(810 mg，3.0 mmol)的二氯甲烷(1.5 mL)溶液中。反应混合液在－78℃下搅拌 14 h，然后用 NEt_3(0.1 mL)猝灭反应。

溶剂用真空泵旋除，剩余物通过硅胶色谱柱纯化[石油醚/MTBE(甲基丁基醚)＝50∶1→20∶1]得到高烯丙基酯为无色油状物；960 mg(91％，dr：94∶6)，R_f＝0.15(石油醚/MTBE＝30∶1)，$[\alpha]_D^{20}$＝＋29.9(c＝1，氯仿)。

UV (CH_3CN): λ_{max} (nm) (lg ε) = 253.0 (2.5510), 258.5 (2.6314), 264.0 (2.5107).
IR (KBr): $\tilde{\nu}$ (cm^{-1}) = 3028, 1739, 1639, 1603, 1495, 1454, 1379, 1308, 1172, 1057, 916.
^{1}H NMR (300 MHz, $CDCl_3$): 主要非对映异构体：δ (ppm) = 7.07–7.31 (m, 10×Ph–H), 5.58 (ddt, J = 16.7, 10.4, 7.3 Hz, 1H, 6-H), 4.91–5.00 (m, 2H, 7-H_2), 4.62 (dd, J = 7.8, 5.4 Hz, 1H, 1′-H), 3.63 (s, 3H, OMe), 2.95 (dd, J = 13.2, 7.8 Hz, 1H, 2′-H_a), 2.83 (dd, J = 13.2, 5.4 Hz, 1H, 2′-H_b), 2.30 (ddd, J = 16.1, 9.6, 6.6 Hz, 1H, 2-H_a), 2.23 (ddd, J = 16.1, 9.3, 6.3 Hz, 1H, 2-H_b), 2.07 (dd, J = 13.9, 7.2 Hz, 1H, 5-H_a), 1.94 (dd, J = 13.9, 7.4 Hz, 1H, 5-H_b), 1.74 (ddd, J = 14.2, 9.3, 6.6 Hz, 1H, 3-H_a), 1.66 (ddd, J = 14.2, 9.6, 6.3 Hz, 1H, 3-H_b), 0.82 (s, 3H, 4-CH_3). 558
^{13}C NMR (126 MHz, $CDCl_3$): 主要非对映异物体：δ (ppm) = 174.3 (C-1), 145.2 (Ph–C_i), 138.6 (Ph–C_i), 134.1 (C-6), 129.8 (2×Ph–C), 127.9 (2×Ph–C), 127.8 (2×Ph–C), 126.8 (Ph–C), 126.2 (2×Ph–C), 126.0 (Ph–C), 117.4 (C-7), 77.1 (C-4), 75.7 (C-1′), 51.4 (OCH_3), 46.9 (C-2′), 43.2 (C-5), 34.2 (C-3), 28.5 (C-2), 23.6 (4-CH_3).
MS (ESI, MeOH): m/z (%) = 370.2 (22) $[M+NH_4]^+$, 375.2 (100) $[M+Na]^+$.

参考文献

[1] (a) Denmark, S.E. and Fu, J. (2003) *Chem. Rev.*, **103**, 2763–2793; (b) Fleming, I., Barbero, A., and Walter, D. (1997) *Chem. Rev.*, **97**, 2063–2192; (c) Marshall, J.A. (1996) *Chem. Rev.*, **96**, 31–48; (d) Masse, C.E. and Panek, J.S. (1995) *Chem. Rev.*, **95**, 1293–1316; (e) Yamamoto, Y. and Asao, N. (1993) *Chem. Rev.*, **93**, 2207–2293; (f) Fleming, I. (1989) *Org. React.*, **37**, 57–575.

[2] (a) Tietze, L.F., Völkel, L., Wulff, C., Weigand, B., Bittner, C., McGrath, P., Johnson, K., and Schäfer, M. (2001) *Chem. Eur. J.*, 7, 1304–1308; (b) Tietze, L.F., Weigand, B., Völkel, L., Wulff, C., and Bittner, C. (2001) *Chem. Eur. J.*, 7, 161–168; (c) Tietze, L.F., Schiemann, K., Wegner, C., and Wulff, C. (1998) *Chem. Eur. J.*, **4**, 1862–1869; (d) Tietze, L.F., Wegner, C., and Wulff, C. (1998) *Eur. J. Org. Chem.*, **1998**, 1639–1644; (e) Tietze, L.F., Schiemann, K., and Wegner, C. (1995) *J. Am. Chem. Soc.*, **117**, 5851–5852.

[3] Tietze, L.F., Hölsken, S., Adrio, J., Kinzel, T., and Wegner, C. (2004) *Synthesis*, **13**, 2236–2239.

[4] (a) Mukaiyama, T., Ohshima, M., and Miyoshi, N. (1987) *Chem. Lett.*, 1121–1124; (b) Mukaiyama, T., Nagaoka, H., Murakami, M., and Ohshima, M. (1985) *Chem. Lett.*, 977–980; (c) Kato, J., Iwasawa, N., and Mukaiyama, T. (1985) *Chem. Lett.*, 743–746.

[5] Mekhalfia, A. and Markó, I.E. (1991) *Tetrahedron Lett.*, **32**, 4779–4782.

[6] Tietze, L.F., Wegner, C., and Wulff, C. (1996) *Synlett*, 471–472.

[7] Tietze, L.F., Wolfram, T., Holstein, J.J., and Dittrich, B. (2012) *Org. Lett.*, **14**, 4035–4037.

[8] Tietze, L.F., Kinzel, T., and Schmatz, S. (2006) *J. Am. Chem. Soc.*, **128**, 11483–11495.

5.1.2 人造珍珠醇

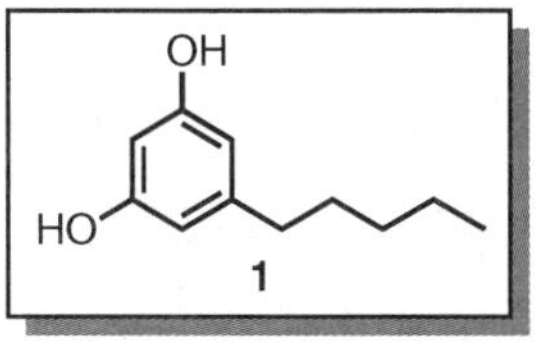

专题
- 一种酚的天然产物的合成(大麻素的中间体的生物合成)
- 分子间和分子内的 Aldol 反应
- 多米诺过程: Michael 加成/分子内 Claisen 缩合
- 酯的裂解和脱羧,环 1,3-二酮的芳构

(a) 概述 559

人造珍珠醇(**1**)和相应的羧酸 **2** 是大麻素的生物合成的中间体。它们可由己酸、乙酰-CoA 和丙二酰-CoA 通过多聚乙酰 **5** 形成[1]。对于 **1** 来说,环缩合,芳异构化,脱羧反应之后,间苯二酚衍生物 **1** 和 **2** 通过与香叶基二磷酸异戊二烯化得到大麻萜酚(**3**)和大麻萜酚酸(**4**)。化合物 **3** 是四氢大麻萜酚(**6**)的生物遗传的前体,一种印度大麻的活性原料之一。现代,人造珍珠醇被用来构建大量的青苔的合成砌块[2]。

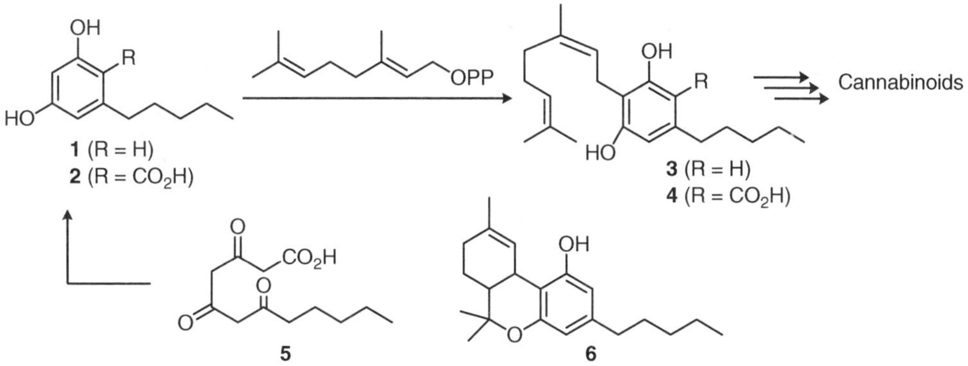

人造珍珠醇 **1** 的逆合成法有两种。在 **A** 方法中,苄基侧链的戊烷基被氧化形成氧代物 **7**,然后 **7** 可以转化为 α-二羟基苯甲酸 **8**,一种廉价的酶作用物可以得到正确排布的酚羟基和丁烷。卤代丁烷必须被制备成特殊的金属有机试剂(X=Li 或 Na)与化合物 **8** 反应。基于 **A** 的合成路线已经有文献报道[3]。

根据 **B** 方法的逆向合成分析是通过中间体 **10** 和 **11** 可以得到己醛、丙酮和丙二酸酯。这个方法受到生物合成的影响并可被称作仿生合成。因此,该方法在天然的合成中,生物合成的知识是非常有帮助的。

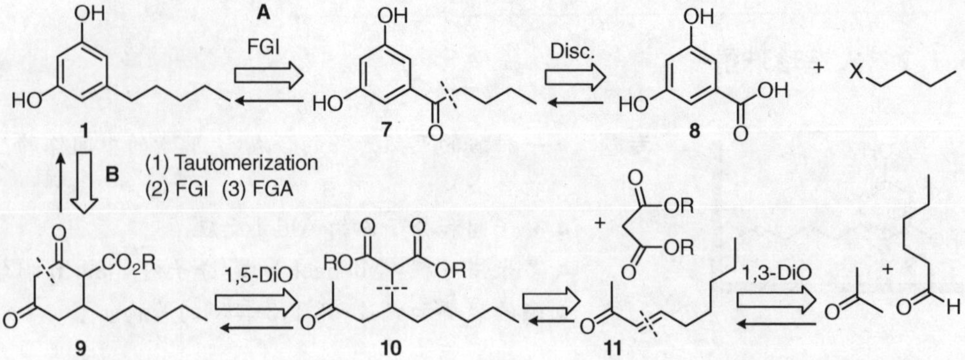

A FGI Disc.

1 7 8

B (1) Tautomerization (2) FGI (3) FGA

1,5-DiO 1,3-DiO

9 10 11

560 **(b) 1 的合成**

根据逆向合成法 **B** 合成化合物 **1**，在碱的作用下丙酮和己醛(**12**)发生羟醛加成反应得到 β-羟基酮 **13**，其通过酸催化在水溶液中发生消除反应生成 3-壬烯-2-酮(**11**)。这个 α,β-不饱和酮与二甲基丙二酸酯在甲醇钠存在下，得到环 β-酮酯 **9**，此过程是碱催化下的多米诺反应过程，经历了从丙二酸酯到烯酮(→**10**)的 1,4-加成反应，然后通过分子内 Claisen 缩合反应得到 β-酮酯 **9**。**9** 与 Br_2 在 DMF(*N*,*N*-二甲基甲酰胺)下得到终产物(**1**)。这是个系列串联反应，包括溴化、HBr 消除、互变异构化、酯裂解和脱羧：

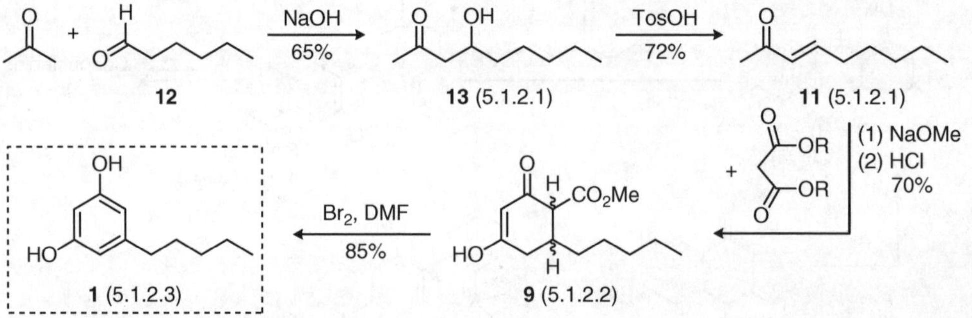

NaOH 65% TosOH 72%

12 **13** (5.1.2.1) **11** (5.1.2.1)

(1) NaOMe (2) HCl 70%

Br_2, DMF 85%

1 (5.1.2.3) **9** (5.1.2.2)

(c) 合成 1 的实验步骤

5.1.2.1* 3-壬烯-2-酮[4]

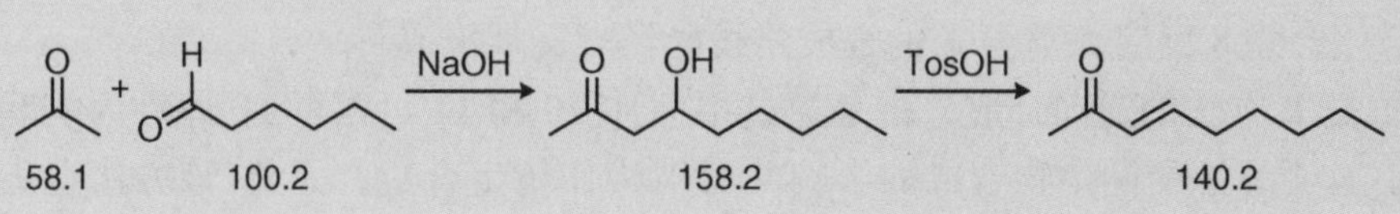

NaOH TosOH

58.1 100.2 158.2 140.2

将正己醛(蒸馏，bp_{760} 131～132℃；100 g，1.00 mol)的丙酮(175 mL)溶液在搅拌

下逐渐加入丙酮和 NaOH(2.5 mol/L,50 mL)的混合溶液中,此过程在 10～15℃下超过 2.5 h。反应液继续在室温下搅拌 1 h。

用冰的 HCl(6 mol/L)水溶液调节混合液呈中性(pH=7),将溶液浓缩至大约为 150 mL,然后用乙醚萃取(3×60 mL)。合并被提取的有机层用饱和 $NaHCO_3$ 水溶液(60 mL)和食盐水(60 mL)洗涤。有机层用 Na_2SO_4 干燥并滤除。溶剂用真空泵旋除,剩余物减压蒸馏得到 103 g(65%)产品,bp_{10} 108～109℃。

IR (film): $\tilde{\nu}$ (cm^{-1}) = 3450, 1710.

3-壬烯-2-酮(95.0 g,0.60 mol),对甲苯磺酸(300 mg)和无水 Na_2SO_4(40 g)的混合液在苯(200 mL,小心!)中加热回流 1 h。 561

Na_2SO_4 通过过滤除去,有机相用饱和 $NaHCO_3$ 水溶液(100 mL)和食盐水(100 mL)洗涤,有机层用 Na_2SO_4 干燥并滤除。溶剂用真空泵旋除,剩余物用小的韦氏分馏柱进行减压蒸馏;产率 60.6 g(72%),bp_{10} 88～89℃。

IR (film): $\tilde{\nu}$ (cm^{-1}) = 2970, 2940, 2880, 2870, 1685, 1630, 1360.
^{1}H NMR (300 MHz, $CDCl_3$): δ (ppm) = 6.83 (dt, *J* = 16.0, 7.0 Hz, 1H, 4-H), 6.06 (dt, *J* = 16.0, 1.5 Hz, 1H, 3-H), 2.20 (s, 3H, 1-H_3), 2.52–2.01 (m, 2H, 5-H_2), 1.68–1.13 (m, 6H, 6-H_2, 7-H_2, 8-H_2), 0.90 (t, *J* = 5.0 Hz, 3H, 9-H_3).

5.1.2.2* 甲基-2-羟基-4-氧代-6-戊基环己烯-2-烯-1-羧酸酯[5]

将钠(小心! 8.10 g,0.35 mol)一块一块的加入无水甲醇(200 mL,在通风橱中进行! 有 H_2 放出!)。当 Na 完全溶解之后,将二甲基丙二酸酯(52.8 g,0.40 mol)边搅拌边加入混合液中再加热至 60℃。将 3-壬烯-2-酮 **5.1.2.1**(42.1 g,0.30 mol)逐渐加入此过程超过 30 min,溶液加热回流 3 h。

将溶剂用真空泵旋除,剩余物溶解在水(250 mL)中。水溶液用氯仿(3×50 mL,抛弃)洗涤,然后用浓盐酸酸化至 pH 3～4。油状固体沉淀物溶解在氯仿(200 mL)中,然后水相用氯仿(3×50 mL)萃取。合并有机相用食盐水洗涤,用 $MgSO_4$ 干燥并滤除。溶剂用真空泵旋除。剩余物用混合溶剂正己烷/二异丙醚/异丙醇,25∶13∶2(150 mL)重结晶,得到无色针状固体;50.5 g(70%),mp 98～100℃。

IR (KBr): $\tilde{\nu}$ (cm^{-1}) = 3300–2200, 1740, 1605, 1510, 1440, 1415, 1360.
^{1}H NMR (300 MHz, $CDCl_3$): δ (ppm) = 9.26 (s, 1H, OH), 5.50 (s, 1H, 3-H), 3.83 (s, 1.5H, OCH_3), 3.75 (s, 1.5H, OCH_3), 3.71–2.87 (m, 1H, 1-H), 2.76–2.29 (m, 2H, 5-H_2), 1.51–1.11 (m, 9H, 6-H, 4×CH_2), 0.90 (t, *J* = 6 Hz, 3H, 5′-CH_3).

562

5.1.2.3* 1,3-二羟基-5-戊烷基苯(橄榄醇)[5]

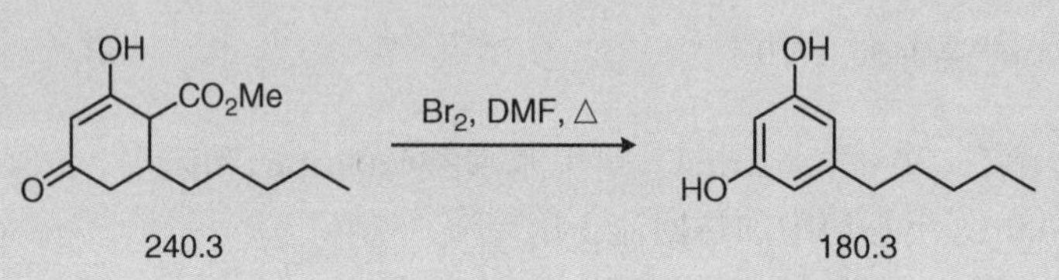

在 0℃下 Br_2(小心：通风橱！7.5 g，47.0 mmol，～2.4 mL)在搅拌下逐渐加入甲基酯 **5.1.2.2**(12.0 g，50.0 mmol)的无水 *N*,*N*-二甲基甲酰胺(30 mL)的溶液中，此过程持续 90 min。溶液缓慢加热到 160℃并在此温度下搅拌 10 h。大约在 100℃开始有 CO_2 放出。

溶液冷却并真空浓缩(大约 100℃/10 mbar)。剩余物溶解在水(30 mL)中并用乙醚(3×35 mL)萃取。萃取的上层分别用水(30 mL)，10% $NaHCO_3$ 水溶液(2×20 mL)，HOAc(2 mol/L，2×20 mL)和两次食盐水洗涤。用 Na_2SO_4 干燥并滤除。溶剂用真空泵旋除。残余物用 Kugelrohr 蒸馏(高温减蒸，低温冷凝)得到亮粉色黏稠状液体，在 4℃时固化。它可以用乙醚重结晶(低温析出)；产率 7.22 g(85%)，$bp_{0.01}$ 150℃(烘箱温度)，mp 85～86℃。

IR (film): $\tilde{\nu}$ (cm^{-1}) = 3600–2000, 1610, 1590.
^{1}H NMR (300 MHz, $CDCl_3$): δ (ppm) = 6.85 (s, 2H, OH), 6.25 (s_{br}, 3H, Ar–H), 2.33 (t, *J* = 7.1 Hz, 2H, Ph–CH_2), 1.48–1.06 (m, 6H, 3×CH_2), 0.83 (t, *J* = 6.0 Hz, 3H, CH_3).

参考文献

[1] Nuhn, P. (1997) *Naturstoffchemie*, 3rd edn, S. Hirzel Verlag, Stuttgart, p. 61.
[2] Gonzales, A.G. *et al.* (1991) *Z. Naturforsch.*, **46c**, 12.
[3] (a) Barker, S.A. and Settine, R.L. (1979) *Org. Prep. Proced. Int.*, **11**, 87–92; (b) Durrani, A.A. and Tyman, J.H.P. (1980) *J. Chem. Soc., Perkin Trans. I*, 1658–1666.
[4] Tishchenko, J.G. and Stanishevskii, L.S. (1963) *J. Gen. Chem. USSR*, **33**, 134–145.
[5] Focella, A., Teitel, S., and Brossi, A. (1977) *J. Org. Chem.*, **42**, 3456–3457.

5.2 多米诺反应在生物碱合成中的应用

生物碱是含氮的天然产物，一般有复杂的环结构。简单的胺、氨基酸和蛋白质，还有核苷和核酸都含氮，但不属于这一类[1]。然而杂环化合物，像咖啡因(见 3.4.4 节)是生物碱。最初，生物碱是从植物中得到的胺，表明这些化合物有碱的特征，但是现在定义被扩大到也包括没有碱性的含氮化合物，像铵盐和氨基化合物都属于天然产物。

超过 2 000 种的天然生物碱大多数是从植物中得到的，像吗啡(**1**)从罂粟中得 563
到[2]，而许多生物碱也在动物中被发现，例如，两栖动物毒素 C(**2**)是从箭毒蛙毒素中得到的[3]，还有在蘑菇中，例如毒蝇碱(**3**)是从毒蝇伞中得到的[4]。

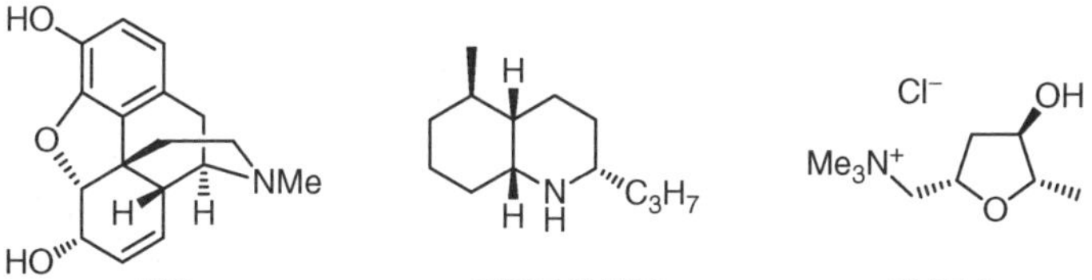

吗啡 **1**　　两栖动物毒素 **2**　　毒蝇碱 **3**

这里有几种生物碱的分类方法，要么根据它们的来源，例如，麦角生物碱，要么根据它们的杂环核心结构，例如，吲哚生物碱。然而，生物碱最好的分类是基于它们的生物合成法。除了一些例外[5]，生物碱是由氨基酸和生物胺形成的。脂肪族生物碱最常见的前体是 L-鸟氨酸和 L-赖氨酸。L-鸟氨酸是吡咯烷和吡啶生物碱的前体。吡咯烷生物碱的一个例子是著名的麻醉剂可卡因(**4**)。另一方面，L-赖氨酸作为哌啶生物碱的前体，像胡椒碱(**5**)来自胡椒(黑胡椒)(见 1.5.1 节)。这里的哌啶单元是来自 L-赖氨酸，是通过苯丙酸衍生物在 C_2-链上酰化扩展得到的。

有趣的是，生物碱毒芹碱(**6**)，是从毒芹属植物中分离出来的，也含有哌啶单元，可从醋酸盐通过 5-氧代辛酸得到的[6]。

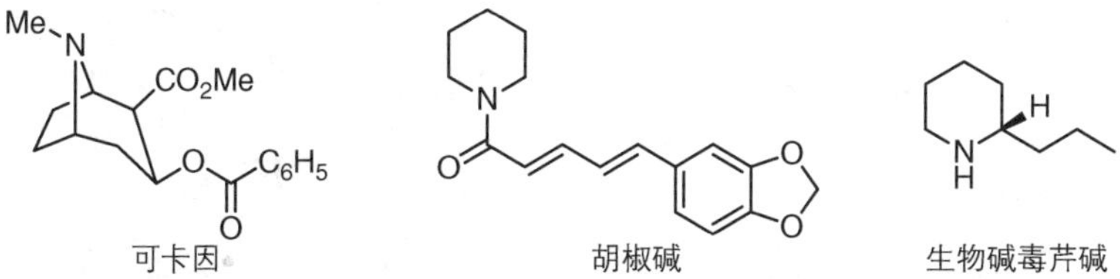

可卡因 **4**　　胡椒碱 **5**　　生物碱毒芹碱 **6**

L-苯基丙氨酸和 L-酪氨酸是芳香族生物碱的前体，如石蒜科生物碱(**7**)(见 564
5.2.3 节)，生物碱 2,3-二甲氧基小檗碱(**8**)(见 5.2.2 节)和吗啡(**1**)。

芳香族生物碱的形成如吗啡(**1**)和(**7**)，所谓的苯酚氧化是非常重要的转化，凭借着酚氧化得到的自由基可以形成C—O或C—C键[7]。因此,在吗啡的生物合成中,苄基四氢异喹啉羟基链霉素(**9**)转化成沙罗泰里啶(**11**)是通过生成的双自由基**10**,然后通过一些中间体再转化为**1**[8]。生物碱2,3-二甲氧基小檗碱(**8**)也是由苄基四氢异喹啉形成的,但是这里N-甲基的氧化的发生形成亚氨离子,发生了亲电芳香取代。

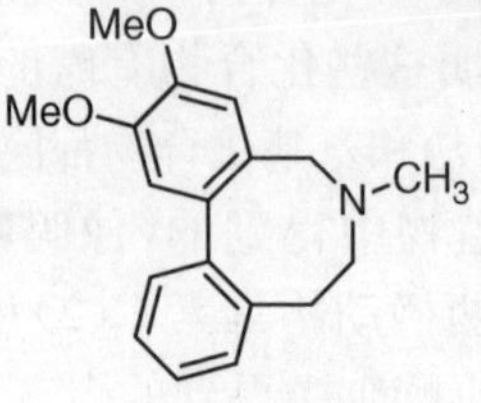

Buflavine
7

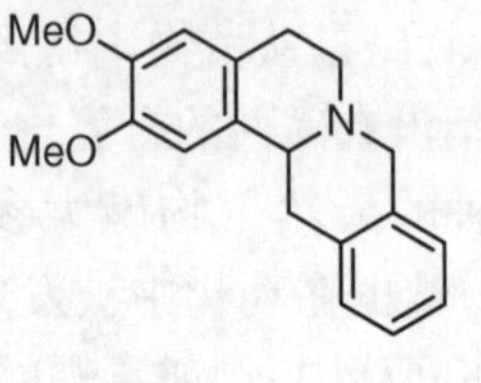

Dimethoxyberbine
8

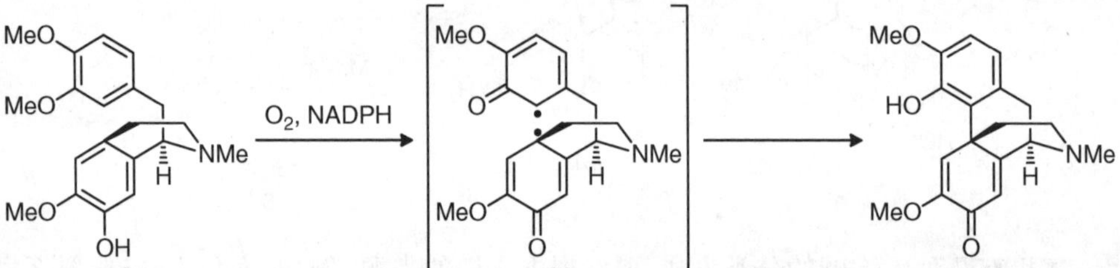

O_2, NADPH

9 **10** **11**

生物碱最大的基团是吲哚生物碱基团,它是由L-色氨酸和L-色胺组成的。一些简单的化合物属于这个类别的天然产物,有褪黑激素(**12**)(见3.2.5节)和(*R*)-猪毛菜定碱(**13**)(见3.3.2节)。然而,非常复杂的结构被发现在所谓的单萜吲哚生物碱的基团中,像金鸡纳生物碱和吡咯并喹啉生物碱[9]。一些高生物活性的化合物来源于这一类别。在这些化合物的生物合成中,L-色胺(**14**)首先与单萜开联番木鳖苷(**15**)缩合得到异胡豆苷(**16**),然后消去葡萄糖部分,柯楠属的吲哚生物碱,像缝籽榛(**17**)。

565

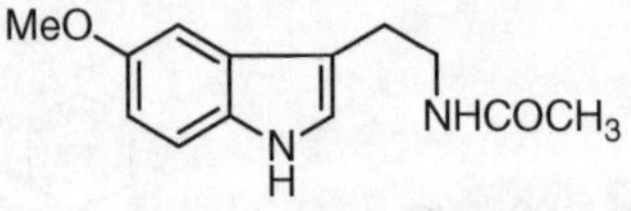

12 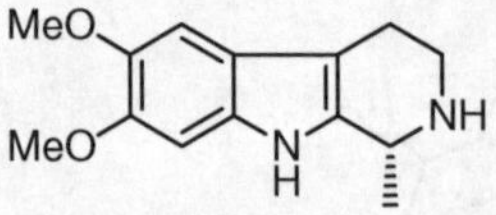 **13**

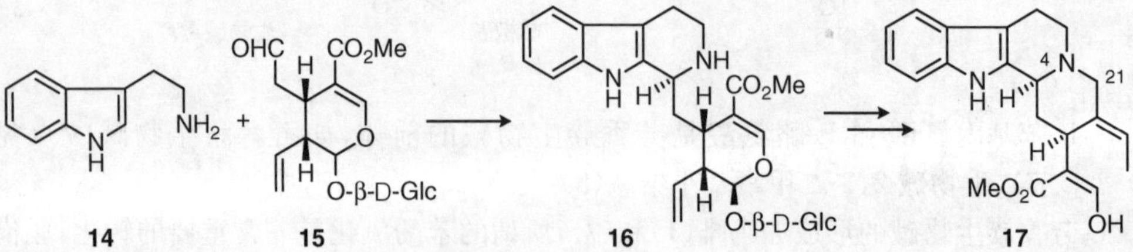

14 **15** **16** **17**

生物碱毛钩藤碱(**18**)(见 5.2.1 节)也属于柯楠属。**17** 和它的 4,21-二脱氧衍生物进一步转化得到白坚木属的吲哚生物碱和依波格衍生物。此外,吲哚部分氧化裂解后,接着丁间醇醛缩合得到金鸡纳树生物碱,如奎宁(**19**),它包括喹啉部分,像一个杂环骨架结构,与吡咯并喹啉一样。

几乎所有的生物碱都有生物活性。它们可以作为毒药,像毒芹碱(**6**),在 2 500 年前被雅典人用来毒死苏格拉底[6],还有河豚毒素(**20**),是在河豚中被发现的[10]。然而,在适当的浓缩下,它们可以被用来做麻醉药,像吗啡(**1**),是一种很强的镇痛药,还有二聚吲哚生物碱长春新碱(**21**),它可以被用于治疗儿科白血病,其成功率有近 70%[11]。

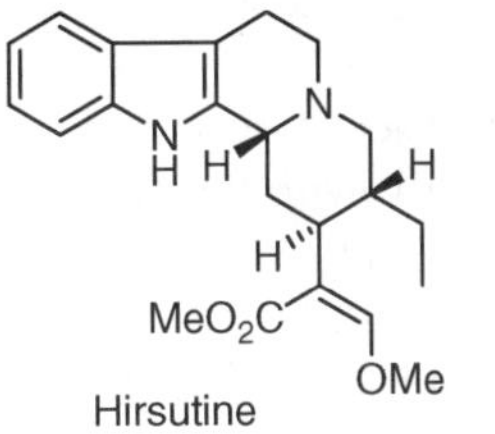

Hirsutine
18

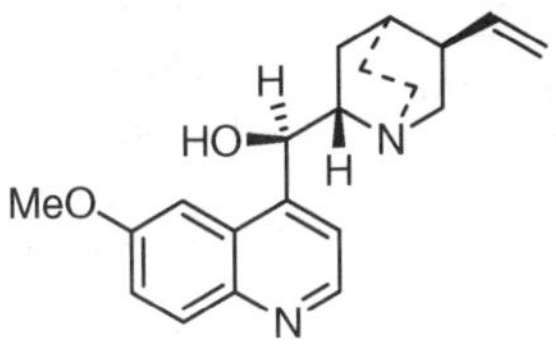

Quinine
19

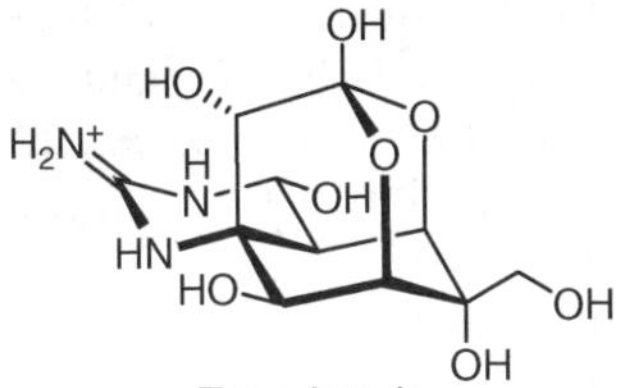

Tetrodotoxin
20

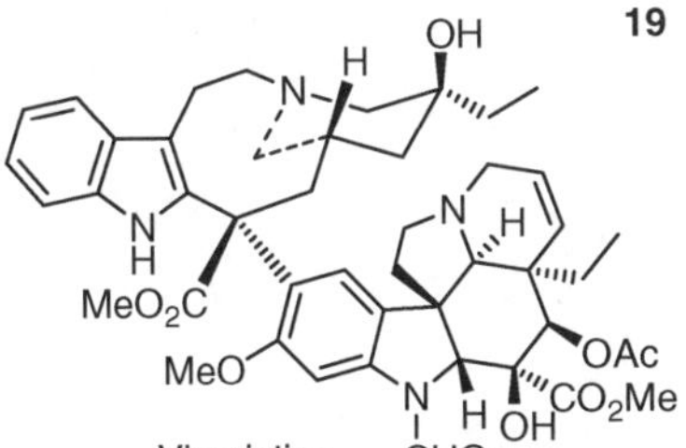

Vincristine
21

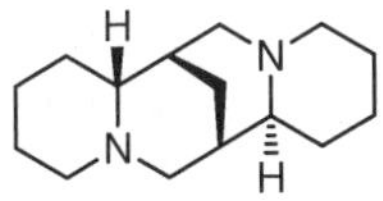

(–)-Sparteine
22

另一方面,一些生物碱被用作催化剂,例如,鹰爪豆碱(**22**)被用作催化一些对映 566
选择性的加成反应(见 1.1.2 节),还有奎宁(**19**)衍生物和奎尼丁被用来催化 Sharpless 不对称双羟基化反应(见 2.1.1 节)。

参考文献

[1] (a) Fattorusso, E. and Taglialatela-Scafati, O. (eds) (2007) *Modern Alkaloids*, Wiley-VCH Verlag GmbH, Weinheim; (b) Hesse, M. (2002) *Alkaloids – Nature's Curse or Blessing?*, Wiley-VCH Verlag GmbH, Weinheim.

[2] Benyhe, S. (1994) *Life Sci.*, **55**, 969–979.

[3] (a) Macfoy, C., Danosus, D., Sandit, R., Jones, T.H., Garraffo, H.M., Spande, T.F., and Daly, J.W. (2005) *Z. Naturforsch. C*, **60c**, 932–937; (b) Warnick, J.E., Jessup, P.J., Overman, L.E., Eldefrawi, M.E., Nimit, Y., Daly, J.W., and Albuquerque, E.X. (1982) *Mol. Pharm.*, **22**, 565–573.

[4] Jin, Z. (2005) *Nat. Prod. Rep.*, **22**, 196–229.

[5] Bringmann, G., Mutanyatta-Comar, J., Greb, M., Rüdenauer, S., Noll, T.F., and Irmer, A. (2007) *Tetrahedron*, **63**, 1755–1761.

[6] Reynolds, T. (2005) *Phytochemistry*, **66**, 1399–1406.

[7] Schmittel, M. and Haeuseler, A. (2002) *J. Organomet. Chem.*, **661**, 169–179.

[8] Kirby, G.W. (1967) *Science*, **155**, 170–173.

[9] (a) O'Connor, S.E. and Maresh, J.J. (2006) *Nat. Prod. Rep.*, **23**, 532–547; (b) Kawasaki, T. and Higuchi, K. (2005) *Nat. Prod. Rep.*, **22**, 761–793.

[10] Koert, U. (2004) *Angew. Chem.*, **116**, 5690–5694; *Angew. Chem. Int. Ed.*, (2004), **43**, 5572–5576.

[11] Bassan, R. and Hoelzer, D. (2011) *J. Clin. Oncol.*, **29**, 532–543.

5.2.1 毛钩藤碱

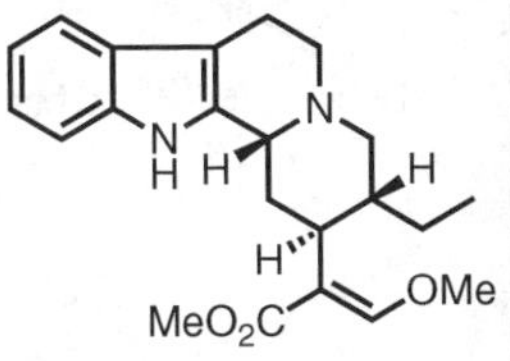

专题
- Pictet-Spengler 反应
- 亚胺的对映选择性转化加氢反应
- 氨基甲酸酯作为保护基(Boc 和 Cbz)
- 乙酯还原为乙醛
- 多米诺 Knoevenagel/杂环的 Diels-Alder 反应
- 一种烯胺的形成
- 环烯胺的非对映选择性加氢反应

(a) 总述 567

毛钩藤碱(**1**)[1)] 是一种从毛帽柱木和毛钩藤属植物中分离提取出来的一种柯楠属的吲哚生物碱[1]。中国的古代民间秘方“汉方”中就曾经使用过毛钩藤植物的提取物。由于毛钩藤碱对甲型流感 H3N2[2,3] 病毒有很强的抑制作用,如今毛钩藤碱在医学领域引发了广泛的关注。它的半数有效量 ED_{50}(指发挥 50%的最大活性时产生的有效剂量或者 50%测试者显现出特殊反应时的药量)达到 0.40～0.57 $\mu g/mL^{-1}$,比临床药物利巴韦林高 10～20 倍。另外毛钩藤碱还具有降血压和抗心律失常的功效[4]。

1967 年,毛钩藤碱的绝对构型被确定[5],从那以后很多合成毛钩藤碱的路线被研究开发。Tietze 组[6] 在 1999 年第一次报道了关于毛钩藤碱(**1**)对映选择的合成方法,同时这个反应也是一个高效的多米诺反应[7]。

现在,主要还是通过单萜吲哚生物碱的生物合成方法来合成毛钩藤碱(**1**),这种方法在本章的引言部分已经提及,它让单萜次番木鳖甙(**3**)[8] 与 β-吲哚乙胺(**2**)通过 Pictet-Spengler-type 反应得到(**4**)。

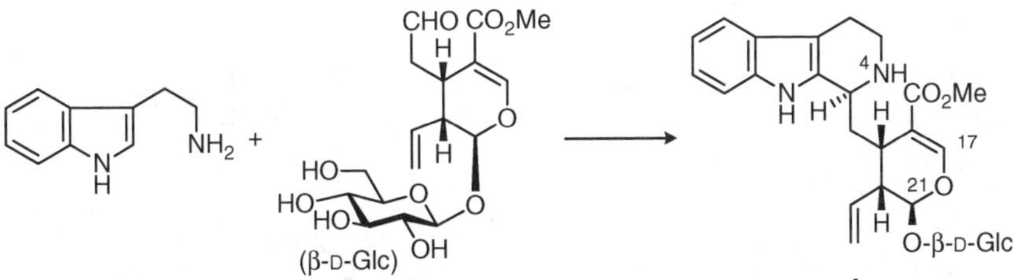

在下一步,作为保护基的异胡豆苷(**4**)在天然条件下糖的部分脱保护,形成一个醛,然后经历 N-4 缩合得到柯楠(N-4 到 C-21)或者二岐洼蕾碱(N-4 到 C-17)吲哚生物碱。

相应的,需要通过 **5** 来逆合成毛钩藤碱(**1**)。**5** 到 **1** 的转变可以通过烯醇甲基化的酯缩合反应来实现。不过,这两步反应我们在这里不作详细介绍。

注 1)：毛钩藤的名字过去被用作三奎烷类的倍半萜烯。现在，这些化合物被称作 hirsutane 和 hirsutene。

568

1 ⇒ 5 ⇒ 6 ⇒ 7 ⇒ 8 + 9 + 10

回到毛钩藤碱(**1**)的逆合成中来，化合物 **5** 中 C-21 和 N-4 之间的化学键可以通过 C-21 醛官能团的还原胺化反应的生物合成方法来实现，在化合物 **6** 中它将以缩醛的形式被保护起来。化合物 **6** 可以以手性四氢-β-咔啉 **8**，Meldrum 酸(**9**)，和烯醇醚 **10** 为原料，通过多米诺-诺文格尔/杂-Diels-Alder 反应脱掉丙酮和 CO_2 得到初步的环加成产物 **7**。

(b) 5 的合成

色胺(**2**)和乙氧甲酰基丙酮酸(**11**)通过 Pictet-Spengler 反应得到外消旋混合物 **12**，其中 **11** 可由二乙基草酰乙酸酯部分水解得到。**12** 经过 $KMnO_4$ 氧化得到非手性的亚胺 **13**。

2 + **11** (5.2.1.1) —EtOH, reflux, 80%→ (*R*,*S*)-**12** (5.2.1.2)

(*R*,*S*)-**12** —$KMnO_4$, THF, 0 °C, 97%→ **13** (5.2.1.4)

13 —**14** (5.2.1.3/4), HCO_2H, NEt_3, 0 °C → rt, 90%, 93% ee→ (*R*)-**12** (5.2.1.4)

(*R*)-**12** —CbzCl, NEt_3, CH_2Cl_2, rt, 89%→ **15a/b**

a: R = H (5.2.1.5) —Boc_2O, Bu_4NHSO_4, toluene/NaOH, rt, 95%→ **b**: R = Boc (5.2.1.6)

在甲酸和三乙胺体系中，用 Noyori 及其同事[9]开发的 Ru 催化剂 **14**，选择性还原亚胺 **13**，通过对应选择性转化氢化，得到的产物几乎都是对映异构体的四氢-β-咔啉(*R*)-**12**。$RuCl_3 \cdot 3H_2O$ 和 1,4-环己二烯，同有手性二胺的对甲苯磺酰甲基亚硝酸胺(见 3.3.2.1 节)反应得到$[RuCl_2(C_6H_6)]_2$，对其进行原位反应便可以得到催化剂 **14**。通过对映体的催化剂 **14**，(*S*)-**12** 同样可以得到。通过(*R*)-**12** 可以得到对映纯的 **5**，通过外消旋的(*R*,*S*)-**12** 可以得到外消旋的 **5a**。在三乙胺存在下，CbzCl 同(*R*)-**12** 反应得 **15a**，其在催化量的 DMAP 存在下与 Boc_2O 反应可以得到 **15b**。 569

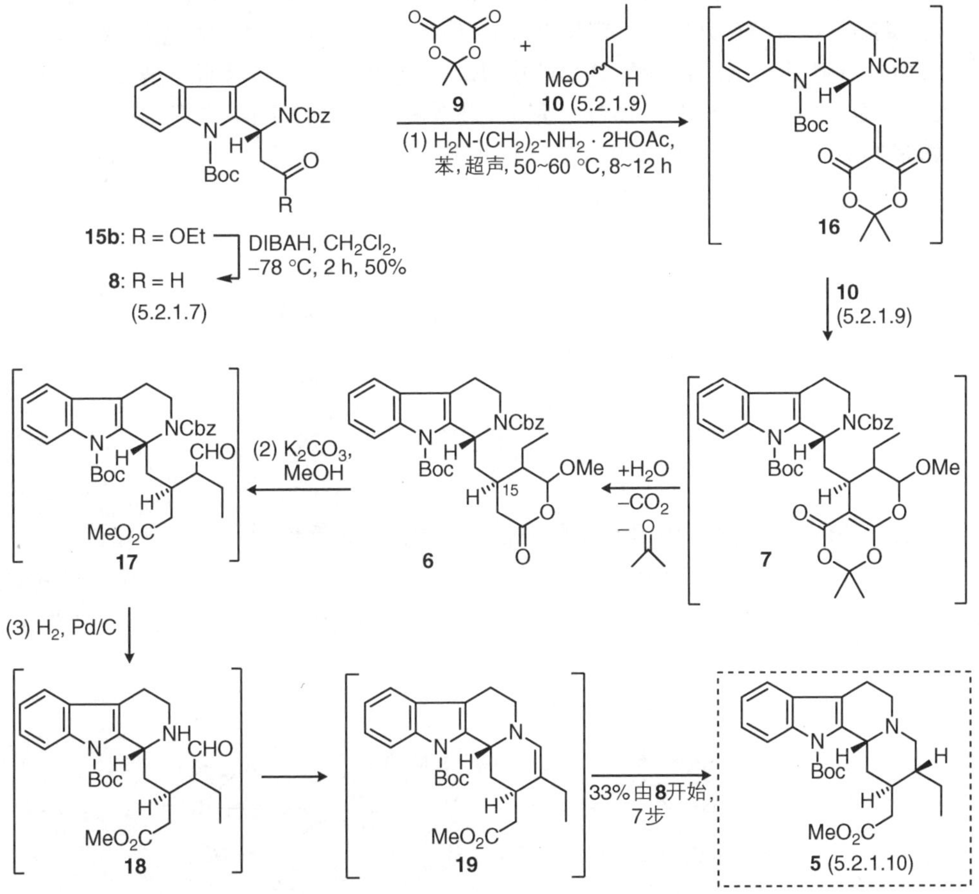

在 CH_2Cl_2 溶液中，用 DIBAH 对 **15b** 进行还原可以直接得到醛 **8**。**8** 用于同 Meldrum 酸(**9**)以及非对映的烯醇醚混合物 **10** 的多米诺-诺文格尔/杂-Diels-Alder 反应。该反应需要催化量的乙二胺乙酸酯(EDDA)并在苯中超声处理。得的到诺文格尔加成产物 **16** 和环加成产物 **7** 在该反应条件下不稳定，在缩合反应中与水反应脱掉 CO_2 和丙酮得到 1,3-非对映立体选择性的内酯 **6**，对 C-15 来说，其非对应选择性 570

大于 24∶1。其他两个立体异构中心都是非选择性形成的,因为原位烯醇醚 **10** 是一个对映异构体的混合物,它的内、外选择性很低。但这无关紧要,因为随着反应的进行,这两个立体异构中心会消失。结果,不用分离纯化,**6** 直接与甲醇以及催化量的 K_2CO_3 反应,除掉多余的 **10**,然后在 Pd/C 条件下进行氢化可以得到单一的非对映异构体 **5**。在这个过程中,甲氧基先进攻内酯 **6**,然后消除甲氧基得到含有甲基酯和醛基的 **17**。接下来的氢解释放出二级胺(**17→18**),其进攻甲醛部分得到烯胺 **19**。最后烯胺 **19** 在对映异构选择性的控制下得到了单一的对映异构体 **5**。

杂-Diels-Alder 反应合成 **5** 的一个很好的优点是它有很高的 1,3-非对映选择性。1-氧代-1,3-丁二烯 **16** 更趋向于构型 K-1 而不是 K-2,这是由于吲哚氮上 Boc 保护基的空间位阻的原因。而且,烯醇醚会进攻(*E*)-1-氧代-1,3-丁二烯而不是(*Z*)-1-氧代-1,3-丁二烯,这也存在于分子 **16** 中。最后,进攻应该是来自上面,氢的 *sny* 位更易被进攻,最终成为 **6**。有趣的是,没有 Boc 保护基的醛 **8** 进行反应,(*R*,*S*)-非对映异构体 **6** 为反应的主要产物,虽然选择性低。

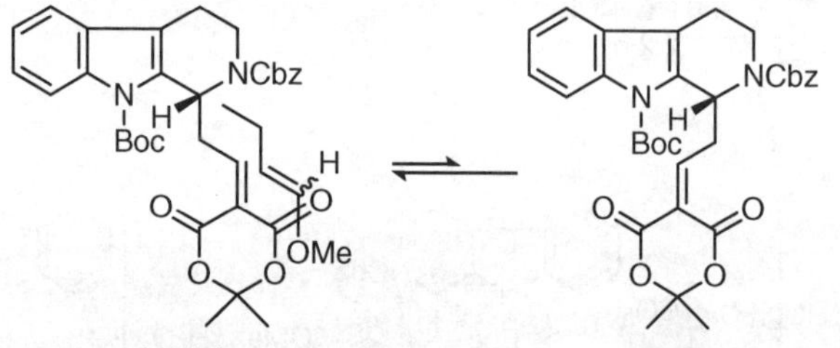

16-K-1　　　　**16**-K-2

第二个在生成 **5** 过程中很有趣的方面是形成 C-20 手性中心的高选择性。有人假设烯胺 **19** 是中间体,它存在构象 K-1 和 K-2 中。K-1 是优势构象,因为 C-15 醋酸酯部分在伪赤道位更稳定。由于更稳定的椅式构象的原因,如果假设氢的进攻来自 β 面,则可以很好地解释 **5** 的立体选择性。

571

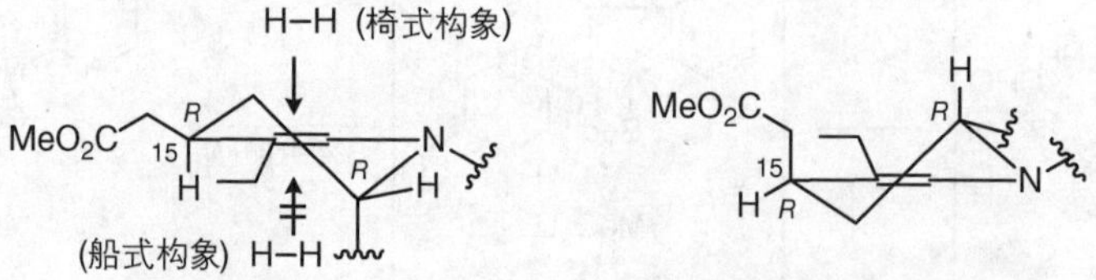

H—H (椅式构象)

(船式构象) H—H

19-K-1　　　　**19**-K-2

(c) 合成化合物 5 的实验部分

5.2.1.1* 乙氧甲酰基丙酮酸[10]

在室温下将 NaOH 水溶液(6 mol/L,33.4 mL)滴加到乙酸二乙酯盐(42.0 g,

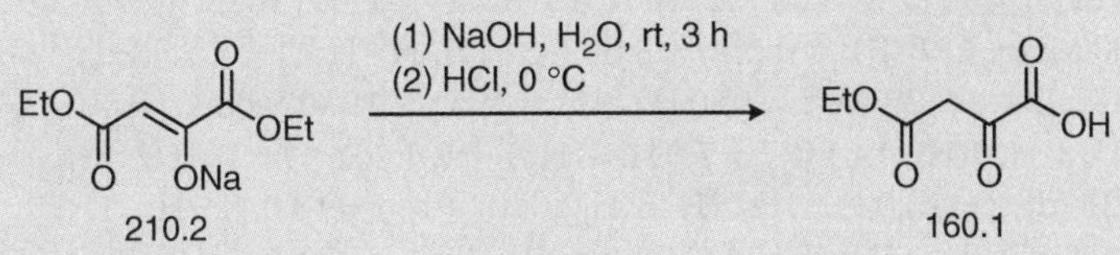

200 mmol)的水溶液(400 mL)中。室温搅拌反应 3 h,0℃滴加 HCl(6 mol/L,70 mL)。

反应液分别用乙醚(8×140 mL) 和乙酸乙酯(3×140 mL)萃取,合并有机相,用 $MgSO_4$ 干燥,过滤。减压除溶剂得到目标产物,橘黄色悬浊物,包含烯醇式和酮式;28.0 g(88%)。

UV (CH_3CN): λ_{max} (nm) (lg ε) = 257.0 (0.353), 211.5 (0.126), 194.0 (0.196).
IR (KBr): $\tilde{\nu}$ (cm^{-1}) = 2986, 1729, 1415, 1217, 1026, 853, 787.
^{1}H NMR (300 MHz, $CDCl_3$): δ (ppm) = 5.93 (s, 烯醇式, 0.6H, CH), 4.25 (q, 酮式, J = 7.0 Hz, 2H, CH_2), 4.09 (q, 烯醇式, J = 7.0 Hz, 1.5H, CH_2), 1.29 (t, 酮式, J = 7.0 Hz, 3.0H, CH_3), 1.22 (t, 烯醇式, J = 7.0 Hz, 2.4H, CH_3).
^{13}C NMR (76 MHz, $CDCl_3$): δ (ppm) = 172.4 ($\underline{C}$(O)CO_2H), 170.7 ($\underline{C}$(O)OCH_2CH_3), 170.0 (CO_2H), 96.9 (CH), 61.9, 61.7 (CH_2), 47.7 ($O\underline{C}H_2CH_3$), 14.4, 14.3 ($OCH_2\underline{C}H_3$).
MS (DCI-NH_3): m/z (%) = 178 (29) $[M+NH_4]^+$, 195 (11) $[M+NH_3+NH_4]^+$.

5.2.1.2* 1-乙氧甲酰甲基-1,2,3,4-四氢-β-咔啉[10]　572

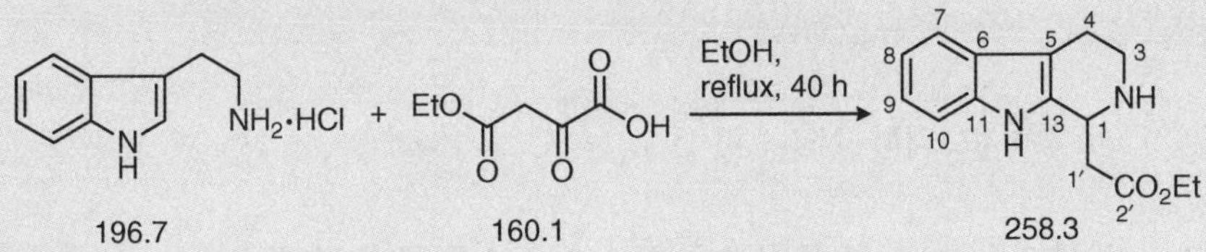

在回流条件下,将酸 **5.2.1.1**(28.4 g,178 mmol)的乙醇溶液(85 mL)滴加到搅拌的盐酸色胺(25.0 g,127 mmol)的乙醇(400 mL)溶液中,30 min 滴完。加热回流反应 40 h 后,0~5℃过夜结晶得到 β-咔啉的盐酸盐。

沉淀过滤,将固体加入饱和 $NaHCO_3$ 水溶液中,直到固体全部溶解。游离的胺用乙酸乙酯萃取。有机层用饱和食盐水(2×20 mL)洗。用 Na_2SO_4 干燥,过滤,减压除溶剂,得到亮棕色油状物 β-咔啉,36.7 g(80%);R_f = 0.55[甲醇/乙酸乙酯 = 1∶3,+1%(体积分数)NEt_3]。

UV (CH_3CN): λ_{max} (nm) (lg ε) = 289.0 (0.314), 280.5 (0.390), 226.5 (1.659), 195.0 (1.183).

IR (KBr): $\tilde{\nu}$ (cm^{-1}) = 3400, 2930, 1722, 1451, 1373, 1157, 1112, 1023, 742.
^{1}H NMR (300 MHz, $CDCl_3$): δ (ppm) = 8.64 (s_{br}, 1H, N–H 吲哚), 7.48 (d, J = 10.0 Hz, 1H, 7-H), 7.28 (d, J = 10.0 Hz, 1H, 10-H), 7.10 (2×ddd, J = 7.0, 7.0, 1.0 Hz, 2H, 8-H, 9-H), 4.44 (t, J = 7.0 Hz, 1H, 1-H), 4.20 (q, J = 7.0 Hz, 2H, $C\underline{H_2}CH_3$), 3.21 (dt, J = 13.0, 5.5 Hz, 1H, 3-H_b), 3.07 (dt, J = 13.0, 5.5 Hz, 1H, 3-H_a), 2.79 (d, J = 7.0 Hz, 2H, 1′-H_2), 2.72 (m, 2H, 4-H_2), 1.90 (s_{br}, 1H, NH), 1.28 (t, J = 7.0 Hz, 3H, $CH_2C\underline{H_3}$).
^{13}C NMR (76 MHz, $CDCl_3$): δ (ppm) = 173.0 (C-2′), 135.4 (C-11), 134.9 (C-13), 127.0 (C-6), 121.6 (C-8), 119.1 (C-9), 118.0 (C-7), 110.8 (C-10), 108.9 (C-5), 61,0 ($\underline{C}H_2CH_3$), 48.7 (C-1), 41.8 (C-3), 40.6 (C-1′), 22.5 (C-4), 14.1 ($CH_2\underline{C}H_3$).
MS (DCI-NH_3): m/z (%) = 259 (100) $[M+H]^+$, 517 (20) $[2M+H]^+$.

5.2.1.3** 二氯(η^6-苯)钌(Ⅱ)二聚物[11]

$RuCl_3 \cdot 3H_2O$ + 1,4-环己二烯 —(EtOH, 回流, 4 h)→ $[RuCl_2(C_6H_6)]_2$

261.5 80.1 500.2

573 将一水合三氯化钌(300 mg,41%,Ru),乙醇(4 mL),1,4-环己二烯(3 mL)混合物加热回流反应 4 h。在氩气保护下过滤,固体用甲醇淋洗,减压干燥得到橘黄色固体$[RuCl_2(C_6H_6)]_2$,300 mg(98%)。

MS (DCI): m/z (%) = 285 $[M+NH_3+NH_4]^+$.

5.2.1.4*** (1*R*)-1-乙氧甲酰甲基-1,2,3,4-四氢-β-咔啉[11]

258.3 —($KMnO_4$, THF, 0 °C, 1.5 h)→ 256.3 —((*S*,*S*)-**14**, HCO_2H, NEt_3, rt, 8 h)→ 258.3

在 0℃下,将 $KMnO_4$(1 g)粉末分批次加入 β-咔啉 **5.2.1.2**(260 mg,1.00 μmol)的 THF(20 mL)溶液中。反应液保持 0℃搅拌反应 1.5 h(TLC 监控反应)。过滤,滤饼用 THF(2×10 mL)淋洗。浓缩得到淡黄色固体胺;250 mg(97%)。

将[$RuCl_2(C_6H_6)$]$_2$(**5.2.1.3**,6.0 mg,24 μmol)加入二胺 **3.3.2.1**(7.3 mg,20 μmol)的 CH_3CN(2.0 mL)溶液中,搅拌 5 min 原位反应得到对映选择催化氢化催化剂。

在 0℃,将甲酸/三乙胺(5∶2;2.0 mL)以及前一步的催化剂加入胺(120 mg,500 μmol)的 CH_3CN(2.0 mL)溶液中,室温搅拌反应 8 h。以乙酸乙酯/乙醇/NEt_3(100∶10∶1)为流动相进行柱层析纯化,得到棕色油状物(1*R*)-β-咔啉;230 mg (90%,93% ee),$[\alpha]_D^{20}=+61.9$(c=0.5,$CHCl_3$)。

外消旋体化合物的谱图完全相同。

5.2.1.5* 1-乙氧甲酰甲基-2-苄氧基羰基-1,2,3,4-四氢-β-咔啉[2)]

CbzCl, NEt_3, CH_2Cl_2, rt, 16 h

258.3 → 392.5

注 2):L.F. Tietze 和 K.Klapa 未发表结果。

在 0℃下,将氯甲酸苄酯(4.78 mL,33.6 mmol)的 CH_2Cl_2(17 mL)溶液滴加到 574
β-咔啉 **5.2.1.4**(7.28 g,28.0 mmol)、NEt_3(11.6 mL,84 mmol)、催化量的 DMAP 的无水 CH_2Cl_2(28 mL)的混合溶液中,室温搅拌反应 12 h。

有机层用水(45 mL)洗涤,HCl(2 mol/L,45 mL)洗涤,接着水(45 mL)洗涤,饱和 Na_2CO_3 水溶液(45 mL)洗涤,饱和食盐水(45 mL)洗涤。有机层用 Na_2SO_4 干燥,过滤,减压除溶剂,残留物为棕色油状物,可直接用于下一步反应而不用纯化;9.80 g (89%),R_f=0.69(乙酸乙酯)。

UV (CH_3CN): λ_{max} (nm) (lg ε) = 289.0 (0.176), 278.5 (0.235), 273.0 (0.237), 224.0 (1.107).
IR (KBr): $\tilde{\nu}$ (cm^{-1}) = 3395, 2981, 1699, 1424, 1361, 1266, 1218, 1100, 1020, 742, 699.
^{1}H NMR (300 MHz, $CDCl_3$): δ (ppm) = 8.91, 8.75 (2×s_{br}, 1H, indole NH), 7.47 (dd, J = 7.1, 7.1 Hz, 1H, 10-H), 7.42–7.32 (m, 6H, 7-H, Ph–H), 7.16 (ddd, J = 7.1, 7.1, 1.0 Hz, 1H, 9-H), 7.08 (dd, J = 7.1, 7.1 Hz, 1H, 8-H), 5.67 (ddd, J = 25.0, 8.0, 4.0 Hz, 1H, 3-H_b), 5.19 (s, 2H, Ph–CH_2), 4.51 (ddd, J = 39.0, 13.0, 5.0 Hz, 1H, 1-H), 4.20 (m, 2H, CH_2), 3.14 (m_c, 1H, 3-H_a), 2.99–2.67 (m, 4H, 4-H_2, 1′-H_2), 1.26 (td, J = 7.0, 3.5 Hz, 3H, CH_3).
^{13}C NMR (76 MHz, $CDCl_3$): δ (ppm) = 172.9 (C-2′), 155.0 (C-1″), 136.5 (C-13), 135.6 (C-11), 133.0, 128.5, 128.0, 127.8 (Ph–C), 126.3 (C-6), 121.9 (C-8), 119.3 (C-9), 118.0 (C-7), 111.1 (C-10), 108.1 (C-5), 61.2 (CH_2), 47.5 (C-1), 39.3

(C-3), 39.1 (C-2″), 39.0 (C-1′), 21.1 (C-4), 14.1 (CH_3).
MS (DCI-NH_3): m/z (%) = 393 (70) $[M+H]^+$, 410 (62) $[M+NH_4]^+$.

5.2.1.6* 1-乙氧甲酰甲基-2-苄氧羰基-12-叔丁氧羰基-1,2,3,4-四氢-β-咔啉[2)]

Boc₂O, DMAP, AcCN, rt

392.5 → 492.6

在室温下,将2,2-二甲基丙酸酐(6.81 g,31.2 mmol)的CH_3CN(80 mL)溶液和DMAP(826 mg,6.76 mmol)加入β-咔啉**5.2.1.5**(9.62 g,24.5 mmol)的CH_3CN(80 mL)溶液中,搅拌反应12 h。

575 反应液用160 mL,0.4 mol/L的HCl水溶液猝灭,分出有机层,水层用CH_2Cl_2(2×160 mL)萃取,合并有机相,用饱和$NaHCO_3$水溶液和饱和食盐水洗涤,用Na_2SO_4干燥,过滤,减压旋蒸除去溶剂得到亮棕色油状产物β-咔林,11.2 g(95%),R_f=0.41(乙酸乙酯/正己烷=1∶4),不用进一步纯化可直接用于下一步反应。

UV (CH_3CN): λ_{max} (nm) (lg ε) = 293.0 (0.093), 265.5 (0.336), 228.5 (0.557).
IR (KBr): $\tilde{\nu}$ (cm^{-1}) = 2980, 1732, 1457, 1424, 1323, 1141, 1116, 1036, 855, 749, 699.
^{1}H NMR (300 MHz, $CDCl_3$) (旋转异构体的比率:3:2): δ (ppm) = 8.18 (d, J = 7.0 Hz, 1H, 10-H), 7.44–7.18 (m, 8H, 7-H, 8-H, 9-H, Ph–H), 6.37, 6.27 (2×dd, J = 10.2, 3.5 Hz, 1H, 1-H), 5.18, 5.14 (2×s, 2H, Ph–CH_2), 4.52, 4.40 (m, dd, J = 14.4, 6.0 Hz, 1H, 3-H_b), 4.15–3.99 (m, 2H, CH_2), 3.32 (m_c, 1H, 3-H_a), 3.10–2.60 (m, 4H, 4-H_2, 1′-H_2), 1.73, 1.60 (2×s, 9H, $C(CH_3)_3$), 1.16 (m, 3H, CH_3).
^{13}C NMR (76 MHz, $CDCl_3$): δ (ppm) = 170.2, 169.9 (C-2′), 155.5 (N-2-CO), 149.8 (N-12-CO), 136.7 (Ph–C), 136.7 (C-13), 136.3 (C-11), 133.5 (C-11), 128.6 (C-6), 128.4 (2×Ph–C), 128.2, 128.0, 124.7 (3×Ph–C), 124.6 (C-8), 122.9 (C-7), 118.1, 118.0 (C-9), 115.9 (C-10), 115.4 (C-5), 84.8 ($\underline{C}(CH_3)_3$), 67.8, 67.3 (Ph–$\underline{C}H_2$), 60.7 ($\underline{C}H_2$), 49.9 (C-1), 39.1, 39.0 (C-1′), 36.8, 36.4 (C-3), 28.2, 28.1 ($C(\underline{C}H_3)_3$), 21.3, 20.6 (C-4), 14.1 (CH_3).
MS (DCI-NH_3): m/z (%) = 510 (74) $[M+NH_4]^+$, 493 (38) $[M+H]^+$.

5.2.1.7** 1-(2-甲酰甲基)-2-苄氧羰基-12-叔丁氧羰基-1,2,3,4-四氢-β-咔啉[2)]

将−78℃的DIBAH溶液(1 mol/L的正己烷溶液,22.7 mL,22.7 mmol),通过转移套管缓慢滴加到乙基酯**5.2.1.6**(11.2 g,22.7 mmol)的−78℃无水CH_2Cl_2

DIBAH, CH_2Cl_2, −78 °C, 2 h

492.6 448.5

(230 mL)溶液中。滴加完毕后保持同样的温度搅拌 2 h。然后滴加比例为 9 ∶ 1 的甲醇和 2 mol/L HCl(68 mL)水溶液的混合溶液猝灭反应。

反应液快速加热到室温并用 250 mL 饱和 NH_4Cl 水溶液洗涤，分离有机相后，水 576
层用 CH_2Cl_2(2×300 mL)萃取。合并有机相，用 300 mL 饱和 $NaHCO_3$ 水溶液洗涤有机相。用 Na_2SO_4 干燥，过滤，减压旋蒸除去溶剂，残留物用快速硅胶色谱柱纯化。(乙酸乙酯/正戊烷=1 ∶ 4)得到目标产物醛，泡沫状无色固体。5.07 g(50%)，(1*R*)：$[\alpha]_D^{20}=-88.8(c=0.16, CH_2Cl_2)$，$R_f=0.32$(乙酸乙酯/正戊烷=1 ∶ 2)。

UV (CH_3CN): λ_{max} (nm) (lg ε) = 293.0 (0.102), 264.5 (0.361), 228.5 (0.621).
IR (KBr): $\tilde{\nu}$ (cm^{-1}) = 2979, 1725, 1456, 1423, 1369, 1235, 1143, 1117, 1016, 853, 751, 699.
^{1}H NMR (300 MHz, $CDCl_3$) (旋转异构体的比率: 1 : 1): δ (ppm) = 9.90, 9.77 (2×d, *J* = 4.0 Hz, 1H, CHO), 8.07 (d, *J* = 7.5 Hz, 1H, 10-H), 7.38–7.17 (m, 8H, 7-H, 8-H, 9-H, Ph–H), 6.53, 6.38 (2×d, *J* = 8.9 Hz, 1H, 1-H), 5.16 (dd, *J* = 15.0 Hz, 2H, Ph–CH_2), 4.51, 4.37 (2×dd, *J* = 13.8, 5.0 Hz, 1H, 3-H_b), 3.30–2.50 (m, 5H, 3-H_a, 4-H_2, 1′-H_2), 1.69, 1.58 (2×s, 9H, $C(CH_3)_3$).
^{13}C NMR (76 MHz, $CDCl_3$): δ (ppm) = 200.9, 200.1 (C-2′), 155.5 (N-2-CO), 149.9 (N-12-CO), 136.2 (Ph–C), 135.6 (C-11), 133.5 (C-13), 128.5 (C-6), 128.4 (2×Ph–C), 128.3, 128.0, 127.7 (3×Ph–C), 124.6, 124.5 (C-8), 122.9 (C-7), 118.0, 117.9 (C-9), 115.8 (C-10), 116.0, 115.4 (C-5), 84.6 ($\underline{C}(CH_3)_3$), 67.8, 67.5 (Ph–CH_2), 48.2 (C-1), 47.7 (C-1′), 36.8, 36.4 (C-3), 28.1 ($C(\underline{C}H_3)_3$), 20.4, 21.0 (C-4).
MS (DCI-NH_3): *m/z* (%) = 466 (100) $[M+NH_4]^+$, 914 (3) $[2M+NH_4]^+$.

5.2.1.8** 1,1-二甲氧基丁烷[10]

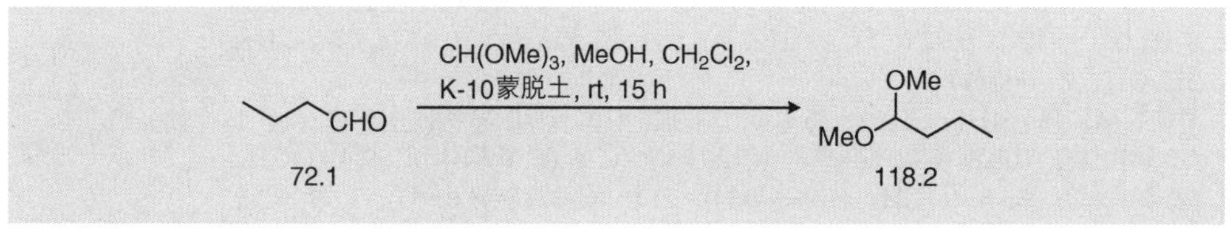

三甲基原甲酸酯(16.0 mL)，甲醇(16.0 mL)，K-10 蒙脱土(10.0 g)在氩气保护

下室温搅拌 10 min。混合物用 CH_2Cl_2(50 mL)稀释冷却到 0℃。用正丁醛(8.00 mL,6.42 g,89.0 mmol,蒸馏,bp 75~76℃)处理。将此悬浊液在室温下搅拌反应 15 h,然后用硅藻土过滤,滤饼用 CH_2Cl_2(150 mL)洗涤,滤液用饱和 $NaHCO_3$ 水溶液(100 mL)洗涤,水(100 mL)洗涤,饱和食盐水(100 mL)洗涤。有机层用 $MgSO_4$ 干燥,减蒸(不低于 400 mbar,30℃),除去溶剂,剩余物用 10 cm 韦氏分馏柱在标准大气压下蒸馏得到无色液体乙缩醛(bp 113℃),7.64 g(73%),$n_D^{20}=1.3882$。

577 **IR** (NaCl): $\tilde{\nu}$ (cm^{-1}) = 2960, 2940, 2880, 2830, 1190, 1135, 1125.
^{1}H NMR (200 MHz, $CDCl_3$): δ (ppm) = 4.33 (t, *J* = 5.0 Hz, 1H, CH), 3.28 (s, 6H, OCH_3), 1.70–0.80 (m, 7H, CH_2, CH_3).

5.2.1.9** (*E*/*Z*)-1-甲氧基-1-丁烷[10]

OMe / MeO (118.2) —KHSO$_4$ (cat.), 160 °C→ MeO (86.1)

往蒸馏装置(由 25 mL 两颈圆底烧瓶,10 cm 带冷凝管的韦氏分馏柱组成)中加入 $KHSO_4$(15.0 mg,110 μmol)和 1,1-二甲氧基正丁烷 **5.2.1.8**(7.00 g,59.2 mmol),将反应液升温到 160℃(油浴温度),此时反应体系中生成的烯醇醚和甲醇源源不断地从反应体系中蒸出,进入含有 10 mL 1% K_2CO_3 溶液的烧瓶中。韦氏分馏柱的最高温度为 50~55℃。馏分用 1%的 K_2CO_3 水溶液(3×10 mL)洗去甲醇。将粗产品用 10 cm 韦氏分馏柱处理得到 *Z* 和 *E* 异构体比例为 1.8∶1 的混合烯醇醚(bp 70~72℃),2.04 g(40%)。

^{1}H NMR (200 MHz, $CDCl_3$): δ (ppm) = 6.28 (dt, *J* = 12.5, 1.0 Hz, 1H, 1-H (*E*-异构体)), 5.82 (*J* = 6.5, 1.5 Hz, 1H, 1-H (*Z*-异构体)), 4.76 (dt, *J* = 12.5, 7.0 Hz, 1H, 2-H (*E*-异构体)), 4.32 (dt, *J* = 6.5, 6.0 Hz, 1H, 2-H (*Z*-异构体)), 3.60 (s, 3H, OCH_3 (*Z*-异构体)), 3.50 (s, 3H, OCH_3 (*E*-异构体)), 2.06 (dqd, *J* = 7.5, 6.5, 1.5 Hz, 2H, 3-H_2 (*Z*-异构体)), 1.94 (dqd, *J* = 7.0, 7.0, 1.0 Hz, 2H, 3-H_2 (*E*-异构体)), 0.97 (t, *J* = 7.0 Hz, 3H, CH_3 (*E*-异构体)), 0.94 (t, *J* = 7.5 Hz, 3H, CH_3 (*Z*-异构体)).
^{13}C NMR (50 MHz, $CDCl_3$): δ (ppm) = 146.4 (C-1 (*E*-异构体)), 145.5 (C-1 (*Z*-异构体)), 108.8 (C-2 (*Z*-异构体)), 104.9 (C-2 (*E*-异构体)), 59.4 (OCH_3 (*Z*-异构体)), 55.8 (OCH_3 (*E*-异构体)), 21.0 (C-3 (*E*-异构体)), 17.3 (C-3 (*Z*-异构体)), 15.4 (CH_3 (*E*-异构体)), 14.5 (CH_3 (*Z*-异构体)).
MS (EI, 70 eV): *m*/*z* (%) = 86 (32) $[M]^+$, 71 (100) $[M-CH_3]^+$.

5.2.1.10*** (3*RS*,15*RS*,20*RS*)-15-甲氧基羰基甲基-20-乙基-1-叔丁氧基羰基-3,4,5,6,14,15,20,21-8*H*-吲哚[2,3*a*]喹嗪[10] 578

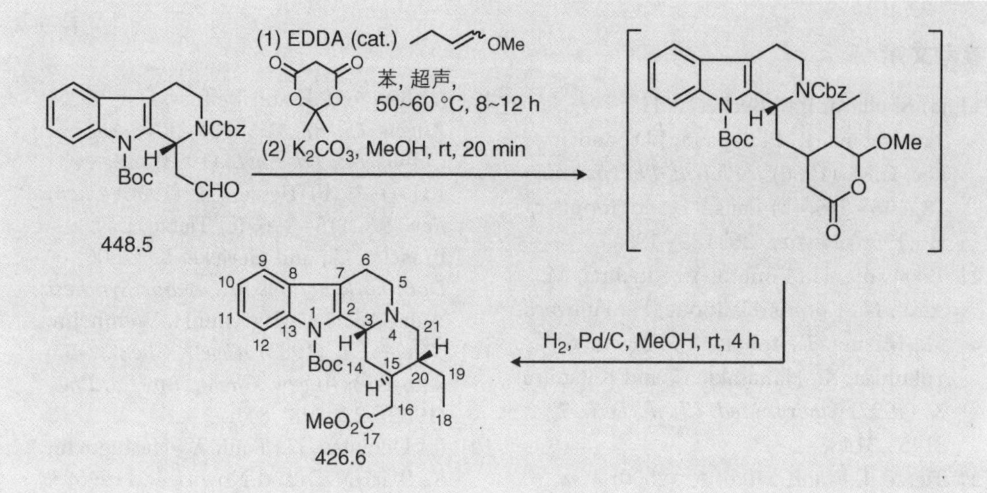

将少量 EDTA 加入含有乙醛 **5.2.1.7**(50 mg,0.11 mmol)、*E*/*Z* 混合的烯醇醚 **5.2.1.9**(28.4 mg,0.33 mmol)和 Meldrum 酸(19.0 mg,0.13 mmol)的苯溶液中(0.5 mL,注意:致癌)。将反应体系用惰性气体密封保护,在 50~60℃下用超声反应 8~12 h(TLC 监控反应)。反应体系变为红色,原料全部转化后,将反应液用硅胶柱粗分离(石油醚∶乙酸乙酯=2∶1),蒸干溶剂,将粗产品溶解在甲醇中,加入 K_2CO_3(10 mg),Pd/C(50 mg)混合物在室温下搅拌反应 30 min,悬浊液在氢气氛围下剧烈搅拌 4 h。然后通过硅胶柱分离(MeOH/EtOAc/NEt_3=1∶3∶0.05)。减压除去溶剂,得到黄色泡沫状产物;215.6 mg(33%),R_f=0.29(石油醚/乙酸乙酯=3∶1),(+)-对映体;$[\alpha]_D^{20}$=+93.0(c=0.3,CH_2Cl_2)。

UV (CH_3CN): λ_{max} (nm) (lg ε) = 293 (3.452), 268 (4.066), 229 (4.304).
^{1}H NMR (500 MHz, $CDCl_3$): δ (ppm) = 7.92 (dd, *J* = 8.0, 1.5 Hz, 1H, 12-H), 7.39 (dd, *J* = 8.0, 1.5 Hz, 1H, 9-H), 7.24, 7.20 (2 × ddd, *J* = 8.0, 8.0, 1.5 Hz, 2H, 10-H, 11-H), 4.03 (s_{br}, 1H, 3-H), 3.71 (s, 3H, OCH_3), 3.00–2.52 (m, 8H, 5-H_2, 6-H_2, 21-H_2, 16-H_2), 2.10 (m_c, 1H, 15-H), 1.95 (ddd, *J* = 13.0, 3.5, 3.0 Hz, 1H, 14-H_{eq}), 1.88 (ddd, *J* = 13.0, 9.0, 5.0 Hz, 1H, 14-H_{ax}), 1.66 (s, 9H, *t*-butyl-H), 1.58–1.49 (m, 2H, C<u>H</u>$_2CH_3$), 0.91 (t, *J* = 7.5 Hz, 3H, CH_3).

^{13}C NMR (50 MHz, $CDCl_3$): δ (ppm) = 173.6, 150.5 (2 × CO), 136.6, 133.2, 579
129.4, 123.6, 122.5, 117.9, 117.0, 115.1 (8 × Ar–C), 83.6 (<u>C</u>(CH_3)$_3$), 56.0 (C-3), 54.0 (C-5), 51.4 (OCH_3), 50.9 (C-21), 40.5 (C-20), 37.5 (C-16), 33.5 (C-15), 31.6 (C-14), 28.1 (C(<u>C</u>H_3)$_3$), 25.8 (C-19), 21.4 (C-6), 12.2 (CH_3).

MS (70 eV, EI): m/z (%) = 426 (20) $[M]^+$, 369 (100) $[M-t\text{-butyl}]^+$, 325 (20) $[M-Boc]^+$, 57 (15) $[t\text{-butyl}]^+$.

参考文献

[1] (a) Shellard, E.J., Becket, A.H., Tantivatana, P., Phillipson, J.D., and Lee, C.M. (1966) *J. Pharm. Pharmacol.*, **18**, 553–555; (b) Laus, G. and Teppner, H. (1996) *Phyton*, **36**, 185–196.

[2] Takayama, H., Limura, Y., Kitajima, M., Aimi, N., Konno, K., Inoue, H., Fujiwara, M., Mizuta, T., Yokota, T., Shigeta, S., Tokuhisa, K., Hanasaki, Y., and Katsuura, K. (1997) *Bioorg. Med. Chem. Lett.*, **7**, 3145–3148.

[3] Tietze, L.F. and Modi, A. (2000) *Med. Res. Rev.*, **20**, 304–322.

[4] (a) Masumiya, H., Saitoh, T., Tanaka, Y., Horie, S., Aimi, N., Takayama, H., Tanaka, H., and Shigenobu, K. (1999) *Life Sci.*, **65**, 2333–2341; (b) Horie, S., Yano, S., Aimi, N., Sakai, S., and Watanabe, K. (1992) *Life Sci.*, **50**, 491–498.

[5] Trager, W.F. and Lee, C.M. (1967) *Tetrahedron*, **23**, 1043–1047.

[6] Tietze, L.F. and Zhou, Y. (1999) *Angew. Chem.*, **111**, 2076–2078; *Angew. Chem. Int. Ed.*, (1999), **38**, 2045–2047.

[7] (a) Tietze, L.F. and Beifuss, U. (1993) *Angew. Chem.*, **105**, 137–170; *Angew. Chem., Int. Ed. Engl.*, (1993), **32**, 131–163; (b) Tietze, L.F. (1996) *Chem. Rev.*, **96**, 115–196; (c) Tietze, L.F., Brasche, G., and Gericke, K. (2006) *Domino Reactions in Organic Synthesis*, Wiley-VCH Verlag GmbH, Weinheim.

[8] Tietze, L.F. (1983) *Angew. Chem.*, **95**, 840–853; *Angew. Chem., Int. Ed. Engl.* (1983), **22**, 828–841.

[9] (a) Uematsu, N., Fujii, A., Hashiguchi, S., Ikariya, T., and Noyori, R. (1996) *J. Am. Chem. Soc.*, **118**, 4916–4917; (b) Noyori, R. and Hashiguchi, S. (1997) *Acc. Chem. Res.*, **30**, 97–102; (c) Haack, K.J., Hashiguchi, S., Fujii, A., Ikariya, T., and Noyori, R. (1997) *Angew. Chem.*, **109**, 297–300; *Angew. Chem., Int. Ed. Engl.*, (1997), **36**, 285–288.

[10] Zhou, Y. (1998) PhD Thesis. Enantioselektive Synthese der Indolalkaloide vom Typ der Vallesiachotamine und vom Corynanthe-Typ durch Domino-Reaktion. University of Göttingen.

[11] Tietze, L.F., Zhou, Y., and Töpken, E. (2000) *Eur. J. Org. Chem.*, **2000**, 2247–2252.

5.2.2 *rac*-2,3-二甲氧基小檗碱

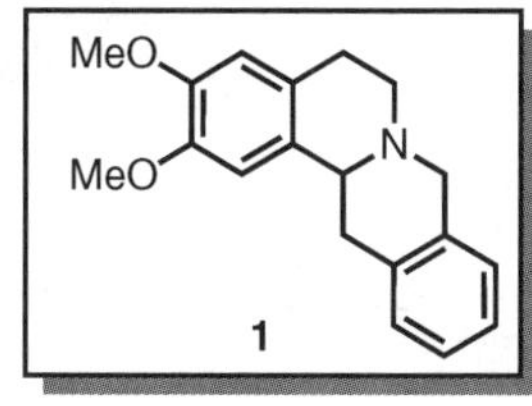

专题
- 环烷酮到内酯的 Baeyer-Villiger
- 内酯的氨解
- 多米诺过程
- Bischler-Napieralski 异喹啉合成/$CH_2OH \rightarrow CH_2Cl$ 转变/环烷化
- 亚铵盐的还原：$R_2C{=}^{+}NR'_2 \rightarrow HR_2C{=}NR'_2$

(a) 总论 580

目标分子 **1** 是一种具有新颖的生理学特性和药理学特性，包括抑制细胞生长作用[1,2]的生物碱：原小檗碱。在自然界中 1-苄基异喹啉原小檗碱主要以两种结构存在，即原小檗碱的盐（例如 **2**）和四氢原小檗碱（例如 **3**）。一般有羟基，甲氧基，或者亚甲二氧基出现在终端的芳环上（A/D）。未取代的四环体系 **4** 被命名为小檗碱[3]。

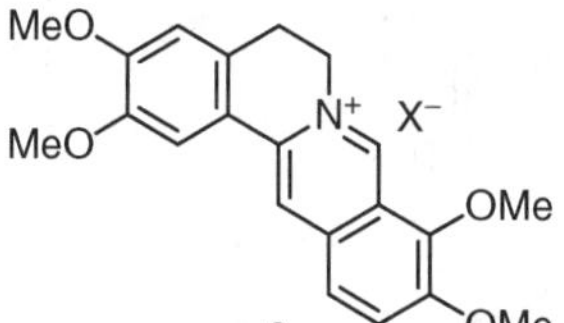

MeO, MeO, N^+, X^-, OMe, OMe — **2**　　MeO, MeO, N, OMe, OMe — **3**　　A, B, N, C, D — **4**

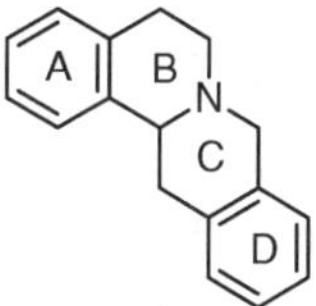

1 的逆合成分析可有两种路径：

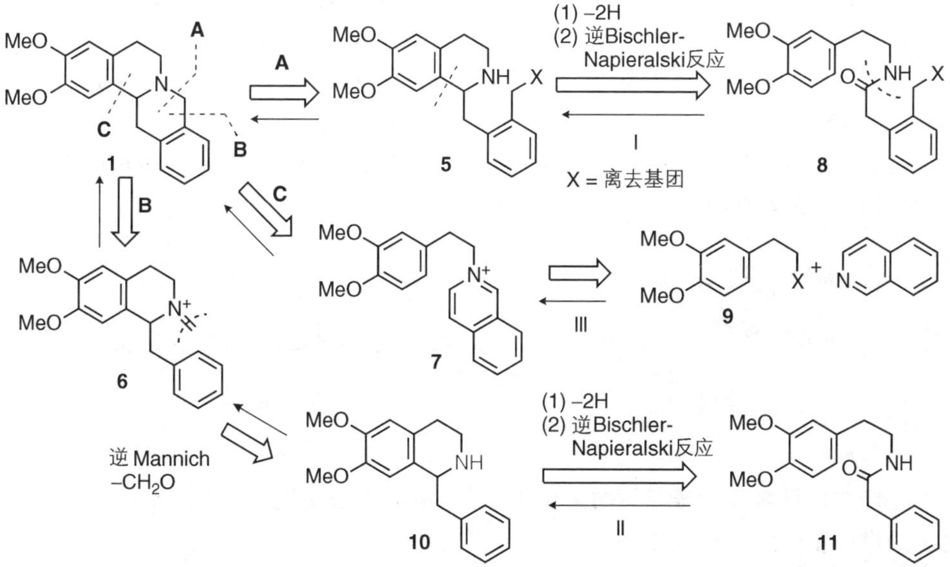

1 ⇒(A) **5**（X）⇒ (1) −2H (2) 逆Bischler-Napieralski反应 ⇒ **8**；I；X = 离去基团

1 ⇒(C) **7** ⇒ III ⇒ **9** + 异喹啉

1 ⇒(B) **6** ⇒ 逆 Mannich $-CH_2O$ ⇒ **10** ⇒ (1) −2H (2) 逆Bischler-Napieralski反应 ⇒ **11**；II

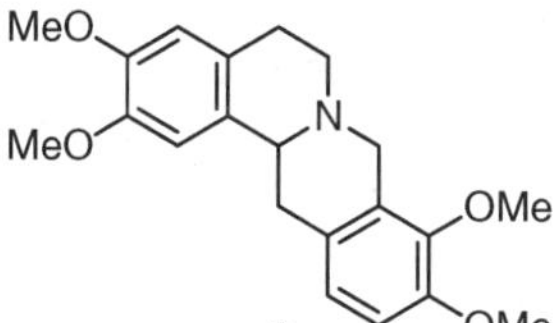

A 和 **B** 处化学键的断裂可以分别得到 1-苄基异喹啉的衍生物 **5** 和 **10**,后者经历中间体 **6**,通过 Bischler-Napieralski 反应可以分别得到酰胺 **8** 和 **11**。通过不同的断裂路径 C 可以逆推到异喹啉盐 **7**,其可以通过对异喹啉 **9** 的烷基化反应得到。从 **1** 到 **7** 的环化反应过程中,在 C-3 位置环化 **7** 会有一个区域选择性的问题,因此一般而言异喹啉的 C-1 位置反应活性更高。

581 过程Ⅰ可以最直接地得到化合物 **1**,将在(b)部分详细阐述[4]。

过程Ⅱ是被报道的最基本的合成化合物 **1** 的方法[5],它通过对化合物 **10**:1-苄基四氢异喹啉与甲醛分子内的氨烷基化反应得到(**11→10→6→1**)[6]。

前述有关过程Ⅲ的问题被一个环化自由基反应很好地解决[2],它以邻溴代(β-芳乙基)卤代物 **12** 为原料,涉及相应的异喹啉盐 **13**:

MeO MeO Br Br **12** + N → MeO MeO Br N^+ Br^- **13** —Bu_3SnH AIBN→ MeO MeO N **1**

13 ⇢ Bu_3SnH ⇢ [MeO MeO Br N **14**] ⇢ AIBN ⇢ **1**

化合物 **13** 与 n-Bu_3SnH/AIBN(2,2′-偶氮异丁腈)(3∶1)反应诱导多米诺过程得到化合物 **1**。该反应首先对化合物 **13** 中活性的 C1—N 双键进行还原,紧接着在溴代芳基的位置生成芳基自由基,之后对 C-3/C-4 双键的环化加成得到中间体 1,2-二氢异喹啉 **14**。

还有一种方法完全不同于过程Ⅰ~Ⅲ,它是通过乙炔与二炔 **15** 的环化加成反应一步得到四氢异喹啉 **1**。

MeO MeO N **1** ⇐环三聚 / 逆环三聚⇒ MeO MeO N **15** + ≡

炔烃的环低聚作用较易通过 Co(Ⅰ)配合物媒介来实现[7],它的潜力通过对化合物 **1** 的进一步合成可以证明[8]。

目标二炔 **15** 可以通过化合物 **16** 得到。化合物 **16** 先与 TMS 保护的炔丙格氏试剂 **17** 通过在 **16** 的 C-1 位置的加成得 **18**，然后通过对中间体 **18** 的 N 炔丙基化得到化合物 **19**，在 KOH 乙醇溶液中脱除 TMS 基团（KOH 置于 EtOH 中）得到二炔 **15**。

化合物 **15** 与二（三甲基硅烷基）乙炔（**20**）在催化剂 η^5-环戊二烯基-Co（Ⅰ）-二羰 582
基（**21**）作用下发生环齐聚作用得到环加成产物 **22**。用二（三甲基硅烷基）乙炔（**20**）比乙炔要好，因为大基团 TMS 取代基可以很好地阻止乙炔的自三聚。用 HBr 对 **22** 脱 TMS 可以得到化合物 **1** 的 HBr 盐。

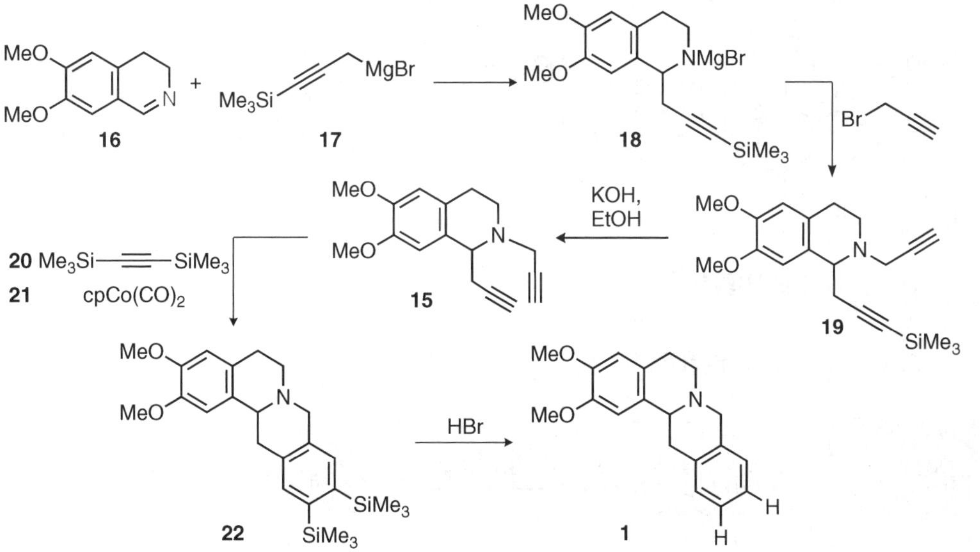

(b) 1 的合成

按照过程Ⅰ，合成化合物 **1** 的起始原料是 2-茚酮（**23**），它先同 *m*-CPBA 发生 Baeyer-Villiger 氧化[9]。环戊酮衍生物 **23** 经历 O-六元重排，扩环得到内酯 **24**，与高藜芦胺（**25**）的开环反应得到酰胺 **26**。酰胺 **26** 通过 $POCl_3$ 处理经历双重关环，紧接着用 $NaBH_4$ 还原得到四环类生物碱 **1**，接着变成了盐酸盐 **30**。

26→1 的反应过程可以被理解成是一个多米诺过程。（ⅰ）它包括了 Bischler-Napieralski 环化反应（**26→27**，见 3.3.2 节），苄醇到苄氯的转变（**26→28**），通过中间体的环烷基化关环（环烷化 **28→29**）；（ⅱ）通过对 **29** 的亚氨基的氢化还原得到叔胺功能产物 **1**（$R_2C{=}^{+}NR'_2 \rightarrow HR_2C{=}NR'_2$）。

因此目标分子 **1** 以 2-茚酮（**23**）为起始原料经历三步反应得到，总的收率 583
为 21%。

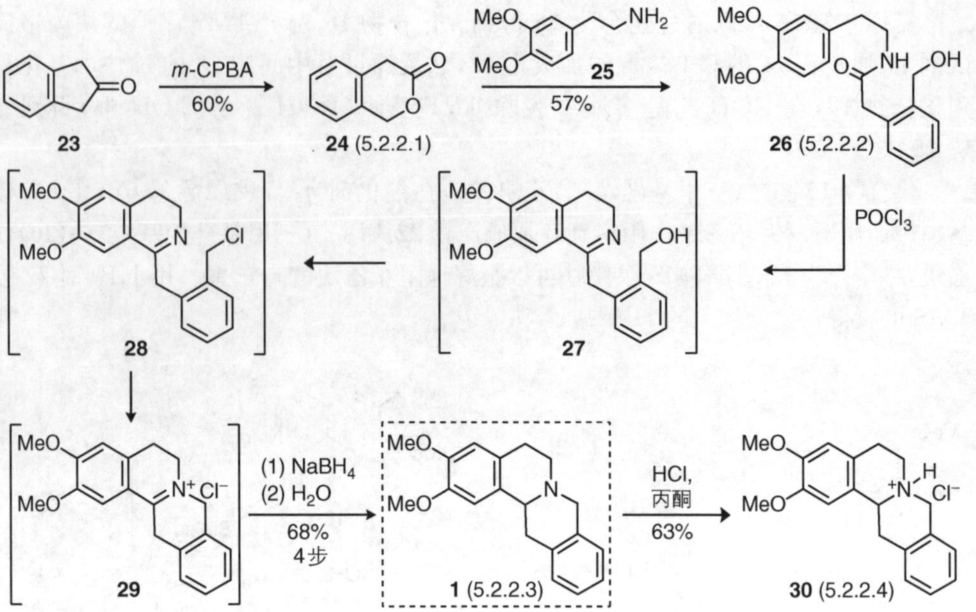

(c) 合成 1 的实验过程

5.2.2.1* 3-异色满酮[4]

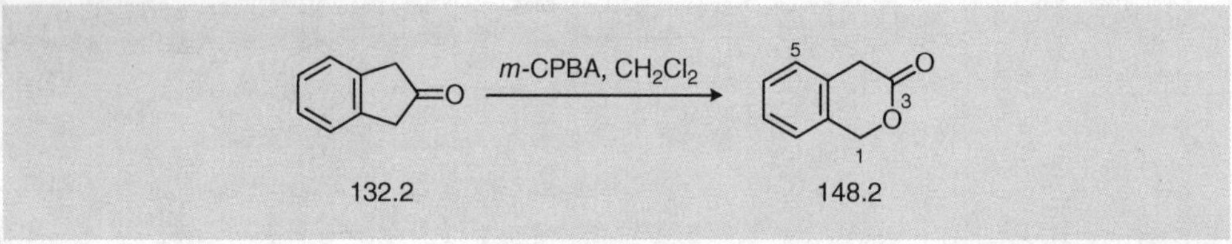

将低温的 2-茚酮(5.00 g,37.8 mmol)的无水 CH_2Cl_2(10 mL)溶液滴加到低温的 *m*-CPBA(7.82 g,45.5 mmol)的无水 CH_2Cl_2(50 mL)溶液中,20 min 滴完。反应液保持 0℃反应 10 天。

过滤除去 *m*-CPBA,用 CH_2Cl_2 洗涤。合并有机相,用 1% 的碳酸氢钠水溶液(100 mL)和水(100 mL)洗涤。有机层用 Na_2SO_4 干燥,过滤,旋干溶剂。剩余物用甲醇重结晶得到白色固体:3.32 g(58%),mp 81℃;R_f(SiO_2;乙酸乙酯/甲苯=95∶5)=0.76。

584 **IR** (KBr): $\tilde{\nu}$ (cm^{-1}) = 1746, 1486, 1458, 1406, 1392, 1299, 1252, 1224, 743.
^{1}H NMR (300 MHz, $CDCl_3$): δ (ppm) = 7.34–7.18 (m, 4H, 5-H, 6-H, 7-H, 8-H), 5.28 (s, 2H, 4-H_2), 3.68 (s, 2H, 1-H_2).
^{13}C NMR (76 MHz, $CDCl_3$): δ (ppm) = 169.7 (C-3), 128.7, 127.3, 127.0, 124.8, 70.0 (C-4) 36.0 (C-1).

5.2.2.2* *N*-[2-(3,4-二甲氧基苯)乙基]-2-(羟甲基)苯乙酰胺[4]

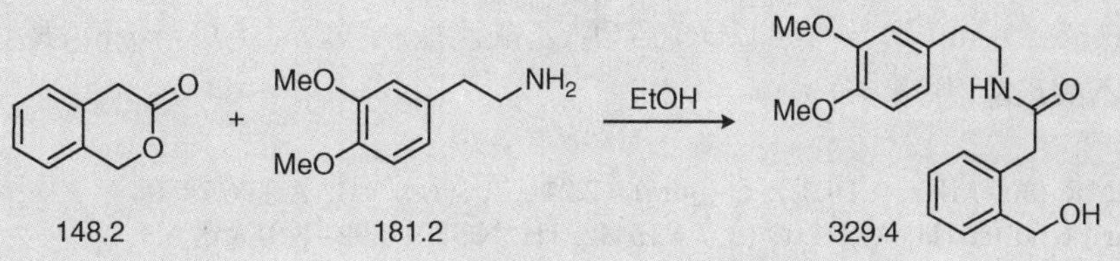

将3-异色满酮 **5.2.2.1**(2.20 g,14.9 mmol)和2-(3,4-二甲氧基苯基)乙胺(3.20 mL,19.3 mmol)溶解在乙醇(50 mL)中回流20 h。

除去溶剂,残留物通过硅胶柱色谱纯化(甲苯/乙酸乙酯=95∶5)得到亮黄色固体:2.80 g(57%),mp 98~99℃;R_f(SiO_2;乙酸乙酯/甲苯=95∶5)=0.30。

IR (KBr): $\tilde{\nu}$ (cm^{-1}) = 3294, 3078, 1640, 1558, 1466, 1252, 1236, 1138, 757.
^{1}H NMR (300 MHz, $CDCl_3$): δ (ppm) = 7.34–7.15 (m, 4H, Ph), 6.73–6.55 (m, 3H, Ph), 6.33 (m_c, 1H, NH), 4.59 (s, 2H, $\underline{CH_2}$OH), 3.83 (s, 3H, OCH_3), 3.79 (s, 3H, OCH_3), 3.55 (s, 2H, CH_2C(O)), 3.41 (q, *J* = 6 Hz, 2H, $CH_2\underline{CH_2}$NH), 2.67 (t, *J* = 6 Hz, 2H, $\underline{CH_2}CH_2$NH).
^{13}C NMR (76 MHz, $CDCl_3$): δ (ppm) = 171.5 (C(O)), 148.9, 147.6, 139.4, 134.0, 131.1, 130.3, 130.2, 128.4, 127.7, 120.6, 111.8, 111.2 (12 × Ar), 63.6 (CH_2OH), 55.9, 55.8 (2 × OCH_3), 40.9, 34.8 (3 × CH_2).
HRMS: 计算值$C_{19}H_{24}NO_4$ ($[M+H]^+$): 330.1705, 观察值330.1700.

5.2.2.3** 外消旋-2,3-二甲氧基小檗碱[4]

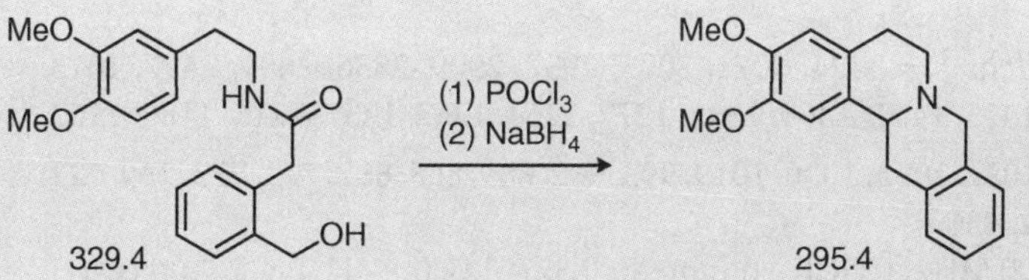

在室温下将三氯氧磷(4.16 mL,44.6 mmol)的无水甲苯溶液(15 mL)在氮气保 585
护下缓慢滴加到酰胺 **5.2.2.2**(978 mg,2.97 mmol)的无水甲苯溶液(15 mL)中,15 min滴完,反应液加热回流反应1.5 h。将反应液冷却到50℃,减压除去甲苯和三氯氧磷。将残留物溶解在20 mL甲醇中,将该体系冷却到0℃,将硼氢化钠(3.20 g,84.4 mmol)分批缓慢加入其中,1 h加完,反应液保持0℃过夜。

加入冰水(20 mL)除去多余的硼氢化钠,混合液用氯仿萃取(3×20 mL)。合并有机相,水洗(20 mL),饱和食盐水洗(20 mL),用 Na_2SO_4 干燥,过滤。除去溶剂,得到黄色胶状物,用中性氧化铝柱层析(甲苯/乙酸乙酯=4∶1)纯化得到黄色固体;600 mg(68%),mp 193～194℃,R_f(SiO_2;乙酸乙酯/甲苯=1∶1)=0.83;R_f(中性氧化铝;乙酸乙酯/甲苯=1∶1)=0.50。

^{1}H NMR (300 MHz, $CDCl_3$): δ (ppm) = 7.21–7.06 (m, 4H, Ar), 6.74 (s, 1H, Ar), 6.60 (s, 1H, Ar), 4.03 (d, J = 15 Hz, 1H, NCH), 3.92–3.81 (m, 6H, 2×OCH_3), 3.74 (d, J = 15 Hz, 1H, NCH), 3.62 (dd, J = 10, 5 Hz, 1H, CH), 3.33 (dd, J = 15, 6 Hz, 1H, $NC\underline{H}_BCH_2$), 3.20–3.06 (m, 2H, CH_A), 2.96–2.84 (m, 1H, $NC\underline{H}_ACH_2$), 2.72–2.54 (m, 2H, CH_2).
^{13}C NMR (76 MHz, $CDCl_3$): δ (ppm) = 147.4, 134.3, 128.6, 126.2, 126.1, 125.8, 111.3, 108.4, 59.5, 58.5, 56.0, 55.8, 51.4, 36.7, 29.0.
ESI MS: m/z (%) = 296 (100) $[M+H]^+$.

5.2.2.4* 外消旋-2,3-二甲氧基小檗因盐酸盐[4]

MeO, MeO, N, 295.4 —— HCl/丙酮 ——→ MeO, MeO, N⁺ H Cl⁻, 331.8

将 2 mol/L 的 HCl 的丙酮溶液(2 mL)滴加到二甲氧基小檗碱 **5.2.2.3** (600 mg,2.03 mmol)的丙酮溶液中(20 mL)。有沉淀生成,过滤将滤饼用甲醇重结晶得到目标产物黄色固体:425 mg(63%),mp 205～206℃。

586

IR (KBr): $\tilde{\nu}$ (cm^{-1}) = 3424, 3071, 3003, 2937, 2909, 2836, 2689, 2497, 1613, 1591, 1525, 1455, 1411, 1364, 1342, 1277, 1264, 1252, 1237, 1216, 1185, 1157, 1129, 1109, 1081, 1053, 1036, 1019, 993, 962, 889, 858, 832, 793, 773, 739, 722, 550, 528, 472, 436.
^{1}H NMR (300 MHz, $CDCl_3$): δ (ppm) = 7.35–7.22 (m, 4H, Ph_D), 7.06 (s, 1H, Ph_A), 6.82 (s, 1H, Ph_A), 4.82–4.69 (m, 1H), 4.66–4.52 (m, 2H), 4.00–3.88 (m, 1H), 3.84–3.70 (m, 6H, OCH_3), 3.45–3.06 (m, 4H), 2.94–2.81 (m, 1H).
^{13}C NMR (76 MHz, $CDCl_3$): δ (ppm) = 147.4, 128.6, 126.2, 126.1, 125.8, 111.3, 108.4, 59.5, 58.5, 56.0, 55.8, 51.4, 36.7, 29.0.
HRMS: calcd. for $C_{21}H_{23}N$ 295.1572; found 296.1645 ($[M+H]^+$).

参考文献

[1] Steglich, W., Fugmann, B., and Lang-Fugmann, S. (eds) (1997) *Römpp Lexikon Naturstoffe*, Georg Thieme Verlag, Stuttgart, p. 519.

[2] Orito, K., Satoh, Y., Nishizawa, H., Harada, R., and Tokuda, M. (2000) *Org. Lett.*, **2**, 2535–2537.

[3] Meise, W. and Zymalkowski, F. (1971) *Arch. Pharm.*, **304**, 175–181; W. Meise, F. Zymalkowski, *Arch. Pharm.* (1971) **304**, 182–188.

[4] Chatterjee, A. and Ghosh, S. (1981) *Synthesis*, 818–820.

[5] Smith, Kline & French English Patent 1004077; *Chem. Abstr.* **63** (1965), 18054d); this synthesis, however, could not be verified according to Ref. [3].

[6] For other syntheses of tetrahydroprotoberberines, see: Pakrashi, S.C., Mukhopadhyay, R., Ghosh Dastidar, P.P., and Bhattacharya, A. (1985) *J. Indian Chem. Soc.*, **62**, 1003.

[7] Hegedus, L.S. (1995) *Organische Synthese mit Übergangsmetallen*, Wiley-VCH Verlag GmbH, Weinheim, p. 223.

[8] Hillard, R.L. III, Parnell, C.A., and Vollhardt, K.P.C. (1983) *Tetrahedron*, **39**, 905–911; compare the remarkable synthesis of estrone: Funk, R.L. and Vollhardt, K.P.C. (1980) *J. Am. Chem. Soc.*, **102**, 5253–5261.

[9] Smith, M.B. (2013) *March's Advanced Organic Chemistry*, 7th edn, John Wiley & Sons, Inc., New York, p. 1368.

5.2.3 Buflavine

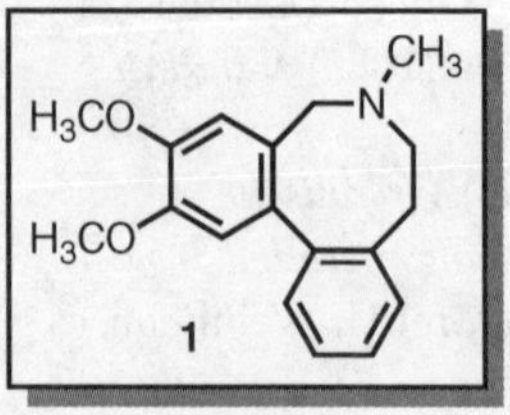
H3CO
H3CO
CH3
N
1

专题
- 石蒜科生物碱的合成
- Suzuki-Miyaura 交叉偶联反应
- R—CN→R—CH_2—NH_2 的还原
- 多米诺过程：Pictet-Spengler 合成/Eschweiler-Clarke 反应

(a) 总论

Buflavine(**1**)属于石蒜科生物碱类，拥有非常罕见的5,6,7,8-四氢二苯并[*c*,*e*]吖辛因骨架，它在八元N杂环体系的*o*,*o*′-位置拥有两个芳基单元。这种类型的化合物具有潜在的α-renolytic和抗血清素活性[1]。

587 逆合成*buflavine*(**1**)，先经过*N*-去甲基化得到二级胺**2**，将其切断成可行的(a/b/c)三种路径。a和c两路径包含亚铵离子(**2→3**,**2→6**)符合逆合成分析操作，而b部分包含还原胺化反应的逆过程(**2→5**)：

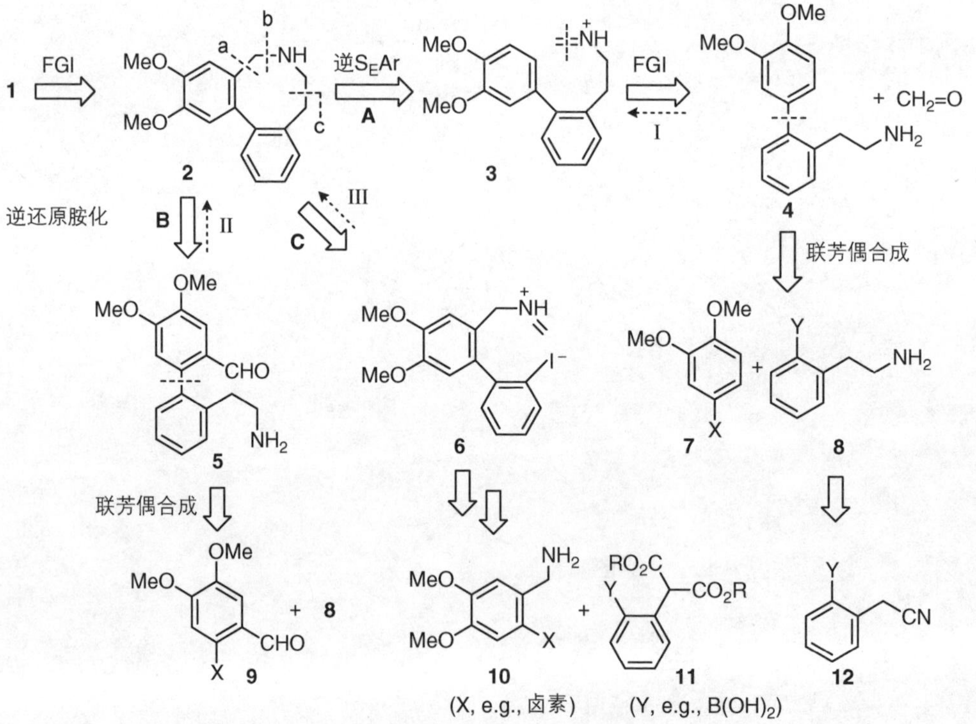
FGI
逆S_EAr
A
FGI
I
+ CH_2=O
逆还原胺化
B
II
C
III
联芳偶合成
联芳偶合成
1
2
3
4
5
6
7
8
9
10
11
12
(X, e.g., 卤素)
(Y, e.g., $B(OH)_2$)

两条逆合成路线 **A** 和 **B** 都分别需要底物 **7**,**8**,**12** 和 **5**,**9**,**8**。相应简单的两条路线Ⅰ/Ⅱ都可以合成最终产物 **1**。

在路线Ⅰ中,**7** 和 **12** 的联芳偶合后,对偶合产物进行还原得到一级胺 **4**,亚铵离子 **3** 经过 Pictet-Spengler-like 环化反应得到八元环化合物 **2**,其中 **3** 可以通过 **4** 和甲醛原位反应得到。

在路线Ⅱ中,醛 **9** 与 **12** 经过联芳偶合后,然后还原/脱保护得到氨基醛 **5**,分子内还原胺化得到 **2**。

逆合成路线 **C** 中需要合成子 **6**,与功能化的亚铵阳离子和苄基阴离子。**10**,**11** 是合适的底物。但是由路线Ⅲ得到目标分子比路线Ⅰ和路线Ⅱ要复杂,所以我们将不在这里进行详细讨论。

虽然如此,这三条合成路线Ⅰ～Ⅲ已经在现实中被运用来合成了。 588

1) *N*-甲基-*N'*-二(三甲基硅烷)甲基酰胺 **13** 在酰胺邻位区域选择性金属化(见 3.2.3 节),然后与硼酸三甲酯反应,再水解得到硼酸 **14**。**14** 与邻溴苯甲醛发生 Suzuki-Miyaura 偶联反应得到联芳基化合物 **16**,其在高稀释条件下发生 Peterson 烯化(见 1.1.5 节),得到环化产物 **15**。催化氢化,$LiAlH_4$ 还原酰胺($C{=}O \rightarrow CH_2$),异丙基酯的选择性裂解得到 8-*O*-二甲基 *buflavine*(**17**,另一种石蒜科生物碱),甲基化得到 *buflavine*(**1**)。这其中包含了路线Ⅲ的核心方法。

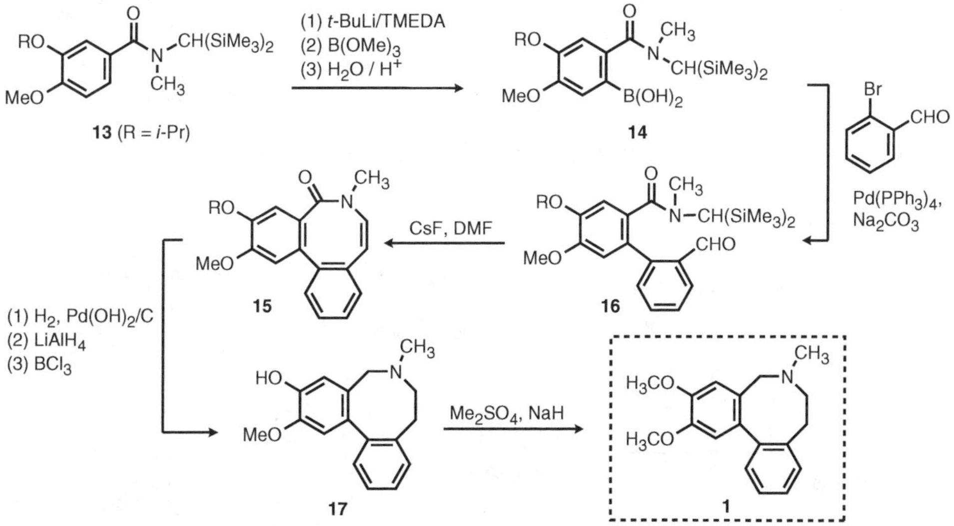

2) 噁唑啉 **18**(从 2,4,5-三甲氧基苯甲酸而来)与格氏试剂 **20**(从 2-溴苯甲醛而来)经过迈尔斯方案[3]经历 Pd(0)催化的非对称联芳偶合得到联芳 **19**。用 $FeCl_3 \cdot 6H_2O$ 脱去二噁戊烷得到醛 **21**,通过 PO-活化烯化,与 Boc 保护的氧化磷 **22** 反应得到烯氨基甲酸酯 **24**,然后对其进行氢化得到噁唑啉 **23**。进而对 **24** 进行 N-烷基化后

用 $NaBH_4$ 氢化[4]得到醛 **25**。根据路线Ⅱ：脱 Boc 保护(TFA,三氟乙酸)，再用 $Na[HB(OAc)_3]$还原酰胺得到相应的二级胺，最终得到吖辛因 **1**[5]。

589

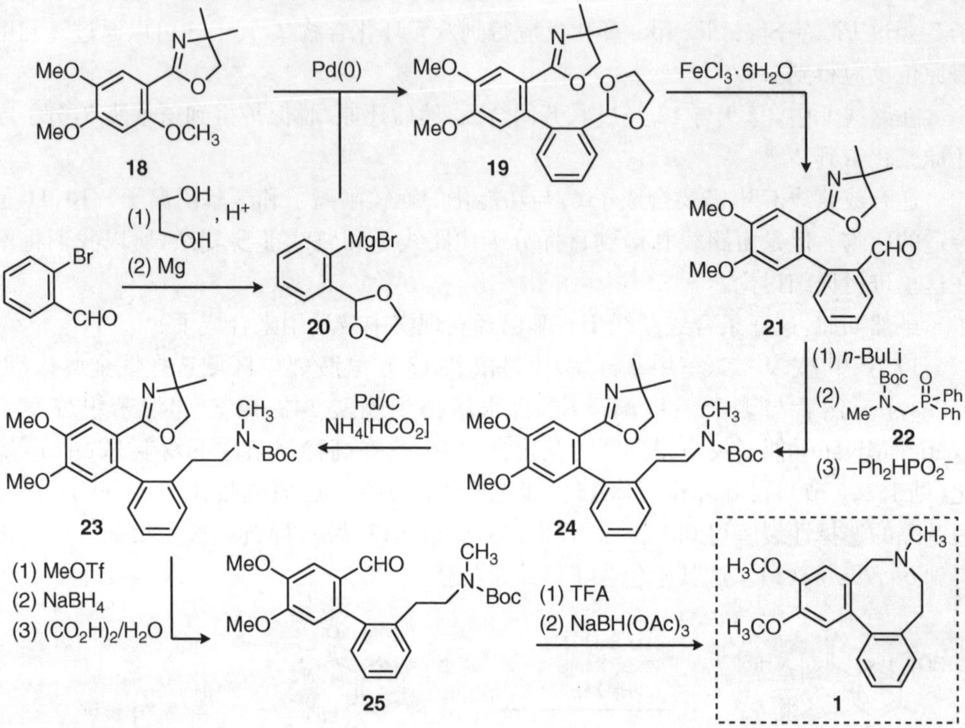

逆合成路线Ⅰ可以更短更高效地合成 **1**[1]，这将在(b)部分介绍。

(b) 1 的合成

关键底物中间体 **28** 很容易通过芳基硼酸 **26** 和芳基乙腈 **27** 在 $Pd(PPh_3)_4$ 和 K_2CO_3 存在下通过 Suzuki-Miyaura 交叉偶联反应而定量得到。

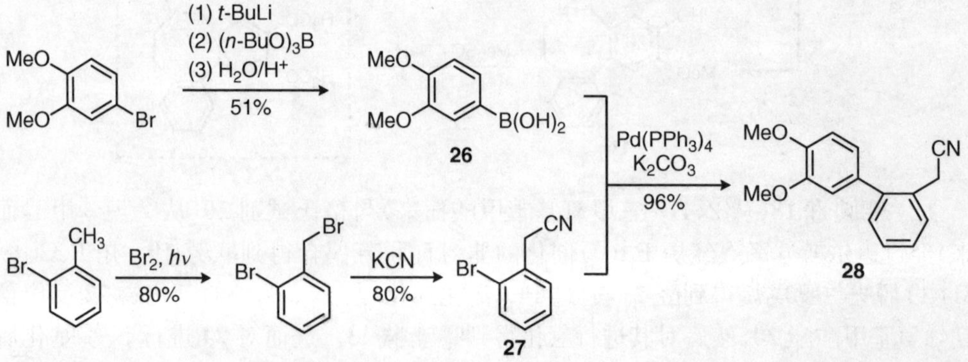

在后面的步骤，芳基乙腈 **28** 在 $CoCl_2$ 协助下用 $NaBH_4$ 还原可以转变为芳基乙 590
胺 **4**。胺 **4** 在 5 倍过量的多聚甲醛的甲酸溶液中反应得到目标产物 **1**，产率 55 %。另外根据参考文献[1]，5%的副产物 **29** 可以通过制备 TLC 分离得到。这个化合物将不在实验部分介绍。

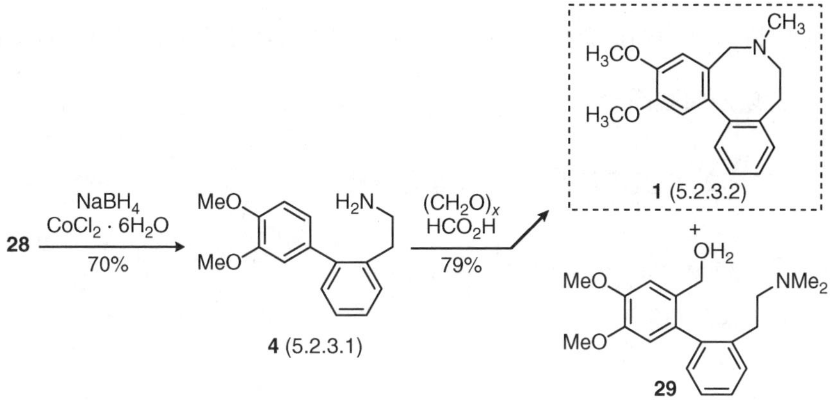

显然，在关键步骤（**4→1**）中，八元环的关环类似于 Pictet-Spengler 合成的 1,2,3,4-四氢异喹啉的方式，通过亚铵离子的形成[6]，然后分子内 S_EAr 反应关环，最后通过 Eschweiler-Clarke N-甲基化反应[7]。在这个多米诺过程中有两个可选的路线（**4→3→2→1** 或 **4→30→31→1**）。

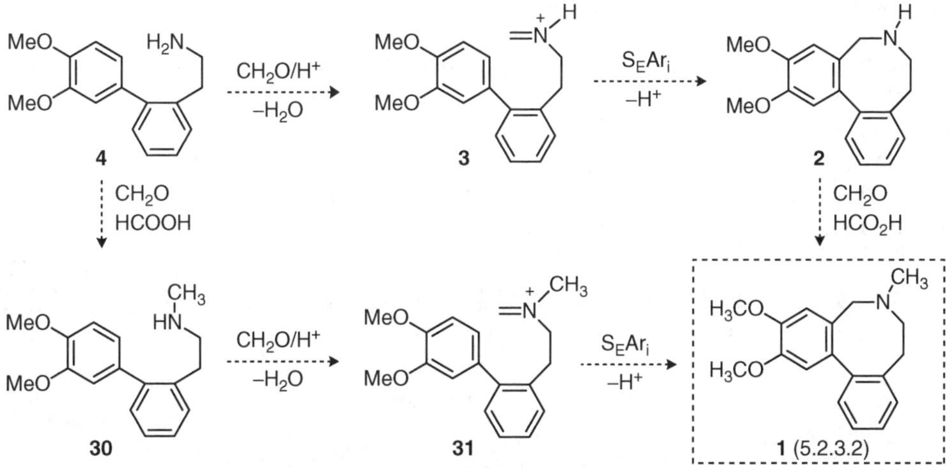

副产物 **29** 可以通过 **4** 经过（S_EAr）羟甲基化给体活化的 a 环与甲醛（**4→32**）反应
得到。然后通过 Eschweiler-Clarke *N*,*N* 二甲基化反应（**32→29**）对 **32** 的伯胺官 591
能化。

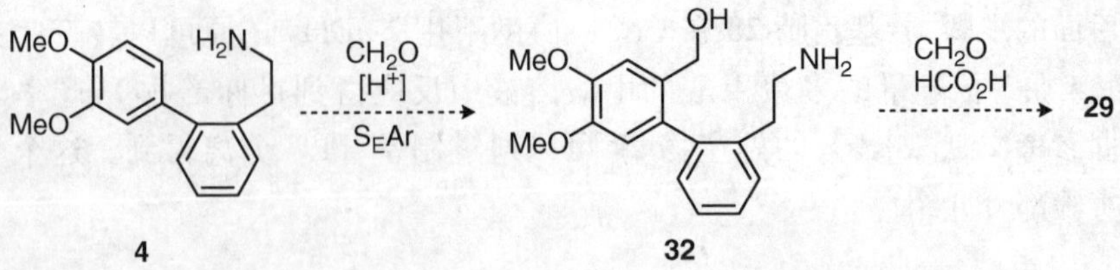

底物**26**和**27**可以通过商业化得到，目标化合物可以分三步反应以总收率53%得到。

(c) 1 合成的实验部分

5.2.3.1* 2-(2-氨乙基)-3,4-二甲氧基苯[1]

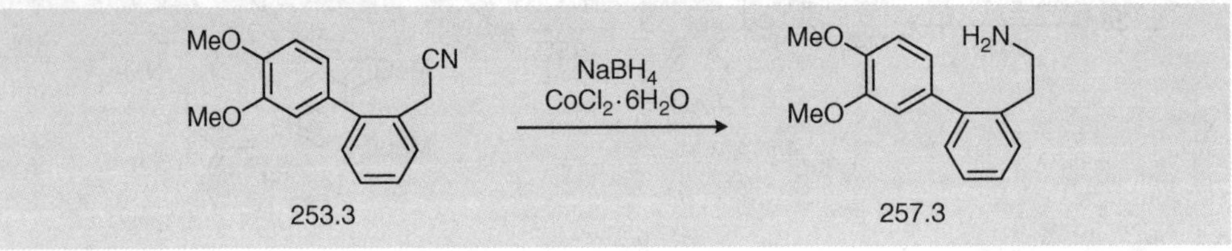

将六水合氯化钴(3.76 g,15.8 mmol)加入腈**1.6.2.3**(2.00 g,7.90 mmol)的甲醇/苯(4∶1,100 mL)的混合溶液中。冷却到0℃,加入硼氢化钠(2.99 g,79.0 mmol)。升温到室温搅拌反应3.5 h,加入HCl(3 mol/L,100 mL)继续搅拌1.5 h。

减压除溶剂浓缩，加入浓氨水碱化，用乙醚(3×100 mL)萃取，合并有机相，水洗，饱和食盐水洗，过滤，减压除溶剂得到黄色油状产物；1.42 g,(70%)。

^{1}H NMR (500 MHz, $CDCl_3$): δ (ppm) = 7.32–7.20 (m, 4H, Ar–H), 6.95–6.80 (m, 4H, Ar–H), 3.92 (s, 3H, OCH_3), 3.88 (s, 3H, OCH_3), 2.78 (m, 4H, Ar–CH_2–CH_2), 1.21 (s_{br}, 2H, NH_2).
^{13}C NMR (126 MHz, $CDCl_3$): δ (ppm) = 148.6, 148.0, 142.2, 137.4, 134.6, 130.4, 129.6, 127.3, 126.1, 121.4, 112.8, 111.0 (12×Ar–C), 56.0 (2×OCH_3), 43.4 ($CH_2\underline{C}H_2NH_2$), 37.6 ($\underline{C}H_2CH_2NH_2$).

592 ### 5.2.3.2* 2,3-二甲氧基-6-甲基-5,6,7,8-四氢二苯并[*c*,*e*]吖辛因(buflavine)[1]

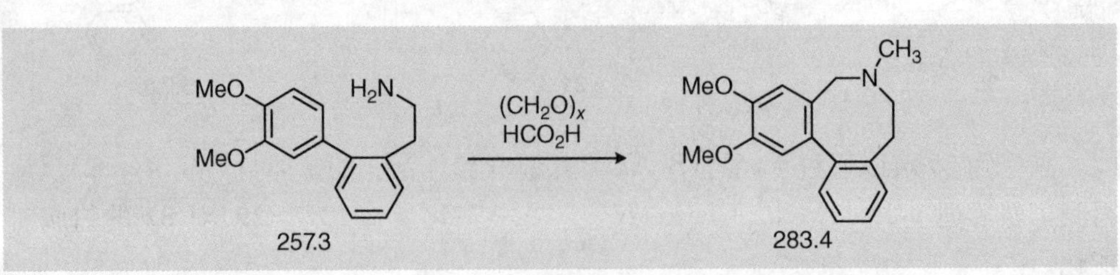

将β-芳基乙胺 **5.2.3.1**(800 mg,3.11 mmol),多聚甲醛(516 mg,15.5 mmol,90%～92%),甲酸(20 mL)室温搅拌反应 24 h。再加入多聚甲醛(516 mg,15.5 mmol),加热回流反应 24 h。

减压除溶剂浓缩,加入饱和 Na_2CO_3(2 mol/L,100 mL),$CHCl_3$(3×100 mL)萃取,合并有机相水洗(3×100 mL),用 $MgSO_4$ 干燥,过滤,减压除溶剂,硅胶柱层析纯化($MeOH/CH_2Cl_2$=1∶9)得到黄色油状产物;700 mg(79%)。

IR (KBr): $\tilde{\nu}$ (cm^{-1}) = 3050, 2930, 2840, 2785, 1605, 1515, 1440, 1210, 1145, 1020, 860, 750.
^{1}H NMR (500 MHz, $CDCl_3$): δ (ppm) = 7.36–7.27 (m, 3H, Ar), 7.25–7.22 (m, 1H, Ar), 6.90 (s, 1H, Ar), 6.80 (s, 1H, Ar), 3.95 (s, 3H, OCH_3), 3.89 (s, 3H, OCH_3), 3.52 (d, J = 13.6 Hz, 1H), 3.26 (m, 1H), 3.06 (d, J = 13.6 Hz, 1H), 2.75–2.67 (m, 1H), 2.55–2.49 (m, 2H) (3 × CH_2), 2.49 (s, 3H, CH_3).
^{13}C NMR (126 MHz, $CDCl_3$): δ (ppm) = 148.5, 147.6, 141.4, 140.1, 133.0, 130.1, 129.5, 129.1, 127.9, 126.1, 113.7, 112.3 (12 × Ar–C), 58.8, 58.4 (2 × OCH_3), 56.0, 56.0 ($CH_2\underline{C}H_2N(CH_3)\underline{C}H_2$), 45.9 ($N\underline{C}H_3$), 32.7 ($\underline{C}H_2CH_2NH_2$).

参考文献

[1] Sahakitpichan, P. and Ruchirawat, S. (2003) *Tetrahedron Lett.*, **44**, 5239–5241.

[2] Patil, P.A. and Snieckus, V. (1998) *Tetrahedron Lett.*, **39**, 1325–1326.

[3] Hutchings, R.H. and Meyers, A.I. (1996) *J. Org. Chem.*, **61**, 1004–1013.

[4] For comparison, see: Tietze, L.F. and Eicher, T. (1991) *Reaktionen und Synthesen im Organisch-Chemischen Praktikum und Forschungslaboratorium*, 2nd edn, Georg Thieme Verlag, Stuttgart, p. 384.

[5] Hoarau, C., Couture, A., Deniau, E., and Grandclaudon, P. (2002) *J. Org. Chem.*, **67**, 5846–5849.

[6] Eicher, T., Hauptmann, S., and Speicher, A. (2012) *The Chemistry of Heterocycles*, 3rd edn, Wiley-VCH Verlag GmbH, Weinheim, p. 681.

[7] *Organikum* (2001) 21st edn, Wiley-VCH Verlag GmbH, Weinheim, p. 578 (Leuckart–Wallach reaction).

[8] (a) Tietze, L.F. (1996) *Chem. Rev.*, **96**, 115–136; (b) Tietze, L.F., Brasche, G., and Gericke, K. (2006) *Domino Reactions in Organic Synthesis*, Wiley-VCH Verlag GmbH, Weinheim.

593 5.3 多米诺反应在类异戊二烯类化合物合成中的应用

5.3.1 (±)-*trans*-菊酸

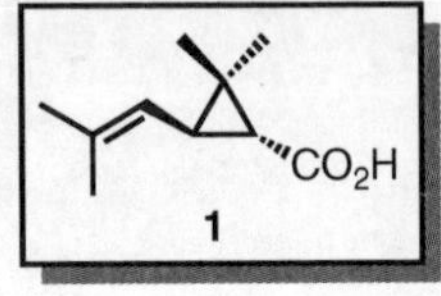

专题
- 环状单萜羧酸的合成
- 用烯基翻转从烯丙醇和 HX 合成烯丙基卤代物
- 酯化反应/酯的水解
- 磺酰氯的还原制备亚磺酸
- 亚磺酸酯的重排制备砜
- 多米诺过程：Michael 加成/1,3-消除制备环丙烷

(a) 总论

菊酸(**1**)是一种偕二甲基取代的环丙烷羧酸,它是将β-二甲基乙烯片段和 *trans*-CO_2H 基团拼接在一起。它属于单萜天然产物的一族。在除虫菊里面就含有它(例如：维斯除虫菊)。以羟基环戊烯酮(除虫菊醇酮)的形式存在。像除虫菊酯Ⅰ/Ⅱ(**2**)这样的酯(除虫菊酯)是一种很重要的杀虫剂。它们对温血动物只有轻微的毒性,但对昆虫却有快速的不可抗的杀害效果。

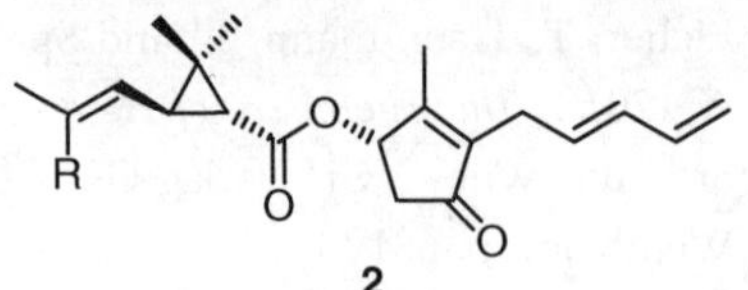

除虫菊酯 I: R = CH_3
除虫菊酯 II: R = CO_2CH_3

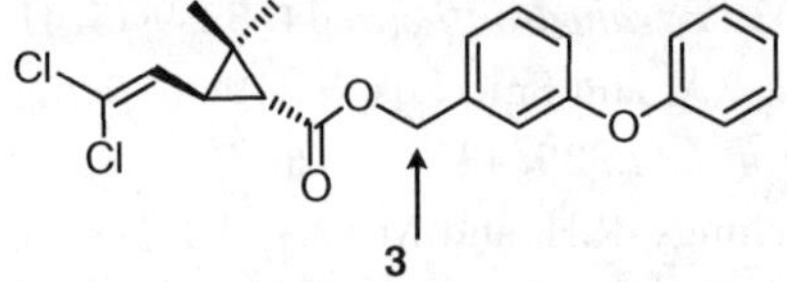

氯菊酯

对菊酸(**1**)和醇的部分的结构进行修饰可以很好地提高它的杀虫性能。以(β-二氯乙烯)二甲基环丙羧酸和(3-苯氧基)苄醇合成的人工合成除虫菊酯在植物保护方面有着广泛的应用[1]。和其他已知的人工合成的杀虫剂相比,氯菊酯(**3**)对温血动物的毒性更小,在空气和光照下更加稳定,而且更容易被代谢掉。

594 在实际运用中,只要很少剂量就能达到很好的效果。但是最近它的一些缺陷也被发现。比如可能会成为潜在的过敏源,对蜜蜂和鱼有毒[2]。在醇的苄基位引入氰基,在二卤烯基部分用溴取代氯可以进一步提高杀虫剂 **3** 的活性[3]。

逆合成环丙烷结构的目标分子需要参照下列方法：

- [2+1]-三元环裂解生成烯和卡宾(和它们的前躯体);
- 打开环丙烷 C—C 键生成可环化的 1,3-功能化开链化合物。

相应地，菊酸(**1**)和它的酯 **6**，分别有两种基本的断裂方式，**A**(得到合成子 **4** 和 **5**)以及 **B**(得到合成子 **7**)

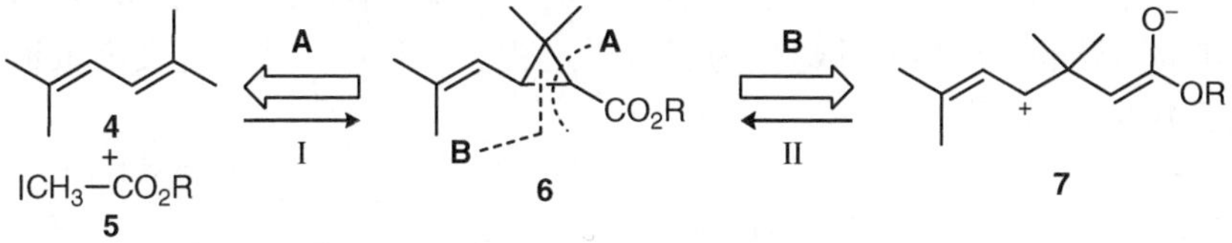

通过 **A** 可以直观地发现合成 **6** 的方案(策略Ⅰ)，由 Cu 和 Rh 催化热解重氮乙酸酯 **8** 产生的烷氧羰基卡宾 **5** 同 2，5-二甲基乙烷-2，4-二烯(**4**)[4]进行[2+1]环加成。单环丙烷化和随后的碱诱导平衡反应得到反式酯 **6** 有 95%以上的对映选择性[5]。用二聚的 $Rh_2(OAc)_4$ 作为催化剂，环丙烷和重氮乙酸酯通过铑(Ⅱ)作用可能生成铑(Ⅱ)卡宾配合物(消除 N_2 后)，再和双键二烯 **4** 的一个双键加成[6]。

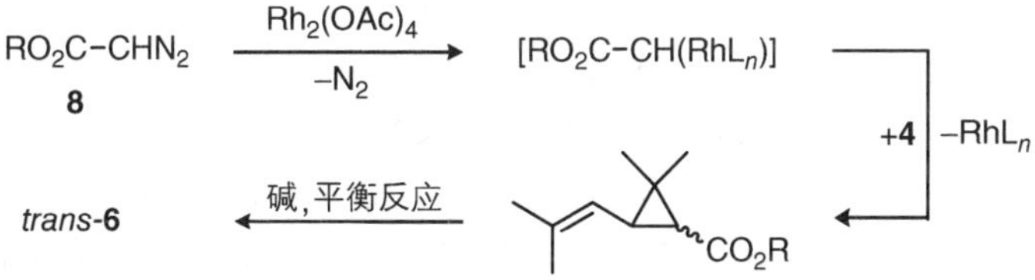

通过重氮乙酸酯的手性酯化合物或者基于氨基酸的手性 Cu 催化剂(>90% ee)[7,8]可以实现 *trans*-氟菊酸酯 **6** 的不对称合成。尤其是手性 Cu(Ⅰ)催化剂 **10**，应 595
用于氟菊酸酯 **9** 的制备，反式∶顺式达到 95∶5，ee 值达到 94%[9,10]。

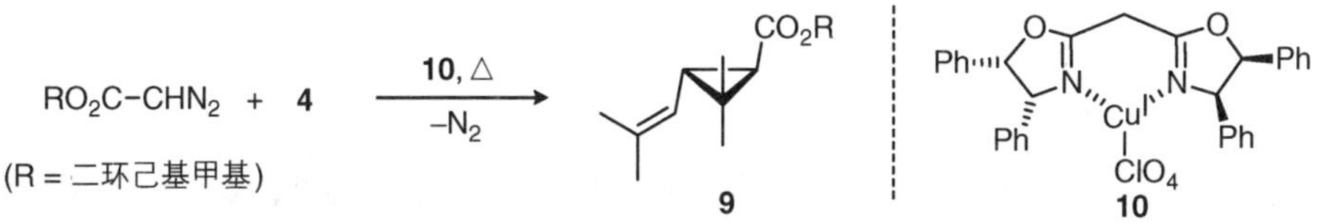

通过逆合成路线 **B**，需要合成子 **7**，它可由砌块 **11** 合成。它是一个 γ 位有适合功能团 X 的开环酯。由此逆合成推导出阴离子合成子 **12** 和 β，β-二甲基丙烯酸酯 **13**(作为 Michael 受体)：

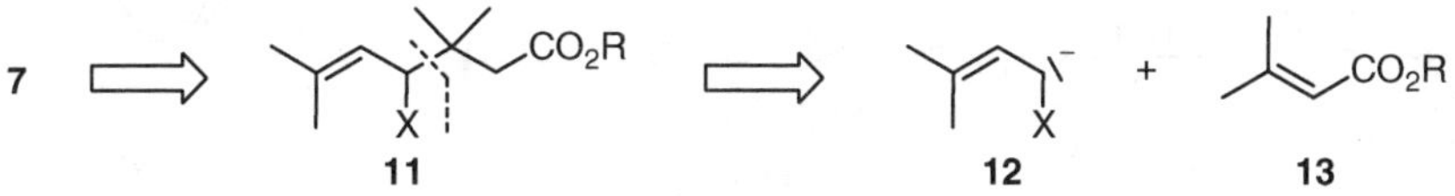

在 γ 功能化的体系 **11** 中，官能团 X 不仅活化了 α 位的 C—H 键使 CH 酸性增强，而且它还是个很好的离去基团，这个首要条件必须满足，例如 SO_2R。因此，对方

法Ⅱ而言化合物 **14** 是一个非常重要的关键体,它可以通过碱诱导去质子化得到 **12**,对 **12** 进行 Michael 加成得到 **13**,然后得到 **15**,烯丙醇通过分子内亲核取代(S_{Ni},1,3-消除)进行环丙烷关环,最终得到热力学更稳定的反式产物 **6**。为了提高效率,需要进行一系列碱诱导的反应(**14** 到 **6**)作为多米诺过程[11],事实上已经有文献报道用这种方法合成 **1**[见(b)部分]。

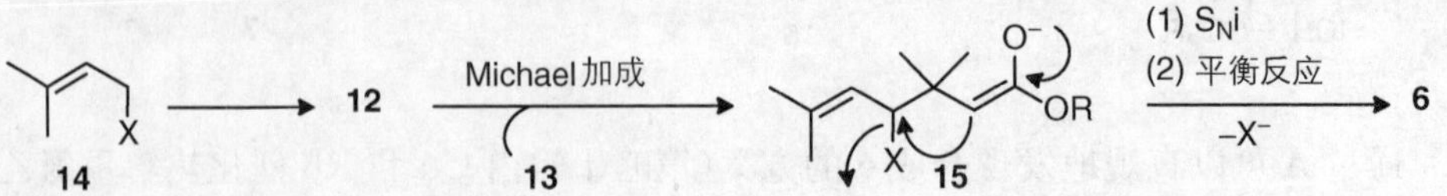

值得注意的是,因为目标化合物 **1** 带有不对称的环丙烷结构,根据 **A** 和 **B** 的方法可推导出[2+1]环加成和 1,3-消除的方案[12]。第三种合成环丙烷羧酸的原则是 α-卤代环丁酮的缩环的 Favorskii 反应,这个方法已经被成功地运用到类菊酸系列化合物 β-β-二卤二烯的合成中[13]。

596 **(b) 1 的合成**

为了方便具体的操作,我们选择了基于路线Ⅱ的便于实验室操作和底物简单易得的合成路线[14]。

其中关键的中间体对甲苯-3,3-二甲基亚砜 **18**,可以通过对甲苯亚磺酸钠(**16**)和 3,3-二甲基烯丙基溴(**17**)得到。最开始亚磺酸阴离子的 O-烷基化可以生成烯丙基亚磺酸,在该反应条件下重排得到烯丙基亚砜。由于它只限于酯残基的亚磺酸,表明有共振-稳定的碳正离子,如苄基或者烯丙基的存在[15],所以一般认为它是亲电 1,2-*O*,*S* 迁移的重排机理。

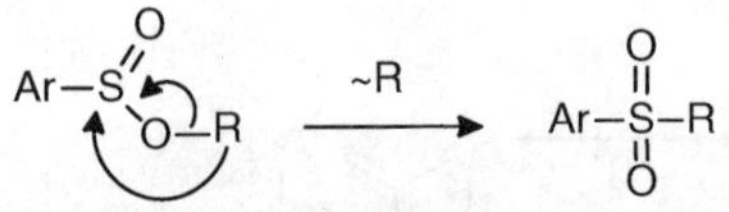

对甲苯亚磺酸钠 **16** 可以通过对甲苯亚磺酸酰氯在 Zn 的 NaOH 水溶液中还原得到,烯丙基溴 **17** 可以通过二甲基乙烯伯醇和 48%HBr 通过烯丙基反转的 $S_{N'}$ 反应得到[16]。

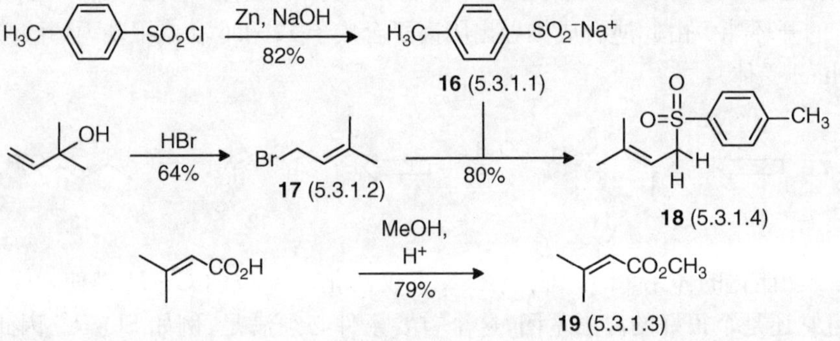

依照 Fischer 的方法，3-甲基-2-丁烯酸甲酯(**19**)通过 3-甲基-2-丁烯酸(千里光酸)和甲醇通过酯化反应得到。α,β-不饱和酯 **19** 与砜 **18** 在甲醇存在下反应得到外消旋的菊酸甲酯(**20**)，其产物中反式对映体含量>95%(根据[1] H NMR，见 5.3.1.5 节)。

最后一步的合成通过酯 **20** 在 KOH 的甲醇溶液中进行皂化反应得到(±)-*trans*-菊酸 **1**。 597

18 + 19 —NaOMe→ [中间体] —$-ArSO_2^-$, 58%→ **20** (5.3.1.5) —KOH, 83%→ **1** (5.3.1.6)

Ar = —C_6H_4—CH_3

通过这种双重收敛的方法，经过 6 步反应可以得到目标化合物 **1**，总产率 32%(基于 **16**)。

(c) 合成化合物 1 的实验部分

5.3.1.1* 对甲苯亚磺酸钠[16]

H_3C—C_6H_4—SO_2Cl (190.7) —Zn, NaOH→ H_3C—C_6H_4—$SO_2^-\ Na^+ \cdot 2H_2O$ (214.2)

搅拌条件下，在 10 min 内，将对甲苯亚磺酰氯粉末(50.0 g，0.26 mol)分批加入锌粉(45.0 g，0.69 mol)的 500 mL 水的悬浊液中，维持温度 70～75℃。温度轻微上升。搅拌 10 min 后，将 NaOH(12.0 g，0.30 mol)的水溶液(25 mL)缓慢加入其中，3 min 加完，保持反应温度 70～75℃。反应体系颜色逐渐变浅，pH 接近 7。加入碳酸钠(20.0 g，0.20 mol)调节 pH 到 9～10。

将反应体系用大的布氏漏斗趁热过滤，用热水(250 mL)研磨固体两次。收集滤液浓缩到 130 mL。冷却结晶得到对甲苯亚磺酸钠水合物针状晶体。过滤收集干燥到恒重。将母液体积减少三分之一再次结晶。共得固体产物 46.0 g(82%)。这个盐熔程有点长，在大约 340℃开始分解。

IR (KBr): $\tilde{\nu}$ (cm^{-1}) = 1010, 970.
^{1}H NMR (300 MHz, [D$_6$]DMSO): δ (ppm) = 7.39 (d, J = 7.7 Hz, 2H, Ar), 7.13 (d, J = 7.7 Hz, 2H, Ar), 2.29 (s, 3H, CH_3).

598

5.3.1.2* 1-溴-3-甲基-2-丁烯[17]

86.1 —48% HBr→ 149.0

将 48%的氢溴酸(400 mL)和 1-溴-3-甲基-2-醇(86.1 g,1.00 mol)混合,室温剧烈搅拌 15 min。

水相从油相中分离,苯萃取(250 mL)(注意:苯致癌),合并有机相,快速用冷的 $NaHCO_3$ 饱和溶液(100 mL)洗涤,干燥,过滤。在 150 mbar 条件微蒸馏得到淡黄色油状液体 1-溴-3-甲基-2-丁烯,95.0 g(64%),bp_{150} 82～83℃。

IR (film): $\tilde{\nu}$ (cm^{-1}) = 1670.
^{1}H NMR (300 MHz, $CDCl_3$): δ (ppm) = 5.49 (t, J = 8.2 Hz, 1H, =C–H), 4.03 (d, J = 8.2 Hz, 2H, =C–CH_2), 1.80, 1.75 (s, 2×3H, 2×CH_3).

5.3.1.3* 3-甲基-2-丁烯酸甲酯[15]

CO_2H (100.1) + CH_3OH —H_2SO_4→ CO_2CH_3 (114.1)

将浓硫酸(5.0 mL)小心加入 3-甲基-2-丁烯酸(18.0 g,0.18 mol)的无水甲醇(100 mL)溶液中,反应液加热回流 2 h。

反应液冷却,倒入冰水(100 mL)中,乙醚(3×75 mL)萃取。合并有机相,饱和食盐水(100 mL)洗涤,$MgSO_4$ 干燥,过滤。常压蒸馏得到无色油状液体目标产物,16.2 g(79%),bp_{760} 133～134℃,n_D^{20} = 1.437 5。

IR (film): $\tilde{\nu}$ (cm^{-1}) = 1720, 1660.
^{1}H NMR (300 MHz, $CDCl_3$): δ (ppm) = 5.68 (s, 1H, vinyl-H), 3.68 (s, 3H, OCH_3), 2.17 (s, 3H, =C–CH_3 cis to CO_2Me), 1.89 (s, 3H, =C–CH_3 trans to CO_2Me).

5.3.1.4 (3-甲基-2-丁烯)-(对甲苯)砜[15]

H_3C—C$_6$H$_4$—SO_2^- Na^+ · $2H_2O$	+	Br—CH$_2$CH=C(CH$_3$)$_2$	DMF →	H_3C—C$_6$H$_4$—SO_2—CH$_2$CH=C(CH$_3$)$_2$
214.2		149.0		224.3

在室温下将 1-溴-3-甲基-2-丁烯 **5.3.1.2**(16.0 g,0.10 mol)滴加到水合对甲苯磺酸钠水合物的 DMF(100 mL)悬浊液中,15 min 加完。升高温度大概 8℃后,10 min 体系变得澄清透明。升高温度到 85℃,反应 1.5 h。

将无色的反应液冷却到室温,倒入水(500 mL)中,生成絮状沉淀。如果有油状物生成,将混合物搅拌 14 h。收集固体过滤,水洗,异丙醇(20 mL)重结晶,得到无色固体 18.6 g(80%),mp 80~81℃。

IR (KBr): $\tilde{\nu}$ (cm^{-1}) = 1665.
^{1}H NMR (300 MHz, $CDCl_3$): δ (ppm) = 7.75 (d, J = 8.4 Hz, 2H, Ar), 7.34 (d, J = 8.4 Hz, 2H, Ar), 5.16 (t, J = 8.0 Hz, 1H, vinyl-H), 3.75 (d, J = 8.0 Hz, 2H, allyl-CH_2), 2.44 (s, 3H, p-tolyl-CH_3), 1.68, 1.33 (2 × s, 2 × 3H, =C–$(CH_3)_2$).

5.3.1.5** 甲基(±)-反式-菊酸乙酯[15]

H_3C—C$_6$H$_4$—SO_2—CH$_2$CH=C(CH$_3$)$_2$	+	(CH$_3$)$_2$C=CH—CO_2CH_3	$NaOCH_3$ →	反式菊酸甲酯 (CO_2CH_3)
224.3		114.1		182.3

在氮气保护下将甲醇钠(10.0 g,185 mmol)一次性加入酯 **5.3.1.3**(9.00 g,79.0 mmol)和二甲基烯丙基砜 **5.3.1.4**(15.0 g,67.0 mmol)的无水 DMF(75 mL)溶液中。反应液颜色变成棕色,继续保持室温搅拌反应 72 h。

将反应液倒入浓盐酸(25 mL),水(50 mL),冰块(50 g)的混合物中。分离有机相,橙色油相分离,剩余物用正戊烷(5×50 mL)萃取。两相间乳化层有少许棕色油状物,分液除去。合并有机相,用饱和 $NaHCO_3$ 水溶液洗涤,再用饱和食盐水(100 mL)洗涤,用 $MgSO_4$ 干燥,过滤,浓缩。残留物减压蒸馏得到有清新气味的无色油状液体 7.40 g(58%),bp_1 49~50℃,n_D^{20} = 1.4645。

IR (film): $\tilde{\nu}$ (cm^{-1}) = 1730, 1650.

600 ^{1}**H NMR** (300 MHz, $CDCl_3$): δ (ppm) = 4.84 (d, J = 7.9 Hz, 1H, vinyl-H; note), 3.60 (s, 3H, $CO_2C\underline{H_3}$), 1.98–2.02 (m, 1H, allyl-H), 1.66, 1.65 (2×s, 2×3H, =$C(CH_3)_2$), 1.33 (d, J = 5.4 Hz, 1H, $C\underline{H}$–CO_2CH_3), 1.21, 1.08 (2×s, 2×3H, $C(CH_3)_2$).

注：δ=4.84 ppm处的峰对应的是反式酯上乙烯基上的氢。顺式异构体(大约5%)的乙烯基的氢的信号出现在δ=5.40 ppm处。延长反应时间有利于反式构型的生成。

5.3.1.6* (±)-反式-菊酸[15]

CO_2CH_3 —KOH→ CO_2H

182.3 168.2

将酯**5.3.1.5**(5.00 g,27.4 mmol)和氢氧化钾(5.00 g,90.0 mmol)的95%乙醇(75 mL)加热回流反应2 h。

减压除溶剂,得到黑色油状物,将其溶解在水(100 mL)中。溶液用乙醚(50 mL)萃取,红色水相用浓盐酸调节pH到1~2,继续用乙醚(3×40 mL)萃取。从酸液中分离得到黑色油滴状菊酸,溶于乙醚溶液。合并有机相,$MgSO_4$干燥,过滤,浓缩。将残留物在微型减压蒸馏装置中减压蒸馏。蒸馏油浴温度105~120℃。产量3.80 g(83%),$bp_{0.4}$ 83~85℃,n_D^{20}=1.478 2;将产物在4℃放置14 h固化;mp 45~47℃。

IR (KBr): $\tilde{\nu}$ (cm^{-1}) = 1685.

^{1}**H NMR** (300 MHz, $CDCl_3$): δ (ppm) = 11.7 (s, 1H, CO_2H), 4.90 (d, J = 7.8 Hz, 1H, vinyl-H; note), 2.07–2.12 (m, 1H, allyl-H), 1.72, 1.71 (2×s, 2×3H, =$C(CH_3)_2$), 1.39 (d, J = 5.4 Hz, 1H, $C\underline{H}CO_2H$), 1.30, 1.15 (s, 3H, $C(CH_3)_2$).

注：在δ=5.35 ppm出现的峰是副产物顺式-菊酸(<5%)的信号。

参考文献

[1] (a) Büchel, K.H. (1977) *Pflanzenschutz und Schädlingsbekämpfung*, Georg Thieme Verlag, Stuttgart; (b) Naumann, K. (1978) *Nachr. Chem. Tech. Lab.*, **26**, 120–122.

[2] Marquart, H. and Schäfer, S.G. (1994) *Lehrbuch der Toxikologie*, BI Wissenschaftsverlag, Mannheim, p. 475.

[3] Elliot, M. (1973) *Nature*, **246**, 169; (1974) **248**, 710–711.

[4] The diene **3** can be synthesized starting from acetone either by Wittig reaction with $Ph_3P{=}CH{-}CH{=}C(CH)_2$: Bogdanovic, B. and Konstantinovic, S. (1972) *Synthesis*, 481–483 or by ethynylation via 2,5-dimethylhex-3-yne-2,5-diol Sanders, H.J. and Taff, A.W. (1954) *Ind. Eng. Chem.*, **46**, 414–426.

[5] Hubert, A.J., Noels, A.F., Anciaux, A.J., and Teyssie, P. (1976) *Synthesis*, 600–602.

[6] Hegedus, L.S. (1995) *Organische Synthese mit Übergangsmetallen*, Wiley-VCH Verlag GmbH, Weinheim, p. 165.

[7] Aratani, T., Yoneyoshi, Y., and Nagase, T. (1977) *Tetrahedron Lett.*, 2599–2602.

[8] (a) Arlt, D., Jautelat, M., and Lantzsch, R. (1981) *Angew. Chem.*, **93**, 719–738; *Angew. Chem., Int. Ed. Engl.*, (1981), **20**, 703-722; For enantioselective syntheses of cyclopropanes, see (b) Lebel, H., Marcoux, J.-F., Molinaro, C., and Charette, A.B. (2003) *Chem. Rev.*, **103**, 977–1050; (c) Reißig, H.-U. (1996) *Angew. Chem.*, **108**, 1049–1051; *Angew. Chem., Int. Ed. Engl.*, (1996), **35**, 971–973.

[9] Lowenthal, R.E. and Masamune, S. (1991) *Tetrahedron Lett.*, **32**, 7373–7376.

[10] Accordingly, BINOL-based chiral iodomethylzinc phosphates have been found to catalyze asymmetric Simmons–Smith cyclopropanations with $Zn(CH_2I)_2$: Lacasse, M.-C., Poulard, C., and Charette, A.B. (2005) *J. Am. Chem. Soc.*, **127**, 12440–12441.

[11] (a) Tietze, L.F. (1996) *Chem. Rev.*, **96**, 115–136; (b) Tietze, L.F., Brasche, G., and Gericke, K. (2006) *Domino Reactions in Organic Synthesis*, Wiley-VCH Verlag GmbH, Weinheim; (c) Tietze, L.F. (ed.) (2014) *Domino Reactions – Concepts for Efficient Organic Synthesis*, Wiley-VCH Verlag GmbH, Weinheim.

[12] For an enantioselective synthesis based on strategy B, see: Krief, A., Dumont, W., and Baillieul, D. (2002) *Synthesis*, **14**, 2019–2022.

[13] (a) Martin, P., Kreuter, H., and Bellus, D. (1979) *J. Am. Chem. Soc.*, **101**, 5853–5854; (b) for a review on chrysanthemic acid syntheses, see: Jeanmart, S. (2003) *Aust. J. Chem.*, **56**, 559–566.

[14] (a) Schatz, P.F. (1978) *J. Chem. Educ.*, **55**, 468–470; (b) Martell, J. and Huynh, C. (1967) *Bull. Soc. Chim. Fr.*, 985–986.

[15] Oae, S. (1977) *Organic Chemistry of Sulfur*, Plenum Press, New York, London, p. 639.

[16] Tietze, L.F. and Eicher, T. (1991) *Reaktionen und Synthesen im Organisch-Chemischen Praktikum und Forschungslaboratorium*, 2nd edn, Georg Thieme Verlag, Stuttgart, p. 489.

[17] (a) British Patent 735,428, 31.8.1955; *Chem. Abstr.*, **50** (1956), 88706a; (b) prenyl bromide has alternatively been prepared by surface-mediated hydrobromination of isoprene: De Mattos, M.C.S. and Sanseverino, A.M. (2003) *Synth. Commun.*, **33**, 2181–2186.

5.4 用于色满和二噁英合成的多米诺反应

5.4.1 甲基[(*S*)-5-甲氧基-2,7-二甲基-2-色满-2-基]醋酸

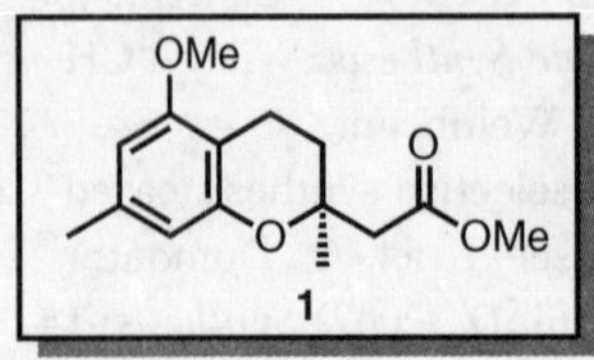

专题
- Lombardo 反应
- 醚的裂解
- 多米诺 Wacker/羰基化/甲氧基化反应

602 **(a) 概述**

在多米诺,Wacker/羰基化/甲氧基化反应[2]的 *diversonol*(**2**)的全合成中,色满 **1**[1]起到一个中间体的作用。diversonol(**2**)是一种真菌代谢产物,可以从不同的真菌中分离出来,比如青霉菌[3a]和 *Microdiplodia sp*[3b]。它的绝对构型已经通过圆二色谱(CD)测定和时间依赖密度功能理论电子元二色谱(TDDFT)计算[3b]。另外,其他三个这种类型化合物的全合成目前已经发表[4]。

2
Diversonol

3
黑麦酸

diversonol(**2**)的六氢氧代蒽酮骨架与天然产自真菌中的黑麦酸(**3**)在骨架结构方面很相似。它具有抗菌,抑制细胞生长,抗 HIV(人体免疫缺陷)的特征[5]。

分子内酰化

ent-**2** **4** **5**

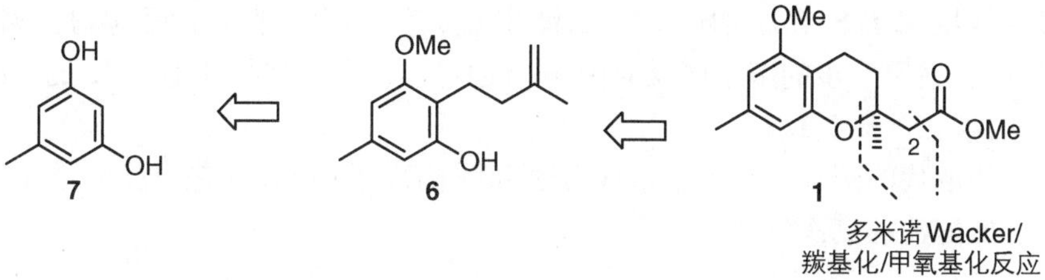

7 ⇦ 6 ⇦ 1

多米诺 Wacker/
羰基化/甲氧基化反应

逆合成分析,可以通过 E-**2** 位起始原料经过中间体四氢氧代蒽酮 **4** 和色满酮 **5** 来逆合成色满 **1**。通过 **1** 的 C-2 位置的羟基化、链增长、氢化、苄基氧化来实现。

另一方面,化合物 **1** 可以通过含有烯基侧链基团的苯酚 **6** 制得。在手性 BOXAX 603
配体[6](见 2.6.1 节)的存在下,通过对映选择性的多米诺,沃克(Wacker)/羰基化/甲氧基化反应来得到。最后,**6** 也可以很简单地从苔黑酚(**7**)制得(见 2.6.1 节)。

下列是含有酚羟基的烯烃 **6** 在手性 BOXAX 配体 **11**(**2.6.1.10**)存在下分子内对映选择性 Wacker 氧化[7],羰基化和甲氧基化过程,可能的反应机理如下(见 2.5 节)。

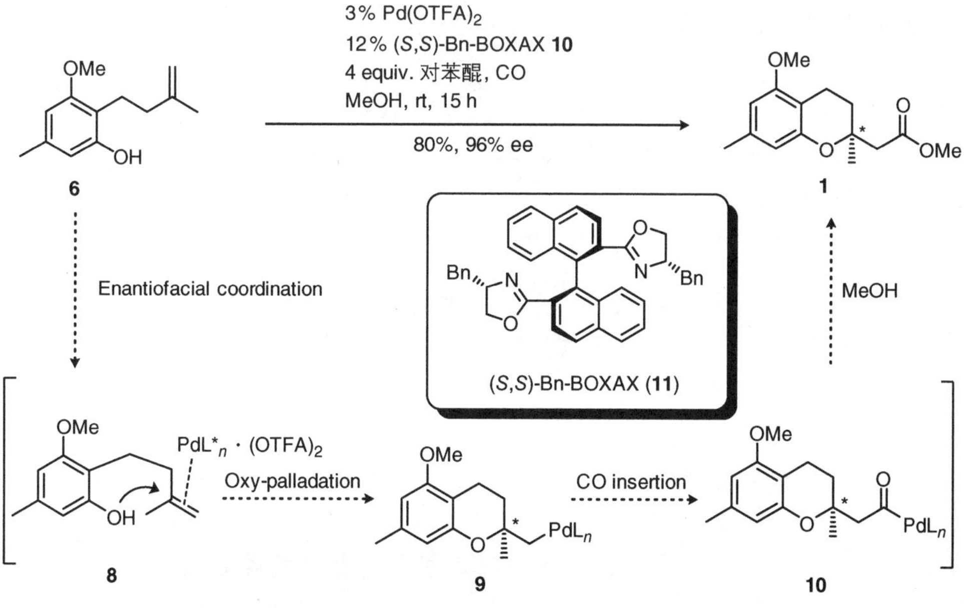

3% $Pd(OTFA)_2$
12% (*S*,*S*)-Bn-BOXAX **10**
4 equiv. 对苯醌, CO
MeOH, rt, 15 h
80%, 96% ee

Enantiofacial coordination

(*S*,*S*)-Bn-BOXAX (**11**)

MeOH

$PdL^*_n \cdot (OTFA)_2$

Oxy-palladation

CO insertion

6 **1** **8** **9** **10**

首先通过对映选择偶合作用原位形成 Pd(Ⅱ)配合物与烯烃单元作用后得到 **8**;然后,酚羟基与双键再面选择性亲核加成(极性转换)。形成的色满 **9** 与 Pd 之间的 σ-Pd 键相当牢固,由于它不能进行 β-氢消除。因此,它可以插入 CO 得到酰基钯配合物 **10**,它同用作溶剂的甲醇反应形成最终的,含有一个手性中心色满基醋酸 **1**。

(b) 1 的合成

对于 **1** 的合成,可以通过商业化的苔黑酚(**7**)通过 Lombardo 反应[8]得到酮 **12**

(**2.6.1.4**)(见 **1.1.5** 节)。酮 **12** 在二溴甲烷、锌、$TiCl_4$ 存在下反应得到烯烃 **13** (**5.4.1.1**)。最后一步的多米诺反应中,**6** 可通过乙硫醇钠选择性地对 **13** 的甲醚部分进行脱保护得到(**5.4.1.2**)。

604 该亲核取代的选择性是由于形成分子间酚阴离子中间体,它的静电排斥力的作用阻止了硫醇盐的二次进攻。

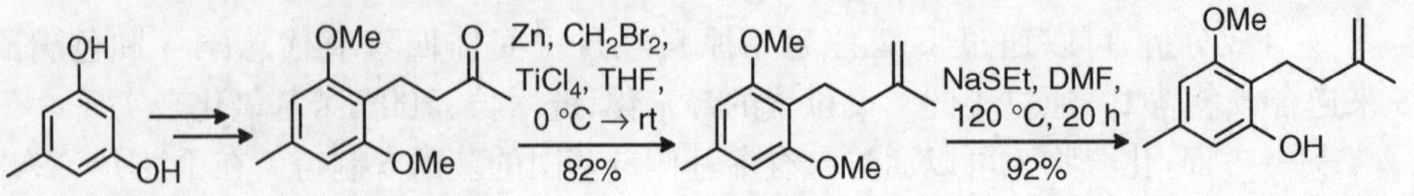

OH, OH, OMe, O, OMe; Zn, CH_2Br_2, $TiCl_4$, THF, 0 °C → rt, 82%; OMe, OMe; NaSEt, DMF, 120 °C, 20 h, 92%; OMe, OH

7 **12** (2.6.1.4) **13** (5.4.1.1) **6** (5.4.1.2)

Bn-BOXAX 配体 **11**(**2.6.1.10**)[6] 被用来参与化合物 **6** 的三单元对映选择性多米诺,沃克(Wacker)/羰基化/甲氧基化反应。它是在一氧化碳气氛下,以甲醇作为溶剂通过催化量的[$Pd(OTFA)_2$]反应得到 **1**(**5.4.1.3**)产率 80%,ee 值为 96%。在这个过程中,对苯醌的作用是将 Pd^0 氧化成 Pd^{II},用于沃克(Wacker)氧化反应。

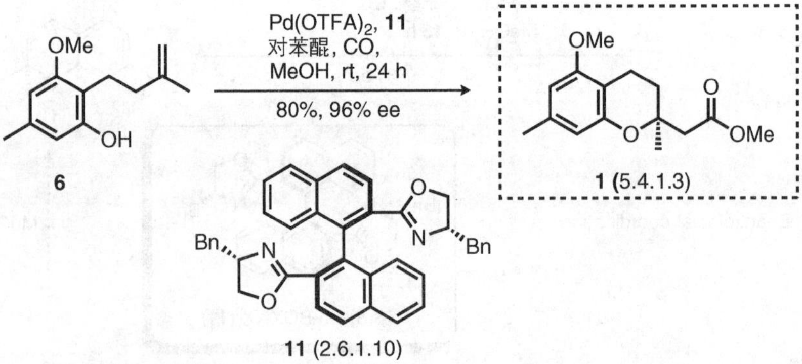

OMe, OH; $Pd(OTFA)_2$, **11**, 对苯醌, CO, MeOH, rt, 24 h, 80%, 96% ee; OMe, O, O, OMe

6 **1** (5.4.1.3)

Bn, N, O, O, N, Bn

11 (2.6.1.10)

(c) 合成 1 的实验部分

5.4.1.1*** 1,3-二甲氧基-5-甲基-2-(3-甲基-丁基-3-烯丙基)苯[1]

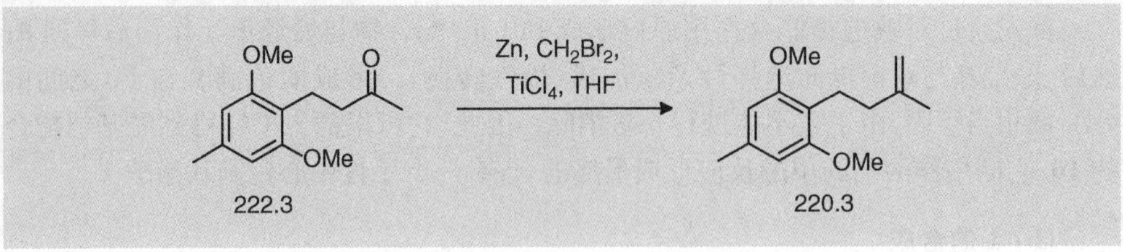

OMe, O, OMe; Zn, CH_2Br_2, $TiCl_4$, THF; OMe, OMe

222.3 220.3

在 0℃下,将 $TiCl_4$(5.46 mL,9.35 g,49.5 mmol)滴加到锌粉(13.2 g,202 mmol)

和 CH_2Br_2(5.36 mL,11.7 g,67.5 mmol)的 THF(220 mL)体系中,保持 0℃搅拌反应 15 min。在此温度下,将酮 **12(2.6.1.4)**(10.0 g,45.0 mmol)的 THF(50 mL)溶液加入上述反应体系中,室温搅拌反应 45 min。

硅藻土过滤除去固体(乙醚洗),滤饼用 1 mol/L 的 HCl 水溶液(500 mL)和饱和 605
食盐水(500 mL)洗。有机层用 Na_2SO_4 干燥,过滤,减压除去溶剂。残留物用硅胶柱层析方法纯化(正己烷/乙醚=97∶3)得到无色油状产品 **5.4.1.1**,8.13 g(82%),R_f=0.47。

IR (KBr): $\tilde{\nu}$ (cm^{-1}) = 3072, 2937, 2835, 1588, 1464, 1314, 1241, 1123, 970, 884, 813.
^{1}H NMR (300 MHz, $CDCl_3$): δ (ppm) = 6.36 (s, 2H, 2 × Ar–H), 4.70 (d, *J* = 1.0 Hz, 2H, 2 × 4′-H), 3.79 (s, 6H, 2 × OCH_3), 2.70–2.79 (m, 2H, 1′-H_2), 2.33 (s, 3H, Ar–CH_3), 2.09–2.19 (m, 2H, 2′-H_2), 1.79 (s, 3H, 3′-CH_3).
^{13}C NMR (50 MHz, $CDCl_3$): δ (ppm) = 158.2 (C-2, C-6), 147.0 (C-3′), 136.7 (C-4), 115.9 (C-1), 109.1 (C-4′), 104.6 (C-3, C-5), 55.5 (OCH_3), 37.2 (C-2′), 22.4 (3′-CH_3), 21.8 (Ar–CH_3), 21.2 (C-1′).
MS (70 eV, EI): *m*/*z* (%): 220.3 (13) $[M]^+$, 165.2 (100) $[M-C_4H_7]^+$.

5.4.1.2** 3-甲氧基-5-甲基-2-(3-甲基-丁基-3-烯丙基)苯酚[1]

OMe
OMe
220.3
NaSEt, DMF
OMe
OH
206.3

将 NaSEt{4.23 g,技术等级[90%(质量分数)],45.4 mmol}加入 **5.4.1.1**(5.00 g,22.7 mmol)的 DMF(35.0 mL)溶液中,120℃搅拌反应 20 h。

冷却到室温,将反应液倒入水(200 mL)中乙醚(3×100 mL)萃取。合并有机相,水洗(2×100 mL),饱和食盐水洗(100 mL),用 Na_2SO_4 干燥,过滤,减压除溶剂。硅胶柱层析(正己烷/乙醚=97∶3→93∶7)得到淡黄色油状目标产物 **5.4.1.2**,−30℃固化;4.31 g(92%),R_f=0.34(正己烷/乙醚=95∶5)。

IR (KBr): $\tilde{\nu}$ (cm^{-1}) = 3442, 3072, 2937, 1619, 1593, 1464, 1163, 1097, 886, 816.
^{1}H NMR (300 MHz, $CDCl_3$): δ (ppm) = 6.34 (s, 1H, Ar–H), 6.29 (s, 1H, Ar–H), 4.93 (s, 1H, OH), 4.78 (m_c, 2H, 4′-H_2), 3.82 (s, 3H, OCH_3), 2.73–2.82
(m, 2H, 1′-H_2), 2.29 (s, 3H, Ar–CH_3), 2.17–2.27 (m, 2H, 2′-H_2), 1.82 (s, 3H, 606
3′-CH_3).

^{13}C NMR (76 MHz, $CDCl_3$): δ (ppm) = 158.4, 154.0 (C-1, C-3), 146.8 (C-3′), 136.9 (C-5), 113.6 (C-2), 109.6 (C-4′), 109.0, 104.3 (C-4, C-6), 55.6 (OCH_3), 37.0 (C-2′), 22.7 (3′-CH_3), 21.7 (C-1′), 21.5 (Ar−CH_3).
MS (70 eV, EI): *m/z* (%): 206.1 (28) $[M]^+$, 151.1 (100) $[M-C_4H_7]^+$.

5.4.1.3*** 甲基-(*S*)-2-(5-甲氧基-2,7-二甲基色满-2-基)醋酸[1]

Pd(OTFA)$_2$, **11**, 对苯醌, CO, MeOH

206.3 → 264.3

将 Pd(OTFA)$_2$(49.0 mg,148 μmol,3%)和(*S*,*S*)-Bn-BOXAX **11** (**2.6.1.10**)(338 mg,590 μmol,12%)的甲醇混合溶液在室温下搅拌反应 15 min。滴加酚 **5.4.1.2**(1.00 g,4.92 mmol)的甲醇溶液(10 mL)和对苯醌(2.12 g,19.7 mmol)后,通一氧化碳(气球,小心:CO!)气流 5 min,室温搅拌反应 24 h。

将浆状反应液倒入 1 mol/L HCl 溶液(100 mL)中,乙醚萃取(3×50 mL)。合并有机相用 1 mol/L NaOH(3×50 mL)溶液洗,用 Na_2SO_4 干燥,过滤,减压除溶剂。硅胶柱层析(正己烷/乙醚=9:1)得到黄色油状色满 **5.4.1.3**(1.04 g,收率 80%,96% ee)。HPLC(高效液相)(柱子:Daicel 手性 OD 柱):波长:272 nm,流速:0.8 mL·min^{-1},流动相:正己烷/异丙醇=98:2,t_R=19.7 min((−)-**1**),28.9 min((+)-**1**);R_f=0.28(正己烷/乙醚=9:1);$[\alpha]_D^{20}$=−0.7(*c*=0.5 在 $CHCl_3$ 中)。

IR (KBr): $\tilde{\nu}$ (cm^{-1}) = 2949, 2856, 1738, 1619, 1586, 1354, 1227, 1108, 1023, 814.
^{1}H NMR (300 MHz, $CDCl_3$): δ (ppm) = 1.42 (s, 3H, 2-CH_3), 1.85 (dt, *J* = 13.8, 6.8 Hz, 1H, 3-H_a), 1.99 (dt, *J* = 13.8, 6.8 Hz, 1H, 3-H_b), 2.26 (s, 3H, Ar−CH_3), 2.55−2.66 (m, 4H, 2′-H_2, 4-H_2), 3.68 (s, 3H, CO_2CH_3) 3.79 (s, 3H, Ar−OCH_3), 6.24 (s, 1H, Ar−H), 6.29 (s, 1H, Ar−H).
^{13}C NMR (126 MHz, $CDCl_3$): δ (ppm) = 170.9 (C-1′),157.5, 153.5 (C-5, C-8a), 137.1 (C-7), 106.8 (C-4a), 110.4, 102.9 (C-6, C-8), 74.2 (C-2), 55.3 (Ar−OCH_3), 51.5 (CO_2CH_3), 43.5 (C-2′), 30.3 (C-3), 24.6 (2-CH_3), 21.5 (Ar−CH_3), 16.4 (C-4).
ESI-HRMS: *m/z* calcd. for $[C_{15}H_{20}O_4 + H]^+$: 265.1434, found: 265.1435.

参考文献

[1] Tietze, L.F., Spiegl, D.A., Stecker, F., Major, J., Raith, C., and Grosse, C. (2008) *Chem. Eur. J.*, **14**, 8956–8963.

[2] Tietze, L.F., Jackenkroll, S., Raith, C., Spiegl, D.A., Reiner, J.R., and Ochoa Campos, M.C. (2013) *Chem. Eur. J.*, **19**, 4876–4882.

[3] (a) Turner, W.B. (1978) *J. Chem. Soc., Perkin Trans. 1*, 1621; (b) Siddiqui, I.N., Zahoor, A., Hussain, H., Ahmed, I., Ahmad, V.U., Padula, D., Draeger, S., Schulz, B., Meier, K., Steinert, M., Kurtán, T., Flörke, U., Pescitelli, G., and Krohn, K. (2011) *J. Nat. Prod.*, **74**, 365–373.

[4] (a) Nising, C.F., Ohnemüller, U.K., and Bräse, S. (2006) *Angew. Chem.*, **118**, 313–315; *Angew. Chem. Int. Ed.*, (2006), **45**, 307–309; (b) Ohnemüller, U.K., Nising, C.F., Encinas, A., and Bräse, S. (2007) *Synthesis*, 2175–2185; (c) Rios, R., Sundén, H., Ibrahem, I., and Córdova, A. (2007) *Tetrahedron Lett.*, **48**, 2181–2184; (d) Nicolaou, K.C. and Li, A. (2008) *Angew. Chem.*, **120**, 6681–6684; *Angew. Chem. Int. Ed.*, (2008), **47**, 6579–6582; (e) Bröhmer, M.C., Bourcet, E., Nieger, M., and Bräse, S. (2011) *Chem. Eur. J.*, **17**, 13706–1311.

[5] (a) Stoll, A., Renz, J., and Brack, A. (1952) *Helv. Chim. Acta*, **35**, 2022–2034; (b) Kurobane, I., Iwahashi, S., and Fukuda, A. (1987) *Drugs Exp. Clin. Res.*, **13**, 339–344; (c) McPhee, F., Caldera, P.S., Bemis, G.W., McDonagh, A.F., and Kuntz, I.D. (1996) *Biochem. J.*, **320**, 681–686.

[6] (a) Hocke, H. and Uozumi, Y. (2003) *Tetrahedron*, **59**, 619–630; (b) Uozumi, Y., Kato, K., and Hayashi, T. (1997) *J. Am. Chem. Soc.*, **119**, 5063–5064; (c) Andrus, M.B., Asgari, D., and Sclafani, J.A. (1997) *J. Org. Chem.*, **62**, 9365–9368; (d) Uozumi, Y., Kyota, H., Kishi, E., Kitayama, K., and Hayashi, T. (1996) *Tetrahedron: Asymmetry*, **7**, 1603–1606.

[7] (a) Sigman, M.S. and Werner, E.W. (2012) *Acc. Chem. Res.*, **45**, 874–884; (b) Keith, J.A. and Henry, P.M. (2009) *Angew. Chem. Int. Ed.*, **48**, 9038–9049; (c) Takacs, J.M. and Jiang, X. (2003) *Curr. Org. Chem.*, **7**, 369–396.

[8] Lombardo, L. (1982) *Tetrahedron Lett.*, **23**, 4293–4296.

[9] Mirrington, R.N. and Feutrill, G.I. (1973) *Org. Synth.*, **53**, 90–93.

[10] Trost, B.M., Shen, H.C., Dong, L., Surivet, J.-P., and Sylvain, C. (2004) *J. Am. Chem. Soc.*, **126**, 11966–11983.

5.4.2 (*rac*)-(*E*)-5-(2-甲基-2,3-二氢苯并[*b*][1,4]二噁英)-3-戊烯-2-酮

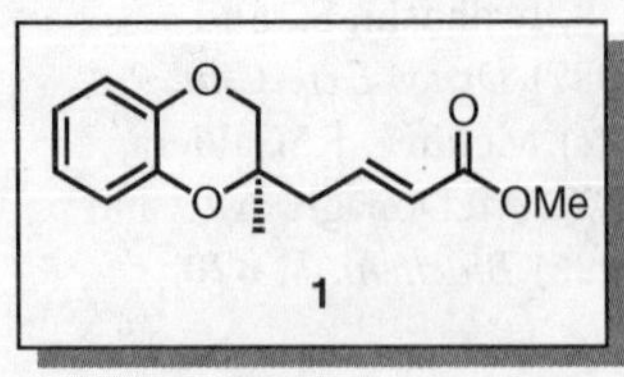

专题 ● 二噁英的合成
● 钯催化
● 单烷基化反应
● Finkelstein 反应
● 多米诺,Wacker/Heck 反应

608 **(a) 概述**

2,3,7,9-四氯二苯并-1,4-二噁英(**4**,TCDD,$LD_{50}=45\ \mu g \cdot kg^{-1}$)是一种有名的六元环的1,4-位置有两个氧的杂环。这种高毒性的物质在1976年赛维索(意大利)的一次工业意外中获得。当时在NaOH存在下长时间加热一批1,2,4,5-四氯苯,期望得到2,4,5-三氯苯酚(**3**),一种可用来合成除草剂2,4,5-T(2,4,5-三氯苯氧乙酸)和消毒剂的六氯酚[1]。但是在高温下,在NaOH存在下**3**被部分的转化为TCDD(**4**)。

随后进行了很多研究,现如今工业上已经有了非常严格的安全标准来防止这种有毒的致畸且难以生物降解的化合物的产生[2]。相比较而言,1,4-二氧六环没有显著毒性,而且本身就可以作为溶剂使用。更重要的是,1,4-二氧六环很容易氯化得到2,3-和2,5-二氯二氧六环,或者与HBr开环反应得到二-(2-溴甲基)醚,或者在$FeCl_3$条件下与醋酸酐反应得到相应的双醋酸盐[3]。

1,4-二氧六环可以通过乙二醇的酸催化脱水环化合成得到,或者通过酸催化的环氧乙烷的二聚反应得到。总体来说,1,4-二氧六环可以通过以下合成方法得到。

(1) 碱金属氢氧化物与二-(2-卤代乙基)醚反应;

(2) 二-(2-羟乙基)醚的酸催化反应;

(3) 2-羟乙基醚与2-卤代乙基在碱性条件下的威廉森醚合成反应;

(4) 酸催化的1,2-乙二醇与环氧乙烷反应;

(5) 烯丙基苯氧基醚的Wacker氧化。

多米诺,Wacker/Heck反应被用来合成取代的2,4-二氢苯并二噁英**1**[4]。

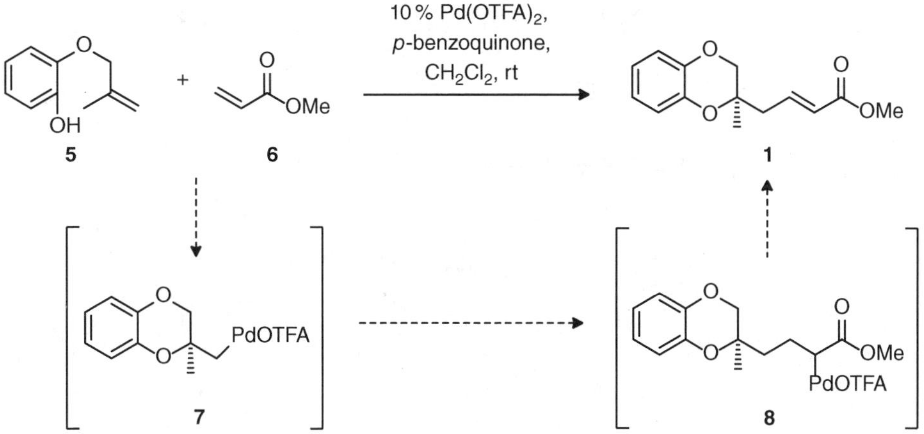

10% $Pd(OTFA)_2$, *p*-benzoquinone, CH_2Cl_2, rt

5　6　1

PdOTFA　7

PdOTFA　OMe　8

在**5**与甲基丙烯酸酯**6**的反应中，首先，在三氟醋酸Pd(Ⅱ)存在下通过沃克(Wacker)氧化得到中间体**7**的δ-Pd配合物。这个结构相当稳定，无法发生β-H消除。但是中间体**7**可以与丙烯酸酯**6**反应得到加合物**8**,**8**可以发生β-H消除得到目标产物**1**。苯并醌的作用是氧化Pd^0到Pd(Ⅱ)来重新启动催化循环。 609

维生素E的对映选择性合成与该过程相似[5]。

而且Wacker氧化、羰基化、甲氧基化的组合反应已经运用到一些杂环化合物和一些天然产物的合成中来了，例如diversonol[6]。

沃克(Wacker)氧化在2.6.1节和5.4.1节进行讨论，Heck反应在1.6.1节讨论。

(b) 化合物1的合成

对于**1**的外消旋的合成，首先通过1,2-二羟基苯在以K_2CO_3为碱的条件下与3-氯-2-甲基丙烯(**9**)发生单-O-烷基化得到酚**5**。在这个过程中，化合物**9**首先通过Finkelstein反应原位转化为相应的碘代物，然后与去质子化形式的**8**发生S_N1反应。10%(物质的量含量)的$Pd(OTFA)_2$作催化剂，苯并醌作再氧化剂，酚**5**(**5.4.2.1**)与甲基丙烯酸酯(**6**)经过多米诺Wacker/Heck反应得到外消旋的二氧六环化合物**1**(**5.4.2.2**)，产率88%。

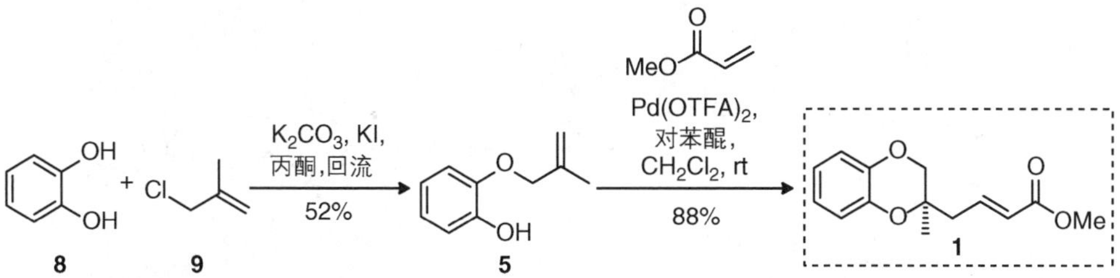

K_2CO_3, KI, 丙酮, 回流　52%

MeO　$Pd(OTFA)_2$, 对苯醌, CH_2Cl_2, rt　88%

8　9　5　1

通过介绍的反应,化合物 **1** 可以分两步从邻苯二酚得到,总收率 46%。

(c) 合成化合物 1 的实验部分

5.4.2.1* 2-(2-甲基烯丙氧基)苯酚[4,7]

K_2CO_3, KI, 丙酮, 回流

110.1　　90.6　　164.2

610 在氩气保护下将无水 K_2CO_3(6.92 g,50.1 mmol)固体,KI(8.30 g,50.1 mmol)和邻苯二酚(5.01 g,45.5 mmol)加入丙酮中,室温搅拌反应直至有气体放出(约 30 min)。之后加入 3-氯-2-甲基丙烯(5.34 mL,4.94 g,54.6 mmol)回流反应 4 h。

将反应液冷却到室温,倒入水(200 mL)中。加入 1 mol/L HCl 水溶液洗,水相用乙醚(3×100 mL)萃取。合并有机相,用 $MgSO_4$ 干燥,过滤,减压除溶剂。用层析柱纯化(SiO_2,正己烷/乙酸乙酯=50∶1→10∶1)得到目标产物,无色液体 3.90 g (52%)。

IR (KBr): $\tilde{\nu}$ (cm^{-1}) = 3536, 2919, 1597, 1501, 1454, 1373, 1259, 1219.
^{1}H NMR (300 MHz, $CDCl_3$): δ (ppm) = 6.79–6.99 (m, 4H, Ar–H), 5.70 (s, 1H, OH), 5.10 (m_c, 1H, 3′-H_a), 5.03 (m_c, 1H, 3′-H_b), 4.51 (s, 2H, 1′-H_2), 1.85 (s, 3H, 2′-CH_3).
^{13}C NMR (75 MHz, $CDCl_3$): δ (ppm) = 145.6, 145.8 (C-1, C-2), 140.4 (C-2′), 120.0, 121.6 (C-4, C-5), 112.1, 114.6, (C-3, C-6), 113.3 (C-3′), 72.6 (C-1′), 19.4 (2′-CH_3).
MS: (EI, 70 eV): m/z (%) = 164 (57) $[M]^+$, 109 (30) $[M-C_4H_7]^+$, 55 (100) $[C_4H_7]^+$.

5.4.2.2** (外消旋)-(*E*)-甲基-4-(2-甲基-2,3-二氢苯并[*b*][1,4]二噁英-2基-)-2-丁烯酸甲酯[4]

$Pd(OTFA)_2$, 对苯醌, CH_2Cl_2, rt

164.2　　86.1　　248.3

在氩气保护下，将 Pd(OTFA)$_2$(10.1 mg, 30.3 μmol)，对苯醌(131 mg, 1.21 mmol)加入 CH_2Cl_2(0.20 mL)中室温搅拌 10 min。将 2-(甲基烯丙氧)苯酚 **5.4.2.1**(49.8 mg, 303 μmol)和甲基丙烯酸酯(55.0 μL, 52.2 mg, 607 μmol)的 CH_2Cl_2(0.20 mL)，用注射器加到上述反应液中室温搅拌反应 12 h。

反应液用 1 mol/L HCl(10 mL)水溶液猝灭，水相用乙醚萃取(3×10 mL)。合并有机相，用 1 mol/L NaOH 水溶液(3×10 mL)洗涤，用 $MgSO_4$ 干燥，过滤减压除溶剂。用层析相互纯化(SiO_2，正己烷/乙酸乙酯=6∶1)得到无色油状产物 66.1 mg (88%)。

UV (CH_3CN): λ_{max} (nm) (lg ε) = 201.1 (4.720), 277.5 (3.472). 611
IR (film): $\tilde{\nu}$ (cm^{-1}) = 2981, 1724, 1659, 1594, 1494, 1436, 1264.
^{1}H NMR (300 MHz, $CDCl_3$): δ (ppm) = 7.00 (ddd, J = 15.6, 8.2, 7.2 Hz, 1H, 3-H), 6.79–6.92 (m, 4H, 4 × Ar–H), 5.92 (dt, J = 15.7, 1.4 Hz, 1H, 2-H), 3.96 (d, J = 11.3 Hz, 1H, 3′-H_a), 3.85 (d, J = 11.3 Hz, 1H, 3′-H_b), 3.74 (s, 3H, OCH_3), 2.60 (ddd, J = 14.2, 7.2, 1.6 Hz, 1H, 4-H_a), 2.48 (ddd, J = 14.4, 8.3, 1.3 Hz, 1H, 4-H_b), 1.32 (s, 3H, 2′-CH_3).
^{13}C NMR (75 MHz, $CDCl_3$): δ (ppm) = 166.4 (C-2), 142.6 (C-3), 142.0, 142.1 (C-4′a, C-8′a), 124.8 (C-2), 121.1, 122.0 (C-6′, C-7′), 117.0, 117.6 (C-5′, C-8′), 73.6 (C-3′), 70.3 (C-2′), 51.5 (OCH_3), 38.5 (C-4), 21.2 (2′-CH_3).
MS (EI, 70 eV): m/z (%) = 248 (24) $[M]^+$, 149 (100) $[M-C_5H_7O_2]^+$.

参考文献

[1] (a) Fuller, J.G. (1977) *The Poison that Fell from the Sky*, Random House, New York; (b) Sambeth, J. (2004) *Zwischenfall in Seveso*, Universitätsverlag Zürich. ISBN: 3-293-00329-X.

[2] Schwarzenbach, R., Gschwend, P.M., and Imboden, D.M. (2003) *Environmental Organic Chemistry*, Wiley-Interscience, Hoboken, NJ. ISBN: 0-471-353750-2.

[3] Eicher, T., Hauptmann, S., and Speicher, A. (2012) *The Chemistry of Heterocycles*, 3rd edn, Wiley-VCH Verlag GmbH, Weinheim, p. 440.

[4] Tietze, L.F., Wilckens, K.F., Yilmaz, S., Stecker, F., and Zinngrebe, J. (2006) *Heterocycles*, **70**, 309–319.

[5] Tietze, L.F., Stecker, F., Zinngrebe, J., and Sommer, K.M. (2006) *Chem. Eur. J.*, **12**, 8770–8776.

[6] (a) Tietze, L.F., Zinngrebe, J., Spiegl, D.A., and Stecker, F. (2007) *Heterocycles*, **74**, 473–489; (b) Tietze, L.F., Heins, A., Soleiman-Beigi, M., and Raith, C. (2009) *Heterocycles*, **77**, 1123–1146; (c) Tietze, L.F., Jackenkroll, S., Raith, C., Spiegl, D.A., Reiner, J.R., and Ochoa Campos, M.C. (2013) *Chem. Eur. J.*, **19**, 4876–4882.

[7] (a) Deodhar, V.B., Dalavoy, V.S., and Nayak, U.R. (1993) *Org. Prep. Proced. Int.*, **25**, 583; (b) Kitaori, K., Furukawa, Y., Yoshimoto, H., and Otera, J. (2001) *Adv. Synth. Catal.*, **343**, 95.

5.5 多米诺反应合成手性光学开关

5.5.1 1-(9*H*-氧杂蒽-9-亚基)-2,3-二氢-1*H*-茚-2-醇

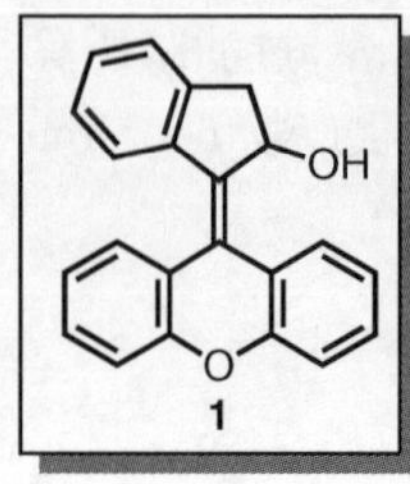

专题
- 分子开关
- 钯催化
- CH 活化
- 重氮化反应,Sandmeyer 反应
- Sonogashira 反应
- Wittig 反应
- 微波辐射
- 多米诺碳钯化/CH 活化过程

612 **(a) 总论**

有关材料科学的化学领域在过去的 10 年里取得了长足发展。有关分子机器,逻辑单元,分子开关[1]的研究正在如火如荼发展。由于后者具有小型化的优势,因此可以运用在信息存储方面。分子开关能够被运用的一个先决条件是,它具有稳定的两态,这两态可以在不同的外界刺激下(比如光或电荷转移)相互转化[2]。轮烷和某些具有两可配体的过渡金属配合物可以通过氧化还原来引发电化学反应,现在主要的工作都集中在开关上,这个开关是以光来充当一个扳机来实现不同状态的快速切换[3,4]。其中,一个非常好的关于光开关的例子是在视觉过程中视网膜紫质上的全反式视黄醛(**2**)在光作用下转变为 11-顺式-视黄醛[5]。

其他比较好的光学开关是偶氮化合物,它也会经历一个光诱导的 *E*/*Z* 异构化。一个有趣的例子是偶氮本 **4**,在 *E* 构型的时候是一种选择性 K^+-通道阻断剂,当用 $\lambda = 390$ nm 的光照射后其构型变成 *Z* 构型,此时通道活化开启[6]。

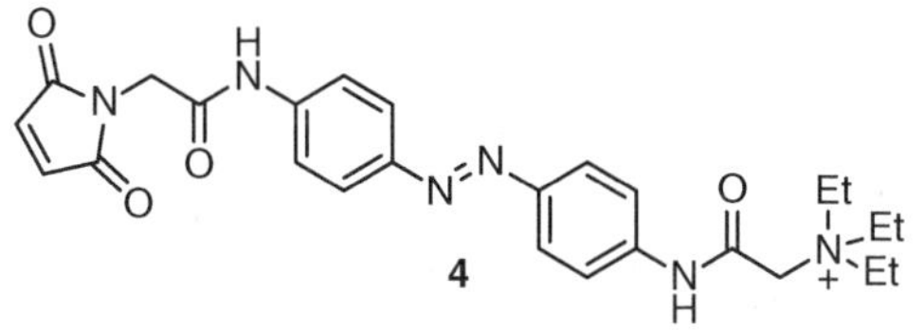

4

另一类重要的具有光诱导开关性能的化合物是二芳烯，比如 **5**/**6**，它在关环构型 **6** 的时候相当稳定[7]。

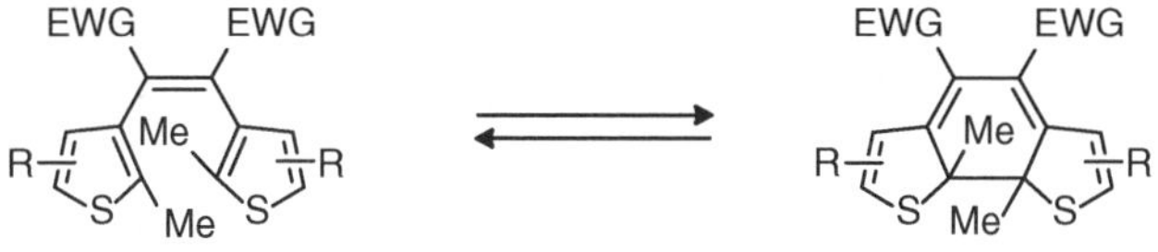

5
开环构型(无色的)

6
关环构型(有色的)

最近含有螺旋四取代烯烃单体的手性光学开关比如 **7**[8]引起了人们的极大兴趣， 613
因为它们的稳定状态可以用偏振光存取。通过一个额外的热异构化后的光诱导 P/M 异构化，可以实现单向马达。这种具有螺旋烯烃单元的化合物可以在对映和非对映异构体之间通过非对映选择性的多米诺碳钯化/Stille 反应得到，比如从 **8** 到 **9** 的情况[9]。在这个过程中，会形成两个六元环和四取代的双键得到单一的非对映异构体。螺旋烯烃 **9** 有很优越的开关性能，其在不同波长光照下可以实现 P 构型和 M 构型的相互转化，而且这两种结构比较稳定。

Pd_2dba_3, P(*t*Bu_3) · HBF_4
CsF,二氧六环, 80 °C, 18 h
70%

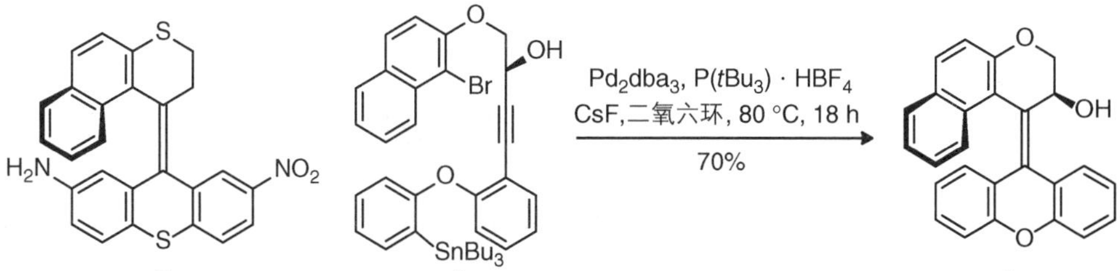

7　**8**　**9**

然而，锡烷有一个致命缺陷，它既对环境不友好也不适合大批量合成。通过不引入额外功能团的 CH 活化更适合[10]。因此，以 **10** 为底物，通过多米诺碳钯化/CH 活化方法可以合成四氢取代烯烃 **1**，而且产率很高[11]。机理如下：

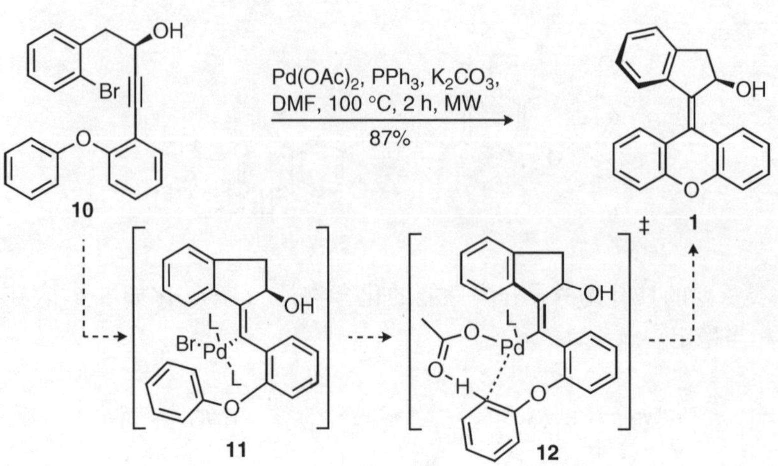

Pd(OAc)$_2$, PPh$_3$, K$_2$CO$_3$, DMF, 100 °C, 2 h, MW 87%

10 11 12 1

614 **10** 用 Pd(0)源氧化加成后,经过碳钯加成反应得到 **11**,紧接着通过 **12** 的 CH 活化得到目标产物 **1**,产率 87%。进一步的,三倍的双组分多米诺 Sonogashira/碳钯化/C—H 活化过程被开发出来用来合成四取代烯烃[12]。

(b) 1 的合成

消旋合成开始于 **13** 的原位重氮化反应,生成相应的重氮盐后进行碘取代(S_NAr 过程)得到碘代物 **14(5.5.1.1)**,产率 79%。接着,在 TMS-乙炔,10% CuI 和 1.8% $PdCl_2(PPh)_3$ 作为钯源条件下碘代物 **14(5.5.1.1)**经过 Sonogashira 反应定量得到炔烃 **15(5.5.1.2)**。室温下碳酸钾脱 TMS 保护基得到炔 **16(5.2.1.3)**,收率 94%。

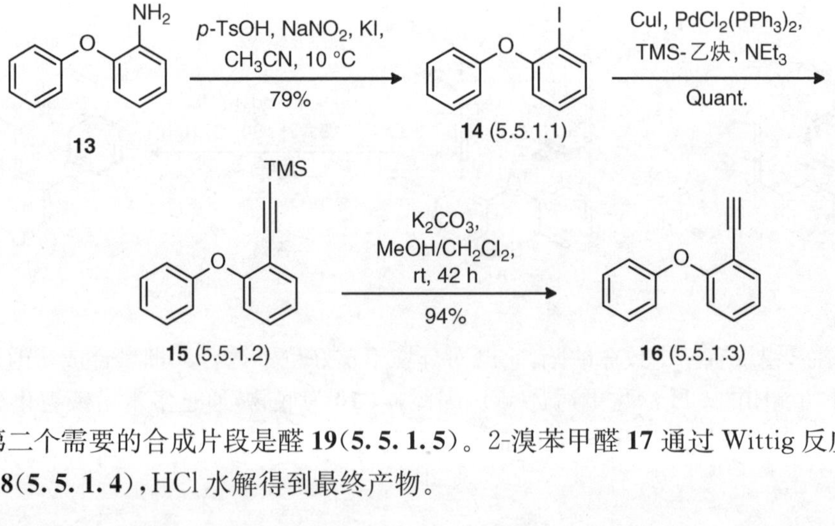

p-TsOH, NaNO$_2$, KI, CH$_3$CN, 10 °C 79%

CuI, PdCl$_2$(PPh$_3$)$_2$, TMS-乙炔, NEt$_3$ Quant.

K$_2$CO$_3$, MeOH/CH$_2$Cl$_2$, rt, 42 h 94%

13 **14** (5.5.1.1) **15** (5.5.1.2) **16** (5.5.1.3)

第二个需要的合成片段是醛 **19(5.5.1.5)**。2-溴苯甲醛 **17** 通过 Wittig 反应得到烯醚 **18(5.5.1.4)**,HCl 水解得到最终产物。

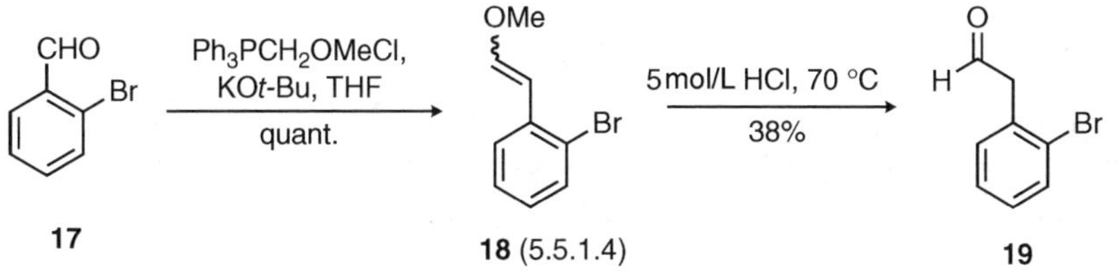

多米诺反应的前驱体 **20**(**5.5.1.6**)可以通过 **16**(**5.5.1.3**)的锂试剂与醛 **19** 发生亲核加成反应得到 **20**(**5.5.1.5**),产率 60%。

通过使用 20% $Pd(OAc)_2$ 和碳酸钾的 DMF 溶液在 100℃,微波条件下,经过多米诺碳钯化/CH 活化得到外消旋的四取代烯烃 **1**(**5.5.1.6**),产率 76%。 615

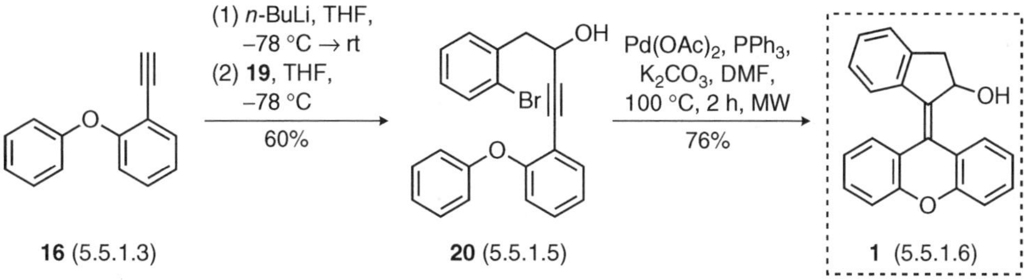

通过介绍的路线,可以从起始原料 2-氨基二苯醚 **13** 经过 7 步反应得到四取代烯烃 **1**,总收率 13%。

(c) 合成化合物 1 的实验部分

5.5.1.1** 1-碘-2-苯氧基苯[11]

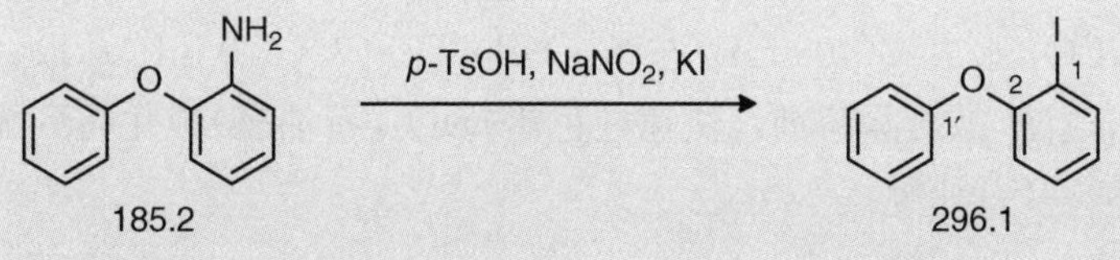

室温下将 2-氨基二苯醚(1.13 g,6.12 mmol)加入 p-TsOH·H_2O(3.51 g,18.4 mmol)的 MeCN(60 mL)溶液中,冷却到 10℃。之后将 $NaNO_2$(840 mg,12.2 mmol)和 KI(2.54 g,15.3 mmol)的水溶液(7.50 mL)滴加到上述反应液中,滴加完毕保持 10℃搅拌 10 min,缓慢升温到室温继续搅拌 2 h。

反应液用水(120 mL)猝灭,用饱和 $NaHCO_3$ 水溶液(80 mL)和饱和 $Na_2S_2O_3$ 水溶液(30 mL)洗涤。水相用 *t*-BuOMe(3×150 mL)萃取,合并有机相,用 $MgSO_4$ 干燥,过滤减压除溶剂。用快速层析柱纯化(SiO_2,石油醚)得到无色油状产物 1.44 g

(79%),R_f=0.34(石油醚)。

UV (CH_3CN): λ_{max} (nm) (lg ε) = 270 (3.309), 277 (3.303).
IR (ATR): $\tilde{\nu}$ (cm^{-1}) = 3061, 1573, 1488, 1464, 1436, 1235, 1162, 1020, 874, 748.
616 **^{1}H NMR** (600 MHz, $CDCl_3$): δ (ppm) = 7.85 (dd, *J* = 1.5, 7.8 Hz, 1H, 6-H), 7.29 (m, 3H, 4-H, 3′-H, 5′-H), 7.11 (t, *J* = 7.4 Hz, 1H, 4′-H), 6.97 (m, 2H, 2′-H, 6′-H), 6.78 (m, 2H, 3-H, 5-H).
^{13}C NMR (126 MHz, $CDCl_3$): δ (ppm) = 156.9 (C-2), 156.5 (C-1′), 139.9 (C-6), 129.8 (C-3′, C-5′), 129.6 (C-4), 125.3 (C-5), 123.5 (C-4′), 119.4 (C-3), 118.4 (C-2′, C-6′), 88.9 (C-1).
MS (EI, 70 eV): *m*/*z* (%) = 296.0 (100) $[M]^+$, 169.1 (61) $[M-I]^+$.

5.5.1.2** 三甲基-[(2-苯氧基苯)乙炔]硅烷[11]

CuI, $PdCl_2(PPh_3)_2$, TMS-乙炔, NEt_3

296.1 → 266.4

在室温下将 TMS-乙炔(3.54 g,34.2 mmol),CuI(188 mg,2.85 mmol,10%)和 $PdCl_2(PPh_3)_2$(371 mg,529 mmol,1.8%)加入 1-碘-苯氧基苯 **5.5.1.1**(8.43 g,28.5 mmol)的 NEt_3(220 mL)完全脱气的溶液中。反应液室温搅拌反应 40 h。

滴加 *t*-BuOMe(500 mL)猝灭反应。有机层用 2 mol/L HCl 水溶液(300 mL)洗涤,饱和 $NaHCO_3$ 水溶液(400 mL)洗涤。*t*-BuOMe(3×500 mL)萃取,合并有机相,$MgSO_4$ 干燥,过滤,减压除溶剂。快速柱色谱(SiO_2,石油醚)纯化得到无色油状产物 6.88 g,R_f=0.29(石油醚)。

UV (CH_3CN): λ_{max} (nm) (log ε) = 208 (4.364), 236 (4.202), 247 (4.270), 259 (4.297), 291 (3.508), 301 (3.406).
IR (ATR): $\tilde{\nu}$ (cm^{-1}) = 2159, 1590, 1480, 1442, 1241, 1208, 1103, 837, 745.
^{1}H NMR (600 MHz, $CDCl_3$): δ (ppm) = 0.11 (s, 9H, 3 × $Si(CH_3)_3$), 6.95 (m, 3H, 3′-H, 2″-H, 6′-H), 7.06 (m, 2H, 5′-H, 4″-H), 7.28 (m, 3H, 4′-H, 3″-H, 5″-H), 7.49 (dd, *J* = 1.7, 7.7 Hz, 1H, 6′-H).
^{13}C NMR (126 MHz, $CDCl_3$): δ (ppm) = 0.24 (3 × $Si(\underline{C}H_3)_3$), 99.9 (C-1), 100.3 (C-2), 116.1 (C-1′), 117.9 (C-2″, C-6″), 119.9 (C-3′), 122.7 (C-4″), 123.6 (C-5′), 129.5 (C-3″, C-5″), 129.9 (C-4′), 134.1 (C-6′), 157.5 (C-2′, C-1″).
MS (DCI-NH_3): *m*/*z* (%) = 259 (100) $[M+H]^+$, 517 (20) $[2M+H]^+$.

5.5.1.3* 1-乙炔基-2-苯氧基苯[11] 617

将 K_2CO_3（18.2 g，131 mmol）加入三甲基-[（2-苯氧基苯）乙炔基]硅烷 **5.5.1.2**（7.79 g，29.6 mmol）的甲醇/CH_2Cl_2（1∶1，600 mL）的混合溶液中，维持室温搅拌反应 42 h。

减压除溶剂猝灭反应，将残留物溶解在 CH_2Cl_2（200 mL）中。有机层用饱和 $NaHCO_3$ 水溶液（300 mL）洗涤。用 CH_2Cl_2（4×300 mL）萃取。合并有机相，用 $MgSO_4$ 干燥，过滤，减压除溶剂，得到棕色油状炔 5.33 g（94%），R_f=0.17（石油醚）。

UV (CH_3CN): λ_{max} (nm) (lg ε) = 204 (4.471), 232 (4.174), 271 (3.244), 278 (3.303), 288 (3.372), 297 (3.297).
IR (ATR): $\tilde{\nu}$ (cm^{-1}) = 3283, 3054, 1477, 1236.
^{1}H NMR (600 MHz, $CDCl_3$): δ (ppm) = 7.54 (dd, *J* = 1.7, 7.6 Hz, 1H, 6-H), 7.30 (m, 3H, 4-H, 3″-H, 5″-H), 7.09 (m, 2H, 5-H, 4″-H), 7.02 (m, 2H, 2″-H, 6″-H), 6.86 (dd, *J* = 1.1, 8.3 Hz, 1H, 3-H), 3.21 (s, 1H, 1′-H).
^{13}C NMR (126 MHz, $CDCl_3$): δ (ppm) = 158.4 (C-2), 156.9 (C-1″), 134.3 (C-6), 130.2 (C-4), 129.7 (C-3″, C-5″), 123.5 (C-4″), 123.2 (C-5), 118.9 (C-2″, C-6″), 118.5 (C-3), 114.3 (C-1), 81.7 (C-1′), 79.3 (C-2′).
MS (EI, 70 eV): *m*/*z* (%) = 194.1 (100) $[M]^+$.

5.5.1.4* 1-溴-2-(2-甲氧基烯基)苯[11]

将 KO*t*-Bu(12.1 g，108 mmol)加入 Ph_3PCH_2OMeCl(32.4 g，94.6 mmol)的 0℃的 THF(270 mL)溶液中。反应液升温到室温搅拌反应 15 min，然后降温到 0℃，加 618

入 2-溴苯甲醛(10.0 g,54.0 mmol)。反应液升温到室温搅拌反应 2 h。

加入饱和 NH_4Cl 水溶液(200 mL)猝灭反应,水层用乙酸乙酯(3×200 mL)萃取,合并有机相,用 Na_2SO_4 干燥,过滤,减压除溶剂。快速层析柱纯化(SiO_2,石油醚/MTBE=20∶1),得到 *E* 型和 *Z* 型异构体(*E*/*Z*=5∶4)混合的淡黄色液体 11.7 g(定量的)R_f=0.29(石油醚)。

E 型

^{1}H NMR (300 MHz, $CDCl_3$): δ (ppm) = 7.51 (dd, *J* = 8.0, 1.2 Hz, 1H, 3-H), 7.15–7.34 (m, 2H, 4-H, 5-H), 6.96–7.03 (m, 1H, 6-H), 6.97 (d, *J* = 12.6 Hz, 1H, 2′-H), 6.07 (d, *J* = 12.6 Hz, 1H, 1′-H), 3.71 (s, 3H, OCH_3).

^{13}C NMR (76 MHz, $CDCl_3$): δ (ppm) = 149.1 (C-2′), 136.2 (C-2), 132.9 (C-4), 127.4 (C-6), 127.1 (C-3), 125.6 (C-5), 122.9 (C-1), 103.9 (C-1′), 56.5 (OCH_3).

MS (ESI, MeOH): *m*/*z* (%) = 237.0 (100) $[M+Na]^+$.

Z 型

^{1}H NMR (300 MHz, $CDCl_3$): δ (ppm) = 8.02 (dd, *J* = 7.8, 1.7 Hz, 1H, 6-H), 7.15–7.34 (m, 3H, 3-H, 4-H, 5-H), 6.23 (d, *J* = 6.3 Hz, 1H, 2′-H), 5.59 (d, *J* = 6.3 Hz, 1H, 1′-H), 3.76 (s, 3H, OCH_3).

^{13}C NMR (76 MHz, $CDCl_3$): δ (ppm) = 150.4 (C-2′), 134.9 (C-2), 132.5 (C-4), 130.3 (C-6), 127.0 (C-3), 126.9 (C-3), 122.6 (C-1), 104.3 (C-1′), 60.8 (OCH_3),

MS (ESI, MeOH): *m*/*z* (%) = 237.0 (100) $[M+Na]^+$.

5.5.1.5** 1-(2-溴苯)-4-(2-苯氧基苯基)-3-丁炔-2-醇[11]

OMe Br 213.1 → (1) 5 N HCl, THF (2) **5.5.1.3**, *n*-BuLi, THF → OH Br 393.3

619 将烯醇醚 **5.5.1.4**(500 mg,2.35 mmol)和 5 mol/L HCl(0.5 mL)的 THF(2.0 mL)溶液加热到 70℃搅拌反应 1~2 h(TLC 监测反应)。

加入冰的饱和 $NaHCO_3$ 水溶液(10 mL)猝灭反应。水层用乙酸乙酯(100 mL)萃取。合并有机相,用 Na_2SO_4 干燥,过滤,减压除溶剂。快速柱层析(SiO_2,石油醚/MTBE=20∶1)得到无色油状产物 **5.5.1.5**;177 mg(38%),R_f=0.23(石油醚/*t*-BuOMe=20∶1),R_f(副产物)=0.35(石油醚/*t*-BuOMe=20∶1)。(注意:产物不稳定,不可以长时间放置)

将 *n*-BuLi(0.64 mL,2.5 mol/L 正己烷溶液,3.26 mmol)在−78℃下滴加到炔

5.5.1.3(310 mg,1.63 mmol)的 THF(6.5 mL)溶液中,搅拌反应 15 min,升温到室温搅拌反应 30 min,缓慢加入醛 **5.5.1.5**(162 mg,814 μmol)的无水 THF(3.0 mL)溶液。反应液在−78℃条件下搅拌反应 12 h,升温到室温搅拌反应 1 h。

加入饱和 NH_4Cl 水溶液(15 mL)猝灭反应,*t*-BuOMe(3×50 mL)萃取,合并有机相,用 Na_2SO_4 干燥,过滤,减压除溶剂。层析柱(SiO_2,石油醚/*t*-BuOMe=5∶1)得到黄色油状产物醇 192 mg(60%),R_f=0.33(石油醚/*t*-BuOMe=5∶1)。

UV (CH_3CN): λ_{max} (nm) (lg ε) = 195 (4.831), 242 (4.160), 253 (4.126), 279 (3.481), 289 (3.503).
IR (ATR): $\tilde{\nu}$ (cm^{-1}) = 1588, 1567, 1483, 1440, 1250, 1220, 1160, 1024, 870, 746, 689.
^{1}H NMR (600 MHz, $CDCl_3$): δ (ppm) = 7.50 (dd, *J* = 7.9, 1.2 Hz, 1H, 3′-H), 7.42 (dd, *J* = 7.7, 1.7 Hz, 1H, 6″-H), 7.34–7.25 (m, 4H, 4″-H, 3‴-H, 5‴-H, 6′-H), 7.12 (td, *J* = 7.5, 1.2 Hz, 1H, 5′-H), 7.09–7.02 (m, 3H, 4‴-H, 5″-H, 4′-H), 6.96 (dt, *J* = 9.1, 1.8 Hz, 2H, 2‴-H, 6‴-H), 6.94–6.90 (m, 1H, 3″-H), 4.77 (dd, *J* = 11.9, 6.8 Hz, 1H, 2-H), 3.14 (dd, *J* = 13.5, 7.1 Hz, 1H, 1-H_b), 3.06 (dd, *J* = 13.5, 6.7 Hz, 1H, 1-H_a), 1.84 (d, *J* = 5.4 Hz, 1H, OH).
^{13}C NMR (126 MHz, $CDCl_3$): δ (ppm) = 157.2 (C-2″, C-1‴), 136.1 (C-1′), 133.7 (C-6″), 132.6 (C-3′), 132.2 (C-6′), 129.8 (C-4″), 129.6 (C-3‴, C-5‴), 128.4 (C-4′), 127.1 (C-5′), 124.8 (C-2′), 123.4 (C-5″), 123.0 (C-4‴), 119.3 (C-3″), 118.2 (C-2‴, C-6‴), 114.9 (C-1″), 94.3 (C-3), 81.5 (C-4), 62.3 (C-2), 44.0 (C-1).
MS (ESI, MeOH): *m*/*z* (%) = 417.1 (20) $[M+Na]^+$, 809.1 (100) $[2M+Na]^+$.

5.5.1.6** 1-(9*H*-氧杂蒽基-9-亚基)-2,3-二氢-1*H*-茚-2-醇[11] 620

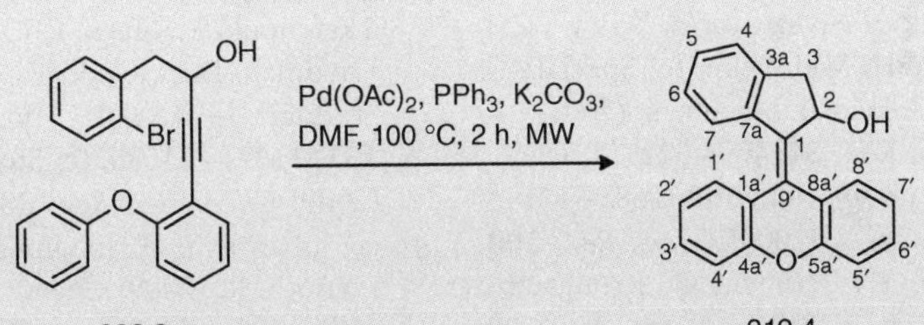

Pd(OAc)$_2$, PPh$_3$, K$_2$CO$_3$, DMF, 100 °C, 2 h, MW

393.3　　312.4

将 $Pd(OAc)_2$(3.80 mg,15.0 μmol)加入炔丙醇 **5.5.1.5**(30.0 mg,76.3 μmol)、PPh_3(20.0 mg,76.3 μmol)和 K_2CO_3(117 mg,854 μmol)的 DMF(2.8 mL)溶液中,加热到 100℃下反应 2 h 在微波下脱气。

将反应液冷却到室温加入饱和 NH_4Cl 水溶液(10 mL)猝灭反应。*t*-BuOMe(3×100 mL)萃取,合并有机相,用 $MgSO_4$ 干燥,过滤,减压除溶剂。快速柱层析(SiO_2,

石油醚/t-BuOMe=5∶1)得到黄色固体产物醇 18.1 mg(76%),R_f=0.24(石油醚/t-BuOMe=5∶1)。

UV (CH_3CN): λ_{max} (nm) (lg ε) = 195 (4.61), 283 (3.92), 359 (3.87).
IR (ATR): $\tilde{\nu}$ (cm^{-1}) = 1706, 1594, 1477, 1444, 1241, 751, 733.
^{1}H NMR (600 MHz, $CDCl_3$): δ (ppm) = 8.10 (dd, J = 7.8, 1.5 Hz, 1H, 8′-H), 7.80 (dd, J = 7.7, 1.4 Hz, 1H, 1′-H), 7.68 (d, J = 8.1 Hz, 1H, 7-H), 7.36 (ddd, J = 8.2, 7.3, 1.6 Hz, 1H, 3′-H), 7.31–7.27 (m, 2H, 4′-H, 6′-H), 7.27–7.20 (m, 3H, 7′-H, 5′-H, 4-H), 7.19 (td, J = 7.4, 0.9 Hz, 1H, 5-H), 7.15 (ddd, J = 7.6, 5.9, 1.2 Hz, 1H, 2′-H), 6.99 (t, J = 7.7 Hz, 1H, 6-H), 5.41 (d, J = 6.0 Hz, 1H, 2-H), 3.30 (dd, J = 17.1, 6.2 Hz, 1H, 3-H_a), 2.99 (d, J = 17.1 Hz, 1H, 3-H_b), 2.01 (s, 1H, OH).
^{13}C NMR (126 MHz, $CDCl_3$): δ (ppm) = 154.2 (C-4a′), 153.3 (C-5a′), 144.5 (C-3a), 140.3 (C-1), 137.9 (C-7a), 129.3 (C-3′), 129.1 (C-1′), 128.6 (C-5), 128.1 (C-6′), 126.5 (C-9′), 126.4 (C-8a′), 126.3 (C-6), 126.1 (C-8′), 125.6 (C-4), 124.6 (C-1a′), 124.1 (C-7), 123.6 (C-7′), 122.4 (C-2′), 117.0 (C-4′), 116.4 (C-5′), 72.6 (C-2), 40.7 (C-3).
MS (EI, 70 eV): m/z (%) = 312.1 (18) $[M]^+$, 295.1 (18) $[M-OH]^+$, 181.1 (100) $[M-C_9H_8O]^+$.

621 **参考文献**

[1] (a) Feringa, B.L. and Browne, W.R. (2011) *Molecular Switches*, Wiley-VCH Verlag GmbH, Weinheim; (b) Balzani, V., Venturi, M., and Credi, A. (2003) *Molecular Devices and Machines: A Journey into the Nanoworld*, Wiley-VCH Verlag GmbH, Weinheim; (c) Special issue on Molecular Machines, (2001) *Acc. Chem. Res.*, **34**, 409–522; (d) Irie, M. (2000) *Chem. Rev.*, **100**, 1685–1716; (e) Yokoyama, Y. (2000) *Chem. Rev.*, **100**, 1717–1740; (f) Berkovic, G., Krongauz, V., and Weiss, V. (2000) *Chem. Rev.*, **100**, 1741–1754; (g) Kawata, S. and Kawata, Y. (2000) *Chem. Rev.*, **100**, 1777–1788.

[2] Dürr, H. (1990) in *Photochromism: Molecules and Systems* (eds H. Dürr and H. Bouas-Laurent), Elsevier, Amsterdam, pp. 1–14.

[3] (a) McNitt, K.A., Parimal, K., Share, A.I., Fahrenbach, A.C., Witlicki, E.H., Pink, M., Bediako, D.K., Plaiser, C.L., Le, N., Heeringa, L.P., Vander Griend, D.A., and Flood, A.H. (2009) *J. Am. Chem. Soc.*, **131**, 1305–1313; (b) Spruell, J.M., Paxton, W.F., Olsen, J.-C., Benitez, D., Tkatchouk, E., Stern, C.L., Trabolsi, A., Friedman, D.C., Goddard, W.A., and Stoddart, J.F. (2009) *J. Am. Chem. Soc.*, **131**, 11571–11580; (c) Stoddart, J.F. (2009) *Chem. Soc. Rev.*, **38**, 1802–1820.

[4] (a) Johansson, O., Johannissen, L.O., and Lomoth, R. (2009) *Chem. Eur. J.*, **15**, 1195–1204; (b) Bitterwolf, T.E. (2006) *Coord. Chem. Rev.*, **250**, 1196–1207; (c) Coppens, P., Novozhilova, I., and Kovalevsky, A. (2002) *Chem. Rev.*, **102**, 861–883; (d) McClure, B.A., Abrams, E.R., and Rack, J.J. (2010) *J. Am. Chem. Soc.*, **132**, 5428–5436.

[5] (a) Nakamichi, H. and Okada, T. (2006) *Angew. Chem. Int. Ed.*, **45**, 4270–4273;

(b) Mannschreck, A. (1968) *Chem. unserer Zeit*, **2**, 149–153.

[6] Banghart, M., Borges, K., Isacoff, E., Trauner, D., and Kramer, R.H. (2004) *Nat. Neurosci.*, **7**, 1381–1386.

[7] Irie, M. and Morimoto, M. (2009) *Pure Appl. Chem.*, **81**, 1655–1665.

[8] (a) Feringa, B.L. (2007) *J. Org. Chem.*, **72**, 6635–6652; (b) Feringa, B.L. and Wynberg, H. (1977) *J. Am. Chem. Soc.*, **99**, 602–603; (c) Jager, W.F., de Lange, B., Schoevaars, A.M., and Feringa, B.L. (1993) *Tetrahedron: Asymmetry*, **4**, 1481–1497.

[9] (a) Tietze, L.F., Düfert, A., Lotz, F., Sölter, L., Oum, K., Lenzer, T., Beck, T., and Herbst-Irmer, R. (2009) *J. Am. Chem. Soc.*, **131**, 17879–17884; (b) Tietze, L.F., Düfert, M.A., Hungerland, T., Oum, K., and Lenzer, T. (2011) *Chem. Eur. J.*, **17**, 8452–8461.

[10] For recent reviews on C-H activation, see: (a) Dyker, G. (2005) *Handbook of C-H-Transformations. Applications in Organic Synthesis*, Wiley-VCH Verlag GmbH, Weinheim; (b) Neufeldt, S.R. and Sanford, M.S. (2012) *Acc. Chem. Res.*, **45**, 936–946; (c) Chen, D.Y.-K. and Youn, S.W. (2012) *Chem. Eur. J.*, **18**, 9452–9474; (d) Zhao, D., You, J., and Hu, C. (2011) *Chem. Eur. J.*, **17**, 5466–5492; (e) Ackermann, L. (2011) *Chem. Rev.*, **111**, 1315–1345; (f) Yeung, C.S. and Dong, V.M. (2011) *Chem. Rev.*, **111**, 1215–1292; (g) Jazzar, R., Hitce, J., Renaudat, A., Sofack-Kreutzer, J., and Baudoin, O. (2010) *Chem. Eur. J.*, **16**, 2654–2672; (h) Bellina, F. and Rossi, R. (2010) *Chem. Rev.*, **110**, 1082–1146; (i) Lyons, T.W. and Sanford, M.S. (2010) *Chem. Rev.*, **110**, 1147–1196.

[11] (a) Tietze, L.F., Hungerland, T., Düfert, M.A., Objartel, I., and Stalke, D. (2012) *Chem. Eur. J.*, **18**, 3286–3291; (b) Tietze, L.F., Hungerland, T., Depken, C., Maaß, C., and Stalke, D. (2012) *Synlett*, 2516–2520.

[12] Tietze, L.F., Hungerland, T., Eichhorst, C., Düfert, A., Maaß, C., and Stalke, D. (2013) *Angew. Chem.*, **125**, 3756–3759; *Angew. Chem. Int. Ed.*, (2013), **52**, 3668–3671.

623

Index of Reaction 反应索引

本附录涵盖了前文所述及的合成实验细节中的各类反应和方法。但在前文提及的反应类型、方法和原理将不在这里列出。

a

Acetalization，缩醛作用，1. 4. 3，1. 5. 1

Acetylation，乙酰化
- of an alcohol，醇，1. 1. 1，1. 1. 3
- of a primary amine，伯，3. 2. 4，3. 2. 5，4. 3. 2
- carbohydrate OH groups，碳水化合物羟基基团，4. 2. 1

Acid chloride formation，酸性氯化物的形成，1. 5. 1，4. 1. 3

Acid cleavage of acetoacetate，乙酰乙酸乙酯酸裂解，1. 1. 2

Acylation，酰化
- electrophilic (Friedel-Crafts)，亲电（傅克），1. 1. 4，1. 4. 2，1. 4. 3，3. 4. 1，3. 4. 5
- nucleophilic (Hünig)，亲核（Hünig）1. 4. 4
- of Ar-Li by carboxamide，芳基-锂甲酰胺，3. 2. 3
- of C-Si bond，C—Si 键，4. 1. 3

Addition，加成
- of Br2 to C═C，溴对 C═C，1. 7. 2
- of R-M to C═O，R-M 对 C═，1. 1. 1，1. 1. 2，1. 5. 2，1. 7. 5，3. 2. 7
- radical，to C═C，C═C 的自由基，1. 8. 1

Aldol reaction，羟醛缩合反应，1. 3. 1，1. 3. 4，2. 6. 1，3. 5. 3，5. 1. 2
- enantioselective，对映选择性，1. 3. 2，1. 3. 3，1. 3. 4

Alkylation，烷基化
- of acetoacetate，乙酰乙酸酯，1. 2. 3，1. 5. 3
- of an ester，酯，4. 1. 4
- of phenols，酚，1. 3. 3，3. 5. 1
- Frater-Seebach，弗雷特-塞巴赫，1. 4. 1
- enantioselective，of a carboxylic acid，羧酸的对映选择性，1. 2. 2
- enantioselective，of a ketone，酮的对映选择性，1. 2. 1

Alkylhalide formation，from ROH，从 ROH 制备卤代烃，3. 5. 1，5. 3. 1

Alkyne metathesis，炔烃复分解反应，1. 6. 4

Allylation，of a ketone，酮的烯丙基化反应，5. 1. 1

Allylsilane formation，烯丙基硅烷的形成，4. 1. 3

Amide formation see：Carboxamide formation，酰胺的形成，参见：甲酰胺的形成

q

r

Index of Products 产品目录

b

d

e

i

n

V

X

Subject Index 主题索引

b

c

d

e

f

g

h

Lombardo reaction, Lombardo 反应, 601
Lombardo-Takai olefination, Lombardo-Takai 烯化,32
Low-valent titanium,低价钛,309
Lycopene,番茄红素,426

m

Macrocyclic polyethers,大环的聚醚, 399
Mannich reactions, Mannich 反应,1, 53,550
Marckwald imidazole synthesis, Marckwald 咪唑合成,334
Markownikov-oriented addition,马氏定向加成,111
Matched case,匹配的情况下,59
Meerwein arylations, Meerwein 芳基化,198
Meldrum's acid, Meldrum 酸,568
Menthyl esters,薄荷基酯,59
MEP pathway, MEP 路径,427
Merrifield procedure, Merrifield 过程, 521
Metamizole,安乃近,329
Metathesis,交换,146,147
Methionin,蛋氨酸,479,490
N-Methylation of amino acids,氨基酸的 N-甲基化,483
Mevalonate pathway,甲羟戊酸途径, 426
Mevalonic acid,甲羟戊酸,426
Mexican peyotl cactus,墨西哥乌羽玉仙人掌,322
Michael additions see Additions,1,4-Microwave-assisted transformations, Michael 加成,1,4-微波辅助转换, 299,357,615
Mismatched case,不匹配情况,59
Mitsunobu reactions, mitsunobu 反应, 86,298,484
Molecular motors,分子马达,420
Monoamine oxidase A,单酰胺氧化酶 A,155
Monoterpenes,单萜,426
Monoterpenoid indole alkaloids,类单萜类吲哚生物碱,564
Morphine,吗啡,563
Mukaiyama aldol reactions,向山羟醛反应,57,64
Mukaiyama reagent,向山试剂,268
Multicomponent domino reactions (MCR),多组分多米诺反应(MCR), 516
Multistriatin, Multistriatin(一种双环缩酮类信息素),426
Muscarine,毒蝇碱,563
Myrcene,月桂烯,429

n

Naphthyridines,二氮杂萘,370
(+)-Neoisomenthol,(+)-新异薄荷醇,436
(+)-Neomenthol,(+)-新薄荷醇,436
Neryl diphosphate,橙花基二磷酸,429
Neurotransmitters,神经递质,479
Nifedipine,硝基地平,316
Nitroaldol additions,硝基羟醛加成, 280,405
5-(p-Nitrophenyl) tetrazole,5-(对硝基

q

r

t